U0183865

国家科学技术学术著作出版基金资助出版

钢管约束混凝土结构

周绪红　刘界鹏　王宣鼎　著

科学出版社

北京

内 容 简 介

本书通过大量试验研究、数值模拟、理论分析，系统论述了钢管约束混凝土结构的力学性能与设计理论，内容涵盖钢管约束混凝土本构模型、构件及节点连接受力性能与设计方法、构件抗火性能与设计方法、结构体系抗震性能与设计理论等，结合典型工程案例介绍钢管约束混凝土结构的设计与施工技术。钢管约束混凝土结构的抗震和抗火性能优越，能充分发挥高强材料性能，建设成本低，综合效益好，具有广阔的应用前景。

本书内容可供土木工程专业的高年级本科生、研究生、教师、科研人员和工程技术人员参考。

图书在版编目（CIP）数据

钢管约束混凝土结构/周绪红，刘界鹏，王宣鼎著. —北京：科学出版社，2023.6

ISBN 978-7-03-074324-4

Ⅰ. ①钢… Ⅱ. ①周… ②刘… ③王… Ⅲ. ①钢管结构-混凝土结构 Ⅳ. ①TU37

中国版本图书馆 CIP 数据核字（2022）第 241046 号

责任编辑：任加林 / 责任校对：赵丽杰

责任印制：吕春珉 / 封面设计：耕者设计工作室

科学出版社 出版

北京东黄城根北街 16 号

邮政编码：100717

http://www.sciencep.com

北京中科印刷有限公司 印刷

科学出版社发行　各地新华书店经销

*

2023 年 6 月第 一 版　开本：787×1092 1/16

2023 年 6 月第一次印刷　印张：31 3/4

字数：732 000

定价：320.00 元

（如有印装质量问题，我社负责调换〈中科〉）

销售部电话 010-62136230　编辑部电话 010-62139281（BA08）

前　言

改革开放以来，随着国民经济的快速发展，我国进行了世界上最大规模的土木工程建设。在结构工程领域中，钢-混凝土组合结构以其优越的力学性能和良好的经济效益而发展迅速，成为工程结构的重要组成部分。我国已建成的超高层建筑中，一半以上都采用了钢-混凝土组合结构；大跨度体育与会展场馆、大型交通枢纽工程、大跨径桥梁、重型工业厂房和城市地下工程等重载或复杂结构中也广泛采用了钢-混凝土组合结构。发展钢-混凝土组合结构是结构工程领域未来发展的重要趋势。

在钢-混凝土组合结构中，传统的钢管混凝土和型钢混凝土柱存在不足，其应用受到限制：①对于钢管混凝土和型钢混凝土柱，无论与钢筋混凝土梁还是钢梁连接都比较复杂，节点区混凝土浇筑困难，节点用钢量太大，节点连接成为工程中难以解决的问题；②钢管混凝土柱对核心混凝土约束不足，钢管局部屈曲问题突出，需严格控制钢管的径厚比，限制了高强混凝土和高强钢材在工程中的应用；③型钢混凝土柱抗震性能不足，轴压比限值低，截面尺寸大；④钢管混凝土柱的耐火极限低，防火成本高。这些长期无法解决的问题阻碍了钢管混凝土和型钢混凝土结构在工程中的进一步广泛应用。

20 世纪 80 年代，日本学者首次提出用外包钢管加固钢筋混凝土柱的方法，即钢管约束钢筋混凝土柱，其目的是对结构中的短柱进行局部加固或加强，但这项技术在日本的应用极少，且日本学者也未建立系统的设计理论。90 年代，美国学者在桥梁加固领域发展了这项技术，采用外套钢管加固了加州地区的部分钢筋混凝土桥墩，提高了桥墩的抗震性能。借鉴“钢管约束钢筋混凝土柱”的概念，针对钢管混凝土和型钢混凝土结构亟待改进的方面，本书作者提出了钢管约束型钢混凝土柱，研发了相应的梁柱节点，并将钢管约束钢筋混凝土的概念从加固领域的主要应用引入新建结构领域，最终通过系统研究建立了钢管约束混凝土结构的完整设计理论。

本书是作者 10 余年来创新性研究成果的总结。2010 年，作者基于对钢管约束混凝土柱的初探性研究，出版了《钢管约束混凝土柱的性能与设计》一书，其中内容仅包括轴压短柱的力学性能和框架柱的抗震性能两个方面。在《钢管约束混凝土柱的性能与设计》一书的基础上，本书完成了系统的研究，新的研究内容和成果包括：①修正了受钢管约束的混凝土应力-应变关系，并提出了轴压短柱的简化力学模型和承载力计算公式；②进行了轴压长柱、偏压短柱、偏压中长柱的试验研究、理论分析和数值模拟，提出截面轴力-弯矩相关承载力计算方法，并提出轴压和偏压中长柱稳定承载力计算公式；③通过抗震试验和数值模拟发现圆钢管约束混凝土短柱的斜截面受剪破坏模式，建立钢管约束混凝土框架柱新的抗剪承载力计算公式；④提出构造更简单的钢管约束混凝土梁柱框架节点，通过节点抗震试验、数值模拟和理论分析建立框架节点的设计方法；⑤进行抗火试验研究、数值模拟和理论分析，建立火灾下钢管约束混凝土柱的承载力计算方法，提出抗火设计方法，尤其是提出无防火保护层时钢管约束混凝土柱的设计要求；⑥进行钢管约束混凝土框架结构体系的抗震试验，并分别进行高层钢管约束混凝土框架、框架-混凝土剪力墙/筒体结构体系的抗震性能有限元分析，提出钢管约束混凝土结构体系的抗震设计方法。

本书的研究中，哈尔滨工业大学的张素梅教授和哈尔滨工业大学建筑设计研究院的张小冬总工程师与作者合作开展了研究，悉地国际建筑设计顾问有限公司傅学怡设计大师和杨想兵总工程师对节点构造和设计方法提出了宝贵建议。广东省建筑设计研究院的黄辉辉教授级高级工程师、哈尔滨工业大学建筑设计研究院的白福波和贾君教授级高级工程师等对研究工作提出了宝贵建议，并在工程实践中推广了本书的研究成果。王卫永教授、闫标博士、程国忠博士、甘丹教授等参与了书稿的整理工作；我们的研究生臧兴震、黎翔、滕跃、张昊、许天祥、韩凤丽、虞轶然、张瑞芝、宋柯岩、王尚、游政等参与了试验研究或数值模拟工作。没有他们的辛勤付出，本书不可能最终成稿。本书的研究工作还得到了国家“十三五”重点研发计划（项目编号：2016YFC0701201）、国家自然科学基金重点项目（项目编号：51438001）、国家自然科学基金优秀青年基金（项目编号：51622802）、国家自然科学基金面上项目（项目编号：51178210、51378244）的资助。在此，作者谨向对本书研究工作提供无私帮助的各位专家、研究生、国家自然科学基金委员会表示诚挚的谢意。

钢管约束混凝土结构的抗震和抗火性能优越，能充分发挥高强材料性能，节点断开适合装配化施工，建设成本低，综合效益好，具有广阔的应用前景。但需要指出的是，作为一种新型的组合结构形式，钢管约束混凝土结构在工程中应用时，还将遇到很多技术问题需要工程界共同解决。作者期待本书的出版对推动我国组合结构及混合结构的发展起到一定的作用。由于作者水平有限，书中难免有不足之处，恳请读者批评指正。

周绪红　刘界鹏　王宣鼎

2021 年 7 月

目 录

第1章 绪　　论

1.1 研究背景

改革开放以来，随着我国城市化水平的不断提高，土木建筑与城镇基础设施建设快速发展[1]。与此同时，城市化进程也加速了土地资源的消耗，为了更紧凑、合理地利用城市空间，高层建筑、地下工程、大跨度场馆和桥梁等得到大力发展，这为我国建筑及结构工程的发展带来了空前的机遇和挑战。钢-混凝土组合结构力学性能优异且经济性能突出，在我国的结构工程领域发展迅速，成为结构工程领域的重要组成。我国已建成的超高层建筑中，一半以上采用了钢-混凝土组合结构，且组合结构在其他大型复杂结构中的应用也非常广泛[2-4]。在我国土木工程事业的未来发展中，随着建筑材料技术的不断进步，高强钢材和高强混凝土的应用将日益普遍。材料高强化可降低结构材料用量，提高结构耐久性，符合绿色建筑发展趋势，具有显著的经济和社会效益。但材料高强化也使得钢材的局部屈曲问题和混凝土的低延性问题更为突出，这是高强材料应用必须解决的难题。在工程中采用合理设计的钢-混凝土组合结构可充分利用高强钢材和高强混凝土的优点并克服其各自的不足。大力发展钢-混凝土组合结构，探索高效的新型组合结构形式，完善新型组合结构的设计理论，是结构工程领域未来发展的重要趋势。

钢管混凝土（concrete filled steel tube，CFT）柱和型钢混凝土（steel reinforced concrete，SRC）柱作为组合结构体系的主要竖向承重构件，具有力学性能优异、造价适中等优点，被结构工程师广泛认可，在各类高层及复杂结构中被广泛应用[5-9]。然而，随着工程实践经验的不断积累，钢管混凝土柱和型钢混凝土柱也暴露出一些不足。钢管混凝土框架柱虽与钢梁连接方便，但钢梁的造价明显高于钢筋混凝土（reinforced concrete，RC）梁。因此在工程实践中，即使框架柱为钢管混凝土柱，结构工程师也常采用 RC 梁以降低造价。但钢管混凝土柱与钢筋混凝土梁连接复杂[10]，施工难度大，造价高，成为工程中的难题，如图 1.1.1 所示。在抗震结构中采用高强材料的钢管混凝土柱时，必须严格限制轴压比和钢管径厚比/宽厚比，不能充分利用高强钢材和高强混凝土的承载能力；钢管混凝土柱一般需在钢管外喷涂防火保护层，造价高，经济效果不理想。与钢管混凝土柱相比，型钢混凝土柱的抗火性能优越，且型钢无局部稳定问题；由于箍筋对混凝土的约束作用弱，导致型钢混凝土柱轴压比限值低，不能充分利用高强材料的强度。型钢混凝土超短柱在水平地震作用下易发生斜压破坏，延性差，宜避免采用。型钢混凝土柱与 RC 梁的连接柱节点存在连接复杂[11]、施工困难的问题，是工程实践中的难题。此外，由于型钢混凝土框架柱中需设置钢筋笼，节点区钢筋笼与钢梁相交，柱纵筋需穿过钢梁翼缘，节点区柱箍筋也需贯穿钢梁腹板，现场施工复杂，难以发挥钢结构施工方便、快捷的优点。

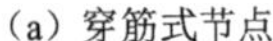

（a）穿筋式节点

（b）环板式节点

图 1.1.1 典型钢管混凝土柱-钢筋混凝土梁节点

综上所述，虽然钢-混凝土组合结构的应用已非常广泛，但在工程实践和未来发展中仍存在诸多需要解决的问题。因此，基于传统组合结构的优点，对传统组合结构进行改进，探寻施工方便、性能优越、充分利用高强材料性能的新型组合结构形式，对我国土木工程事业和结构工程学科的发展具有重要意义与实用价值。

1.2 钢管约束混凝土结构的特点

钢管约束混凝土是指利用钢管来约束核心混凝土侧向变形而非直接承受纵向荷载的一类组合柱的统称，钢管约束混凝土结构是指采用钢管约束混凝土柱的整体结构。钢管约束混凝土与传统钢管混凝土在受力机理上有着本质的区别。如图 1.2.1（a）所示，钢管混凝土所受荷载同时作用于钢管和混凝土，其中钢管以直接承受纵向荷载为主，仅在核心混凝土达到材料弹塑性后，钢管才逐步产生对混凝土侧向变形的约束作用。如图 1.2.1（b）所示，钢管约束混凝土所受荷载仅作用于核心混凝土，而钢管不直接承受纵向荷载，主要通过被动受力对核心混凝土提供约束作用；且钢管的约束作用在受荷初期产生，约束效率高。在实际工程中，钢管约束混凝土构件的钢管一般在连接节点处断开，以实现钢管不直接承受纵向荷载的受力特性。钢管约束钢筋混凝土（tubed reinforced concrete，TRC）柱和钢管约束型钢混凝土（tubed steel reinforced concrete，TSRC）柱是两种工程常用的钢管约束混凝土构件，其中钢管约束钢筋混凝土柱是核心混凝土内配置了受力纵筋和构造箍筋的钢管约束混凝土柱［图 1.2.2（a）］；钢管约束型钢混凝土柱是核心混凝土内配置了纵向受力型钢的钢管约束混凝土柱［图 1.2.2（b）］。

钢管约束混凝土柱作为一种新型钢-混凝土组合构件，虽然受力机理与传统钢管混凝土和型钢混凝土不同，但仍然继承了传统组合柱在静力、抗震和抗火等方面各自的优势。钢管约束混凝土柱中钢管不直接承受荷载，可为核心混凝土提供充分且有效的约束作用。钢管约束混凝土柱受压后，核心混凝土处于三向压应力状态，抗压强度与极限压应变得以显著提高。因此两类钢管约束混凝土柱（TRC 柱和 TSRC 柱）都具有承载力高、延性好、抗震性能优异等特点。此外，钢管约束混凝土柱也具有较好的抗火性能。火灾作用下框架柱并未处于承载能力极限状态，钢管对核心混凝土的约束应力较小，且钢管不直接承担纵向荷载，即使钢管受火失效，核心钢筋混凝土或型钢混凝土柱仍具有良好的承载性能。设计合理的钢管约束混凝土结构，无须对柱钢管进行额外的防火保护。

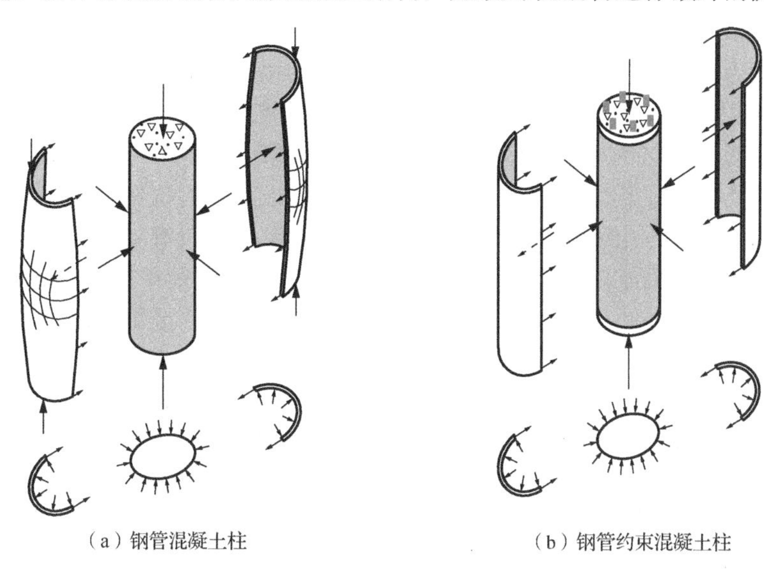

（a）钢管混凝土柱　　（b）钢管约束混凝土柱

图 1.2.1　钢管混凝土柱与钢管约束混凝土柱的受力机理简图

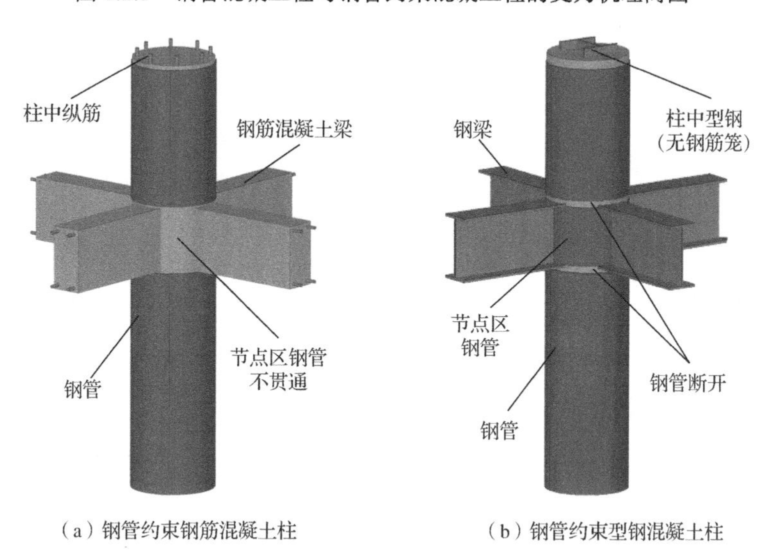

（a）钢管约束钢筋混凝土柱　　（b）钢管约束型钢混凝土柱

图 1.2.2　两种钢管约束混凝土柱示意图

钢管约束混凝土结构特殊的构造措施与受力机理为其带来了诸多新的特性，解决了一些工程应用中的难题，并在一定程度上改进了现有组合柱及钢筋混凝土柱的不足。

1. 解决传统组合结构梁柱连接复杂的难题

传统钢管混凝土和型钢混凝土结构的连接构造复杂，存在节点区混凝土浇筑困难及节点焊接量过大等施工难题。相比之下，钢管约束混凝土柱的钢管在梁柱节点区无须受力连续，且核心混凝土可配置钢筋笼或不同截面的型钢，从而使得钢管约束混凝土结构的梁柱节点连接方式具有更多选择。当与RC梁连接时，可采用钢管约束钢筋混凝土柱，由于柱核心混凝土仅配置钢筋笼，梁柱节点施工工艺与普通钢筋混凝土框架节点基本相同，施工成熟方便。当与钢梁连接时，可采用钢管约束型钢混凝土柱，由于柱核心混凝土仅配置了型钢，避免了钢筋笼与钢梁相交而造成的连接复杂问题。

钢管不通过节点区的构造措施在简化钢管约束混凝土结构梁柱节点连接的同时，也导致了节点核心区所受约束作用显著低于柱端。为保证在结构构件强度与塑性变形充分发展前，节点核心区不出现受压或剪切失效，需要对钢管约束混凝土结构的梁柱节点进行局部加强。对于钢管约束钢筋混凝土柱-RC梁节点，可采取简单的节点区箍筋加强{如箍筋加密［图1.2.3（a)］或大直径高强箍筋}，以及纵筋并筋或钢筋混凝土梁水平加腋等加强措施以满足设计要求；也可以采用在节点区设置开孔钢套管［图1.2.3（b)］的方法进行加强。对于钢管约束型钢混凝土柱-钢梁节点，如果钢梁与柱内型钢可靠连接，并在节点区梁腹板高度范围内设置外套钢管，可有效保证节点的受力性能；如果为了提高节点区混凝土浇筑效率，也可以在节点区设置带环板套管［图1.2.3（c)］，并将钢梁与环板相连接。总之，钢管约束混凝土结构的梁柱连接方便，通过简单的加强措施可保证“强节点弱构件”的设计原则，有效解决了传统组合结构梁柱连接复杂的难题。

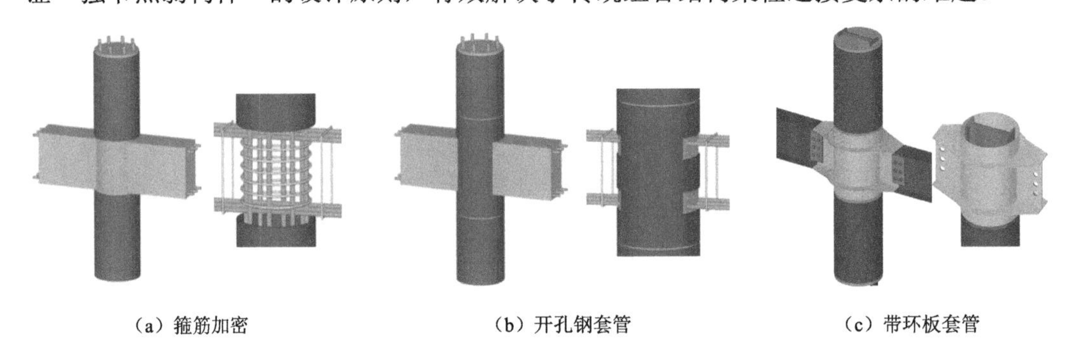

（a）箍筋加密　（b）开孔钢套管　（c）带环板套管

图1.2.3　钢管约束混凝土结构梁-柱节点典型加强方法

2. 促进高强薄壁钢管的应用

随着我国钢材冶炼技术的不断提高，高强度钢材在建筑结构领域的应用越来越普遍。在钢管混凝土结构中应用高强薄壁钢管，可以减少钢材用量，减轻焊接工作量，达到降低工程造价的目的。然而，钢材强度的提高也导致了钢材板件的薄壁化，使得钢材局部屈曲问题更为突出，限制了高强薄壁钢管在钢管混凝土等受压构件中的应用。以方钢管混凝土为例，当钢管采用强度等级为Q460的钢材时，根据《钢管混凝土结构技术规范》（GB 50936—2014）[10]的规定，其最大钢管宽厚比限值仅为43。

与钢管混凝土相比，钢管约束混凝土结构更有利于薄壁钢材的应用与推广。钢管约束混凝土柱中钢管不直接受压，钢管内纵向压应力是由钢管与混凝土界面的黏结与摩擦作用沿柱高累积形成，有效避免或延缓薄壁钢管的局部屈曲问题；尤其在钢管断开的柱端部附近，钢管以环向受拉为主。在地震作用下，钢管约束混凝土柱端潜在塑性铰区主要通过核心钢筋/型钢混凝土抵抗荷载作用产生的轴力与弯矩，外包钢管为核心混凝土提供有效约束作用，从而改善薄壁钢管混凝土柱在地震作用下因钢管局部屈曲而引起的延性不足的问题。

3. 促进高强混凝土的应用

采用高强混凝土可有效降低材料用量，节省水泥的生产能耗，经济和社会效益显著。但高强混凝土存在延性较差的缺点，易发生脆性破坏。我国《建筑抗震设计规范（2016年版）》（GB 50011—2010）[12]规定：混凝土结构的混凝土强度等级，抗震墙不宜超过C60，其他构件，9度时不宜超过C60，8度时不宜超过C70。为确保框架柱的延性，根据我国《混凝土结构设计规范（2015年版）》（GB 50010—2010）[13]规定，当混凝土强度等级为C65、C70时，柱轴压比限值宜比普通强度时减小0.05；当混凝土强度等级为C75、C80时，柱轴压比限值宜比普通强度时减小0.10。这些规定使得高强混凝土受压强度高的特点无法充分发挥，在一定程度上限制了其应用和推广。当采用钢管约束混凝土柱时，钢管为混凝土提供较强的约束效应，从而可有效改善高强混凝土的脆性，提高其延性及耗能能力。

4. 改善钢筋混凝土框架短柱的脆性破坏

框架短柱在结构设计中有时是无法避免的，其抗侧刚度大，但层间变形能力和耗能性能较差。国内外历次震害及模拟地震的试验结果均表明，框架短柱易发生沿裂缝截面滑移、混凝土严重剥落等脆性破坏。我国《混凝土结构设计规范（2015年版）》（GB 50010—2010）[13]中规定：剪跨比不大于2的柱轴压比限值应降低0.05；剪跨比小于1.5的柱，轴压比限值应专门研究并采取特殊构造措施。对钢管约束混凝土柱的研究结果则表明，外包钢管的存在可有效提高钢筋混凝土短柱的受剪承载力、延性和耗能能力，使钢筋混凝土短柱的破坏模式由脆性剪切破坏向延性弯曲破坏转变。对于钢筋混凝土短柱，当构件的受剪承载力达到斜压破坏的受剪承载力时，继续增加配箍率并不能增大柱子的受剪承载力，此时将难以保证“强剪弱弯”的抗震设计要求。对于钢管约束混凝土柱，外包钢管不仅有类似箍筋的作用，也可通过自身直接抗剪提供受剪承载力，故增加外包钢管厚度可继续增大构件的受剪承载力，使框架短柱更易实现“强剪弱弯”的设计要求。

综上所述，钢管约束混凝土结构具有承载力高、抗震抗火性能好、可充分利用高强材料、节约模板和施工方便等优点，在高层/超高层结构、大跨空间结构、重载结构、地下结构、桥梁结构等各类工程结构中具有广阔的发展前景。

1.3 钢管约束混凝土结构的研究

1.3.1 钢管约束素混凝土的早期探索性研究

钢管约束混凝土受力模式可追溯到不同加载模式下钢管混凝土受力机理的研究。在当时的研究中，钢管约束素混凝土主要作为一种特殊加载方式的钢管混凝土对比试件，即仅核心混凝土直接承受轴向荷载而钢管被动受力。相关试验结果表明，虽然钢管约束素混凝土柱的钢管应力状态与传统钢管混凝土柱存在较大差异，但两者轴压承载力等宏观结构性能表现相近；通过在钢管内壁涂油或沥青等方式减小钢管与混凝土之间的黏结和摩擦作用，钢管约束素混凝土柱的轴压强度将进一步提高，但轴压刚度也会出现显著退化。随着高强及超高强混凝土的推广和应用，钢管约束素混凝土柱因其高效的约束作用，得到了更多学者的关注。

1967 年，Gardner 等[14]对钢管混凝土柱在仅核心混凝土直接受力、仅钢管直接受力、混凝土与钢管同时受力三种加载模式下的轴压性能进行试验研究，试验结果表明，三种加载模式对试件轴压承载力的影响并不明显。

1984 年，蔡绍怀等[15]对钢管混凝土短柱的轴压基本性能进行试验与理论研究，通过对比分析不同加载模式下钢管的双向应力状态，建立综合考虑钢管纵向受压与环向约束作用的钢管混凝土轴压承载力计算公式。

1987 年，Orito 等[16]提出了无黏结钢管混凝土（unbonded steel tube concrete，UTC）柱的概念，其受力机理与钢管约束混凝土柱基本相同，但该新型构件的截面形式被限定为圆形，且钢管内壁需涂有润滑剂以加强钢管的约束作用。在他们的研究中，通过试验对比了普通钢管混凝土短柱、钢管内壁涂有润滑剂的 UTC 短柱和未做润滑处理的 UTC 短柱的轴压性能。结果表明，经过润滑处理的 UTC 短柱的轴压承载力最高、延性最好，但轴压刚度比其他试件小。

1994 年，Prion 等[17]完成了一批圆钢管混凝土中长柱的静力性能试验，试件的加载方式包括轴压、纯弯、压弯和偏压，试件的钢管径厚比均为 92，变化参数包括钢管屈服强度（262～328MPa），混凝土抗压强度（73～92MPa）和长径比（3.3～13.9）。此外，为考虑钢管与混凝土的黏结摩擦，试验设计了 4 个轴压和 4 个纯弯钢管约束素混凝土试件，但试验中并未发现钢管约束素混凝土构件与传统钢管混凝土试件在轴压及纯弯性能方面上的显著差异。

1994 年，Lahlou 等[18]通过试验对比了圆钢管约束和箍筋约束混凝土柱的静力性能，考察参数包括混凝土强度（51～131MPa）和钢管径厚比（14～89）。研究结果表明，钢管对核心混凝土的约束作用比传统箍筋更高效，钢管约束混凝土构件在达到峰值荷载 85%～100%时，钢管出现屈服。1999 年，Lahlou 等[19]首次对圆钢管约束素混凝土短柱进行动态轴向压力试验，并将试验结果与单一静载试验进行对比；试验中考虑了三种混凝土强度分级：普通混凝土（45MPa）、高强混凝土（95MPa）和超高强混凝土（130MPa）。结果表明，混凝土因钢管的约束作用，表现出出色的耗能能力和延性，且在动态轴压荷载下，试件未见明显的刚度退化。

1998 年，O'Shea 等[20]进行了薄壁钢管混凝土柱的轴压和偏压试验，并着重分析了不同径厚比、不同混凝土强度、不同荷载类型对于钢管约束性能的影响。试验中设计了仅混凝土直接受力的钢管约束素混凝土对比构件，并发现其约束效应最好；对于偏心受压构件，仅当偏心距较小时钢管的约束作用才能体现。随后在 2000 年，O'Shea 等[21]提出了三种不同加载模式（仅钢管直接受力、仅混凝土直接受力、钢管与混凝土同时受力）下圆钢管混凝土短柱的轴压和小偏压承载力公式。

2001 年，Mei 等[22]为研究约束混凝土的应力-应变关系，通过内壁润滑处理的钢管对竖向受压高强混凝土提供侧向约束作用。试验中钢管的约束应力从 5MPa 变化到 19MPa。试验结果表明，钢管的约束应力可显著提高核心混凝土的抗压强度，约束后混凝土强度最高达到非约束混凝土的 3 倍；根据试验结果，文献[22]给出了基于 Mohr-Column 理论推导的钢管约束高强混凝土抗压强度计算公式，其中内摩擦角建议取 49.5°。

2002 年，Johansson 等[23]对圆钢管混凝土组合柱进行了试验和理论研究，并基于有限元模型分析了加载模式和钢管与混凝土间的黏结摩擦对构件性能的影响。研究结果表明，组合柱受力性能受加载模式影响明显，但钢管与混凝土间的黏结力对传统钢管混凝土构件影响不明显，而对仅混凝土直接受力的钢管约束素混凝土构件影响较大。

2004 年，Fam 等[24]通过 10 个圆钢管混凝土柱的轴压及压弯试验，建立了相应的承载力理论模型。试验中，构件核心混凝土抗压强度比非约束混凝土抗压强度提高 65%～75%，且减小界面黏结摩擦的试件比未做处理的试件承载力略有提高，但刚度略有降低。

2004 年，McAteer 等[25]对采用高强混凝土的圆钢管约束混凝土短柱进行了轴压试验研究，并提出考虑钢管约束效应的承载力计算公式。

2005 年，王玉银等[26]基于有限元模型对不同受荷方式下的钢管混凝土轴压短柱进行分析，研究结果表明：钢管约束素混凝土构件的约束作用最强且承载力最高；混凝土初应力对钢管混凝土轴压短柱的力学性能无明显影响，初应力钢管混凝土柱的性能介于普通钢管混凝土柱和钢管约束素混凝土柱之间。

2005 年，Han 等[27]进行了圆、方钢管约束素混凝土柱的静力与抗震性能试验，加载方式包括轴压、偏压和弯曲滞回，试件参数包括长径/宽比、钢管径/宽厚比、偏心率、轴压比等。试验结果表明，钢管约束素混凝土柱具有较高的承载力，且在较高轴压比作用下保持良好的延性和耗能能力。2008 年，Han 等[28]对混凝土局部加载的钢管约束素混凝土短柱进行了试验研究，考察参数有截面形式、混凝土截面面积与局部受压面积比和钢管径/宽厚比。研究发现，随着混凝土截面面积与局部受压面积比的减小，构件钢管与混凝土的组合效应越明显，承载力越高。

2007 年，张素梅和刘界鹏等对圆、方钢管约束高强混凝土轴压短柱力学性能进行试验研究，考察参数包括钢管开缝模式（上下柱端各设 1 条缝，沿柱高均匀设 5 条缝）、加载模式（单调加载，往复加载）、混凝土抗压强度（70～84MPa）和钢管径/宽厚比（21～70）等；基于试验结果，提出钢管约束强度计算方法与考虑钢管双向受力的轴压承载力计算公式[29-30]。

以上针对钢管约束素混凝土的早期研究验证了钢管约束混凝土受力模式的合理性，探明了钢管约束效应在提高核心混凝土强度和延性方面的重要作用。然而，钢管约束素混凝土柱中没有能够直接承受纵向荷载的受力钢材，导致其抗弯与抗剪强度无法满足工程需求，无法广泛应用于工程实践。

1.3.2 外包约束钢在结构竖向构件加固领域的研究

外包钢管/钢板是非延性或受损钢筋混凝土柱常用的加固方法，其力学机理与钢管约束混凝土相近，即通过外包钢为核心钢筋混凝土提供横向约束作用，从而提高构件的抗剪强度与延性。1985 年，Priestley 等[31]对钢管-钢筋混凝土桥桩的抗震性能开展试验研究。试验发现，钢管未插入基础垫层的桥桩展现出优异的抗震性能，其强度和刚度几乎没有降低。此后，Priestley 等[32]采用外包钢管对圆形和矩形钢筋混凝土桥墩进行加固，显著提高了墩柱的抗剪承载力和延性；在此基础上，运用该方法指导了美国加利福尼亚等地区大量桥梁墩柱的加固。

1986 年，任富栋等[33]为加固我国已有未考虑抗震设计的多层钢筋混凝土框架，提出了外包角钢及连接缀板的柱加固方法；开展了 4 组共 11 个钢筋混凝土柱的滞回性能试验，考虑参数包括轴压比、配筋率和加固方法，验证该加固方法在改善柱耗能能力和变形性能方面作用显著，并基于试验结果提出了加固构件的刚度和强度简化计算方法。

1991 年，Chai 等[34]通过外包黏结钢管对非延性圆钢筋混凝土桥墩塑性铰区进行加固并开展加固试件的拟静力试验，结果表明，外包黏结钢管的加固方法可有效改善低延性钢筋混凝土桥墩的承载力与抗震性能，并能抑制塑性铰区纵向搭接钢筋的黏结失效。1994 年，Chai 等[35]提出了一种基于能量平衡法的钢管约束混凝土的极限压应变预测模型，并对纵筋低周疲劳断裂所决定的桥墩极限状态进行评估。

1994 年，Aboutaha 等提出连接螺栓结合矩形套管的加固方法，该方法显著改善非延性钢筋混凝土柱的约束效应并有效提高矮墩的抗剪强度；基于研究结果，还提出了相应的设计方法和加固技术建议[36-37]。此后，Aboutaha 等[38-39]进行了矩形钢管约束钢筋混凝土和普通钢筋混凝土压弯构件的滞回性能对比试验，试验中考虑了混凝土强度和轴压比等因素的影响，结果表明矩形钢管约束钢筋混凝土柱的抗震性能更为优异。

1997 年，Ghobarah 等[40]提出采用外包波纹钢板改善非延性钢筋混凝土柱受弯强度与延性的加固思路，并基于拟静力试验研究与理论分析，提出波纹钢板加固高度设计建议与核心混凝土约束强度计算公式。

1997 年，Ramirez 等[41]采用外包焊接钢管并填充胶黏剂和粘贴钢板及角钢的方法对受损方钢筋混凝土柱进行加固，结果表明第一种加固方法在提高构件承载力方面具有更好的效果。

2000 年，McElhaney 等[42]采用外包钢对美国内华达州里诺市 395 号高架桥的顶部开展式非延性钢筋混凝土桥墩进行加固，并通过振动台试验验证了该加固方法的有效性。

2001 年，晏兴威等[43]进行了 3 个剪跨比不同的外包钢板钢筋混凝土短柱的抗震性能试验。研究发现，设置钢板箍可显著提高钢筋混凝土柱的承载力和变形能力；基于钢板箍的工作机理，晏兴威等建议了合理的钢板箍外包形式。

2003 年，肖岩等对钢管约束混凝土柱的特点及性能进行了较为详细的介绍，并在此基础上提出了钢筋混凝土构件的套管加固体系，进行了塑性铰区钢套管加固的钢筋混凝土柱抗震性能试验研究[44-46]。试验中被加固钢筋混凝土构件依照 1970 年以前的规范进行配筋。试验结果表明，钢套管加固方法可改善非延性构件的抗震性能，套管外设加劲肋可进一步提高构件的水平承载力和延性。2004 年，Xiao 等[47]提出约束钢管混凝土柱体系，即采用附加横向约束的方式控制钢管混凝土塑性铰区钢管的局部屈曲。此后，Xiao 等分别对约束圆、方钢管混凝土柱的轴压及抗震性能进行试验研究，进一步验证该类构件的优异性能[48-49]。

2005 年，蔡健等[50]对圆形钢套管加固的钢筋混凝土中长柱轴压性能进行试验研究与非线性数值参数分析，提出加固构件的稳定影响系数计算公式。2013 年，胡潇等[51]对考虑二次受力圆形钢套管加固钢筋混凝土短柱的轴心受压性能进行试验研究；结果表明，圆钢管加固可显著提高核心钢筋混凝土柱的承载力和延性，初始轴压力对加固构件的承载力影响较小。

2007 年，Adam 等[52]对外包角钢-横向缀板加固的钢筋混凝土柱轴压性能进行试验研究，发现角钢与缀板对核心混凝土施加了可靠的约束作用，且钢板与混凝土间填充水泥砂浆对加固效果影响显著。2009 年，Adam 等基于前期试验研究与有限元参数分析，建立了考虑不同破坏机理的外包角钢-横向缀板加固钢筋混凝土柱的轴压承载力计算公式[53-54]。2011 年，Garzón-Roca 等[55-56]对外包角钢-横向缀板加固的钢筋混凝土柱压弯性能进行试验研究与有限元分析，并基于研究结果建立加固构件的轴力-弯矩相关曲线计算模型。此外，Montuori 等[57]、Campione[58]、Tarabia 等[59]、Ferrotto 等[60]多位学者对外包角钢-横向缀板加固方法进行了试验与理论研究，进一步验证该加固方法的可靠效果并完善了相应的设计理论。

综上可知，外包钢约束加固技术的应用与研究较为广泛，相关研究结果表明：外包钢材（钢管、非连续钢板箍、角钢-横向缀板等）可为核心被加固钢筋混凝土提供有效的约束作用，进而提高混凝土的极限压应变并防止纵筋过早屈曲，显著改善非延性或受损钢筋混凝土柱的抗剪强度与抗震性能。

1.3.3 Tomii 课题组对钢管约束钢筋混凝土的研究

1985 年，Tomii 等[61]为防止钢筋混凝土框架短柱或边柱发生剪切破坏并提高其延性而首次提出钢管约束钢筋混凝土柱的概念，早期也称为套管混凝土（tubed concrete）或超级钢筋混凝土（super-reinforced concrete）。为验证该新型构件的抗震性能，Tomii 课题组开展了一系列钢管约束钢筋混凝土短柱的试验与理论研究[61-62]。结果表明，外包钢管有效提高了钢筋混凝土短柱的抗剪承载力、延性和耗能能力，使钢筋混凝土短柱的破坏模式由剪切破坏向弯曲破坏转化；即使在柱端钢管开缝位置未设置额外的水平剪力连接件的情况下，钢管约束钢筋混凝土柱也不会在开缝截面发生直剪破坏；钢管壁厚、纵筋配筋率和轴压比对方钢管约束钢筋混凝土短柱的滞回性能影响显著。

1991 年，Sakino 等[63]和 Sun 等[64]对 6 组共 24 个方钢管约束混凝土轴压短柱进行试验研究，每组试件包括 3 个钢管约束素混凝土柱和 1 个配有角部纵筋的钢管约束钢筋混凝土柱，试件主要参数为钢管宽厚比（31 和 107）和混凝土抗压强度（21～60MPa）；为减小钢管与混凝土间黏结摩擦，钢管内壁涂有润滑剂。基于试验结果，提出方钢管约束作用下的混凝土应力-应变关系。

1994 年，Sun 和 Sakino 等对双肢箍筋、复合箍筋、方钢管三类约束形式下钢筋混凝土柱的轴压性能进行试验研究，并建立了统一的约束混凝土本构关系；以此为基础，提出不同约束形式的钢筋混凝土压弯承载力简化计算公式[65-68]。1997 年，Sun 和 Sakino 等对不同宽厚比（26、4、5、80 和 115）的方钢管约束钢筋混凝土柱进行了抗震性能试验[69-70]。试验结果表明，钢管宽厚比仅在轴压比较大（n=0.67）的情况下对试件滞回曲线影响明显，且钢管宽厚比越小，水平承载力越高，延性越好。此外，Amin 等[71]通过在柱端潜在塑性铰范围内设置方钢管对拉加劲肋，进一步改善方钢管约束钢筋混凝土柱的约束效果和抗震性能。

1997～2001 年，Sun 和 Sakino[72-74]从轴压比、钢管宽厚比和剪跨比三个方面扩大试验参数，进一步研究方钢管约束钢筋混凝土柱的抗震性能。1997 年，Sun 和 Sakino[72]进行了 13 个高纵筋率（3.84%和 7.68%）钢管约束钢筋混凝土柱在不同轴压荷载作用下（n=0.4～1.1）的抗震性能试验，试件钢管宽厚比为 29，其他参数包括混凝土抗压强度（39.6～56.6MPa）和约束钢管的长度（整柱约束和柱两端部分约束）。试验结果表明，即使在高纵筋率和没有设置足够箍筋的情况下，轴压比为 1.1 的方钢管约束混凝土柱仍具有良好且稳定的抗震性能；构件端部裂缝区域随着轴压比的增大而增高，但未发生纵筋黏结破坏；柱两端部分约束构件同样表现出优秀的抗震性能，为了确保约束的有效性，文献[72]给出了部分约束钢管高度的确定方法。2000 年，Sun 等[73]进行了 12 个不同宽厚比（28～118）的方钢管约束钢筋混凝土柱的抗震性能试验，试验中还考虑了轴压比及柱端塑性铰区设置加劲肋的影响。研究表明，当轴压比较小（n=0.34）时，构件的延性随宽厚比的增大而减小，但即使宽厚比为 118 的构件仍可保证构件具有很好的延性，而宽厚比的变化对极限抗弯强度影响很小；当轴压比较大（$n > 0.5$）时，构件的延性和抗弯强度受宽厚比影响较大，建议宽厚比小于 43 以保证构件延性；通过在塑性铰区钢管设置加劲肋可显著改善方钢管的约束效果并提高构件的抗震性能，试验中宽厚比为 118 的加劲试件与宽厚比为 43 的非加劲试件具有几乎相同的延性及变形能力。2001 年，Sun 等[74]进行了两种剪跨比（1.0、1.5）的方钢管约束钢筋混凝土柱抗震性能试验，试件主要参数还包括混凝土抗压强度（27.8～37.2MPa）、轴压比（0.33～0.67）和钢管宽厚比（28～118）。试验结果表明，剪跨比为 1.0 和 1.5 的试件分别发生剪切和弯曲破坏，剪切破坏试件的延性随钢管宽厚比的降低而提高，但钢管宽厚比对弯曲破坏试件的承载力及延性影响不明显。

1999 年，研究人员对较大钢管径/宽厚比的圆、方钢管约束钢筋高强混凝土柱的轴压及压弯性能进行了试验研究，轴压构件考虑了两种混凝土抗压强度（61.6MPa 和 95.2MPa）和四种钢管径/宽厚比（50、67、93 和 169）；压弯构件混凝土抗压强度为 60MPa，其余参数包括钢管径/宽厚比（61、82、116 和 219）和竖向荷载比（0.2～0.7）[75-78]。结果表明，对于受压试件，即使径厚比为 169 的薄壁圆钢管仍可对强度为 100MPa 的混凝土提供有效的约束作用，并使其抗压强度得以提高；对于压弯构件，薄壁钢管的约束作用可以保证柱子具有较高的弯曲变形能力。2001 年，Sun 和 Sakino 等对 11 个方钢管约束钢筋高强混凝土（60MPa 和 100MPa）柱的抗震性能进行了试验研究，并提出了往复荷载作用下构件弯曲性能的评价方法[79-81]；研究还发现，设置十字对拉加劲肋可明显改善钢管的约束效应，提高构件的变形能力。Fukuhara 等对单层单跨的方钢管约束钢筋高强混凝土（90MPa）柱-钢筋混凝土梁框架进行滞回性能试验，验证了该类框架结构的优异抗震性能[82-83]。此外，试验中还研究了高强钢筋（900～1000MPa）的影响，验证高强钢筋可有效提高框架的承载力和延性，并减小构件的损伤和残余变形，有利于震后修复。

Tomii 课题组对钢管约束钢筋混凝土构件进行了较为系统的试验研究，充分验证了该新型构件的优异结构性能；但试验结果的介绍和论述较为简化，未形成系统性设计理论；且该课题组的研究更侧重钢管对钢筋混凝土短柱的增强效果，研究集中于方形截面构件，对圆形截面构件、连接节点、结构体系等方面的研究不足。

1.3.4 钢管约束钢筋混凝土桥墩的研究

1999 年，Silva 等[84]受美国阿拉斯加州交通和公共设施部委托，对现场浇筑外包钢管壳（cast-in-place steel shell）钢筋混凝土多柱桥墩进行足尺抗震性能试验，其中外包钢管在距基础及盖梁 51mm 处断开。试验结果表明，外包钢管壳多柱桥墩在水平荷载下发生柱端塑性铰破坏且具有较高延性，极限状态下纵向钢筋发生低周疲劳断裂破坏，墩柱与盖梁及基础的连接节点产生大量裂缝但未达到失效；基于试验结果，文献[84]对墩柱纵筋配筋率、纵筋锚固、盖梁受弯与受剪设计、墩柱-盖梁节点设计等方面进行了分析与评估。2001 年，Silva 等[85]对不同连接形式的外包钢管壳钢筋混凝土墩柱-盖梁节点进行试验研究，其中外包钢管埋入盖梁 127mm。试验结果表明，钢管埋入盖梁对墩柱-盖梁节点影响显著，导致在低位移延性水平下节点发生了较为严重的破坏；基于试验结果，作者建议钢管在盖梁节点以下断开，并增加盖梁节点区的抗剪钢筋以防止节点剪切破坏。2009 年，Silva 等[86]提出一种对外包钢管壳钢筋混凝土桥墩塑性铰及连接节点区加固方法，即切割柱端部分钢管并在盖梁表面增加后浇层对盖梁加固，该加固方法的前提是墩柱纵筋率不宜过高以防止盖梁发生剪切破坏；试验结果表明，加固盖梁节点区设置横向预拉杆可有效降低盖梁的膨胀并提高抗剪强度，加固后钢管与盖梁表面间距过小会导致大位移下盖梁破坏；基于试验结果，Silva 等[86]建议加固后钢管与盖梁表面的最小空隙为 38.1mm，并提出不同延性水平对应的设计建议。

2009 年，Montejo 等[87]对低温下钢管约束钢筋混凝土墩柱的抗震性能开展试验研究，结果表明低温作用会引起墩柱抗弯承载力的提高和延性的降低。此后，Montejo 等[88]还研究了外包圆钢管的钢筋混凝土桥墩在多柱中的应用，钢管与盖梁连接断开，而与基础连接未断开；结果表明，当两端固结时极限状态由上端塑性铰控制，上端悬臂时极限状态由柱脚钢管的拉应变控制。

2011 年，Chen 等[89]利用外包方钢管替代传统钢筋混凝土桥墩的箍筋，并开展拟静力试验研究。结果表明，方钢管约束钢筋混凝土桥墩中虽未设置受力箍筋，但其抗剪承载力与延性仍显著高于普通钢筋混凝土桥墩。

2014 年，Billah 等[90]对采用不同加固材料的三柱桥墩进行了静力和动力弹塑性有限元分析。结果表明，钢管加固的桥墩在钢管未屈服时残余变形最小，但桥墩的残余变形在钢管屈服后增长较快。

2016 年，Stephens 等[91]提出多种适合于快速施工的钢管混凝土墩柱-预制 RC 盖梁节点形式，其中采用钢筋替代钢管插入盖梁的连接方式与钢管约束钢筋混凝土受力机理相似，研究结果表明该类节点施工方便，受力性能可靠。

目前针对钢管约束钢筋混凝土桥墩的研究仍处于起步阶段，研究对象侧重于多柱式桥墩结构，研究内容侧重于抗震性能与节点连接性能。相关研究验证了钢管约束钢筋混凝土桥墩在增强高纵筋率混凝土桥墩延性与简化钢管混凝土桥墩柱脚连接等方面优势明显。

1.3.5 国内学者针对钢管约束混凝土结构的研究

21 世纪初，刘界鹏[92]、Zhang 等[93]、龚超[94]、汪小勇[95]详细地阐述了钢管约束混凝土柱相比于传统钢筋混凝土柱和钢管混凝土柱的优势。该课题组成员对圆、方钢管约束钢筋混凝土压弯构件的抗震性能进行了试验及理论研究，揭示了轴压比、钢管径/宽厚比及混凝土轴心抗压强度等参数对钢管约束钢筋混凝土柱抗震机理的影响规律，并建立压弯滞回构件考虑钢管约束效应随水平地震作用时变的数值模型；基于试验与参数分析结果，提出在不同混凝土强度等级与轴压比水平下钢管径/宽厚比的设计建议。此外，该课题组还对内置型钢的钢管约束钢筋混凝土柱进行了初探性试验与理论研究，并提出了抗震设计建议。

2009 年，Han 等[96]对节点区配置锚固良好柱纵筋的薄壁钢管约束混凝土柱-RC 梁节点进行了抗震性能试验，并与传统钢管混凝土柱-RC 梁节点进行对比。试验表明，该节点在拟静力荷载作用下具有良好的整体性与变形能力，破坏模式为梁端塑性铰破坏。此后，郭智峰[97]采用有限元方法对该类节点力学性能进行研究，并给出设计建议。

2010 年，周绪红和刘界鹏等以地震作用下更易发生脆性剪切破坏的高强混凝土短柱为研究对象，开展了钢管约束钢筋高强混凝土短柱的轴压及抗震性能研究[97-99]。在轴压性能方面[98]，共进行 20 个圆形和 20 个方形截面钢管约束钢筋高强混凝土轴压短柱试验，考察参数包括钢管径/宽厚比（50、70、100）、混凝土强度等级（C50、C80）、钢管开缝与配筋模式等；研究表明，承载力极限状态下，圆钢管约束作用可按钢管环向全截面屈服进行计算，而方钢管的约束效应计算需要考虑截面非均匀受力与钢管纵向应力的折减。在抗震性能方面，Zhou 和 Liu 等[99-100]共进行 6 个钢管约束钢筋高强混凝土短柱和 2 个钢筋混凝土对比试件的拟静力试验，考察参数包括截面形式（圆形和方形）、轴压比（0.35、0.45 和 0.55）；研究表明，当剪跨比为 1.5 时，圆钢管约束钢筋混凝土短柱在三种轴压比下均发生弯曲破坏，方钢管约束钢筋混凝土短柱随轴压比的增大从弯曲破坏向弱剪切破坏发展，而钢筋混凝土对比试件均发生严重剪切破坏；基于试验结果，建立精细化三维有限元模型，并开展拓展参数分析，提出钢管约束钢筋混凝土短柱的受剪承载力计算模型。

2010 年，周绪红和刘界鹏将钢管约束混凝土柱的理念进行推广，提出了无纵筋钢管约束型钢混凝土框架柱的概念，即采用外包薄壁钢管代替传统型钢混凝土柱中的钢筋笼，显著提高核心混凝土受约束水平的同时，有效简化传统型钢混凝土梁柱节点连接构造[101]。两位学者对 6 个钢管约束型钢高强混凝土短柱和 2 个型钢混凝土对比试件进行抗震性能试验，考察参数包括截面形式（圆形、方形）、轴压比（0.3、0.4、0.5）；研究表明，钢管约束型钢混凝土短柱的抗震性能显著优于相同配筋率的型钢混凝土构件，前者的位移延性系数和极限层间位移角比后者分别提高 100%和 200%以上；考虑到在大位移延性水平下钢管约束型钢混凝土短柱发生一定程度的型钢–混凝土界面黏结破坏，作者建议在型钢翼缘设置抗剪栓钉以提高黏结强度。

2010 年，周绪红和刘界鹏整理其课题组相关研究成果，出版国内第一部关于钢管约束混凝土的著作[102]，书中系统阐述了钢管约束素混凝土柱、钢管约束钢筋混凝土柱及钢管约束型钢混凝土柱的力学性能与设计理论，并介绍了多个典型工程的应用实例。

2014 年，刘发起[103]对圆钢管约束钢筋混凝土柱的抗火性能进行试验与理论研究，探明 ISO 834 标准火灾作用下钢管约束钢筋混凝土柱的变形性能和耐火极限，揭示关键因素对火灾后钢管约束钢筋混凝土柱力学性能的影响规律；研究表明，荷载比对火灾下钢管约束钢筋混凝土柱耐火极限影响显著，但钢管的开缝数量对构件耐火极限影响较小，与同等条件下的钢管混凝土柱相比，钢管约束钢筋混凝土柱具有更好的抗火性能；基于试验与理论研究，提出了圆钢管约束钢筋混凝土柱耐火极限与火灾后剩余强度承载力、稳定承载力和压弯承载力的设计方法。此后，刘发起和杨华等对方钢管约束钢筋混凝土柱的耐火极限和火灾后残余强度开展试验与理论研究，建立热力耦合有限元分析模型，提出不同受火时间后方钢管约束钢筋混凝土柱的轴压承载力计算公式[104-105]。

2016 年，胡成[106]对局部钢套管约束钢筋混凝土柱–RC 梁节点抗震性能进行了试验研究。试验结果表明，钢套管对梁柱节点塑性铰区核心混凝土提供有效的约束，克服了柱端塑性铰区箍筋在往复荷载作用下易脱开的缺陷，大幅度提高了框架结构柱的延性及耗能能力，有效提高了结构的抗震性能。

2017 年，高春彦等[107]对掺入一定量粉煤灰的圆钢管约束钢筋混凝土轴压短柱开展试验研究，考察参数主要为钢管径厚比（55、73、110）和混凝土中粉煤灰取代率（0、10%、30%、50%）。研究表明，随着粉煤灰取代率的增加，混凝土强度降低，但钢管对混凝土的约束作用增强，核心混凝土强度增长效率提高，构件延性提高。2019 年，高春彦等[108]对圆钢管约束钢筋混凝土偏压构件的受力性能进行研究，揭示了构件承载力随长细比和加载偏心距的相关影响规律。

2017 年，王宇航等[109]对压–弯–扭耦合荷载作用下钢管约束钢筋混凝土柱抗震性能进行试验研究。结果表明，当轴压力为受压承载力的 30%时，轴压力有利于提高钢管约束钢筋混凝土柱的耗能能力、受扭和受弯承载力、抗扭和抗弯刚度以及延性。

2020 年，王吉忠等[110]对圆钢管约束型钢高强混凝土短柱的受压性能进行试验研究及有限元分析。结果表明，内部型钢与外部钢管的双重约束效应能够有效改善高强混凝土的脆性并显著提高柱极限承载力，钢管的约束作用随着径厚比的减小而显著增加。

2010 年至今，周绪红课题组在已有研究的基础上，对钢管约束混凝土结构的构件（钢管约束钢筋混凝土柱和钢管约束型钢混凝土柱）、节点（钢管约束钢筋/型钢混凝土柱-钢梁节点和钢管约束钢筋混凝土柱-RC 梁节点）和结构体系（钢管约束钢筋/型钢混凝土柱-钢梁框架和钢管约束钢筋混凝土柱-RC 梁框架）进行了更为系统的试验与理论研究，内容涉及钢管约束混凝土本构模型[111]、短柱轴压及偏压性能与截面承载力计算方法[112-113]、构件稳定性能与设计方法[114-115]、构件抗震性能与设计方法[116-117]、短柱受剪性能与抗剪承载力计算方法[118-119]、梁柱节点轴压性能与承载力计算方法[120-121]、梁柱节点抗震性能与设计方法[122-123]、构件抗火性能与设计方法[124-125]、结构体系抗震性能与体系设计理论等[126]方面。2019 年，重庆大学等单位基于多年的研究成果，主编《钢管约束混凝土结构技术标准》（JGJ/T 471—2019）[127]，为工程实践提供理论支撑与设计依据。

可见，钢管约束混凝土结构在国内的研究虽然起步较晚，但相关研究推进迅速，且研究更为系统、完整，较为全面地阐述了钢管约束混凝土结构的性能，揭示了不同工况下结构受力机理，建立了系统的设计理论与简化计算方法。

1.3.6 基于钢管约束混凝土的创新性研究

近些年，随着钢管约束混凝土结构被广为关注，学者们基于钢管约束混凝土的受力特点开展了一些创新性研究，主要体现在绿色、高性能材料应用与新型截面形式探索等方面。

2011 年，肖建庄等对钢管约束再生混凝土短柱进行了轴压试验研究，试验的主要参数为混凝土再生粗骨料取代率（0～100%）[128-129]。试验结果表明，钢管约束再生混凝土与约束普通混凝土的受力过程基本相同，随着再生粗骨料取代率的增加，试件极限荷载呈降低趋势，但钢管约束效应更为显著，峰值应变增大；基于试验结果，文献[128]、[129]的作者提出了变化横向约束应力下的简化受力模型。

2019 年，Le 等[130]对圆钢管约束超高性能混凝土（ultra-high performance concrete，UHPC）轴压力学性能进行试验研究，所采用的 UHPC 抗压强度在 179～198MPa，并将钢纤维掺入体积比例（0、1%和 2%）作为研究参数；钢管屈服强度约为 400MPa，选取三种钢管径厚比（17、24 和 30）。研究表明，钢管径厚比对构件承载力和延性影响显著，而钢纤维掺入量对构件性能影响较小。

2019 年，李斌等[131]对方钢管约束粉煤灰陶粒轻骨料混凝土短柱的轴压性能进行试验研究。试验表明，方钢管对轻骨料混凝土的约束作用明显，有效地提高了轻骨料混凝土的抗压强度和延性。

2019 年，Wang 等[132]提出了波纹钢管约束混凝土柱的概念并开展轴压性能试验，研究指出波纹钢管纵向刚度较低，主要对核心混凝土提供约束作用，且约束强度略高于相近参数指标的普通钢管；基于试验结果，作者提出了波纹钢管对核心混凝土的侧向约束模型与构件轴压承载力计算公式。

2019年，Guo等[133]对不锈钢管约束混凝土短柱的轴压性能进行试验研究，验证该类构件的优异力学性能，并指出不锈钢管焊接性能对构件力学性能具有显著影响。同年，叶勇等[134]对比采用不锈钢管和碳素钢管的约束混凝土轴压短柱力学性能，发现采用不锈钢管约束混凝土的承载力高于采用相近屈服强度的碳素钢管约束混凝土。

2019年，Liu等[135]为进一步改善薄壁钢管对高强混凝土的约束效应，提出了CFRP-钢管约束高强混凝土柱；轴压试验结果表明，CFRP-钢管的复合约束效应明显优于单一材料，一方面解决薄壁钢管对高强混凝土约束不足的问题，另一方面改善CFRP约束混凝土柱因纤维断裂而破坏突然的缺点。

2020年，Zhou等[136]针对钢筋混凝土矮墩受剪延性不足的问题，提出哑铃形钢管约束钢筋混凝土桥墩并开展抗震性能试验。研究表明，哑铃形钢管约束钢筋混凝土桥墩的水平承载力主要由腹板受剪和边柱受弯构成，在水平荷载作用下，桥墩具有较高的抗剪强度与耗能能力。

1.4 钢管约束混凝土结构的应用

钢管约束混凝土技术在国外主要应用于桥梁与建筑结构的抗震加固。1971年美国圣费尔南多地震中，大量20世纪五六十年代未考虑抗震设计的桥梁结构发生严重破坏[32]。此后，加利福尼亚州交通部（California Department of Transportation，CALTRANS）逐步开展桥梁结构的抗震性能评估与加固计划；尤其在1989年洛马普里塔大地震后，CALTRANS开展了大量的桥墩加固项目，其中针对受损或非延性钢筋混凝土桥墩的典型加固方法即外包钢管加固（steel jacketing）[137]。对于圆形截面桥墩，一般采用直径稍大的圆钢管包裹整柱或部分柱高，如图1.4.1所示，钢管与混凝土的间隙灌注砂浆以提高约束作用；当钢管包裹整柱时，钢管端部需要额外设缝，以减小墩柱对盖梁等邻近构件的不利影响。对于方形截面桥墩，推荐的加固方法是包裹椭圆形钢管，从而提供近似于圆形截面的约束效应。美国联邦公路管理局（Federal Highway Administration，FHWA）编制的公路结构抗震加固手册给出了外包钢管加固的具体方法与构造[138]。此外，美国联邦紧急事务管理局（Federal Emergency Management Agency，FEMA）出版的既有建筑修复手册中也将外包钢作为框架柱的典型加固与修复方法[139]。1997年，Maffei[140]较为系统地梳理了桥梁结构的抗震评估与加固技术，并针对新西兰桑顿桥（Thorndon bridge）抗震性能不足的缺陷，提出桥墩外包钢管的加固方案，从而提高单墩塑性区变形能力与多墩纵向抗剪强度与延性。

在日本，1995年的阪神大地震造成该地区大量房屋结构及公路桥梁的破坏与倒塌，同年日本政府成立调查委员会并由建设省下属的日本公共工程研究所（Public Works Research Institute，PWRI）组织开展一系列受损结构的加固与再建项目研究[141]。阪神高速3号神户线在地震中受损最为严重，部分路段的桥墩因承载力与延性不足出现完全倒塌。针对受损钢筋混凝土墩柱，PWRI提出的典型加固方法为增大墩柱截面并整柱外包钢管进行加强，其中钢管深入地面以下并在基础顶面50mm处断开；同时为进一步提高柱脚的抗弯能力，采用环氧树脂和纵向锚筋对埋入地下的钢管进行加强[142]。此后，日本政府提高了抗震标准，并在全国范围内实施紧急地震加固措施，在各类结构抗震补强中推广外包钢管加固技术的应用。2011 年的东日本大地震中，日本东北新干线铁路约有 500km 遭受破坏；但由于该干线的部分高架桥墩此前采用外包钢管进行抗震加固，结构地震损伤小且未发生倒塌事故，使得整个新干线铁路在较短时间内恢复通车。目前，外包钢管作为一种抗震加固技术在日本被广为接受与应用，并被收录于多家日本知名建设公司的技术手册。

（a）墩柱整高加固（美国田纳西州）

（b）墩柱局部加固（美国密苏里州）

图 1.4.1 外包钢管加固在美国的应用

近十几年来，随着国内学者对钢管约束混凝土结构的研究与推广，国内工程界对钢管约束混凝土的特点和优势有了一定的了解，并逐步将其应用于工程实际。与国外将钢管约束混凝土技术应用于结构加固不同，国内的应用主要集中于新建工程，应用的结构形式主要包括超高层建筑、大型体育场馆（竖向承载部分）和大型复杂公共建筑等。目前，国内已有 40 余项重点工程应用钢管约束混凝土技术，包括青岛海天大酒店新楼、重庆中科大厦、大连中国石油大厦、黑龙江科技创新大厦、大连奥体中心体育馆/体育场/网球场、重庆 T3 航站楼、重庆忠县电竞馆、惠州华润小径湾酒店等。以上各类工程项目通过采用钢管约束混凝土技术，有效解决以下三类实际工程问题：①钢筋混凝土短柱抗剪强度与抗震性能不足；②传统钢-混凝土组合柱节点连接复杂；③超高层建筑底层柱截面过大。通过采用钢管约束混凝土技术取得显著的社会与经济效益。

1.5 本书主要内容

本书将系统介绍作者在钢管约束混凝土结构方面的研究内容和成果，主要包括以下内容。

（1）钢管约束混凝土短柱的轴压性能与设计方法

完成 18 个钢管约束素混凝土、18 个钢管约束钢筋混凝土和 20 个钢管约束型钢混凝土轴压短柱的试验研究，探明混凝土强度等级、钢管径/宽厚比、配筋率、型钢是否设置栓钉等关键参数对构件轴压性能的影响规律；基于受约束混凝土横向膨胀模型与钢管应力分析，揭示钢管对核心混凝土的约束机理，建立等效约束应力计算模型；提出单向与往复压力下钢管约束混凝土本构模型，建立考虑钢管等效约束作用的轴压承载力计算公式。

（2）钢管约束混凝土中长柱的轴压性能与设计方法

以柱长径/宽比为主要变化参数，对包括圆形截面和方形截面在内的36个钢管约束混凝土柱进行了轴压性能试验研究，探明钢管约束效应随构件长细比的变化规律；建立考虑钢管约束效应随构件长细比变化的有限元分析模型，分析了局部缺陷、整体缺陷对构件承载力的影响；对现有国内外规范相关计算公式适用性进行了验证，并基于试验及有限元计算结果提出构件轴压稳定承载力计算公式。

（3）钢管约束混凝土短柱的偏压性能与设计方法

完成32个钢管约束钢筋混凝土和23个钢管约束型钢混凝土偏压短柱的试验研究，考察参数包括钢管径/宽厚比、混凝土强度等级、钢管屈服强度、偏心率、钢筋配筋率及型钢是否设置抗剪栓钉等；基于提出的约束混凝土本构模型，分别建立了圆、方钢管约束钢筋型钢混凝土偏压短柱数值模型和分段式截面承载力理论计算方法；推导了钢管约束混凝土等效矩形应力系数，并以此为基础对截面承载力理论方法进行合理简化。

（4）钢管约束混凝土中长柱的偏压性能与设计方法

完成38个钢管约束钢筋混凝土中长柱和18个钢管约束型钢混凝土中长柱在偏压荷载作用下的试验研究，得到试件的挠曲变形曲线、荷载-跨中横向位移曲线和荷载-钢管应变曲线等，分析荷载偏心率和构件长径/宽比等参数对构件破坏模式和各力学性能指标的影响；建立了圆、方钢管约束钢筋/型钢混凝偏压中长柱的有限元模型，并开展等偏心铰支柱和不等偏心铰支柱的参数分析；提出弯矩增大系数和偏心距调节系数的计算公式，建立考虑构件二阶效应的承载力设计方法。

（5）钢管约束混凝土框架柱的抗震性能与短柱受剪强度计算方法

完成17个钢管约束钢筋混凝土短柱和23个钢管约束型钢混凝土柱（短柱12个，中长柱11个）的拟静力抗震试验研究，分析了轴压比、剪跨比、钢管径/宽厚比、方钢管加劲肋和型钢栓钉间距等参数对试件破坏模式、延性、耗能能力的影响规律；建立钢管约束混凝土柱的纤维梁数值模型与分层壳数值模型，实现不同破坏模式下钢管约束混凝土柱滞回性能的准确预测与模拟；基于分层壳模型提出钢管约束混凝土柱在受弯破坏与受剪破坏的临界剪跨比；基于有限元参数分析，提出考虑钢管等效箍筋效应的受剪承载力计算公式，并与现行规范抗剪承载力计算公式进行对比。

（6）钢管约束钢筋混凝土梁柱节点的受压性能与设计方法

对包括圆形截面和方形截面在内的37个钢管约束钢筋混凝土梁柱节点进行了受压性能试验研究；对于圆形节点，提出部分钢管贯通式节点和环筋式节点两种新型节点构造，采用对比不同区域混凝土有效约束应力的方法，分别提出了两类节点设计的理论依据。针对部分钢管贯通式节点梁端黏结面的直剪问题，结合国内外相关规程、规范的计算规定，建议了梁端界面直接受剪承载力的计算公式；对于方形节点，提出梁端水平加腋节点形式，并通过试验对常规节点和加腋节点的适用性进行了验证。

（7）圆钢管约束钢筋混凝土柱-RC 梁框架节点的抗震性能与设计方法

对共计 18 个圆钢管约束钢筋混凝土柱-RC 梁框架节点进行了抗震性能试验研究，包括部分钢管贯通式节点和环筋式节点两种类型，设计有中节点、边节点和带楼板中节点三种节点形式；基于试验结果，分析了各类节点在往复荷载作用下全过程受力状态，探明关键参数对节点极限承载力、耗能、刚度等性能指标的影响；采用极限平衡理论推导了钢管在节点核心区受剪过程所贡献承载力的极值，建立了物理意义明确的节点核心区受剪承载力计算公式。

（8）圆钢管约束混凝土柱-钢梁框架节点的力学性能与设计方法

完成 8 个圆钢管约束混凝土柱-钢梁框架节点在梁端剪力作用下的试验研究，探明节点区钢管厚度、环板厚度、内嵌环板宽度以及内焊钢筋数量等关键参数对节点界面受剪性能的影响规律；基于“有效宽度法”的简化力学模型，建立了圆钢管约束混凝土柱-钢梁框架节点的界面受剪承载力公式。

完成 6 个圆钢管约束钢筋混凝土柱-钢梁框架节点和 4 个圆钢管约束型钢混凝土柱-钢梁框架节点的试验研究，探明节点区钢管厚度、节点区伸出钢管高度以及柱轴压比等关键参数对节点抗震性能的影响规律；基于斜压杆理论和叠加理论，提出了圆钢管约束混凝土柱-钢梁框架节点的受剪力学模型，并建立了节点受剪承载力公式。

（9）圆钢管约束混凝土框架抗震性能试验研究

完成 6 榀钢管约束混凝土框架的拟静力抗震试验研究，框架类型包括圆钢管约束钢筋混凝土柱-钢梁框架、圆钢管约束型钢混凝土柱-钢梁框架和圆钢管约束钢筋混凝土柱-RC 梁框架。研究参数为柱梁强度比，以实现所研究框架可满足或突破规范有关“强柱弱梁”的规定。通过拟静力试验对框架滞回性能进行研究，分析了破坏模式和破坏机理，并从滞回曲线、骨架曲线、耗能能力、刚度及强度退化、钢部位应力和变形模式等方面对测试框架抗震性能进行综合分析与评估。

（10）钢管约束混凝土框架抗震性能设计理论

介绍了基于 OpenSees 平台的钢管约束钢筋混凝土柱-钢梁框架的纤维单元建模方法，通过有限元分析轴压比、混凝土强度、钢管屈服强度、径厚比、柱长径比、柱梁强度比和梁柱线刚度比对框架初始刚度、承载力、延性和耗能能力的影响；利用 OpenSees 有限元软件建立结构体系分析模型并进行 Pushover 分析、时程分析、IDA 分析和地震易损性分析，比较不同算例之间的能力曲线、屈服机制、层间位移和抗倒塌能力；基于框架试验和有限元结构体系分析结果，提出钢管约束混凝土框架结构体系最大适用高度、弹性及弹塑性层间位移角限值、柱梁强度比和构造措施方面的抗震设计建议。

（11）圆钢管约束混凝土柱抗火性能与设计方法

完成 44 个圆钢管约束钢筋/型钢混凝土柱的抗火性能试验，考虑了荷载比、偏心距、长细比和钢管径厚比等因素对柱耐火性能的影响；建立了钢管约束混凝土柱的温度分析和热力耦合分析有限元模型，采用试验数据对模型进行了验证；基于有限元模型分析了钢管约束混凝土柱的温度分布规律和高温下承载力退化规律；提出了钢管约束混凝土柱的抗火设计方法，可为该类构件的抗火设计提供参考和依据。

参考文献

[1] 国务院发展研究中心, 世界银行. 中国: 推进高效、包容、可持续的新型城镇化[M]. 北京: 中国发展出版社, 2014.

[2] 丁洁民, 吴宏磊, 赵昕. 我国高度 250m 以上超高层建筑结构现状与分析进展[J]. 建筑结构学报, 2014, 35(3): 1-7.

[3] 王翠坤, 田春雨, 肖从真. 高层建筑中钢-混凝土混合结构的研究及应用进展[J]. 建筑结构, 2011, 41(11): 28-33.

[4] 陈宝春, 牟廷敏, 陈宜言, 等. 我国钢-混凝土组合结构桥梁研究进展及工程应用[J]. 建筑结构学报, 2013, 34(增刊 1): 1-10.

[5] Griffis L G. Some design considerations for composite-frame structures[J]. Engineering Journal, 1986, 23(2): 59-64.

[6] 钟善桐. 钢-混凝土组合结构在我国的研究与应用[J]. 钢结构, 2000, 15(4): 41-46.

[7] 蔡绍怀. 我国钢管混凝土结构技术的最新进展[J]. 土木工程学报, 1999, 32(4): 16-26.

[8] 白晓红, 白国良. 新型钢-混凝土组合结构的应用与展望[J]. 工业建筑, 2006, 36(S1): 521-527.

[9] 叶列平, 方鄂华. 钢骨混凝土构件的受力性能研究综述[J]. 土木工程学报, 2005, 33(5): 1-12.

[10] 中华人民共和国住房和城乡建设部. 钢管混凝土结构技术规范: GB 50936—2014 [S]. 北京: 中国建筑工业出版社, 2014.

[11] 中华人民共和国住房和城乡建设部. 组合结构设计规范: JGJ 138—2016[S]. 北京: 中国建筑工业出版社, 2016.

[12] 中华人民共和国住房和城乡建设部. 建筑抗震设计规范(2016 年版): GB 50011—2010[S]. 北京: 中国建筑工业出版社, 2016.

[13] 中华人民共和国住房和城乡建设部. 混凝土结构设计规范(2015 年版): GB 50010—2010[S]. 北京: 中国建筑工业出版社, 2015.

[14] Gardner N J, Jacobson E R. Structural behavior of concrete filled steel tubes[J]. ACI Journal Proceedings, 1967, 64(7): 404-413.

[15] 蔡绍怀, 焦占拴. 钢管混凝土短柱的基本性能和强度计算[J]. 建筑结构学报, 1984, 5(6): 13-29.

[16] Orito Y, Sato T, Tanaka N, et al. Study on the unbonded steel tube concrete structure[M]//Buckner C D, Viest I M. Composite Construction in Steel and Concrete. New York: American Society of Civil Engineers, 1988: 786-804.

[17] Prion H G L, Boehme J. Beam-column behaviour of steel tubes filled with high strength concrete[J]. Canadian Journal of Civil Engineering, 1994, 21(2): 207-218.

[18] Lahlou K, Aitcin P. Colonnes en beton a hautes performances confine dans des enveloppes minces mince en acier[J]. Bulletin des Laboratoires des Ponts et Chaussées, 1997 (209): 49-67.

[19] Lahlou K, Lachemi M, Aïtcin P C. Confined high-strength concrete under dynamic compressive loading[J]. Journal of Structural Engineering, 1999, 125(10): 1100-1108.

[20] O'Shea M D, Bridge R Q. Tests on circular thin-walled steel tubes filled with medium and high strength concrete[R]. Department of Civil Engineering Research Report No. R755. The University of Sydney, Sydney, Australia, 1997: 193-201.

[21] O'Shea M D, Bridge R Q. Design of circular thin-walled concrete filled steel tubes[J]. Journal of Structural Engineering, 2000, 126(11): 1295-1303.

[22] Mei H, Kiousis P D, Ehsani M R, et al. Confinement effects on high-strength concrete[J]. ACI Structural Journal, 2001, 98(4): 548-553.

[23] Johansson M, Gylltoft K. Mechanical behavior of circular steel-concrete composite stub columns[J]. Journal of Structural Engineering, 2002, 128(8): 1073-1081.

[24] Fam A, Qie F S, Rizkalla S. Concrete-filled steel tubes subjected to axial compression and lateral cyclic loads[J]. Journal of Structural Engineering, 2004, 130(4): 631-640.

[25] Mcateer P, Bonacci J F, Lachemi M. Composite response of high-strength concrete confined by circular steel tube[J]. ACI Structural Journal, 2004, 101(4): 466-474.

[26] 王玉银, 张素梅, 郭兰慧. 受荷方式对钢管混凝土轴压短柱力学性能影响[J]. 哈尔滨工业大学学报, 2005, 37(1): 40-44.

[27] Han L H, Yao G H, Chen Z B, et al. Experimental behaviours of steel tube confined concrete (STCC) columns[J]. Steel and Composite Structures, 2005, 5(6): 459-484.

[28] Han L H, Liu W, Yang Y F. Behavior of thin walled steel tube confined concrete stub columns subjected to axial local compression[J]. Thin-Walled Structures, 2008, 46(2): 155-164.

[29] 张素梅, 刘界鹏, 马乐, 等. 圆钢管约束高强混凝土轴压短柱的试验研究与承载力分析[J]. 土木工程学报, 2007, 40(3): 24-31.

[30] 刘界鹏, 张素梅, 郭兰慧. 方钢管约束高强混凝土短柱轴压力学性能[J]. 哈尔滨工业大学学报, 2008(10): 1542-1545.

[31] Priestley M J N, Park R J T. Concrete filled steel tubular piles under seismic loading[J]//Proceeding of International Speciality Conference on Concrete Filled Steel Tubular Structures, Orld Earthquake Engineering, 1985(8): 96-103.

[32] Priestley M J N, Seible F, Xiao Y. Steel jacket retrofitting of reinforced concrete bridge columns for enhanced shear strength-Part 2: Test results and comparison with theory[J]. Structural Journal, 1994, 91(5): 537-551.

[33] 任富栋, 梁少雄, 田家骅, 等. 钢筋混凝土框架柱外包角钢加固方法的试验研究[J]. 建筑结构学报, 1986, 7(1): 16-24.

[34] Chai Y H, Priestley M J N, Seible F. Seismic retrofit of circular bridge columns for enhanced flexural performance[J]. Structural Journal, 1991, 88(5): 572-584.

[35] Chai Y H, Priestley M J N, Seible F. Analytical model for steel-jacketed RC circular bridge columns[J]. Journal of Structural Engineering, 1994, 120(8): 2358-2376.

[36] Aboutaha R S. Seismic retrofit of non-ductile reinforced concrete columns using rectangular steel jackets[D]. Austin: University of Texas, 1994.

[37] Aboutaha R S, Engelhardt M D, Jirsa J O, et al. Rehabilitation of shear critical concrete columns by use of rectangular steel jackets[J]. Structural Journal, 1999, 96(1): 68-78.

[38] Aboutaha R S, Machado R. Seismic resistance of steel confined reinforced concrete (SCRC) columns[J]. The Structural Design of Tall Buildings, 1998, 7(3): 251-260.

[39] Aboutaha R S, Machado R I. Seismic resistance of steel-tubed high-strength reinforced-concrete columns[J]. Journal of Structural Engineering, 1999, 125(5): 485-494.

[40] Ghobarah A, Biddah A, Mahgoub M. Rehabilitation of reinforced concrete columns using corrugated steel jacketing[J]. Journal of Earthquake Engineering, 1997, 1(4): 651-673.

[41] Ramirez J L, Barcena J M, Urreta J I, et al. Efficiency of short steel jackets for strengthening square section concrete columns[J]. Construction and Building Materials, 1997, 11(5/6): 345-352.

[42] McElhaney B, Saiidi M S, Sanders D H. Shake table testing of flared bridge columns with steel jacket retrofit[R]. Report No. CCEER-00-3, University of Nevada, Reno, 2000.

[43] 晏兴威, 苏静丽, 高兑现. 外包钢板箍钢筋混凝土短柱抗震性能[J]. 西安公路交通大学学报, 2001, 21 (4): 73-74.

[44] 肖岩, 何文辉. 约束钢管混凝土结构柱的开发研究[J]. 哈尔滨工业大学学报, 2003, 35(增刊): 45-47.

[45] 肖岩, 郭玉荣, 何文辉, 等. 局部加劲钢套管加固钢筋混凝土柱的研究[J]. 建筑结构学报, 2003, 24(6): 79-86.

[46] Xiao Y, Wu H. Retrofit of reinforced concrete columns using partially stiffened steel jackets[J]. Journal of Structural Engineering, 2003, 129(6): 725-732.

[47] Xiao Y, He W H, Mao X Y. Development of confined concrete filled tubular (CCFT) columns[J]. Journal of Building Structures, 2004, 25(6): 59-66.

[48] Xiao Y, He W, Choi K. Confined concrete-filled tubular columns[J]. Journal of Structural Engineering, 2005, 131(3): 488-497.

[49] Mao X Y, Xiao Y. Seismic behavior of confined square CFT columns[J]. Engineering Structures, 2006, 28(10): 1378-1386.

[50] 蔡健, 徐进. 圆形钢套管加固混凝土中长柱轴压承载力研究[J]. 铁道科学与工程学报, 2005, 2(4): 62-67.

[51] 胡潇, 钱永久. 考虑二次受力圆形钢套管加固钢筋混凝土短柱轴心受压承载力研究[J]. 工程抗震与加固改造, 2013, 35(5): 36-41.

[52] Adam J M, Ivorra S, Giménez E, et al. Behaviour of axially loaded RC columns strengthened by steel angles and strips[J]. Steel and Composite Structures, 2007, 7(5): 405-419.

[53] Adam J M, Ivorra S, Pallarés F J, et al. Axially loaded RC columns strengthened by steel caging. Finite element modelling[J]. Construction and Building Materials, 2009, 23(6): 2265-2276.

[54] Calderón P A, Adam J M, Ivorra S, et al. Design strength of axially loaded RC columns strengthened by steel caging[J]. Materials & Design, 2009, 30(10): 4069-4080.

[55] Garzón-Roca J, Ruiz-Pinilla J, Adam J M, et al. An experimental study on steel-caged RC columns subjected to axial force and bending moment[J]. Engineering Structures, 2011, 33(2): 580-590.

[56] Garzón-Roca J, Adam J M, Calderón P A. Behaviour of RC columns strengthened by steel caging under combined bending and axial loads[J]. Construction and Building Materials, 2011, 25(5): 2402-2412.

[57] Montuori R, Piluso V. Reinforced concrete columns strengthened with angles and battens subjected to eccentric load[J]. Engineering Structures, 2009, 31(2): 539-550.

[58] Campione G. RC columns strengthened with steel angles and battens: experimental results and design procedure[J]. Practice Periodical on Structural Design and Construction, 2013, 18(1): 1-11.
[59] Tarabia A M, Albakry H F. Strengthening of RC columns by steel angles and strips[J]. Alexandria Engineering Journal, 2014, 53(3): 615-626.
[60] Ferrotto M F, Cavaleri L, Papia M. Compressive response of substandard steel-jacketed RC columns strengthened under sustained service loads: From the local to the global behavior[J]. Construction and Building Materials, 2018, 179: 500-511.
[61] Tomii M, Sakino K, Watanabe K, et al. Lateral load capacity of reinforced concrete short columns confined by steel tube[C]//Proceeding of international Speciality Conference on Concrete Filled Steel Tubular Structures, Harbin, 1985: 19-26.
[62] Yoshimura K, Tomii M, Sakino K, et al. Experimental study on R/C subassemblages to prevent a short column from shear failure by using a steel square tube[C]//Proceedings of Ninth World Conference on Earthquake Engineering, Tokyo, 1988, IV: 737-742.
[63] Sakino K, Sun Y P, Toshihiko N. Behaviour of concrete confined in square steel tube under axial compression, Part 1: details of test specimens[C]//Summaries of Technical Papers of Annual Meeting Architectural Institute of Japan, Structures II, Tokyo, 1991: 215-216.
[64] Sun Y P, Sakino K, Toshihiko N. Behaviour of concrete confined in square steel tube under axial compression, Part 2: stress-strain curve of confined concrete [C]//Summaries of Technical Papers of Annual Meeting Architectural Institute of Japan, Structures II, Tokyo, 1991: 217-218.
[65] Kawaguchi A, Sun Y P, Sakino K, et al. Effect of configuration of transverse steel on the behaviour of reinforced concrete columns, Part 1: outline of experimental program [C]//Summaries of Technical Papers of Annual Meeting Architectural Institute of Japan, Structures II, Tokyo, 1994: 437-438.
[66] Ikeda T, Sun Y P, Sakino K, et al. Effect of configuration of transverse steel on the behaviour of reinforced concrete columns, Part 2: experimental results of columns under axial load [C]//Summaries of Technical Papers of Annual Meeting Architectural Institute of Japan, Structures II, Tokyo, 1994: 439-440.
[67] Watanabe K, Sun Y P, Sakino K, et al. Effect of configuration of transverse steel on the behaviour of reinforced concrete columns, Part 3: experimental results of columns under combined forces[C]//Summaries of Technical Papers of Annual Meeting Architectural Institute of Japan, Structures II, Tokyo, 1994: 441-442.
[68] Sun Y P, Sakino K, Watanabe K, et al. Effect of configuration of transverse steel on the behaviour of reinforced concrete columns, Part 4: investigation on the experimental results [C]//Summaries of Technical Papers of Annual Meeting Architectural Institute of Japan, Structures II, Tokyo, 1994: 443-444.
[69] Kawaguchi A, Aklan A, Sun Y P, et al. Wall-thickness effect on the seismic behavior of RC columns confined in square steel tubes, Part 1: experimental program[J]. Architectural Institute of Japan, 1997, 36: 201-204.
[70] Aklan A, Sakino K, Sun Y P. Wall-thickness effect on the seismic behavior of RC columns confined in square steel tubes, Part 2: experimental results[J]. Architectural Institute of Japan, 1997, 36: 205-208.
[71] Amin A, Sun Y P, Sakino K. Wall-thickness effect on the seismic behavior of RC columns confined in square steel tubes, Part 3: stiffened specimens and deformation capacity[C]//Summaries of Technical Papers of Annual Meeting Architectural Institute of Japan, C-2, Structures IV, Reinforced Concrete Structures Prestressed Concrete Structures Masonry Wall Structures, 1997: 635-636.
[72] Sun Y P, Sakino K. Earthquake-resisting performance of R/C columns confined by square steel tube, Part 1: columns under high axial load[J]. Journal of Structural and Construction Engineering of AIJ, 1997, 501: 93-101.
[73] Sun Y P, Sakino K. Earthquake-resisting performance of R/C columns confined by square steel tube, Part 2: effects of wall thickness of steel tube[J]. Journal of Structural and Construction Engineering of AIJ, 2000, 531: 133-140.
[74] Sun Y P, Sakino K. Earthquake-resisting performance of R/C columns confined by square steel tube, Part 3: effects of shear span ratio of column[J]. Journal of Structural and Construction Engineering of AIJ, 2001, 547: 129-136.
[75] Kawaguchi A, Ikenono Y, Sun Y P, et al. Axial and flexural behavior of confined HSC columns, Part 1: experimental program and specimens [C]//Summaries of Technical Papers of Annual Meeting Architectural Institute of Japan, C-2, Structures IV, Reinforced Concrete Structures Prestressed Concrete Structures Masonry Wall Structures, 1999: 763-764.
[76] Murakami K, Ikenono Y, Sun Y P, et al. Axial and flexural behavior of confined HSC columns, Part 2: experimental results of specimens under concentric loading [C]//Summaries of Technical Papers of Annual Meeting Architectural Institute of Japan, C-2, Structures IV, Reinforced Concrete Structures Prestressed Concrete Structures Masonry Wall Structures, 1999: 765-766.

[77] Kajihara T, Kuma T, Ikenono Y, et al. Axial and flexural behavior of confined HSC columns, Part 3: experimental results of square columns under pure bending moment [C]//Summaries of Technical Papers of Annual Meeting Architectural Institute of Japan, C-2, Structures IV, Reinforced Concrete Structures Prestressed Concrete Structures Masonry Wall Structures, 1999: 767-768.
[78] Kuma T, Kajihara T, Ikenono Y, et al. Axial and flexural behavior of confined HSC columns, Part 4: experimental results of circular columns under pure bending moment [C]//Summaries of Technical Papers of Annual Meeting Architectural Institute of Japan, C-2, Structures IV, Reinforced Concrete Structures Prestressed Concrete Structures Masonry Wall Structures, 1999: 769-770.
[79] Sun Y P, Sakino K, Kajihara T, et al. Behavior of high-strength concrete column under cyclic flexure, Part 1: experimental outlines and primary results[C]//Summaries of Technical Papers of Annual Meeting Architectural Institute of Japan, C-2, Structures IV, Reinforced Concrete Structures Prestressed Concrete Structures Masonry Wall Structures, 2001: 427-428.
[80] Matsuo A, Kajihara T, Sun Y P, et al. Behavior of high-strength concrete column under cyclic flexure, Part 2: study of experimental results[C]//Summaries of Technical Papers of Annual Meeting Architectural Institute of Japan, C-2, Structures IV, Reinforced Concrete Structures Prestressed Concrete Structures Masonry Wall Structures, 2001: 429-430.
[81] Kajihara T, Matsuo A, Sun Y P, et al. Behavior of high-strength concrete column under cyclic flexure, Part 3: analytical method for evaluating cyclic flexure behavior of confined concrete column[C]//Summaries of Technical Papers of Annual Meeting Architectural Institute of Japan, C-2, Structures IV, Reinforced Concrete Structures Prestressed Concrete Structures Masonry Wall Structures, 2001: 431-432.
[82] Fukuhara T, Mhake Y, Sun Y P, et al. Seismic behavior of HSC frame confined by steel tubes, Part 2: studies on hysterestic behavior and test results [J]. Architectural Institute of Japan, 2004, 43: 513-514.
[83] Fukuhara T. Earthquake-resisting properties of confined high-strength concrete frames[C]//Proceedings of the 14th World Conference on Earthquake Engineering, Beijing, China, 2008.
[84] Silva P F, Sritharan S, Seible F, et al. Full-scale test of the Alaska cast-in-place steel shell three column bridge bent[R/OL]. Alaska Department of Transportation and Public Facilities, Juneau, Alaska, 1999[2022-01-20]. https://dot.alaska.gov/stwddes/research/assets/pdf/fhwa_ak_rd_99_02.pdf.
[85] Silva P F, Seible F. Seismic performance evaluation of cast-in-steel-shell (CISS) piles[J]. Structural Journal, 2001, 98(1): 36-49.
[86] Silva P F, Lubiewski M C, Chen G D. Seismic retrofit of cast-in-place steel shell columns to bent cap connections[J]. ACI Structural Journal, 2009, 106(6): 810-820.
[87] Montejo L A, Kowalsky M J, Hassan T. Seismic behavior of flexural dominated reinforced concrete bridge columns at low temperatures[J]. Journal of Cold Regions Engineering, 2009, 23(1): 18-42.
[88] Montejo L A, Gonzúlez-Romón L A, Kowalsky M J. Seismic performance evaluation of reinforced concrete-filled steel tube pile/column bridge bents[J]. Journal of Earthquake Engineering, 2012, 16(3): 401-424.
[89] Chen S J, Yang K C, Lin K M, et al. Seismic behavior of ductile rectangular composite bridge piers[J]. Earthquake Engineering & Structural Dynamics, 2011, 40(1): 21-34.
[90] Billah A H M M, Alam M S. Seismic performance evaluation of multi-column bridge bents retrofitted with different alternatives using incremental dynamic analysis[J]. Engineering Structures, 2014(62-63): 105-117.
[91] Stephens M T , Berg L M , Lehman D E , et al. Seismic CFST column-to-precast cap beam connections for accelerated bridge construction[J]. Journal of Structural Engineering, 142(9): 04016049.
[92] 刘界鹏. 钢管约束钢筋混凝土和型钢混凝土构件静动力性能研究[D]. 哈尔滨: 哈尔滨工业大学, 2006.
[93] Zhang S M, Liu J P. Seismic behavior and strength of square tube confined reinforced-concrete (STRC) columns[J]. Journal of Constructional Steel Research, 2007, 63(9): 1194-1207.
[94] 龚超. 圆钢管约束钢筋混凝土压弯构件滞回性能试验研究[D]. 哈尔滨: 哈尔滨工业大学, 2005.
[95] 汪小勇. 方钢管约束钢筋混凝土压弯构件滞回性能试验研究[D]. 哈尔滨: 哈尔滨工业大学, 2005.
[96] Han L H, Qu H, Tao Z, et al. Experimental behaviour of thin-walled steel tube confined concrete column to RC beam joints under cyclic loading[J]. Thin-Walled Structures, 2009, 47(8/9): 847-857.
[97] 郭智峰. 钢管约束混凝土柱-钢筋混凝土梁节点力学性能研究[D]. 兰州: 兰州理工大学, 2010.
[98] Liu J P, Zhou X H. Behavior and strength of tubed RC stub columns under axial compression[J]. Journal of Constructional Steel Research, 2010, 66(1): 28-36.

[99] Zhou X H, Liu J P. Seismic behavior and shear strength of tubed RC short columns[J]. Journal of Constructional Steel Research, 2010, 66(3): 385-397.
[100] Liu J P, Abdullah J A, Zhang S M. Hysteretic behavior and design of square tubed reinforced and steel reinforced concrete (STRC and/or STSRC) short columns[J]. Thin-Walled Structures, 2011, 49(7): 874-888.
[101] Zhou X H, Liu J P. Seismic behavior and strength of tubed steel reinforced concrete (SRC) short columns[J]. Journal of Constructional Steel Research, 2010, 66(7): 885-896.
[102] 周绪红, 刘界鹏. 钢管约束混凝土柱的性能与设计[M]. 北京: 科学出版社, 2010.
[103] 刘发起. 火灾下与火灾后圆钢管约束钢筋混凝土柱力学性能研究[D]. 哈尔滨: 哈尔滨工业大学, 2014.
[104] Liu F Q, Yang H, Yan R, et al. Experimental and numerical study on behaviour of square steel tube confined reinforced concrete stub columns after fire exposure[J]. Thin-Walled Structures, 2019, 139: 105-125.
[105] Yang H, Liu F Q, Huang S S, et al. ISO 834 standard fire test and mechanism analysis of square tubed-reinforced-concrete columns[J]. Journal of Constructional Steel Research, 2020, 175: 106316.
[106] 胡成. 局部套管约束钢筋混凝土柱抗震性能试验研究[J]. 重庆建筑, 2016, 15(1): 49-52.
[107] 高春彦, 段雅鑫, 张欢, 等. 圆钢管约束钢筋混凝土轴压短柱承载力的试验研究[J]. 建筑结构, 2017, 47(2): 48-52.
[108] 高春彦, 刘明洋, 段雅鑫. 圆钢管约束钢筋混凝土偏压构件的受力性能研究[J]. 建筑结构学报, 2019, 40(S1): 170-177.
[109] 王宇航, 王维, 周绪红, 等. 压-弯-扭耦合荷载作用下钢管约束钢筋混凝土柱抗震性能试验研究[J]. 建筑结构学报, 2017, 38(S1): 193-197.
[110] 王吉忠, 张硕, 杨柳, 等. 圆钢管约束型钢高强混凝土短柱的受压性能试验研究及有限元分析[J]. 土木工程学报, 2020, 53(6): 25-36.
[111] Liu J P, Teng Y, Zhang Y S, et al. Axial stress-strain behavior of high-strength concrete confined by circular thin-walled steel tubes[J]. Construction and Building Materials, 2018, 177: 366-377.
[112] Wang X D, Liu J P, Zhang S M. Behavior of short circular tubed-reinforced-concrete columns subjected to eccentric compression[J]. Engineering Structures, 2015, 105: 77-86.
[113] Wang X D, Liu J P, Zhou X H. Behaviour and design method of short square tubed-steel-reinforced-concrete columns under eccentric loading[J]. Journal of Constructional Steel Research, 2016, 116: 193-203.
[114] Zhou X H, Liu J P, Wang X D, et al. Behavior and design of slender circular tubed-reinforced-concrete columns subjected to eccentric compression[J]. Engineering Structures, 2016, 124: 17-28.
[115] Yan B, Gan D, Zhou X H, et al. Influence of slenderness on axially loaded square tubed steel-reinforced concrete columns[J]. Steel and Composite Structures, 2019, 33(3): 375-388.
[116] Zhou X D, Zang X Z, Wang X D, et al. Seismic behavior of circular TSRC columns with studs on the steel section[J]. Journal of Constructional Steel Research, 2017, 137: 31-36.
[117] Liu J P, Li X, Zang X Z, et al. Hysteretic behavior and modified design of square TSRC columns with shear studs[J]. Thin-Walled Structures, 2018, 129: 265-277.
[118] Liu J P, Gan D, Zhou X H, et al. Cyclic shear behavior and shear strength of steel tubed-reinforced-concrete short columns[J]. Advances in Structural Engineering, 2018, 21(11): 1749-1760.
[119] Liu J P, Li X, Zang X, et al. Seismic behavior of shear-critical circular TSRC columns with a shear span-to-depth ratio of 1. 3[J]. Thin-Walled Structures, 2019, 134: 373-383.
[120] Zhou X H, Cheng G Z, Liu J P, et al. Behavior of circular tubed-RC column to RC beam connections under axial compression[J]. Journal of Constructional Steel Research, 2017, 130: 96-108.
[121] Zhou X H, Li B Y, Gan D, et al. Connections between RC beam and square tubed-RC column under axial compression: experiments[J]. Steel and Composite Structures, 2017, 23(4): 453-464.
[122] Zhou X H, Zhou Z, Gan D. Cyclic testing of square tubed-reinforced-concrete column to RC beam joints[J]. Engineering Structures, 2018, 176: 439-454.
[123] Zhou X H, Liu J P, Cheng G Z, et al. New connection system for circular tubed reinforced concrete columns and steel beams[J]. Engineering Structures, 2020, 214: 110666.
[124] Zhou X H, Wang W Y, Song K Y, et al. Fire resistance studies on circular tubed steel reinforced concrete stub columns subjected to axial compression[J]. Journal of Constructional Steel Research, 2019, 159: 231-244.
[125] Zhang R Z, Liu J P, Wang W Y, et al. Fire behaviour of thin-walled steel tube confined reinforced concrete stub columns under axial compression[J]. Journal of Constructional Steel Research, 2020, 172: 106180.

[126] 黎翔. 圆钢管约束钢筋/型钢混凝土柱-钢梁框架抗震性能研究[D]. 重庆: 重庆大学, 2020.

[127] 中华人民共和国住房和城乡建设部. 钢管约束混凝土结构技术标准: JGJ/T 471—2019 [S]. 北京: 中国建筑工业出版社, 2019.

[128] 肖建庄, 杨洁, 黄一杰, 等. 钢管约束再生混凝土轴压试验研究[J]. 建筑结构学报, 2011, 32(6): 92-98.

[129] Huang Y J, Xiao J Z, Zhang C. Theoretical study on mechanical behavior of steel confined recycled aggregate concrete[J]. Journal of Constructional Steel Research, 2012, 76: 100-111.

[130] Hoang A L, Fehling E, Lai B L, et al. Experimental study on structural performance of UHPC and UHPFRC columns confined with steel tube[J]. Engineering Structures, 2019, 187: 457-477.

[131] 李斌, 赵振中, 高喜安, 等. 方钢管约束粉煤灰混凝土轴压短柱受力性能研究[J]. 辽宁工程技术大学学报(自然科学版), 2019 (4): 328-333.

[132] Wang Y Y, Yang L G, Yang H, et al. Behaviour of concrete-filled corrugated steel tubes under axial compression[J]. Engineering Structures, 2019, 183: 475-495.

[133] Guo L H, Liu Y, Fu F, et al. Behavior of axially loaded circular stainless steel tube confined concrete stub columns[J]. Thin-Walled Structures, 2019, 139: 66-76.

[134] 叶勇, 邓江聪, 彭译琳, 等. 不锈钢管约束混凝土短柱轴压性能试验[J]. 华侨大学学报(自然科学版), 2019, 40(4): 476-482.

[135] Liu J P, Xu T X, Guo Y, et al. Behavior of circular CFRP-steel composite tubed high-strength concrete columns under axial compression[J]. Composite Structures, 2019, 211: 596-609.

[136] Zhou X H, Wang H C, Wang X D, et al. Seismic behavior of dumb-bell steel tube confined reinforced concrete piers[J]. Engineering Structures, 2020, 206: 110126.

[137] Thompson K J. Major Earthquakes in California and the development of seismic safety in bridge design[R/OL]. (2007-03-01) [2021-12-01]. http://wwwcourses.sens.buffalo.edu/cie500d/other_classes/Caltrans%20ppt%20by%20Kevin%20Thompson%203-2-07.pdf.

[138] Buckle I G, Friedland I, Mander J, et al. Seismic retrofitting manual for highway structures. Part 1, Bridges[R]. Turner-Fairbank Highway Research Center, 2006.

[139] Federal Emergency Management Agency. Techniques for the seismic rehabilitation of existing buildings[M]. Washington D C: FEMA, 2006.

[140] Maffei J. Seismic Evaluation and Retrofit Technology for Bridges[M]. Wellington: Transfund New Zealand, 1997.

[141] Wright T, DesRoches R, Padgett J E. Bridge seismic retrofitting practices in the central and southeastern United States[J]. Journal of Bridge Engineering, 2011, 16(1): 82-92.

[142] Unjoh S, Terayama T, Adachi Y, et al. Seismic retrofit of existing highway bridges in Japan[J]. Cement and Concrete Composites, 2000, 22(1): 1-16.

第 2 章　钢管约束混凝土短柱的轴压性能与设计方法

轴压荷载作用下钢管约束混凝土短柱的破坏模式、约束机理及承载力模型等是钢管约束混凝土结构力学性能研究的基础。钢管约束混凝土柱仅核心混凝土直接承受竖向荷载，钢管被动受力，其受力机理与传统钢管混凝土存在显著差异。此外，考虑到钢管约束混凝土柱无钢管局部屈曲问题，实际工程中往往采用径/宽厚比较大的薄壁钢管。本章针对薄壁圆、方钢管约束混凝土短柱，开展一系列轴压性能试验研究，在此基础上对钢管约束机理、钢管约束混凝土受压本构模型和截面轴压承载力进行分析，并建立钢管约束混凝土短柱的轴压设计方法。

2.1　试 验 研 究

2.1.1　试验概况

本章共完成 18 个钢管约束素混凝土、18 个钢管约束钢筋混凝土和 20 个钢管约束型钢混凝土轴压短柱的试验研究，试件截面形式包括圆形和方形截面，试件高度与截面直径或边长的比值均为 3.0，主要变化参数为钢管径/宽厚比（100～160）、混凝土轴心抗压强度（45.0～85.4MPa）、钢管屈服强度（227～364MPa）、荷载类型（单调或往复加载）、钢管所用钢板材质（普通钢板 OS 和镀锌钢板 GS）、钢筋配筋率以及型钢是否设置抗剪栓钉。图 2.1.1 为试件采用的两种钢管断开模式，这两种模式均可实现钢管不直接承载纵向荷载；其中钢管约束素混凝土试件沿高度均匀设置 4 道宽 10mm 的缝，钢管约束钢筋/型钢混凝土试件在上下端部各设置一道宽 10mm 的缝。同参数的钢管约束素混凝土试件有三个，其中两个试件的荷载类型为单调加载，一个试件的荷载类型为往复加载。钢管约束钢筋混凝土试件的钢管材质有两种：普通钢板和镀锌钢板，两者除了材料力学性能指标存在差别外，各自与混凝土的摩擦系数也不同。钢管约束型钢混凝土试件分两批次完成，第一批次与钢管约束钢筋混凝土柱为同批次试验，第二批次为补充试验，其研究参数增加了型钢翼缘是否设置抗剪栓钉。所用试件的具体参数见表 2.1.1～表 2.1.3，其中 D 为钢管截面直径或边长，t 为钢管壁厚，L 为试件高度，f_{ty} 为钢管屈服强度，f_c 为混凝土轴心抗压强度，f_{by} 为钢筋屈服强度，f_{sy} 为型钢屈服强度，h_s 为型钢高度，b_s 为型钢宽度，t_f 为型钢翼缘厚度，t_w 为型钢腹板厚度，N_{ue} 为试件峰值荷载。

试件主要加工过程如下：①钢管通过钢板的冷弯成型方式制作，钢板对接位置采用纵向贯通对接焊缝连接，由于试件采用的钢板较薄，在焊缝位置增设补强板以保证在加载过程中焊缝不会先于构件破坏；②焊接钢管底部的端板；③对于钢管约束钢筋/型钢混凝土试件，放置钢筋笼或型钢于钢管中并定位；④在钢管中浇筑混凝土，并采用分层浇注分层振捣的浇筑方式以保证混凝土密实；⑤混凝土终凝后，采用高强砂浆对构件上表面进行找平；⑥焊接第二块端板；⑦根据钢管的开缝方式，在对应位置割开 10mm 宽的钢管环向割缝。

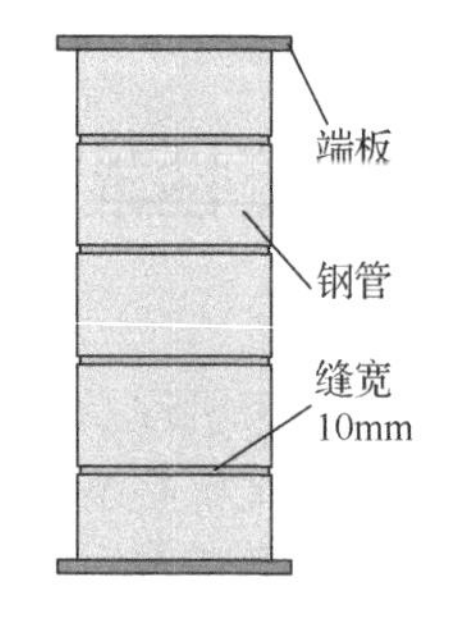

（a）钢管约束素混凝土试件

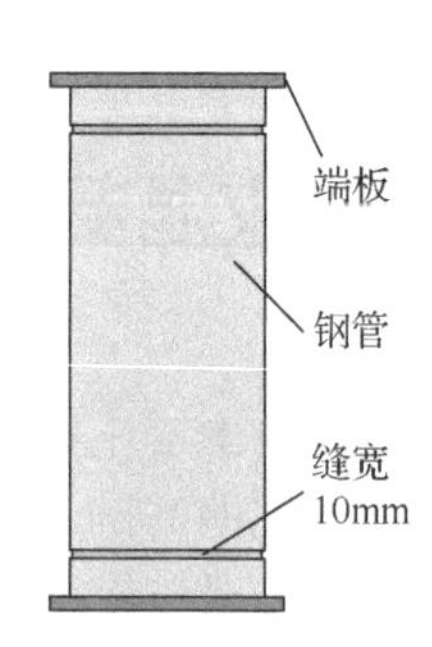

（b）钢管约束钢筋/型钢混凝土试件

图 2.1.1　钢管断开模式

表 2.1.1　钢管约束素混凝土轴压短柱试件参数

试件编号	截面形状	D/mm	t/mm	L/mm	荷载类型	D/t	f_{ty}/MPa	f_c/MPa	N_{ue}/kN
TC-200-40-1	圆形	200	1.95	600	单调	100	227	52.7	2603
TC-200-40-2	圆形	200	1.95	600	单调	100	227	52.7	2707
TC-200-40-c	圆形	200	1.95	600	往复	100	227	52.7	2700
TC-200-60-1	圆形	200	1.95	600	单调	100	227	67.7	3080
TC-200-60-2	圆形	200	1.95	600	单调	100	227	67.7	3234
TC-200-60-c	圆形	200	1.95	600	往复	100	227	67.7	3130
TC-200-80-1	圆形	200	1.95	600	单调	100	227	74.4	2960
TC-200-80-2	圆形	200	1.95	600	单调	100	227	74.4	3389
TC-200-80-c	圆形	200	1.95	600	往复	100	227	74.4	3254
TC-260-40-1	圆形	260	1.95	780	单调	130	227	52.7	3975
TC-260-40-2	圆形	260	1.95	780	单调	130	227	52.7	3811
TC-260-40-c	圆形	260	1.95	780	往复	130	227	62.2	4465
TC-260-60-1	圆形	260	1.95	780	单调	130	227	77.8	5101
TC-260-60-2	圆形	260	1.95	780	单调	130	227	77.8	5343
TC-260-60-c	圆形	260	1.95	780	往复	130	227	77.8	5586
TC-260-80-1	圆形	260	1.95	780	单调	130	227	85.4	5347
TC-260-80-2	圆形	260	1.95	780	单调	130	227	85.4	5596
TC-260-80-c	圆形	260	1.95	780	往复	130	227	85.4	5521

表 2.1.2　钢管约束钢筋混凝土轴压短柱试件参数

试件编号	截面形状	D/mm	t/mm	L/mm	D/t	f_{ty}/MPa	f_c/MPa	f_{by}/MPa	纵筋	箍筋	N_{ue}/kN
C(GS)-200-1.5-55-1	圆形	200	1.50	600	133	314	45.0	317	4ϕ20	ϕ8@200	2946
C(GS)-200-1.5-55-2	圆形	200	1.50	600	133	314	45.0	317	4ϕ20	ϕ8@200	3014
C(GS)-240-1.5-55-1	圆形	240	1.50	720	160	314	45.0	317	6ϕ20	ϕ8@240	3866
C(GS)-240-1.5-55-2	圆形	240	1.50	720	160	314	45.0	317	6ϕ20	ϕ8@240	4093

续表

试件编号	截面形状	D/mm	t/mm	L/mm	D/t	f_{ty}/MPa	f_c/MPa	f_{by}/MPa	纵筋	箍筋	N_{ue}/kN
C(OS)-200-1.5-55-1(4)	圆形	200	1.50	600	133	364	48.1	397	4ϕ20	ϕ8@200	2775
C(OS)-200-1.5-55-2(4)	圆形	200	1.50	600	133	364	48.1	397	4ϕ20	ϕ8@200	2898
C(OS)-200-1.5-55-1(6)	圆形	200	1.50	600	133	364	48.1	397	6ϕ20	ϕ8@200	3181
C(OS)-200-1.5-55-2(6)	圆形	200	1.50	600	133	364	48.1	397	6ϕ20	ϕ8@200	3106
C(OS)-240-1.5-55-1	圆形	240	1.50	720	160	364	48.1	397	6ϕ20	ϕ8@240	3711
C(OS)-240-1.5-55-2	圆形	240	1.50	720	160	364	48.1	397	6ϕ20	ϕ8@240	3721
S(GS)-200-1.5-55-1	方形	200	1.50	600	133	314	45.0	317	8ϕ20	ϕ8@200	3143
S(GS)-200-1.5-55-2	方形	200	1.50	600	133	314	45.0	317	8ϕ20	ϕ8@200	2623
S(GS)-240-1.5-55-1	方形	240	1.50	720	160	314	45.0	317	8ϕ20	ϕ8@240	3759
S(GS)-240-1.5-55-2	方形	240	1.50	720	160	314	45.0	317	8ϕ20	ϕ8@240	3759
S(OS)-200-1.5-55-1	方形	200	1.50	600	133	364	48.1	397	8ϕ20	ϕ8@200	3250
S(OS)-200-1.5-55-2	方形	200	1.50	600	133	364	48.1	397	8ϕ20	ϕ8@200	3381
S(OS)-240-1.5-55-1	方形	240	1.50	720	160	364	48.1	397	8ϕ20	ϕ8@240	4091
S(OS)-240-1.5-55-2	方形	240	1.50	720	160	364	48.1	397	8ϕ20	ϕ8@240	3687

表 2.1.3　钢管约束型钢混凝土轴压短柱试件参数

批次	试件编号	截面形状	D/mm	t/mm	L/mm	D/t	f_{ty}/MPa	f_c/MPa	f_{sy}/MPa	h_s/mm	b_s/mm	t_f/mm	t_w/mm	型钢栓钉	N_{ue}/kN
第一批次	CS(GS)-200-1.5-55-1	圆形	200	1.50	600	133	314.1	45	300.0	80	75	8	5	无	2572
	CS(GS)-200-1.5-55-2	圆形	200	1.50	600	133	314.1	45	300.0	80	75	8	5	无	2640
	CS(GS)-240-1.5-55-1	圆形	240	1.50	720	160	314.1	45	300.0	110	100	8	5	无	3852
	CS(GS)-240-1.5-55-2	圆形	240	1.50	720	160	314.1	45	300.0	110	100	8	5	无	3886
	SS(GS)-200-1.5-55-1	方形	200	1.50	600	133	314.1	45	300.0	90	80	8	8	无	2849
	SS(GS)-200-1.5-55-2	方形	200	1.50	600	133	314.1	45	300.0	90	80	8	8	无	2931
	SS(GS)-240-1.5-55-1	方形	240	1.50	720	160	314.1	45	300.0	120	120	8	8	无	4041
	SS(GS)-240-1.5-55-2	方形	240	1.50	720	160	314.1	45	300.0	120	120	8	8	无	3769
第二批次	CTSRC-200-1.5-3-0	圆形	200	1.50	600	133	324.4	61	285.4	100	100	8	6	无	3421
	CTSRC-200-1.5-3-0-S1	圆形	200	1.50	600	133	324.4	61	285.4	100	100	8	6	有	3411
	CTSRC-200-1.5-3-0-S2	圆形	200	1.50	600	133	324.4	61	285.4	100	100	8	6	有	3423
	CTSRC-240-2.0-3-0	圆形	240	2.0	720	120	290.1	61	285.4	100	100	8	6	无	4408
	CTSRC-240-2.0-3-0-S1	圆形	240	2.0	720	120	290.1	61	285.4	100	100	8	6	有	4400
	CTSRC-240-2.0-3-0-S2	圆形	240	2.0	720	120	290.1	61	285.4	100	100	8	6	有	4275
	STSRC-200-1.5-3-0	方形	200	1.50	600	133	324.4	61	285.4	100	100	8	6	无	3277
	STSRC-200-1.5-3-0-S1	方形	200	1.50	600	133	324.4	61	285.4	100	100	8	6	有	3450
	STSRC-200-1.5-3-0-S2	方形	200	1.50	600	133	324.4	61	285.4	100	100	8	6	有	3328
	STSRC-200-2.0-3-0	方形	200	2.0	600	100	290.1	61	285.4	100	100	8	6	无	3496
	STSRC-200-2.0-3-0-S1	方形	200	2.0	600	100	290.1	61	285.4	100	100	8	6	有	3346
	STSRC-200-2.0-3-0-S2	方形	200	2.0	600	100	290.1	61	285.4	100	100	8	6	有	3460

以上短柱轴压试验在哈尔滨工业大学和重庆大学的结构实验室完成，加载装置为数控压力机。通过力传感器测量压力机竖向施加的荷载，通过差动变压器或位移传感器（linear variable differential transformer position transducer，LVDT 位移传感器）和应变片分别测量试件的轴向变形和钢管的应变。LVDT 固定在预先安装的支架上，钢管应变片主要布置在试件中部截面和开缝附近的端部截面。典型轴压短柱加载与测量装置如图 2.1.2 所示。正式加载前，需要进行试件的对中和预加载工作，对中标准为不同位移计的竖向位移增量差值小于 5%。根据试验方案，不同荷载类型对应不同的加载制度。对于单调加载，在 80%预估峰值荷载 P_0 之前，采用力控制加载，每级荷载 100～200kN；此后采用连续慢速加载，直至试件破坏或荷载下降到峰值荷载的 80%以下，停止加载。对于往复加载（图 2.1.3），峰值荷载前采用力控制加载，并进行 3、4 个分级加卸载循环，每级荷载约为 20% P_0，每级加荷及卸载均持荷 1min；峰值荷载后，采用手动位移控制加载，进行 3、4 次加卸载循环。

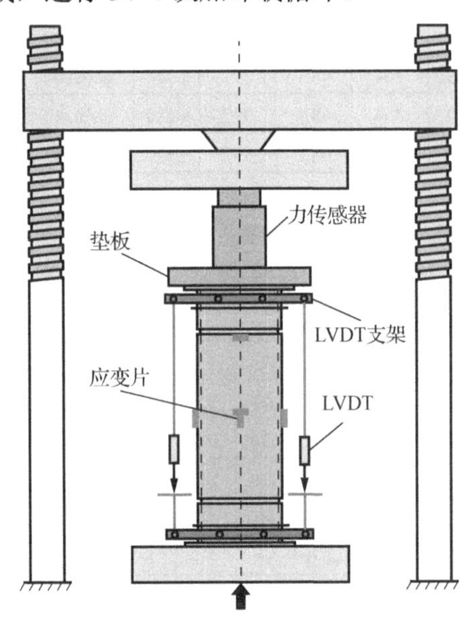

图 2.1.2 典型轴压短柱加载与测量装置示意

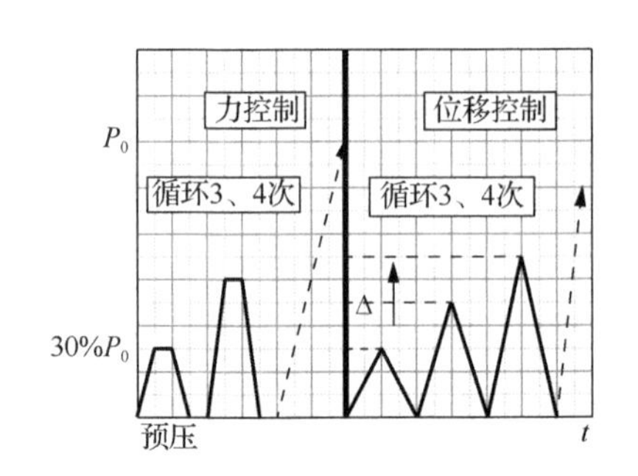

图 2.1.3 反复加载制度示意

2.1.2 破坏模式

三类钢管约束混凝土轴压短柱均发生了核心混凝土的剪切破坏。由于钢管约束素混凝土试件未配置钢筋或型钢，在破坏严重的情况下，混凝土会在剪切斜裂缝处一分为二[图 2.1.4（a)]。钢管约束钢筋混凝土和钢管约束型钢混凝土试件的核心混凝土完整性较好，但也存在明显的剪切斜裂缝［图 2.1.4（b）和图 2.1.4（c)]，部分方形试件的钢筋出现明显的屈曲［图 2.1.4（d)]，核心型钢也存在沿剪切方向的变形［图 2.1.4（e)]。圆形试件的钢管对核心混凝土产生均匀的横向约束作用，试件的峰值承载力与钢管屈服点存在明显的对应关系；加载后期圆钢管仍具有较好的约束作用，沿剪切破坏面形成斜向的张拉区［图 2.1.4（f)]，仅在混凝土压溃的位置存在鼓曲现象［图 2.1.4（g)]。方形试件的钢管对混凝土约束不均匀，试件的破坏始于受约束较弱的边中部混凝土的压溃，进而导致截面有效受压面积减小与钢管局部鼓曲［图 2.1.4（h）］；试件的极限破坏状态甚至出现钢管与混凝土脱开的现象［图 2.1.4（i）］，且钢筋与型钢的屈曲变形比圆形试件更为明显。核心混凝土的强度等级对试件变形性能有显著影响［图 2.1.4（j）～图 2.1.4（l）］，混凝土强度越高，破坏时形成的细密裂缝越少，试件的竖向与横向变形越不明显。此外，在试验参数范围内，钢管径/宽厚比、钢管屈服强度、荷载类型、钢管材质、钢筋配筋率和型钢抗剪栓钉未对试件的破坏模式产生显著的影响。

（a）钢管约束素混凝土

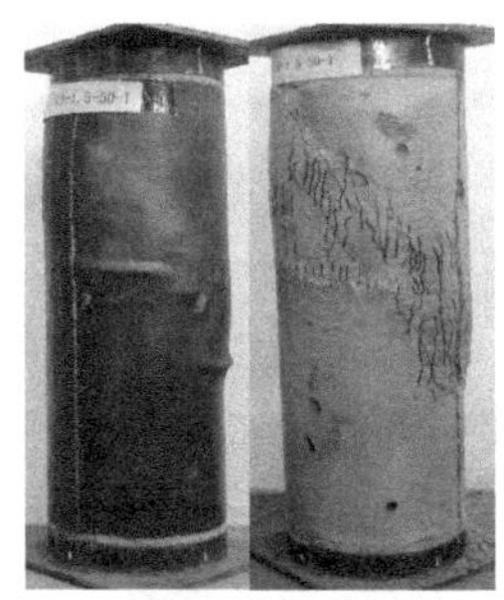
（b）钢管约束钢筋混凝土

（c）钢管约束型钢混凝土

（d）纵向钢筋局部屈曲

（e）内置型钢破坏模式

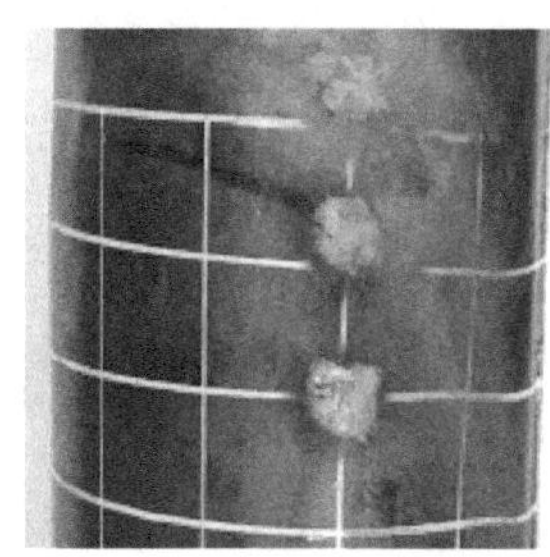
（f）圆钢管剪切变形

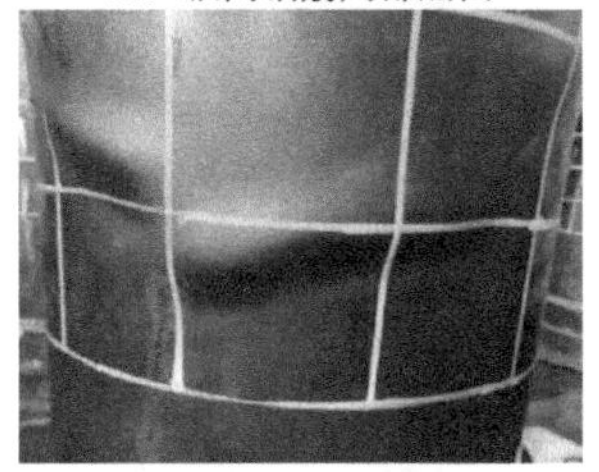
（g）圆钢管局部鼓曲

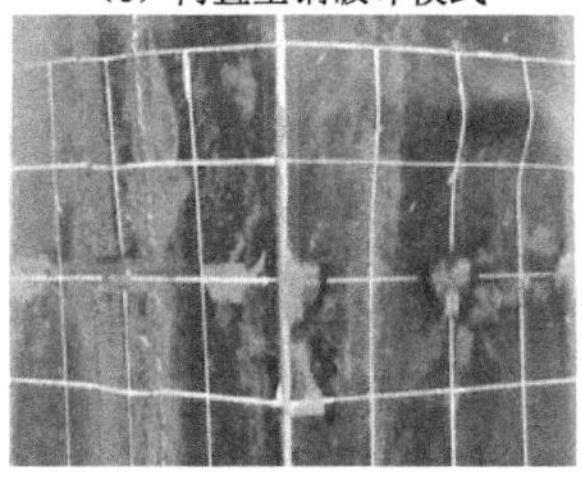
（h）方钢管局部鼓曲

（i）方钢管与混凝土脱开

（j）试件 TC-260-40-1 的破坏

（k）试件 TC-260-60-1 的破坏

（l）试件 TC-200-80-c 的破坏

图 2.1.4　典型破坏模式

2.1.3 荷载-竖向平均应变曲线

图 2.1.5 为典型试件的荷载-竖向平均应变曲线。二类钢管约束混凝土试件的曲线发展规律基本一致，可分为弹性、弹塑性和承载力下降三个阶段。与方形截面试件相比，圆形截面试件的弹塑性变形更充分，峰值后承载力的下降更缓慢。往复加载试件的骨架线与单调加载试件的曲线基本重合，说明加载路径未导致试件强度的显著退化，但随着试件进入弹塑性阶段，往复加载试件的残余应变增大，卸载刚度降低，应变滞后现象明显。为对比不同参数对核心混凝土性能的影响，图 2.1.6 给出了典型试件核心混凝土应力-竖向平均应变曲线（核心混凝土应力计算时，假定钢筋或型钢为理想弹塑性材料，且忽略钢管纵向应力）。对比参数相近的圆形与方形截面试件发现，圆钢管约束下核心混凝土具有更高的强度和峰值应变［图 2.1.6（a）］。随着混凝土强度的提高，钢管对混凝土的约束作用逐渐减弱，体现在高强混凝土试件的强度退化更快［图 2.1.6（b）］。降低钢管径厚比可增大钢管的约束作用，从而改善核心混凝土的强度和延性［图 2.1.6（c）］。此外，在本次试验参数范围内，钢筋配筋率和型钢抗剪栓钉未对核心混凝土受力性能产生显著的影响［图 2.1.6（d）］。

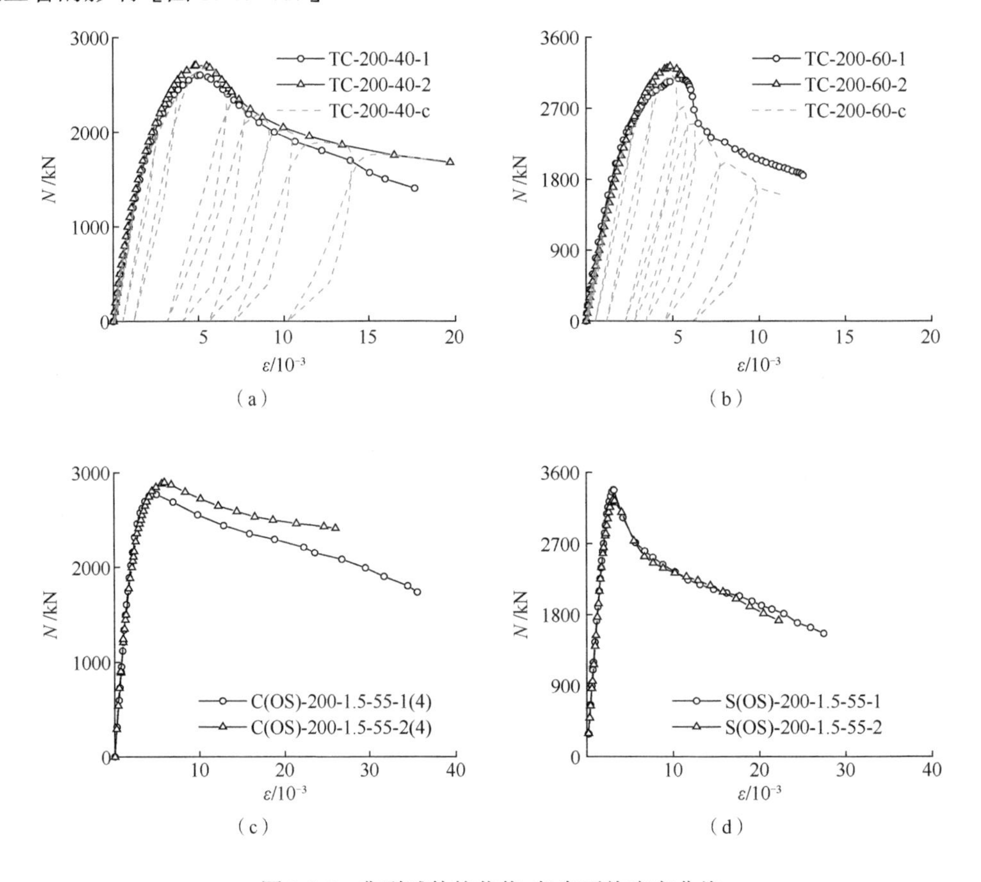

图 2.1.5 典型试件的荷载-竖向平均应变曲线

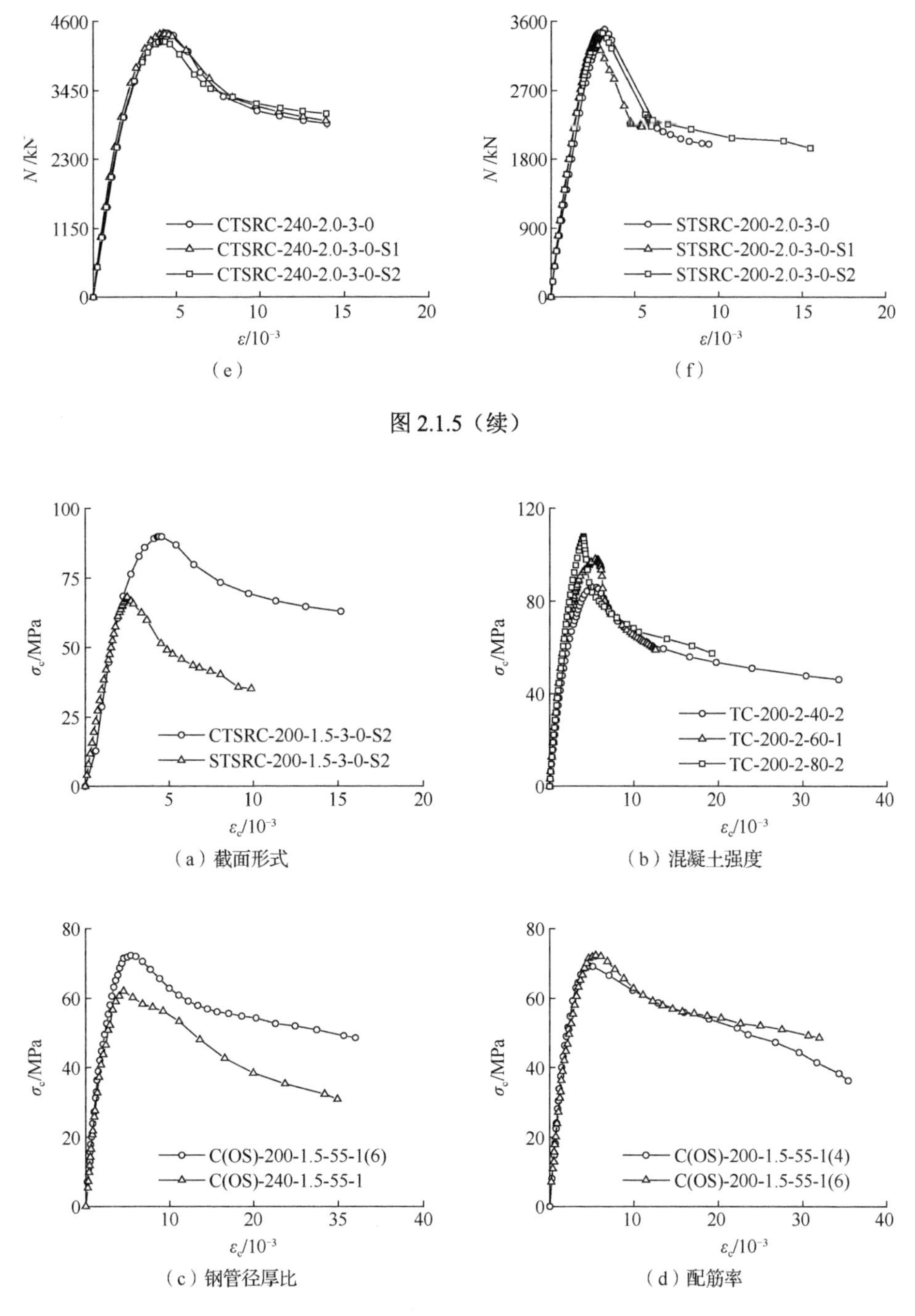

图 2.1.5（续）

图 2.1.6　典型试件核心混凝土应力-竖向平均应变曲线

2.1.4　荷载-钢管应力曲线

根据应变片记录的钢管横向与纵向应变数据，采用基于平面应力状态的弹塑性计算方法，得到荷载-钢管应力曲线，如图 2.1.7 所示。图中σ_{v}、σ_{h}和σ_{z}分别为钢管纵向应力、横向应力和折算应力，其中折算应力σ_{z}根据 von Mises 屈服准则计算，即

$$\sigma_{\mathrm{z}}=\sqrt{\sigma_{\mathrm{h}}^{2}+\sigma_{\mathrm{v}}^{2}-\sigma_{\mathrm{h}}\sigma_{\mathrm{v}}} \tag{2.1.1}$$

三类钢管约束混凝土试件的钢管应力发展基本一致，但截面形式对钢管应力影响较大。对于圆形截面试件，在加载的初期，试件处于弹性受力阶段，钢管的纵向应力和横向应力都很小，但随荷载近似线性增大；进入弹塑性阶段，钢管应力非线性增大，且横向应力的增长速度显著加快；峰值荷载过后，钢管横向应力进一步增大，部分试件的纵向应力出现减小的现象；最终的破坏阶段，钢管以横向受拉为主。对于方形截面试件，钢管角部和中部的应力发展规律也有差异，其中角部应力发展与圆形截面试件近似相同，而钢管中部由于鼓曲等原因，其横向应力的发展比角部更快。此外，镀锌钢管试件由于钢管内壁与混凝土间的摩擦力更小，其横向应力发展程度高于普通钢管试件。混凝土强度也是影响钢管应力发展的一个主要参数，随着混凝土强度的提高，峰值荷载对应的横向应力水平下降。钢管径/宽厚比、配筋率、型钢是否设置栓钉等参数对钢管应力的发展无显著影响。

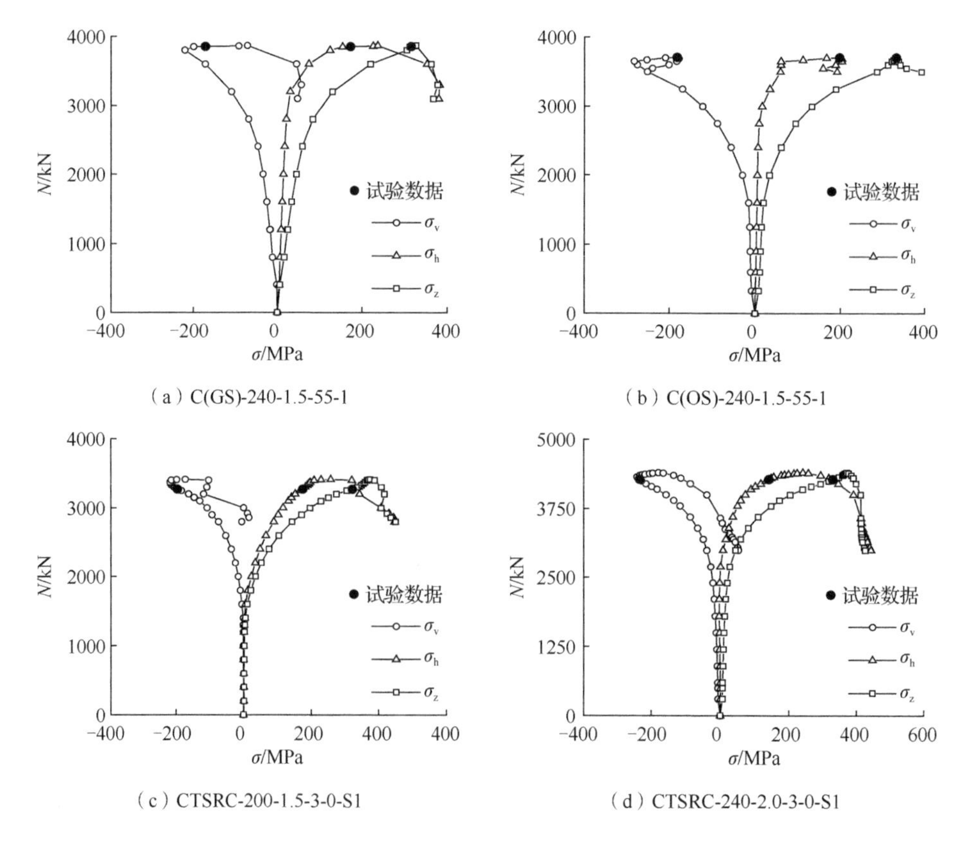

图 2.1.7 荷载-钢管应力曲线

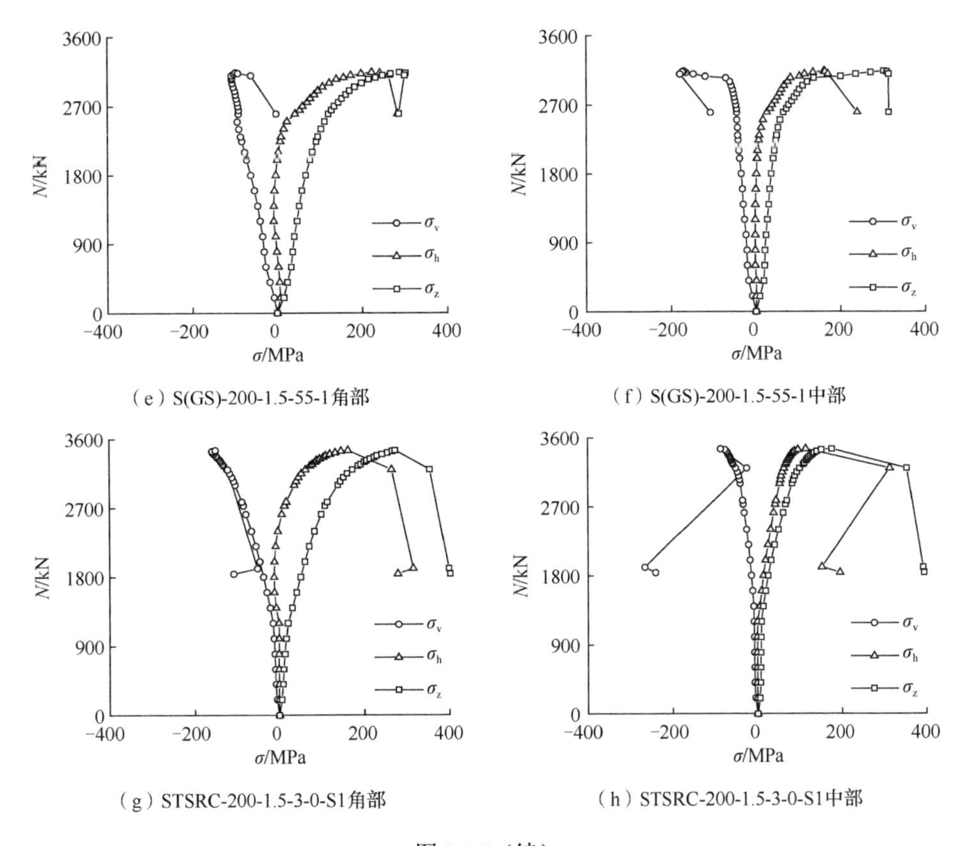

（e）S(GS)-200-1.5-55-1角部　（f）S(GS)-200-1.5-55-1中部

（g）STSRC-200-1.5-3-0-S1角部　（h）STSRC-200-1.5-3-0-S1中部

图 2.1.7（续）

2.2　钢管约束机理分析

钢管约束混凝土柱的钢管虽然在柱端部通过开缝等方式避免直接承受荷载，但由于钢管内壁与混凝土间的黏结摩擦作用，钢管的纵向应力从柱端到柱中部逐渐累积，使得钢管对混凝土的约束作用沿柱高非均匀分布，导致钢管约束机理复杂。因此，揭示钢管对混凝土的约束机理，提出约束作用简化计算模型，对分析钢管约束混凝土柱的受力性能具有重要意义。

2.2.1　约束混凝土横向应变模型

在钢管约束混凝土中，钢管对混凝土的约束效应为被动约束。钢管约束应力与混凝土的横向应变（横向膨胀）存在相互影响的密切关系，一方面混凝土的横向应变使得钢管产生被动的横向应力，进而对混凝土产生侧向约束效应；另一方面钢管的约束作用可以延缓混凝土微裂纹的产生及开展，进而影响混凝土的横向膨胀程度。因此，混凝土横向应变模型是分析钢管约束混凝土受力性能的关键。

很多学者[1-10]对约束混凝土横向膨胀性能进行了研究，约束应力包括主动约束和被动约束，并提出了相应的约束混凝土横向应变计算公式。其中，Dong 等[10]提出了适用于主动约束和被动约束的混凝土横向应变模型，模型中考虑了混凝土开裂的影响，并给出不同约束应力作用下混凝土的开裂临界状态确定准则，模型的计算结果与已有约束混凝土横向膨胀试验结果（95 个被动约束和 34 个主动约束试件）吻合很好。另外，该约束混凝土横向应变模型并未限制施加约束应力的材料特性，因此模型可应用于钢管约束混凝土构件的混凝土横向膨胀性能分析。模型具体表达式如下：

$$\varepsilon_{\mathrm{ch}}=\varepsilon_{\mathrm{ch}}^{\mathrm{e}}+\varepsilon_{\mathrm{ch}}^{\mathrm{p}} \tag{2.2.1}$$

$$\varepsilon_{\mathrm{ch}}^{\mathrm{e}}=-\nu_{\mathrm{c}}\varepsilon_{\mathrm{cv}}+\left(1-\nu_{\mathrm{c}}-2\nu_{\mathrm{c}}^{2}\right)\frac{f_l}{E_{\mathrm{c}}} \tag{2.2.2}$$

$$\varepsilon_{\mathrm{ch}}^{\mathrm{p}}=\begin{cases}0 & \varepsilon_{\mathrm{cv}}\leqslant\varepsilon_{\mathrm{cv0}}\\ -19.1\left(\varepsilon_{\mathrm{cv}}-\varepsilon_{\mathrm{cv0}}\right)^{1.5}\left\{0.1+0.9\left[\exp\left(-5.3(f_l/f_{\mathrm{c}})^{1.1}\right)\right]\right\} & \varepsilon_{\mathrm{cv}}>\varepsilon_{\mathrm{cv0}}\end{cases} \tag{2.2.3}$$

$$\frac{\varepsilon_{\mathrm{cv0}}}{\varepsilon_{\mathrm{c0}}}=\left(0.44+0.0021f_{\mathrm{c}}-0.00001f_{\mathrm{c}}^{2}\right)\left(1+30\exp(-0.013f_{\mathrm{c}})\frac{f_l}{f_{\mathrm{c}}}\right) \tag{2.2.4}$$

式中：$\varepsilon_{\mathrm{ch}}$、$\varepsilon_{\mathrm{cv}}$——混凝土横向应变、混凝土纵向应变；

$\varepsilon_{\mathrm{ch}}^{\mathrm{e}}$、$\varepsilon_{\mathrm{ch}}^{\mathrm{p}}$——混凝土横向弹性应变、混凝土横向塑性应变；

ν_{c}——混凝土弹性泊松比；

E_{c}——混凝土弹性模量；

f_l——横向约束应力；

f_{c}——非约束混凝土轴心抗压强度；

$\varepsilon_{\mathrm{cv0}}$——混凝土开裂对应的纵向应变。

2.2.2 特征截面钢管应力分析

图 2.2.1 给出了钢管约束混凝土轴压构件中不同高度位置钢管的受力分析示意。在接近钢管断开位置的端部，钢管纵向应变滞后于混凝土纵向应变，这种应变不协调导致钢管与混凝土间存在相互作用的摩阻应力 f，随着摩阻应力传递长度的增加，钢管中纵向应力从端部向中部逐渐累积，使得纵向应变逐渐增大。该区域钢管纵向应变与混凝土压应变不同步，本书称为应变非协调区。在钢管中部某一截面，钢管纵向应变的累积量将与混凝土压应变相等，导致摩阻应力 f 消失。从该截面到钢管跨中范围内，钢管将与混凝土保持同步压缩，本书称该区域为应变协调区。因此，钢管约束混凝土构件沿高度可定义两种特征截面，即钢管端截面和临界截面。钢管端截面为钢管设缝断开截面，该截面钢管与混凝土间仅存在法向作用，钢管的纵向应变为零，横向应变与混凝土相等。钢管临界截面为钢管纵向应变恰好等于混凝土压应变的截面，该截面钢管横向应变与混凝土相等。

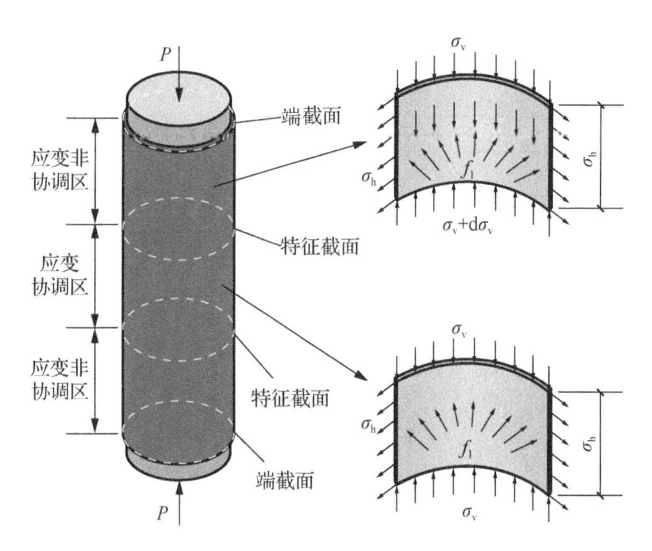

图 2.2.1　钢管约束混凝土轴压构件受力示意图

基于以上分析可知，两个特征截面的钢管应变均与混凝土纵向应变之间存在明确的对应关系，因此，可根据给定的混凝土应变状态确定以上两个截面的钢管应变状态，进而得到钢管的应力状态。采用本书 2.2.1 节介绍的混凝土横向应变模型，通过逐级增大混凝土的纵向应变的方式，编制了计算圆钢管约束混凝土轴心受压构件中钢管端截面和临界截面应力状态的数值程序，程序流程图如图 2.2.2 所示。程序基于以下几点基本假设。

1）核心混凝土各截面的纵向应变沿构件高度均匀相等。

2）忽略应变非协调区钢管与混凝土间的黏结作用，认为加载初期钢管与混凝土间即存在相对滑动。

3）钢管为理想弹塑性材料，单向应力-应变关系为

$$\sigma_t = \begin{cases} E_t \varepsilon & \varepsilon < \varepsilon_{ty} \\ f_{ty} & \varepsilon \geqslant \varepsilon_{ty} \end{cases} \tag{2.2.5}$$

式中：E_t——钢管的弹性模量；

f_{ty}、ε_{ty}——钢管屈服强度及对应的屈服应变。

4）忽略法向应力对钢管的影响，假定钢管处于平面应力状态。

5）假定钢管应力沿厚度方向均匀分布。

关于程序的计算需要补充以下几点说明。

1）程序中需要的混凝土弹性模量 E_c 和素混凝土峰值压应变ε_{c0} 按下列公式进行计算。

$$E_c = 4730\sqrt{f_c} \tag{2.2.6}$$

$$\varepsilon_{c0} = 0.0015 + f_c/70000 \tag{2.2.7}$$

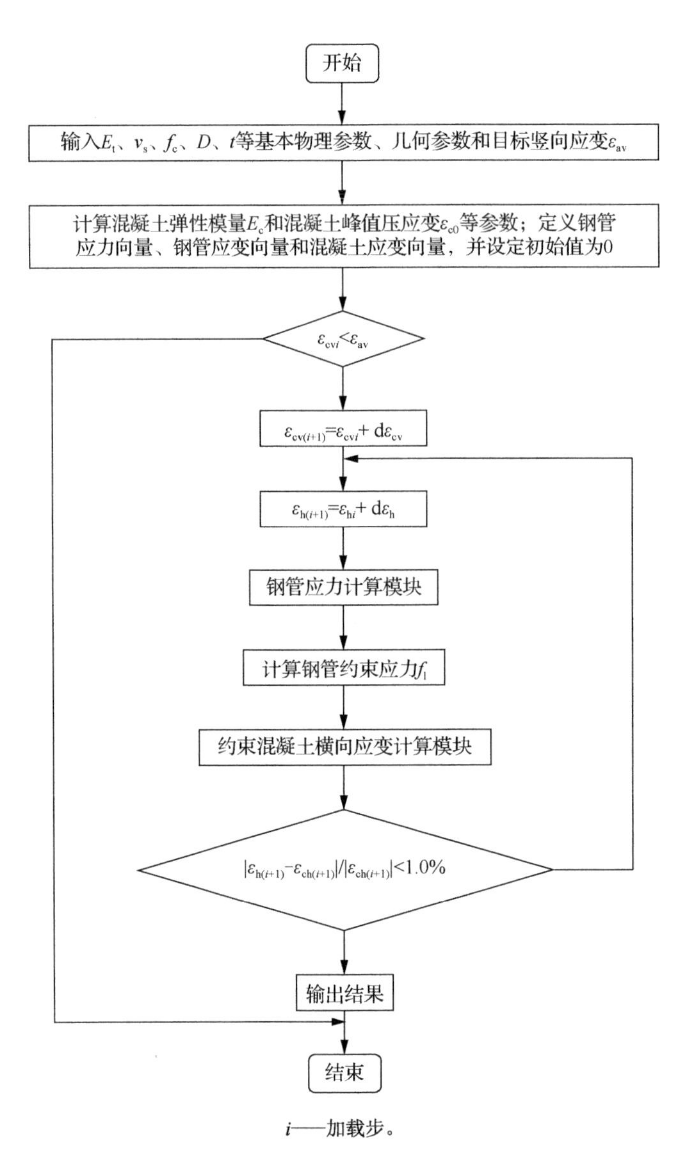

i——加载步。

图 2.2.2　钢管特征截面应力计算流程图

2）在钢管应力计算模块中，当计算截面为钢管端截面时，钢材处于单向受力状态，钢管应力可根据式（2.2.5）计算得到；当计算截面为钢管临界截面时，钢材处于平面应力状态，钢管应力可根据以下方法计算得到：在弹性阶段（$\sigma_z=\sqrt{\sigma_v^2+\sigma_h^2-\sigma_v\sigma_h}<f_{ty}$），钢材的应力-应变关系符合虎克定律，即

$$\begin{bmatrix}\sigma_h\\ \sigma_v\end{bmatrix}=\frac{E_t}{1-\nu_t^2}\begin{bmatrix}1 & \nu_t\\ \nu_t & 1\end{bmatrix}\begin{bmatrix}\varepsilon_h\\ \varepsilon_v\end{bmatrix}\tag{2.2.8}$$

式中：σ_h、σ_v——钢管横向、纵向应力；

ε_h、ε_v——钢管横向、纵向应变；

ν_t——钢管泊松比。

在塑性阶段（$\sigma_z = \sqrt{\sigma_v^2 + \sigma_h^2 - \sigma_v\sigma_h} \geqslant f_{ty}$），可根据上一步应力状态和应变增量，采用 Prandtl-Reuss 模型计算当前应力增量，进而得到钢材当前应力状态，即

$$\begin{bmatrix} d\sigma_h \\ d\sigma_v \end{bmatrix} = \left\{ \frac{E_t}{1-\nu_t^2} \begin{bmatrix} 1 & \nu_t \\ \nu_t & 1 \end{bmatrix} - \frac{1}{s} \begin{bmatrix} t_h^2 & t_h t_v \\ t_h t_v & t_v^2 \end{bmatrix} \right\} \begin{bmatrix} d\varepsilon_h \\ d\varepsilon_v \end{bmatrix} \tag{2.2.9}$$

$$\begin{bmatrix} t_h \\ t_v \end{bmatrix} = \frac{E_s}{1-\nu_s^2} \begin{bmatrix} 1 & \nu_s \\ \nu_s & 1 \end{bmatrix} \begin{bmatrix} s_h \\ s_v \end{bmatrix} \tag{2.2.10}$$

$$s = t_h s_h + t_v s_v \tag{2.2.11}$$

$$s_h = \sigma_h - (\sigma_h + \sigma_v)/3 \tag{2.2.12}$$

$$s_v = \sigma_v - (\sigma_h + \sigma_v)/3 \tag{2.2.13}$$

式中：$d\sigma_h$、$d\sigma_v$——钢管横向、纵向应力增量；

$d\varepsilon_h$、$d\varepsilon_v$——钢管横向、纵向应变增量；

s_h、s_v——钢管横向、纵向偏应力。

3）钢管对混凝土的横向约束应力可根据钢管横向应力沿半个圆周积分得到，计算公式如下：

$$f_l = \frac{2t\sigma_h}{D-2t} \tag{2.2.14}$$

式中：t、D——钢管壁厚和直径。

4）约束混凝土横向应变计算模块考虑了约束应力对混凝土横向应变的影响，所以钢管应力与混凝土横向膨胀之间存在相互制约的耦合关系。在本书数值模型中，通过逐渐增加钢管横向应变的方式，逼近给定混凝土纵向应变对应的约束应力和混凝土横向应变的平衡点。

5）因为混凝土的配筋情况（钢筋、型钢）对混凝土横向变形性能影响较小，所以模型可应用于圆钢管约束钢筋混凝土和圆钢管约束型钢混凝土轴心受压构件。

6）该数值计算模型忽略了钢管与混凝土间的黏结作用，主要出于以下两个方面考虑：①黏结应力的影响主要发生在加载前期，当混凝土的应力较大时，钢管与混凝土间会出现相对滑移，此后黏结应力的影响便可忽略；②研究表明[11]，对于径厚比/宽厚比较大的钢管，其与混凝土间的黏结应力很小；对于钢管约束混凝土，钢管含钢率较低，钢管径厚比/宽厚比较大，黏结应力的影响可忽略。

采用以上数值程序对试验中的圆钢管约束混凝土构件进行应力分析，得到钢管端截面横向应力（纵向应力理论值为 0）随构件纵向应变变化的关系曲线。图 2.2.3 为理论结果与试验结果的对比情况，图中试验曲线的应力点是基于试验记录的应变值和单轴理想弹塑性钢材本构计算得到的；峰值点代表构件达到峰值荷载时对应的纵向应变。从图 2.2.3 中可以看出，随着构件纵向应变的增大，钢管的横向应力逐渐增大；在加载前

期，理论模型与试验曲线中都存在明显的拐点，其代表混凝土开裂引起的混凝土弹塑性膨胀速率增大；在峰值荷载附近，钢管达到屈服，钢管横向应力保持不变。理论计算结果与试验结果整体上吻合较好，但部分试件［如 CS(GS)-200-1.5-55-1］的试验应力偏大，通过对试验过程的回顾可以发现，该试件的端截面应变片的粘贴位置距钢管端部有一定距离，这使得测点处钢管存在纵向应力，应变片记录的横向应变既包括混凝土膨胀引起的横向应变，也包括纵向应力引起的横向应变，因此，试验中通过单向应力-应变关系（未测钢管纵向应变，假定为单向受力）计算的钢管横向应力偏大。虽然与试验结果存在一定误差，但理论计算结果仍可大体上反映端截面钢管横向应力随构件纵向应变的变化趋势，验证了混凝土横向应变关系和计算模型的合理性。

图 2.2.3（e）、（f）为理论计算的钢管临界截面纵向、横向应力随构件纵向应变的变化曲线。由于理论的临界截面位置是随加载过程变化的，在构件纵向应变较小的加载初期，理论和各试验测点的钢管横向应力保持在较低水平；随着混凝土横向膨胀的加速，钢管的横向应力随之增大；与钢管临界截面的理论横向应力相比，试验测点的钢管横向应力增长速率更快。在加载初期，理论和各测点的钢管纵向应力随着纵向应变的增大而增大，且临界截面的理论值增速最快，说明该阶段各试验测点均在应变非协调区。当纵向应变达一定数值后，钢管纵向应力曲线出现拐点，纵向应力开始下降。在纵向应力曲线拐点附近，测点截面的横向和纵向应力与临界截面的理论值基本相等。

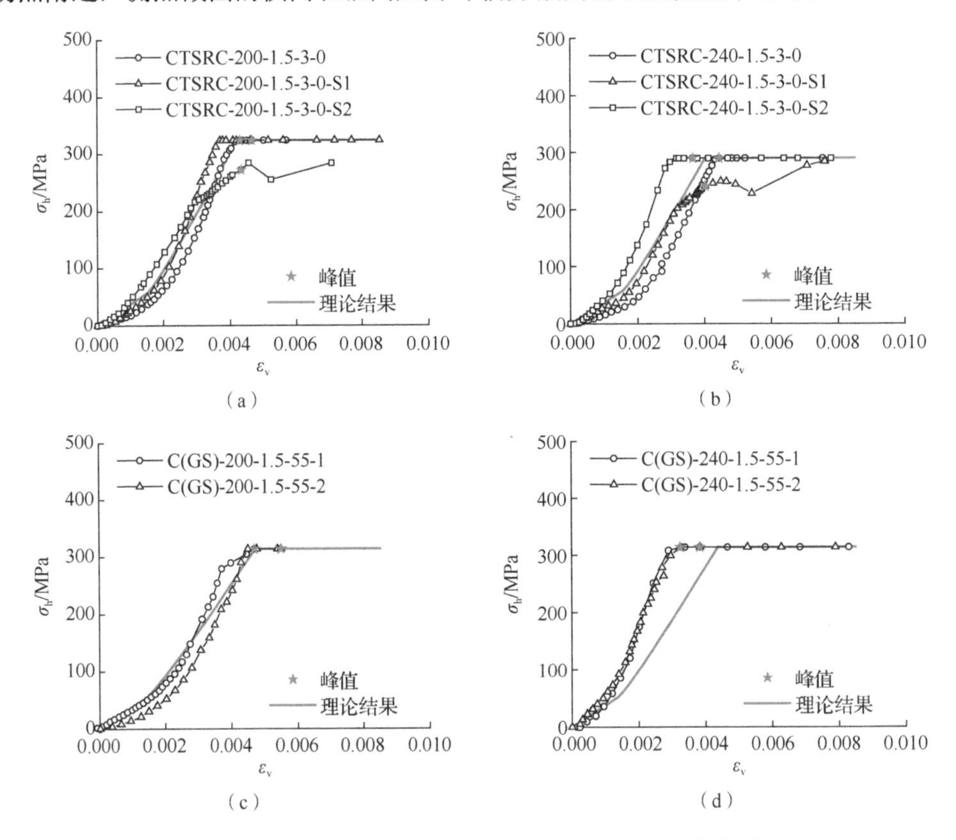

图 2.2.3 钢管特征截面应力随混凝土纵向应变变化曲线

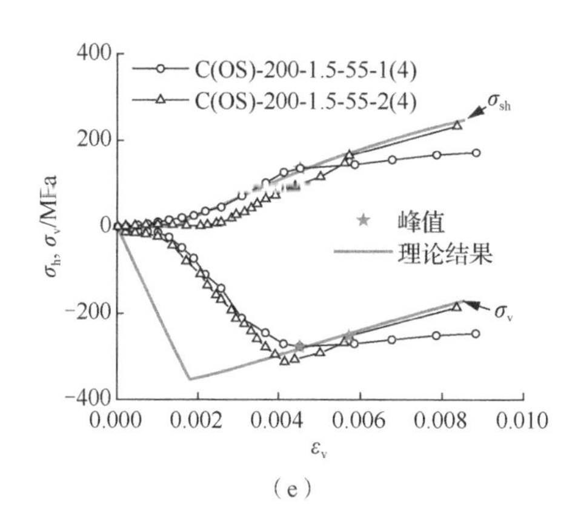

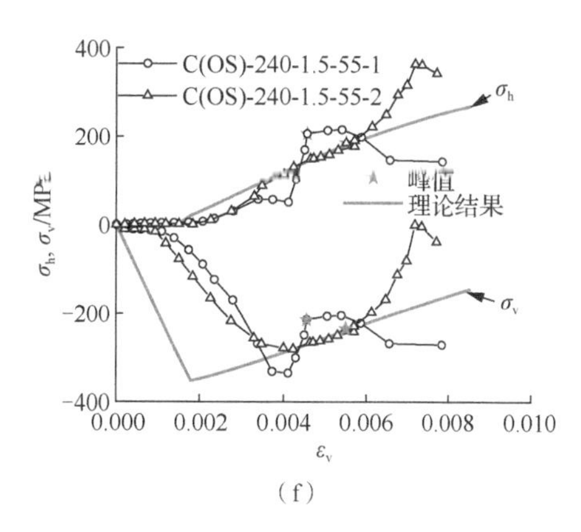

图 2.2.3（续）

对于方钢管约束混凝土构件，方钢管对混凝土的约束效应不如圆钢管显著，且约束应力沿截面分布不均匀。与同参数（几何参数相对应，物理参数相同）的圆钢管约束混凝土轴压短柱相比，方钢管约束混凝土轴压短柱的峰值压应变更小；且峰值荷载时，钢管不能达到全截面屈服。对于方形或多边形等非均匀约束构件，常用的简化研究方法是将截面划分成有效约束区和非有效约束区。考虑到钢管约束混凝土中钢管的宽厚比较大，钢管面外刚度很小，可忽略方钢管平面外受力，假定混凝土的约束应力全部来自钢管角部相邻边横向应力的合力作用，如图 2.2.4 所示。根据角部约束应力的扩散情况，将截面分为有效约束区和非有效约束区，则约束核心的约束应力为

$$f_{al}=\frac{\sqrt{2}\sigma_{\mathrm{h}}t}{\sqrt{2}\left(D/2-d_{\mathrm{v}}\right)}=\frac{2\sigma_{\mathrm{h}}t}{D-2d_{\mathrm{v}}} \tag{2.2.15}$$

式中：f_{al}——约束核心的约束应力；

d_{v}——约束边界的顶点到相邻边的垂直距离。

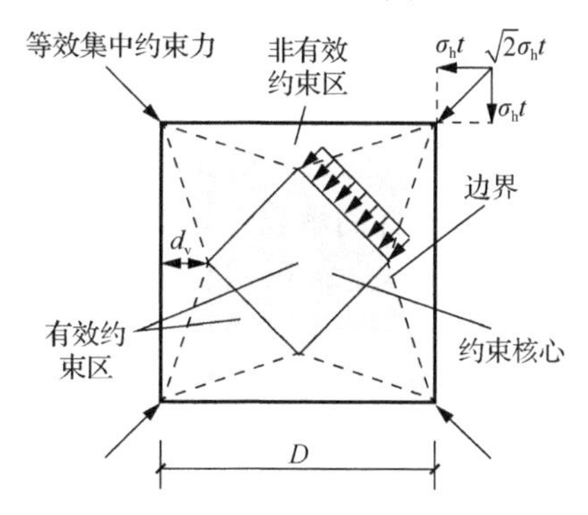

图 2.2.4　方钢管约束机理分析示意

为估算钢管的应力状态，对方钢管约束混凝土进行以下合理简化。

1）考虑到非有效约束区混凝土的横向膨胀会使得钢管产生平面外的弯曲效应，而对钢管中横向拉应力影响较小，因此，在钢管的应力分析中忽略非有效约束区混凝土的横向膨胀对钢管横向应力的影响。

2）假定约束边界的顶点到相邻边的垂直距离 d_v 等于截面边长的 1/6，并将约束核心的约束应力视为有效约束区的平均约束应力。

基于以上简化，并采用与圆形截面类似的计算思路，可得到方钢管端截面横向应力与混凝土纵向应变的关系。图 2.2.5 为理论计算结果与试验结果的对比情况，从图中可以看出，纵向应变较小时两者吻合较好；当混凝土进入塑性膨胀阶段，大部分试件的钢管横向应力实测峰值比理论值偏大。通过对试验过程的回顾可以发现，钢管在加载中后期出现向外鼓曲的现象，使得钢管外侧纤维的应变增大，而试验中的应变片粘贴在钢管外侧，因此钢管横向应变的实测峰值比真实情况偏大，进而可能导致试验应力值比理论值偏大的现象。虽然与试验结果存在一定误差，但理论计算结果仍可反映方钢管端截面横向应力随构件纵向应变的变化趋势，验证了以上简化模型的合理性。

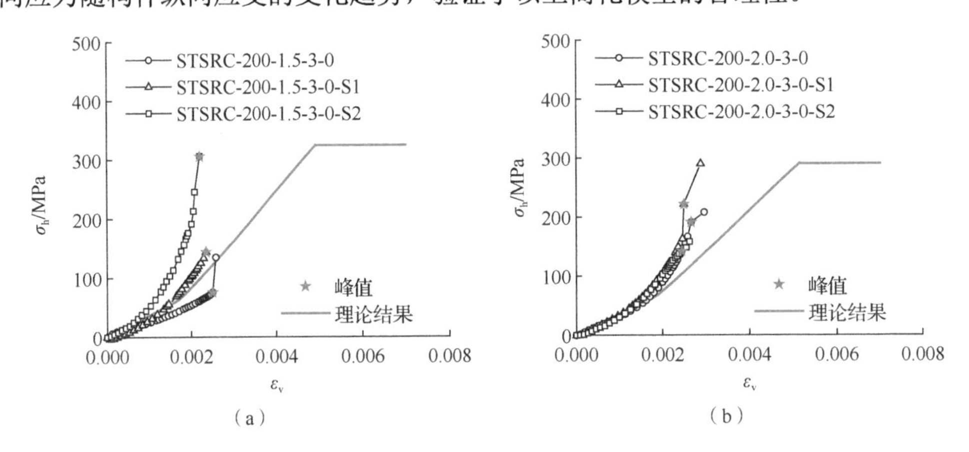

图 2.2.5　方钢管端截面横向应力随混凝土纵向应变变化曲线

2.2.3　峰值荷载对应的钢管应力分析

对于给定的钢管约束混凝土轴心受压构件，采用 2.2.2 节介绍的方法虽然可以计算钢管特征截面的应力状态，但由于临界截面到端截面的距离并不确定且随竖向荷载变化，因此不能直观反映钢管应力沿高度的分布情况。考虑到峰值荷载对应的钢管应力状态对分析钢管约束混凝土轴心受压构件的承载力具有重要价值，本节针对峰值承载力这一特定的荷载状态，对钢管约束混凝土轴压构件的钢管应力沿高度的分布规律进行分析。

对于圆形截面构件，假定峰值荷载时钢管的纵向应力和横向应力分别为σ_{uv}和σ_{uh}，以钢管端截面为原点，沿纵向建立坐标轴 h，在应变非协调区，钢管的法向和径向分别受到混凝土的压应力 f_l 和摩阻应力 f，对坐标轴上任意截面的微元 dh 进行受力分析，并建立峰值荷载时微元的纵向平衡方程：

$$\sigma_{uv}\pi Dt + f\pi D\mathrm{d}h = \left(\sigma_{uv} + \mathrm{d}\sigma_{uv}\right)\pi Dt \tag{2.2.16}$$

假定摩阻应力与压应力成正比，且摩阻系数为μ，即

$$f = \mu f_l \tag{2.2.17}$$

压应力 f_l 与混凝土受到的横向约束应力相等，可按式（2.2.14）计算，对于钢管约束混凝土，一般钢管的径厚比较大，式（2.2.14）可简化为

$$f_l - \frac{2t\sigma_{\mathrm{uh}}}{D} \tag{2.2.18}$$

将式（2.2.17）和式（2.2.18）代入式（2.2.16）并简化得

$$\sigma_{\mathrm{uh}} = \frac{D}{2\mu} \cdot \frac{\mathrm{d}\sigma_{\mathrm{uv}}}{\mathrm{d}h} \tag{2.2.19}$$

式（2.2.19）中除高度微元 dh 外，还包括钢管横向应力和纵向应力两个未知变量，方程不能唯一求解。为求解该微分方程，假设峰值荷载时钢管沿一定高度全截面屈服，且满足 Mises 屈服准则。因此，钢管横向应力σ_{uh}和纵向应力σ_{uv}满足

$$\sigma_{\mathrm{uh}}^2 + \sigma_{\mathrm{uv}}^2 - \sigma_{\mathrm{uh}}\sigma_{\mathrm{uv}} = f_{\mathrm{ty}}^2 \tag{2.2.20}$$

将式（2.2.19）代入式（2.2.20），整理得

$$\left(\frac{D}{\mu} \cdot \frac{\mathrm{d}\sigma_{\mathrm{uv}}}{\mathrm{d}h} - \sigma_{\mathrm{uv}}\right)^2 + \left(\sqrt{3}\sigma_{\mathrm{uv}}\right)^2 = \left(2f_{\mathrm{ty}}\right)^2 \tag{2.2.21}$$

为求解以上方程，引入计算参数θ，可设

$$\frac{D}{\mu} \cdot \frac{\mathrm{d}\sigma_{\mathrm{uv}}}{\mathrm{d}h} - \sigma_{\mathrm{uv}} = 2f_{\mathrm{ty}}\cos\theta \tag{2.2.22}$$

$$\sqrt{3}\sigma_{\mathrm{uv}} = -2f_{\mathrm{ty}}\sin\theta \tag{2.2.23}$$

由于$-f_{\mathrm{ty}} \leqslant \sigma_{\mathrm{uv}} \leqslant 0$，则参数$\theta \in [0, \pi/3]$。将式（2.2.23）代入式（2.2.22）整理得

$$\frac{\mathrm{d}h}{\mathrm{d}\theta} = \frac{D}{\mu\left(\sqrt{3} - \tan\theta\right)} \tag{2.2.24}$$

对式（2.2.24）积分得

$$h = \frac{D}{4\mu}\left\{\sqrt{3}\theta - \ln\left[2\sin\left(\frac{\pi}{3} - \theta\right)\right]\right\} + C \tag{2.2.25}$$

代入边界条件，当$\theta = 0$时，$h = 0$，计算得$C = \ln\sqrt{3}D/4\mu$。将式（2.2.23）代入式（2.2.20）并与式（2.2.25）联立，得

$$\frac{\sigma_{\mathrm{uv}}}{f_{\mathrm{ty}}} = -\frac{2\sqrt{3}}{3}\sin\theta \tag{2.2.26}$$

$$\frac{\sigma_{\mathrm{uh}}}{f_{\mathrm{ty}}} = \frac{2\sqrt{3}}{3}\sin\left(\frac{\pi}{3} - \theta\right) \tag{2.2.27}$$

$$\frac{h}{D} = \frac{\sqrt{3}\theta - \ln\left[2\sin\left(\frac{\pi}{3} - \theta\right)\right] + \ln\sqrt{3}}{4\mu} \qquad 0 \leqslant \theta \leqslant \frac{\pi}{3} \tag{2.2.28}$$

式（2.2.26）～式（2.2.28）即为峰值荷载时圆钢管约束混凝土轴压构件应变非协调区钢管横向应力和纵向应力随目标截面距端截面高度 h 变化的参数方程。将参数θ从 0

逐渐增加至 π/3，可得到σ_{uv}/f_{ty}和σ_{uh}/f_{ty}随变量$\mu h/D$ 变化的关系曲线，即如图 2.2.6 所示钢管应力随$\mu h/D$ 变化曲线。对于给定试件，钢管的直径 D 为定值，钢管与混凝土间的摩阻系数μ也可认为是常数，$\mu h/D$ 中仅目标截面距端截面高度 h 是变量，因此图 2.2.6 反映了钢管纵向应力和横向应力随 h 的变化关系。从图 2.2.6 中可以看出，随着 h 的增大，钢管中纵向应力增大，横向应力减小；当$\mu h/D$ 大于 1 时，纵向应力趋近钢管屈服强度，而横向应力趋近于 0。需要说明的是，式（2.2.26）～式（2.2.28）是基于应变非协调区内钢管微元的受力，进行分析推导得到的结果；假设应变非协调区的高度为 h_c，则图 2.2.6 中 $h > h_c$ 部分的曲线是无效的。因此，为确定钢管应力沿整个构件高度的分布规律，还需要分析峰值荷载对应钢管临界截面距端截面的高度 h_c 的取值。

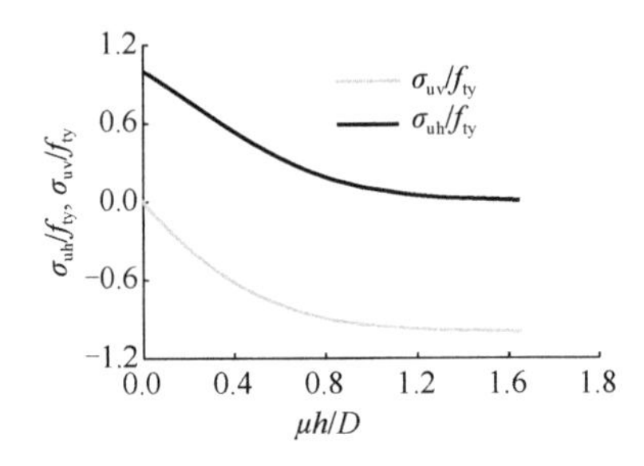

图 2.2.6 钢管应力随$\mu h/D$ 变化曲线

将峰值荷载时钢管临界截面的纵向应力σ_{uv}代入式（2.2.26）和式（2.2.28），可得该截面$\mu h/D$ 的表达式，即$\mu h_c/D$ 为

$$\mu\frac{h_c}{D}=\frac{\sqrt{3}\arcsin\left(-\dfrac{\sqrt{3}\sigma_{uv}}{2f_{ty}}\right)-\ln\left\{2\sin\left[\dfrac{\pi}{3}-\arcsin\left(-\dfrac{\sqrt{3}\sigma_{uv}}{2f_{ty}}\right)\right]\right\}+\ln\sqrt{3}}{4} \tag{2.2.29}$$

根据 2.2.2 节提出的钢管临界截面应力计算程序可知，核心混凝土的峰值应变是计算峰值荷载时钢管临界截面的纵向应力σ_{uv}的关键。基于 Attard 等[12]提出的约束混凝土峰值应变模型［式（2.2.30），其中约束应力 f_l 根据端截面计算］开展针对σ_{uv}的参数分析，并代入式（2.2.29），得到$\mu h_c/D$。此外，基于本书完成的轴压试验，统计圆钢管约束混凝土短柱（未包括镀锌钢板试件）的峰值压应变，计算各试件峰值荷载时钢管临界截面的纵向应力σ_{uv}，进而计算出各试件的$\mu h_c/D$。

$$\frac{\varepsilon_{cc}}{\varepsilon_{c0}}=1+\left(17-0.06f_c\right)\left(\frac{f_l}{f_c}\right) \tag{2.2.30}$$

图 2.2.7 给出了变量$\mu h_c/D$ 的参数分析计算结果，可见对于工程常用的参数范围，$\mu h_c/D$ 的主要变化区间为 0.3～0.5，为简化计算，$\mu h_c/D$ 近似取 0.4，即峰值荷载时钢管约束混凝土柱的应变非协调区的高度为 h_c 为

$$h_c=0.4D/\mu \tag{2.2.31}$$

已知峰值荷载对应的应变非协调区高度，可将图 2.2.6 的无效部分删除，如图 2.2.8 所示。在应变非协调区，钢管纵向应力和横向应力近似随变量$\mu h/D$ 线性变化，因此可

采用线性函数对曲线进行拟合（图 2.2.8），得到峰值荷载对应的应变非协调区，钢管应力简化计算公式为

$$\frac{\sigma_{\text{uv}}}{f_{\text{ty}}} = -1.5\mu\frac{h}{D} \tag{2.2.32}$$

$$\frac{\sigma_{\text{uh}}}{f_{\text{ty}}} = -1.2\mu\frac{h}{D}+1 \tag{2.2.33}$$

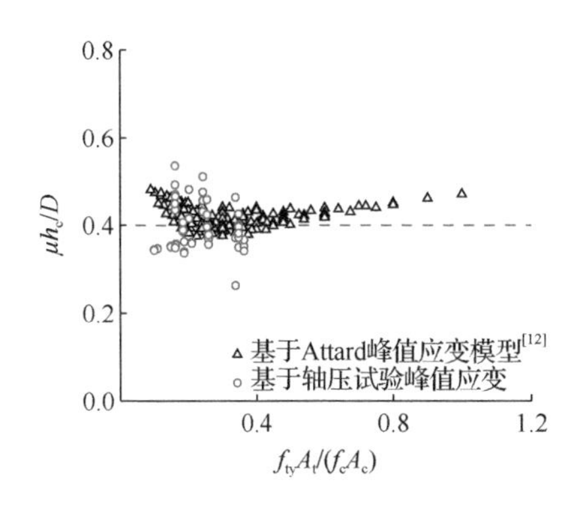

图 2.2.7　变量$\mu h_c/D$的参数分析计算结果

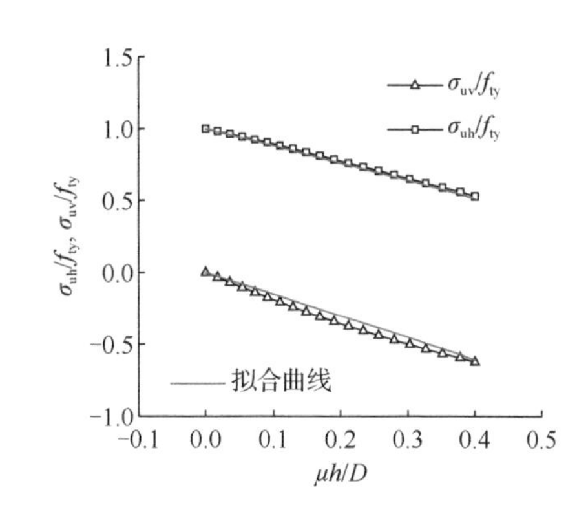

图 2.2.8　应变非协调区钢管应力线性拟合

在钢管应变协调区，钢管应力保持不变，与临界截面的钢管应力状态相同，即 $\sigma_{\text{uv}}/f_{\text{ty}} = -1.5\mu h_c/D \approx -0.6$，$\sigma_{\text{uh}}/f_{\text{ty}} = -1.2\mu h_c/D + 1 \approx 0.52$。

基于以上钢管应力简化计算公式，绘制峰值荷载时圆钢管约束混凝土轴压构件的钢管应力沿高度分布规律示意图，如图 2.2.9 所示。从图 2.2.9 中可得到以下三个主要结论：①在应变非协调区，从端截面到临界截面，钢管横向应力从f_{ty}线性减小到 $0.52f_{\text{ty}}$，纵向应力从 0.0 线性增大到 $0.6f_{\text{ty}}$；②在应变协调区，钢管应力沿高度保持不变，横向应力约为 $0.52f_{\text{ty}}$，纵向应力约为 $0.6f_{\text{ty}}$；③钢管临界截面距端截面的高度与钢管直径 D 和钢管与混凝土间摩阻系数μ的比值成正比，其比例约为 0.4。

为研究圆钢管约束型钢混凝土轴压短柱的钢管应力沿高度分布情况，表 2.1.3 中第二批次试件沿高度均匀布置了应变测点。图 2.2.10 为峰值荷载时各应变测点的纵向应变随高度变化关系，当拟合的纵向应变曲线达到构件的峰值压应变时，对应的横坐标便为实测的峰值临界截面高度与构件直径的比值，两组试件的 h_c/D 近似值分别为 1.3 和 1.4。在本书中，h_c/D 的理论近似值为 $0.4/\mu$，该式中含有未知的摩阻系数μ。研究表明[13-14]，钢和混凝土间的摩阻系数与钢材材质、混凝土强度、接触面干湿度等因素有关，但基本变化区间为 0.2～0.7；徐有邻等[15]的研究表明，表面较平整钢材与混凝土之间摩擦系数近似为 0.3。对于钢管约束混凝土试件，其钢管表面均较为平整，摩阻系数可近似取 0.3。确定了钢管与混凝土间的摩阻系数，则 h_c/D 的理论值为 $0.4/\mu \approx 1.33$，该值与试验结果吻合较好。在此基础上，将峰值荷载时钢管应力随高度变化的理论曲线与试验结果进行对比，如图 2.2.11 所示，理论曲线能够较好地反映试验结果的变化趋势。

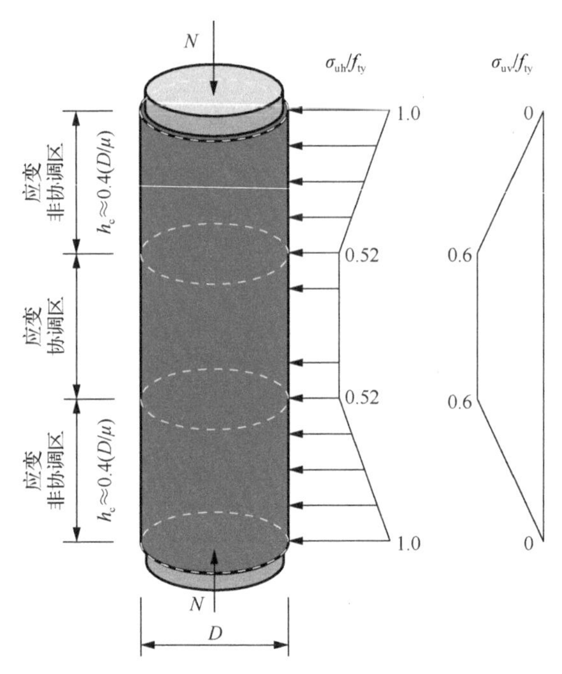

图 2.2.9　峰值荷载时圆钢管约束混凝土轴压构件的钢管应力沿高度分布示意

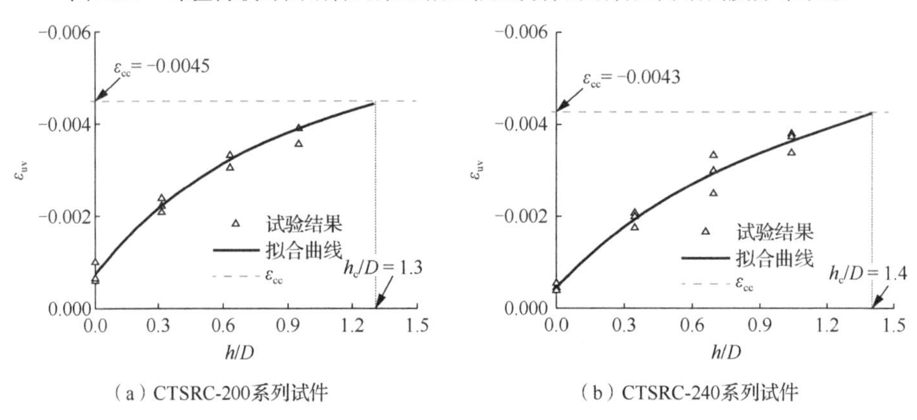

图 2.2.10　峰值荷载时各应变测点的纵向应变随高度变化关系

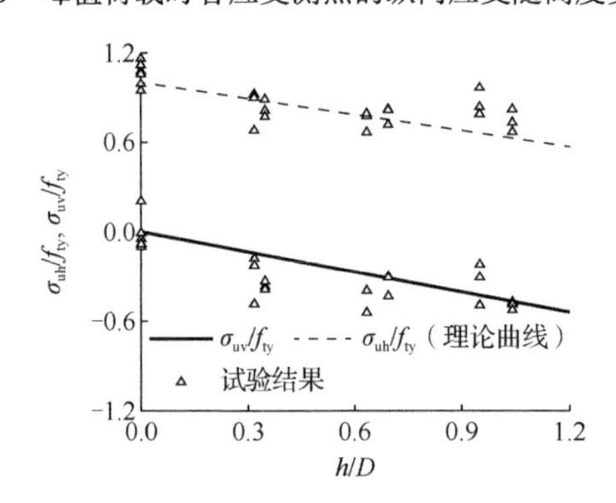

图 2.2.11　峰值荷载时钢管应力随高度变化的理论曲线与试验结果对比

对于方钢管约束混凝土轴压构件，由于非有效约束区混凝土较早的破坏，导致构件的峰值压应变较小，在峰值荷载时钢管端截面一般并未屈服。为分析峰值荷载时钢管的应力状态，统计轴压方钢管约束混凝土试验试件的峰值压应变，并进行回归分析，见式（2.2.34）。图 2.2.12 为回归结果与试验结果的对比，两者比值的平均值为 1.00，标准差为 0.08。

$$\varepsilon_{uv}=\left(-32.4\frac{D}{t}+208\frac{f_{ty}}{f_c}+5780\right)\times 10^{-6} \tag{2.2.34}$$

已知轴压方钢管约束混凝土构件的峰值压应变，采用以上介绍的钢管应力计算模型对峰值荷载时钢管端截面的横向应力σ_{uh}进行参数分析，计算参数包括混凝土轴心抗压强度（f_c为 50MPa、70MPa）、钢管屈服强度（f_{ty}为 300MPa、350MPa、400MPa、450MPa、500MPa）、钢管宽厚比（D/t 为 71、77、83、91、100、111、125、143）。通过参数计算与拟合分析，得到了钢管端截面横向应力与钢管屈服强度比值 k_s 的回归公式（2.2.35），将比值 k_s 定义为横向应力方形截面折减系数。图 2.2.13 为 k_s 回归结果与模型计算结果的对比，两者比值的平均值为 0.9，标准差为 0.08。

$$k_s=\frac{\sigma_{uh}}{f_{ty}}=-0.008\frac{D}{t}-0.090\frac{f_{ty}}{f_c}+0.036\sqrt{\frac{Df_{ty}}{tf_c}}+0.95 \tag{2.2.35}$$

由于方钢管约束混凝土的钢管应力计算模型简化程度较高，不再进行钢管临界截面的应力分析；并假定峰值荷载时方钢管应力状态沿高度的分布规律与圆钢管约束混凝土构件相同。

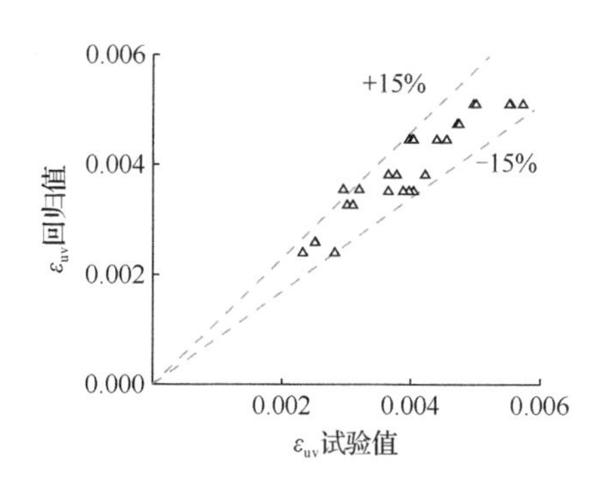

图 2.2.12　ε_{uv} 回归结果与试验结果的对比

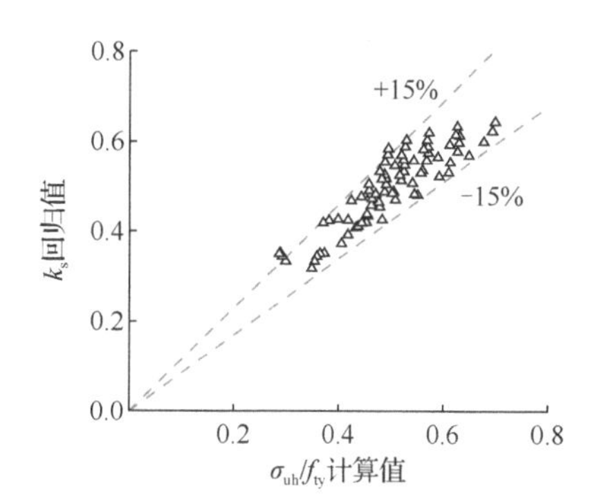

图 2.2.13　k_s 回归结果与模型计算数值结果的对比

2.2.4　等效约束应力

在圆钢管约束混凝土柱中，对于给定的截面，钢管沿横向对混凝土施加均匀的侧向约束作用，约束应力与钢管横向应力σ_h成正比。图 2.2.14 为基于式（2.2.32）绘制的不同钢管开缝高度对应的钢管横向应力分布示意图，其中σ_{h1}和σ_{h2}分别为峰值荷载时钢管端截面和中部截面的钢管应力，且对于圆形截面试件，钢管端截面应力可近似等于钢管屈服强度f_{ty}；当钢管高度 h_t 大于两倍临界截面高度时，钢管中部截面横向应力近似等于

$0.52f_{ty}$。由图 2.2.14 可见，由于钢管横向应力沿高度变化，钢管对核心混凝土的整体约束水平与钢管高度 h_t 相关。为反映钢管沿高度对核心混凝土的平均约束水平，本书建议采用钢管横向应力沿高度的平均值$\sigma_{h,m}$来计算圆钢管的等效约束应力。根据式（2.2.33），对于给定的摩阻系数μ可近似假定$\sigma_{h,m}$随 h_t/D 线性变化，计算公式如下：

$$\sigma_{h,m} = k_h f_{ty} \tag{2.2.36}$$

$$k_h = \begin{cases} -0.1\dfrac{h_t}{D}+1 \geqslant 0.5 & \text{钢管内壁未润滑处理} \\ -0.03\dfrac{h_t}{D}+1 \geqslant 0.5 & \text{钢管内壁润滑处理} \end{cases} \tag{2.2.37}$$

式中：k_h——横向应力高度修正系数，该系数是考虑了钢管内壁与混凝土的摩阻系数（未润滑处理$\mu \approx 0.3$，润滑处理$\mu \approx 0.1$），并根据式（2.2.33）进行线性拟合得到的。

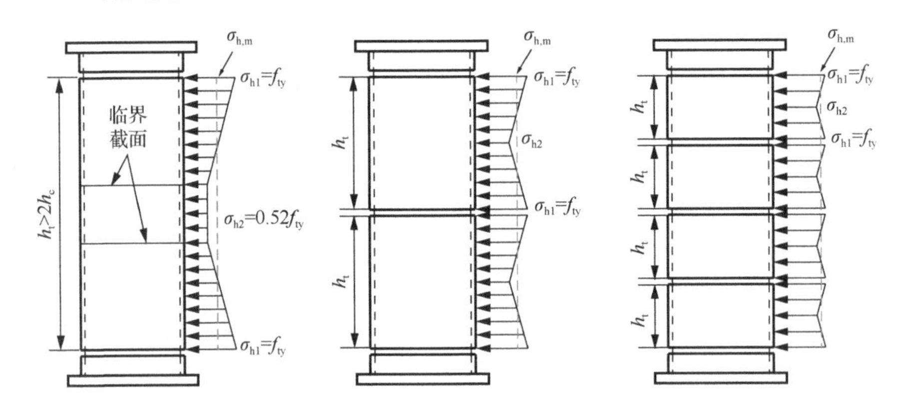

图 2.2.14 不同钢管开缝高度对应的钢管横向应力分布示意图

将式（2.2.36）代入式（2.2.18），可得到圆钢管对混凝土的等效约束应力 f_{el} 为

$$f_{el} = \frac{2k_h t f_{ty}}{D} \tag{2.2.38}$$

对于方钢管约束混凝土构件，截面内钢管对混凝土的侧向约束不均匀，分析中常用的方法是引入约束应力有效系数 k_e，对截面有效约束区的约束应力进行折减，得到截面有效约束应力。约束应力有效系数 k_e 一般通过有效约束区混凝土面积 A_{cc} 与截面面积 A_c 的比值确定，根据图 2.2.4 假设的截面有效约束应力分区，k_e 为

$$k_e = \frac{A_{cc}}{A_c} = \frac{A_c - A_{nc}}{A_c} = \frac{D-2d_v}{D} \tag{2.2.39}$$

式中：A_{nc}——非有效约束区混凝土面积。

采用约束核心的约束应力 f_{al} ［式（2.2.15）］作为有效约束区的平均约束应力，则截面有效约束应力 $f_{el\_section}$ 为

$$f_{el\_section} = k_e f_{al} = \frac{2\sigma_h t}{D} \tag{2.2.40}$$

将横向应力方形截面折减系数 k_s ［式（2.2.35）］代入式（2.2.40），并采用与圆形截

面相同的应力高度修正系数 k_h［式（2.2.37）］，可得到方钢管约束混凝土轴压构件的等效约束应力 f_{el} 为

$$f_{el}=\frac{2k_s k_h t f_{ty}}{D} \tag{2.2.41}$$

2.3　钢管约束混凝土受压本构模型

2.3.1　研究范围

在实际工程中，考虑到钢管无局部屈曲问题以及钢管纵向应力利用不充分的实际情况，钢管约束混凝土柱的钢管含钢率一般较低。本书拟针对大径/宽厚比圆、方薄壁钢管约束混凝土单向受压本构模型进行研究，所研究的圆钢管径厚比和方钢管宽厚比范围如下：

圆形截面

$$D/t \geqslant \max\left(60, 90\frac{235}{f_{ty}}\right) \tag{2.3.1}$$

方形截面

$$D/t \geqslant \max\left(50, 52\sqrt{\frac{235}{f_{ty}}}\right) \tag{2.3.2}$$

式中：$90\times 235/f_{ty}$ 和 $52\times\sqrt{235/f_{ty}}$ ——欧洲 Eurocode 4 规范中对圆形和矩形截面钢管混凝土组合柱的最大钢管径/宽厚比要求[16]；

f_{ty}——钢管屈服强度，单位 MPa。

在以上限定的大径/宽厚比范围内，钢管约束混凝土柱中的钢管可等效看作传统箍筋约束混凝土柱中的箍筋，其作用主要是为核心混凝土提供约束作用；在约束混凝土应力-应变分析中，可忽略钢管的纵向应力，将钢管与混凝土看作整体，并通过等效约束应力来考虑钢管对核心混凝土的约束作用。

整理本章及国内外已有满足式（2.3.1）和式（2.3.2）的圆、方钢管约束混凝土轴压试验数据[17-22]，变化参数包括：混凝土轴心抗压强度（34.9～95.2MPa）、钢管屈服强度（185.7～448.0MPa）、钢管径/宽厚比（64～221）、钢管高径/宽比（0.6～5.9）、核心混凝土形式（素混凝土、钢筋混凝土和型钢混凝土）和钢管与混凝土界面性质（钢管内壁是否润滑处理）。以此为基础，对考虑钢管等效约束应力的混凝土本构模型进行分析。

2.3.2　骨架曲线

目前，国内外学者已提出了多种约束混凝土单向受压应力-应变骨架曲线模型，公式形式主要有三类：①二次函数分式形式[23-25]，模型适用范围较广，可通过改变曲线上

升段和下降段的控制参数，模拟不同混凝土强度与约束水平的混凝土应力-应变关系，但是由于模型参数较多，不同学者提出的模型往往差异较大；②分段函数形式[26-29]，代表模型为 Kent-Park 提出的曲线上升段和下降段分别为抛物线和直线的分段式模型，模型简单且适用性好，但是曲线不连续，对峰值点附近的预测结果不理想；③幂函数分式形式[30-33]，该类模型主要基于波波维奇（Popovics）在 1973 提出的本构关系，此模型 1988 年被曼德（Mander）进行了修正，其形式简单，但对低约束高强混凝土本构的下降段预测不理想，需进行修正。

本书对 Popovics 和 Mander 模型中的形状系数进行修正，提出了适用于钢管约束混凝土单向受压应力-应变骨架曲线模型，具体如下：

$$\sigma = \frac{xr}{r-1+x^r} f_{cc} \tag{2.3.3}$$

$$x = \varepsilon / \varepsilon_{cc} \tag{2.3.4}$$

$$\frac{f_{cc}}{f_c} = 1 + 5.1 \frac{f_{el}}{f_c} \tag{2.3.5}$$

$$\frac{\varepsilon_{cc}}{\varepsilon_{c0}} = 1 + \left(17 - 0.06 f_c\right)\left(\frac{f_{el}}{f_c}\right) \tag{2.3.6}$$

$$r = \frac{k_r E_c}{E_c - E_{sec}} \tag{2.3.7}$$

$$E_{sec} = f_{cc} / \varepsilon_{cc} \tag{2.3.8}$$

$$k_r = \sqrt{\frac{f_c}{30}} \tag{2.3.9}$$

式中：f_{cc}、ε_{cc}——约束混凝土峰值抗压强度和对应的峰值压应变；

ε_{c0}——非约束混凝土峰值压应变，按式（2.2.7）计算；

E_c——混凝土弹性模量，按式（2.2.6）计算；

E_{sec}——约束混凝土割线模量；

k_r——曲线形状修正系数，计算中 f_{co} 的单位为 MPa。

以上钢管约束混凝土骨架曲线中峰值应力采用 Richar 等[34]提出的低约束应力下混凝土强度计算模型，其对应的峰值应变采用 Attard 等[12]基于强度修正提出的计算模型。图 2.3.1 和图 2.3.2 分别为峰值应力和对应峰值应变模型计算结果与已有试验结果对比[模型中等效约束应力 f_{el} 按式（2.2.41）计算]，其中峰值应力理论值比试验值的均值为 1.0，标准差为 0.07；峰值应变理论值比试验值的均值为 1.02，标准差为 1.08。可见，以上两个模型均能较好地预测试验结果。图 2.3.3～图 2.3.6 给出了以上模型计算结果与试验结果的对比情况，进一步验证了模型的可靠性。

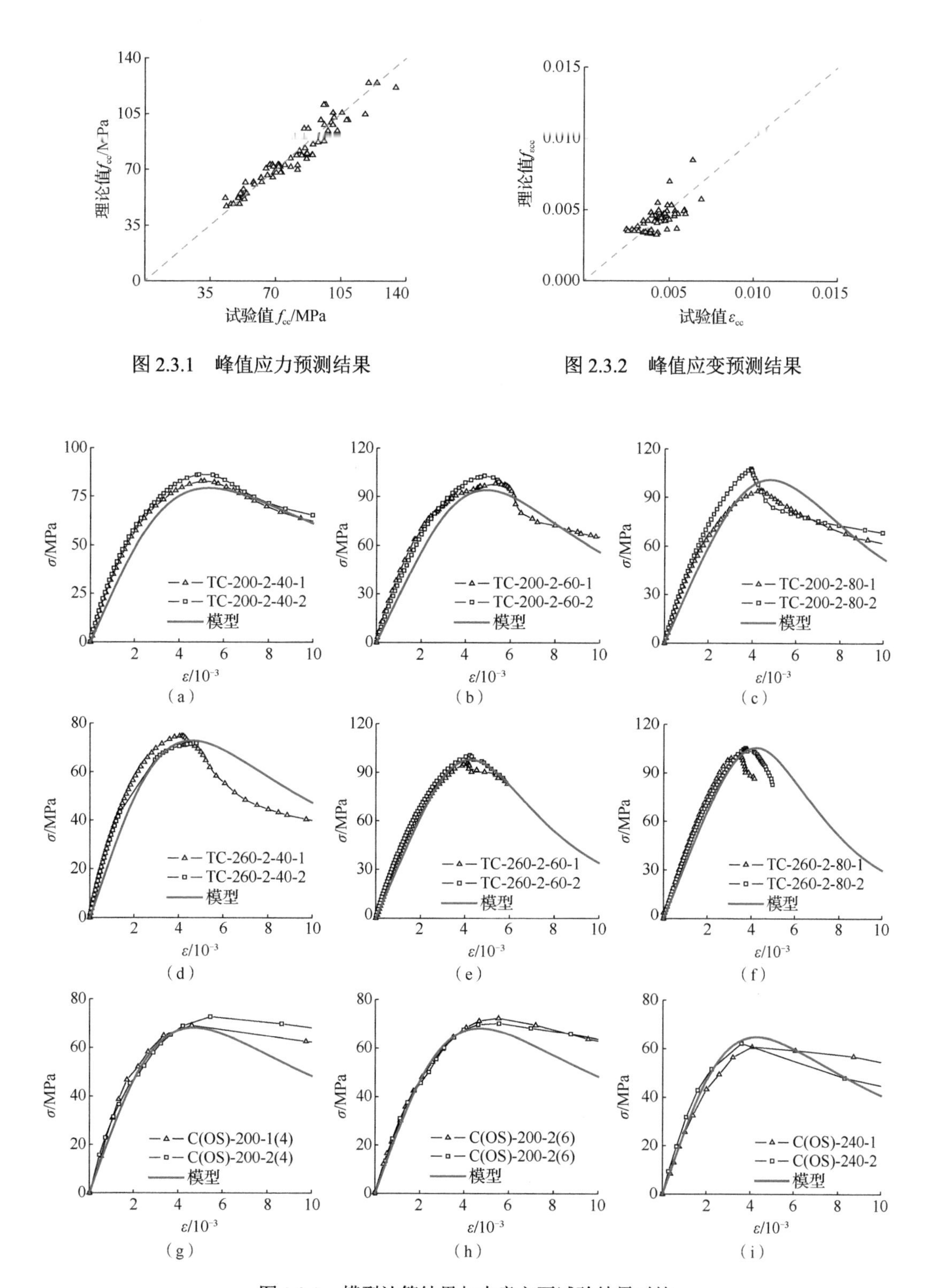

图 2.3.1　峰值应力预测结果

图 2.3.2　峰值应变预测结果

图 2.3.3　模型计算结果与本章主要试验结果对比

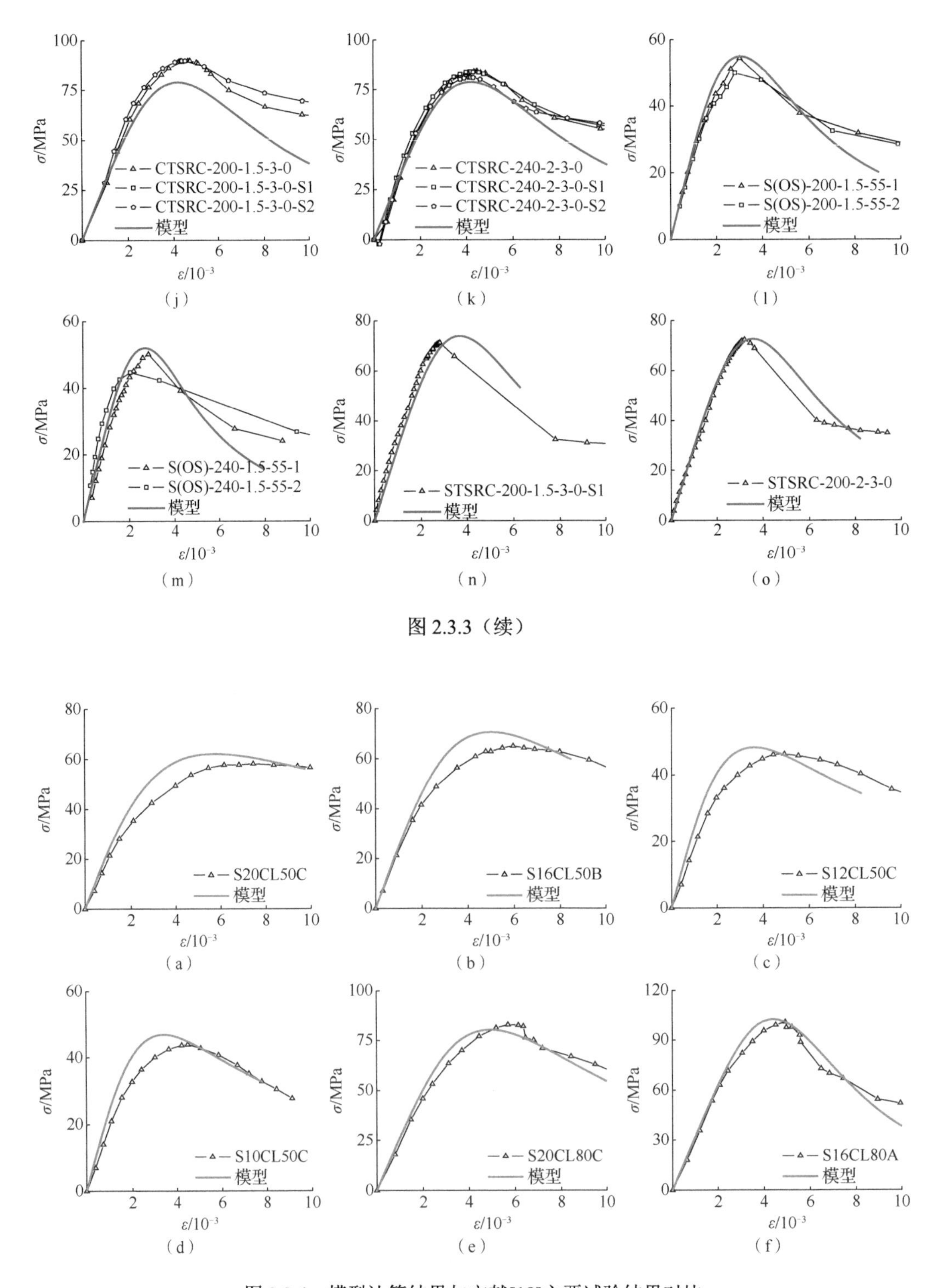

图 2.3.3（续）

图 2.3.4　模型计算结果与文献[18]主要试验结果对比

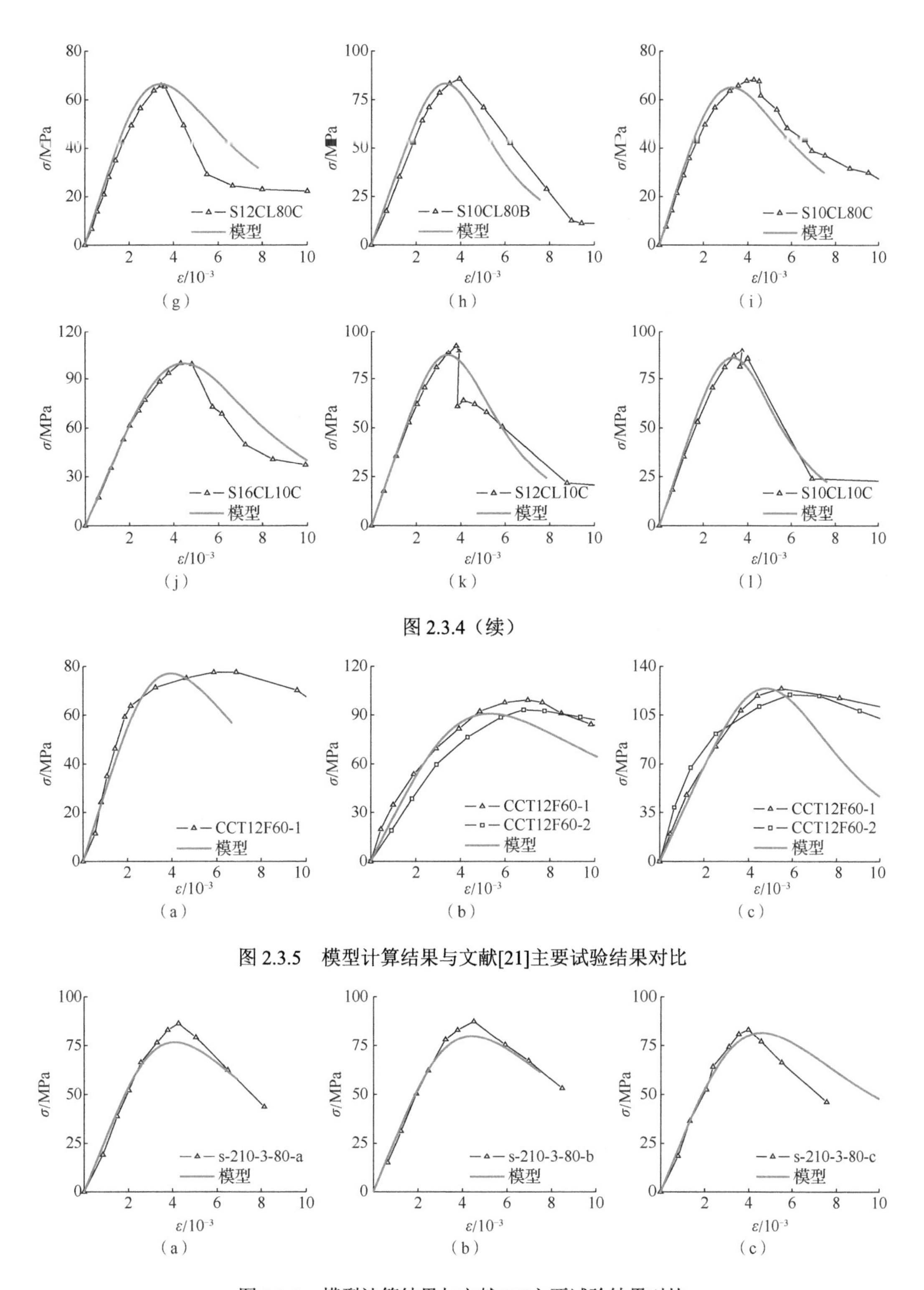

图 2.3.4（续）

图 2.3.5　模型计算结果与文献[21]主要试验结果对比

图 2.3.6　模型计算结果与文献[22]主要试验结果对比

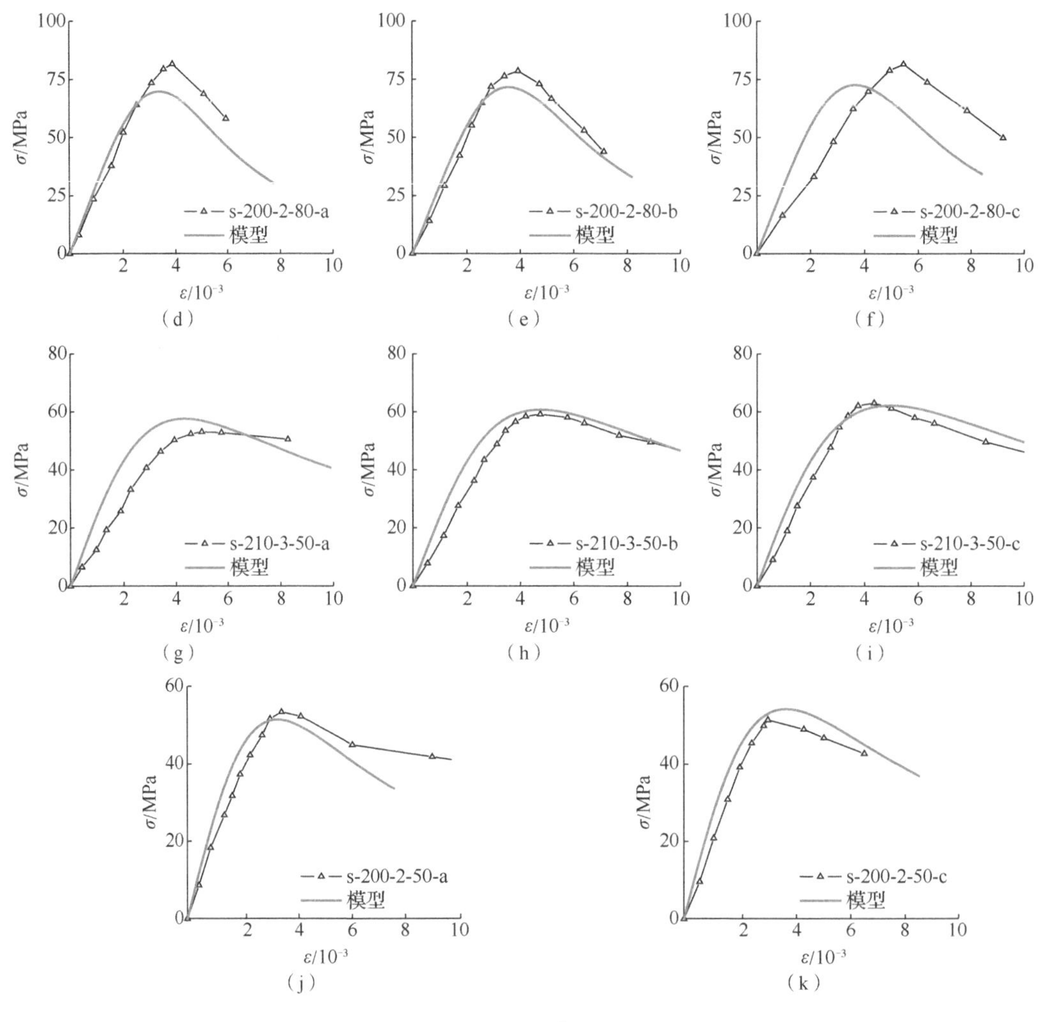

图 2.3.6（续）

2.3.3 加卸载规则

根据试验结果，假定钢管约束混凝土在往复压力荷载作用下的应力-应变包络线与单调加载的骨架线重合，而卸载与再加载分别通过反向受压曲线和双线性曲线进行简化，如图 2.3.7 所示。式（2.3.10）～式（2.3.18）为卸载曲线与再加载曲线计算公式，其中（$\varepsilon_{\mathrm{un}}$，$f_{\mathrm{un}}$）为卸载点，（$\varepsilon_{\mathrm{un}}$，$f_{\mathrm{new}}$）为再加载双直线交点，（$\varepsilon_{\mathrm{re}}$，$f_{\mathrm{re}}$）为再加载曲线与骨架线的交点，$\varepsilon_{pl}$为卸载残余应变，$E_{\mathrm{sec_un}}$和 E_{re}分别为卸载刚度和再加载刚度。图 2.3.8 为加卸载模型与试验结果的对比，两者吻合较好。

1）卸载曲线计算公式：

$$\sigma_{\mathrm{c}} = f_{\mathrm{un}} - \frac{x_{\mathrm{un}} r_{\mathrm{un}}}{r_{\mathrm{un}} - 1 + x_{\mathrm{un}}^{\ r_{\mathrm{un}}}} f_{\mathrm{un}} \tag{2.3.10}$$

$$x_{\mathrm{un}} = \frac{\varepsilon_{\mathrm{c}} - \varepsilon_{\mathrm{un}}}{\varepsilon_{\mathrm{p}l} - \varepsilon_{\mathrm{un}}} \tag{2.3.11}$$

$$r_{\mathrm{un}} = \frac{2k_{\mathrm{r}}E_{\mathrm{c}}}{2E_{\mathrm{c}} - E_{\mathrm{sec\_un}}} \tag{2.3.12}$$

$$E_{\mathrm{sec\_un}} = \frac{f_{\mathrm{un}}}{\varepsilon_{\mathrm{un}} - \varepsilon_{\mathrm{p}l}} \tag{2.3.13}$$

$$\varepsilon_{\mathrm{p}l} = 0.35\varepsilon_{\mathrm{cc}}^{-0.8}\varepsilon_{\mathrm{un}}^{1.8} \tag{2.3.14}$$

2）再加载曲线计算公式：

$$\sigma_{\mathrm{c}} = \begin{cases} E_{\mathrm{re}}\varepsilon_{\mathrm{c}} & \varepsilon_{\mathrm{p}l} \leqslant \varepsilon_{\mathrm{c}} \leqslant \varepsilon_{\mathrm{un}} \\ f_{\mathrm{re}} - \dfrac{\left(f_{\mathrm{re}} - f_{\mathrm{new}}\right)}{\left(\varepsilon_{\mathrm{re}} - \varepsilon_{\mathrm{un}}\right)}\left(\varepsilon_{\mathrm{re}} - \varepsilon_{\mathrm{c}}\right) & \varepsilon_{\mathrm{un}} < \varepsilon_{\mathrm{c}} \leqslant \varepsilon_{\mathrm{re}} \end{cases} \tag{2.3.15}$$

$$E_{\mathrm{re}} = \frac{f_{\mathrm{new}}}{\varepsilon_{\mathrm{un}} - \varepsilon_{\mathrm{p}l}} \tag{2.3.16}$$

$$f_{\mathrm{new}} = 0.92 f_{\mathrm{un}} \tag{2.3.17}$$

$$\varepsilon_{\mathrm{re}} = \varepsilon_{\mathrm{un}} + \frac{f_{\mathrm{cc}}}{f_{\mathrm{c}}}\frac{f_{\mathrm{un}} - f_{\mathrm{new}}}{E_{\mathrm{re}}} \tag{2.3.18}$$

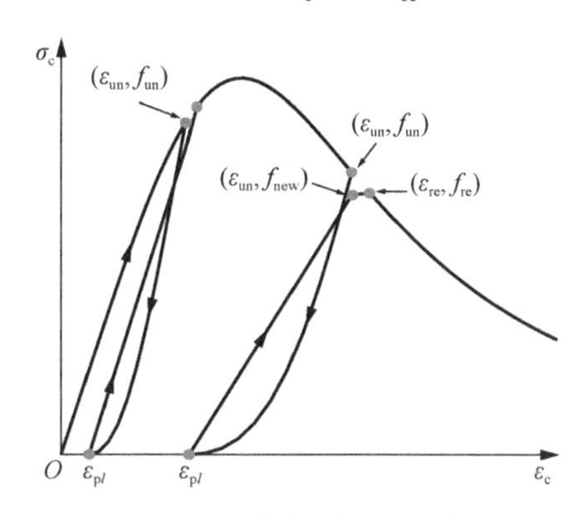

图 2.3.7　加卸载规则示意

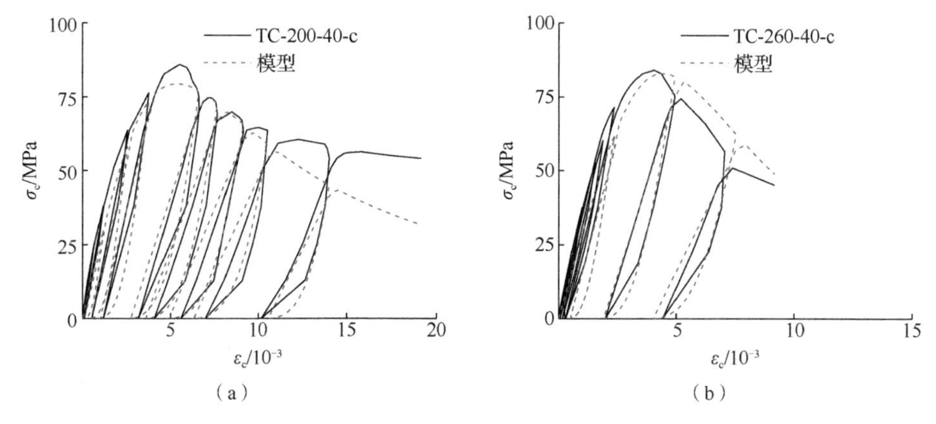

图 2.3.8　加卸载模型与试验结果对比

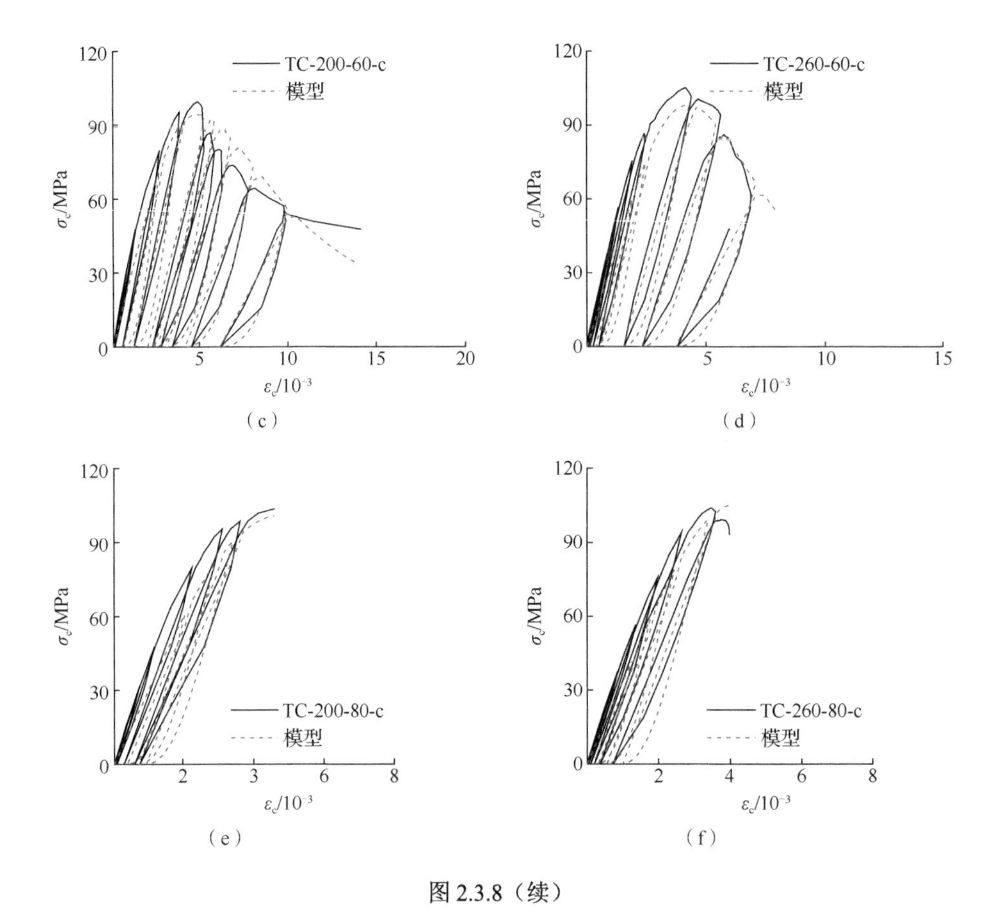

图 2.3.8（续）

2.4　截面轴压承载力

2.4.1　钢管径/宽厚比建议范围

钢管约束混凝土柱的初衷是采用逐层断开的钢管对核心混凝土提供约束作用，尽量降低钢管中的纵向应力，从而使钢管的横向约束效应最大化。但根据以上的研究可知，在钢管端部的应变非协调区，钢管中是以横向约束应力为主，纵向应力较小，承载力分析中可忽略纵向应力的影响；在钢管中部的应变协调区，钢管的纵向应力较大，当钢管含钢率较高时，钢管纵向应力对构件承载力的影响是不能忽略的。在钢管约束混凝土轴压短柱承载力分析中，分别考虑钢管纵向应力和横向应力的影响，能够较好地反映构件的受力机理，并可得到较为理想的承载力计算公式[35]。但在实际工程的各种复杂工况下，柱子的破坏位置和破坏模式并不确定，很难准确估计钢管横向应力和纵向应力对构件承载力的贡献。尤其当钢管的含钢率较高时，构件端截面（钢管断开位置）和中部截面的承载力将会有较大的差别，若采用某一特定截面进行设计，将会产生不必要的浪费，或者导致构件承载能力不足。因此，对钢管的最大含钢率进行必要的限制，实际应用中钢管的径/宽厚比宜满足式（2.3.1）和式（2.3.2）的限定范围。在该范围内，钢管可等效看作钢筋混凝土构件中连续布置的箍筋，其主要作用是为核心混凝土提供约束作用。

此外，为保证核心混凝土与高强钢筋或型钢的共同工作性能，钢管约束混凝土构件的钢管壁厚同样不宜过薄。钢管的约束作用需保证钢筋及型钢在构件达到峰值荷载前屈服，即满足

$$\varepsilon_{cc} > \varepsilon_{by(sy)} \tag{2.4.1}$$

式中：ε_{cc}——核心混凝土峰值压应变，按式（2.2.30）计算；

$\varepsilon_{by(sy)}$——钢筋或型钢的屈服应变，为钢材屈服强度与弹性模量的比值。

2.4.2　轴压承载力计算公式

为研究钢管纵向应力对圆、方钢管约束混凝土短柱轴压承载力的影响，在工程常用的配筋及材料强度范围内，对考虑钢管纵向应力的临界截面承载力（N_{0c}）和不考虑钢管纵向应力按等效约束应力计算的截面承载力（N_{0e}）进行对比分析，如图 2.4.1 所示。计算中的变化参数包括：钢管径/宽厚比（圆形：90～160；方形：70～140），混凝土抗压强度（30～70MPa）、钢管屈服强度（235～420MPa）、钢筋或型钢屈服强度（300～500MPa）、钢筋或型钢含钢率（4%～10%）、试件长径/宽比（2～4）。计算结果表明：钢管纵向应力对构件截面承载力的影响一般在 5.0%左右。因此，对于以上常用的较大径/宽厚比钢管约束混凝土短柱，可假定钢管约束混凝土构件沿高度均匀一致，忽略钢管纵向应力的影响，采用合理的等效约束应力来考虑钢管对构件承载力的提高作用。基于以上分析，钢管约束混凝土柱截面轴压承载力可简化为核心混凝土抗压承载力和钢筋或型钢抗压承载力两个部分，计算公式为

$$N_0 = Af_{cc} + A_{b(s)} f_{by(sy)} \tag{2.4.2}$$

式中：f_{cc}——约束混凝土抗压强度，按式（2.3.5）计算，f_{el}需考虑高度修正；

A——构件截面面积；

$A_{b(s)}$——钢筋或型钢总截面面积；

$f_{by(sy)}$——钢筋或型钢屈服强度。

（a）圆形截面

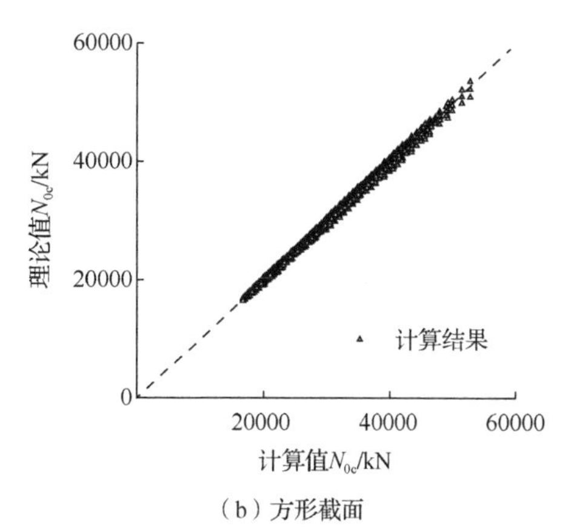

（b）方形截面

图 2.4.1　钢管纵向应力对轴压承载力的影响

以上公式中混凝土面积采用构件的毛截面面积，而非混凝土净截面面积，主要基于两点考虑：①钢管约束钢筋混凝土柱中，钢筋含钢率较低，对混凝土截面削弱较小；②在钢管约束型钢混凝土柱中，型钢翼缘会对核心混凝土提供额外的约束效应，对构件承载力起加强作用。图 2.4.2 为轴压承载力公式计算验证，通过对公式计算结果与已有圆、方钢管约束混凝土轴心受压试验结果的对比，两者比值的平均值为 0.98，标准差为 0.07。

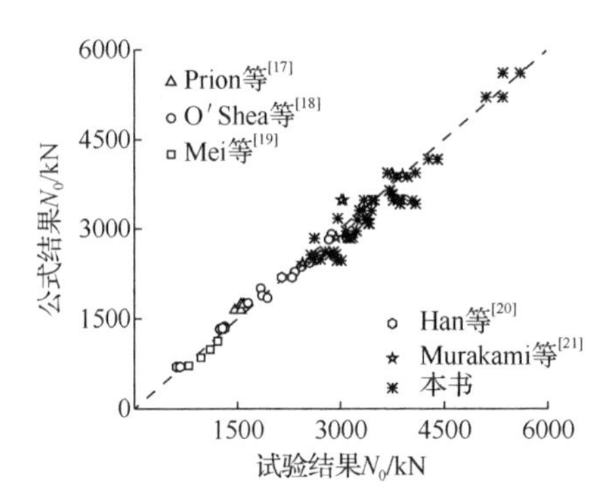

图 2.4.2 轴压承载力公式验证

参考文献

[1] Imran I, Pantazopoulou S. Experimental study of plain concrete under triaxial stress[J]. ACI Materials Journal, 1996, 93(6): 589-601.

[2] Mirmiran A, Shahawy M. Dilation characteristics of confined concrete[J]. Mechanics of Cohesive - Frictional Materials, 1997, 2(3): 237-249.

[3] Nielsen C V. Triaxial behavior of high-strength concrete and mortar[J]. ACI Materials Journal, 1998, 95(2): 144-151.

[4] Samaan M, Mirmiran A, Shahawy M. Model of concrete confined by fiber composites[J]. Journal of Structural Engineering, 1998, 124(9): 1025-1031.

[5] Harries K A, Kharel G. Behavior and modeling of concrete subject to variable confining pressure[J]. ACI Materials Journal, 2002, 99(2): 180-189.

[6] Teng J G, Huang Y L, Lam L, et al. Theoretical model for fiber-reinforced polymer-confined concrete[J]. Journal of Composites for Construction, 2007, 11(2): 201-210.

[7] Candappa D C, Sanjayan J G, Setunge S. Complete triaxial stress-strain curves of high-strength concrete[J]. Journal of Materials in Civil Engineering, 2001, 13(3): 209-215.

[8] Youssf O, Elgawady M A, Mills J E, et al. Finite element modelling and dilation of FRP-confined concrete columns[J]. Engineering Structures, 2014, 79: 70-85.

[9] Samani A K, Attard M M. Lateral strain model for concrete under compression [J]. ACI Structural Journal, 2014, 111(2): 441-451.

[10] Dong C X, Kwan A K H, Ho J C M. A constitutive model for predicting the lateral strain of confined concrete[J]. Engineering Structures, 2015, 91: 155-166.

[11] Roeder C W, Cameron B, Brown C B. Composite action in concrete filled tubes[J]. Journal of Structural Engineering, 1999, 125(5): 477-484.

[12] Attard M M, Setunge S. Stress-strain relationship of confined and unconfined concrete[J]. ACI Materials Journal, 1996, 93(5): 432-442.

[13] Peter B, Atle G. Coefficient of friction for steel on concrete at high normal stress[J]. Journal of Materials in Civil Engineering, 1990, 2(1): 46-49.

[14] Rabbat B G, Russell H G. Friction coefficient of steel on concrete or grout [J]. Journal of Structural Engineering, 1985, 111(3): 505-515.
[15] 徐有邻, 沈文郁, 汪洪. 钢筋砼粘结锚固性能的试验研究[J]. 建筑结构学报, 1994, 15(3): 26-37.
[16] CEN/TC250. Eurocode 4: Design of composite steel and concrete structures-Part 1-1: General rules and rules for buildings: EN 1994-1-1 [S]. Brussels: CEN, 2004.
[17] Prion H G L, Boehme J. Beam-column behaviour of steel tubes filled with high strength concrete[J]. Canadian Journal of Civil Engineering, 1994, 21(2): 207-218.
[18] O'Shea M D, Bridge R Q. Tests on circular thin-walled steel tubes filled with medium and high strength concrete[J]. Australian Civil Engineering Transactions, 1998, 40: 15-27.
[19] Mei H, Kiousis P D, Ehsani M R, et al. Confinement effects on high-strength concrete[J]. ACI Structural Journal, 2001, 98(4): 548-553.
[20] Han L H, Yao G H, Chen Z B, et al. Experimental behaviours of steel tube confined concrete (STCC) columns[J]. Steel and Composite Structures, 2005, 5(6): 459-484.
[21] Murakami K, Ikenono Y, Sun Y P, et al. Axial and flexural behavior of confined HSC columns, Part 2: Experimental results of specimens under concentric loading [C]//Summaries of Technical Papers of Annual Meeting Architectural Institute of Japan, C-2, Structures IV, Reinforced Concrete Structures Prestressed Concrete Structures Masonry Wall Structures, 1999: 765-766.
[22] Liu J P, Zhou X H. Behavior and strength of tubed RC stub columns under axial compression[J]. Journal of Constructional Steel Research, 2010, 66(1): 28-36.
[23] Ahmad S H, Shah S P. Stress-strain curves of concrete confined by spiral reinforcement[J]. ACI Journal Proceedings, 1982, 79(6): 484-490.
[24] Sargin M. Stress-strain relationships for concrete and the analysis of structural concrete sections[D]. Waterloo: University of Waterloo, 1971.
[25] Martinez-Morales S. Spirally-reinforced high-strength concrete columns[D]. New York: Cornell University, 1983.
[26] Kent D C, Park R. Flexural members with confined concrete[J]. Journal of Structural Engineering, 1971, 97(7): 1969-1990.
[27] Sheikh S A, Uzumeri S M. Analytical model for concrete confinement in tied columns[J]. Journal of the Structural Division, 1982, 108(12): 2703-2722.
[28] Razvi S, Saatcioglu M. Confinement model for high-strength concrete[J]. Journal of Structural Engineering, 1999, 125(3): 281-289.
[29] Li B, Park R, Tanaka H. Stress-strain behavior of high-strength concrete confined by ultra-high-and normal-strength transverse reinforcements[J]. ACI Structural Journal, 2001, 98(3): 395-406.
[30] Mander J B, Priestley M J N, Park R. Theoretical stress-strain model for confined concrete[J]. Journal of Structural Engineering, 1988, 114(8): 1804-1826.
[31] Cusson D, Paultre P. Stress-strain model for confined high-strength concrete[J]. Journal of Structural Engineering, 1995, 121(3): 468-477.
[32] Popovics S. A numerical approach to the complete stress-strain curves for concrete[J]. Cement and Concrete Research, 1973, 3(5): 583-599.
[33] Wee T H, Chin M S, Mansur M A. Stress-strain relationship of high-strength concrete in compression[J]. Journal of Materials in Civil Engineering, 1996, 8(2): 70-76.
[34] Richar F E, Brandtzæg A, Brown R L . A study of the failure of concrete under combined compressive stresses[R]. Urbana: University of Illinois Bulletin, 1928.
[35] 甘丹. 钢管约束混凝土短柱的静力性能和抗震性能研究[D]. 兰州: 兰州大学, 2012.

第3章　钢管约束混凝土中长柱的轴压性能与设计方法

钢管约束混凝土柱的承载力高，相同荷载作用下截面相对较小，在实际工程中多为中长柱，设计时需验算稳定承载力。本章主要对钢管约束混凝土中长柱的轴压力学性能进行研究，基于不同长径/宽比的钢管约束钢筋/型钢混凝土柱轴压试验，重点分析构件长细比对极限状态钢管约束效应的影响，揭示中长柱构件的稳定破坏机制；建立考虑初始缺陷的钢管约束混凝土中长柱有限元分析模型，并开展参数分析，明确关键参数对中长柱构件稳定性能的影响规律；分别建立了圆、方钢管约束混凝土柱的轴压稳定承载力计算公式。

3.1　试验研究

3.1.1　试验概况

本章共计对36个不同长径/宽比的钢管约束钢筋混凝土柱和钢管约束型钢混凝土柱进行了轴压性能试验研究，包括圆形和方形两种截面形式；为充分研究长径/宽比对构件轴压力学性能的影响，试验的长径/宽比涵盖3.0（短柱）、6.0和10.0（中长柱）。图3.1.1为试件设计图，表3.1.1～表3.1.4分别给出各类构件的具体参数。其中，f_{ty}、f_{by}、f_{sy}、f_{tby}分别表示钢管、纵筋、型钢、箍筋的屈服强度；f_c为混凝土轴心抗压强度；E_t、E_b、E_s和E_c分别为钢管、纵筋、型钢、混凝土的弹性模量；α_b、α_s分别为纵筋、型钢含钢率[$\alpha_b = A_b/(A_c+A_b)$、$\alpha_s = A_s/(A_c+A_s)$]；α_t为钢管含钢率[$\alpha_t = A_t/(A_c+A_b)$或$\alpha_t = A_t/(A_c+A_s)$]，A_t、A_c、A_b、A_s分别为钢管、混凝土、纵筋、型钢的截面面积；L/D为构件长径/宽比；D为构件截面直径（圆形截面）/截面宽度（方形截面）；t为钢管厚度；N_{ue}为试件峰值荷载。

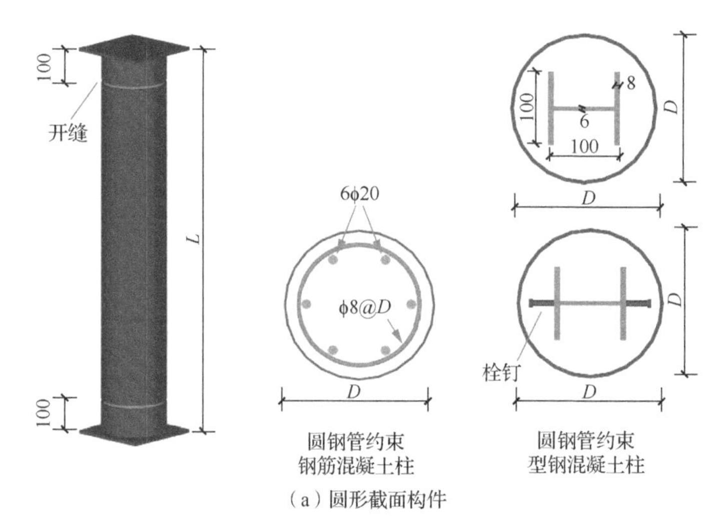

（a）圆形截面构件

图3.1.1　轴压试件尺寸及构造示意（尺寸单位：mm）

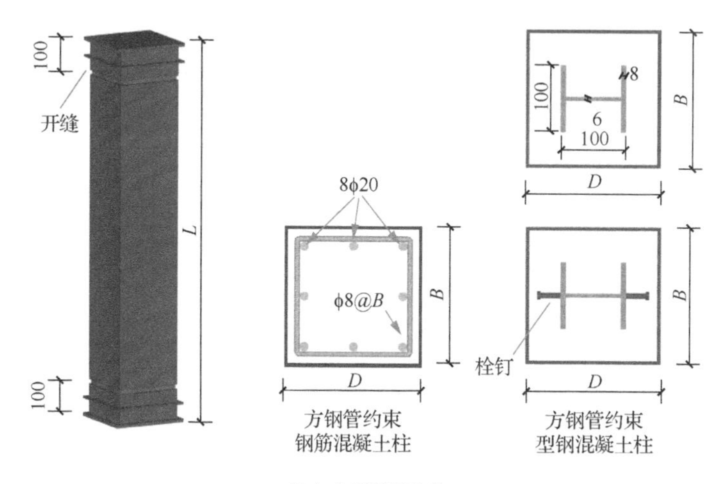

（b）方形截面构件

图 3.1.1（续）

表 3.1.1　圆钢管约束钢筋混凝土轴压构件参数一览

试件编号	L/mm	L_e/mm	D/mm	t/mm	L/D	f_{ty}/MPa	f_c/MPa	纵筋	箍筋	E_t/GPa	E_b/GPa	E_c/MPa	α_t	N_{ue}/kN	边界条件
C-200-3-1	600	890	200	1.5	3	364.3	41.9	6φ20 f_{by}=477.2 α_b=6.2%	φ8@200 f_{tby}=285.6	198	201	34400	3.1%	3181	简支
C-200-3-2	600	890	200	1.5	3	364.3	41.9			198	201	34400	3.1%	3106	简支
C-200-3-3	600	890	200	1.5	3	364.3	41.9			198	201	34400	3.1%	3209	简支
C-200-6-1	1200	1300	200	1.5	6	364.3	41.9			198	201	34400	3.1%	2632	简支
C-200-10-1	2000	2100	200	1.5	10	364.3	41.9			198	201	34400	3.1%	2436	简支
C-240-3-1	720	1010	240	1.5	3	364.3	41.9	6φ20 f_{by}=477.2 α_b=4.3%	φ8@240 f_{tby}=285.6	198	201	34400	2.6%	3711	简支
C-240-3-2	720	1010	240	1.5	3	364.3	41.9			198	201	34400	2.6%	3721	简支
C-240-3-3	720	1010	240	1.5	3	364.3	41.9			198	201	34400	2.6%	3609	简支
C-240-6-1	1440	1540	240	1.5	6	364.3	41.9			198	201	34400	2.6%	3365	简支
C-240-10-1	2400	2500	240	1.5	10	364.3	41.9			198	201	34400	2.6%	3416	简支

注：L_e 为构件计算长度，短柱 $L_e=L+290\text{mm}$；中长柱 $L_e=L+100\text{mm}$。

对于钢管约束型钢混凝土中长柱，型钢翼缘是否设置栓钉连接件是研究参数之一；此外采用激光位移计测量了试件初始缺陷(图 3.1.2)，缺陷幅值 u_{imp} 的测量结果见表 3.1.2 和表 3.1.4。

$$u_{imp}=\max\left(\left|u_{\max 1}\right|,\left|u_{\max 2}\right|,\cdots,\left|u_{\max i}\right|,\cdots\right) \tag{3.1.1}$$

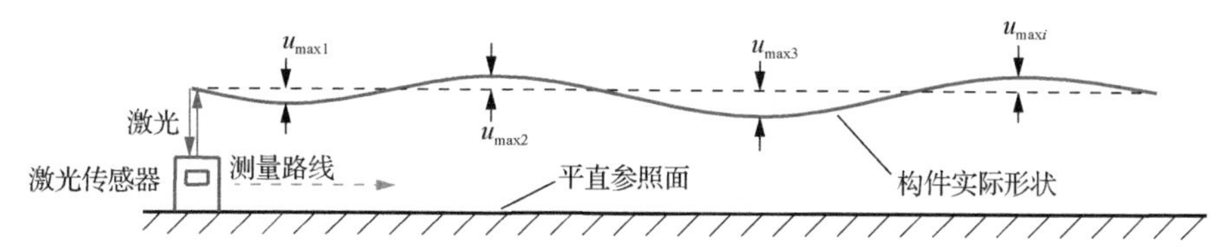

图 3.1.2　构件初始缺陷幅值测量示意图

表 3.1.2 圆钢管约束型钢混凝土轴压构件参数

试件编号	L/mm	L_e/mm	D/mm	t/mm	L/D	f_{ty}/MPa	f_c/MPa	f_{sy}/MPa	栓钉连接件	E_t/GPa	E_s/GPa	E_c/MPa	u_{imp}/mm	N_{ue}/kN	边界条件
CS-200-3	600	890	200	1.5	3	324.4	61.1	285.4		203	205	36483		3421	简支
CS-200-3-s	600	890	200	1.5	3	324.4	61.1	285.4	@100	203	205	36483		3423	简支
CS-200-6	1200	1300	200	1.5	6	324.4	61.1	285.4		203	205	36483	2.6	2851	简支
CS-200-6-s	1200	1300	200	1.5	6	324.4	61.1	285.4	@200	203	205	36483	1.8	2933	简支
CS-240-3	720	1010	240	2.0	3	290.1	61.1	285.4		199	205	36483		4408	简支
CS-240-3-s	720	1010	240	2.0	3	290.1	61.1	285.4	@100	199	205	36483		4400	简支
CS-240-6	1440	1540	240	2.0	6	290.1	61.1	285.4		199	205	36483	3.0	3797	简支
CS-240-6-s	1440	1540	240	2.0	6	290.1	61.1	285.4	@200	199	205	36483	5.6	3439	简支

注：u_{imp}为采用图 3.1.2 所示方法测得的构件初始缺陷幅值，mm。

表 3.1.3 方钢管约束钢筋混凝土轴压构件参数

试件编号	L/mm	L_e/mm	D/mm	t/mm	L/D	f_{ty}/MPa	f_c/MPa	纵筋	箍筋	E_t/GPa	E_s/GPa	E_c/MPa	α_t	N_{ue}/kN	边界条件
S-200-3-1	600	890	200	1.5	3	364.3	41.9	8ϕ20 f_{by}=477.2 α_b=6.3%	ϕ8@200 f_{tby}=285.6	198	201	34400	3.0%	3250	简支
S-200-3-2	600	890	200	1.5	3	364.3	41.9			198	201	34400	3.0%	3086	简支
S-200-6-1	1200	1300	200	1.5	6	364.3	41.9			198	201	34400	3.0%	2675	简支
S-200-10-1	2000	2100	200	1.5	10	364.3	41.9			198	201	34400	3.0%	2786	简支
S-240-3-1	720	1010	240	1.5	3	364.3	41.9	8ϕ20 f_{by}=477.2 α_b=4.4%	ϕ8@240 f_{tby}=285.6	198	201	34400	2.5%	4090	简支
S-240-3-2	720	1010	240	1.5	3	364.3	41.9			198	201	34400	2.5%	3686	简支
S-240-6-1	1440	1540	240	1.5	6	364.3	41.9			198	201	34400	2.5%	3927	简支
S-240-10-1	2400	2500	240	1.5	10	364.3	41.9			198	201	34400	2.5%	3848	简支

表 3.1.4 方钢管约束型钢混凝土轴压构件参数

试件编号	L/mm	L_e/mm	D/mm	t/mm	L/D	f_{ty}/MPa	f_c/MPa	f_{sy}/MPa	连接件	E_t/GPa	E_b/GPa	E_c/MPa	u_{imp}/mm	N_{ue}/kN	边界条件
SS-3-1.5-1	600	890	200	1.5	3	324.4	61.1	285.4		203	205	36483		3277	简支
SS-3-1.5-2s	600	890	200	1.5	3	324.4	61.1	285.4	@100	203	205	36483		3450	简支
SS-3-1.5-3s	600	890	200	1.5	3	324.4	61.1	285.4	@100	203	205	36483		3328	简支
SS-6-1.5-1	1200	1300	200	1.5	6	324.4	61.1	285.4		203	205	36483	4.5	2982	简支
SS-6-1.5-2s	1200	1300	200	1.5	6	324.4	61.1	285.4	@200	203	205	36483	7.2	2727	简支
SS-3-2.0-1	600	890	200	2.0	3	290.1	61.1	285.4		199	205	36483		3496	简支
SS-3-2.0-2s	600	890	200	2.0	3	290.1	61.1	285.4	@100	199	205	36483		3346	简支
SS-3-2.0-3s	600	890	200	2.0	3	290.1	61.1	285.4	@100	199	205	36483		3460	简支
SS-6-2.0-1	1200	1300	200	2.0	6	290.1	61.1	285.4		199	205	36483	6.3	2985	简支
SS-6-2.0-2s	1200	1300	200	2.0	6	290.1	61.1	285.4	@200	199	205	36483	5.4	3044	简支

试件的加载在 5000kN 压力机上进行，加载装置如图 3.1.3 所示。对于短柱（$L/D=3$），在柱上端布置力传感器测量轴向力并对压力机表显荷载数值进行动态校核。试验时，通过上下顶板直接对试件施加轴向荷载，采用 4 个位移计测量试验过程中试件的压缩变形。对于中长柱（$L/D=6$、10），由于构件较长，试验过程中会产生整体挠曲，为安全起见，采用刀口铰对试件施加轴向力；在试件上下端焊接凸榫，试验时将凸榫插入锯齿形加载板的预留孔洞中定位。相比短柱，中长柱除测量轴向变形外，还沿柱高均匀布置 5 个水平位移计测量试件整体挠曲变形。所有试件均在跨中均匀布置有成对的环向、纵向应变片，如图 3.1.3（c）所示。

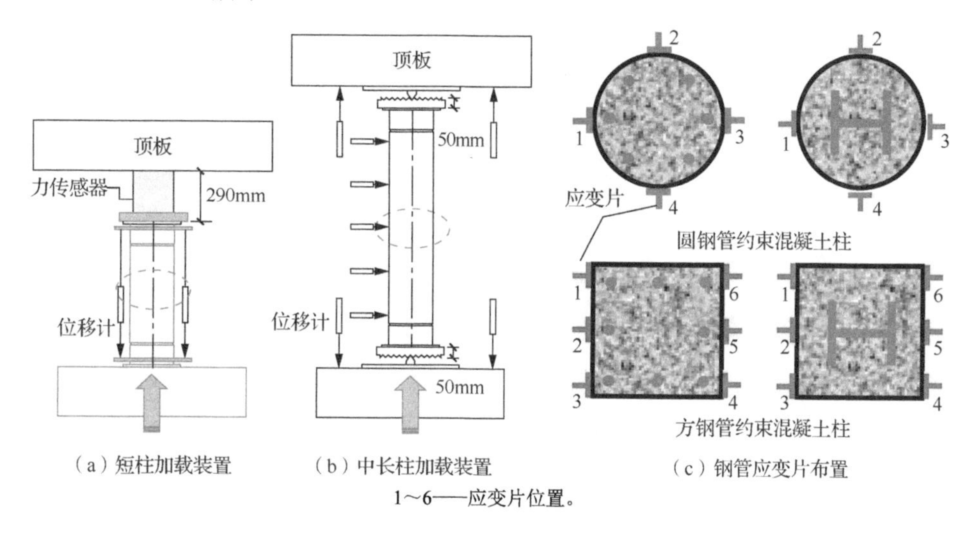

（a）短柱加载装置　（b）中长柱加载装置　（c）钢管应变片布置

1～6——应变片位置。

图 3.1.3　加载装置及测量方案示意

3.1.2　破坏模式

同截面形式的钢管约束钢筋混凝土柱和钢管约束型钢混凝土柱的破坏模式较为接近，此处仅选取其中一种进行破坏模式对比分析。

图 3.1.4（a）为不同长径比的圆钢管约束钢筋混凝土试件组（D=200mm）破坏模式对比，从左到右构件长径比依次为 3、6 和 10。对于短柱（L/D=3），构件发生典型剪切破坏，剪切角 60° 左右。随着构件长径比的增大，破坏模式从剪切破坏转变为弹塑性失稳；长细比较大的构件试验后期出现较为显著的挠曲变形，钢管在构件中部出现多处局部屈曲。相比短柱，中长柱的破坏模式、钢管与混凝土间相互作用机理均发生显著变化。

图 3.1.4（b）为不同长宽比的方钢管约束型钢混凝土试件组（D=200mm）破坏模式对比，从下到上构件长宽比分别为 3 和 6。对于短柱（L/D=3），构件整体上发生压溃破坏，但伴随有一定剪切破坏的趋势。对于中长柱（L/D=6），与同长度的圆形截面构件相比，方形截面构件表现出更多强度破坏的特征，破坏位置多发生在试件端部 1/4 高度范围内。其他学者关于方钢管混凝土柱的试验也发生了类似破坏模式[1-3]，本书作者认为这主要与方形截面构件钢管端部约束不足有关，即端部截面承载力弱于跨中截面承载力，最终导致构件呈现图中所示破坏模式。

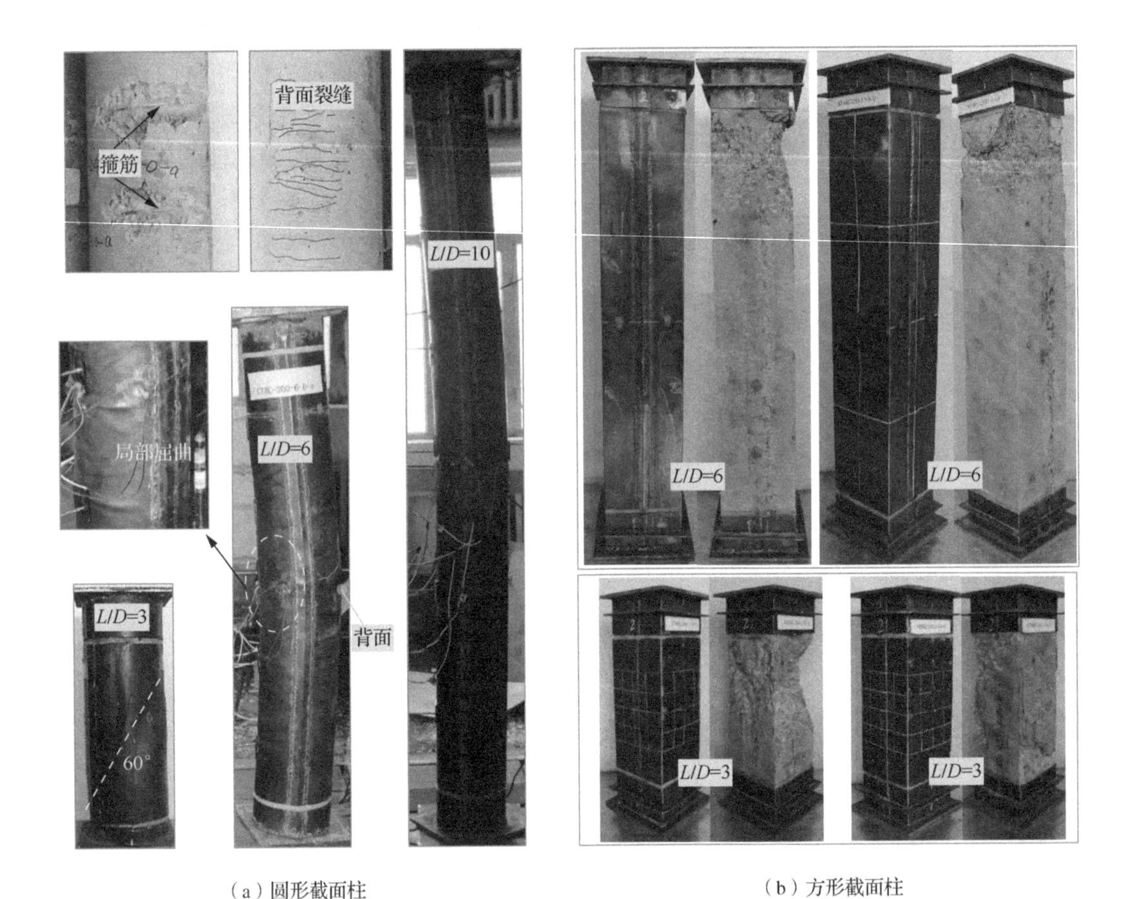

（a）圆形截面柱　　　　（b）方形截面柱

图 3.1.4　典型轴压构件破坏模式

3.1.3　荷载-位移曲线

图 3.1.5 为典型构件荷载-位移曲线对比，由于不同长径比构件的破坏模式存在较大差异，需选择不同位置的位移来表征测量结果。对于短柱可采用荷载（N）-轴向位移（Δ）曲线；对于中长柱，加载后期构件以整体挠曲变形为主，可采用荷载-跨中侧向位移（u_{m}）曲线。

图 3.1.5（a）～（d）为圆钢管约束钢筋混凝土柱的荷载-位移曲线对比。短柱［图 3.1.5（a）、（b）］发生剪切破坏，外包钢管最终因无法抵抗内部混凝土的膨胀及剪切变形而屈服，构件以此为标志达到承载力极限状态。中长柱［图 3.1.5（c）、（d）］发生弹塑性失稳破坏，由于初始缺陷等因素的影响，构件从加载初期即出现挠曲变形，待荷载达到峰值荷载的 82%～87%，外包钢管发生屈曲；内部钢筋混凝土的存在使得构件在钢管屈曲后可继续承载，最终以较大受压侧混凝土压溃为标志，构件达到承载力极限状态。值得一提的是，中长构件在峰值荷载时挠曲变形并不显著，图 3.1.4（a）所示的受拉裂缝多是在加载后期构件挠曲变形较大时才出现的。

图 3.1.5（e）～（h）为方钢管约束型钢混凝土柱的荷载-位移曲线对比。对于短柱［图 3.1.5（e）、（f）］，构件外包钢管在轴向压力降至约 90%峰值荷载时发生屈曲，剥开钢管后发现钢管屈曲位置处所对应混凝土被压溃，从而可判定钢管屈曲由内部混凝土压溃引起。作为对比，方钢管混凝土短柱的钢管一般在峰值荷载前（约为峰值荷载的 30%～40%）发生屈曲。钢管约束混凝土柱的外包钢管不直接承担外部荷载，故相比钢管混凝土柱可有效避免或延缓钢管局部屈曲问题的产生。对于中长柱［图 3.1.5（g）、（h）］，t=1.5mm 组构件的钢管在峰值荷载前（约为峰值荷载的 88%～94%）屈曲，t=2.0mm 组构件的钢管在构件整体达到极限承载力时屈曲。由于构件长细比较大，钢管与混凝土传递界面力的路径更长，导致钢管在受力过程中内部应力相对较大，相比短柱更易发生局部屈曲。

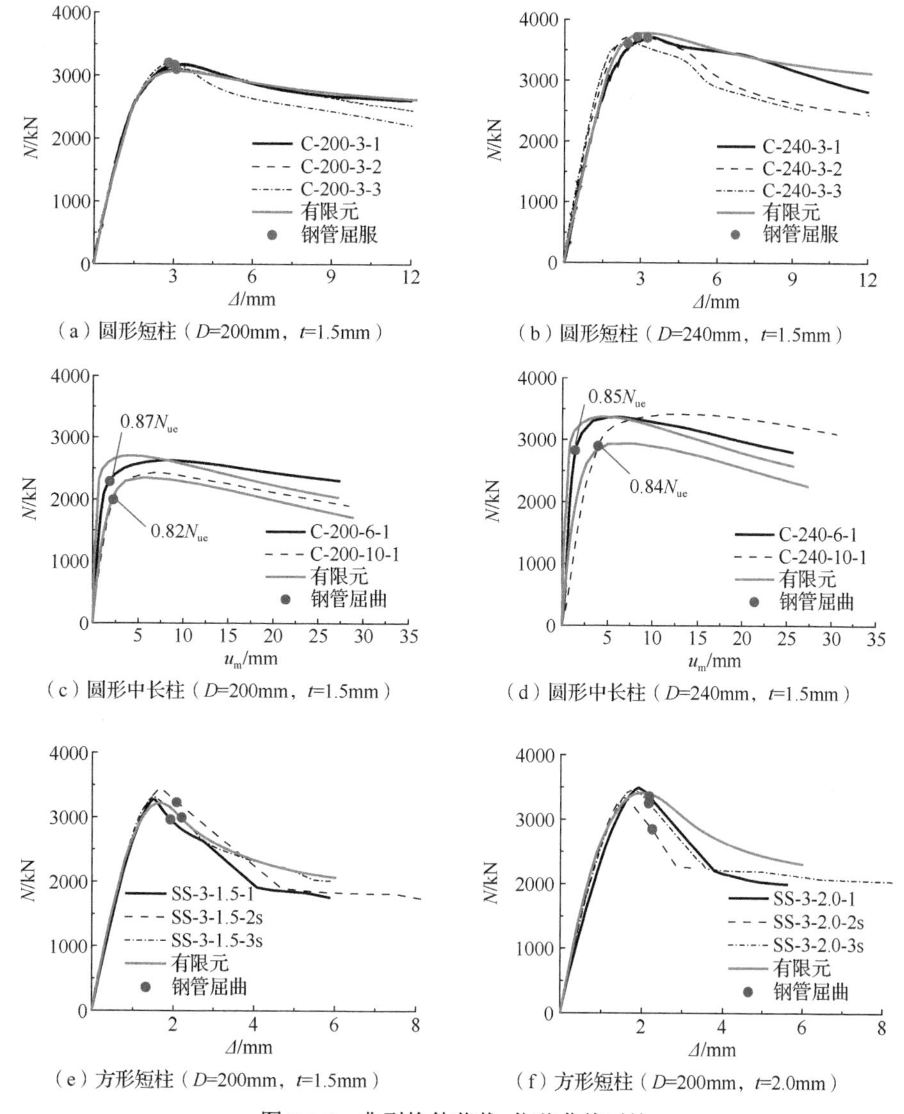

（a）圆形短柱（D=200mm，t=1.5mm）　（b）圆形短柱（D=240mm，t=1.5mm）

（c）圆形中长柱（D=200mm，t=1.5mm）　（d）圆形中长柱（D=240mm，t=1.5mm）

（e）方形短柱（D=200mm，t=1.5mm）　（f）方形短柱（D=200mm，t=2.0mm）

图 3.1.5　典型构件荷载-位移曲线对比

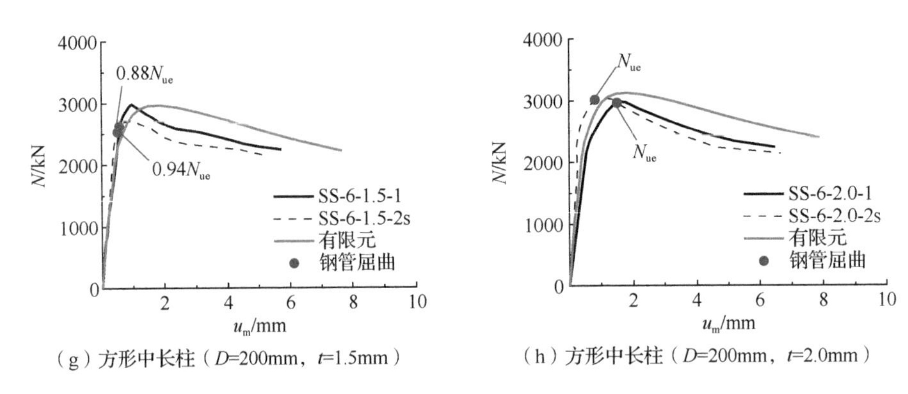

（g）方形中长柱（D=200mm，t=1.5mm）（h）方形中长柱（D=200mm，t=2.0mm）

图 3.1.5（续）

3.1.4 荷载-钢管应力曲线

采用第 2 章中介绍的弹塑性应力-应变分析方法可将试验过程中采集到的钢管应变转换成应力，以此来定量讨论不同长细比构件钢管的受力机理。

图 3.1.6 为典型圆形截面构件的荷载-钢管应力曲线。短柱轴心受压时同一高度处的钢管受力状态基本相同，可采用图 3.1.3 中四个测点平均应力来描述，如图 3.1.6（a）～（c）所示。试验前虽已在柱端对钢管进行开缝处理，但由于混凝土和钢管间存在界面剪力，钢管在加载过程中仍会产生纵向应力：轴向荷载首先施加于钢筋混凝土柱进而产生纵向压缩变形，此时外包钢管需被动与内部混凝土的变形相协调，导致二者接触面有界面剪力产生。抵抗界面剪力的因素主要有以下两方面：①固有黏结力：包括混凝土与钢管表面的机械咬合力和胶结力，其中前者起主要作用；②摩阻力：混凝土受压横向膨胀时会受到钢管的抑制，表现为钢管在界面垂直方向的约束力，当界面存在摩擦时，约束力在界面切向产生摩阻力来抵抗上述界面剪力。从图 3.1.6 中可以看出，由于黏结力和摩阻力的存在，峰值荷载时短柱钢管的环向应力（$0.51f_{ty}$～$0.79f_{ty}$）和纵向应力（$0.59f_{ty}$～$0.63f_{ty}$）较为接近，难以达到纯约束的理想状态。钢管在后期承担一定的纵向荷载会降低构件混凝土受到的约束效应，使得构件的轴压承载力无法达到理论上的最大值；但考虑到黏结和摩阻会增强钢管与混凝土的协同工作性能，这对构件在压弯、扭转等复杂工况下的受力是有利的，故工程实践中不必刻意采取措施来避免界面间的黏结、摩擦。

中长柱加载过程中的挠曲变形导致图 3.1.3 中四个测点的钢管应力状态差别较大，相关结果需分开讨论。图 3.1.6（d）～（f）以试件 C-200-6-1 为例来说明中长柱受力过程中的钢管应力变化，其中测点 1、测点 2 和测点 3 分别对应构件受力时的挠曲外侧、几何中轴和挠曲内侧。中长柱时，界面间的黏结力和摩阻力可以在更长的路径上积累，相比短柱，同级荷载下钢管会承担更多的纵向荷载。当荷载达到 87%的峰值荷载时，钢管受压屈曲，此后截面较大受压侧（测点 3 附近区域）钢管的纵向应力开始减小，表明该区域钢管由于屈曲纵向开始卸载。峰值荷载时，由于较大受压侧钢管提前屈曲，此时测点 3 的应力分析结果不再可靠；对于截面几何中轴位置的钢管（测点 2），峰值时钢管屈服，环向应力约为 $0.32f_{ty}$，较相应短柱时的应力水平有所降低；受压较小区（测点 1

附近区域）钢管的纵向应力由于构件挠曲变形的发展在峰值荷载前由受压变为受拉，峰值荷载时钢管未屈服，环向应力约为 $0.23f_{ty}$，低于中轴位置钢管的环向应力。整体上中长柱跨中截面表现为偏心受力的特征：靠近挠曲内侧区域受压较大，靠近挠曲外侧则相反；钢管对混凝土的约束沿圆周呈不均匀的梯度分布，混凝土受压越大对应钢管的约束效应越强。

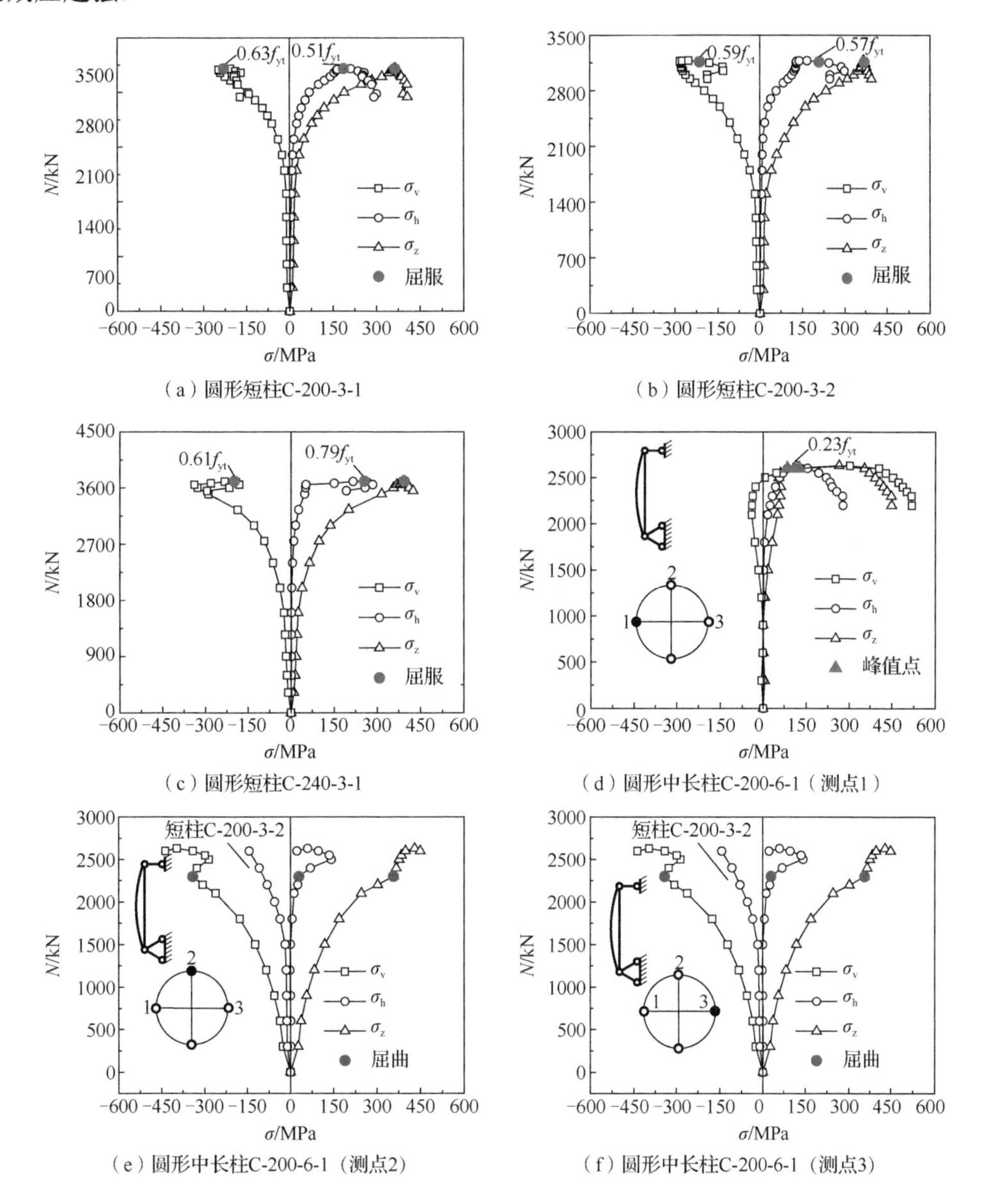

（a）圆形短柱C-200-3-1
（b）圆形短柱C-200-3-2
（c）圆形短柱C-240-3-1
（d）圆形中长柱C-200-6-1（测点1）
（e）圆形中长柱C-200-6-1（测点2）
（f）圆形中长柱C-200-6-1（测点3）

图 3.1.6　典型圆形截面构件荷载-钢管应力曲线

图 3.1.7 为典型方形截面构件荷载-钢管应力曲线。方形截面柱钢管角部及中部的受力差别较大，需分别讨论。短柱采用四处角部、两处中部位置钢管应力的平均值，

如图 3.1.7（a）～（b）所示。可以看到，同级荷载下钢管角部的应力水平明显高于钢管中部，有一处或多处钢管角部在峰值时屈服，但四处角部平均值大约在荷载降至峰值荷载的 90%时达到屈服。

中长柱的结果如图 3.1.7（c）～（d）所示。理论情况下方形截面中长柱应在跨中截面发生破坏，但实际构件的破坏位置集中于柱端部附近，导致应变片测得的数据无法真实反映构件破坏时钢管的极限应力状态。鉴于上述原因，此处仅定性讨论钢管应力的发展趋势。同级荷载下中长构件的钢管纵向应力要显著大于短柱构件的结果，而横向应力则呈相反的趋势。总体来看，构件长细比越大，同级荷载下钢管的纵向应力越大，约束效应越难发挥，这与之前圆形截面构件得出的结论完全一致。

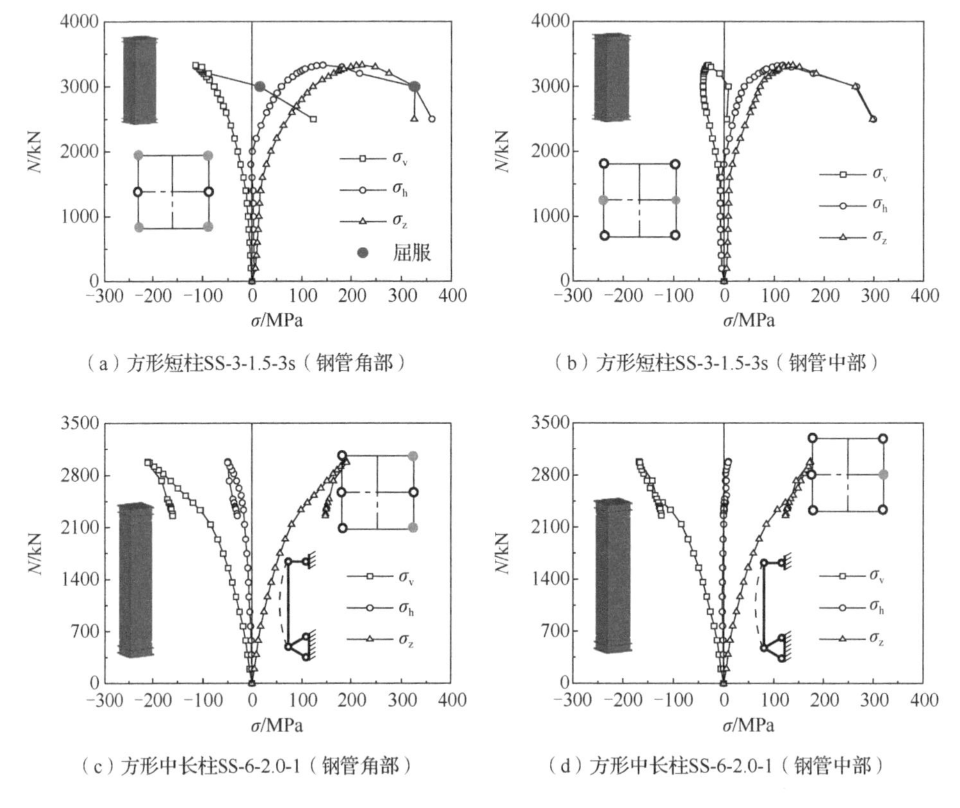

（a）方形短柱SS-3-1.5-3s（钢管角部）　（b）方形短柱SS-3-1.5-3s（钢管中部）

（c）方形中长柱SS-6-2.0-1（钢管角部）　（d）方形中长柱SS-6-2.0-1（钢管中部）

图 3.1.7　典型方形截面构件荷载-钢管应力曲线

3.2　有限元分析

3.2.1　材料属性

1. 钢材

试验模型共涉及三种钢材：薄壁钢管、钢筋及型钢。对于薄壁钢管或型钢，当钢材屈服强度不大于 420MPa 时，选用“五段式”应力-应变模型，如图 3.2.1（a）所示。对于钢筋或屈服强度大于 420MPa 的高强钢管/型钢，则选用双线性应力-应变模型，强化段的弹性模量取 $0.01E_s$，如图 3.2.1（b）所示。

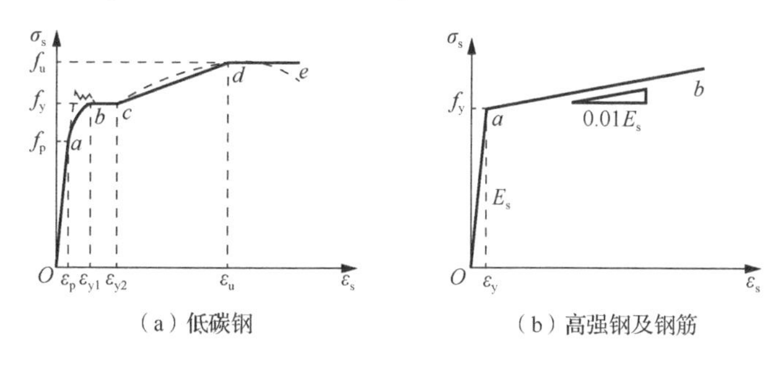

图 3.2.1　钢材应力-应变关系

2. 混凝土

采用 ABAQUS 中提供的混凝土塑性损伤模型（concrete damaged plasticity model）[4]来模拟混凝土的受力。对于钢管约束混凝土柱，核心混凝土受到外包钢管的约束，强度提高，塑性性能也大为改善。在软件中，混凝土受到约束强度提高这一特性可通过对材料屈服面的调整来实现，而塑性性能的改善则无法直接依靠软件来精确模拟。当采用素混凝土的本构关系计算约束混凝土时，软件仅能考虑约束后混凝土强度提高的特性，但模拟的峰值应变会远小于实际情况，下降段也相对较陡，无法体现约束后混凝土塑性及延性大为改善的特性。当直接采用约束混凝土的本构计算时，由于本构中包含了混凝土受约束后强度提高、塑性改善的特性，软件模拟的峰值应变与实际差别不大，但混凝土受压强度会出现“二次提高”现象，导致承载力计算偏大。

对于钢管混凝土柱，其在受力过程中也存在一定约束效应，我国学者韩林海[1]将混凝土的约束效应与钢管混凝土柱的套箍指标 ξ 相关联，提出适用于 ABAQUS 计算的混凝土等效应力-应变关系，即

$$y=\begin{cases}2x-x^2 & x\leqslant 1\\ \dfrac{x}{\beta_0\left(x-1\right)^2+x} & x>1\end{cases}\tag{3.2.1}$$

式中：β_0——计算参数，$\beta_0=\left(2.36\times10^{-5}\right)^{\left[0.25+\left(\xi-0.5\right)^7\right]}\cdot\left(f_c\right)^{0.5}\times0.5\geqslant0.12$；

x、y——$x=\dfrac{\varepsilon}{\varepsilon_{c0,CFST}}$，$y=\dfrac{\sigma}{\sigma_{c0,CFST}}$。

其中：$\sigma_{c0,CFST}$——等效应力-应变关系的峰值应力，$\sigma_{c0,CFST}=f_c$；

$\varepsilon_{c0,CFST}$——等效应力-应变关系的峰值应变，$\varepsilon_{c0,CFST}=\varepsilon_{c0}+800\xi^{0.2}\times10^{-6}$；

ε_{c0}——非约束混凝土的峰值应变，$\varepsilon_{c0}=\left(1300+12.5f_c\right)\times10^{-6}$；

ξ——套箍指标，$\xi=\dfrac{A_sf_y}{A_cf_{ck}}$。

从式（3.2.1）可以看出，根据 ABAQUS 计算特点，韩林海取等效应力-应变关系中的峰值应力为非约束混凝土的轴心抗压强度；同时，以试验为依据，适当提高了等效应力-应变关系的峰值应变；最后，引入计算参数β_0来修正下降段的曲线形状。因此，在软件计算过程中该方法避免了混凝土受约束后强度“二次提高”问题，也体现了混凝土塑性性能改善的特性。

考虑到同条件下钢管约束混凝土柱的约束效应要强于钢管混凝土柱，韩林海提出的等效应力-应变关系对钢管约束混凝土柱并不适用。图 3.2.2 为模拟结果，可以看到，韩林海模型对钢管约束混凝土短柱的约束效应估计不足，模拟曲线的峰值位移与实际构件存在较大差别。

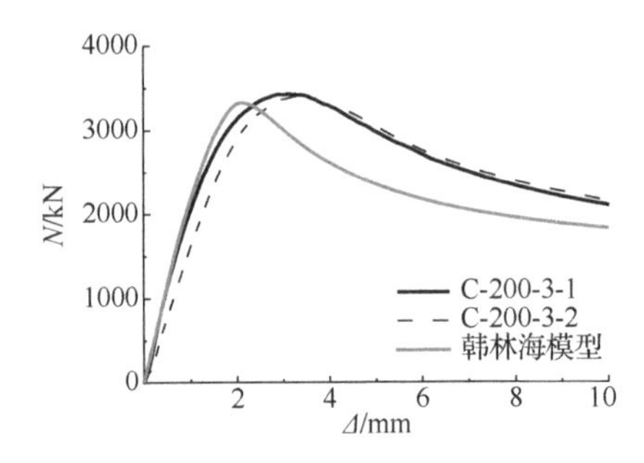

图 3.2.2 韩林海模型模拟结果与试验对比

韩林海等效应力-应变关系在计算钢管混凝土结构时的可靠性及适用性已得到广泛验证，表明相关的处理思路是合理有效的。本章采用韩林海模型的处理思路，将 Mander 模型[5]中应力-应变关系针对 ABAQUS 软件的计算特点进行了适当调整，在第 2 章不同工况下钢管约束混凝土柱有效约束应力计算模型的基础上，提出了适用于钢管约束混凝土柱核心混凝土的等效应力-应变关系，具体如下：

$$\sigma_c = \frac{f_c x r}{r-1+x^r} \tag{3.2.2}$$

式中：x——混凝土当前应变与约束混凝土等效峰值应变比值，$x=\varepsilon_c/\varepsilon_{FE}$；

ε_{FE}——混凝土等效峰值应变，考虑到软件中混凝土受约束强度提高时会导致计算峰值应变小幅增长，$\varepsilon_{FE}=\varepsilon_{cc}-\left(\frac{f_{cc}}{f_c}-1\right)\varepsilon_c$；

f_{cc}——约束混凝土的峰值应力，按式（2.3.5）计算；

ε_{cc}——约束混凝土的峰值应变，按式（2.3.6）计算；

r——计算参数，$r=\frac{E_c}{E_c-E_{sec}}$；

E_c——混凝土弹性模量，按式（2.2.6）计算；

E_{sec}——非约束混凝土的割线模量，按式（2.3.8）计算。

3.2.2 单元选择、边界条件

有限元模型中，钢筋采用桁架单元（T3D2），外包钢管、型钢采用线性缩减壳单元（S4R），混凝土则采用 8 节点缩减积分形式的实体单元（C3D8R）。模型的边界条件、加载方式均与试验一致，如图 3.2.3 所示。

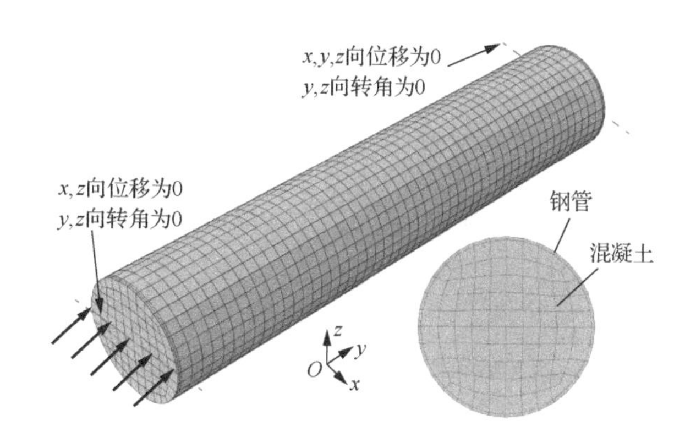

图 3.2.3　有限元模型示例

3.2.3 钢管与混凝土相互作用

接触面法向上通常认为界面压力可完全传递，采用“硬接触”（hard contact）模拟；切向上可认为混凝土和钢管间的相互作用符合库仑摩擦模型，界面间的剪应力传递符合下式要求：

$$\tau = \mu \cdot p \geqslant \tau_{\text{bond}} \tag{3.2.3}$$

式中：μ——界面摩擦系数；

p——界面法向压力；

τ_{bond}——界面平均黏结力。

Baltay 和 Gjelsvik[6]的研究表明，钢与混凝土界面间的摩擦系数μ一般在 0.2～0.6，平均统计结果为 0.47。采用短柱有限元模型针对摩擦系数的影响进行参数分析，结果表明在界面平均黏结力一定的条件下，摩擦系数对构件承载力及延性的影响较小，如图 3.2.4（a）所示。基于上述分析，与本书第 2 章一致，本章模型统一取μ=0.3 进行分析。

薛立红和蔡绍怀对钢与混凝土界面的黏结机理进行了细致分析[7-8]，指出钢管表面状况、混凝土强度、养护条件等因素均会对界面黏结强度有较大影响；当钢管机械除锈后再浇筑混凝土时，界面平均黏结力可按式（3.2.4）计算。考虑到试验及工程实践在浇筑混凝土前均会对钢管进行除锈处理，符合式（3.2.4）应用条件，故可以此为据进行参数取值。此外，采用短柱有限元模型分析了平均黏结力对构件承载力的影响，结果表明在常用参数范围内，构件承载力随着平均黏结力的增大而减小，最大可降低约 3%，如图 3.2.4（b）所示。

$$\tau_{\text{bond}} = 0.1\left(f_{\text{cu}}\right)^{0.4} \tag{3.2.4}$$

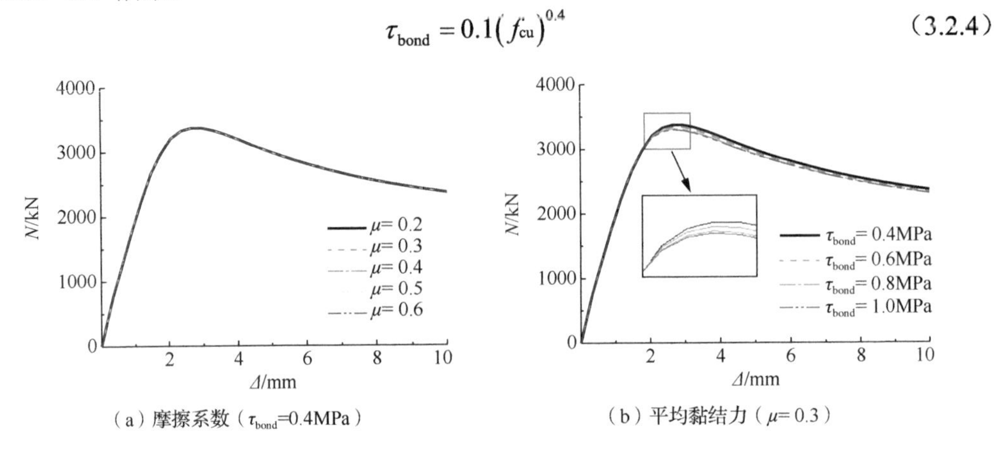

（a）摩擦系数（τ_{bond}=0.4MPa）（b）平均黏结力（μ= 0.3）

图 3.2.4 库仑摩擦模型中相关参数对构件承载力的影响

3.2.4 初始缺陷及模型验证

构件的初始缺陷包括初始弯曲、试验时的初始偏心、钢管的残余应力和混凝土的浇筑差异等。由于钢管承担的纵向荷载相对较小，其残余应力对柱整体承载力的影响可以忽略。初弯曲和初偏心均会导致受压构件出现极值点失稳，本质上两种影响并无差别，可仅取其中一项作为轴心受压构件的计算依据[9]。基于上述分析，为便于后期参数化建模，选用初偏心来考虑构件的整体缺陷。

受构件设计要求及加工精度的影响，不同种类的构件其缺陷幅值亦存在差别。我国《钢结构设计标准》（GB 50017—2017）[10]取构件缺陷幅值为 $L/1000$，而欧洲规范 Eurocode 4[11]则推荐纵筋率为 3%～6%的配筋钢管混凝土柱缺陷幅值取 $L/200$。对比钢结构构件，混凝土的存在导致钢管约束混凝土柱的缺陷幅值相对较大；对于欧洲规范 Eurocode 4，其推荐的幅值更偏设计，直接用于有限元计算时较为保守。综合试验测量结果并经多次试算，本章取圆形截面构件的缺陷幅值为 $L/500$，取方形截面构件的缺陷幅值为 $L/200$，计算结果与试验结果对比如图 3.1.5 所示。

3.2.5 参数分析

1. 圆形截面构件

以钢管约束钢筋混凝土柱为例介绍圆形截面构件的参数分析结果。有限元模型中考虑的参数取值见表 3.2.1，其中标准组构件参数如下：截面直径 D=600mm，混凝土强度 f_c=50MPa，钢管屈服强度 f_{ty}=300MPa，钢筋屈服强度 f_{sy}=300MPa，钢管径厚比 D/t=120，纵筋率 α_b=0.03（均匀布置 16 根纵筋），纵筋环直径 d 与柱截面直径 D 比值 d/D=0.9（对应钢筋保护层 30mm）。

表 3.2.1　参数取值

参数	变化范围
f_c/MPa	30, 40, 50, 60, 70
f_{ty}/MPa	300, 400, 500
f_{sy}/MPa	300, 400, 500
D/t	80, 100, 120, 150, 200
α_b	0.01, 0.02, 0.03, 0.04, 0.05
d/D	0.70, 0.75, 0.80, 0.85, 0.90

圆形截面构件柱子曲线如图 3.2.5 所示。大体上曲线可分为三个阶段：①短柱（$L/D\leqslant4$）：发生材料破坏，极限状态以混凝土压溃、钢管屈服为标志，构件承载力随材料强度及用量基本呈线性变化；②中长柱（$6\leqslant L/D\leqslant26$）：发生弹塑性失稳，由构件侧向挠曲引起的二阶弯矩不可忽略，极限状态以受压较大侧混凝土的压溃为标志，仍属材料破坏范畴，但材料强度对构件承载力的影响随长细比增大而减弱；③细长柱（$L/D\geqslant30$）：发生弹性失稳，钢筋和钢管未屈服，混凝土也未达到其抗压强度，构件的承载力仅与截面惯性矩、材料弹性模量和构件长度有关。图 3.2.5（b）、（c）仅钢材屈服强度发生变化，故弹性失稳阶段不同屈服强度的构件承载力相同；图 3.2.5（f）因改变钢筋布置而导致截面惯性矩发生变化，进而导致弹塑性及弹性失稳阶段构件承载力也有所差别。

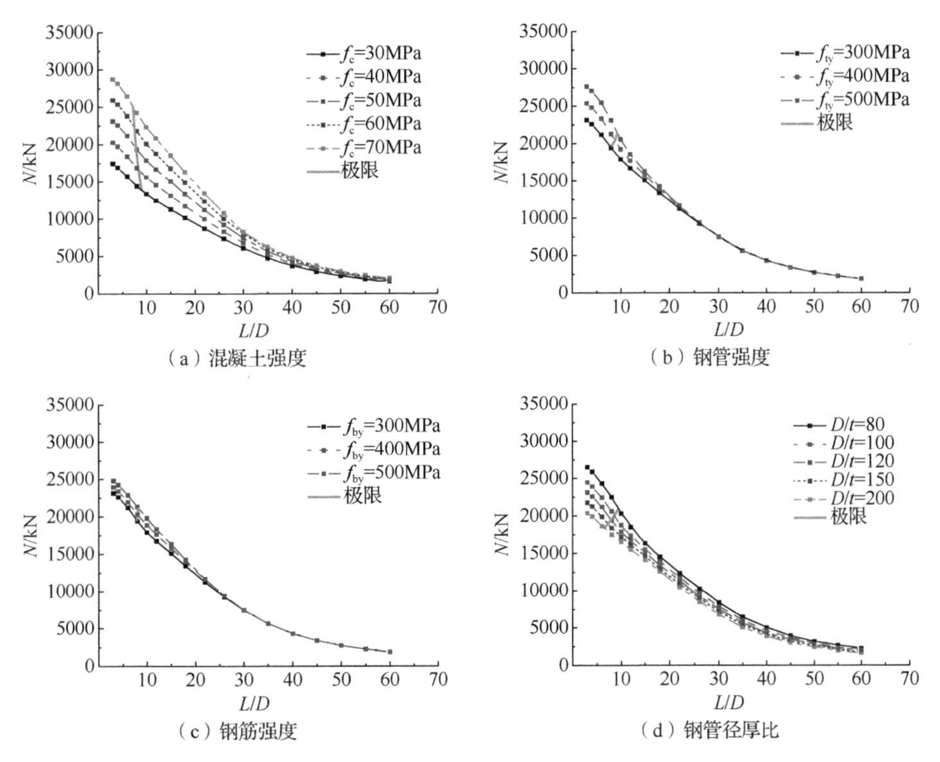

（a）混凝土强度
（b）钢管强度
（c）钢筋强度
（d）钢管径厚比

图 3.2.5　圆形截面构件柱子曲线

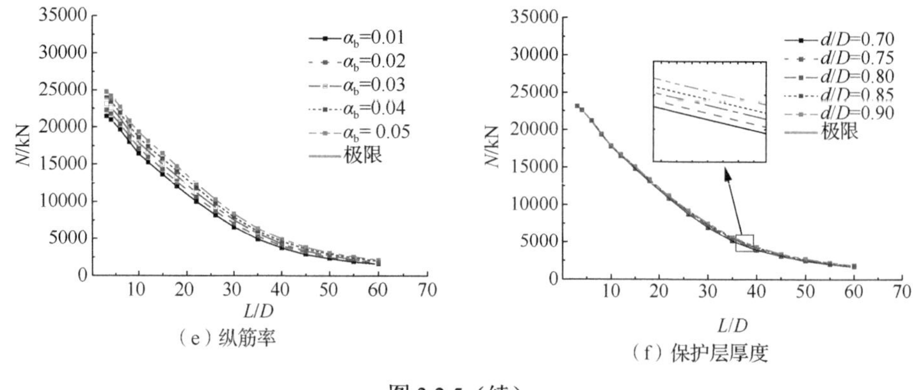

（e）纵筋率　（f）保护层厚度

图 3.2.5（续）

2. 方形截面构件

以钢管约束型钢混凝土柱为例介绍方形截面构件的参数分析结果，主要变化为钢管屈服强度、型钢屈服强度、混凝土强度、构件截面尺寸等，标准组构件参数如下：截面宽 D=600mm，混凝土强度 f_c=60MPa，钢管屈服强度 f_{ty}=300MPa，型钢屈服强度 f_{sy}=300MPa，钢管宽厚比 D/t=120。图 3.2.6 为柱子曲线的参数分析结果，与圆形截面构件类似，方形截面构件的柱子曲线也可分为材料破坏、弹塑性失稳、弹性失稳三个阶段，但由于同截面尺寸条件下方形截面惯性矩更大，其弹性失稳时对应的构件长宽比约为 33，大于圆形截面构件时的数值。

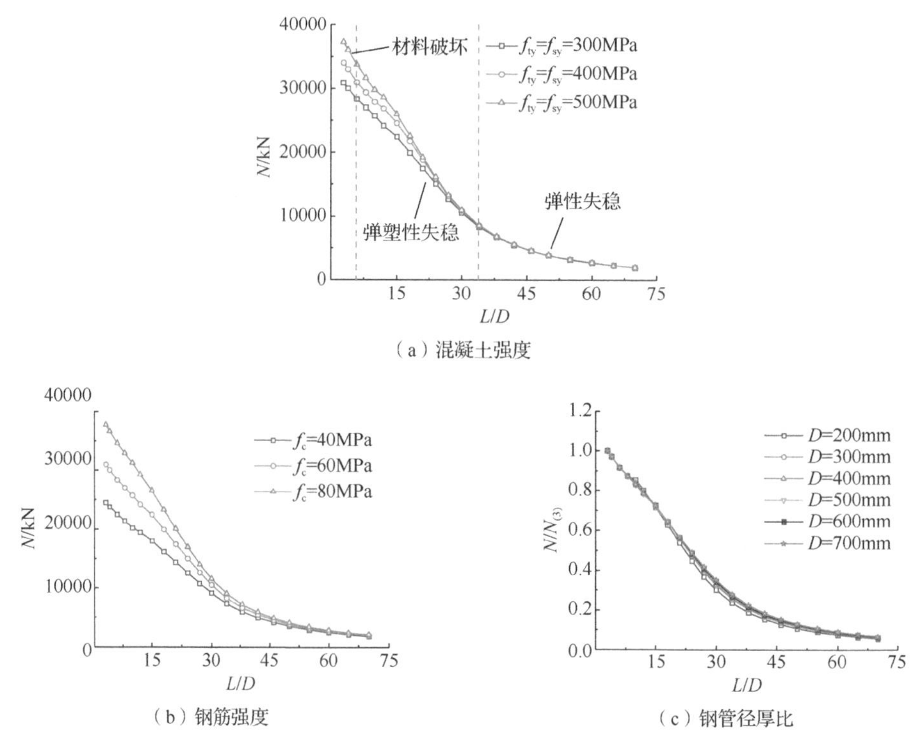

图 3.2.6　方形截面构件柱子曲线

3.3　现有规范计算方法对比

钢管约束混凝土柱与配筋钢管混凝土柱或钢管劲性混凝土柱较为接近，欧洲规范 Eurocode 4[11]和美国规范 ANSI/AISC 360-16[12]对上述两类柱的计算有明确规定，本节主要对两种规范的适用性进行探讨。

3.3.1　圆形截面构件

圆形截面构件以钢管约束钢筋混凝土为例进行说明。

1. 欧洲规范 Eurocode 4

根据欧洲规范 Eurocode 4，配筋钢管混凝土柱轴压承载力为

$$N_{\mathrm{u}}^{\mathrm{EC4}} = \varphi N_{\mathrm{pl,Rd}} \tag{3.3.1}$$

式中：φ——稳定系数，$\varphi = \dfrac{1}{\Phi + \sqrt{\Phi^2 - \bar{\lambda}^2}}$ 且 $\varphi \leqslant 1.0$，其中 Φ 为计算系数，$\Phi = 0.5\left[1 + 0.34\left(\bar{\lambda} - 0.2\right) + \bar{\lambda}^2\right]$；

$N_{\mathrm{pl,Rd}}$——构件截面承载力，$N_{\mathrm{pl,Rd}} = A_{\mathrm{t}} f_{\mathrm{yt}} + A_{\mathrm{c}} f_{\mathrm{co}} + A_{\mathrm{s}} f_{\mathrm{ys}}$；

$\bar{\lambda}$——相对长细比，$\bar{\lambda} = \sqrt{\dfrac{N_{\mathrm{pl,Rd}}}{N_{\mathrm{cr}}}}$；

N_{cr}——欧拉临界荷载，$N_{\mathrm{cr}} = \dfrac{\pi^2 (EI)_{\mathrm{eff}}}{L_{\mathrm{e}}^2}$；

$(EI)_{\mathrm{eff}}$——构件截面有效刚度，$(EI)_{\mathrm{eff}} = E_{\mathrm{t}} I_{\mathrm{t}} + E_{\mathrm{s}} I_{\mathrm{s}} + 0.6 E_{\mathrm{c}} I_{\mathrm{c}}$。

图 3.3.1 为欧洲规范 Eurocode 4 计算结果与有限元结果的对比。虽然欧洲规范 Eurocode 4 适当考虑了钢管约束效应对混凝土强度的提高作用，但对长细比较小的钢管约束钢筋混凝土构件仍显保守，说明该规范对钢管约束钢筋混凝土短柱的强约束性估计不足。对于长细比较大的构件，钢管的约束效应减弱，此时规范计算结果与有限元结果较为接近。

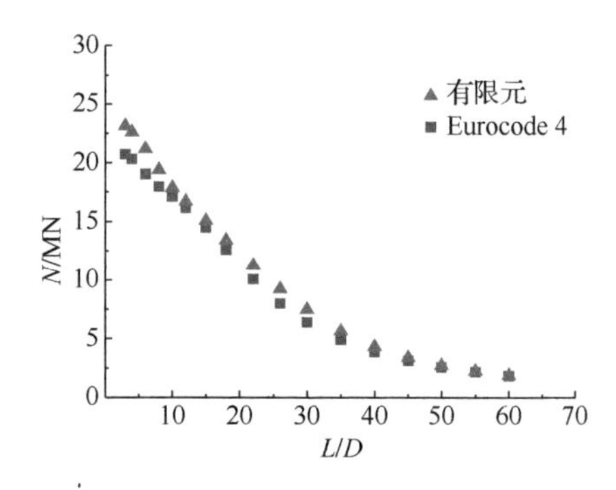

图 3.3.1　Eurocode 4 计算结果与有限元对比

2. 规范 AISC 360-16

根据规范 AISC 360-16，配筋钢管混凝土柱轴压承载力为

$$N_{\mathrm{u}}^{\mathrm{AISC}}=\begin{cases}P_{\mathrm{o}}\left[0.658^{\left(\frac{P_{\mathrm{o}}}{P_{\mathrm{e}}}\right)}\right] & P_{\mathrm{e}}\geqslant 0.44P_{\mathrm{o}}\\ 0.877P_{\mathrm{e}} & P_{\mathrm{e}}<0.44P_{\mathrm{o}}\end{cases}\tag{3.3.2}$$

式中：P_{o}——构件截面承载力，$P_{\mathrm{o}}=A_{\mathrm{t}}f_{\mathrm{yt}}+0.95A_{\mathrm{c}}f_{\mathrm{co}}+A_{\mathrm{s}}f_{\mathrm{ys}}$；

P_{e}——欧拉临界荷载，$P_{\mathrm{e}}=\dfrac{\pi^2(EI)_{\mathrm{eff}}}{L_{\mathrm{e}}^2}$；

$(EI)_{\mathrm{eff}}$——构件截面有效刚度，$(EI)_{\mathrm{eff}}=E_{\mathrm{t}}I_{\mathrm{t}}+E_{\mathrm{s}}I_{\mathrm{s}}+C_3E_{\mathrm{c}}I_{\mathrm{c}}$；

C_3——混凝土刚度折减系数，$C_3=0.6+2\left(\dfrac{A_{\mathrm{t}}}{A_{\mathrm{c}}+A_{\mathrm{t}}}\right)\leqslant 0.9$。

图 3.3.2 给出了 AISC 360-16 计算结果与有限元结果的对比。该计算方法未考虑钢管对混凝土的约束效应，导致对长细比较小的钢管约束钢筋混凝土构件极为保守；但对长细比较大的构件，钢管约束钢筋混凝土柱和配筋钢管混凝土柱的约束效应均较小，此时两种柱的承载力较为接近。

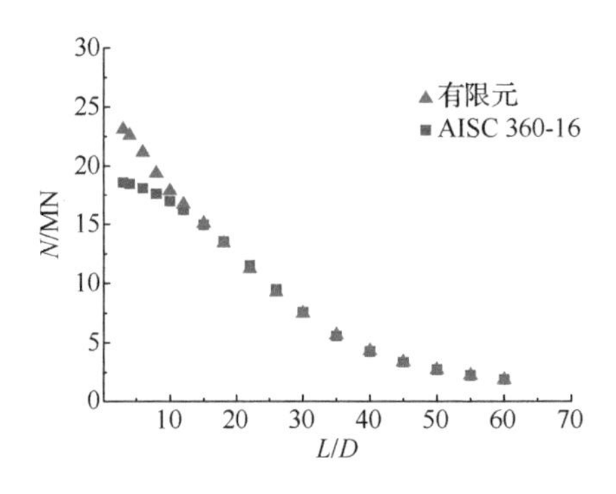

图 3.3.2　AISC 360-16 计算结果与有限元结果对比

3.3.2　方形截面构件

方形截面构件以钢管约束型钢混凝土为例进行说明，规范计算结果与有限元结果的对比如图 3.3.3 所示。方形截面柱易发生端部局部破坏的特性导致计算时的缺陷幅值取值较大，除长细比较小的短柱构件外，规范对其余长细比构件的预测结果均偏高，无法用于设计计算。

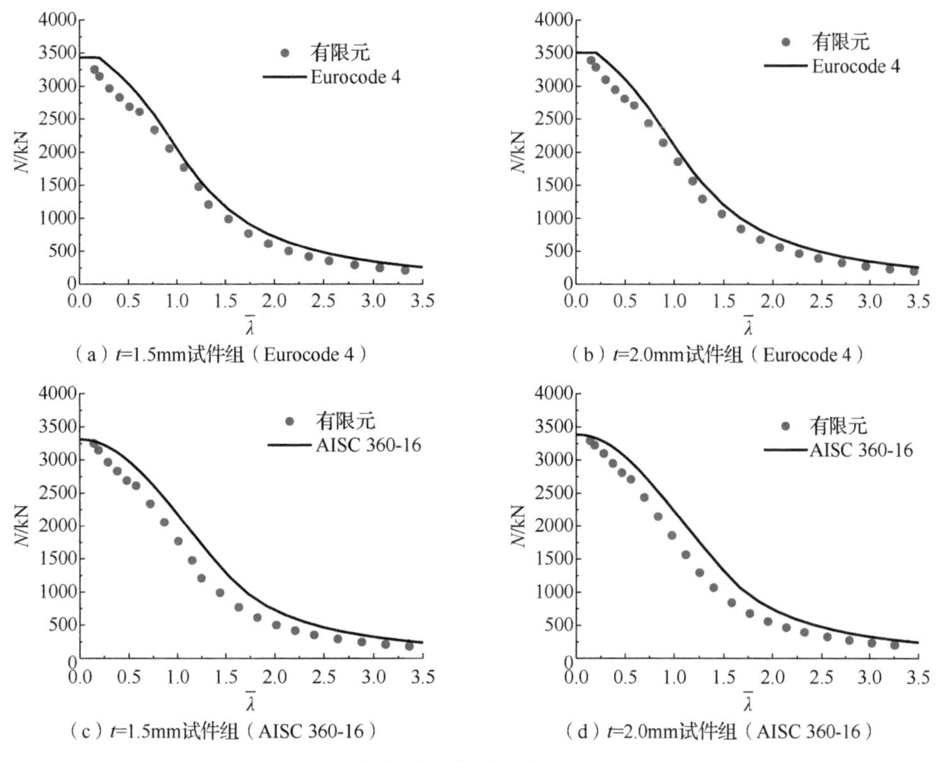

（a）t=1.5mm试件组（Eurocode 4）

（b）t=2.0mm试件组（Eurocode 4）

（c）t=1.5mm试件组（AISC 360-16）

（d）t=2.0mm试件组（AISC 360-16）

图 3.3.3　现有规范计算结果与有限元结果对比

3.4　轴压中长柱稳定承载力计算方法

从上述分析可知，现有规范中关于配筋钢管混凝土柱或钢管劲性混凝土柱的计算规定对钢管约束混凝土这种新型组合构件并不适用，最终轴压稳定承载力 N_u 需借助柱子曲线回归得到的稳定系数φ来计算，各类构件拟合曲线如图 3.4.1 所示。

$$N_u = \varphi N_0 \tag{3.4.1}$$

稳定系数φ具体形式如下：

$$\varphi = \begin{cases} 1 & \bar{\lambda} \leqslant \lambda_1 \\ \left[1+(1+\varepsilon_1)/\bar{\lambda}^2\right]/2 - \sqrt{\left[1+(1+\varepsilon_1)/\bar{\lambda}^2\right]^2/4 - 1/\bar{\lambda}^2} & \lambda_1 < \bar{\lambda} < \lambda_2 \\ \left[1+(1+\varepsilon_2)/\bar{\lambda}^2\right]/2 - \sqrt{\left[1+(1+\varepsilon_2)/\bar{\lambda}^2\right]^2/4 - 1/\bar{\lambda}^2} & \bar{\lambda} \geqslant \lambda_2 \end{cases} \tag{3.4.2}$$

式中：λ_1、λ_2——长细比分界值，根据构件截面类型按表 3.4.1 取值；长细比计算时，构件的计算长度 l_0 可按现行国家标准《混凝土结构设计规范（2015 年版）》（GB 50010—2010）[13]执行；

ε_1、ε_2——构件等效缺陷因子，根据构件截面类型按表 3.4.2 取值。

式（3.4.2）中，换算长细比 $\bar{\lambda}$ 按下式计算：

$$\bar{\lambda} = \sqrt{\frac{N_0}{N_{cr}}} \tag{3.4.3}$$

$$N_{cr}=\frac{\pi^2(EI)_{eff}}{l_0^2} \tag{3.4.4}$$

$$(EI)_{eff}=E_tI_t+E_sI_s+CE_cI_c \tag{3.4.5}$$

$$C=0.6+2\left(\frac{A_t+A_s}{A_c+A_t+A_s}\right)\leqslant 0.9 \tag{3.4.6}$$

表 3.4.1　构件长细比分界值

框架柱类型	分界值	
	λ_1	λ_2
圆钢管约束钢筋混凝土柱	0.25	1
圆钢管约束型钢混凝土柱	$\lambda_1=\lambda_2=0.285$	
方钢管约束钢筋（型钢）混凝土柱	0.15	1

表 3.4.2　等效缺陷因子取值

框架柱类型	ε_1	ε_2
圆钢管约束钢筋混凝土柱	$0.356\overline{\lambda}-0.089$	$0.058\overline{\lambda}-0.209$
圆钢管约束型钢混凝土柱	$\varepsilon_1=\varepsilon_2=0.214\overline{\lambda}-0.061$	
方钢管约束钢筋（型钢）混凝土柱	$0.499\overline{\lambda}-0.074$	$1.461\overline{\lambda}-1.036$

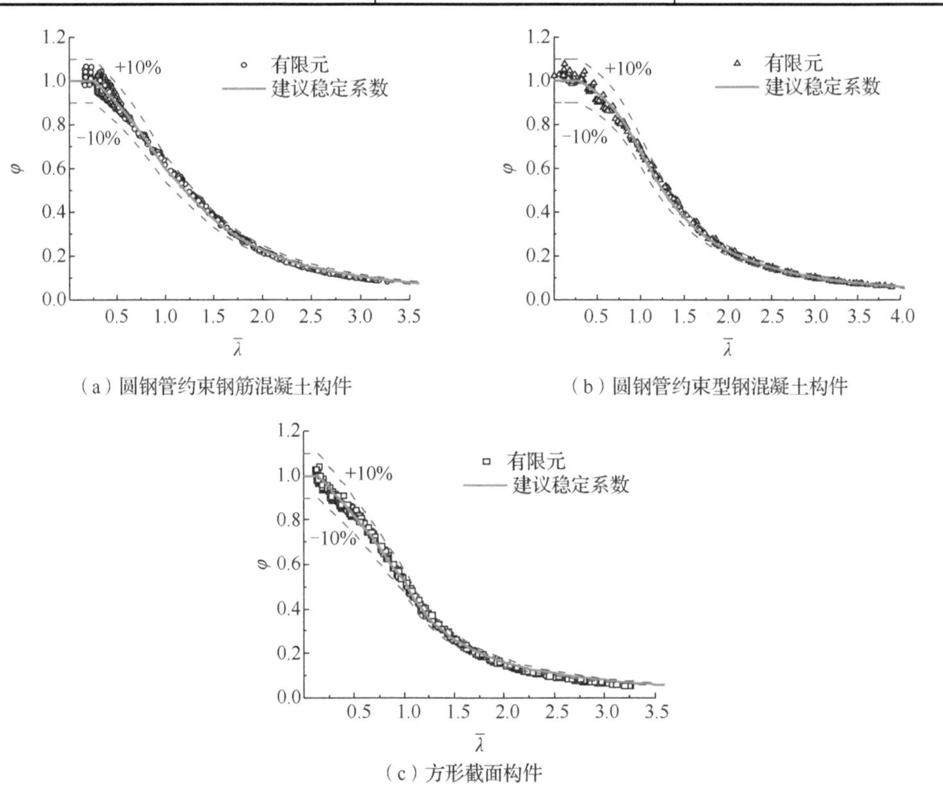

图 3.4.1　有限元结果统计及建议稳定系数拟合曲线

参 考 文 献

[1] 韩林海. 钢管混凝土结构: 理论与实践[M]. 3 版. 北京: 科学出版社, 2016.

[2] 陶忠, 王志滨, 韩林海. 矩形冷弯型钢钢管混凝土柱的力学性能研究[J]. 工程力学, 2006, 23(3): 147-155.

[3] 陈志华, 杜颜胜, 吴辽, 等. 矩形钢管混凝土结构研究综述[J]. 建筑结构, 2015, 45(16): 40-46.

[4] Lubliner J, Oliver J, Oller S, et al. A plastic-damage model for concrete[J]. International Journal of solids and structures, 1989, 25(3): 299-326.

[5] Mander J B, Priestley M J N, Park R. Theoretical stress-strain model for confined concrete[J]. Journal of Structural Engineering, 1988, 114(8): 1804-1826.

[6] Baltay P, Gjelsvik A. Coefficient of friction for steel on concrete at high normal stress[J]. Journal of Materials in Civil Engineering, 1990, 2(1): 46-49.

[7] 薛立红, 蔡绍怀. 钢管混凝土柱组合界面的粘结强度(上)[J]. 建筑科学, 1996(3): 22-28.

[8] 薛立红, 蔡绍怀. 钢管混凝土柱组合界面的粘结强度(下)[J]. 建筑科学, 1996(4): 19-23.

[9] 陈骥. 钢结构稳定理论与设计[M]. 北京: 科学出版社, 2001.

[10] 中华人民共和国交通运输部. 钢结构设计标准: GB 50017—2017[S]. 北京: 中国建筑工业出版社, 2017.

[11] Eurocode 4. Design of composite steel and concrete structures. Part 1. 1: General rules and rules for buildings[S]. Brussels (Belgium): European Committee for Standardization, 2004.

[12] ANSI/AISC 360-16. Specification for structural steel buildings[S]. Chicago: American Institute of Steel Construction, 2016.

[13] 中华人民共和国住房和城乡建设部. 混凝土结构设计规范(2015 年版): GB 50010—2010[S]. 北京: 中国建筑工业出版社, 2015.

第 4 章 钢管约束混凝土短柱的偏压性能与设计方法

实际工程中，偏心受压是框架柱最为典型受力工况，而钢管约束混凝土柱在柱端钢管断开位置，钢管纵向受力不连续，无抗弯能力。因此，探明钢管约束钢筋/型钢混凝土构件的偏压性能，建立偏压承载力计算方法，对钢管约束混凝土结构的应用与推广至关重要。本章在以往研究的基础上，进行了 55 个钢管约束钢筋/型钢混凝土短柱在偏心压力作用下的试验研究，对构件的破坏模式、承载力、变形性能等方面进行了分析。基于约束混凝土本构模型，分别建立了圆、方钢管约束钢筋混凝土偏压短柱数值模型和分段式截面承载力理论计算方法。推导了钢管约束混凝土等效矩形应力系数，并以此为基础对截面承载力理论方法进行合理简化。

4.1 试验研究

4.1.1 试验概况

本章分两批次共完成 32 个钢管约束钢筋混凝土和 23 个钢管约束型钢混凝土偏压短柱的试验研究。第一批次试验包括圆形和方形截面试件，且荷载偏心率较小；第二批次试验主要包括较大荷载偏心率的圆形截面试件。两批试件的高度与截面直径或边长的比值均为 3.0，主要变化参数为钢管径/宽厚比（100～160）、混凝土轴心抗压强度（41.9～65.0MPa）、钢管屈服强度（227～364MPa）、偏心率（25%～83%）、钢筋配筋率以及型钢是否设置抗剪栓钉（试件编号以 S1 或 S2 结尾表示型钢翼缘设置抗剪栓钉）等。表 4.1.1 和表 4.1.2 分别为钢管约束钢筋混凝土和钢管约束型钢混凝土试件具体参数，其中 e 为荷载偏心率。图 4.1.1 为典型试件的尺寸及构造示意。对于钢管约束型钢混凝土试件，第一批次试件包括型钢翼缘设置抗剪栓钉的试件和未设置抗剪栓钉的试件，前者的抗剪栓钉沿翼缘中线纵向布置一列；第二批次试件的型钢翼缘均设置了抗剪栓钉，且截面直径为 240mm 试件的抗剪栓钉沿翼缘中线纵向布置一列，截面直径为 300mm 试件的抗剪栓钉沿翼缘纵向均匀布置两列。

表 4.1.1 钢管约束钢筋混凝土偏压短柱试件参数

批次	试件编号	截面形状	D/mm	t/mm	L/mm	e/mm	D/t	f_{ty}/MPa	f_c/MPa	f_{by}/MPa	纵筋	箍筋
第一批次	c-200-25-1	圆	200	1.5	600	25	133	364	41.9	477	6ϕ20	ϕ8@200
	c-200-25-2	圆	200	1.5	600	25	133	364	41.9	477	6ϕ20	ϕ8@200
	c-200-25-3	圆	200	1.5	600	25	133	364	41.9	477	6ϕ20	ϕ8@200
	c-200-50-1	圆	200	1.5	600	50	133	364	41.9	477	6ϕ20	ϕ8@200

续表

批次	试件编号	截面形状	D/mm	t/mm	L/mm	e/mm	D/t	f_{ty}/MPa	f_c/MPa	f_{by}/MPa	纵筋	箍筋
第一批次	c-200-50-2	圆	200	1.5	600	50	133	364	41.9	477	6ϕ20	ϕ8@200
	c-200-50-3	圆	200	1.5	600	50	133	364	41.9	477	6ϕ20	ϕ8@200
	c-240-25-1	圆	240	1.5	720	25	160	364	41.9	477	6ϕ20	ϕ8@200
	c-240-25-2	圆	240	1.5	720	25	160	364	41.9	477	6ϕ20	ϕ8@200
	c-240-25-3	圆	240	1.5	720	25	160	364	41.9	477	6ϕ20	ϕ8@200
	c-240-50-1	圆	240	1.5	720	50	160	364	41.9	477	6ϕ20	ϕ8@200
	c-240-50-2	圆	240	1.5	720	50	160	364	41.9	477	6ϕ20	ϕ8@200
	c-240-50-3	圆	240	1.5	720	50	160	364	41.9	477	6ϕ20	ϕ8@200
	s-200-25-1	方	200	1.5	600	25	133	364	41.9	477	8ϕ20	ϕ8@200
	s-200-25-2	方	200	1.5	600	25	133	364	41.9	477	8ϕ20	ϕ8@200
	s-200-50-1	方	200	1.5	600	50	133	364	41.9	477	8ϕ20	ϕ8@200
	s-200-50-2	方	200	1.5	600	50	133	364	41.9	477	8ϕ20	ϕ8@200
	s-240-25-1	方	240	1.5	720	25	160	364	41.9	477	8ϕ20	ϕ8@200
	s-240-25-2	方	240	1.5	720	25	160	364	41.9	477	8ϕ20	ϕ8@200
	s-240-50-1	方	240	1.5	720	50	160	364	41.9	477	8ϕ20	ϕ8@200
	s-240-50-2	方	240	1.5	720	50	160	364	41.9	477	8ϕ20	ϕ8@200
第二批次	c-240-2-3-25	圆	240	2.0	720	25	120	314	65.0	583	8ϕ14	ϕ8@200
	c-240-2-3-50	圆	240	2.0	720	50	120	314	65.0	583	8ϕ14	ϕ8@200
	c-240-2-3-75	圆	240	2.0	720	75	120	314	65.0	583	8ϕ14	ϕ8@200
	c-240-2-3-87.5	圆	240	2.0	720	87.5	120	314	65.0	583	8ϕ14	ϕ8@200
	c-240-2-3-100	圆	240	2.0	720	100	120	314	65.0	583	8ϕ14	ϕ8@200
	c-300-2-3-50	圆	300	2.0	900	50	150	314	65.0	527	8ϕ18	ϕ8@200
	c-300-2-3-75	圆	300	2.0	900	50	150	314	65.0	527	8ϕ18	ϕ8@200
	c-300-2-3-87.5	圆	300	2.0	900	87.5	150	314	65.0	527	8ϕ18	ϕ8@200
	c-300-2-3-100	圆	300	2.0	900	87.5	150	314	65.0	527	8ϕ18	ϕ8@200
	c-300-3-3-75	圆	300	3.0	900	75	100	330	65.0	527	8ϕ18	ϕ8@200
	c-300-3-3-87.5	圆	300	3.0	900	87.5	100	330	65.0	527	8ϕ18	ϕ8@200
	c-300-3-3-100	圆	300	3.0	900	100	100	330	65.0	527	8ϕ18	ϕ8@200

表 4.1.2　钢管约束型钢混凝土偏压短柱试件参数

批次	试件编号	截面形状	D/mm	t/mm	L/mm	D/t	e/mm	f_{ty}/MPa	f_c/MPa	f_{sy}/MPa	h_s/mm	b_s/mm	t_f/mm	t_w/mm	型钢栓钉
第一批次	CTSRC-200-1.5-3-25	圆	200	1.5	600	133	25	324	61.1	285	100	100	8	6	无
	CTSRC-200-1.5-3-25-S1	圆	200	1.5	600	133	25	324	61.1	285	100	100	8	6	有
	CTSRC-200-1.5-3-25-S2	圆	200	1.5	600	133	25	324	61.1	285	100	100	8	6	有
	CTSRC-240-2.0-3-25	圆	240	2.0	720	120	25	290	61.1	285	100	100	8	6	无

续表

批次	试件编号	截面形状	D/mm	t/mm	L/mm	D/t	e/mm	f_{ty}/MPa	f_c/MPa	f_{sy}/MPa	h_s/mm	b_s/mm	t_f/mm	t_w/mm	型钢栓钉
第一批次	CTSRC-240-2.0-3-25-S1	圆	240	2.0	720	120	25	290	61.1	285	100	100	8	6	有
	CTSRC-240-2.0-3-25-S2	圆	240	2.0	720	120	25	290	61.1	285	100	100	8	6	有
	STSRC-200-1.5-3-25	方	200	1.5	600	133	25	324	61.1	285	100	100	8	6	无
	STSRC-200-1.5-3-25-S1	方	200	1.5	600	133	25	324	61.1	285	100	100	8	6	有
	STSRC-200-1.5-3-25-S2	方	200	1.5	600	133	25	324	61.1	285	100	100	8	6	有
	STSRC-200-2.0-3-25	方	200	2.0	600	100	25	324	61.1	285	100	100	8	6	无
	STSRC-200-2.0-3-25-S1	方	200	2.0	600	100	25	324	61.1	285	100	100	8	6	有
	STSRC-200-2.0-3-25-S2	方	200	2.0	600	100	25	324	61.1	285	100	100	8	6	有
第二批次	cs-240-2-25	圆	240	2.0	720	120	25	314	65.0	261	150	100	7.5	5.5	有
	cs-240-2-50	圆	240	2.0	720	120	50	314	65.0	261	150	100	7.5	5.5	有
	cs-240-2-100	圆	240	2.0	720	120	100	314	65.0	261	150	100	7.5	5.5	有
	cs-300-2-62.5	圆	300	2.0	900	150	62.5	314	65.0	233	175	175	9.5	6.8	有
	cs-300-2-75	圆	300	2.0	900	150	75	314	65.0	233	175	175	9.5	6.8	有
	cs-300-2-87.5	圆	300	2.0	900	150	87.5	314	65.0	233	175	175	9.5	6.8	有
	cs-300-2-100	圆	300	2.0	900	150	100	314	65.0	233	175	175	9.5	6.8	有
	cs-300-3-62.5	圆	300	3.0	900	100	50	330	65.0	233	175	175	9.5	6.8	有
	cs-300-3-75	圆	300	3.0	900	100	75	330	65.0	233	175	175	9.5	6.8	有
	cs-300-3-87.5	圆	300	3.0	900	100	87.5	330	65.0	233	175	175	9.5	6.8	有
	cs-300-3-100	圆	300	3.0	900	100	100	330	65.0	233	175	175	9.5	6.8	有

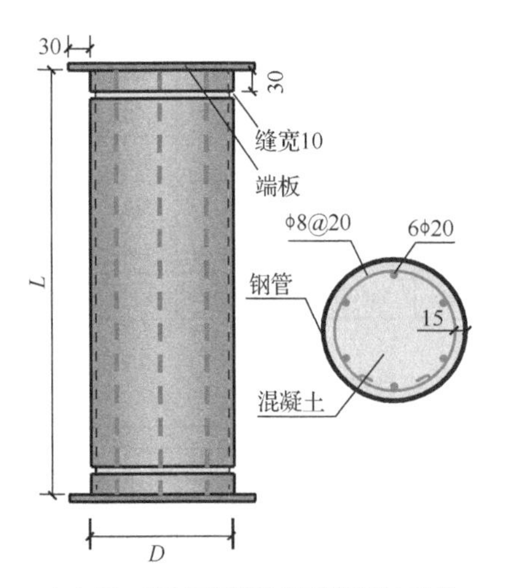

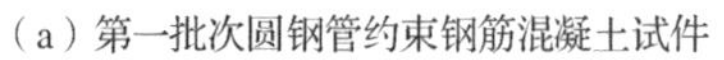
（a）第一批次圆钢管约束钢筋混凝土试件

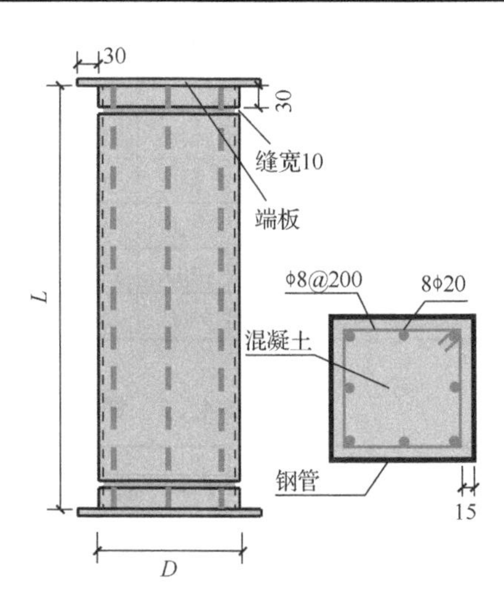

（b）第一批次方钢管约束钢筋混凝土试件

图 4.1.1 典型试件尺寸及构造示意（尺寸单位：mm）

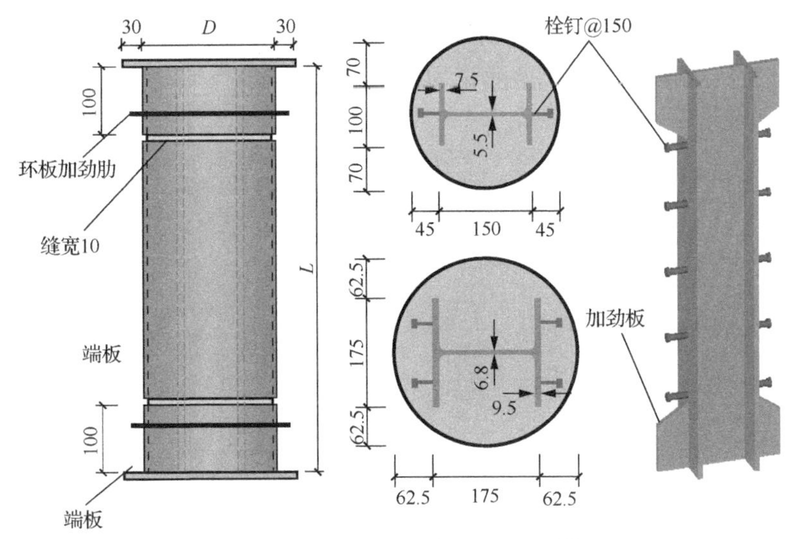

（c）第二批次圆钢管约束型钢混凝土试件

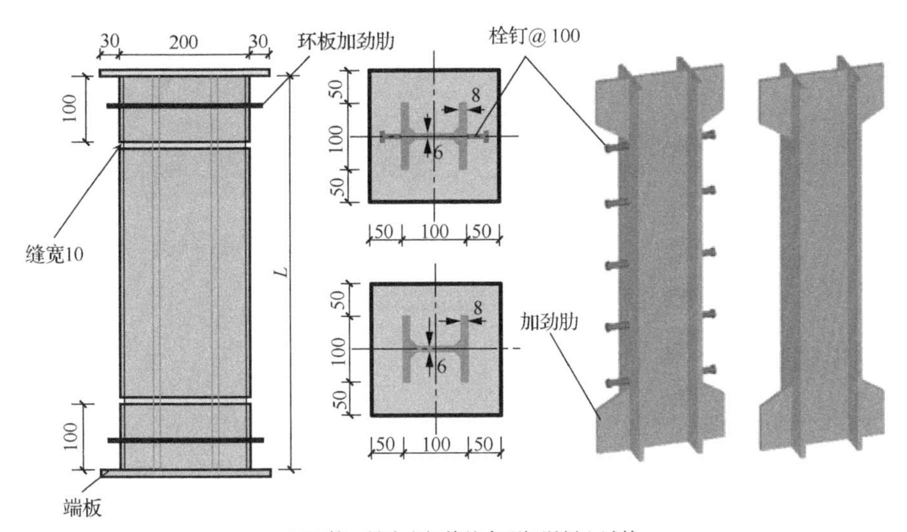

（d）第一批次方钢管约束型钢混凝土试件

图 4.1.1（续）

两批试验分别在哈尔滨工业大学和重庆大学结构实验室完成，试验中采用 5000kN 静态压力机对构件进行竖向单调加载，压力机的底部为液压千斤顶，顶部为三向平板铰，具体加载装置如图 4.1.2 所示。为模拟偏心距恒定的轴向压力荷载，试验中采用铰接边界装置，通过调节刀铰板和 V 形槽垫板的不同对应位置来改变所施加的荷载偏心距；V 形槽垫板的厚度约为 50mm，且底部设有与试件轴心定位凸隼相对应的圆孔，防止加载过程中垫板出现滑动。在压力机的底板和顶板布置了 4 个竖向 LVDT 位移传感器，其中顶部的 2 个位移传感器用以测量加载过程中顶板的虚位移，底部的 2 个传感器用以测量加载底板的竖向位移；沿柱高度方向均匀布置 3 了个水平位移传感器，用于测量试件的水平挠曲变形。为记录加载过程中钢管的纵向和横向应变情况，在试件跨中截面受压侧、受拉侧和几何中心轴位置布置相互垂直的应变片。

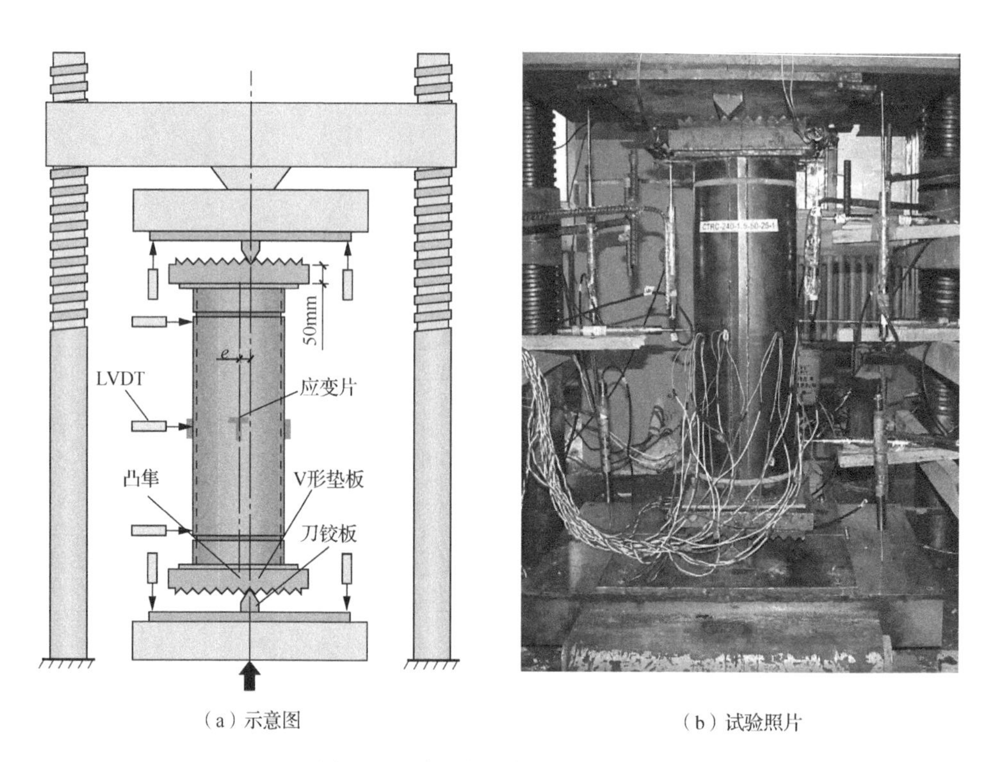

（a）示意图

（b）试验照片

图 4.1.2 偏压短柱加载与测量装置

4.1.2 破坏模式

图 4.1.3 为典型圆、方钢管约束钢筋混凝土偏压短柱的破坏模式。偏心距较小的试件发生了明显的弯曲破坏，破坏截面接近试件的跨中；在破坏截面附近，受压侧钢管出现明显的鼓曲，对应位置的混凝土被压溃；受拉侧混凝土存在宽度较大的拉裂缝，裂缝较为集中且分布不均匀。对于偏心距较大的试件，破坏位置一般出现在端部钢管断开截面附近，但构件破坏模式仍趋于弯曲破坏，受压侧混凝土被压溃，受拉侧混凝土在钢管断开处存在宽度较大的拉裂缝。与圆形截面试件相比，方形截面试件的钢管鼓曲程度与核心混凝土损伤更严重，受拉区裂缝分布更集中，且在钢管开缝位置存在钢管与混凝土脱离的现象。图 4.1.4 为典型圆、方钢管约束型钢混凝土偏压短柱的破坏模式，其主要破坏特征与钢管约束钢筋混凝土相似。整个加载过程型钢与混凝土保持较好的共同工作性能，试验结束后，将压碎的混凝土敲落，发现型钢也发生了较为明显的弯曲变形。型钢抗剪栓钉对试件破坏模式无明显影响。

（a）c-240-2-3-25　（b）c-240-2-3-50　（c）c-240-2-3-75

（d）c-300-2-3-75　（e）c-300-2-3-87.5　（f）c-300-3-3-100

（g）s-200-25-1　（h）s-240-25-1　（i）s-200-50-1

图 4.1.3　典型钢管约束钢筋混凝土偏压短柱的破坏模式

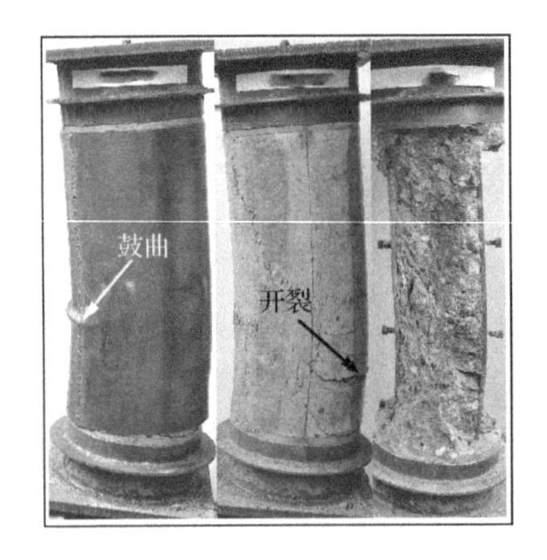

（a）cs-240-2-50

（b）cs-240-2-100

（c）STSRC-200-1.5-3-25

（d）STSRC-200-1.5-3-25-S1

图 4.1.4 典型圆、方钢管约束型钢混凝土偏压短柱的破坏模式

4.1.3 荷载-跨中横向位移曲线

图 4.1.5 和图 4.1.6 分别为典型钢管约束钢筋混凝土短柱和钢管约束型钢混凝土短柱的荷载-跨中横向位移曲线。根据曲线特征，两类钢管约束混凝土偏压短柱的加载过程可分为弹性段、弹塑性段和下降段。试件在加载前期处于弹性段，侧向位移线性增长；当到达 90%峰值荷载左右时，侧向位移开始加速发展；峰值过后，试件塑性变形急剧增大，而荷载降低缓慢。虽然采用高强度混凝土，由于钢管的约束作用，各试件均具有较高的延性；与方形截面试件相比，圆形截面试件下降段更平缓，构件延性更好。荷载偏心率对钢管约束混凝土偏压短柱的受力性能影响显著，随偏心距的增大，同参数试件的峰值承载力及弹性段刚度越小，但延性提高。在偏心率相同的情况下，cs-300-3 系列试件（D/t=100）比 cs-300-2 系列试件（D/t=150）的承载力提高约 10%。在型钢翼缘是否设置抗剪栓钉对荷载-位移曲线的影响不大。

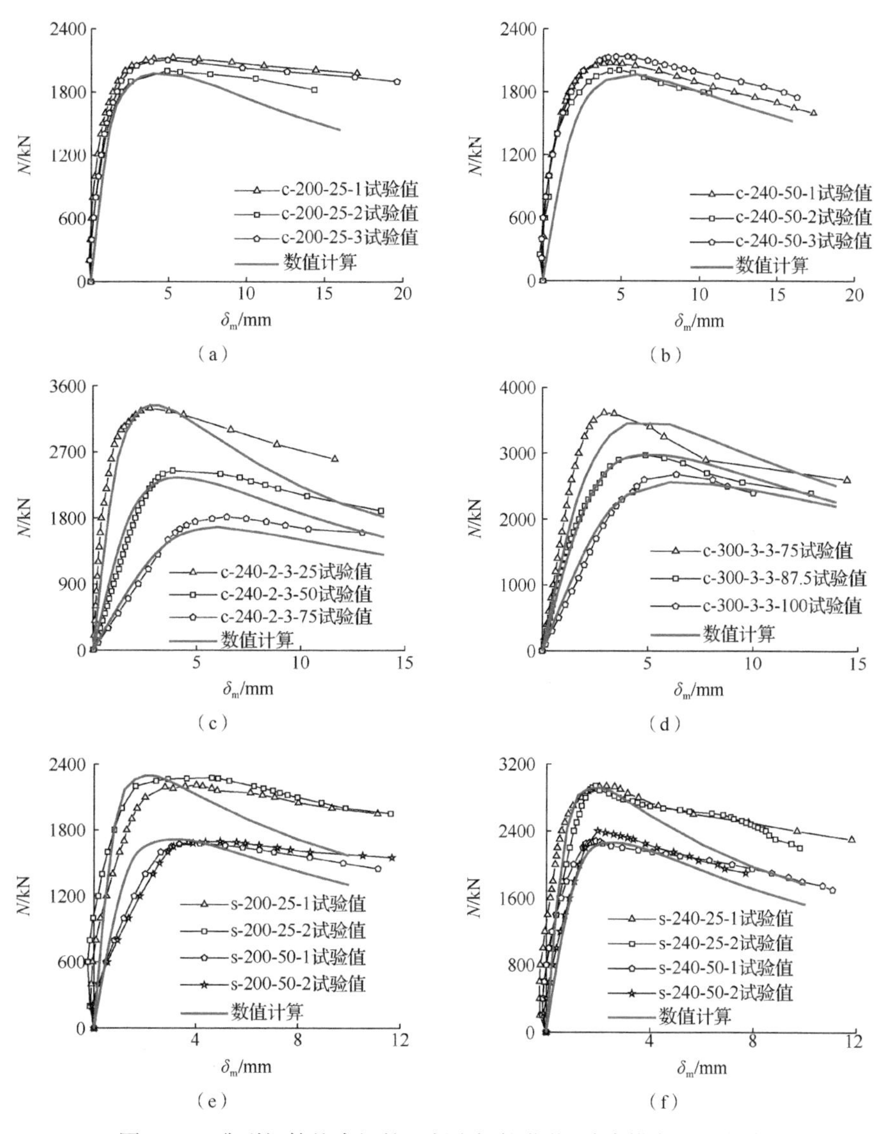

图 4.1.5　典型钢管约束钢筋混凝土短柱荷载-跨中横向位移曲线

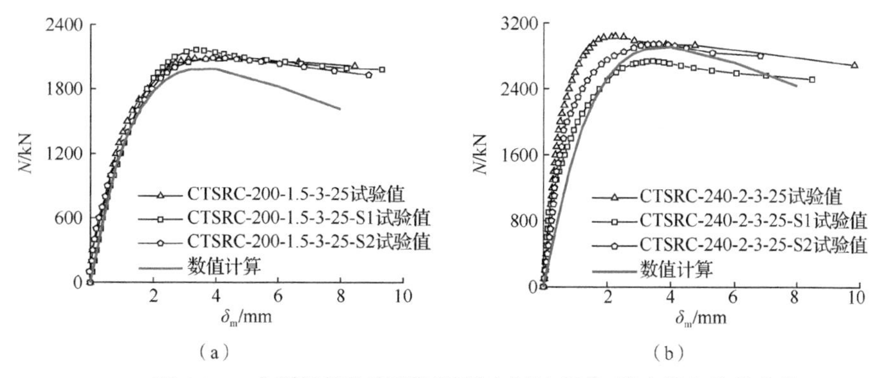

图 4.1.6　典型钢管约束型钢混凝土短柱荷载-跨中横向位移曲线

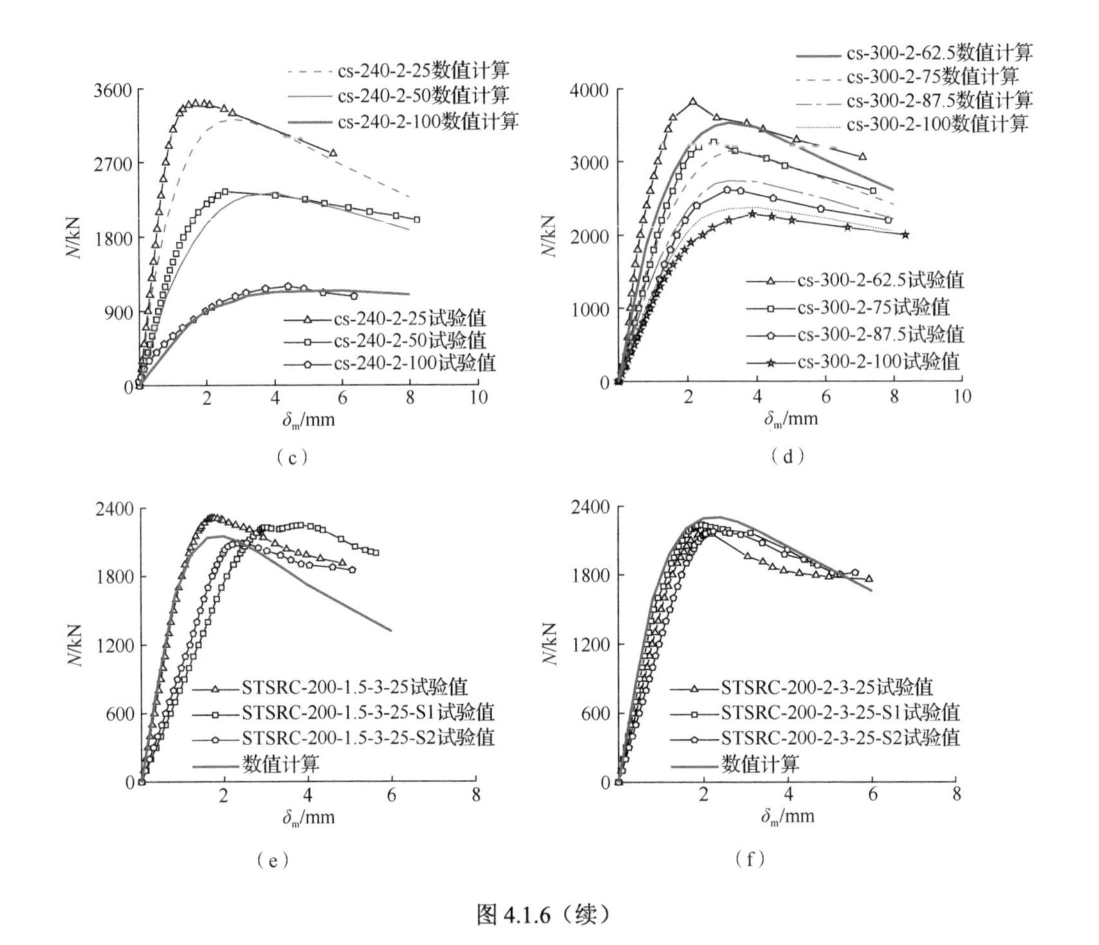

图 4.1.6（续）

4.2 钢管约束混凝土偏压构件截面承载力分析

4.2.1 纤维数值模型

对钢管约束混凝土截面进行纤维划分，并采用竖向压力与弯矩等比例加载的方式，以增量的形式进行迭代，得到对应于一定偏心距条件下的截面轴力-跨中位移（截面曲率）曲线，程序流程如图 4.2.1 所示。程序基于以下假设：

1）忽略构件的剪切变形。

2）满足平截面假定。

3）钢筋、型钢满足理想弹塑性本构关系，混凝土抗拉强度为零。

4）构件跨中截面的曲率系数 $\phi/\delta_{\mathrm{m}}L^2$ 的变化范围是 6～10。

5）受压混凝土采用与轴压构件形式相同但不考虑系数 k_{h} 的本构模型。

6）忽略钢管的纵向应力，仅考虑钢管对混凝土的约束效应。

对于假设 4)，跨中截面曲率系数是由构件沿高度的挠曲形状决定的，对于确定的挠曲形状，该系数为定值。但本章试验结果表明，试验中各偏压试件的破坏位置及挠曲形状并不统一，采用某一确定的曲率系数不能反映真实的试验结果。基于试验及计算统计发现，对于不同破坏模式的偏压构件，其跨中挠曲系数的变化范围一般稳定在 6～10；且在该范围内，曲率系数对构件竖向承载力的影响很小（<5%）。因此，可根据试件的破坏模式，确定模型中的跨中截面曲率系数。

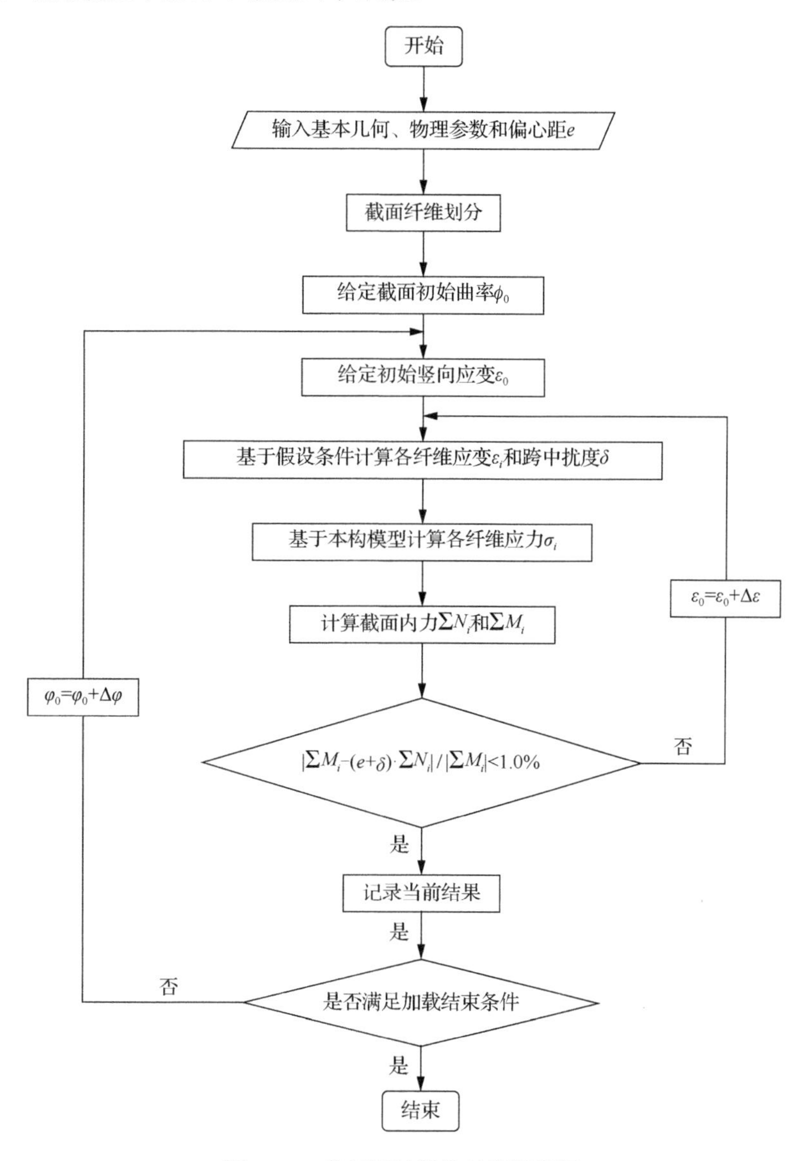

图 4.2.1　偏压短柱数值计算流程图

对于假设 5)，在偏心受压钢管约束混凝土构件中，由于混凝土存在应变梯度，导致同截面内钢管对混凝土的约束作用可能不均匀，理论上不同的混凝土纤维需要采用不同的约束本构关系。针对以上问题，对各纤维采用不同约束混凝土本构关系的圆钢管约束钢筋混凝土纤维模型与各纤维采用统一轴压约束混凝土本构关系的纤维模型进行对比分析，结果表明两种模型计算得到的荷载-变形曲线基本重合；对一些箍筋/FRP约束混凝土的研究也表明，采用统一的约束混凝土本构关系能够较好地模拟偏心受压约束混凝土构件的力学性能。此外，本程序采用的混凝土受压本构并未考虑约束应力高度修正系数 k_h，原因主要是偏压破坏构件的截面塑性发展较为充分，钢管横向约束应力近似等同于端截面水平应力，不考虑应力高度修正与实际符合更好。

对于假设6)，试验中各试件的钢管含钢率较低，均满足第1章钢管径/宽厚比限值的要求，钢管纵向应力对构件力学性能的影响很小，可忽略钢管纵向应力，并通过混凝土本构关系中的等效约束应力考虑钢管对构件承载力的提高作用。

基于以上数值模型，对圆、方钢管约束混凝土偏压短柱试验进行数值计算（模型中考虑了上下V形槽垫板的厚度），计算结果与试验结果的对比如图4.1.5和图4.1.6所示。如图4.1.5和图4.1.6所示，数值计算结果与试验结果吻合较好，验证了程序的正确性。数值模型的建立为下文圆、方钢管约束钢筋混凝土短柱截面偏压承载力分析奠定基础。

4.2.2　混凝土极限压应变

混凝土极限压应变 ε_{cu} 是预测钢筋混凝土压弯构件塑性铰转动能力的重要参数，一般认为，当偏心受压构件受压混凝土最外层纤维的压应变达到极限压应变时，构件达到破坏的极限状态。对于非约束普通钢筋混凝土，混凝土极限压应变的取值一般为定值；而对约束混凝土，横向的约束作用会提高混凝土的极限压应变。Mander等[1]基于箍筋约束混凝土提出了一种预测约束混凝土极限压应变的合理思路，即假定箍筋约束混凝土构件比素混凝土构件高出的额外强度和延性性能以应变能的形式储存在箍筋之中，且当箍筋拉断时，混凝土达到极限压应变。该计算思路的实质是应变能的等效，对于钢管约束钢筋混凝土可理解为：约束混凝土极限应变能密度 U_{cc} 与非约束混凝土的极限应变能密度 U_{co} 的差值等于钢管环向极限拉断应变能密度 U_{th} 与纵向钢筋极限应变能密度 U_{sc} 的差值，即

$$U_{th}=U_{cc}+U_{sc}-U_{co} \tag{4.2.1}$$

$$U_{cc}=A_c\int_0^{\varepsilon_{cu}}\sigma_{cc}\mathrm{d}\varepsilon_c \tag{4.2.2}$$

$$U_{co}=A_c\int_0^{\varepsilon_{sp}}\sigma_c\mathrm{d}\varepsilon_c\approx 0.017\sqrt{f_c} \tag{4.2.3}$$

$$U_{th}=A_t\int_0^{\varepsilon_{tf}}\sigma_t\mathrm{d}\varepsilon_t \tag{4.2.4}$$

$$U_{sc}=A_b\int_0^{\varepsilon_{cu}}\sigma_b\mathrm{d}\varepsilon_c \tag{4.2.5}$$

式中：A_c、A_t、A_b——混凝土、钢管、纵筋的截面面积；

σ_{cc}——约束混凝土应力，其等效约束应力未考虑高度修正系数；

σ_t、σ_b——钢管和纵筋的应力；

ε_{sp}——素混凝土剥落应变；

ε_{tf}——钢管失效应变，近似取为 0.06。

根据以上计算方法，通过改变钢管的约束应力，对给定配筋率的钢管约束混凝土极限压应变进行参数分析。考虑到极限压应变分析为截面极限状态，混凝土压应变充分发展，钢管环向约束应力充分发挥，计算采用第 2 章提出的约束混凝土本构关系，且未考虑等效约束应力的高度修正。基于参数分析，回归得到了钢管约束混凝土极限压应变计算公式，即

$$\varepsilon_{cu}=\left[\left(740-3k_{cu}\right)\ln\left(0.5f_{el}'+1\right)+\left(300-2k_{cu}\right)\right]\times 10^{-5} \tag{4.2.6}$$

$$k_{cu}=f_c-20 \tag{4.2.7}$$

$$f_{el}'=\begin{cases}\dfrac{2f_{ty}t}{D} & \text{圆形截面}\\ \dfrac{2k_s f_{ty}t}{D} & \text{方形截面}\end{cases} \tag{4.2.8}$$

式中：k_{cu}——混凝土强度修正系数，计算中 f_c 的单位为 MPa；

f_{el}'——不考虑高度修正的等效约束应力。

4.2.3　钢管约束钢筋混凝土截面承载力理论分析

在我国《混凝土结构设计规范（2015 年版）》（GB 50010—2010）[2]中，假定偏压构件在受压混凝土最外层纤维的压应变等于极限压应变 ε_{cu} 时达到极限状态，并采用无下降段的混凝土本构对偏压构件的截面承载力进行分析。钢管约束钢筋混凝土偏压构件的截面承载力分析思路与钢筋混凝土构件类似，但由于钢管的约束作用，使得混凝土本构和极限压应变与钢筋混凝土不同，其承载力分析需进行以下几点说明。

1）对于钢管约束钢筋混凝土偏压构件，当荷载偏心率较大时，构件破坏截面的弯曲效应明显，截面应变梯度较大，峰值荷载时混凝土的压应变发展充分，一般可假定在峰值荷载时，混凝土最外层受压纤维达到极限压应变[3]；当荷载偏心率较小或近似轴心受力状态时，截面应变梯度较小，混凝土压应变不能充分发展，最外层混凝土极限压应变的假定与构件的实际受力不符。为考虑应变梯度对钢管约束机理及受力性能的影响，本书基于数值模型并结合试验结果，建议以混凝土受压区高度与截面直径或边长的比值 x_{cu}/D（受压区高度系数）等于 0.75 时为分界点，将钢管约束钢筋混凝土偏压构件的截面承载力相关曲线分为两部分，如图 4.2.2 所示。当 $x_{cu}/D\leqslant 0.75$ 时，截面承载力可通过假定受压混凝土最外层纤维等于极限压应变 ε_{cu} 进行计算；当 $x_{cu}/D>0.75$ 时，假定截面抗压承载力 N_u 和抗弯承载力 M_u 呈线性关系。

2）当 $x_{cu}/D\leqslant 0.75$ 时，截面应变梯度较大，受压区混凝土应变充分发展，使得钢管横向约束效应充分发展，破坏截面钢管对混凝土的约束水平与钢管端截面相当。因此，在截面承载力分析中，可不考虑约束应力高度修正，即混凝土本构模型中按式（4.2.8）计算钢管等效约束应力。对于轴心受压或截面应变梯度较小的情况（$x_{cu}/D>0.75$），其承载力分析应考虑约束应力沿高度的折减。

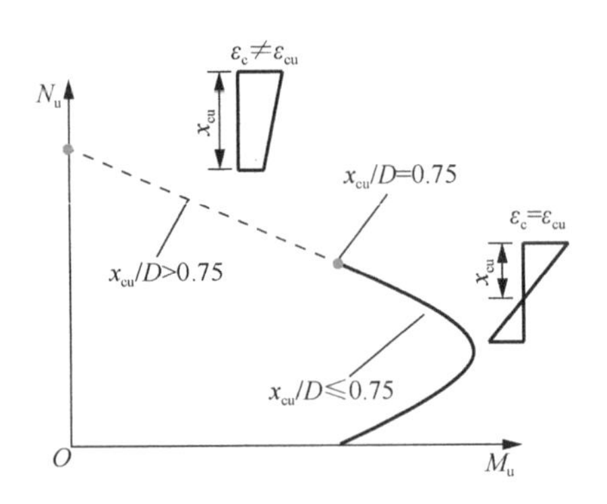

图 4.2.2 截面轴力-弯矩相关曲线分析示意图

根据以上研究思路，在 $x_{cu}/D \leqslant 0.75$ 范围，采用以下 3 点假设，对钢管约束钢筋混凝土截面承载力积分公式进行推导。

1）钢筋与混凝土的变形满足平截面假定。

2）不考虑混凝土的抗拉强度。

3）忽略钢管的纵向应力。

临界破坏状态时圆、方钢管约束钢筋混凝土偏压构件截面应变和应力的分布示意如图 4.2.3 所示。以中和轴为坐标原点建立一维坐标系 x，则混凝土应力和截面宽度可分别表示为$\sigma_{cc}(x)$和 $b(x)$；假设共有 n_b 根钢筋，第 i 根钢筋的截面面积和应力分别为 A_{bi} 和σ_{bi}，其形心距截面中心轴的距离为 x_{bi}，截面受压区高度为 x_{cu}。截面轴力 N_u 和弯矩 M_u 为

$$N_u = \int_0^{x_{cu}} \sigma_{cc}(x) b(x) \mathrm{d}x + \sum_{i=1}^{n_b} \sigma_{bi} A_{bi} \tag{4.2.9}$$

$$M_u = \int_0^{x_{cu}} \sigma_{cc}(x) b(x) \left(x + \frac{D}{2} - x_{cu} \right) \mathrm{d}x + \sum_{i=1}^{n_b} \sigma_{bi} x_{bi} A_{bi} \tag{4.2.10}$$

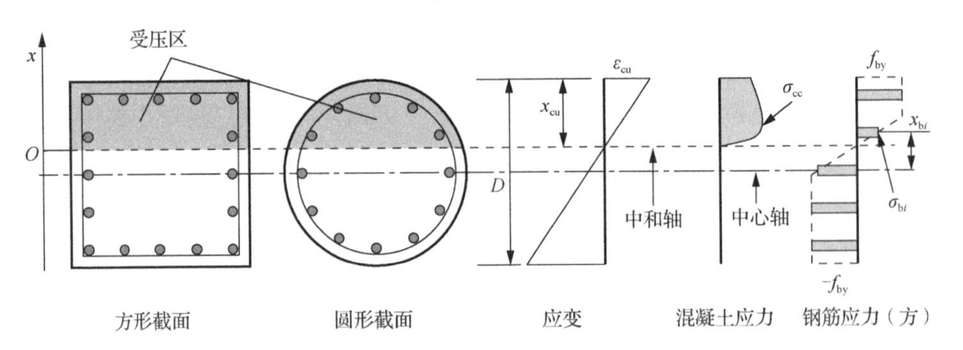

图 4.2.3 钢管约束钢筋混凝土偏压构件截面应变和应力分布示意

对于方形截面 $b(x)$为常数，即边长 D；对于圆形截面，$b(x)$根据几何关系为

$$b(x)=2\sqrt{(x_{\mathrm{cu}}-x)(D-x_{\mathrm{cu}}+x)} \tag{4.2.11}$$

根据平截面假定，坐标 x 和截面应变ε存在关系为

$$x=\left(\frac{x_{\mathrm{cu}}}{\varepsilon_{\mathrm{cu}}}\right)\varepsilon \tag{4.2.12}$$

将 $b(x)$代入式（4.2.9）和式（4.2.10），并令 $x_{\mathrm{cu}}/\varepsilon_{\mathrm{cu}}=k$，对以上两式进行积分变换，可得到圆、方钢管约束钢筋混凝土偏压构件的截面轴力 N_{u} 和弯矩 M_{u} 的积分表达式，具体表达形式如下：

圆形截面

$$N_{\mathrm{u}}=2k^2\int_0^{\varepsilon_{\mathrm{cu}}}\sigma_{\mathrm{cc}}(\varepsilon)\sqrt{(\varepsilon_{\mathrm{cu}}-\varepsilon)\left(\frac{D}{k}-\varepsilon_{\mathrm{cu}}+\varepsilon\right)}\mathrm{d}\varepsilon+\sum_{i=1}^{n_{\mathrm{b}}}\sigma_{\mathrm{b}i}A_{\mathrm{b}i} \tag{4.2.13}$$

$$M_{\mathrm{u}}=2k^3\int_0^{\varepsilon_{\mathrm{cu}}}\sigma_{\mathrm{cc}}(\varepsilon)\sqrt{(\varepsilon_{\mathrm{cu}}-\varepsilon)\left(\frac{D}{k}-\varepsilon_{\mathrm{cu}}+\varepsilon\right)}\times\left(\varepsilon+\frac{D}{2k}-\varepsilon_{\mathrm{cu}}\right)\mathrm{d}\varepsilon+\sum_{i=1}^{n_{\mathrm{b}}}\sigma_{\mathrm{b}i}x_{\mathrm{b}i}A_{\mathrm{b}i} \tag{4.2.14}$$

方形截面

$$N_{\mathrm{u}}=Dk\int_0^{\varepsilon_{\mathrm{cu}}}\sigma_{\mathrm{cc}}(\varepsilon)\mathrm{d}\varepsilon+\sum_{i=1}^{n_{\mathrm{b}}}\sigma_{\mathrm{b}i}A_{\mathrm{b}i} \tag{4.2.15}$$

$$M_{\mathrm{u}}=Dk^2\int_0^{\varepsilon_{\mathrm{cu}}}\sigma_{\mathrm{cc}}(\varepsilon)\left(\varepsilon+\frac{D}{2k}-\varepsilon_{\mathrm{cu}}\right)\mathrm{d}\varepsilon+\sum_{i=1}^{n_{\mathrm{b}}}\sigma_{\mathrm{b}i}x_{\mathrm{b}i}A_{\mathrm{b}i} \tag{4.2.16}$$

通过以上积分表达式，并代入约束混凝土本构方程（未考虑约束应力高度修正系数）、钢筋应力（基于钢筋应变和理想弹塑性本构模型确定）、混凝土极限压应变，可得到圆、方钢管约束钢筋混凝土构件在 $x_{\mathrm{cu}}/D\leqslant 0.75$ 范围内的截面承载力相关曲线。在 $x_{\mathrm{cu}}/D>0.75$ 范围内，承载力相关曲线可通过线性连接轴压承载力点和 $x_{\mathrm{cu}}/D=0.75$ 承载力点确定。图 4.2.4 给出了钢管约束钢筋混凝土试件轴力、弯矩相关曲线，基于以上理论分析得到的理论计算相关曲线与纤维数值模型计算结果及试验结果（纵坐标为试件峰值荷载，横坐标为峰值跨中弯矩）的对比，吻合较好，验证了以上理论分析的可靠性。

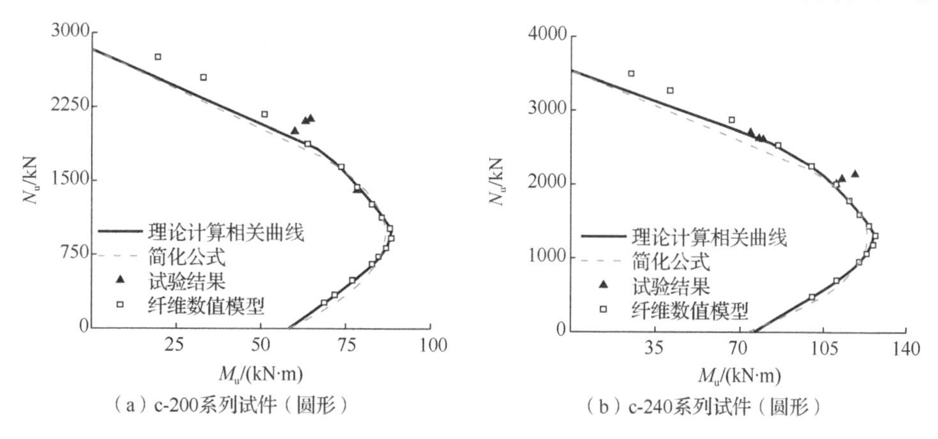

图 4.2.4　钢管约束钢筋混凝土试件轴力-弯矩相关曲线

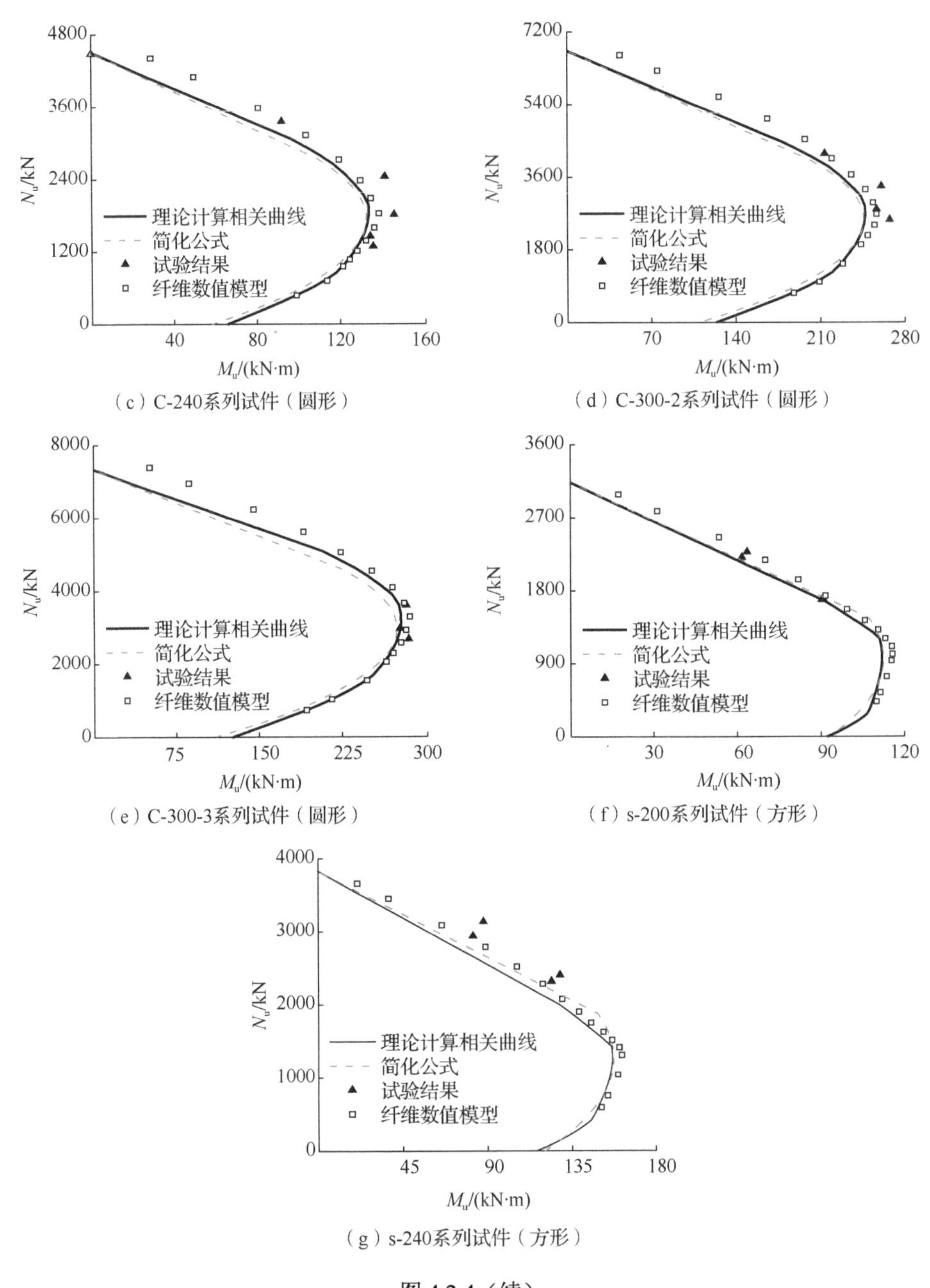

（c）C-240系列试件（圆形）

（d）C-300-2系列试件（圆形）

（e）C-300-3系列试件（圆形）

（f）s-200系列试件（方形）

（g）s-240系列试件（方形）

图 4.2.4（续）

4.2.4 钢管约束型钢混凝土截面承载力理论分析

钢管约束型钢混凝土偏压构件截面承载力理论分析可采用与钢管约束钢筋混凝土构件相同的研究思路，根据截面受压区高度将承载力相关曲线分为两部分。当混凝土受压区高度与截面直径或边长的比值（受压区高度系数）$x_{cu}/D \leqslant 0.75$ 时，截面承载力可通过假定受压混凝土最外层纤维等于极限压应变 ε_{cu} 进行计算；当受压区高度系数

$x_{cu}/D>0.75$ 时，假定截面抗压承载力 N_u 和抗弯承载力 M_u 呈线性关系。在承载力分析中，由于钢管的约束作用及型钢翼缘栓钉的抗剪作用，可假定型钢与混凝土满足平截面假定。此外，与钢管约束钢筋混凝土偏压构件类似，承载力分析中忽略钢管的纵向应力，并按等效约束应力考虑钢管的约束作用。

如图 4.2.5 所示，在 $x_{cu}/D\leqslant 0.75$ 范围内，假定极限状态时受压混凝土最外层纤维等于极限压应变，并基于平截面假定，推导得到钢管约束型钢混凝土截面轴力 N_u 和相应的弯矩 M_u 的积分表达式，见式（4.2.17）～式（4.2.20）。

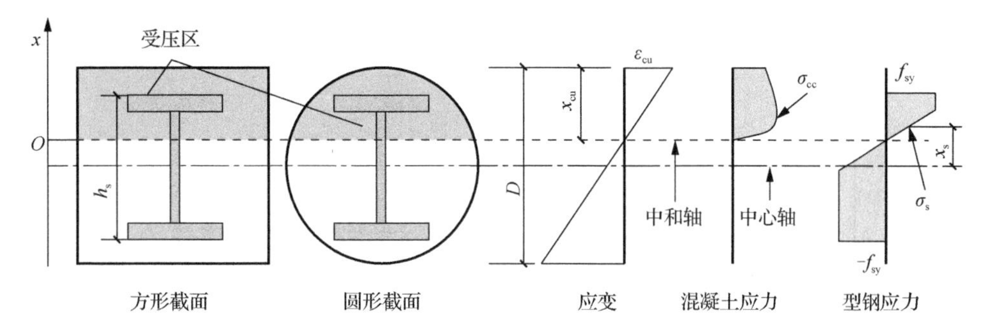

图 4.2.5　钢管约束型钢混凝土截面应变和应力分布示意

圆形截面

$$N_u=2k^2\int_0^{\varepsilon_{cu}}\sigma_{cc}(\varepsilon)\sqrt{(\varepsilon_{cu}-\varepsilon)\left(\frac{D}{k}-\varepsilon_{cu}+\varepsilon\right)}\mathrm{d}\varepsilon+k\int_{-\left(\frac{h_s}{2x_{cu}}+\frac{D}{2x_{cu}}-1\right)}^{\left(\frac{h_s}{2x_{cu}}-\frac{D}{2x_{cu}}+1\right)}\sigma_s(\varepsilon)b_{f/w}\mathrm{d}\varepsilon \tag{4.2.17}$$

$$M_u=2k^3\int_0^{\varepsilon_{cu}}\sigma_{cc}(\varepsilon)\sqrt{(\varepsilon_{cu}-\varepsilon)\left(\frac{D}{k}-\varepsilon_{cu}+\varepsilon\right)}\times\left(\varepsilon+\frac{D}{2k}-\varepsilon_{cu}\right)\mathrm{d}\varepsilon+k\int_{-\left(\frac{h_s}{2x_{cu}}+\frac{D}{2x_{cu}}-1\right)}^{\left(\frac{h_s}{2x_{cu}}-\frac{D}{2x_{cu}}+1\right)}\sigma_s(\varepsilon)x_s b_{f/w}\mathrm{d}\varepsilon \tag{4.2.18}$$

方形截面

$$N_u=Dk\int_0^{\varepsilon_{cu}}\sigma_{cc}(\varepsilon)\mathrm{d}\varepsilon+k\int_{-\left(\frac{h_s}{2x_{cu}}+\frac{D}{2x_{cu}}-1\right)}^{\left(\frac{h_s}{2x_{cu}}-\frac{D}{2x_{cu}}+1\right)}\sigma_s(\varepsilon)b_{f/w}\mathrm{d}\varepsilon \tag{4.2.19}$$

$$M_u=Dk^2\int_0^{\varepsilon_{cu}}\sigma_{cc}(\varepsilon)\left(\varepsilon+\frac{D}{2k}-\varepsilon_{cu}\right)\mathrm{d}\varepsilon+k\int_{-\left(\frac{h_s}{2x_{cu}}+\frac{D}{2x_{cu}}-1\right)}^{\left(\frac{h_s}{2x_{cu}}-\frac{D}{2x_{cu}}+1\right)}\sigma_s(\varepsilon)x_s b_{f/w}\mathrm{d}\varepsilon \tag{4.2.20}$$

通过以上积分公式，可得到圆、方钢管约束型钢混凝土构件在 $x_{cu}/D\leqslant 0.75$ 范围内的截面承载力相关曲线；结合 $x_{cu}/D>0.75$ 范围内的线性段，可得到完整的截面承载力相关曲线。图 4.2.6 给出了钢管约束型钢混凝土试件轴力-弯矩相关曲线，理论计算相关曲线与纤维数值模型计算结果以及试验结果（纵坐标为试件峰值荷载，横坐标为对应跨中弯矩）的对比，验证了理论分析的合理性。

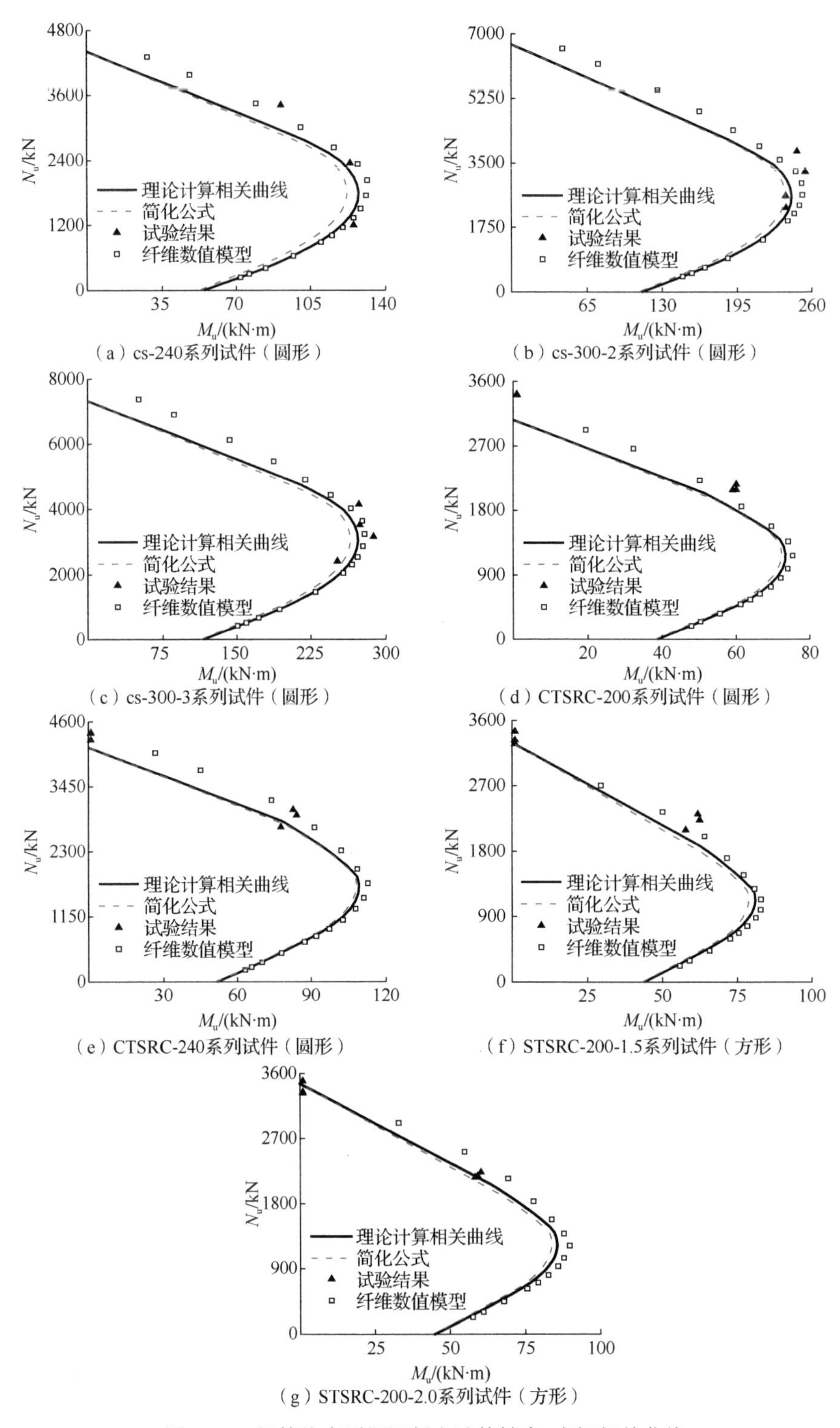

图 4.2.6 钢管约束型钢混凝土试件轴力-弯矩相关曲线

4.3　截面承载力简化设计方法

4.3.1　受压混凝土等效矩形应力系数

在计算混凝土截面承载力时，将受压区混凝土的应力分布等效为矩形是各国规范常用的简化方法[2,4]。等效混凝土矩形应力的合力以及合力作用点与混凝土实际受力相同，具体计算中采用等效矩形应力系数α、β来实现，α为强度折减系数，β为混凝土受压区高度调整系数。对于钢管约束钢筋混凝土构件，由于钢管的约束作用，混凝土的应力-应变关系和极限压应变与普通混凝土不同，因此有必要对钢管约束混凝土构件的等效矩形应力系数进行分析。

1. 圆形截面

图 4.3.1 为临界破坏状态时圆形截面等效矩形应力分析示意图，混凝土最外层纤维的压应变为极限压应变$\varepsilon_{\rm cu}$。混凝土的受压合力 $N_{\rm c}$ 及其对受压混凝土最外侧纤维（x_1-x_1 轴）的弯矩 $M_{\rm c}$ 为

$$N_{\rm c}=2k^2\int_0^{\varepsilon_{\rm cu}}\sigma_{\rm cc}(\varepsilon)\sqrt{(\varepsilon_{\rm cu}-\varepsilon)\left(\frac{D}{k}-\varepsilon_{\rm cu}+\varepsilon\right)}{\rm d}\varepsilon \tag{4.3.1}$$

$$M_{\rm c}=2k^3\int_0^{\varepsilon_{\rm cu}}\sigma_{\rm cc}(\varepsilon)\sqrt{(\varepsilon_{\rm cu}-\varepsilon)\left(\frac{D}{k}-\varepsilon_{\rm cu}+\varepsilon\right)}\times(\varepsilon_{\rm cu}-\varepsilon){\rm d}\varepsilon \tag{4.3.2}$$

式中：$\sigma_{\rm cc}(\varepsilon)$——约束混凝土应力；

$\varepsilon_{\rm cu}$——约束混凝土极限压应变，按式（4.2.6）计算；

k——受压区高度与极限压应变的比值$k=x_{\rm cu}/\varepsilon_{\rm cu}$。

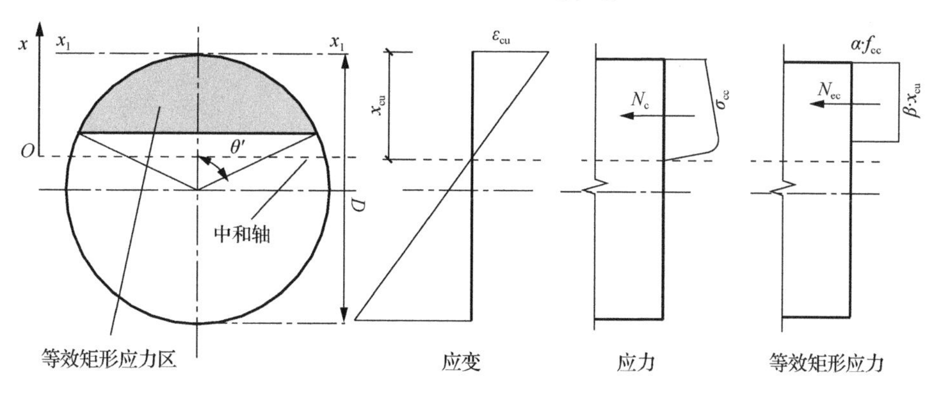

图 4.3.1　圆形截面等效矩形应力分析示意图

假定等效矩形受压区对应圆心角的一半为θ'，如图 4.3.1 所示，则混凝土等效轴力 $N_{\rm ec}$ 和等效弯矩 $M_{\rm ec}$ 为

$$N_{\rm ec}=\alpha f_{\rm cc}A_{\rm ec} \tag{4.3.3}$$

$$M_{ec}=\alpha f_{cc}A_{ec}D\left(\frac{1}{2}-\frac{2}{3}\frac{\sin^3\theta'}{2\theta'-\sin 2\theta'}\right) \tag{4.3.4}$$

$$A_{ec}=\frac{D^2}{4}\theta'-\left(\frac{D}{2}-\beta x_{cu}\right)\sqrt{\beta x_{cu}\left(D-\beta x_{cu}\right)} \tag{4.3.5}$$

$$\theta'=\arccos\left(\frac{D-2\beta x_{cu}}{D}\right) \tag{4.3.6}$$

式中：A_{ec}——等效矩形应力区面积。

通过数值方法，求解轴力与弯矩的等效关系方程 $N_c=N_{ec}$ 和 $M_c=M_{ec}$，可以得到混凝土等效受压区强度折减系数α和等效受压区高度调整系数β的数值结果。基于以上公式的计算发现，混凝土强度和钢管约束应力是影响等效矩形应力系数的两个主要参数，而中和轴的位置 x_{cu}/D 对等效矩形应力系数的影响较小。在中和轴位置确定的情况下（$x_{cu}/D=0.5$），分析了圆形截面混凝土等效矩形应力系数α、β随未考虑横向应力高度修正的等效约束应力 f'_{el} ［式（4.2.8）］及混凝土抗压强度的变化关系，如图 4.3.2 所示。在研究参数范围内，等效受压区强度折减系数α随约束强度系数的增大而增大，随混凝土抗压强度的增大而减小；等效受压区高度调整系数β随约束强度系数的增大而减小，受混凝土强度的影响较小。基于以上分析，建立了圆钢管约束混凝土等效矩形应力系数计算公式，即

$$\alpha=\begin{cases}0.94 & f_c<40\text{MPa}\\ 0.015\dfrac{f_{ty}t}{D}+0.87-0.002\left(f_c-40\right) & f_c\geqslant 40\text{MPa}\end{cases} \tag{4.3.7}$$

$$\beta=-0.01\frac{f_{ty}t}{D}+0.9 \tag{4.3.8}$$

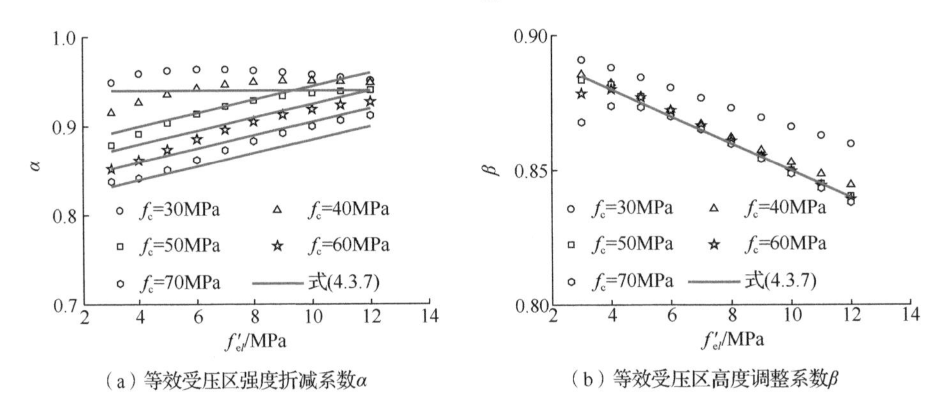

（a）等效受压区强度折减系数α　（b）等效受压区高度调整系数β

图 4.3.2　圆形截面等效矩形应力系数随等效约束应力的变化关系曲线

2. 方形截面

图 4.3.3 为临界破坏状态时方形截面等效矩形应力分析示意图。由于截面宽度为定值，则混凝土的轴力和弯矩的等效方程为

$$\int_0^{\varepsilon_{cu}}\sigma_{cc}\left(\varepsilon\right)\mathrm{d}\varepsilon=\alpha f_{cc}\cdot\beta\varepsilon_{cu} \tag{4.3.9}$$

$$\int_0^{\varepsilon_{cu}} \sigma_{cc}(\varepsilon)\varepsilon \mathrm{d}\varepsilon = \alpha f_{cc} \cdot \beta \varepsilon_{cu} \cdot (1-0.5\beta)\varepsilon_{cu} \tag{4.3.10}$$

求解α和β得

$$\alpha = \frac{\int_0^{\varepsilon_{cu}} \sigma_{cc}(\varepsilon)\mathrm{d}\varepsilon}{f_{cc}\varepsilon_{cu}} \Bigg/ \left(2 - 2\frac{\int_0^{\varepsilon_{cu}} \sigma_{cc}(\varepsilon)\varepsilon \mathrm{d}\varepsilon}{\varepsilon_{cu}\int_0^{\varepsilon_{cu}} \sigma_{cc}(\varepsilon)\mathrm{d}\varepsilon}\right) \tag{4.3.11}$$

$$\beta = 2 - 2\frac{\int_0^{\varepsilon_{cu}} \sigma_{cc}(\varepsilon)\varepsilon \mathrm{d}\varepsilon}{\varepsilon_{cu}\int_0^{\varepsilon_{cu}} \sigma_{cc}(\varepsilon)\mathrm{d}\varepsilon} \tag{4.3.12}$$

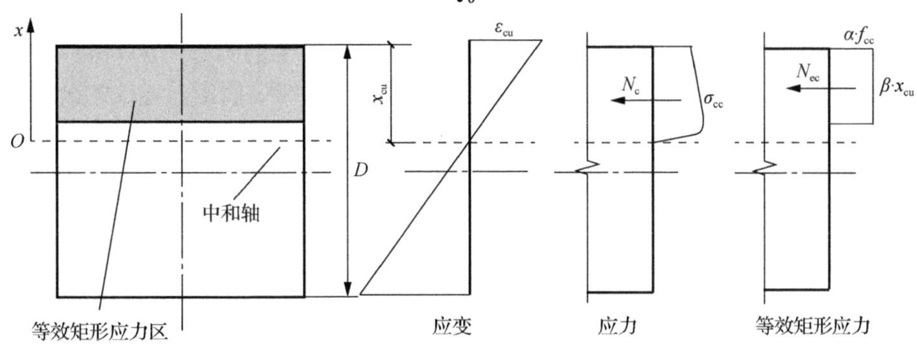

图 4.3.3　方形截面等效矩形应力分析示意图

图 4.3.4 为方形截面钢管约束混凝土等效矩形应力系数随未考虑高度修正的等效约束应力 f'_{el}［式（4.2.8）］及混凝土强度的变化关系。α和β主要受混凝土强度的影响较为明显，但对等效约束应力并不敏感。基于以上分析，建立了方形钢管约束混凝土等效矩形应力系数计算公式，即

$$\alpha = \begin{cases} 0.81 - 0.004(f_c - 60) & f_c < 60 \\ 0.8 & f_c \geqslant 60 \end{cases} \tag{4.3.13}$$

$$\beta = \begin{cases} 0.9 & f_c \leqslant 50 \\ 0.9 - 0.002(f_c - 50) & f_c > 50 \end{cases} \tag{4.3.14}$$

式中：f_c 单位为 MPa。

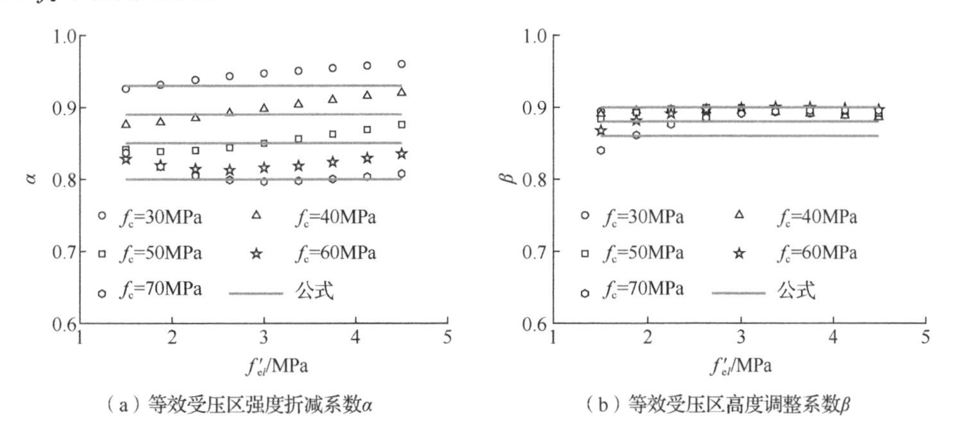

（a）等效受压区强度折减系数α　　（b）等效受压区高度调整系数β

图 4.3.4　方形截面等效矩形应力系数随等效约束应力的变化关系曲线

4.3.2 钢管约束钢筋混凝土截面承载力简化计算方法

钢管约束钢筋混凝土截面承载力按以下两方面进行简化：①受压混凝土的应力分布等效为矩形分布，强度折减系数α与混凝土受压区高度调整系数β取上文建议值；②考虑到约束混凝土极限压应变较大，钢筋假定为全截面屈服。

对于圆钢管约束混凝土柱，简化计算公式引入计算参数r_θ，其变化范围为0到1.0。r_θ小于2/3时（r_θ=2/3时，截面受压区高度系数等于0.75），可理解为受压区混凝土截面对应的圆心角θ（rad）与2π的比值；在此范围内，假定截面最外层受压混凝土压应变等于混凝土极限压应变时构件达到极限状态，并通过圆形截面混凝土等效矩形应力系数对混凝土承载力进行简化，等效矩形受压区混凝土截面对应的圆心角θ'（rad）与2π的比值定义为r'_θ。r_θ在大于2/3时，由于理论计算模型中的线性假定，r_θ仅为公式的计算系数，无明确物理意义。具体简化计算公式如下：

$$N_u=\begin{cases}\alpha f_{cc}A\left[r'_\theta-\dfrac{\sin(2r'_\theta\pi)}{2\pi}\right]+2.5A_b f_{by}(r_\theta-0.5)\geqslant 0 & 0<r_\theta\leqslant\dfrac{2}{3}\\ 3(N_0-N_1)(r_\theta-1)+N_0 & \dfrac{2}{3}<r_\theta\leqslant 1\end{cases} \tag{4.3.15}$$

$$M_u=\begin{cases}\alpha f_{cc}AD\dfrac{\sin^3(r'_\theta\pi)}{3\pi}+M_{bm}\left[1-\left(\dfrac{r_\theta}{0.3}-\dfrac{5}{3}\right)^2\right]\geqslant 0 & 0<r_\theta\leqslant\dfrac{2}{3}\\ 3M_1(1-r_\theta) & \dfrac{2}{3}<r_\theta\leqslant 1\end{cases} \tag{4.3.16}$$

$$N_1=N_u\left(r_\theta=\frac{2}{3}\right)=\alpha f_{cc}A\frac{2\arccos\left(1-\dfrac{3}{2}\beta\right)-\sin\left[2\arccos\left(1-\dfrac{3}{2}\beta\right)\right]}{2\pi}+\frac{5}{12}A_b f_{by} \tag{4.3.17}$$

$$M_1=M_u\left(r_\theta=\frac{2}{3}\right)=\alpha f_{cc}AD\frac{\sin^3\left[\arccos\left(1-\dfrac{3}{2}\beta\right)\right]}{3\pi}+0.69M_{bm} \tag{4.3.18}$$

$$M_{bm}=W_{bm}f_{by} \tag{4.3.19}$$

$$r'_\theta=\frac{\arccos\left[1-\beta+\beta\cos(r_\theta\pi)\right]}{\pi} \tag{4.3.20}$$

式中：N_0——考虑约束应力沿高度修正系数的轴压承载力（式2.4.2）；

f_{cc}——等效约束应力按式（4.2.8）计算的约束混凝土抗压强度；

N_1、M_1——$r_\theta=2/3$（$x_{cu}/D=0.75$）对应的截面抗压和抗弯承载力；

M_{bm}——钢筋对截面中心轴的塑性弯矩；

W_{bm}——钢筋对截面中心轴的塑性抵抗矩，$W_{bm}=\sum_{i=1}^{n=n_b}A_{b_i}x_{b_i}$；

r'_θ——对应等效受压混凝土截面面积的圆心角（rad）与2π的比值；

A、A_b——构件截面面积、钢筋截面面积。

对于方钢管约束混凝土柱，正截面承载力简化计算公式中引入计算参数r_x，参数的变化范围是 0 到 1.0。r_x在小于 0.75 时为截面受压区高度系数，即受压区高度x_{cu}与截面边长D的比值；该范围内，基于最外层受压混凝土压应变的假定，并通过方形截面混凝土等效矩形应力系数对混凝土承载力进行简化。r_x在大于 0.75 时，由于理论计算模型中的线性假定，r_x并没有实际的物理意义，仅为计算参数。具体简化计算公式如下：

$$N_u = \begin{cases} \alpha f_{cc} A\beta r_x + \left(\dfrac{n_b}{2}-2\right)A_{b1}f_{by}\left(\dfrac{r_x}{0.3}-\dfrac{5}{3}\right) \geqslant 0 & 0 < r_x \leqslant \dfrac{3}{4} \\ 4(N_0 - N_1)(r_x - 1) + N_0 & \dfrac{3}{4} < r_x \leqslant 1 \end{cases} \tag{4.3.21}$$

$$M_u = \begin{cases} \dfrac{\alpha f_{cc} D^3 \beta r_x (1-\beta r_x)}{2} + (M_{bf} - M_{bm})(3r_x - 1.5)^2 + M_{bm} \geqslant 0 & 0 < r_x \leqslant \dfrac{3}{4} \\ 4M_1(1 - r_x) & \dfrac{3}{4} < r_x \leqslant 1 \end{cases} \tag{4.3.22}$$

$$N_1 = N_u\left(r_x = \frac{3}{4}\right) = \frac{3\alpha f_{cc} A\beta}{4} + 0.83\left(\frac{n_b}{2}-2\right)A_{b1}f_{by} \tag{4.3.23}$$

$$M_1 = M_u\left(r_x = \frac{3}{4}\right) = \frac{3\alpha f_{cc} D^3 \beta(4-3\beta)}{32} + \frac{9}{16}M_{bf} + \frac{7}{16}M_{bm} \tag{4.3.24}$$

$$M_{bm} = W_{bm} f_{by} \tag{4.3.25}$$

$$M_{bf} = \left(\frac{n_b}{4}+1\right)A_{b1} f_{by} D_b \tag{4.3.26}$$

式中：N_0——考虑约束应力高度修正系数的轴压承载力（式 2.4.2）；

N_1、M_1——$r_x = 3/4$（$x_{cu}/D = 0.75$）时对应的截面抗压和抗弯承载力；

M_{bm}——钢筋对截面中心轴的塑性弯矩；

M_{bf}——截面一侧钢筋对另一侧钢筋形心的塑性弯矩；

D_b——钢筋形心围成正方形的边长；

A、A_{b1}——构件截面面积、单根钢筋截面面积。

基于以上的截面承载力简化公式，计算得到简化的钢管约束钢筋混凝土轴力-弯矩相关曲线，如图 4.2.4 所示，可见简化相关曲线与试验以及理论计算结果吻合较好。

4.3.3　钢管约束型钢混凝土截面承载力简化计算方法

参考钢管约束钢筋混凝土偏压构件的截面承载力简化思路，提出了以受压区高度系数$x_{cu}/D = 0.75$为分界点的分段式钢管约束型钢混凝土截面承载力简化计算公式。

圆形截面有

$$N_u = \begin{cases} \alpha f_{cc} A\left[r_\theta' - \dfrac{\sin(2r_\theta'\pi)}{2\pi}\right] + N_s \geqslant 0 & 0 < r_\theta \leqslant \dfrac{2}{3} \\ 3(N_0 - N_1)(r_\theta - 1) + N_0 & \dfrac{2}{3} < r_\theta \leqslant 1 \end{cases} \tag{4.3.27}$$

$$M_u=\begin{cases}\alpha f_{cc}AD\dfrac{\sin^3(r'_\theta\pi)}{3\pi}+M_s\geqslant 0 & 0<r_\theta\leqslant\dfrac{2}{3}\\ 3M_1(1-r_\theta) & \dfrac{2}{3}<r_\theta\leqslant 1\end{cases}\tag{4.3.28}$$

式中：r_θ——方程变化参数；

N_1、M_1——$r_\theta=2/3$（$x_{cu}/D=0.75$）时对应的截面抗压和抗弯承载力；

r'_θ——等效矩形受压区对应圆心角的一半 θ' 与弧度 π 的比值；

A——构件截面面积。

方形截面有

$$N_u=\begin{cases}\alpha f_{cc}A\beta r_x+N_s\geqslant 0 & 0<r_x\leqslant\dfrac{3}{4}\\ 4(N_0-N_1)(r_x-1)+N_0 & \dfrac{3}{4}<r_x\leqslant 1\end{cases}\tag{4.3.29}$$

$$M_u=\begin{cases}\dfrac{\alpha f_{cc}D^3\beta r_x(1-\beta r_x)}{2}+M_s\geqslant 0 & 0<r_x\leqslant\dfrac{3}{4}\\ 4M_1(1-r_x) & \dfrac{3}{4}<r_x\leqslant 1\end{cases}\tag{4.3.30}$$

式中：r_x——方程变化参数；

N_1、M_1——为 $r_x=3/4$（$x_{cu}/D=0.75$）时对应的截面抗压和抗弯承载力；

A——构件截面面积。

以上承载力计算公式中，N_s 和 M_s 分别为组合截面内型钢的抗压和抗弯承载力。根据型钢上下翼缘的屈服状态，对截面型钢承载力进行分段线性简化，给出了 N_s 和 M_s 随系数 r_θ（r_x）变化的简化计算公式，分别见式（4.3.31）和式（4.3.32）。式中 $r_{\theta(x)1}$～$r_{\theta(x)4}$ 为 $r_{\theta1}$～$r_{\theta4}$ 或 r_{x1}～r_{x4}，为基于型钢上下翼缘的屈服状态确定 4 个分界点，如图 4.3.5 所示。分界点 1 为上翼缘受拉屈服，对应系数 $r_{\theta1}$（r_{x1}）；分界点 2 为上翼缘受压屈服，对应系数 $r_{\theta2}$（r_{x2}）；分界点 3 为下翼缘受拉屈服，对应系数 $r_{\theta3}$（r_{x3}）；分界点 4 为下翼缘受压屈服，对应系数 $r_{\theta4}$（r_{x4}）。各分界点对应的系数 $r_{\theta1}$～$r_{\theta4}$（r_{x1}～r_{x4}）计算公式见表 4.3.1，表中公式考虑型钢屈服应变 ε_{sy} 和混凝土极限压应变 ε_{cu} 的影响，ε_{sy} 按型钢屈服强度与钢材弹性模量的比值计算，ε_{cu} 按式（4.2.6）计算。

$$N_s=\begin{cases}-A_sf_{sy} & 0<r_{\theta(x)}\leqslant r_{\theta(x)1}\\ \dfrac{(A_s-0.5h_st_w)f_{sy}}{r_{\theta(x)2}-r_{\theta(x)1}}(r_{\theta(x)}-r_{\theta(x)1})-A_sf_{sy} & r_{\theta(x)1}<r_{\theta(x)}\leqslant r_{\theta(x)2}\\ \dfrac{0.5h_st_wf_{sy}}{0.5-r_{\theta(x)2}}(r_{\theta(x)}-0.5) & r_{\theta(x)2}<r_{\theta(x)}\leqslant r_{\theta(x)3}\\ \dfrac{(A_s-0.5h_st_w)f_{sy}}{r_{\theta(x)4}-r_{\theta(x)3}}(r_{\theta(x)}-r_{\theta(x)3})+0.5h_st_wf_{sy} & r_{\theta(x)3}<r_{\theta(x)}\leqslant r_{\theta(x)4}\\ A_sf_{sy} & r_{\theta(x)4}<r_{\theta(x)}\end{cases}\tag{4.3.31}$$

$$M_s=\begin{cases}0 & 0<r_{\theta(x)}\leqslant r_{\theta(x)1}\\ \dfrac{b_f t_f h_s f_{sy}}{r_{\theta(x)2}-r_{\theta(x)1}}\left(r_{\theta(x)}-r_{\theta(x)1}\right) & r_{\theta(x)1}<r_{\theta(x)}\leqslant r_{\theta(x)2}\\ b_f t_f h_s f_{sy} & r_{\theta(x)2}<r_{\theta(x)}\leqslant r_{\theta(x)3}\\ \dfrac{-b_f t_f h_s f_{sy}}{r_{\theta(x)4}-r_{\theta(x)3}}\left(r_{\theta(x)}-r_{\theta(x)3}\right)+b_f t_f h_s f_{sy} & r_{\theta(x)3}<r_{\theta(x)}\leqslant r_{\theta(x)4}\\ 0 & r_{\theta(x)4}<r_{\theta(x)}\end{cases} \tag{4.3.32}$$

表 4.3.1　型钢偏压承载力界限点

圆形截面	方形截面
$r_{\theta 1}=\arccos\left[\dfrac{D\varepsilon_{sy}+(h_s-t_f)\varepsilon_{cu}}{D(\varepsilon_{cu}+\varepsilon_{sy})}\right]\Big/\pi$	$r_{x1}=\dfrac{\varepsilon_{cu}(D-h_s+t_f)}{2D(\varepsilon_{cu}+\varepsilon_{sy})}$
$r_{\theta 2}=\arccos\left[\dfrac{-D\varepsilon_{sy}+(h_s-t_f)\varepsilon_{cu}}{D(\varepsilon_{cu}-\varepsilon_{sy})}\right]\Big/\pi$	$r_{x2}=\dfrac{\varepsilon_{cu}(D-h_s+t_f)}{2D(\varepsilon_{cu}-\varepsilon_{sy})}$
$r_{\theta 3}=\arccos\left[\dfrac{D\varepsilon_{sy}-(h_s-t_f)\varepsilon_{cu}}{D(\varepsilon_{cu}+\varepsilon_{sy})}\right]\Big/\pi$	$r_{x3}=\dfrac{\varepsilon_{cu}(D+h_s-t_f)}{2D(\varepsilon_{cu}+\varepsilon_{sy})}$
$r_{\theta 4}=\arccos\left[\dfrac{-D\varepsilon_{sy}-(h_s-t_f)\varepsilon_{cu}}{D(\varepsilon_{cu}-\varepsilon_{sy})}\right]\Big/\pi$	$r_{x4}=\dfrac{\varepsilon_{cu}(D+h_s-t_f)}{2D(\varepsilon_{cu}-\varepsilon_{sy})}$

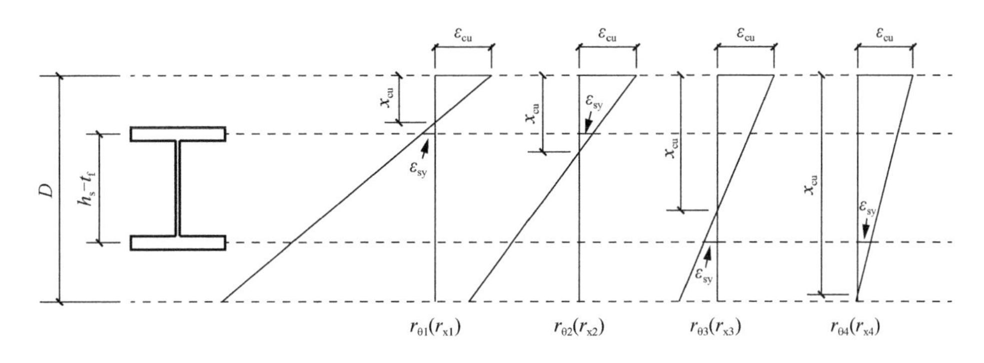

图 4.3.5　型钢偏压承载力界限点示意图

以上承载力简化计算公式，通过改变系数 r_θ（r_x）的取值，可得到圆、方钢管约束型钢混凝土偏压构件的截面轴力-弯矩相关曲线；计算中构件的轴压承载力 N_0 考虑约束应力沿高度修正系数。基于以上承载力简化计算公式，对已有圆、方钢管约束型钢混凝土截面承载力进行计算，结果如图 4.2.6 所示。如图所示，简化承载力相关曲线与试验及理论计算结果吻合较好，验证了以上简化方法的可靠性。

参考文献

[1] Mander J B, Priestley M J N, Park R. Theoretical stress-strain model for confined concrete[J]. Journal of Structural Engineering, 1988, 114(8): 1804-1826.

[2] 中华人民共和国住房和城乡建设部. 混凝土结构设计规范(2015年版): GB 50010—2010 [S]. 北京: 中国建筑工业出版社, 2015.

[3] Wang X D, Liu J P, Zhang S M. Behavior of short circular tubed-reinforced-concrete columns subjected to eccentric compression[J]. Engineering Structures, 2015, 105: 77-86.

[4] American Concrete Institute. Building code requirements for structural concrete and commentary: ACI 318M-05[S]. Farmington Hills: American Concrete Institute, 2011.

第5章　钢管约束混凝土中长柱的偏压性能与设计方法

由于钢管约束钢筋/型钢混凝土柱的承载力更高、变形能力更大，其长柱二阶效应问题更为突出。本章进行了56个钢管约束钢筋/型钢混凝土中长柱在偏心压力作用下的试验研究，分析荷载偏心率和构件长径比等参数对构件破坏模式和各力学指标的影响。建立了圆、方钢管约束钢筋/型钢混凝偏压中长柱的有限元模型，并验证模型的可靠性。基于有限元模型，对等偏心铰支柱和不等偏心铰支柱进行参数计算，并拟合了弯矩增大系数和偏心距调节系数的计算公式，建立考虑构件二阶效应的承载力设计方法。

5.1　试验研究

5.1.1　试验概况

本章分两批共完成38个钢管约束钢筋混凝土中长柱和18个钢管约束型钢混凝土中长柱在等偏心压力作用下试验研究。第一批次试验包括圆形和方形截面试件，且荷载偏心率较小；第二批次试验仅包括较大荷载偏心率的圆形截面试件。两批次试件的主要变化参数包括长径比(6和10)、钢管径厚比(120、133和160)、混凝土轴心抗压强度(41.9～65.0MPa)、钢管屈服强度（314～364MPa）、偏心率（25%～73%）、钢管开缝模式（A模式：钢管在柱两端断开，B模式：钢管在柱两端和跨中断开）、型钢翼缘是否设置抗剪栓钉(试件编号以S结尾表示型钢翼缘设置抗剪栓钉)。试件参数见表5.1.1和表5.1.2。图5.1.1为典型钢管约束钢筋/型钢混凝土偏压长柱示意图。

表5.1.1　钢管约束钢筋混凝土偏压中长柱试件参数

批次	试件编号	截面形状	断开模式	D/mm	t/mm	L/mm	e/mm	D/t	f_{ty}/MPa	f_c/MPa	f_{by}/MPa	纵筋	箍筋
第一批次	CTRC-200-6-25-A	圆	A	200	1.5	1200	25	133	364	41.9	477	6ϕ20	ϕ8@200
	CTRC-200-6-25-B	圆	B	200	1.5	1200	25	133	364	41.9	477	6ϕ20	ϕ8@200
	CTRC-200-6-50-A	圆	A	200	1.5	1200	50	133	364	41.9	477	6ϕ20	ϕ8@200
	CTRC-200-6-50-B	圆	B	200	1.5	1200	50	133	364	41.9	477	6ϕ20	ϕ8@200
	CTRC-240-6-25-A	圆	A	240	1.5	1440	25	160	364	41.9	477	6ϕ20	ϕ8@200
	CTRC-240-6-25-B	圆	B	240	1.5	1440	25	160	364	41.9	477	6ϕ20	ϕ8@200
	CTRC-240-6-50-A	圆	A	240	1.5	1440	50	160	364	41.9	477	6ϕ20	ϕ8@200
	CTRC-240-6-50-B	圆	B	240	1.5	1440	50	160	364	41.9	477	6ϕ20	ϕ8@200
	CTRC-200-10-25-A	圆	A	200	1.5	2000	25	133	364	41.9	477	6ϕ20	ϕ8@200
	CTRC-200-10-25-B	圆	B	200	1.5	2000	25	133	364	41.9	477	6ϕ20	ϕ8@200
	CTRC-200-10-50-A	圆	A	200	1.5	2000	50	133	364	41.9	477	6ϕ20	ϕ8@200
	CTRC-200-10-50-B	圆	B	200	1.5	2000	50	133	364	41.9	477	6ϕ20	ϕ8@200
	CTRC-240-10-25-A	圆	A	240	1.5	2400	25	160	364	41.9	477	6ϕ20	ϕ8@200

续表

批次	试件编号	截面形状	断开模式	D/mm	t/mm	L/mm	e/mm	D/t	f_{ty}/MPa	f_c/MPa	f_{by}/MPa	纵筋	箍筋
第一批次	CTRC-240-10-25-B	圆	B	240	1.5	2400	25	160	364	41.9	477	6ϕ20	ϕ8@200
	CTRC-240-10-50-A	圆	A	240	1.5	2400	50	160	364	41.9	477	6ϕ20	ϕ8@200
	CTRC-240-10-50-B	圆	B	240	1.5	2400	50	160	364	41.9	477	6ϕ20	ϕ8@200
	STRC-200-6-25-A	方	A	200	1.5	1200	25	133	364	41.9	477	8ϕ20	ϕ8@200
	STRC-200-6-25-B	方	B	200	1.5	1200	25	133	364	41.9	477	8ϕ20	ϕ8@200
	STRC-200-6-50-A	方	A	200	1.5	1200	50	133	364	41.9	477	8ϕ20	ϕ8@200
	STRC-200-6-50-B	方	B	200	1.5	1200	50	133	364	41.9	477	8ϕ20	ϕ8@200
	STRC-240-6-25-A	方	A	240	1.5	1440	25	160	364	41.9	477	8ϕ20	ϕ8@200
	STRC-240-6-25-B	方	B	240	1.5	1440	25	160	364	41.9	477	8ϕ20	ϕ8@200
	STRC-240-6-50-A	方	A	240	1.5	1440	50	160	364	41.9	477	8ϕ20	ϕ8@200
	STRC-240-6-50-B	方	B	240	1.5	1440	50	160	364	41.9	477	8ϕ20	ϕ8@200
	STRC-200-10-25-A	方	A	200	1.5	2000	25	133	364	41.9	477	8ϕ20	ϕ8@200
	STRC-200-10-25-B	方	B	200	1.5	2000	25	133	364	41.9	477	8ϕ20	ϕ8@200
	STRC-200-10-50-A	方	A	200	1.5	2000	50	133	364	41.9	477	8ϕ20	ϕ8@200
	STRC-200-10-50-B	方	B	200	1.5	2000	50	133	364	41.9	477	8ϕ20	ϕ8@200
	STRC-240-10-25-A	方	A	240	1.5	2400	25	160	364	41.9	477	8ϕ20	ϕ8@200
	STRC-240-10-25-B	方	B	240	1.5	2400	25	160	364	41.9	477	8ϕ20	ϕ8@200
	STRC-240-10-50-A	方	A	240	1.5	2400	50	160	364	41.9	477	8ϕ20	ϕ8@200
	STRC-240-10-50-B	方	B	240	1.5	2400	50	160	364	41.9	477	8ϕ20	ϕ8@200
第二批次	c-240-6-50	圆	A	240	2	1440	50	120	314	65.0	583	8ϕ14	ϕ8@200
	c-240-6-62.5	圆	A	240	2	1440	62.5	120	314	65.0	583	8ϕ14	ϕ8@200
	c-240-6-87.5	圆	A	240	2	1440	87.5	120	314	65.0	583	8ϕ14	ϕ8@200
	c-240-10-50	圆	A	240	2	2400	50	120	314	65.0	583	8ϕ14	ϕ8@200
	c-240-10-62.5	圆	A	240	2	2400	62.5	120	314	65.0	583	8ϕ14	ϕ8@200
	c-240-10-87.5	圆	A	240	2	2400	87.5	120	314	65.0	583	8ϕ14	ϕ8@200

表 5.1.2 钢管约束型钢混凝土偏压中长柱试件参数

批次	试件编号	截面形状	开缝模式	D/mm	t/mm	L/mm	D/t	e/mm	f_{ty}/MPa	f_c/MPa	f_{sy}/MPa	h_s/mm	b_s/mm	t_f/mm	t_w/mm
第一批次	CTSRC-200-6-1.5-25	圆	A	200	1.5	1200	133	25	324	61.1	285	100	100	8	6
	CTSRC-200-6-1.5-25-AS	圆	A	200	1.5	1200	133	25	324	61.1	285	100	100	8	6
	CTSRC-200-6-1.5-25-BS	圆	B	200	1.5	1200	133	25	324	61.1	285	100	100	8	6
	CTSRC-240-6-2-25	圆	A	240	2.0	1440	120	25	290	61.1	285	100	100	8	6
	CTSRC-240-6-2-25-AS	圆	A	240	2.0	1440	120	25	290	61.1	285	100	100	8	6
	CTSRC-240-6-2-25-BS	圆	B	240	2.0	1440	120	25	290	61.1	285	100	100	8	6
	STSRC-200-6-1.5-25	方	A	200	1.5	1200	133	25	324	61.1	285	100	100	8	6
	STSRC-200-6-1.5-25-AS	方	A	200	1.5	1200	133	25	324	61.1	285	100	100	8	6
	STSRC-200-6-1.5-25-BS	方	B	200	1.5	1200	133	25	324	61.1	285	100	100	8	6
	STSRC-200-6-2.0-25	方	A	200	2.0	1200	100	25	290	61.1	285	100	100	8	6
	STSRC-200-6-2.0-25-AS	方	A	200	2.0	1200	100	25	290	61.1	285	100	100	8	6
	STSRC-200-6-2.0-25-BS	方	B	200	2.0	1200	100	25	290	61.1	285	100	100	8	6

续表

批次	试件编号	截面形状	开缝模式	D/mm	t/mm	L/mm	D/t	e /mm	f_{ty}/MPa	f_c/MPa	f_{sy}/MPa	h_s/mm	b_s/mm	t_f/mm	t_w/mm
第二批次	cs-240-6-50-S	圆	A	240	2	1440	120	50	314	65.0	261	150	100	8	6
	cs-240-6-62.5-S	圆	A	240	2	1440	120	62.5	314	65.0	261	150	100	8	6
	cs-240-6-87.5-S	圆	A	240	2	1440	120	87.5	314	65.0	261	150	100	8	6
	cs-240-10-50-S	圆	A	240	2	2400	120	50	314	65.0	261	150	100	8	6
	cs-240-10-62.5-S	圆	A	240	2	2400	120	62.5	314	65.0	261	150	100	8	6
	cs-240-10-87.5-S	圆	A	240	2	2400	120	87.5	314	65.0	261	150	100	8	6

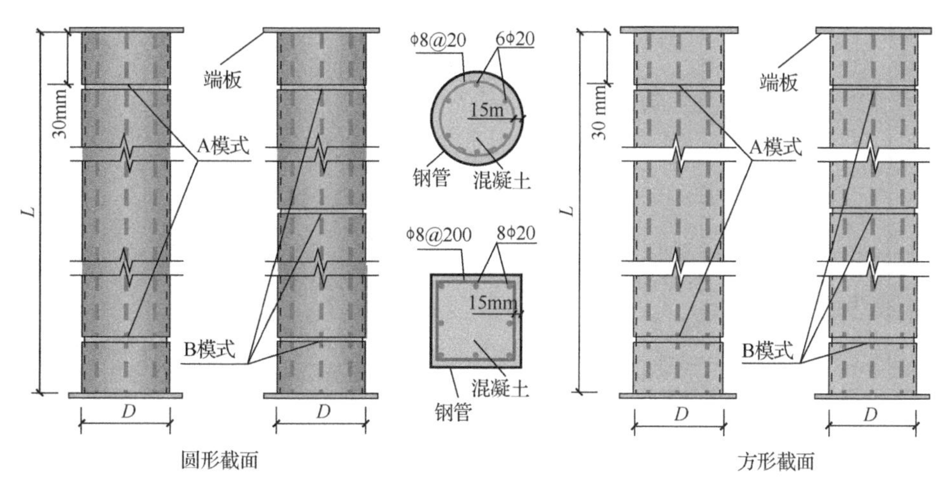

（a）钢管约束钢筋混凝土试件

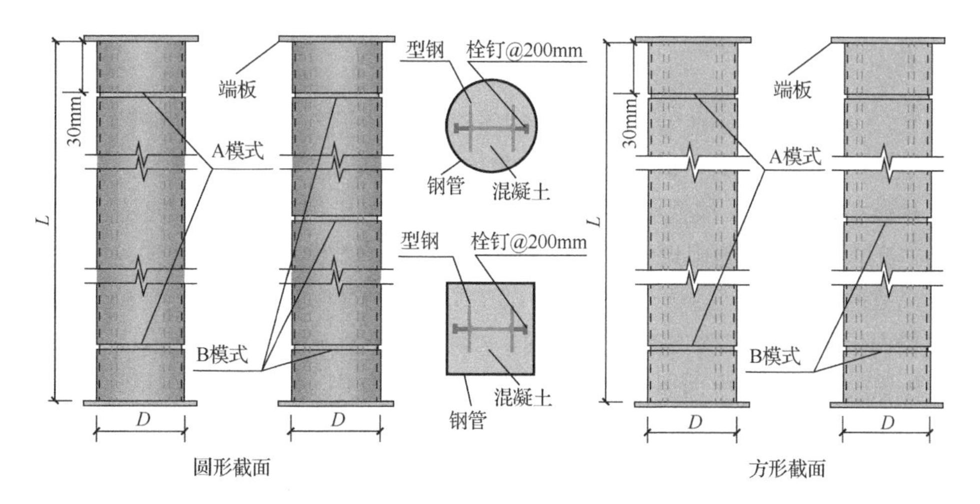

（b）钢管约束型钢混凝土试件

图 5.1.1　典型钢管约束钢筋/型钢混凝土偏压长柱示意图

两批试验分别在哈尔滨工业大学和重庆大学结构实验室完成，试验加载装置与短柱试件相同。如图 5.1.2 所示，压力机的底板和顶板布置 4 个竖向 LVDT 位移传感器，用于测量试件的竖向位移；沿柱高度方向均匀布置 5 个水平 LVDT，用于测量试件的水平挠曲变形。在试件跨中截面对称布置 4 对相互垂直的应变片，用于记录钢管应变。

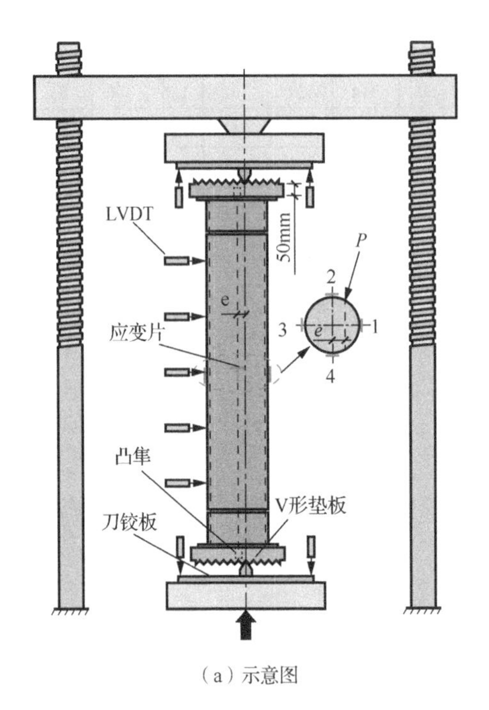

（a）示意图

（b）试验照片

图 5.1.2　试验及测量装置

5.1.2　破坏模式

图 5.1.3 和图 5.1.4 分别为典型钢管约束钢筋混凝土偏压中长柱和钢管约束型钢混凝土偏压中长柱的破坏模式。试件均发生了整体的弯曲破坏，根据试件类型，具体表现为下列 4 种破坏特征：①A 模式圆钢管约束钢筋/型钢混凝土偏压长柱的破坏截面一般位于柱高 1/2 范围，破坏截面附近钢管存在局部鼓曲，相邻鼓曲波峰的间距约为一倍直径，试件沿高度的变形曲线近似于正弦半波；②B 模式圆钢管约束钢筋/型钢混凝土偏压长柱的破坏截面位于柱高 1/2 的钢管断开截面，破坏截面附近未见钢管局部鼓曲；与 A 模式相比，B 模式试件的跨中曲率更大，混凝土拉裂缝更集中，裂缝宽度更大；③A 模式方钢管约束钢筋/型钢混凝土偏压长柱的破坏截面位于柱高 1/4～1/2 范围（钢管约束型钢混凝土试件的破坏截面主要位于柱高 1/4 截面），受压侧钢管鼓曲明显，对应位置的混凝土被压溃，部分试件的钢筋出现屈曲，受拉侧混凝土裂缝明显；④B 模式方钢管约束钢筋/型钢混凝土偏压长柱的破坏截面位于柱高 1/4～1/2 范围（钢管约束型钢混凝土试件的破坏截面主要位于柱高 1/4 截面），破坏截面位于柱高 1/2 处的试件未见明显的钢管鼓

曲现象，但由于钢管断开，钢管与混凝土存在脱开现象，混凝土主拉裂缝的宽度较大；破坏截面位于柱高 1/4 处的试件存在明显钢管鼓曲现象，混凝土被压溃。

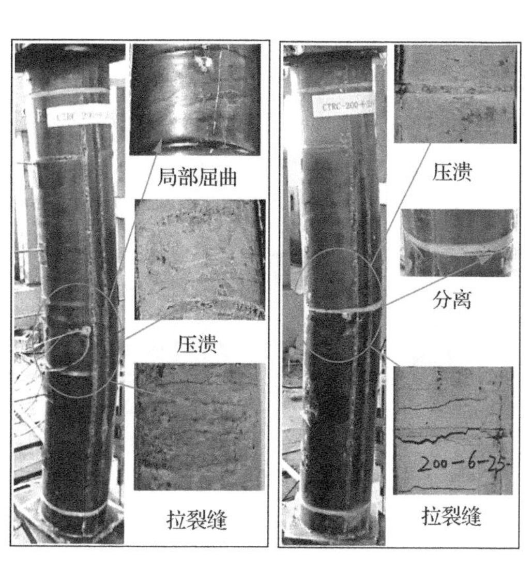

（a）CTRC-200-6-25-A　（b）CTRC-200-6-25-B

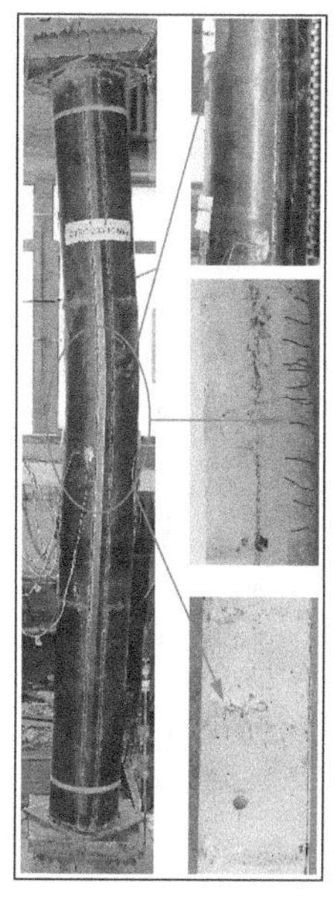

（c）CTRC-200-10-25-A

（d）CTRC-200-10-25-B

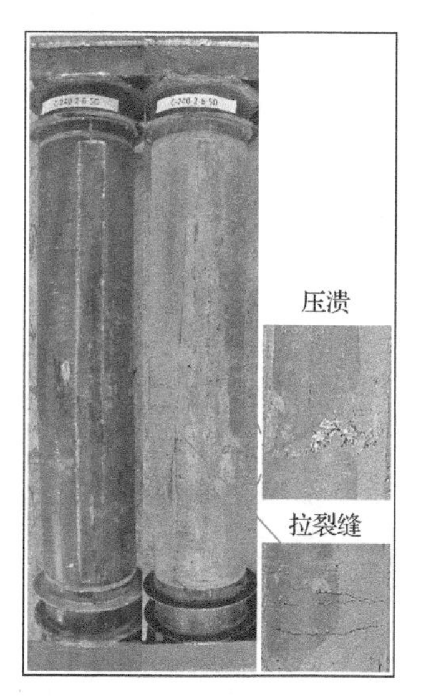

（e）c-240-6-50

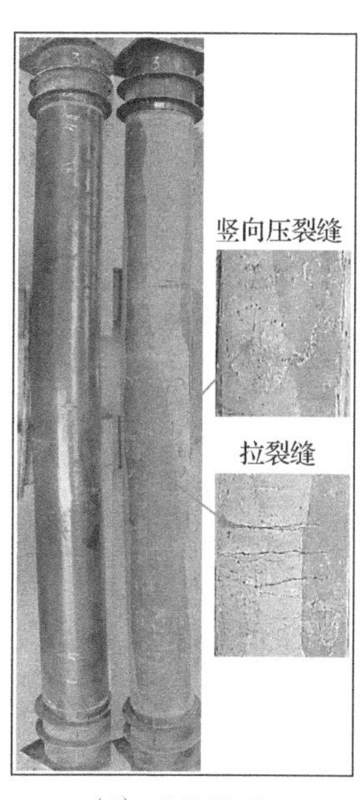

（f）c-240-10-50

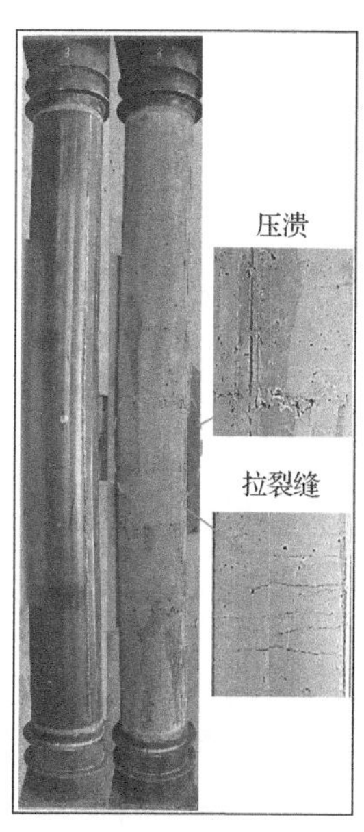

（g）c-240-10-62.5

图 5.1.3　典型钢管约束钢筋混凝土偏压中长柱破坏模式

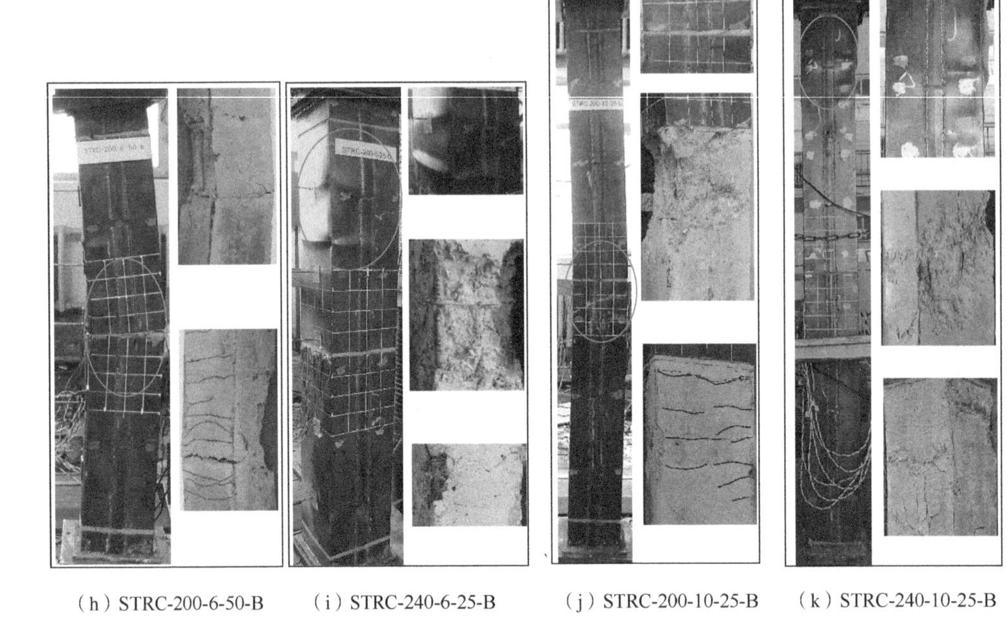

（h）STRC-200-6-50-B （i）STRC-240-6-25-B （j）STRC-200-10-25-B （k）STRC-240-10-25-B

图 5.1.3（续）

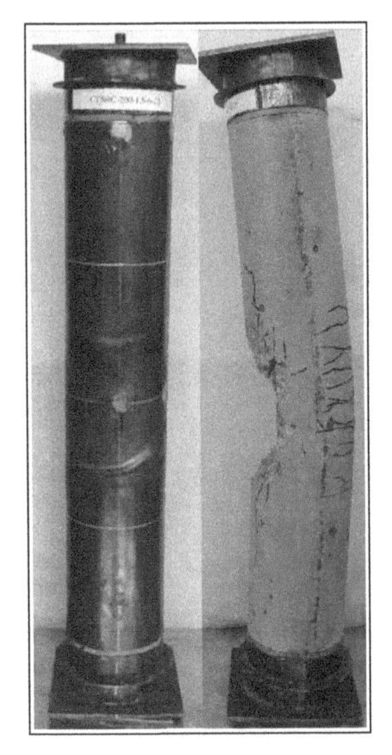

（a）CTSRC-200-6-1.5-25

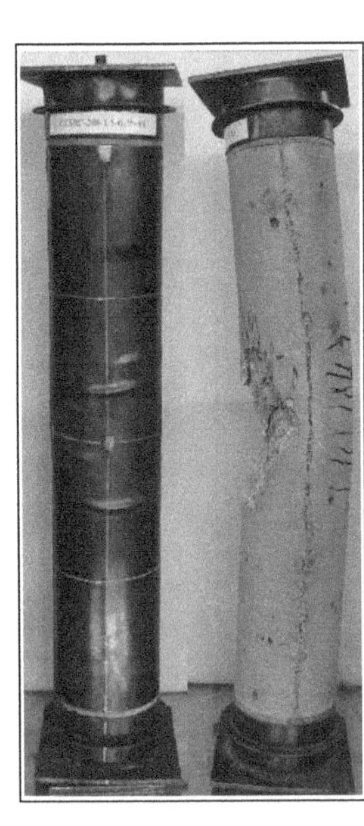

（b）CTSRC-200-6-1.5-25-AS

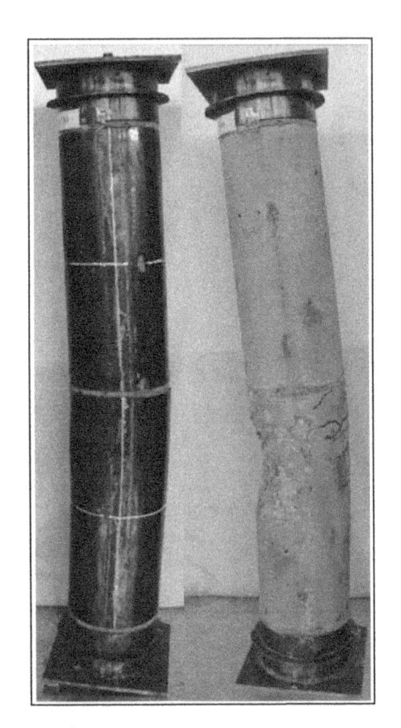

（c）CTSRC-200-6-1.5-25-BS

图 5.1.4 典型钢管约束型钢混凝土偏压中长柱破坏模式

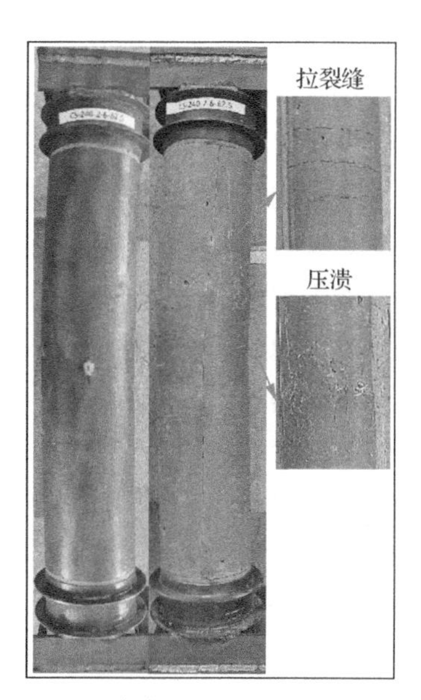

（d）cs-240-6-62.5-S

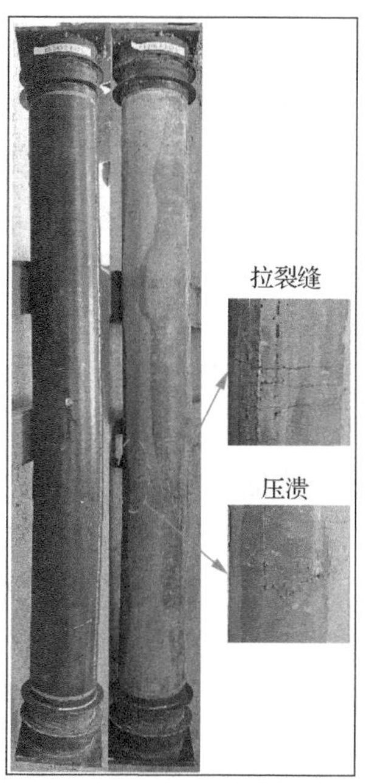

（e）cs-240-10-62.5-S

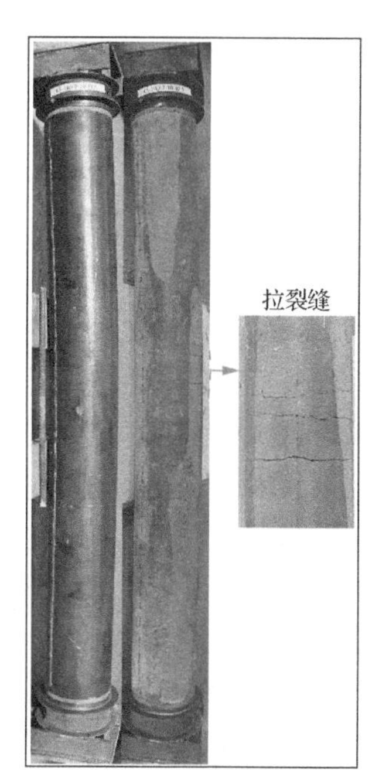

（f）cs-240-10-87.5-S

（g）STSRC-200-6-1.5-25

（h）STSRC-200-6-1.5-25-AS

（i）STSRC-200-6-1.5-25-BS

图 5.1.4（续）

5.1.3 荷载-跨中横向位移曲线

图5.1.5和图5.1.6分别为典型钢管约束钢筋混凝土中长柱和钢管约束型钢混凝土中长柱的荷载-跨中横向位移曲线。A、B模式试件曲线差别不显著，对于B模式，由于钢管中部开缝，界面作用传递长度缩短，钢管在加载初期分担的纵向力要少于A模式，在曲线中表现为B模式的初始刚度要略低于相同条件的A模式试件。忽略试件加工误差及混凝土的离散性，两种模式的峰值荷载、峰值应变、下降段均无明显差别，因此仅就圆钢管约束钢筋混凝土偏压试件宏观力学特征来说，钢管壁纵向及环向的应力分布对试件峰值荷载、延性等并无明显影响。对于钢管约束型钢混凝土偏压中长柱，型钢翼缘是否设置抗剪栓钉对构件的受力性能影响很小，承载力计算时可忽略。随初始偏心的增大，试件的刚度及承载力均有显著降低，峰值点时试件变形显著增加，峰值后试件依然保持较高承载力，表现出良好的延性。随长细比的增加，构件二阶效应明显，使得中长柱的破坏模式与短柱试件不同；对于破坏截面位于跨中1/2范围的试件，长细比越大，承载力越低。另外，在试件的极限变形能力方面，圆形截面试件整体上优于方形截面试件，钢管约束钢筋混凝土试件整体上优于钢管约束型钢混凝土试件，采用低强混凝土的试件整体上优于采用高强混凝土的试件。

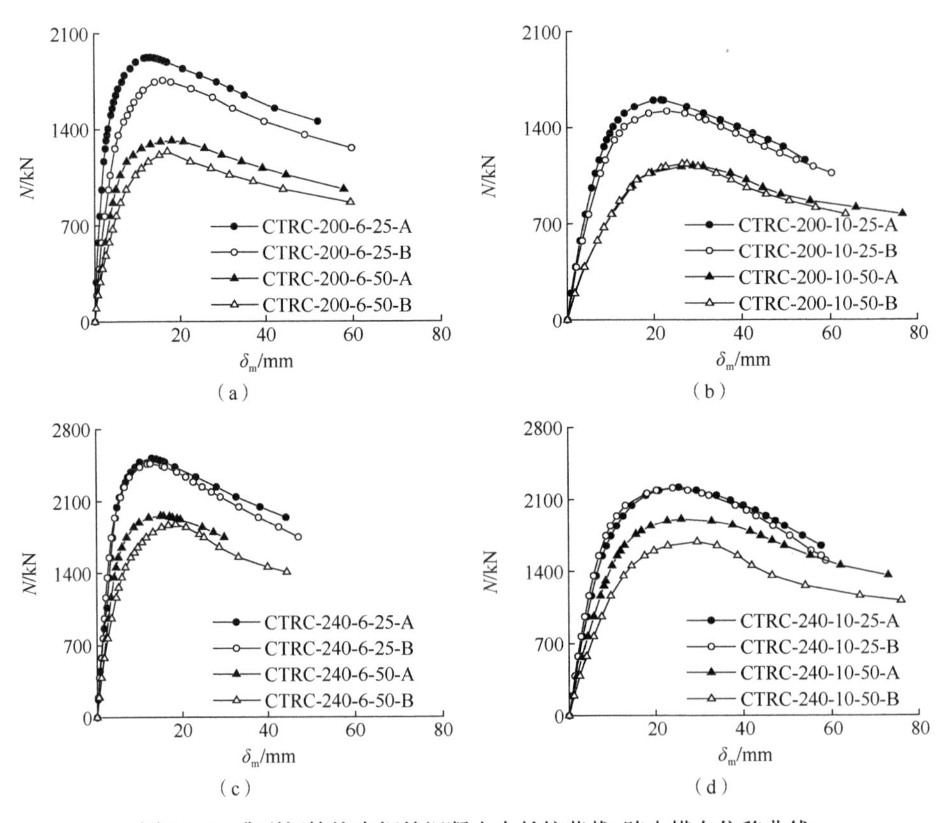

图5.1.5 典型钢管约束钢筋混凝土中长柱荷载-跨中横向位移曲线

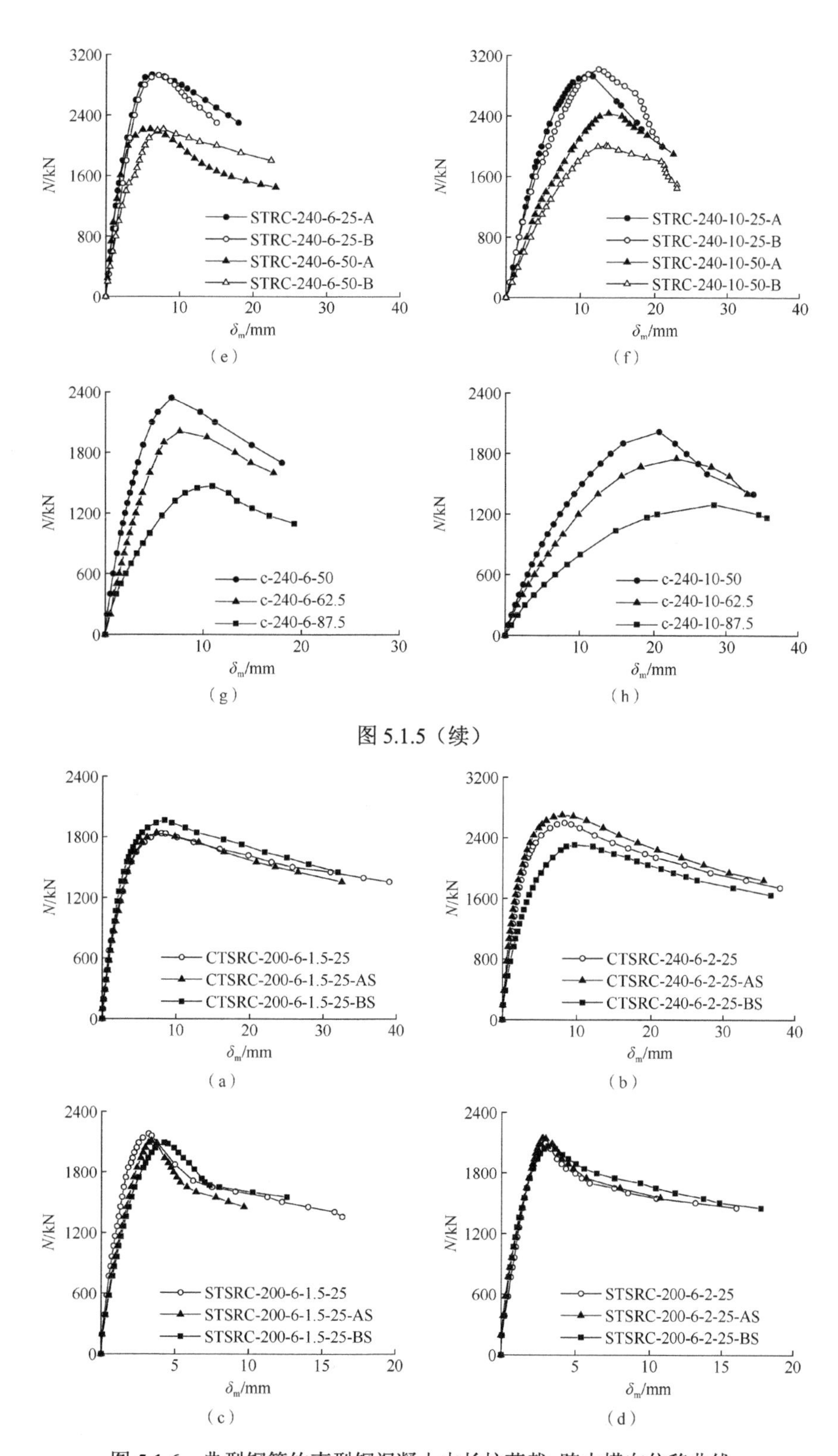

图 5.1.5（续）

图 5.1.6　典型钢管约束型钢混凝土中长柱荷载-跨中横向位移曲线

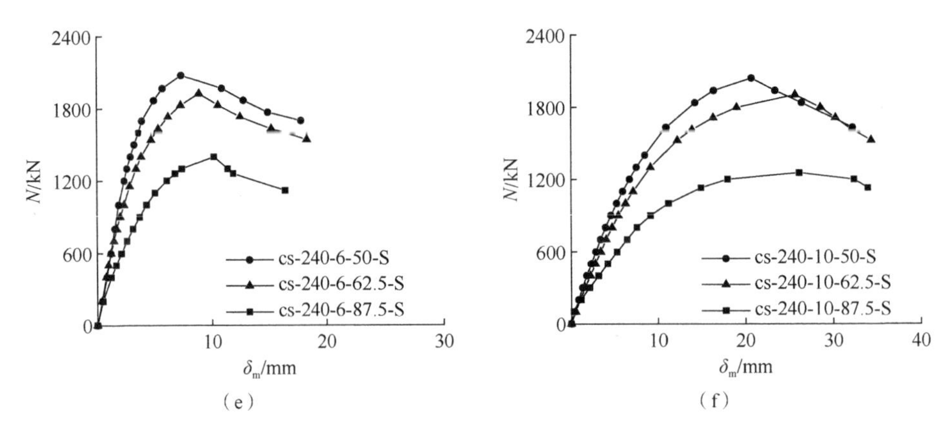

图 5.1.6（续）

5.2 有限元模型

对于钢管约束混凝土短柱构件，通过适当简化的纤维数值模型能够更好地说明截面受力机理，便于截面承载力的理论分析及设计公式的提出。但对于钢管约束钢筋混凝土长柱构件，其研究的重点是确定在特定工况下构件的二阶效应，研究更侧重宏观构件性能；且理论分析不宜忽略钢管纵向应力对钢管约束混凝土中长柱性能的影响。因此，为分析钢管约束钢筋混凝土偏压中长柱的力学性能，利用 ABAQUS 软件建立考虑接触的精细化有限元模型。

5.2.1 材料本构模型

（1）混凝土

混凝土模型为 ABAQUS 材料库中的混凝土塑性损伤模型（concrete damaged plasticity model）[1]，模型能够考虑静水压力下混凝土的强度提高，且对混凝土开裂和压碎失效的脆性性质模拟较好。模型中强化/软化法则、流动法则和破坏变量等塑性参数与混凝土静水压力（约束应力）不相关，导致模型在约束混凝土刚度退化和应变软化等方面模拟效果不理想[2]。对于这个问题常用的解决办法是在模型的塑性应力-应变关系中考虑约束混凝土的塑性变形性能[3-4]。本章受压混凝土采用与偏压短柱数值模型相同的本构形式；但在有限元分析中，不应考虑混凝土因侧向约束而引起的强度提高作用，仅考虑约束作用对混凝土塑性性能的影响，具体公式如下：

$$\sigma = \frac{xr}{r-1+x^r} f_c \tag{5.2.1}$$

式中：混凝土轴心抗压强度为未考虑约束效应的素混凝土强度 f_c，其余参数按第 2 章的约束混凝土本构模型确定，且等效约束应力的计算不考虑应力沿构件高度修正系数。

有限元分析中的受拉混凝土采用线性本构模型，应力-应变关系如下：

$$\sigma=\begin{cases}E_c\varepsilon & \varepsilon\leqslant\varepsilon_{cr}\\ f_{ct}\left(\dfrac{\varepsilon-\varepsilon_{tu}}{\varepsilon_{cr}-\varepsilon_{tu}}\right) & \varepsilon_{cr}<\varepsilon\leqslant\varepsilon_{tu}\\ 0 & \varepsilon>\varepsilon_{tu}\end{cases} \tag{5.2.2}$$

式中：E_c——混凝土弹性模量；

f_{ct}——混凝土受拉强度，$f_{ct}=0.1f_c$；

ε_{cr}——混凝土受拉峰值应变，$\varepsilon_{cr}=f_{ct}/E_c$；

ε_{tu}——混凝土受拉极限应变，$\varepsilon_{tu}=15\varepsilon_{cr}$。

此外，混凝土的泊松比为 0.2，混凝土塑性损伤模型参数取值：膨胀角 Ψ（dilation angle）取 31，流动势偏移度 ϵ（eccentricity）取 0.1，初始等效双轴抗压屈服应力与初始单轴抗压屈服应力的比值 $f_{b0}/f_{c0}=1.16$，受拉、压子午线偏量第二应力不变量的比值 $K_c=0.6667$，黏性系数 μ（viscosity parameter）为 0.0005。

（2）钢材

钢筋、型钢、钢管采用理想弹塑性本构模型，钢材泊松比为 0.3。

5.2.2　单元类型和边界条件

为减小有限元模型的计算量，根据构件的对称性建立 1/2 模型，并采用对称边界条件。图 5.2.1 为有限元模型示意图。模型中，混凝土采用 8 节点六面体线性减缩积分单元（C3D8R），钢管和型钢采用 4 节点四边形线性减缩积分壳单元（S4R），钢筋采用 2 节点三维桁架单元（T3D2）。钢管与混凝土间采用面对面的接触（surface to surface contact），法向接触属性定义为硬接触（hard contact），对于圆钢管约束钢筋混凝土构件，钢管和混凝土接触后允许脱开，对于方钢管约束钢筋混凝土构件，为提高模型的收敛性，钢管和混凝土接触后不允许脱开；切向接触属性定义为罚函数模型（penalty model），摩擦系数取为定值 0.3，黏结应力为 0.4N/mm^2。模型中纵向钢筋或型钢通过嵌固约束条件（embedded element technique）限制其变形与混凝土相协调。模型中将混凝土的上下表面定义为刚性面（rigid body constraint），刚性面与混凝土上下表面为黏结约束（tie），且参考点距中心轴的距离即为荷载偏心距。将刚性面参考点赋予铰接边界条件，固定其中一个参考点的竖向位移，并在另一个参考点上施加竖向位移进行加载条件。

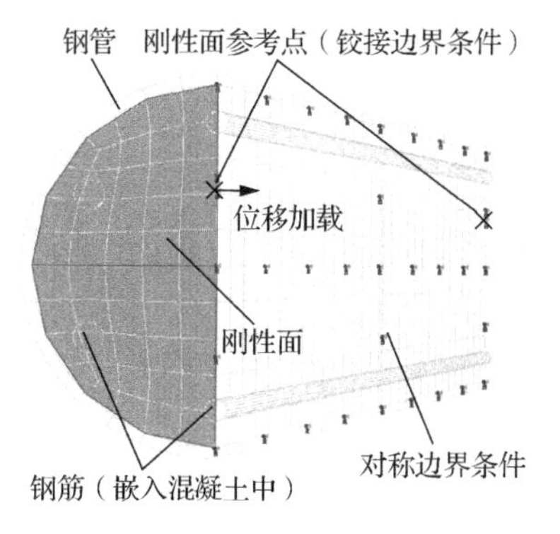

图 5.2.1　有限元模型示意图

5.2.3 模型验证

基于有限元模型，对圆、方钢管约束钢筋/型钢混凝土偏压中长柱进行计算。图 5.2.2 为典型试件的试验荷载-跨中位移曲线与有限元计算结果的对比情况。从图 5.2.2 中可以看出，仅个别试件有限元计算刚度略高于试验结果，大部分试件的有限元计算曲线与试验曲线吻合较好，基本验证了模型的合理性。

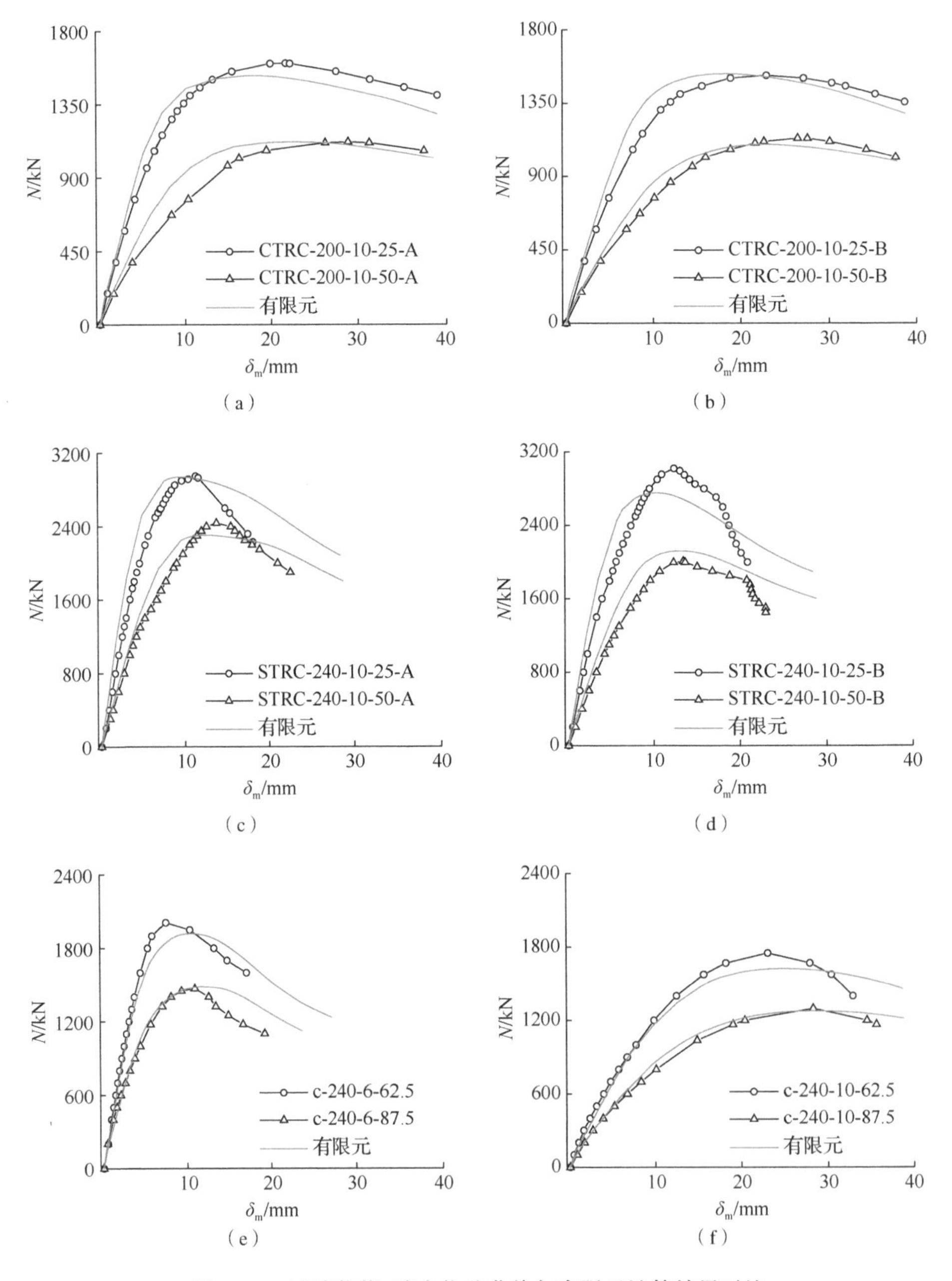

图 5.2.2 试验荷载-跨中位移曲线与有限元计算结果对比

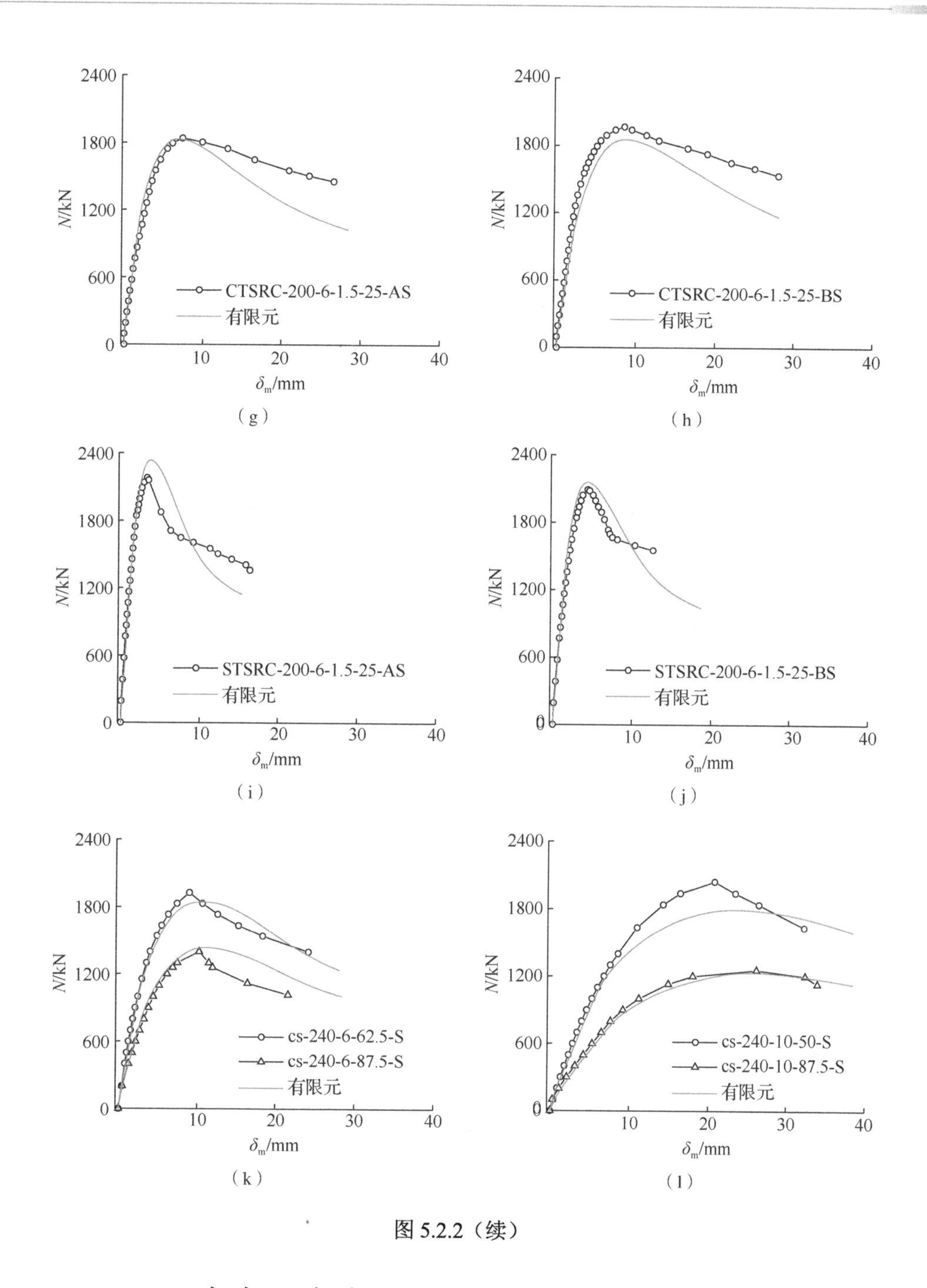

图 5.2.2（续）

5.3　考虑二阶效应的偏压承载力简化计算方法

5.3.1　等偏心铰支构件弯矩增大系数

标准等偏心铰支构件是研究长柱二阶效应的基础，图 5.3.1 为标准等偏心铰支柱的二阶效应示意图。构件在偏心轴力作用下产生了横向挠曲变形，进而截面中存在附加二阶弯矩。由于二阶效应的存在，偏压构件的受力路径将与构件的长度相关。对于二阶效应不明显的偏压短柱，构件的跨中弯矩 M 与轴力 N 的比值基本保持不变，受力路径近似为直线 I，当构件 N-M 曲线与截面承载力相关曲线相交于 A 点时，构件发生强度破坏。对于二阶效应不能忽略的偏压长柱，构件跨中截面的弯矩 M 随轴力 N 非线性增长，受力路径为曲线 II 或曲线 III，受力路径 II 仍为强度破坏，构件 N-M 曲线在峰值荷载时与截面承载力相关曲线交于 B 点；受力路径 III 为稳定破坏，构件 N-M 曲线在峰值荷载后与截面承载力相关曲线交于 C 点。

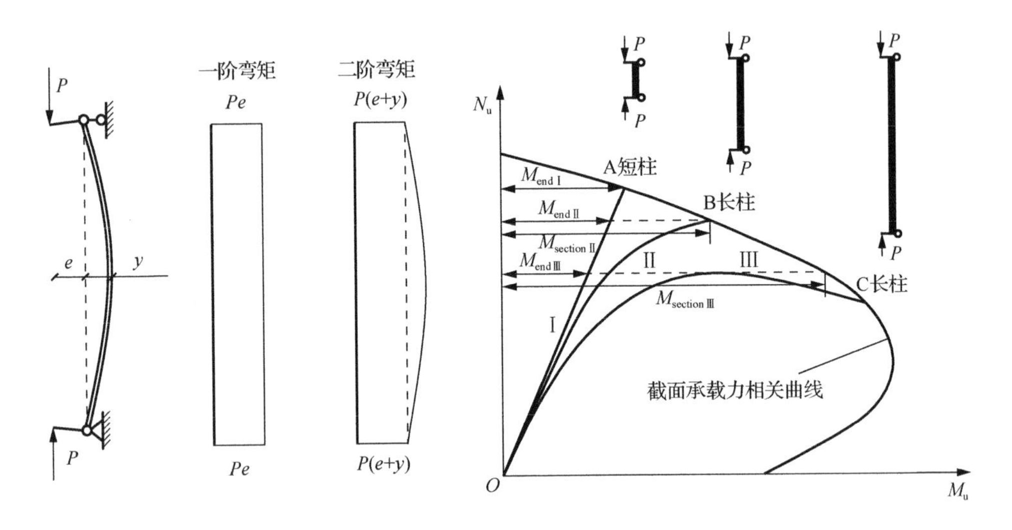

图 5.3.1　标准等偏心铰支柱的二阶效应示意图

目前，国内外很多混凝土结构和钢-混凝土组合结构设计规范[5-7]均通过放大控制截面弯矩的方法来考虑构件的二阶效应，即将构件的设计等效为控制截面的承载力设计。本章采用类似方法对钢管约束钢筋/型钢混凝土构件的二阶效应进行分析，通过弯矩（偏心距）增大系数 η（$\eta = M_{section}/M_{end}$）将峰值时构件的端部弯矩 M_{end} 和截面弯矩 $M_{section}$ 建立对应关系，进而将构件的设计转换为截面承载力的设计。为研究不同参数对弯矩增大系数 η 的影响，基于非线性有限元模型对偏压构件进行参数分析。

对于钢管约束钢筋混凝土偏压长柱的参数分析，构件的截面直径或边长为 600mm，钢筋直径为 25mm，钢筋形心围成图形的直径/边长与截面直径/边长的比值为 0.85，具体参数见表 5.3.1。对于钢管约束型钢混凝土偏压长柱的参数分析，构件的截面直径或边长为 600mm，型钢翼缘宽 250mm，翼缘厚度 25mm，腹板厚度 10mm，具体参数取值见表 5.3.2。

表 5.3.1　钢管约束钢筋混凝土柱等偏心铰支柱计算参数

参数	取值	固定值
f_c/MPa	40, 50, 60	50
f_{by}/MPa	300, 400, 500	400
f_{ty}/MPa	300, 400, 500	400
n_b	圆形：10, 14, 18；方形：12, 16, 20	圆形：14；方形：16
D/t	圆形：80, 120, 160；方形：60, 80, 100	圆形：120；方形：80
$2e/D$	0.1, 0.15, 0.2, 0.3, 0.5, 0.7, 0.9	0.15, 0.5
L/D	8, 11, 14, 17, 20	

表 5.3.2　钢管约束型钢混凝土柱等偏心铰支柱计算参数

参数	取值	固定值
f_c/MPa	40, 50, 60	50
f_{sy}/MPa	300, 400, 500	400
f_{ty}/MPa	300, 400, 500	400
h_s	260, 360, 460	360
D/t	圆形：80, 120, 160；方形：60, 80, 100	圆形：120；方形：80
$2e/D$	0.1, 0.15, 0.2, 0.3, 0.5, 0.7, 0.9	0.15, 0.5
L/D	8, 11, 14, 17, 20	

通过有限元计算可得到不同参数试件的峰值承载力 P_u，进而得到其端部一阶弯矩 M_{end}（$M_{end}=P_u e$）；基于等效矩形应力系数的钢管约束钢筋混凝土截面轴力-弯矩相关曲线计算公式，可得到峰值轴力 P_u 对应的截面弯矩 $M_{section}$，$M_{section}$ 与 M_{end} 的比值即弯矩增大系数 η。图 5.3.2 为钢管约束钢筋混凝土中长柱的参数分析结果，钢管约束型钢混凝土中长柱参数分析结果与其相似。对于圆形截面构件，弯矩增大系数随构件的长径比近似线性增大，且增大速率随荷载偏心率的增大而减小，当偏心率较小时，混凝土强度、钢管屈服强度和钢管径厚比对弯矩增大系数也有一定的影响；对于方形截面构件，构件长宽比和荷载偏心率对弯矩增大系数的影响较为明显，且当偏心率较小时，弯矩增大系数随宽厚比的增大而减小，其余参数对弯矩增大系数无明显影响。钢管约束型钢混凝土构件弯矩增大系数的变化规律与钢管约束钢筋混凝土构件相似，即构件长径/宽比和荷载偏心率为影响弯矩增大系数的主要参数，当荷载偏心率较小时，混凝土强度、钢管强度和钢管径/宽厚比对弯矩增大系数也有一定影响。

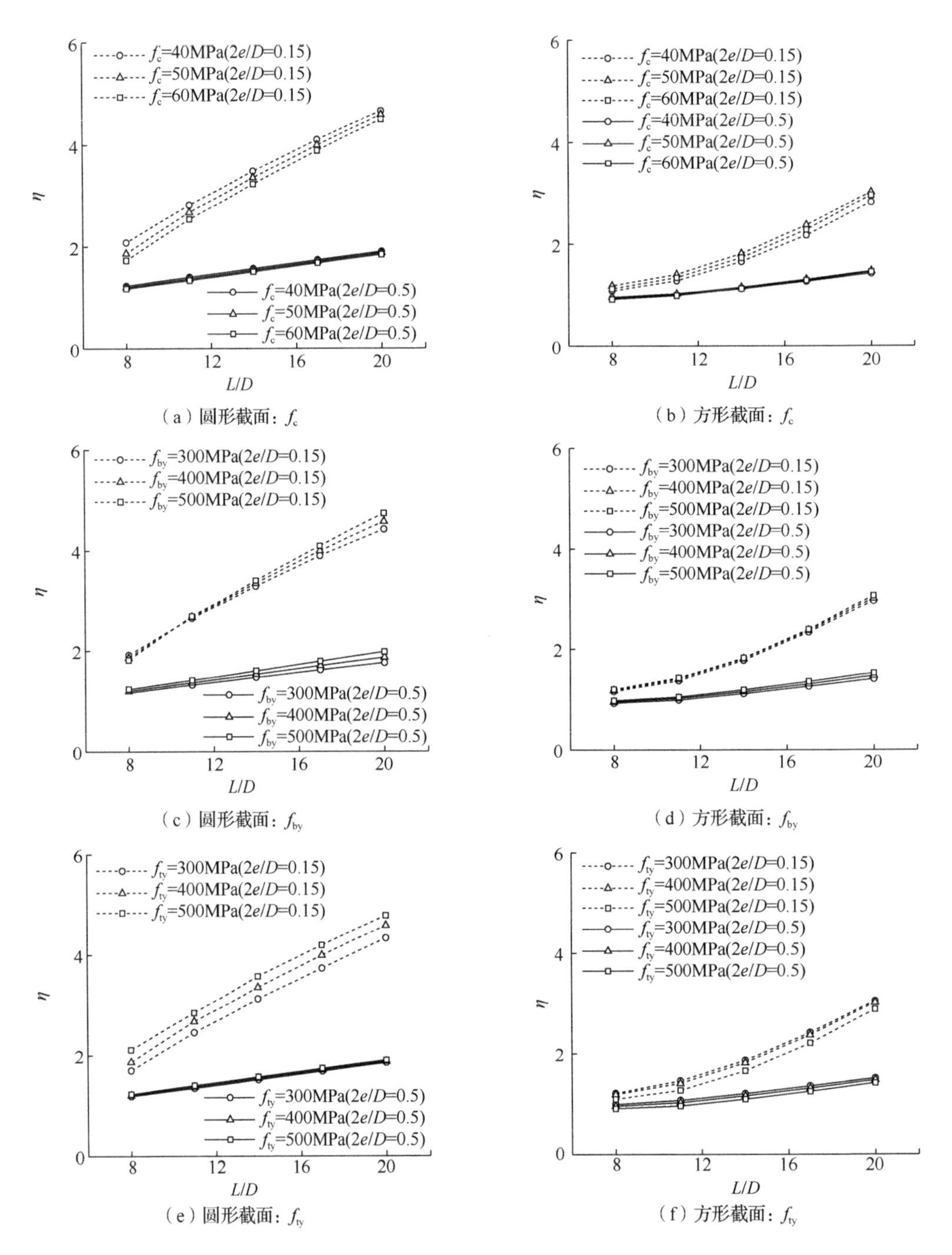

（a）圆形截面：f_c　（b）方形截面：f_c

（c）圆形截面：f_{by}　（d）方形截面：f_{by}

（e）圆形截面：f_{ty}　（f）方形截面：f_{ty}

图 5.3.2　钢管约束钢筋混凝土中长柱弯矩增大系数参数分析结果

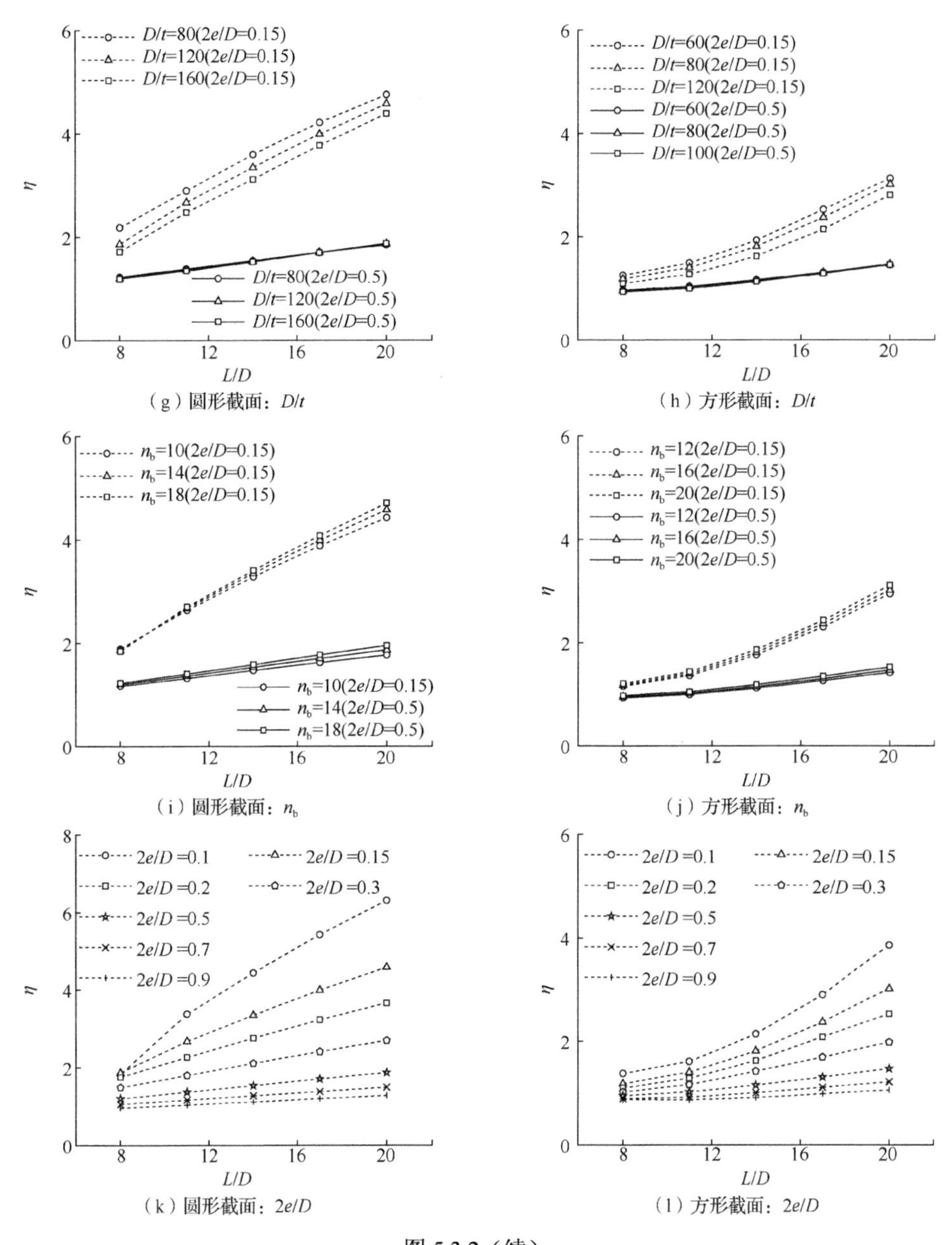

（g）圆形截面：D/t　　（h）方形截面：D/t

（i）圆形截面：n_b　　（j）方形截面：n_b

（k）圆形截面：$2e/D$　　（l）方形截面：$2e/D$

图 5.3.2（续）

基于以上参数分析，通过考虑构件长径/宽比和荷载偏心率等参数的影响，分别提出了圆形和方形钢管约束钢筋/型钢混凝土偏压构件弯矩增大系数计算公式，具体如下。

圆钢管约束钢筋混凝土：

$$\eta=\begin{cases}\dfrac{1}{35(2e/D)^{1.1}}\left(\dfrac{L}{D}-5\right)+10\dfrac{f_{ty}t}{f_cD}+0.7 & \dfrac{2e}{D}\leqslant 0.3\\[2ex]\dfrac{1}{70(2e/D)^{2.1}}\left(\dfrac{L}{D}-5\right)+1.1 & \dfrac{2e}{D}>0.3\end{cases}\quad \text{且}\ \eta\geqslant 1.0 \tag{5.3.1}$$

方钢管约束钢筋混凝土：

$$\eta=\begin{cases}\dfrac{1}{800\left(2e/D\right)^{0.78}}\left(\dfrac{L}{D}\right)^2+0.8 & \dfrac{2e}{D}\leqslant 0.3\\ \dfrac{1}{2000\left(2e/D\right)^{1.8}}\left(\dfrac{L}{D}\right)^2+0.9 & \dfrac{2e}{D}>0.3\end{cases}\quad 且\ \eta\geqslant 1.0 \tag{5.3.2}$$

圆钢管约束型钢混凝土：

$$\eta=\begin{cases}\dfrac{1.1}{35(2e/D)^{1.1}}\left(\dfrac{L}{D}-5\right)+10\dfrac{f_{ty}t}{f_c D}+0.7 & \dfrac{2e}{D}\leqslant 0.3\\ \dfrac{1.1}{70(2e/D)^{2.1}}\left(\dfrac{L}{D}-5\right)+1.1 & \dfrac{2e}{D}>0.3\end{cases}\quad 且\ \eta\geqslant 1.0 \tag{5.3.3}$$

方钢管约束型钢混凝土：

$$\eta=\begin{cases}\dfrac{1}{540\left(2e/D\right)^{0.62}}\left(\dfrac{L}{D}\right)^2+0.6 & \dfrac{2e}{D}\leqslant 0.3\\ \dfrac{1}{1100\left(2e/D\right)^{1.2}}\left(\dfrac{L}{D}\right)^2+0.84 & \dfrac{2e}{D}>0.3\end{cases}\quad 且\ \eta\geqslant 1.0 \tag{5.3.4}$$

图 5.3.3 为偏心距增大系数公式验证结果，即以上公式计算得到钢管约束钢筋/型钢混凝土中长柱弯矩增大系数与有限元计算结果的对比。其中，圆钢管约束钢筋混凝土构件，公式与有限元计算结果二者比值的平均值和标准差分别为 1.07 和 0.04；方钢管约束钢筋混凝土构件，公式与有限元计算结果二者比值的平均值和标准差分别为 1.06 和 0.05；圆钢管约束型钢混凝土构件，公式与有限元计算结果二者比值的平均值和标准差分别为 1.04 和 0.05；方钢管约束型钢混凝土构件，公式与有限元计算结果二者比值的平均值和标准差分别为 1.02 和 0.05。

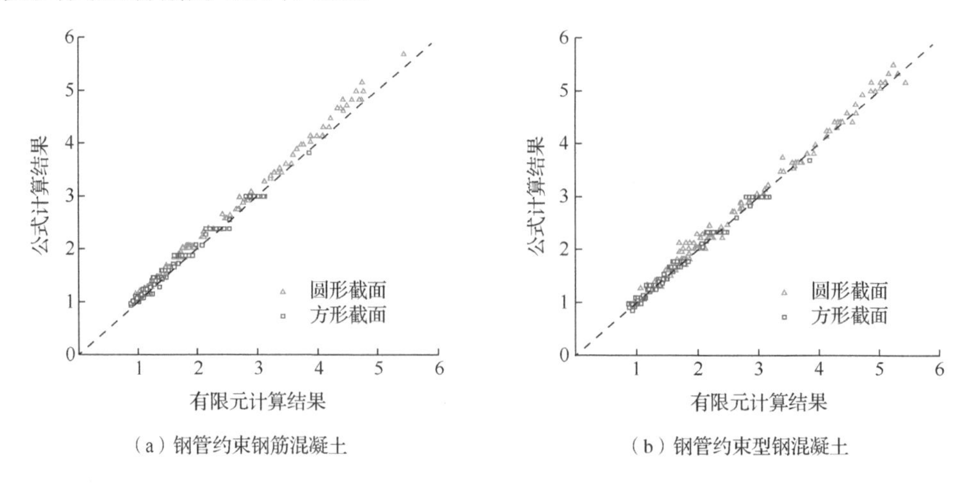

（a）钢管约束钢筋混凝土　　（b）钢管约束型钢混凝土

图 5.3.3　偏心距增大系数公式验证

5.3.2 不等偏心铰支构件偏心距调节系数

在实际建筑结构中，由于偏心距的不同或者水平荷载的影响等，柱子两端承受的弯矩往往是不同的。对于不等偏心柱，各国设计规范中通常引入偏心距调节系数 C_m 对其设计进行简化。我国《混凝土结构设计规范（2015 年版）》（GB 52010—2010）[5]中规定：除排架结构柱外，其他偏心受压构件考虑轴向压力在挠曲杆件中产生的二阶效应后控制截面的弯矩设计值为

$$M = C_m \eta M_2 \tag{5.3.5}$$

式中：M_2——绝对值较大的柱端弯矩；

ηM_2——可理解为端部弯矩为 M_2 的等偏心柱的截面控制弯矩，利用 C_m 对 ηM_2 进行修正得到不等偏心柱的截面控制弯矩 M。

采用本章的有限元模型，对不等偏心铰支钢管约束钢筋/型钢混凝土柱进行参数分析，并得到偏心距调节系数随不同参数变化的关系曲线。如图 5.3.4 所示，具体计算方法如下：首先根据有限元模型分别计算不等偏心构件和相应等偏心构件（偏心距与不等偏心柱中绝对值较大的偏心距相等）的峰值竖向荷载 $P_{u\mathrm{II}}$和 $P_{u\mathrm{I}}$，进而得到构件的一阶弯矩 M_{end}（$M_{end\mathrm{I}} = P_{u\mathrm{I}} e_2$；$M_{end\mathrm{II}} = P_{u\mathrm{II}} e_2$），再通过钢管约束钢筋/型钢混凝土截面轴力-弯矩相关曲线，分别计算峰值轴力 $P_{u\mathrm{I}}$和 $P_{u\mathrm{II}}$对应的截面弯矩 $M_{section\mathrm{I}}$和 $M_{section\mathrm{II}}$，则 $M_{section\mathrm{II}}/M_{end\mathrm{II}}$与 $M_{section\mathrm{I}}/M_{end\mathrm{I}}$的比值即为偏心距调节系数 C_m。

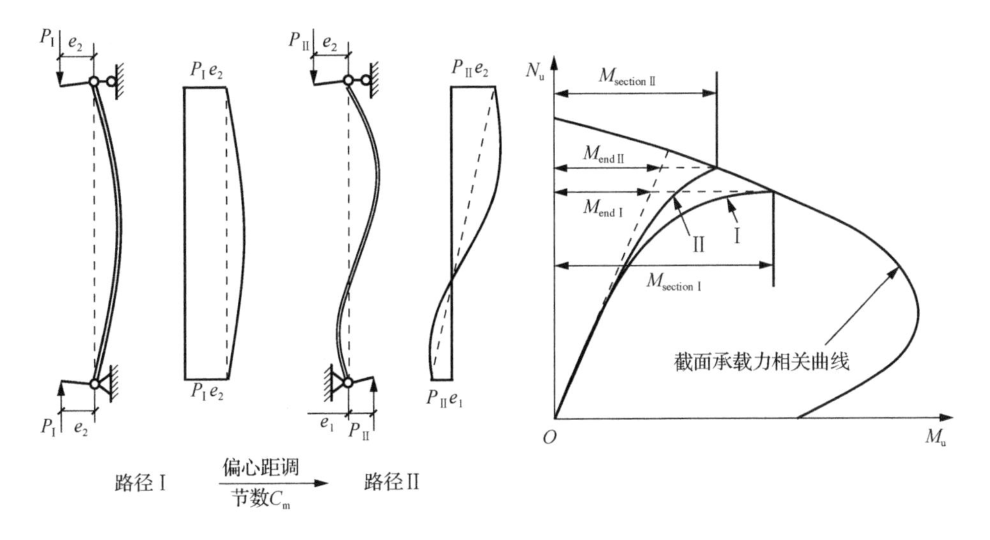

图 5.3.4　不等偏心铰支柱二阶效应示意图

由于混凝土强度、钢材屈服强度、钢管径/宽厚比等参数对偏心距调节系数的影响并不明显，因此，仅考虑构件长径/宽比（L/D）、绝对值较大的柱端偏心率（$2e_2/D$）、两端偏心距比值（e_1/e_2）三个参数，具体参数取值见表 5.3.3，其余参数与 5.3.1 节介绍的标准有限元分析构件相同。

表 5.3.3 不等偏心铰支柱计算参数

参数	取值
$2e_2/D$	0.3, 0.6, 0.9
e_1/e_2	−0.9, −0.6, −0.3, 0.0, 0.3, 0.6, 1.0
L/D	10, 20, 30

分析结果表明，偏心距调节系数主要随着柱端偏心距比值 e_1/e_2 的增大而增大，而构件长径比和较大柱端偏心率主要影响曲线前期的增大速率。参考我国《混凝土结构设计规范（2015 年版）》（GB 50010—2010）中的计算方法，提出了不等偏心铰支钢管约束钢筋/型钢混凝土柱偏心距调节系数计算公式，即

$$C_m = 0.8 + 0.2\frac{e_1}{e_2} \geqslant 0.8 \tag{5.3.6}$$

该公式适用于圆形和方形截面构件。

将式（5.3.6）的计算结果乘以相应的等偏心弯矩增大系数 η，并与有限元计算结果进行对比，如图 5.3.5 所示，验证了公式的可靠性。

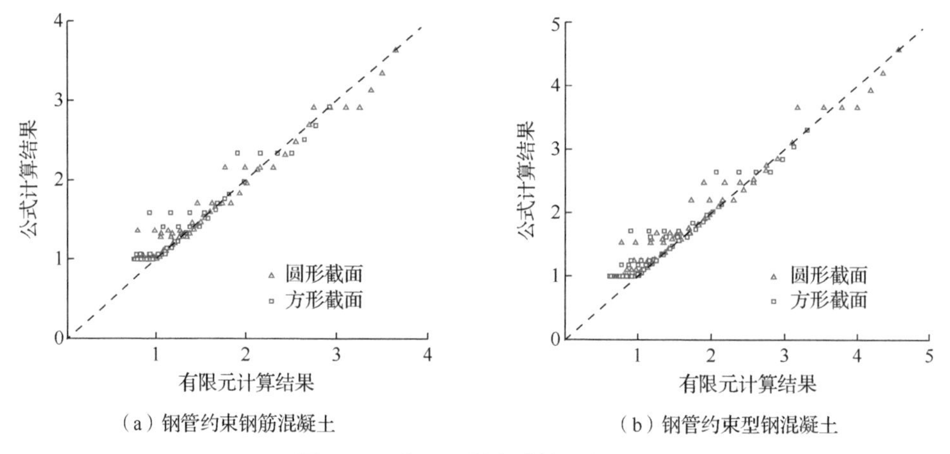

（a）钢管约束钢筋混凝土 （b）钢管约束型钢混凝土

图 5.3.5 偏心距增大系数公式验证

5.3.3 考虑二阶效应的承载力简化设计方法

通过放大控制截面弯矩的方法来考虑钢管约束混凝土偏压构件的二阶效应，即将构件设计等效为控制截面的承载力设计。

$$\begin{cases} P_u \leqslant N_u \\ C_m \eta P_u e_2 \leqslant M_u \end{cases} \tag{5.3.7}$$

式（5.3.7）左侧为荷载效应，即构件承受的竖向荷载和考虑二阶效应的截面弯矩，弯矩增大系数 η 和偏心距调节系数 C_m 按式（5.3.5）和式（5.3.6）进行计算；式（5.3.7）右侧为截面抗压与抗弯承载力。本章基于以下 2 点考虑，建议钢管约束钢筋/型钢混凝土中长柱的截面承载力计算公式与短柱相一致。①在水平地震作用下，柱端易形成塑性铰区，而柱端钢管往往是断开的，钢管纵向应力较小，钢管的主要作用是对核心混凝土提供约束作用；在截面承载力计算中，忽略钢管纵向应力而仅考虑钢管的约束作用与构件的实际受

力情况更相符。②试验结果表明，跨中钢管是否断开对圆、方钢管约束钢筋/型钢混凝土偏压构件的力学性能影响并不明显，可在承载力计算中仅考虑钢管的横向约束作用。

将试验结果代入式（5.3.7），并与采用等效矩形应力法计算得到的截面承载力相关曲线进行对比，如图5.3.6和图5.3.7所示，大部分试验点在相关曲线附近，验证了设计方法的可靠性。

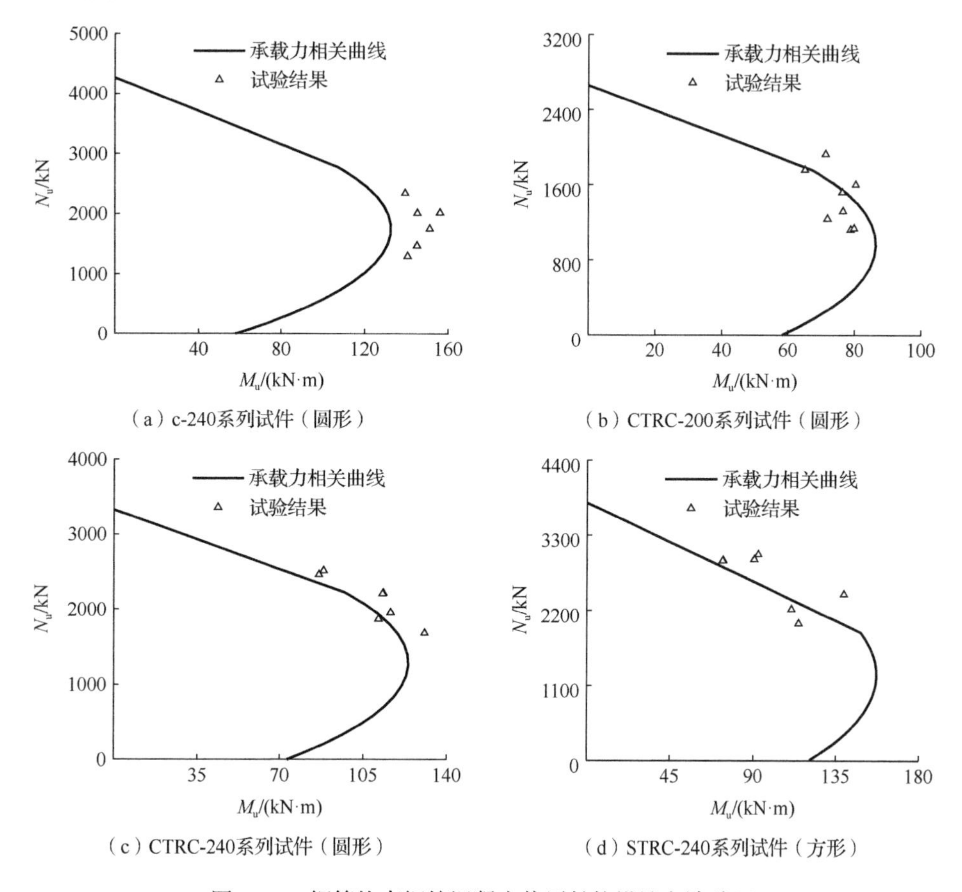

图5.3.6　钢管约束钢筋混凝土偏压长柱设计方法验证

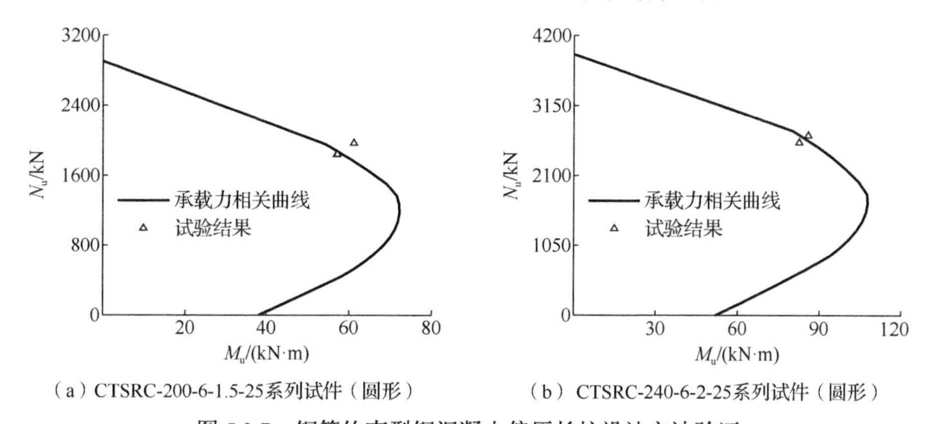

图5.3.7　钢管约束型钢混凝土偏压长柱设计方法验证

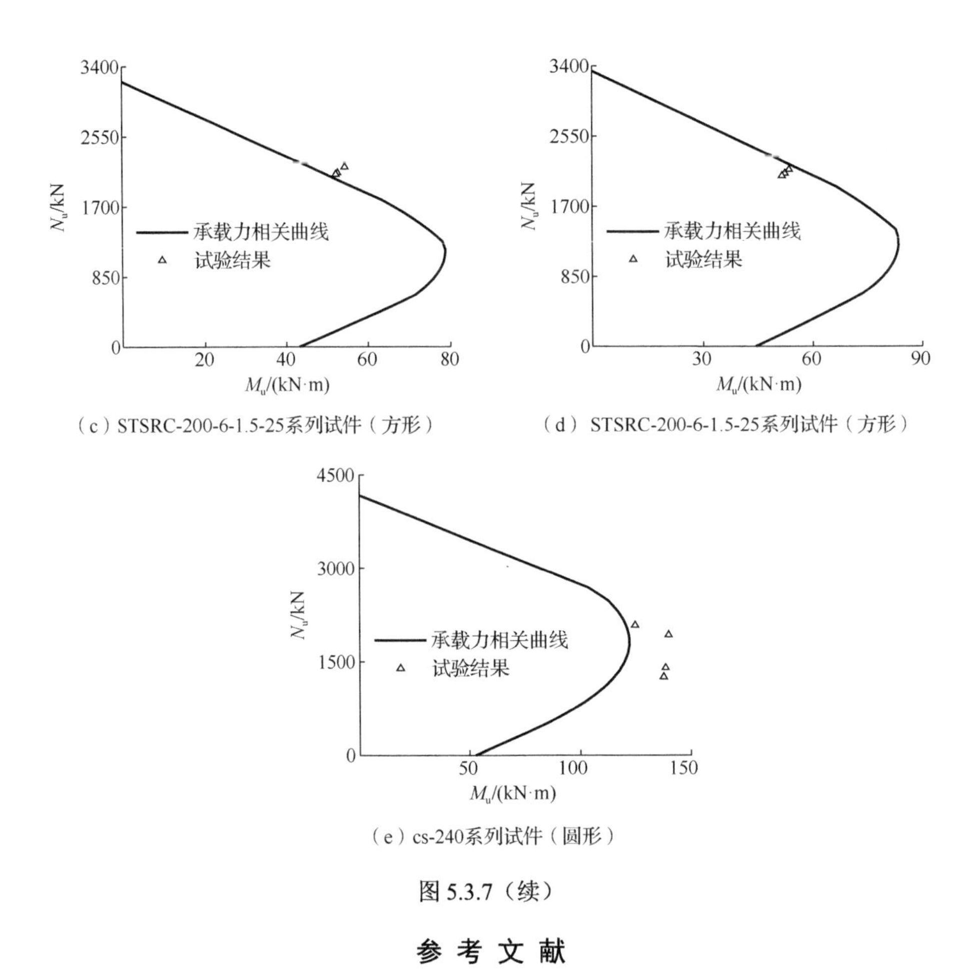

(c) STSRC-200-6-1.5-25系列试件(方形)

(d) STSRC-200-6-1.5-25系列试件(方形)

(e) cs-240系列试件(圆形)

图 5.3.7(续)

参 考 文 献

[1] ABAQUS. ABAQUS Analysis User's Manual: Version 6. 11[M]. Volume Ⅲ: Materials, 2011.

[2] Yu T, Teng J G, Wong Y L, et al. Finite element modeling of confined concrete-Ⅱ: plastic-damage model[J]. Engineering Structures, 2010, 32(3): 680-691.

[3] Han L H, Yao G H, Tao Z. Performance of concrete-filled thin-walled steel tubes under pure torsion[J]. Thin-Walled Structures, 2007, 45(1): 24-36.

[4] Zhou X H, Yan B, Liu J P. Behavior of square tubed steel reinforced-concrete (SRC) columns under eccentric compression[J]. Thin-Walled Structures, 2015, 91: 129-138.

[5] 中华人民共和国住房和城乡建设部. 混凝土结构设计规范(2015 年版): GB 50010—2010 [S]. 北京: 中国建筑工业出版社, 2015.

[6] American Concrete Institute. Building code requirements for structural concrete and commentary: ACI 318-11[S]. Farmington Hills: American Concrete Institute, 2011.

[7] British Standards institution. Eurocode 2: Design of concrete structures: Part 1-1: general rules and rules for buildings[S]. British Standards Institution, 2004.

第 6 章　钢管约束钢筋/型钢混凝土柱的抗震性能与设计方法

为研究圆、方钢管约束钢筋/型钢混凝土柱的抗震性能，本章共完成 42 个试件在竖向恒定荷载与水平往复荷载共同作用下的拟静力试验，试验研究参数为轴压比、剪跨比、钢管径厚比、钢管屈服强度和方钢管是否设置加劲肋。根据试验结果，分析了试件的破坏模式、滞回曲线、耗能能力、骨架曲线、变形能力等内容；建立了分别描述钢管约束混凝土柱在滞回荷载作用下压弯行为和剪切行为的纤维梁和分层壳数值模型，分析了轴压比、径厚比、混凝土强度对短柱滞回性能的影响；建立了钢管约束混凝土短柱的受剪承载力公式，计算结果与试验和有限元结果吻合较好。

6.1　钢管约束钢筋混凝土柱拟静力试验研究

6.1.1　试验概况

本章共完成 19 个试件在竖向恒定荷载与水平往复荷载共同作用下的拟静力试验[1]，包括 17 个钢管约束钢筋混凝土短柱试件（7 个圆形截面，10 个方形截面）和 2 个钢筋混凝土对比试件（圆、方截面试件各 1 个）。设计参数见表 6.1.1 和图 6.1.1，试件的编号命名分 5 组：第 1 组字母 C 代表圆形 TRC 试件，CRC 代表圆形 RC 试件，S 代表方形 TRC 试件，SRC 代表方形 RC 试件，SS 表示塑性铰区钢管设置斜拉加劲肋的方形构件；第 2 组数字代表混凝土强度等级；第 3 组数字代表剪跨比；第 4 组数字代表试件钢管宽厚比，X 代表钢筋混凝土对比试件；第 5 组数字代表轴压比。试件的参数范围为：钢管宽厚比/径厚比 D/t=67～150；剪跨比λ=1.46～1.94，$\lambda=L/2h_0$，h_0为试件截面有效高度；轴压比 0.35≤n_0≤0.60。

表 6.1.1　试件参数

试件编号	截面形状	D/mm	t/mm	L/mm	λ	D/t	n_0	f_{ty} /MPa	f_c /MPa	f_{by} /MPa	纵筋	箍筋
CRC-60-1.33-X-0.55	圆	226		600	1.33		0.55		56.4	477	4ϕ12	ϕ8@200
C-60-1.33-75-0.35	圆	226	3.00	600	1.33	75	0.35	345.7	56.4	477	4ϕ12	ϕ8@200
C-60-1.33-75-0.45	圆	226	3.00	600	1.33	75	0.45	345.7	56.4	477	4ϕ12	ϕ8@200
C-60-1.33-75-0.55	圆	226	3.00	600	1.33	75	0.55	345.7	56.4	477	4ϕ12	ϕ8@200
C-55-1.33-152-0.4	圆	226	1.49	600	1.33	152	0.40	314.1	41.6	477	8ϕ16	ϕ8@200
C-55-1.33-152-0.6	圆	226	1.49	600	1.33	152	0.60	314.1	41.6	477	8ϕ16	ϕ8@200
C-55-1.77-120-0.4	圆	226	1.89	800	1.77	120	0.40	309.2	39.6	477	8ϕ16	ϕ8@200
C-55-1.77-120-0.6	圆	226	1.89	800	1.77	120	0.60	309.2	39.6	477	8ϕ16	ϕ8@200

续表

试件编号	截面形状	D/mm	t/mm	L/mm	λ	D/t	n_0	f_{ty} /MPa	f_c /MPa	f_{by} /MPa	纵筋	箍筋
SRC-60-1.50-X-0.55	方	200		600	1.50		0.55		56.4	477	4ϕ12	ϕ8@200
S-60-1.50-67-0.35	方	200	3.00	600	1.50	67	0.35	254.0	56.4	477	4ϕ12	ϕ8@200
S-60-1.50-67-0.45	方	200	3.00	600	1.50	67	0.45	254.0	56.4	477	4ϕ12	ϕ8@200
S-60-1.50-67-0.55	方	200	3.00	600	1.50	67	0.55	254.0	56.4	477	4ϕ12	ϕ8@200
SS-60-1.50-106-0.55(4)	方	200	1.89	600	1.50	106	0.55	309.2	51.1	477	4ϕ12	ϕ8@200
SS-60-1.50-106-0.35	方	200	1.89	600	1.50	106	0.35	309.2	51.1	477	8ϕ12	ϕ8@200
SS-60-1.50-106-0.55(8)	方	200	1.89	600	1.50	106	0.55	309.2	51.1	477	8ϕ12	ϕ8@200
SS-55-2.00-106-0.4	方	200	1.89	800	2.00	106	0.40	309.2	39.6	477	8ϕ16	ϕ8@200
SS-55-2.00-106-0.6	方	200	1.89	800	2.00	106	0.60	309.2	39.6	477	8ϕ16	ϕ8@200
S-55-1.50-134-0.4	方	200	1.49	600	1.50	134	0.40	314.1	41.6	477	8ϕ16	ϕ8@200
S-55-1.50-134-0.6	方	200	1.49	600	1.50	134	0.60	314.1	41.6	477	8ϕ16	ϕ8@200

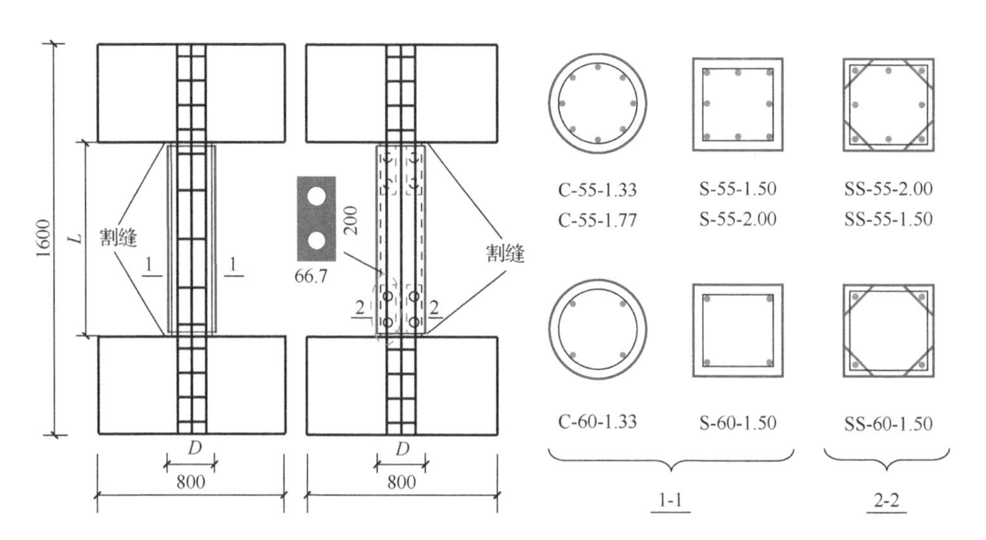

图 6.1.1 典型试件加工图（尺寸单位：mm）

试验采用仿日本建研式加载装置，加载装置简图如图 6.1.2 所示。加载装置由加载设备、传力装置和加载反力装置组成。加载设备包括电液伺服作动器和液压千斤顶。电液伺服作动器一端固定在反力墙上，另一端与 L 形刚性大梁相连，用于施加水平低周往复荷载，作动器的最大静态加载值为 630kN。液压千斤顶用于施加竖向荷载，最大可施加 2500kN。千斤顶上设有一个 2000kN 的压力传感器用以测量竖向轴力，试验过程中通过人工控制以保证试验全过程中的轴力恒定。反力装置由钢反力架及钢筋混凝土反力墙组成，分别用于提供竖向和水平反力。传力装置由上到下分别包括分配梁、滚轴、L 形刚性大梁、四联杆机构和固定梁，用于固定试件并模拟实际边界条件，同时将水平及竖向荷载传递到试件上。其中，四联杆机构可使 L 形刚性大梁在竖直和水平方向自由移动，而不发生转动，L 形大梁通过固定梁与试件梁刚接，从而实现试件柱顶为嵌固端的边界条件；滚轴可使液压千斤顶在 L 形大梁上自由滑动。由于四联杆机构不承担水平和竖向荷载，试验中所施加的水平和竖向荷载即为试件实际所受轴力和剪力。试验过程中，水平力通过作动器实时测得，水平位移通过试件顶部两个 LVDT 位移传感器量测。钢管应变通过粘贴于钢管表面的应变片量测。试验时应变片读数由联机的静态应变测量系统 DH3816 采集，在每级荷载第一循环峰值处记录应变。LVDT 位移传感器及应变片的布置位置如图 6.1.2（b）所示。

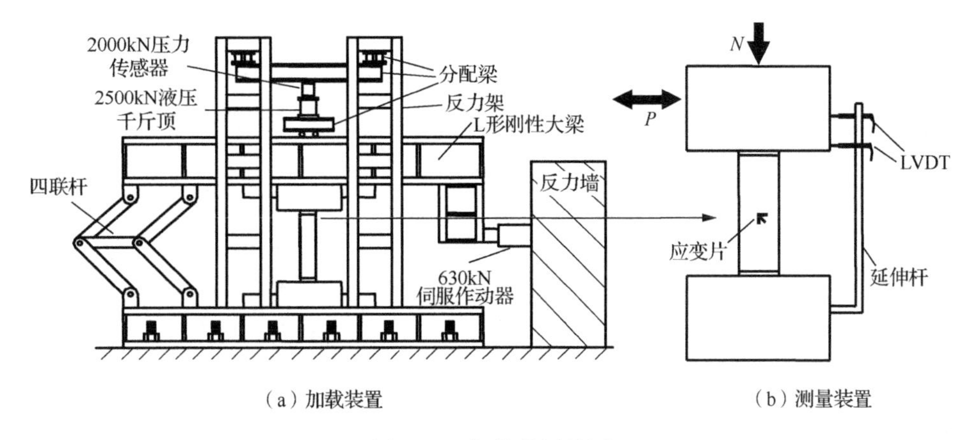

（a）加载装置　（b）测量装置

图 6.1.2　加载装置简图

试验采用荷载-位移混合控制加载方式，具体方法是：首先施加竖向荷载，消除加载装置与试件之间可能存在的缝隙，使两者接触紧密，同时也检验仪器的工作性能；试验时先施加轴向荷载至 300kN 后卸载至 0kN，然后重新加载至试件预定的轴力并保持恒定。竖向荷载加载完成后施加水平往复荷载，在试件屈服前，采用荷载控制，按预计屈服荷载的 30%分级加载，每级荷载循环一次；试件屈服后，采用位移控制加载，定义试件刚度发生明显下降的位移为屈服位移，按屈服位移的整数倍分级加载，每级位移循环两次，直至荷载降至峰值荷载的 85%或以下时认为试件破坏，停止加载。水平荷载加载制度如图 6.1.3 所示。

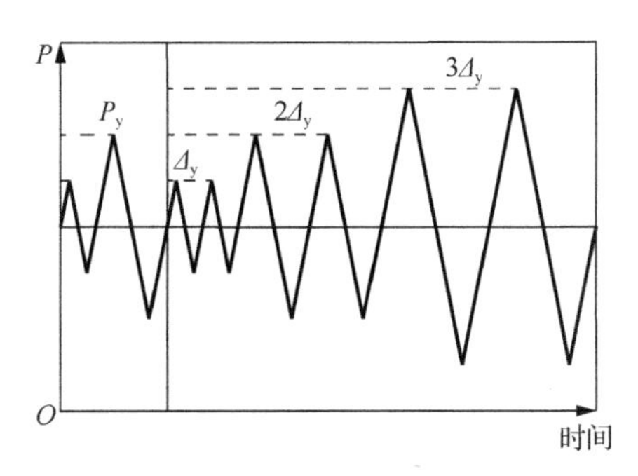

图 6.1.3　水平荷载加载制度

6.1.2 破坏模式

1. 钢筋混凝土对比试件剪切破坏

图 6.1.4（a）为圆形截面钢筋混凝土对比试件 CRC-60-1.33-X-0.55 的破坏形态。构件的混凝土保护层大面积剥落，柱中部箍筋多处被拉断，纵筋在相邻箍筋之间的部分明显压屈，试件变形能力和延性均较差，发生了整体剪切破坏。此外，纵筋与混凝土之间的黏结也遭到破坏。

图 6.1.4（b）为方形截面钢筋混凝土对比试件 SRC-60-1.50-X-0.55 的破坏形态。可以看到，构件的保护层严重剥落，构件发生了整体剪切破坏。峰值荷载后，柱内箍筋拉断，纵筋屈曲，试件迅速失去轴向承载能力和侧向承载能力，延性和变形能力均较差。

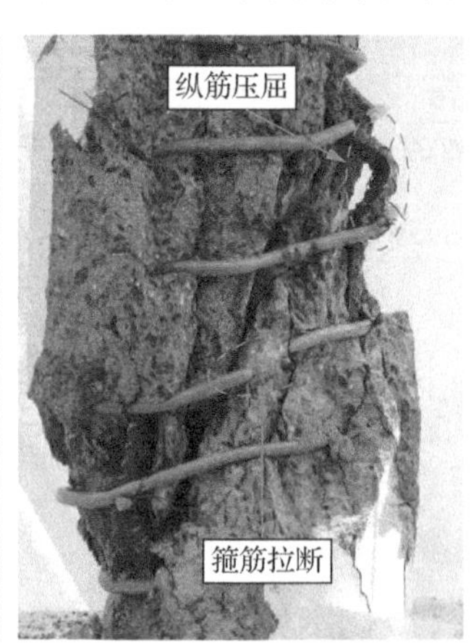

（a）CRC-60-1.33-X-0.55

（b）SRC-60-1.50-X-0.55

图 6.1.4 对比试件破坏形态

2. 钢管约束混凝土柱剪切破坏

图 6.1.5（a）为圆钢管约束钢筋混凝土试件 C-55-1.33-150-0.4 在剖开钢管前后的破坏形态。当荷载加至峰值附近时，柱端部割缝处混凝土保护层局部脱落，此后能听见混凝土被压碎的声音，柱身混凝土逐渐膨胀变大。试验结束后剥开柱钢管观察内部混凝土的破坏现象，柱混凝土受剪面出现了多条明显斜裂缝，主斜裂缝从柱上端延伸至柱跨中边缘并折返延伸至柱底，其与竖直方向的夹角为 36°～38°；轴压比为 0.6 的试件 C-55-1.33-150-0.6 主斜裂缝与竖直方向的夹角为 24°～33°，说明主斜裂缝与竖向的夹角随轴压比的增大逐渐减小。柱非剪切面上下端仅割缝处混凝土保护层被压碎剥落，核心混凝土的破坏现象不严重，未出现压碎和纵筋外露现象。综合以上现象可判断两试件均发生了剪切破坏。

图 6.1.5（b）为未设置加劲肋的方钢管约束混凝土试件 S-55-1.50-134-0.4 在剖开钢管前后的破坏形态。在峰值位移附近时柱端部钢管割缝处混凝土保护层压碎脱落，此后能听见混凝土被压碎的声音，柱身混凝土体积膨胀变大，钢管向外鼓出。试验结束后剥开试件钢管，在非剪切面的柱端混凝土保护层部分压碎脱落，在靠近最外侧钢筋的混凝土表面出现了通长的纵向黏结裂缝。受剪面端部有多条明显斜裂缝，其中主要斜裂缝从柱上端延伸至柱跨中边缘发生折返并延伸至柱底端，试件裂缝与竖直方向的夹角为 31°～33°。综合以上现象可以判断试件发生剪切破坏。轴压比为 0.6 的试件 S-55-1.50-134-0.6 非受剪面柱端处的混凝土保护层严重脱落，部分纵筋外露并出现压屈现象。峰值荷载后，试件承载能力下降较快，试验结束时荷载降为峰值荷载的 50%。

图 6.1.5（c）为设置斜拉加劲肋的方钢管约束混凝土试件 SS-60-1.50-106-0.55(8)的破坏形态。在峰值荷载处混凝土被局部压碎，角部钢管外鼓，柱端钢管割缝处高度明显缩短，在加载过程中伴有混凝土开裂的响声。剖开钢管后发现，核心区混凝土基本完好，无压溃剥落现象，剪切面有多条明显的斜裂缝，主斜裂缝从试件端部贯通试件。此外，在非剪切面柱端附近发现竖向裂缝。柱端部保护层剥落，钢筋外露。综合以上现象可判断试件发生了剪切破坏。

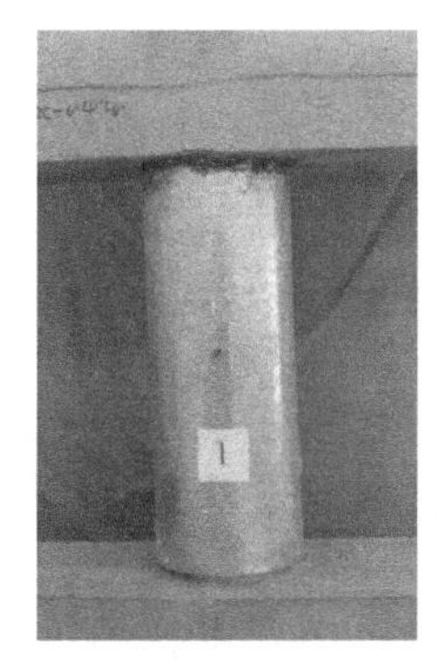
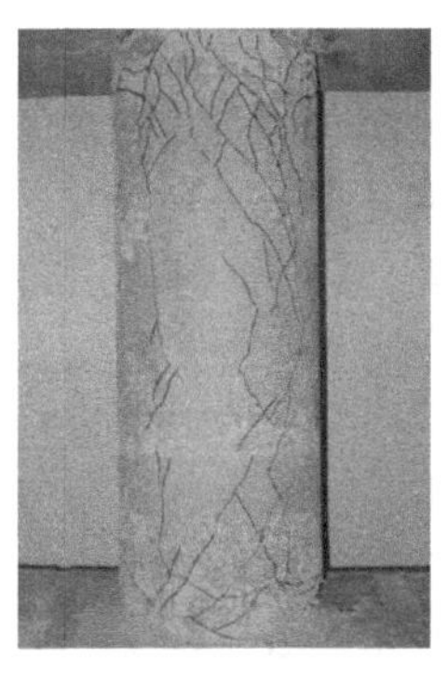

（a）C-55-1.33-150-0.4

图 6.1.5　钢管约束混凝土柱剪切破坏形态

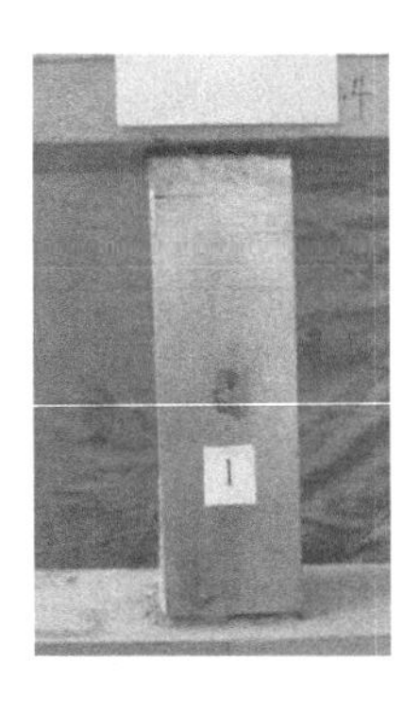

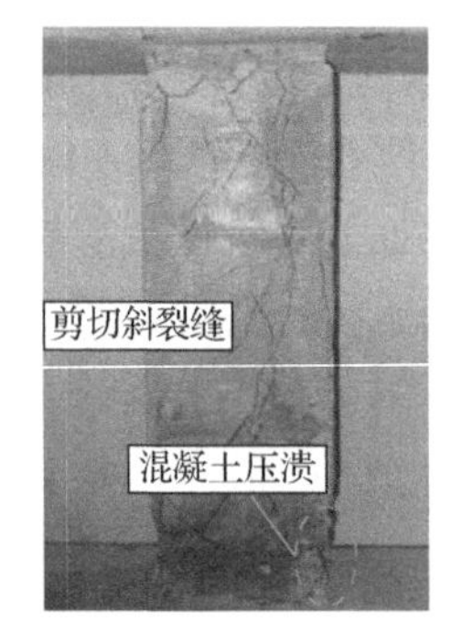

（b）S-55-1.50-134-0.4

（c）SS-60-1.50-106-0.55(8)

图 6.1.5（续）

比较试件 S-55-1.50-134-0.4、S-55-1.50-134-0.6 和 SS-60-1.50-106-0.55(8)的破坏模式可以看出，对于方钢管约束钢筋混凝土试件，钢管宽厚比为 134 时的试件剪切破坏模式并未得到有效限制，并且随着轴压比的增大，试件破坏现象也更加严重，承载力下降较快。但由于外包钢管的存在，即使发生剪切破坏，方钢管约束钢筋混凝土短柱在试验过程中也表现出一定的延性，且带斜拉加劲肋试件的延性更好。

3. 钢管约束混凝土柱弯曲破坏

因圆形 TRC 试件 C-60-1.33-75 和 C-55-1.77-120 均发生弯曲破坏且破坏形态和过程类似，以试件 C-55-1.77-120-0.6 为例进行说明［图 6.1.6（a）］。试件在加载至峰值荷载附近时的钢管割缝处混凝土保护层被局部压碎。剥开钢管后，试件各面并无斜裂缝出现，非剪切面的上下柱端出现横向受拉裂缝，部分混凝土保护层被压溃脱落；柱上下端外侧混凝土出现层状裂纹，部分混凝土压酥脱落，靠近柱端一倍直径高度范围内的混凝土出现了少许纵向裂缝；试件 1/2 柱高处混凝土基本保持完好，未发现明显破坏现象。由以上现象可知，试件发生了弯曲破坏。

方形 TRC 试件 S-60-1.50-67-0.35、S-60-1.50-67-0.45、SS-55-2.00-106 和 SS-60-1.50-106-0.55(4)发生了弯曲破坏，且破坏形态和过程类似。以试件 S-60-1.50-67-0.35 为例，破坏形态如图 6.1.6（b）所示。钢管剖开后发现该试件钢管包裹部分的混凝土表面保持完好，柱身范围内无任何剪切斜裂缝。混凝土破坏集中于柱两端钢管割缝处，清理后发现柱上下端混凝土保护层几乎完全压溃，呈小片状。

图 6.1.6（c）为试件 S-55-2.00-106-0.6 剖开钢管前后的破坏形态，钢管剥开后，柱身混凝土基本完好，无裂缝出现，混凝土的破坏位置主要集中在柱端塑性铰区，该处混凝土压碎剥落，纵筋外露并压屈。进入下降段后，端部钢管鼓曲，柱身混凝土仍基本保持完好，没有保护层脱落现象和裂缝出现。柱端混凝土压碎剥落，纵筋外露并压屈。

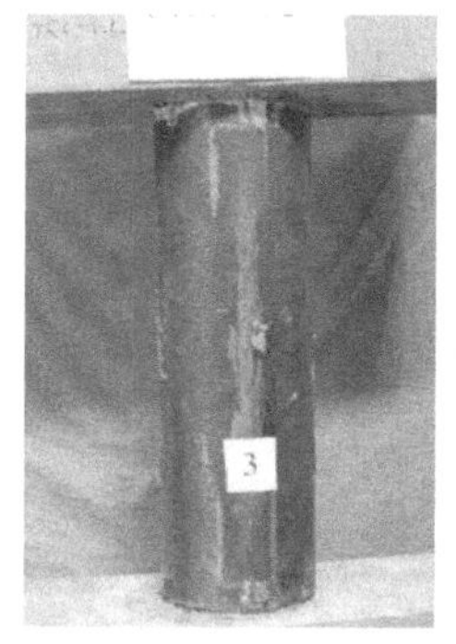
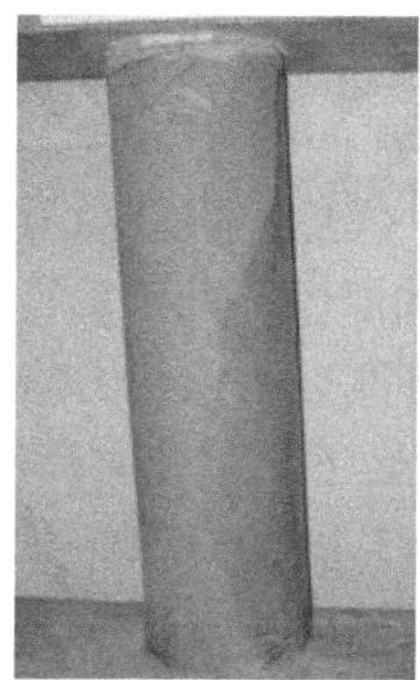

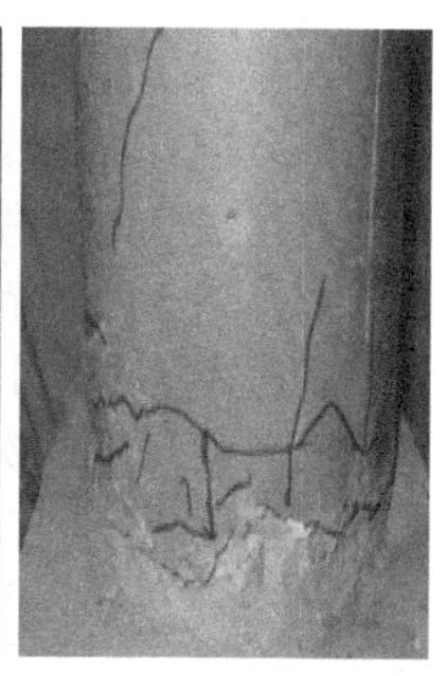

（a）C-55-1.77-120-0.6

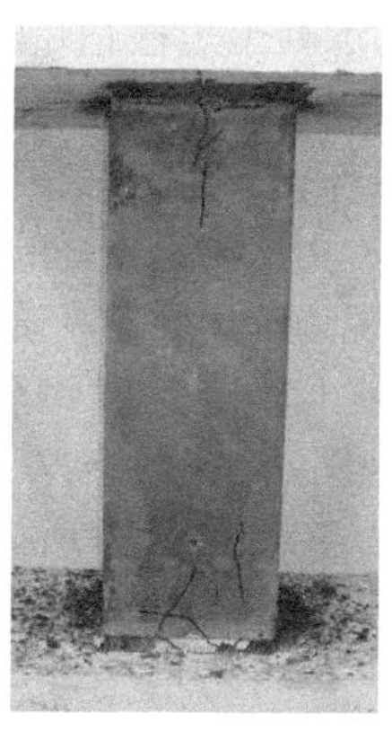

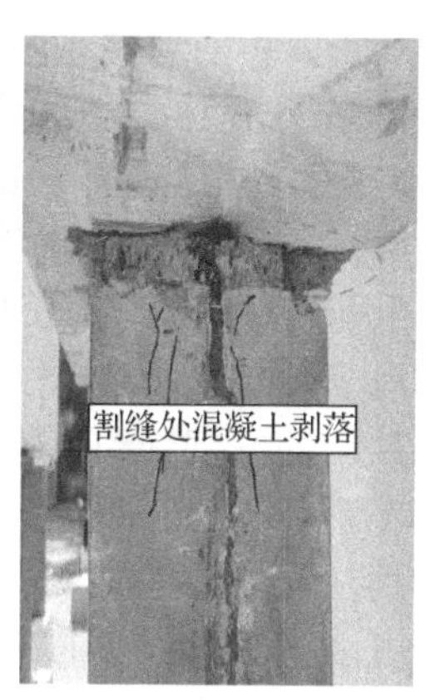

（b）S-60-1.50-67-0.35

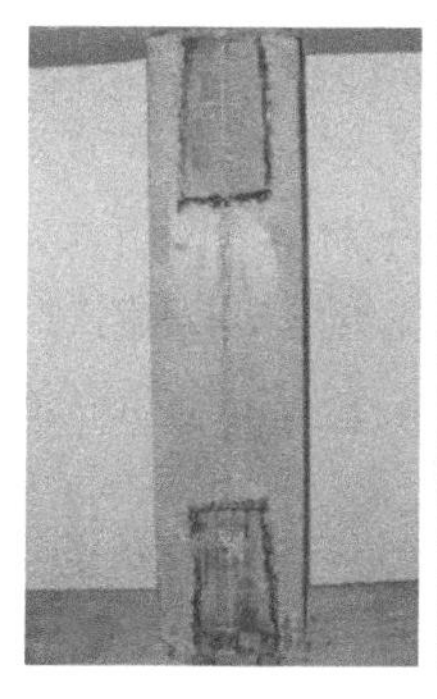
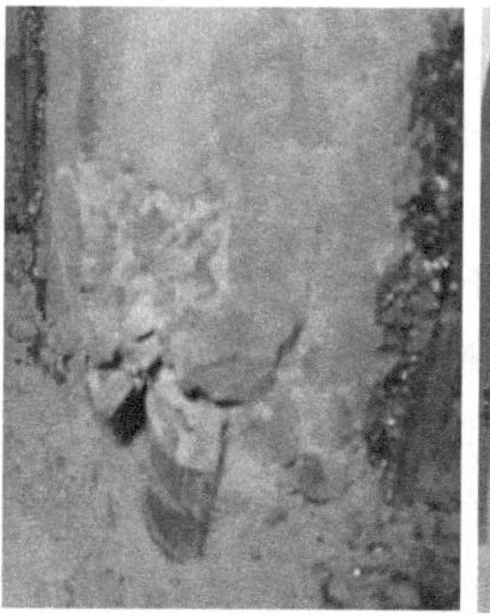

（c）SS-55-2.00-106-0.6

图 6.1.6　钢管约束混凝土柱弯曲破坏形态

6.1.3 滞回曲线与延性分析

箍筋约束高强混凝土短柱对比试件 CRC-60-1.33-X-0.55 和 SRC-60-1.50-X-0.55 破坏时的荷载循环次数很少，滞回环所包围的面积很小，在达到试件最大承载力后，由于混凝土保护层的严重剥落和纵筋压屈，试件突然丧失竖向和水平荷载承受能力，极限层间位移角仅为 1/120。发生脆性剪切破坏时，箍筋约束混凝土短柱的滞回环面积较小，峰值荷载后迅速失去水平承载能力，没有平缓的下降阶段，延性及耗能性能均较差。

对于发生剪切破坏试件的滞回曲线，以发生剪切破坏的 2 个圆钢管约束钢筋混凝土短柱和 2 个方钢管约束钢筋混凝土短柱试件的滞回曲线为例，如图 6.1.7（a）～（d）所示。发生剪切破坏的试件 C-55-1.33-152-0.4 与 C-55-1.33-152-0.6 的滞回曲线稳定饱满，在峰值荷载前，同一级荷载下每两次循环之间的滞回环几乎重合，刚度与承载力几乎没有下降；在峰值荷载后，同一级荷载下第二次循环刚度与承载力略有下降，到最后一级荷载时，同一级荷载下第二次循环刚度与承载力明显下降，此时荷载已经下降到峰值荷载的 85%以下［图 6.1.7（a）和图 6.1.7（b）］。试件 C-55-1.33-152-0.6 的峰值承载力较 C-55-1.33-152-0.4 有所提高，滞回环表现出相似的规律，但从峰值荷载后同一级荷载下每两次循环之间的滞回环可以看出，C-55-1.46-152-0.6 试件的刚度与承载力下降较快，极限变形也较小，说明较高轴压比对发生剪切破坏试件的延性有较大影响，会明显加快试件破坏。

对于发生剪切破坏的 2 个方钢管约束钢筋混凝土短柱［图 6.1.7（c）和图 6.1.7（d）］，试件 S-55-1.50-134-0.6 的峰值承载力较试件 S-55-1.50-134-0.4 有所提高。到达峰值荷载后，试件 S-55-1.50-134-0.4 和试件 S-55-1.50-134-0.6 在同一级荷载下每两次循环之间的捏缩效应严重，变形也较小，刚度与承载力下降较快。相比约束更好的圆形 TRC 试件，轴压比对发生剪切破坏的方形试件延性影响更大，表现为轴压比越高试件延性大幅度降低。

对于发生弯曲破坏试件的滞回曲线，以 2 个圆钢管约束钢筋混凝土短柱和 2 个带斜拉加劲肋的方钢管约束钢筋混凝土短柱试件为例，如图 6.1.7（e）～（h）所示。试件 C-55-1.77-120-0.6 的峰值承载力较试件 C-55-1.77-120-0.4 有所提高，两试件的滞回环稳定饱满，同一级荷载下每两次循环之间的滞回环几乎重合，刚度与承载力几乎没有下降［图 6.1.7（e）和图 6.1.7（f）］。需要说明的是，由于试件 C-55-1.77-120-0.4 柱头上端部混凝土浇筑缺陷，虽然采用补强措施但仍导致滞回曲线的负向承载力小于正向，试件仍表现出较高的承载力和延性，充分说明圆钢管约束钢筋混凝土柱具有优良的抗震性能。试件 C-55-1.77-120-0.6 在加载过程中由于试验仪器故障使试验过早停止，导致最后一级荷载（负向）仅加载至 40mm。

对于发生弯曲破坏的方钢管约束钢筋混凝土柱［图 6.1.7（g）和图 6.1.7（h）］，试件 SS-55-2.00-106-0.4 和试件 SS-55-2.00-106-0.6 的滞回环相对饱满，下降段不明显，说明其耗能能力和变形能力均较好。试件 SS-55-2.00-106-0.6 的峰值承载力较试件 SS-55-2.00-106-0.4 有所提高，但峰值荷载后承载力降低更快。两试件在同一级位移下不同加载循环次数之间的荷载-位移曲线几乎重合，试件的承载力与刚度退化不明显。轴压比为 0.6 的试件仍具有较好的耗能能力，说明轴压比对试件延性的影响较小。虽然试件的宽厚比较大（D/t=106），但试件延性与宽厚比为 67 的试件相近，说明设置斜拉加劲肋能明显提高方钢管的约束效果，改善试件延性。

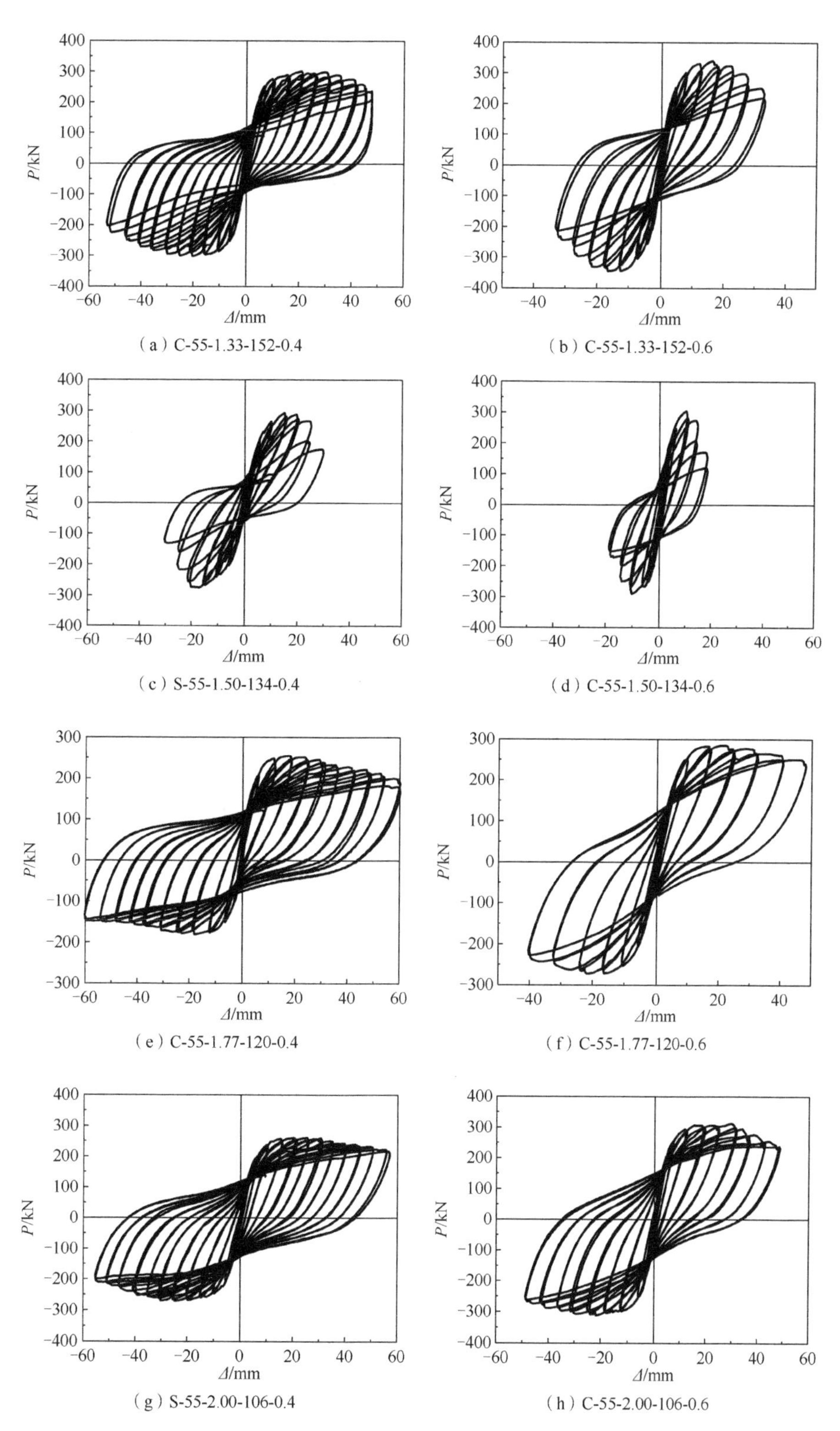

（a）C-55-1.33-152-0.4　（b）C-55-1.33-152-0.6

（c）S-55-1.50-134-0.4　（d）C-55-1.50-134-0.6

（e）C-55-1.77-120-0.4　（f）C-55-1.77-120-0.6

（g）S-55-2.00-106-0.4　（h）C-55-2.00-106-0.6

图 6.1.7　各试件滞回曲线图

表 6.1.2 和表 6.1.3 分别为峰值荷载时圆形、方形试件试验统计结果，包括各特征点（屈服点、峰值点和极限点）处的荷载、位移汇总等。其中峰值荷载取两个加载方向承载力绝对值的平均值，极限荷载为峰值荷载的 85%，屈服荷载按几何作图法确定。

表 6.1.2　峰值荷载时圆形试件试验结果统计

试件编号	P_y/kN	P_u/kN	P_y/P_u	Δ_y/mm	Δ_u/mm	$\Delta_{0.85}$/mm	Δ_u/Δ_y	μ_Δ	φ_f/%
CRC-60-1.33-X-0.55	176.4	208.5	0.85	2.00	4.3	6.04	2.2	3.02	1.0
C-60-1.33-75-0.35	218.5	253.0	0.86	4.51	15.8	32.00	3.5	7.10	5.3
C-60-1.33-75-0.45	231.4	296.0	0.78	3.23	13.2	35.25	4.1	10.91	5.9
C-60-1.33-75-0.55	207.8	234.0	0.89	6.86	16.8	37.00	2.4	5.39	6.2
C-55-1.33-152-0.4	258.1	300.8	0.86	7.10	20.7	43.9	2.9	6.18	7.3
C-55-1.33-152-0.6	282.0	344.5	0.82	4.99	16.3	28.0	3.3	5.61	4.7
C-55-1.77-120-0.4	213.2	253.6	0.84	6.31	18.0	47.7	2.9	7.56	6.0
C-55-1.77-120-0.6	248.8	285.1	0.87	7.12	21.1	48.3	3.0	6.78	6.0

注：Δ_u 为最大荷载对应的水平位移，φ_f 为极限层间位移角，μ_Δ 为位移延性系数。

表 6.1.3　峰值荷载时方形试件试验结果统计

试件编号	P_y/kN	P_u/kN	P_y/P_u	Δ_y/mm	Δ_u/mm	$\Delta_{0.85}$/mm	Δ_u/Δ_y	μ_Δ	φ_f/%
SRC-60-1.50-X-0.55	212.7	255.0	0.83	2.50	4.1	5.5	1.6	2.20	0.9
S-60-1.50-67-0.35	211.8	259.9	0.81	2.56	10.8	30.3	4.2	11.84	5.1
S-60-1.50-67-0.45	223.9	280.0	0.80	3.27	13.9	25.0	4.3	7.65	4.2
S-60-1.50-67-0.55	262.1	316.3	0.83	2.81	7.8	18.9	2.8	6.73	3.2
SS-60-1.50-106-0.55(4)	222.3	293.8	0.76	5.29	17.6	37.9	3.3	7.16	6.3
SS-60-1.50-106-0.35	286.9	352.5	0.81	6.49	16.6	30.4	2.6	4.68	5.1
SS-60-1.50-106-0.55(8)	224.8	284.6	0.79	5.68	16.7	36.3	2.9	6.39	6.1
SS-55-2.00-106-0.4	211.8	265.5	0.80	7.68	25.3	50.0	3.3	6.51	6.3
SS-55-2.00-106-0.6	247.1	310.8	0.80	6.98	29.6	45.2	4.2	6.48	5.7
S-55-1.50-134-0.4	216.5	283.3	0.76	6.92	20.1	25.3	2.9	3.66	4.2
S-55-1.50-134-0.6	242.2	297.2	0.81	5.89	10.2	15.1	1.7	2.56	2.5

延性是指结构或构件的力-位移曲线在最大承载力之前或之后有可观的平台，能够经受很大的变形而承载力没有显著下降，是衡量结构抗震和变形能力的重要指标。极限层间位移角及位移延性系数也是分析结构变形能力的重要指标。

极限层间位移角 φ_f 定义如下：

$$\varphi_f = \frac{\Delta_{0.85}}{L} \tag{6.1.1}$$

式中：$\Delta_{0.85}$——试件的极限位移；

位移延性系数 μ_Δ 按照式（6.1.2）确定。

$$\mu_\Delta = \frac{\Delta_{0.85}}{\Delta_y} \tag{6.1.2}$$

式中：Δ_y——试件的屈服位移。

由表 6.1.2 可见，圆钢管约束钢筋混凝土短柱的屈服承载力与极限承载力比值为 0.78～0.89。轴压比越高，刚度越大，试件的峰值承载力越大，提高幅度为 8.1%～26.5%。发生弯曲破坏的试件，极限层间位移角为 5.3%～6.2%，随轴压比的增大略有降低，但趋势不明显；发生剪切破坏的试件，当轴压比从 0.4 增加到 0.6 时，其极限层间位移角从 7.3%降低至 4.7%，比对发生弯曲破坏试件的极限层间位移角可知其受轴压比的影响较为显著。钢筋混凝土对比试件 CRC-60-1.46-X-0.55 即使在体积配箍率为 2.68%的高配箍率条件下，其极限层间位移角仅为 0.9%，远低于我国《建筑抗震设计规范（2016 年版）》（GB 50011—2010）要求的罕遇地震时钢筋混凝土框架结构（框架抗震墙结构）层间弹塑性位移角为 1/50 的限值要求。相同轴压比的圆钢管约束钢筋混凝土超短柱的极限层间位移角达到 5.2%，变形能力非常优越。圆钢管约束钢筋混凝土试件的位移延性系数为 5.40，而相同轴压比的钢筋混凝土超短柱的位移延性系数为 3.01。

尽管径厚比为 152 的两个试件发生了剪切破坏，但所有试件在极限状态时的弹塑性极限层间位移角φ_f均远大于 0.02，说明即使柱钢管径厚比高达 120 及 152，薄壁圆钢管仍有足够的约束作用，使得圆钢管约束钢筋混凝土短柱与超短柱具有很强的变形能力，适用于高烈度区框架柱。

由表 6.1.3 可见，方钢管约束钢筋混凝土短柱的屈服承载力与极限承载力比值为 0.76～0.83。轴压比越高，刚度越大，试件的峰值承载力越大，提高幅度为 4.9%～20.0%。发生弯曲破坏的试件，极限层间位移角为 4.2%～6.3%，且随着轴压比的增大其值略有降低；对设置斜拉加劲肋的剪切破坏试件，当轴压比从 0.4 增加到 0.6 时，其极限层间位移角从 6.3%降低到了 5.7%，而对于未设置斜拉加劲肋的剪切破坏试件，当轴压比从 0.4 增加到 0.6 时，其极限层间位移角从 4.2%降低到了 2.5%，说明轴压比对发生弯曲破坏和未设置斜拉加劲肋的试件变形能力影响明显。钢筋混凝土对比试件 SRC-60-1.50-X-0.55 的位移延性系数μ_Δ=2.21，而极限层间位移角φ_f仅为 0.9%，两者均低于规范限值，表明钢筋混凝土短柱在轴压比 n_0=0.55 时的抗震性能极差；钢管约束混凝土试件即使在轴压比为 0.55 时仍能达到 3.1%的层间位移角，与同条件的钢筋混凝土试件相比极限层间位移角提高了 3 倍多，且设置斜拉肋后的性能更佳。所以建议在有抗震要求的结构中可用钢管约束钢筋混凝土短柱代替钢筋混凝土短柱。各钢管约束试件的峰值位移与屈服位移的比值为 2.8～4.2，该值可供建立试件恢复力模型时参考。

对比圆形、方形截面试件的延性指标可知，除试件 C-60-1.33-75-0.35 和试件 S-60-1.50-67-0.35 外，圆形截面试件的极限层间位移角和延性系数总体上大于方形截面试件，说明发生剪切破坏时的圆形截面试件抗震性能比方形试件更加优越；两类试件延性均受轴压比的影响较大，即随着轴压比的提高，两种截面试件的延性均有较大程度降低。

一般认为钢筋混凝土抗震结构要求的位移延性系数为 3～4，本章研究的 17 个钢管约束钢筋混凝土短柱试件中，除了未设置斜拉加劲肋的试件 S-55-1.50-134-0.4 和试件 S-55-1.50-134-0.6 的位移延性系数为 3.66 和 2.56 外，其余各试件的位移延性系数均大于 4.6，且在极限状态时的层间位移角均大于 0.02，具有较强的变形能力。径（宽）厚比达到 150（106）的薄壁圆（方）钢管约束钢筋混凝土试件均具有较高的承载力及变形能力，说明钢管能有效提高钢筋混凝土短柱的抗震性能。对于剪跨比为 1.67、宽厚比大于 106 的方钢管约束钢筋混凝土超短柱，减小宽厚比或通过设置加劲肋均可进一步提高抗震性能。

综上分析，在截面面积和配筋率相等的情况下，当试件发生剪切破坏时，圆钢管约束钢筋混凝土试件的抗剪承载力和延性均好于方形试件；当试件发生弯曲破坏时，方形截面试件的承载力略高于圆形截面试件，这是由于方形截面试件的抗弯刚度更大；两种截面试件的位移延性指标相差不大，说明本书提出的新型加劲肋方式能够明显改善方钢管的约束效应，使方形试件延性接近于圆形试件。

6.2 钢管约束型钢混凝土柱拟静力试验研究

6.2.1 试验概况

本节共完成 23 个钢管约束型钢高强混凝土柱在竖向恒定荷载与水平往复荷载共同作用下的拟静力试验[2]，试件截面形式包括圆形和方形，主要变化参数包括钢管径厚比（110～150）、轴压比（0.3，0.5）、剪跨比（1.3～3.6）、型钢翼缘是否设置抗剪栓钉与栓钉间距。试件参数见表 6.2.1，其中 f_{sfy} 和 f_{swy} 分别为型钢翼缘和腹板的屈服强度，N_0 为试件的轴向恒定压力；试件的命名方法中，首字母表示截面形状，第一个数字代表截面直径或边长，第二个数字代表轴压比，第三个数字代表型钢栓钉个数，最后一个数字代表剪跨比。

图 6.2.1 为典型试件的示意图，剪跨比为 3.3～3.6 的中长柱试件采用半柱形式，剪跨比为 1.3 的短柱试件采用整柱形式。中长柱试件的底部采用钢管混凝土扩大端柱脚，其顶部设置了与加载钢铰连接的端板；短柱试件上下均采用钢筋混凝土柱头，与钢管约束钢筋混凝土试件一致。所有试件的型钢均插入柱头或柱脚，并保证足够的锚固长度。对于设置抗剪栓钉的试件，栓钉焊接于 H 型钢翼缘并沿纵向均匀排列，栓钉直径均为 10mm，高度均为 36mm。为保证钢管不直接承担竖向荷载，分别将距离试件顶部和底部 20mm 处的钢管进行切割，割缝高度为 10mm。为避免试件在加载过程中出现焊缝破坏，在竖向焊缝处焊接加强板，加强板厚度为 2mm，宽度为 40mm。此外，为加强方钢管约束型钢高强混凝土柱的约束作用，在柱端塑性铰区钢管的四个角部各加焊一个中间开孔（便于混凝土浇筑）的斜拉钢板加劲肋，与 6.1 节方钢管约束钢筋混凝土试件的加强方法相同。

表 6.2.1 试件参数

试件编号	截面形状	D/mm	t/mm	L/mm	D/t	n_0	λ	f_{ty}/MPa	f_c/MPa	f_{sfy}/MPa	f_{swy}/MPa	h_s/mm	b_s/mm	t_f/mm	t_w/mm	栓钉/mm	N_0/kN
C-240-0.3-0-3.5	圆	240	2	850	120	0.3	3.5	254	79.5	363	448	150	100	9	6		1440
C-240-0.5-0-3.5	圆	240	2	850	120	0.5	3.5	254	79.5	363	448	150	100	9	6		2217
C-240-0.5-3-3.5	圆	240	2	850	120	0.5	3.5	254	79.5	363	448	150	100	9	6	@230	2217
C-240-0.3-5-3.5	圆	240	2	850	120	0.3	3.5	254	79.5	363	448	150	100	9	6	@138	1440

续表

试件编号	截面形状	D/mm	t/mm	L/mm	D/t	n_0	λ	f_{ty}/MPa	f_c/MPa	f_{sfy}/MPa	f_{swy}/MPa	h_s/mm	b_s/mm	t_f/mm	t_w/mm	栓钉/mm	N_0/kN
C-240-0.5-5-3.5	圆	240	2	850	120	0.5	3.5	254	79.5	363	448	150	100	9	6	@138	2217
C-300-0.3-7-3.3	圆	300	2	1000	150	0.3	3.3	254	79.5	363	448	200	150	9	6	@117	2220
C-240-0.5-0-1.3	圆	240	2	624	120	0.5	1.3	240	70.4	384	404	150	100	9	6		2018
C-240-0.3-3-1.3	圆	240	2	624	120	0.3	1.3	240	70.4	384	404	150	100	9	6	@242	1210
C-240-0.5-3-1.3	圆	240	2	624	120	0.5	1.3	240	70.4	384	404	150	100	9	6	@242	2018
C-240-0.3-5-1.3	圆	240	2	624	120	0.3	1.3	240	70.4	384	404	150	100	9	6	@144	1210
C-240-0.5-5-1.3	圆	240	2	624	120	0.5	1.3	240	70.4	384	404	150	100	9	6	@144	2018
C-300-0.3-7-1.3	圆	300	2	780	150	0.3	1.3	240	70.4	384	404	200	150	9	6	@122	1866
S-220-0.5-0-3.6	方	220	2	800	110	0.5	3.6	245	69.3	291	321	125	125	9	6		2003
S-220-0.3-3-3.6	方	220	2	800	110	0.3	3.6	245	69.3	291	321	125	125	9	6	@205	1200
S-220-0.5-3-3.6	方	220	2	800	110	0.5	3.6	245	69.3	291	321	125	125	9	6	@205	2003
S-220-0.5-5-3.6	方	220	2	800	110	0.5	3.6	245	69.3	291	321	125	125	9	6	@125	2003
S-270-0.3-7-3.4	方	270	2	915	135	0.3	3.4	245	69.3	291	321	165	175	9	6	@105	1779
S-220-0.5-0-1.3	方	220	2	572	110	0.5	1.3	240	70.4	384	404	125	125	9	6		2180
S-220-0.3-3-1.3	方	220	2	572	110	0.3	1.3	240	70.4	384	404	125	125	9	6	@216	1300
S-220-0.5-3-1.3	方	220	2	572	110	0.5	1.3	240	70.4	384	404	125	125	9	6	@216	2180
S-220-0.3-5-1.3	方	220	2	572	110	0.3	1.3	240	70.4	384	404	125	125	9	6	@131	1300
S-220-0.5-5-1.3	方	220	2	572	110	0.5	1.3	240	70.4	384	404	125	125	9	6	@131	2180
S-270-0.3-7-1.3	方	270	2	702	135	0.3	1.3	240	70.4	384	404	175	165	9	6	@109	1925

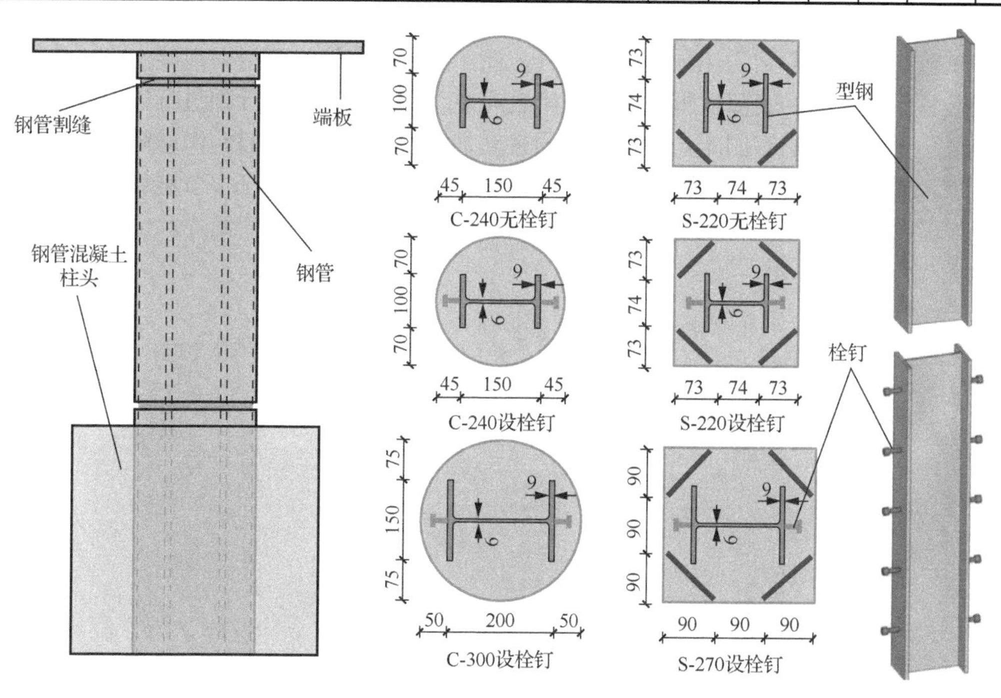

（a）剪跨比为3.3～3.6的试件

图 6.2.1　典型试件的示意图（尺寸单位：mm）

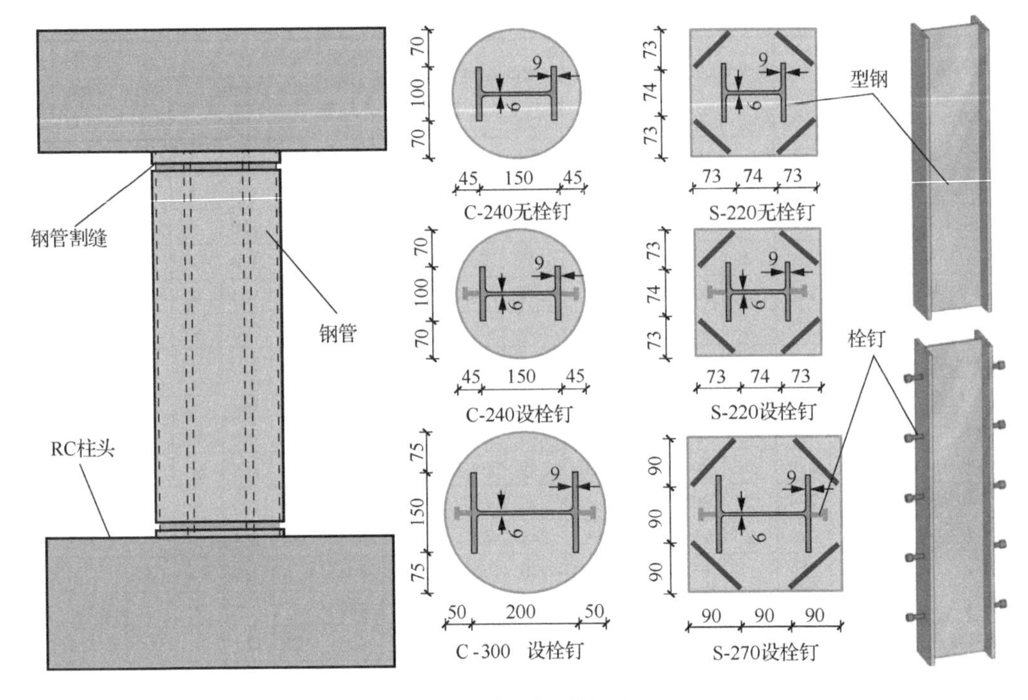

（b）剪跨比为1.3的试件

图 6.2.1（续）

试验在重庆大学结构工程实验室进行，图 6.2.2 为钢管约束型钢混凝土中长柱试件加载装置示意。试件底部柱脚插入到钢箱底座中，并通过水平千斤顶进行固定，钢箱底座通过压梁与地梁进行固定，实现柱脚固接。加载设备为 2 个 MTS 作动筒，分别可最大施加 2500kN 和 1500kN 的竖向和水平荷载。试验的加载制度与 6.1 节钢管约束钢筋混凝土试验相同。试验得到的荷载-位移曲线通过电脑实时监控。应变片及位移计的布置示意图如图 6.2.3 所示。

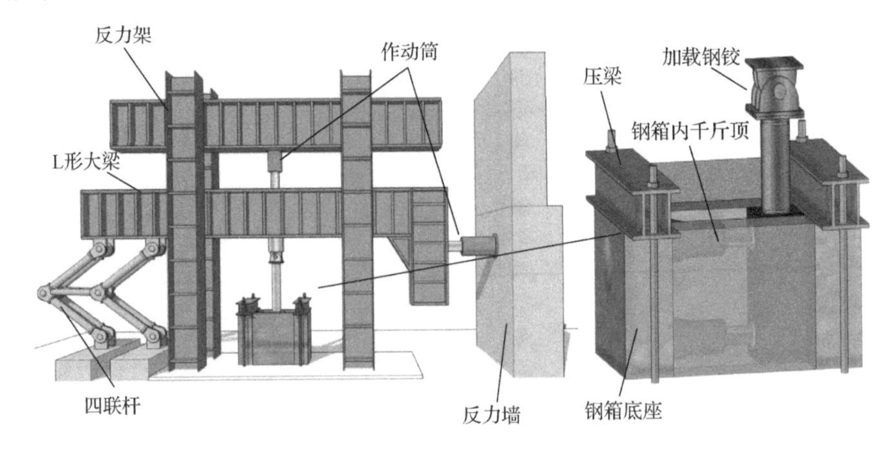

图 6.2.2 钢管约束型钢混凝土中长柱试件加载装置示意图

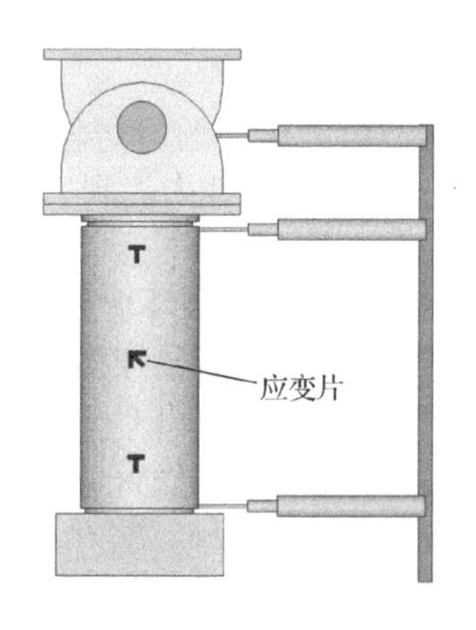

（a）剪跨比为3.3～3.6的试件

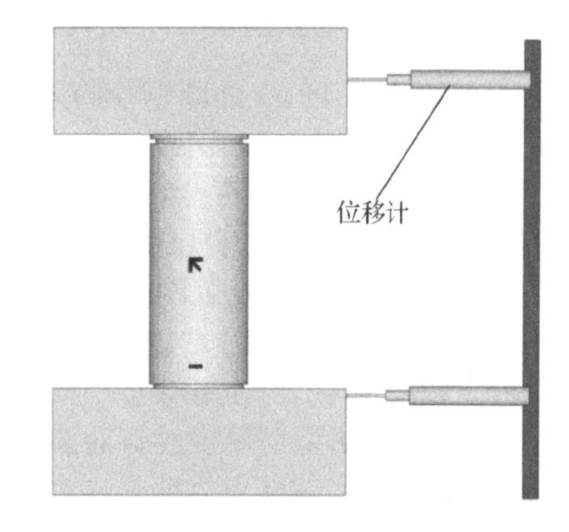

（b）剪跨比为1.3的试件

图 6.2.3　主要测量装置布置图

6.2.2　破坏模式

1. 圆钢管约束型钢高强混凝土弯曲破坏（剪跨比为 3.3 或 3.5 的试件）

图 6.2.4 为圆钢管约束型钢高强混凝土试件的弯曲破坏。在整个试验过程中，试件外包钢管未发生鼓曲现象，底部钢管割缝处混凝土轻微脱落。试件在水平荷载作用下其柱底首先出现细微裂缝，随着荷载增大，柱底裂缝逐渐增多，钢管割缝处混凝土出现轻微脱落，试件进入屈服阶段；此时加载方式改为位移控制，当试件水平承载力达到峰值时，试件底部裂缝逐渐增多，继续加载后试件水平承载力开始下降，柱底混凝土出现轻微压溃，表现为较明显的弯曲破坏模式。试验结束后移除外包钢管，发现在试件底部混凝土受压区保护层出现较多竖向裂缝，并有局部压溃现象，但核心混凝土保持完好。除试件 C-300-0.3-7-3.3 外，其余试件的型钢翼缘处混凝土出现了竖向黏结裂缝，但裂缝宽度很小，且未竖向贯通，说明其黏结破坏程度较轻。试件的轴压比、径厚比和型钢栓钉个数对试件的破坏模式影响较小，且由于圆钢管的有效约束作用，型钢与混凝土的共同受力性能得到有效保证。

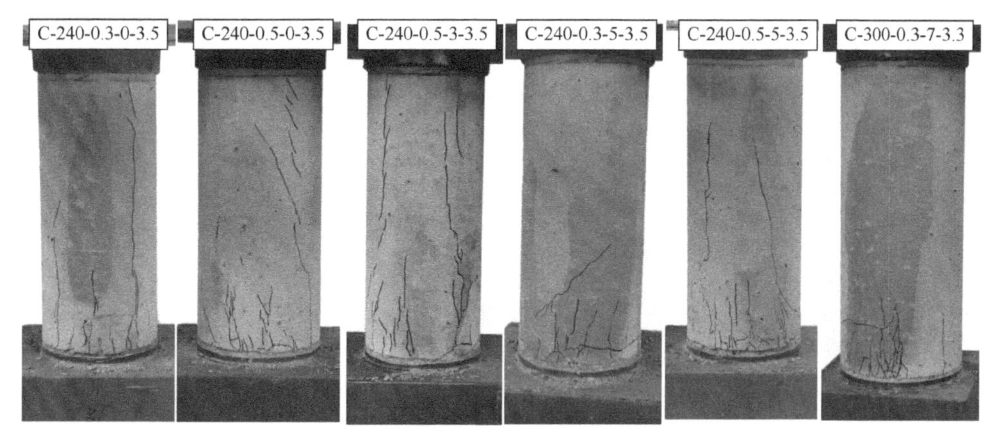

图 6.2.4　圆钢管约束型钢高强混凝土试件的弯曲破坏（试件剪跨比为 3.3 或 3.5）

2. 圆钢管约束型钢高强混凝土剪切破坏（剪跨比为 1.3 的试件）

图 6.2.5 为剪跨比等于 1.3 的圆钢管约束型钢高强混凝土试件的剪切破坏。在峰值荷载 P_u 前，试件的破坏程度较轻，钢管未发生局部屈曲；当水平承载力达到 P_u 并开始下降时，可听到轻微的混凝土碎裂声；当荷载降低至约 $0.85P_u$ 时，试件柱下端钢管出现了向外局部鼓曲现象。试验结束后，剖开试件钢管观察其内部的混凝土破坏现象。钢管鼓曲位置的混凝土被压碎，柱 1/2 高度范围内出现了明显的剪切斜裂缝，且在型钢翼缘位置存在少量竖向黏结裂缝。对比试件 C-240-0.5-0-1.3、C-240-0.5-3-1.3 和 C-240-0.5-5-1.3 的失效模式（轴压比相同但抗剪栓钉数量不同）可知，设置 5 个抗剪栓钉试件的黏结裂缝长度和宽度均较小，说明型钢翼缘栓钉对黏结破坏有一定限制作用。此外，高轴压比试件的黏结裂缝比低轴压比试件更为明显。对于发生剪切破坏的试件，其混凝土剪切斜裂缝与竖直方向的夹角均小于 25°。试件 C-300-0.3-7-1.3（D/t=150）的破坏模式如图 6.2.5（f）所示，柱底部混凝土被压碎，混凝土与型钢翼缘之间存在明显黏结裂缝，但在 1/2 柱高范围内未发现明显剪切斜裂缝。不同于其他低剪跨比试件，试件 C-300-0.3-7-1.3 发生了弯曲破坏和黏结破坏的组合破坏模式，原因是该试件的截面面积较大，承载力较高导致试件上部柱头先于试件破坏，柱顶固端边界条件削弱，提高了试件的实际剪跨比。

（a）C-240-0.5-0-1.3　（b）C-240-0.3-3-1.3

（c）C-240-0.5-3-1.3　（d）C-240-0.3-5-1.3

图 6.2.5　圆钢管约束型钢高强混凝土试件的剪切破坏（剪跨比等于 1.3）

（e）C-240-0.5-5-1.3

（f）C-300-0.3-7-1.3

图 6.2.5（续）

3. 方钢管约束型钢高强混凝土弯曲破坏（剪跨比为 3.4 或 3.6 的试件）

图 6.2.6 为剪跨比为 3.4 和 3.6 的方钢管约束型钢高强混凝土试件的弯曲破坏。加载初期，试件整体变形不明显，未发生明显破坏现象。随着荷载的增大，柱底钢管割缝处首先观察到受拉侧混凝土出现了少量横向裂缝，且裂缝宽度随荷载的增加逐渐增大。由于斜拉加劲肋对方钢管的加强作用，钢管在峰值荷载前未发生局部屈曲现象。峰值荷载后，底部钢管出现轻微鼓曲，割缝处混凝土有压溃现象。试验后剖开钢管，发现核心混凝土整体保持完好，型钢与混凝土未发生分离脱开现象，破坏位置主要发生在柱底塑性铰区，其中混凝土裂缝的竖向分布范围小于一倍截面边长。对比相同轴压比但布置不同型钢抗剪栓钉数量的试件发现，是否设置型钢抗剪栓钉并未显著影响试件的破坏模式。对比以往相关试验[3]可知，在提高约束效应和改善型钢与混凝土共同工作性能方面，设置钢管斜拉加劲肋比设置型钢抗剪栓钉更具优势。另外，对比不同轴压比试件发现，高轴压比试件的混凝土竖向裂缝更多，延伸长度更长。

（a）S-220-0.5-0-3.6　　（b）S-220-0.3-3-3.6

图 6.2.6　方钢管约束型钢高强混凝土试件的弯曲破坏

（c）S-220-0.5-3-3.6 （d）S-220-0.5-5-3.6

（e）S-270-0.3-7-3.4

图 6.2.6（续）

4. 方钢管约束型钢高强混凝土剪切破坏（剪跨比为 1.3 的试件）

图 6.2.7 为剪跨比为 1.3 的方钢管约束型钢高强混凝土试件的剪切破坏形态。加载初期，试件整体变形不明显，无明显试验现象。随着荷载的增大，可观察到柱底钢管轻微鼓曲，但由于斜拉加劲肋对方形钢管的加强作用，钢管在峰值荷载前未发生局部屈曲现象，钢管对混凝土的约束效应得以加强。峰值荷载后，钢管鼓曲效应明显。试验后剖开钢管观察混凝土破坏现象可见，钢管鼓曲位置处的混凝土被严重压碎，1/2 柱高范围内混凝土出现明显剪切斜裂缝，且在型钢翼缘位置存在少量竖向黏结裂缝。与设置栓钉的试件相比，未设置栓钉试件的核心混凝土破坏更为严重，试件 S-220-0.5-0-1.3 在剖开钢管后，其斜拉加劲肋范围内的混凝土剥落，核心混凝土完整性受到破坏。随着轴压比的增大，核心混凝土破坏程度提高，斜向剪切裂缝和竖向黏结裂缝均更为明显。试件 S-270-0.3-7-1.3（D/t=135）的破坏模式如图 6.2.7（f）所示，其柱底部混凝土被压碎，1/2 柱高处混凝土未见明显斜向剪切裂缝。可知试件主要发生弯曲破坏，原因同圆形短柱试件 C-300-0.3-7-1.3。

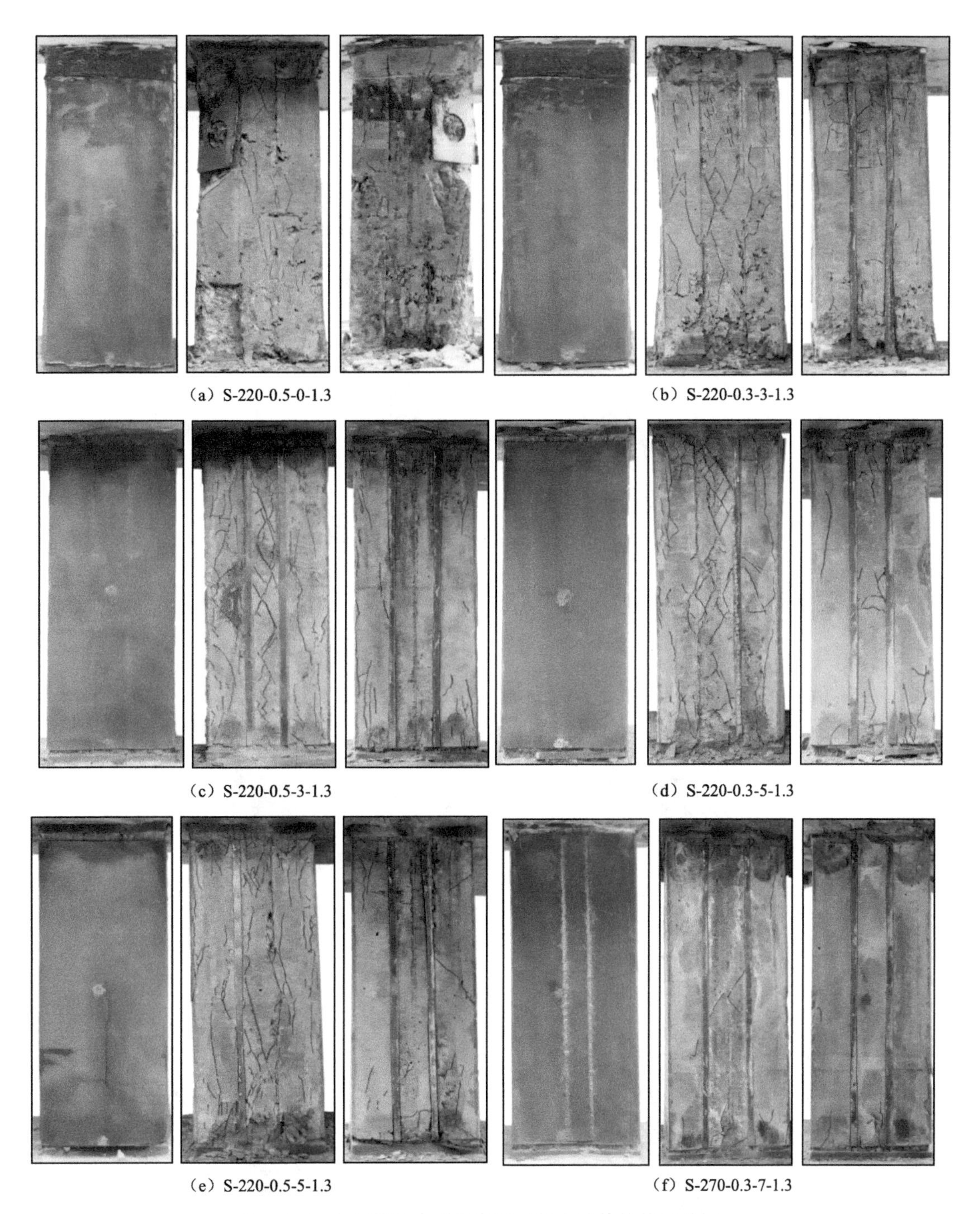

（a）S-220-0.5-0-1.3　（b）S-220-0.3-3-1.3

（c）S-220-0.5-3-1.3　（d）S-220-0.3-5-1.3

（e）S-220-0.5-5-1.3　（f）S-270-0.3-7-1.3

图 6.2.7　方钢管约束型钢高强混凝土试件的剪切破坏

6.2.3　滞回曲线与延性分析

图 6.2.8 为各试件的荷载-位移滞回曲线，表 6.2.2 为基于曲线所得到的试件力学性能指标。对比不同参数试件的试验结果，可得到以下主要结论。

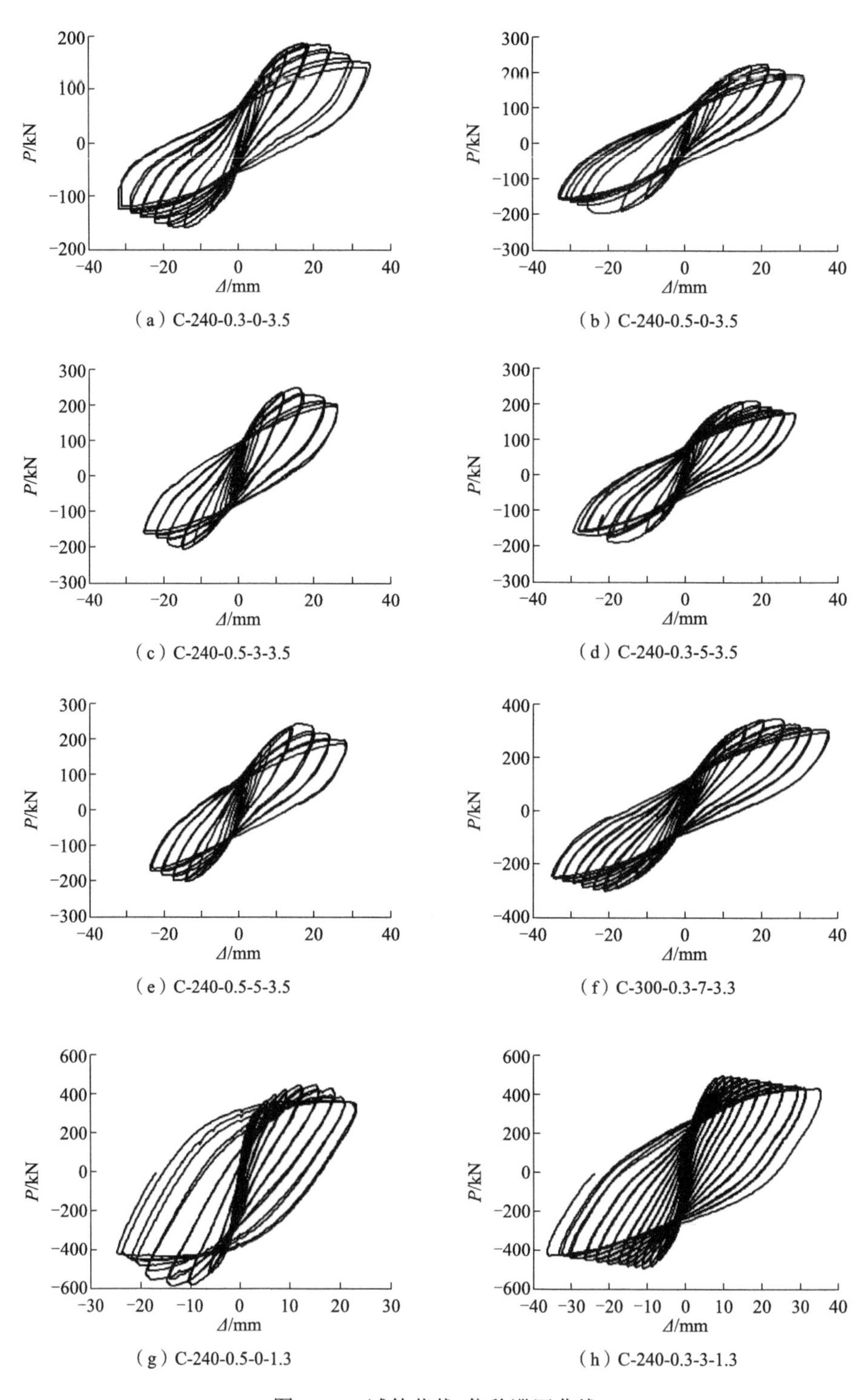

图 6.2.8 试件荷载-位移滞回曲线

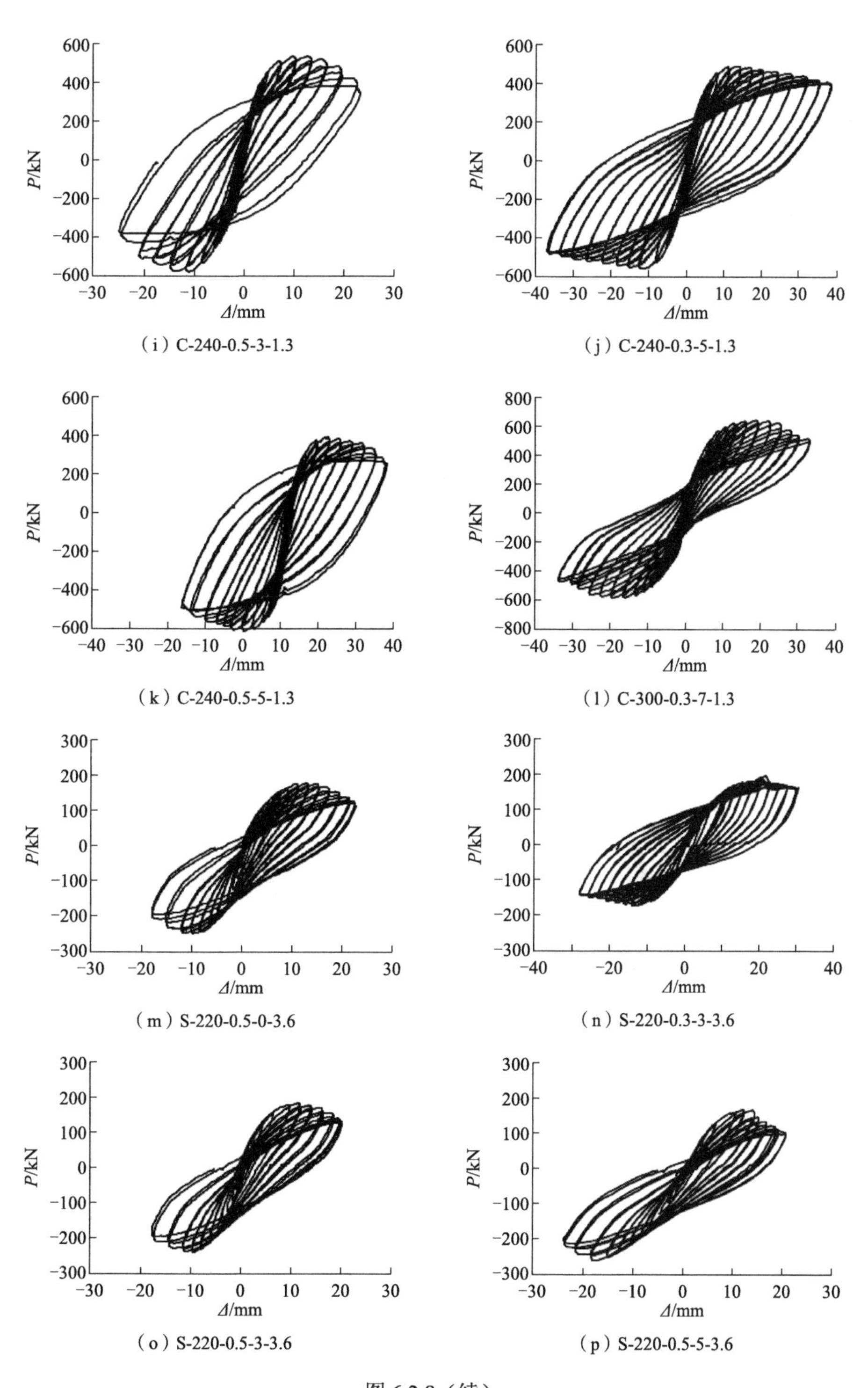

（i）C-240-0.5-3-1.3　（j）C-240-0.3-5-1.3

（k）C-240-0.5-5-1.3　（l）C-300-0.3-7-1.3

（m）S-220-0.5-0-3.6　（n）S-220-0.3-3-3.6

（o）S-220-0.5-3-3.6　（p）S-220-0.5-5-3.6

图 6.2.8（续）

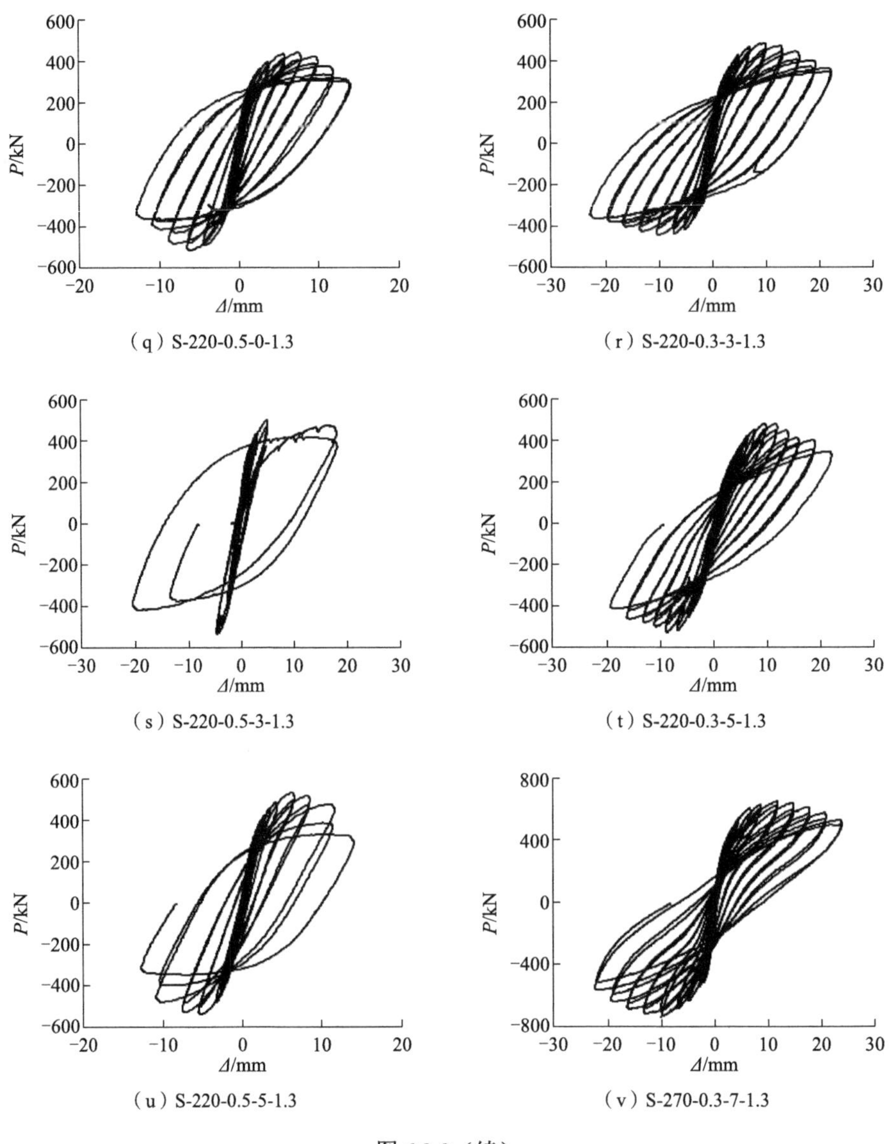

（q）S-220-0.5-0-1.3

（r）S-220-0.3-3-1.3

（s）S-220-0.5-3-1.3

（t）S-220-0.3-5-1.3

（u）S-220-0.5-5-1.3

（v）S-270-0.3-7-1.3

图 6.2.8（续）

1）薄壁圆钢管和设置斜拉加劲肋的方钢管均对核心区高强混凝土提供了充足的侧向约束作用，有效保证了型钢与混凝土的共同工作性能；在试验研究参数范围内，钢管约束型钢高强混凝土试件均具有良好的延性、变形能力和耗能性能。

2）与发生弯曲破坏的试件相比，发生剪切破坏的试件刚度更大，滞回环更为饱满，耗能性能更强。这是由于剪跨比较小使试件的外包钢管存在剪切变形，直接参与试件整体抗剪，充分发挥钢管的强度。可见，钢管在提高短柱抗震性能方面具有显著优势。

3）是否在型钢翼缘设置抗剪栓钉对钢管约束型钢高强混凝土柱的抗震性能影响较小，部分设置较多栓钉的试件其延性和极限变形能力甚至更差。因此，建议在实际工程中可不设置型钢栓钉，或按构造进行设计，以简化施工过程。

4）在试验研究参数范围内，轴压比对发生弯曲破坏和剪切破坏的试件影响规律相同，即提高轴压比提高了试件承载力，但降低了试件延性。

表 6.2.2　试件主要力学性能指标

试件	n_0	Δ_y/mm	$\Delta_{0.85}$/mm	P_u/kN	Δ_u	μ_Δ	φ_f/%
C-240-0.3-0-3.5	0.3	9.7	29.3	170	15.61	3.02	3.45
C-240-0.5-0-3.5	0.3	12.1	29.6	210	21.62	2.45	3.48
C-240-0.5-3-3.5	0.5	8.9	22.6	225	15.49	2.58	2.66
C-240-0.3-5-3.5	0.3	9.6	26.5	202	18.55	2.78	3.12
C-240-0.5-5-3.5	0.5	9.4	24.1	222	15.37	2.57	2.84
C-300-0.3-7-3.3	0.3	12.4	37.2	322	22.68	3.01	3.72
C-240-0.5-0-1.3	0.5	5.5	19.8	516	14.40	3.64	3.17
C-240-0.3-3-1.3	0.3	6.5	37.6	493	10.45	5.95	6.03
C-240-0.5-3-1.3	0.5	6.0	22.0	559	11.80	3.73	3.53
C-240-0.3-5-1.3	0.3	7.8	37.0	524	12.90	6.27	5.93
C-240-0.5-5-1.3	0.5	5.8	24.3	502	11.05	4.18	3.89
C-300-0.3-7-1.3	0.3	9.4	29.7	613	19.05	3.16	3.81
S-220-0.5-0-3.6	0.5	7.0	18.1	211	11.45	2.61	2.26
S-220-0.3-3-3.6	0.3	10.8	27.0	183	17.70	2.65	3.38
S-220-0.5-3-3.6	0.5	10.4	17.7	209	10.30	2.66	2.21
S-220-0.5-5-3.6	0.5	10.3	19.5	212	15.15	1.92	2.44
S-270-0.3-7-3.4	0.3	9.3	31.6	284	16.70	3.40	3.45
S-220-0.5-0-1.3	0.5	3.1	9.9	480	6.85	3.17	1.73
S-220-0.3-3-1.3	0.3	4.9	18.4	465	10.05	3.82	3.22
S-220-0.5-3-1.3	0.5	3.3	16.2	518	4.70	4.99	2.83
S-220-0.3-5-1.3	0.3	5.4	16.2	505	9.20	3.11	2.83
S-220-0.5-5-1.3	0.5	3.3	12.4	537	5.80	3.72	2.17
S-270-0.3-7-1.3	0.3	5.0	21.9	695	10.80	4.18	3.12

6.3　钢管约束混凝土柱的纤维数值模型

本节基于 OpenSees[4]有限元分析平台，引入适用于滞回性能模拟的钢管约束混凝土本构模型，建立圆、方钢管约束钢筋/型钢混凝土长/短柱数值模型。通过与试验结果进行对比，验证了模型的合理性，为进一步开展钢管约束钢筋/型钢混凝土构件分析和结构体系研究提供依据。

6.3.1 材料模型

1. 混凝土材料

对于长柱数值模型（λ>2.0），为提高模型收敛性和计算效率，本节对第 2 章提出的约束混凝土本构模型进行合理简化[5]。图 6.3.1（a）为混凝土受压简化模型，其骨架曲线与第 2 章相同；卸载曲线简化为双线性，卸载刚度 E_1 等于混凝土弹性模量 E_c，E_2 根据研究成果取为 $0.5E_3$，其中 E_3 为再加载刚度；简化后的加卸载规则卸载点（ε_{un}，f_{un}）与再加载曲线终点（ε_{re}，f_{re}）重合，即不考虑由于加卸载导致的应力损伤。混凝土卸载至应力为 0 的应变ε_{pl}与原模型相同。

混凝土受拉采用文献[5]中考虑受拉软化的加卸载规则［图 6.3.1（b）］，即当拉应力超过上一次受拉应力峰值时（加载至 J_1）受拉刚度和峰值拉应力均降低（峰值应力从 f_t 降至 f_{t1}，受拉刚度从 E_c 降至 E_{c1}）。

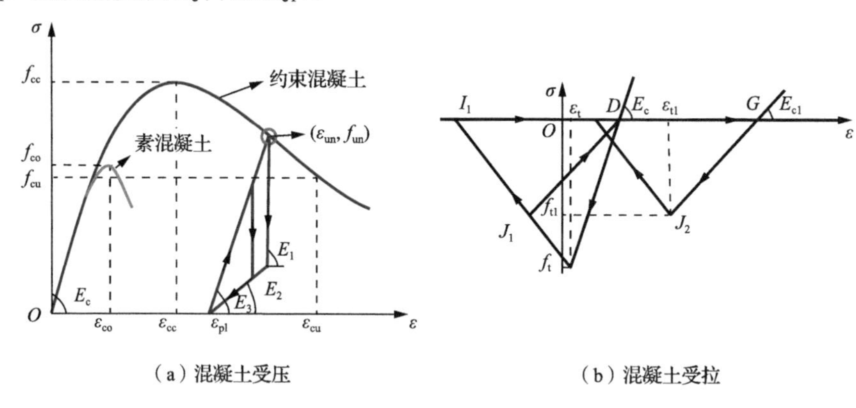

（a）混凝土受压　　（b）混凝土受拉

图 6.3.1　钢管约束混凝土构件加卸载规则

将简化混凝土模型通过 C++语言添加至 OpenSees 材料库中，形成了适用于钢管约束混凝土柱滞回性能分析的混凝土材料本构 ConcreteT。

OpenSees 已有材料库中的 Concrete02 本构模型在混凝土滞回性能模拟方面应用最为广泛，具有模拟效果好、计算效率高等优点。Concrete02 模型的受压骨架线采用 Kent-Park 模型，控制参数包括峰值压应力 f_c、峰值压应变ε_c、极限压应力 f_{cu}、极限压应变ε_{cu}、卸载刚度调整参数 lambda（β）、峰值拉应力 f_t 和受拉线性软化段的刚度 E_t。采用第 2 章提出的约束混凝土本构模型和约束混凝土极限压应变对 Concrete02 的控制参数进行标定。此外，由于 Concrete02 采用"焦点法"定义混凝土受压加卸载规则，定义方式与已有研究成果不同，导致对钢管约束混凝土进行模拟时 lambda 并无取值依据。本节经对比分析后建议，通过定义 Concrete02 中极限点（f_{cu}，ε_{cu}）所对应的残余应变ε_{pl}与 ConcreteT 相同确定 Concrete02 中的加卸载刚度调整参数β为

$$\beta=\frac{AE_c-f_{cu}}{E_c(A-\varepsilon_{cu})} \tag{6.3.1}$$

$$A=\frac{0.35f_{cu}\varepsilon_{cc}^{-0.8}\varepsilon_{cu}^{1.8}}{f_{cu}-E_c\varepsilon_{cu}+0.35E_c\varepsilon_{cc}^{-0.8}\varepsilon_{cu}^{1.8}} \tag{6.3.2}$$

图6.3.2为基于约束本构标定的Concrete02与ConcreteT的对比，两者的单轴应力-应变关系曲线和预测的荷载-位移滞回曲线均吻合较好。为提高模型通用性，本章数值模型采用上述基于约束混凝土控制参数标定的Concrete02本构。

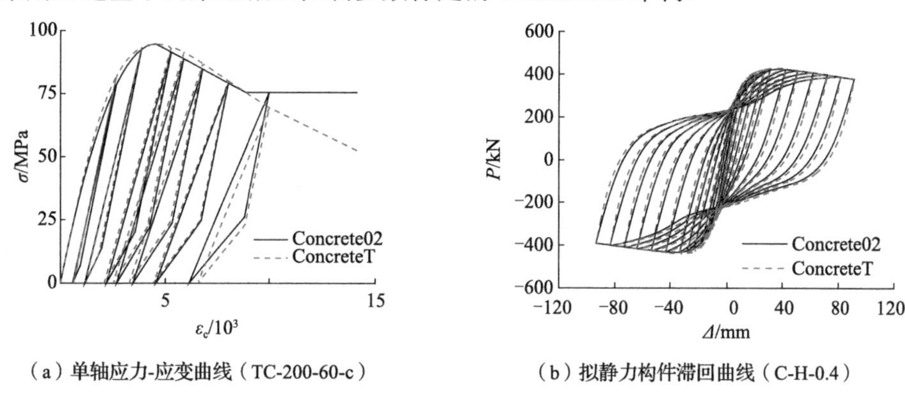

（a）单轴应力-应变曲线（TC-200-60-c）　（b）拟静力构件滞回曲线（C-H-0.4）

图6.3.2　基于约束本构标定的Concrete02与ConcreteT对比

对于短柱（λ<2.0），采用分层壳单元进行模拟。混凝土层采用基于损伤力学和弥散裂缝的多维混凝土材料[6]，其二维本构模型的基本方程为

$$\sigma_c'=\begin{bmatrix}1-D_1 & \\ & 1-D_2\end{bmatrix}\varepsilon_c' \tag{6.3.3}$$

式中：σ_c'、ε_c'——主应力坐标系下混凝土应力和应变；

D_1、D_2——混凝土在主应力坐标系下的损伤指标，其拉压损伤指标演化曲线分别参考Løland[7]和Mazars[8]的建议并分开考虑。

混凝土材料本构曲线特征点信息包括峰值点和极限点应力、应变，均按照本书2.3.1节相关公式进行计算。

当混凝土开裂后，混凝土剪应力τ和剪应变γ的关系为

$$\tau=\beta G\gamma \tag{6.3.4}$$

式中：G——弹性剪切模量；

β——考虑混凝土开裂后剪切刚度软化的剪力传递系数。

根据Huyse等[9]的建议，在分析混凝土结构时剪力传递系数β取0.05～0.25。为研究剪力传递系数β对钢管约束混凝土结构的影响，分别取β为0.05、0.15、0.25对试件S-220-0.3-3-1.3试验结果进行试算，得到模拟滞回结果与试验结果对比如图6.3.3所示。随着β减小试件承载力、延性均逐渐减小，但也更接近试验结果；且当β值在0.05的基础上再继续减小时计算结果变化不大，但收敛性越来越差。因此，建议在采用分层壳模型对钢管约束混凝土构件进行模拟时，剪力传递系数β取收敛性和模拟精度均较好的β=0.05。

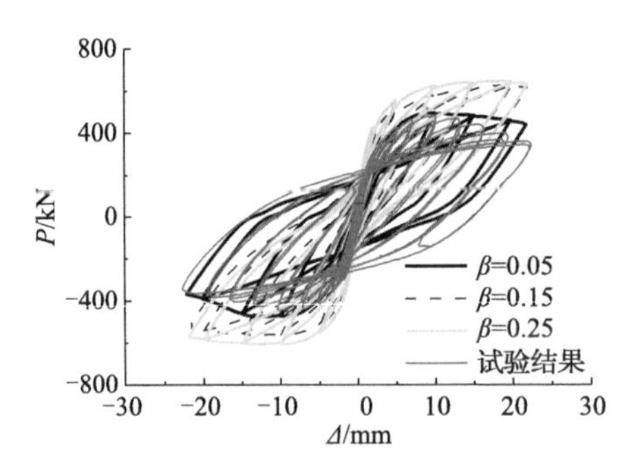

图 6.3.3　剪力传递系数对模拟结果的影响

2. 钢材

钢材骨架线统一采用考虑塑性强化的理想弹塑性双折线本构，其应力-应变为

$$\sigma_s = \begin{cases} E_s\varepsilon_s & \varepsilon_s \leqslant \varepsilon_y \\ f_y + k(\varepsilon_s - \varepsilon_y) & \varepsilon_s > \varepsilon_y \end{cases} \tag{6.3.5}$$

式中：σ_s、ε_s——钢材的应力和应变；

k——钢材的硬化段斜率，取 0.01；

f_y——屈服强度，采用试验实测值；

E_s——弹性模量，采用试验实测值。

钢材本构采用 OpenSees 平台材料库中 Steel02 模型，其循环本构采用 Menegotto 和 Pinto[10]提出经 Filippou 等[11]修正的 Giuffré-Menegotto-Pinto（G-M-P）模型，该模型基于等向强化理论且能反映包辛格效应，虽然与钢材在实际循环荷载下的加卸载路径存在差异，但研究表明该差异可以忽略，且对循环荷载下的钢材拉压行为具有较好的模拟效果[5]。

6.3.2 单元选取、边界条件及网格划分

1. 长柱纤维梁模型

宏观梁柱单元常见的有纤维梁单元和集中塑性铰单元，其中集中塑性铰单元建模较为简单，只需在塑性铰区域定义表征试件行为的轴向拉压、弯曲、剪切弹簧；相比之下纤维梁模型的模型量稍大，但建模方面可不预先制定塑性铰位置，通过修改材料属性即可自适应不同截面；此外，在考虑 P-Δ效应时纤维梁模型也较为简单，不用建立辅助单元。因此，模型选用基于有限单元刚度法的纤维梁单元（displacement-based beam-column）进行分析。

钢管约束钢筋/型钢混凝土柱纤维模型建模及截面网格划分示意图如图 6.3.4 所示，根据加载方式不同，模型分为“整柱”和“半柱”模型两种。值得注意的是，钢管约束混凝土柱的纤维模型截面构成中并不包含钢管（图 6.3.4），而仅有混凝土和钢筋/型钢纤维。原因是钢管约束混凝土柱的钢管主要用于约束核心区混凝土而并不直接承受竖向荷载，即钢管的作用主要是提高其内部混凝土的强度和延性。因此可将钢管约束下的混凝

土视为一种“新”材料，钢管“建模”体现在约束混凝土本构中。通过纤维截面网格划分的敏感性分析，建议方、圆形截面网格长度分别不宜小于截面边长的 1/20 和截面周长的 1/30。

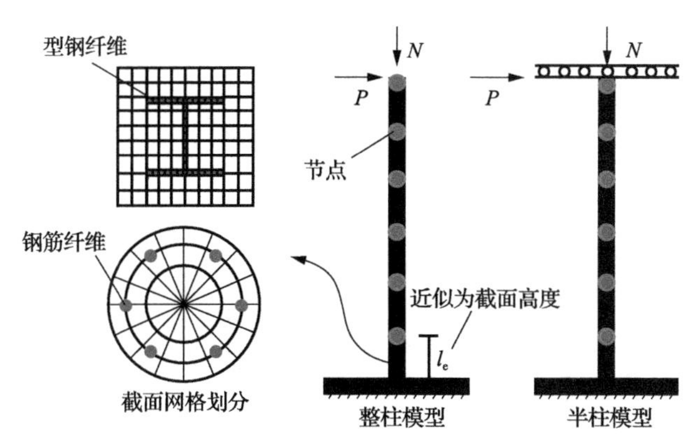

图 6.3.4　纤维模型建模及截面网格划分示意图

2. 短柱分层壳模型

目前 OpenSees 中可用于分层壳模型的四节点壳单元包括 MITC4 单元[12]和王丽莎等[13]开发的用于几何非线性分析的高性能四边形壳单元 NLDKGQ。王丽莎的研究结果表明：在建模方面，新开发的 NLDKGQ 相比 MITC4 单元增加了面外旋转自由度，使其在传递面外旋转自由度时无须建立额外的过渡梁单元，建模较为简单；计算结果方面，当同时采用 NLDKGQ 单元和 MITC4 单元对框架柱的倒塌试验进行模拟时，NLDKGQ 单元较 MITC 单元能有效避免“闭锁现象”，能更好地反映柱构件倒塌过程中的关键特性和受力过程。因此，本章选择 NLDKGQ 单元对钢管约束钢筋/型钢混凝土柱进行模拟。

分层壳模型截面等效及网格划分如图 6.3.5 所示，其中钢管约束钢筋混凝土柱分层壳模型建模方法与普通钢筋混凝土柱类似：受力钢筋弥散成纵向钢筋层或桁架单元（truss element）（经试算，两种建模方法的模拟结果一致，但更建议采用桁架单元，特别是当钢筋参与受弯时）；箍筋弥散成横向钢筋层[13]；对于外包钢管，采用文献[14]和[15]的方法，将其弥散成横向钢筋层。钢管约束型钢混凝土柱分层壳模型的建模方法与之类似：型钢翼缘部分采用桁架单元仅考虑其抗压而忽略其抗剪作用；型钢腹板则通过分别建立桁架单元和弥散成横向钢筋层抵抗竖向力与剪力，且当其作为横向钢筋层抗剪时等效屈服强度应按腹板抗剪强度计算；钢管建模方法同钢管约束钢筋混凝土柱。对于截面网格划分，建议分层壳总层数宜在 10 层以上；且当柱截面类型为圆形时，可通过“面积等效”等效为方形截面（图 6.3.5）。

当采用分层壳模型进行短柱滞回行为模拟时，由于收敛性相对较差，建议采用以下求解器和算法：①边界条件处理方式采用约束变化法 Transformation Method；②方程组求解采用稀疏矩阵算法 SparseSYM；③迭代方式采用牛顿子空间迭代法 KrylovNewton。加载方式则建议采用位移控制（实现方法为采用 nodeDisp 功能实时读取节点位移进行加载）而非分析步控制，原因是当采用分析步控制时若模型在某级位移不收敛则后续加载将不再按照目标位移进行。

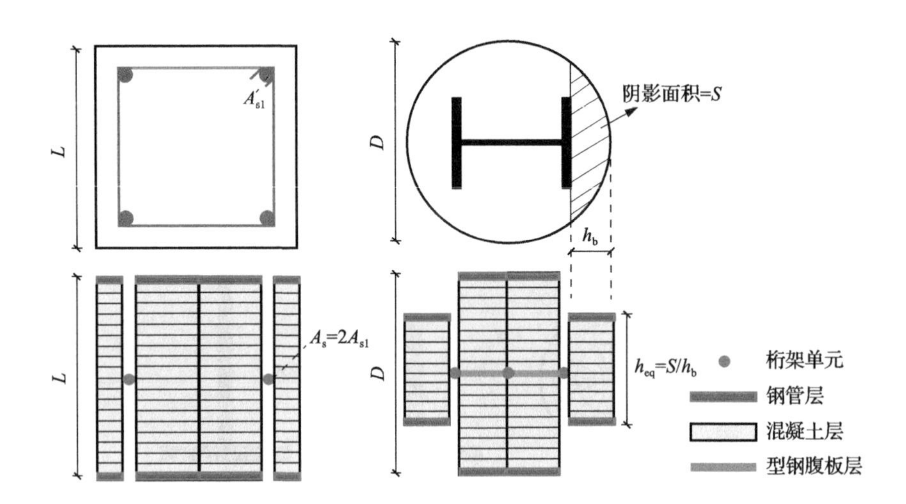

图 6.3.5 分层壳模型截面等效及网格划分

以钢管约束型钢混凝土柱分层壳模型为例，模型示意图如图 6.3.6 所示。虽然 NLDKGQ 单元节点具有 6 个自由度，但由于壳单元节点无转动刚度，“整柱”模型中直接约束柱顶节点转动无法限制柱顶面转动。解决方法是通过建立过渡梁单元进行辅助：首先建立与柱顶面共节点的纤维梁单元（过渡梁单元），过渡梁单元属性方面其转动刚度宜取较大值，轴向和扭转刚度宜取较小值以免加大原结构刚度；再通过限制过渡梁单元的节点转动自由度从而约束柱顶转动（图 6.3.6）。为验证方法的正确性，以试件 STSRC-220-3-3 为例（“整柱”模型），图 6.3.7 对比了未建立过渡梁单元而直接约束柱顶节点转动自由度和建立过渡梁单元后约束柱顶转动模型的滞回曲线和变形模式。未建立过渡梁而直接限制节点转动的模型其柱顶节点连线出现倾角，说明柱顶发生了转动；而设置过渡梁的模型柱顶节点连线始终保持水平，柱顶转动被有效限制。通过对比两模型滞回曲线可见，设置过渡梁单元模型的预测曲线与试验曲线吻合良好，而未设置过渡梁模型的承载力较试验结果明显偏低。原因是未设置过渡梁的模型柱顶节点可任意转动，对应实际柱顶的边界条件为铰接，柱的破坏模式由受剪破坏转为受弯破坏。加载方式方面，水平位移的加载控制点可为过渡梁上的任意节点；竖向荷载的控制点可选择柱顶面的一个或多个节点，经试算不同方式对计算结果无明显影响。

6.3.3 模型验证

基于上述数值建模方法对剪跨比$\lambda>2.6$ 和$\lambda<1.5$ 的钢管约束钢筋/型钢混凝土长柱和短柱滞回试验进行模拟，结果分别如图 6.3.8 和图 6.3.9 所示。由图 6.3.8 可知，有限元模拟滞回曲线与试验曲线吻合良好。

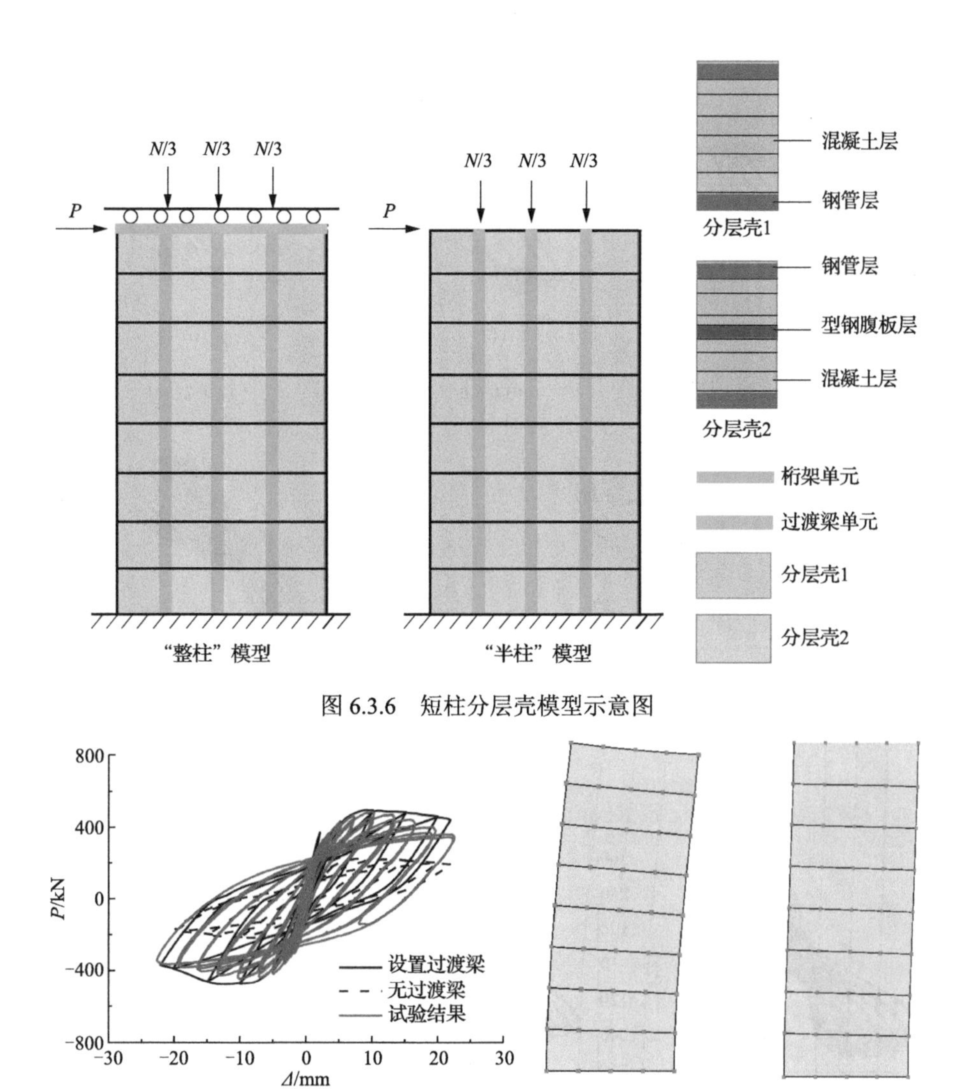

图 6.3.6 短柱分层壳模型示意图

图 6.3.7 加过渡梁和不加过渡梁对“整柱”模型模拟结果对比

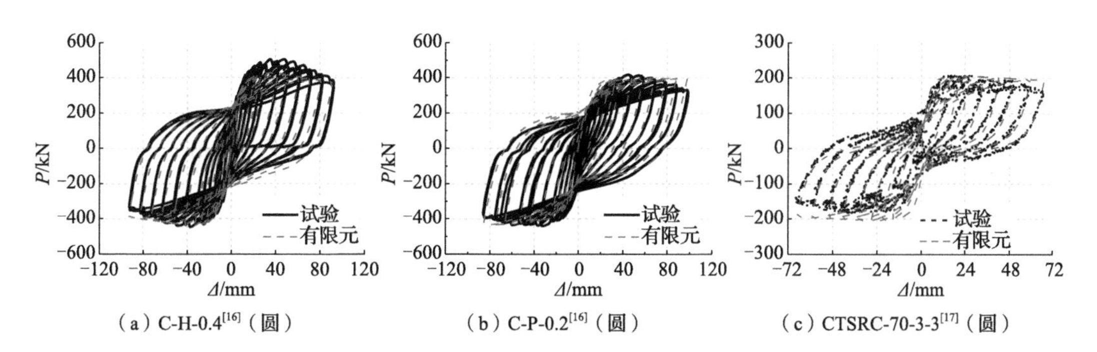

图 6.3.8 典型中长柱试验结果与有限元结果对比

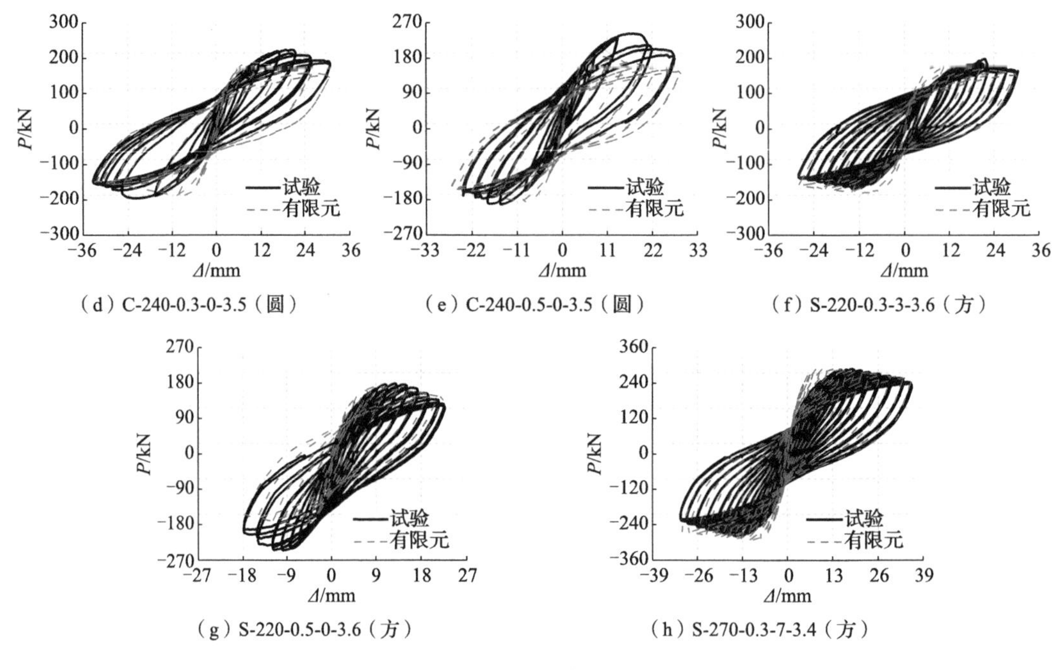

（d）C-240-0.3-0-3.5（圆） （e）C-240-0.5-0-3.5（圆） （f）S-220-0.3-3-3.6（方）

（g）S-220-0.5-0-3.6（方） （h）S-270-0.3-7-3.4（方）

图 6.3.8（续）

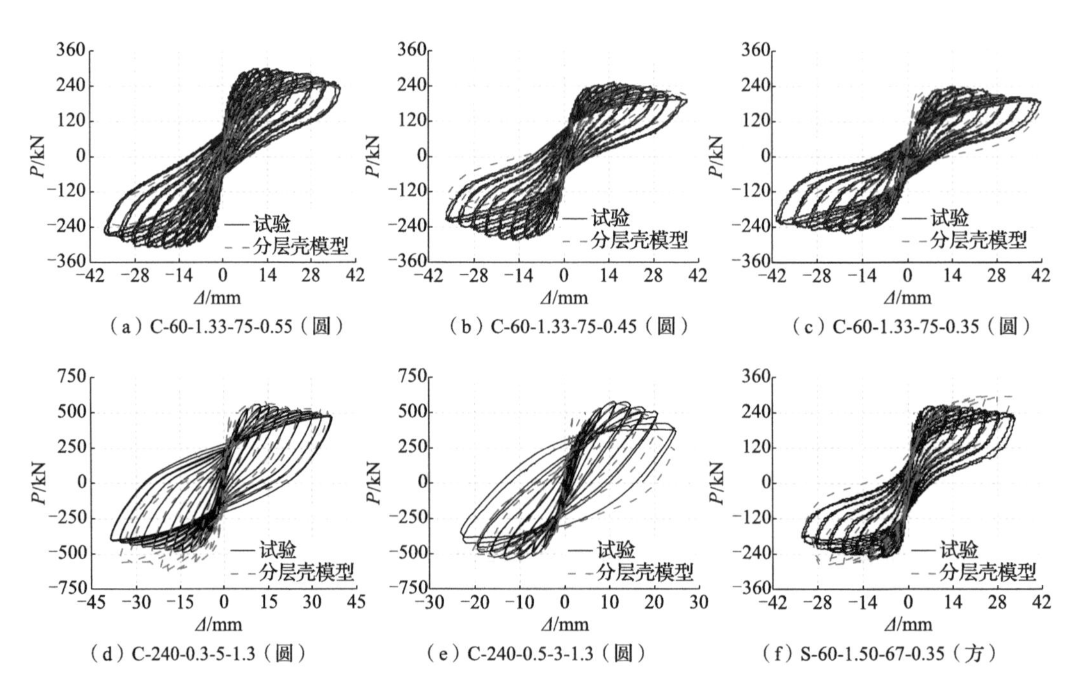

（a）C-60-1.33-75-0.55（圆） （b）C-60-1.33-75-0.45（圆） （c）C-60-1.33-75-0.35（圆）

（d）C-240-0.3-5-1.3（圆） （e）C-240-0.5-3-1.3（圆） （f）S-60-1.50-67-0.35（方）

图 6.3.9 典型短柱试验结果与数值模拟结果对比

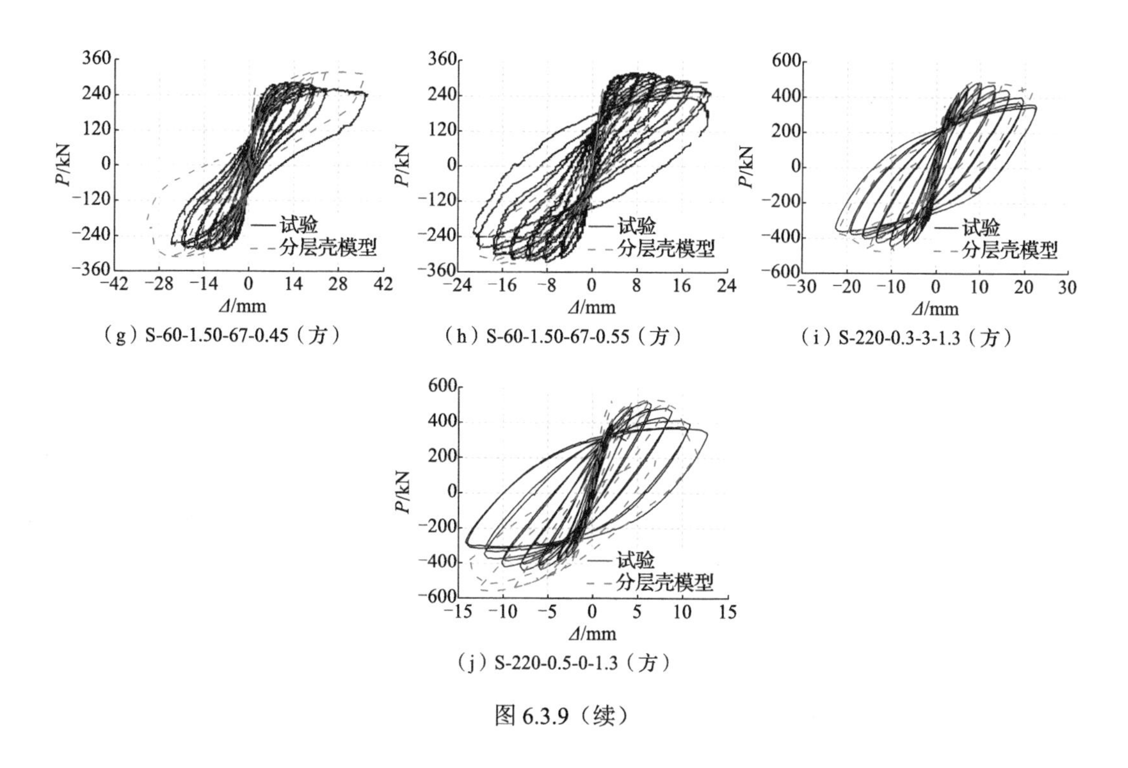

（g）S-60-1.50-67-0.45（方）　（h）S-60-1.50-67-0.55（方）　（i）S-220-0.3-3-1.3（方）

（j）S-220-0.5-0-1.3（方）

图 6.3.9（续）

6.4　钢管约束混凝土短柱抗剪承载力

6.4.1　参数分析

基于分层壳有限元建模方法，对钢管约束混凝土短柱进行参数分析，找出影响钢管约束混凝土短柱受剪承载力的关键参数。研究参数包括轴压比、径厚比/宽厚比和混凝土强度。考虑到规律的相似性，选择方钢管约束钢筋混凝土柱和圆钢管约束型钢混凝土柱进行分析，标准试件分别为试件 S-60-1.50-67-0.35 和试件 C-240-0.3-5-1.3，参数分析分别如图 6.4.1 和图 6.4.2 所示。

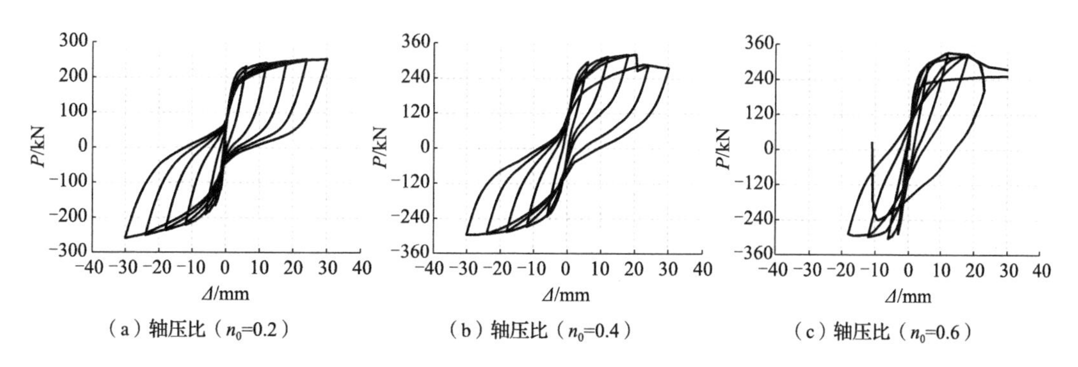

（a）轴压比（n_0=0.2）　（b）轴压比（n_0=0.4）　（c）轴压比（n_0=0.6）

图 6.4.1　方钢管约束钢筋混凝土短柱参数分析

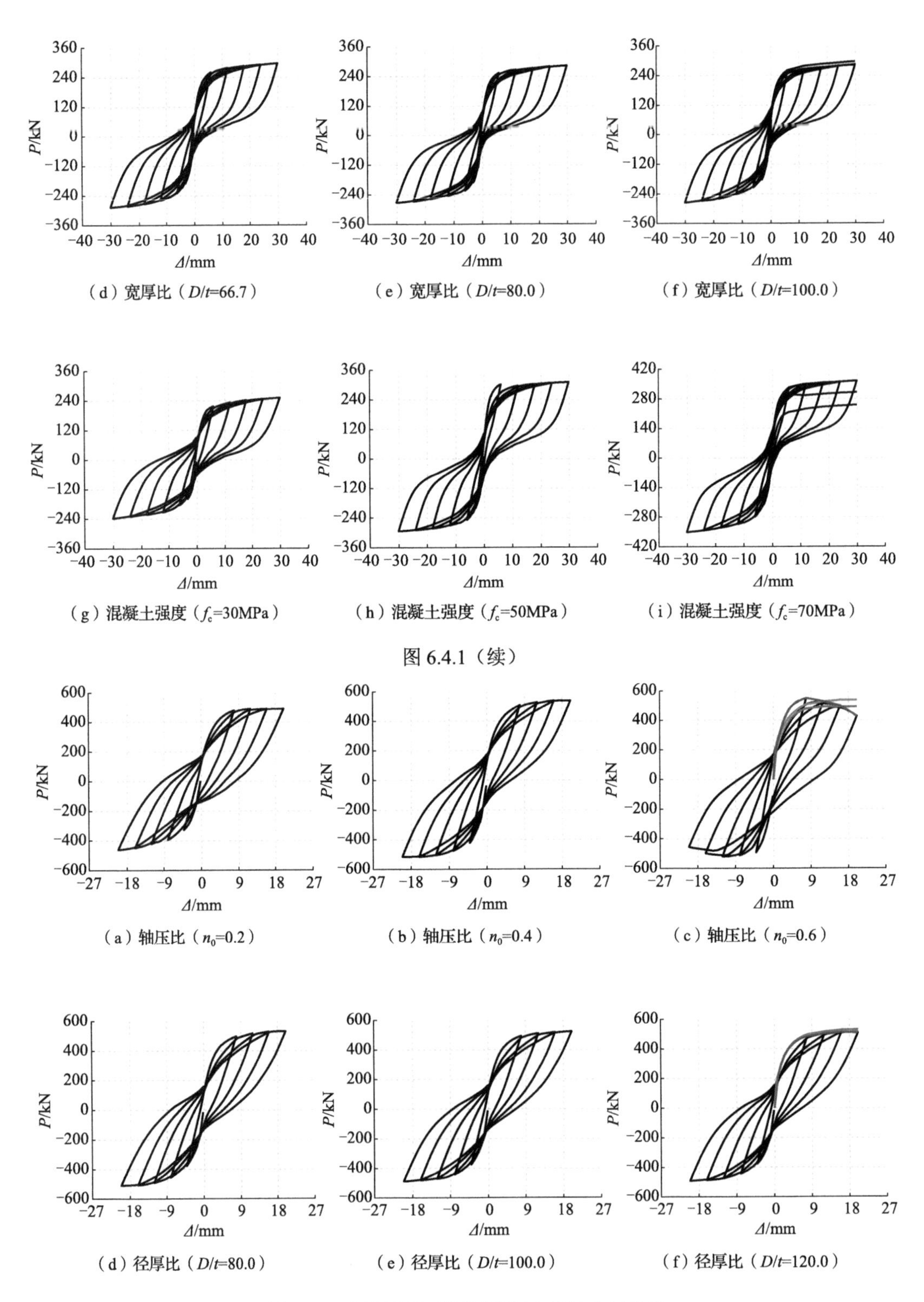

（d）宽厚比（D/t=66.7）　（e）宽厚比（D/t=80.0）　（f）宽厚比（D/t=100.0）

（g）混凝土强度（f_c=30MPa）　（h）混凝土强度（f_c=50MPa）　（i）混凝土强度（f_c=70MPa）

图 6.4.1（续）

（a）轴压比（n_0=0.2）　（b）轴压比（n_0=0.4）　（c）轴压比（n_0=0.6）

（d）径厚比（D/t=80.0）　（e）径厚比（D/t=100.0）　（f）径厚比（D/t=120.0）

图 6.4.2　圆钢管约束型钢混凝土短柱参数分析

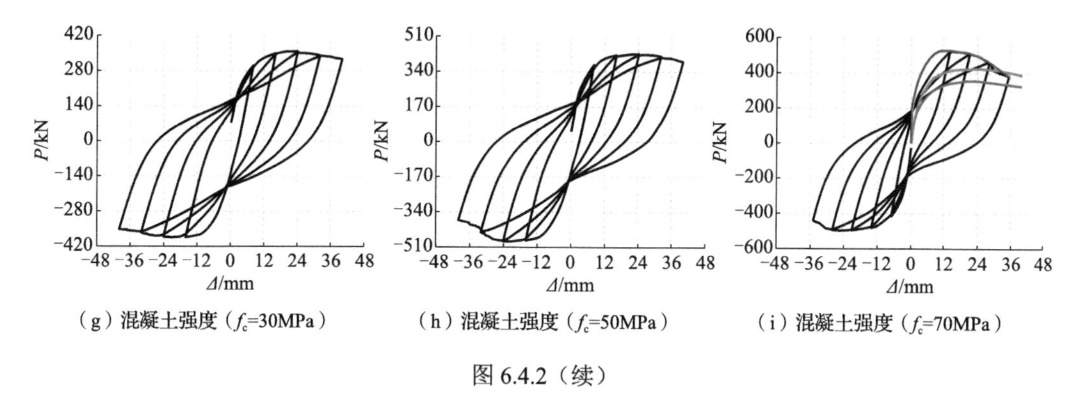

（g）混凝土强度（f_c=30MPa）　（h）混凝土强度（f_c=50MPa）　（i）混凝土强度（f_c=70MPa）

图 6.4.2（续）

由图 6.4.1 和图 6.4.2 可知，不同截面短柱试件受轴压比、径后比/宽厚比和混凝土强度的影响规律相近：试件承载力随着轴压比的增大逐渐升高但延性降低，滞回曲线捏缩现象减弱，耗能性能增强；径厚比在研究参数范围内对短柱试件的滞回性能影响较小，增大截面径厚比会小幅度降低短柱的承载力和延性，对滞回曲线的捏缩特征基本无影响；提高混凝土强度会明显提高试件承载力但同时会降低延性，且在研究参数范围内圆钢管约束型钢混凝土短柱的变形能力更易受混凝土强度的影响。

6.4.2　抗剪承载力公式

根据传统梁理论和参数分析结果可知，对于剪跨比大于 1.0 的钢管约束混凝土短柱，其名义抗剪承载力 V_n 由混凝土 V_c、型钢 $V_{a,w}$ 和外包钢管 V_t 三部分构成，即

$$V_n = V_c + V_{a,w} + V_t \tag{6.4.1}$$

根据文献[18]，混凝土部分提供的抗剪承载力 V_c 根据美国规范 ACI 318-14[19]进行计算：

$$V_c = \begin{cases} 0.2\sqrt{f_c}D^2\sqrt{1+\dfrac{2N}{\sqrt{f_c}D^2}} & \text{圆形截面} \\ 0.25\sqrt{f_c}D^2\sqrt{1+\dfrac{1.6N}{\sqrt{f_c}D^2}} & \text{方形截面} \end{cases} \tag{6.4.2}$$

对于钢管约束型钢混凝土柱，柱内型钢由于受混凝土的约束与支撑作用，可忽略其因剪切屈曲而导致的承载力下降。此外，基于有限元和试验结果，并考虑到受剪破坏试件的剪跨比较小，可忽略型钢弯剪组合作用。因此，型钢部分的抗剪承载力按腹板名义抗剪承载力计算，即

$$V_{a,w} = \frac{1}{\sqrt{3}} f_{wy} A_{a,w} \tag{6.4.3}$$

式中：$A_{a,w}$——型钢腹板面积。

基于变角桁架理论，外包钢管可等效成密排箍筋（以方钢管为例，钢管受剪机理如图 6.4.3 所示）与混凝土形成桁架抗剪[20-21]，抗剪承载力为

$$V_t = 2f_{\sigma hm} Dt \cot\theta \tag{6.4.4}$$

式中：$f_{\sigma\mathrm{hm}}$——试件达到峰值时的 1/2 柱高处钢管环向应力；

θ——主斜裂缝与沿柱高度方向的夹角。

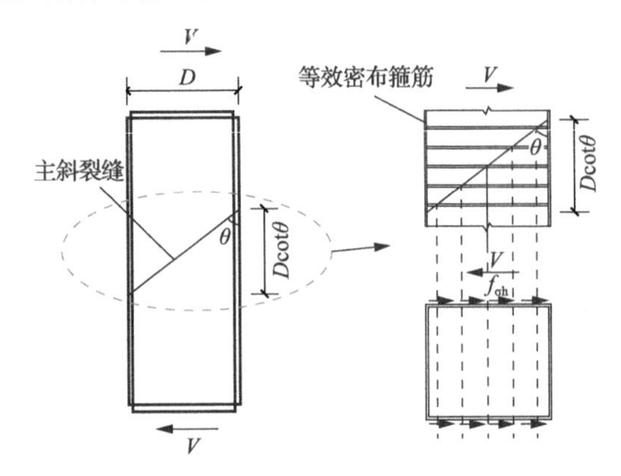

图 6.4.3 钢管受剪机理示意图

通过试验和有限元结果得到 $f_{\sigma\mathrm{hm}}$ 和θ的取值，最终得到不同截面形式短柱的受剪承载力计算公式。

圆钢管约束钢筋混凝土柱：

$$V_{\mathrm{n}}=0.2\sqrt{f_{\mathrm{c}}}D^2\sqrt{1+\frac{2N}{\sqrt{f_{\mathrm{c}}}D^2}}+0.28Dtf_{\mathrm{ty}} \tag{6.4.5}$$

方钢管约束钢筋混凝土柱：

$$V_{\mathrm{n}}=0.25\sqrt{f_{\mathrm{c}}}D^2\sqrt{1+\frac{1.6N}{\sqrt{f_{\mathrm{c}}}D^2}}+0.8Dtf_{\mathrm{ty}} \tag{6.4.6}$$

圆钢管约束型钢混凝土柱：

$$V_{\mathrm{n}}=0.2\sqrt{f_{\mathrm{c}}}D^2\sqrt{1+\frac{2N}{\sqrt{f_{\mathrm{c}}}D^2}}+\frac{1}{\sqrt{3}}f_{\mathrm{a,w}}A_{\mathrm{a,w}}+0.28Dtf_{\mathrm{ty}} \tag{6.4.7}$$

方钢管约束型钢混凝土柱：

$$V_{\mathrm{n}}=0.25\sqrt{f_{\mathrm{c}}}D^2\sqrt{1+\frac{1.6N}{\sqrt{f_{\mathrm{c}}}D^2}}+\frac{1}{\sqrt{3}}f_{\mathrm{a,w}}A_{\mathrm{a,w}}+0.8Dtf_{\mathrm{ty}} \tag{6.4.8}$$

《钢管约束混凝土结构技术标准》（JGJ/T 471—2019）参考现行国家标准《混凝土结构设计规范（2015 年版）》（GB 50010—2010）的有关规定，基于试验和有限元分析结果，提出考虑钢管有效受剪区域的受剪承载力公式。

圆钢管约束钢筋混凝土柱：

$$V_{\mathrm{n}}=\frac{1.4}{\lambda+1}f_{\mathrm{ct}}A_{\mathrm{c}}+1.9Dtf_{\mathrm{t}}+k_{\mathrm{re}}N \tag{6.4.9}$$

方钢管约束钢筋混凝土柱：

$$V_n = \frac{1.4}{\lambda+1} f_{ct} A_c + 1.7 h_{et} t f_t + k_{re} N \tag{6.4.10}$$

圆钢管约束型钢混凝土柱：

$$V_n = \frac{1.4}{\lambda+1} f_{ct} A_c + 1.9 D t f + f_{a,w} \left[\left(h_a - 2t_f \right) t_w + 2 b_f t_f \right] + k_{re} N \tag{6.4.11}$$

方钢管约束型钢混凝土柱：

$$V_n = \frac{1.4}{\lambda+1} f_{ct} A_c + 1.7 h_{et} t f + f_{a,w} \left[\left(h_a - 2t_f \right) t_w + 2 b_f t_f \right] + k_{re} N \tag{6.4.12}$$

式中：λ——剪跨比。

f_{ct}——混凝土轴心抗拉强度设计值。

A_c——混凝土净截面面积。

N——柱子所受轴力，当 N 大于 $0.3f_{cc}A_c$ 时取为 $0.3f_{cc}A_c$。

h_{et}——钢管有效受剪宽度：对于钢管约束钢筋混凝土柱，$h_{et}=2D/t$；对于钢管约束型钢混凝土柱，$h_{et}=\min(2D/t,\ h_{a0})$，当方钢管约束型钢混凝土柱设置斜拉加劲肋时，$h_{et}=h_{a0}$，其中 h_{a0} 为柱截面宽度减去垂直于剪力方向的型钢翼缘中心到距其较近的柱边缘距离。

h_a——型钢截面高度。

b_f——型钢翼缘宽度。

t_f、t_w——型钢翼缘和腹板厚度。

由于规范中有关钢管约束型钢混凝土柱的受剪计算公式适用于配置双轴对称十字型钢，当对柱内配置 H 型钢的钢管约束型钢混凝土柱进行计算时 $2b_ft_f$ 应取为 0。

为对比以上两类受剪承载力计算公式，开展拓展有限元参数计算，模型以试件 CTRC-70-5-1.5、STRC-70-5-1.5、STSRC-220-5-0 和 CTSRC-240-5-3 为基准参数，主要变化参数包括剪跨比（1.2～1.5）、混凝土强度（30MPa、50MPa、70MPa）、轴压比（0.3、0.5）、型钢屈服强度（235MPa、390MPa）、径厚比/宽厚比（80、100）以及钢管屈服强度（235MPa、390MPa）。结果对比如图 6.4.4 所示，图中 V_n 为受剪承载力计算值，P 为试验实测或有限元结果。

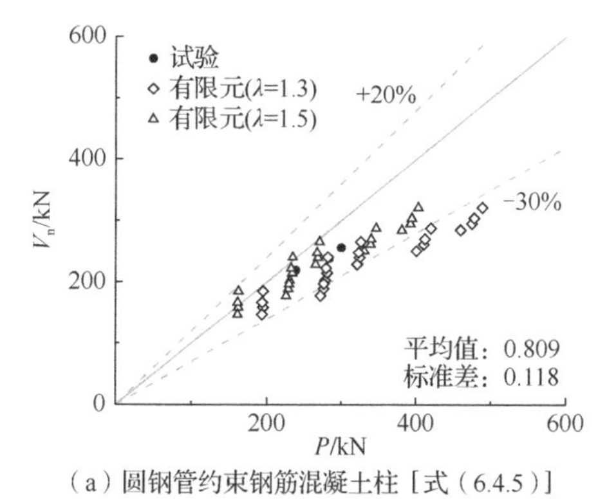

（a）圆钢管约束钢筋混凝土柱［式（6.4.5）］

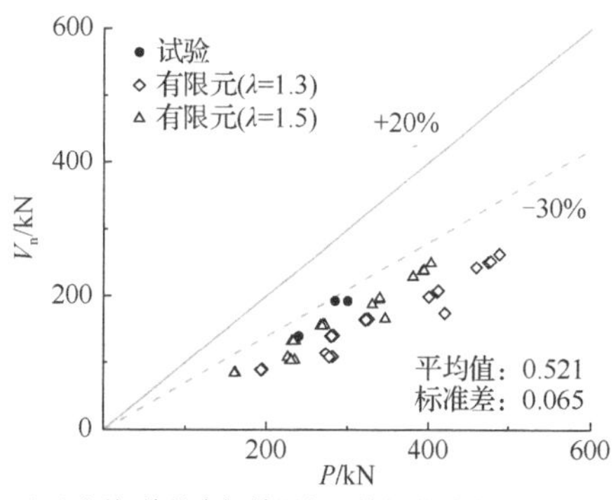

（b）圆钢管约束钢筋混凝土柱规范［式（6.4.9）］

图 6.4.4　受剪承载力计算值、试验值和有限元结果对比

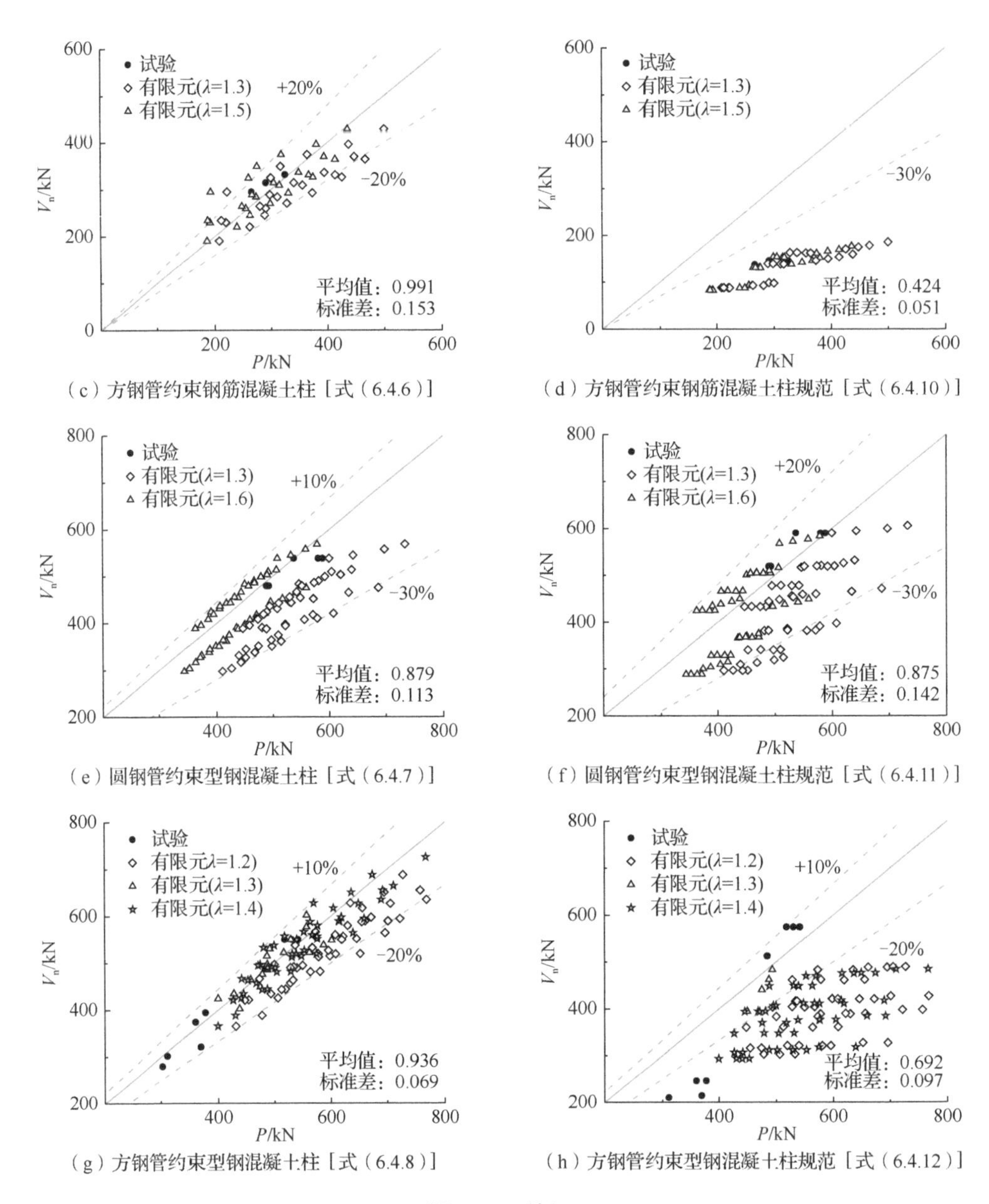

（c）方钢管约束钢筋混凝土柱［式（6.4.6）］

（d）方钢管约束钢筋混凝土柱规范［式（6.4.10）］

（e）圆钢管约束型钢混凝土柱［式（6.4.7）］

（f）圆钢管约束型钢混凝土柱规范［式（6.4.11）］

（g）方钢管约束型钢混凝土柱［式（6.4.8）］

（h）方钢管约束型钢混凝土柱规范［式（6.4.12）］

图 6.4.4（续）

由对比结果可知，相比《钢管约束混凝土结构技术标准》（JGJ/T 471—2019）［对应式（6.4.9）～式（6.4.12）］，由式（6.4.5）～式（6.4.8）计算得到的钢管约束钢筋/型钢混凝土短柱受剪承载力与试验及有限元结果更加吻合且离散性更小。由于式（6.4.5）～式（6.4.8）未能考虑剪跨比λ对受剪承载力的影响，不同剪跨比下的模拟精度不同：以方钢管约束型钢混凝土短柱为例［图 6.4.8（d）］，随着λ从 1.2 增长至 1.4，预测精度逐渐增高，即λ越小计算结果越偏于保守。虽然剪跨比是影响短柱受剪承载力的重要因素，但考虑到越小剪跨比的短柱延性和抗震性能越差，这种不考虑剪跨比影响从而使计算结果随λ减小逐渐偏于保守的受剪承载力计算式对实际工程设计有利，偏于安全。

《钢管约束混凝土结构技术标准》（JGJ/T 471—2019）计算得到的受剪承载力整体偏于保守，尤其对于钢管约束钢筋混凝土构件，计算值均小于有限元计算结果的 70%。原因是公式中的混凝土抗剪项 V_c 参照了《混凝土结构设计规范（2015 年版）》（GB 50010—2010）中混凝土的受剪承载力计算式进行计算，而该式为基于收集到的大量发生受剪破坏梁的剪力偏下限值，相比美国规范［对应本章式（6.4.2）］偏于保守。此外，为统一圆、方形截面钢管约束混凝土短柱受剪承载力的计算式，对混凝土实际参与受剪的面积进行了折减，均取为毛截面面积的 80%，从而进一步使计算结果较实际值偏低。

参考文献

[1] 甘丹. 钢管约束混凝土短柱的静力性能和抗震性能研究[D]. 兰州: 兰州大学, 2012.

[2] 臧兴震. 钢管约束型钢高强混凝土柱滞回性能研究[D]. 兰州: 兰州大学, 2018.

[3] 周绪红, 刘界鹏. 钢管约束混凝土柱的性能与设计[M]. 北京: 科学出版社, 2010.

[4] OpenSees command language manual[M]. Pacific Earthquake Engineering Research(PEER) Center, 2006.

[5] Mohd Y. Nonlinear analysis of prestressed concrete structures under monotonic and cyclic loads[D]. Berkeley: University of California, 1994.

[6] Lu X Z, Xie L L, Guan H, et al. A shear wall element for nonlinear seismic analysis of super-tall buildings using OpenSees[J]. Finite Elements in Analysis & Design, 2015, 98: 14-25.

[7] Løland K E. Continuous damage model for load-response estimation of concrete[J]. Cement and Concrete Research, 1980, 10(3): 395-402.

[8] Mazars J. A description of micro- and macroscale damage of concrete structures[J]. Engineering Fracture Mechanics, 1986, 25(5/6): 729-737.

[9] Huyse L, Hemmaty Y, Vandewalle L. Finite element modeling of fiber reinforced concrete beams[C]//Proceeding of the ANSYS Conference. Pittsburgh: 1994.

[10] Menegotto M, Pinto P E. Method of analysis for cyclically loaded R. C. plane frames including changes in geometry and non-elastic behavior of elements under combined normal force and bending[C]//International Association for Bridge and Structural Engineering. Proceedings of IARSE symposium on resistance and ultimate deformability of structures acted on by well defined repeated loads. Zurich: International Association for Bridge and Structural Engineering,1973:15-22.

[11] Filippou C F, Popov E P, Bertero V V. Effects of bond deterioration on hysteretic behavior of reinforced concrete joints[M]. Berkeley: The Berkeley Electronic Press, 1983.

[12] Dvorkin E N, Bathe K J. A continuum mechanics based four-node shell element for general non-linear analysis[J]. Engineering Computations, 1984, 1(1): 77-88.

[13] 王丽莎, 岑松, 解琳琳, 等. 基于新型大变形平板壳单元的剪力墙模型及其在 OpenSees 中的应用[J]. 工程力学, 2016, 33(3): 47-54.

[14] Liu J P, Li X, Zang X Z, et al. Seismic behavior of shear-critical circular TSRC columns with a shear span-to-depth ratio of 1.3[J]. Thin-Walled Structures, 2019, 134: 373-383.

[15] Li X, Zhou X H, Liu J P, et al. Shear behavior of short square tubed steel reinforced concrete columns with high-strength concrete[J]. Steel and Composite Structures, 2019, 32(3): 411-422.

[16] 张裕松. 装配式薄壁钢管混凝土桥墩柱脚抗震性能研究[D]. 重庆: 重庆大学, 2018.

[17] Zhou X H, Liu J P. Seismic behavior and strength of tubed steel reinforced concrete (SRC) short columns[J]. Journal of Constructional Steel Research, 2010, 66(7): 885-896.

[18] Ou Y C, Kurniawan D P. Shear behavior of reinforced concrete columns with high-strength steel and concrete[J]. ACI Structural Journal, 2015, 112(1): 35-46.

[19] American Concrete Institute. Building code requirements for structural concrete and commentary: ACI 318-14[S]. Farmington Hills: American Concrete Institute, 2014.

[20] Mörsch E. Der Eisenbetonbau, seine theorie und anwendung[M]. Stuttgart: Auflage, 1923.

[21] Wang C K, Salmon C G. Reinforced concrete design[M]. New York: Harpercollins, 1979.

第7章　钢管约束钢筋混凝土柱-RC梁节点的静力性能与设计方法

对于钢管约束钢筋混凝土框架梁柱节点，柱混凝土由于受到较强的约束效应，承载力大幅提高，导致整个节点受压时节点核心区有可能相对较弱而先于柱破坏，无法满足“强节点，弱构件”的要求。因此，钢管约束钢筋混凝土梁柱节点的研究应首先从受压性能开始。本章对多种钢管约束钢筋混凝土柱配套节点的受压性能进行了研究，并基于分析结果提出各类节点的受压设计方法，以期为节点在地震作用下的设计计算提供基础和依据。

7.1　圆形截面柱-RC梁节点轴压试验

7.1.1　试验概况

1. 试件设计

以部分钢管贯通式节点和环筋式节点为研究对象，本书作者设计并制作了6个试件。其中，短柱对比试件2个，整体高度与节点试件相同；部分钢管贯通式节点试件3个，考虑节点在实际框架中的空间分布，分别设计为中节点、边节点和角节点；环筋式节点试件1个，取受力最不利的角节点进行研究。

图7.1.1为短柱及节点试件设计图，所有试件高L = 720mm；柱段钢管与节点区钢管规格相同，厚度t = 1.5mm；短柱试件截面直径D = 240mm，柱纵筋4Φ16，配筋率1.8%；对于节点试件，节点区高240mm，节点梁肢外伸长度300mm，梁截面尺寸$b \times h$ = 120mm × 240mm。对于部分钢管贯通式节点，节点区钢管预先开洞，单洞尺寸120mm × 60mm，梁端开洞率50%；对于环筋式节点，开洞尺寸与梁截面相同，梁端开洞率100%，环筋配置2Φ12，间距80mm。

试件基本参数见表7.1.1。试件编号中，CTRC表示短柱试件，小写字母a、b用来区分相同参数的不同试件；CTRCJ表示节点试件，大写字母A、B表示节点类型，A对应部分钢管贯通式节点，B对应环筋式节点，编号末尾的数字代表节点梁肢数目，2、3和4分别对应角节点、边节点和中节点。

混凝土立方体抗压强度f_{cu} = 79.2MPa，轴心抗压强度f_c = 49.8MPa，弹性模量E_c = 31292MPa。钢板及钢筋的材料性能拉伸试验结果见表7.1.2。

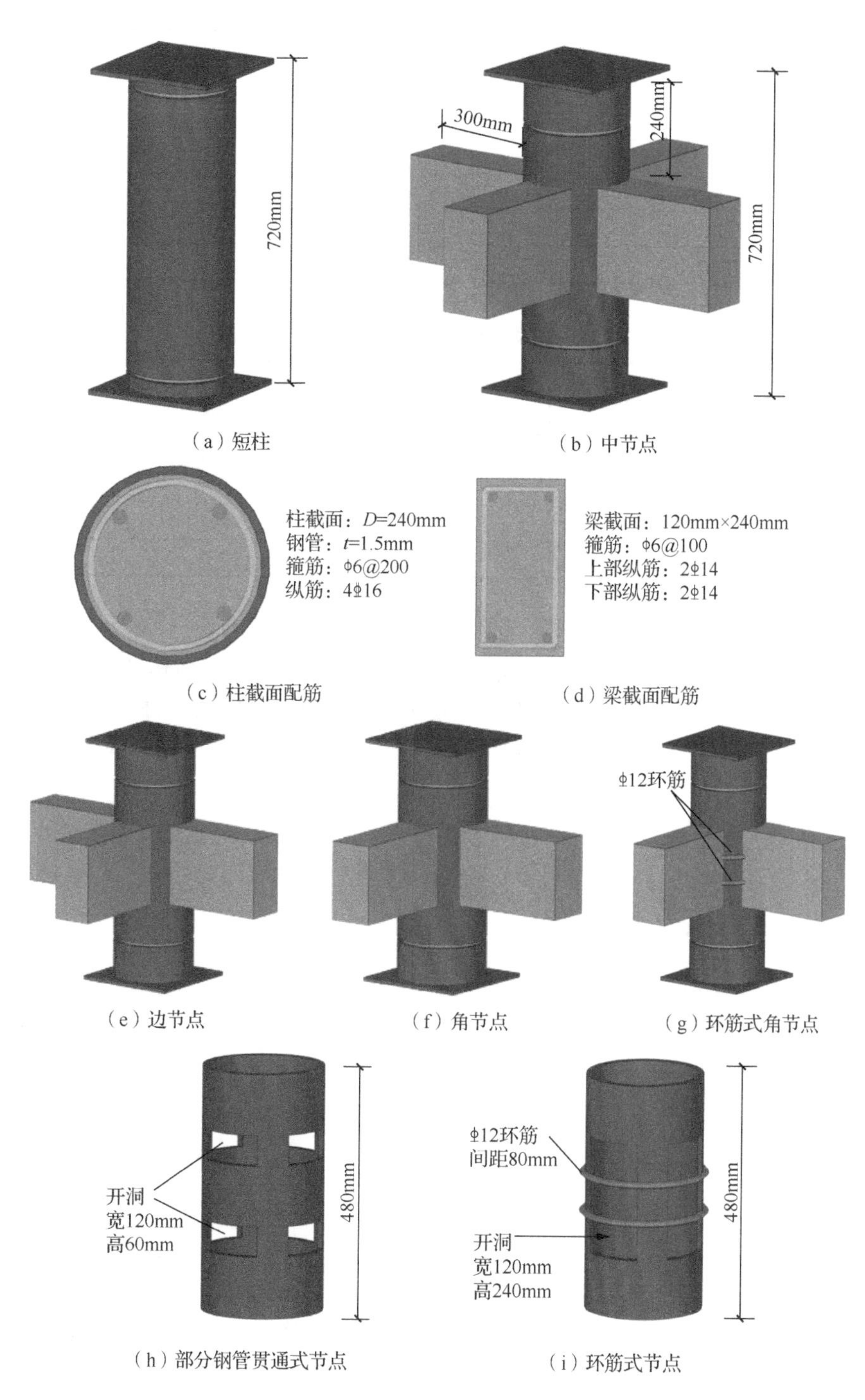

图 7.1.1　短柱及节点试件设计图

表 7.1.1 试件基本参数

组别	试件编号	直径 D/mm	高度 L/mm	钢管厚度 t/mm	节点区	N_{ue}/kN
短柱	CTRC-a	240	720	1.5		3433
	CTRC-b	240	720	1.5		3410
部分钢管贯通式节点	CTRCJ-A-2	240	720	1.5	钢管	3484
	CTRCJ-A-3	240	720	1.5	钢管	3568
	CTRCJ-A-4	240	720	1.5	钢管	3597
环筋式节点	CTRCJ-B-2	240	720	1.5	环筋	3532

表 7.1.2 钢板及钢筋的材料性能拉伸试验结果

类别	实测值/mm	屈服强度 f_y/MPa	极限强度 f_u/MPa	强度等级
钢板	1.49	295.7	388.5	Q235
Φ6 箍筋	5.96	297.5	428.8	HPB300
Φ12 环筋	11.78	357.1	481.5	HRB335
Φ14 纵筋	13.86	382.4	540.3	HRB335
Φ16 纵筋	15.58	415.2	571.4	HRB400

2. 测量方案

静力加载试验在液压压力机上完成，试验过程中轴向荷载由力传感器测得，试件纵向变形由固定在端部的位移传感器测得。为研究节点区钢管的受力机理，在试件中部45°、135°、225°和315°方位均匀布置了4组纵向、横向应变片，如图7.1.2所示。

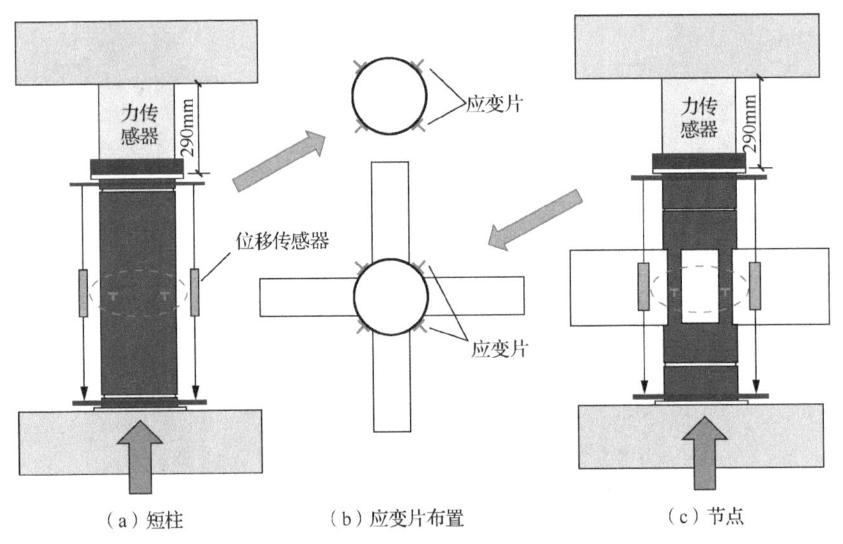

图 7.1.2 加载装置及测量方案

7.1.2 破坏模式

1. 短柱破坏模式

短柱试件发生剪切破坏，剥离钢管后发现剪切角约为52°。对于环筋式角节点，试件发生“压溃+剪切”的协同破坏，承载力及延性均优于对比短柱试件［图 7.1.3］。

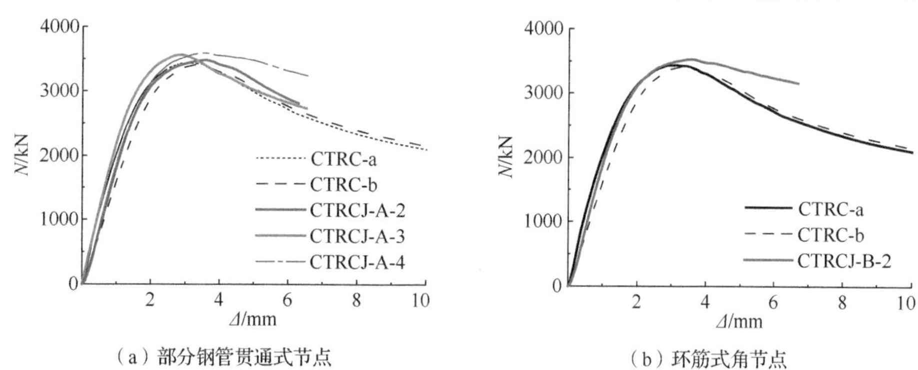

图 7.1.3　荷载–位移曲线

2. 部分钢管贯通式节点破坏模式

对于中节点，上柱部位发生压溃破坏，纵筋压屈。与短柱相比，节点四周梁肢增大了斜剪切面受力面积，使得构件的破坏模式从短柱时的整体剪切破坏转变为节点时的柱体部位压溃破坏（图 7.1.4）。对于边节点，三个梁肢呈非对称分布，无梁肢侧刚度相对较弱，整个试件发生沿弱侧的剪切破坏；②号梁肢在一定程度上限制了剪切面的开展，导致边节点轴压承载力高于对比短柱试件。对于角节点，两个非对称梁肢无法有效限制构件剪切变形的发展，最终呈现出与短柱试件类似的整体剪切破坏。总体来看，节点试件的极限承载力均高于对比短柱试件，且承载力随节点梁肢数目增加而小幅提高。

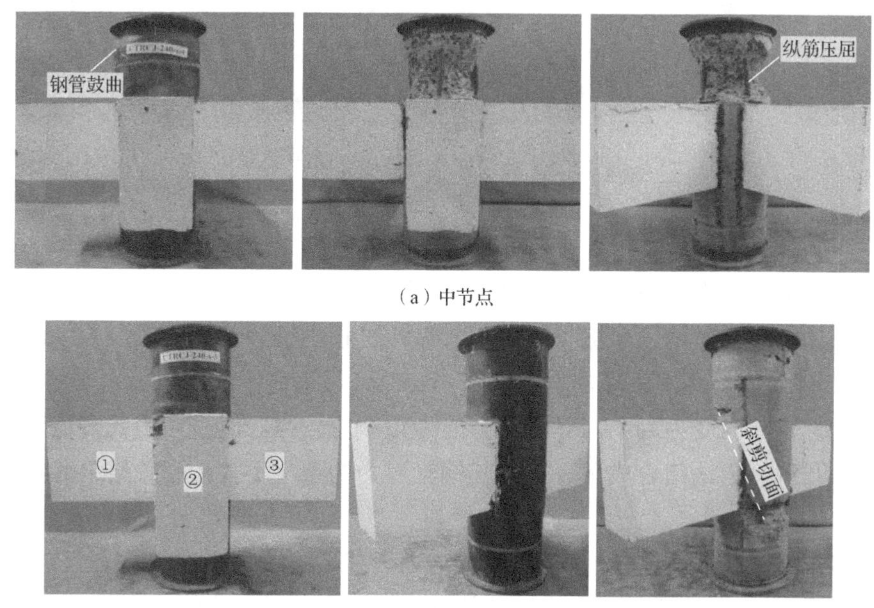

图 7.1.4　部分钢管贯通式节点破坏模式

（c）角节点

图 7.1.4（续）

3. 环筋式角节点破坏模式

从正面看，上柱钢管由于混凝土压溃而局部鼓曲，剥开钢管后发现鼓曲处对应位置纵筋被压屈，整个上柱正面以压溃破坏为主；从背面看，钢管有显著剪切变形产生，剪切变形发展至环筋位置处后被环筋有效限制，最终由斜向剪切变为趋于水平。综合来看，试件发生了“压溃+剪切”的协同破坏（图 7.1.5）。

图 7.1.5 环筋式角节点破坏模式

7.1.3 钢管应力分析

典型试件的荷载-钢管应力曲线如图 7.1.6 所示。对于轴压短柱［图 7.1.6（a）］，混凝土与钢管界面间的黏结、摩擦等因素导致加载过程中钢管仍会有较大的纵向应力产生；峰值荷载时钢管已屈服，环向应力水平（$0.88f_{ty}$）显著高于纵向应力水平（$-0.23f_{ty}$），说明此时钢管以环向受力为主，对混凝土的约束效应较强。对于环筋式节点，钢管在梁肢处整体开洞，无法闭合成环，讨论其钢管应力的意义不大，相关结果此处也不再列出。

对于部分钢管贯通式节点，中间段钢管内嵌于节点梁混凝土中，受力时该部分钢管会承担竖向荷载，故同级荷载下节点试件的钢管纵向应力要明显高于对比短柱试件的结果。峰值前（对于中节点）或接近峰值荷载时（对于边节点和角节点）钢管屈服，此时纵向应力水平（$-0.52f_{ty}$～$-0.68f_{ty}$）与环向应力水平（$0.46f_{ty}$～$0.63f_{ty}$）较为接近，钢管约束效应无法充分发挥。对比三个节点试件的纵向应力结果［图 7.1.6（b)］，可以发现梁肢数目越多，加载过程中钢管的纵向应力越大，这主要是由梁肢数目越多则钢管内嵌于混凝土的比例越大所导致的。

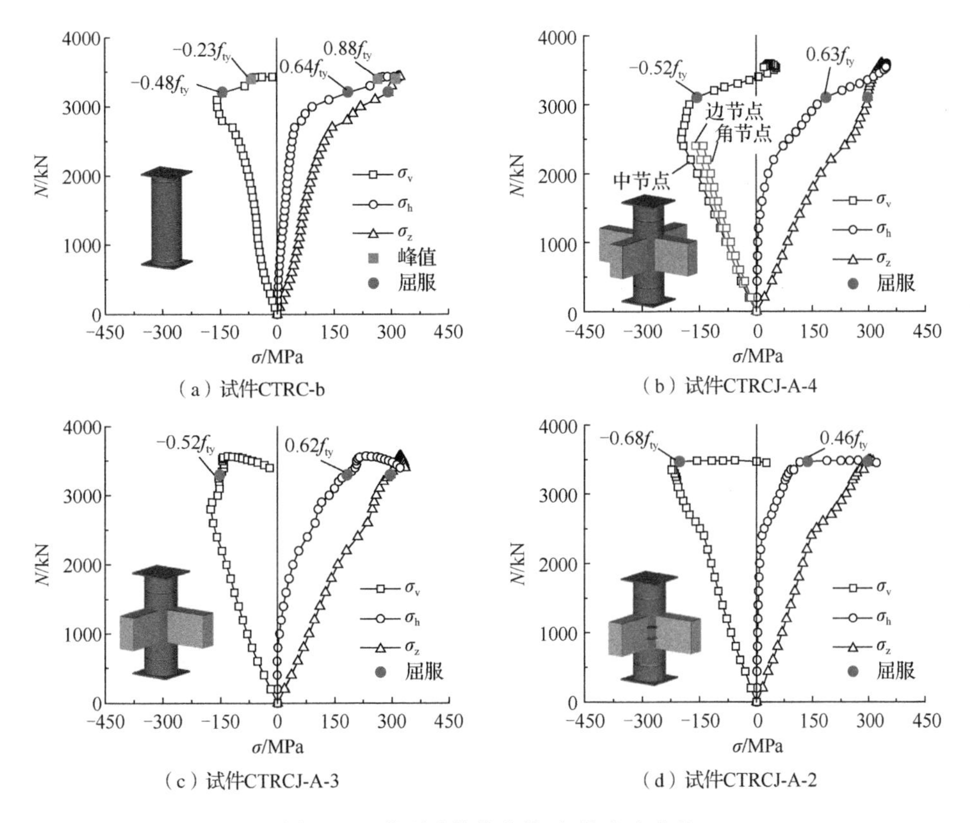

图 7.1.6　典型试件的荷载-钢管应力曲线

7.2　圆形截面柱-RC 梁节点简化分析模型

7.2.1　节点的轴压力学模型

以部分钢管贯通式节点为例介绍简化分析模型，如图 7.2.1 所示。该类节点的节点区钢管相对独立且局部开洞，导致不同高度位置混凝土受到的约束效应存在较大差别［图 7.2.1（a)］。对于区域Ⅰ，钢管主要起约束作用，该区域内混凝土受到的约束效应较强；对于区域Ⅱ，钢管在环向非连续，无法提供有效约束，该区域内混凝土受到的约束效应较弱；对于区域Ⅲ，钢管位于节点核心区，但部分钢管内嵌于混凝土梁中，无法最大限度发挥约束作用，混凝土受到的约束效应介于区域Ⅰ和区域Ⅱ之间。基于上述讨论，轴压节点可按图 7.2.1（b）所示简化分析模型进行分析计算。

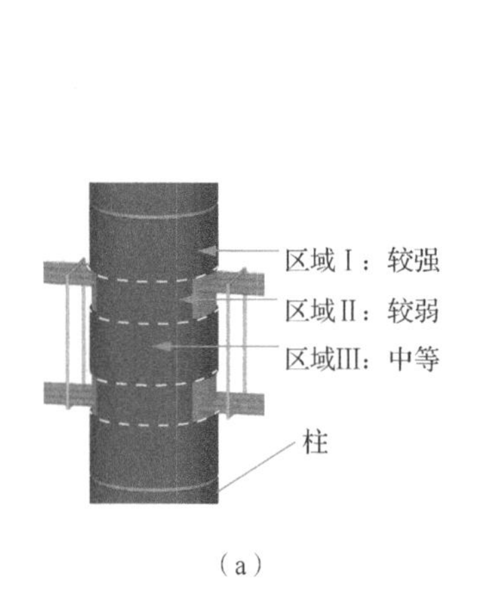

（a）

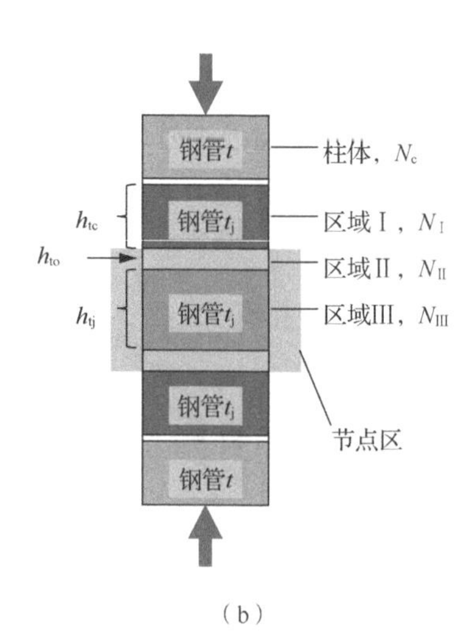

（b）

图 7.2.1 简化分析模型

要实现轴压工况下“强节点，弱构件”的设计要求，需保证节点不同高度区域的截面轴压承载力均高于柱轴压承载力，即

$$N_c < \min\left(N_{\mathrm{I}}, N_{\mathrm{II}}, N_{\mathrm{III}}\right) \tag{7.2.1}$$

式中：N_c——柱轴压承载力；

N_{I}、N_{II}、N_{III}——区域Ⅰ、区域Ⅱ、区域Ⅲ的截面轴压承载力。

三个区域中，区域Ⅱ的截面轴压承载力无疑是最低的，此时式（7.2.1）中仅需计算N_c和N_{II}即可。但确定N_{II}时需明确该区域内混凝土受到的有效约束应力，进而需确定区域Ⅰ和区域Ⅱ钢管对各自区域混凝土的约束效应，故最终仍需对三个区域的截面轴压承载力进行综合讨论。

值得一提的是，节点仅承受轴力时，节点区域会有膨胀变形产生，而节点梁纵筋会在一定程度上限制这种变形，使得节点核心区的有效受压面积沿梁长方向向外扩散，形成“受压扩散区域”。扩散的受压区域无疑会增大节点区的截面轴压承载力，但上述结论是基于梁端空载的试验条件得到的，工程实践中梁多以受弯为主，“一拉一压”的截面受力特点将导致上述扩散效应难以发挥。因此，计算区域Ⅰ、区域Ⅱ和区域Ⅲ的截面轴压承载力时将不考虑上述扩散效应。

7.2.2 极限状态下区域Ⅲ钢管应力分析

对于区域Ⅲ的截面轴压承载力 N_{III}，可参照柱轴压承载力计算模型，将钢管的贡献分两方面考虑：直接承载和被动提供约束。本章虽测得了钢管应力，但研究参数有限，且部分试件节点区未达到极限状态，尚需采用有限元模型进行更详尽的分析。

研究节点区极限状态受力机理时需使试件柱体部位不先于节点区破坏。为此，根据

图 7.2.1 设计了如下有限元标准模型：混凝土强度 f_c=50MPa，节点区钢管屈服强度 $f_{ty,j}$=345MPa，柱体直径 D=300mm，柱体钢管高度取 0.5D，节点区钢管高度 h_{tc}=0.5D，h_{to}=0，h_{tj}=D，钢管开缝高度 10mm，柱体钢管厚度 t 为节点区钢管厚度 t_j 的 3 倍。此外，模型主要为研究节点区钢管的受力机理，故均未在混凝土内配置钢筋笼。

图 7.2.2 为 t_j=2mm 模型对应的计算结果，可以看到，峰值荷载时节点区钢管完全屈服，即节点区发生破坏，符合预期。图 7.2.3 给出了不同受力阶段节点区钢管应力的发展变化。可以看到，由于采用共用节点的方式模拟钢管在混凝土梁中的嵌固作用，荷载达到 70%的峰值承载力时，整个节点区的钢管以纵向受压为主，各位置的环向应力明显小于对应的纵向应力；峰值荷载时，混凝土产生较大的膨胀变形，导致钢管环向应力急剧增大而纵向应力相应减小。

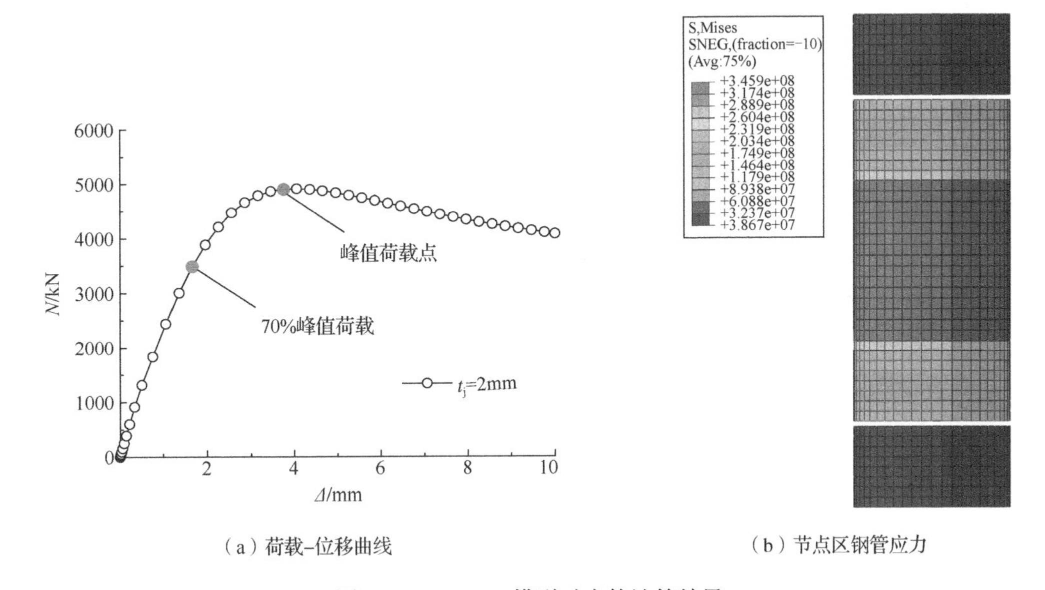

（a）荷载-位移曲线　　（b）节点区钢管应力

图 7.2.2　t_j=2mm 模型对应的计算结果

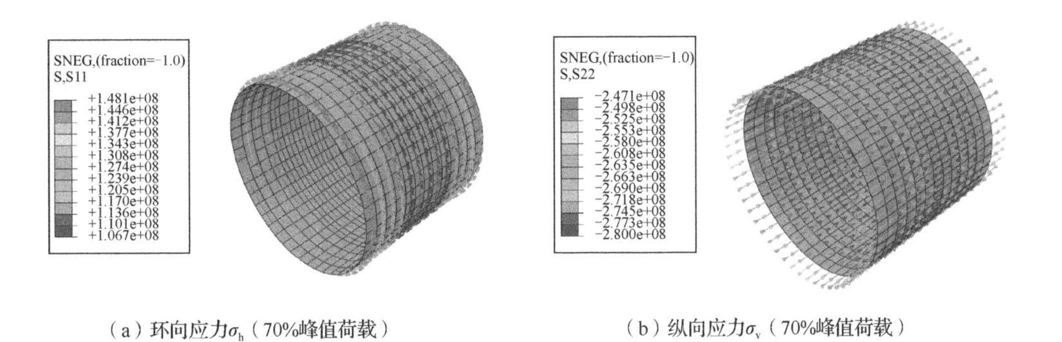

（a）环向应力σ_h（70%峰值荷载）　　（b）纵向应力σ_v（70%峰值荷载）

图 7.2.3　不同受力阶段节点区钢管应力的发展变化

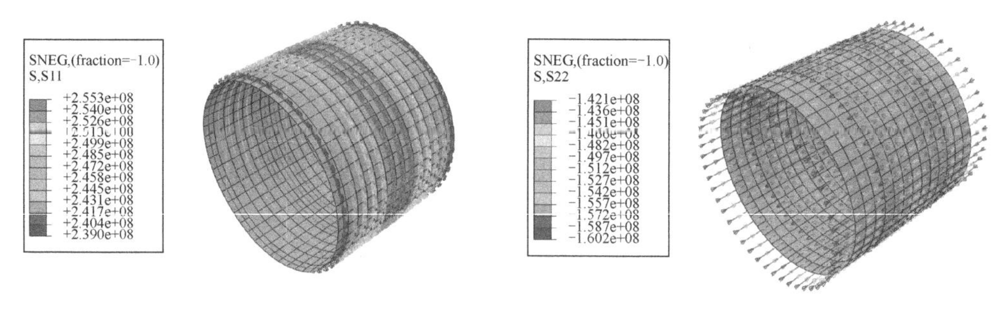

（c）环向应力σ_h（峰值荷载点）　　（d）纵向应力σ_v（峰值荷载点）

图 7.2.3（续）

图 7.2.4 为 t_j=2mm 时节点区钢管应力沿试件高度方向的发展规律。70%峰值荷载时，钢管整体以纵向受压为主，纵向应力随路径长度逐渐累积，呈中间大、两端小的分布规律，平均约为$-0.77f_{ty,j}$；环向应力相对较小，沿高度变化规律与纵向应力相反，平均约为 $0.36f_{ty,j}$。峰值状态时，混凝土显著膨胀，此时钢管以环向受拉为主，且应力沿高度分布趋于均匀，平均环向应力约为 $0.70f_{ty,j}$，平均纵向应力约为$-0.45f_{ty,j}$。

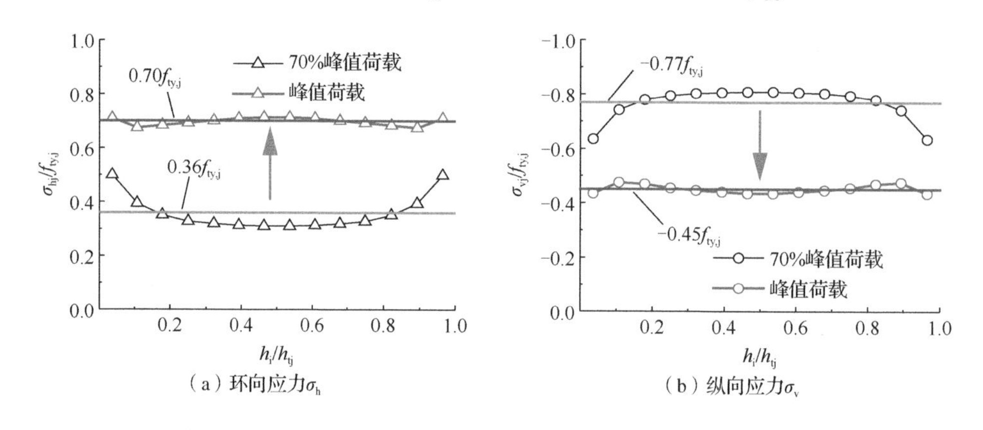

（a）环向应力σ_h　　（b）纵向应力σ_v

图 7.2.4　t_j=2mm 时节点区钢管应力沿试件高度方向的发展规律

图 7.2.5 为峰值荷载时节点区钢管应力参数分析结果，其中环向应力σ_{hj}、纵向应力σ_{vj}均为采用图 7.2.4 所示方法统计得到的平均值。峰值荷载时节点区钢管应力与钢管屈服强度$f_{ty,j}$、混凝土强度f_c、节点区钢管厚度 t_j 及节点区钢管高度 h_{tj} 均存在一定关系。

1）节点区钢管平均环向应力σ_{hj} 随钢管屈服强度 $f_{ty,j}$ 增大而增长，但增长幅度相对较小。

2）混凝土强度越高，其塑性变形能力越差，导致峰值荷载时节点区钢管平均环向应力σ_{hj} 随混凝土强度增大而降低。

3）增大钢管厚度 t_j 可加强钢管对混凝土的约束效应，进而改善混凝土塑性性能，导致峰值荷载时节点区钢管平均环向应力σ_{hj} 随 t_j 增大而增大。

4）节点区钢管高度 h_{tj} 与混凝土和钢管间相对变形的累积密切相关，高度越大，则

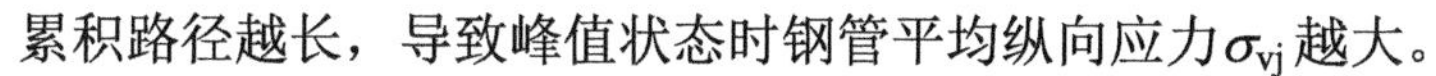

累积路径越长，导致峰值状态时钢管平均纵向应力σ_{vj}越大。

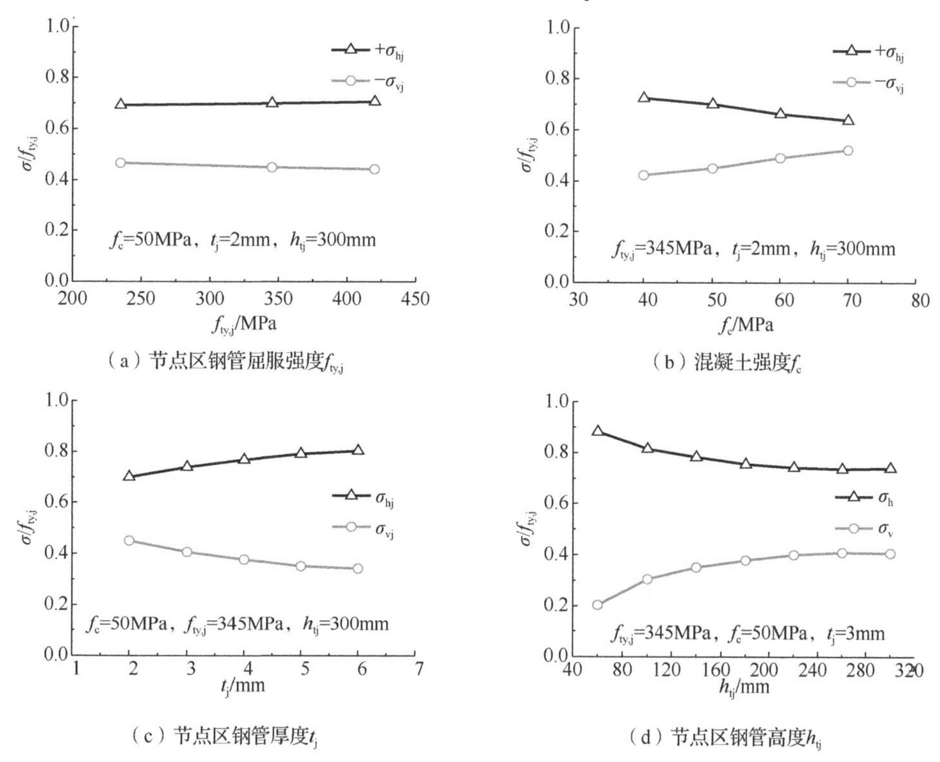

（a）节点区钢管屈服强度$f_{ty,j}$　（b）混凝土强度f_c

（c）节点区钢管厚度t_j　（d）节点区钢管高度h_{tj}

图 7.2.5　峰值荷载时节点区钢管应力参数分析结果

依据参数分析结果给出了用于估算峰值荷载时节点区钢管应力的经验公式（图 7.2.6），见式（7.2.2）～式（7.2.3）。

$$\sigma_{hj} = k_h f_{ty,j} = \left[0.027 \frac{t_j}{\left(h_{tj} / D \right)^{0.67}} - 0.0031 f_c + 0.803 \right] f_{ty,j} \tag{7.2.2}$$

$$\sigma_{vj} = -k_v f_{ty,j} = -\left[-0.029 \frac{t_j}{\left(h_{tj} / D \right)^{0.79}} + 0.0036 f_c + 0.327 \right] f_{ty,j} \tag{7.2.3}$$

式中：σ_{hj}——峰值状态时节点区钢管的平均环向应力；

σ_{vj}——峰值状态时节点区钢管的平均纵向应力；

k_h——峰值状态时节点区钢管平均环向应力与屈服强度比值；

k_v——峰值状态时节点区钢管平均纵向应力与屈服强度比值；

t_j——节点区钢管厚度；

h_{tj}——节点区钢管高度。

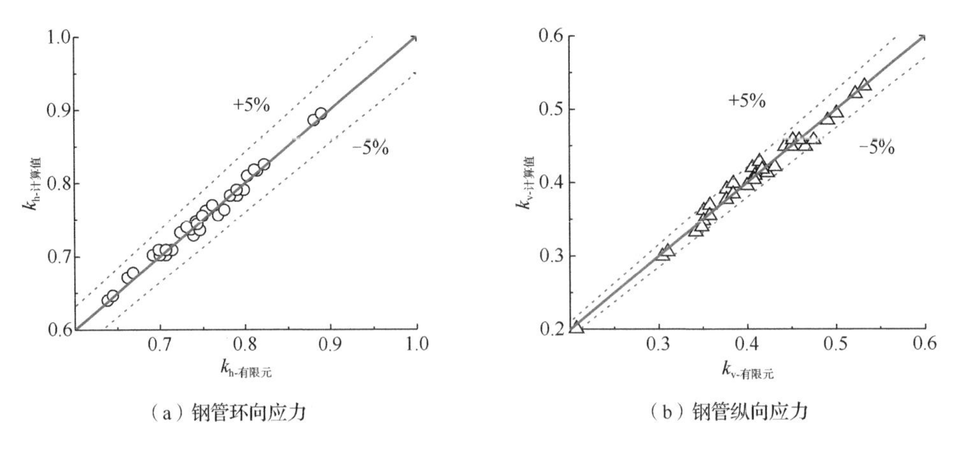

（a）钢管环向应力　　（b）钢管纵向应力

图 7.2.6　预测结果对比

7.3　圆形截面柱-RC 梁节点轴压设计方法

7.3.1　部分钢管贯通式节点

1. 区域Ⅱ的截面轴压承载力

在已知区域Ⅰ和区域Ⅲ内混凝土有效约束力的条件下，可采用 Mander 模型来计算区域Ⅱ的截面轴压承载力 N_{II}，如图 7.3.1 所示。区域Ⅱ的混凝土有效约束应力 f_{eII} 可采用下式计算：

$$f_{\text{eII}} = k_{\text{eII}} f_{\text{II}} \tag{7.3.1}$$

式中：f_{II}——钢管对区域Ⅱ混凝土的约束应力，$f_{\text{II}} = \left(f_{\text{I}} + f_{\text{III}}\right)/2$；

k_{eII}——截面有效约束系数，即

$$k_{\text{eII}} = \frac{A_{\text{eII}}}{A_{\text{c}}} = \frac{\left(D - h_{\text{to}}/2\right)^2}{D^2} \tag{7.3.2}$$

其中：A_{eII}——混凝土有效约束面积，$A_{\text{eII}} = \pi D_{\text{eII}}^2/4$；

A_{c}——混凝土毛截面面积，$A_{\text{c}} = \pi D^2/4$。

钢管对区域Ⅰ、区域Ⅱ混凝土的有效约束应力可分别计算为

$$f_{\text{I}} = \frac{2t_{\text{j}} f_{\text{ty,j}}}{D - 2t_{\text{j}}} \tag{7.3.3}$$

$$f_{\text{II}} = \frac{2k_{\text{h}} t_{\text{j}} f_{\text{ty,j}}}{D - 2t_{\text{j}}} \tag{7.3.4}$$

综上所述，区域Ⅱ的截面轴压承载力 N_{II} 为

$$N_{\text{II}} = f_{\text{ccII}} A_{\text{c}} + f_{\text{by}} A_{\text{b}} \tag{7.3.5}$$

式中：f_{ccII}——区域Ⅱ对应的约束混凝土强度，可按 Mander 公式计算，即

$$f_{\mathrm{ccII}} = f_{\mathrm{c}}\left(-1.254 + 2.254\sqrt{1 + 7.94\frac{f_{\mathrm{eII}}}{f_{\mathrm{c}}}} - 2\frac{f_{\mathrm{eII}}}{f_{\mathrm{c}}}\right) \tag{7.3.6}$$

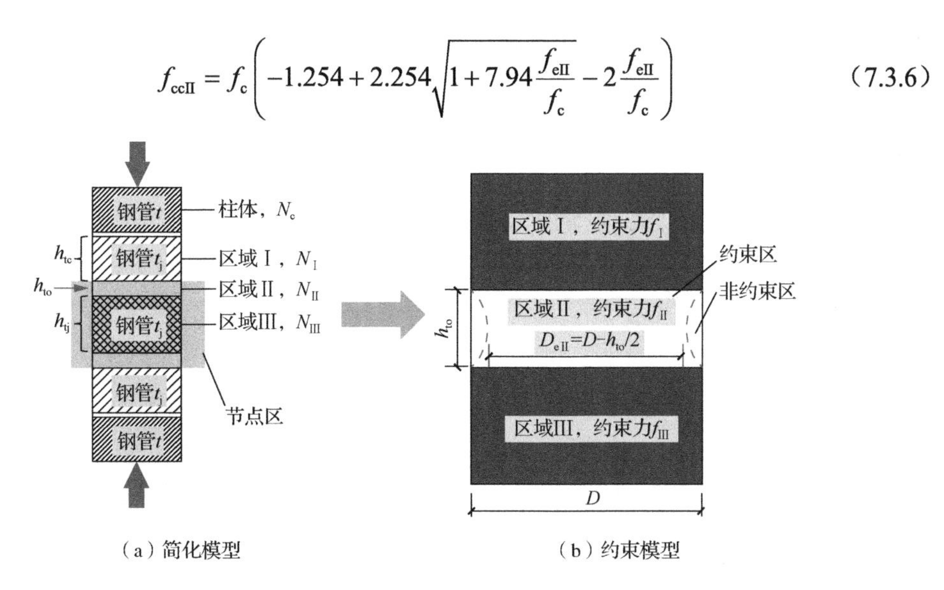

图 7.3.1　部分钢管贯通式节点计算模型

2. 节点区钢管厚度取值

节点区钢管开洞导致其轴压承载力存在一定程度削弱，此时需通过增加节点区独立段钢管厚度来达到局部补强的目的。在简化模型中，区域Ⅱ为薄弱区域，其截面轴压承载力 N_{II} 相对较低，即

$$N_{\mathrm{c}} < N_{\mathrm{II}} = \min\left(N_{\mathrm{I}}, N_{\mathrm{II}}, N_{\mathrm{III}}\right) \tag{7.3.7}$$

进行节点轴压工况下的设计计算时，可先根据结构内力确定柱截面尺寸及钢管、钢筋配置，再根据已知条件按式（3.4.1）计算出柱轴压承载力 N_{c}，通过保证 $N_{\mathrm{II}}>N_{\mathrm{c}}$ 即可确定节点区的钢管配置。

上述确定节点区钢管配置的过程稍显烦琐，实际应用时可偏保守地对其进行简化处理。单根柱的构件承载力可偏安全地采用超短柱时的截面轴压承载力替代，此时钢管在受力过程中的纵向应力较小，计算时可忽略该项因素的影响，认为钢管仅对混凝土提供约束而不承担纵向荷载，即

$$N_{\mathrm{c}} = f_{\mathrm{cc}}A_{\mathrm{c}} + f_{\mathrm{b}}A_{\mathrm{b}} \tag{7.3.8}$$

式中计算 f_{cc} 时钢管的环向应力取节点区钢管屈服强度 $f_{\mathrm{ty,j}}$。

此时，要保证区域Ⅱ截面轴压承载力 N_{II} 高于柱轴压承载力 N_{c}，仅需使区域Ⅱ混凝土受到的有效约束应力 f_{eII} 高于柱体混凝土即可，即

$$f_{\mathrm{eII}} = k_{\mathrm{eII}}(1 + k_{\mathrm{h}})\frac{t_{\mathrm{j}} f_{\mathrm{ty,j}}}{D - 2t_{\mathrm{j}}} > f_l = \frac{2tf_{\mathrm{ty}}}{D - 2t} \tag{7.3.9}$$

由于钢管较薄，t、t_{j} 均远小于截面直径 D，此时 $D-2t \approx D-2t_{\mathrm{j}}$，式（7.3.9）可进一步简化为

$$t_{\mathrm{j}} > \frac{2tf_{\mathrm{ty}}}{(1 + k_{\mathrm{h}})k_{\mathrm{eII}} f_{\mathrm{ty,j}}} \tag{7.3.10}$$

式中：k_h——系数，与节点区钢管厚度 t_j 有关，通过求解一元二次方程即可确定最终 t_j 取值。

7.3.2　环筋式节点

对于环筋式节点，节点区钢管仅用来固定环筋并充当混凝土浇筑模板，通常选用与柱体相同规格的钢管制作即可，此时相应计算模型如图 7.3.2 所示，图中 h_s 表示环筋间距。

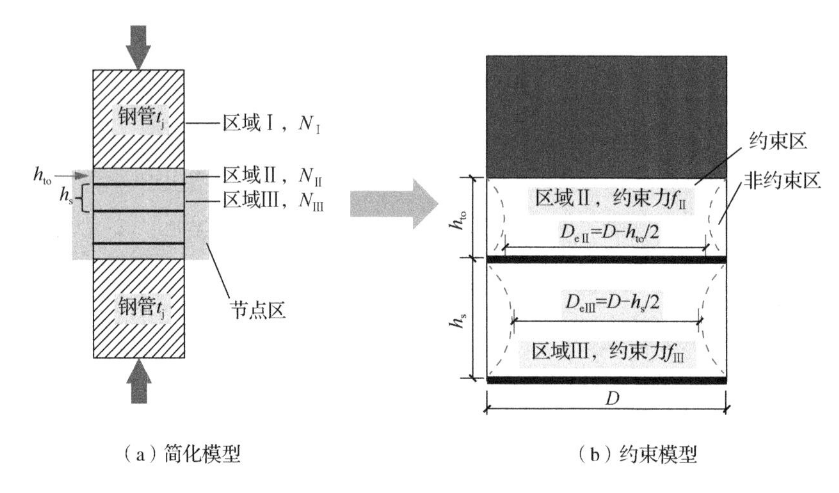

（a）简化模型　　（b）约束模型

图 7.3.2　环筋式节点计算模型

与部分钢管贯通式节点类似，仅需比较各区域内混凝土有效约束应力即可完成环筋设计，即

$$f_Ⅰ = \frac{2t_j f_{ty,j}}{D-2t_j} \tag{7.3.11}$$

$$f_{eⅡ} = k_{eⅡ}\left(\frac{t_j f_{ty,j}}{D-2t_j} + \frac{A_{tb} f_{tby}}{h_{to} D}\right) \tag{7.3.12}$$

$$f_{eⅢ} = k_{eⅢ}\frac{2A_{tb} f_{tby}}{h_s D} \tag{7.3.13}$$

式中：A_{tb}——单根环筋截面面积；

f_{tby}——环筋屈服强度；

$k_{eⅡ}$——区域Ⅱ混凝土有效约束系数，$k_{eⅡ}=(1-0.5h_{to}/D)^2$；

$k_{eⅢ}$——区域Ⅲ混凝土有效约束系数，$k_{eⅢ}=(1-0.5h_s/D)^2$。

与部分钢管贯通式节点不同，对于环筋式节点，区域Ⅰ和区域Ⅱ均可能是控制截面，需分别进行验算，即

$$\frac{A_{tb}}{h_{to}} > \left(\frac{2}{k_{eⅡ}} - 1\right)\frac{t_j f_{ty,j}}{f_{tby}} \tag{7.3.14}$$

$$\frac{A_{tb}}{h_{ts}} > \frac{t_j f_{ty,j}}{k_{eIII} f_{tby}} \tag{7.3.15}$$

7.4　圆形截面柱-RC 梁节点梁端联结面设计建议

直剪破坏又称剪切摩擦破坏，与斜截面受剪破坏不同，其破坏面一般与荷载作用方向平行，牛腿根部、预制构件连接处、剪力墙施工缝、组合结构复合面等均涉及界面直接受剪问题。对于部分钢管贯通式节点，节点区钢管将梁端面混凝土与节点区混凝土隔开，当梁端剪力较大且作用点距离端部较近时，可能会发生联结面［图 7.4.1（a)］的直剪破坏。设计时需至少保证联结面的直接受剪承载力高于设计剪力；或可通过构造措施保证联结面的直接受剪承载力高于梁的斜截面受剪承载力，此时可不进行联结面直接受剪验算，按照常规思路验算斜截面受剪即可。

当梁端承受均布荷载时，节点区域的受力模式与 Mörsch[1]的混凝土直接受剪试验类似［图 7.4.1（b)］。在 Mörsch 的试验中试件的剪切面除受剪外，还会因“拱效应”而承受局部压力，导致破坏剪切面形成锯齿状裂缝，锯齿两个方向分别由混凝土受压强度、受拉强度控制，剪切面的平均抗剪强度为

$$\tau_0 = k\sqrt{f_c f_t} \tag{7.4.1}$$

式中：k——修正系数，根据 Mörsch 的试验的结果可取 0.75。

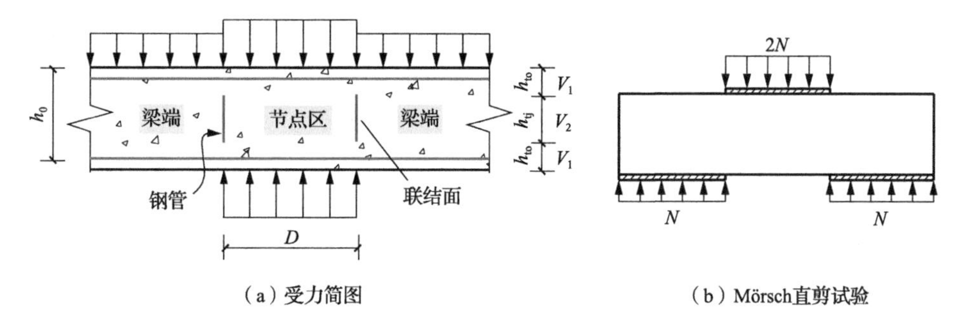

（a）受力简图　（b）Mörsch直剪试验

图 7.4.1　节点联结面的直剪示意图

对于界面直接受剪承载力的计算，影响较大的为 Birkeland 等[2]提出的剪切-摩擦模型。该模型认为直剪面的裂缝发展呈锯齿形，如图 7.4.2 所示。在剪力的作用下，裂缝发生与剪力同向的滑移 s，并产生与剪力方向垂直的位移 w。位移 w 使钢筋产生拉力，附近混凝土的压力与之平衡。设混凝土界面的摩擦系数为μ，则剪切面承担的剪力 V 可用式（7.4.2）计算。在钢筋具有足够的锚固长度且适筋的条件下，认为钢筋屈服时界面受剪失效。

$$V = \mu \sum \sigma_{ci} A_{ci} = \mu \sum \sigma_{si} A_{si} \tag{7.4.2}$$

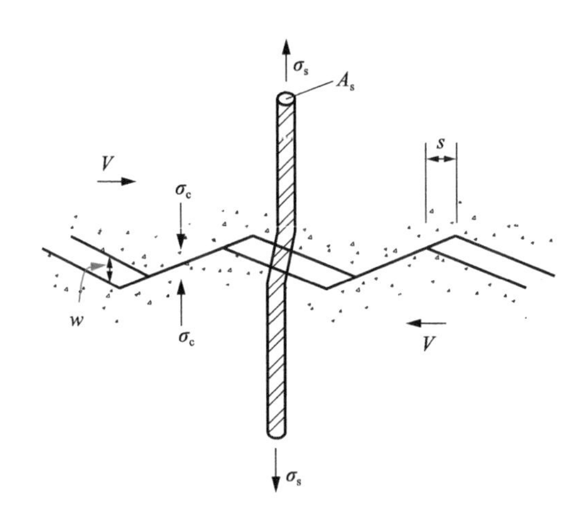

图 7.4.2 Birkeland 等[2]提出的剪切-摩擦模型

由于未进行相关试验，本书节点梁端联结面的直接受剪设计仅能参考国内外相关规范、规程进行，鉴于不同规范、规程的规定差别较大，此处将进行必要的对比论证。

（1）美国 ACI 318-14

美国 ACI 318-14[3]规定，当薄弱部位可能使构件在潜在的既定平面内发生滑移时，如不同材料的界面、不同时期浇筑的混凝土界面等，应采用下式验算界面的直接受剪承载力，即

$$V = A_s f_y \left(\mu \sin\alpha + \cos\alpha\right) \tag{7.4.3}$$

式中：μ——界面摩擦系数；

A_s——受剪钢筋面积；

f_y——受剪钢筋屈服强度；

α——受剪钢筋与剪切平面的夹角。

对于整浇混凝土，规范建议摩擦系数取 1.4，并规定 V 不大于 $0.2f_cA_g$、$(3.3+0.08f_c)A_g$ 和 $11A_g$ 三者的较小值，f_y 的取值不大于 420MPa。美国预制混凝土行业委员会推荐的设计手册[4]中相关计算公式与式（7.4.3）相同，仅摩擦系数及限值有所差别。

（2）欧洲 Eurocode 2

欧洲 Eurocode 2[5]规定，对不同时期浇筑的混凝土应按下式进行界面的直接受剪承载力验算：

$$V = cf_tA_g + \mu N + A_s f_y \left(\mu \sin\alpha + \cos\alpha\right) \leqslant 0.5\nu f_c A_g \tag{7.4.4}$$

式中：c——与界面粗糙度相关的系数，对钢与混凝土界面取 0.25，对表面经过粗糙处理的新旧混凝土界面取 0.45；

μ——界面摩擦系数，对钢与混凝土界面取 0.5，对表面经过粗糙处理的新旧混凝土界面取 0.7；

N——垂直于界面的轴力，$N \leqslant 0.6f_cA_g$，当 N 为拉力时，式（7.4.4）第一项取 0；

A_g——混凝土毛截面面积；

ν——混凝土的剪切开裂折减系数，$\nu = 0.6\left(1-\dfrac{f_{ck}}{250}\right)$；

f_{ck}——混凝土抗压强度标准值。

（3）加拿大 CSA A23.3-04

加拿大 CSA A23.3-04[6]规定，混凝土的界面直剪承载力为

$$V = cA_g + \mu\left(N + A_s f_y \sin\alpha\right) + A_s f_y \cos\alpha \tag{7.4.5}$$

式中：c——对整浇混凝土取 1.0MPa，对钢-混凝土组合界面取 0；

μ——对整浇混凝土取 1.4，对设置有栓钉或抗剪钢筋的钢-混凝土组合界面取 0.6。

同时，CSA A23.3-04 还规定式（7.4.5）中的第二项 $\mu\left(N + A_s f_y \sin\alpha\right)$ 计算值大于 $0.25f_cA_g$ 时，取 $\mu\left(N + A_s f_y \sin\alpha\right) = 0.25 f_c A_g$。

（4）我国《混凝土结构设计规范（2015 年版）》（GB 50010—2010）

我国《混凝土结构设计规范（2015 年版）》（GB 50010—2010）[7]并未对混凝土界面的直接受剪性能进行明确规定，但在验算剪力墙水平施工缝处的受剪承载力时给出了如下公式：

$$V = 0.6A_s f_y + 0.8N \tag{7.4.6}$$

（5）我国《装配式混凝土结构技术规程》（JGJ 1—2014）

《装配式混凝土结构技术规程》（JGJ 1—2014）规定，叠合梁端竖向接缝的受剪承载力应按下列公式计算：

非抗震设计时

$$V = 0.07 f_c A_{c1} + 0.10 f_c A_k + 1.65 A_s \sqrt{f_c f_y} \tag{7.4.7}$$

抗震设计时

$$V = 0.04 f_c A_{c1} + 0.06 f_c A_k + 1.65 A_s \sqrt{f_c f_y} \tag{7.4.8}$$

式中：A_{c1}——叠合梁端截面后浇混凝土叠合层面积；

A_k——预制构件键槽根部截面面积之和。

同时，《装配式混凝土结构技术规程》（JGJ 1—2014）还对预制剪力墙水平接缝的受剪承载力进行了规定，与式（7.4.6）类似，但轴力项的系数由 0.8 降低为 0.6。

图 7.4.3 给出了各国规程、规范计算结果的对比。算例中，直接受剪截面取 200mm×350mm，钢筋屈服强度取 300MPa，界面轴力 N 取 0。对比图 7.4.3 中计算结果，结合上文的计算规定，可得如下结论：

1）美国 ACI 318-14 给出的设计公式源于剪切-摩擦模型，形式简单，便于应用；模型中剪力由界面静摩擦力平衡，未考虑混凝土自身直接受剪的贡献，故在低配筋率偏于保守；配筋率较高时，裂缝界面混凝土会先于钢筋屈服被压碎，类似超筋破坏，此时界面的直接受剪承载力由混凝土强度控制，不再随配筋率增大而增加，故 ACI 318-14

给出了上限值来保证公式的安全性；此外，ACI 318-14 给出的上限值限定条件较多，当混凝土强度较高时，其计算结果相比其他规范偏于保守。

2）欧洲 Eurocode 2 考虑了混凝土直接受剪对界面受剪性能的影响，但未对整浇混凝土的界面参数进行规定，本书计算过程中选用表面经粗糙处理的新旧混凝土界面参数来代替，造成计算结果在常用配筋率范围内相对较小。

3）加拿大 CSA A23.3-04 的计算式与欧洲 Eurocode 2 的形式相似，也考虑了混凝土直接受剪对界面受剪性能的影响，但 CSA A23.3-04 中该项为定值，与混凝土强度无关，似乎不太合理；CSA A23.3-04 对整浇混凝土界面参数作了与美国 ACI 318-14 相同的规定；此外，CSA A23.3-04 对界面受剪承载力上限值也作了规定，但未考虑高强混凝土时的脆性折减，应用于高强混凝土时可能会偏不安全。

4）我国《混凝土结构设计规范（2015 年版）》（GB 50010—2010）中的公式主要用于剪力墙施工缝处的受剪承载力验算，剪力墙多承受较大的轴向荷载，通常情况式（7.4.6）中轴力项所占比值较大，但本书算例中均未考虑轴力的影响，导致公式的计算结果相对较低。

5）我国《装配式混凝土结构技术规程》（JGJ 1—2014）的计算公式主要用于叠合梁端的界面验算，本书计算过程中将式（7.4.7）中的 A_{c1} 采用 A_g 替换，从图 7.4.3 可以看出，规程的计算公式并不适合梁端直剪破坏的验算，其计算结果与其他对比结果相差较大。

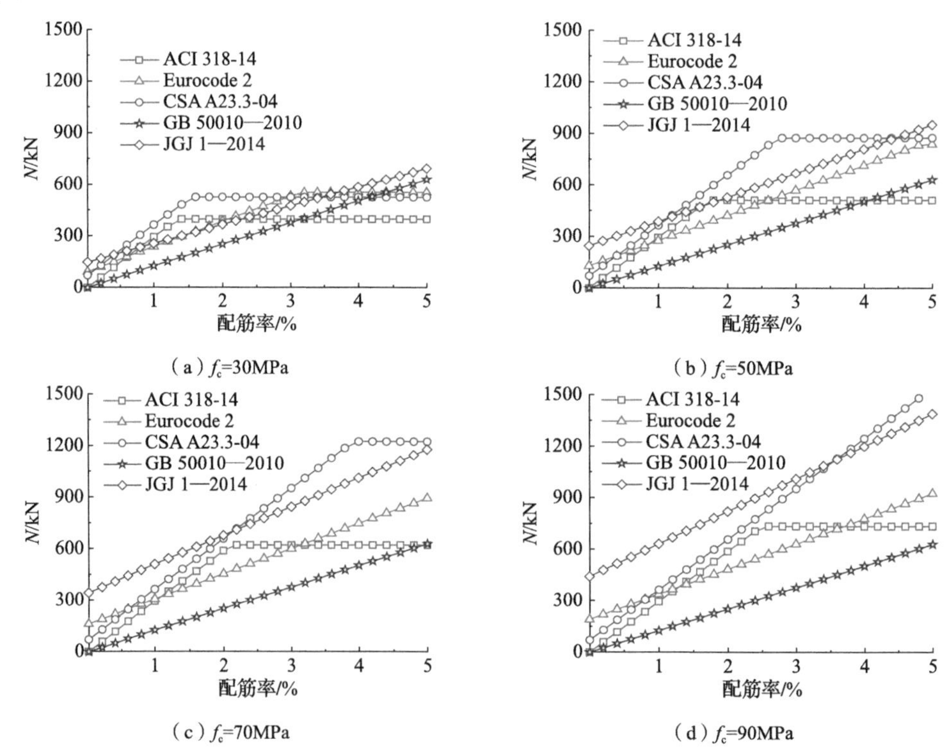

图 7.4.3　各国规程、规范计算结果对比

通过上述分析对比可以发现，欧洲 Eurocode 2 的公式形式及承载力限值相对合理，对钢-混凝土组合界面的规定较为详尽，但缺少关于整浇混凝土界面摩擦系数的规定；美国 ACI 318-14 及加拿大 CSA A23.3-04 的计算公式各有优缺点，但两者对整浇混凝土界面摩擦系数进行了相同的规定。受此启发，对于本书节点试件的梁端界面，可采用欧洲 Eurocode 2 的公式形式并结合美国 ACI 318-14 推荐的摩擦系数进行直接受剪承载力验算。欧洲 Eurocode 2 相比美国 ACI 318-14 还考虑了轴向压力对界面受剪承载力的影响，但通常情况下混凝土梁以受弯为主，故对于本书节点，梁端直接受剪验算时将不考虑轴力带来的影响。综上所述，建议按下列公式计算梁端界面的直接受剪承载力，即

$$V = 2V_1 + V_2 \tag{7.4.9}$$

$$V_1 = c_1 f_t A_1 + \frac{h_{to}}{h}(\mu_1 \sin\alpha + \cos\alpha)\sum A_s f_y \leqslant 0.5\nu f_c A_1 \tag{7.4.10}$$

$$V_2 = c_2 f_t A_2 + \frac{h_{tj}}{h}(\mu_2 \sin\alpha + \cos\alpha)\sum A_s f_y \leqslant 0.5\nu f_c A_2 \tag{7.4.11}$$

式中：V_1、V_2——分别为梁端混凝土界面、钢-混凝土组合界面的直接受剪承载力，详见图 7.4.1（a）。

c_1、c_2——与界面粗糙度相关的系数，对整浇混凝土界面，c_1 取 0.5；对钢-混凝土组合界面，当设置有栓钉或其他类型的抗剪件时，c_2 取 0.25，未设置时，c_2 取 0。

μ_1、μ_2——对整浇混凝土界面，μ_1 取 1.4；对钢-混凝土组合界面，当设置有栓钉或其他类型的抗剪件时，μ_2 取 0.5，未设置时，μ_2 取 0。

A_1、A_2——分别为混凝土直剪面面积、钢-混凝土直剪面面积，可近似按 $A_1 = bh_{to}$、$A_2 = bh_{tj}$ 计算。

h_{to}、h_{tj}——分别为混凝土直剪面高度、钢-混凝土直剪面高度，如图 7.4.1（a）所示。

f_t——混凝土受拉强度。

$\sum A_s$——梁纵筋截面面积之和。

ν——混凝土的剪切开裂折减系数，$\nu = 0.6\left(1 - \dfrac{f_{co}}{200}\right)$。

对于部分钢管贯通式节点，设计时梁体除需进行常规的斜截面受剪验算外，还需按式（7.4.9）对梁端联结面进行直接受剪承载力验算，即需要两种情况下的验算均满足要求。通常情况下，梁的界面直接受剪承载力要大于对应的斜截面受剪承载力。对于本书节点，若开洞高度 h_{to} 取值合理，则可保证梁端联结面的直接受剪承载力 V 在任何情况下均大于梁斜截面受剪承载力 V_{cs}，此时可不再对联结面进行单独的受剪验算。对于未配置弯起钢筋的矩形截面梁，我国《混凝土结构设计规范（2015 年版）》（GB 50010—2010）规定其斜截面受剪承载力按下式计算：

$$V_{cs} = \alpha_{cv} f_t b h_0 + f_{yv}\frac{A_{sv}}{s}h_0 \tag{7.4.12}$$

式中：α_{cv}——斜截面混凝土受剪承载力系数，对于一般受弯构件取 0.7；对于集中荷载作用下的独立梁，取 $\alpha_{cv} = \dfrac{1.75}{\lambda + 1}$；$\lambda$ 为计算截面的剪跨比，可取 $\lambda = a/h_0$，当 λ 小于 1.5 时，取 1.5，当 λ 大于 3 时，取 3；a 为集中荷载作用点到支座截面或节点边缘的距离。

h_0——梁截面有效高度。

$f_{yv}\dfrac{A_{sv}}{s}h_0$——梁箍筋提供的受剪承载力。

图 7.4.4 给出了梁端开洞高度限值。算例中，剪跨比取 1.5［《混凝土结构设计规范（2015 年版）》（GB 50010—2010）规定的最小值］，梁纵筋取最小配筋率，箍筋按一级抗震加密设置，钢-混凝土组合界面按未设置抗剪栓钉计算。可以看到，当开洞高度 h_{to} 与梁高 h 的比值不小于 0.25 时，可保证联结面的直接受剪承载力 V 大于梁的斜截面受剪承载力 V_{cs}。算例中 V 按最小配筋率计算，为《混凝土结构设计规范（2015 年版）》（GB 50010—2010）中构造对应的下限值；而 V_{cs} 按一级抗震计算，为《混凝土结构设计规范（2015 年版）》（GB 50010—2010）中构造要求的上限值。因此，上述结论对于绝大多数工况均是适用的。基于上述分析，在常见梁高宽比范围内（h/b=1.7～4.0），可将 h_{to}/h=0.25 作为界限值，当梁局部开洞比例高于界限值时，可不再对联结面直接受剪承载力进行验算。

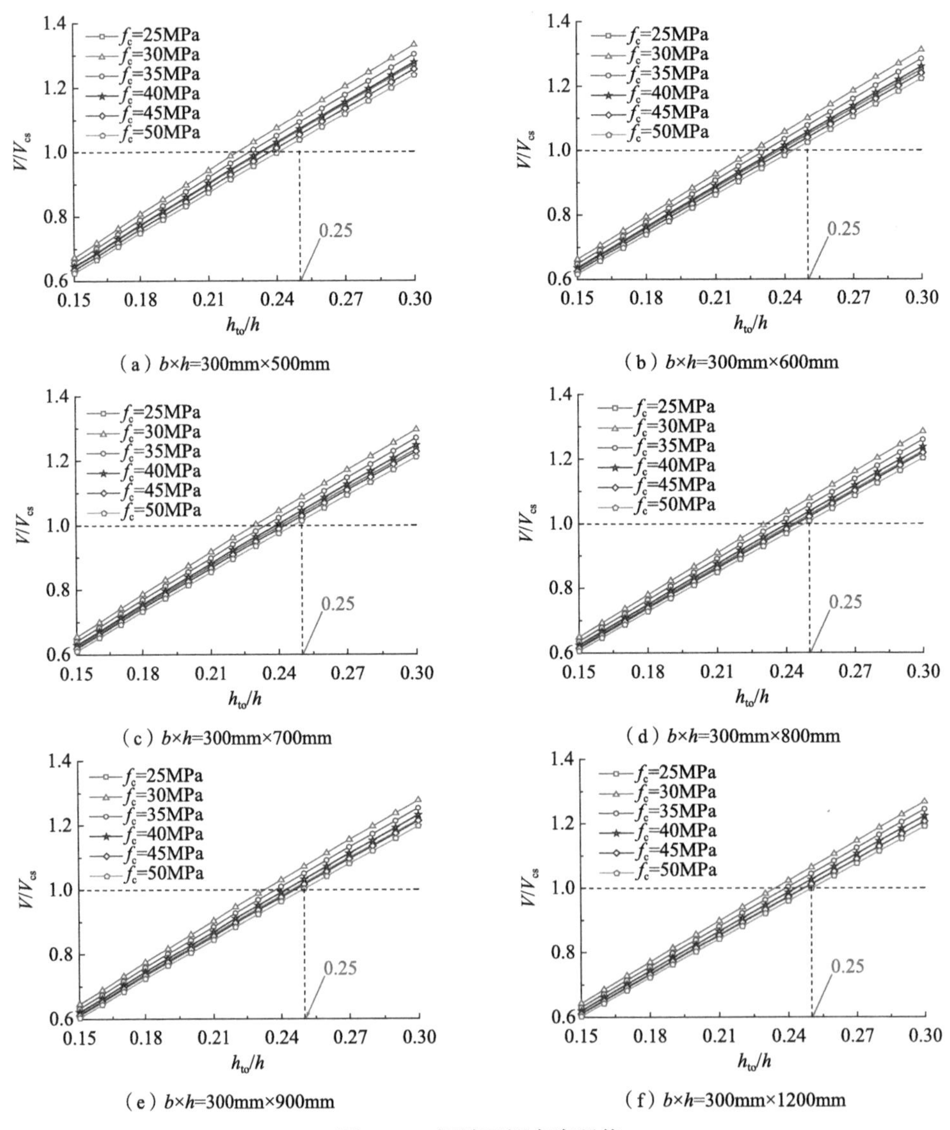

（a）$b\times h$=300mm×500mm

（b）$b\times h$=300mm×600mm

（c）$b\times h$=300mm×700mm

（d）$b\times h$=300mm×800mm

（e）$b\times h$=300mm×900mm

（f）$b\times h$=300mm×1200mm

图 7.4.4　梁端开洞高度限值

7.5　方形截面柱-RC 梁节点轴压试验

7.5.1　试验概况

方形截面梁柱节点试件的轴压试验分两个批次进行，共计 24 个节点试件和 7 个短柱对比试件。其中第一批试件完全按照钢筋混凝土构造设计，未进行节点区额外补强；第二批试件在梁端加腋，以此来增强节点区受压能力（图 7.5.1）。

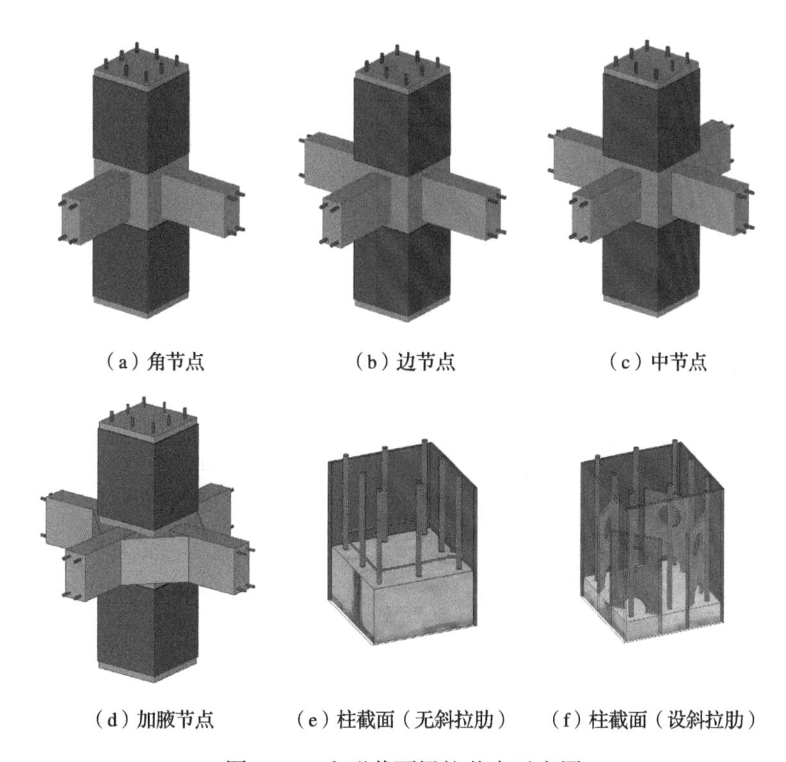

（a）角节点　（b）边节点　（c）中节点

（d）加腋节点　（e）柱截面（无斜拉肋）　（f）柱截面（设斜拉肋）

图 7.5.1　方形截面梁柱节点示意图

对于第一批试验的节点［图 7.5.2（a）］，节点与短柱对比试件的参数相同，短柱边长 200mm，柱高 600mm，钢管厚度 1.5mm，柱截面纵筋为 8ϕ20，箍筋为ϕ8@200；节点区高度有 140mm 和 180mm 两种，对应梁截面尺寸分别为 70mm×140mm×140mm、90mm×180mm×180mm；节点区配置 3 层ϕ10 的箍筋。第二批为加腋节点［图 7.5.2（b）］，试件边长有 200mm 和 240mm 两种，对应试件高度 600mm 和 720mm，加腋区配置有三层斜筋，节点区箍筋加密处理ϕ10@50。试件基本参数及材料性能分别见表 7.5.1 和表 7.5.2。

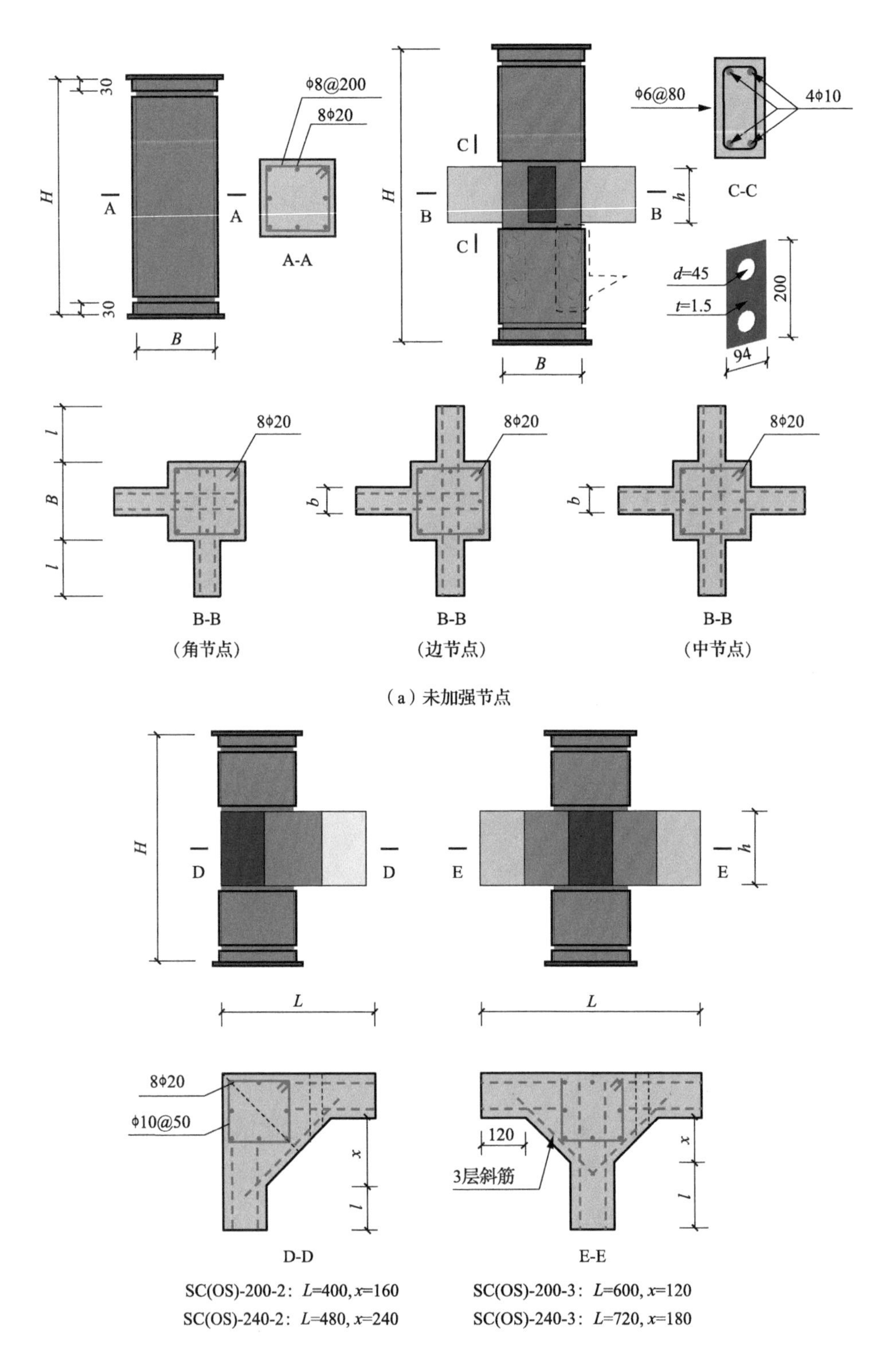

图 7.5.2　试件设计尺寸及配筋构造

表 7.5.1　试件基本参数

组别	试件	D/mm	H/mm	h/mm	b/mm	l/mm	节点区箍筋	$N_{p.exp}$/kN	$\frac{N_{p.exp}}{N_{p.col}}$	$\varepsilon_{p.exp}$/10^{-6}	$\frac{\varepsilon_{p.exp}}{\varepsilon_{p.col}}$
第一批	S(GS)-200-a	200	600					3143.2		2165	
	S(GS)-200-b	200	600					2623.4		3366	
	SC(GS)-140-2	200	740	140	70	140	ϕ10@50	2952.9	1.02	2658	0.96
	SC(GS)-140-3	200	740	140	70	140	ϕ10@50				
	SC(GS)-140-4	200	740	140	70	140	ϕ10@50				
	SC(GS)-180-2	200	780	180	90	180	ϕ10@70	3006.4	1.04	2625	0.95
	SC(GS)-180-3	200	780	180	90	180	ϕ10@70	2907.6	1.01	2421	0.88
	SC(GS)-180-4	200	780	180	90	180	ϕ10@70	3044.6	1.06	3071	1.11
	SC(GS)-140-2-S	200	740	140	70	140	ϕ10@50	3266.7	1.13	3082	1.11
	SC(GS)-140-3-S	200	740	140	70	140	ϕ10@50	3343.9	1.16	3037	1.10
	SC(GS)-140-4-S	200	740	140	70	140	ϕ10@50	3309.3	1.15	3414	1.23
	SC(GS)-180-2-S	200	780	180	90	180	ϕ10@70	3301.9	1.15	4551	1.65
	SC(GS)-180-3-S	200	780	180	90	180	ϕ10@70	3265.7	1.13	5442	1.97
	SC(GS)-180-4-S	200	780	180	90	180	ϕ10@70	3305.4	1.15	3185	1.15
第二批	S(OS)-200-a	200	600					3250.2		3287	
	S(OS)-200-b	200	600					3086.0		2649	
	S(OS)-200-c	200	600					3381.0		3104	
	SC(OS)-200-2-H-a	200	600	200	120	120	ϕ10@50	2918.3	0.90	4477	1.49
	SC(OS)-200-2-H-b	200	600	200	120	120	ϕ10@50	3048.1	0.94	2965	0.98
	SC(OS)-200-2-H-c	200	600	200	120	120	ϕ10@50	2902.5	0.90	2682	0.89
	SC(OS)-200-3-H-a	200	600	200	120	160	ϕ10@50	3362.9	1.04	3573	1.19
	SC(OS)-200-3-H-b	200	600	200	120	160	ϕ10@50	3346.0	1.03	3915	1.30
	SC(OS)-200-3-H-c	200	600	200	120	160	ϕ10@50	3140.2	0.97	7905	2.62
	S(OS)-240-a	240	720					4090.5		3092	
	S(OS)-240-b	240	720					3686.5		2790	
	SC(OS)-240-2-H-a	240	720	240	120	120	ϕ10@50	4144.6	1.07	2841	0.97
	SC(OS)-240-2-H-b	240	720	240	120	120	ϕ10@50	4142.6	1.07	3219	1.09
	SC(OS)-240-2-H-c	240	720	240	120	120	ϕ10@50	4228.1	1.09	3772	1.28
	SC(OS)-240-3-H-a	240	720	240	120	160	ϕ10@50	4299.2	1.11	3856	1.31
	SC(OS)-240-3-H-b	240	720	240	120	160	ϕ10@50	4083.9	1.05	3780	1.29
	SC(OS)-240-3-H-c	240	720	240	120	160	ϕ10@50	4256.7	1.09	3148	1.07

注：$N_{p.exp}$：节点试件承载力；$N_{p.col}$：对比短柱试件承载力；$\varepsilon_{p.exp}$：节点试件峰值竖向应变；$\varepsilon_{p.col}$：对比短柱试件竖向峰值应变。

表 7.5.2　试件材料性能

组别	钢管		柱纵筋		梁纵筋		柱箍筋		节点区箍筋		混凝土
	t/mm	f_y/MPa	d/mm	f_y/MPa	d/mm	f_y/MPa	d/mm	f_y/MPa	d/mm	f_y/MPa	f_c/MPa
第一批	1.49	314.1	19.12	480.6	9.90	324.8	8.02	316.9	9.90	324.8	45.0
第二批	1.50	364.3	19.40	477.1	9.52	549.3	7.91	315.3	9.52	549.3	48.1

7.5.2　试验结果

1. 第一批试件

短柱试件 S(GS)-200-a 整体上发生剪切破坏，局部伴有纵筋压屈和混凝土压溃。对于节点试件，尽管节点区高度与节点梁数目均有变化，但所有试件的破坏模式均为柱体破坏，节点区基本完好，仅部分保护层处的混凝土出现脱落（图 7.5.3）。

试件荷载-位移曲线如图 7.5.4 所示。各节点试件承载力与轴压短柱基本一致，相差在 5%左右。由于节点试件均为柱体部位破坏，其最终承载力由柱体承载力控制，故节点梁数目、节点区高度对整个试件的承载力影响不大。

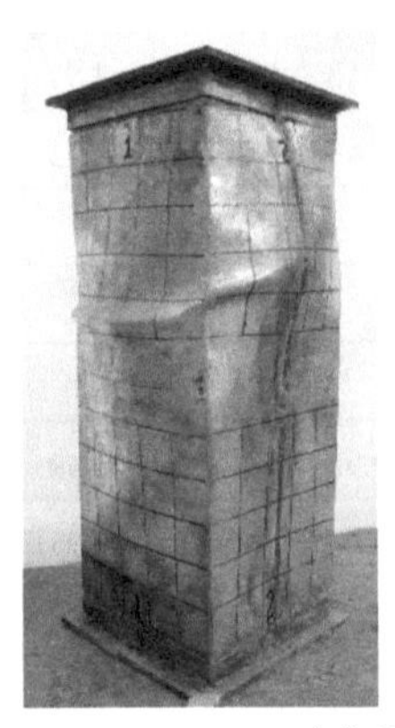

（a）S(GS)-200-a

（b）SC(GS)-180-4

（c）SC(GS)-140-4-S

（d）SC(GS)-180-4-S

图 7.5.3　第一批试件破坏模式

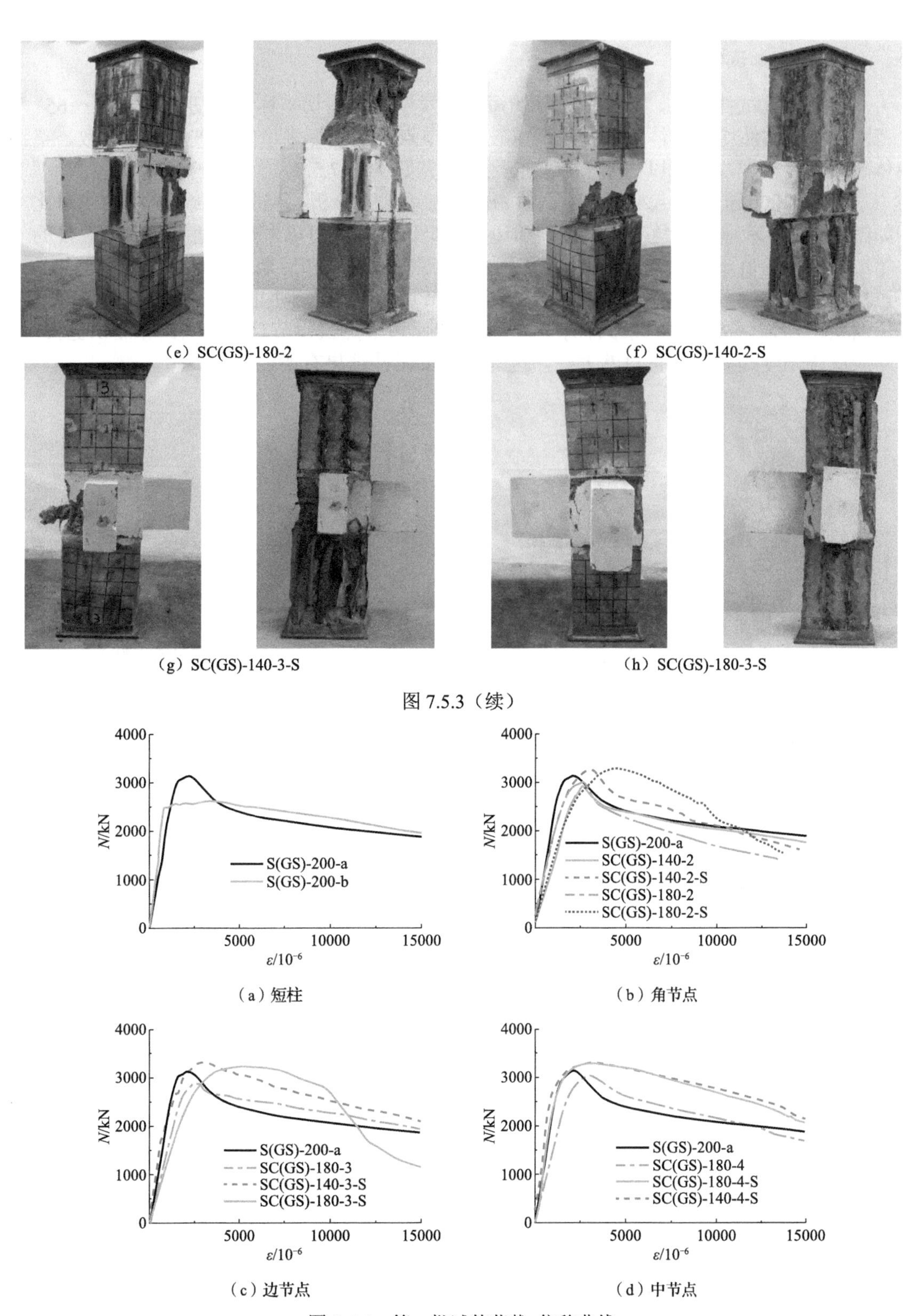

（e）SC(GS)-180-2　（f）SC(GS)-140-2-S

（g）SC(GS)-140-3-S　（h）SC(GS)-180-3-S

图 7.5.3（续）

（a）短柱　（b）角节点

（c）边节点　（d）中节点

图 7.5.4　第一批试件荷载-位移曲线

2. 第二批试件

与第一批试件类似，第二批试件的短柱亦发生整体剪切破坏，剪切角在45°～65°范围。节点试件均为柱体部位发生严重破坏，节点区的破坏多由柱体破坏外延导致，整体破坏程度较轻，箍筋以内的节点核心区基本完好（图7.5.5）。

以D=200mm和D=240mm组试件为例进行承载力分析，各试件荷载-位移曲线对比如图7.5.6所示。对比角节点组试件和边节点组试件曲线可以发现，随着节点梁数目的增加，试件峰值承载力有一定增加，但加载前期轴压刚度和后期试件延性无显著差别。虽然两组试件均发生柱体部位的压溃破坏，但节点区梁端水平加腋会大大增加节点区受压面积，导致柱体的受压破坏有局压破坏的特性；边节点试件节点区局压计算面积更大，对应局压强度提高系数也自然大些，这与第一批试件结果有所差别。

（a）S(OS)-200-a　（b）S(OS)-200-c

（c）SC(OS)-200-3-H-a　（d）SC(OS)-200-3-H-b

（e）SC(OS)-240-3-H-a　（f）SC(OS)-240-3-H-b

图7.5.5　第二批试件破坏模式

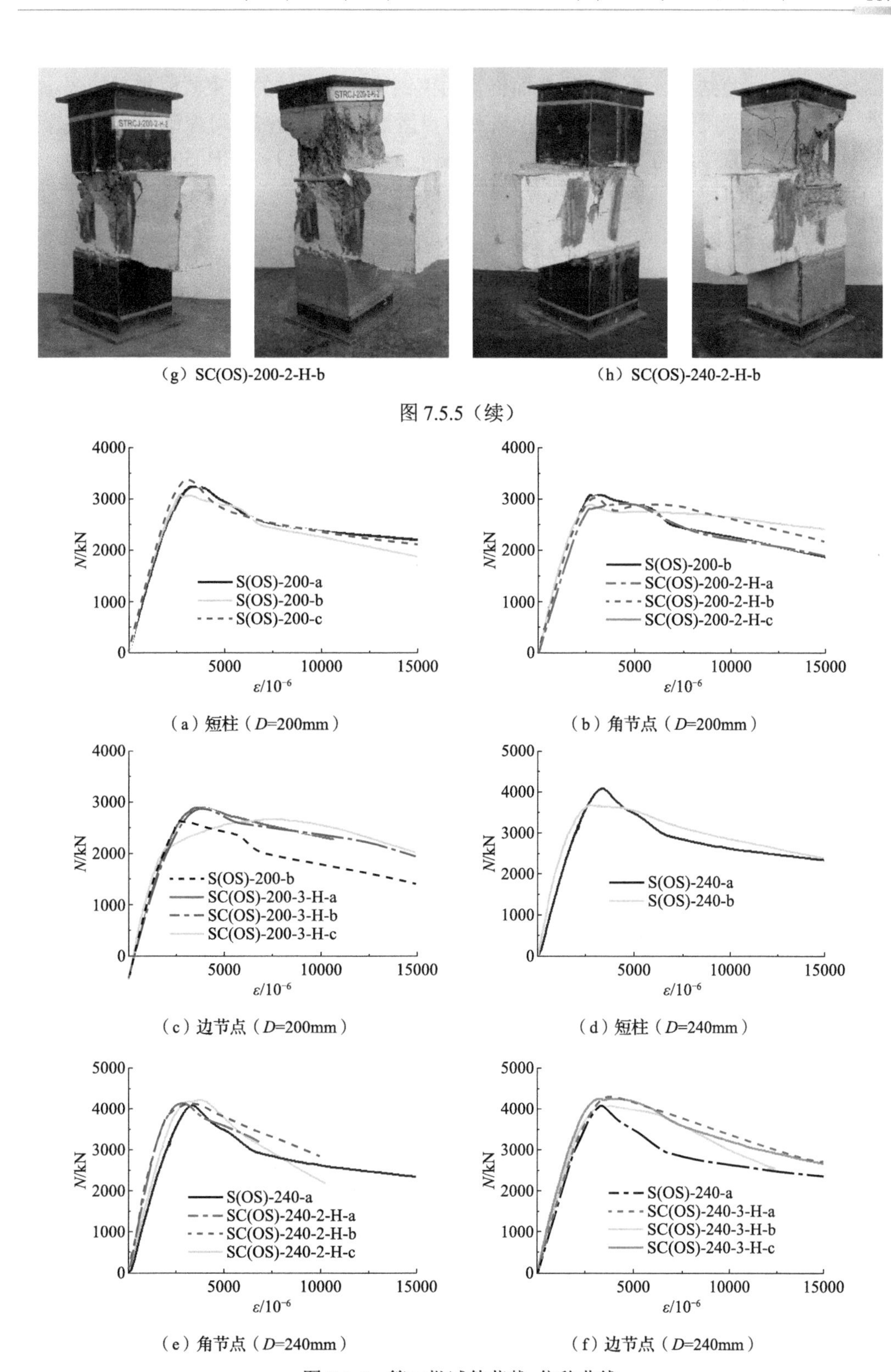

（g）SC(OS)-200-2-H-b　　（h）SC(OS)-240-2-H-b

图 7.5.5（续）

（a）短柱（D=200mm）　（b）角节点（D=200mm）

（c）边节点（D=200mm）　（d）短柱（D=240mm）

（e）角节点（D=240mm）　（f）边节点（D=240mm）

图 7.5.6　第二批试件荷载-位移曲线

综合两批试验结果来看，方形截面钢管约束钢筋混凝土柱的约束效应相对较弱，柱混凝土受约束后强度提高有限，一般仅需对节点区箍筋进行加密即可保证节点区受压强于柱体，此时可直接参考《混凝土结构设计规范（2015年版）》（GB 50010—2010）进行节点区设计计算。

参考文献

[1] Mörsch E. Concrete-steel Construction: Der Eisenbetonbau[M]. New York: the Engineering news publishing company, 1909.

[2] Birkeland P W, Birkeland H W. Connections in precast concrete construction[J]. Journal Proceedings, 1966, 63(3): 345-368.

[3] American Concrete Institute. Building code requirements for structural concrete and commentary: ACI 318-14[S]. Farmington Hills: American Concrete Institute, 2014.

[4] Precast/Prestressed Concrete Institute. PCI design handbook: precast and prestressed concrete: MNL 120-10[S]. 7th. Chicago: Precast/Prestressed Concrete Institute, 2010.

[5] CEN. Eurocode 2: Design of concrete structures-Part 1-1: General rules and rules for buildings: EN 1992-1-1: 2004[S]. Brussels: European Committee for Standardization, 2004.

[6] Canadian Standards Association. Design of concrete structures: CSA A23.3-04[S]. Mississauga: Canadian Standards Association, 2004.

[7] 中华人民共和国住房和城乡建设部. 混凝土结构设计规范(2015年版): GB 50010—2010[S]. 北京: 中国建筑工业出版社, 2015.

第8章　圆钢管约束钢筋混凝土柱-RC梁节点的抗震性能与设计方法

对于钢管约束钢筋混凝土梁柱节点，“强节点，弱构件”有两层含义：①节点区受压能力高于柱；②节点核心区受剪性能强于梁。第7章对节点受压性能进行讨论，即第一层含义；本章主要针对第二层含义开展研究工作。本章对18个钢管约束RC柱-RC梁节点进行抗震性能试验研究，包括部分钢管贯通式节点和环筋式节点两种类型，设计有中节点、边节点和带楼板中节点三种节点形式。基于试验结果，分析各类节点在往复荷载作用下全过程受力状态，探明关键参数对节点极限承载力、耗能、刚度等性能指标的影响。最后，采用极限平衡理论推导了钢管在节点核心区受剪过程所贡献承载力的极值，并建立了物理意义明确的节点核心区受剪承载力计算公式。

8.1　中节点抗震性能试验研究

8.1.1　试验概况

（1）试件设计

典型平面框架结构在水平地震作用下的变形如图8.1.1（a）所示，选择左、右梁与上、下柱反弯点之间的梁柱组合体为研究对象进行试验。梁柱组合体受力简图如图8.1.1（b）所示，其中N_0表示施加于柱顶的恒定轴压力，P为水平往复荷载。

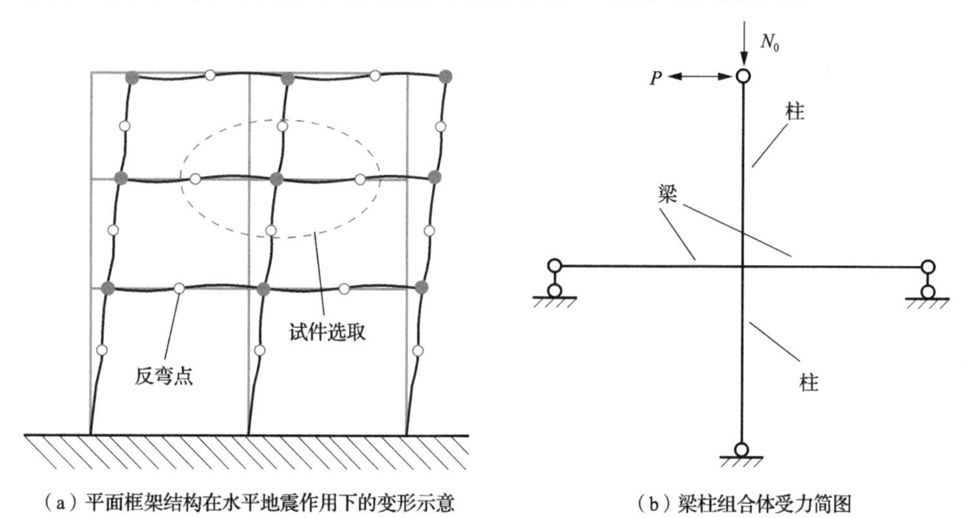

（a）平面框架结构在水平地震作用下的变形示意　　（b）梁柱组合体受力简图

图8.1.1　框架结构中间层中节点梁柱组合体选取

本批次试验共设计有三种类型节点：钢筋混凝土节点、部分钢管贯通式节点和环筋式节点，其中普通钢筋混凝土节点主要用于对比研究。本批次试验选用的3种类型节点如图8.1.2所示。

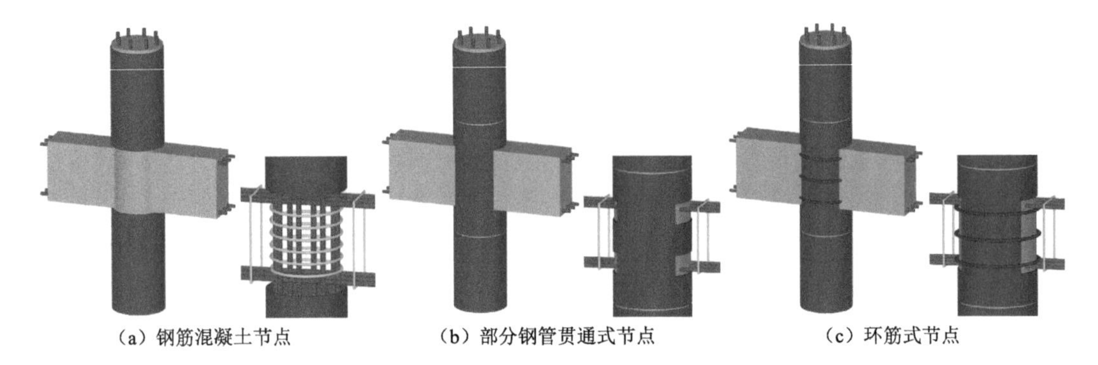

（a）钢筋混凝土节点　（b）部分钢管贯通式节点　（c）环筋式节点

图8.1.2　本批次试验选用的3种类型节点

以部分钢管贯通式节点为例来说明试件整体尺寸及梁柱配筋构造，如图8.1.3所示。不同类型试件的节点区构造分别如下：①钢筋混凝土节点：节点区按常规钢筋混凝土结构设计，配箍量6ϕ10［图8.1.4（a）］；②部分钢管贯通式节点：节点区钢管从核心区延伸至梁上下端150mm处，且在梁纵筋穿过位置开洞，开洞高100mm，宽200mm，未开洞钢管在节点区形成高150mm的钢管箍［图8.1.4（b）］；③环筋式节点：与部分钢管贯通式节点的节点区钢管高度相同，但开洞尺寸与整个梁截面尺寸一致，梁上下纵筋之间布置三道环筋，间距75mm［图8.1.4（c）］。

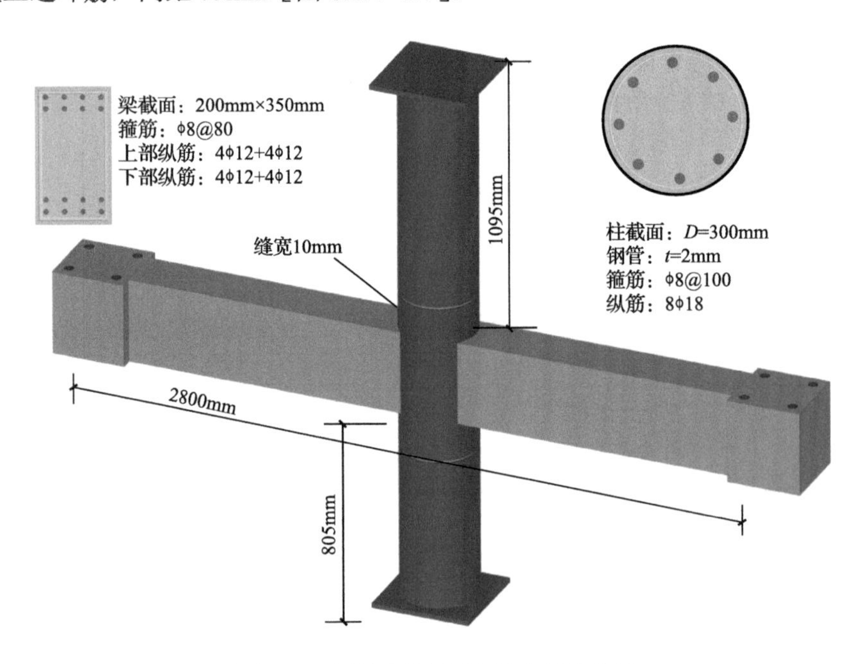

图8.1.3　试件整体尺寸及梁柱配筋构造

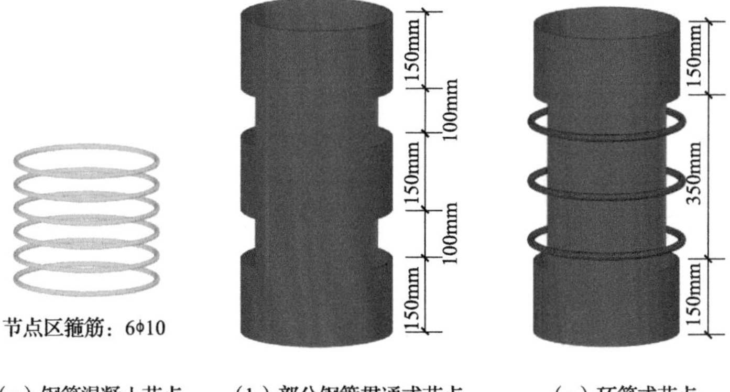

（a）钢筋混凝土节点　（b）部分钢管贯通式节点　（c）环筋式节点

图 8.1.4 试件节点区构造

试件基本参数见表 8.1.1，以试件“IJ-A-2-04”为例介绍命名规则：IJ 表示中节点（interior joint）；第二项字母表示节点类型，“A”代表部分钢管贯通式节点，“B”代表环筋式节点，编号中不含第二项字母则表示试件为普通钢筋混凝土节点；第三项数字“2”表示节点区钢管厚度，单位为 mm；第四项数字“04”为轴压比，“04”“07”表示试验轴压比分别约为 0.4、0.7。轴压比 n_0 为

$$n_0 = \frac{N_0}{Af_c} \tag{8.1.1}$$

式中：N_0——施加于柱顶的竖向轴力；

A——柱截面面积。

表 8.1.1 试件基本参数

组别	试件编号	节点区箍筋	节点区钢管	节点区环筋	f_{cu}/MPa	N_0/kN	n_0
钢筋混凝土节点	IJ-04	6ϕ10			64.1	1160	0.40
部分钢管贯通式节点	IJ-A-2-04		t_j=2mm		69.4	1250	0.40
	IJ-A-2-07		t_j=2mm		69.4	2180	0.70
	IJ-A-3-04		t_j=3mm		64.1	1160	0.40
	IJ-A-3-07		t_j=3mm		64.1	2000	0.69
环筋式节点	IJ-B-2-04		t_j=2mm	3ϕ12	64.1	1160	0.40
	IJ-B-3-04		t_j=3mm	3ϕ14	64.1	1160	0.40

（2）材性指标

试验所用钢板按厚度分 2mm、3mm 和 4mm 三种，屈服强度 f_y、极限抗拉强度 f_u、弹性模量 E_s、泊松比 ν 等参数的测量结果见表 8.1.2。

表 8.1.2　钢板材性

类别	实测厚度/mm	屈服强度 f_y/MPa	极限抗拉强度 f_u/MPa	弹性模量 E_s/MPa	泊松比 ν
2mm 钢板	1.85	320.7	426.3	2.12×10^5	0.300
3mm 钢板	2.66	302.1	432.3	2.07×10^5	0.309
4mm 钢板	3.76	323.5	424.0	2.03×10^5	0.288

注：钢板屈服强度等参数均采用实测厚度计算得到。

试验所用钢筋按直径及用途分为 8mm 箍筋、10mm 箍筋、12mm 梁纵筋、12mm 环筋、14mm 环筋和 18mm 柱纵筋共计 6 种规格，钢筋材性参数见表 8.1.3。

表 8.1.3　钢筋材性参数

类别	实测直径/mm	屈服强度 f_y/MPa	极限抗拉强度 f_u/MPa	钢筋等级
8mm 箍筋	7.60	433.7	629.0	HRB400
10mm 箍筋	10.07	424.3	618.0	HRB400
12mm 梁纵筋	11.18	453.5	569.5	HRB400
12mm 环筋	11.40	512.3	603.0	HRB400
14mm 环筋	13.75	555.9	679.4	HRB400
18mm 柱纵筋	17.48	442.4	608.9	HRB400

注：屈服强度、极限抗拉强度均通过公称直径计算得到，非实测直径。

（3）试验装置及加载方案

试验采用柱端加载，加载装置如图 8.1.5 所示。施加低周往复荷载前，首先利用安装在柱顶位置的竖向千斤顶对试件预压三次，然后分三级施加竖向轴压力至预定荷载，分别为 300kN、$0.5N_0$ 和 $1.0N_0$。每级荷载施加完毕后，持荷 1min，待各项数据稳定后采集数据。竖向预定轴力施加完毕后再安装梁端二力杆，确保在施加轴力过程中梁端不会引入额外内力。最后，在柱端施加低周往复荷载直至试件失效。整个加载过程中柱顶轴力保持恒定，加载制度如图 8.1.6 所示。

（4）测量内容及方案

试验中主要测量内容及方案有以下几种。

1）柱顶轴力、水平推力和水平位移：由液压千斤顶上力传感器和构件顶部位移计测得。

2）节点核心区剪切变形：由布置在核心区两个主对角线方向位移计测得的数据换算得到。

3）左、右梁端水平位移：由布置在左、右梁端的位移计测得。

4）节点核心区及其梁端一定范围内梁纵筋应变：由于对称性，仅选取最外层的两根纵筋进行受力监测，测量范围 1000mm，应变片间距 100mm，如图 8.1.7 所示。

5）节点核心区及其柱端一定范围内柱纵筋应变：选取左右两侧受力最大的柱纵筋为测量对象，测量范围及间距与梁纵筋一致。

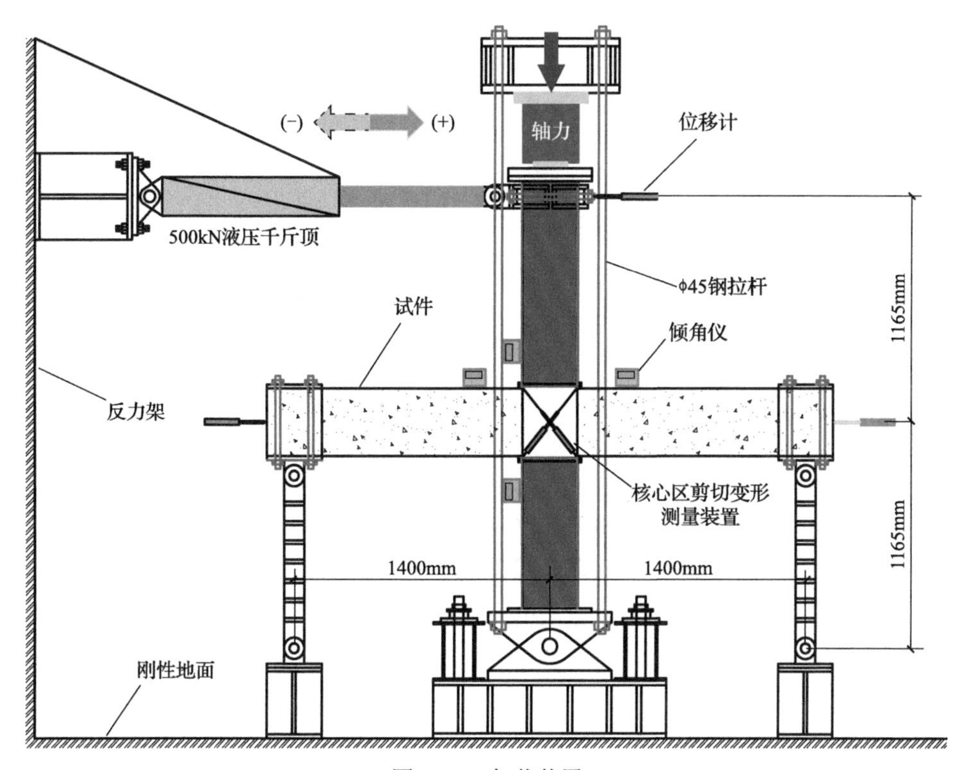

图 8.1.5　加载装置

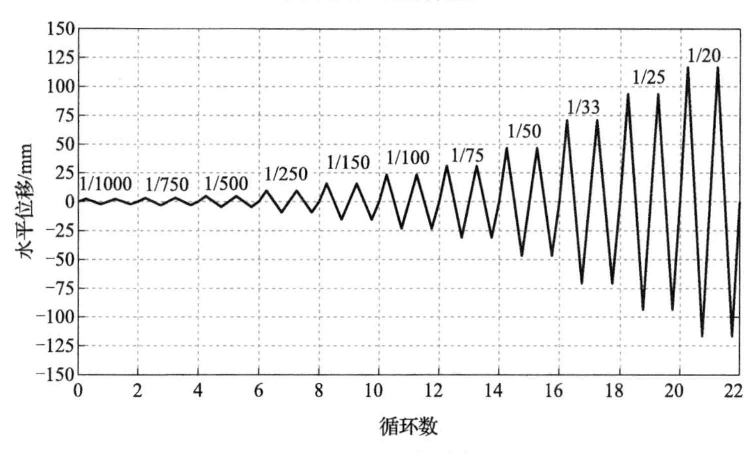

图 8.1.6　加载制度

6）塑性铰区附近梁段、柱段转角：由布置在距核心区外边缘 0.5 倍梁高、0.5 倍柱直径位置的四个倾角仪测得，如图 8.1.7 所示。

7）节点核心区箍筋应变及钢管应变：对于钢筋混凝土节点，选取节点核心区上侧的三根箍筋为测量对象，每根箍筋沿圆周均匀粘贴 8 个应变片，如图 8.1.8（a）所示；对于部分钢管贯通式节点，沿节点区对角线布置 5 个应变花，如图 8.1.8（b）所示；对于环筋式节点，节点区钢管中部布置 2 个应变花，环筋仅在其外露于节点区部分均匀布置 3 个横向应变片，如图 8.1.8（c）所示。

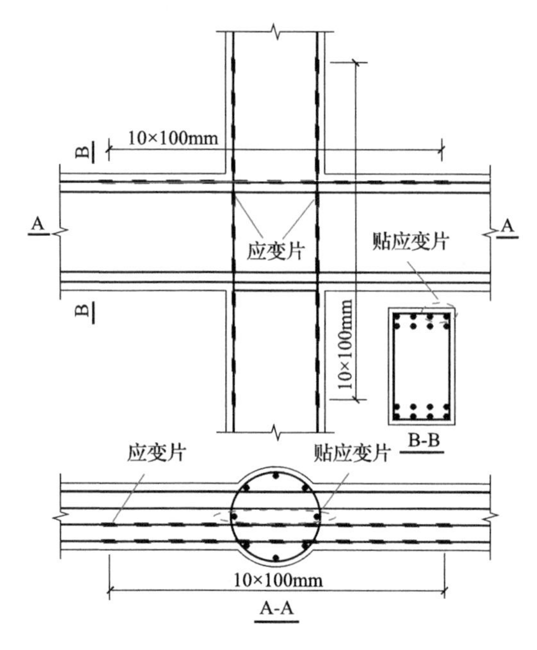

图 8.1.7　梁、柱纵筋应变片布置

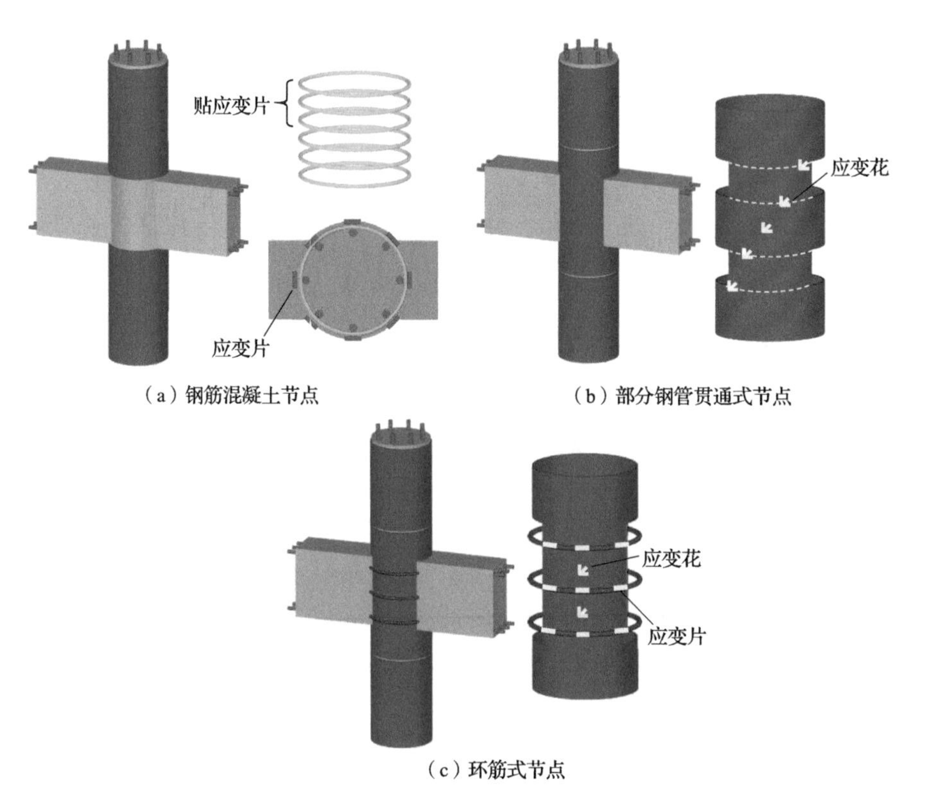

（a）钢筋混凝土节点

（b）部分钢管贯通式节点

（c）环筋式节点

图 8.1.8　节点区钢管/钢筋应变片布置

8.1.2　典型破坏模式

1. 钢筋混凝土节点

以试件 IJ-04 为例进行说明。当以层间位移角（drift ratio，DR）为 0.2%的位移进行第一圈正向加载时，右梁下侧靠近节点区位置首先出现裂缝。在 DR=0.67%第一圈正向加载完成后，左梁与节点交界处上侧出现沿边界线的竖向裂缝。在 DR=1.0%加载循环中，节点区首次出现斜裂缝，主要集中在角部区域。随着加载位移增大，斜裂缝开始向节点区中部发展，形成交错斜裂缝带。在 DR=4.0%加载循环中，左梁距离节点区约 0.5 倍梁高的中间区域由于交叉斜裂缝的发展出现严重破坏。试件最终破坏形态如图 8.1.9 所示，整个试件梁端破坏较为严重，剥开节点区混凝土保护层可以发现，节点核心区也出现较为严重的损伤。综合来看，试件梁端先屈服，节点区在逐渐加大的往复位移下最终失效。试件荷载-位移关系曲线如图 8.1.10 所示，试件滞回曲线呈弓形，刚度退化不明显，耗能能力较好。

（a）试件破坏形态

（b）剥开保护层后

图 8.1.9　试件 IJ-04 破坏形态

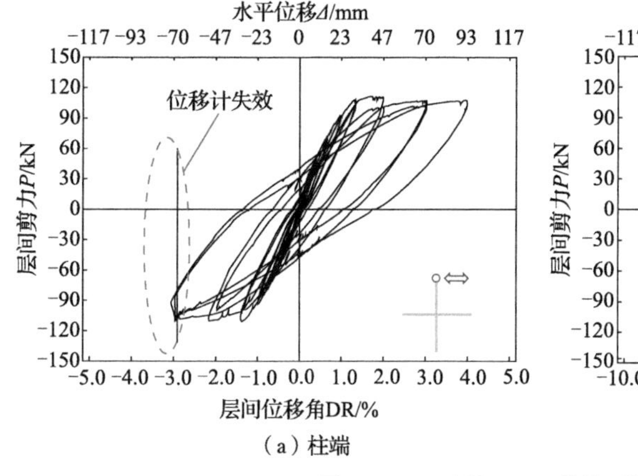

（a）柱端

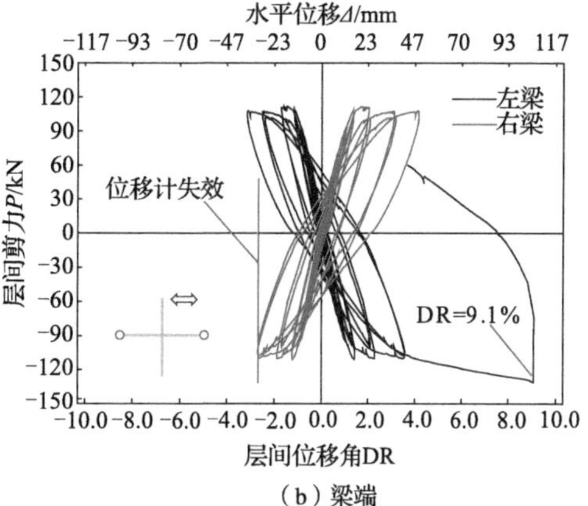

（b）梁端

图 8.1.10　试件 IJ-04 荷载-位移关系曲线

2. 部分钢管贯通式节点

以试件 IJ-A-2-04 为例进行说明：节点区钢管径厚比 D/t_j=150，轴压比 0.40。在 DR=3.0%加载循环结束后，节点区左上角钢管发生局部屈曲；随后 DR=4.0%加载循环中，节点区其余三个角部区域钢管也先后屈曲。试件破坏形态如图 8.1.11 所示，整个试件梁端裂缝较多但破坏并不严重，剥开节点区钢管可以发现角部区域混凝土破坏较为严重，用工具轻敲节点区表面破碎的混凝土后，整个节点区域显现出“x”形斜裂缝带。综合来看，试件发生节点区剪切破坏。试件荷载-位移关系曲线如图 8.1.12 所示，由于节点区剪切破坏程度相对严重，曲线有“捏缩”现象产生。

（a）试件破坏形态

（b）剥离钢管后

图 8.1.11　试件 IJ-A-2-04 破坏形态

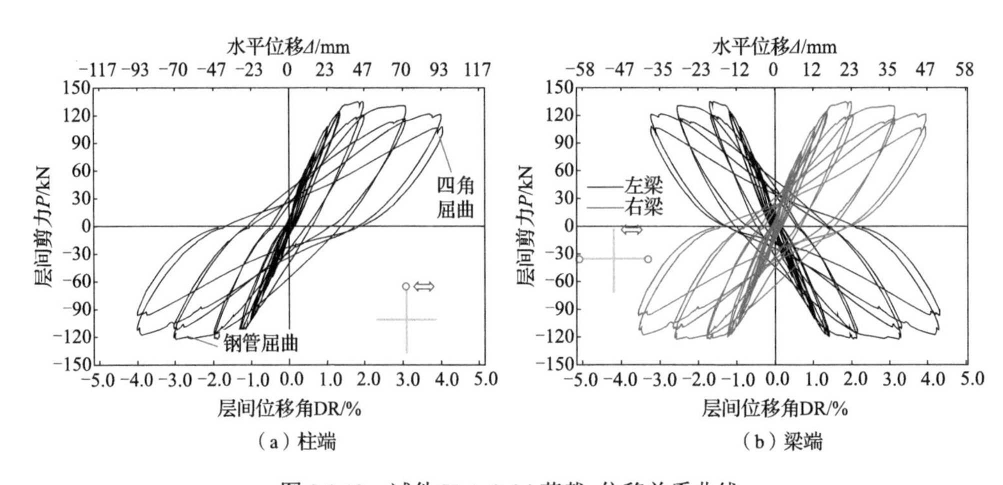

（a）柱端　　（b）梁端

图 8.1.12　试件 IJ-A-2-04 荷载-位移关系曲线

3. 环筋式节点

以试件 IJ-B-2-04 为例进行说明：节点区钢管径厚比 D/t_j=150，轴压比 0.4，环筋 3ϕ12。梁端第一条裂缝出现于 DR=0.2%第一圈正向加载过程中。梁端靠近节点区位置混凝土裂缝因环筋的存在而向背离节点区方向发展，最终沿上下环筋呈弧形，形成对节点区的弧形保护区，如图 8.1.13 所示。整个试件梁端破坏较为严重，节点区钢管虽发生屈曲但程度较轻，剥开钢管发现核心区混凝土仅出现较少的细微剪切裂缝，整体较为完好。综合来看，该试件最终因梁端弯曲破坏而失效。试件荷载-位移关系曲线如图 8.1.14 所示，因试件节点区未发生破坏，加载后期强度退化并不明显。

（a）试件破坏形态

（b）剥离钢管后

图 8.1.13　试件 IJ-B-2-04 破坏形态

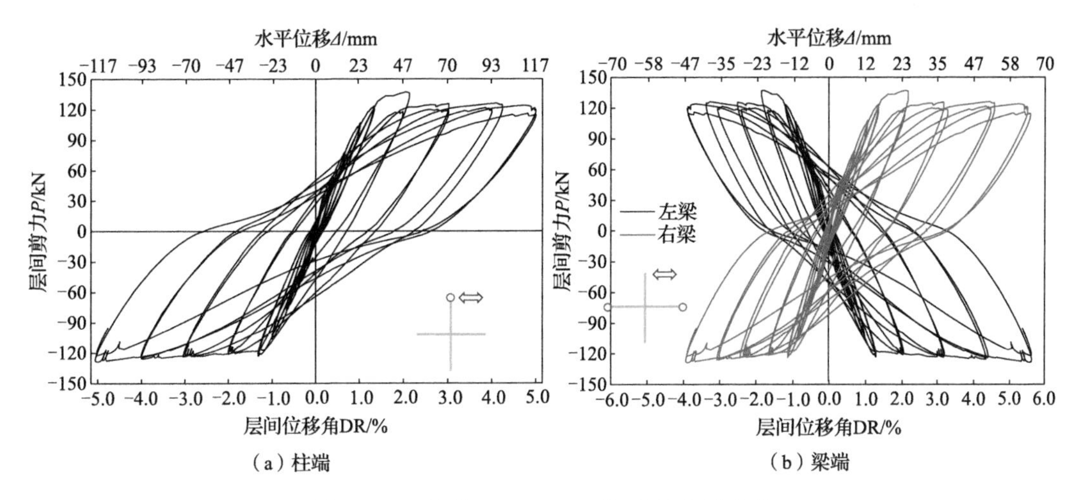

（a）柱端　（b）梁端

图 8.1.14　试件 IJ-B-2-04 荷载-位移关系曲线

8.1.3 滞回曲线分析

1. 骨架曲线

骨架曲线分组对比如图 8.1.15 所示。由于骨架曲线上无明显拐点，此处选用等能量法确定构件屈服点，如图 8.1.16 所示。具体做法：由骨架曲线上峰值点引水平线，再由原点 O 引斜线 OA 与曲线相交，使 S_1=S_2；确定等效折线后，由 A 点引垂线，垂线与原 P-Δ曲线的交点即为屈服点。

结合图 8.1.15 中骨架曲线对比及表 8.1.4 中试件特征点统计结果［表中试件极限荷载依据《建筑抗震试验规程》（JGJ/T 101—2015）[1]取 85%峰值荷载及其对应位移］，可得以下结论。

1）峰值荷载时钢筋混凝土节点的节点区混凝土保护层脱落，节点区有效受力面积减小，导致其峰值承载力也明显小于其余两类节点。

2）对于部分钢管贯通式节点，试件梁端及节点区均发生不同程度破坏，节点区钢管角部在加载后期受压屈曲，增大节点区钢管厚度可延缓钢管的局部屈曲，改善试件后期延性性能。由于不存在混凝土保护层脱落问题，节点区混凝土利用更为充分，导致各试件承载力均高于钢筋混凝土节点对比试件，提高幅度从11.1%到15.7%不等。

3）对于环筋式节点，该类节点除增大节点区混凝土有效受力面积外，环筋间钢连接板也可直接参与抗剪，与钢筋混凝土节点相比，承载力最大提高19.4%。

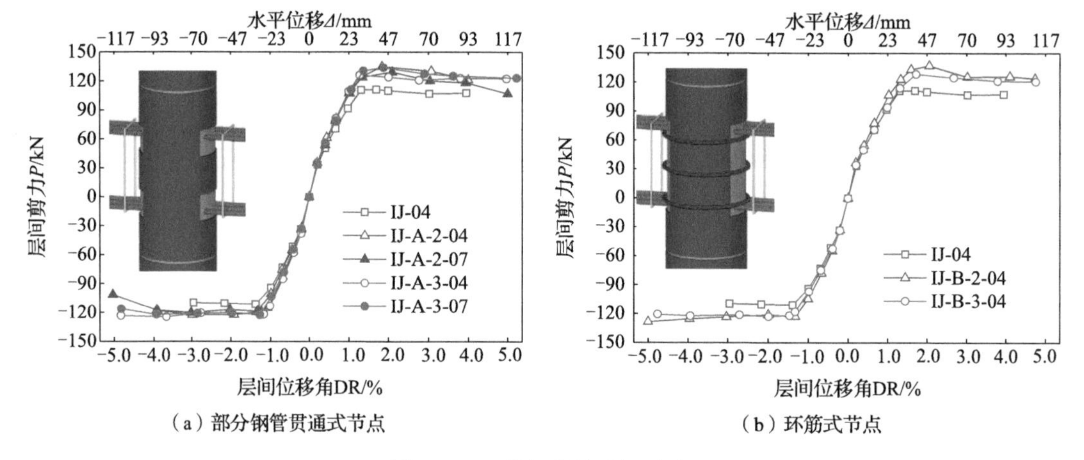

（a）部分钢管贯通式节点　（b）环筋式节点

图 8.1.15　骨架曲线分组对比

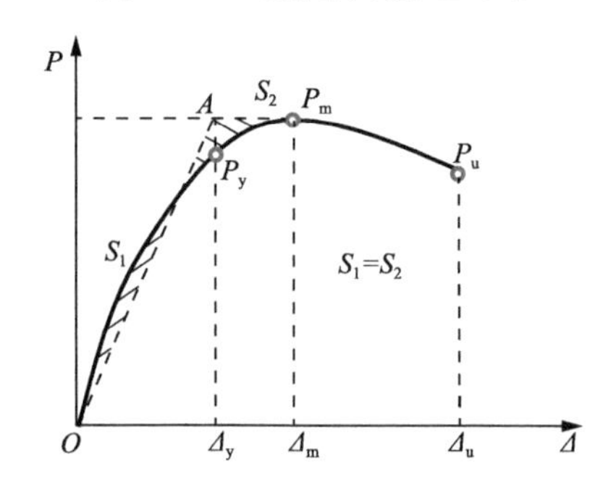

图 8.1.16　等能量法确定构件屈服点

表 8.1.4　试件特征点统计结果

试件编号	屈服点		峰值点				极限点		延性系数**
	P_y/kN	Δ_y/mm	P_m/kN	Δ_m/mm	$\bar{P}_m$/kN	相对提高	P_u/kN	Δ_u/mm	
IJ-04	96.7	24.5	111.6	39.4	111.3				
	−97.5	−25.0	−111.0	−32.3					
IJ-A-2-04	118.5	28.2	135.2	42.8	128.8	15.7%			
	−108.5	−26.7	−122.3	−44.8					
IJ-A-2-07	115.0	26.6	127.6	48.8	123.9	11.3%	108.5	109.9	4.63
	−106.2	−22.6	−120.1	−70.3			−102.1	−116.1	

续表

试件编号	屈服点		峰值点				极限点		延性系数**
	P_y/kN	Δ_y/mm	P_m/kN	Δ_m/mm	$\bar{P}_m$/kN	相对提高	P_u/kN	Δ_u/mm	
IJ-A-3-04	112.6	24.1	126.4	29.5	125.5	12.7%			
	−107.5	−22.1	−124.5	−85.5					
IJ-A-3-07	119.1	27.2	134.2	43.7	128.1	15.1%			
	−107.4	−24.5	−122.0	−91.7					
IJ-B-2-04	119.8	29.5	137.3	48.0	132.9	19.4%			
	−108.5	−24.8	−128.5*	−116.7*					
IJ-B-3-04	113.1	30.1	128.7	40.1	125.8	13.0%			
	−108.0	−27.1	−122.8	−46.3					

注：1. 部分试件骨架曲线未现下降段，表中带“*”数值为该类试件骨架曲线上最值点，非峰值点；

2. 表中“**”表示部分试件在加载结束时荷载仍未降至峰值荷载的 85%，无法给出延性系数；

3. 所有试件对称配筋，$\bar{P}_m$ 为正向加载峰值荷载与反向加载峰值荷载二者绝对值的平均值；

4. “相对提高”一栏中，以钢筋混凝土节点试验结果为基准进行对比。

2. 耗能能力

构件耗能能力可用滞回曲线所包围面积来衡量。为便于不同类型结构分析对比，研究中常采用等效黏滞阻尼系数（h_e）来评价耗能能力，h_e 定义如下：

$$h_e = E_d / (2\pi) \tag{8.1.2}$$

式中：E_d——能量耗散系数，即

$$E_d = \frac{S_{ABC} + S_{CDA}}{S_{OBE} + S_{ODF}} \tag{8.1.3}$$

其中：$S_{ABC}+S_{CDA}$——构件滞回曲线所耗散能量；

$S_{OBE}+S_{ODF}$——等效弹性体产生相同位移时对应的名义弹性能，如图 8.1.17 所示。

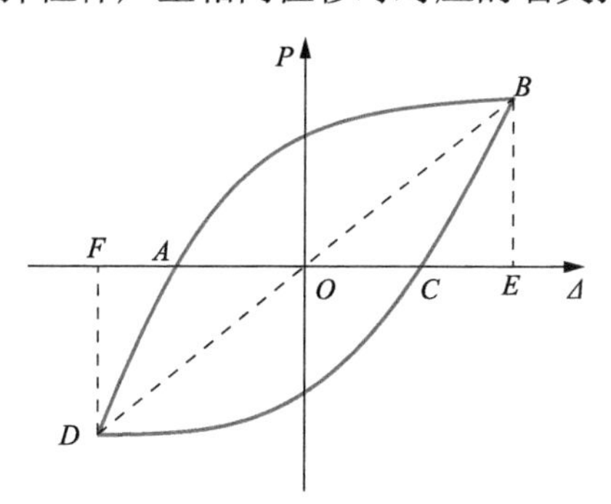

图 8.1.17　能量耗散系数

各级加载位移下第一次加载循环下的等效黏滞阻尼系数对比如图 8.1.18 所示。

1）在 DR=3.0%之前，各试件等效黏滞阻尼系数变化规律基本一致，均在 DR=0.2%时出现“波峰”，随后开始降低，在 DR=1.0%左右时降至较低点，出现“波谷”，随后又开始持续上升：“波峰”形成的原因在于此时梁端混凝土开始出现裂缝，裂缝从无到有的过程导致试件前期积攒的部分能量得到释放，曲线出现拐点；随着加载位移增加；在

DR=1.0%左右时，试件屈服，混凝土裂缝不断开展，逐渐导致试件 h_e 降至相对低点；随后试件进入弹塑性阶段，耗能能力逐渐增大。

2）在本批次试验参数范围内，柱顶竖向轴力可有效限制节点区受拉裂缝开展，导致轴压比高的试件耗能能力也相对较强。

3）对于部分钢管贯通式节点，节点区钢管厚度提高可增大试件在加载后期耗能能力；在 DR=3.0%时，试件 IJ-A-2-04 和试件 IJ-A-2-07 节点区钢管角部受压屈曲，h_e 开始逐渐降低；而试件 IJ-A-3-04 和试件 IJ-A-3-07 在 DR=4.0%后 h_e 开始降低，与钢管屈曲时的加载位移基本对应。

4）对于环筋式节点，试件发生梁端弯曲破坏，后期主要通过梁端塑性铰变形来耗散能量，等效黏滞阻尼系数基本未现下降。

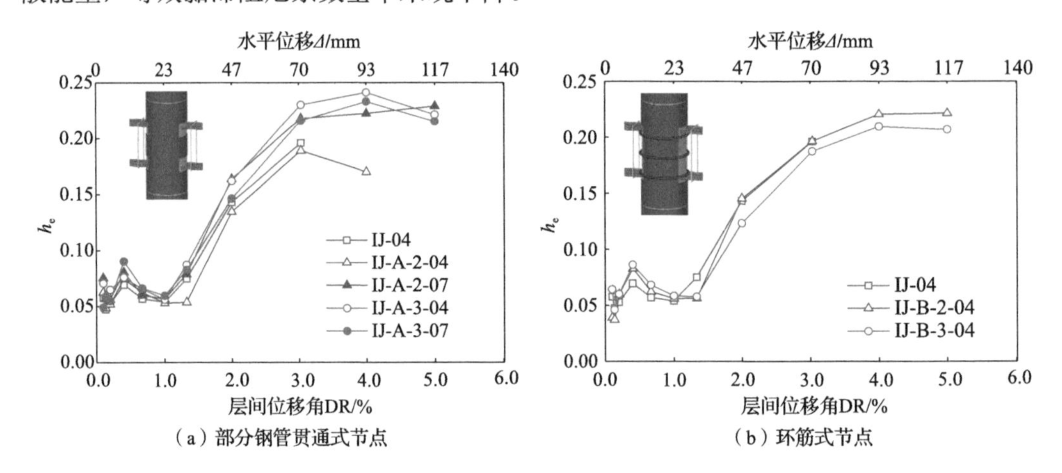

（a）部分钢管贯通式节点　　（b）环筋式节点

图 8.1.18　等效黏滞阻尼系数对比

本批次试验中各类试件尺寸完全相同，可更直观地采用累积耗能（E_{total}）来分析试件耗能能力。累积耗能即试件在加载过程中各循环能量的累积。试件累积耗能对比如图 8.1.19 所示，主要规律如下：对于部分钢管贯通式节点，增大节点区钢管厚度，对应试件的耗能能力也相应增强，但由于试验中试件实测厚度较为接近（1.85mm 和 2.66mm），导致试件累积耗能差别并不明显。此外，试验参数范围内轴压力可限制节点区裂缝开展，故轴压比高的试件其累积耗能也相对较大。对于环筋式节点，试件 IJ-B-3-04 环筋存在焊接缺陷，导致该试件整体耗能低于试件 IJ-B-2-04。

8.1.4　变形组成分析

1. 节点区剪切变形

在柱顶水平推力及竖向轴力作用下，节点核心区受力简图如图 8.1.20（a）所示。节点核心区剪力可近似计算[2]为

$$V_{\mathrm{j}}=\frac{\sum M_{\mathrm{b}}}{h_{\mathrm{b0}}-\alpha_{\mathrm{s}}'}\left(1-\frac{h_{\mathrm{b0}}-\alpha_{\mathrm{s}}'}{H_{\mathrm{c}}-h_{\mathrm{b}}}\right) \tag{8.1.4}$$

式中：$\sum M_{\mathrm{b}}$ ——节点左、右两侧梁端逆时针或顺时针方向弯矩之和；

h_{b0}——梁截面有效高度；

h_b——梁截面高度；

H_c——节点上柱和下柱反弯点之间的距离；

α_s'——梁纵筋合力点至截面近边的距离。

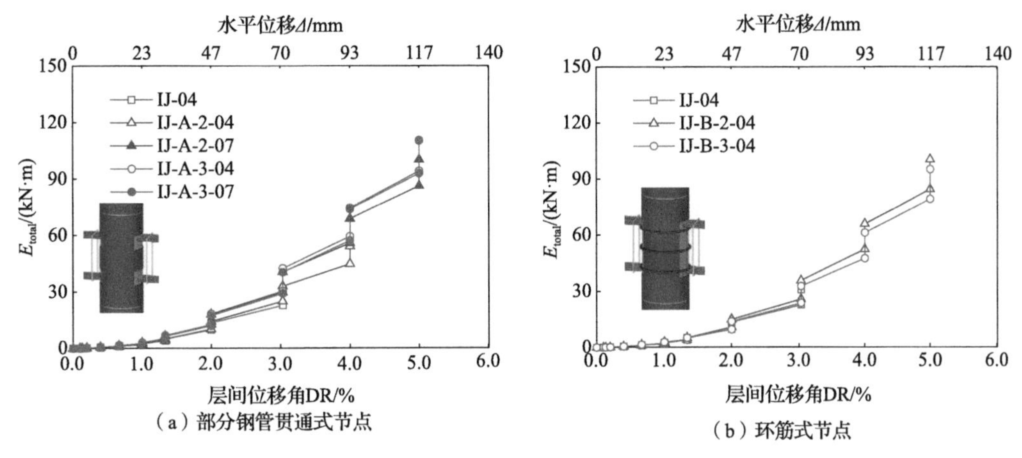

（a）部分钢管贯通式节点　（b）环筋式节点

图 8.1.19　试件累积耗能对比

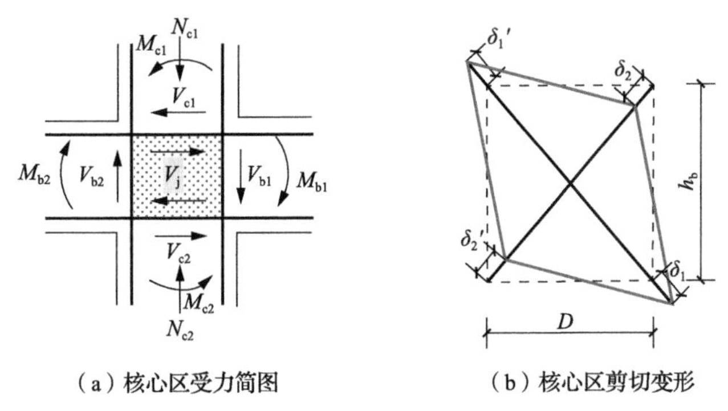

（a）核心区受力简图　（b）核心区剪切变形

图 8.1.20　节点核心区受力简图及剪切变形

对于本批次试验，梁端弯矩之和 $\sum M_b$ 为

$$\sum M_b = P\frac{H_c}{L_b}(L_b - D) \tag{8.1.5}$$

式中：P——柱顶水平荷载；

L_b——节点左梁和右梁反弯点之间的距离。

试验时在节点核心区两个主对角线方向布置了位移计，通过测得的数据可以计算出节点核心区剪切变形［图 8.1.20（b）］，即

$$\gamma_j = \frac{1}{2}\left[\left(\delta_1 + \delta_1'\right) + \left(\delta_2 + \delta_2'\right)\right]\frac{\sqrt{h_b^2 + D^2}}{h_b D} \tag{8.1.6}$$

式中：γ_j——节点核心区剪切角；

$\delta_1 + \delta_1'$、$\delta_1 + \delta_1'$——节点核心区不同方向对角点相对位移。

2. 柱顶位移分解

节点受荷后，梁、柱及节点核心区均会产生变形，通过对节点进行变形组成分析，可进一步明确各节点受力特性。对于本批次试验，节点柱顶水平位移可分解为以下四个部分：①由梁弹性变形引起的柱顶位移Δ_{cb}；②由柱弹性变形引起的柱顶位移Δ_{cc}；③由节点核心区剪切变形引起的柱顶位移Δ_{cj}；④由梁塑性变形及梁筋滑移引起的柱顶位移Δ_{cr}。

上述各变形计算简图如图 8.1.21 所示，计算时假定除该部位以外的其余部位均为刚性，通过几何关系可计算得到各变形量。

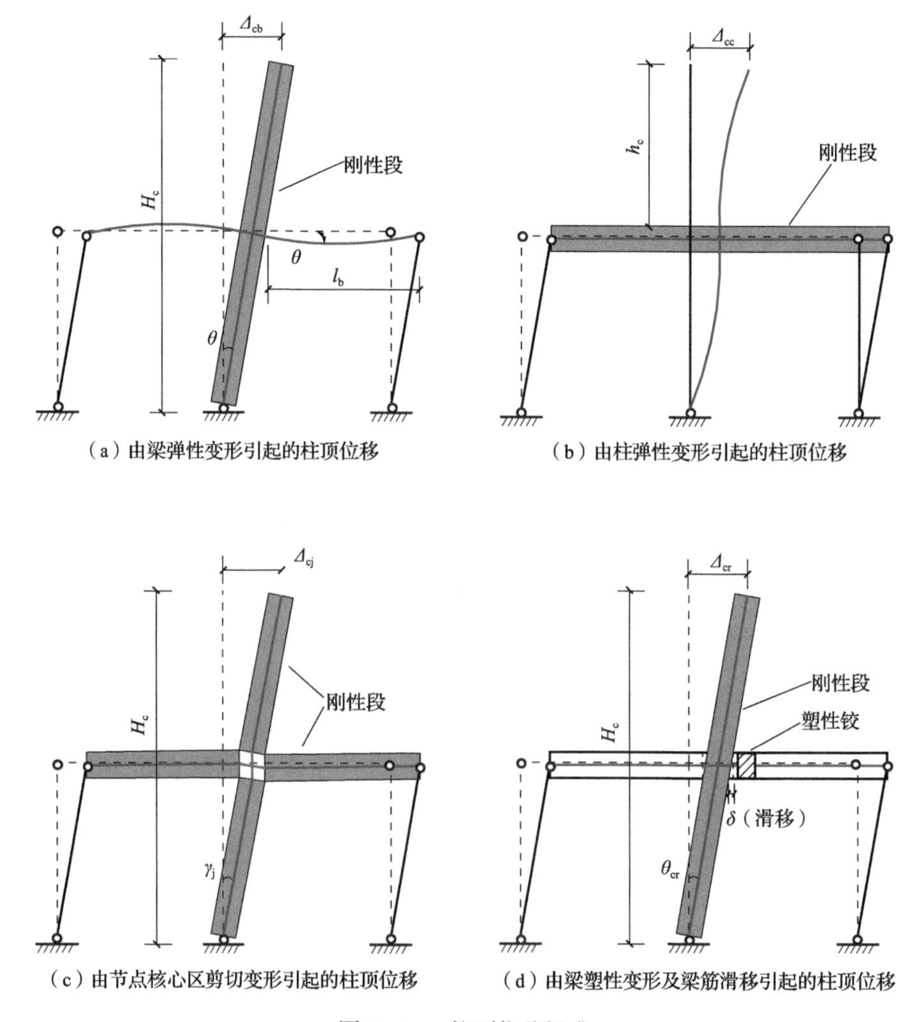

图 8.1.21 柱顶位移组成

（1）由梁弹性变形引起的柱顶位移Δ_{cb}

根据图 8.1.21（a）中几何关系，由梁弹性变形引起的柱顶位移Δ_{cb}为

$$\Delta_{cb}=\Delta_{b}\frac{H_{c}}{l_{b}} \tag{8.1.7}$$

式中：H_c——节点上柱和下柱反弯点之间的距离；

l_b——梁反弯点到节点区外边缘的距离；

Δ_b——梁端弹性变形，包括弯曲变形和剪切变形，可按下式计算：

$$\Delta_{b}=\frac{Rl_{b}^{3}}{3(E_{c}I_{eb}+E_{bb}I_{bb})}+\frac{R\kappa_{b}l_{b}}{0.2E_{c}b_{b}h_{b}} \tag{8.1.8}$$

式中：R——梁端支座反力，可由柱顶推力反算得出；

E_c——混凝土弹性模量；

I_{eb}——梁截面混凝土有效惯性矩，考虑到混凝土开裂的影响，可取$I_{eb}=0.6I_{gb}$（I_{gb}为梁毛截面惯性矩）；

κ_b——截面剪应力形状系数，对矩形梁截面取$\kappa_b=1.2$；

E_{bb}——梁纵筋弹性模量；

I_{bb}——梁纵筋总惯性矩；

b_b——梁截面宽度；

h_b——梁截面高度。

（2）由柱弹性变形引起的柱顶位移Δ_{cc}

Δ_{cc}的计算与梁端弹性变形Δ_b方法类似，可按下式计算：

$$\Delta_{cc}=\frac{2Ph_{c}^{3}}{3\left(E_{c}I_{ec}+E_{bc}I_{bc}+E_{t}I_{t}\right)}+\frac{2P\kappa_{c}h_{c}}{0.2(E_{c}A_{c}+E_{t}A_{t})} \tag{8.1.9}$$

式中：P——柱端水平推力；

h_c——柱反弯点到节点区外边缘距离，如图 8.1.21（b）所示；

I_{ec}——柱截面混凝土有效惯性矩，可取$I_{ec}=0.6I_{gc}$（I_{gc}为柱毛截面惯性矩）；

E_{bc}——柱纵筋弹性模量；

I_{bc}——柱纵筋总惯性矩；

E_t——钢管弹性模量；

I_t——钢管惯性矩；

κ_c——截面剪应力形状系数，对圆形柱截面取$\kappa_c=1.1$；

A_c、A_t——混凝土、钢管截面面积。

（3）由节点核心区剪切变形引起的柱顶位移Δ_{cj}

根据图 8.1.21（c）中几何关系，Δ_{cj}可近似计算为

$$\Delta_{cj} = \gamma_j \left(H_c - h_b\right) \tag{8.1.10}$$

（4）由梁塑性变形及梁筋滑移引起的柱顶位移Δ_{cr}

由于梁塑性铰区变形很难精确测量，故通过测量梁塑性变形来推算其引起的柱顶位移时误差较大。试验中梁反弯点处为二力杆支承，试验过程中支承点高度变化极小，导致梁端转角变化不大；由于柱线刚度较大，分析时可假设柱及节点区为刚性段，则梁塑性变形引起的柱顶位移主要以柱端转角的形式体现。对于梁筋滑移，其引起的柱顶位移也表现为柱端转角，如图 8.1.21（d）所示。梁端塑性变形及纵筋滑移的发展通常是相互伴随的，可将上述两种因素合并在一起分析，Δ_{cr} 可按下式计算：

$$\Delta_{cr} = H_c\theta_{cr} = H_c\left(\theta_c - \theta_b - \theta_\gamma\right) \tag{8.1.11}$$

式中：θ_{cr}——由梁塑性变形及纵筋滑移引起的柱顶转角；

θ_c——试验测得的柱端转角；

θ_b——试验测得的梁端转角；

θ_γ——由节点核心区剪切变形引起的梁柱相对转角，$\theta_\gamma = \gamma_j \dfrac{180^\circ}{\pi}$。

图 8.1.22 中为典型循环第一次正向加载时各试件柱顶位移组成的分析结果，其中Δ_{cn}表示其他未考虑因素及误差等引起的柱顶位移。通过分析对比可得主要结论如下：

1）在 DR=1.0%时，试件处于刚屈服或接近屈服状态，未及破坏，故不同试件相同变形成分所占比例较为接近；随着加载位移增大，各试件柱顶位移组成因试件破坏模式及节点构造的差别表现出不同的变化规律。

2）钢筋混凝土节点：试件节点区及梁端均破坏严重，随着加载位移增大，Δ_{cj}、Δ_{cr}所占比例均有所增加；在 DR=2.0%时，试件已过峰值，Δ_{cj}、Δ_{cr} 在总位移中占绝大部分，分别达到 32.5%和 46.1%；在 DR=4.0%时，节点区剪切变形引起的柱顶位移占 32.7%，梁端塑性变形及梁筋滑移引起的位移占比增大至 54.2%，表明试件梁端破坏程度相比节点区更为严重。

3）部分钢管贯通式节点：在 DR=3.0%之前，随着加载位移增大，Δ_{cj}、Δ_{cr} 所占比例逐渐增加，但节点区剪切变形引起的位移占比增长速度相对较快；在 DR=4.0%时，节点区剪切变形引起的柱顶位移急剧增大，导致梁端塑性变形及梁筋滑移引起的位移占比有所降低，表明试件后期节点核心区破坏更为严重；对比不同轴压比试件可以发现，轴压力可在一定程度上限制节点核心区剪切变形发展，同级加载位移下轴压比大的试件Δ_{cj}占比相对较小。

4）环筋式节点：试件发生梁端弯曲破坏，故加载后期节点核心区剪切变形引起的柱顶位移占比变化不大，绝大部分柱顶位移由梁端塑性变形及梁筋滑移引起。

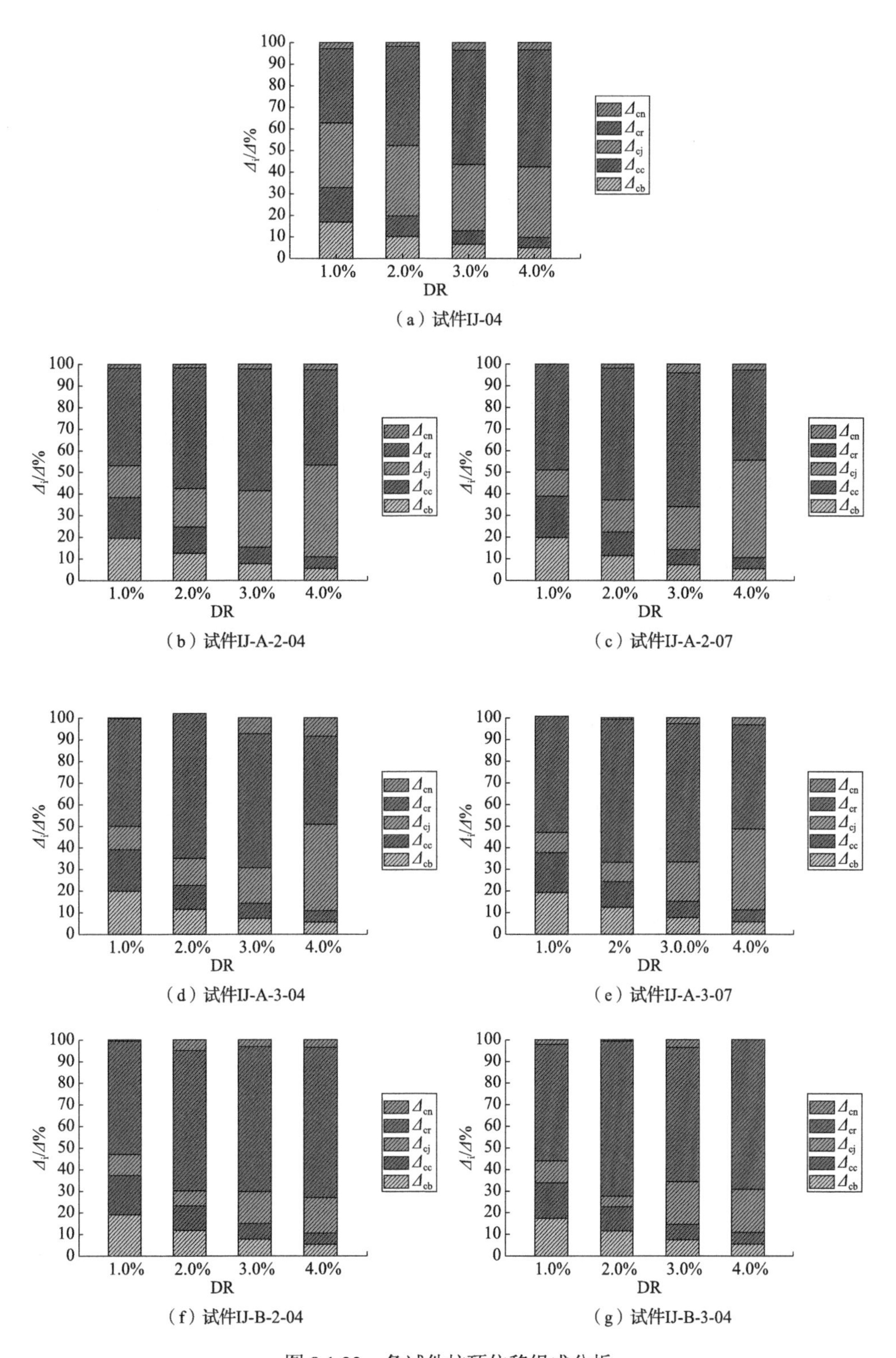

（a）试件IJ-04

（b）试件IJ-A-2-04

（c）试件IJ-A-2-07

（d）试件IJ-A-3-04

（e）试件IJ-A-3-07

（f）试件IJ-B-2-04

（g）试件IJ-B-3-04

图 8.1.22　各试件柱顶位移组成分析

8.1.5 柱纵筋应力分析

试验过程中测量了试件左右两侧柱纵筋应变，可将其转换为钢筋应力进行对比分析，钢筋应力-应变关系采用理想弹塑性模型。各试件典型循环第一次正向加载右侧柱纵筋分析结果如图 8.1.23 所示，主要结论如下。

1）本批试验加载过程中柱顶轴力引起的二阶效应可忽略，水平推力作用下可认为试件柱段弯矩分布如图 8.1.23（a）所示。柱顶轴力施加完毕后，柱纵筋整体上均匀受压，且应力值与轴压比基本呈线性关系；在 DR=0.4%时，水平推力引起的柱端弯矩导致上柱纵筋应力增大，下柱纵筋应力减小，节点区柱纵筋应力沿高度呈梯度变化；在随后的加载中，各试件因破坏模式的差别而呈现不同应力发展变化。

2）钢筋混凝土节点：在 DR=1.0%时，水平推力引起的柱端弯矩继续增大，柱纵筋应力在前期基础上也随之发展；在 DR=2.0%时，节点区边界处上柱纵筋受压屈服，此时节点核心区内柱纵筋并未屈服。若节点区混凝土破坏严重，则必导致核心区柱纵筋受压屈服。由此可断定，试件节点区箍筋内混凝土破坏并不严重，核心区后期剪切刚度降低较多主要是保护层混凝土脱落导致。

3）部分钢管贯通式节点：节点区钢管在距离节点外边界 1/2D 处断开（D 为柱直径），整个节点区因钢管外延而具有更好的整体刚度；钢管断开高度位置的柱截面仅能靠混凝土和柱纵筋承担荷载，导致受力过程中该高度位置的柱纵筋受力相对较大，最终多数试件柱纵筋应力最大处位于钢管开缝位置而非梁柱交界位置；在 DR=2.0%时，多数试件节点核心区柱纵筋受压屈服，试验过程中该类节点均发生不同程度的节点区剪切破坏，核心混凝土受剪破坏后承载能力下降，部分荷载转由柱纵筋承担，导致柱纵筋受压屈服。

4）环筋式节点：其节点区钢管在距离节点外边界 1/2D 处断开，故试件柱纵筋应力最大处仍与该高度对应；环筋式节点均发生梁端弯曲破坏，在 DR=2.0%时，仅开缝位置柱纵筋屈服，节点区柱纵筋应力仍呈梯度变化。

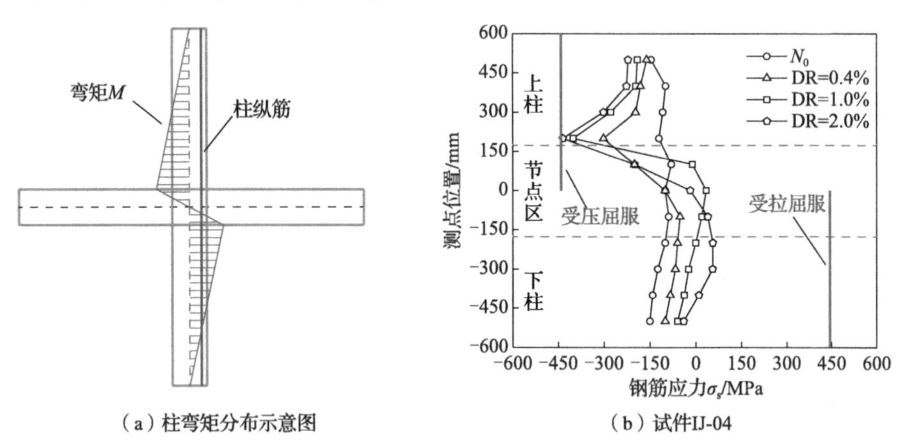

（a）柱弯矩分布示意图　（b）试件IJ-04

图 8.1.23　柱纵筋应力分析结果

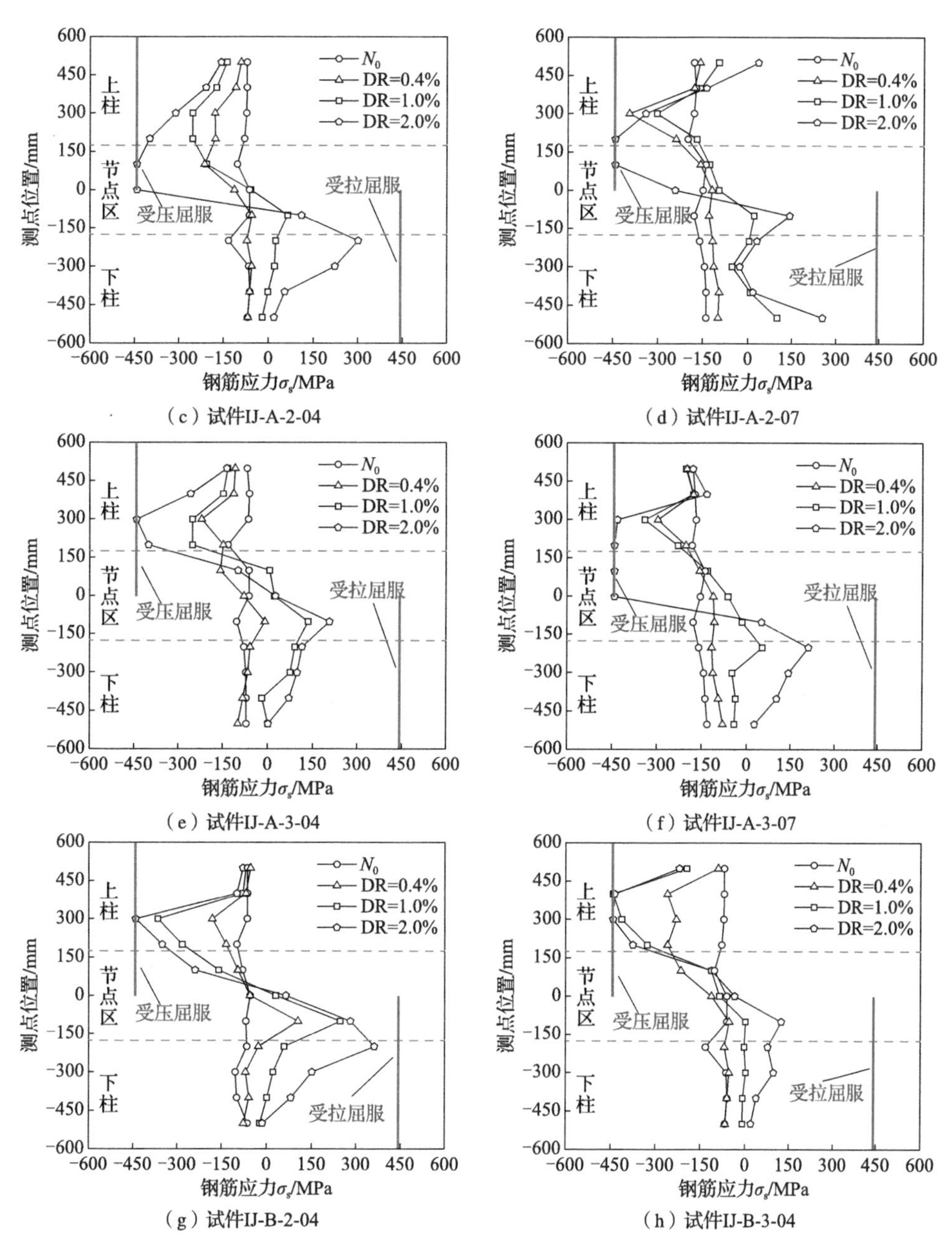

（c）试件IJ-A-2-04

（d）试件IJ-A-2-07

（e）试件IJ-A-3-04

（f）试件IJ-A-3-07

（g）试件IJ-B-2-04

（h）试件IJ-B-3-04

图 8.1.23（续）

8.1.6　梁纵筋应力分析

图 8.1.24 为梁最外层纵筋应力分析结果。柱顶竖向轴力施加完毕后，节点区混凝土有横向膨胀变形产生，梁纵筋会限制混凝土变形开展，从而导致自身轻微受拉。在 DR=0.4%时，各试件梁纵筋应力幅值及发展趋势差别不大，右梁纵筋因混凝土和钢筋共

同承担荷载导致相应应力幅值小于对应左梁纵筋。在 DR=1.0%时，左梁个别测点纵筋受拉屈服，对比之前试件骨架曲线屈服点，两者基本对应。在 DR=2.0%时，左梁纵筋屈服测点数增多，个别梁端破坏严重的试件右侧纵筋也因受压而屈服。试验中，试件梁纵筋配置及构造均相同，且无论试件是否发生节点区剪切破坏，在 DR=2.0%时梁端均出现较多裂缝。此外，轴压比、节点区局部构造等因素对梁纵筋应力发展变化影响较小，最终导致各试件梁纵筋应力变化无显著差别。

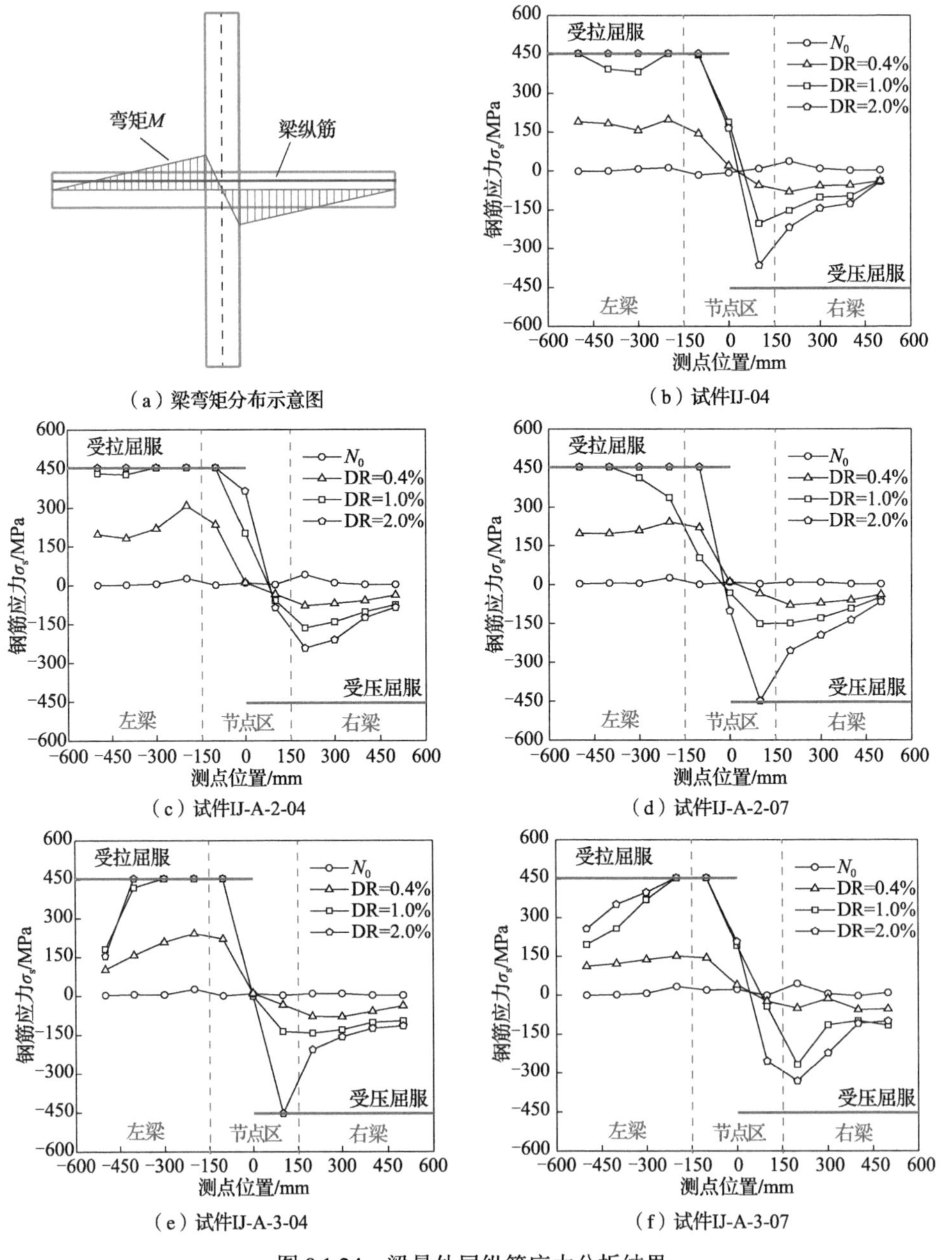

（a）梁弯矩分布示意图　（b）试件IJ-04

（c）试件IJ-A-2-04　（d）试件IJ-A-2-07

（e）试件IJ-A-3-04　（f）试件IJ-A-3-07

图 8.1.24 梁最外层纵筋应力分析结果

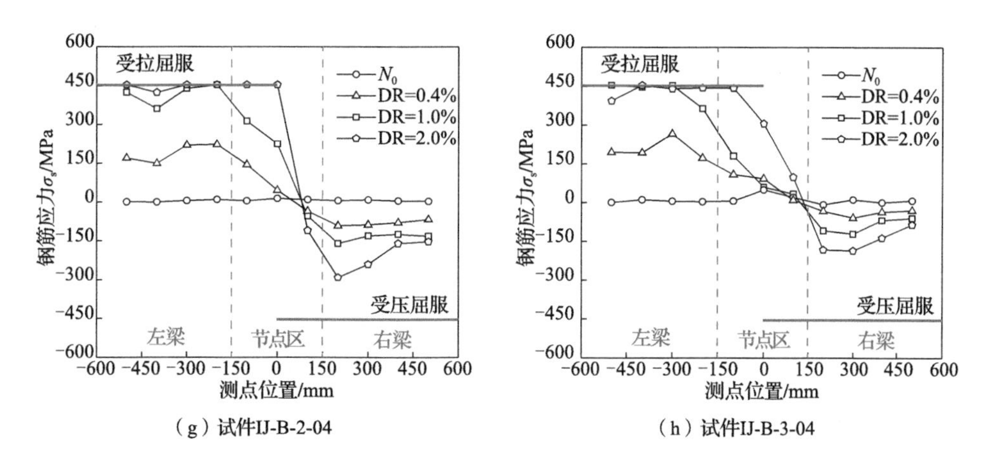

（g）试件IJ-B-2-04　　（h）试件IJ-B-3-04

图 8.1.24（续）

8.1.7　节点区箍筋、钢管及环筋应力分析

1. 钢筋混凝土节点

选取节点区上侧三根箍筋为量测对象，为便于与环筋式节点对比，此处仅对图 8.1.25（a）中测点 1、2、3 处箍筋进行应力分析。由于靠近节点区中部箍筋可为斜压杆混凝土提供更为有效的约束，导致同级加载位移下第 1 层箍筋应力最小，第 2 层及第 3 层箍筋应力水平相当；在 DR=2.0%时，该试件骨架曲线已过峰值，但节点区仅第 3 层箍筋在测点 3 位置屈服，表明试件承载力下降主要由核心区混凝土保护层脱落引起，箍筋内部混凝土破坏其实并不严重；随着往复加载位移增大，保护层破坏程度加剧，导致箍筋承担更多荷载，屈服区域逐渐增加，在 DR=3.0%时第 2 层及第 3 层箍筋全部测点均已屈服；第 1 层箍筋位置相对靠上，受剪时无法有效提供约束，导致在 DR=4.0%时仅有测点 3 位置箍筋发生屈服。

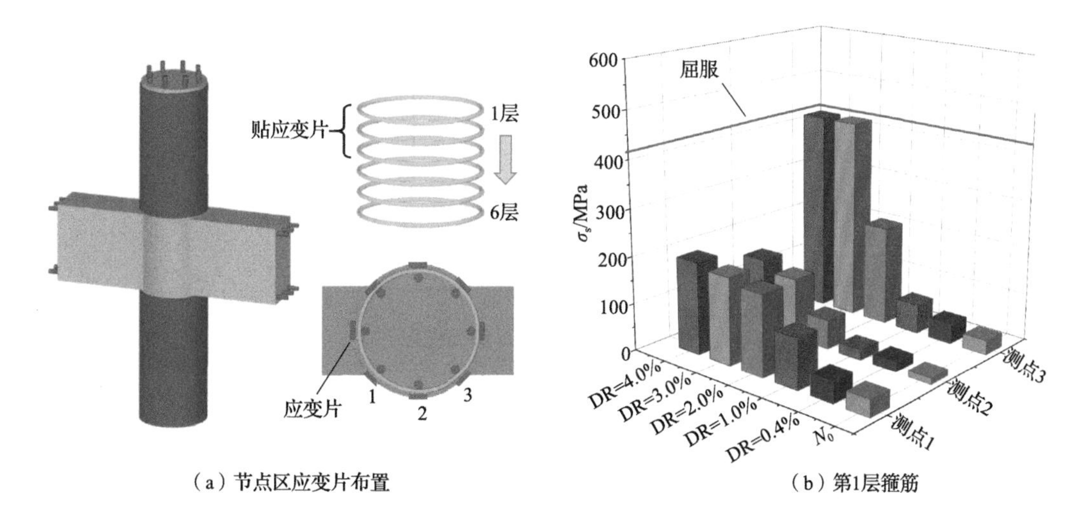

（a）节点区应变片布置　　（b）第1层箍筋

图 8.1.25　节点区箍筋应力变化

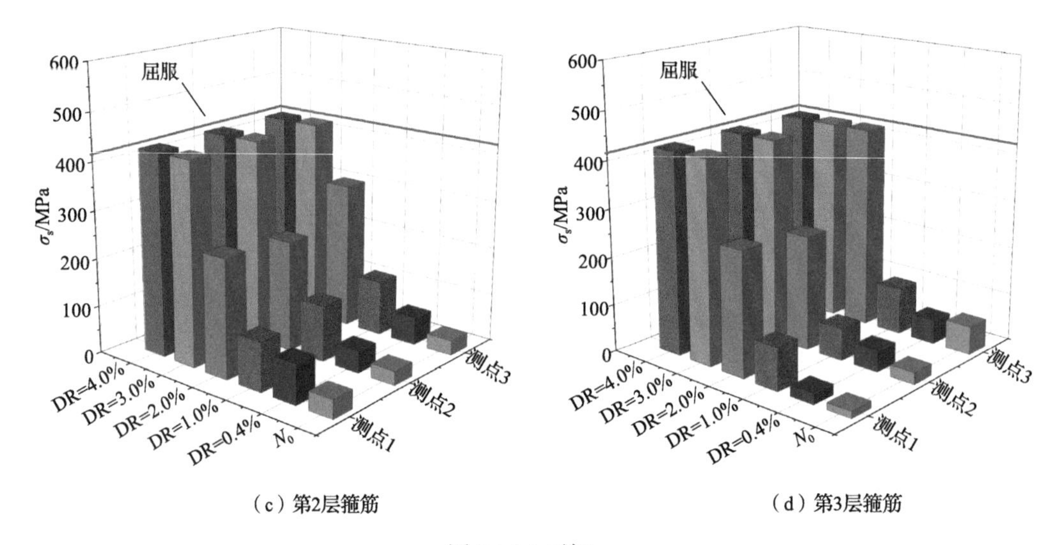

（c）第2层箍筋　　（d）第3层箍筋

图 8.1.25（续）

2. 部分钢管贯通式节点

节点区钢管对角线上均匀布置有 5 处应变花，若定义某点处应变分量为ε_x、ε_y和γ_{xy}（图 8.1.26），则该点处指定方向α的线应变ε_α为

$$\varepsilon_\alpha = \frac{\varepsilon_x + \varepsilon_y}{2} + \frac{\varepsilon_x - \varepsilon_y}{2}\cos(2\alpha) + \frac{\gamma_{xy}}{2}\sin(2\alpha) \tag{8.1.12}$$

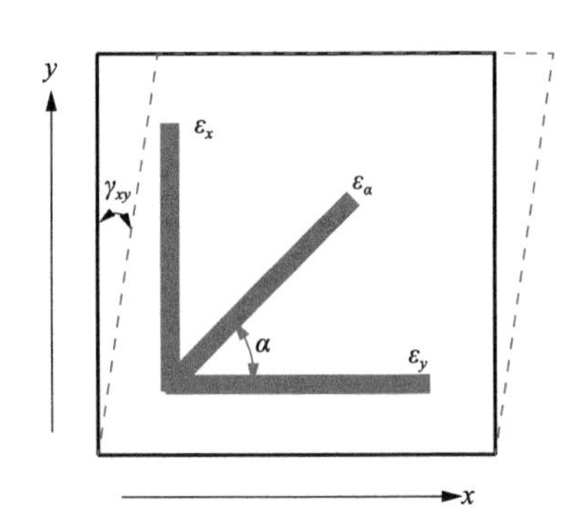

图 8.1.26　应变计算简图

对于试验所采用的 45° 直角应变花，有

$$\gamma_{xy} = 2\varepsilon_{45^\circ} - (\varepsilon_x + \varepsilon_y) \tag{8.1.13}$$

求得剪应变γ_{xy}，将其转换为钢管应力。限于篇幅，此处仅选取轴压比较大的试件进

行结果介绍和对比分析，如图 8.1.27 所示，其中τ为钢管剪应力。分析过程中将测点分为两类，一类为角部测点（测点 1、测点 5），另一类为核心区中部钢管测点（测点 2、测点 3 和测点 4），主要结论如下。

1）正向加载时，节点区角部同时承受柱端压力和梁端压力，由于钢管在梁端开洞，梁端压力可直接传入节点区混凝土，但柱端压力却有一部分通过钢管与混凝土界面传给钢连接板，导致角部钢管整体以纵向受压为主，受力过程中环向应力（σ_h）、剪应力（τ）相对较小；钢管在界面力传递过程中还会因角部钢管开洞造成应力集中，导致同级加载位移下角部测点钢管纵向应力（σ_v）远大于核心区中部钢管纵向应力；在 DR=2.0%时（大致与骨架曲线峰值点对应），角部钢管受压屈服，纵向应力接近或达到钢管屈服强度；在 DR=3.0%时，测点 1 钢管纵向应力急剧减小，对应之前试验现象，钢管此时局部屈曲，导致应力状态发生突变。

2）对于核心区中部钢管（测点 2、测点 3 和测点 4），该段钢管在节点核心区形成圆形钢管箍，可有效参与核心区受剪。加载前期（在 DR=0.67%之前），节点区混凝土膨胀及剪切变形极小，钢管环向应力（σ_h）和剪应力（τ）几乎为零，主要以纵向受压为主，但由柱顶轴压力导致的纵向应力（σ_v）并不大。此阶段钢管发挥的作用较小，节点区受剪主要以斜压杆混凝土为主。随着加载位移增大（在 DR=2.0%之前），试件节点区剪切变形及斜压杆混凝土受压产生的膨胀变形逐渐显现，钢管的剪应力（τ）、环向应力（σ_h）同步增大。此阶段钢管的受剪作用开始体现，环向应力（σ_h）通过桁架机理抗剪，而剪应力（τ）则通过钢管的直接受剪作用来抵抗核心区剪力。由于柱顶轴压力保持不变，此阶段钢管纵向应变变化不大，但平面应力状态下其余两种应力的增大导致其纵向应力（σ_v）随加载位移增大而逐渐减小。在峰值荷载时（约为 DR=2.0%），测点 3 和测点 4 位置钢管屈服，此时钢管纵向应力（σ_v）几乎为零，主要以环向受拉和斜向受剪为主。因此，在建立节点核心区受剪承载力计算公式时，可忽略钢管纵向应力影响，仅讨论钢管屈服状态下环向应力（σ_h）和剪应力（τ）对核心区受剪承载力贡献即可。

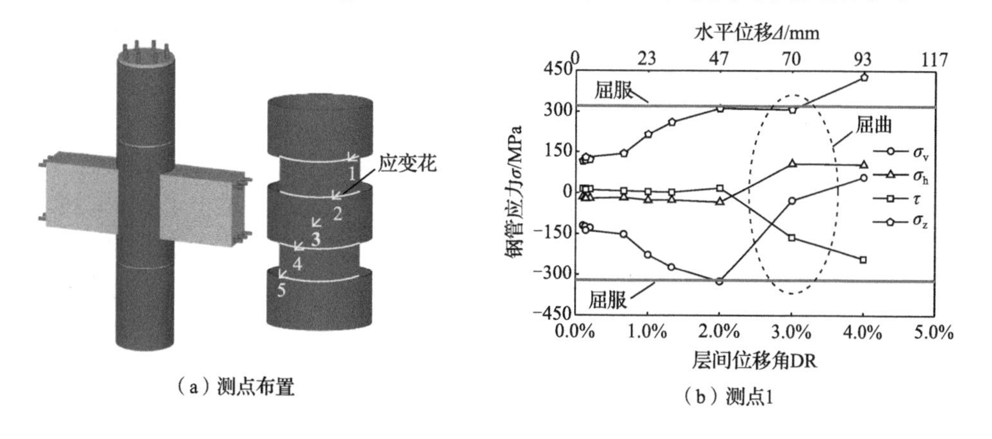

（a）测点布置　（b）测点1

图 8.1.27　试件 IJ-A-2-07 钢管应力分析结果

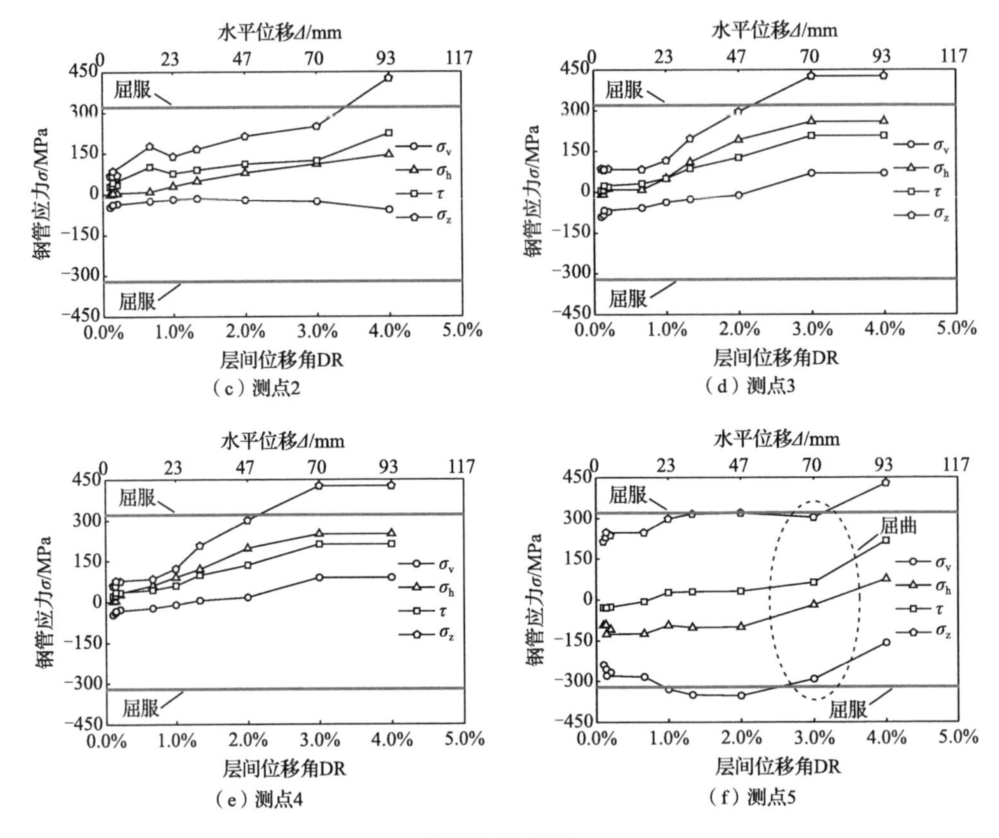

（c）测点2

（d）测点3

（e）测点4

（f）测点5

图 8.1.27（续）

3. 环筋式节点

试验中测量了节点区环筋及钢管应变，具体测点布置如图 8.1.28（a）所示，图 8.1.28（b）～（d）分别为三层环筋应力分析结果。可以看到，随着加载位移增大，环筋应力不断增长。第二层环筋位于节点区中部，受力均匀且应力较大；第一层环筋和第三层环筋在节点区斜压带上测点（第一层测点 3 和第三层测点 1）应力较大，两层环筋应力大小呈反对称分布。在 DR=2.0%时，试件正向加载时骨架曲线达到峰值，但节点区环筋均未屈服，说明峰值时节点区基本完好，试件失效主要是由梁端弯曲破坏引起。在 DR=4.0%时，第三层测点 1 位置环筋屈服，其余测点环筋仍未屈服，至 DR=5.0%时才全部屈服。

图 8.1.28 中钢筋混凝土节点第 2 层箍筋与环筋式节点第 1 层环筋［图 8.1.25（b）］位于同一节点区高度位置，对比可知，同级加载位移下环筋应力要小于图 8.1.25 中箍筋应力：对于钢筋混凝土节点，节点核心区主要指箍筋及其内部混凝土组成的区域，受力过程中内部核心区剪切变形较大；而对于环筋式节点，其节点区混凝土均可有效参与受力，同级加载位移下剪切变形相对较小，导致环筋应力小于同一高度位置处箍筋应力。作为对比，钢筋混凝土节点试件在峰值过后保护层逐渐脱落，箍筋在 DR=3.0%时已全面屈服；而环筋式节点试件的环筋约束了整个节点区域，其节点区有效面积相比钢筋混凝土节点试件提高约 33%，最终节点区环筋在 DR=5.0%时才发生屈服。

图 8.1.28（e）～（f）为上下层环筋间钢连接板应力分析结果。由于上下层环筋限制了钢连接板在受力过程中的变形，使得整段钢管与节点区混凝土协同受力，钢管应力随加载位移增长而增大。在 DR=4.0%时，钢管接近屈服，此时剪应力（τ）相对较大（测点 4 为 $0.51f_{ty,j}$，测点 5 为 $0.53f_{ty,j}$），而环向应力（σ_h）和纵向应力（σ_v）则相对较小，钢管主要以剪切受力为主。中节点在实际建筑中四面均存在梁肢，此时钢连接板尺寸相对较小，其提供的受剪承载力可以忽略；但对于试验，进行核心区受剪承载力计算时仍需计入该部分影响。

综合来看，环筋式节点除可增大节点区有效受力面积外，钢连接板的直接受剪作用亦可增加节点区抗剪强度，导致节点区相对更强，最终环筋式节点试件均发生梁端弯曲破坏。

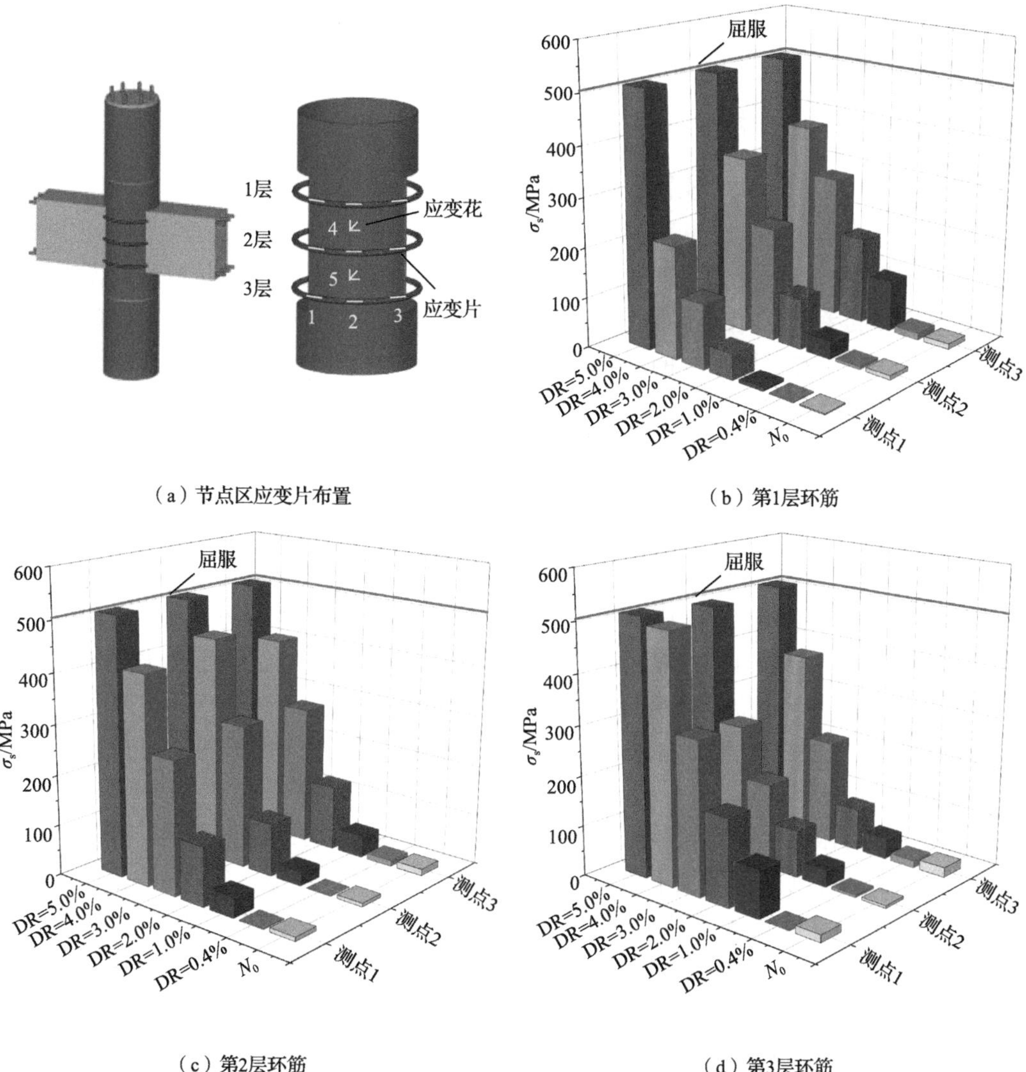

（a）节点区应变片布置

（b）第1层环筋

（c）第2层环筋

（d）第3层环筋

图 8.1.28　试件 IJ-B-2-04

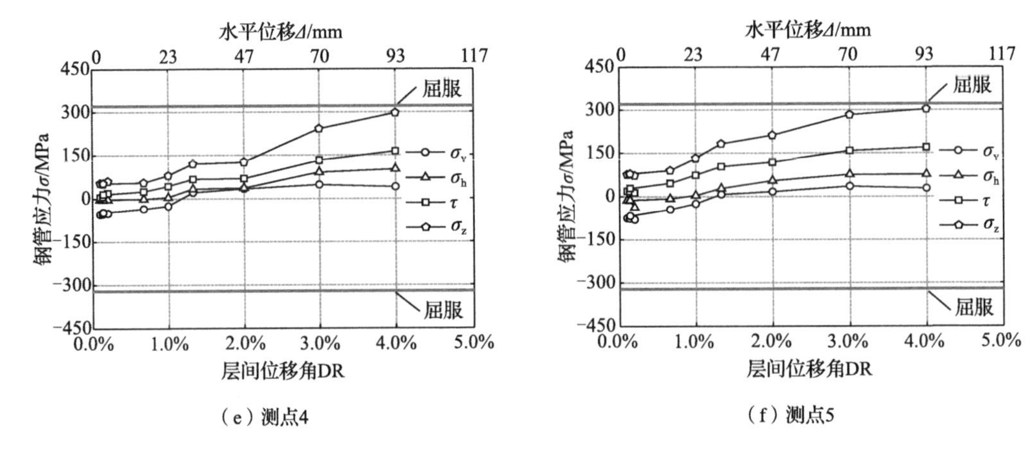

（e）测点4

（f）测点5

图 8.1.28（续）

8.2 中节点有限元分析

地震作用下节点的受力机理较为复杂，借助往复荷载试验研究其抗震性能无疑是最有效、最直接的手段。但试验的量测内容及研究参数往往有限，为进一步明确各类节点的受力机理，本节在试验研究的基础上，借助有限元分析软件 ABAQUS 建立了钢管约束 RC 柱-RC 梁节点的有限元分析模型，并对各影响因素进行了参数分析。

8.2.1 有限元模型建立

以部分钢管贯通式节点为例介绍有限元模型边界条件，如图 8.2.1 所示。与试验步骤相对应，有限元模型中边界条件的设置分为两个步骤。

步骤 1：施加轴向力。试验中主要靠自平衡装置对柱顶施加轴力，加载过程中该力始终与柱顶平面保持垂直；有限元模型中在柱顶平面施加均布面力，面力方向始终与柱顶平面垂直。另外，此阶段梁端为自由端。

步骤 2：施加水平位移。有限元模型中，此阶段梁端为滑动铰支座，柱底面铰接，采用位移加载。

采用上述有限元模型对试验结果进行验证，结果对比如图 8.2.2 所示。有限元模型算得的骨架曲线在前期刚度及承载力方面均与试验吻合良好。图 8.2.3 为峰值状态时典型试件的破坏模式和最大主塑性应变云图。可从以下破坏模式方面对试验进行验证。①试件 IJ-A-2-04：试验时梁端先屈服，随后节点核心区在往复荷载作用下剪切破坏失效；有限元模型峰值时梁端和节点区应变均较大，与试验现象基本一致。②试件 IJ-B-2-04：试验结果为梁端弯曲破坏，节点区基本完好；有限元模型峰值时梁端应变较大，节点区应变较小，与试验现象一致。

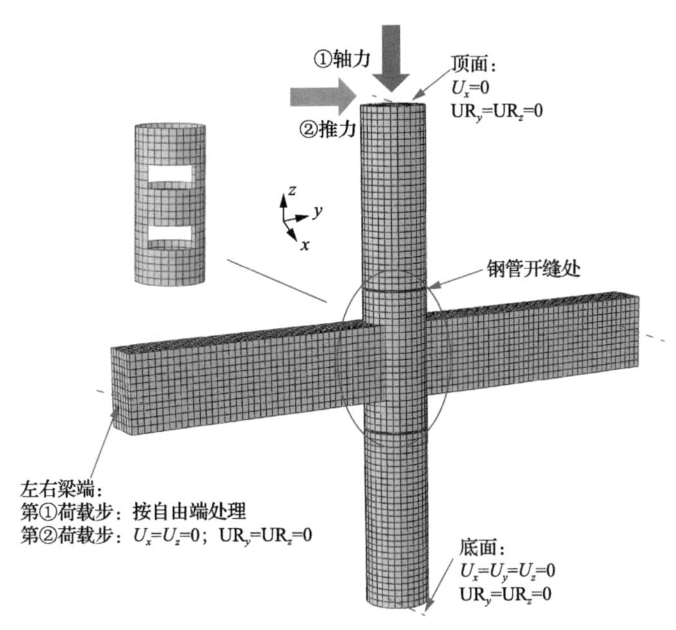

图 8.2.1　有限元模型边界条件

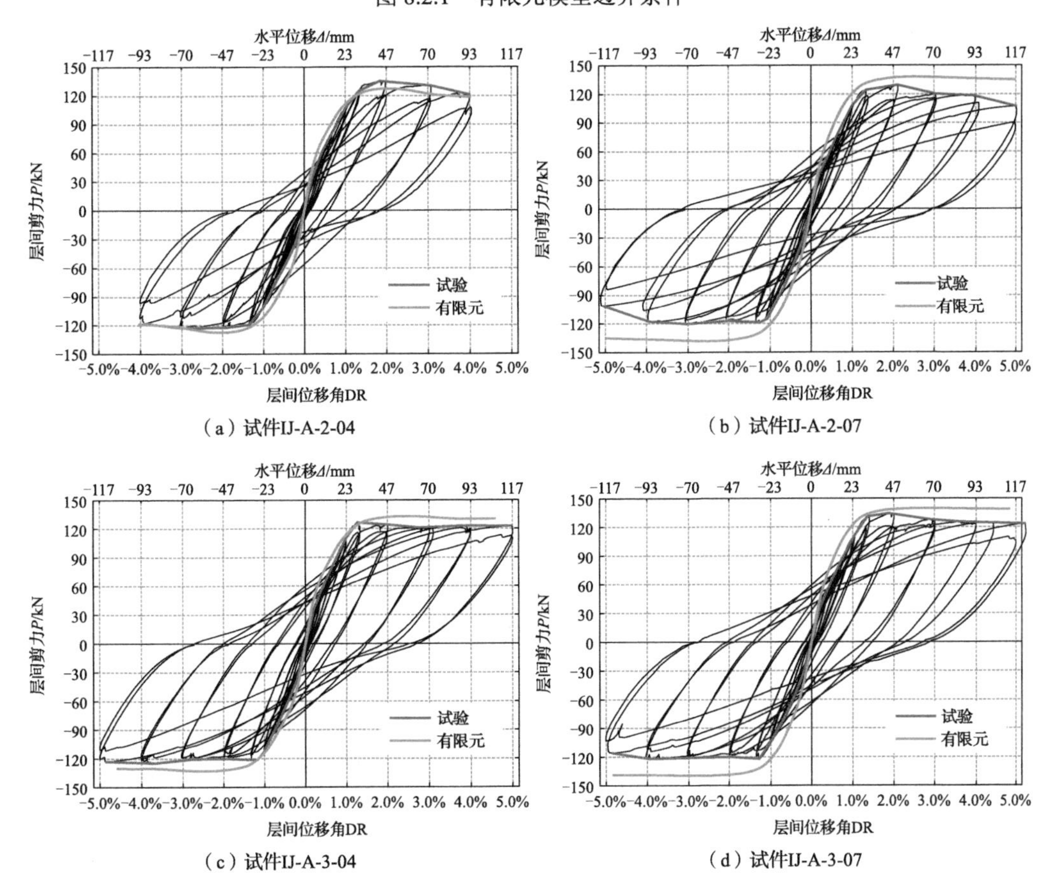

（a）试件IJ-A-2-04

（b）试件IJ-A-2-07

（c）试件IJ-A-3-04

（d）试件IJ-A-3-07

图 8.2.2　有限元结果与试验结果对比

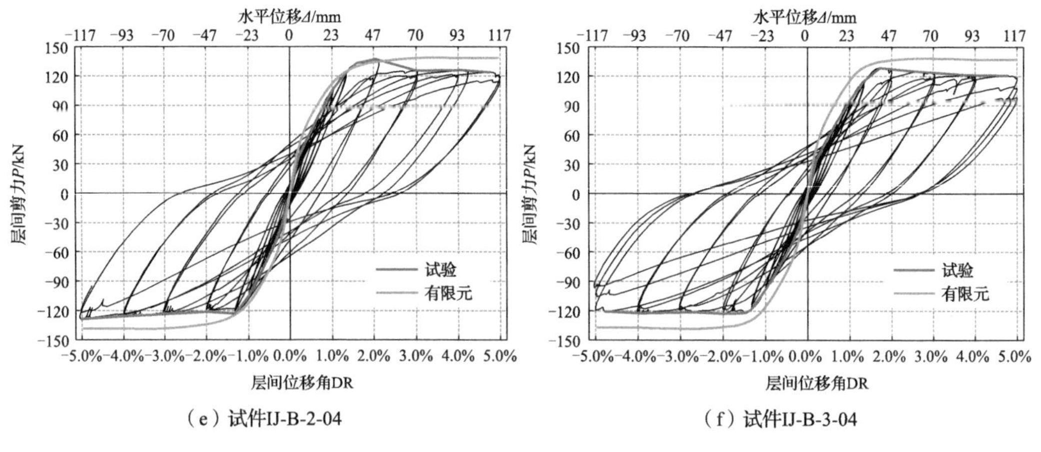

（e）试件IJ-B-2-04　　（f）试件IJ-B-3-04

图 8.2.2（续）

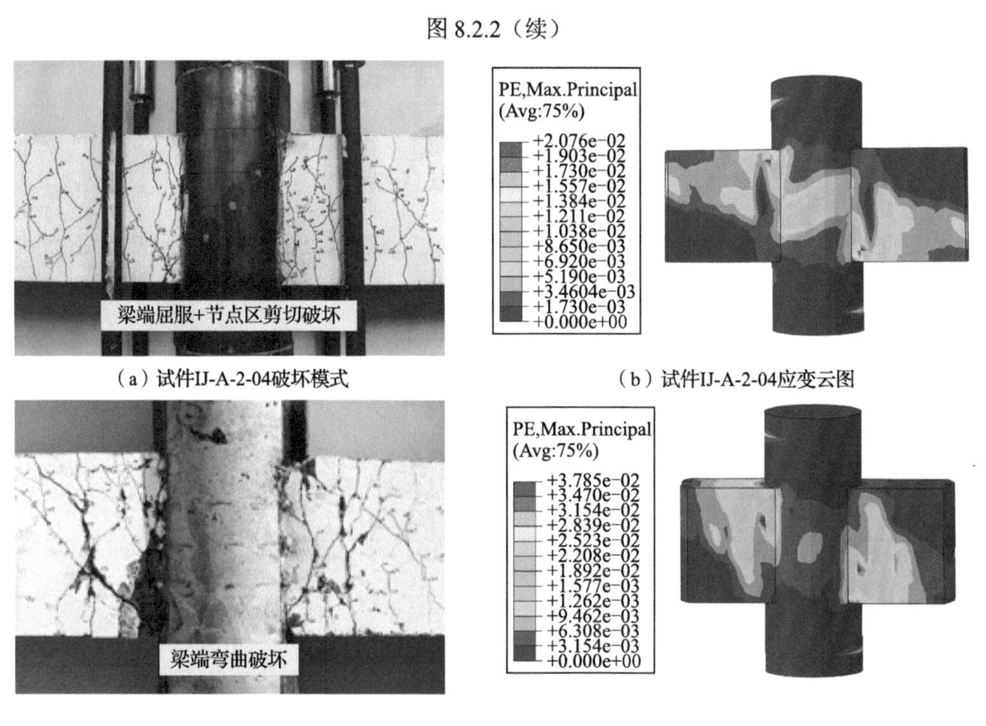

（a）试件IJ-A-2-04破坏模式　　（b）试件IJ-A-2-04应变云图

（c）试件IJ-B-2-04破坏模式　　（d）试件IJ-B-2-04应变云图

图 8.2.3　峰值状态时典型试件的破坏模式和最大主塑性应变云图

8.2.2　参数分析

节点区极限受剪承载力需通过“弱节点”模型得到，为保证计算得到的承载力由节点区剪切破坏引起，本节人为提高了模型中混凝土梁及钢管约束钢筋混凝土柱的配筋率。

1. 部分钢管贯通式节点

根据上述原则，经多次试算，最终确定有限元标准构件参数取值如下：混凝土强度

f_c=40MPa；柱钢管厚度 t=3mm，屈服强度 345MPa；柱纵筋 8ϕ25，屈服强度 400MPa，混凝土保护层厚度 20mm；梁上下对称配筋，均为 4ϕ22，屈服强度 400MPa，单排布置，混凝土保护层厚度 25mm；柱箍筋ϕ10@100，梁箍筋ϕ10@80，屈服强度均为 335MPa；轴压比 n_0=0.4；节点区钢管厚度 t_j=2mm，屈服强度 345MPa；梁、柱截面和节点整体尺寸均与试验一致。本节主要分析参数涉及核心区混凝土强度、节点区钢管设置、轴压比等。

（1）混凝土强度 f_c

在梁、柱端荷载的共同作用下，节点核心区形成斜压杆，随着外部荷载增大，斜压杆混凝土达到抗压强度，最终导致节点核心区破坏。从斜压杆机理的角度分析，节点核心区受剪承载力随混凝土强度提高而增大，如图 8.2.4 所示。混凝土强度越高脆性越大，导致节点延性随混凝土强度提高而降低，f_c>50MPa 时骨架曲线下降趋势明显。

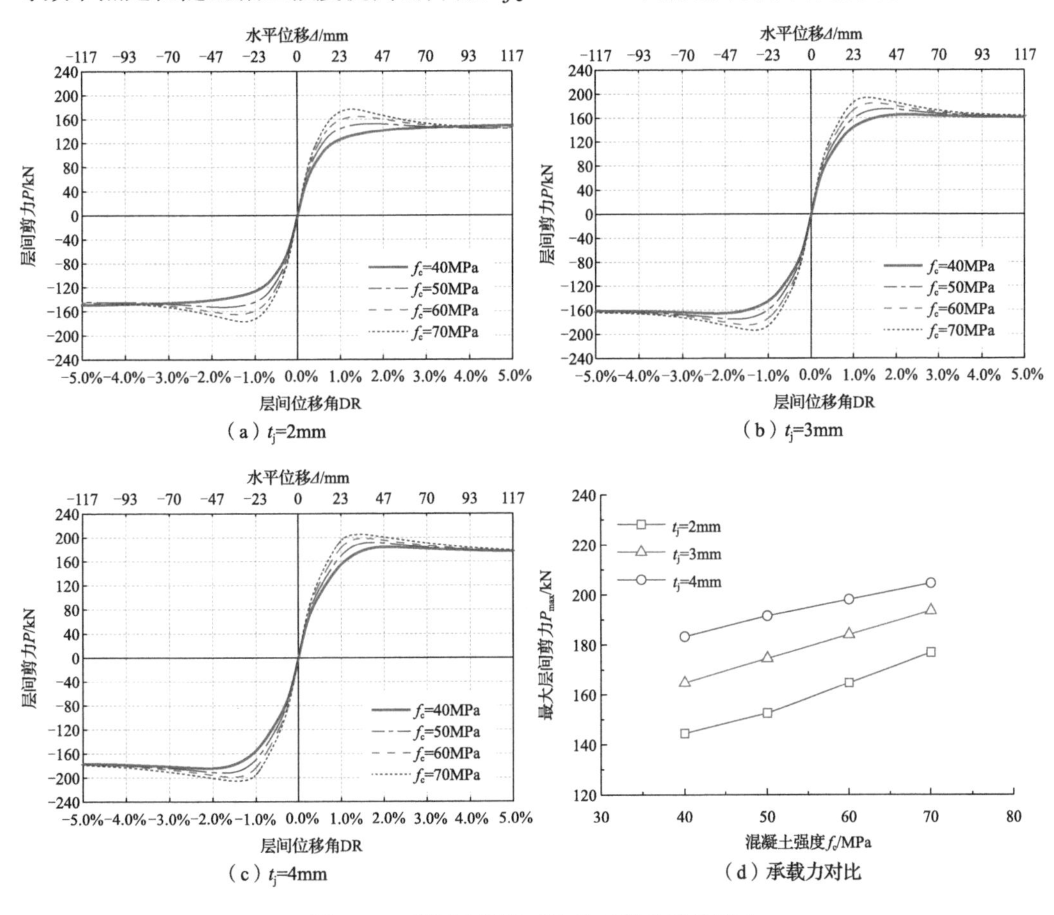

图 8.2.4　混凝土强度对构件骨架曲线的影响

图 8.2.5 为构件（节点区钢管 t_j=3mm，$f_{ty,j}$=345MPa）峰值状态时核心区混凝土最小主应力分布，用以分析混凝土强度对斜压杆有效控制截面的影响。可以看到，随着混凝土强度的提高，斜压力沿斜压杆向两侧扩散的幅度逐渐降低，核心区斜压杆的有效宽度逐渐减小。在用理论模型计算混凝土斜压杆提供的受剪承载力时，需考虑混凝土强度对斜压杆有效宽度的影响。

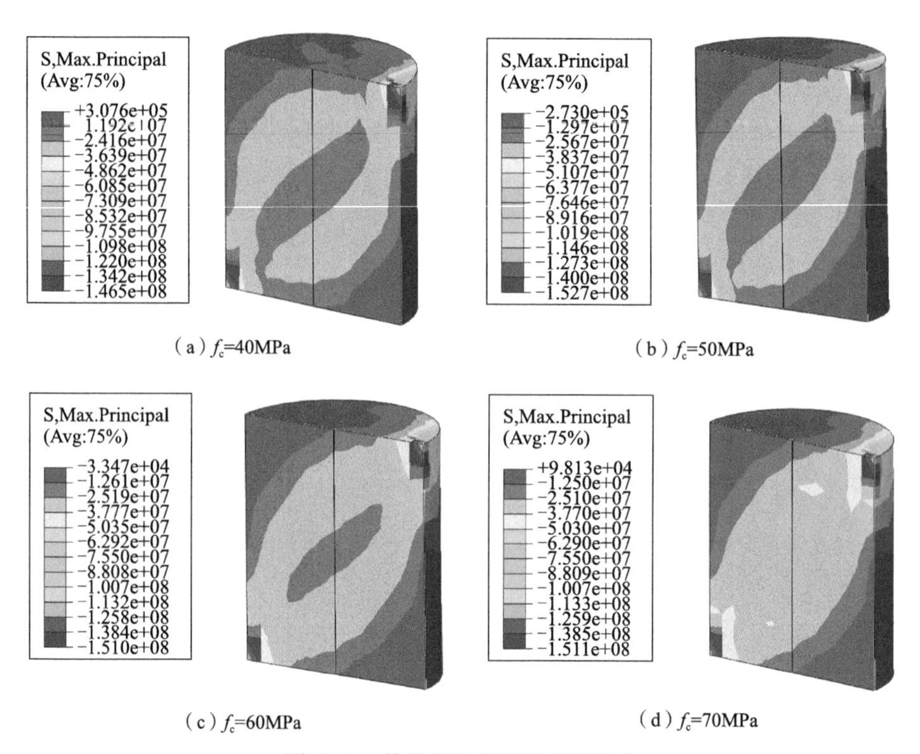

（a）f_c=40MPa　（b）f_c=50MPa

（c）f_c=60MPa　（d）f_c=70MPa

图 8.2.5　构件斜压杆有效宽度变化

（2）节点区钢管屈服强度 $f_{ty,j}$

节点核心区受力时，钢管所提供的剪力主要源于两方面：桁架机制及自身直接受剪。图 8.2.6 为在构件峰值状态时不同钢管屈服强度下核心区钢管应力分布对比。可以看到，在峰值状态时，不同强度的钢管在节点核心区内均全截面屈服，可基于此结论建立理论分析模型来计算钢管极限承载力。

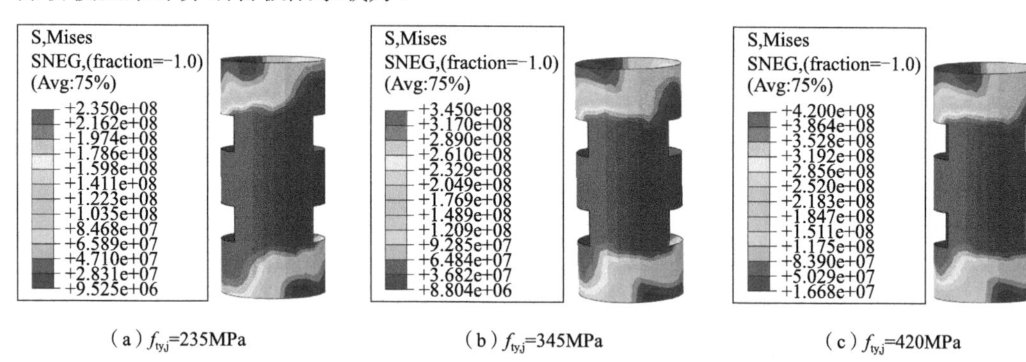

（a）$f_{ty,j}$=235MPa　（b）$f_{ty,j}$=345MPa　（c）$f_{ty,j}$=420MPa

图 8.2.6　在构件峰值状态时不同钢管屈服强度下核心区钢管应力分布对比

图 8.2.7 为三组混凝土强度条件下不同钢管屈服强度对构件骨架曲线的影响。可以看到，随着钢管屈服强度的提高，构件承载力逐渐增大。图 8.2.7（d）为三组构件的承载力对比，最大层间剪力 P_{max} 与钢管屈服强度基本线性相关。

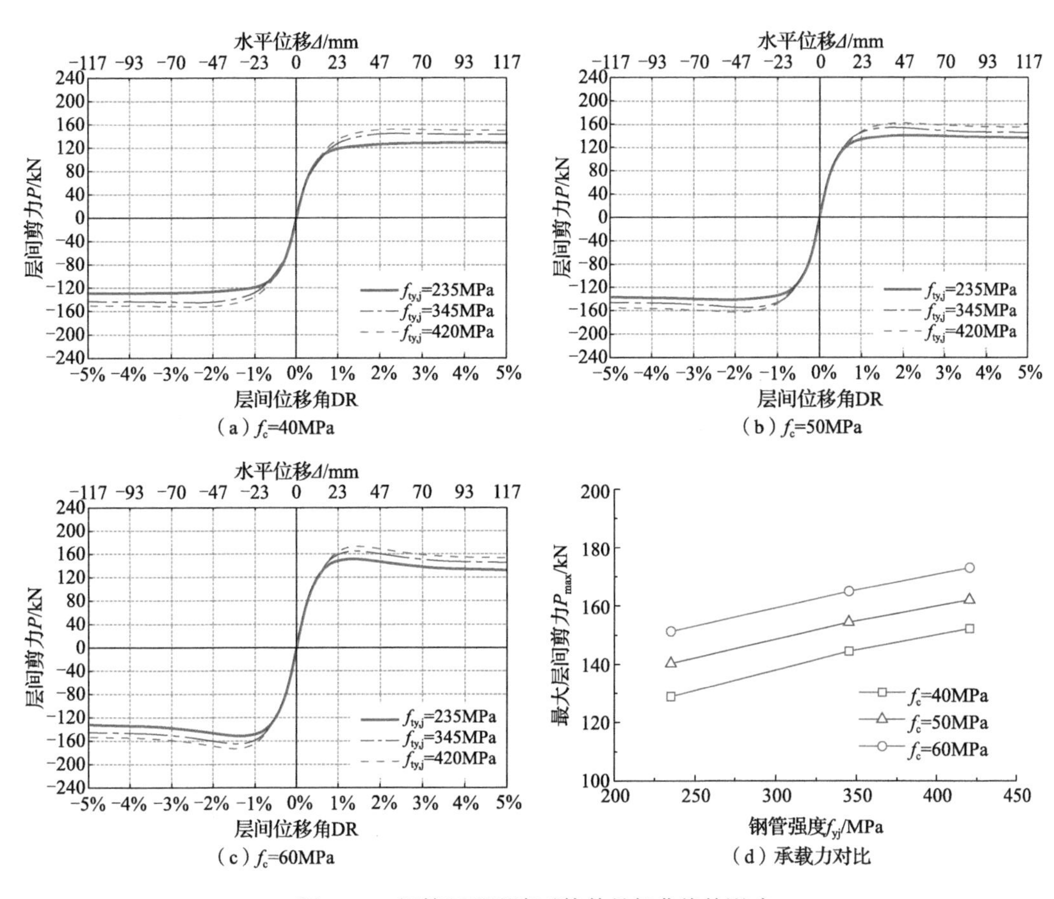

图 8.2.7　钢管屈服强度对构件骨架曲线的影响

（3）节点区钢管厚度 t_j

节点区钢管厚度对构件承载力的影响与钢管屈服强度类似，节点核心区钢管越厚，构件最大层间剪力越大。不同混凝土强度下，构件最大层间剪力随钢管厚度的增加基本呈线性增大的趋势，如图 8.2.8（d）所示。

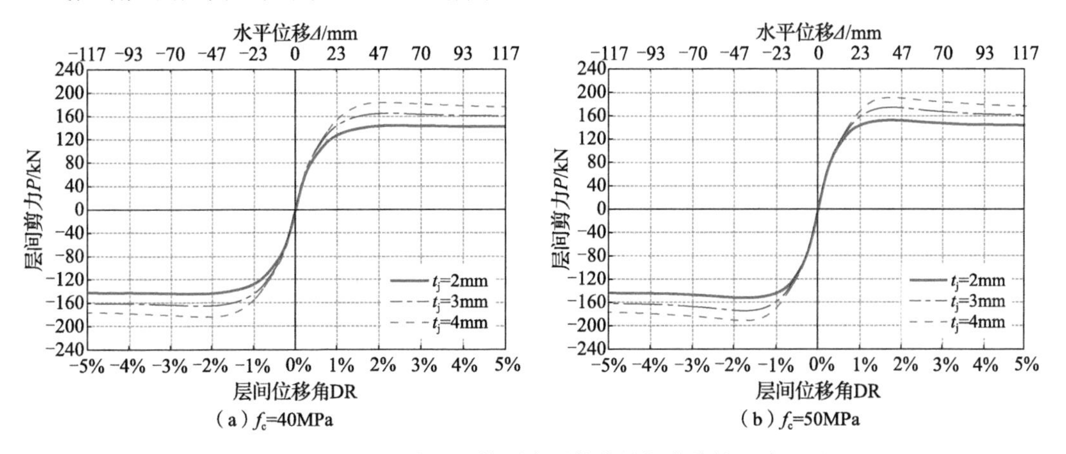

图 8.2.8　节点区钢管厚度对构件骨架曲线的影响

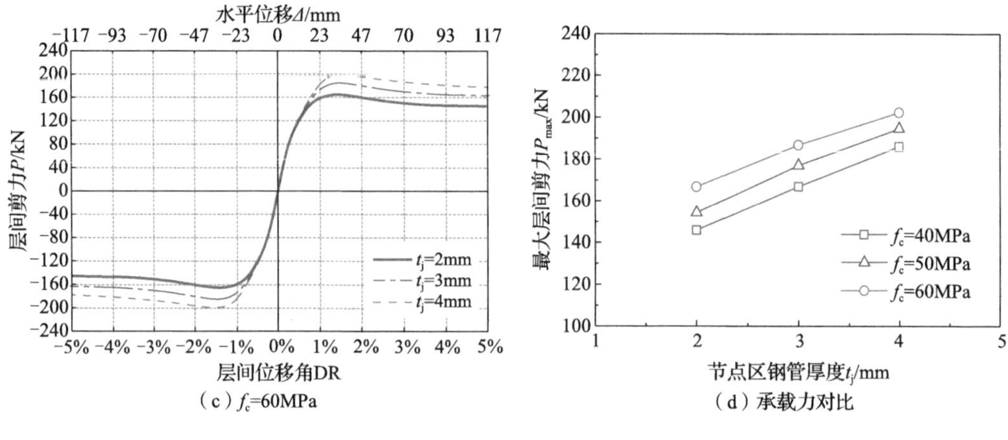

（c）f_c=60MPa （d）承载力对比

图 8.2.8（续）

（4）节点区钢管高度 h_{tj}

节点区钢管高度 h_{tj} 指节点区中间段圆形钢管的高度，如图 8.2.9 所示。

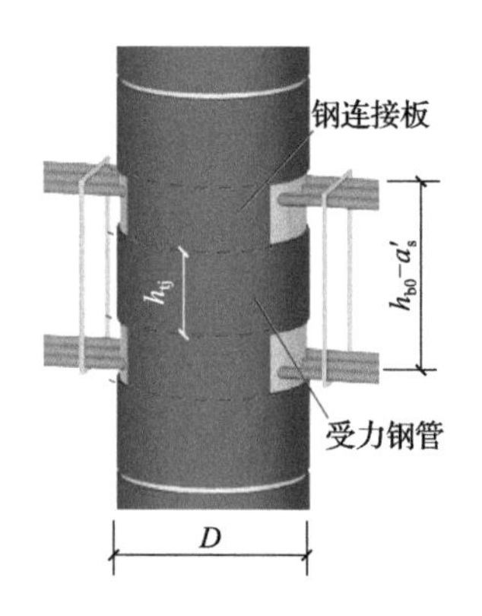

图 8.2.9 节点区钢管高度 h_{tj} 示意

节点区钢管高度对构件骨架边线的影响如图 8.2.10 所示。可以看到，随着节点区钢管高度的提高，构件最大层间剪力逐渐增大，但提高幅度并不明显。以 t_j=3mm 的构件组为例，当 h_{tj} 从 150mm 增大到 250mm 时，节点区钢管高度增加 66.7%，构件最大层间剪力提高 5.5%；作为对比，同样以 h_{tj} 为 150mm 的构件为参考，当钢管厚度 t_j 从 3mm 增大到 4mm 时，厚度增加 33.3%，承载力却提高 11.8%。产生上述差异的原因在于有限元软件对钢连接板的计算偏差：试验中，钢连接板在后期与混凝土有脱开趋势，并在节点区角部屈曲，可提供的受剪承载力有限；有限元模型中无法有效考虑上述因素带来的影响，会过高估计钢连接板的直接受剪承载力；若将钢连接板与中间段受力钢管合并考虑，则当 h_{tj} 从 150mm 增大到 250mm 时，节点区钢管用量提高 14.5%，此时承载力提高 5.5%是合理的。需要说明的是，这仅是对有限元结果的合理解释，工程实践中不宜考虑钢连接板所提供的受剪承载力。

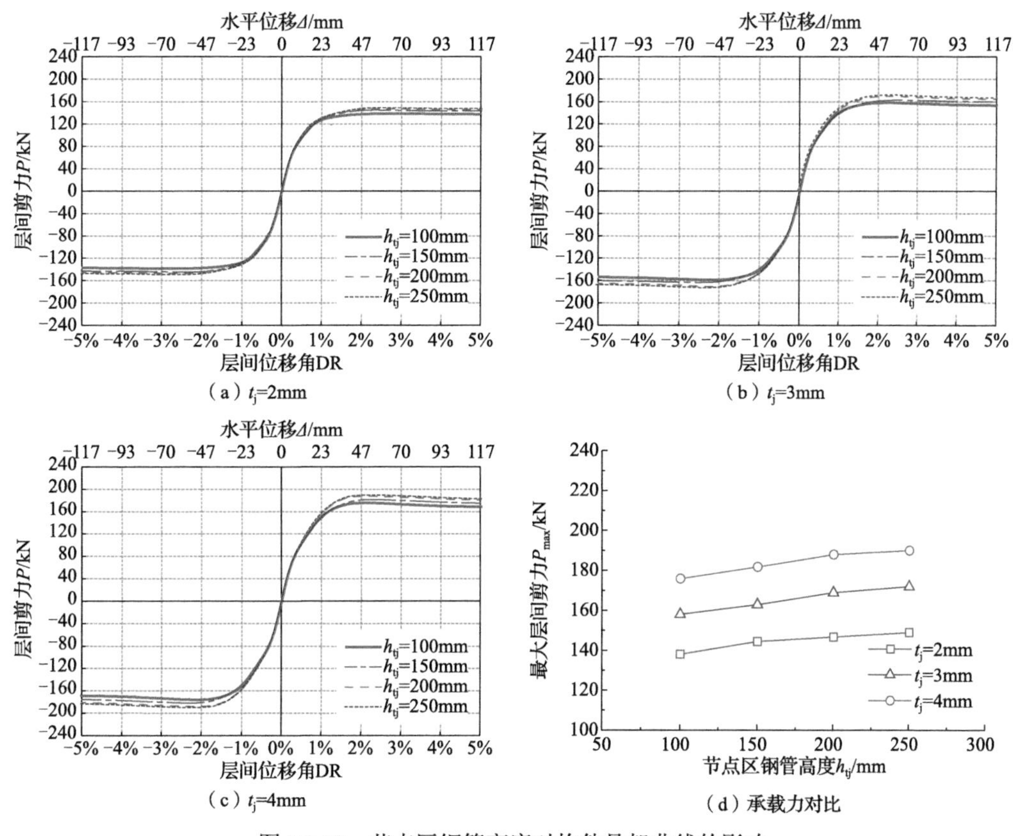

（a）t_j=2mm　（b）t_j=3mm　（c）t_j=4mm　（d）承载力对比

图 8.2.10　节点区钢管高度对构件骨架曲线的影响

（5）轴压比 n_0

从试验看，大部分高轴压比试件的承载力要高于低轴压比试件，但往复荷载作用下节点区出现大量交叉斜裂缝，使得轴压力对斜压杆的有利作用无法充分体现。有限元模型采用单向加载，此时轴压力对构件承载力的有利作用可充分体现，如图 8.2.11 所示。可以看到，构件最大层间剪力 P_{max} 随轴压比的增加而增大，且在 $n_0 \leqslant 0.8$ 前基本呈线性关系；轴压比 n_0=1.0 时构件极限承载力仍有提高，但提高幅度小于前两级承载力差值。

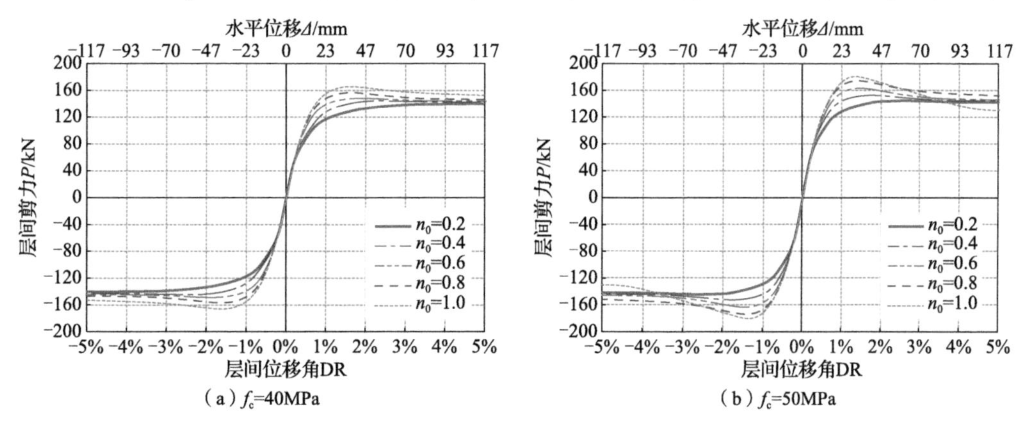

（a）f_c=40MPa　（b）f_c=50MPa

图 8.2.11　轴压比对构件骨架曲线的影响

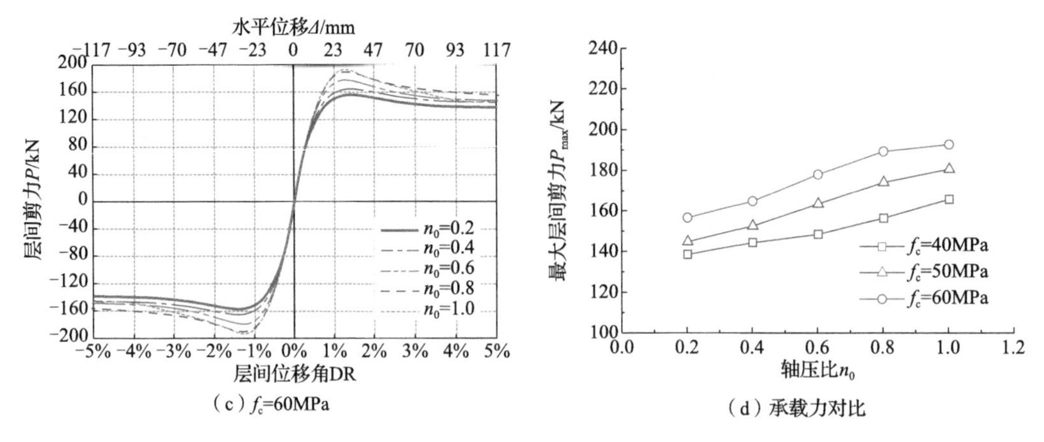

（c）f_c=60MPa （d）承载力对比

图 8.2.11（续）

2. 环筋式节点

环筋式节点有限元标准模型的参数取值与部分钢管贯通式节点基本一致，仅节点区构造有所差别：节点区钢管厚度 t_j=2mm，屈服强度 345MPa；环筋 3ϕ12，屈服强度 400MPa，间距 75mm。主要分析参数涉及核心区混凝土强度、节点区钢管屈服强度、环筋数量、轴压比等。

（1）混凝土强度f_c

与部分钢管贯通式节点分析结果类似，环筋式节点最大层间剪力随混凝土强度的提高基本呈线性增大的趋势（图 8.2.12）。图 8.2.13 为其中一组构件（节点区环筋直径 d=12mm）峰值状态时核心区混凝土最小主应力分布的对比。可以看到，随着混凝土强度的提高，核心区斜压杆的有效宽度逐渐减小，与部分钢管贯通式节点得出的结论一致。

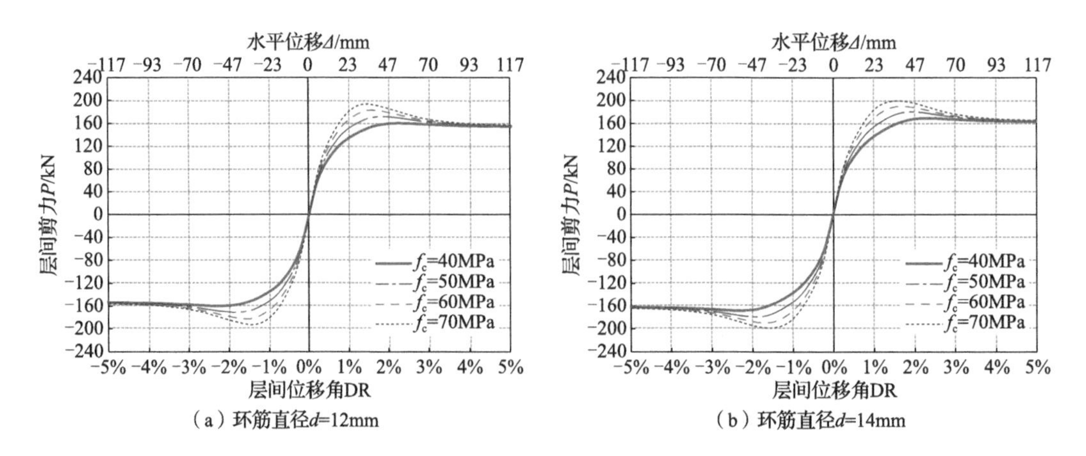

（a）环筋直径d=12mm （b）环筋直径d=14mm

图 8.2.12 混凝土强度对构件骨架曲线的影响

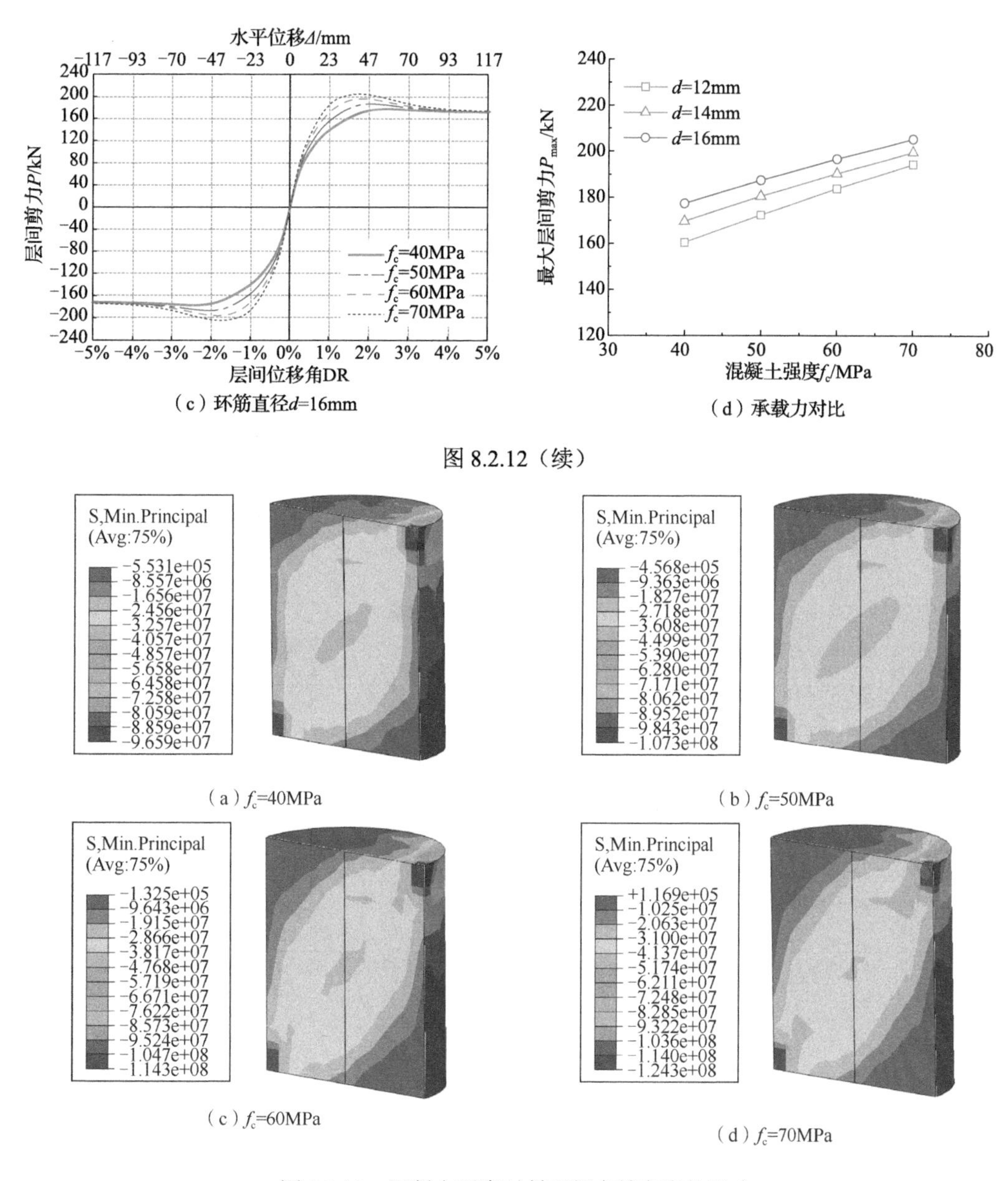

（c）环筋直径d=16mm　　（d）承载力对比

图 8.2.12（续）

（a）f_c=40MPa　　（b）f_c=50MPa

（c）f_c=60MPa　　（d）f_c=70MPa

图 8.2.13　混凝土强度对斜压杆有效宽度的影响

（2）节点区连接板强度 $f_{ty,j}$

对于环筋式节点（图 8.2.14），中部钢连接板与环筋形成整体，环筋的存在使得连接板在节点受力过程中可发挥直剪受剪作用。为探讨该作用的影响，对节点区连接板强度 $f_{ty,j}$ 进行了参数分析，结果如图 8.2.15 所示。可以看到，构件最大层间剪力随连接板屈服强度提高呈线性增大的趋势。图 8.2.16 为构件峰值状态时连接板应力分布，可以看到，节点区连接板全截面发生屈服。在精确计算该类节点核心区受剪承载力时，需考虑连接板直接受剪对承载力的贡献。

（3）环筋直径 d

构件的承载力随环筋直径的增加而增大，相关计算结果如图 8.2.17（d）所示。以混凝土强度 f_c–50MPa 的构件为例，当环筋直径 d 从 12mm 增大到 14mm、16mm 时，截面积分别增加 36.1%和 77.8%，对应承载力分别提高 3.5%和 7.0%，构件承载力的增长幅值与环筋用钢量基本呈线性关系。

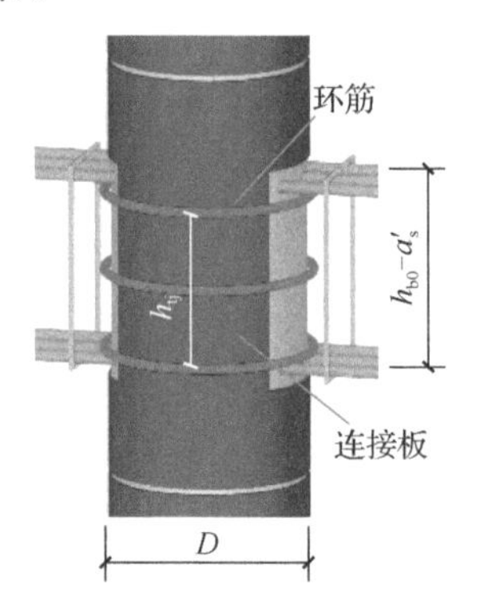

图 8.2.14　环筋式节点示意

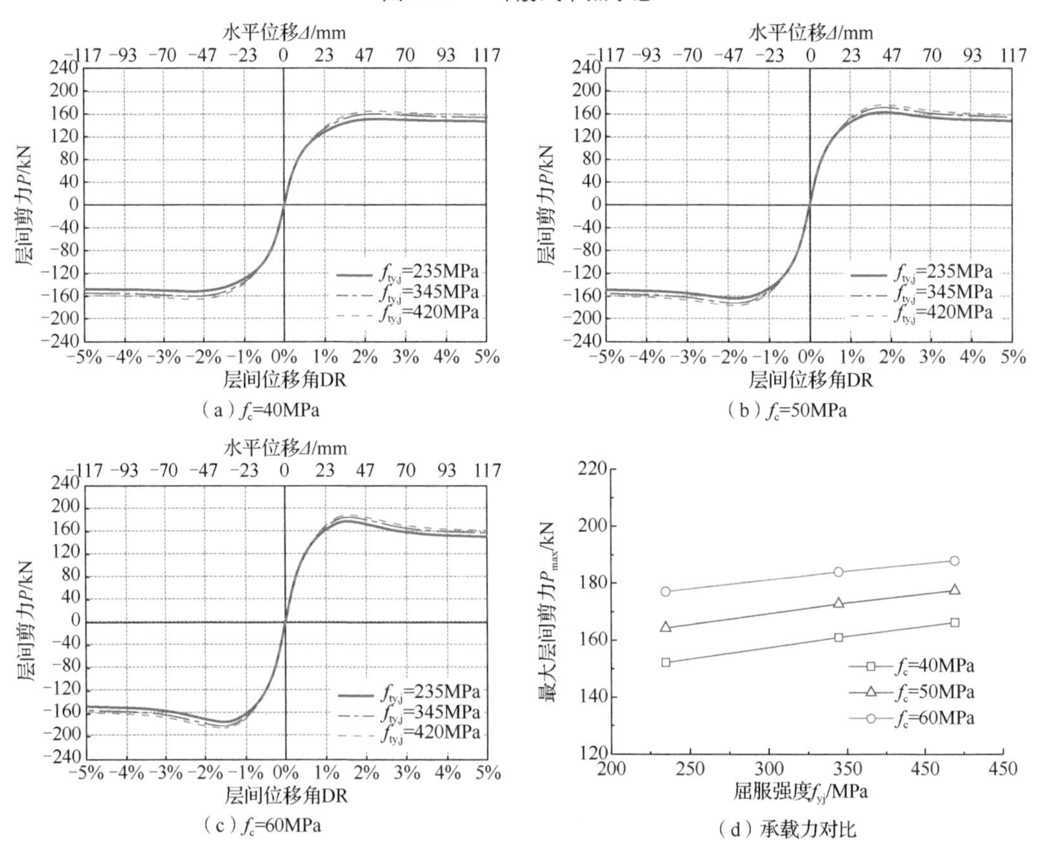

（a）f_c=40MPa　（b）f_c=50MPa

（c）f_c=60MPa　（d）承载力对比

图 8.2.15　连接板屈服强度对构件骨架曲线的影响

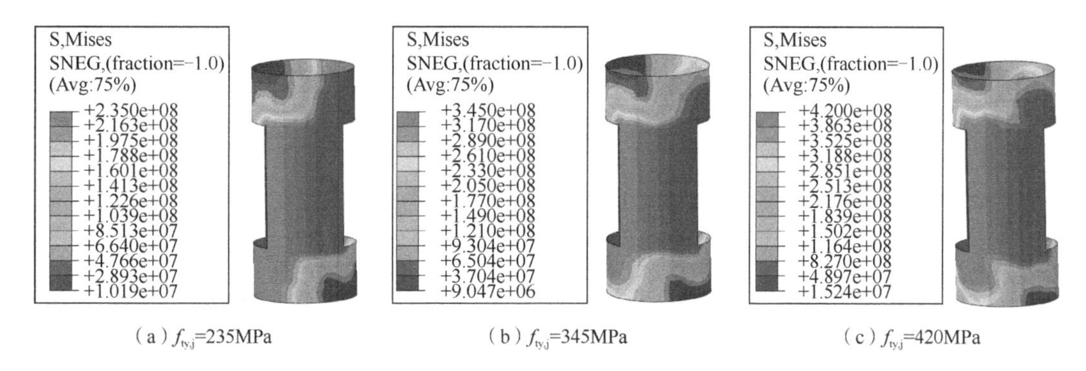

（a）$f_{ty,j}$=235MPa　（b）$f_{ty,j}$=345MPa　（c）$f_{ty,j}$=420MPa

图 8.2.16　不同强度连接板在构件峰值状态时的应力分布对比

（4）环筋根数或分布高度 h_{tj}

与部分钢管贯通式节点“节点区钢管高度”概念类似，分析了环筋分布高度 h_{tj}（图 8.2.17）对构件承载力的影响。限于模型尺寸及环筋间距构造要求，共设计 150mm 和 300mm 两种环筋分布高度，环筋间距均为 75mm，两种分布高度分别对应 3 根环筋和 5 根环筋。

参数分析结果如图 8.2.18 所示。随着节点区环筋根数或分布高度 h_{tj} 的增大，构件最大层间剪力显著增加。将节点区环筋为 3ϕ12 的构件定义为标准构件，其余构件环筋总截面积与标准构件环筋总截面积的比值与构件承载力对应关系曲线如图 8.2.18(d)所示。可以看到，曲线斜率随环筋用量增大先线形相关后逐渐变缓：对于环筋用量较大的构件，峰值时环筋尚未完全屈服［图 8.2.18（e）、（f）］，此时构件由节点区剪切破坏转变为梁端弯曲破坏，环筋强度无法充分利用，曲线斜率变缓。

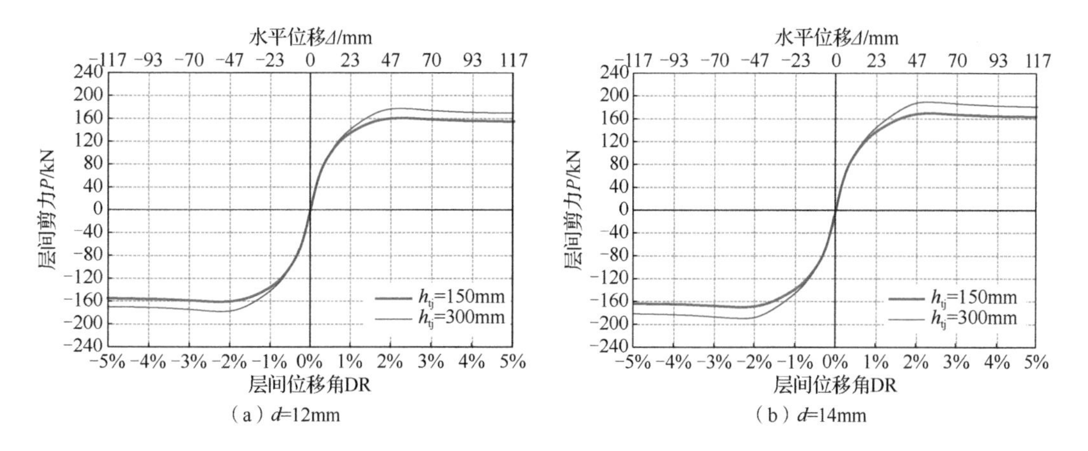

（a）d=12mm　（b）d=14mm

图 8.2.17　环筋分布高度、直径对构件骨架曲线的影响

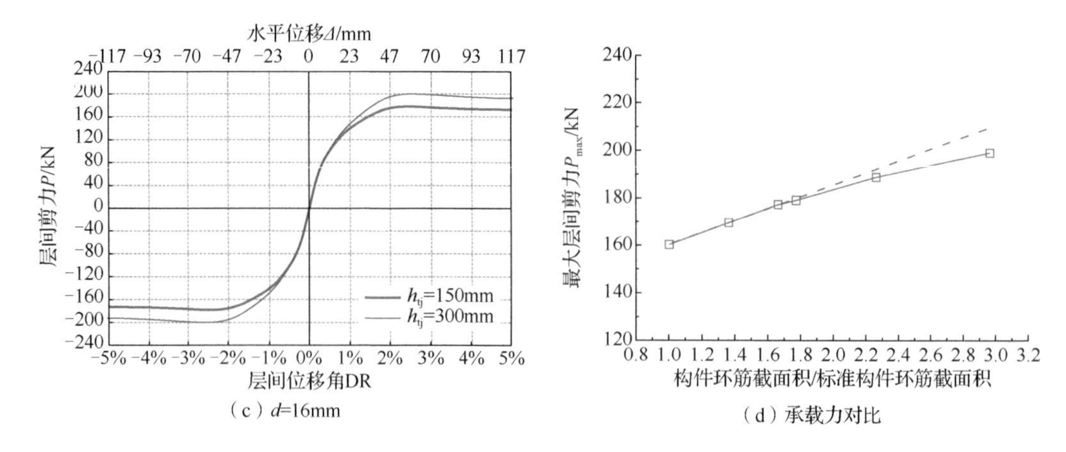

（c）d=16mm（d）承载力对比

图 8.2.17（续）

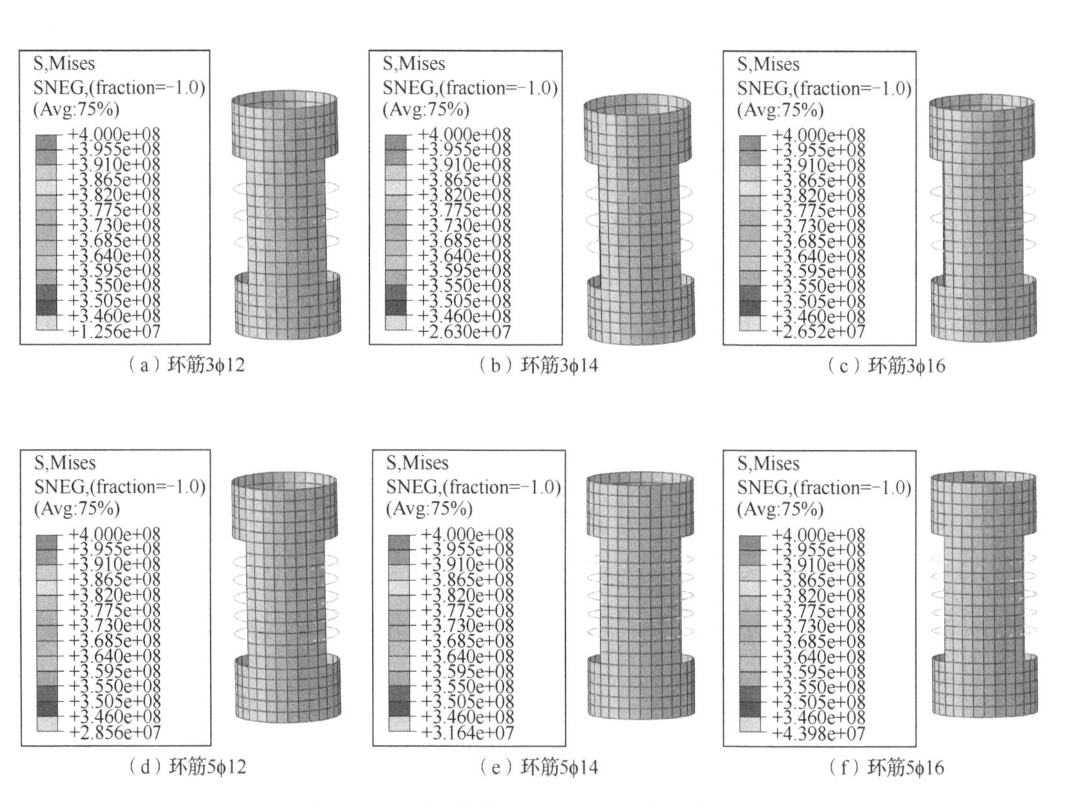

（a）环筋3ϕ12（b）环筋3ϕ14（c）环筋3ϕ16

（d）环筋5ϕ12（e）环筋5ϕ14（f）环筋5ϕ16

图 8.2.18 不同构件峰值状态时环筋应力对比

（5）轴压比 n_0

图 8.2.19 为轴压比对构件骨架曲线的影响。与部分钢管贯通式节点参数分析得出的结论类似，构件最大层间剪力随柱顶轴压力的增大而增大，且基本呈线性变化趋势。

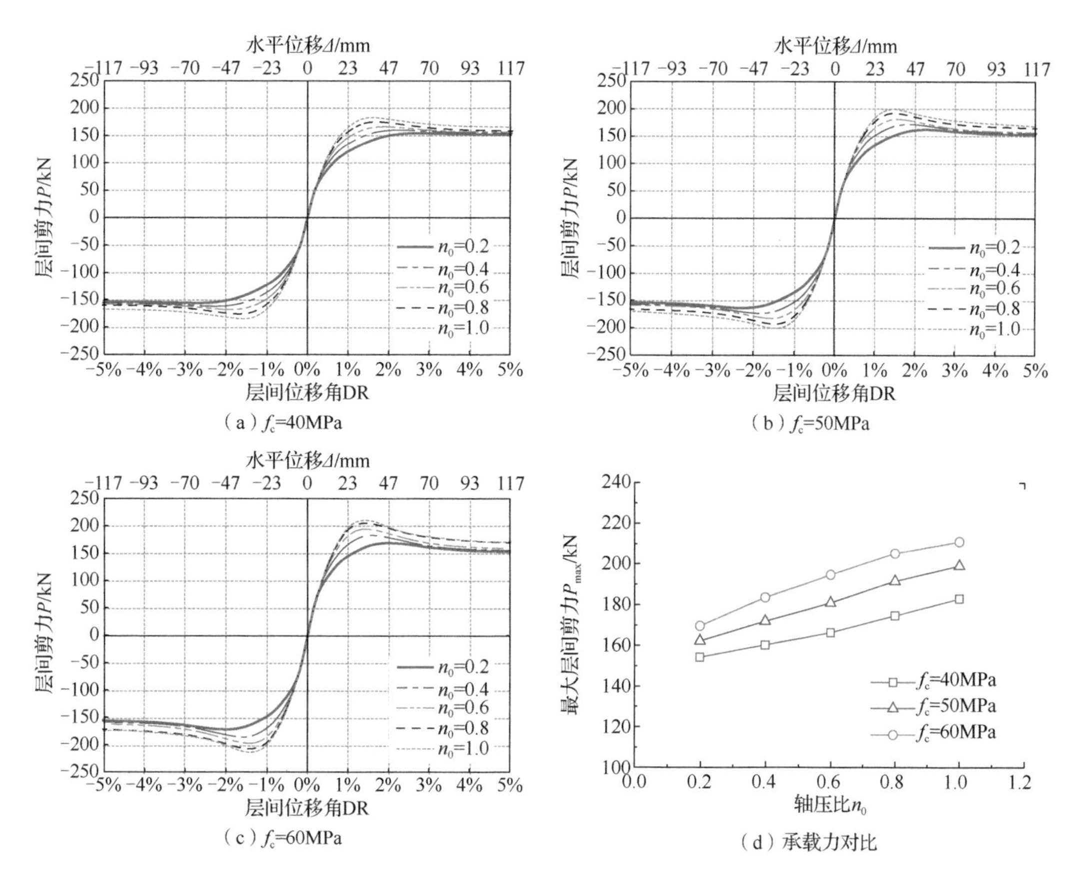

（a）f_c=40MPa　（b）f_c=50MPa

（c）f_c=60MPa　（d）承载力对比

图 8.2.19　轴压比对构件骨架曲线的影响

8.3　中节点受力机理与设计方法

8.3.1　节点受力机理

本章试验主要有两种类型节点，环筋式节点的受力机理与传统钢筋混凝土节点类似，感兴趣的读者可阅读相关论文、著作[3-11]，此处不再赘述。本节重点讨论部分钢管贯通式节点，结合钢管应力分析结果，可将该类型节点的全过程受力机理概括如下。

1）初始阶段，节点因承受梁、柱端的外部荷载，核心区形成主斜压杆，此时受力尚小，剪力主要由主斜压杆承担，混凝土几乎无膨胀变形；核心区钢管会因柱顶施加轴压力而产生较小的纵向应力。

2）随着加载位移增大，核心区剪力逐渐增大，当斜压杆上的混凝土达到或接近抗压强度时，桁架机理开始发挥作用，钢管环向应力在此过程逐渐增大。此外，节点核心区交叉斜裂缝加剧了核心区混凝土剪切变形的发展，此时钢管剪应力亦开始逐渐增大。

3）随着核心区剪力继续增大，混凝土膨胀、剪切变形加剧发展，导致部分区域的钢管屈服；在随后的加载中，屈服区域逐渐扩大，钢管最终全截面屈服。此时，根据

Mises 屈服准则，钢管环向应力和剪应力增大的同时会导致纵向应力下降，考虑到钢管纵向应力本就较小，故此阶段可忽略钢管纵向应力的影响，认为钢管仅承受环向拉应力和剪应力。此外，由于混凝土急剧膨胀，钢管的约束作用在此阶段也开始体现，提高了柱斜压杆混凝土的受压能力及延性。

4）继续增大加载位移，核心区钢管进入强化阶段。钢管在此阶段的约束效应越强，混凝土强度下降越不明显，部分试件在加载过程中承载力甚至未现下降。

综合来看，节点区极限状态时可忽略钢管纵向应力，认为钢管中仅承受环向应力和剪应力。钢管自身的直接受剪作用与剪应力相关，而环向应力主要参与桁架机制抗剪并为混凝土提供约束。

8.3.2 节点核心区受剪模型

本节基于钢筋混凝土结构中经典的桁架模型，通过引入约束斜压杆来考虑节点区钢管对核心区的受剪贡献，形成“约束斜压杆模型”。具体地，通过在主斜压杆两侧加设两个约束斜压杆来考虑钢管约束力对混凝土强度的提高作用。基于上述模型，可假设节点区内部存在三个斜压杆：一个主斜压杆和两个约束斜压杆。主斜压杆与经典桁架模型中斜压杆一致，计算其提供的剪力时可仍采用非约束混凝土强度；约束斜压杆则用来考虑主斜压杆上混凝土受到约束后强度提高的特性，如图 8.3.1 所示，约束斜压杆的有效宽度与钢管提供的约束力有关，钢管约束效应越强，斜压杆有效宽度越大。

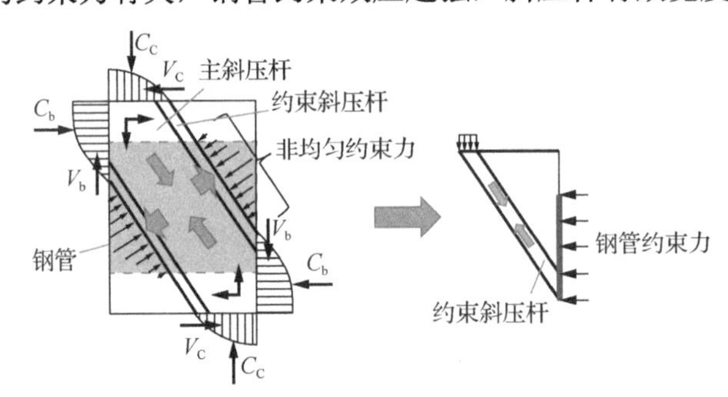

图 8.3.1 钢管约束钢筋混凝土梁柱节点的约束斜压杆机理

1. 约束斜压杆计算模型

对于图 8.3.1 所示的理论模型，当柱截面为方形或矩形时，计算混凝土斜压杆极限承载力时较为简单，仅需确定斜压杆有效宽度即可。对于圆形截面柱，斜压杆有效受压截面为非均匀形状（图 8.3.2），计算复杂，不便应用。

为便于公式推导，在明确钢管约束钢筋混凝土节点受力机理的基础上，本节提出一种改进的简化约束斜压杆模型，如图 8.3.3 所示。在简化模型中，混凝土所承担的剪力由一个主斜压杆和两个约束斜压杆提供：对于主斜压杆，其外边缘从梁纵筋合力点出发，按非约束混凝土强度计算承载力；在主斜压杆两侧分别设置反对称的约束斜压杆，以此来考虑主斜压杆混凝土受约束强度提高的特性，约束效应越强，约束斜压杆的有效截面积越大。

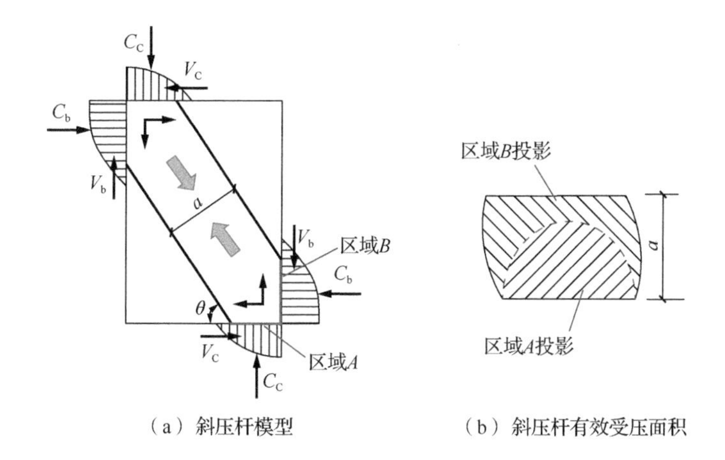

（a）斜压杆模型　　（b）斜压杆有效受压面积

图 8.3.2　圆形节点斜压杆模型

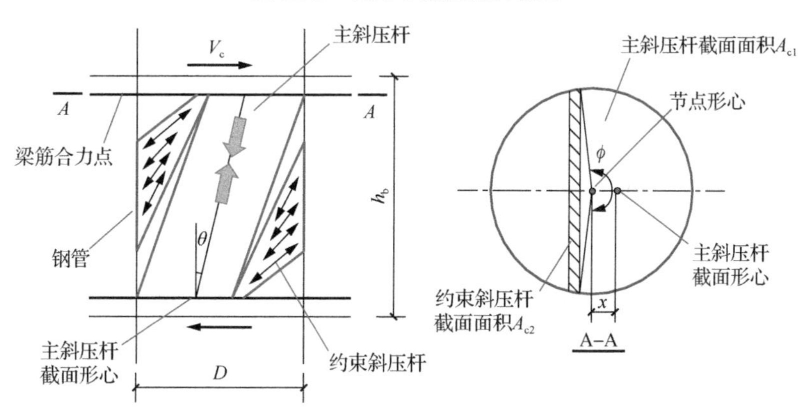

图 8.3.3　圆形节点约束斜压杆模型

2. 受剪承载力分析

对于整个节点区，除混凝土斜压杆提供的受剪承载力外，钢管自身也可直接受剪，整个节点的受剪承载力 V_j 为两者之和，即

$$V_j = V_c + V_{t\tau} \tag{8.3.1}$$

式中：V_c ——混凝土斜压杆提供的剪力；

$V_{t\tau}$ ——钢管自身直接受剪提供的剪力。

混凝土斜压杆提供的剪力 V_c 可分为三部分：主斜压杆提供的受剪承载力 V_{c1}、约束斜压杆提供的受剪承载力 V_{c2} 和竖向压力对斜压杆的有利贡献 V_N，即

$$V_c = V_{c1} + V_{c2} + V_N \tag{8.3.2}$$

从而，节点核心区受剪承载力 V_j 的计算式变为

$$V_j = V_{c1} + V_{c2} + V_N + V_{t\tau} \tag{8.3.3}$$

（1）混凝土主斜压杆提供的剪力 V_{c1}

主斜压杆提供的剪力 V_{c1} 为混凝土斜压杆极限受压承载力的水平分量（图 8.3.3）：

$$V_{c1} = \beta A_{c1} \cos\theta f_c \sin\theta = 0.5\beta A_{c1} f_c \sin 2\theta \tag{8.3.4}$$

式中：β——与混凝土强度相关的折减系数；

A_{c1}——主斜压杆截面面积，详见图 8.3.3；

θ——主斜压杆与竖向轴线的夹角。

连接主斜压杆上下截面形心，可得θ

$$\theta=\tan^{-1}\left(\frac{2x}{h_{b0}-a_s'}\right) \tag{8.3.5}$$

式中：x——主斜压杆截面形心与节点形心间距离，详见图 8.3.3。

设主斜压杆截面的圆心角为ϕ（图 8.3.3），则主斜压杆截面面积、形心距离分别为

$$A_{c1}=\frac{D^2}{8}(\phi-\sin\phi) \tag{8.3.6}$$

$$x=\frac{2D\sin^3\frac{\phi}{2}}{3(\phi-\sin\phi)} \tag{8.3.7}$$

将上述结果代入式（8.3.4）可得

$$V_{c1}=\frac{1}{6}\frac{\sin^3\frac{\phi}{2}}{\left(\frac{h_{b0}-a_s'}{D}\right)^2+\left(\frac{4\sin^3\frac{\phi}{2}}{3(\phi-\sin\phi)}\right)^2}\beta D(h_{b0}-a_s')f_c \tag{8.3.8}$$

定义α为有效截面系数，有

$$\alpha=\frac{1}{6}\frac{\sin^3\frac{\phi}{2}}{\left(\frac{h_{b0}-a_s'}{D}\right)^2+\left(\frac{4\sin^3\frac{\phi}{2}}{3(\phi-\sin\phi)}\right)^2} \tag{8.3.9}$$

则

$$V_{c1}=\alpha\beta D(h_{b0}-a_s')f_c \tag{8.3.10}$$

对 V_{c1} 关于ϕ求一阶偏导，导数为 0 时 V_{c1} 取最值

$$\frac{\partial V_{c1}}{\partial\phi}=0 \tag{8.3.11}$$

进而

$$\left(\frac{h_{b0}-a_s'}{D}\right)^2=-\frac{16}{27}\frac{\sin^6\frac{\phi}{2}\left(4\sin\frac{\phi}{2}\cos\phi-3\cos\frac{\phi}{2}\sin\phi+3\phi\cos\frac{\phi}{2}-4\sin\frac{\phi}{2}\right)}{\cos\frac{\phi}{2}\left(\sin^3\phi-3\phi\sin^2\phi+3\phi^2\sin\phi-\phi^3\right)} \tag{8.3.12}$$

图 8.3.4 为ϕ与$\dfrac{h_{b0}-a_s'}{D}$的关系曲线，为便于应用，本节对该曲线进行拟合，建议ϕ按下式取值：

$$\phi=\frac{0.265}{\left(\dfrac{h_{b0}-a_s'}{D}\right)^{1.18}}+3.1\geqslant\pi \tag{8.3.13}$$

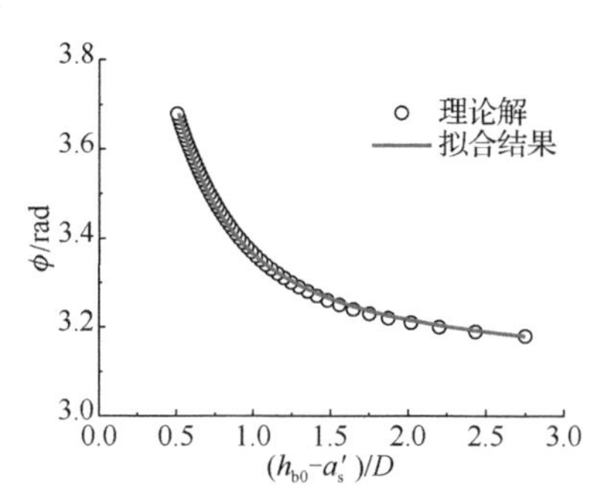

图 8.3.4　圆心角ϕ与$\dfrac{h_{b0}-a_s'}{D}$关系曲线

此时已可求出主斜压杆提供的受剪承载力 V_{c1}，但计算仍显烦琐。由于ϕ是$\dfrac{h_{b0}-a_s'}{D}$的函数，为简化计算，可进一步给出有效截面系数α与$\dfrac{h_{b0}-a_s'}{D}$的关系曲线，如图 8.3.5 所示，建议α为

$$\alpha=\frac{0.141}{\left(\dfrac{h_{b0}-a_s'}{D}\right)^{1.69}} \tag{8.3.14}$$

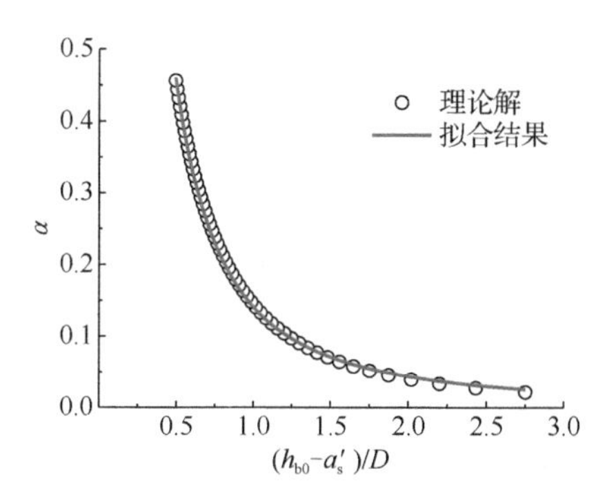

图 8.3.5　有效截面系数α与$\dfrac{h_{b0}-a_s'}{D}$关系曲线

最终主斜压杆提供的受剪承载力 V_{c1} 为

$$V_{c1}=\frac{0.141}{\left(\frac{h_{b0}-a_s'}{D}\right)^{1.69}}\beta D\left(h_{b0}-a_s'\right)f_c=0.141\beta D^{2.69}\left(h_{b0}-a_s'\right)^{-0.69}f_c \tag{8.3.15}$$

上述推导过程假设斜压杆有效截面尺寸与混凝土强度无关，但有限元分析结果表明，随着混凝土强度的提高，核心区混凝土斜压杆的有效宽度逐渐减小。为考虑该因素的影响，在计算公式中引入与混凝土强度相关的折减系数β，建议β取值为

$$\beta=1.12-0.006f_c\leqslant 1.0 \tag{8.3.16}$$

（2）混凝土约束斜压杆提供的剪力 V_{c2}

对于约束斜压杆提供的剪力 V_{c2}，可通过斜压杆最小有效控制截面计算，该截面面积与混凝土所受到的约束程度密切相关。将图 8.3.3 中约束斜压杆做隔离体分析（图 8.3.6），可以看到约束斜压杆与钢管、柱纵筋一起形成桁架机制抵抗剪力。列平衡方程可知，钢管在桁架模型中所承担的水平剪力 V_{th} 即为约束斜压杆提供的剪力 V_{c2}，从而将约束斜压杆有效控制截面面积的求解转换为钢管在桁架模型中的受剪问题。将钢管等效成间距为零的连续箍筋，则依据桁架模型，混凝土约束斜压杆提供的剪力 V_{c2} 可计算为

$$V_{c2}=V_{th}=\frac{\pi}{2}A_{th}\sigma_{th} \tag{8.3.17}$$

式中：A_{th}——节点区钢管横向受拉面积，$A_{th}=t_j h_{tj}$，t_j、h_{tj} 分别为节点区钢管厚度、高度；

σ_{th}——参与桁架机制时钢管的环向应力。

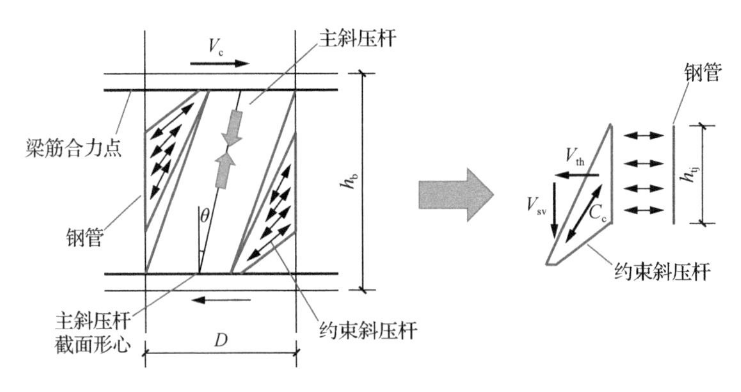

图 8.3.6　约束斜压杆隔离体分析

（3）竖向压力对节点核心区受剪承载力的贡献 V_N

本章试验结果表明，试件峰值承载力随柱顶轴压力增加而增大，但不同组试件间增大比例差别较大。我国《混凝土结构设计规范（2015 年版）》（GB 50010—2010）[2]规定，对于圆柱框架的梁柱节点，9 度设防烈度条件下不考虑轴力对节点核心区受剪的有利作用，其余情况下轴力对节点核心区受剪承载力的贡献 V_N 可计算为

$$V_N = 0.04N \tag{8.3.18}$$

式中：N——节点上柱轴力，$N \leqslant 0.5 f_c A_j$。

借鉴规范的思路，本节采用有限元结果的下限值来近似估计竖向压力对节点核心区受剪承载力的影响。同时，有限元分析结果还表明，部分构件在轴压比从 n_0=0.8 增大到 1.0 时承载力增长幅度变缓，故将 n_0=0.8 定为轴压比的界限值，如图 8.3.7 所示。基于上述分析，本节建议柱端竖向压力对节点核心区受剪承载力的贡献 V_N 为

$$V_N = 0.06N \tag{8.3.19}$$

式中：N——节点上柱轴力，$N \leqslant 0.8 f_c A_j$。

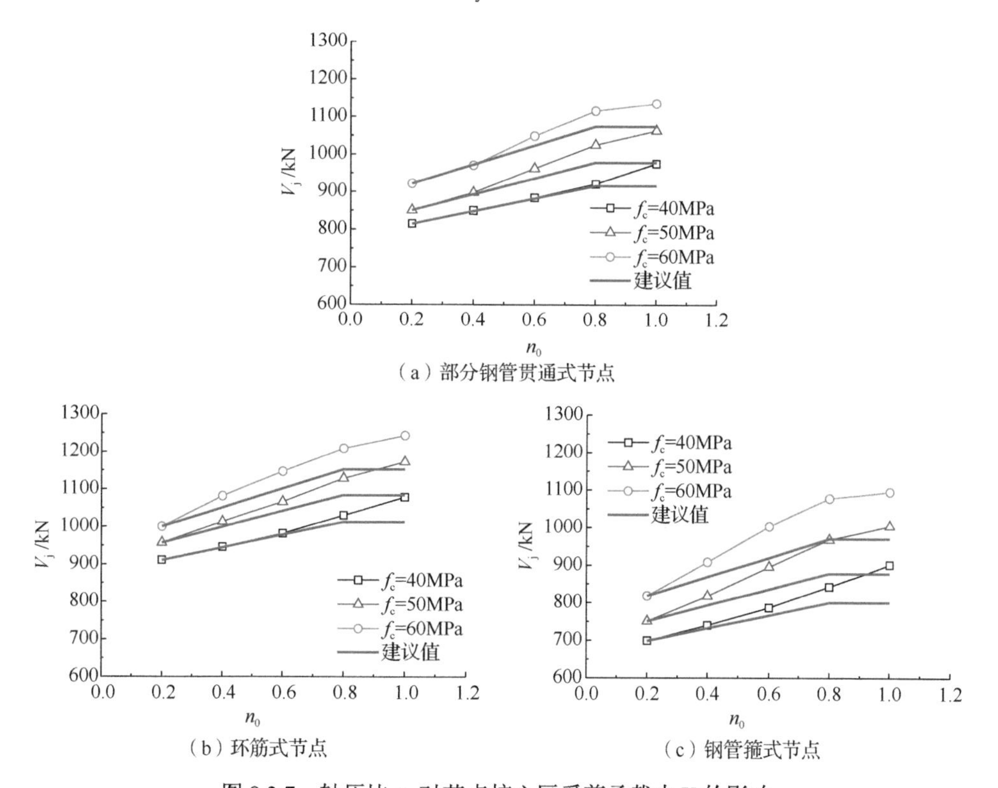

（a）部分钢管贯通式节点

（b）环筋式节点

（c）钢管箍式节点

图 8.3.7　轴压比 n_0 对节点核心区受剪承载力 V_j 的影响

（4）钢管直接受剪承载力 $V_{t\tau}$

与箍筋不同，核心区钢管除参与桁架机制（或约束机制）外，还具有一定的剪切刚度，可通过自身剪切变形来直接抗剪。同时，试验结果表明，对于发生核心区剪切破坏的试件，峰值状态时核心区钢管屈服，且钢管所承担的纵向应力（σ_v）相对较小，与环向应力（σ_h）、剪应力（τ）相比可忽略不计。因此，峰值时钢管的应力状态可简化为

$$\sqrt{\sigma_{th}^2 + 3\tau_y^2} = f_{ty,j} \tag{8.3.20}$$

式中：σ_{th}——钢管屈服时所承担的环向应力；

τ_y——钢管屈服时所承担的剪应力。

剪切状态下薄壁圆钢管的剪应力在几何中轴最大，如图 8.3.8 所示，此时钢管对 x 轴的面积矩及惯性矩分别为

$$S = 2r^2 t_{\mathrm{j}} \tag{8.3.21}$$

$$I = \pi r^3 t_{\mathrm{j}} \tag{8.3.22}$$

由此可得钢管屈服时所承担的剪应力 τ_{y} 为

$$\tau_{\mathrm{y}} = \tau_{\max} = \frac{V_{\mathrm{t}\tau} S}{I\left(2t_{\mathrm{j}}\right)} \tag{8.3.23}$$

则钢管所提供的直接受剪承载力 $V_{\mathrm{t}\tau}$为

$$V_{\mathrm{t}\tau} = \pi r t_{\mathrm{j}} \tau_{\mathrm{y}} = \frac{1}{2} A_{\mathrm{t}} \tau_{\mathrm{y}} \tag{8.3.24}$$

式中：A_{t}——节点区钢管横截面面积，$A_{\mathrm{t}} = \pi D t_{\mathrm{j}}$。

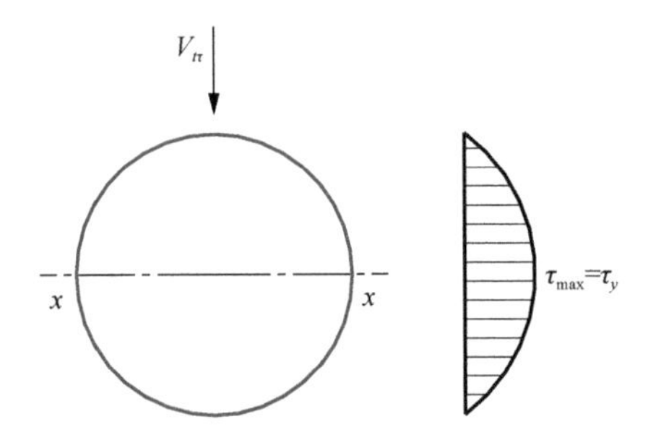

图 8.3.8 圆钢管受剪应力分布

（5）核心区受力钢管的总剪力分析

本小节第（2）部分混凝土约束斜压杆受剪承载力和第（4）部分钢管直接受剪承载力的计算均需确定相应钢管应力值，可将两部分剪力合在一起考虑，即为钢管所能提供的总剪力 V_{t} 为

$$V_{\mathrm{t}} = V_{\mathrm{th}} + V_{\mathrm{t}\tau} \tag{8.3.25}$$

代入屈服条件方程，有

$$V_{\mathrm{t}} = \frac{\pi}{2} t_{\mathrm{j}} h_{\mathrm{tj}} \sqrt{f_{\mathrm{ty,j}}^2 - 3\tau_{\mathrm{y}}^2} + \frac{1}{2} \pi D t_{\mathrm{j}} \tau_{\mathrm{y}} \tag{8.3.26}$$

极限状态时，V_{t} 取最大值，此时

$$\frac{\partial V_{\mathrm{t}}}{\partial \tau_{\mathrm{y}}} = 0 \tag{8.3.27}$$

由式（8.3.27）可求得极限状态时钢管的剪应力 τ_{y} 为

$$\tau_{\mathrm{y}} = \frac{f_{\mathrm{ty,j}}}{\sqrt{9\left(h_{\mathrm{tj}} / D\right)^2 + 3}} \tag{8.3.28}$$

故钢管提供的总剪力 V_t 为

$$V_{\mathrm{t}}=\frac{\sqrt{9\left(h_{\mathrm{tj}}/D\right)^{2}+3}}{6}A_{\mathrm{t}}f_{\mathrm{ty,j}} \tag{8.3.29}$$

（6）公式合理性分析

第（4）、第（5）部分的计算过程中，除忽略钢管纵向应力外，还默认了另一条假定：钢管和混凝土界面间不发生相对滑移，两者界面间剪力可充分传递。实际情况与上述假定会有差别，故还需对式（8.3.29）的合理性进行讨论。

当 h_{tj}/D 趋于无穷大时，按式（8.3.28）结果，钢管剪应力 $\tau_y=0$，环向应力 $\sigma_{th}=f_{ty,j}$，此时节点区钢管全部用于约束机理或桁架机制；若忽略钢管纵向应力的影响，则 h_{tj}/D 越大混凝土斜压杆越陡，钢管越容易在核心区受剪过程中对混凝土斜压杆形成有效约束，符合预期。

当 h_{tj}/D 趋于无穷小时，按式（8.3.28）结果，钢管剪应力 $\tau_y=f_{ty,j}/\sqrt{3}$，环向应力 $\sigma_{th}=0$，此时钢管处于纯剪切状态，与实际不符。原因在于 h_{tj} 较小时，钢管与混凝土界面间将无法有效传递剪力，公式在这种情况下也不再适用。事实上，此时钢管剪应力 $\tau_y=0$，环向应力 $\sigma_{th}=f_{ty,j}$，表现为与箍筋类似的受力机理。

图 8.3.9 为采用式（8.3.29）和完全采用桁架模型计算（将钢管等效为弥散的箍筋）的钢管所受剪力对比。可以看到，将钢管完全等效为箍筋时，在任何情况下其计算结果均小于式（8.3.29）结果，说明与相同用钢量的箍筋相比，钢管在承受剪力时更具优势。两种计算模型的差值随 h_{tj}/D 增大而减小，在 h_{tj}/D 趋于无穷大时取等号。值得一提的是，对于式（8.3.29）计算结果，当 $h_{tj}/D=0$ 时，即节点区无钢管时，公式计算的 V_t 并不为 0，这显然是不合理的。因此，当 h_{tj}/D 较小导致钢与混凝土界面间剪力无法充分传递时，尚需对钢管剪应力 τ 进行折减。

基于上述分析，一定存在一个临界 h_{tj}/D，当实际的 h_{tj}/D 大于临界值时，钢管与混凝土界面间的黏结摩擦可保证钢管剪应力 τ 充分发展，此时可按式（8.3.29）计算钢管的受剪承载力；当实际 h_{tj}/D 小于临界值时，钢管与混凝土界面间的黏结摩擦不能保证剪应力 τ 充分发展，此时需对剪应力 τ 进行折减，h_{tj}/D 越小剪应力的折减程度越大，最极端时退化为桁架模型计算结果，实际钢管承载力应介于两种模型计算结果之间。

可采用图解法近似确定临界点，具体步骤如下：沿式（8.3.29）结果的最小值 A 点作水平线，水平线与桁架模型的计算结果交于 B 点；通过 B 点作竖线，与式（8.3.29）计算结果交于 C 点，C 点为临界点。在 C 点之前，钢管的直接受剪作用随钢管相对高度的减小逐渐减弱，到达原点时钢管的受力退化为桁架模型。本书将此阶段钢管受剪承载力变化按线性处理，如图 8.3.9 中修正公式曲线。

临界点 C 对应的临界 h_{tj}/D 和钢管临界受剪承载力分别为

$$\left(h_{\mathrm{tj}}/D\right)_{C}=\frac{\sqrt{3}}{3} \tag{8.3.30}$$

$$\left(V_{\mathrm{t}}\right)_{C}=\frac{\sqrt{6}}{6}A_{\mathrm{t}}f_{\mathrm{ty,j}} \tag{8.3.31}$$

C 点以前，钢管受剪承载力随 h_{tj}/D 线性增大，可计算为

$$V_{\mathrm{t}}=\frac{\sqrt{2}}{2}\frac{h_{\mathrm{tj}}}{D}A_{\mathrm{t}}f_{\mathrm{ty,j}} \tag{8.3.32}$$

最终，钢管受剪承载力 V_{t} 采用下列分段函数计算：

$$V_{\mathrm{t}}=\begin{cases}\dfrac{\sqrt{2}}{2}\dfrac{h_{\mathrm{tj}}}{D}A_{\mathrm{t}}f_{\mathrm{ty,j}} & h_{\mathrm{tj}}/D\leqslant\sqrt{3}/3\\ \dfrac{\sqrt{9\left(h_{\mathrm{tj}}/D\right)^{2}+3}}{6}A_{\mathrm{t}}f_{\mathrm{ty,j}} & h_{\mathrm{tj}}/D>\sqrt{3}/3\end{cases} \tag{8.3.33}$$

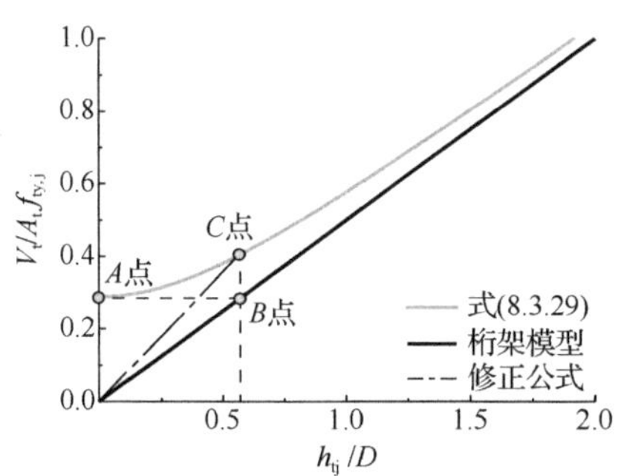

图 8.3.9 钢管受剪承载力 V_{t} 合理性分析

8.3.3 节点核心区受剪承载力计算公式

1. 部分钢管贯通式节点

对于部分钢管贯通式节点（图 8.3.10），节点核心区钢管按是否参与受剪可分为连接板和受力钢管箍，其中连接板在加载后期局部屈曲，计算时可忽略该部分的影响，仅考虑中间段钢管箍部分，相应承载力计算公式如下：

$$V_{\mathrm{j}}=\begin{cases}0.141\beta D^{2.69}\left(h_{\mathrm{b0}}-a_{\mathrm{s}}'\right)^{-0.69}f_{\mathrm{c}}+0.06N+\dfrac{\sqrt{2}}{2}\dfrac{h_{\mathrm{tj}}}{D}A_{\mathrm{t}}f_{\mathrm{ty,j}} & h_{\mathrm{tj}}/D\leqslant\sqrt{3}/3\\ 0.141\beta D^{2.69}\left(h_{\mathrm{b0}}-a_{\mathrm{s}}'\right)^{-0.69}f_{\mathrm{c}}+0.06N+\dfrac{\sqrt{9\left(h_{\mathrm{tj}}/D\right)^{2}+3}}{6}A_{\mathrm{t}}f_{\mathrm{ty,j}} & h_{\mathrm{tj}}/D>\sqrt{3}/3\end{cases} \tag{8.3.34}$$

式（8.3.34）预测结果与试验及有限元结果对比如图 8.3.11 所示。有限元软件计算采用单向加载，无法考虑加载后期连接板屈曲的影响，会过高估计该部分钢管的承载力，导致最终理论公式计算结果偏于保守，最大误差在 15%以内。表 8.3.1 为公式计算结果与试验结果对比，可以看到，除对试件 IJ-A-2-04 的预测稍显保守外，其余试件预测结果与试验结果误差均在 5%以内，适用性良好。

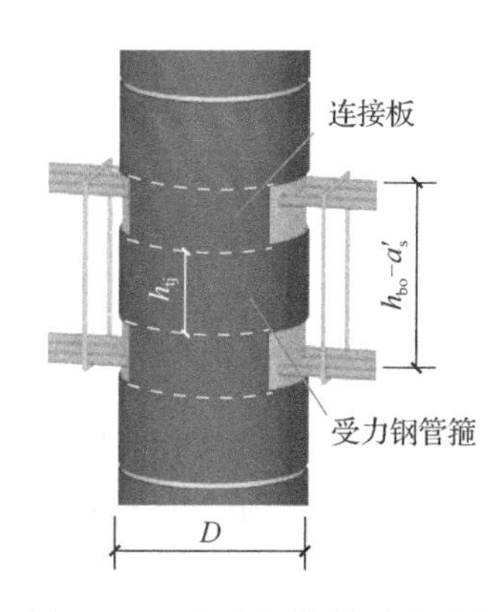

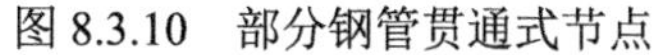

图 8.3.10　部分钢管贯通式节点

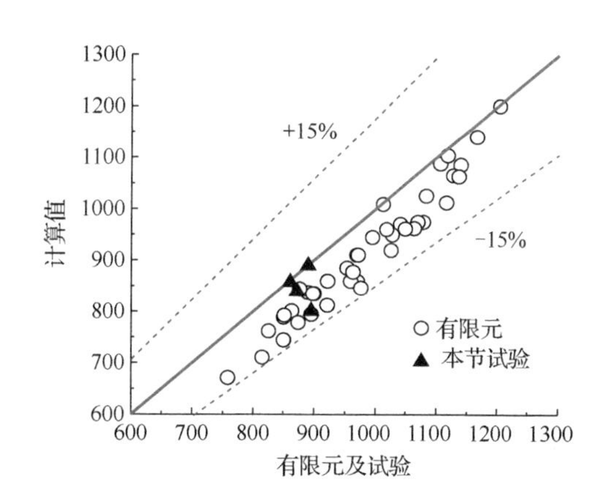

图 8.3.11　公式预测结果

表 8.3.1　计算结果与试验结果对比-部分钢管贯通式节点

试件编号	试验值				计算值	V_j^c / V_j^e
	柱顶推力 $\bar{P}_m$ / kN	核心区剪力 V_j^e / kN	柱顶轴力 N_0 / kN	失效模式	核心区剪力 V_j^c / kN	
IJ-A-2-04	128.8	895.2	1250	节点	800.8	0.894
IJ-A-2-07	123.9	861.2	2180	节点	856.8	0.995
IJ-A-3-04	125.5	872.3	1160	节点	839.1	0.962
IJ-A-3-07	128.1	890.4	2000	节点	889.5	0.999

2. 环筋式节点

对于环筋式节点，节点核心区同时存在有环筋、钢连接板。环筋受力机理与箍筋相同，其提供的受剪承载力 V_s 可采用桁架模型计算，即

$$V_s = \frac{\pi}{2} A_s f_{sy} \left(\frac{h_{tj}}{s} + 1 \right) \tag{8.3.35}$$

式中：A_s——单根环筋的截面面积；

f_{sy}——环筋的屈服强度；

h_{tj}——节点核心区环筋的分布高度（图 8.3.12）；

s——环筋间距。

对于环筋分布高度（图 8.3.12 中 h_{tj} 所示高度）内的钢连接板，环筋的存在限制了该段钢管受力过程中的变形，使得钢管可有效参与节点核心区抗剪，故节点核心区受剪计算时需考虑该因素的影响。节点区连接板直接受剪时的实际剪应力分布如图 8.3.13（a）所示的实际钢管受力，钢管横截面为两段圆弧，可偏保守地采用两平直段钢管来简化代替，平直段钢管长度与弧形钢管的弧长相等，简化计算模型如图 8.3.13（b）所示。基于简化模型，环筋分布高度内钢管的直接受剪承载力 $V_{\tau t}$ 可按下式计算：

$$V_{\tau t}=\frac{4}{3\sqrt{3}}b_t t_j f_{ty,j} \tag{8.3.36}$$

式中：b_t——弧形钢管的弧长［图 8.3.12、图 8.3.13（b）］；

t_j——节点区钢管厚度。

因此，环筋式节点的核心区受剪承载力 V_j 可计算为

$$V_j=0.141\beta D^{2.69}\left(h_{b0}-a_s'\right)^{-0.69}f_c+0.06N+\frac{\pi}{2}A_{sy}f_s\left(\frac{h_{tj}}{s}+1\right)+\frac{4}{3\sqrt{3}}b_t t_j f_{ty,j} \tag{8.3.37}$$

试验中环筋式节点均发生梁端弯曲破坏，节点区较为完好，故图 8.3.14 中仅给出了式（8.3.37）预测结果与有限元结果的对比。可以看到，公式的预测结果整体偏于安全，最大误差在 10%以内。此外，当施工条件允许时，环筋式节点的节点区钢管可仅在梁纵筋穿过的位置开洞，形成部分钢管贯通式节点与环筋式节点的组合形式。与现有形式的环筋式节点相比，组合形式节点避免了节点区钢管的浪费；与现有形式的部分钢管贯通式节点相比，组合形式节点的环筋可改善梁端联结面的直接受剪性能，可谓一举多得。

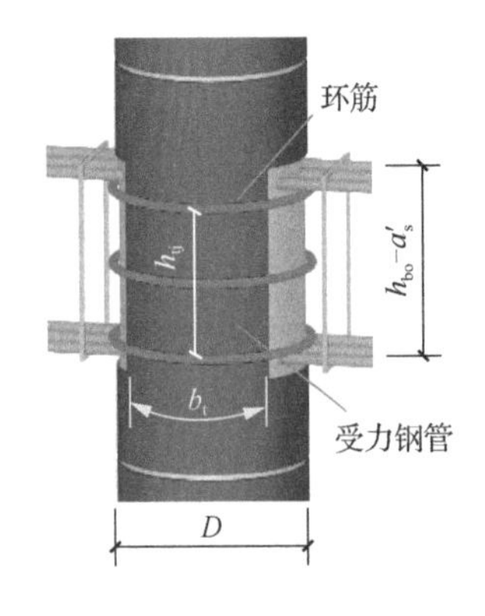

图 8.3.12　环筋式节点

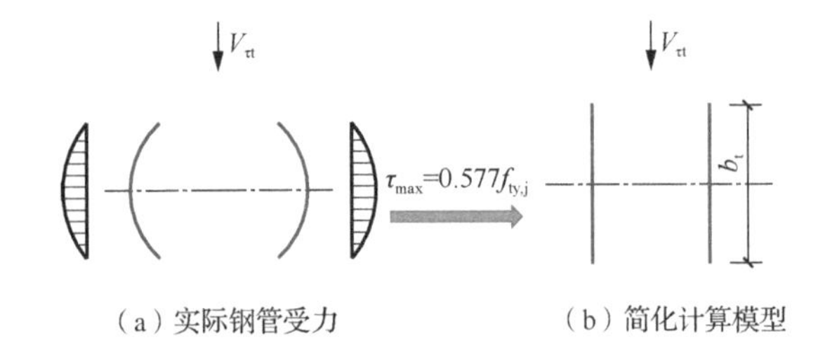

图 8.3.13　环筋式节点核心区钢管直剪受剪承载力计算

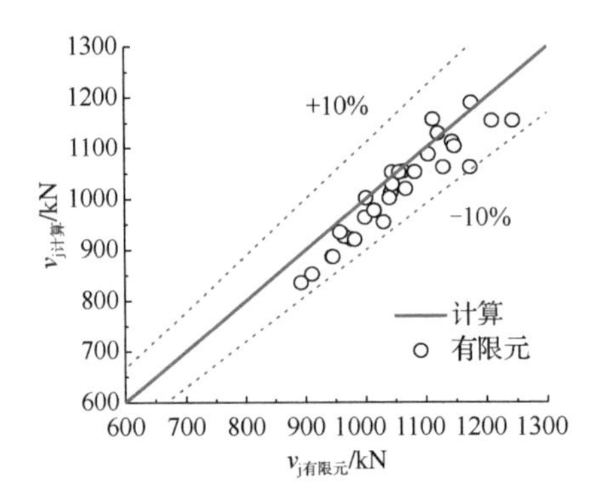

图 8.3.14　公式预测结果

8.4　边节点抗震性能研究

8.4.1　试验概况

设计并制作了 7 个边节点试件，包括 4 个部分钢管贯通式边节点，3 个环筋式边节点。部分钢管贯通式边节点试件主要变化参数为节点区钢管厚度（t_j=2mm、3mm）、轴压比（n_0=0.2、0.6），环筋式边节点试件主要变化参数为环筋数量（3 根、5 根）、节点区钢管厚度（t_j=2mm、3mm）。试件设计尺寸、节点区钢管示意如图 8.4.1、图 8.4.2 所示。需要说明的是，本节环筋式节点的环筋焊接于节点区钢管内部，这与 8.1 节环筋式中节点在外观上有所差别。

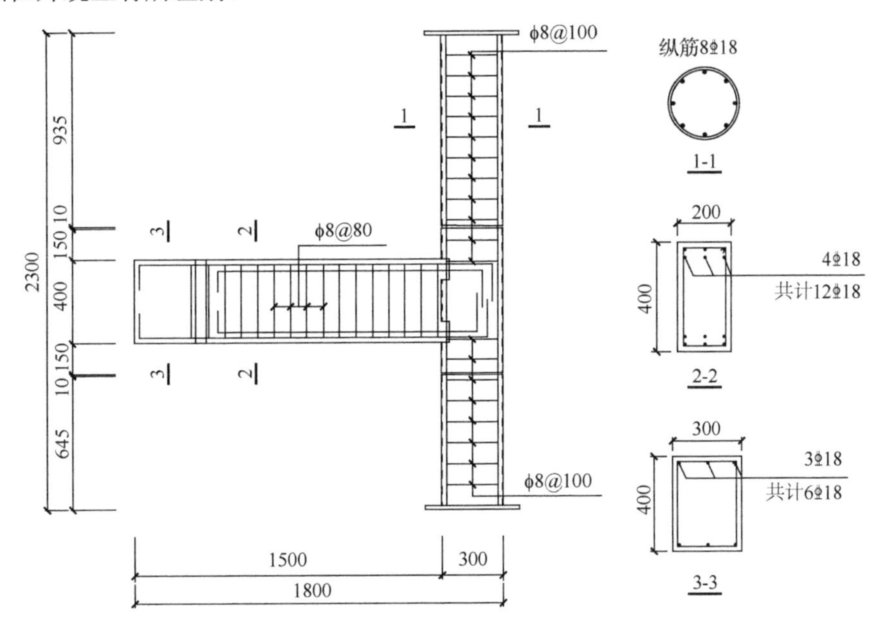

图 8.4.1　试件设计尺寸（尺寸单位：mm）

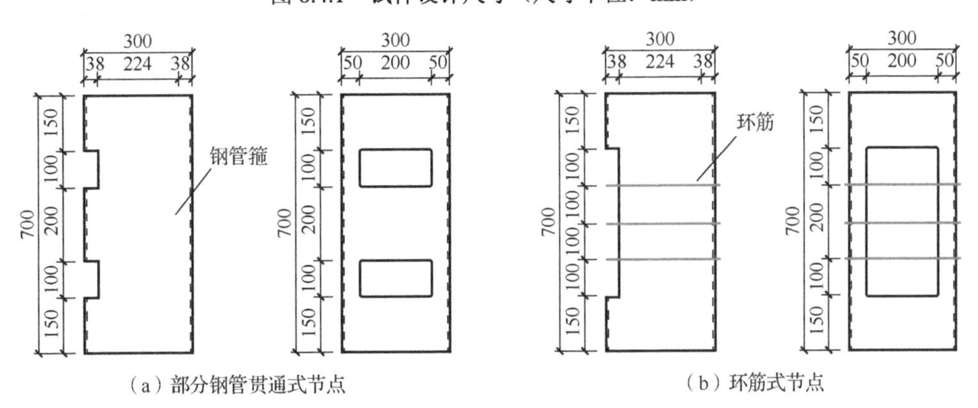

（a）部分钢管贯通式节点

（b）环筋式节点

图 8.4.2　节点区钢管示意（尺寸单位：mm）

边节点基本参数见表 8.4.1。以试件“EJ-A-2-02”为例介绍部分钢管贯通式节点命名规则：EJ 表示边节点（exterior joint）；第二项字母表示节点类型，“A”代表部分钢管贯通式节点；第三项数字“2”表示节点区钢管厚度，单位 mm；第四项数字“02”为试验轴压比，“02”“06”表示轴压比分别为 0.2、0.6。以试件“EJ-B-2-3”为例介绍环筋式节点命名规则：第二项字母表示节点类型，“B”代表环筋式节点；第三项数字“2”表示节点区钢管厚度，单位 mm；第四项数字“3”表示环筋数量；试验时环筋式节点轴压比均为 0.6。材料性能指标详见表 8.4.2 和表 8.4.3。

表 8.4.1 边节点试件参数

节点类型	试件编号	节点区钢管厚度	柱纵筋	梁纵筋	混凝土强度 f_{cu}/MPa	轴压比 n	环筋
部分钢管贯通式节点	EJ-A-2-02	2mm	8Φ18	12Φ18	58.0	0.2	
	EJ-A-2-06	2mm	8Φ18	12Φ18	58.0	0.6	
	EJ-A-3-02	3mm	8Φ18	12Φ18	58.0	0.2	
	EJ-A-3-06	3mm	8Φ18	12Φ18	58.0	0.6	
环筋式节点	EJ-B-2-3	2mm	8Φ18	12Φ18	58.0	0.6	3Φ8
	EJ-B-2-5	2mm	8Φ18	12Φ18	58.0	0.6	5Φ8
	EJ-B-3-3	3mm	8Φ18	12Φ18	58.0	0.6	3Φ8

表 8.4.2 钢板性能指标

钢板	钢材等级	厚度/mm	屈服强度/MPa	极限强度/MPa	弹性模量/MPa	泊松比
2mm	Q235	1.86	313	396	323625	0.281
3mm	Q235	2.66	313	454	232558	0.256

表 8.4.3 钢筋性能指标

钢筋	实测直径/mm	钢材等级	屈服强度/MPa	极限强度/MPa
8mm 钢筋	7.60	HRB400	453	593
18mm 钢筋	17.48	HRB400	470	598

加载装置与中节点试验所用相同，如图 8.1.5 所示。往复加载按荷载-变形混合控制，即试件屈服前采用荷载控制，试件屈服后采用变形控制，以屈服位移的倍数为级差控制。加载时轴压力保持恒定，屈服前每级荷载循环一次，屈服后采用位移控制，位移增量为 Δ_y，每级位移循环三次，具体加载制度如图 8.4.3 所示。

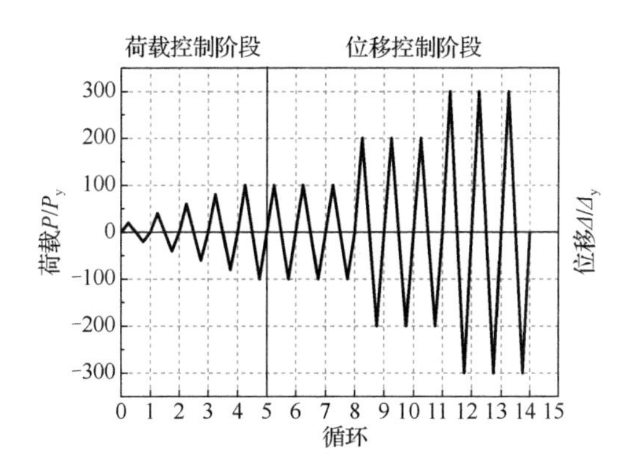

图 8.4.3　加载制度

8.4.2　典型试验现象

1. 部分钢管贯通式节点

试件 EJ-A-2-02：在荷载控制加载阶段，加载至-80kN，裂缝贯通，且靠近钢管的梁角部出现密集分布的斜短裂缝，梁纵筋屈服。加载至-100kN，柱顶水平荷载-位移曲线出现拐点，判定试件整体屈服，随后采用位移加载控制。第二次以 $3\Delta_y$ 正向加载过程中，节点核心区钢管在下部角点处鼓曲严重，混凝土与钢管脱开。第三次以 $3\Delta_y$ 正向加载过程中，背面梁顶上部斜裂缝向梁内部发展，梁顶混凝土剥落。第一次以 $4\Delta_y$ 正向加载过程中，在 $4\Delta_y$ 处承载力已经降至峰值承载力的 70%，正面梁底大量混凝土剥落，正面梁中部靠近节点区 5cm 处箍筋失稳。柱顶水平荷载-位移曲线如图 8.4.4 所示，试验过程记录如图 8.4.5 所示。

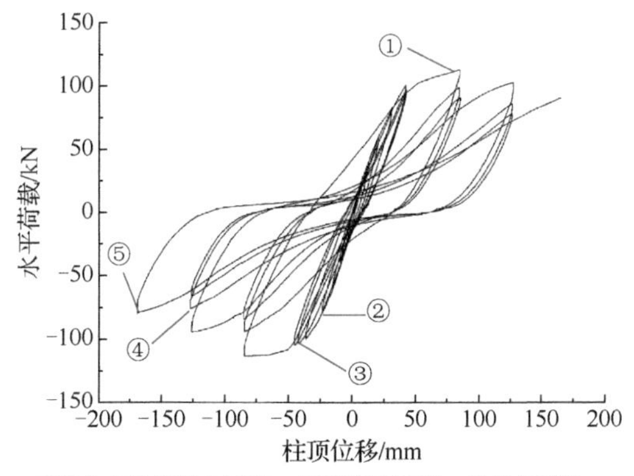

①梁角点处混凝土压碎；②梁纵筋屈服；③节点屈服；
④钢管严重鼓曲；⑤角点处核心混凝土压碎，纵筋露出。

图 8.4.4　试件 EJ-A-2-02 柱顶水平荷载-位移曲线

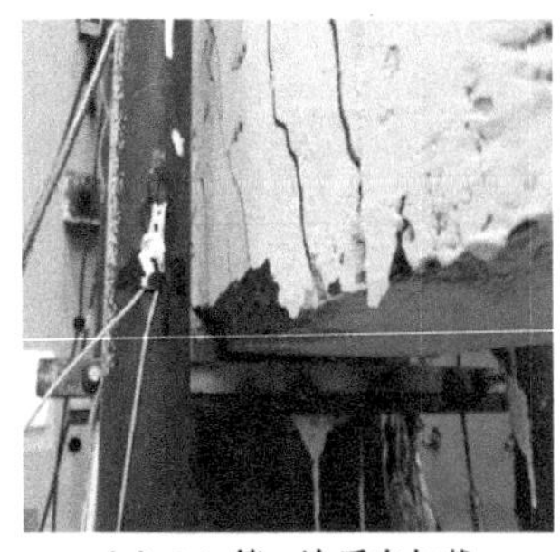

（a）$3\Delta_y$ 第一次反向加载

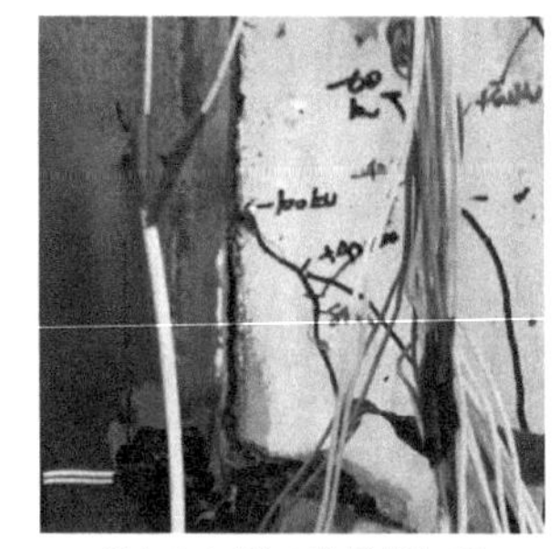

（b）$3\Delta_y$ 第二次反向加载

（c）$3\Delta_y$ 第二次正向加载

（d）$3\Delta_y$ 第三次正向加载

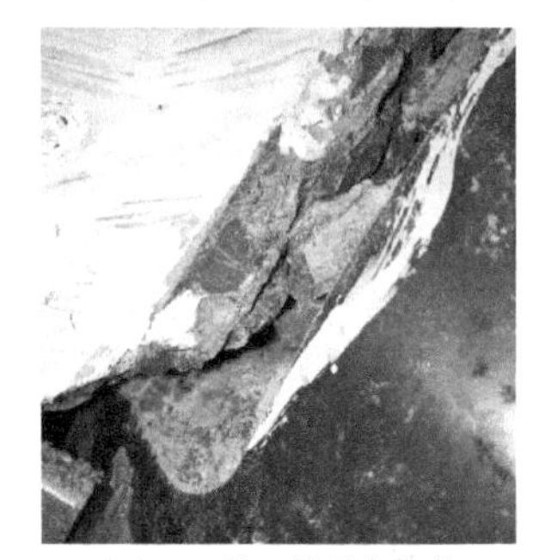

（e）$4\Delta_y$ 第一次正向加载

（f）$4\Delta_y$ 第一次反向加载

图 8.4.5　试件 EJ-A-2-02 试验过程记录

试件 EJ-A-3-06：进入位移控制加载阶段后，第一次以Δ_y正向加载过程中，梁底靠近节点处出现短宽裂缝。第一次以 $2\Delta_y$ 正向加载过程中，梁底出现斜向节点区发展的宽裂缝，裂缝发展至梁高 2/3 处。第一次以 $3\Delta_y$ 正向加载过程中，距离节点 15～20cm 梁塑性铰区出现大量交叉斜裂缝，梁中部表面混凝土崩落。第一次以 $3\Delta_y$ 反向加载过程中，正面梁底角部混凝土大量压碎崩落。第二次以 $3\Delta_y$ 反向加载过程中，梁中部交叉的斜裂缝迅速发展，箍筋失稳，梁上保护层混凝土大量掉落，梁端弯曲破坏。柱顶水平荷载-位移曲线如图 8.4.6 所示，试验过程记录如图 8.4.7 所示。

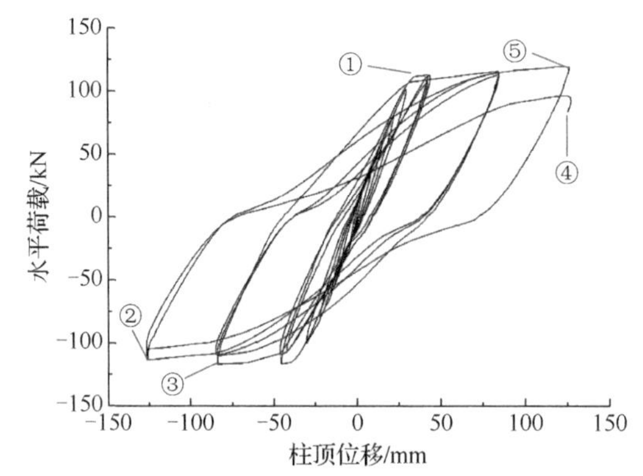

①节点屈服；②斜裂缝在梁上贯通，在塑性铰区形“X”形裂缝；③梁纵筋大量屈服；④梁端弯曲破坏；⑤梁角点处混凝土压碎。

图 8.4.6　试件 EJ-A-3-06 柱顶水平荷载-位移曲线

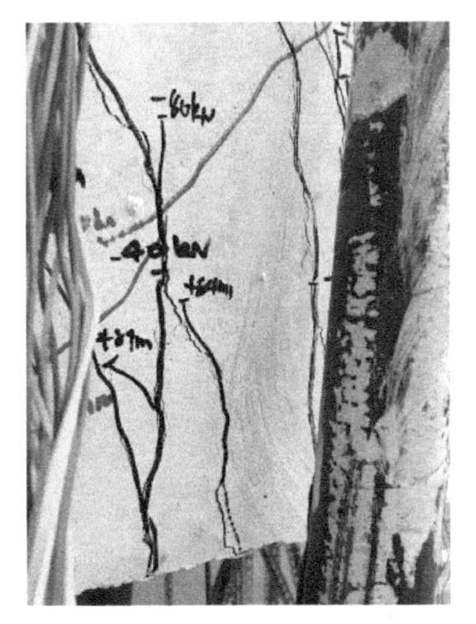

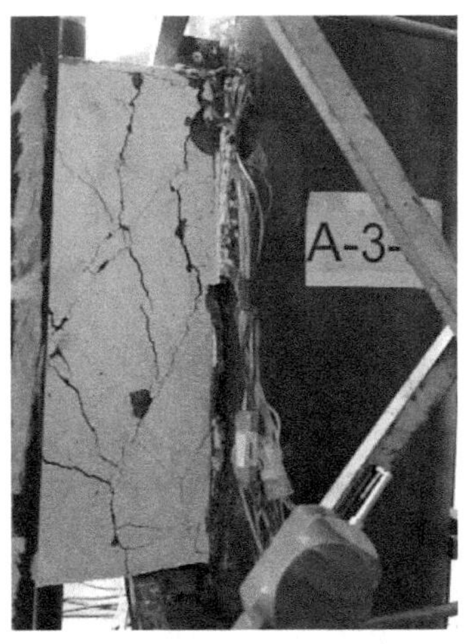

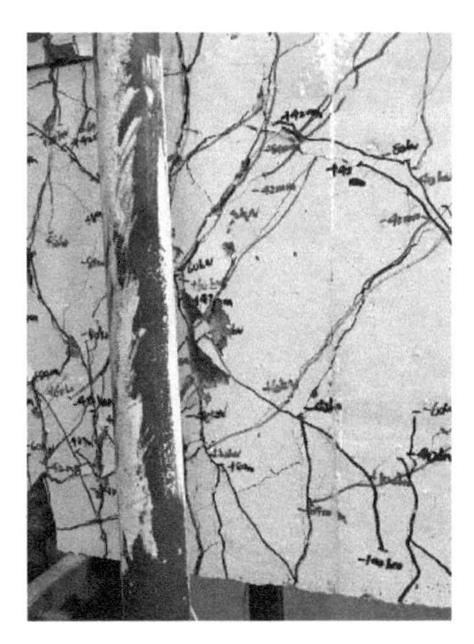

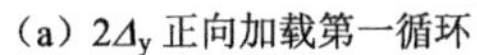

（a）$2\Delta_y$ 正向加载第一循环　（b）$2\Delta_y$ 反向加载第三循环　（c）$3\Delta_y$ 正向加载第一循环

（d）$3\Delta_y$ 反向加载第一循环　（e）$3\Delta_y$ 反向加载第二循环

图 8.4.7　试件 EJ-A-3-06 试验过程记录

2. 环筋式节点

试件 EJ-B-2-3：第一次以Δ_y 正向加载过程中节点核心区钢管角部鼓曲。第一次以 $2\Delta_y$ 反向加载过程中，节点核心区钢管在下部角点处产生明显鼓曲。第一次以 $3\Delta_y$ 正向加载过程中，内部混凝土压碎，混凝土碎块从节点核心区被拉开的鼓曲钢管中部开口处崩出，此时承载力已经降至峰值荷载的 80%，且侧向变形已超过 5%层间位移角的限制。柱顶水平荷载-位移曲线如图 8.4.8 所示，试验过程记录如图 8.4.9 所示。

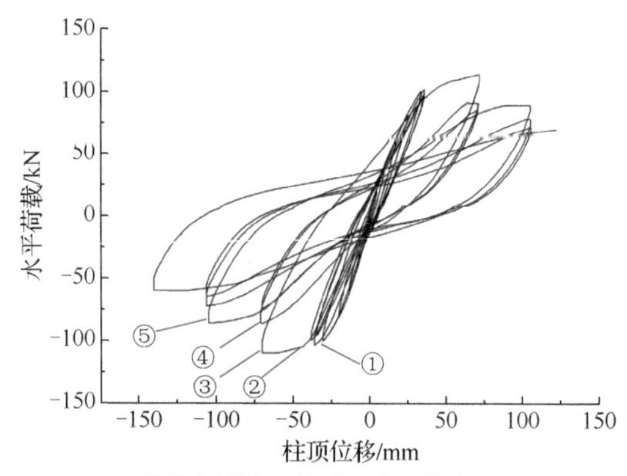

①节点屈服；②钢管在角部鼓曲；
③梁顶角部处混凝土被压碎，环向约束箍筋被剪断或者焊点脱开；
④钢管被拉开，节点钢管和混凝土产生明显的间隙；⑤节点内部混凝土压碎。

图 8.4.8　试件 EJ-B-2-3 柱顶水平荷载-位移曲线

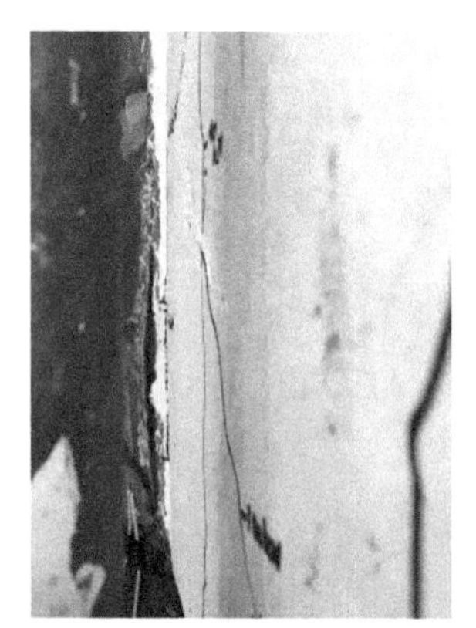

（a）第一次以Δ_y 正向加载

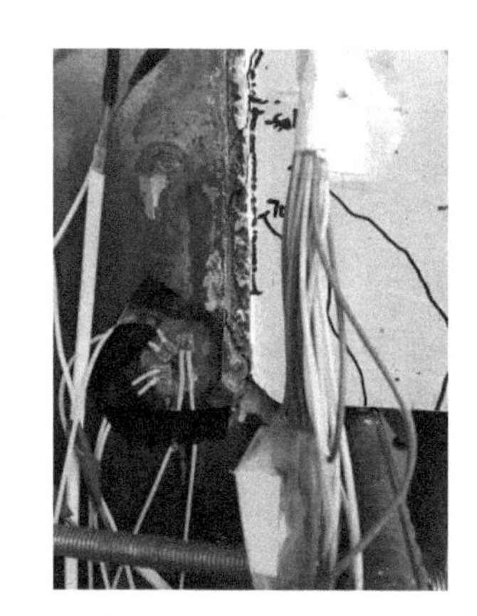

（b）第一次以 $2\Delta_y$ 正向加载

（c）第一次以 $2\Delta_y$ 反向加载

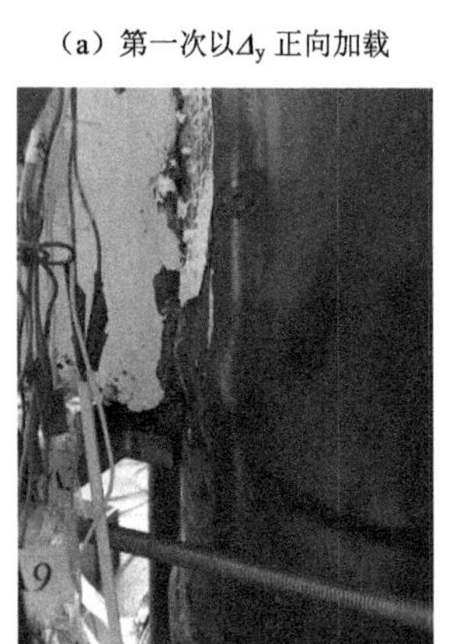

（d）第一次以 $2\Delta_y$ 反向加载

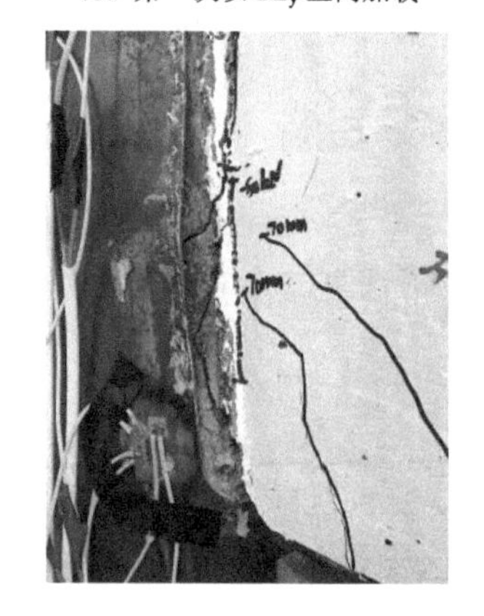

（e）第一次以 $3\Delta_y$ 正向加载

（f）第三次以 $3\Delta_y$ 正向加载

图 8.4.9　试件 EJ-B-2-3 试验过程记录

试件EJ-B-2-5：第二次以Δ_y正反向加载过程中，节点核心区钢管在下部角部鼓曲。第一次以$2\Delta_y$正向加载过程中，内部混凝土与钢管环筋摩擦产生发出连续响声。第一次以$3\Delta_y$反向加载时，梁靠近角点处有小块混凝土掉落，节点区钢管呈轻微波浪形鼓曲。第二次以$3\Delta_y$正向加载过程中，试件发出脆响，试件背面的中部环筋被剪断。第二次以$3\Delta_y$反向加载过程中，试件背面的中下部环筋在焊点处与钢管脱开。以$3\Delta_y$加载时，虽然侧向位移已经超过5%层间位移角的限制，但承载力并没有降至峰值承载力的85%，由于节点已明显破坏，试验终止。柱顶水平荷载-位移曲线如图8.4.10所示，试验过程记录如图8.4.11所示。

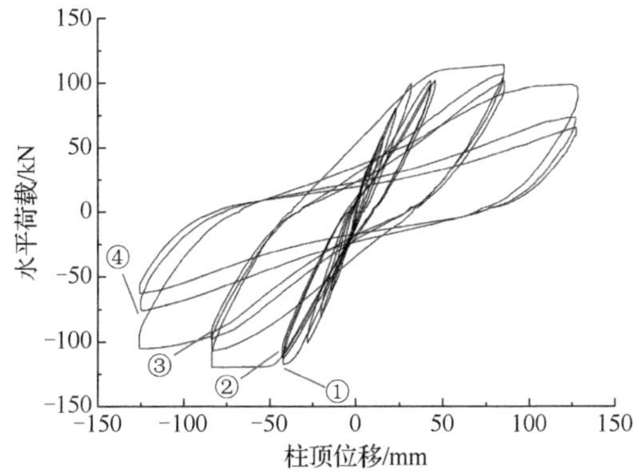

①节点屈服；②钢管在角部鼓曲；③梁顶角部处混凝土被压碎；
④钢环向约束箍筋被剪断或者焊点脱开。

图8.4.10　试件EJ-B-2-5柱顶水平荷载-位移曲线

（a）第一次以$2\Delta_y$正向加载（正面）

（b）第一次以$2\Delta_y$正向加载（背面）

图8.4.11　试件EJ-B-2-5试验过程记录

8.4.3　典型破坏模式

1. 部分钢管贯通式节点

节点核心区钢管鼓曲程度如图8.4.12所示，主要出现两种典型破坏形态（图8.4.12）：

一类破坏主要集中在靠近节点核心区的梁端区域，如试件 EJ-A-3-06；另一类破坏主要集中在节点核心区，如试件 EJ-A-2-02 与 EJ-A-2-06；而试件 EJ-A-3-02 发生耦合破坏。其中，梁端受弯破坏主要特征是梁在与节点区相连的角点处压碎，距离节点 1/3～1/2 梁高处产生塑性铰。节点破坏主要特征为节点核心区角部钢管鼓曲，梁上裂缝从角点发展进入节点，角点区内核心混凝土压碎，剖开节点钢管可以观察到节点区产生大量剪切斜裂缝（图 8.4.13）。对比发现，增加节点区钢管厚度或轴压比可有效减少梁锚固纵筋在节点区内的滑移，避免梁上裂缝向节点核心区发展。

（a）EJ-A-2-02
（上下角点处明显鼓曲）

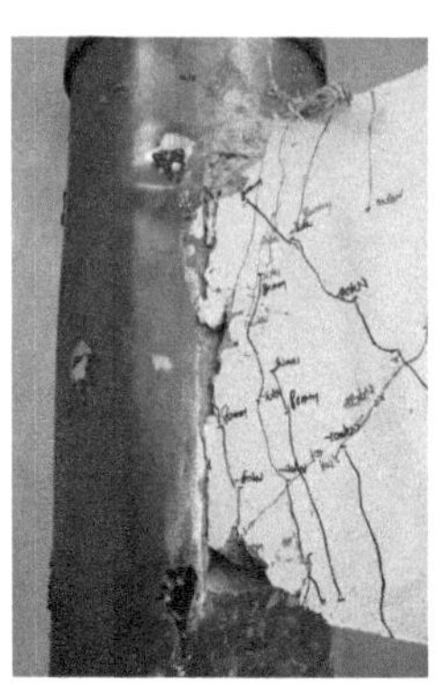

（b）EJ-A-2-06
（上部角点处鼓曲）

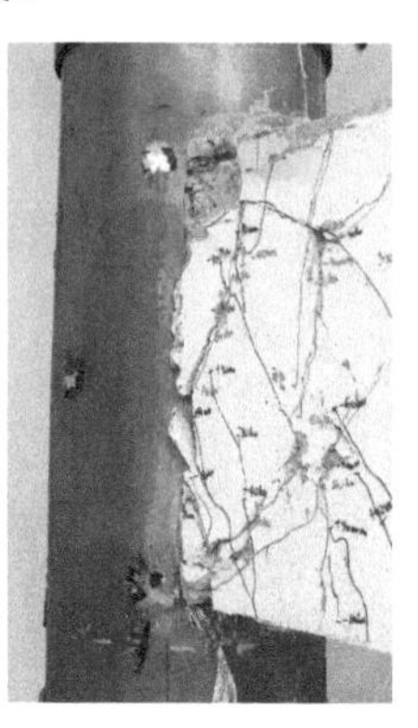

（c）EJ-A-3-02
（上部角点处轻微鼓起）

（d）EJ-A-3-06
（没有鼓曲现象）

图 8.4.12　节点核心区钢管鼓曲程度

（a）EJ-A-2-02
（梁侧更加密集）

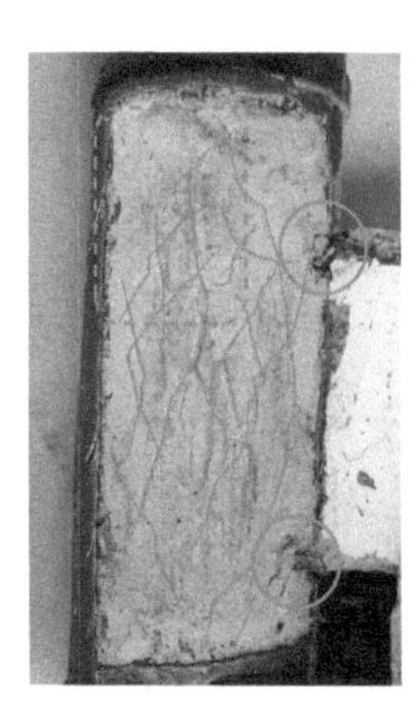

（b）EJ-A-2-06
（均匀对称分布）

（c）EJ-A-3-02
（梁侧更加密集）

（d）EJ-A-3-06
（仅有两条竖向短裂缝）

图 8.4.13　剖开钢管后节点内部裂缝图

2. 环筋式节点

环筋式节点主要发生节点区剪切破坏，破坏特征为核心区靠近梁端的钢管鼓曲，环筋焊点脱开或被拉断，节点内部混凝土压碎，破坏严重的试件柱纵筋屈曲失稳

（图 8.4.14）。对比发现，采用 5 根环筋约束的节点的钢管鼓曲程度最轻，环筋约束效果更好（图 8.4.15）。提高对角点处约束可有效避免或延缓角点处混凝土挤压导致的钢管变形，保证角点处钢管对核心混凝土约束效果，可极大限制节点内混凝土剪切斜裂缝的发展。

（a）混凝土与钢管脱开

（b）节点内混凝土压碎

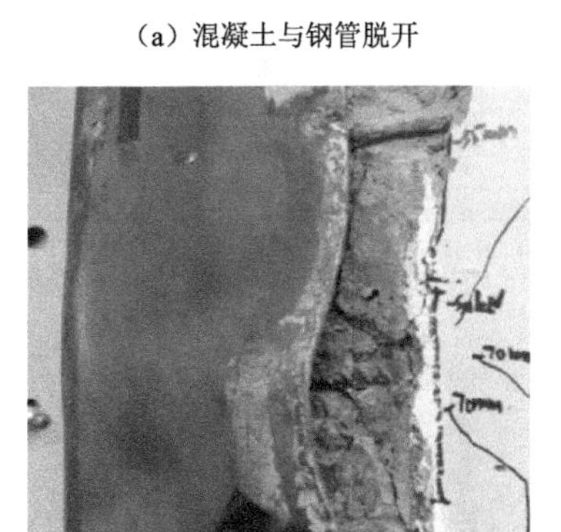

（c）环筋与钢管焊点脱开

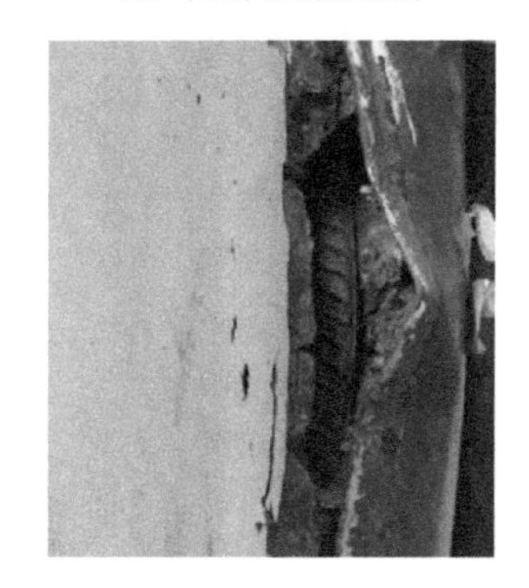

（d）环筋被拉断

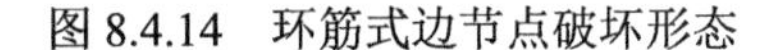

图 8.4.14 环筋式边节点破坏形态

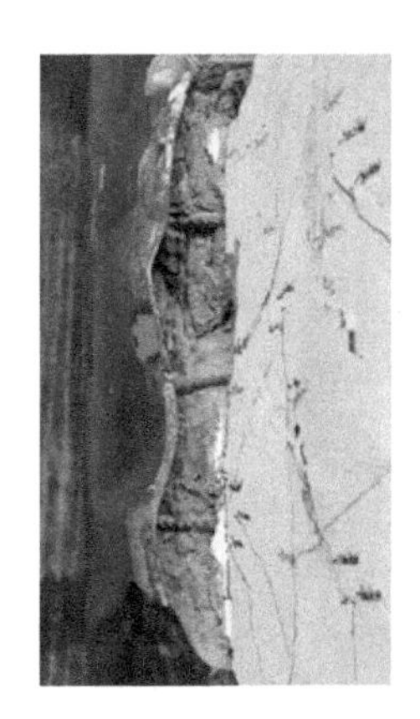

（a）EJ-B-2-3
（严重波浪形鼓曲，环筋由于剪断或焊点脱开而失效）

（b）EJ-B-2-5
（鼓曲程度较弱，角部两根环筋有效限制了钢管鼓曲）

（c）EJ-B-3-3
（焊点脱开处明显鼓曲，钢管整体变形程度相对较弱）

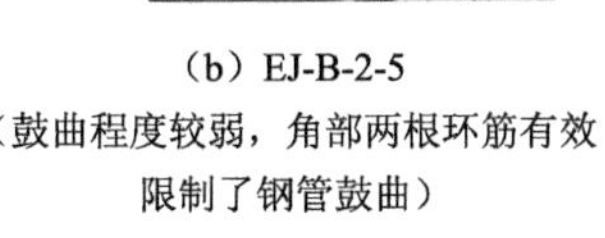

图 8.4.15 节点区钢管鼓曲状态

8.4.4 试验结果分析

各试件柱顶水平荷载-位移关系滞回曲线如图 8.4.16 所示，柱顶水平荷载-位移关系骨架曲线如图 8.4.17 所示，主要结论如下。

1）对于部分钢管贯通式节点，节点区厚度相同的试件，提高轴压比对其延性无显著影响；相同轴压比下，节点区钢管厚度为 3mm 的试件延性相对于节点区厚度为 2mm 的试件有所提高。

2）对于环筋式节点，在角点处增设环筋可有效提高试件延性，同时对提高试件承载力也有一定作用，节点区钢管厚度为 2mm 的试件在增设环筋后与节点区钢管厚度为 3mm 试件承载力相当。

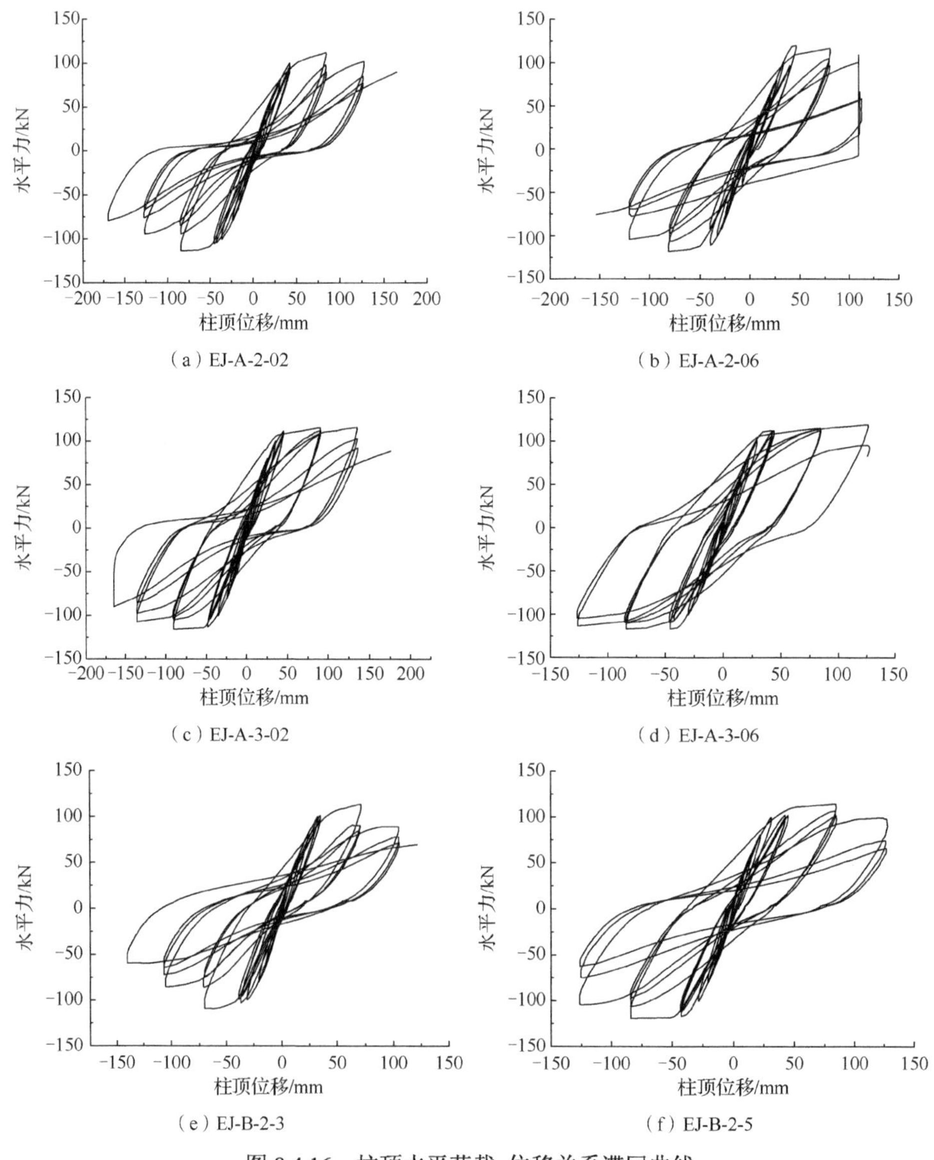

图 8.4.16 柱顶水平荷载-位移关系滞回曲线

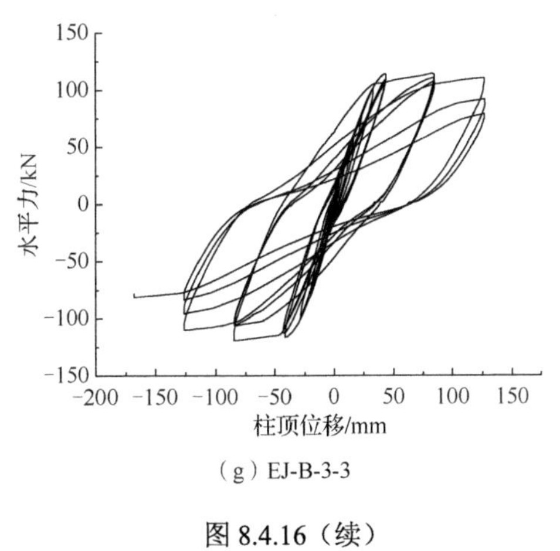

（g）EJ-B-3-3

图 8.4.16（续）

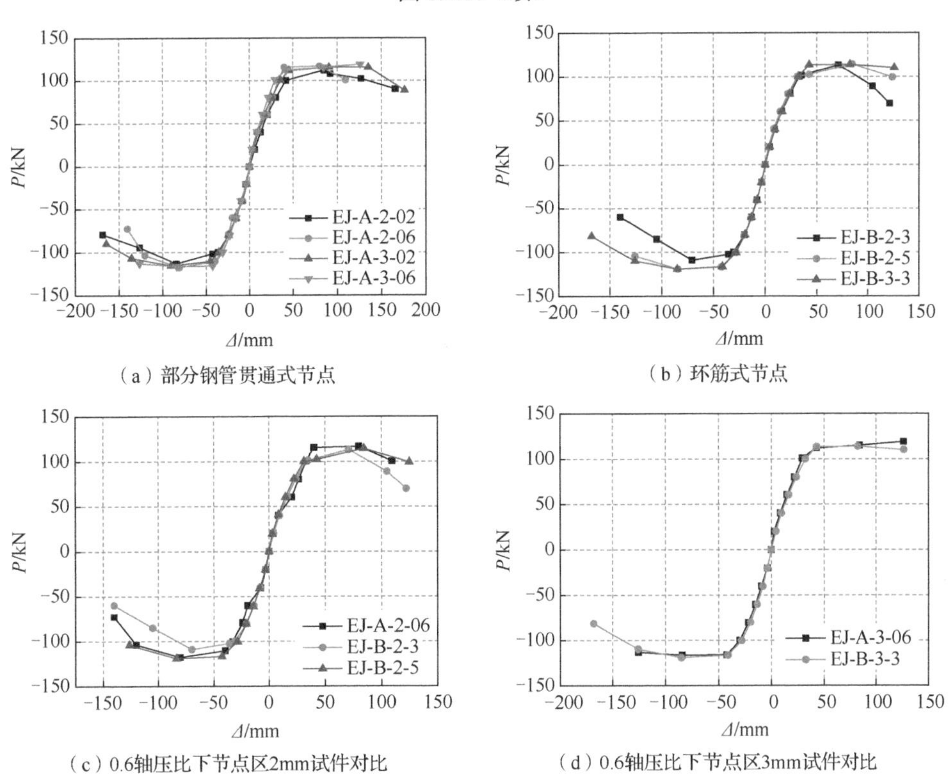

（a）部分钢管贯通式节点　（b）环筋式节点

（c）0.6轴压比下节点区2mm试件对比　（d）0.6轴压比下节点区3mm试件对比

图 8.4.17　柱顶水平荷载-位移关系骨架曲线

各试件特征点、位移延性系数统计见表 8.4.4，有如下主要结论。

1）对于部分钢管贯通式节点，随着轴压比增大，节点所受约束变强，试件在峰值后荷载下降速度较慢，节点延性相对于低轴压比试件有显著提高；随着节点区钢管厚度的增大，节点延性也有所提高，但提高效率不及提高轴压比显著。

2）对于环筋式节点，提高节点区钢管壁厚以及在钢管角部增设环筋的加强措施，可有效提高节点延性。

3）试件 EJ-B-2-3 由于环筋在往复荷载作用下被拉断（环筋与钢管的焊点脱开），峰值后承载力下降较快，延性相对较差。

表 8.4.4 试件位移延性系数

试件编号	屈服荷载/kN	屈服位移/mm	峰值荷载/kN	峰值位移/mm	极限荷载/kN	极限位移/mm	延性系数	平均延性系数
EJ-A-2-02	119.1	45.9	112.05	84.70	95.24	127.11	2.77	3.02
	−107.4	−38.6	−113.33	−84.39	−96.33	−126.19	3.27	
EJ-A-2-06	110.5	26.0	117.02	80.01	99.46	106.12	4.08	4.70
	−108.9	−22.5	−117.80	−80.80	−100.13	−119.60	5.32	
EJ-A-3-02	115.0	35.3	115.63	90.59	98.29	135.49	3.84	3.87
	−106.2	−34.6	−115.67	−90.37	−98.32	−134.44	3.89	
EJ-A-3-06	118.5	25.4	119.30	126.11	101.40	122.32	4.82	5.23
	−108.5	−22.1	−116.42	−84.05	−98.96	−124.43	5.63	
EJ-B-2-3	96.7	41.0	113.39	70.97	96.38	97.10	2.37	2.56
	−97.5	−34.0	−109.10	−70.24	−92.74	−93.50	2.75	
EJ-B-2-5	119.8	37.6	114.59	84.54	97.40	126.98	3.38	3.60
	−108.5	−32.9	−119.08	−84.07	−101.22	−125.67	3.82	
EJ-B-3-3	113.1	33.9	114.11	82.21	96.99	124.78	3.68	3.76
	−108.0	−32.7	−119.19	−84.75	−101.30	−125.65	3.84	

8.4.5 承载力计算

1. 部分钢管贯通式节点

边节点核心区受剪承载力仍可按式（8.3.34）计算，计算与试验结果对比见表 8.4.5。可以看到，对于发生节点区剪切破坏的试件（EJ-A-2-02 和 EJ-A-2-06），公式预测结果在 5%以内，表明公式具有良好的适用性。对于发生梁端破坏的试件，表 8.4.5 中也给出了节点区受剪承载力的理论计算值，可供参考。

表 8.4.5 计算结果与试验结果对比

试件编号	试验值				计算值	V_j^c / V_j^e
	柱顶推力 $\bar{P}_m$ / kN	核心区剪力 V_j^e / kN	柱顶轴力 N_0 / kN	失效模式	核心区剪力 V_j^c / kN	
EJ-A-2-02	112.7	721.5	527	节点	718.3	0.996
EJ-A-2-06	117.4	751.7	1581	节点	781.6	1.040
EJ-A-3-02	115.6	740.2	527	梁端	822.3	
EJ-A-3-06	117.9	754.6	1581	梁端	885.6	

2. 环筋式节点

本小节环筋式节点试件中环筋内置于节点区钢管内部，因而整个节点区外观相对更加规整。但从试验结果看，这种环筋内置的做法容易导致钢管与混凝土间形成“两张皮”，钢管的直接受剪作用不能充分发挥。因此，应对式（8.3.37）的钢管承载力一项进行折减。结合试验结果，最终取折减系数为 0.3，故环筋式边节点的核心区受剪承载力 V_{j} 为

$$V_{\mathrm{j}}=0.141\beta D^{2.69}\left(h_{\mathrm{b0}}-a_{\mathrm{s}}'\right)^{-0.69}f_{\mathrm{c}}+0.06N+\frac{\pi}{2}A_{\mathrm{s}}f_{\mathrm{sy}}\left(\frac{h_{\mathrm{tj}}}{s}+1\right)+0.23b_{\mathrm{t}}t_{\mathrm{j}}f_{\mathrm{ty,j}} \quad (8.4.1)$$

公式计算结果与试验结果对比见表 8.4.6。可以看到，除环筋中途被剪断的试件 EJ-B-2-3 预测结果偏高外，其余试件计算值与试验值的偏差均在 5%以内。

表 8.4.6　部分钢管贯通式节点计算结果与试验结果对比

试件编号	试验值				计算值	$V_{\mathrm{j}}^{\mathrm{c}}/V_{\mathrm{j}}^{\mathrm{e}}$
	柱顶推力 $\bar{P}_{\mathrm{m}}$ / kN	核心区剪力 $V_{\mathrm{j}}^{\mathrm{e}}$ / kN	柱顶轴力 N_0 / kN	失效模式	核心区剪力 $V_{\mathrm{j}}^{\mathrm{c}}$ / kN	
EJ-B-2-3	97.1	621.7	1581	节点	680.4	1.094
EJ-B-2-5	114.1	730.9	1581	节点	752.1	1.029
EJ-B-3-3	110.6	707.8	1581	节点	695.4	0.982

8.5　带楼板中节点抗震性能研究

8.5.1　试验概况

设计并制作了 4 个节点试件，包括 3 个带楼板试件（图 8.5.1 和图 8.5.2）和 1 个无楼板对比试件，试验变化参数为轴压比和节点区钢管厚度。试件参数见表 8.5.1，以“IJ-S-2-03”为例介绍试件命名规则：IJ 表示中节点；S 表示楼板（Slab）；2 表示节点区钢管厚度为 2mm；03 代表试验轴压比为 0.3。

表 8.5.1　试件参数

<table>
<tr><th>试件编号</th><th>柱钢管
$D\times t$</th><th>梁截面
$b\times h$</th><th>楼板
h_{f}/mm</th><th>柱纵筋</th><th>梁纵筋</th><th>节点区钢管
t_{j}/mm</th><th>轴力
N_0/kN</th><th>n</th></tr>
<tr><td>IJ-S-2-03</td><td rowspan="4">320mm×2mm</td><td rowspan="4">180mm×360mm</td><td rowspan="3">80</td><td rowspan="4">8ϕ20</td><td rowspan="4">8ϕ18</td><td rowspan="2">2</td><td>900</td><td>0.3</td></tr>
<tr><td>IJ-S-2-06</td><td>1800</td><td>0.6</td></tr>
<tr><td>IJ-S-4-06</td><td rowspan="2">4</td><td>1800</td><td>0.6</td></tr>
<tr><td>IJ-4-06</td><td></td><td>1800</td><td>0.6</td></tr>
</table>

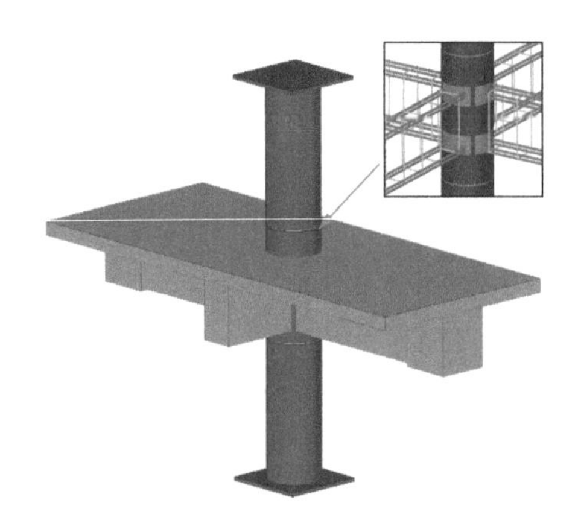

图 8.5.1 节点试件示意图

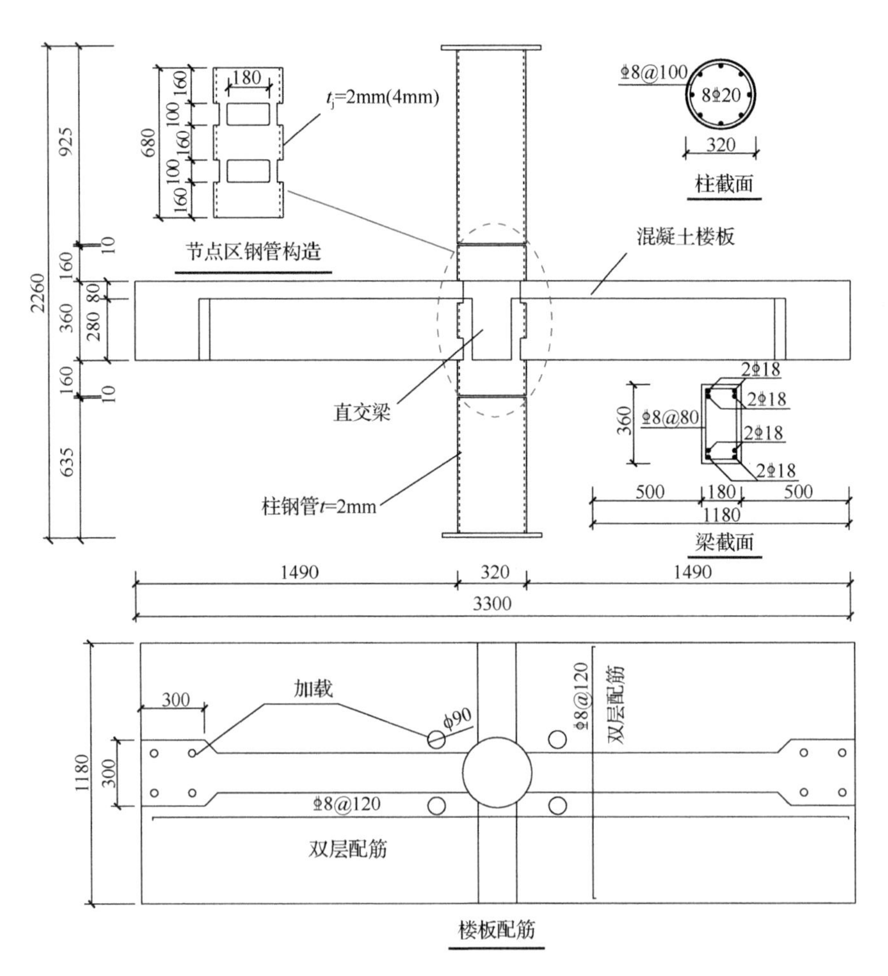

图 8.5.2 试件几何尺寸及配筋构造（尺寸单位：mm）

混凝土及钢材材料性能分别见表 8.5.2 和表 8.5.3。

表 8.5.2　混凝土材料性能指标

立方体抗压强度 f_{cu}/MPa	轴心抗压强度 f_c/MPa	弹性模量 E_c/MPa
58.0	37.3	3.82×10^4

表 8.5.3　钢板及钢筋力学性能指标

钢板及钢筋	屈服强度 f_y/MPa	极限强度 f_u/MPa	弹性模量 E_s/MPa	屈服应变 $\varepsilon_y/10^{-6}$
2mm 钢板	316.47	395.01	2.92×10^5	1085.5
4mm 钢板	320.64	454.00	2.33×10^5	1344.4
ϕ8	453.00	593.01	1.89×10^5	2396.8
ϕ18	470.00	593.30	1.86×10^5	2526.8
ϕ20	463.32	596.47	1.92×10^5	2411.5

试验采用柱端加载，加载装置与 8.1 节中节点相同，如图 8.1.5 所示。具体细节尺寸上，8.1 节试件柱铰到节点区中部距离为 1165mm，本节为 1170mm；8.1 节梁铰到节点区中部距离为 1400mm，本节为 1500mm。加载制度与边节点一致，如图 8.4.3 所示。

8.5.2　典型破坏模式

1. 试件 IJ-S-2-03

试件 IJ-S-2-03 节点区钢管厚度为 2mm，轴压比 0.3。破坏过程如下：荷载加至 80kN 时，横梁下侧靠近节点区域出现第一条裂缝。至 100kN 时，梁上裂缝逐渐增多并斜向节点区发展，同时靠近柱的楼板上出现第一条从柱边延伸到板边的贯通裂缝，宽度约为 0.05mm。荷载增加至 120kN 时，部分梁纵筋开始屈服，循环卸荷后的残余变形较大，达到 2.3mm，随后按位移加载。位移达到 $2\Delta_y$ 正向时，节点区钢管下侧角部出现轻微鼓曲，反向再加载时又被拉直，与此同时直交梁上出现第一条斜裂缝。至 $4\Delta_y$ 时，楼板与柱的钢管壁间出现较大缝隙，直交梁上斜裂缝的宽度达到 1.0mm。位移增加到 $5\Delta_y$ 时，横梁端有小部分混凝土被压碎，而直交梁因剪切裂缝过宽导致混凝土大面积脱落，此时试件达到峰值承载力。试验结束后，去除直交梁混凝土和节点区钢管发现，节点核心区形成了明显的“X”形剪切斜裂缝，试件最终呈现典型的节点核心区剪切破坏特征。试件 IJ-S-2-03 破坏形态如图 8.5.3 所示。

2. 试件 IJ-S-2-06

试件 IJ-S-2-06 节点区钢管厚度为 2mm，轴压比 0.6。该试件破坏过程与 IJ-S-2-03 试件类似，荷载加至 60kN 时，梁底部出现第一条裂缝，随后梁上裂缝逐渐增多并斜向节点区发展。增加至 120kN 时，梁纵筋开始屈服，此时柱顶位移约为 17mm，循环卸荷后的残余变形较大，达到 1.7mm，随后按位移控制加载。位移增加至 $3\Delta_y$ 正向时，节点区钢管下侧角部出现轻微鼓曲。至 $4\Delta_y$ 时，楼板与柱的钢管壁间边出现较大缝隙，直交梁上斜裂缝的宽度达到 1.0mm，反向加载时缝隙闭合。至 $5\Delta_y$ 时，钢管四角屈曲，梁端有细碎混凝土掉落。在位移达到 $6\Delta_y$ 时，直交梁上斜裂缝宽度达到 2.5mm，混凝土块大面积掉落，钢筋裸露，试件最终呈现典型的节点核心区剪切破坏特征。试件 IJ-S-2-06 破坏形态如图 8.5.4 所示。

图 8.5.3　试件 IJ-S-2-03 破坏形态

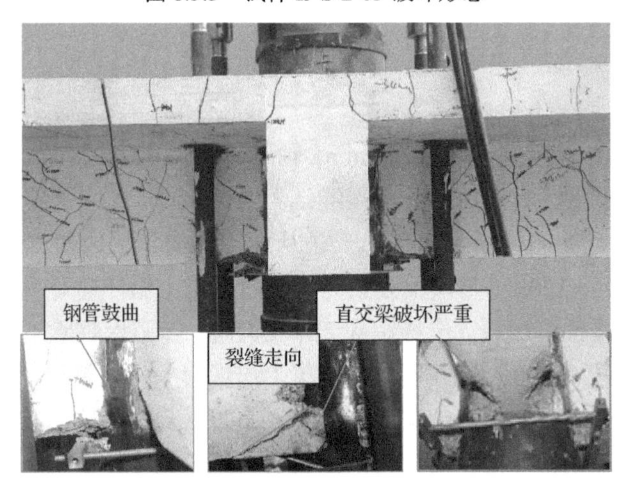

图 8.5.4　试件 IJ-S-2-06 破坏形态

3. 试件 IJ-S-4-06

试件 IJ-S-4-06 节点区钢管厚度为 4mm，轴压比 0.6。位移加至 $2\Delta_y$ 时，直交梁上出现第一条斜裂缝，而横梁上裂缝较多，最大裂缝宽度约为 0.3mm。在 $6\Delta_y$ 加载过程中，节点区钢管角部鼓曲，右梁下端有部分混凝土被压碎。至 $7\Delta_y$ 时，直交梁上掉落大块混凝土，横梁底端掉落的混凝土部分贯通，同时，与柱交界处的楼板上有小部分混凝土被压酥。试验结束后剥开钢管发现，节点区仅有细微的裂缝。综合上述现象判断，该试件发生了以梁端为主的破坏，节点区有轻微损伤。试件 IJ-S-4-06 破坏形态如图 8.5.5 所示。

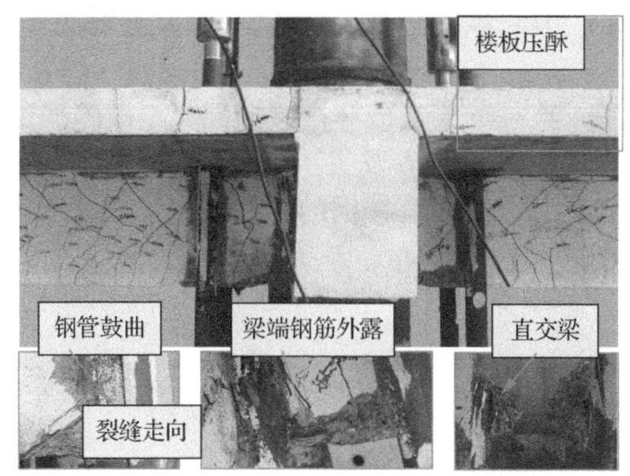

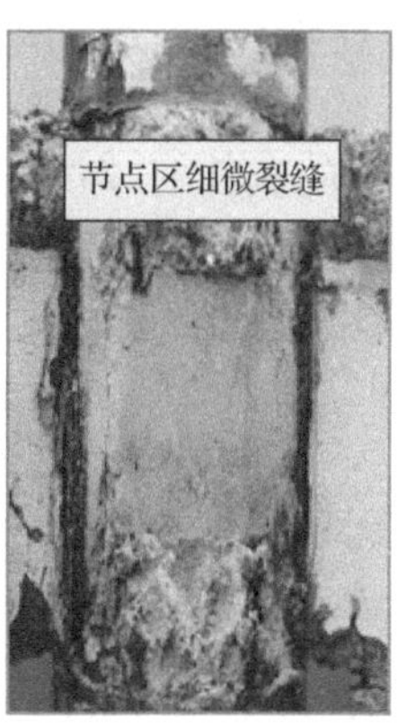

图 8.5.5　试件 IJ-S-4-06 破坏形态

4. 试件 IJ-4-06

试件 IJ-S-4-06 为不带楼板的对比试件，节点区钢管厚度为 4mm，轴压比 0.6。在荷载控制过程中，至 60kN 时，梁上已经出现上下贯通裂缝，达到 80kN 时梁纵筋开始屈服，此时柱顶位移达到 15mm，随后按位移加载。当位移加至 $3\Delta_y$ 时，达到峰值承载力，梁端有小部分混凝土被压酥掉落现象。至 $4\Delta_y$ 时直交梁端出现第一条细微的斜裂缝，宽度约为 0.01mm。至 $5\Delta_y$ 时，梁端开始有大面积混凝土脱落。至 $6\Delta_y$ 时，梁端混凝土脱落严重，钢筋裸露。随后持续循环加载，承载力下降缓慢，最后因梁端底部混凝土掉落严重，试验停止。综上判断该试件发生了完全的梁端破坏。试件 IJ-S-4-06 破坏形态如图 8.5.6 所示。

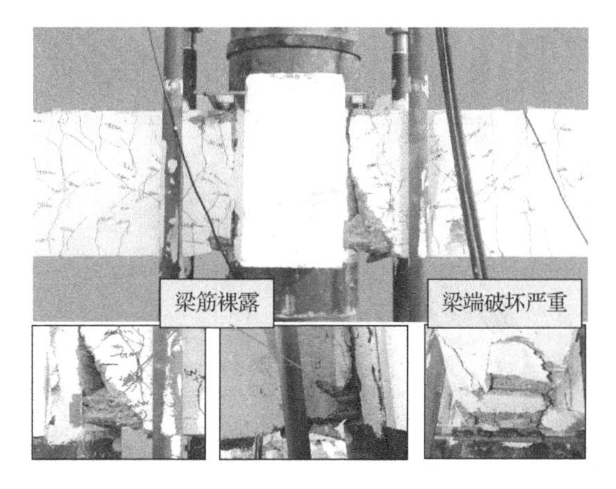

图 8.5.6　试件 IJ-S-4-06 破坏形态

各节点破坏特点总结如下。

1）试件 IJ-S-2-03 和试件 IJ-S-2-06 均发生节点核心区剪切破坏，在破坏模式方面无显著差异，但高轴压比试件 IJ-S-2-06 的直交梁破坏更为严重。

2）试件 IJ-S-4-06 发生了以梁端混凝土压碎为主的破坏模式，节点区仅有轻微损伤；表明随着节点区钢管厚度的增加，节点核心区受剪承载力增加，避免了核心区的受剪破坏。

3）无楼板的试件 IJ-4-06 发生了典型的梁端破坏，梁端混凝土破碎严重，节点区钢管及直交梁均无显著破坏现象，而试件 IJ-S-4-06 发生了以梁端破坏为主的破坏模式，节点区钢管及核心区混凝土均有一定的损伤，表明楼板的存在增加了梁端承载力，使得节点区相对薄弱，对试件破坏模式的影响较为显著。

8.5.3 试验结果分析

1. 柱端荷载柱顶水平位移滞回曲线

各试件的柱端荷载（P）–柱顶水平位移（Δ_c）滞回曲线如图 8.5.7 所示。其共同特点：在加载初期，试件处于弹性工作阶段，曲线基本沿线性循环，卸载时有较少残余变形；随后在位移控制加载阶段，梁纵筋逐渐屈服，曲线卸载后出现明显的残余变形，构件进入弹塑性工作阶段。试件 IJ-S-2-03 和试件 IJ-S-2-06 的滞回曲线相似，都有较为明显的捏缩现象，这是因为两个试件节点的破坏类型均为节点核心区的剪切破坏。试件 IJ-S-4-06 比试件 IJ-S-2-06 刚度大，且前者承载力退化较慢表明延性较好，这是因为该试件发生了梁端破坏模式。由于无楼板的增强作用，试件 IJ-4-06 的刚度相对较低，承载力较小；此试件发生了典型的梁端破坏，滞回曲线呈现出较为饱满的弓形，耗能性能良好。

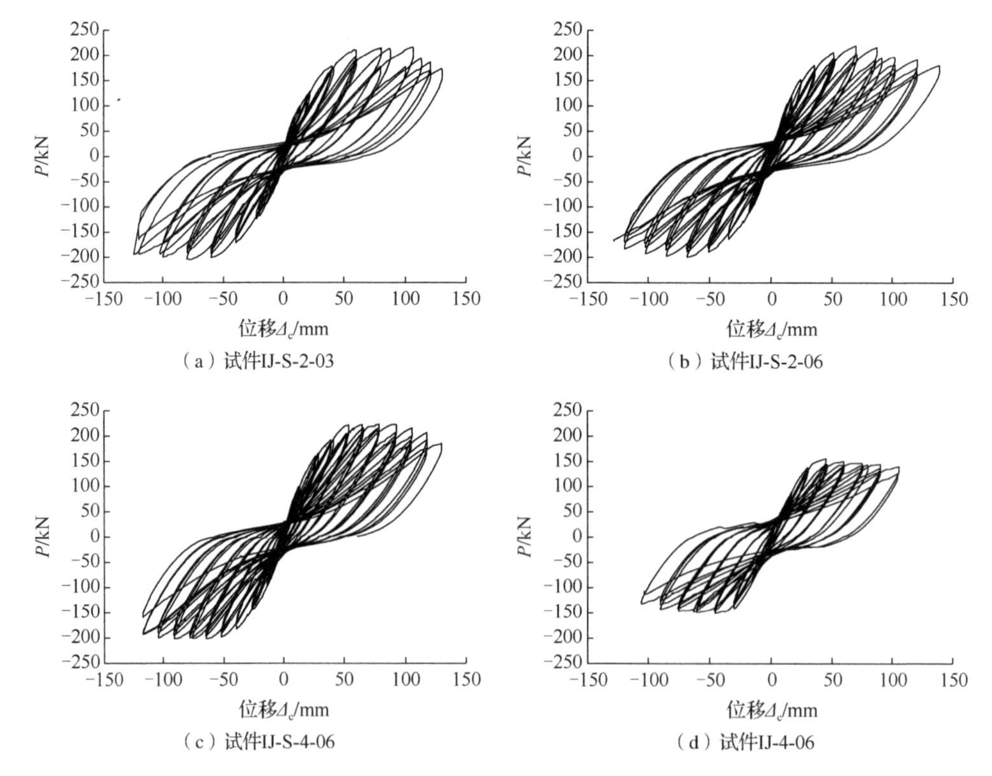

（a）试件IJ-S-2-03 （b）试件IJ-S-2-06 （c）试件IJ-S-4-06 （d）试件IJ-4-06

图 8.5.7 P–Δ_c 滞回曲线

2. 骨架曲线及特征值

试件骨架曲线对比如图 8.5.8 所示。可以看到，轴压比对试件的 P-Δ_c 骨架曲线无显著影响；试件 IJ-S-4-06 骨架曲线在试件 IJ-S-2-06 之上，说明随着节点区钢管厚度的增加，试件刚度增大；对比试件 IJ-S-4-06 和试件 IJ-4-06 的骨架曲线可知，无楼板存在时，试件的峰值承载力和节点剪切变形均显著减小。

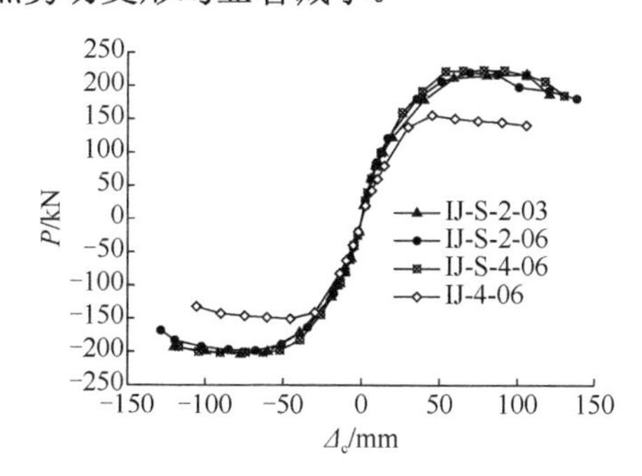

图 8.5.8　试件骨架曲线对比

试件骨架曲线特征点对应取值见表 8.5.4，有如下结论。

1）试件 IJ-S-4-06 虽发生以梁端破坏为主的破坏模式，但其承载力仅比发生核心区剪切破坏的 IJ-S-2-06 高 1.9%，这是由于试件混凝土梁端和节点核心区受剪承载力相近导致的。

2）试件 IJ-S-4-06 和试件 IJ-4-06 均发生梁端破坏，但前者峰值承载力可达后者的 1.4 倍，说明与直交梁连接为整体的楼板对节点承载力提高是非常有利的。

表 8.5.4　试件骨架曲线特征点对应取值

试件编号	方向	屈服点		峰值点		极限点	
		$P_y^\#$/kN	$\Delta_y^\#$/mm	P_{max}/kN	Δ_{max}/mm	P_u/kN	Δ_u/mm
IJ-S-2-03	正向	183.7	42.7	216.9	106.2	186.7	121.5
	负向	−173.2	−40.9	−204.2	−77.3	−193.7*	−119.9*
IJ-S-2-06	正向	188.0	39.7	219.9	69.4	186.9	129.1
	负向	−170.9	−39.1	−198.9	−67.8	−168.1	−128.4
IJ-S-4-06	正向	189.6	37.9	223.4	78.3	189.9	127.5
	负向	−174.2	−36.2	−201.5	−62.9	−199.9*	−104.1*
IJ-4-06	正向	140.7	31.9	155.9	45.1	140.6*	105.7*
	负向	−135.8	−28.2	−150.6	−45.3	−132.4	−105.5

*试验结束时极限承载力未下降到峰值荷载的 85%。

8.5.4　承载力计算

相比 8.1 节中节点试件，本节试件除增设了直交梁外，大部分试件还设置了钢筋混凝土楼板，直交梁和楼板大大增大节点核心区的受剪承载力，我国《混凝土结构设计规范（2015 年版）》（GB 50010—2010）采用 η_j 来考虑直交梁对节点的有利作用，规定当楼板为现浇、梁柱中线重合、四侧各梁截面宽度不小于 0.5 倍该侧柱截面宽度，且正交方向梁高度不小于较高框架梁高度的 3/4 时，η_j 取 1.5。本节试验符合上述规定，取 η_j=1.5，则带楼板中节点核心区受剪承载力计算式为

$$V_j=\begin{cases}0.212\beta D^{2.69}\left(h_{b0}-a_s'\right)^{-0.69}f_c+0.06N+\dfrac{\sqrt{2}}{2}\dfrac{h_{tj}}{D}A_t f_{ty,j} & h_{tj}/D\leqslant\sqrt{3}/3\\ 0.212\beta D^{2.69}\left(h_{b0}-a_s'\right)^{-0.69}f_c+0.06N+\dfrac{\sqrt{9\left(h_{tj}/D\right)^2+3}}{6}A_t f_{ty,j} & h_{tj}/D>\sqrt{3}/3\end{cases}\tag{8.5.1}$$

计算结果与试验结果对比见表 8.5.5。可以看到，尽管在式（8.5.1）混凝土承载力一项中考虑了节点梁及楼板的有利作用，公式计算结果仍偏于保守，说明规范给出的系数具有较高的安全储备。对于本节试验，η_j 取 1.75 时可取得与试验较为接近的计算结果。

表 8.5.5　计算结果与试验结果对比

试件编号	试验值				计算值	V_j^c/V_j^e
	柱顶推力 $\bar{P}_m$ / kN	核心区剪力 V_j^e / kN	柱顶轴力 N_0 / kN	失效模式	核心区剪力 V_j^c / kN	
IJ-S-2-03	178.5	1246.3	899.5	节点	1096.3	0.88
IJ-S-2-06	179.5	1253.3	1799.0	节点	1150.3	0.92
IJ-S-4-06	181.9	1270.4	1799.0	梁端	1359.5	
IJ-4-06	138.3	965.6	1799.0	梁端	1359.5	

8.5.5 环筋式节点简析

对于带楼板及直交梁的环筋式中节点，节点区钢管在四侧梁肢均需开洞，如图 8.5.9 所示。此时钢管主要起临时固定环筋的作用，对节点区受剪的贡献可以忽略，直接参考钢筋混凝土结构相关公式进行设计即可。因此，本节未对环筋式节点再进行试验，仅对该类节点进行了验证性的有限元分析。

图 8.5.9　带直交梁时环筋式节点的节点区构造

1. 有限元模型简介

按图 8.5.2 试件的几何尺寸建立环筋式节点有限元模型（图 8.5.10）。标准模型中，节点区钢管厚度取 2mm；环筋位置设在梁截面中部，距离梁顶/底面各 100mm，共 3ϕ10，间距 80mm；其余参数均与 8.5 节试件实测数据相同。

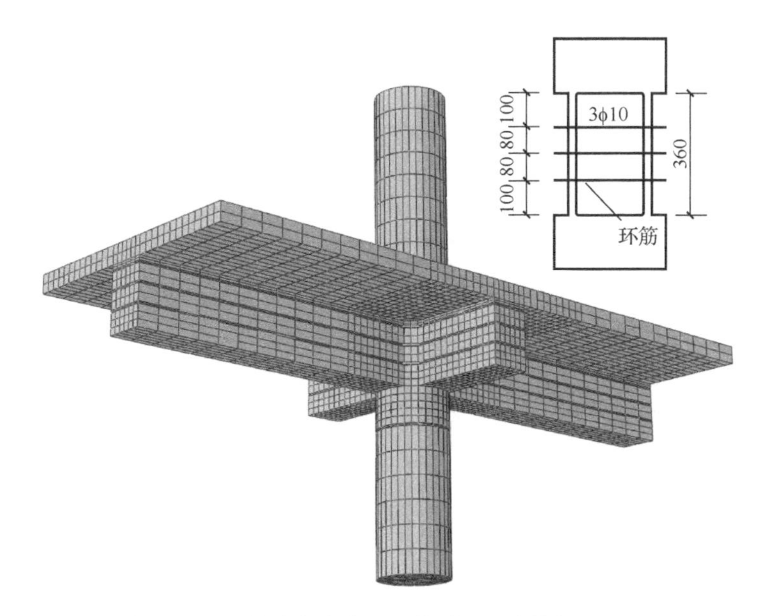

图 8.5.10　环筋式节点有限元模型（尺寸单位：mm）

2. 参数分析结果

（1）环筋直径

依次改变环筋直径 d 为 8mm、10mm、12mm 和 14mm，则对应体积配筋率 ρ_v 分别为 0.79%、1.23%、1.77%和 2.40%，环筋式节点有限元模型如图 8.5.11 所示。模型峰值承载力随着环筋直径增加而增大，最大提高约 9.6%。图 8.5.12 为峰值承载力时不同环筋直径的节点区钢管及环筋应力云图，随着环筋直径的增大，节点区钢管的应力分布无显著变化，环筋均能达到屈服。由图 8.5.13 所示的混凝土主压应变云图可知，随着环筋直径的增大，核心区混凝土的主压应变分布范围不断减小，而梁端混凝土的主压应变数值不断增大，且分布区域扩大。至直径增大到 14mm 时，由于环筋承担了更多的剪力，核心区混凝土承担了较少的剪力，主压应变均未超过其极限压应变，核心区保持较好完整性，未发生破坏。这说明在环筋直径由 8mm 增大到 14mm 的过程中，模型的破坏形式逐渐由节点核心区剪切破坏转化为梁端为主的破坏。

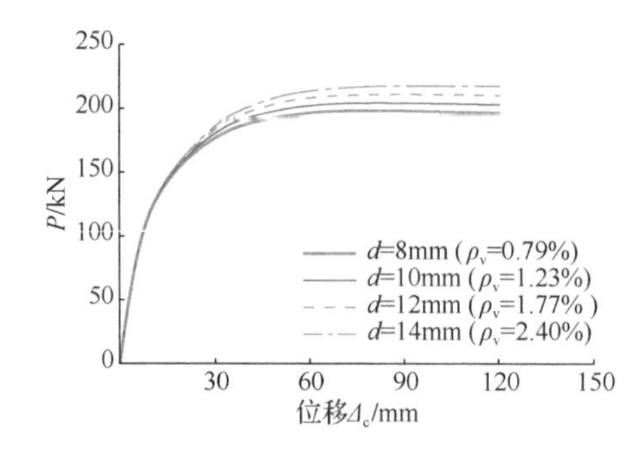

图 8.5.11　环筋式节点有限元模型

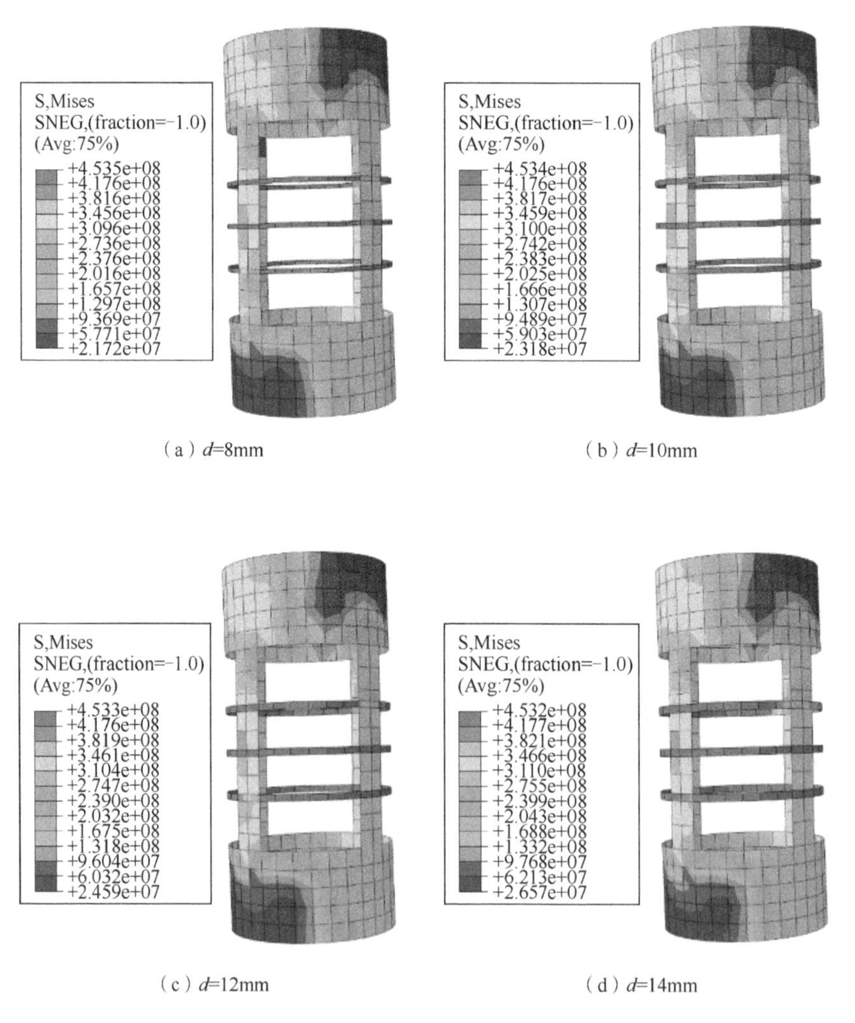

（a）d=8mm　　（b）d=10mm

（c）d=12mm　　（d）d=14mm

图 8.5.12　峰值承载力时不同环筋直径的节点区钢管及环筋应力云图

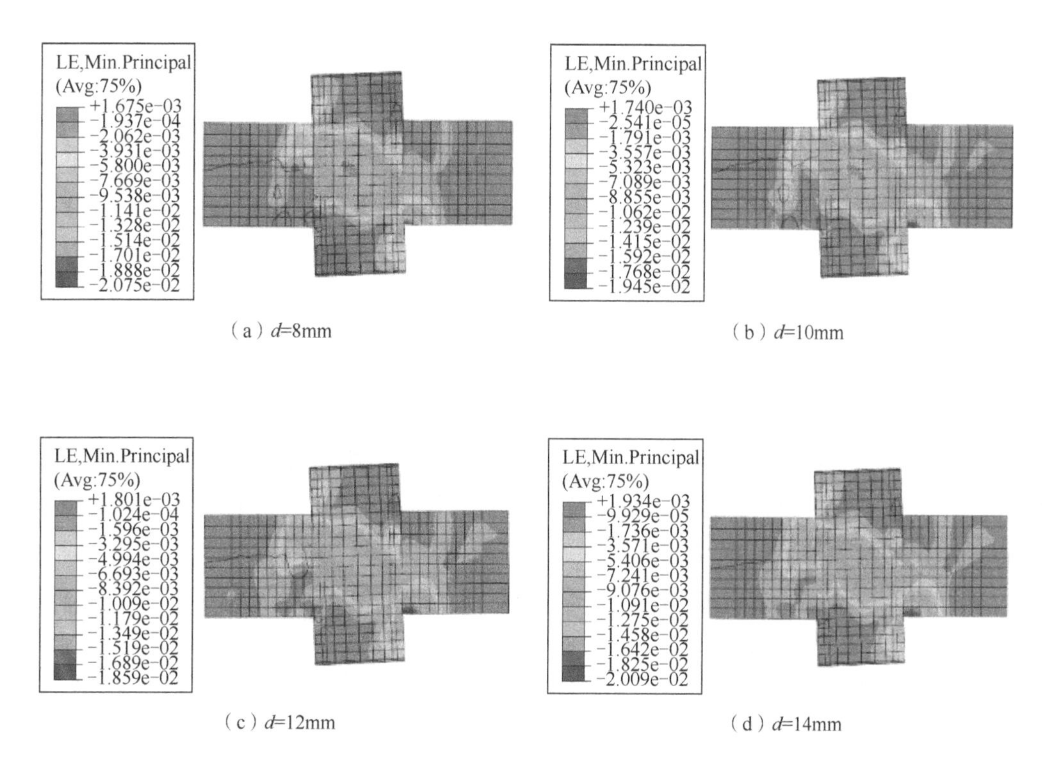

（a）d=8mm　（b）d=10mm

（c）d=12mm　（d）d=14mm

图 8.5.13　不同环筋直径的节点区混凝土应变云图

（2）环筋数量

依次改变环筋间距分别为 100mm、80mm 和 50mm，对体积配筋率分别为 0.98%、1.23%和 1.96%，对应环筋数量分别为 2、3、4，如图 8.5.14 所示。

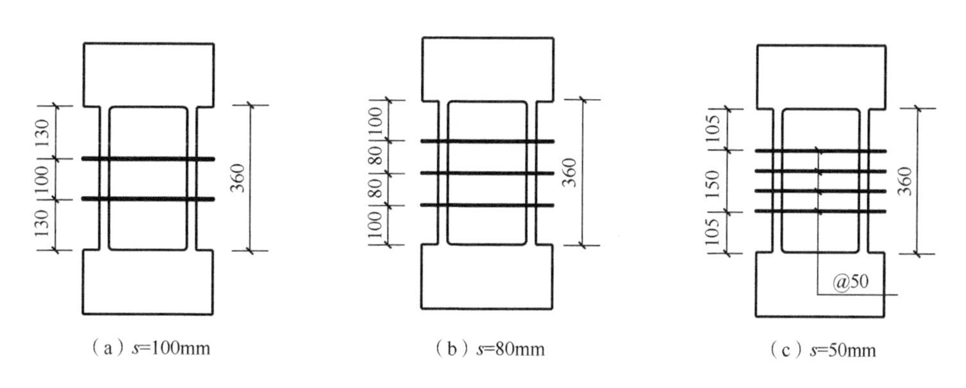

（a）s=100mm　（b）s=80mm　（c）s=50mm

图 8.5.14　不同环筋间距的节点区构造

环筋间距对荷载位移曲线的影响如图 8.5.15 所示。可以看到，构件承载力随环筋数量增多而增大，两者基本呈线性关系。

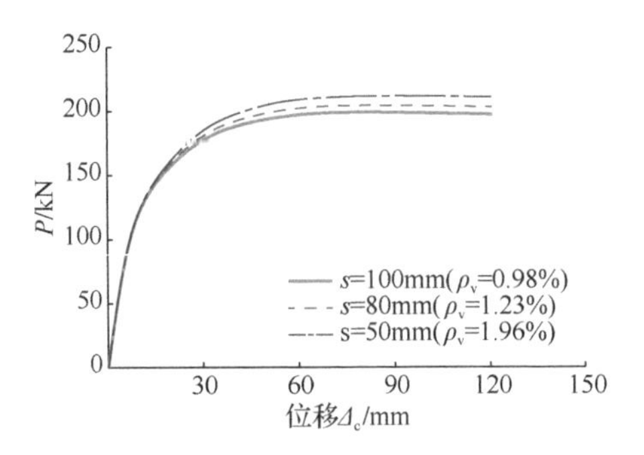

图 8.5.15 环筋间距对荷载位移曲线的影响

3. 承载力计算

对于本节环筋式节点，对比 8.3 节点不带楼板节点，其节点核心区受剪承载力计算时需考虑节点梁有利影响，同时应忽略钢连接板的作用。同样，取 η_j=1.5，则带楼板环筋式中节点核心区受剪承载力计算式为

$$V_j = 0.212\beta D^{2.69}\left(h_{b0} - a_s'\right)^{-0.69} f_c + 0.06N + \frac{\pi}{2} A_s f_{sy}\left(\frac{h_{tj}}{s} + 1\right) \quad (8.5.2)$$

计算与试验结果对比见表 8.5.6。可以看到，公式计算结果仍偏于保守，与之前带楼板部分钢管贯通式节点得出的结论一致。

表 8.5.6 计算结果与试验结果对比

试件设计		模拟值				计算值	V_j^c/V_j^e
		柱顶推力 $\bar{P}_m$ / kN	核心区剪力 V_j^e / kN	柱顶轴力 N_0 / kN	失效模式	核心区剪力 V_j^c / kN	
FEM1	环筋 3ϕ8	198.5	1386.4	1799.0	节点	1050.6	0.758
FEM2	环筋 3ϕ10	204.6	1428.9	1799.0	节点	1110.9	0.777
FEM3	环筋 3ϕ12	211.1	1474.0	1799.0	节点	1184.6	0.804
FEM4	环筋 3ϕ14	217.2	1516.9	1799.0	梁端	1271.7	
FEM5	环筋 2ϕ10	199.0	1389.8	1799.0	节点	1055.0	0.759
FEM6	环筋 4ϕ10	211.7	1478.5	1799.0	节点	1166.7	0.789

参 考 文 献

[1] 中华人民共和国住房和城乡建设部. 建筑抗震试验规程: JGJ/T 101—2015 [S]. 北京: 中国建筑工业出版社, 2015.
[2] 中华人民共和国住房和城乡建设部. 混凝土结构设计规范(2015 年版): GB 50010—2010 [S]. 北京: 中国建筑工业出版社, 2015.
[3] 唐九如. 钢筋混凝土框架节点抗震[M]. 南京: 东南大学出版社, 1989.
[4] Park R, Paulay T. Reinforced concrete structures[M]. New York: John Wiley & Sons, 1975.
[5] 姜维山, 白国良. 配复合箍、螺旋箍、X 形筋钢筋砼短柱的抗震性能及抗震设计[J]. 建筑结构学报, 1994, 15(1): 2-16.
[6] 中国建筑科学研究院. 混凝土结构设计[M]. 北京: 中国建筑工业出版社, 2003.

[7] 傅剑平, 张川, 陈滔, 等. 钢筋混凝土抗震框架节点受力机理及轴压比影响的试验研究[J]. 建筑结构学报, 2006, 27(3): 67-77.
[8] Collins M P. Towards a rational theory for RC members in shear[J]. Journal of the Structural Division, 1978, 104(4): 649-666.
[9] Vecchio F J, Collins M P. The modified compression-field theory for reinforced concrete elements subjected to shear[J]. ACI Structural Journal, 1986, 83(2): 219-231.
[10] Hsu T T C. Softened truss model theory for shear and torsion[J]. ACI Structural Journal, 1988, 85(6): 624-635.
[11] AJJ. Design guidelines for earthquake-resistant reinforced concrete building based on inelastic displacement concept[S]. Tokyo: Architectural Institute of Japan, 1997.

第 9 章　圆钢管约束混凝土柱-钢梁节点的力学性能与设计方法

本章介绍圆钢管约束混凝土柱-钢梁框架节点的力学性能，包括圆钢管约束混凝土柱-钢梁框架节点在梁端剪力作用下的静力性能和圆钢管约束混凝土柱-钢梁框架节点在柱端水平推力作用下的滞回性能。采用 ABAQUS 软件建立节点界面受剪的精细化有限元模型，提出基于“有效宽度法”的节点的界面受剪承载力公式，并提出节点的构造要求。采用 MSC.Marc 软件建立节点抗震的精细化有限元模型，从机理上阐述各参数对节点受剪性能的影响，基于斜压杆理论和叠加理论，提出圆钢管约束混凝土柱-钢梁框架节点的受剪力学模型和承载力公式。

9.1　圆钢管约束混凝土柱-钢梁框架节点的界面构造

框架梁柱节点在外荷载作用下处于复杂受力状态，其承受外力一般包括：柱子传来的轴向力、弯矩和剪力，梁传来的弯矩和剪力。由于节点区混凝土和柱混凝土为一个整体，因此柱轴力、柱弯矩以及柱剪力传入节点区并不需要特殊构造措施，节点构造措施主要涉及的是钢梁弯矩和钢梁剪力如何传递到节点区以及如何保证节点受剪强度。节点受剪强度的加强方式有箍筋加强、钢筋混凝土环梁加强以及钢板箍加强，其中箍筋加强和钢筋混凝土环梁加强的施工均过于复杂，因此，采用钢板箍对节点核心混凝土进行加强以保证节点受剪强度。钢梁的弯矩是以翼缘力形式传递到节点区，将钢梁翼缘力传递到核心混凝土的构造有很多：钢梁贯通式、环板式、螺栓端板式节点等形式，其中环板式研究最为成熟且应用广泛，因此钢梁翼缘力通过环板传入节点区。钢梁的剪力主要是通过钢梁腹板传给节点区，钢梁腹板与节点区钢管焊缝相连，钢梁剪力通过焊缝传递到节点区钢管，节点区钢管进一步将钢梁剪力传递给节点核心混凝土。但由于柱钢管是在节点处断开的，仅靠节点区钢管与核心混凝土之间的黏结和摩擦是不够的。针对这个问题，采用内嵌环板或者在节点区钢管内壁焊接钢筋的构造措施来增强节点区钢管与核心混凝土之间的界面能力（图 9.1.1）[1]。

9.1.1　试验概况

1．试验方案

试验设计并制作了 8 个节点试件，其中内嵌环板式节点 5 个，内焊钢筋式节点 3 个。柱截面的外直径为 500mm，混凝土采用 C40，其轴心抗压强度为 23MPa，配置 8 根直径为 16mm 的柱纵筋，柱钢管厚度与节点区钢管厚度相同。钢梁截面高度为 300mm，宽度为 150mm，钢梁的翼缘厚度与环板厚度相同。钢梁的腹板取 20mm，以能够保证试件发生界面受剪破坏。为了保证轴力能均匀作用在柱顶，在柱顶焊接厚度为 25mm 的盖板。设计的几何尺寸如图 9.1.2 所示。试验参数包括内嵌环板宽度、环板厚度、节点区钢管厚度以及内焊钢筋数量，见表 9.1.1。内焊钢筋沿节点区钢管高度布置情况如图 9.1.3 所示。钢材的力学性能指标见表 9.1.2。

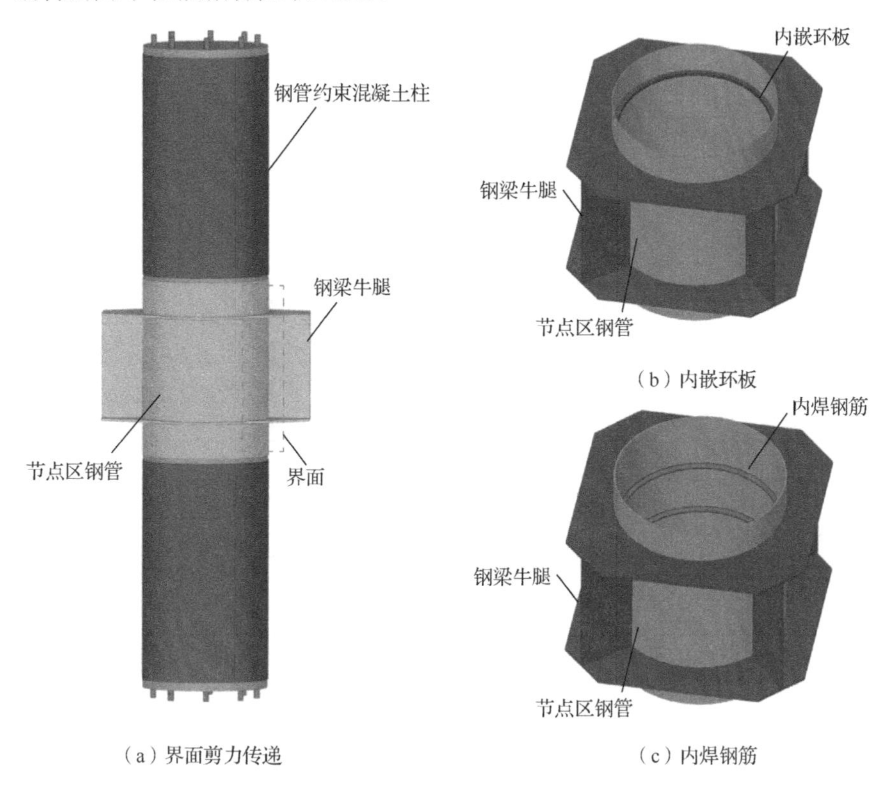

图 9.1.1　节点区钢管和核心混凝土界面构造

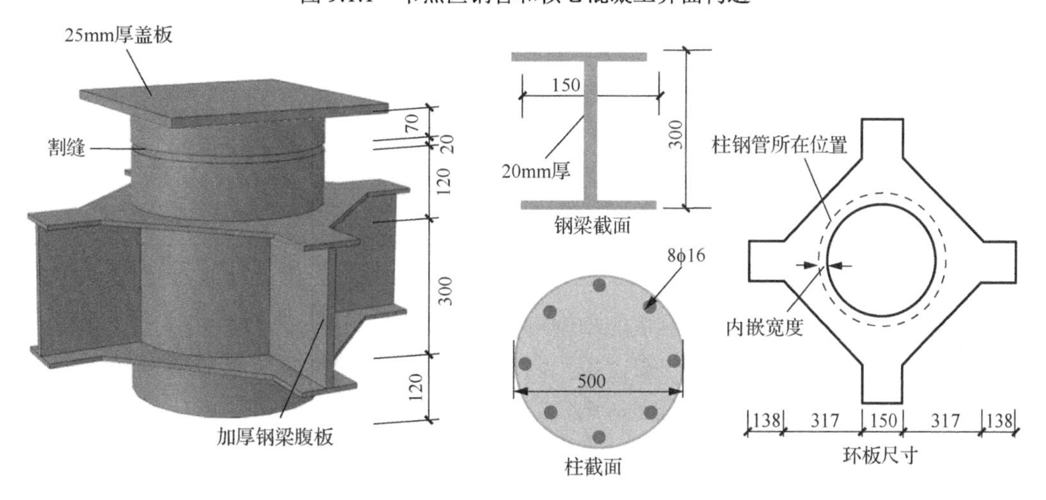

图 9.1.2　试件的几何尺寸（尺寸单位：mm）

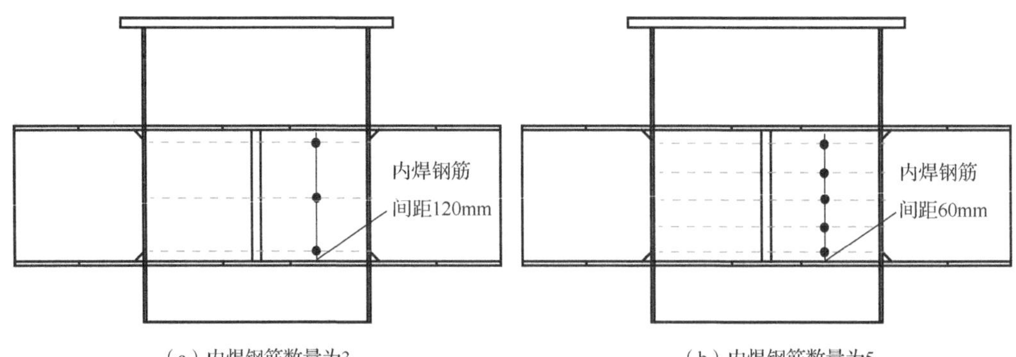

（a）内焊钢筋数量为3　　（b）内焊钢筋数量为5

图 9.1.3　内焊钢筋沿节点区钢管高度布置情况

表 9.1.1　界面受剪试件详细信息

试件编号	内嵌环板宽度/mm	环板厚度/mm	节点区钢管厚度/mm	内焊钢筋数量/个
CJ-20-10-6-0	20	10	6	0
CJ-40-10-6-0	40	10	6	0
CJ-20-10-4-0	20	10	4	0
CJ-20-6-6-0	20	6	6	0
CJ-20-12-6-0	20	12	6	0
CJ-00-10-6-3	0	10	6	3
CJ-00-10-6-5	0	10	6	5
CJ-00-10-4-3	0	10	4	3

注：以 CJ-20-10-6-0 为例，字母 CJ 代表是圆形节点试件；20 表示环板内嵌宽度为 20mm；10 表示环板厚度为 10mm；6 表示节点区钢管的厚度为 6mm；0 表示内焊钢筋数量为 0。

表 9.1.2　钢材力学性能指标

材料名称	厚度或直径/mm	屈服强度/MPa	极限强度/MPa
4mm 钢板	3.31	295	445
6mm 钢板	5.27	313	473
10mm 钢板	9.36	305	458
12mm 钢板	11.00	295	455
20mm 钢板	19.63	380	
16mm 钢筋	15.41	566	708
20mm 钢筋	19.79	281	425

试验均由重庆大学结构实验室的 20000kN 液压压力机进行静力加载。压力机底板对试件进行力加载，顶板连接于球铰，可三向自由转动。试验加载装置如图 9.1.4 所示，从下到上依次压力机底板、底板框、试件、压力机顶板。

试验荷载采取分级加载方案：在试验荷载低于预计峰值承载力的 80%之前，每级荷载取预计峰值承载力的 1/10～1/15，每级荷载持荷 1min，加载速度为 2～3kN/s；当试验荷载达到 80%预计峰值承载力时，每级荷载取预计峰值承载力的 1/20，当达到或接近峰值荷载时，改为慢速连续加载方式；峰值后保持一定速率继续加载，直到荷载下降到实际峰值荷载的 85%左右或柱顶竖向位移达到 30mm 时，停止加载，缓慢匀速卸载并保存试验数据，试验结束。

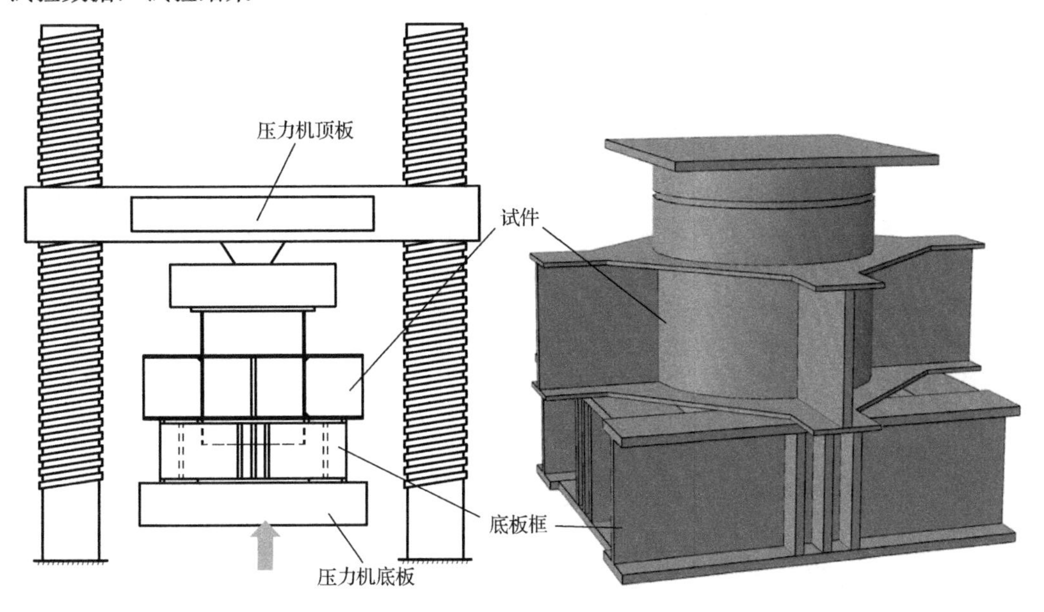

图 9.1.4　试验加载装置

试验测量内容包括：柱顶轴向力、柱顶竖向位移、节点区钢管和混凝土滑移、节点区钢管应变以及钢梁腹板应变。柱顶轴向力由 20000kN 试验机自带力传感器测得；柱顶竖向位移由竖向布置的 LVDT 位移传感器测得，位移计固定在钢梁腹板上，这样可以消除装置接触带来的虚位移，如图 9.1.5 所示；节点区钢管和混凝土滑移由竖向布置的 LVDT 位移传感器测得，位移计底部固定在节点区钢管上，位移计顶部顶到加载板上。节点区钢管和钢梁腹板应变通过应变花测得，测点布置见图中“→”所示。

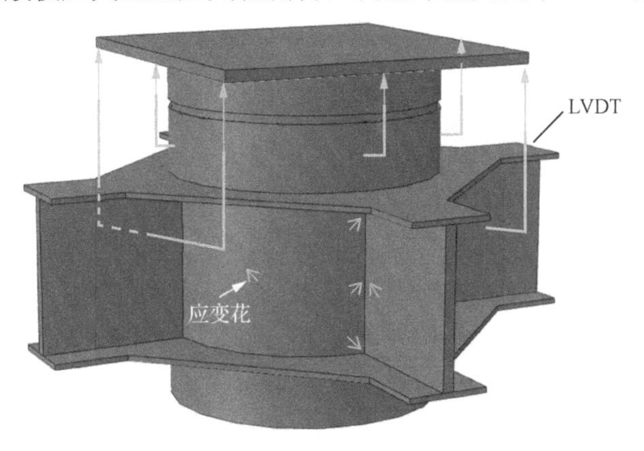

图 9.1.5　测量方案

2. 试验破坏特征

(1) 典型内嵌环板式节点

采用内嵌环板构造的试件在加载过程中表现出基本一致的试验现象，为简便起见，只对试件 CJ-20-10-6-0 的试验全过程进行描述。试件 CJ-20-10-6-0 在试验整个过程中依次出现以下现象：轴力加载到 3000kN 时，下环板向下变形；轴力加载到 5000kN 时，上环板下陷；加载到 5400kN 时，钢梁腹板已明显高出环板；轴力加载到 5800kN 时，节点区钢管在钢梁腹板顶部处发生严重的平面外变形且节点区钢管在钢梁腹板底部处发生拉裂［图 9.1.6（d）］。图 9.1.6（a）为卸载后的试件整体图，从图可以看出混凝土和节点区钢管滑移严重且不可恢复。剥开钢管可以观察到：内嵌环板以上一定范围的核心混凝土发生严重破坏，且离钢梁腹板越近，混凝土破坏越严重；混凝土的表面在钢梁腹板附近表现出明显的黑色；内嵌环板明显向下弯曲。

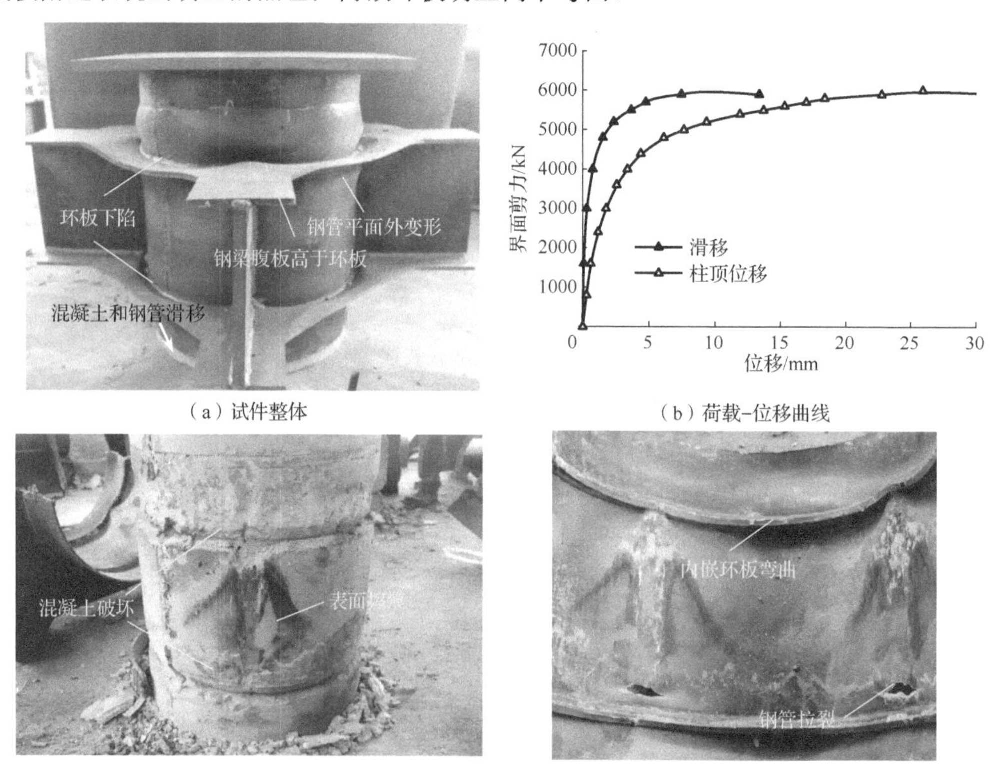

（a）试件整体

（b）荷载-位移曲线

（c）核心混凝土

（d）节点区钢管内部

图 9.1.6 CJ-20-10-6-0 破坏现象

(2) 典型内焊钢筋式节点

内焊钢筋式试件的界面受剪破坏现象基本一致，只详细介绍试件 CJ-00-10-4-3 的破坏全过程（图 9.1.7）。试件 CJ-00-10-4-3 在试验整个过程中依次出现以下现象：轴力加载到 3000kN 时，下环板开始向下变形；轴力加载到 3600kN 时，上环板开始向下变形；轴力加载到 4600kN 左右，最顶层钢筋和第二层钢筋附近的钢管发生平面外变形，最底层钢筋附近的钢管发生拉裂。剥开钢管可以观察到，内焊钢筋之间的混凝土和较内部的混凝土之间出现了直剪破坏面。

（a）试件整体　　（b）荷载-位移曲线

（c）核心混凝土　　（d）节点区钢管内部

图 9.1.7　试件 CJ-00-10-4-3 试验现象

3. 荷载-变形关系

图 9.1.8 表示各试验参数对荷载-位移曲线影响，可以得出以下结论。

1）节点区钢管厚度可以大幅度提高节点的界面受剪承载力。

2）环板厚度可以一定幅度地提高节点界面承载力。

3）内嵌环板宽度可以一定程度上提高节点界面受剪承载力。

4）内焊钢筋数量并不能大幅度提高节点界面承载力，但可以改善试件后期行为且在一定程度减小试件的滑移。

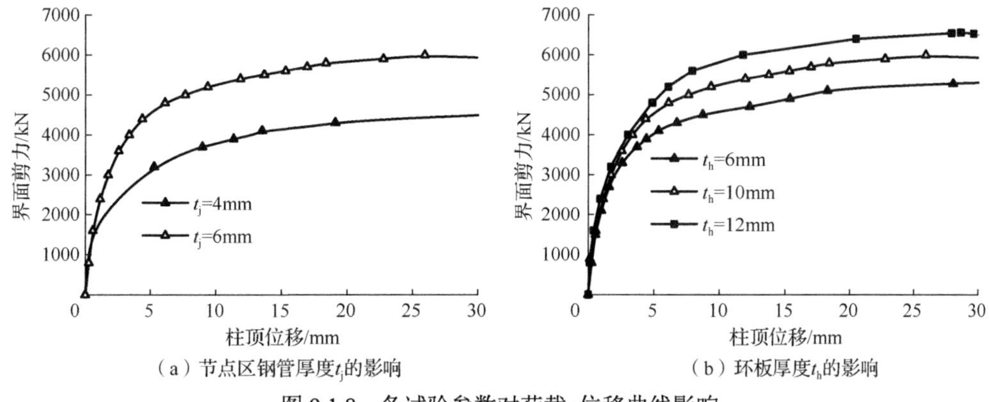

（a）节点区钢管厚度t_j的影响　　（b）环板厚度t_h的影响

图 9.1.8　各试验参数对荷载-位移曲线影响

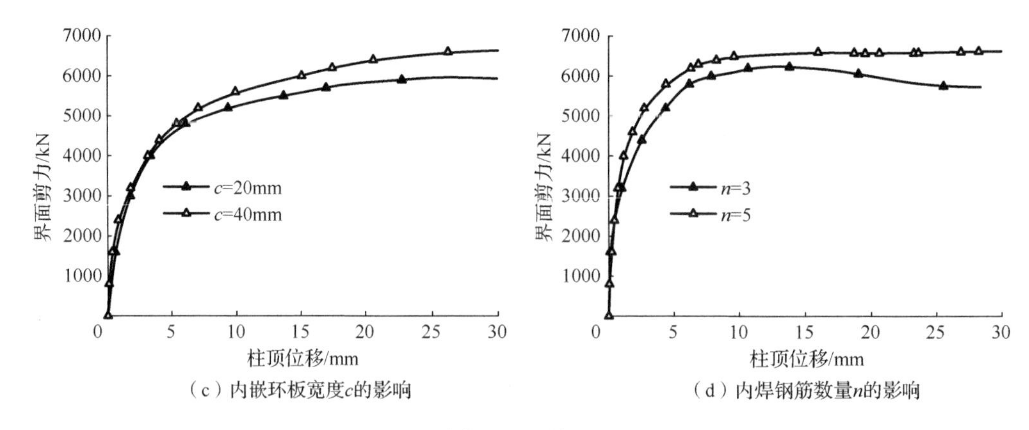

（c）内嵌环板宽度c的影响　　（d）内焊钢筋数量n的影响

图 9.1.8（续）

荷载-变形关系的特征点包括峰值荷载、峰值位移以及峰值点对应的滑移，各个试件的特征点见表 9.1.3。下面通过对比影响因子来衡量各参数对节点界面受剪承载力的影响，影响因子 K_x 的定义为

$$K_x = \frac{\Delta V_u / V_u}{\Delta x / x} \tag{9.1.1}$$

式中：ΔV_u——界面受剪承载力的改变量；

V_u——界面受剪承载力；

Δx——参数的改变量；

x——参数的值。

K_x 为影响因子当其为零，说明参数对节点界面受剪性能没有影响，影响因子 K_x 为 1，说明节点受剪性能只受这个参数影响。

表 9.1.3　试件特征点

试件编号	峰值点/kN	峰值位移/mm	峰值滑移/mm
CJ-20-10-6-0	6000	26	9.2
CJ-40-10-6-0	6657	32	7.6
CJ-20-10-4-0	4500	31	—
CJ-20-6-6-0	5300	30.9	22.7
CJ-20-12-6-0	6559	29.5	—
CJ-00-10-6-3	6300	13.2	4.8
CJ-00-10-6-5	6600	16.0	3.6
CJ-00-10-4-3	4793	19.2	8.8

注：—表示未能测得的数据。

通过试验数据可以计算得到，节点区钢管厚度、环板厚度以及内嵌环板宽度的影响因子分别为 0.67、0.27 以及 0.11。可见，节点的界面受剪承载力大部分是由节点区钢管来传递，部分由外环板传递，这为剪力节点界面受剪承载力公式提供了试验依据。

4. 钢管应力分析

图 9.1.9 给出了内嵌环板式试件的钢管应力随界面剪力变化的规律，图中的σ_h、σ_s、σ_v以及σ_{Mises}分别表示横向应力、剪应力、竖向应力以及 Mises 应力。从图 9.1.9 可以看出，*A* 点、*B* 点以及 *C* 点处的钢管在峰值点前均发生了屈服并进一步发生了塑性流动，且应力分布进一步说明了 *A* 点为剪压、*B* 点为纯剪以及 *C* 点为拉剪的应力状态；*A* 点的竖向应力从开始压应力转变为拉应力，可以说明钢管发生了平面外变形，这与试验观测到的现象相一致；*D* 点处的钢管始终处于弹性阶段，节点中部处的钢管对界面受剪贡献不大。

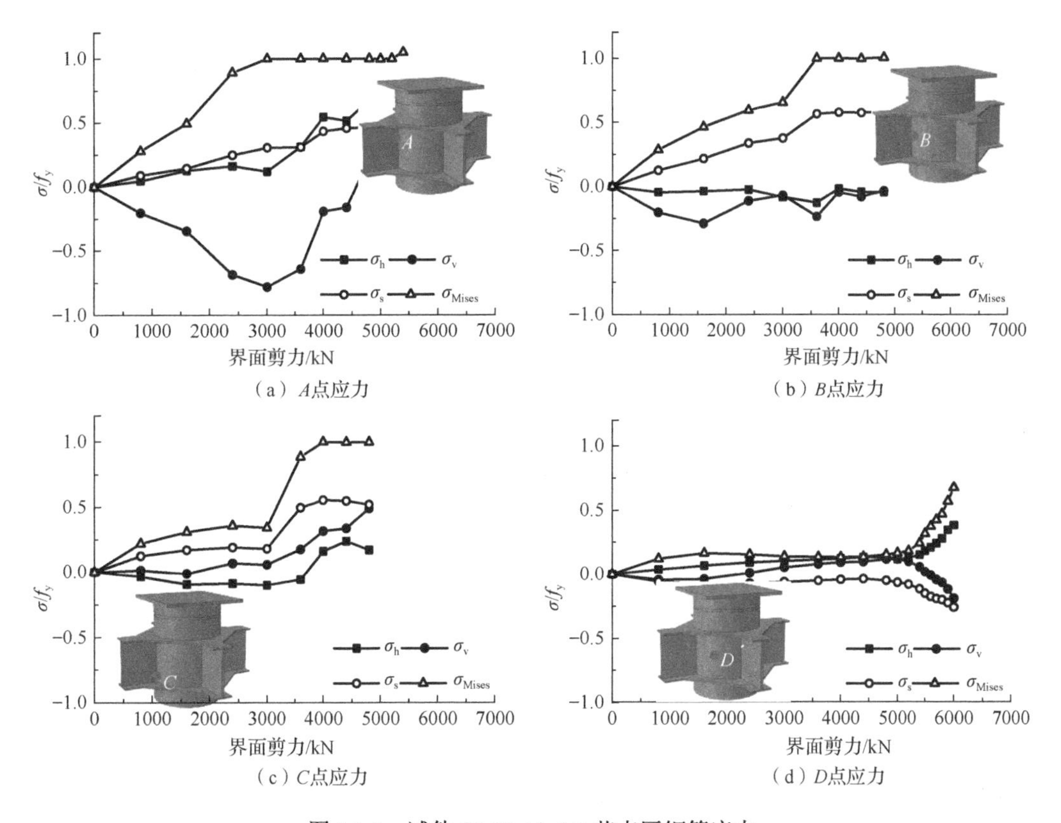

（a）*A*点应力　（b）*B*点应力　（c）*C*点应力　（d）*D*点应力

图 9.1.9　试件 CJ-20-10-6-0 节点区钢管应力

图 9.1.10 给出了内焊钢筋式试件的钢管应力随界面剪力变化的规律。从图 9.1.10 可以看出，相对内嵌环板式试件而言，*A* 点的竖向应力明显减小，而 *B* 点的竖向应力明显增加，这是由于 *B* 点处多出的一道抗剪键替 *A* 点处的抗剪键分担了一部分力的缘故。*D* 点处的钢管也较早发生了屈服，说明中间抗剪键可以改变界面剪力的传力路径，使得钢管得到更充分的利用。

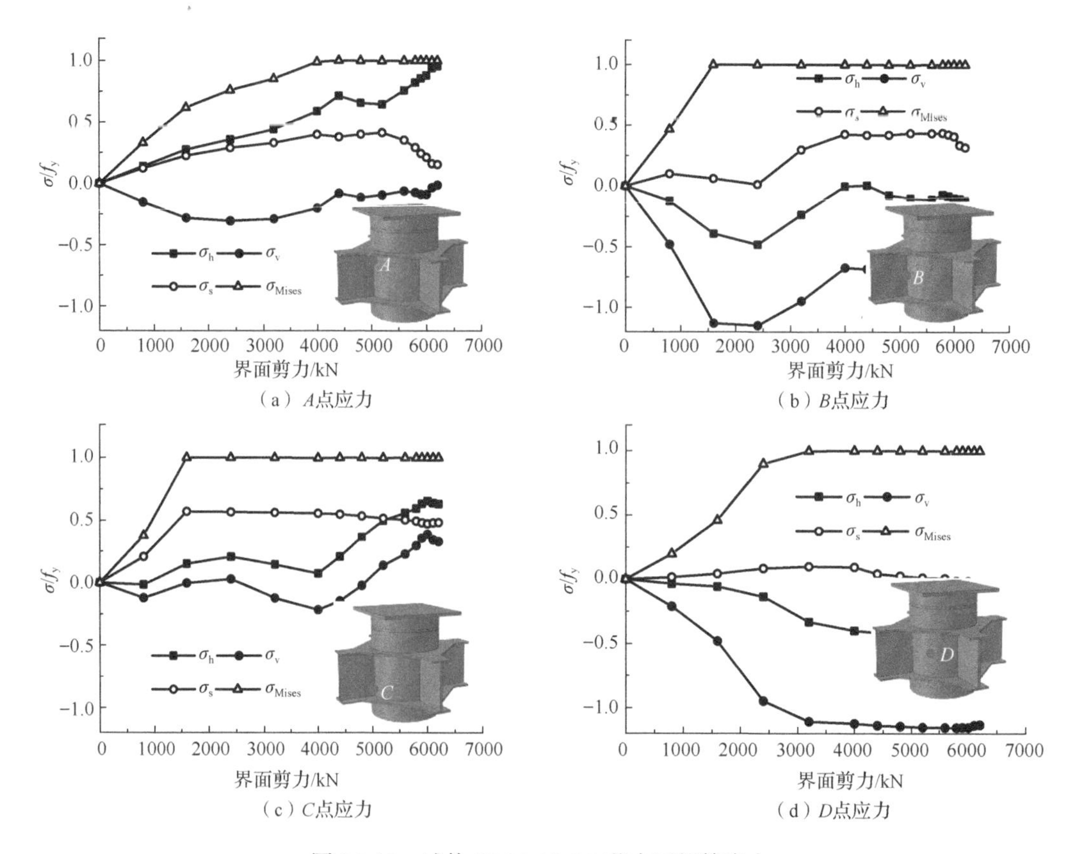

（a）*A*点应力

（b）*B*点应力

（c）*C*点应力

（d）*D*点应力

图 9.1.10 试件 CJ-00-10-6-3 节点区钢管应力

9.1.2 有限元分析

本节采用 ABAQUS 进行有限元分析，模型边界条件和荷载施加方式如图 9.1.11 所示，其中图 9.1.11（a）和图 9.1.11（b）分别表示完整有限元模型和简化有限元模型。完整有限元模型包括整个试件和底部框，而简化有限元模型只包括试件。完整有限元模型中，约束底部框底部的 x、y、z 方向的位移，底部框的上翼缘和钢梁下翼缘采用面-面接触，荷载施加在试件的盖板。简化有限元模型中，一个钢梁翼缘的 x、z 方向位移受约束，垂直方向的另一个钢梁翼缘受 y、z 方向位移约束；1/4 模型的一个侧面施加 x 轴面对称约束，垂直方向的另一个侧面施加 y 轴面对称约束；荷载采用位移加载方式，荷载施加在顶部的参考点上，参考点只和核心混凝土的上表面之间采用 Rigid body 约束，这样可以真实地模拟钢管不直接承受轴力情况。经计算表明，完整有限元模型和简化有限元模型的计算结果相差在 3%左右（图 9.1.12），故最终选择简化有限元模型进行分析。

1. 模型验证

为了验证建立的钢管约束混凝土柱-钢梁节点界面受剪的精细化有限元模型的准确性，对 8 个钢管约束混凝土柱-钢梁节点界面受剪试件均进行了模拟，对比内容包括荷载-位移关系、破坏形态两个方面。

（1）内嵌环板式节点

图 9.1.13 为内嵌环板试件和有限元模型的荷载-位移关系曲线的对比。从对比结果可以看出，试验和有限元模型的结果具有较高的吻合度，满足工程分析的要求。

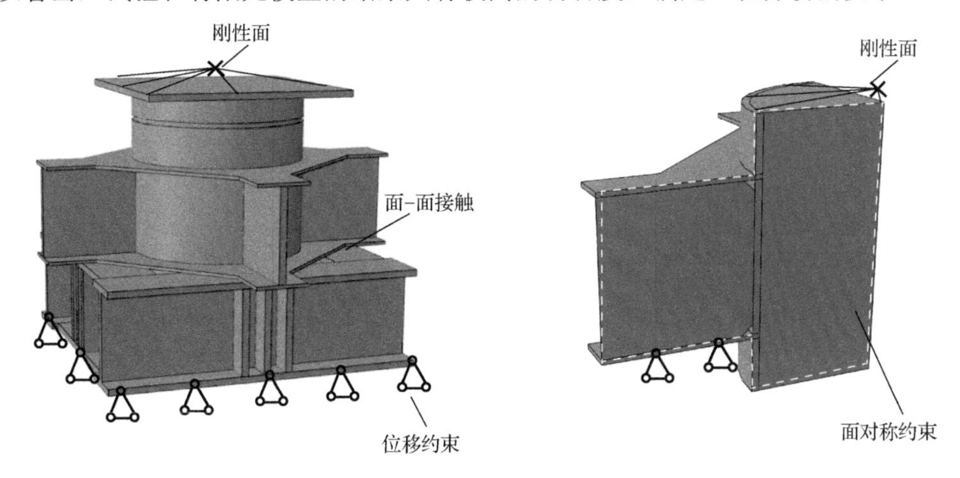

（a）完整有限元模型　　（b）简化有限元模型

图 9.1.11　模型边界条件和荷载施加方式

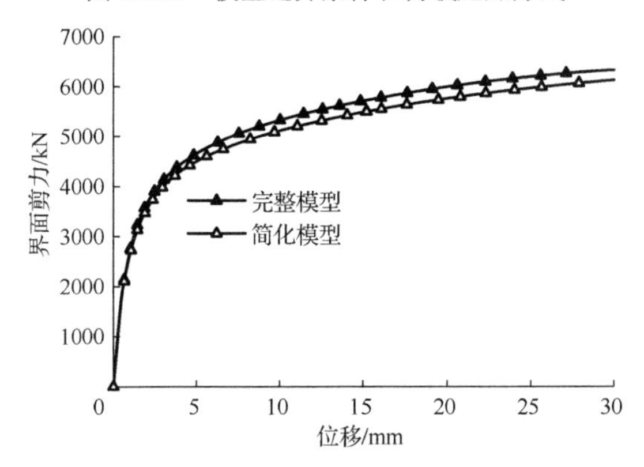

图 9.1.12　完整模型和简化模型计算结果对比

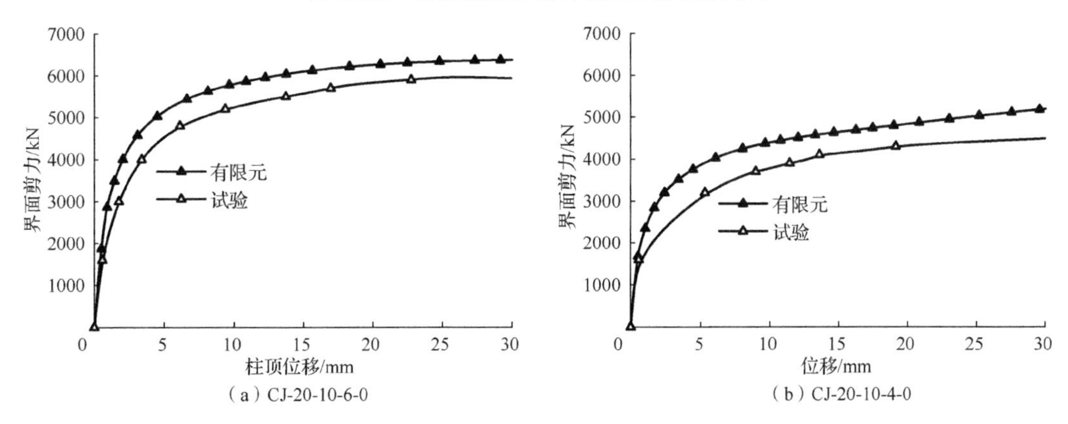

（a）CJ-20-10-6-0　　（b）CJ-20-10-4-0

图 9.1.13　内嵌环板式试件的荷载-位移关系曲线对比

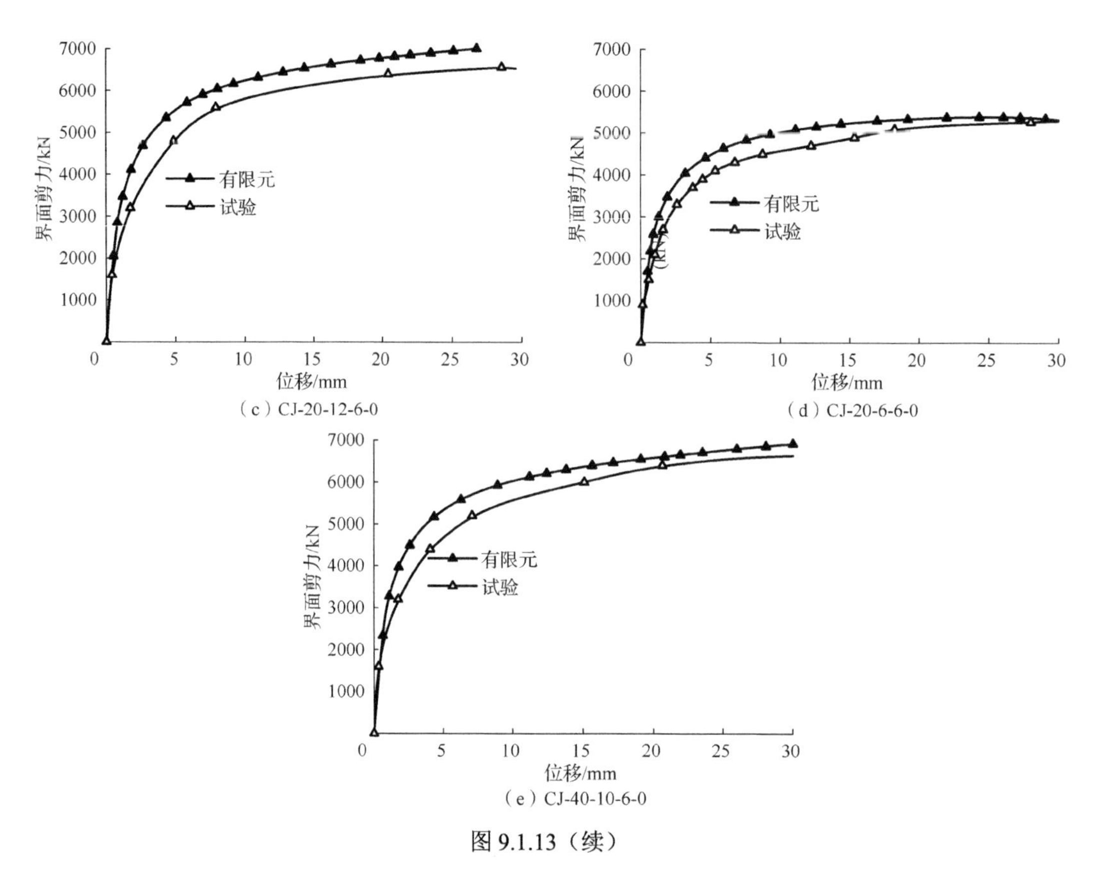

（c）CJ-20-12-6-0

（d）CJ-20-6-6-0

（e）CJ-40-10-6-0

图 9.1.13（续）

以试件 CJ-20-10-6-0 为例，介绍试件和有限元在破坏形态方面的对比。内嵌环板试件的试验破坏形态主要包括：环板下陷、节点区钢管平面外变形、内嵌环板弯曲以及部分混凝土破坏。图 9.1.14 给出相应破坏形态对比，各个形态均吻合较好。

（2）内焊钢筋式节点

内焊钢筋试件的核心混凝土发生了直剪破坏，导致焊接在节点区钢管中部的钢筋在峰值时无法发挥传力作用，实际只有最顶部和最底部的内焊钢筋起作用。由于有限元无法模拟混凝土直剪情况，建模时只建最顶部和最底部的内焊钢筋。图 9.1.15 为内焊钢筋试件的荷载-位移关系曲线对比，试验和有限元模型的结果吻合较好。

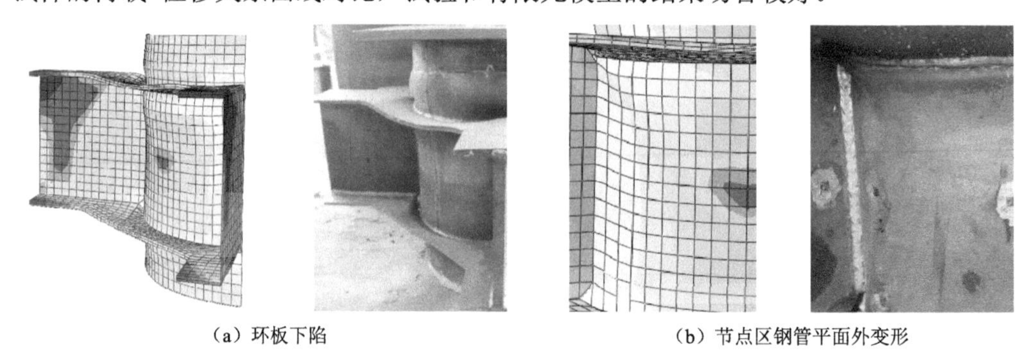
（a）环板下陷　　（b）节点区钢管平面外变形

图 9.1.14　试件 CJ-20-10-6-0 破坏形态对比

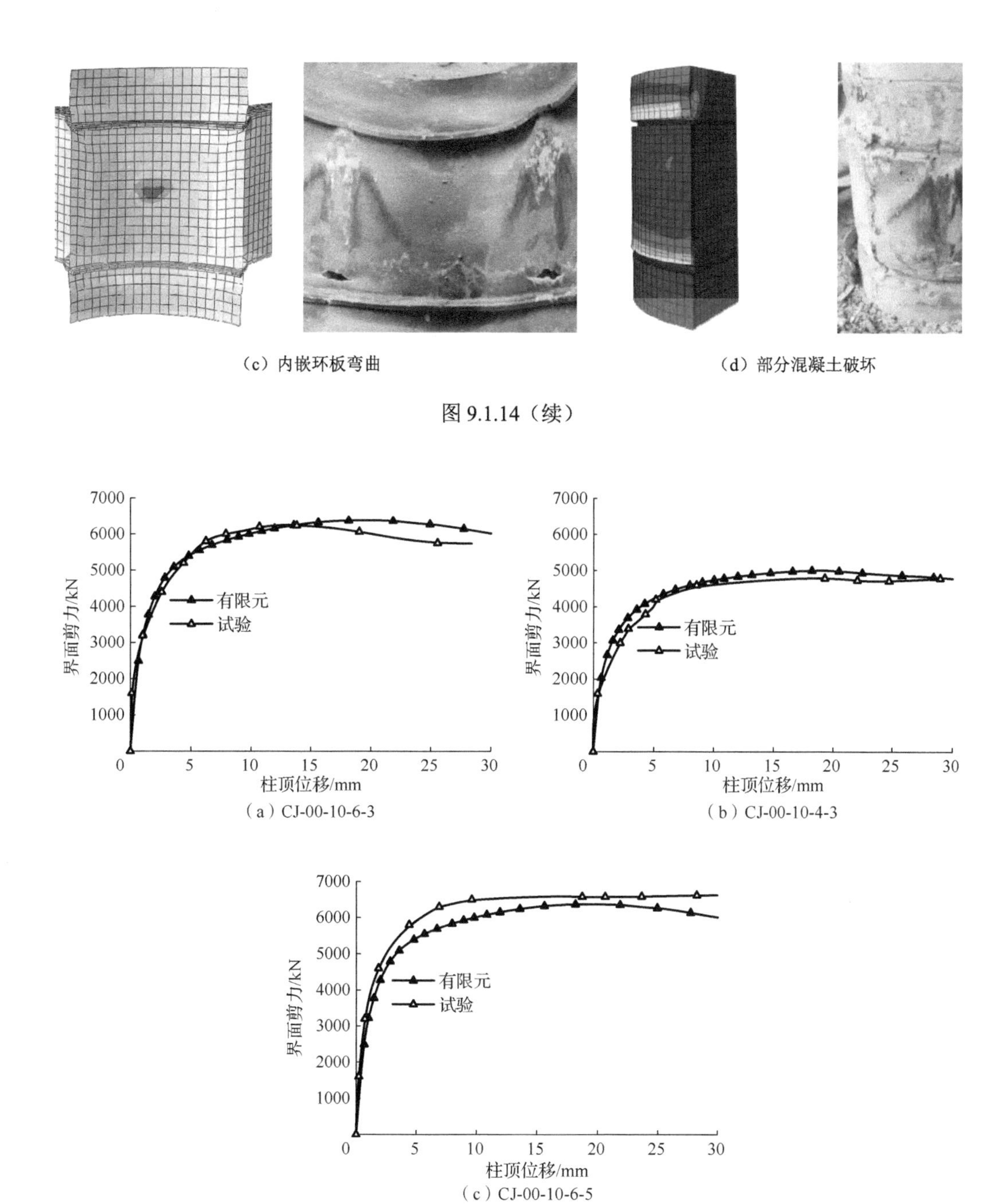

（c）内嵌环板弯曲

（d）部分混凝土破坏

图 9.1.14（续）

（a）CJ-00-10-6-3

（b）CJ-00-10-4-3

（c）CJ-00-10-6-5

图 9.1.15　内焊钢筋试件的荷载-位移关系曲线对比

以试件 CJ-00-10-4-3 为例，介绍试件和有限元在破坏形态方面的对比。内嵌环板试件的试验破坏形态主要包括：环板下陷、节点区钢管平面外变形、内焊钢筋弯曲以及混凝土界面直剪破坏。由于混凝土界面直剪破坏很难模拟，故这破坏形态无法进行对比。图 9.1.16 给出试件破坏形态对比，破坏形态均吻合较好。

（a）环板下陷、节点区钢管平面外变形

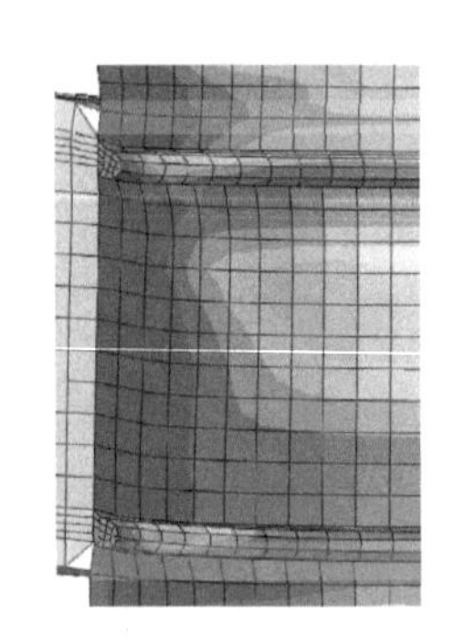

（b）内焊钢筋弯曲

图 9.1.16　试件 CJ-00-10-4-3 破坏形态对比

综上所述，本节建立的有限元模型能较好地模拟圆钢管约束混凝土柱-钢梁节点的界面受剪力学性能，可用于参数化分析。

2. 参数化分析

下面利用验证过的有限元模型进行参数化分析，以了解各参数对试件界面受剪力学性能的影响，参数包括：混凝土轴心抗压强度、节点区钢管厚度、内嵌环板宽度和环板厚度。

图 9.1.17 给出了混凝土轴心抗压强度（f_c）对节点界面受剪力学性能的影响，从图中可以看出，混凝土轴心抗压强度对荷载-位移曲线影响不大，这说明核心混凝土具有足够的抗压承载力，这主要是由于环板和节点区钢管给核心混凝土提供了足够强的约束力。因此，试件在界面剪力作用下不会因核心混凝土局压不够而发生界面破坏。

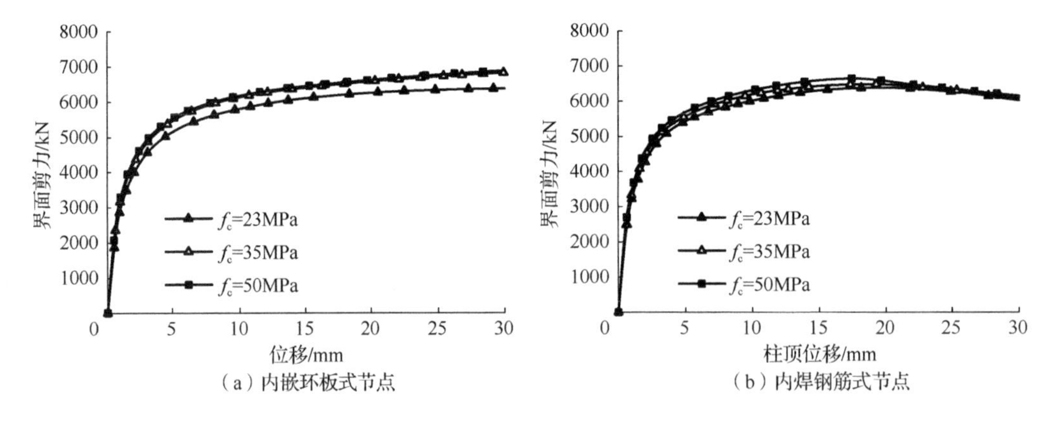

（a）内嵌环板式节点　　（b）内焊钢筋式节点

图 9.1.17　混凝土轴心抗压强度对节点界面受剪力学性能的影响

图 9.1.18 给出了节点区钢管厚度对节点界面受剪力学性能的影响，节点区钢管厚度对荷载-位移曲线具有显著的影响，这说明界面剪力大部分是通过节点区钢管传递的。图 9.1.19 给出了环板厚度对节点界面受剪力学性能的影响，从图可以看出，环板厚度对荷载-位移曲线影响较大。这说明界面剪力有一部分是通过外环板传递的。

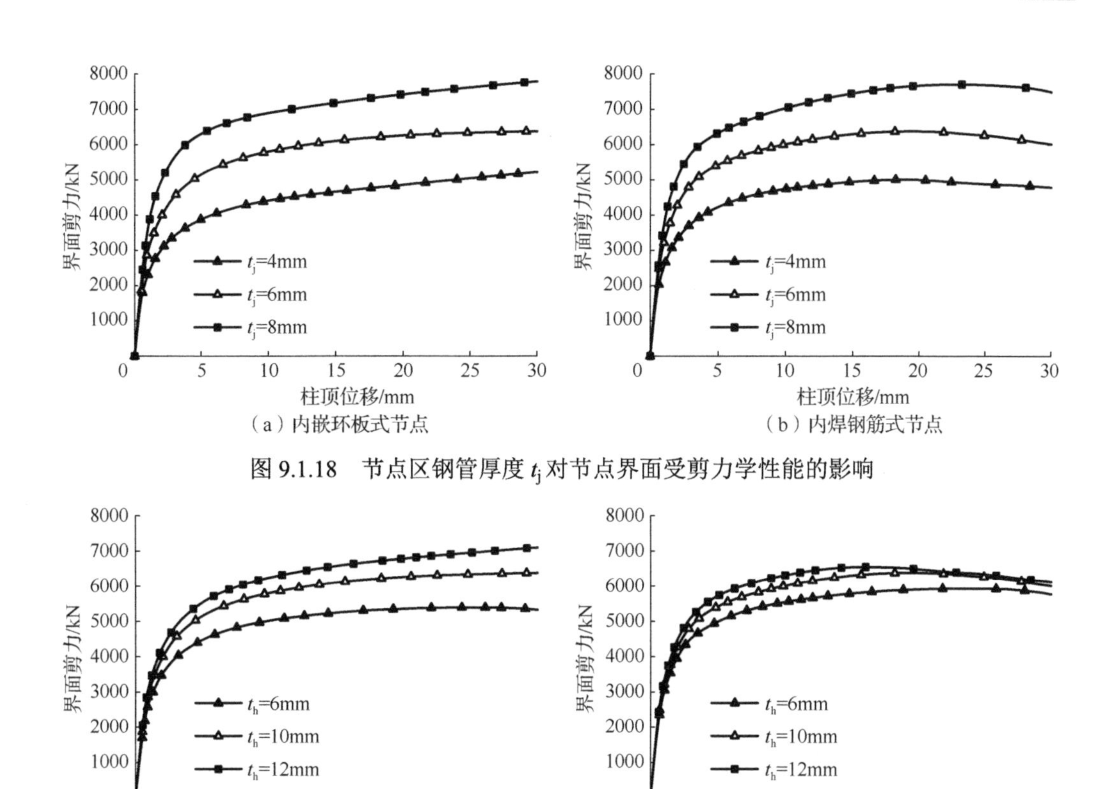

（a）内嵌环板式节点　（b）内焊钢筋式节点

图 9.1.18　节点区钢管厚度 t_j 对节点界面受剪力学性能的影响

（a）内嵌环板式节点　（b）内焊钢筋式节点

图 9.1.19　环板厚度 t_h 对节点界面受剪力学性能的影响

内嵌环板宽度太小时内嵌环板有可能滑脱，进而导致界面剪力无法传递；内嵌环板宽度太大将导致柱型钢无法开展，因此需要确定内嵌环板合理的宽度。图 9.1.20 给出了内嵌环板宽度对试件界面受剪力学性能的影响，内嵌环板宽度对界面受剪承载力影响不大，受剪承载力变化均在 10%以内。对于内嵌环板/内焊钢筋节点，由于形成了封闭的环，面内刚度较大，通常内嵌环板/内焊钢筋不容易发生脱离，但考虑到混凝土收缩和混凝土浇筑缺陷等因素，建议内嵌环板的宽度取 20～25mm。

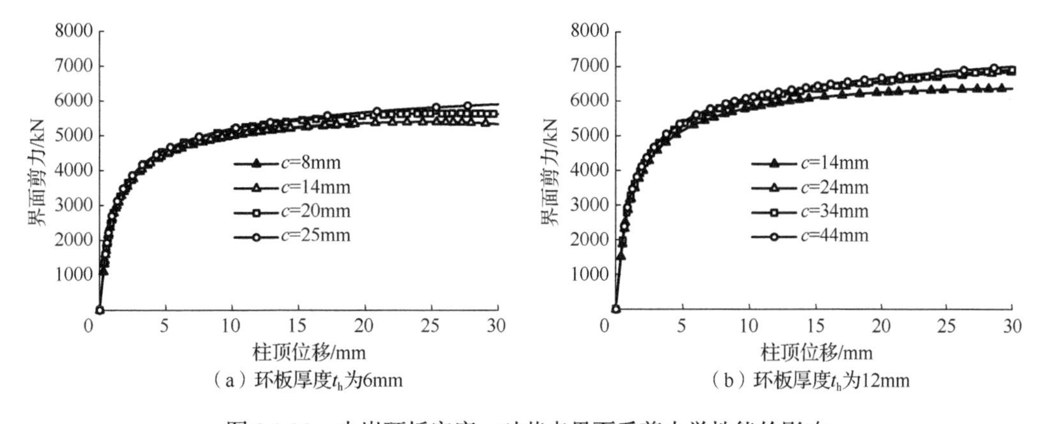

（a）环板厚度 t_h 为6mm　（b）环板厚度 t_h 为12mm

图 9.1.20　内嵌环板宽度 c 对节点界面受剪力学性能的影响

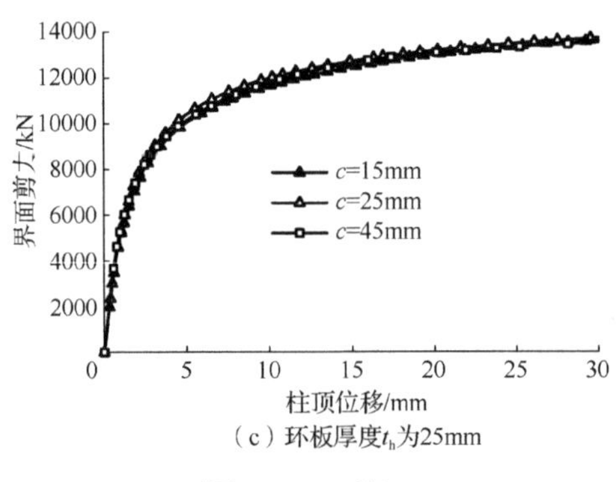

（c）环板厚度t_h为25mm

图 9.1.20（续）

9.1.3 设计方法及构造要求

1. 界面受剪承载力计算方法

钢管约束混凝土柱-钢梁节点界面剪力的传递路径如图 9.1.21（a）所示。路径 1：钢梁腹板—外环板—内嵌环板—混凝土；路径 2：钢梁腹板—节点区钢管—内嵌环板—混凝土。借助验证过的有限元模型来衡量以上两种传力路径对界面剪力的贡献程度，具体做法如下：建立完整有限元模型，并赋予材料的真实弹性模量和强度，计算可得到总界面剪力V_u；建立完整有限元模型，并赋予材料的真实弹性模量和强度，但节点区钢管的弹性模量设置为较小值，这样可以除去传力路径 2 的影响，从而计算得到传力路径 1 的界面剪力V_1；建立完整有限元模型，并赋予材料的真实弹性模量和强度，但外环板的弹性模量设置为较小值，这样可以除去传力路径 1 的影响，从而计算传力路径 2 的界面剪力V_2。图 9.1.21（b）给出了典型试件界面剪力传递全过程，从图可以看出：加载前期，路径 2 的传力刚度远大于路径 1，路径 2 的传力曲线与总界面剪力曲线基本重合，这是由于路径 2 的传力刚度取决于环板平面外刚度，而路径 1 的传力刚度是取决于节点区钢管平面内刚度，显然板的平面外刚度远小于平面内刚度；荷载曲线平稳阶段，路径 2 传递的界面剪力占总剪力的 70.4%，而路径 1 传递的界面剪力占总剪力的 29.6%，此结果与之前的试验结果基本一致。

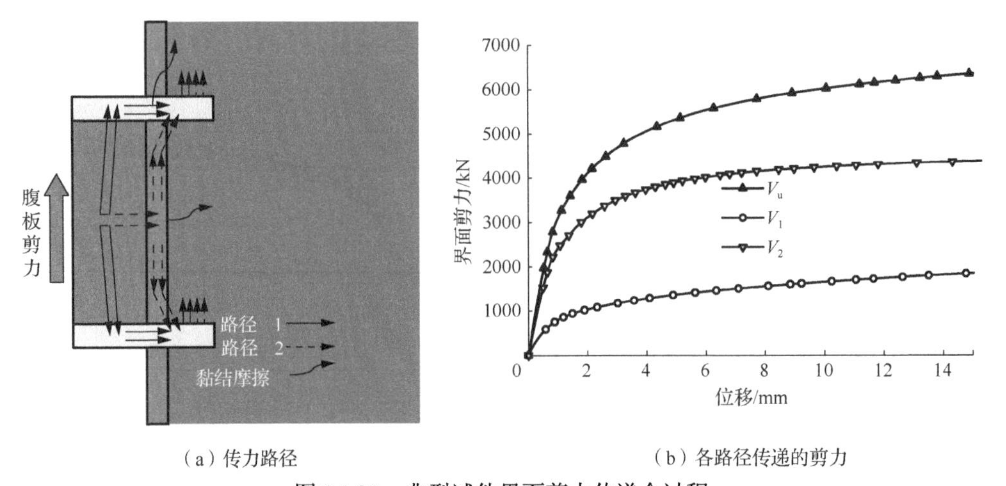

（a）传力路径　　（b）各路径传递的剪力

图 9.1.21　典型试件界面剪力传递全过程

界面受剪承载力 V_u 通常取决于传力路径上每个环节的承载力最小值，即按下式计算。

$$V_u = \min(V_s, V_n, V_c) \tag{9.1.2}$$

式中：V_s——由节点区钢管和外环板共同决定的界面受剪承载力；

V_n——内嵌环板或内焊钢筋决定的界面受剪承载力；

V_c——由节点区核心混凝土决定的界面受剪承载力。

但由参数化分析结果可得，决定界面受剪承载力的主要因素为节点区钢管厚度和环板厚度，这表明界面受剪承载力 V_u 应该取 V_s，即圆钢管约束混凝土柱-钢梁节点界面受剪承载力由传力路径的第二环节决定，这与节点区钢管出现平面外变形和拉裂的现象相一致。

（1）环板受剪承载力 V_h

环板对节点界面受剪承载力的贡献较难应用明确的力学模型且也较难通过数学进行推导，故通过大量参数分析，明确影响环板受剪承载力的重要参数，通过公式拟合提出环板受剪承载力。有限元模型的参数选取以及参数取值范围如下：柱直径为 200～700mm，环板厚度为 0～25mm，环板屈服强度为 0～690MPa，外环板宽度为 75～200mm。图 9.1.22 为各参数对环板受剪承载力的影响，从图中可得，环板受剪承载力受环板厚度以及环板屈服强度影响较大，柱直径和外环板宽度对环板界面受剪承载力基本没影响。通过最小二乘法拟合公式，环板受剪承载力 V_h 为

$$V_h = 8 l_e t_h f_y \tag{9.1.3}$$

$$l_e = 180 t_h^{0.55} / f_y^{0.32} \tag{9.1.4}$$

式中：l_e——等效环板宽度，单位 mm；

t_h——环板厚度，单位 mm；

f_y——环板屈服强度，单位 MPa。

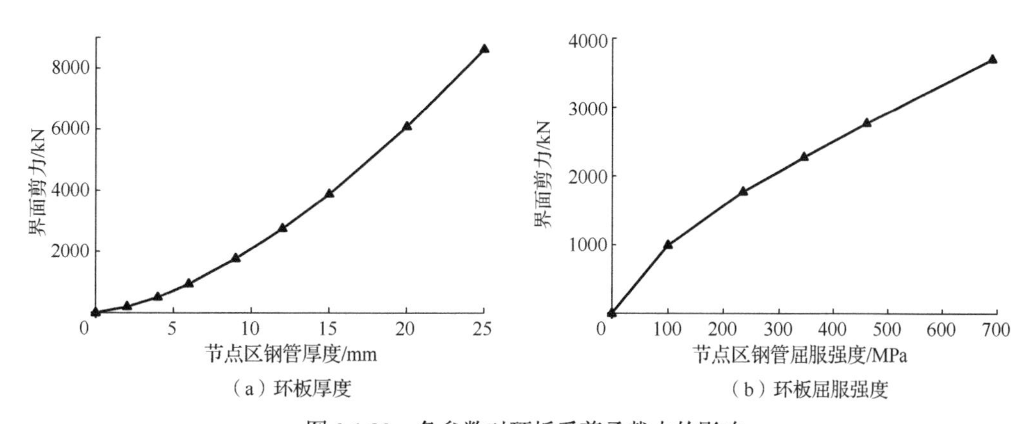

（a）环板厚度　（b）环板屈服强度

图 9.1.22　各参数对环板受剪承载力的影响

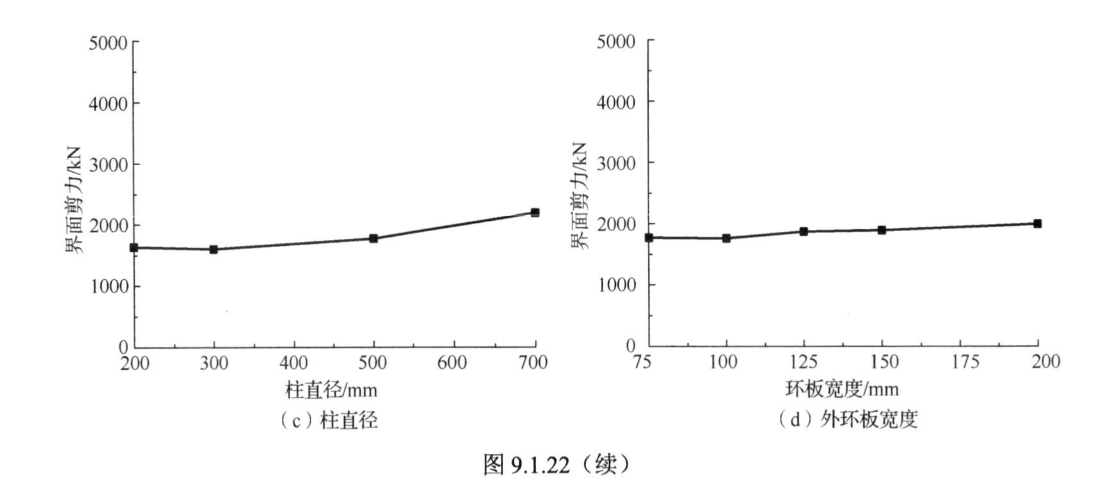

（c）柱直径
（d）外环板宽度

图 9.1.22（续）

（2）节点区钢管受剪承载力 V_t

节点区钢管在钢梁腹板剪力作用下的受力特点以及破坏模式与桁架节点板相似。《钢结构设计标准》（GB 50017—2017）[2]对桁架节点板计算建议了“撕裂线法”和“有效宽度法”，借鉴“有效宽度法”（图 9.1.23）建立节点区钢管受剪承载力公式 V_t，V_t的具体表达式为

$$V_t = V_{tt} + V_{tc} = 1.8 b_e t_j f_y \tag{9.1.5}$$

$$b_e = \min(8L\tan\theta + 4t_w, \pi D_c) \tag{9.1.6}$$

式中：b_e——节点区钢管有效宽度；

t_j——节点区钢管厚度；

f_y——节点区钢管屈服强度；

L——腹板与节点区钢管连接长度；

θ——扩散角，规范推荐 30°；

t_w——钢梁腹板厚度；

D_c——柱直径。

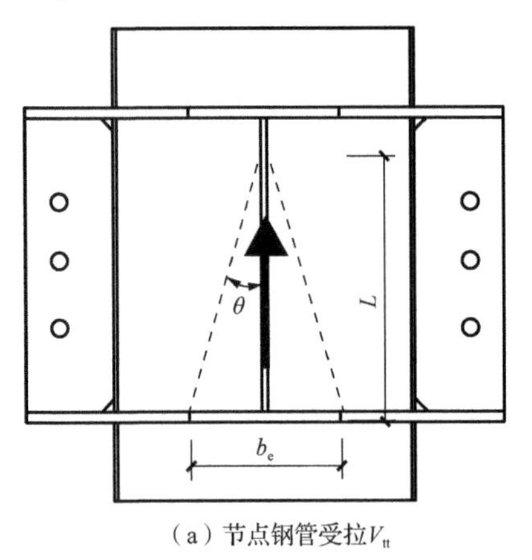

（a）节点钢管受拉V_{tt}

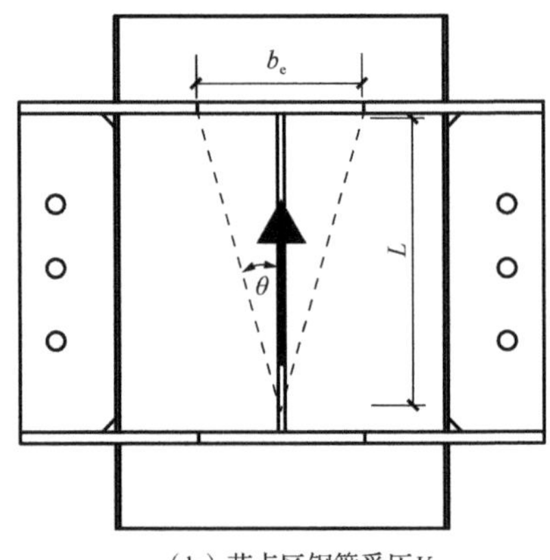

（b）节点区钢管受压V_{tc}

图 9.1.23 节点区钢管受力模型

为了进一步验证提出的节点区钢管受剪承载力公式的适用性，补充大量有限元算例，算例的参数选取以及参数取值范围如下：柱直径为 400～700mm；节点区钢管厚度为 2～7mm；节点区钢管屈服强度为 235～460MPa；梁高度为 200～500mm。图 9.1.24 给出了各参数对节点区钢管受剪承载力的影响，从结果与理论模型结果的对比可以看到两者吻合较好。

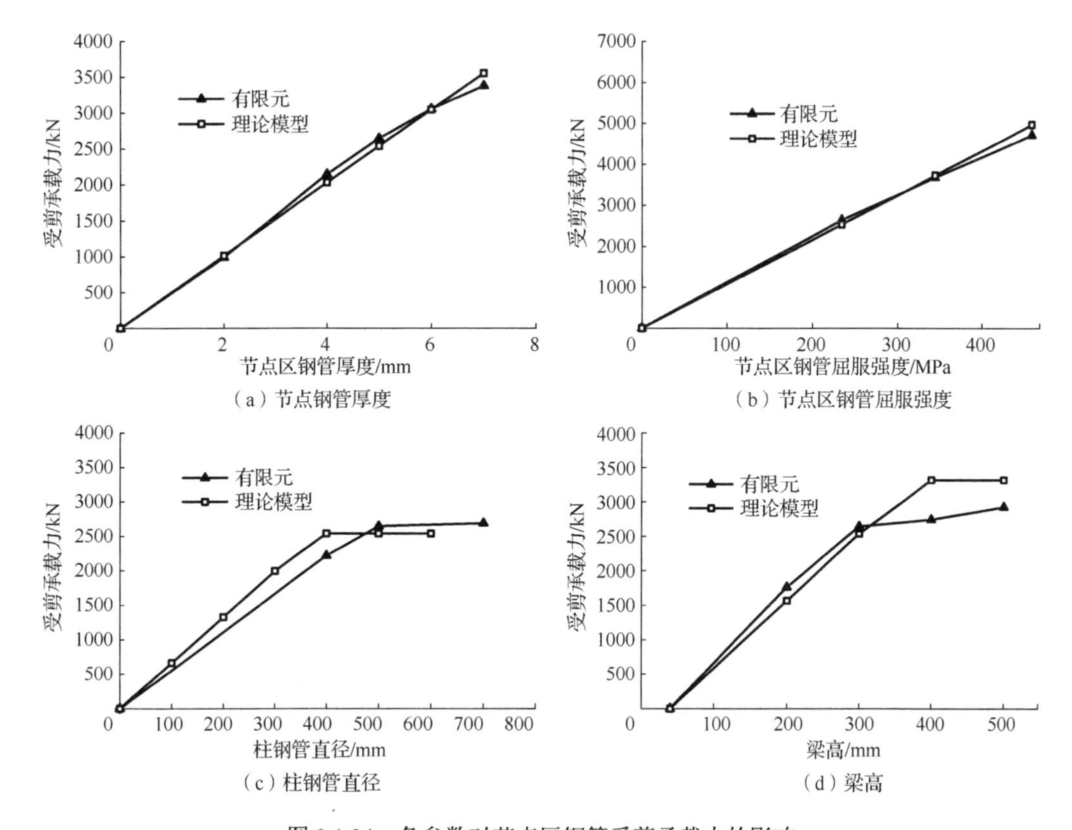

图 9.1.24　各参数对节点区钢管受剪承载力的影响

图 9.1.25 给出了受剪承载力计算值与有限元值以及试验值的对比情况，界面受剪承载力公式计算结果和有限元结果以及试验结果吻合较好，可应用于实际工程设计。这里特别指出，界面受剪承载力计算方法适用于节点区钢管发生拉裂或者平面外变形引起界面承载力下降的试件，对于界面承载力是由抗剪键破坏决定的试件应采用其他公式计算。实际工程中的环板主要用来传递钢梁翼缘力，工程设计时建议界面受剪承载力只考虑节点区钢管传力，这样的做法合理且偏于安全。

2. 构造要求

经以上分析，对钢管约束混凝土柱-钢梁框架节点的构造提出要求。

（1）内嵌环板式节点

1）内嵌环板厚度不得小于钢梁翼缘厚度，内嵌环板宽度宜取 20～25mm。

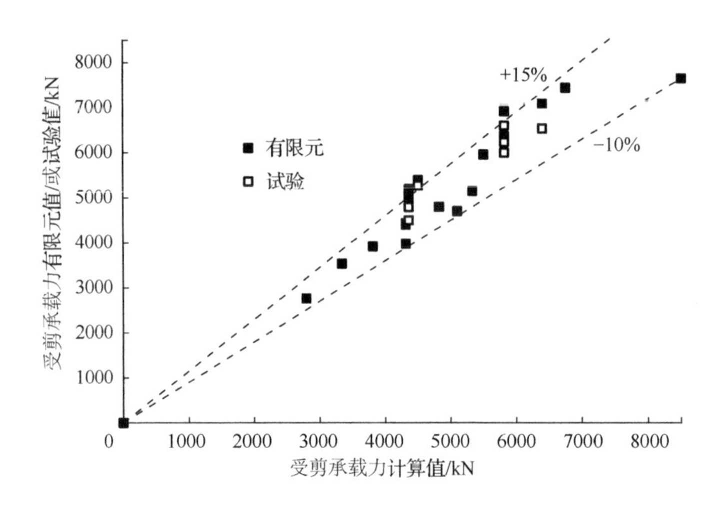

图 9.1.25　计算结果与有限元、试验结果对比

2）内嵌环板间距 l 应满足以下要求：

$$l \geqslant V_{\mathrm{d}} / (2\pi D_{\mathrm{c}} \tau_{\mathrm{limt}}) \tag{9.1.7}$$

式中：V_{d}——节点的设计界面剪力，与柱相交的框架梁端部剪力设计值的绝对值之和；

D_{c}——柱钢管直径；

τ_{limt}——环板之间混凝土和内部混凝土直剪的剪应力允许值，其值可取：

$$\tau_{\mathrm{limt}} = 0.75\sqrt{f_{\mathrm{c}} f_{\mathrm{t}}} \tag{9.1.8}$$

其中：f_{c} 和 f_{t}——节点区混凝土轴心抗压强度和抗拉强度。

（2）内焊钢筋式节点

1）内焊钢筋的直径不得小于钢梁翼缘厚度。

2）内焊钢筋之间的间距要求：

$$l \geqslant V_{d} / (n\pi D_{\mathrm{c}} \tau_{\mathrm{limt}}) \tag{9.1.9}$$

式中：n——内焊钢筋数量。

3）内焊钢筋和节点区钢管之间焊缝尺寸应满足最小焊缝尺寸要求，且焊缝的承载力不得小于节点的设计界面剪力 V_{d}，即

$$\sum l_{\mathrm{w}} h_{\mathrm{e}} \beta_{\mathrm{f}} f_{\mathrm{f}}^{\mathrm{w}} \leqslant V_{\mathrm{d}} \tag{9.1.10}$$

式中：l_{w}——内焊钢筋与节点核心区钢管内壁焊缝总长度；

h_{e}——角焊缝有效高度，对于钢筋和钢管的贴焊角焊缝，焊缝有效高度按现行国家标准《钢结构焊接规范》（GB 50661—2011）[3]的有关规定执行，正面角焊缝的强度设计增大系数的取值如下：对承受静力荷载和间接承受动力荷载的结构，β_{f}=1.22，对直接承受动力荷载的结构，β_{f}=1.0；

$f_{\mathrm{f}}^{\mathrm{w}}$——角焊缝抗剪强度设计值。

9.2　圆钢管约束混凝土柱-钢梁框架节点抗震性能试验研究

9.2.1　圆钢管约束钢筋混凝土柱-钢梁框架节点

图 9.2.1 为提出的环板式圆钢管约束钢筋混凝土柱-钢梁框架节点[4]，为了兼顾美观且节约钢材，环板式圆钢管约束钢筋混凝土柱-钢梁框架节点的内环板占环板主导部分；由于钢管约束混凝土结构的节点区钢管壁比较薄，内环板或者外环板不易等强焊接到节点区钢管上，故环板采用贯通式；为了方便柱纵筋贯穿，环板需预留柱纵筋贯穿孔，贯穿环板的柱纵筋可以增加节点区钢管和节点区核心混凝土的整体性；为了保证柱钢管在断缝处不直接承载压力，节点区伸出钢管的高度不宜小于楼板高度。

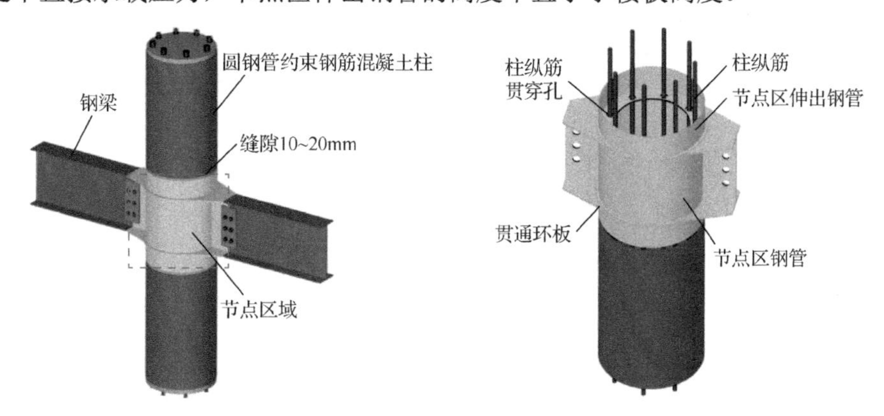

图 9.2.1　环板式圆钢管约束钢筋混凝土柱-钢梁框架节点

1. 试验方案

图 9.2.2 为圆钢管约束钢筋混凝土柱-钢梁框架节点试件的尺寸和配筋，试件数据见表 9.2.1。

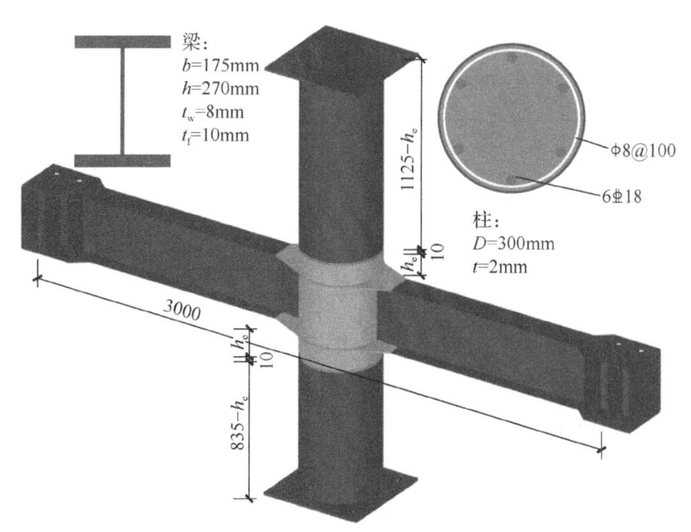

图 9.2.2　圆钢管约束钢筋混凝土柱-钢梁框架节点试件的尺寸及配筋（尺寸单位：mm）

表 9.2.1 圆钢管约束钢筋混凝土柱-钢梁框架节点试件数据

试件编号	钢梁强度	节点区钢管厚 t_j/mm	h_e/mm	轴力 N_0/kN	加载方式
CTRCJ-1	Q335	0	80	1187	滞回
CTRCJ-2	Q335	3	80	1187	单调
CTRCJ-3	Q335	3	80	1187	滞回
CTRCJ-4	Q335	3	0	1187	滞回
CTRCJ-5	Q235	6	80	1187	滞回
CTRCJ-6	Q235	6	0	1187	滞回

注：1. h_e为节点区钢管伸出长度；

2. 内环板宽度为 75mm，外环板宽度为 25mm，环板具体尺寸如图 9.2.3 所示。

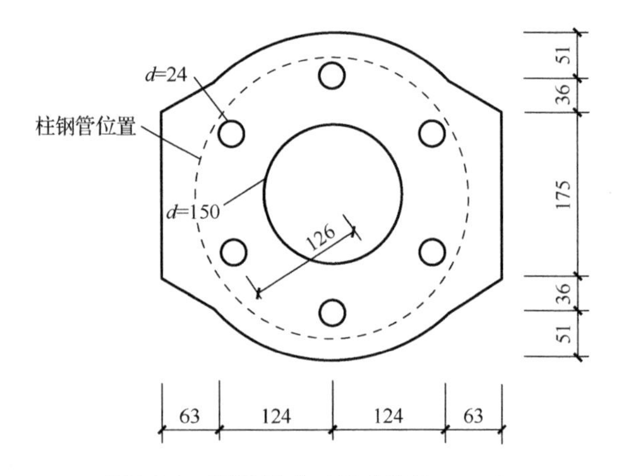

图 9.2.3 环板尺寸（尺寸单位：mm）

混凝土轴心抗压强度为 33MPa。钢材性能指标见表 9.2.2。

表 9.2.2 钢材性能指标

材料名称	厚度（或直径）/mm	屈服强度/MPa	极限强度/MPa
2mm 钢板	1.78	307	447
3mm 钢板	2.74	320	455
6mm 钢板	5.44	351	505
8mm 钢板，Q345	7.82	410	557
8mm 钢板，Q235	7.61	308	435
10mm 钢板，Q345	9.37	472	570
10mm 钢板，Q235	9.43	298	438
8mm 钢筋	7.29	387	554
18mm 钢筋	17.69	543	676

采用柱顶往复加载方式测试节点的抗震性能。试验加载装置如图 9.2.4 所示，试件轴力采用自平衡体系进行加载，自平衡体系包括量程为 320kN 的竖向千斤顶、柱顶反力梁、竖向圆钢杆以及柱铰，轴力值通过已被标定过的油泵小车的油表读数进行控制。待轴力施加完毕后，用两端梁铰固定梁端，采用量程为 50/25kN 的水平千斤顶施加低周往复荷载，荷载值由水平力传感器实时监控。装置的柱铰通过压梁固定到地面，梁铰通过梁端反力梁固定到地面，水平千斤顶通过水平反力梁固定到竖向剪力墙上。由于整个装置本身具有良好的抵抗平面外变形的能力，故未设置侧向支撑系统。

本次试验测量内容包括试件柱顶水平推力、轴压力、柱端和梁端水平位移、节点核心区剪切变形、钢管以及钢梁的应变。试验加载装置及位移计测点布置如图 9.2.4 所示，试件应变测点布置如图 9.2.5 所示。柱顶水平推力由安装在水平千斤顶上的水平传感器测得；轴压力大小通过已被标定过的油泵小车的油表读数进行控制；柱端和梁端水平位移分别通过固定在与地面相连的角钢架上的 LVDT 位移传感器测得；核心区剪切变形由布置在核心区的两个主对角线方向 LVDT 位移传感器测得的位移进行换算得到，核心区位移计绑在定制的钢架上。试验过程中，力传感器和 LVDT 位移传感器读数均由东华动态采集系统自动采集，应变通过 DH3816 静态采集仪定时采集。

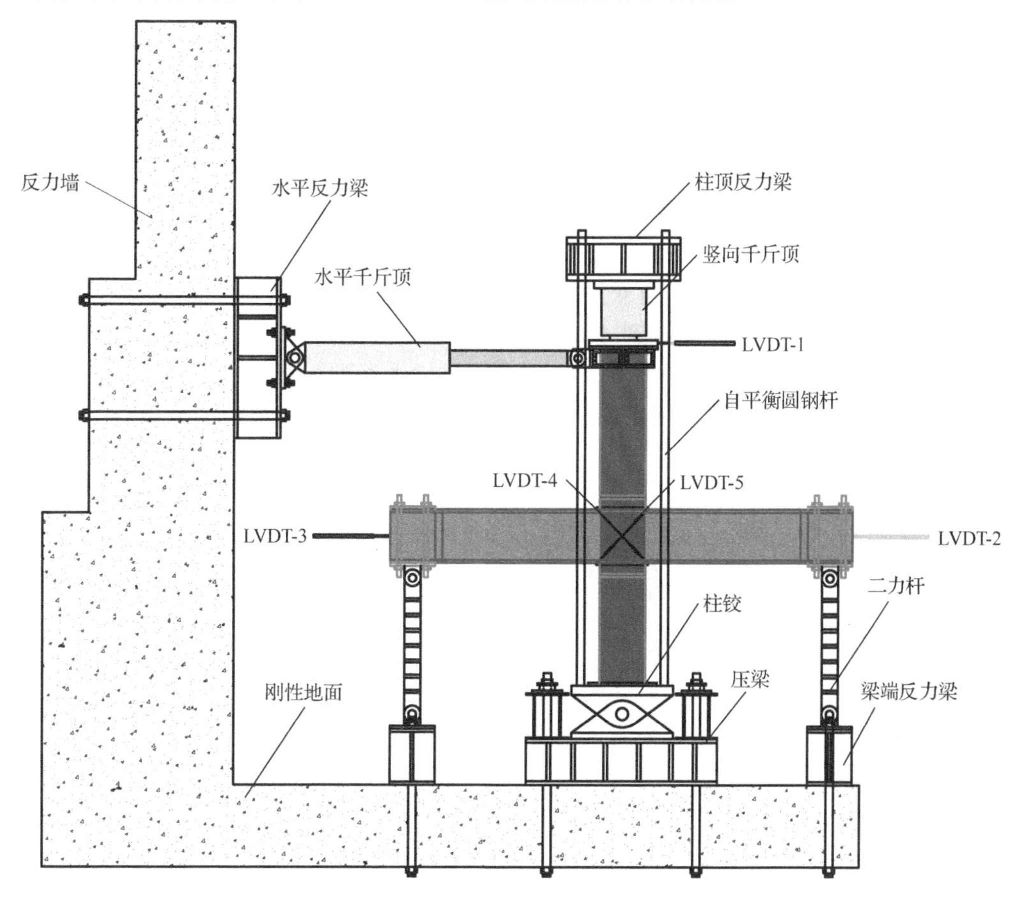

图 9.2.4 试验加载装置及位移计测点布置

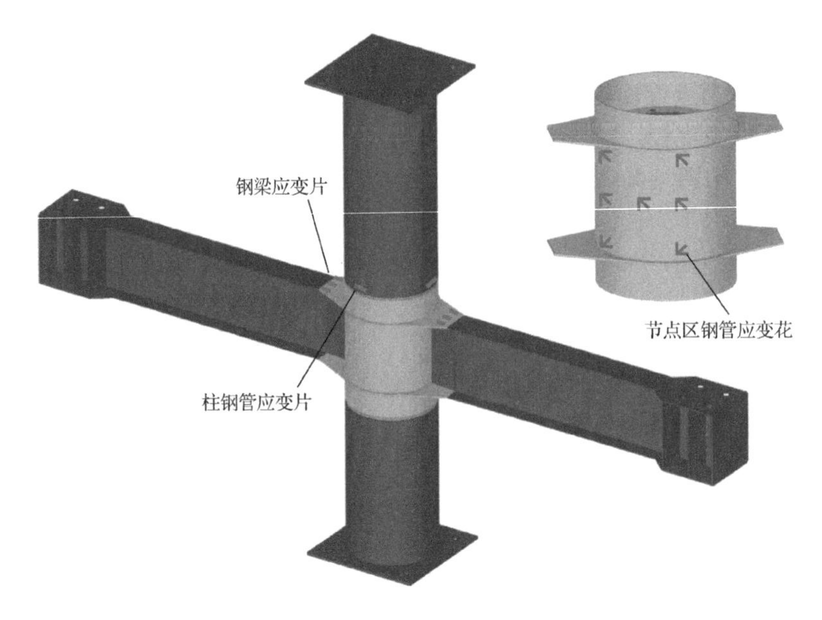

图 9.2.5 CTRCJ 试件应变测点布置

2. 试验破坏特征

试验现象主要包括节点区钢管鼓曲、钢梁屈曲以及节点核心区混凝土破坏。在分述试件全过程试验现象时，规定柱顶水平推力和柱顶水平位移向右为正。由于正负循环的试验现象基本一致，本节着重介绍正向循环的试验现象。为了描述试验现象方便，屈服位移取实际加载的屈服位移，并非通过骨架曲线计算得到的屈服位移。

（1）CTRCJ-1

试件 CTRCJ-1 试验现象如图 9.2.6 所示。当柱顶水平推力达到 80kN 时，核心混凝土首次出现斜向裂缝；负向加载到-84kN 时，核心混凝土出现交叉裂缝。在加载 80～100kN 过程中，裂缝宽度进一步变宽，当柱顶水平推力达到 100kN 后荷载出现下降。整个试验过程中，钢梁和柱钢管均未出现明显现象。可见，试件 CTRCJ-1 发生了节点混凝土剪切破坏，属于节点破坏。

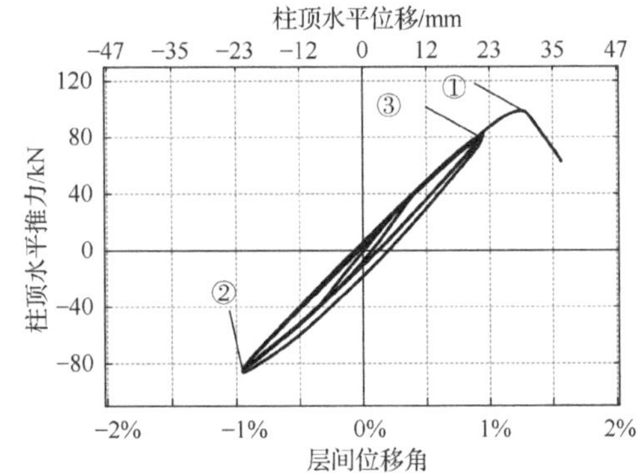

①首次出现斜向裂缝；②首次出现交叉裂缝；③峰值点。

图 9.2.6 试件 CTRCJ-1 试验现象

（2）CTRCJ-2

试件 CTRCJ-2 试验现象如图 9.2.7 所示。柱顶水平推力在柱顶位移加载 $3\Delta_y$ 到 $4\Delta_y$ 过程中达到峰值，且同时发现钢梁翼缘对接焊缝出现开裂，之后荷载开始下降；当柱顶位移加载 195mm 位移时，节点区钢管角部出现鼓曲，之后随着柱顶水平位移的增加，鼓曲和变形越来越严重。试验结束后，剥开钢管可以观察到核心混凝土斜向裂缝，核心混凝土角部破坏严重。可见试件 CTRCJ-2 的破坏模式属于节点破坏+钢梁破坏。

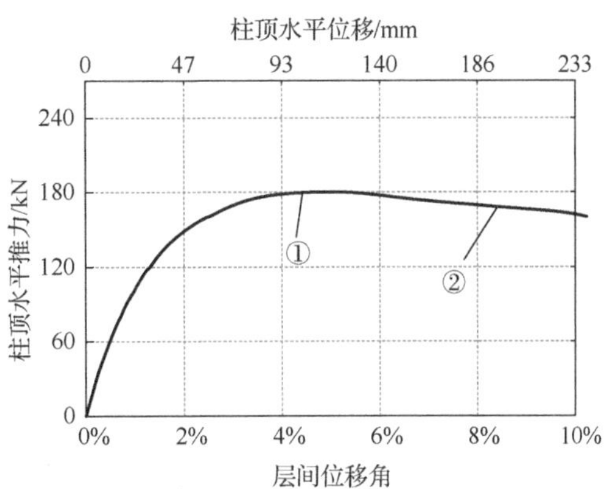

①峰值点；②节点区钢管角部出现鼓曲。

图 9.2.7　试件 CTRCJ-2 试验现象

（3）CTRCJ-3

试件 CTRCJ-3 试验现象如图 9.2.8 所示。柱顶水平位移加载至 $3\Delta_y$=99mm 的第一个正循环时，柱顶水平推力达到峰值点；当柱顶水平位移加载至 $4\Delta_y$=132mm 位移时，节点区钢管角部出现鼓曲，之后随着柱顶水平位移的增加，鼓曲越来越严重。试验结束后，剥开钢管可以观察到节点核心区出现交叉斜向裂缝带；其核心混凝土表面有严重的擦痕；四个角部的核心混凝土均发生不同程度的压溃。可见，试件 CTRCJ-3 的节点破坏模式属于节点破坏。

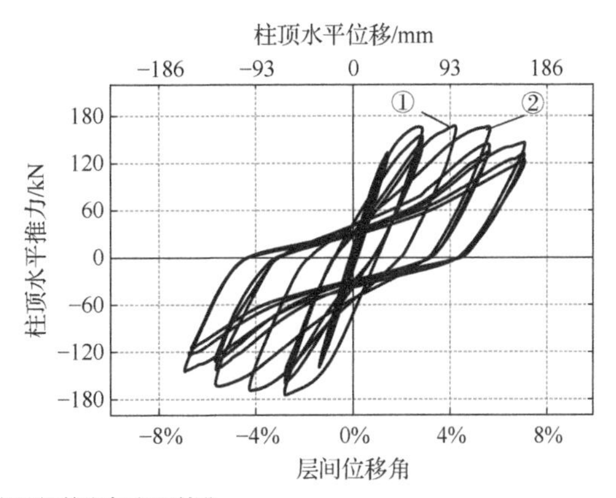

①峰值点；②节点区钢管角部出现鼓曲。

图 9.2.8　试件 CTRCJ-3 试验现象

（4）CTRCJ-4

试件 CTRCJ-4 试验现象如图 9.2.9 所示。柱顶水平位移加载至 $2\Delta_y$=60mm 的第一个正循环时，柱受拉区和环板出现间隙，同时柱顶水平推力达到峰值点，之后间隙随着柱顶水平位移增加而变大；柱顶水平位移加载至 $4\Delta_y$=119.65mm 的第一个正循环时，节点区钢管的右上角出现鼓曲，鼓曲量随着水平位移增加而增加。试验结束后，剥开钢管可以观察到节点核心区出现交叉斜向裂缝带；其核心混凝土表面有严重的擦痕；四个角部的核心区混凝土均发生不同程度的压溃。试件 CTRCJ-4 的破坏模式属于节点破坏，核心混凝土角部的压溃引起柱面的转动，表现出柱受拉区和环板产生明显间隙。

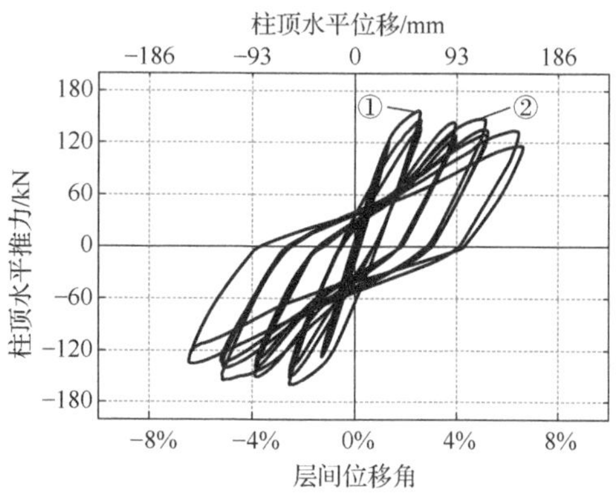

①柱受拉区混凝土和环板脱开，峰值点；②节点区钢管角部出现鼓曲。

图 9.2.9 试件 CTRCJ-4 试验现象

（5）CTRCJ-5

试件 CTRCJ-5 试验现象如图 9.2.10 所示。柱顶水平位移加载到 $2\Delta_y$=64mm 第二个负循环，翼缘对接焊缝断开。试验结束后，剥开钢管观察到节点区核心混凝土完好无损。因此，试件 CTRCJ-5 发生了钢梁破坏。

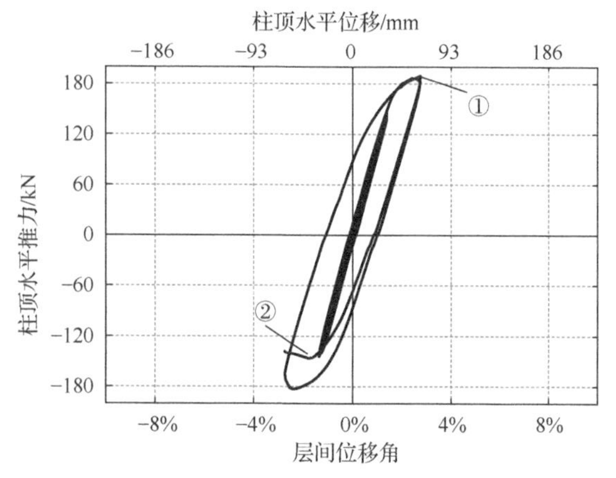

①峰值点；②钢梁翼缘对接焊缝断开。

图 9.2.10 试件 CTRCJ-5 试验现象

（6）CTRCJ-6

试件 CTRCJ-6 试验现象如图 9.2.11 所示。当柱顶水平位移加载到 $3\Delta_y$=78mm 时，钢梁翼缘开始局部屈曲，之后随着柱顶水平位移的增加，鼓曲越来越严重；当柱顶水平位移加载到 $4\Delta_y$=104mm 时，柱顶水平推力达到峰值点，且在该位移级的三个循环结束后，钢梁翼缘对接焊缝出现开裂；当柱顶水平位移加载到 $5\Delta_y$=130mm 的第三个正循环时，钢梁翼缘对接焊缝完全断开，结束加载。试验结束后，剥开钢管观察到节点区核心混凝土有细微的交叉裂缝。可见，试件 CTRCJ-6 属于钢梁破坏模式。

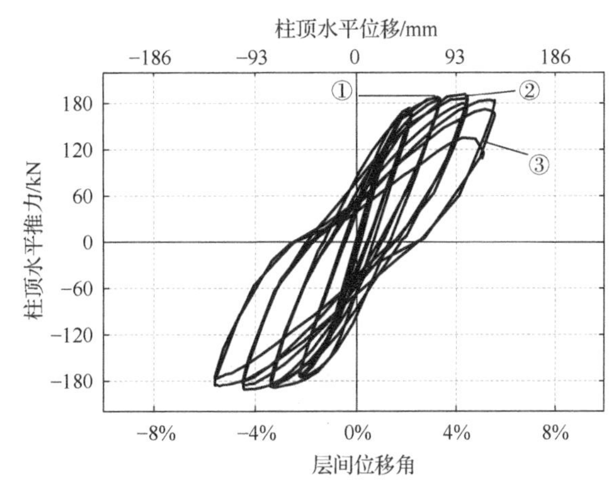

①钢梁翼缘开始局部屈曲；②峰值点，钢梁翼缘对接焊缝出现开裂；③钢梁翼缘对接焊缝完全断开。

图 9.2.11　试件 CTRCJ-6 试验现象

综上所述，试件 CTRCJ 主要发生两种典型破坏模式，即节点破坏和钢梁破坏。节点破坏的具体表现：核心混凝土出现斜向裂缝、核心混凝土在角部出现压溃、节点区钢管在角部出现鼓曲以及柱的受拉区和环板的间隙在后期更加明显；核心混凝土角部破坏比中部破坏更严重，说明节点承载力不足是由于核心混凝土角部破坏引起的。钢梁破坏的具体表现为：钢梁翼缘发生屈曲以及钢梁翼缘对接焊缝出现开裂甚至断开。试件 CTRCJ-1、CTRCJ-3 以及 CTRCJ-4 发生典型节点破坏；试件 CTRCJ-2 同时存在节点破坏和钢梁破坏；试件 CTRCJ-5 和 CTRCJ-6 发生典型钢梁破坏模式。

3. 荷载–变形关系

（1）柱顶水平荷载–柱顶水平位移曲线

柱顶水平荷载–柱顶水平位移曲线是衡量试件综合性能的关键指标，对分析试件的抗震性能具有重要的意义。图 9.2.12 为圆钢管约束钢筋混凝土柱–钢梁框架节点的柱顶水平推力–柱顶水平位移曲线，可以得到以下几点结论。

1）相比于试件 CTRCJ-1，试件 CTRCJ-3 和 CTRCJ-4 的滞回曲线所围成面积更大、耗能能力更强，说明节点区钢管可以提高试件的耗能能力。

2）试件 CTRCJ-3 和 CTRCJ-4 的滞回曲线具有较明显的捏缩现象，呈现反 S 形；试件 CTRCJ-5 和 CTRCJ-6 的滞回曲线比较饱满，呈现梭形。说明钢梁破坏模式较节点破坏模式的耗能性能更好。

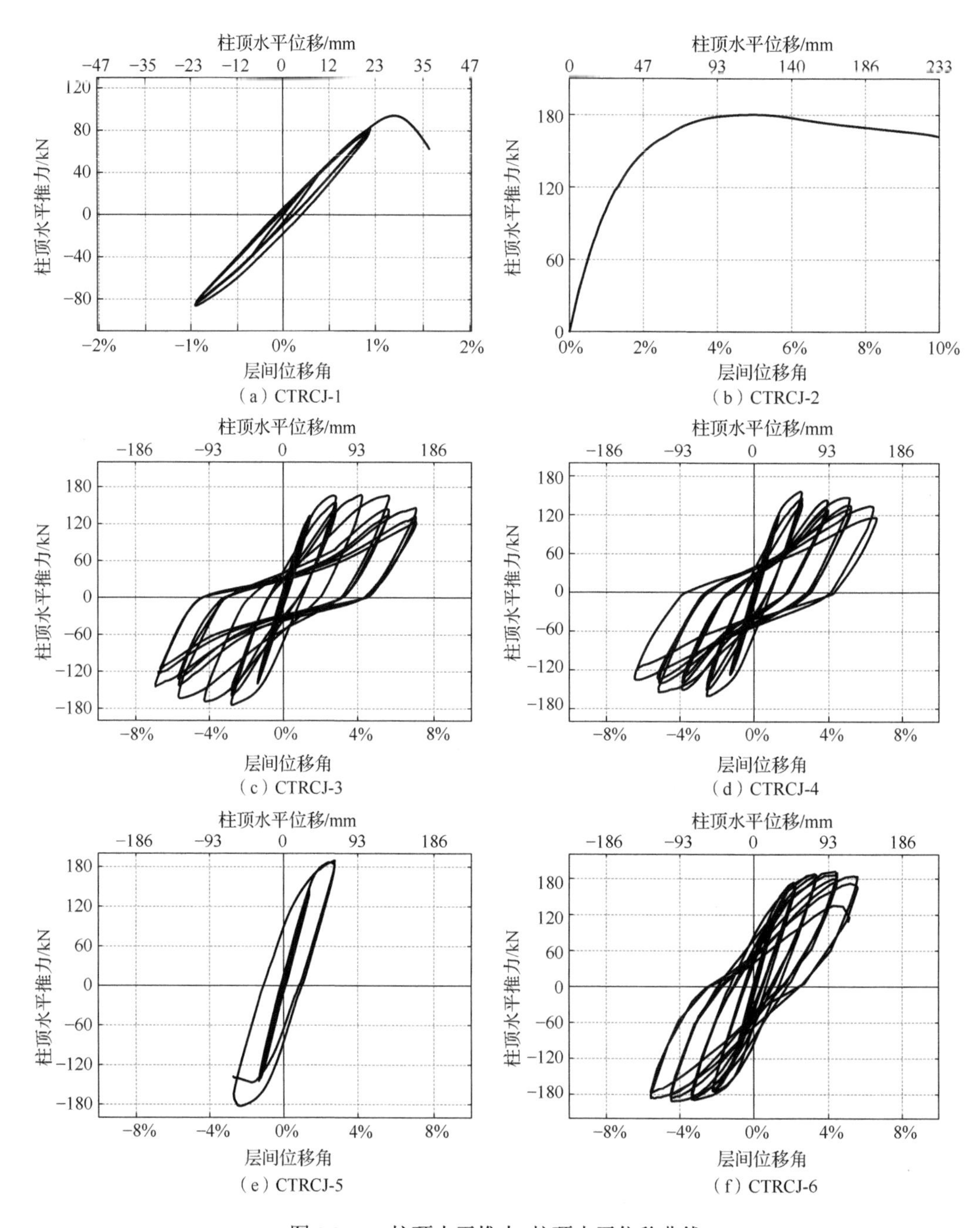

（a）CTRCJ-1 （b）CTRCJ-2

（c）CTRCJ-3 （d）CTRCJ-4

（e）CTRCJ-5 （f）CTRCJ-6

图 9.2.12 柱顶水平推力-柱顶水平位移曲线

图9.2.13为各试件骨架曲线的对比情况。通过对骨架曲线的对比分析可得以下结论。

1）对比 CTRCJ-1 和 CTRCJ-3 骨架曲线，节点区钢管的存在可以显著地提高节点强度和抗震能力。

2）对比 CTRCJ-2 荷载位移曲线和 CTRCJ-3 骨架曲线，加载模式对试件骨架曲线影响较大，单调加载试件的骨架曲线峰值点比循环加载试件的骨架曲线峰值点高约 7%。

3）对比 CTRCJ-3 和 CTRCJ-4 骨架曲线，节点区伸出钢管可以提高发生节点破坏模式的骨架曲线峰值点约 6%。

4）对比 CTRCJ-5 和 CTRCJ-6 骨架曲线，节点区伸出钢管对发生钢梁破坏模式的骨架曲线几乎没影响，影响骨架曲线较大的因素为焊缝的质量。

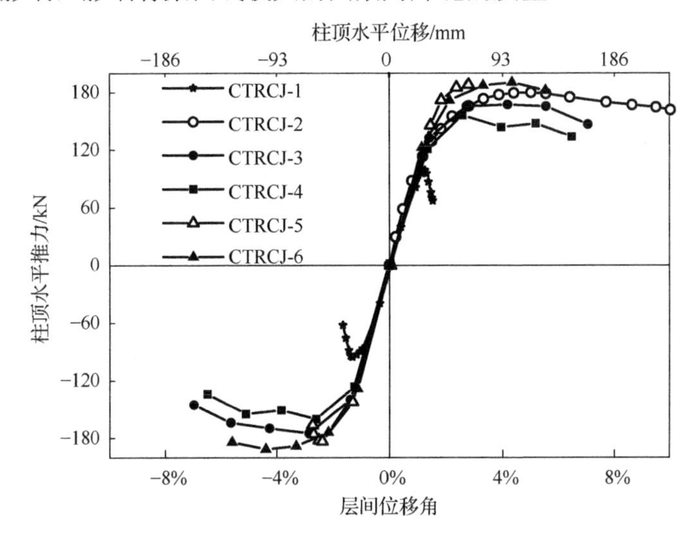

图 9.2.13　CTRCJ 骨架曲线

（2）节点剪力–剪切应变关系

图 9.2.14 为各试件的节点剪力–剪切变形曲线，图中未给出试件 CTRCJ-4 和试件 CTRCJ-5，这是因为在测量节点区伸出钢管长度为零的试件时采取的节点区的测量装置将柱相对节点区的转角考虑进去了，无法反映真实的节点区剪切变形。从图中可以看出，发生节点破坏的节点剪力–剪切变形曲线均经历弹性、弹塑性和破坏三个阶段，而发生钢梁破坏的节点剪力–剪切变形曲线在整个试验过程中基本处于弹性阶段。对比试件 CTRCJ-3 和试件 CTRCJ-1，试件 CTRCJ-3 的峰值剪力以及剪切变形明显高于试件 CTRCJ-1，进一步验证节点区钢管对节点性能的有利作用。

4. 钢管应力分析

图 9.2.15 给出了试件 CTRCJ-3 和试件 CTRCJ-4 发生节点破坏的节点区钢管中部位置应力发展规律。试件 CTRCJ-3 和试件 CTRCJ-4 的节点区钢管应力发展规律具有以下特点：在加载初期，钢管的剪应力和横向应力呈线性增加；当柱顶荷载达到峰值荷载的 50%左右，钢管环向拉应力急剧增加，这主要是由于节点区核心混凝土出现开裂引起的；当柱顶荷载达到峰值荷载的 80%左右，节点区钢管发生屈服，随后钢管应力出现塑性流动；当柱顶荷载达到峰值荷载时，节点区钢管中部环向拉应力为 $0.85f_y$ 左右，剪应力为 $0.4f_y$ 左右，说明钢管同时发挥直接抗剪和间接抗剪作用。在整个加载过程中，钢管的竖向应力由轴压引起的压应力逐渐转化为拉应力。

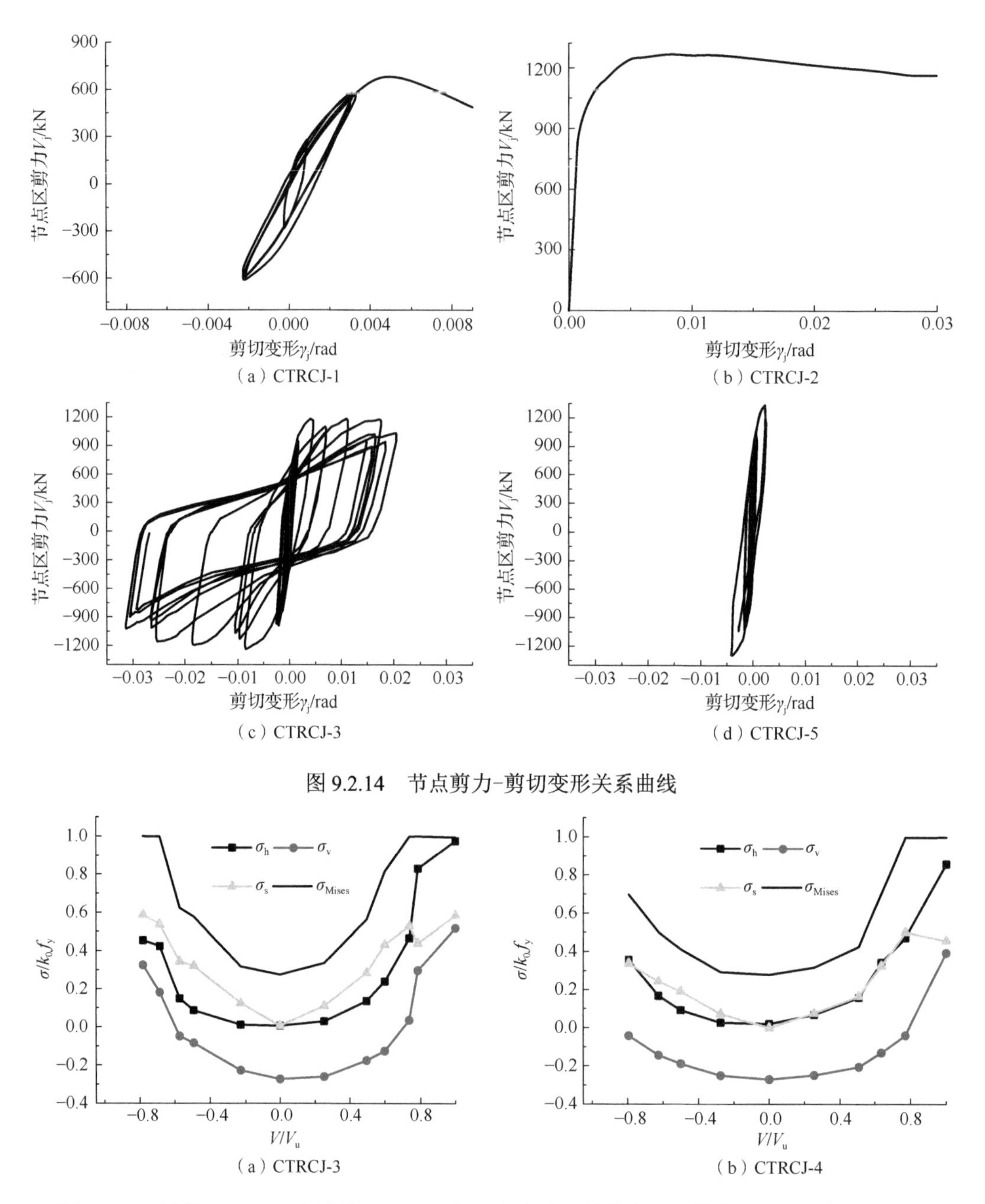

图 9.2.14 节点剪力-剪切变形关系曲线

图 9.2.15 试件 CTRCJ-3 和试件 CTRCJ-4 发生节点破坏的节点区钢管中部位置应力发展规律

图 9.2.16 给出了发生钢梁破坏的节点区钢管中部位置应力发展规律。试件 CTRCJ-5 和试件 CTRCJ-6 的节点区钢管应力发展规律具有以下特点：节点区钢管的屈服发生在峰值点附近；在整个加载过程中，由于核心混凝土基本保持完整，钢管的剪应力始终占主导作用；钢管的竖向应力由轴压引起的压应力逐渐转化为拉应力。试件 CTRCJ-6 的横向

应力在负循环出现急剧增加，这是由于核心混凝土轻微开裂引起的，这与试验观测到的现象是一致的。

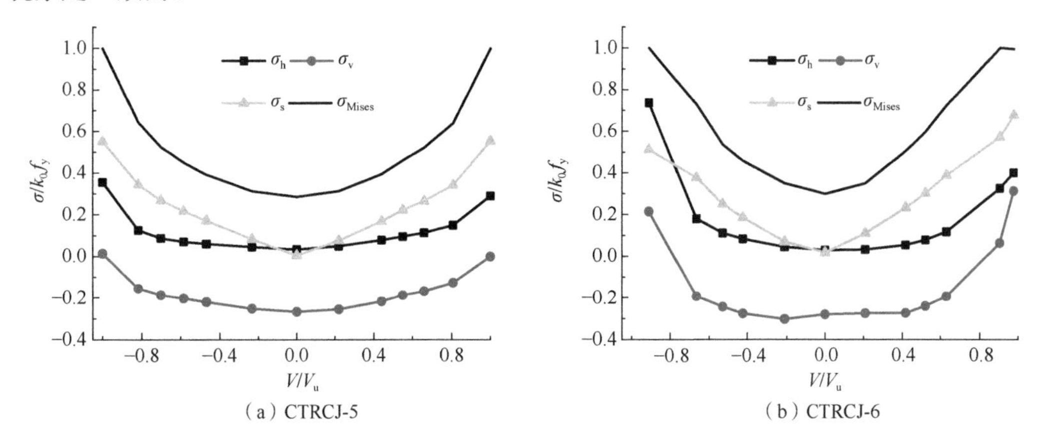

图 9.2.16　试件 CTRCJ-5 和试件 CTRCJ-6 发生钢梁破坏的节点区钢管中部位置应力发展规律

综上可知，节点区钢管核心区混凝土开裂之前以直接抗剪作用为主；核心区混凝土开裂后，横向应力急剧增加，间接抗剪作用增强。节点区钢管同时存在直接抗剪和间接抗剪作用。

9.2.2　圆钢管约束型钢混凝土柱-钢梁框架节点

图 9.2.17 为本书提出的环板式圆钢管约束型钢混凝土柱-钢梁框架节点[5]，为了方便柱型钢能够在柱内充分开展，环板式圆钢管约束型钢混凝土柱-钢梁框架节点的外环板占环板主导部分。环板式圆钢管约束型钢混凝土柱-钢梁框架节点形式打破了型钢混凝土柱-钢梁框架节点中型钢和钢梁直接焊接相连的传统，简化了施工工艺，可避免现场钢梁和型钢焊接工作量，可实现工厂预制、现场拼接。

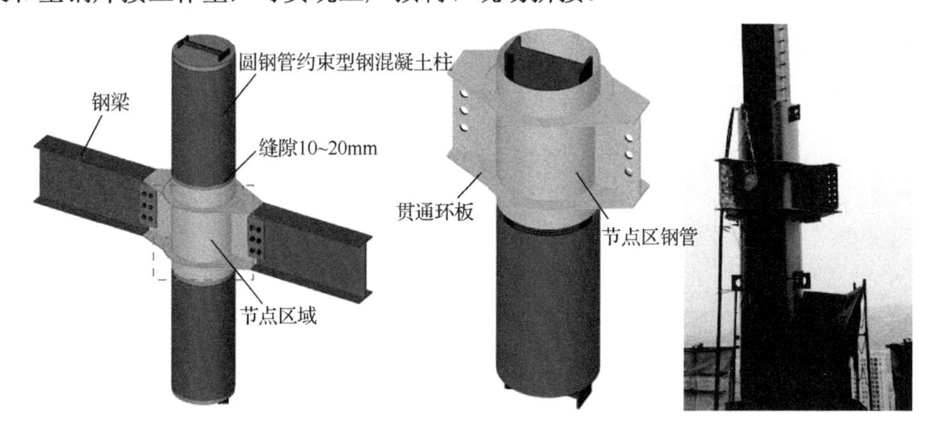

图 9.2.17　环板式圆钢管约束型钢混凝土柱-钢梁框架节点

1. 试验方案

图 9.2.18 为圆钢管约束型钢混凝土柱-钢梁框架节点试件尺寸，试件详细信息见表 9.2.3。

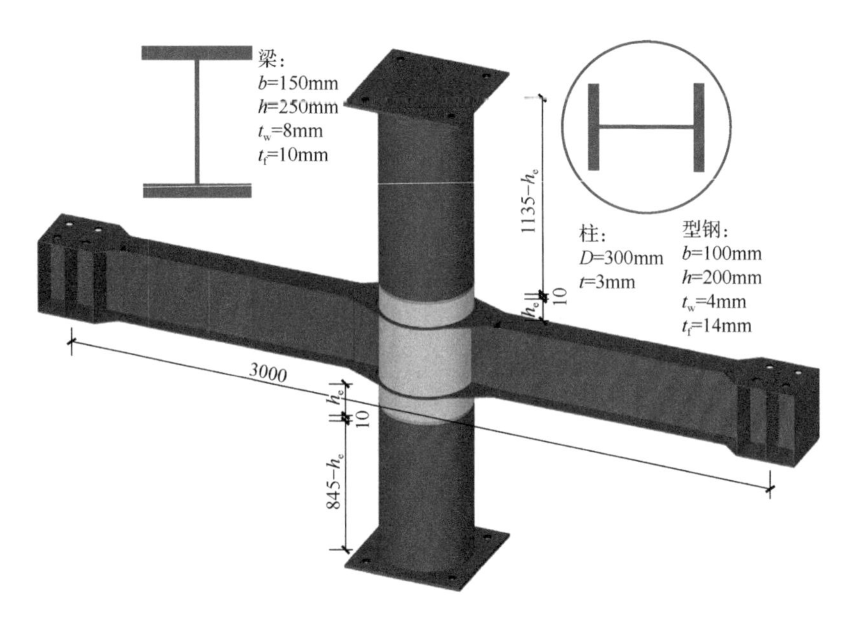

图 9.2.18 圆钢管约束型钢混凝土柱-钢梁框架节点试件尺寸（尺寸单位：mm）

表 9.2.3 圆钢管约束钢筋混凝土柱-钢梁框架节点试件详细信息

试件编号	节点区钢管厚度 t_j/mm	h_e/mm	N_0/kN	加载方式
CTSRCJ-1	2	120	1584	滞回
CTSRCJ-2	2	120	2375	滞回
CTSRCJ-3	2	0	1584	滞回
CTSRCJ-4	4	120	1584	滞回

注：1. h_e为节点区钢管伸出长度，如图 9.2.18 所示；
2. 环板尺寸如图 9.2.19 所示。

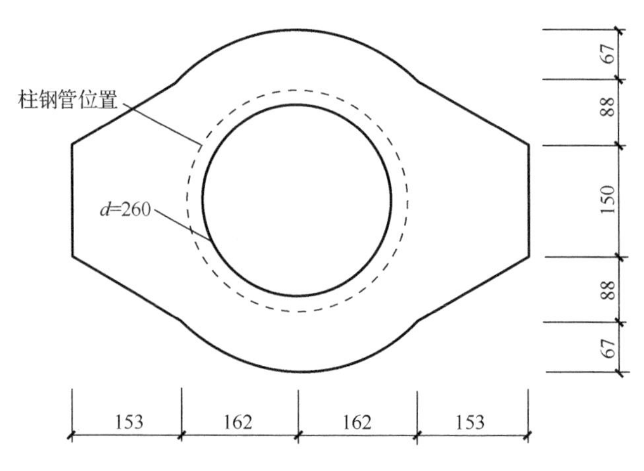

图 9.2.19 环板尺寸（尺寸单位：mm）

混凝土轴心抗压强度为 35MPa。钢材性能指标见表 9.2.4。

表 9.2.4　钢材性能指标

材料名称	厚度（或直径）/mm	屈服强度/MPa	极限强度/MPa
2mm 钢板	1.76	273	392
3mm 钢板	2.70	438	557
4mm 钢板，型钢腹板	3.67	367	493
4mm 钢板，节点区钢管	3.66	447	563
8mm 钢板	8.40	435	545
10mm 钢板	9.85	425	533
14mm 钢板	14.40	385	492

2. 试验破坏特征

（1）CTSRCJ-1

试件 CTSRCJ-1 的试验现象如图 9.2.20 所示。当柱顶水平位移加载到 $2.5\Delta_y$=72.5mm，柱顶水平推力达到峰值点；当柱顶水平位移加载到 $3\Delta_y$=87mm 时，节点区钢管角部出现轻微鼓曲，之后随着柱顶水平位移的增加，鼓曲越来越严重；当柱顶水平位移加载到 $4.5\Delta_y$=130.5mm 的第一个正循环时，节点区钢管中部出现主斜向鼓曲带；当柱顶水平位移加载到 $4.5\Delta_y$=130.5mm 的第二个负循环时，节点区钢管中部出现反向主斜鼓曲带；当柱顶水平位移加载到 $5\Delta_y$=145mm，节点区钢管中部出现次斜向鼓曲带，且节点区钢管背面出现断裂；当柱顶水平位移加载到 $5.5\Delta_y$=159.5mm，节点区钢管背面断裂严重，停止加载。试验结束后，剥开钢管观察到节点区核心混凝土有明显的交叉裂缝，型钢的翼缘在节点处有明显的鼓曲变形。

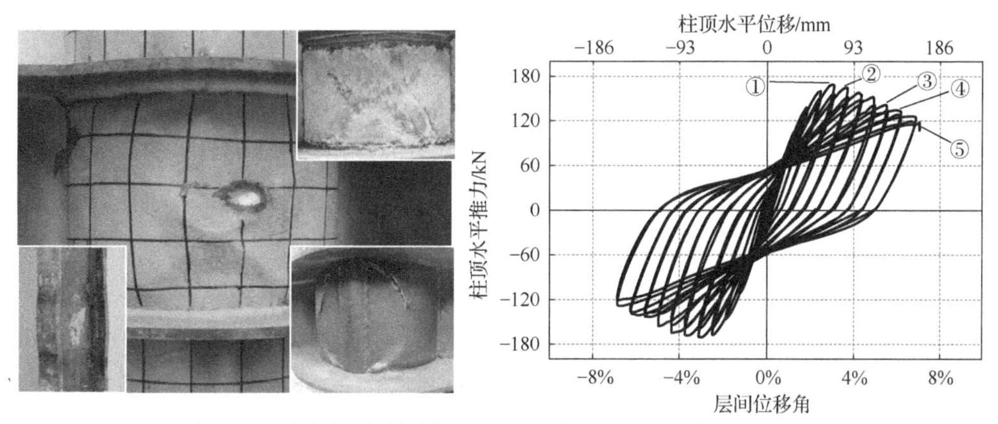

①峰值点；②节点区钢管角部出现轻微鼓曲；③节点区钢管中部出现主斜向鼓曲带；
④节点区钢管中部出现次斜向鼓曲带，且节点区钢管背面出现断裂；⑤节点区钢管背面断裂严重。

图 9.2.20　试件 CTSRCJ-1 试验现象

（2）CTSRCJ-2

试件 CTSRCJ-2 的试验现象如图 9.2.21 所示。当柱顶水平位移加载到 $2\Delta_y$=64mm，柱顶水平推力达到峰值点；当柱顶水平位移加载到 $2.5\Delta_y$=80mm，节点区钢管角部轻微鼓曲；当柱顶水平位移加载到 $3.5\Delta_y$=112mm，节点区钢管背面出现断裂裂缝；当柱顶水平位移加载到 $5\Delta_y$=160mm，节点区钢管中部出现交叉鼓曲带，节点区钢管在其与钢梁腹板连接处彻底撕裂，节点区钢管背面中部撕裂严重。试验结束后，剥开钢管观察到节点区核心混凝土呈“X”形破坏，型钢的翼缘在节点处有明显的鼓曲变形，较试件 CTSRC-1 更明显。

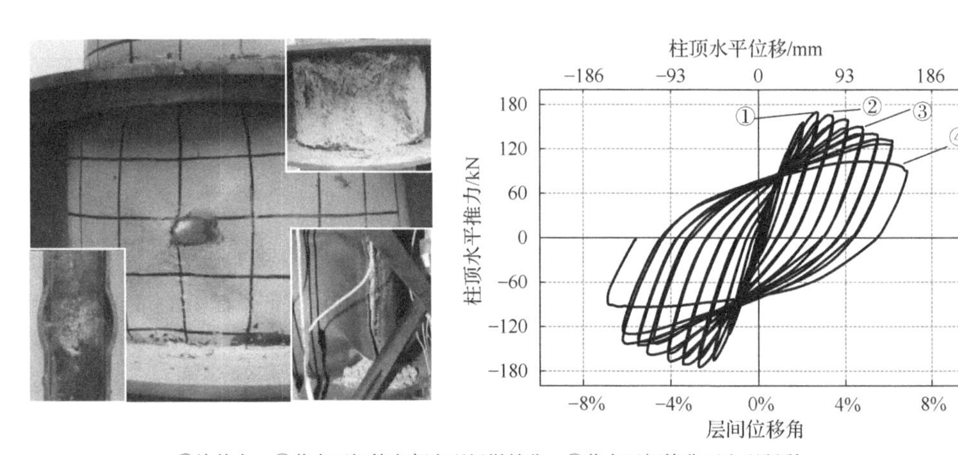

①峰值点；②节点区钢管角部出现轻微鼓曲；③节点区钢管背面出现断裂；
④节点区钢管中部出现交叉鼓曲带，节点区钢管背面断裂严重。

图 9.2.21 试件 CTSRCJ-2 试验现象

（3）CTSRCJ-3

试件 CTSRCJ-3 的试验现象如图 9.2.22 所示。当柱顶水平位移加载到 $2\Delta_y$=40mm，柱受拉区和环板轻微脱开；当柱顶水平位移加载到 $3.5\Delta_y$=70mm，节点区钢管角部出现轻微鼓曲；当柱顶水平位移加载到 $4.5\Delta_y$=90mm，节点区钢管中部出现斜向鼓曲带；当柱顶水平位移加载到 $5.5\Delta_y$=110mm，节点区背面钢管出现断裂。试验结束后，剥开钢管观察到节点区核心混凝土有明显的交叉裂缝，型钢的翼缘在节点处有明显的鼓曲变形。

（4）CTSRCJ-4

试件 CTSRCJ-4 的试验现象如图 9.2.23 所示。当柱顶水平位移加载到 $2\Delta_y$=104mm，柱顶水平推力达到峰值点；当柱顶水平位移加载到 $2.5\Delta_y$=130mm，节点区钢管的竖向焊缝完全撕裂，进一步导致补强板和节点钢管完全撕开。试验结束后，剥开钢管观察到正面的节点区核心混凝土有轻微交叉裂缝，背面节点区核心混凝土由于后期没有钢管保护在反复荷载下已经严重剥落；型钢的翼缘在节点处有轻微的屈曲变形。

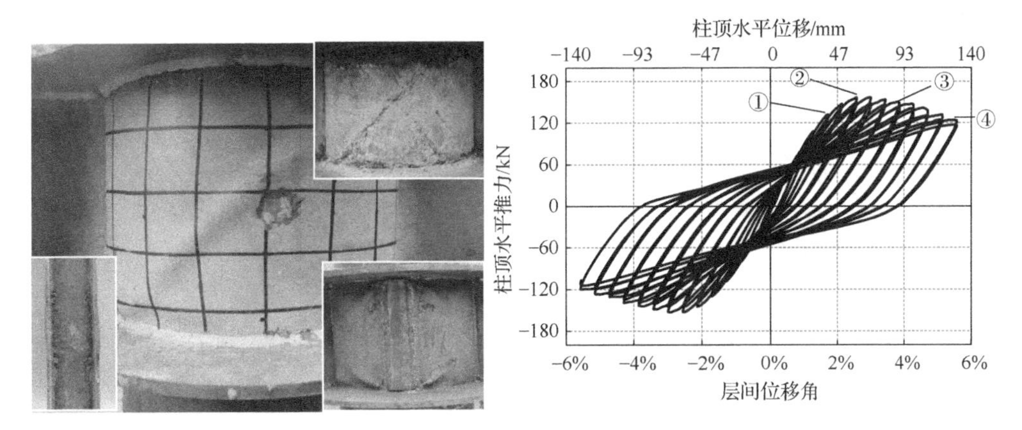

①柱受拉区和环板轻微脱开；②峰值点，节点区钢管角部出现轻微鼓曲；
③节点区钢管中部出现斜鼓曲带；④节点区钢管背面出现断裂。

图 9.2.22　试件 CTSRCJ-3 试验现象

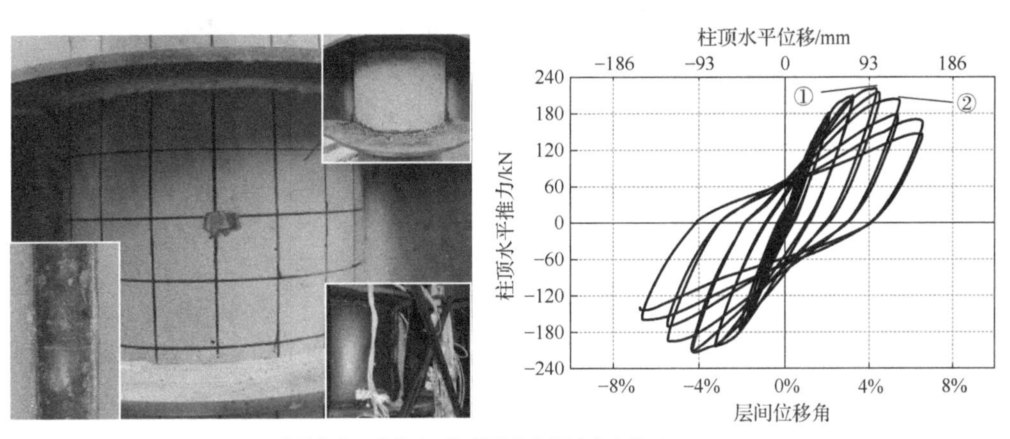

①峰值点；②节点区钢管的竖向焊缝完全撕开。

图 9.2.23　试件 CTSRCJ-4 试验现象

综上所述，试件表现出典型节点破坏模式。节点破坏的主要特征：节点区钢管角部最先鼓曲；随后试件的节点区钢管正面中部出现斜鼓曲带以及节点区钢管背面在补强板附近撕开；试验结束后，剥开钢管观察到节点区核心混凝土有明显的交叉裂缝以及核心混凝土角部压溃，试件型钢的翼缘在节点位置有明显鼓曲变形。

3. 荷载-变形关系

（1）柱顶水平推力-柱顶水平位移曲线

图 9.2.24 为圆钢管约束型钢混凝土柱-钢梁框架节点的柱顶水平推力-柱顶水平位移滞回曲线。从图 9.2.24 可以看出，所有试件的滞回曲线均呈现出弓形，节点低周反复荷载作用下的性能较好，能较好地吸收地震能量。

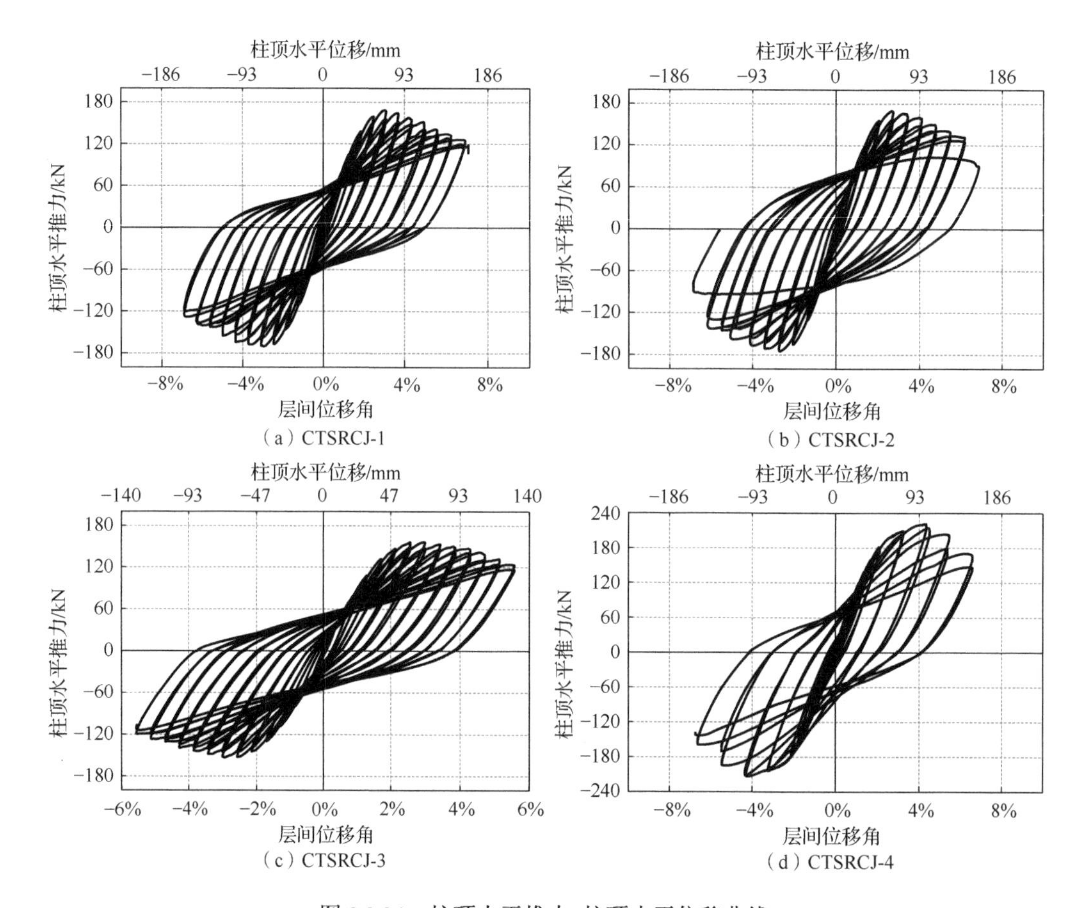

图 9.2.24 柱顶水平推力-柱顶水平位移曲线

图 9.2.25 给出了试件 CTSRCJ 的骨架曲线。通过对比分析 CTSRCJ 的骨架曲线可得以下结论。

1）对比试件 CTSRCJ-1 和试件 CTSRCJ-2 的骨架曲线，轴压比（1584kN、2375kN）对峰值点和延性影响很小。

2）对比试件 CTSRCJ-1 和试件 CTSRCJ-3 的骨架曲线，节点区伸出钢管能提高骨架曲线峰值点约 6.5%。

3）对比试件 CTSRCJ-1 和试件 CTSRCJ-4 的骨架曲线，节点区钢管厚度能显著提高节点受剪承载力。即使试件 CTSRCJ-4 发生节点区补强板撕裂破坏，试件 CTSRCJ-4 的骨架曲线下降段比素混凝土试件平缓，这是由于节点区型钢能很好地改善试件延性。

（2）节点剪力-剪切变形关系

从图 9.2.26 可以看出，试件 CTSRCJ-1、试件 CTSRCJ-2 以及试件 CTSRCJ-3 核心区均进入塑性变形，节点核心区破坏属于重度破坏，节点剪力-剪切应变关系曲线后期均出现一定的下降段；试件 CTSRCJ-4 前期表现出良好的弹性性能；当补强板处的焊缝撕开后，剪切应变急剧增加。

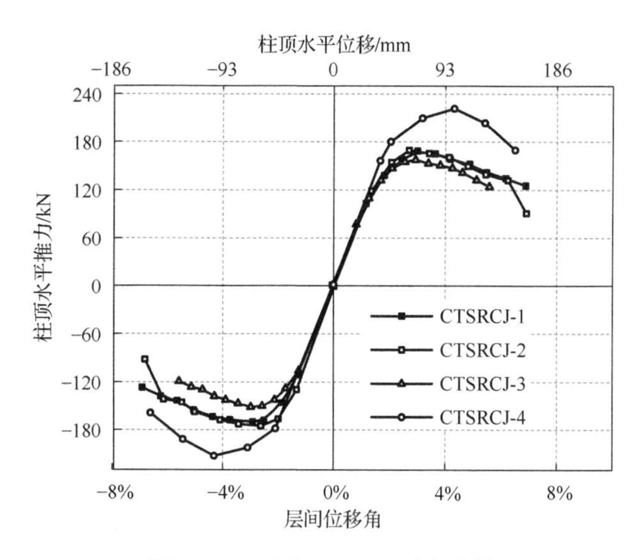

图 9.2.25　试件 CTSRCJ 骨架曲线

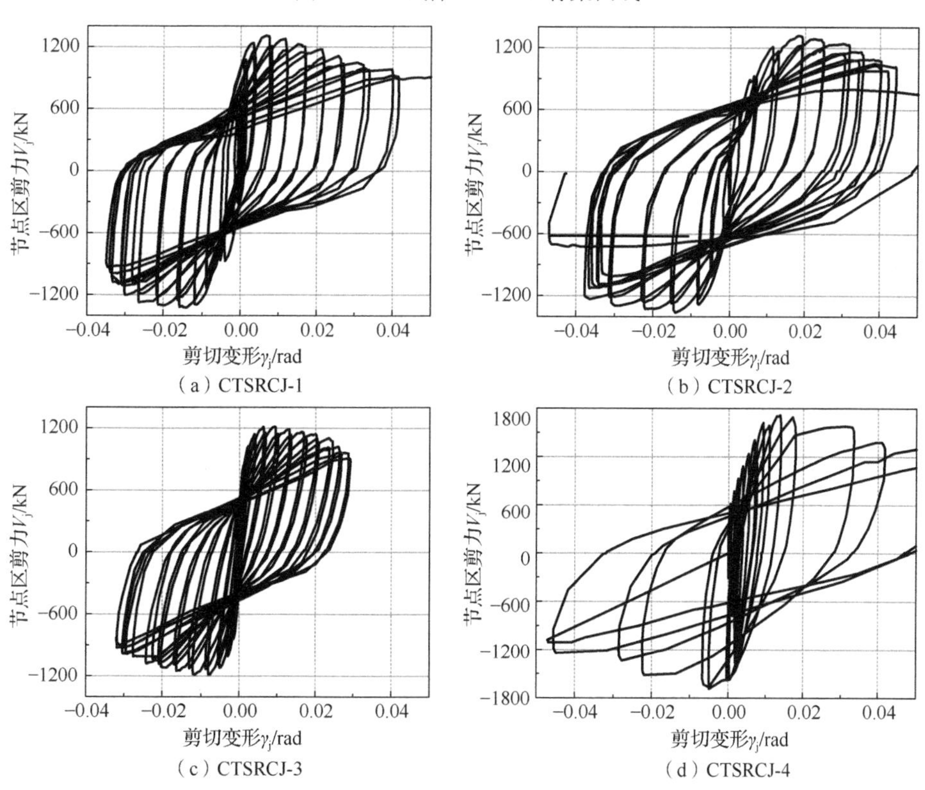

图 9.2.26　节点区剪力–剪切变形关系曲线

4. 钢管应力分析

图 9.2.27 给出了节点区钢管中部位置应力发展规律。试件 CTSRCJ 的节点区钢管的应力发展规律大致相同：节点区钢管在峰值荷载前均发生了屈服并进入塑性流动阶段；

整个过程钢管的剪应力一直在增加，占钢管应力的主导作用；钢管中由轴压力引起的压应力逐渐转化为拉应力。试件 CTSRCJ-1 和试件 CTSRCJ-2 的节点区钢管横向应力在峰值荷载的 75%左右具有先剧增再剧减现象，主要是由核心混凝土开裂引起。试件 CTSRCJ-3 未出现钢管横向应力剧增现象，主要是由于选定的屈服位移较小；试件 CTSRCJ-4 也未出现钢管横向应力剧增现象，主要是由节点区钢管加强板处的焊缝质量不合格导致的。峰值点时，所有试件的钢管剪应力均在 $0.68f_y$ 左右，横向应力在 $0.17f_y$～$0.34f_y$，说明节点区钢管以直接抗剪为主，同时发挥一定的间接抗剪作用。

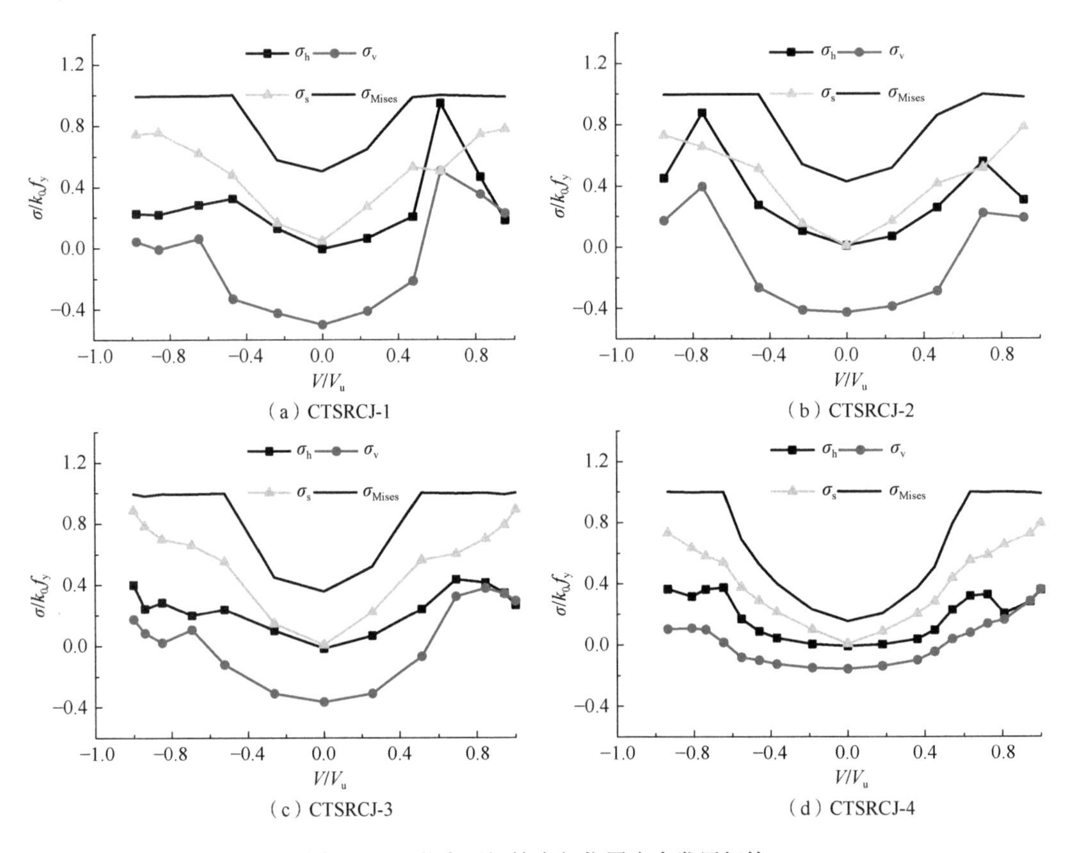

（a）CTSRCJ-1　（b）CTSRCJ-2

（c）CTSRCJ-3　（d）CTSRCJ-4

图 9.2.27　节点区钢管中部位置应力发展规律

9.3　圆钢管约束混凝土柱-钢梁框架节点抗震性能有限元分析

本节基于 MSC.Marc 软件平台上建立了钢管约束混凝土柱-钢梁节点的精细化有限元模型。该模型考虑了材料和几何非线性、混凝土开裂后正交各向异性等因素。

由 9.2 节可知，节点区伸出钢管对节点力学性能影响为 6%左右，为此本章在建立有限元模型时可不考虑节点区伸出钢管的影响。由于混凝土剪压性能的模拟自身存在较强的非线性，如果再考虑混凝土和钢管的接触和滑移将大大加大模型计算难度，为此模型将圆钢管约束混凝土柱视为一种组合材料，从而钢管约束混凝土柱-钢梁节点的有限元模型由以下几个部件组成：圆钢管约束混凝土柱、节点区核心混凝土、节点区钢管以及钢梁。以下将对有限元模型的建立进行详细介绍。

9.3.1　模型建立

1. 材料模型

（1）混凝土

钢管约束钢筋混凝土柱-钢梁框架节点力学性能偏向钢筋混凝土梁柱节点，节点区核心混凝土对节点承载力贡献较大。因此，准确地模拟混凝土在剪压作用下的力学性能是建立有限元模型时所面临的关键问题。钢筋混凝土的剪压力学性能涉及混凝土本构、混凝土骨料咬合作用、钢筋销栓作用以及钢筋与混凝土黏结等复杂问题，混凝土模型能否模拟开裂混凝土的斜压传力以及混凝土裂面行为决定了通用有限元的选取。

MSC.Marc 程序中可以选择多种不同的混凝土屈服准则，如 Mises 屈服准则、Mohr-Coulomb 准则等。MSC.Marc 提供了一个专门适用于混凝土的弹塑性本构，该模型的屈服面为[6]

$$\beta\sqrt{3}\bar{\sigma}I_1+\gamma I_1^2+3J_2-\bar{\sigma}^2(\bar{\varepsilon}_{\mathrm{p}})=0 \tag{9.3.1}$$

式中：γ——$\gamma=0.2$；

$\bar{\sigma}(\bar{\varepsilon}_{\mathrm{p}})$——等效应力，由用户输入的等效应力-等效塑性应变关系得到$\beta=\sqrt{3}$。

模型需要输入的参数包括：弹性模量、受拉软化模量、屈服应力、开裂应力、压碎应变以及等效应力-等效塑性应变关系。模型的塑性流动采用关联流动法则。MSC.Marc 软件存在两种破坏准则，受压破坏准则是最大压应变破坏准则，受拉开裂准则为 Rankine 最大拉应力准则。混凝土被压碎，材料完全退出工作；混凝土开裂后，混凝土材料由各向同性材料变为正交各向异性材料，裂面受剪行为通过输入恒定的裂面剪力传递系数来控制。MSC.Marc 可以模拟开裂混凝土斜压杆传力行为，但存在剪力锁死现象；由于受压破坏准则为最大压应变破坏准则，可以模拟混凝土在峰值点后的力学行为。

本节试验中，核心混凝土在试验过程中会发生开裂，故核心混凝土所受约束力有限，其受压本构采用《混凝土结构设计规范（2015 年版）》（GB 50010—2010）建议的应力-应变关系。

核心混凝土和柱混凝土的受拉本构定义相同，MSC.Marc 软件对于受拉本构定义需要输入开裂应力和软化模型，开裂应力σ_{cr}近似地采用 $0.1f_{\mathrm{c}}$，软化模量 E_{ts} 的取值依赖于网格的尺寸，其计算的原理是开裂后的受拉应力-应变曲线所围成的面积等于断裂能，软化模量 E_{ts}（图 9.3.1）的计算公式如下：

$$E_{\mathrm{ts}}=\sigma_{\mathrm{cr}}^2 l_{\mathrm{c}}/(2G_{\mathrm{f}}) \tag{9.3.2}$$

式中：l_{c}——网格尺寸；

G_{f}——混凝土断裂能。

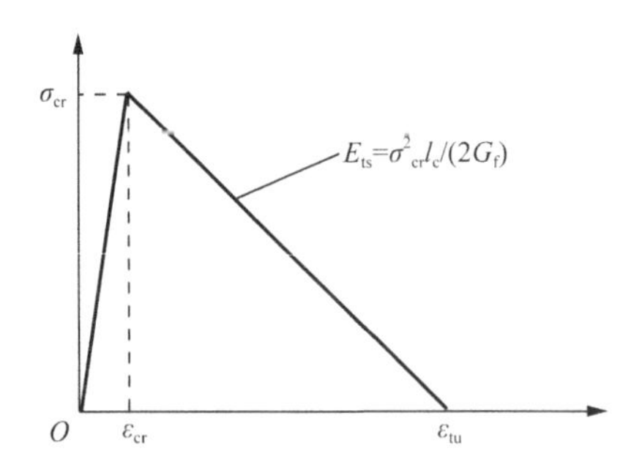

图 9.3.1　混凝土受拉应力-应变曲线

（2）钢材

钢材的材料模型为各向同性强化模型，钢材在多轴应力状态下满足 Mises 屈服准则，遵循相关流动法则，钢材的塑性强化由输入的单调荷载下的应力-应变关系决定。钢材的应力-应变关系采用试验测得的应力-应变曲线或理想弹塑性曲线对结果影响不大，故为了简便起见，钢材采用理想弹塑性本构。

2. 单元选取与网格划分

钢管约束混凝土柱-钢梁框架节点有限元模型涉及以下几种部件：混凝土、节点区钢管、钢梁、柱纵筋和柱型钢。混凝土采用完全积分的 SOILD 单元，单元形状为 HEX8；节点区钢管、柱型钢以及柱钢管采用的是 THICK SHELL 单元，单元形状为 QUAD4；柱纵筋采用 TRUSS 单元，单元形状为 LINE2。

经过反复试算，混凝土单元尺寸取 50mm 左右就能满足工程精度的要求，故混凝土单元尺寸均取 50mm 左右。柱纵筋和柱型钢的尺寸应小于混凝土单元尺寸，这样才能保证每个柱纵筋或者柱型钢能完全嵌入混凝土单元，否则会造成部分混凝土单元没有柱纵筋或者柱型钢，进而导致收敛问题，故柱纵筋和柱型钢的单元尺寸取 25mm 左右。节点区钢管和钢梁的单元取 25mm 即满足精度。有限元模型的网格划分以及边界条件如图 9.3.2 所示。

3. 单元界面接触

圆钢管约束混凝土柱-钢梁框架节点的有限元模型的接触涉及以下几种：节点区钢管和节点区核心混凝土、柱纵筋和混凝土以及柱型钢和混凝土。节点区钢管和节点区核心混凝土采用面-面接触，MSC.Marc 软件中的面-面接触模式包括 GLUE 和 TOUCHING，GLUE 具有良好的收敛性，且节点区钢管和核心区混凝土之间通过环板相连，可以认为节点区钢管和核心区混凝土采用 GLUE 接触是合理的。柱纵筋和柱型钢均通过 MSC.Marc 中的 INSERT 功能嵌入混凝土单元中。

4. 边界条件和荷载施加

为了减少边界条件对有限元模型结果的影响，有限元模型的边界条件将按照试验装置实际情况进行简化。试验装置的柱底端为轴承铰，只能在平面内进行转动，故有限元模型将约束柱底端的平动自由度以及绕平面外的转动自由度，即 *X*、*Y*、*Z*、ROTAX 以及 ROTAZ。试验装置的梁端为移动的轴承铰，考虑到梁端在试验过程中的竖向位移比较小，认为梁端只可以发生 *X* 方向的平动，故有限元模型将约束梁端 *Y*、*Z*、ROTAX 以及 ROTAZ。

柱轴力是通过自平衡系统施加，柱轴力的方向始终和柱顶面是垂直的，故柱轴力将通过面力的方式施加。柱水平推力是通过在柱顶端施加 *X* 方向的位移来实现的。

边界条件和荷载施加均是施加在各个参考点上，各个参考点和对应的端面耦合所有的自由度。试件的所有边界条件和荷载施加均在图 9.3.2 中给予标出。

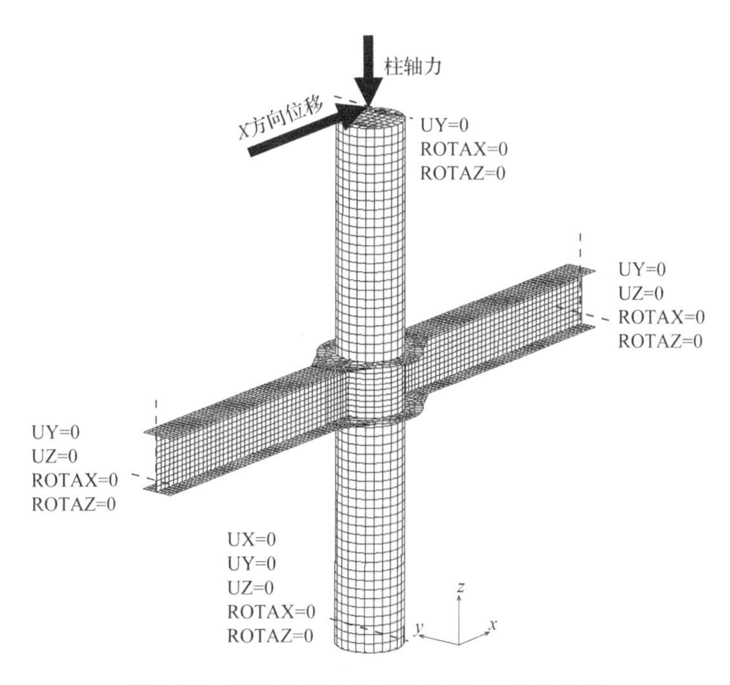

图 9.3.2　有限元模型的网格划分以及边界条件

9.3.2　模型验证

为了验证本章建立的钢管约束混凝土柱-钢梁节点精细化有限元模型的准确性，对 6 个圆钢管约束钢筋混凝土柱-钢梁框架节点和 4 个圆钢管约束型钢混凝土柱-钢梁框架节点均进行了模拟并与试验进行对比，对比内容包括荷载-位移关系和破坏形态两个方面。

1. 圆钢管约束钢筋混凝土柱-钢梁框架节点

（1）荷载-位移曲线

图 9.3.3 为发生节点区破坏的圆钢管约束钢筋混凝土柱-钢梁框架节点的荷载-位移曲线对比，有限元结果在峰值点前和试验结果在初始刚度、峰值位移以及峰值荷载等方面均吻合较好，满足工程分析的精度。有限元因收敛问题而未能得到下降段，但这不影响节点承载力分析。

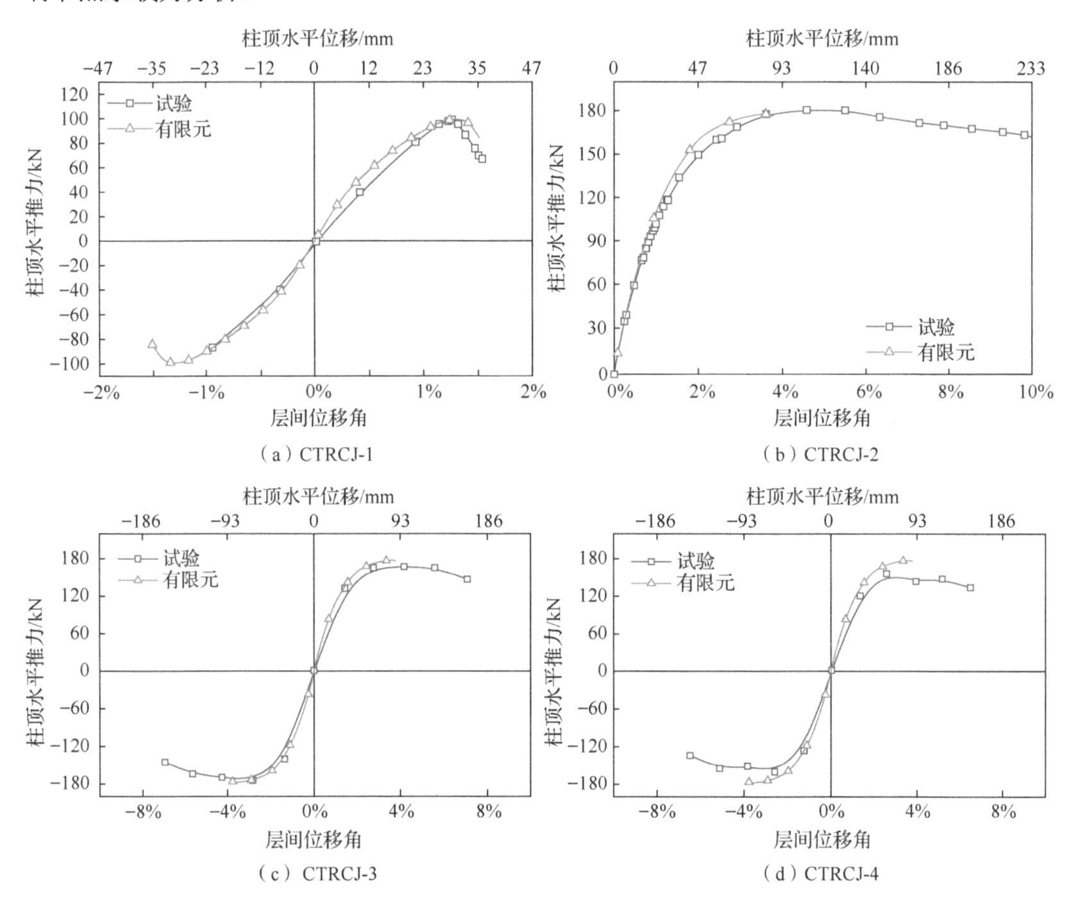

图 9.3.3 发生节点区破坏的圆钢管约束钢筋混凝土柱-钢梁框架节点的荷载-位移曲线对比

图 9.3.4 为发生钢梁破坏的圆钢管约束钢筋混凝土柱-钢梁框架节点的荷载-位移曲线对比情况。有限元结果在初始刚度、峰值位移以及峰值荷载等方面和试验结果均吻合较好，满足工程分析的精度。由于发生的是钢梁破坏，有限元模型能够给出完整的荷载-位移曲线。

（2）破坏形态

验证有限元模型的可靠性不仅要求荷载-位移曲线吻合较好还需要破坏形态基本一致，下面以试件 CTRCJ-2 为例介绍试验和有限元的破坏形态对比情况（图 9.3.5）。试件 CTRCJ-2 的主要破坏特征为节点区钢管鼓曲，有限元模型结果表现出一致的破坏现象。

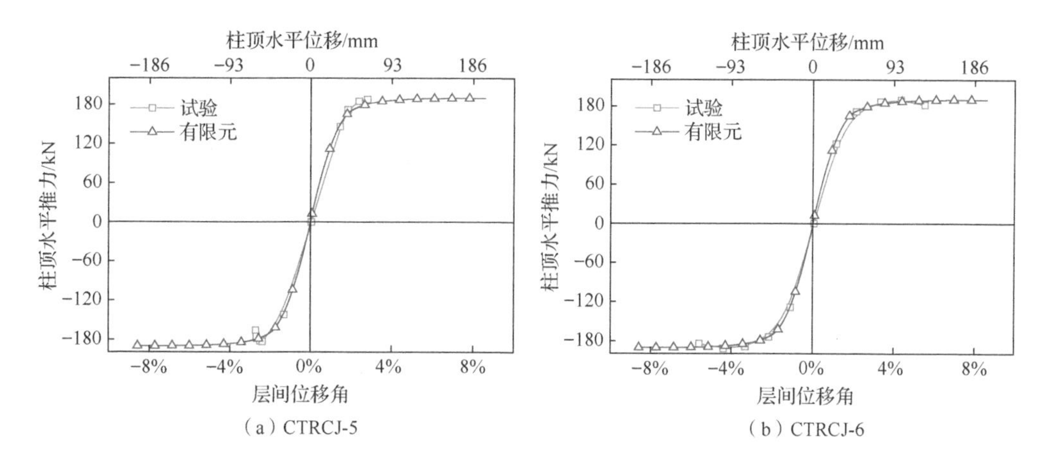

（a）CTRCJ-5　（b）CTRCJ-6

图 9.3.4　发生钢梁破坏的圆钢管约束钢筋混凝土柱-钢梁框架节点的荷载-位移曲线对比

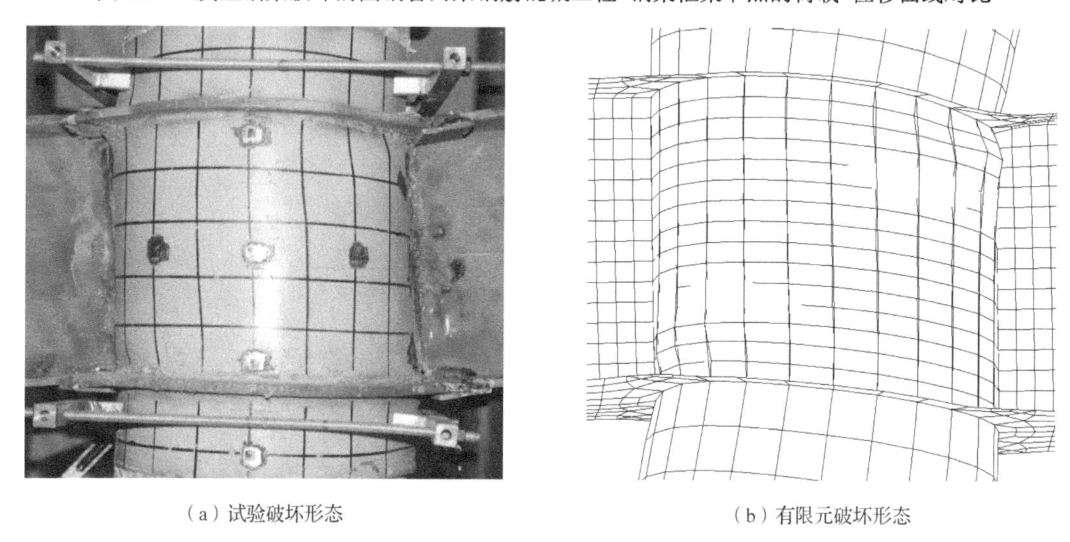

（a）试验破坏形态　（b）有限元破坏形态

图 9.3.5　试件 CTRCJ-2 破坏形态对比

2. 圆钢管约束型钢混凝土柱-钢梁框架节点

（1）荷载-位移曲线

图 9.3.6 为圆钢管约束型钢混凝土柱-钢梁框架节点的荷载-位移曲线对比。从图 9.3.6 可以看出，有限元结果在峰值点前在初始刚度、峰值位移以及峰值荷载等方面和试验结果均吻合较好，满足工程分析的精度。有限元因收敛问题而未能得到下降段，但这不影响节点承载力分析。试件 CTSRCJ-4 的补强板处的焊缝发生撕裂，有限元模型无法准确地给出模拟结果，故未给出试件 CTSRCJ-4 的曲线对比情况。

（2）破坏形态

下面以试件 CTSRCJ-1 为例介绍试验和有限元的破坏形态对比情况（图 9.3.7）。试件 CTSRCJ-1 的最主要的破坏特点为节点区钢管角部鼓曲，这和有限元模拟结果相一致。除了节点区钢管角部鼓曲，节点区钢管中部在后期出现的鼓曲带在有限元模型未出现，造成这差别归于：有限元模型在峰值点附近就因收敛问题而停止计算，未能模拟试件峰值点后行为；考虑到软件收敛性问题，节点区钢管和核心区混凝土之间未考虑滑移和脱开。

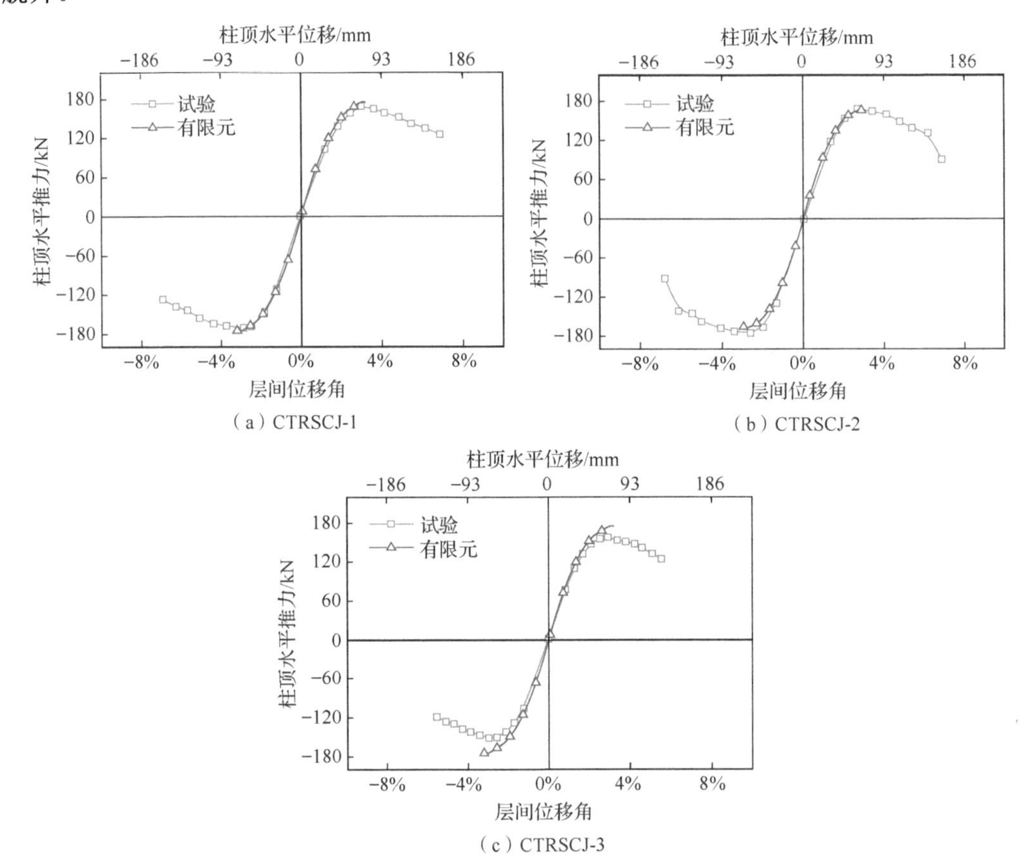

(a) CTRSCJ-1

(b) CTRSCJ-2

(c) CTRSCJ-3

图 9.3.6 圆钢管约束型钢混凝土柱-钢梁框架节点的荷载-位移曲线对比

(a) 试验破坏形态

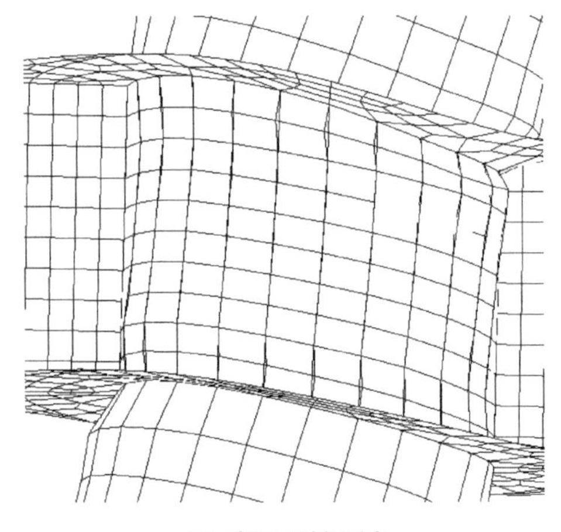

(b) 有限元破坏形态

图 9.3.7 试件 CTSRCJ-1 破坏形态对比

9.3.3　参数分析

1. 圆钢管约束钢筋混凝土柱-钢梁框架节点

圆钢管约束钢筋混凝土柱-钢梁框架节点核心区受剪机理的影响参数主要包括：核心混凝土轴心抗压强度（20～50MPa）、节点区钢管径厚比（>75）、节点区钢管屈服强度（0～690MPa）、柱轴压比（0～0.6）以及节点高径比（0.6～1.5）。下面分别介绍各参数的影响规律。

（1）核心混凝土轴心抗压强度

图 9.3.8 为峰值时核心混凝土主压应力分布及方向。从图 9.3.8 可以看出，核心混凝土应力较大区域形成“斜压杆”，这说明核心混凝土主要通过斜压杆机构进行传力，由于节点区钢管约束作用，核心混凝土角部强度大部分达到了 60MPa，而核心混凝土中部强度还未达到混凝土轴心抗压强度（33MPa），可见核心混凝土角部应力最大，破坏程度最高，这与试验现象相一致。核心混凝土中部应力较角部小是由以下两点造成的：①圆形节点中部宽度较两边宽，故中部混凝土的受压面积比角部混凝土大；②斜压杆传力存在的应力扩散现象，导致中部混凝土的受压面积增大。节点区混凝土受力部分大致可以分为三部分区域，两个次压杆区域和一个主压杆区域，主压杆区域的应力较次压杆较大。如图 9.3.9 所示，以往学者假定钢筋混凝土梁柱节点的斜压杆方向为节点对角线，这是因为梁和柱受压区力的合力点连线（线 AB）大致为节点对角线的缘故。而对于圆钢管约束混凝土柱-钢梁框架节点而言，因其截面为圆形以及梁为钢梁，其主压应力方向和节点对角线明显不平行，其斜压杆方向比节点对角线方向更陡，可以简单地认为斜压方向为点 C 和点 D 的连线，这可以通过图 9.3.8（b）进行验证，这为后面建立核心区混凝土受力模型提供了依据。

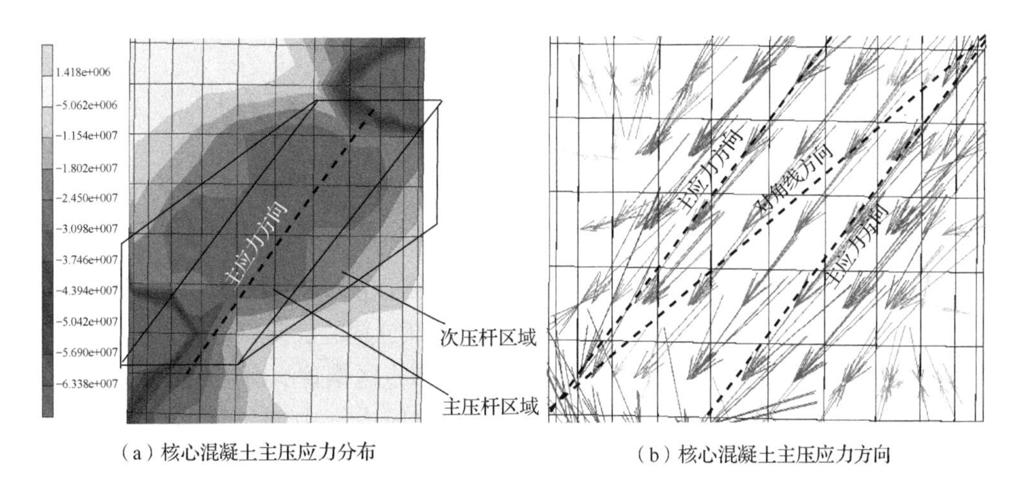

（a）核心混凝土主压应力分布　　（b）核心混凝土主压应力方向

图 9.3.8　典型核心混凝土主压应力分布及方向

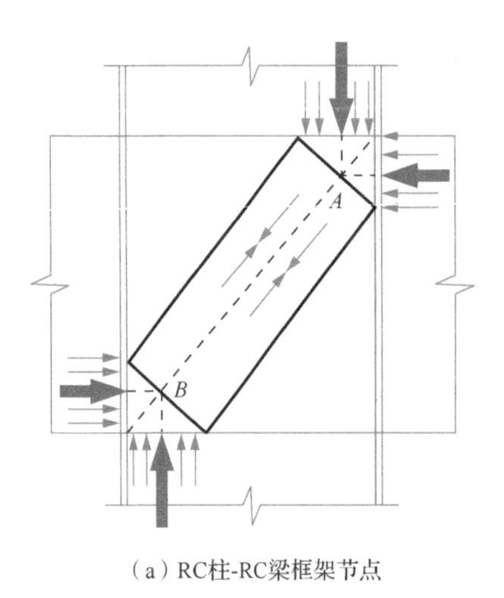

（a）RC柱-RC梁框架节点

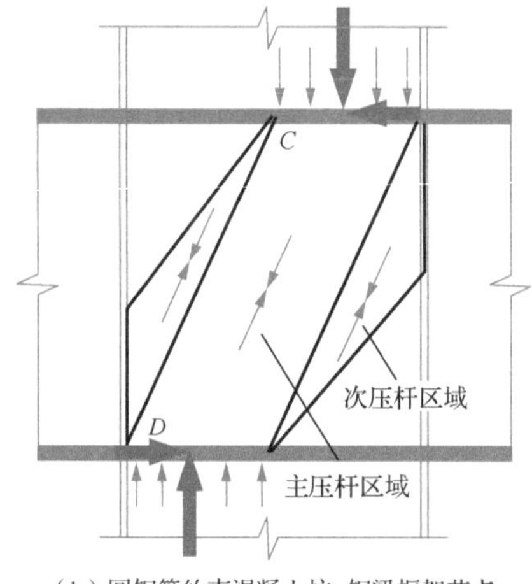

（b）圆钢管约束混凝土柱-钢梁框架节点

图 9.3.9 斜压杆方向

图 9.3.10 为混凝土轴心抗压强度对节点受剪承载力的影响，节点受剪承载力和混凝土轴心抗压强度成正相关。这是由于核心混凝土发挥斜压杆作用，且起主要传力作用，而斜压杆作用取决于混凝土轴心抗压强度。

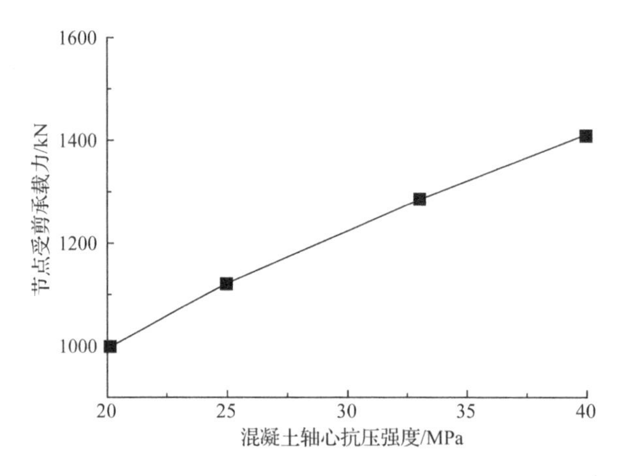

图 9.3.10 混凝土轴心抗压强度对节点受剪承载力的影响

（2）节点区钢管

图 9.3.11 为峰值时节点区钢管的横向应力和剪应力分布。从图 9.3.11 可以看出，节点区钢管中部区域的环板应力基本为受拉状态，中部位置的横向应力达到了 182MPa，而核心混凝土中部的强度并没有明显提高，这说明节点区钢管的横向应力是用于桁架机制传力。节点区钢管中部区域同时存在较大的剪应力，中部位置的剪应力达到了 100MPa，这说明节点区钢管还能发挥一定直接抗剪作用。这和节点区钢管应力应变分析的结果相一致。

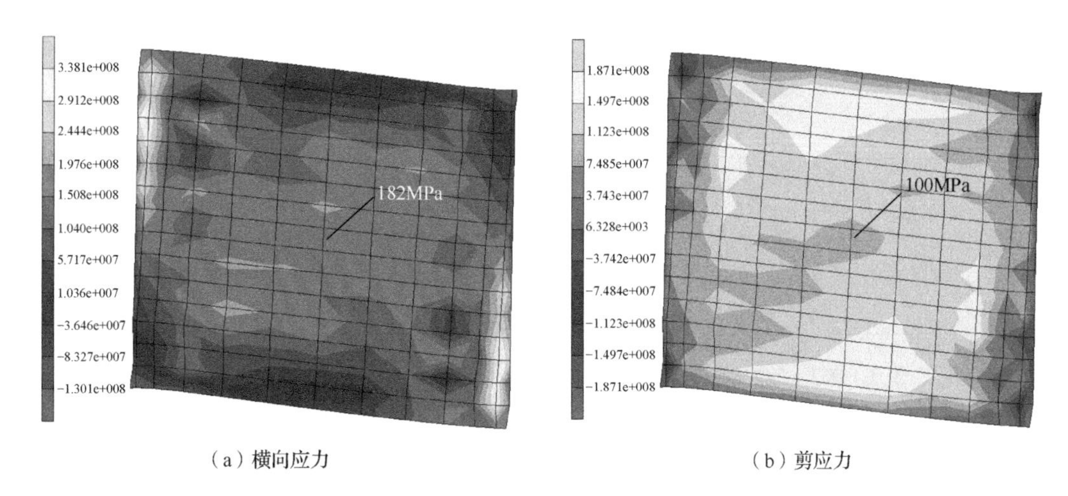

（a）横向应力　　（b）剪应力

图 9.3.11　节点区钢管的横向应力和剪应力分布

对节点区钢管中部截面的剪应力分布情况进行分析，图 9.3.12 为发生节点破坏的试件 CTRCJ-2 的节点区钢管中部横截面剪应力分布。从图 9.3.12 可以看出，在垂直中线正负 45° 范围内（*BC* 段）的剪应力较大，且垂直中线正负 45° 处的剪应力最大（*B* 点、*C* 点），而在管壁和腹板交接处（*A* 点、*D* 点）的剪应力基本为 0，这为后面建立钢管直接抗剪模型提供了依据。

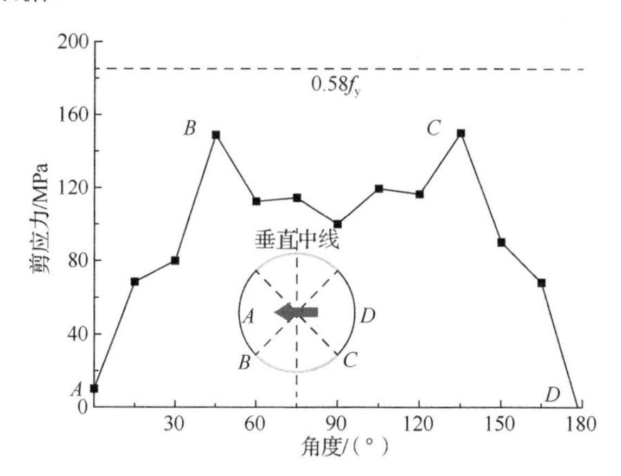

图 9.3.12　节点区钢管中部横截面剪应力分布

综上所述，节点区钢管不仅发挥直接抗剪作用还参与桁架机构传力。图 9.3.13 为节点区钢管的屈服强度和厚度对节点受剪承载力的影响。从图 9.3.13 可以看出，节点受剪承载力与节点区钢管屈服强度和厚度基本呈线性正相关。

图 9.3.14～图 9.3.16 给出峰值时核心混凝土的主压应力分布及方向随钢管厚度增大的变形规律。随着节点区钢管厚度的增加，主压杆中部混凝土的应力值有所增加。通过对比不同节点区钢管厚度的混凝土主压应力方向可以发现，核心混凝土的主压杆方向基本不受节点区钢管厚度的影响，但可以观察到次压杆区域的面积随着节点钢管厚度增加有所加大，说明次压杆传力受节点区钢管的影响。

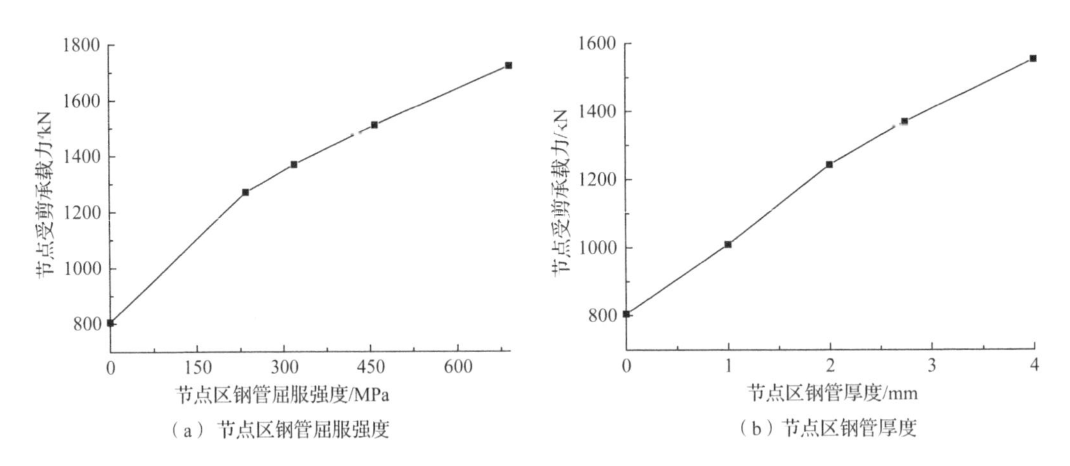

（a）节点区钢管屈服强度　　（b）节点区钢管厚度

图 9.3.13　节点区钢管的屈服强度和厚度对节点受剪承载力的影响

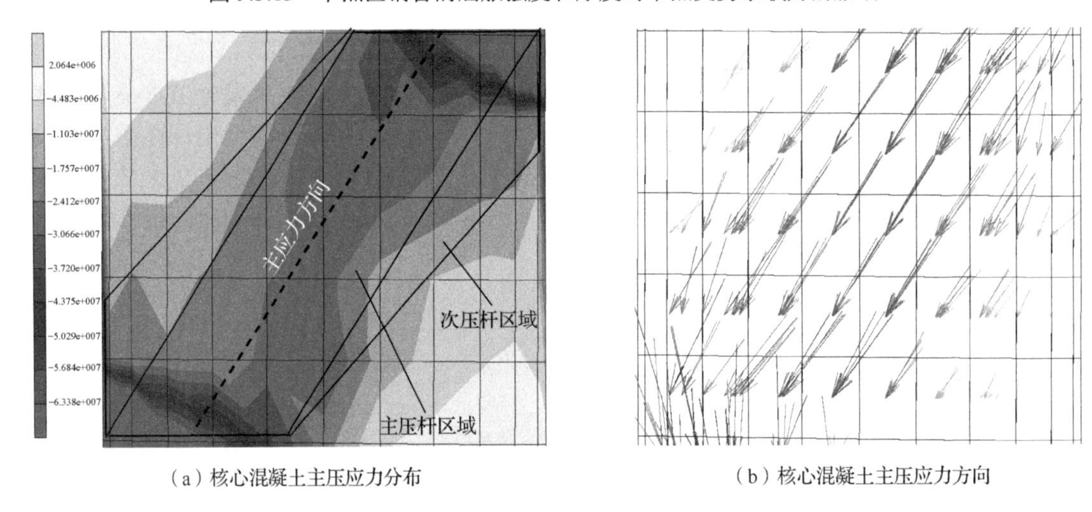

（a）核心混凝土主压应力分布　　（b）核心混凝土主压应力方向

图 9.3.14　节点区钢管厚度为 1mm 时核心混凝土主压应力分布及方向

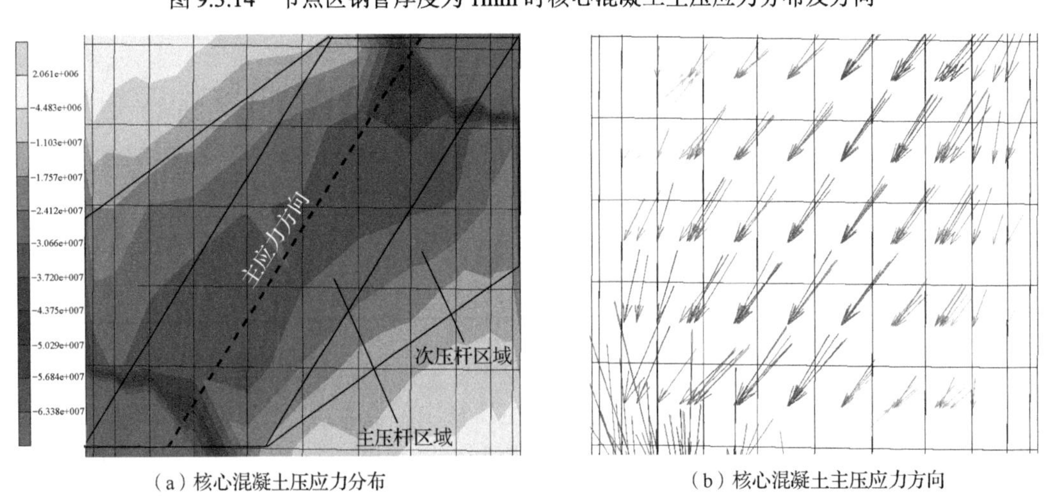

（a）核心混凝土压应力分布　　（b）核心混凝土主压应力方向

图 9.3.15　节点区钢管厚度为 2.74mm 时核心混凝土主压应力分布及方向

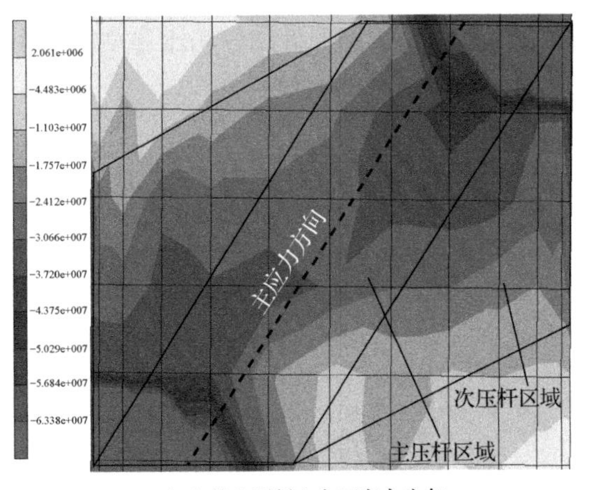

（a）核心混凝土主压应力分布

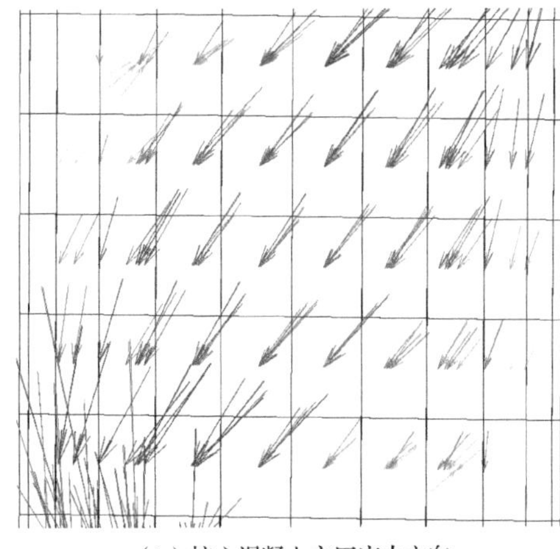

（b）核心混凝土主压应力方向

图 9.3.16　节点区钢管厚度为 4mm 时核心混凝土主压应力分布及方向

（3）柱轴压比

柱轴压比的定义如下：

$$n=N_0/N_u \tag{9.3.3}$$

式中：N_0——柱轴压力；

N_u——钢管约束混凝土柱的轴压承载力。

钢管约束混凝土柱的受弯承载力受轴压力影响比较大，柱轴压力增大会使柱抗弯承载力有所提高，但过高的轴压力会使柱的抗弯承载力迅速降低。从图 9.3.17 可以看出，柱轴压比为 0.0 的节点发生柱端受弯破坏；柱轴压比为 0.4 的节点发生节点破坏；柱轴压比为 0.7 的节点发生柱端压弯破坏；这些现象正是柱的受弯承载力受柱轴压力影响导致的。

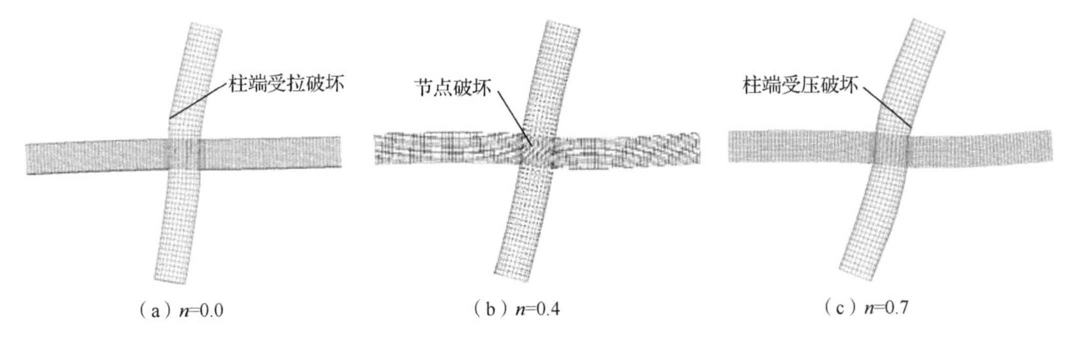

（a）n=0.0　（b）n=0.4　（c）n=0.7

图 9.3.17　轴压比对试件破坏形态的影响

柱轴压比不仅影响柱的抗弯承载力，而且会影响节点周围应力的大小和分布，进而影响节点受剪承载力。图 9.3.18 给出了柱轴压比对节点受剪承载力的影响。图 9.3.18 中的节点受剪承载力是在保证节点发生剪切破坏的前提下得到的。从图 9.3.18 可以看出，柱轴压比在 0.0～0.3 范围内，柱轴力对节点受剪承载力起到有利作用，再大的柱轴压比

（0.3～0.4）会降低节点受剪承载力；但更大的柱轴压比（>0.4）导致柱端压弯承载力不足，始终无法通过计算得到节点受剪承载力。

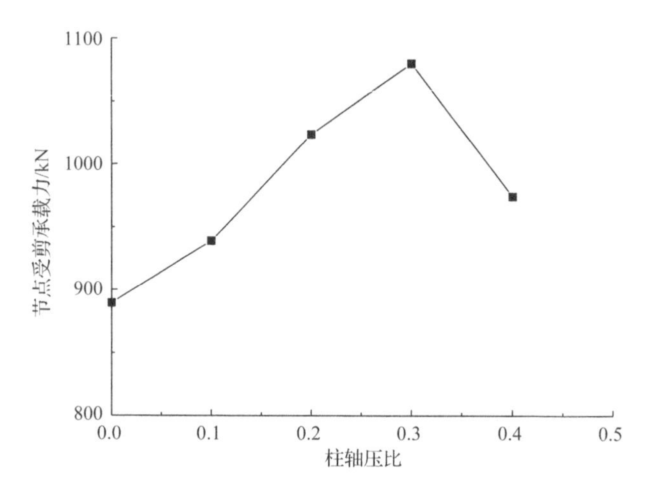

图 9.3.18　柱轴压比对节点受剪承载力的影响

图 9.3.19～图 9.3.21 给出了峰值时核心混凝土的主压应力分布及方向随柱轴压变化的情况。随着柱轴压比增大，柱受压区面积增加，斜压杆倾斜角度减小。柱受压面积增加对节点受剪承载力有利，而斜压杆倾斜角度减小会降低节点受剪能力。柱轴压比从零开始增加，柱受压区面积增加比斜压杆倾斜角度减小更明显，所以节点受剪承载力增加；当柱轴压比较大时，柱受压区面积增加没有斜压杆倾斜角度减小明显，这导致高柱轴压比反而降低节点受剪承载力。以上从机理上解释了柱轴压力在一定范围对节点受剪有利，过大的柱轴压力反而会削弱节点受剪能力。

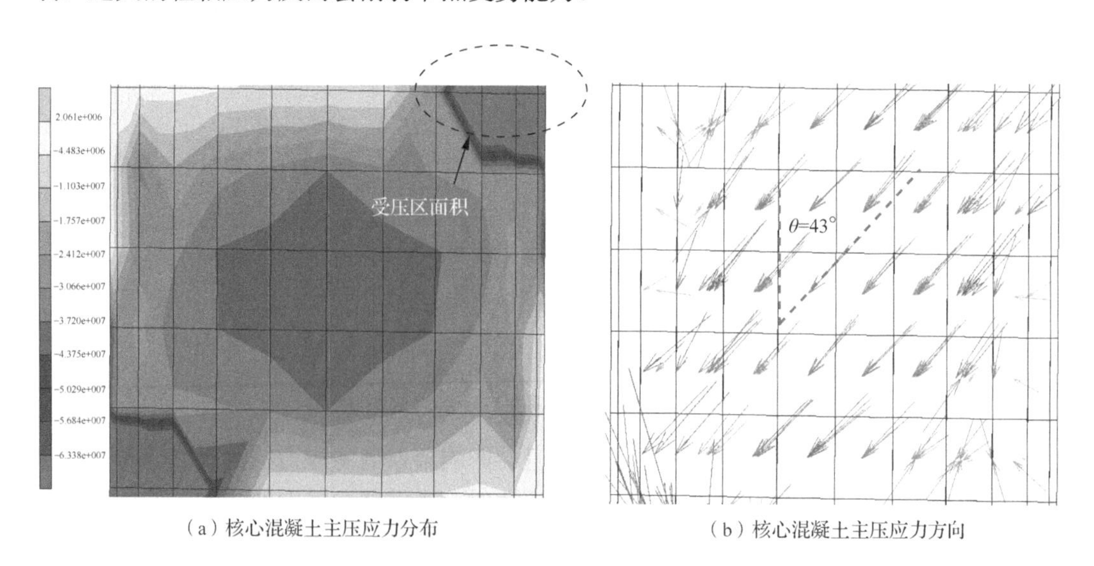

（a）核心混凝土主压应力分布　　（b）核心混凝土主压应力方向

图 9.3.19　轴压比为 0 时核心混凝土主压应力分布及方向

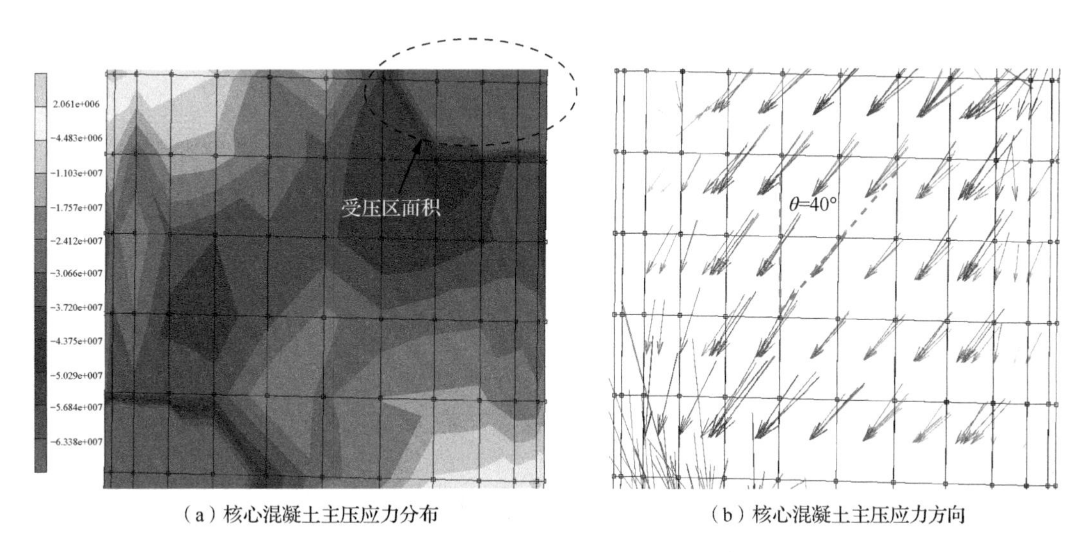

（a）核心混凝土主压应力分布　　（b）核心混凝土主压应力方向

图 9.3.20　轴压比为 0.16 时核心混凝土主压应力分布及方向

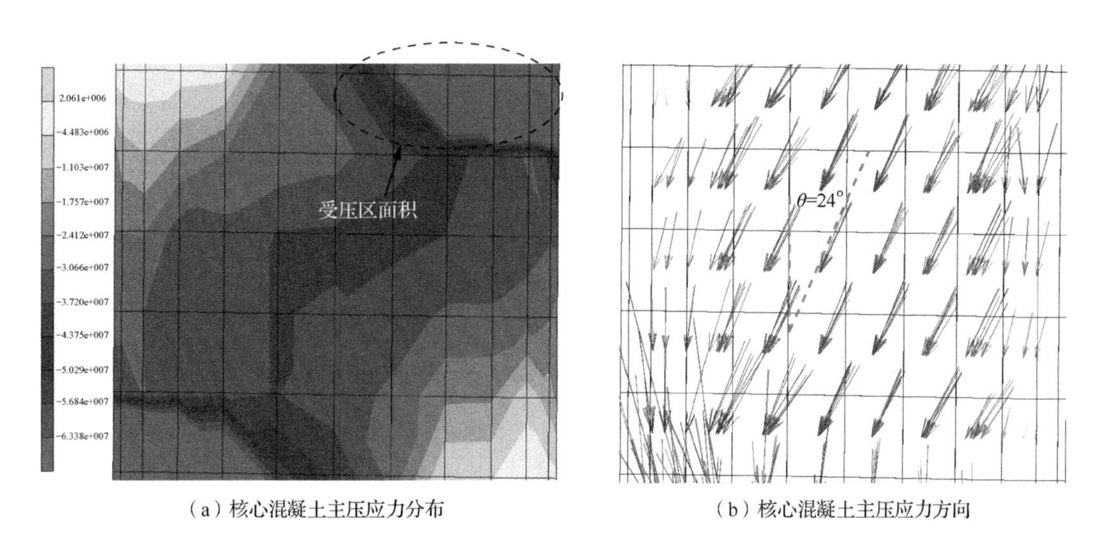

（a）核心混凝土主压应力分布　　（b）核心混凝土主压应力方向

图 9.3.21　轴压比为 0.4 时核心混凝土主压应力分布及方向

（4）节点高径比

图 9.3.22 给出了高径比对节点受剪承载力的影响。从图 9.3.22 可以看出，随着节点高径比增大，节点受剪承载力基本呈线性减小。

图 9.3.23～图 9.3.25 给出了峰值时核心混凝土的主压应力分布及方向随节点核心区高径比变化的情况。柱受压区面积受节点核心区高径比影响不大，但斜压杆倾斜角度随着节点核心区高径比增加而减小，从而导致斜压杆在水平方向的投影力变小，由此节点受剪承载力随节点高径比增大而减小。

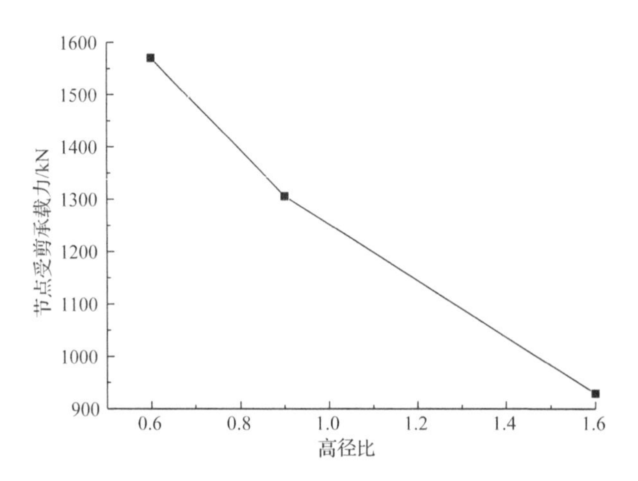

图 9.3.22 高径比对节点受剪承载力的影响

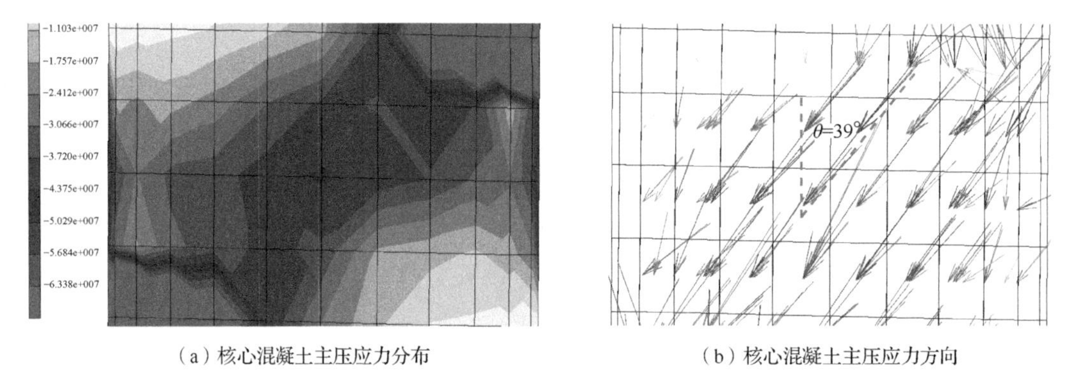

（a）核心混凝土主压应力分布　　（b）核心混凝土主压应力方向

图 9.3.23 高径比为 0.6 时核心混凝土主压应力分布及方向

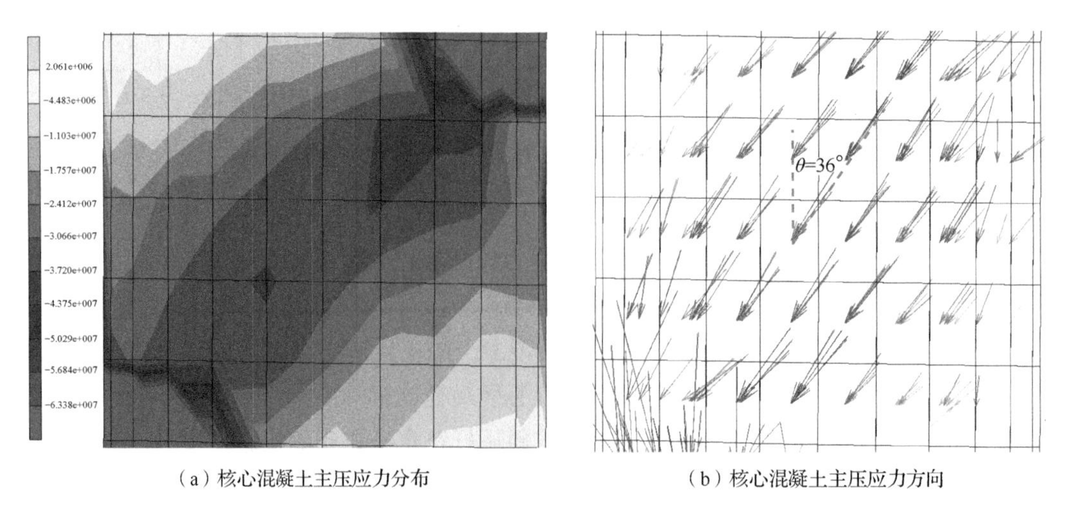

（a）核心混凝土主压应力分布　　（b）核心混凝土主压应力方向

图 9.3.24 高径比为 0.9 时核心混凝土主压应力分布及方向

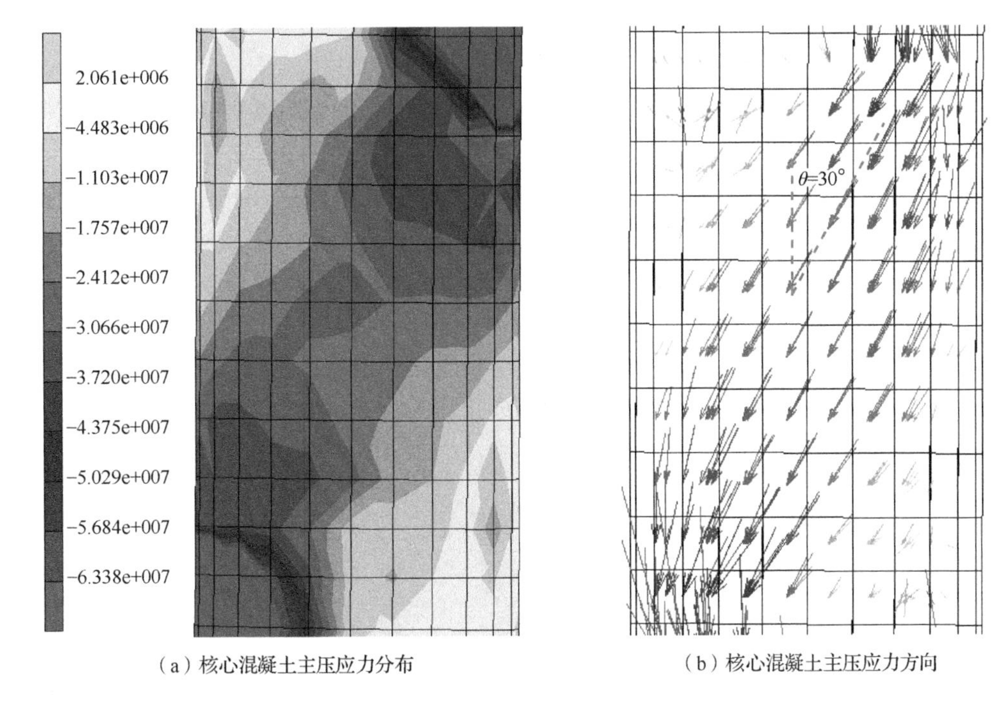

（a）核心混凝土主压应力分布　　（b）核心混凝土主压应力方向

图 9.3.25　高径比为 1.5 时核心混凝土主压应力分布及方向

（5）柱纵筋

图 9.3.26 给出了节点受剪承载力随柱纵筋配筋率变化规律。从图 9.3.26 可以看出，随柱纵筋率增大，节点受剪承载力有所增加；但当柱纵筋率较大时，节点受剪承载力基本不受柱纵筋率的影响。这是由于柱纵筋率小时，节点破坏取决于节点区核心混凝土角部受压能力，柱纵筋的存在可以承担一部分压力；但当柱纵筋率较大时，核心混凝土中部发生破坏。可以看出，两种破坏模式的节点受剪承载力相差 10%左右。有限元模型的钢筋和混凝土之间是假定不存在滑移现象，但往复荷载作用下的柱纵筋和混凝土之间实际上是存在滑移，因此柱纵筋的应力很难确定，但可以确定的是，柱纵筋对节点受剪承载力影响不会超过 10%。

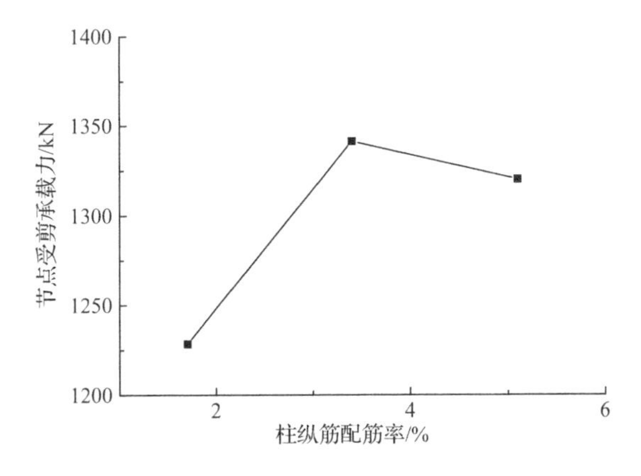

图 9.3.26　节点受剪承载力随柱纵筋配筋率变化规律

2. 圆钢管约束型钢混凝土柱-钢梁框架节点

圆钢管约束型钢混凝土柱-钢梁框架节点受剪承载力的影响参数主要包括：核心混凝土轴心抗压强度、节点区钢管厚度、节点区钢管屈服强度、柱型钢腹板厚度、柱型钢腹板屈服强度和柱轴压比。下面分别介绍各参数的影响规律，核心混凝土轴心抗压强度、节点区钢管厚度、节点区钢管屈服强度以及轴压比对核心混凝土主压应力分布和方向的影响规律和圆钢管约束钢筋混凝土柱-钢梁框架节点基本相同，故不再赘述。

（1）核心混凝土轴心抗压强度

图 9.3.27 为核心混凝土轴心抗压强度对节点受剪承载力的影响，从图中可以看出，节点受剪承载力和核心混凝土轴心抗压强度成正相关。

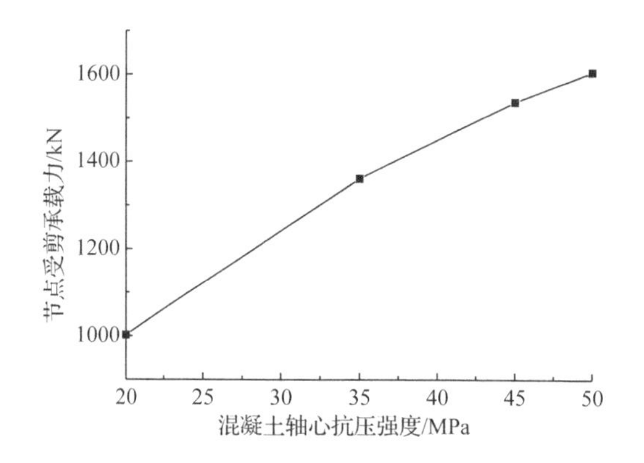

图 9.3.27　核心混凝土轴心抗压强度对节点受剪承载力影响

（2）节点区钢管

节点区钢管不仅发挥直接抗剪作用还参与桁架机构传力。图 9.3.28 为节点区钢管的屈服强度和厚度对节点受剪承载力的影响，从图可以看出，节点受剪承载力与节点区钢管屈服强度和厚度基本呈线性正相关。

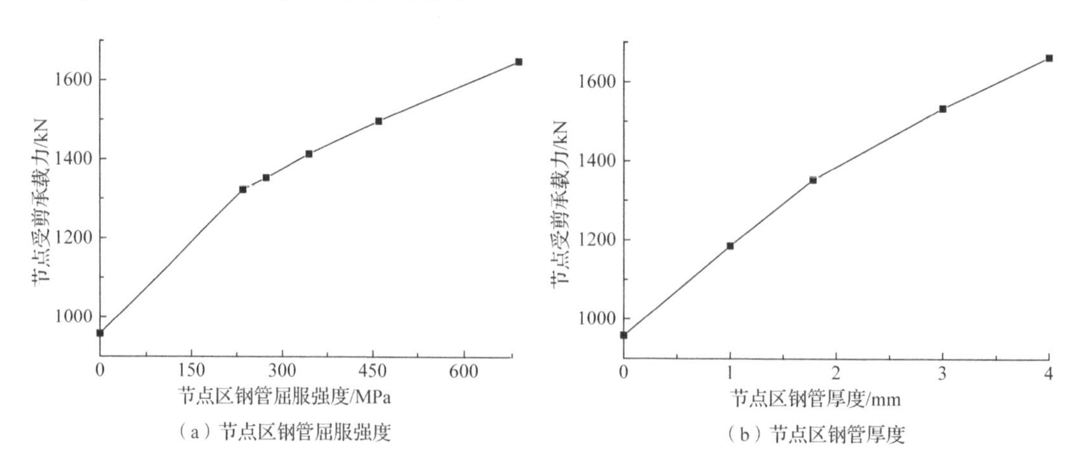

图 9.3.28　节点区钢管的屈服强度对节点受剪承载力影响

（3）柱型钢腹板

图 9.3.29 为峰值点时柱型钢腹板剪力的分布情况，节点区段的柱型钢腹板的剪应力基本全达到了 202MPa，约为最大剪应力［0.58×367≈212.86（MPa）］的 95%。这说明柱型钢腹板只起直接抗剪作用且柱轴压力对型钢腹板的最大剪应力影响不大。图 9.3.30 给出柱型钢腹板屈服强度和钢管厚度对节点受剪承载力的影响。从图 9.3.30 可以看出，柱型钢可以线性提高节点受剪承载力。

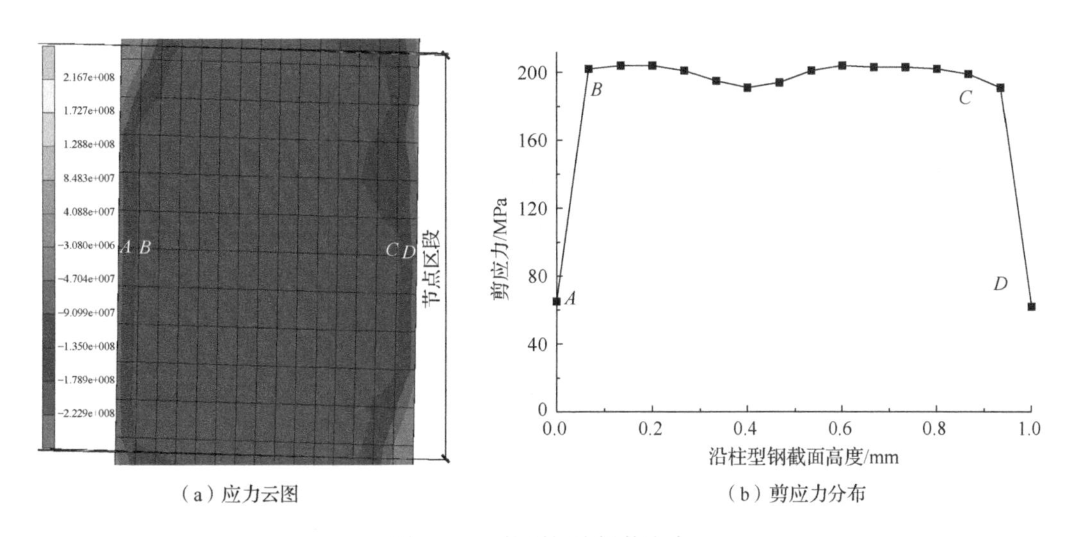

（a）应力云图　　（b）剪应力分布

图 9.3.29　柱型钢腹板剪应力

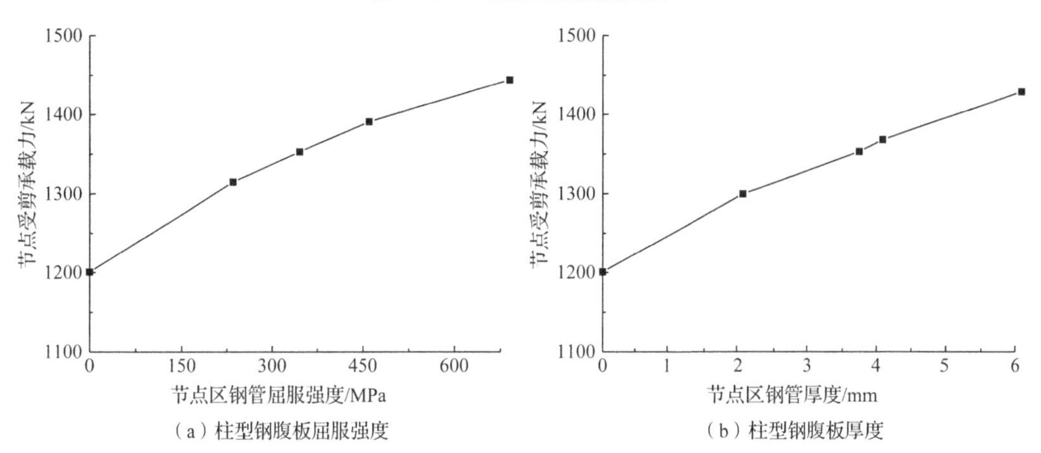

（a）柱型钢腹板屈服强度　　（b）柱型钢腹板厚度

图 9.3.30　柱型钢腹板屈服强度和钢管厚度对节点受剪承载力的影响

（4）柱轴压比

图 9.3.31 给出了节点受剪承载力随柱轴压比变化的规律。从图 9.3.31 可以看出，柱轴压比在 0.0～0.3 范围，柱轴压力对节点受剪承载起到有利作用，再大的柱轴压力会降低节点受剪承载力。

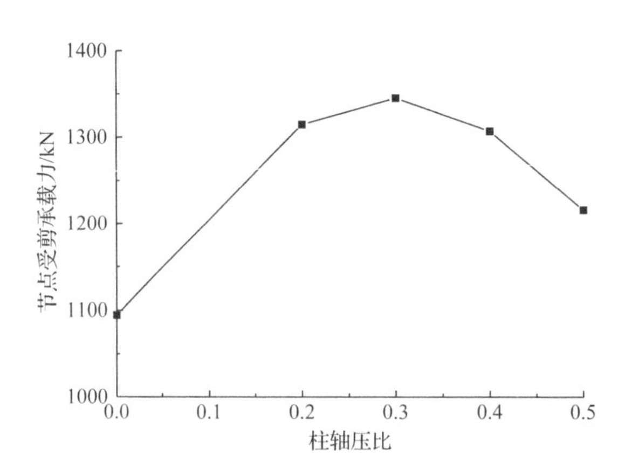

图 9.3.31 对节点受剪承载力随柱轴压比变化的规律

9.4 圆钢管约束混凝土柱-钢梁框架节点抗震设计方法

圆钢管约束混凝土柱-钢梁节点抗剪部件主要有核心混凝土、节点区钢管以及柱型钢腹板，核心混凝土传力可以借鉴钢筋混凝土梁柱节点理论，节点区钢管传力可以借鉴钢管混凝土梁柱节点，柱型钢腹板传力可以借鉴型钢混凝土梁柱节点。柱轴压力对节点受剪承载力的影响机理复杂，同时影响斜压杆面积和角度；峰值时柱纵筋和柱型钢的应力难以确定，柱纵筋或柱型钢对节点受剪承载力有一定提高，但提高幅度有限。为简化受力模型，不考虑柱轴力对节点受剪承载力的降低同时也不考虑柱纵筋或柱型钢对节点受剪承载力的提高，有限元结果表明，这种做法引起的误差在10%左右，满足工程设计精度。

9.4.1 核心混凝土受剪承载力

目前国内外学术界比较认可的是钢筋混凝土梁柱节点同时存在的“桁架机构”、“斜压杆机构”和“约束机构”[7-11]。传力机构如图 9.4.1 所示。桁架机构是由梁、柱纵筋经黏结效应传入节点的应力引起的。在此种机构中，主压应力由节点核心区的混凝土承担；主拉应力由沿受力方向的水平箍筋及竖向柱筋承担。斜压杆机构是由核心混凝土承担梁、柱端受压区混凝土压力所引起的主压应力。约束机构是认为节点区箍筋对核心混凝土具有一定约束作用。各国钢筋混凝土规范关于梁柱节点设计仍存在不小差别，主要是无法定量的衡量“桁架机构”“斜压杆机构”“约束机构”在节点受剪机理中的比重。目前对于钢梁和框架柱连接的节点受剪承载力，国内外规范大部分都将核心混凝土作为斜压杆来考虑，同样将核心区混凝土视为斜压杆，节点传力机构主要是“斜压杆机构”，这点可以通过 9.3 节的分析得到验证。

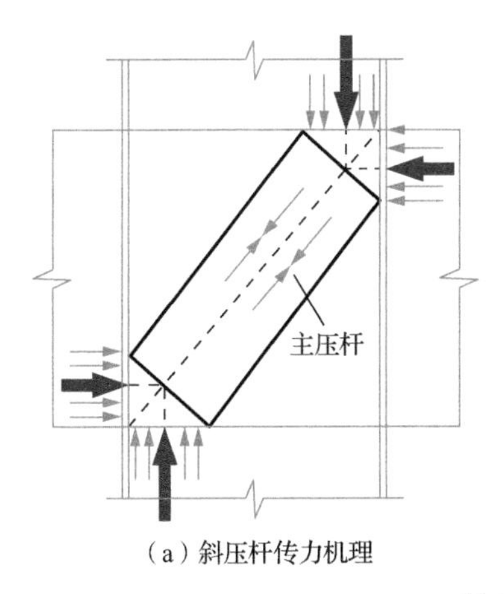

（a）斜压杆传力机理

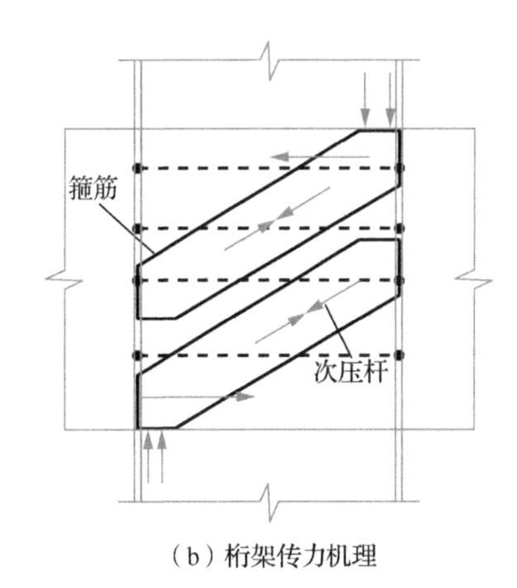

（b）桁架传力机理

图 9.4.1　传力机构

目前国内外学者在研究节点混凝土剪切块力学性能时，常常采用修正斜压场理论[12-13]、软化拉压杆理论[14-15]以及斜压杆理论[16-17]。修正斜压场理论在节点区应用存在着较大的局限性，这是由于修正斜压场理论考虑的正应力是均匀作用在剪切块的正应力，弱化了斜压杆传力机构的作用；修正斜压场理论中的混凝土应力-应变关系是基于双向配筋板的试验基础得到，考虑了嵌入混凝土中的钢筋对混凝土的弱化作用，而核心混凝土是被柱纵筋和箍筋包围着，两者的本构关系不能相同对待。软化拉压杆能定量衡量桁架机构和斜压杆机构，比较适合纯钢筋混凝土梁柱节点。斜压杆理论适合节点主要通过斜压杆传力的情况，因此，采用斜压杆理论对节点受剪性能进行分析。

斜压杆面积和方向的确定是定量评估节点受剪承载力的关键问题，也是斜压杆理论的核心部分［图 9.4.2（a）］。目前存在两种比较常见的方法：一种斜压杆宽度为 $w_{strut}=\sqrt{c_b^2+c_c^2}$，$c_b$ 和 c_c 分别为梁和柱受压区高度，斜压杆方向沿节点核心混凝土对角线；另一种斜压杆宽度为 $w_{strut}=0.3\sqrt{h_b^2+h_c^2}$，$h_b$ 和 h_c 分别为梁截面高度和柱截面高度，斜压杆方向沿节点核心混凝土对角线。这两种方法适合钢筋混凝土柱-钢筋混凝土梁框架节点传力，对于采用钢梁的框架节点，其核心混凝土的斜压杆方向不再为对角线方向，这点在 9.3.3 节已经得到验证。Fukumoto 等[18]提出了圆钢管混凝土柱-钢梁节点的受力模型［图 9.4.2（b）］，该模型未能考虑角部钢管对角部混凝土的约束作用，且该模型未考虑钢管的桁架传力作用，这可能是径厚比较小导致的。综上所述，现有模型均不适合圆钢管约束混凝土柱-钢梁节点。

基于以上因素，结合节点工作机理提出适合圆钢管约束混凝土柱-钢梁框架节点的核心混凝土受力模型，如图 9.4.3 所示。核心区混凝土发挥受剪作用的为黑色框所围成部分，由主压杆和次压杆组成，不管是斜压杆传力还是桁架机构传力，核心区混凝土发挥作用取决于角部混凝土的受压承载力，因此主压杆受剪承载力 V_{cu} 为

$$V_{cu}=V_c\tan\theta \tag{9.4.1}$$

式中：V_c——柱受压区压力；

　　θ——斜压杆方向和竖向的夹角。

下面详细介绍确定 V_c 和 θ 的计算方法。

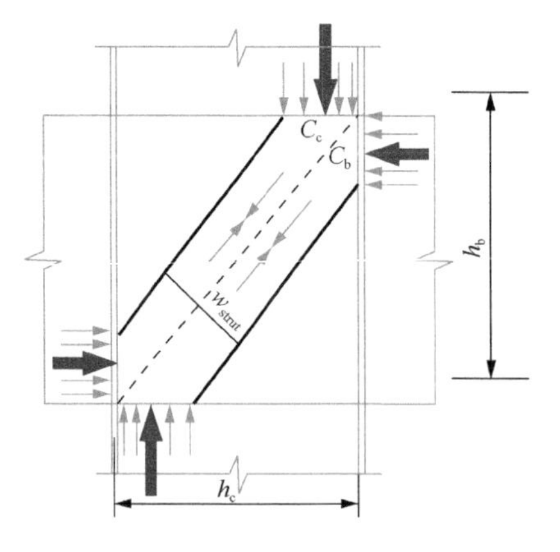

(a) RC柱-RC梁框架节点的受力模型

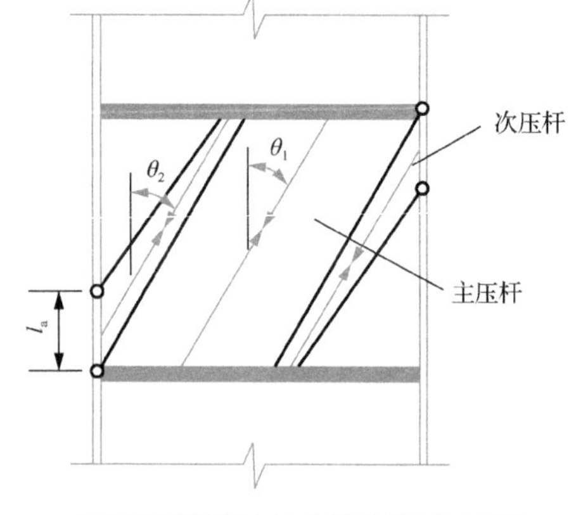

(b) 圆钢管混凝土柱-钢梁节点的受力模型

图 9.4.2 斜压杆模型

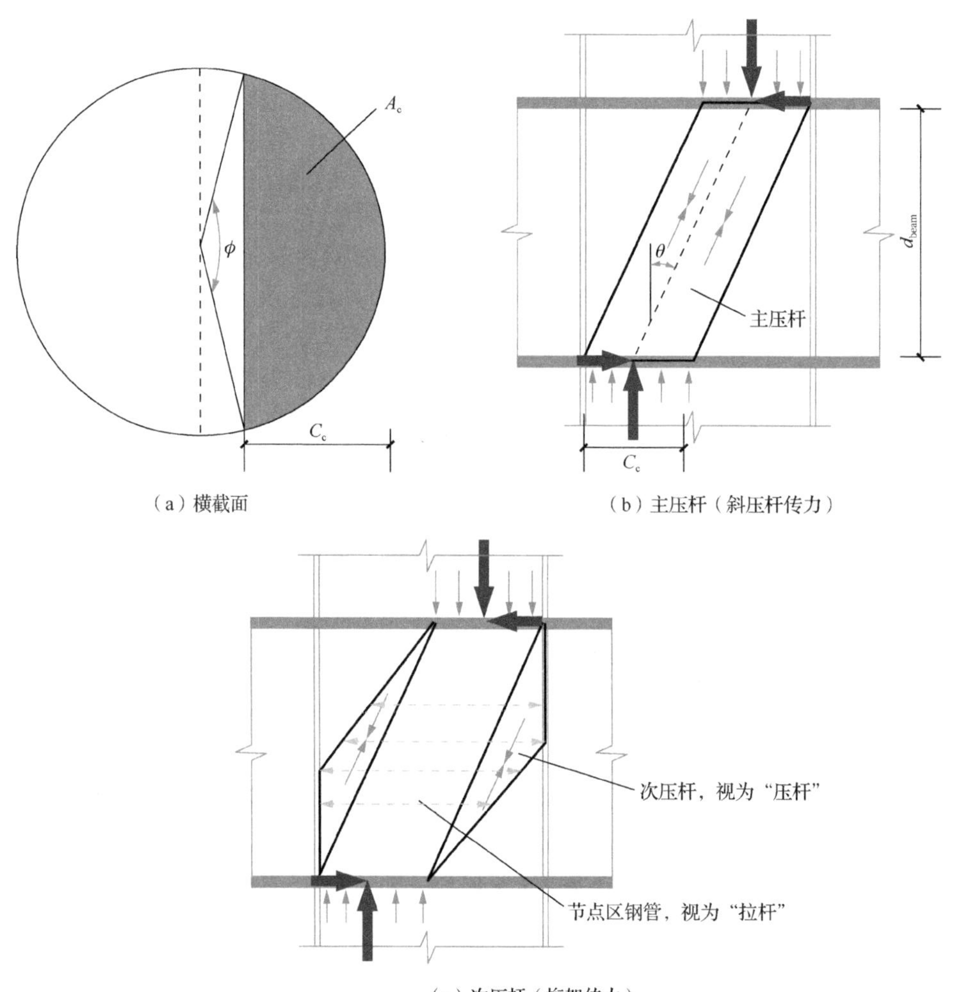

(c) 次压杆 (桁架传力)

图 9.4.3 本书提出的斜压杆模型

假设柱受压区高度 c_c，则受压区面积 A_c 和斜压杆方向与竖向夹角 θ 分别为

$$A_c = D_c^2[\phi - \sin(\phi)]/8 \tag{9.4.2}$$

$$\theta = \arctan[(D_c - c_c)/d_{beam}] \tag{9.4.3}$$

式中：ϕ——受压区对应的圆心角，$\phi = 2\arccos(1 - 2c_c/D_c)$，$D_c$ 为柱直径；

d_{beam}——钢梁翼缘中心的垂直距离。

由于核心混凝土角部受钢管约束，其混凝土轴心抗压强度有所提高，圆钢管混凝土强度 f_{cj} 可按《钢管混凝土结构技术规范》（GB 50936—2013）计算：

$$f_{cj}=f_c(1+a\xi) \tag{9.4.4}$$

$$\xi=A_s f_s/(A_{cc} f_c) \tag{9.4.5}$$

式中：a——系数，按《钢管混凝土结构技术规范》（GB 50936—2013）取值；

ξ——套箍系数，其由钢管横截面面积 A_s、钢管屈服强度 f_s、混凝土横截面面积 A_{cc} 以及混凝土轴心抗压强度 f_c 计算得到。综上可得

$$V_{cu} = f_c(1+\alpha\xi)\frac{D_c^2}{8}[\phi - \sin(\phi)]\frac{D_c - c_c}{d_{beam}} \tag{9.4.6}$$

$$\phi = 2\arccos(1 - 2c_c/D_c) \tag{9.4.7}$$

式（9.4.7）中只有受压区高度 c_c 未知，通过 V_{cu} 取极大值可确定 c_c，即

$$\frac{\partial V_{cu}}{\partial c_c} = 0 \tag{9.4.8}$$

进一步可得 c_c=0.55D_c，将 c_c=0.55D_c 代入式（9.4.6）可得到核心混凝土贡献的节点受剪承载力为

$$V_{cu} = 0.2D_c^3 f_c(1+\alpha\xi)/d_{beam} \tag{9.4.9}$$

9.4.2　节点区钢管受剪承载力

由 9.3.3 节分析可知，节点区钢管在峰值点附近存在横向应力和剪应力，节点区钢管的横向应力主要是参与桁架机构传力产生的，这部分的受剪承载力 V_{tube1} 按照《混凝土结构技术规范（2015 年版）》（GB 50010—2010）计算：

$$V_{tube1}=1.57 t_j \sigma_h d_{beam} \tag{9.4.10}$$

式中：t_j——节点区钢管厚度；

σ_h——节点区钢管横向应力。

这部分抗剪贡献是包含在核心混凝土里的，故不再考虑。节点区钢管的剪应力是由于节点区钢管直接抗剪产生的，峰值时节点区钢管中部截面的剪应力分析，如图 9.4.4 所示，在垂直中线±45°的扇形范围之内，钢管的剪力较大，只考虑此部分钢管直接抗剪。因此，由节点区钢管直接抗剪贡献的节点受剪承载力 V_{tube2} 为

$$V_{tube2} = 2\int_{\pi/4}^{3\pi/4} \tau_s(x) t_j \sin(\theta) D_c \mathrm{d}\theta/2 = \sqrt{2}\tau_{max} t_j D_c \tag{9.4.11}$$

式中：t_j——节点区钢管厚度；

τ_{max}——节点区钢管剪应力。

基于已有的试验结果统计τ_{max}的取值，结果如图 9.4.5 所示，对于圆钢管约束钢筋混凝土柱-钢梁框架节点而言，$\tau_{max}=0.4f_y$；而对圆钢管约束型钢混凝土柱-钢梁框架节点而言，不考虑节点区钢管强化作用，$\tau_{max}=0.58f_y$。

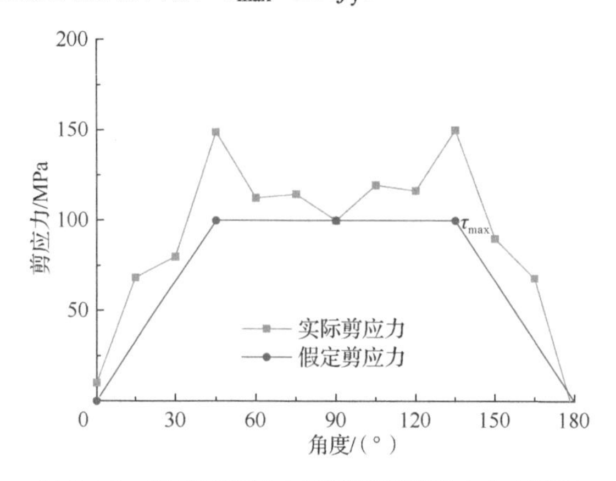

图 9.4.4　节点区钢管中部横截面剪应力分布假定

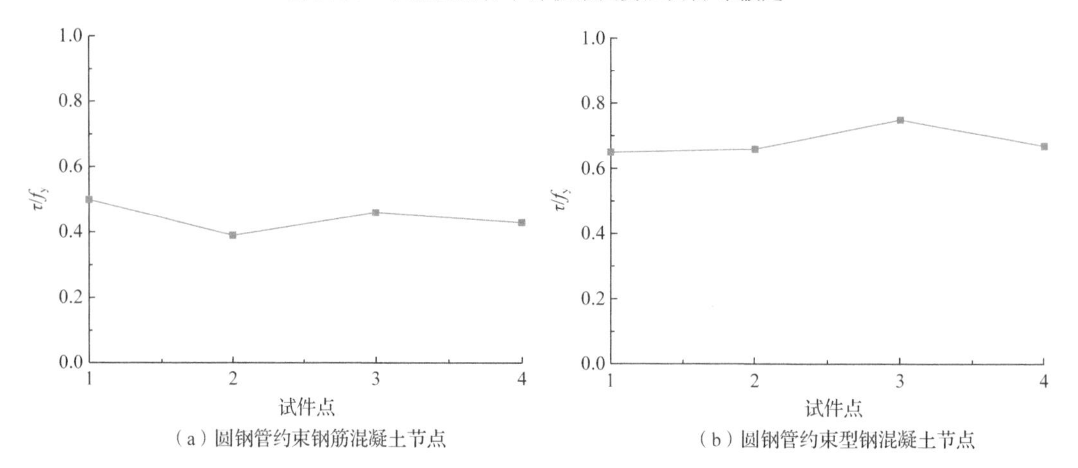

图 9.4.5　节点区钢管中部应力统计

9.4.3　柱型钢腹板受剪承载力

型钢对节点受剪贡献主要来自型钢腹板。在节点达到屈服状态时，型钢腹板一般都能屈服。核心混凝土能对型钢腹板进行有效的约束，整个试验过程型钢腹板不发生局部屈曲，因此在计算型钢腹板受剪承载力时可以不考虑腹板局部屈曲的因素。对于中节点，钢管腹板屈服时，其剪应力分布如图 9.4.6 所示中的假定分布。因此，柱型钢腹板贡献的节点受剪承载力 V_{web} 为

$$V_{web}=\int_0^{h_w}\tau_s(x)t_w\mathrm{d}x=0.9t_wh_wf_y/\sqrt{3} \tag{9.4.12}$$

式中：h_w——柱型钢腹板高度；

t_w——柱型钢腹板厚度；

f_y——型钢腹板屈服强度。

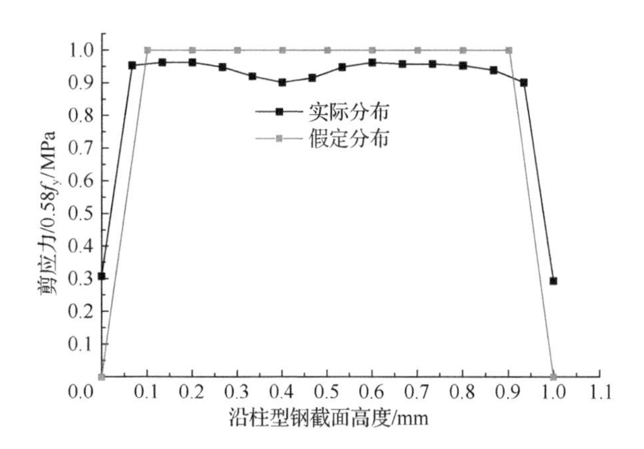

图 9.4.6　柱型钢腹板剪应力假定

综上所述，基于上述提出的受力模型得到的节点受剪承载力为

$$V_{cu}=V_c+V_{tube2}+V_{web} \tag{9.4.13}$$

为了验证提出的受力模型的有效性，将模型结果和试验结果以及有限元结果进行对比，对比结果如图 9.4.7 所示，由于模型未能考虑节点伸出钢管作用、柱轴压比以及柱纵筋或者柱型钢等因素的影响，模型结果与试验结果以及有限元结果存在一定差异，但模型结果和试验结果以及有限元结果吻合较好，误差基本都在±10%之内，适合工程实际。需要特别指出的是，提出的节点受剪承载力计算公式的适用参数范围如下：核心混凝土轴心抗压强度（20～50MPa）、节点区钢管径厚比（>75）、节点区钢管屈服强度（0～690MPa）、柱型钢腹板强度（0～690MPa）以及节点高径比（0.6～1.5）。

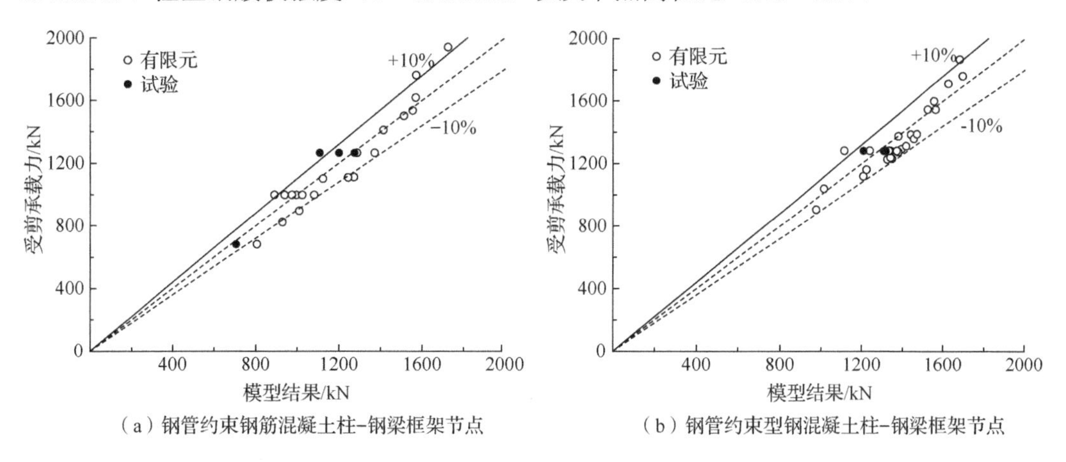

（a）钢管约束钢筋混凝土柱–钢梁框架节点　（b）钢管约束型钢混凝土柱–钢梁框架节点

图 9.4.7　模型结果和试验以及有限元结果对比

参 考 文 献

[1] Zhou X H, Cheng G Z, Liu J P, et al. Shear transfer behavior at the circular tubed column-steel beam interface[J]. Thin-Walled Structures, 2019, 137: 40-52.

[2] 中华人民共和国住房和城乡建设部. 钢结构设计标准: GB 50017—2017[S]. 北京: 中国计划出版社, 2017.

[3] 中华人民共和国住房和城乡建设部. 钢结构焊接规范: GB 50661—2011[S]. 北京: 中国建筑工业出版社, 2011.

[4] Zhou X H, Liu J P, Cheng G Z, et al. New connection system for circular tubed reinforced concrete columns and steel beams[J]. Engineering Structures, 2020, 214: 110666.
[5] Cheng G Z, Zhou X H, Liu J P, et al. Seismic behavior of circular tubed steel-reinforced concrete column to steel beam connections[J]. Thin-Walled Structures, 2019, 138: 485-495.
[6] Buyukozturk O. Nonlinear analysis of reinforced concrete structures [J]. Computers & Structures, 1977, 7(1): 149-156.
[7] Paulay T, Park R, Preistley M J N. Reinforced concrete beam-column joints under seismic actions [J]. Journal Proceedings, 1978, 75(11): 585-593.
[8] Paulay T. Equilibrium criteria for reinforced concrete beam-column joints [J]. Structural Journal, 1989, 86(6): 635-643.
[9] 傅剑平, 游渊, 白绍良. 钢筋混凝土抗震框架节点传力机构分析 [J]. 重庆建筑大学学报, 1996(2): 43-52.
[10] 傅剑平. 钢筋混凝土框架节点抗震性能与设计方法研究 [D]. 重庆: 重庆大学, 2002.
[11] Parra-Montesinos G J, Wight J K. Prediction of strength and shear distortion in R/C beam-column joints [J]. ACI Special Publications, 2001, 197: 191-214.
[12] Vecchio F J, Collins M P. The modified compression-field theory for reinforced concrete elements subjected to shear [J]. ACI Journal, 1986, 83(2): 219-231.
[13] Bentz E C, Vecchio F J, Collins M P. Simplified modified compression field theory for calculating shear strength of reinforced concrete elements [J]. ACI Structural Journal, 2006, 103(4): 614.
[14] Hwang S J, Lee H J. Analytical model for predicting shear strengths of exterior reinforced concrete beam-column joints for sesimic resistance [J]. ACI Structural Journal, 1999, 96: 846-857.
[15] Hwang S J, Lee H J. Analytical model for predicting shear strengths of interior reinforced concrete beam-column joints for seismic resistance [J]. Structural Journal, 2000, 97(1): 35-44.
[16] Parra-Montesinos G, Wight J K. Modeling shear behavior of hybrid RCS beam-column connections [J]. Journal of Structural Engineering, 2001, 127(1): 3-11.
[17] Mitra N, Lowes L N. Evaluation, calibration, and verification of a reinforced concrete beam - column joint model [J]. Journal of Structural Engineering, 2007, 133(1): 105-120.
[18] Fukumoto T, Morita K. Elastoplastic behavior of panel zone in steel beam-to-concrete filled steel tube column moment connections [J]. Journal of Structural Engineering, 2005, 131(12): 1841-1853.

第 10 章　钢管约束混凝土框架的抗震性能试验研究

本章基于已有钢管约束混凝土柱及其节点的研究成果，以梁柱强度比是否满足《建筑抗震设计规范（2016 年版）》（GB 50011—2010）[1]中有关“强柱弱梁”限值为主要参数，设计了三类共六榀框架试件[2-3]，包括圆钢管约束钢筋/型钢混凝土柱-钢梁框架和圆钢管约束钢筋混凝土柱-混凝土梁框架。通过拟静力试验对其滞回性能进行研究，分析了框架的破坏模式和破坏机理，并从滞回曲线、骨架曲线、耗能能力、刚度及强度退化、钢管及钢筋应力发展等方面对试验框架抗震性能进行综合分析与评估。

10.1　钢管约束钢筋混凝土柱-钢梁框架拟静力试验

10.1.1　试验概况

1. 水平地震作用确定

试验在重庆大学结构实验室进行，由于实验室条件的限制，对所设计框架进行 1∶2 缩尺。试验框架为两层两跨，中柱柱顶轴力为边柱的两倍，水平往复推力（模拟水平地震作用）仅施加于二层梁端。考虑到本试验的竖向反力装置最大可支持单个千斤顶加载至 1300kN，为探究较高轴压比（n>0.5）作用下框架的滞回性能，将施加于中柱的轴压力设定为 1300kN。为使所研究的框架具有普遍性和代表性，框架地震设计参数设定为：7 度（0.15g）地震烈度，二类场地类别，设防地震第一分组，特征周期 T_g=0.35s。

由于设计框架的节点质量主要集中在二层柱顶，故可将框架等效为质量集中于二层柱顶的单质点体系（图 10.1.1）。由柱顶所施加轴压力可得集中质量 m=275.5t，结构的重力荷载代表值 G_e=2700kN。

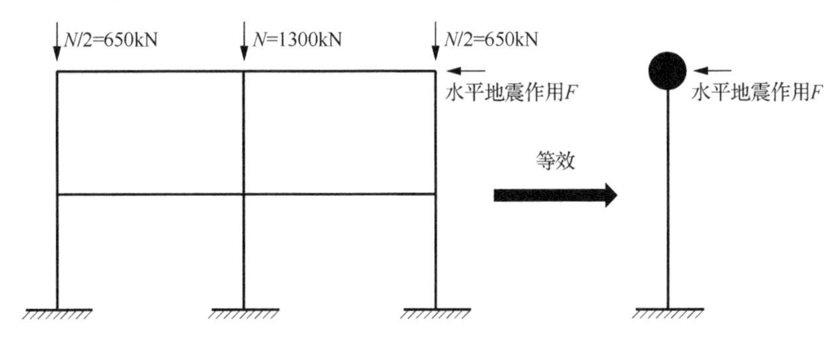

图 10.1.1　框架结构等效为单自由度

采用“底部剪力法”计算水平地震作用 F：其中结构等效总重力荷载代表值 G_{eq}=0.85G_e=2295kN，经模态分析得到结构基本自振周期 T_1=1.12s，最终求得水平地震作用 F=71.6kN。

采用 ETABS[4]软件对框架内力进行分析，其中梁和柱端弯矩分别考虑了柱梁截面高度的影响。

2. 框架柱设计

钢管约束钢筋混凝土柱根据《钢管约束混凝土结构技术标准》（JGJ/T 471—2019）[5]进行设计：构造要求方面规定柱内混凝土强度等级不应低于 C30；纵筋强度等级不宜低于 400MPa，纵筋最小配筋率不应高于 5%；钢管直径与钢管壁厚之比 D/t 不宜小于 100，且不宜大于 200。基于以上要求以及试验轴压比在规定轴力（1300kN）下尽可能高的原则，确定混凝土强度等级采用 C40；柱截面宽度 D=240mm，钢管壁厚 t=2mm；柱内配置 6 根强度等级为 HRB400 且直径为 16mm 的钢筋，经计算截面配筋率为 2.8%，满足规范要求。

柱截面抗弯承载力基于本书第 4 章提出的偏压设计理论进行计算，得到柱抗弯承载力 M_{uc}=87.52kN·m。

3. 钢梁设计

钢梁根据《钢结构设计标准》（GB 50017—2017）[6]进行设计。对于钢梁抗弯承载力，在柱截面尺寸及配筋确定的情况下（M_{uc}=87.52kN·m），钢梁抗弯承载力应根据设计准则分别满足和突破《建筑抗震设计规范（2016 年版）》（GB 50011—2010）中确定框架是否满足“强柱弱梁”要求的梁柱强度比限值要求，即

$$\sum M_c = \eta \sum M_b \tag{10.1.1}$$

式中：M_c、M_b——柱端与梁端截面弯矩设计值；

η——柱端弯矩放大系数，对于一、二、三、四级框架结构分别取为 1.7、1.5、1.3 和 1.2。

对于本节设计框架，将设计轴压力折算成实际楼层高度时大于 24m，由《建筑抗震设计规范（2016 年版）》（GB 50011—2010）可知属于二级框架，故η=1.5。

除满足式（10.1.1）的要求外，钢梁承载力还需进行最不利地震作用组合下的荷载验算和防屈曲验算。

基于以上准则设计出满足和突破“强柱弱梁”要求的钢梁截面尺寸分别为 125mm×100mm×6mm×10mm 和 250mm×150mm×6mm×14mm，数字从左到右依次为钢梁高度、翼缘宽度、腹板厚度和翼缘厚度，钢梁强度等级均采用 Q235。由于钢梁截面满足防屈曲验算，其抗弯承载力采用“全塑性准则”进行计算，得到满足和突破“强柱弱梁”要求的钢梁抗弯承载力 M_{ub} 分别为 30.9kN·m 和 102.2kN·m。

4. 节点设计

根据《钢管约束混凝土结构技术标准》（JGJ/T 471—2019），建议圆钢管约束钢筋混凝土柱-钢梁环板贯通式节点（图 10.1.2）。其中节点核心区剪力设计值 V_j 为

$$V_j \leqslant \frac{1.15\sum M_{bua}}{h_{b0} - t_f}\left(1 - \frac{h_{b0} - t_f}{H_c - h_b}\right) \tag{10.1.2}$$

式中：$\sum M_{\text{bua}}$——节点左右梁端逆时针或顺时针方向实配的正截面抗震受弯承载力所对应的弯矩之和；

h_{b0}——混凝土梁截面的有效高度；

h_{b}——梁的截面高度；

H_{c}——柱的计算高度，可取节点上、下柱反弯点之间的距离；

t_{f}——钢梁翼缘厚度。

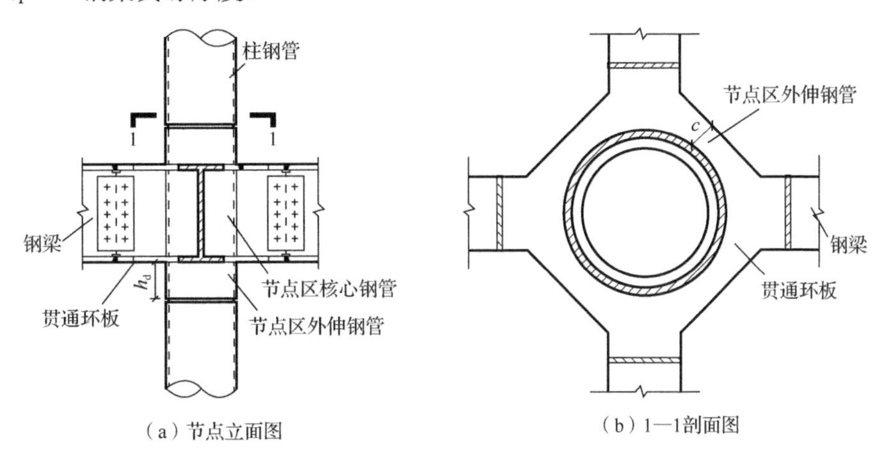

图 10.1.2 圆钢管约束混凝土柱-钢梁环板贯通式节点

节点核心区的受剪承载力和抗震受剪承载力计算式分别为

$$V_{\text{j}} \leqslant \frac{1}{\gamma_{\text{RE}}}(0.30 f_{\text{c}} A_{\text{c}} + 0.75\pi D t_{\text{j}} f_{\text{jv}}) \tag{10.1.3}$$

$$V_{\text{j}} \leqslant \frac{1}{\gamma_{\text{RE}}}(1.2 f_{\text{ct}} A_{\text{c}} + 0.75\pi D t_{\text{j}} f_{\text{jv}}) \tag{10.1.4}$$

式中：γ_{RE}——承载力抗震调整系数；

f_{c}、f_{ct}——分别为混凝土轴心抗压和轴心抗拉强度设计值；

A_{c}——混凝土柱的截面面积；

D——钢管直径；

t_{j}——节点区钢管壁厚；

f_{jv}——节点区钢管的抗剪强度设计值。

经计算，“强柱弱梁”和“强梁弱柱”框架节点区钢管材料强度分别选用 Q235 和 Q345，钢管厚度分别为 4mm 和 5mm。节点构造措施中节点区外伸钢管的高度 h_{d}［图 10.1.2（a）］根据要求不宜小于 100mm 且不应小于混凝土楼板厚度，本节取 100mm；环板在钢管外的尺寸 c［图 10.1.2（b）］根据规范要求不宜小于钢梁翼缘宽度的 0.7 倍，“强柱弱梁”和“强梁弱柱”框架根据各自钢梁翼缘尺寸分别取 70mm 和 105mm。

综合以上柱、梁和节点的设计，试件参数见表 10.1.1。试件整体尺寸和细节尺寸如图 10.1.3 和图 10.1.4 所示。框架层高 H=1500mm、梁跨 L_{b}=2400mm。试件命名规则以 TRC-40-6-1-s 为例：TRC 表示框架柱类型为钢管约束钢筋混凝土柱，40 表示混凝土强度等级为 C40，6 表示中柱的试验轴压比为 0.6，1 表示试件编号（其中 1 代表“强柱弱梁”框架，2 代表“强梁弱柱”框架），s 表示框架梁类型为钢梁。表 10.1.1 中η为柱梁强度比；N_{mid} 为框架中柱所受轴力；n_0 为中柱的试验轴压比 $n_0=N_{mid}/(A_cf_{co}+A_sf_y)$，$n_1$ 为边柱轴压比 $n_0=0.5N_{mid}/(A_cf_{co}+A_sf_y)$。

表 10.1.1　试件参数

试件编号	D/mm	t/mm	D/t	柱配筋	梁型钢截面*	η	N_{mid}/kN	n_0	n_1
TRC-40-6-1-s	240	2	120	6Φ16	125×100×6×10	2.17	1300	0.604	0.302
TRC-40-6-2-s	240	2	120	6Φ16	250×150×6×14	0.57	1300	0.604	0.302

*此列数值单位均为 mm。

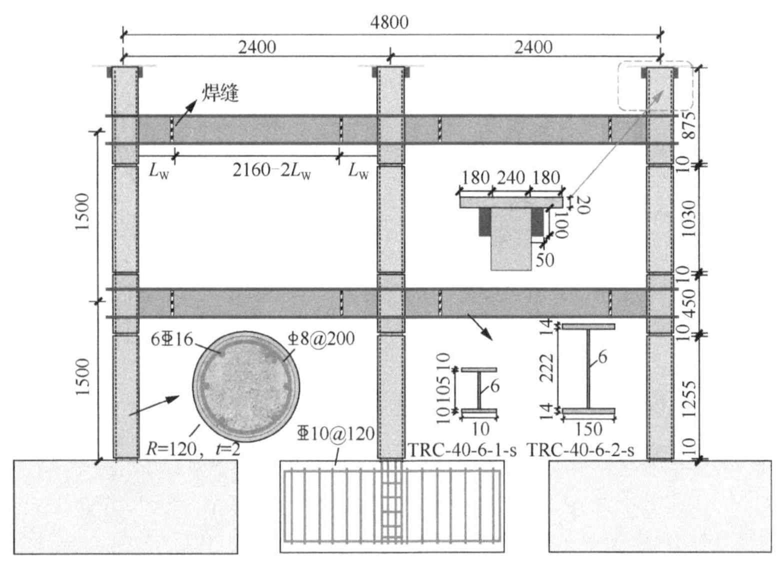

图 10.1.3　试件整体尺寸（尺寸单位：mm）

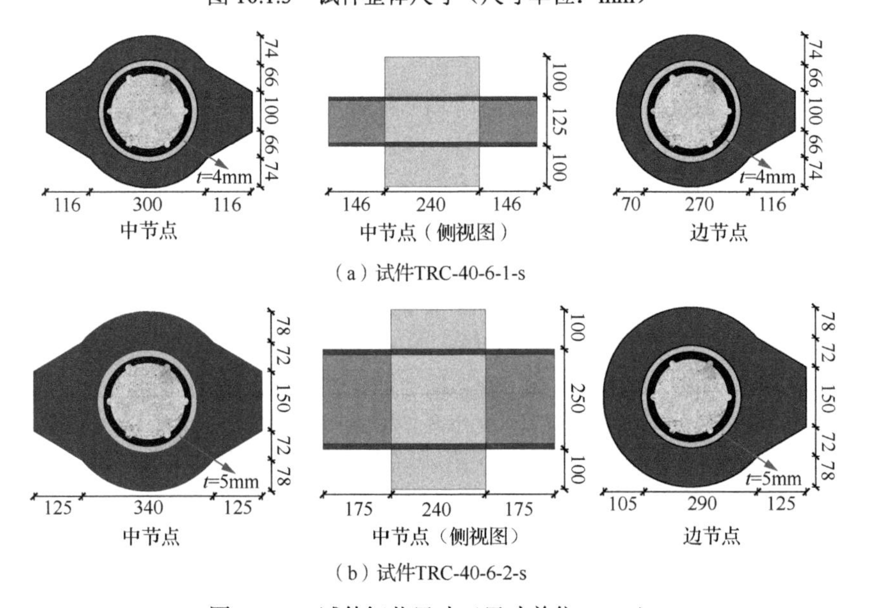

图 10.1.4　试件细节尺寸（尺寸单位：mm）

5. 试件加工和材料力学性能

试验框架内混凝土浇筑分两次完成：首先，将绑扎好的柱钢筋笼放置于基础模板内，进行基础混凝土浇筑；然后，当基础内混凝土凝固后对基础顶面混凝土进行刨毛，拼装柱钢管与节点钢管，并进行柱内混凝土浇筑。值得注意的是，为实现节点与柱钢管交界处的“割缝”，在柱内混凝土浇筑前，柱钢管和节点钢管交界处放置了宽度为 10mm（“割缝”宽度）的钢环，待柱内混凝土浇筑完成后再取出钢环，实现“割缝”。钢梁连接采取现场焊接的方式，为避免焊缝对框架性能的影响，焊缝除采用补强板进行补强外，其位置均控制在梁端塑性铰区范围之外，即根据“强柱弱梁”和“强梁弱柱”框架的钢梁梁高（近似为塑性铰区长度），焊缝距节点的距离分别控制在 354mm 和 425mm。

参照《金属材料　拉伸试验　第 1 部分：室温试验方法》（GB/T 228.1—2021）[7]制作与框架试件同批次的钢板和钢筋标准拉伸试件。拉伸试验中每组试件的数目为 3 个，得到钢材材料力学性能参数见表 10.1.2。

表 10.1.2　钢材材料力学性能参数

材料类型	屈服强度/MPa	极限强度/MPa	强屈比
钢板 14mm	291	435	1.49
钢板 10mm	337	457	1.36
钢板 6mm	326	486	1.49
钢板 5mm	453	574	1.27
钢板 4mm	347	493	1.42
钢板 2mm	321	430	1.34
钢筋 16mm	432	648	1.50

混凝土立方体标准试块（150mm×150mm×150mm）采用与框架试件同批次的混凝土制作，且在相同条件下进行养护。通过材料性能试验测得混凝土立方体在 28d 和试验时的抗压强度分别为 33.0MPa 和 45.3MPa。根据欧洲混凝土规范（MC90）[8]对立方体抗压强度进行转换，得到试验时的混凝土轴心抗压强度为 37.0MPa。

6. 试验加载与测量方案

试验加载装置图如图 10.1.5 所示，为施加竖向荷载，通过轴承铰将 3 个 200t 液压千斤顶分别与柱顶和反力梁进行连接，并施加柱顶竖向荷载而无附加弯矩。为减少加载后期因框架水平位移较大，竖向千斤顶倾斜而造成的竖向荷载降低，铰芯距 L（图 10.1.5）在能够保证框架达到目标水平位移的前提下应尽可能伸长（本次试验铰芯距 L=2500mm），经计算极限位移（150mm）时竖向力降低 0.18%，误差可基本忽略。采用 200t 液压千斤顶对框架二层的右侧梁端施加水平往复荷载。为实现框架柱柱脚为固结的边界条件，将柱内钢筋埋置于 2400mm×800mm×600mm 的钢筋混凝土墩中，并通过 6 根压梁与 12 根地锚螺栓将混凝土墩固定于反力地槽。为防止框架平面外失稳，在框架二层设置了柱侧向支撑；钢梁由于进行了防屈曲验算，未设置防止钢梁屈曲的支撑装置。

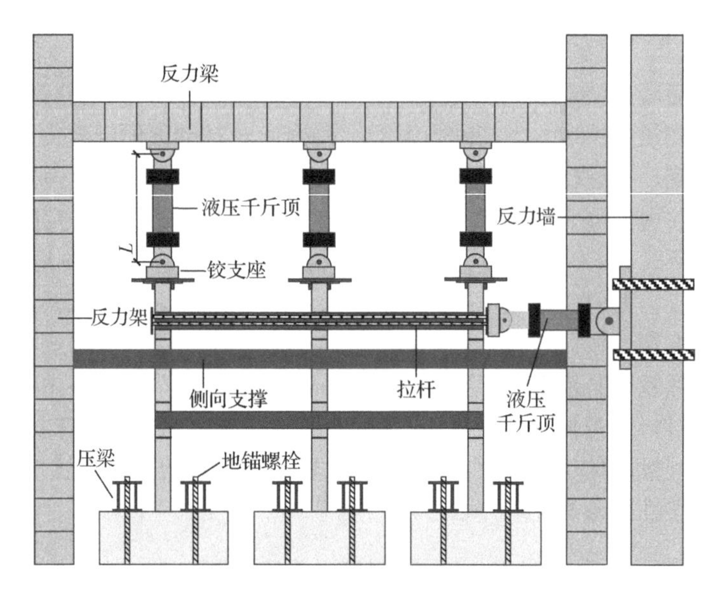

图 10.1.5　试验加载装置图

试验开始前先进行竖向力预加载，以消除试验装置初始缺陷的影响。正式加载时竖向力分 5 级加载至目标轴力并维持不变，后根据 AISC341-10[9]按图 10.1.6 所示的试件加载制度施加水平低周往复位移。为方便对比，所有试件均以水平位移达到 150mm（LVDT 量程）作为试验停止的标志，此时多数试件的水平荷载降低至峰值荷载的 85%以下。

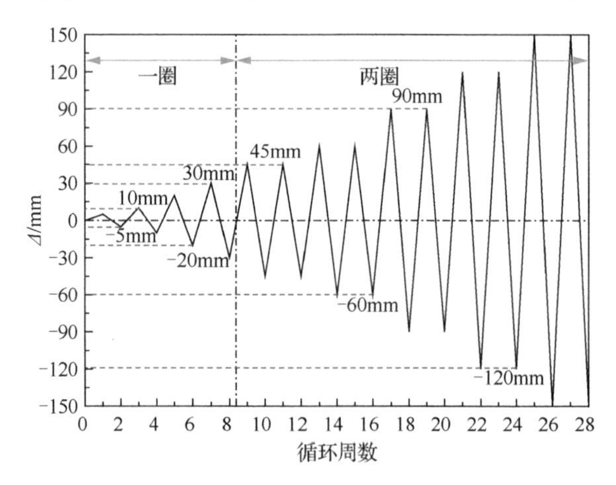

图 10.1.6　试验加载制度

7. 测量方案

试验测量内容主要包含 3 类：①荷载测量；②位移测量；③应变测量。所有测量数据均采用东华数据采集仪实时采集。

（1）荷载测量

荷载测量包括 3 个 200t 竖向千斤顶与 1 个 200t 水平千斤顶的荷载值，由千斤顶前端的传感器读取力值并传输至动态采集箱。

（2）位移测量

位移测量包括 6 个节点处的水平位移（LVDT 位移传感器测量，编号 W1～W6）、柱顶竖向位移（LVDT 位移传感器测量，编号 W7）、节点核心区剪切变形以及梁柱相对转角（倾角仪测量）。位移测量仪器布置如图 10.1.7 所示。

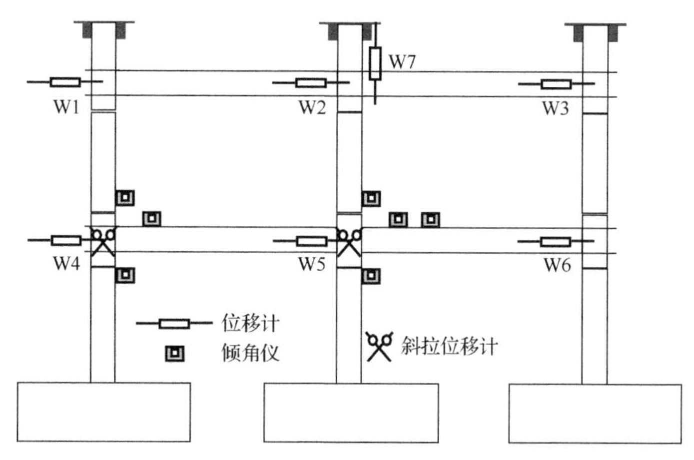

图 10.1.7　位移测量仪器布置

（3）应变测量

应变测量包括钢筋应变、钢梁应变和钢管应变。钢筋应变主要测量柱端塑性铰区的纵筋应变；考虑到箍筋主要起架立作用[10-11]，未布置箍筋应变测点。钢梁应变包括翼缘及腹板应变，且仅关注梁端塑性铰区位置。钢管应变包括柱钢管应变以及节点核心区钢管应变，柱钢管应变主要测量割缝处周围的钢管环向应变，沿钢管环向均匀布置了 4 个应变片；对于节点核心区钢管，为记录剪切应变，在钢管的剪切面上布置了应变花。应变测点布置如图 10.1.8 所示。

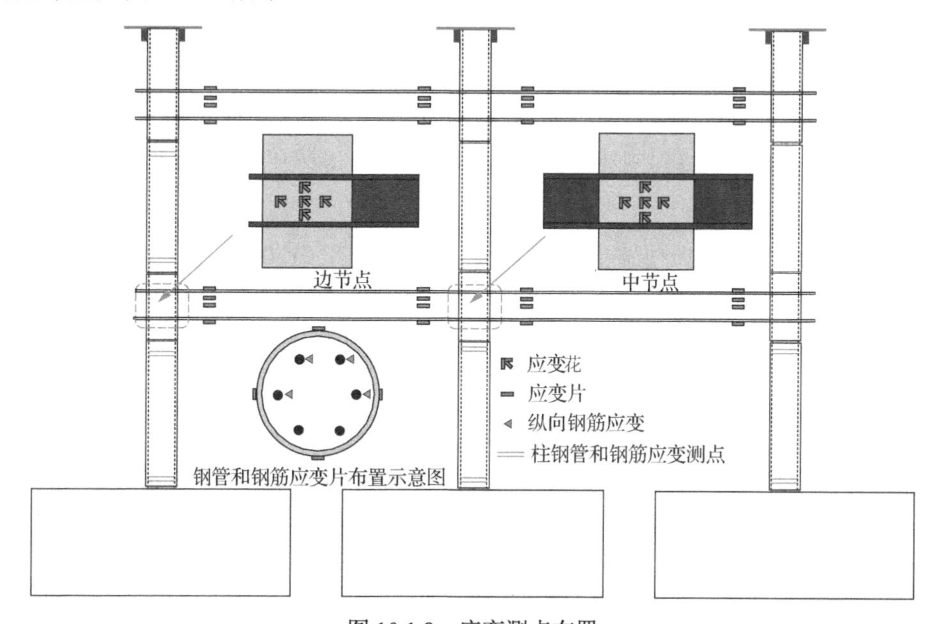

图 10.1.8　应变测点布置

10.1.2 破坏模式

1. 试件 TRC-40-6-1-s

试件 TRC-40-6-1-s 在加载初期钢梁梁端最先出铰，但未见局部屈曲现象，钢梁腹板能够屈服。加载后期（水平位移达到 120mm）框架底层柱脚出现塑性铰，割缝处出现裂缝，混凝土被压溃，柱顶未见明显破坏。梁柱节点核心区在加载全过程未出现明显剪切变形，钢管未见屈曲。图 10.1.9 为试件最终的破坏模式图，框架试件的破坏过程如下。

当水平位移小于 30mm 时，框架处于弹性阶段，荷载-位移曲线接近直线，无明显破坏现象。当水平位移加载至±30mm 时，框架一层的左柱梁端下翼缘、中柱左梁端上翼缘以及右柱梁端上翼缘屈服（屈服应力为 336.6MPa）。由于中柱轴力较大，柱脚最外侧钢筋受压屈服（435.9MPa）。

当水平位移加载至±45mm 时，一层中柱右梁端下翼缘和二层左柱梁端上翼缘屈服。此外，已经屈服的钢梁翼缘应力逐渐向腹板发展，钢梁未见屈曲。

当水平位移加载至±90mm 时，所有钢梁塑性铰区的翼缘和腹板均屈服，且柱端开始形成塑性铰：一层柱脚钢筋全部屈服，右柱和中柱柱脚钢管也屈服。但柱脚破坏程度不高，仅割缝处出现少量裂缝，柱钢管未见屈曲。

当水平位移加载至±120mm 时，水平荷载降低至峰值荷载的 85%以下，柱脚裂缝进一步发展，受压侧保护层混凝土被压溃剥落。一层节点下侧钢管割缝处混凝土也被压碎脱落。钢梁出现较明显塑性变形，但未见屈曲。

当水平位移加载至±150mm 时，柱脚开缝处混凝土保护层被严重压溃，受拉侧裂缝充分发展［图 10.1.9（a）］。一层中柱节点左右侧梁端产生明显塑性变形［图 10.1.9（b）］，节点区钢管与柱钢管未发生局部屈曲现象［图 10.1.9（b）和（c）］。如图 10.1.9（d）所示，钢梁对接焊缝并无明显开裂，焊缝未破坏。框架一、二层的层间变形较均匀，未出现位移集中于某一层的现象［图 10.1.9（e）］。由于“强柱弱梁”框架梁柱线刚度比较小（钢梁设计较弱，且未考虑楼板），节点核心区转动明显，但核心区无显著剪切变形。

试验结束后将钢管剖开观察内部混凝土的破坏情况［图 10.1.9（a）～（f）］。除一层柱上下端钢管割缝处出现混凝土压溃现象和少量横向受拉裂缝外，柱身混凝土基本完好。节点区混凝土也保持完好，并未出现剪切裂缝［图 10.1.9（b）和（c）］。综合以上破坏现象可知，该框架达到“强柱弱梁”和“强节点、弱构件”的设计目标。

2. 试件 TRC-40-6-2-s

试件 TRC-40-6-2-s 的一层柱脚最先出铰；加载后期（120mm），一层柱上、下端均发生严重破坏，钢管割缝处可见柱内钢筋。对于钢梁，虽然局部钢梁翼缘和腹板屈服，但整体塑性变形发展并不充分。节点未发生明显破坏现象，且核心区转动较小。框架侧移主要发生在一层，表现为明显的柱铰变形模式。图 10.1.10 为试件 TRC-40-6-2-s 的最终破坏模式，主要试验现象记录如下。

当水平位移小于 30mm 时，框架处于弹性阶段，荷载-位移曲线接近直线，无明显破坏现象。当水平位移加载至±30mm 时，一层中柱柱脚最外侧钢筋屈服。

当水平位移加载至±45mm 时，一层中柱柱脚钢筋和钢管屈服，说明柱端在峰值荷载前就已经形成塑性铰；一层左柱和右柱梁端翼缘和腹板屈服。

当水平位移加载至±60mm 时，试件承载力达到峰值，一层左、右柱柱脚钢管屈服。一层所有柱脚割缝处混凝土出现明显裂缝，宽度最大可达 4mm。

（a）柱脚

（b）一层中节点

（c）一层边节点

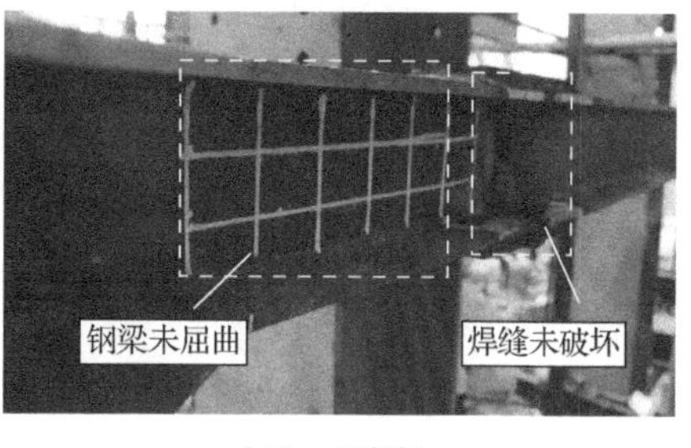

（d）一层钢梁

（e）整体破坏模式（最大位移）

（f）整体破坏模式（钢管剖开）

图 10.1.9　试件 TRC-40-6-1-s 最终的破坏模式

当水平位移加载至±90mm 时，试件承载力降低为峰值荷载的 90%。一层左、中柱上端混凝土出现裂缝和压溃现象，钢筋和钢管均屈服。此外，一层左、右柱节点板下方钢管也屈服，一层右柱节点区下部钢管撕裂，裂缝向环板方向发展，撕裂宽度最大为 5mm。一层柱脚混凝土裂缝继续发展，最大宽度可达 10mm，导致柱内钢筋裸露，受压侧混凝土保护层严重碎裂。

当水平位移加载至±120mm 时，正负向荷载均降至峰值荷载的 85%以下。一层右柱上部钢管屈服，钢管割缝处混凝土裂缝继续开展，裂缝沿割缝从压弯面向剪切面发展，宽度最大可达 10mm。中柱柱脚割缝处混凝土裂缝继续开展，最大可达 20mm，透过裂缝能清楚看见柱内钢筋。

当水平位移加载至±150mm 时，一层柱脚钢筋及钢管均屈服。一层柱上部钢管开缝处形成了环柱一周的裂缝。右柱节点下方钢管焊缝撕裂［图 10.1.10（b）］，但节点核心区钢管保持完好，节点未发生明显破坏［图 10.1.10（d）］。柱、节点区钢管和钢梁均无屈曲现象发生。与“强柱弱梁”框架 TRC-40-6-1-s 相比，试件 TRC-40-6-2-s 表现出明显的柱铰破坏特征，一层柱上下端塑性铰转动明显，发生明显塑性变形。框架水平侧移主要发生在一层，其层间位移约为二层的 5 倍［图 10.1.10（e）］。

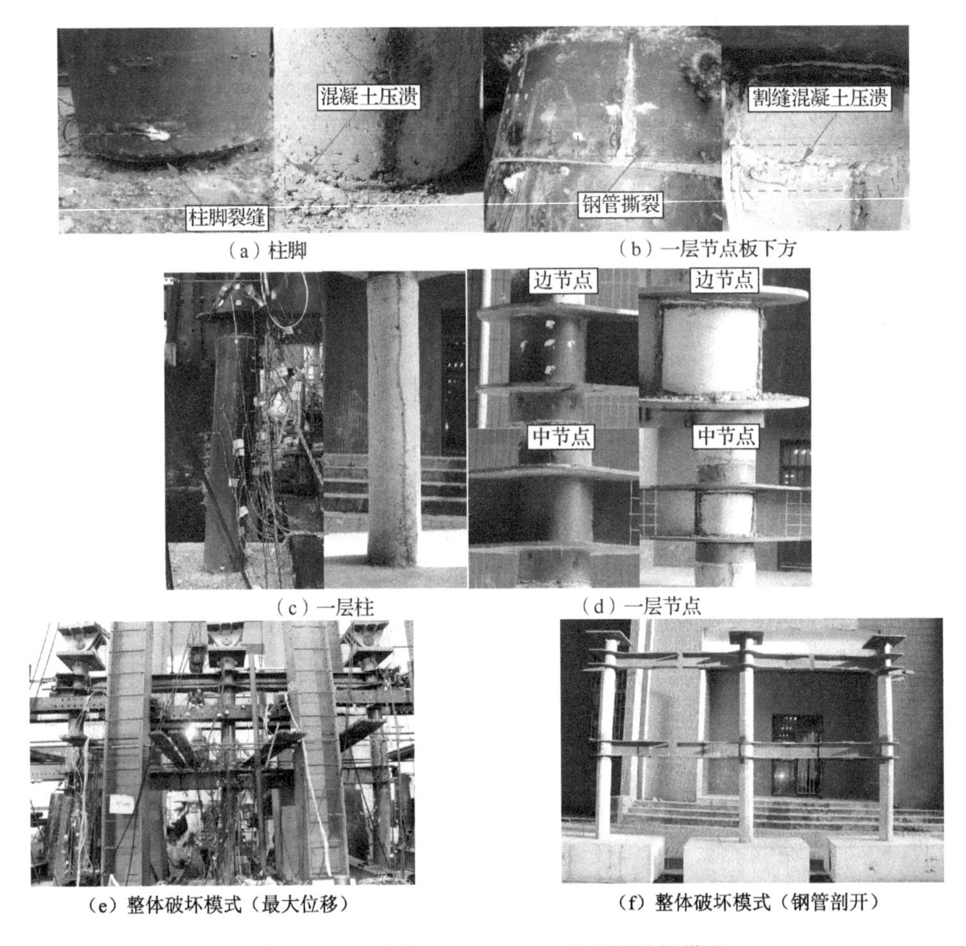

（a）柱脚　（b）一层节点板下方

（c）一层柱　（d）一层节点

（e）整体破坏模式（最大位移）　（f）整体破坏模式（钢管剖开）

图 10.1.10　试件 TRC-40-6-2-s 的最终破坏模式

10.1.3　荷载-位移关系

由 10.1.2 节试验装置可知，试验采用三个分别与反力梁和试件柱顶铰接的千斤顶施加竖向荷载，当框架水平位移较大时，其水平分量不可忽略。因此，真实框架所受水平荷载应为水平千斤顶施加推力与三个竖向千斤顶的水平分量之和，其计算式如下：

$$P=F_{\mathrm{n}}+\frac{1}{L}(N_1\Delta_1+N_2\Delta_2+N_3\Delta_3) \tag{10.1.5}$$

式中：P——框架试件实际所受水平荷载；

F_{n}——水平千斤顶施加推力；

L——竖向千斤顶铰芯距（图 10.1.6）；

N_1、N_2、N_3和Δ_1、Δ_2、Δ_3——分别为左、中、右柱柱顶所受竖向力和柱顶位移。

图 10.1.11 为两框架实际水平荷载 P 与左、中、右柱柱顶位移组成的荷载-位移曲线对比，相较于“强梁弱柱”框架，由于“强柱弱梁”框架钢梁较弱，其不同柱顶荷载-位移曲线差别较为明显（“强柱弱梁”和“强梁弱柱”框架对应不同柱顶位移分别最大相差 10mm 和 0.7mm），即钢梁存在一定轴向变形，导致柱顶三节点位移不一致。

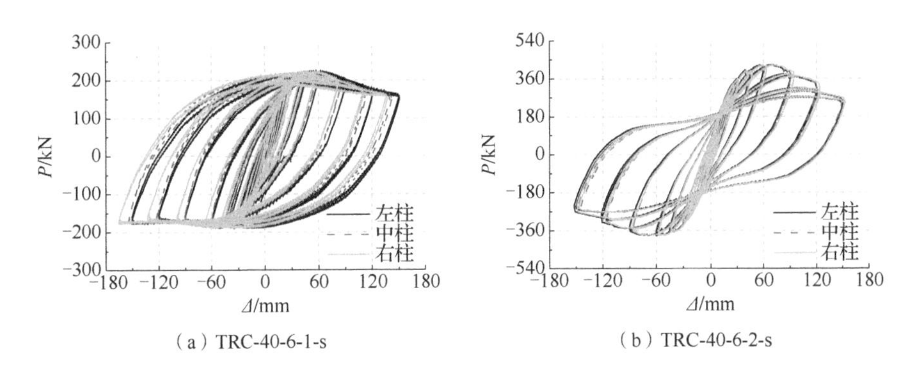

（a）TRC-40-6-1-s　　（b）TRC-40-6-2-s

图 10.1.11　荷载-位移曲线对比

选取加载端位移Δ_1作为框架试件的水平位移Δ，得到两榀框架的荷载-位移滞回曲线如图 10.1.12 所示。试件 TRC-40-6-1-s 的滞回曲线非常饱满，没有明显捏缩点。原因是试件 TRC-40-6-1-s 发生了梁铰机制破坏，曲线形状接近钢材的滞回曲线特征。相比之下试件 TRC-40-6-2-s 具有明显捏缩点，但捏缩现象不严重，为较为饱满的纺锤形，曲线形状与钢管约束钢筋混凝土柱滞回曲线相近。对比两榀框架的滞回曲线可知，同级位移下的曲线卸载刚度较为接近，其中水平位移为±150mm 时的卸载曲线基本重合。

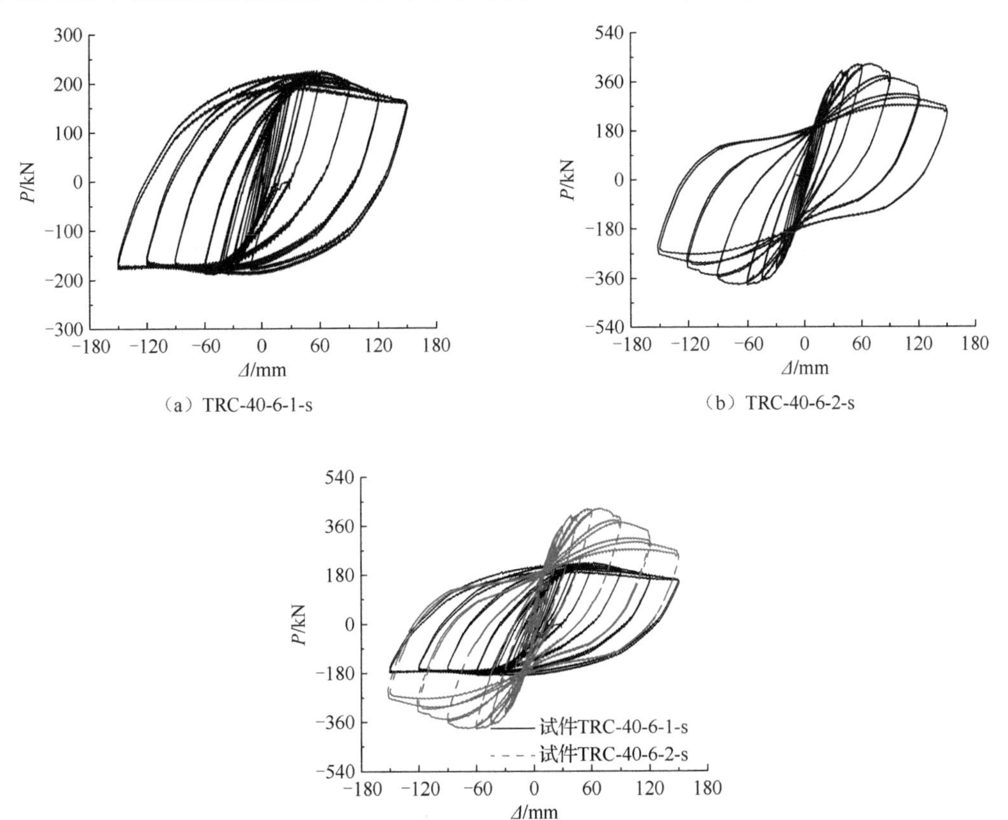

（a）TRC-40-6-1-s　　（b）TRC-40-6-2-s

（c）滞回曲线对比

图 10.1.12　水平荷载-位移滞回曲线

将滞回曲线的每级位移第一圈峰值点荷载连线作为骨架曲线，得到水平荷载-位移骨架曲线如图 10.1.13 所示。两试件的骨架曲线均具有较明显的弹性段、弹塑性段和下降段，“强柱弱梁”框架的骨架线下降段更加平缓，说明延性更好，但弹性段刚度和峰值承载力均明显低于“强梁弱柱”框架。为更直观地比较骨架曲线特征，将骨架线中的屈服点（P_y，Δ_y）、峰值点（P_m，Δ_m）、极限点（P_u，Δ_u）（水平荷载降低至峰值荷载的85%）、位移延性系数μ、平均层间位移角θ及层间位移角最大值θ_{max}总结于表 10.1.3。屈服点采用等效面积法确定，位移延性系数μ的计算式如下：

$$\mu = \Delta_u / \Delta_y \tag{10.1.6}$$

平均层间位移角θ是指框架各楼层层间位移角的平均值，与框架的总侧移量Δ有关［式（10.1.7）］，而层间位移角最大值θ_{max}为发生最大层间变形的楼层所对应的位移角，即

$$\theta = \Delta / 2H \tag{10.1.7}$$

$$\theta_{max} = \Delta_{max} / H \tag{10.1.8}$$

式中：Δ——框架顶部位移；

H——层高（1500mm）。

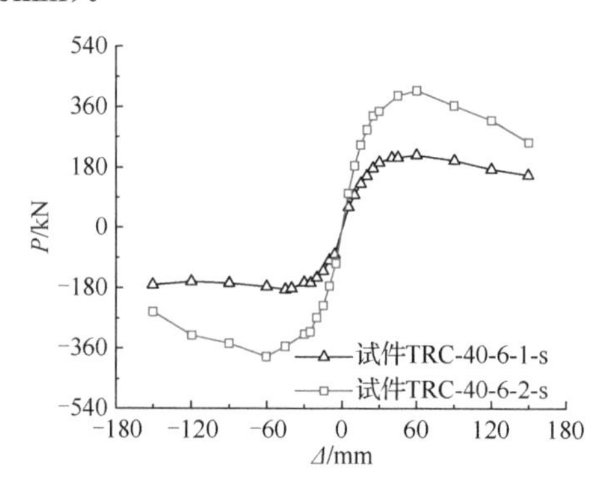

图 10.1.13 水平荷载-位移骨架曲线

表 10.1.3 不同加载阶段延性指标

试件编号	加载方向	P_y/kN	Δ_y/mm	θ	P_m/kN	Δ_m/mm	θ	P_u/kN	Δ_u/mm	θ_{max}	θ	μ
		屈服点			峰值点			极限点				
TRC-40-6-1-s	正向	184.1	27.1	1/111	215.8	60	1/50	183.4	109	1/26	1/28	4.02
	负向	152.2	20.7	1/145	185.1	45.1	1/67					
	均值	168.2	23.9	1/126	200.5	52.5	1/57	183.4	109	1/26	1/28	4.02
TRC-40-6-2-s	正向	341.4	27.9	1/108	424.8	60	1/50	361.1	101.5	1/18	1/30	3.64
	负向	313.4	32.5	1/92	389.1	60.1	1/50	330.7	112.8	1/19	1/27	3.47
	均值	327.4	30.2	1/99	396.4	60.1	1/50	336.9	107.1	1/18	1/28	3.56

由于试件存在初始缺陷，表 10.1.3 中正负向延性指标存在一定程度的不对称，以平均值为准。由于试验装置原因（加载后期柱顶铰达到最大转角，柱顶开始承担弯矩，导

致该方向承载力不再下降）试件 TRC-40-6-1-s 的骨架曲线负向部分下降段荷载未降至峰值荷载的 85%，极限位移指标以正向为准。由表 10.1.3 中可知，“强梁弱柱”框架试件 TRC-40-6-2-s 的弹性段刚度和峰值承载力分别比“强柱弱梁”框架 TRC-40-6-1-s 高 54%和 98%，而位移延性系数μ仅比试件 TRC-40-6-1-s 低 11%，且极限状态时的平均层间位移角θ相等。对比最大层间位移角θ_{max}可知，极限状态时试件 TRC-40-6-2-s 的θ_{max}=1/18，比试件 TRC-40-6-1-s 的θ_{max}=1/26 偏大约 44%，均远高于《建筑抗震设计规范（2016 年版）》（GB 50011—2010）中弹塑性层间位移角为 1/50 的限值要求。此时试验仍可继续加载，框架未出现明显倒塌迹象，说明钢管约束钢筋混凝土柱-钢梁框架具有较好的变形和抗倒塌能力。

图 10.1.14 为不同加载阶段框架楼层层间位移角,“强柱弱梁”框架试件 TRC-40-6-1-s 各楼层变形比较均匀，最大相差 23%，且不同加载阶段楼层层间位移角最大值出现楼层发生变化。这是由于随着试验的推进，梁柱先后进入塑性从而出现内力重分布，导致框架变形模式发生改变；“强梁弱柱”框架试件 TRC-40-6-2-s 由于发生框架一层的柱铰机制破坏，水平位移主要集中在一层，且峰值点后二层层间位移基本没有增加，极限状态时的框架一、二层层间位移最大相差 77%。

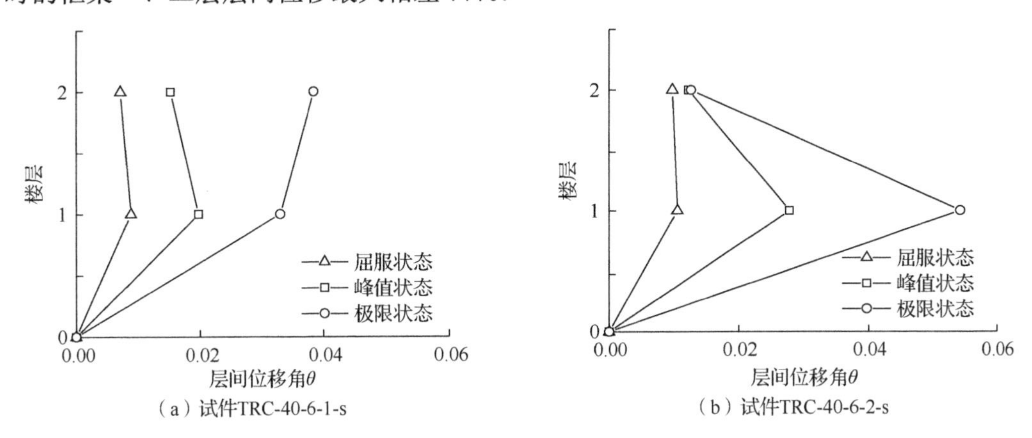

图 10.1.14 不同加载阶段框架楼层层间位移角

综上所述，通过增大钢梁截面降低试件柱梁强度比会显著提高框架初始刚度和承载力，同时也会降低框架变形能力，但降低幅度不大，且极限层间位移角均远高于《建筑抗震设计规范（2016 年版）》（GB 50011—2010）中弹塑性层间位移角为 1/50 的限值要求；此外，不同梁柱强度比导致框架出现明显不同的变形模式：表现为“强柱弱梁”框架各层变形较为均匀，而“强梁弱柱”框架的水平位移主要集中在发生明显柱铰机制破坏的框架一层。

10.1.4 节点核心区剪切变形

节点核心区在水平剪力和轴力共同作用下会产生剪切变形，使原有矩形节点核心区变为菱形，图 10.1.15 为节点核心区受力及剪切变形示意图。

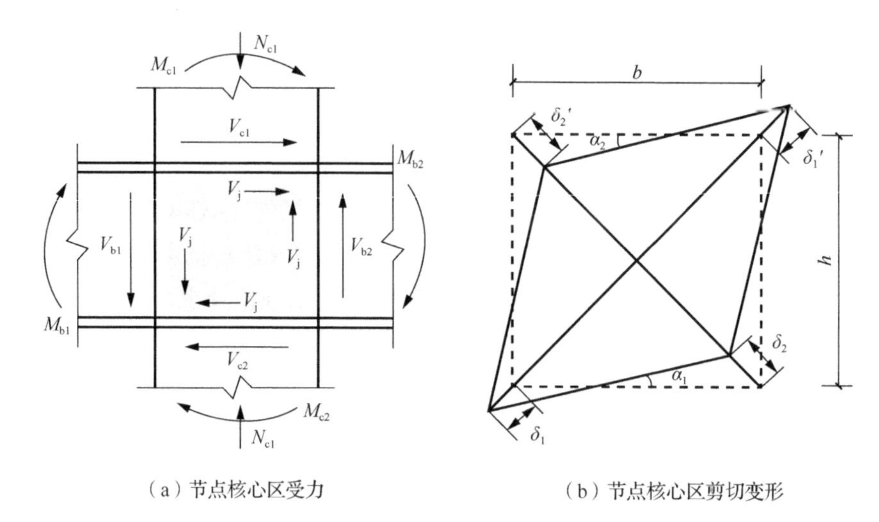

（a）节点核心区受力 （b）节点核心区剪切变形

图 10.1.15 节点核心区受力及剪切变形示意图

根据剪切域平衡方程和 EC3 规范[12]，中、边节点核心区剪力 V_j 近似计算方法分别见式（10.1.9）和式（10.1.10）：

$$V_j = \frac{M_{b1} + M_{b2}}{h} - \frac{V_{c1} + V_{c2}}{2} \tag{10.1.9}$$

$$V_j = \frac{M_b}{h} - \frac{V_{c1} + V_{c2}}{2} \tag{10.1.10}$$

式中：M_{b1}、M_{b2}——分别为中节点核心区左、右侧梁端弯矩；

M_b——边节点核心区梁端弯矩；

V_{c1}、V_{c2}——分别为节点核心区上、下柱端剪力；

h——钢梁截面除去腹板厚的高度。

节点核心区剪切变形 γ_j 由百分表测量的节点核心区对角线位移经式（10.1.11）计算得

$$\gamma_j = \frac{1}{2}\left[\left|\delta_1 + \delta_1'\right| + \left|\delta_2 + \delta_2'\right|\right]\frac{\sqrt{b^2 + h^2}}{bh} \tag{10.1.11}$$

式中：$\left|\delta_1 + \delta_1'\right|$ 和 $\left|\delta_2 + \delta_2'\right|$——测得的节点核心区对角线方向变形；

b——节点核心区宽度，这里等于柱直径 D。

本书框架试验测量系统仅对节点核心区变形进行测量，而对于柱端剪力和梁端弯矩并未进行监测，因此试验结果只能得到节点核心区剪切变形 γ_j 随框架顶层位移 Δ 之间的关系（图 10.1.16）。本书 11.1 节建立了试验框架有限元模型并与试验结果进行对比，验证了有限元模型的合理性与正确性，因此可通过提取有限元结果中的节点受力信息（梁端弯矩 M_{b1}、M_{b2}、M_b 和柱端剪力 V_{c1}、V_{c2}）并由式（10.1.9）、式（10.1.10）求得节点核心区剪力。由有限元得到的节点核心区剪力 V_j 与试验测得的节点核心区剪切变形 γ_j 关系如图 10.1.16 所示。

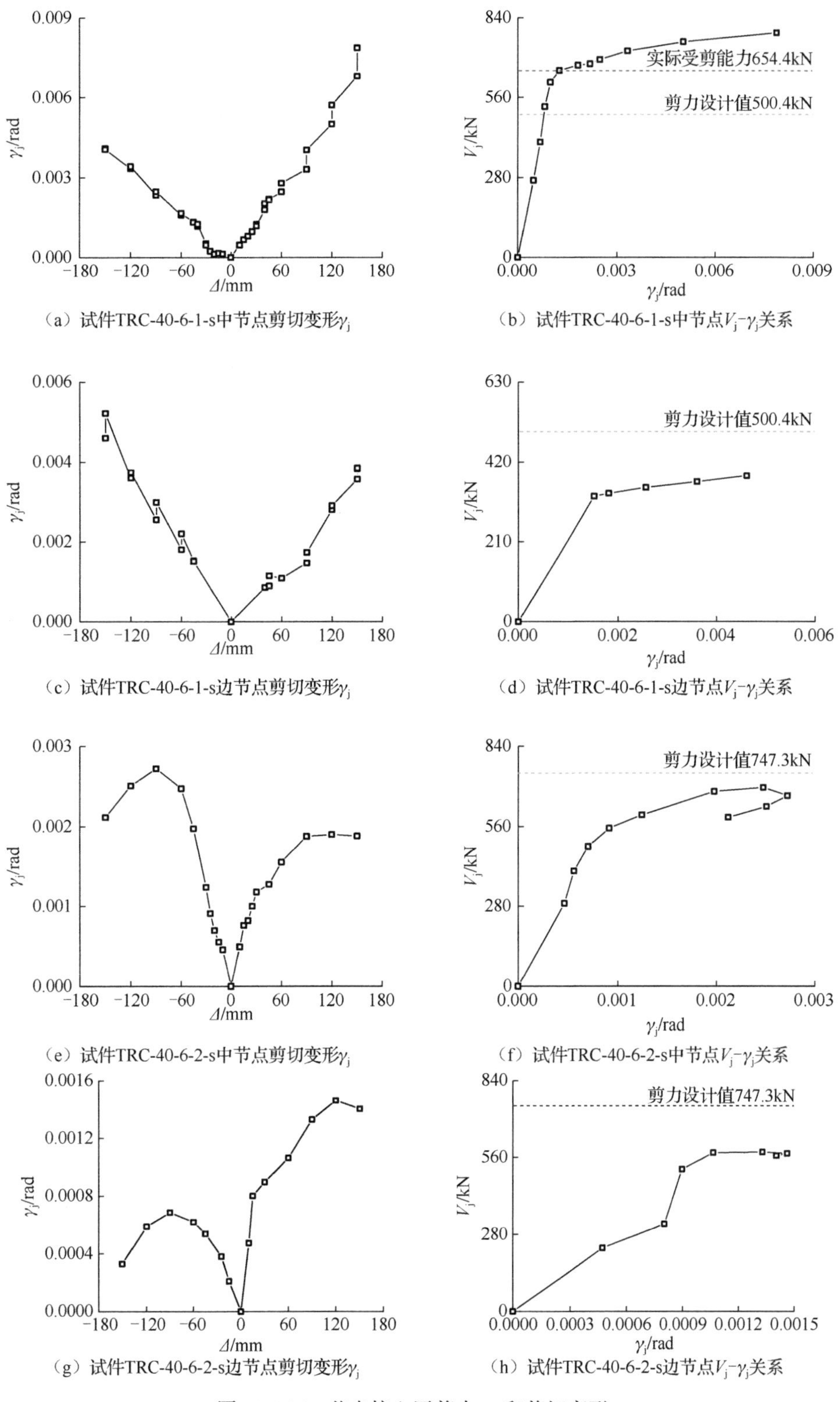

图 10.1.16　节点核心区剪力 V_j 和剪切变形 γ_j

由图 10.1.16 可得以下结论。

1）节点核心区剪切变形γ_j随正负向位移的发展并不对称，但发展规律相同：对于“强柱弱梁”框架，γ_j和V_j均随着位移不断增加；而对于“强梁弱柱”框架，γ_j和V_j随着位移的增加先增加后降低，边节点V_j发生卸载时其V_j-γ_j曲线基本沿原路径返回。原因一方面是“强梁弱柱”框架的节点设计较“强柱弱梁”框架偏保守，损伤程度较低；另一方面是两榀框架的破坏机制不同，“强梁弱柱”框架的柱铰机制破坏导致框架损伤主要集中在柱底塑性铰区，而其他部位包括梁端、节点核心区基本未发生破坏，主要起导荷作用，因此当柱铰承载力下降时节点剪力出现卸载。

2）无论是“强柱弱梁”还是“强梁弱柱”框架，边节点核心区剪力和剪切变形均小于中节点。统计所有节点的剪切变形可见，节点核心区的剪切变形均较小，最大值不超过 0.01（最大值发生在“强柱弱梁”框架试件 TRC-40-6-1-s 中节点）。由钢管约束钢筋混凝土柱-钢梁节点的试验研究可知[13]，γ_j=0.01 远低于节点破坏时对应的剪切变形，进一步说明节点在试验全过程基本保持完好，未发生剪切破坏。

3）将节点核心区剪力、节点剪力设计值、节点实际受剪能力［根据实际材料强度按式（10.1.4）计算得到］进行对比可知，对于“强柱弱梁”框架，边节点所受的剪力较小，最大值低于剪力设计值 500.4kN；而对于中节点，由于梁端所受的弯矩较大，其核心区最大剪力为 787.6kN，已超过节点的实际受剪能力 654.4kN 约 20.4%。但结合试验现象，中节点的剪切变形γ_j<0.01 且未发生明显破坏，节点的实际受剪承载力仍有富余。对于“强梁弱柱”框架，由于框架破坏主要发生在一层柱铰，且柱端破坏先于梁端，致使框架的承载力下降时梁端的弯矩不能持续增长，其节点剪力（中节点 696.4kN，边节点 579.4kN）低于剪力设计值（747.3kN），更远低于实际受剪能力（940.7kN）。

10.1.5 位移-应力曲线分析

本节首先根据第 9 章的方法将采集到的应变数据转换成应力，从钢梁，柱脚钢筋、铜管应力，柱钢筋和节点核心区钢管的应力层面对比分析两类框架的破坏模式。

（1）钢梁应力

图 10.1.17 为“强柱弱梁”和“强梁弱柱”框架的钢梁位移-应力曲线，其纵坐标为 Mises 应力σ_m与钢材屈服应力σ_y的比值，当该比值$\sigma_m/\sigma_y \geqslant 1$时判定为钢梁屈服。试件 TRC-40-6-1-s 的一、二层钢梁翼缘在峰值位移前均能屈服［图 10.1.17（b）］；而试件 TRC-40-6-2-s 在峰值位移前仅一层边柱的钢梁翼缘屈服，其他部位的钢梁翼缘应力水平均较低，且随着位移的继续增加翼缘应力在峰值位移后逐渐减小［图 10.1.17（c）］。原因是当框架的承载力出现下降时，主要起传力作用的钢梁梁端弯矩减小。从应力随位移的发展速率上看，边柱梁端的应力发展快于中柱梁端，一层梁端的应力发展快于二层梁端。腹板应力的发展规律与翼缘相近：试件 TRC-40-6-1-s 的各部位腹板应力在加载后期均能屈服［图 10.1.17（e）］，而试件 TRC-40-6-2-s 除一层边柱梁端腹板屈服外，其他部位的腹板应力均较小，且在峰值位移后随着位移的继续增加腹板应力逐渐降低［图 10.1.17（f）］。

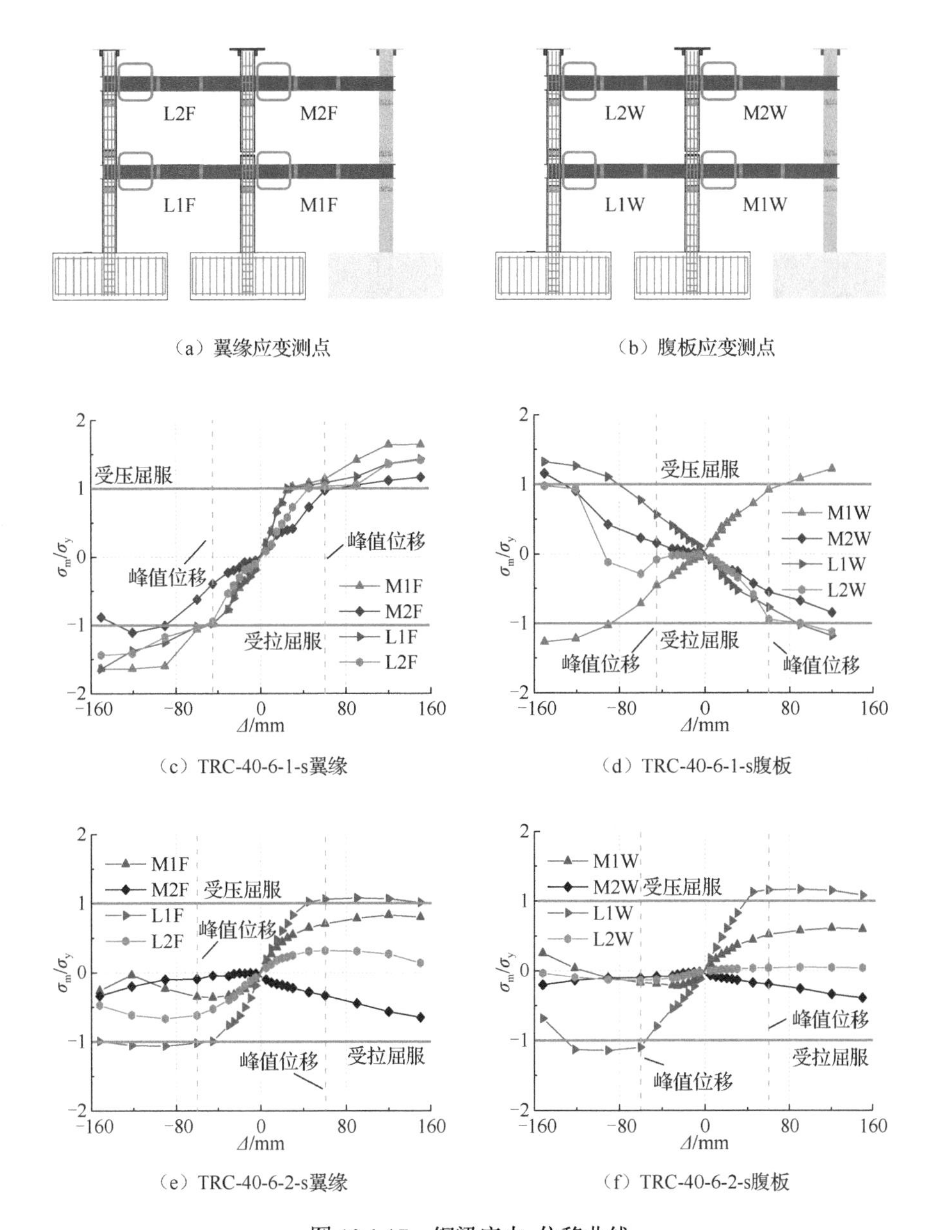

图 10.1.17　钢梁应力-位移曲线

（2）柱脚钢筋、钢管应力

由试验现象分析可知，框架柱的破坏主要发生在一层柱脚，故对该处的钢筋和钢管应力进行分析。试件 TRC-40-6-1-s 在峰值位移时仅右柱柱脚处的钢筋屈服［图 10.1.18（c）］，而试件 TRC-40-6-2-s 的钢筋应力在峰值位移前就快速增长，峰值位移时一层柱脚处的钢筋全部屈服［图 10.1.18（e）］。由于试件 TRC-40-6-1-s 主要发生梁端破坏，钢管对混凝土的约束作用较弱，仅在试件临近破坏时屈服［图 10.1.18（d）］，钢管的约束作用主要用于改善框架延性。由于试件 TRC-40-6-2-s 较早出现了柱端塑性铰，发生了柱铰机制破坏，钢管对核心区混凝土的约束作用较为明显，钢管应力在达到负向峰值位移时均能屈服［图 10.1.18（f）］，钢管的约束效应对框架的承载力和延性均有提高作用。

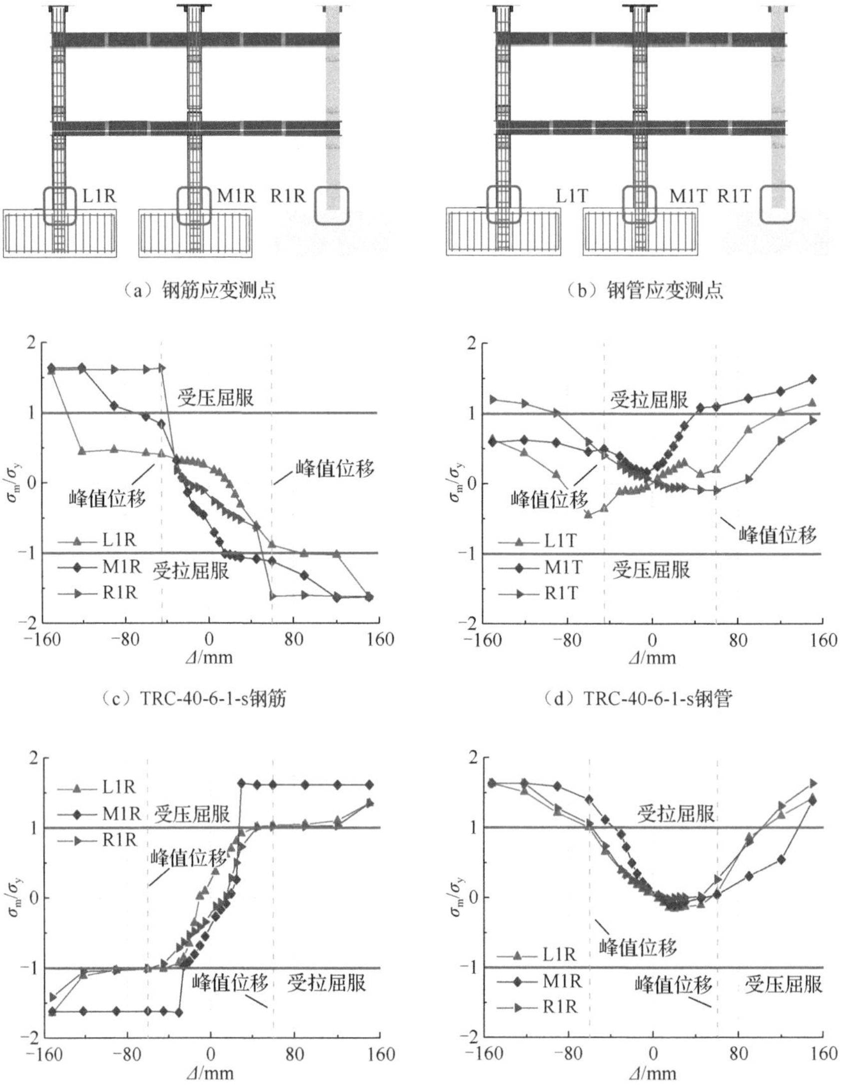

（a）钢筋应变测点

（b）钢管应变测点

（c）TRC-40-6-1-s钢筋

（d）TRC-40-6-1-s钢管

（e）TRC-40-6-2-s钢筋

（f）TRC-40-6-2-s钢管

图 10.1.18 柱脚钢筋和钢管应力随位移变化曲线

（3）节点核心区钢管应力

图 10.1.19 为节点核心区钢管应力随位移变化曲线。对于中节点，除“强梁弱柱”框架测点 2 的应力偏小外，两框架中节点的钢管应力发展规律相近：不同测点处的应力-位移曲线基本重合且均在峰值位移前屈服。“强柱弱梁”框架由于节点区钢管屈服强度较低，钢管先于“强梁弱柱”框架屈服。两试件节点在正负向的应力发展不对称［图 10.1.19（d）和图 10.1.19（f）］，且在不同部位展现出不同的应力值：钢管上侧应力（L1）高于下侧应力（L5），左侧应力（L2）高于右侧应力（L4）。从应力发展速率方面，两试件在峰

值位移前除节点上侧钢管（L1）屈服外，其他测点的应力水平均较低；峰值位移后随着位移的继续增加，“强柱弱梁”框架的节点区钢管应力继续增加，而“强梁弱柱”框架的节点区钢管应力逐渐降低。

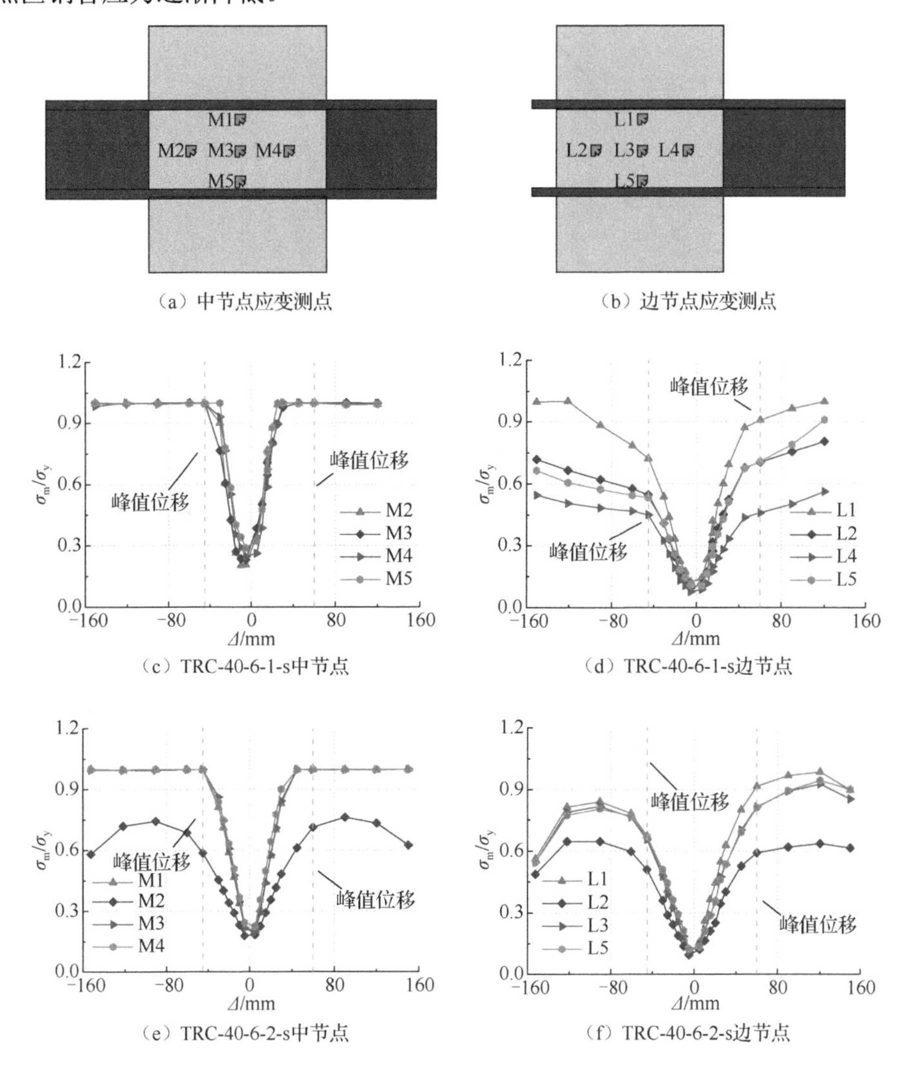

图 10.1.19　节点核心区钢管应力随位移变化曲线

10.1.6　抗震性能评价指标

本节从耗能性能、刚度退化、梁柱出铰顺序等抗震性能指标研究不同破坏模式（“强柱弱梁”“强梁弱柱”）的钢管约束钢筋混凝土柱-钢梁框架抗震性能。

（1）耗能性能

耗能性能是描述结构抗震性能的重要指标，可采用耗能值 S 和能量耗散系数 E 进行衡量，计算方法如图 10.1.20 和式（10.1.12）、式（10.1.13）所示。

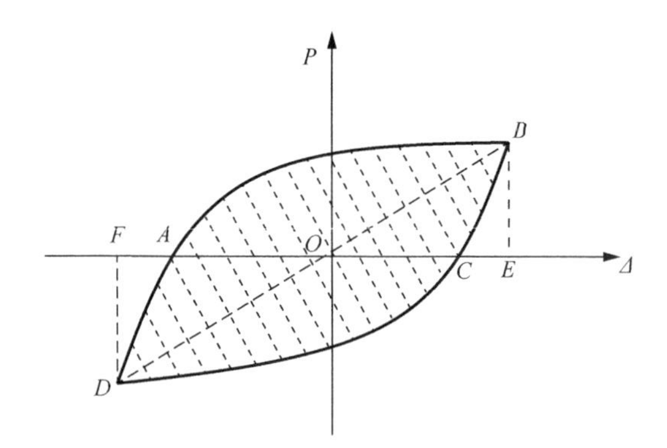

图 10.1.20 耗能计算示意图

$$S = S_{ABC} + S_{ADC} \tag{10.1.12}$$

$$E = \frac{S}{S_{OBE} + S_{ODF}} \tag{10.1.13}$$

式中：S_{ABC}+S_{ADC}——滞回环的面积；

S_{OBE}+S_{ODF}——滞回环对应三角形面积。

位移-耗能性能指标曲线如图 10.1.21 所示。两榀框架的耗能性能均随着位移的增大持续增加，加载后期未出现耗能指标明显降低的现象。弹性阶段（位移小于 30mm）两榀框架的耗能值接近［图 10.1.21（a)］，这是因为两框架均无明显残余变形，耗能误差主要由抗侧刚度不同引起；弹塑性阶段，“强梁弱柱”框架 TRC-40-6-2-s 的耗能 S 明显高于“强柱弱梁”框架 TRC-40-6-1-s，最大高出 21.6%，原因是试件 TRC-40-6-2-s 的承载力较高且卸载刚度与试件 TRC-40-6-1-s 相近，滞回环所围成的面积较大；但由于试件 TRC-40-6-2-s 的滞回曲线存在明显捏缩点，滞回环没有试件 TRC-40-6-1-s 饱满，故能量耗散系数 E 偏低［图 10.1.21（b)］，最大相差 26.9%。

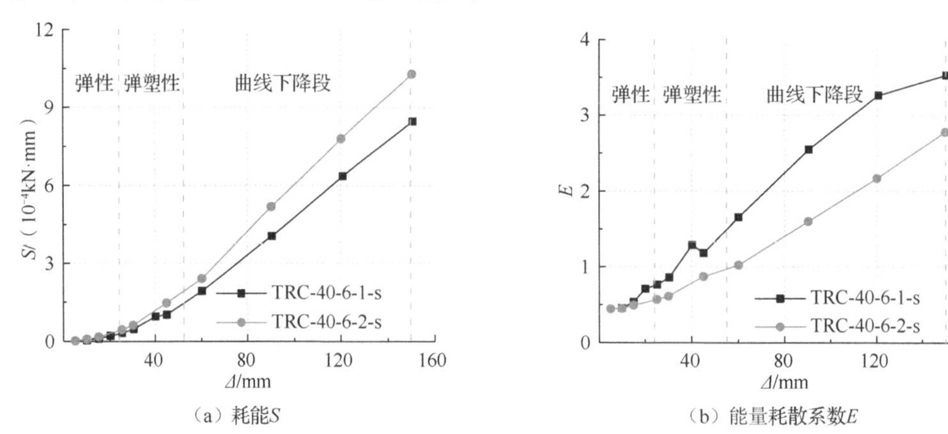

图 10.1.21 位移-耗能性能指标曲线

（2）刚度退化

刚度退化为试件割线刚度随循环位移等级的增加而逐渐降低的现象，可以反映结构的损伤累计，割线刚度 K 的计算式如下：

$$K_i = \frac{|+P_i| + |-P_i|}{|+\Delta_i| + |-\Delta_i|} \tag{10.1.14}$$

式中：K_i、P_i 和 Δ_i——分别为第 i 次循环位移下的割线刚度、峰值点荷载和位移。

由图 10.1.22 可见，两榀框架的刚度退化规律相近：加载前期由于组成框架的混凝土和钢材刚度下降明显，框架的刚度退化速率较快；加载后期由于钢材进入强化阶段，混凝土在钢管的有效约束下其受压应力-应变曲线趋于平缓，框架的刚度退化程度降低。试件 TRC-40-6-1-s 的刚度退化程度低于试件 TRC-40-6-2-s，这是因为试件 TRC-40-6-1-s 属于梁铰机制破坏，结构整体损伤小。虽然试件 TRC-40-6-2-s 的刚度退化明显，但由于初始刚度较大，试验结束时其刚度仍大于试件 TRC-40-6-1-s。

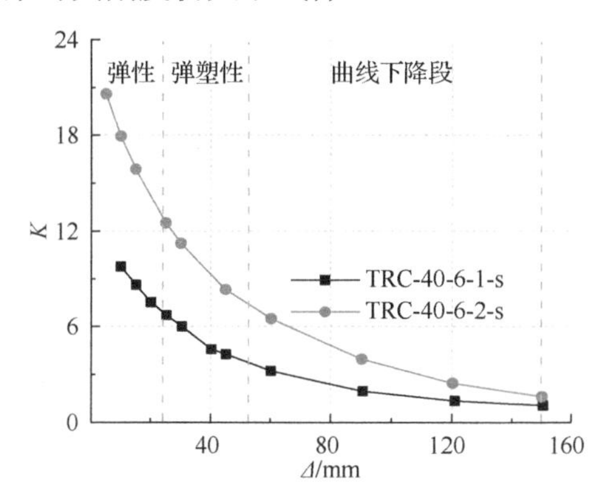

图 10.1.22　刚度退化曲线

（3）梁柱出铰顺序及破坏机理

图 10.1.23 为梁柱出铰顺序及变形模式。试件 TRC-40-6-1-s 的一层梁端先屈服，之后是二层梁端，最后是底层柱出铰，为梁铰机制破坏。变形模式上各楼层变形比较均匀，不集中于某层；试件 TRC-40-6-2-s 的底层柱端先屈服，之后是一层梁端，整个框架的变形集中于底层，为柱铰机制破坏。虽然试件 TRC-40-6-2-s 的破坏模式在抗震设计中应避免，但由于钢管约束混凝土柱良好的抗震性能，其变形能力和耗能能力相比试件 TRC-40-6-1-s 并未发生明显下降。

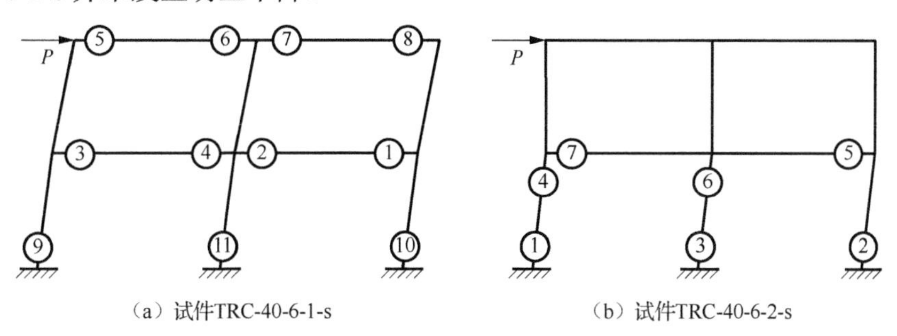

（a）试件TRC-40-6-1-s　（b）试件TRC-40-6-2-s

图 10.1.23　梁柱出铰顺序及变形模式

10.2 钢管约束型钢混凝土柱-钢梁框架拟静力试验

10.2.1 试验概况

1. 试件设计

水平地震作用的确定方法参照10.1节的相关内容。钢管约束型钢混凝土柱同样根据《钢管约束混凝土结构技术标准》（JGJ/T 471—2019）进行设计，构造要求规定钢管约束型钢混凝土柱内型钢宜采用H型钢、十字形等实腹式型钢，含钢率不宜小于4%，且不宜大于15%。结合框架柱构造要求和实验室加载条件综合确定了框架柱的截面直径D=240mm，钢管壁厚t=2mm，柱内H型钢尺寸为125mm×100mm×6mm×10mm。柱截面的型钢含钢率为6.2%，钢管径厚比D/t=120，满足规范要求。柱截面抗弯承载力经计算为M_{uc}=86kN·m。可见，所设计钢管约束型钢混凝土柱的抗弯承载力与10.1节钢管约束钢筋混凝土柱的抗弯承载力接近，为便于试件加工和抗震性能对比，可采用与钢管约束钢筋混凝土柱-钢梁框架相同的钢梁截面设计，即125mm×100mm×6mm×10mm和250mm×150mm×6mm×14mm，经验算柱梁强度比也分别满足“强柱弱梁”和“强梁弱柱”的设计目标。

节点设计与钢管约束钢筋混凝土柱-钢梁框架基本相同，包括节点核心区剪力设计值V_j的计算和节点构造措施的确定，不同之处在于当进行节点核心区的受剪承载力和抗震受剪承载力验算时考虑了柱内型钢腹板的贡献，即

$$V_j \leqslant \frac{1}{\gamma_{RE}}(0.30 f_c A_c + 0.75\pi D t_j f_{jv} + f_{av} A_{aw}) \tag{10.2.1}$$

$$V_j \leqslant \frac{1}{\gamma_{RE}}(1.2 f_{ct} A_c + 0.75\pi D t_j f_{jv} + f_{av} A_{aw}) \tag{10.2.2}$$

式中：f_{av}——型钢腹板抗剪强度设计值；

A_{aw}——验算方向的节点区型钢腹板面积。

当钢管约束型钢混凝土柱-钢梁框架采用与10.1节相同的节点设计时（包括圆钢管截面直径D，节点区钢管壁厚t_j和节点区钢管抗剪强度f_{jv}），可满足式（10.2.1）和式（10.2.2）且更加保守。为便于试件加工和抗震性能对比，采用与10.1节相同的节点设计。

综上所述，钢管约束型钢混凝土柱-钢梁框架的试件参数见表10.2.1；试件整体尺寸和框架柱的细节构造如图10.2.1所述；梁和节点的细部构造如图10.1.4所示（试件TSRC-40-5-1-s和TSRC-40-5-2-s分别与试件TRC-40-6-1-s和TRC-40-6-2-s对应）。表10.2.1中的试件编号TSRC表示框架柱的类型为钢管约束型钢混凝土柱，其他字母含义与钢管约束钢筋混凝土柱-钢梁框架相同。

表 10.2.1　试件参数

试件编号	D/mm	t/mm	D/t	柱内型钢*	梁型钢截面*	η	N_{mid}/kN	n_0	n_1
TSRC-40-5-1-s	240	2	120	125×100×6×10	125×100×6×10	2.53	1300	0.529	0.265
TSRC-40-5-2-s	240	2	120	125×100×6×10	250×150×6×14	0.66	1300	0.529	0.265

*此列数值单位均为 mm。

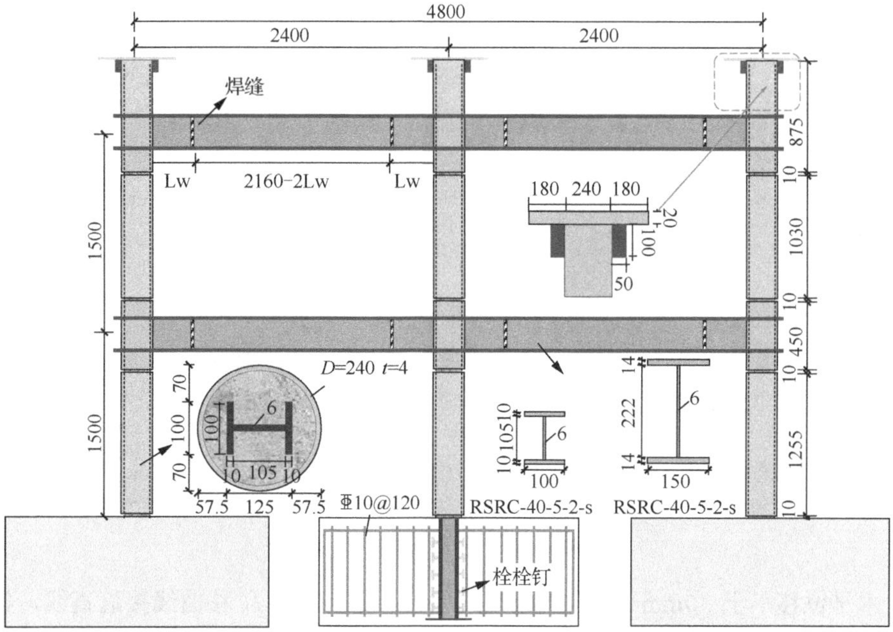

图 10.2.1　试件整体尺寸和框架柱的细节构造（尺寸单位：mm）

2. 材料力学性能

由于试验采用与 10.1 节框架同批次的混凝土及钢材（包括柱内型钢、钢管和钢梁），框架的具体材料力学性能参数见表 10.1.2。

3. 加载与测量方案

试验框架的测量内容包括荷载、位移和应变，其中荷载和位移的测量同 10.1.2 节，应变测量的测点布置如图 10.2.2 所示。钢管约束型钢混凝土柱-钢梁框架的应变测点位置与钢管约束钢筋混凝土柱-钢梁框架基本相同，均主要关注梁、柱端塑性铰区应变（包括钢管和型钢）和节点核心区钢管的剪切应变。

10.2.2　破坏模式

1. 试件 TSRC-40-5-1-s

试件 TSRC-40-5-1-s 在加载初期主要为梁端出铰破坏，钢梁无局部屈曲现象产生；

加载中后期（水平位移达到 90mm）框架的底层柱脚割缝处受拉侧混凝土出现了明显裂缝，受压侧混凝土被压溃，柱端出铰。加载全过程节点核心区未出现明显剪切变形，混凝土保持完好，钢管也未屈曲。图 10.2.3 为试件 TSRC-40-5-1-s 的最终破坏模式，框架随位移的破坏过程如下。

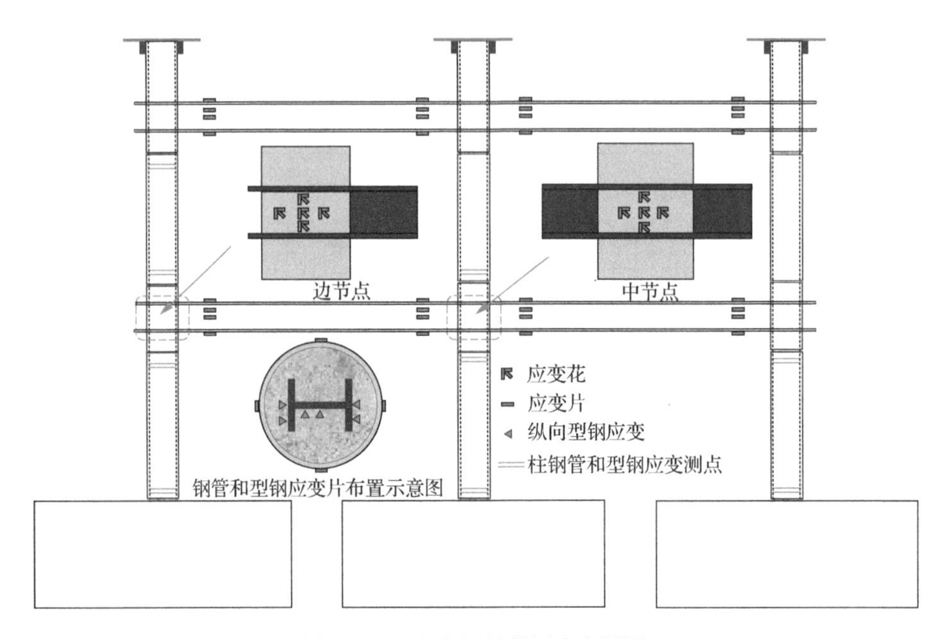

图 10.2.2　应变测量的测点布置图

当水平位移小于 30mm 时，框架处于弹性阶段，荷载-位移曲线接近直线，框架无明显破坏现象。当水平位移加载至±30mm 时，框架的一、二层右柱和中柱梁端下翼缘屈服。由于中柱轴力较大，其柱脚处的型钢翼缘受压屈服。

当水平位移加载至±60mm 时，所有钢梁塑性铰区的型钢翼缘屈服，且应力逐渐向腹板发展，框架一、二层右柱梁端和中柱两侧梁端的腹板也屈服。一层柱脚开始出现明显塑性变形，导致左柱和右柱柱脚处的钢管屈服，柱脚割缝处混凝土受拉侧出现了宽度为 1mm 的裂缝，受压侧出现了混凝土压溃现象。一层中柱的上部钢管割缝处也出现了轻微的受拉裂缝和混凝土压溃现象。柱钢管、节点区钢管和钢梁均无屈曲现象发生。

当水平位移加载至±90mm 时，框架的一、二层左柱梁端腹板屈服。对比水平位移加载至±60mm 时的试验现象可知，左柱梁端的塑性发展滞后于右柱和中柱梁端。框架底层中柱型钢腹板在柱上下两端发生屈服，所有柱脚割缝处的混凝土受拉裂缝宽度继续开展，宽度可达 2mm。柱钢管、节点区钢管以及钢梁未出现屈曲现象。

当水平位移加载至±120mm 时，框架所有的梁端塑性铰区翼缘和腹板屈服，底层所有柱脚处的型钢翼缘、腹板与钢管屈服。框架底层柱脚割缝处的混凝土受拉裂缝发展并不充分，受压侧仅存在少量压溃脱落的混凝土［图 10.2.3（a）］，说明框架柱脚的破坏程度不严重。试验全过程柱和节点区钢管无屈曲现象发生。钢梁梁端的型钢和腹板虽然屈服，但未发生屈曲现象。钢梁对接焊缝无明显开裂，焊缝未破坏［图 10.2.3（d）］。框架的一、二层层间变形较为均匀，二层层间位移略大于一层。由于框架的梁柱线刚度比较小，节点核心区发生了明显转动，但剪切变形不显著［图 10.2.3（e）］。

试验结束后将钢管剖开，得到内部混凝土的破坏情况［图 10.2.3］。除框架底层柱的上下端割缝处混凝土出现了轻微压溃现象和少量横向受拉裂缝外，柱身混凝土基本完好，未出现明显破坏。节点核心区的混凝土保持完好，未出现剪切裂缝。综合以上破坏现象可知，框架达到了“强柱弱梁”和“强节点、弱构件”的设计要求。

（a）柱脚

（b）一层中节点

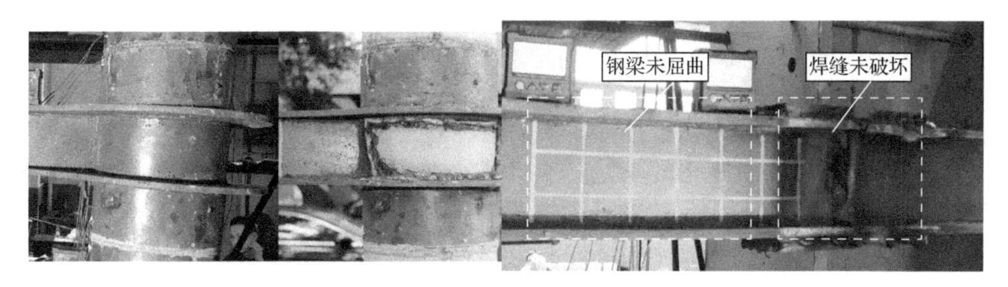

（c）一层边节点

（d）一层钢梁

（e）整体破坏模式（最大位移）

图 10.2.3　试件 TSRC-40-5-1-s 的最终破坏模式

（f）整体破坏模式（钢管剖开）

图 10.2.3（续）

2. 试件 TSRC-40-5-2-s

试件 TSRC-40-5-2-s 表现出明显的柱铰破坏特征，底层柱的上下端均出现了明显塑性变形，钢管割缝处混凝土受压破坏严重，极限位移时柱脚割缝处混凝土存在较宽裂缝，透过裂缝可看见柱内型钢。由于柱端较大的塑性转角，节点环板下侧的柱钢管焊缝出现了撕裂现象。钢梁的塑性变形较小，仅一层钢梁塑性铰区的翼缘和腹板屈服。节点核心区未发生明显破坏，混凝土保持完好，钢管未见屈曲现象。框架变形主要集中于一层，二层的层间位移较小。图 10.2.4 为试件的最终破坏模式，特征位移下框架的主要破坏模式介绍如下。

（a）柱脚 （b）一层节点板下方

（c）一层柱 （d）一层节点

图 10.2.4 试件 TSRC-40-5-2-s 的最终破坏模式

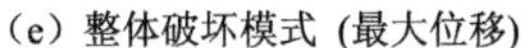
（e）整体破坏模式 (最大位移)

（f）整体破坏模式（钢管剖开）

图 10.2.4（续）

当水平位移小于 30mm 时，框架处于弹性阶段，荷载-位移曲线接近直线，未发生明显破坏现象。当水平位移加载至±30mm 时，框架底层中柱柱脚的型钢翼缘屈服，且由于所受轴力较大，中柱型钢腹板的应力水平也较高，接近屈服。

当水平位移加载至±45mm 时，底层中柱柱脚处的钢管屈服，柱脚割缝处混凝土出现了轻微的受拉裂缝。框架一层的左、右柱梁端的钢梁下翼缘和一层中柱左侧梁端的钢梁下翼缘屈服。

当水平位移加载至±60mm 时，框架达到峰值承载力，底层左柱柱脚处钢管屈服，框架所有底层柱脚割缝处的混凝土受拉裂缝继续发展，受压侧混凝土被压溃，保护层混凝土严重脱落。一层中柱左梁端的钢梁腹板屈服。一层右柱节点环板下方的柱钢管焊缝出现了撕裂现象，撕裂宽度为 4mm。

当水平位移加载至±90mm 时，框架底层的右柱柱脚型钢腹板屈服，底层所有柱的上端塑性铰区钢管屈服。框架一层的左、右柱钢梁塑性铰区的上翼缘屈服，但屈服部位的塑性变形不明显。框架底层柱脚割缝处的受拉裂缝宽度和裂缝范围继续增大，最大裂缝宽度为 10mm，导致柱内的型钢翼缘裸露。柱脚割缝处的受压侧混凝土严重压溃脱落，柱钢管由于柱脚较大的弯曲变形与混凝土墩表面发生接触。底层柱的上端钢管割缝处混凝土受拉裂缝也充分发展，裂缝宽度最大为 5mm。柱钢管、节点区钢管以及钢梁未见屈曲现象。

当水平位移加载至±120mm 时，框架底层的所有柱脚型钢翼缘和腹板屈服，柱脚最大裂缝宽度为 15mm。框架底层柱的上端塑性铰区钢管屈服，割缝处混凝土的最大裂缝宽度为 10mm。

当水平位移加载至±150mm 时，框架的承载力降至峰值荷载的 85%以下。观察框架的变形可见［图 10.2.4（c）和（e）］，框架底层柱的上下端塑性铰区转角明显，框架底层的侧移量显著高于框架二层。柱端割缝处混凝土发生了严重破坏，混凝土墩的上表面混凝土被局部压碎，而塑性铰区的钢管未发生明显屈曲现象［图 10.2.4（a）和（c）］。极限状态时的框架梁端塑性变形并不明显，焊缝未撕裂［图 10.2.4（e）］。框架一层节点板下方的柱钢管出现了焊缝撕裂现象，但由于环板的限制，试验结束时焊缝的撕裂范围未延伸至环板［图 10.2.4（b）］。节点核心区未发生明显剪切变形，钢管也未屈曲，且由于框架的梁柱线刚度比较大，节点核心区并未发生明显转动［图 10.2.4（d）］。

对比“强柱弱梁”框架 TSRC-40-5-1-s 的破坏现象可知，两榀框架虽然都发生了柱铰破坏，但破坏位置和程度不同。试件 TSRC-40-5-2-s 的一层柱上下端割缝处混凝土均出现了严重破坏，受拉裂缝宽度更宽，对应位置处的钢管屈服时刻也更早；而试件 TSRC-40-5-1-s 的柱端破坏位置仅为底层柱脚，破坏时刻靠后，且割缝处的混凝土破坏程度较轻。原因是“强梁弱柱”试件 TSRC-40-5-2-s 的梁柱线刚度比较大，其柱反弯点靠近 1/2 柱高，使底层框架柱的上下端弯矩接近。对比两榀框架的柱身破坏现象可见，虽然“强梁弱柱”框架的柱端破坏程度更高，但柱身混凝土也基本完好，未出现型钢与混凝土之间的黏结裂缝。节点核心区的混凝土保持完好，未出现剪切裂缝[图 10.2.4(d)]。综合以上破坏现象可知，框架达到了“强梁弱柱”和“强节点、弱构件”的设计目标。

10.2.3 荷载-位移关系

框架实际所受的水平荷载 P 与框架位移Δ的计算方法见 10.1.4 节。图 10.2.5 为钢管约束型钢混凝土柱-钢梁框架的水平荷载-位移滞回曲线。与钢管约束钢筋混凝土柱-钢梁框架类似，发生梁铰破坏的试件 TSRC-40-5-1-s 滞回曲线没有明显捏缩点，滞回环比试件 TSRC-40-5-2-s 的更加饱满。试件 TSRC-40-5-2-s 虽然发生了柱铰机制破坏，但由于框架柱优异的抗震性能，框架的延性和变形能力无明显降低。对比曲线的卸载刚度可见，“强梁弱柱”框架试件 TSRC-40-5-2-s 的卸载刚度与“强柱弱梁”框架 TSRC-40-5-1-s 接近，因此“强梁弱柱”框架试件 TSRC-40-5-2-s 的单圈耗能更高。

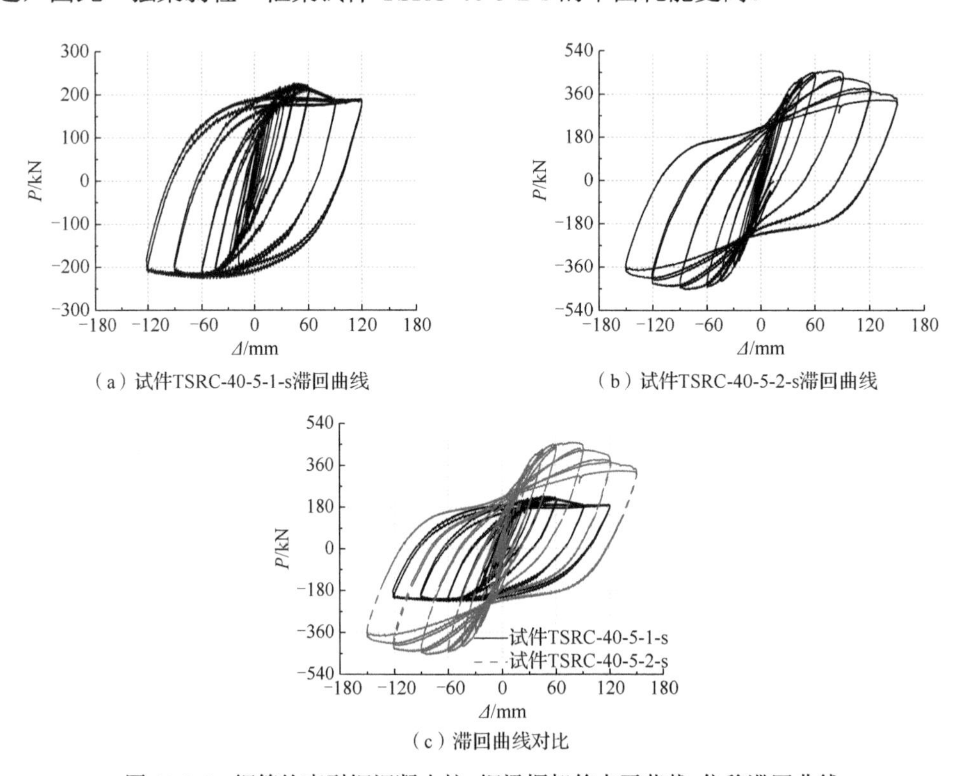

（a）试件TSRC-40-5-1-s滞回曲线

（b）试件TSRC-40-5-2-s滞回曲线

（c）滞回曲线对比

图 10.2.5 钢管约束型钢混凝土柱-钢梁框架的水平荷载-位移滞回曲线

图 10.2.6 为两榀框架的水平荷载-位移滞回曲线。表 10.2.2 为骨架曲线的特征点信

息，包括屈服点（P_y，Δ_y）、峰值点（P_m，Δ_m）、极限点（P_u，Δ_u）（对应荷载降低至峰值荷载的 85%）、位移延性系数μ、平均层间位移角θ及层间位移角最大值θ_{max}。

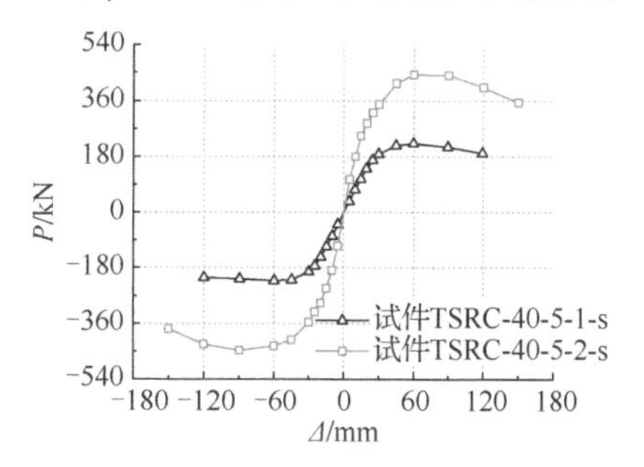

图 10.2.6　两榀框架的水平荷载-位移滞回曲线

表 10.2.2　延性指标

试件编号	加载方向	P_y/kN	Δ_y/mm	θ_y	P_m/kN	Δ_m/mm	θ_m	P_u/kN	Δ_u/mm	θ_{max}	θ_u	μ
		屈服点			峰值点			极限点				
TSRC-40-5-1-s	正向	197.4	34.9	1/86	222.4	59.7	1/50	189.0	122.4	1/23	1/25	3.57
	负向	198.6	33.4	1/90	222.5	59.7	1/50					
	均值	198.0	34.2	1/88	222.5	59.7	1/50	189.1	122.4	1/24	1/25	3.57
TSRC-40-5-2-s	正向	372.3	35.4	1/85	443.5	60.0	1/50	377.0	139.0	1/15	1/22	3.93
	负向	382.1	36.9	1/81	432.7	60.0	1/50	367.8	155.7	1/13	1/19	4.22
	均值	377.2	36.2	1/83	438.1	60.0	1/50	372.4	147.4	1/14	1/20	4.08

由于框架的正负向骨架曲线存在一定程度的不对称，规定各延性指标以平均值为准。试验过程中“强柱弱梁”框架试件 TSRC-40-5-1-s 在朝着负向加载时由于其柱顶的梁柱节点发生了较大转动，位移加载至接近 120mm 时与框架柱顶相连的轴承铰达到了转动上限，柱顶不再是理想的铰接边界条件，导致骨架曲线负方向的承载力不再降低，从而未能获取承载力降低至峰值荷载 85%以下的试验数据。“强梁弱柱”框架试件 TSRC-40-5-2-s 的弹性段刚度和峰值承载力分别比“强柱弱梁”框架试件 TSRC-40-5-1-s 高 80%和 97%。两榀框架的延性和变形能力均较好，“强梁弱柱”框架在极限状态时的延性系数比“强柱弱梁”框架低 13%，说明减小柱梁强度比并不会导致框架的延性明显降低。不同于“强柱弱梁”框架中各层的层间变形比较均匀，“强梁弱柱”框架的变形主要集中于框架一层（图 10.2.7），其最大层间位移角θ_{max}=1/14，占到整个框架位移的 74%。但由于钢管约束型钢混凝土柱良好的延性和变形能力，当框架柱发生了远高于《建筑抗震设计规范（2016 年版）》（GB 50011—2010）中θ_{max}=1/50 的层间位移时，框架仍能继续承受竖向荷载而未发生倒塌。

综上所述，减小柱梁强度比不会导致钢管约束型钢混凝土柱-钢梁框架的变形能力明显下降，两榀框架均具有较好的变形能力，极限状态时的层间位移角θ均远高于《建筑抗震设计规范（2016 年版）》（GB 50011—2010）中弹塑性层间位移角θ_{max}=1/50 的要求。虽然“强梁弱柱”框架的变形能力和抗倒塌能力较强，但变形主要发生在框架的底层，损伤过于集中，对抗震不利。

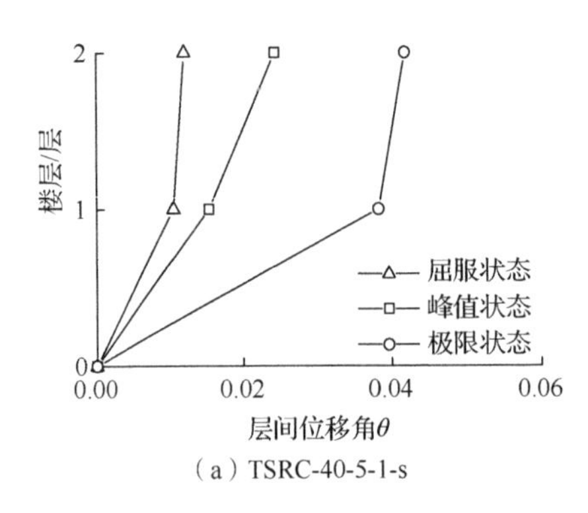

（a）TSRC-40-5-1-s

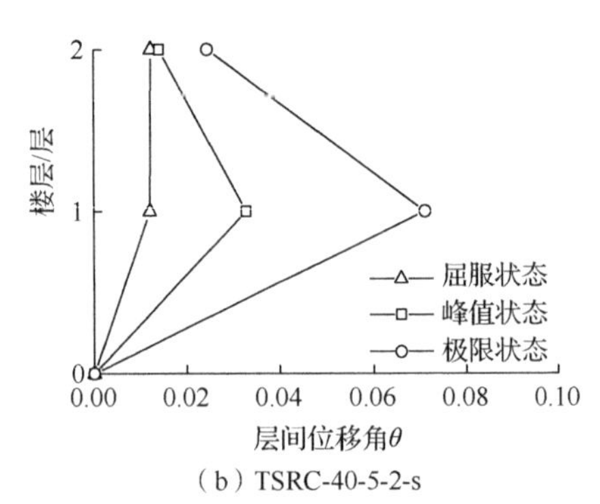

（b）TSRC-40-5-2-s

图 10.2.7　各加载阶段框架层间位移角

10.2.4　节点核心区剪切变形分析

采用与 10.1.5 节相同方法得到节点核心区剪切变形γ_j与位移Δ的关系曲线及节点核心区剪力 V_j与γ_j的关系曲线，如图 10.2.8 所示。由图 10.2.8 可得以下主要结论。

1）γ_j随着正负向位移的发展不对称，且不同破坏模式下γ_j随位移的发展规律不同。对于“强柱弱梁”框架，节点剪切变形随着框架位移的增加持续增加，而“强梁弱柱”框架的节点剪切变形随着框架位移先增加后减小。“强柱弱梁”框架的节点核心区剪力和剪切变形均随着框架位移的增加持续增加；而对于“强梁弱柱”框架，随着框架位移的增加节点核心区剪力在加载后期的增长幅度明显放缓，且在最后一级加载位移时节点剪力和剪切变形均下降。

出现以上规律的原因一方面是“强梁弱柱”框架的节点设计比“强柱弱梁”框架更加保守，节点的损伤程度较低；另一方面是两榀框架的破坏机制不同，“强梁弱柱”框架的变形损伤主要位于底层柱的上下端塑性铰区，当柱铰的承载力下降时节点内力出现了卸载现象。

2）边节点由于所受到的剪力较小，因此无论是“强柱弱梁”还是“强梁弱柱”框架，其节点核心区的剪力和剪切变形均小于中节点。统计所有的节点核心区剪切变形可知，“强梁弱柱”框架由于节点设计更加保守，其剪切变形相比“强柱弱梁”框架明显偏小。所有框架节点的剪切变形最大值均不超过 0.01，小于节点破坏时对应的剪切变形。

3）除“强柱弱梁”框架的中节点外，其他节点实际受到的剪力均小于由规范计算的剪力设计值，且相差不大，说明现行规范中的节点剪力设计值计算式具有较好的适用性。虽然“强柱弱梁”框架的中节点所受的剪力最大值为 754.3kN，高于由规范得到的实际材料强度下的节点受剪能力 654.4kN 约 15.3%，但由框架试验中节点发生了较小的剪切变形和节点内混凝土和钢管均保持完好的试验现象可知，现行规范的节点设计偏于保守。

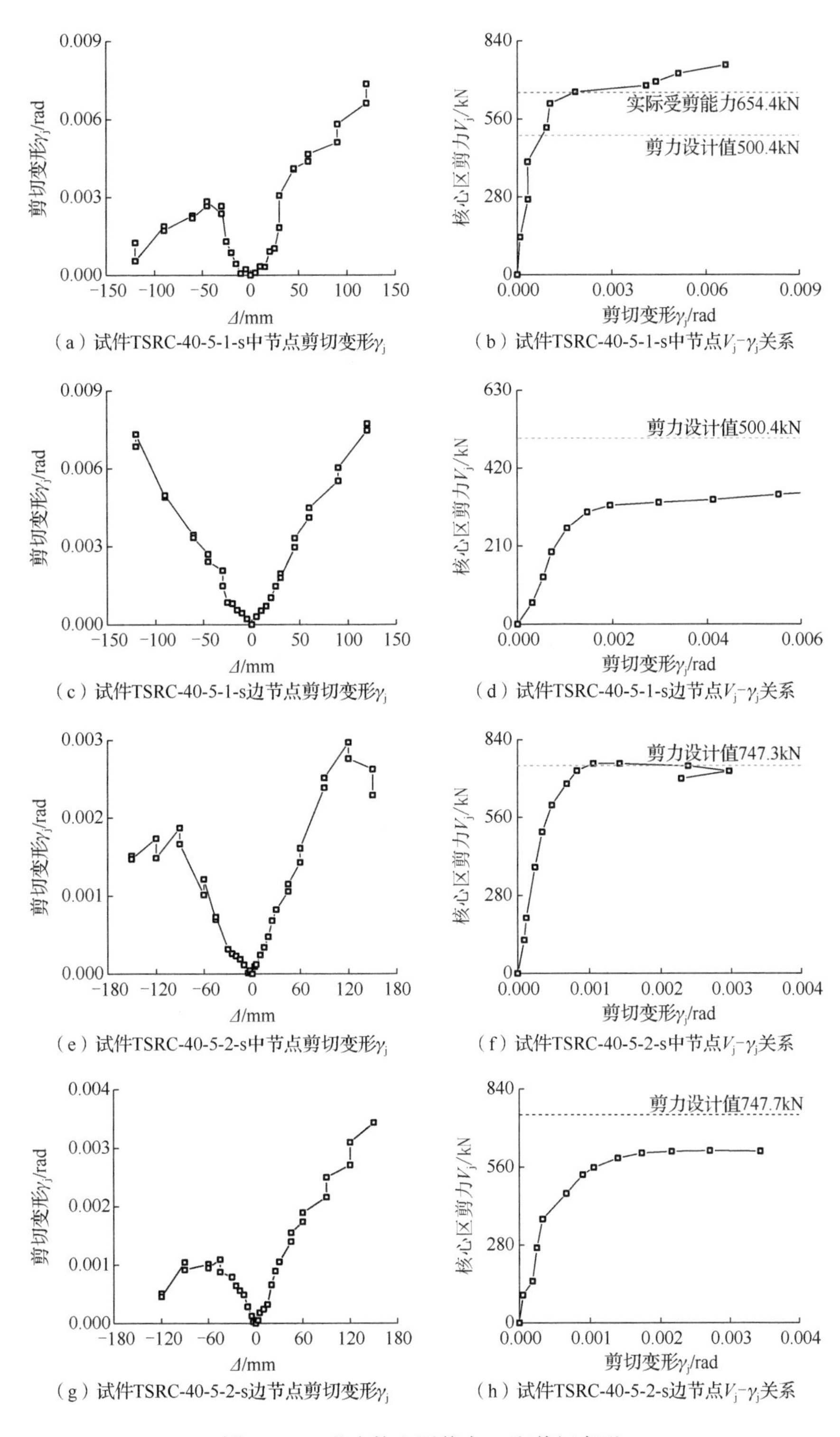

（a）试件TSRC-40-5-1-s中节点剪切变形γ_j

（b）试件TSRC-40-5-1-s中节点V_j-γ_j关系

（c）试件TSRC-40-5-1-s边节点剪切变形γ_j

（d）试件TSRC-40-5-1-s边节点V_j-γ_j关系

（e）试件TSRC-40-5-2-s中节点剪切变形γ_j

（f）试件TSRC-40-5-2-s中节点V_j-γ_j关系

（g）试件TSRC-40-5-2-s边节点剪切变形γ_j

（h）试件TSRC-40-5-2-s边节点V_j-γ_j关系

图 10.2.8　节点核心区剪力 V_j 和剪切变形γ_j

10.2.5 位移-应力曲线

分别从钢梁、柱钢管、柱钢筋和节点核心区钢管应力层面分析对比两类框架的破坏模式，分析结果如下。

（1）钢梁应力

钢梁应力随位移变化曲线如图 10.2.9 所示。试件 TSRC-40-5-1-s 的钢梁应力发展较快，峰值承载力时一、二层钢梁翼缘均屈服；而试件 TSRC-40-5-2-s 在达到峰值承载力时仅一层边柱钢梁翼缘屈服，其他部位钢梁翼缘应力水平较低。此外，当框架水平位移超过 120mm 时（对应框架承载力进入下降段）所有钢梁翼缘应力逐渐降低，出现卸载。腹板应力发展规律与翼缘相近：试件 TSRC-40-5-1-s 腹板应力在加载后期均能屈服，而试件 TSRC-40-5-2-s 除一层边柱腹板能够屈服外，其他部位腹板应力水平均较低。需要注意的是不同于试件 TSRC-40-5-1-s 的腹板应力发展是由于抗弯，试件 TSRC-40-5-2-s 腹板应力发展主要因为梁端剪力，但由于试验仅采用横向应变片而未能记录到腹板剪应力，计算得到的腹板 Mises 应力水平较真实值偏低。

（2）柱脚型钢、钢管应力（图 10.2.10）

峰值位移时两框架柱内型钢翼缘均能达到屈服，但“强梁弱柱”框架 TSRC-40-5-2-s 应力发展更快，在框架达到屈服位移前（33mm）柱内型钢翼缘就已屈服。两试件钢管应力发展规律较为接近：表现为两试件荷载达到峰值时钢管应力均能屈服，且屈服后应力仍不断强化。将以上现象与 10.1.6 节钢管约束钢筋混凝土柱-钢梁框架柱内钢筋和钢管应力发展规律对比可见，钢管约束型钢混凝土柱内型钢翼缘应力和柱钢管应力水平均较高，前者是由于相同弯矩作用下翼缘离中和轴较近导致，而钢管应力水平较高是因为钢筋笼相比型钢对混凝土膨胀碎裂起到一定约束作用，导致钢管被动约束受到限制。

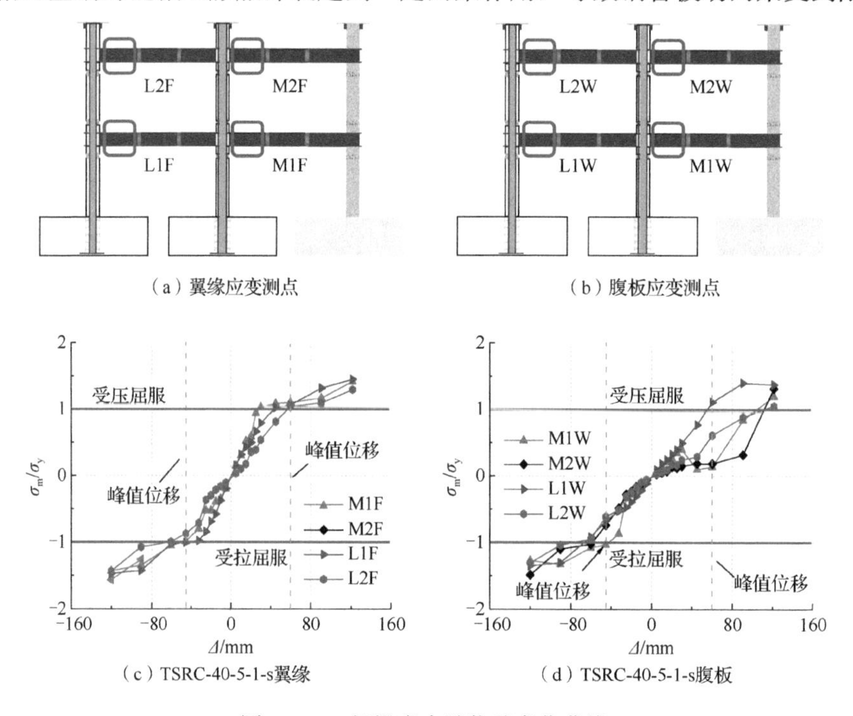

图 10.2.9 钢梁应力随位移变化曲线

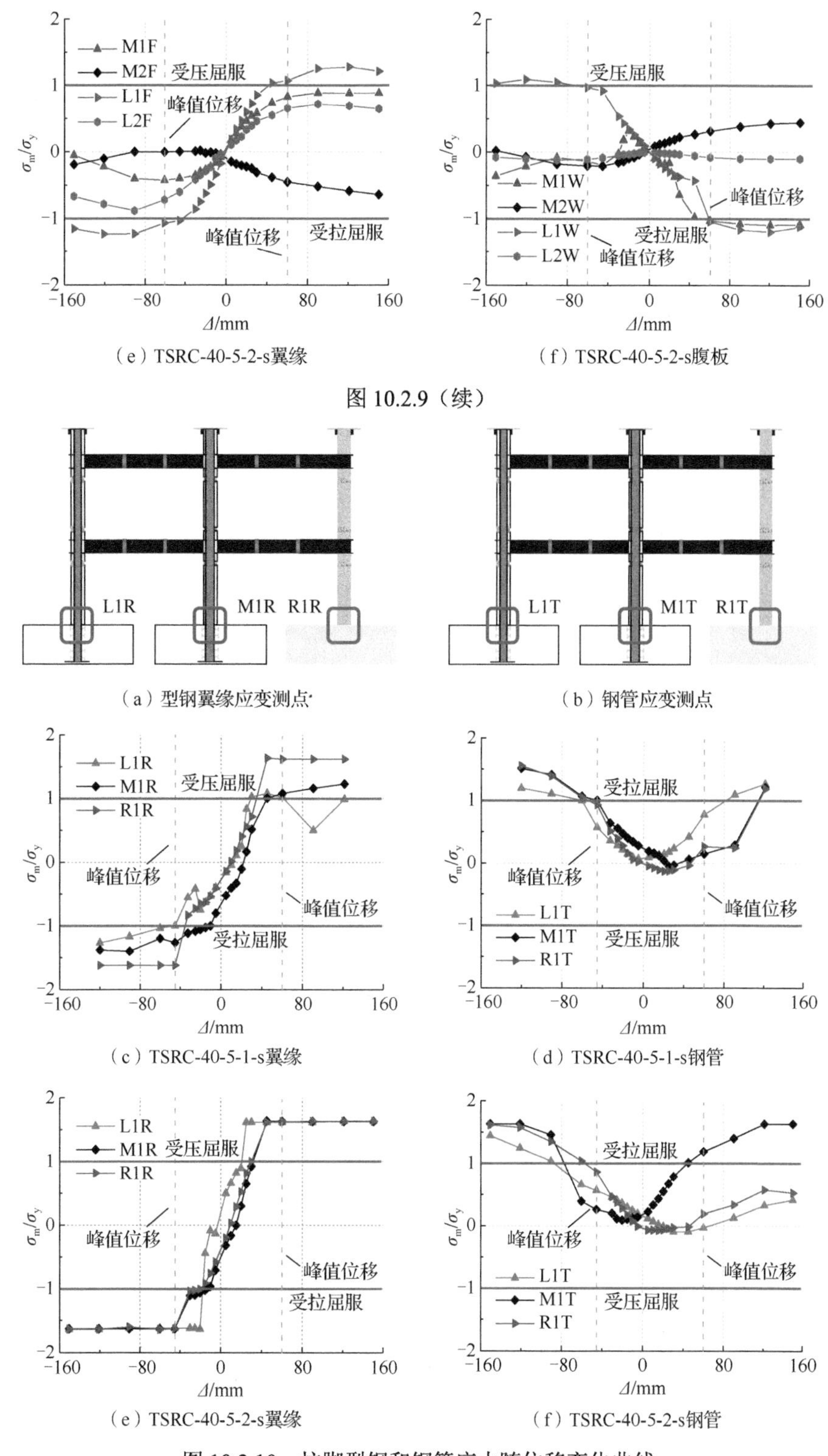

图 10.2.10　柱脚型钢和钢管应力随位移变化曲线

（3）节点应力

图 10.2.11（a）、（b）为钢管约束型钢混凝土柱-钢梁框架层中节点和边节点应变片测点位置，图 10.2.10（c）～（f）为节点核心区钢管应力图。需要说明的是，部分测点应变片损坏导致部分应力数据出现缺失。无论是“强柱弱梁”还是“强梁弱柱”框架，不同测点应力-位移曲线基本重合且均在峰值位移前屈服。与钢管约束钢筋混凝土柱-钢梁框架一致，“强柱弱梁”试件由于节点设计偏弱，节点钢管屈服强度较低，导致其节点钢管应力发展更快，先于“强梁弱柱”试件达到屈服。两试件边节点正负向应力发展不对称且应力在不同部位展现出不同应力大小：具体表现为左侧应力（L2）低于右侧应力（L4）。应力发展速率方面，“强柱弱梁”试件节点区钢管应力发展速率较快，除左侧应力（L2）外其他测点位置均能屈服；相比之下“强梁弱柱”试件节点区钢管应力发展速率明显较缓，且在加载后期（位移加载至 90mm）存在卸载现象。

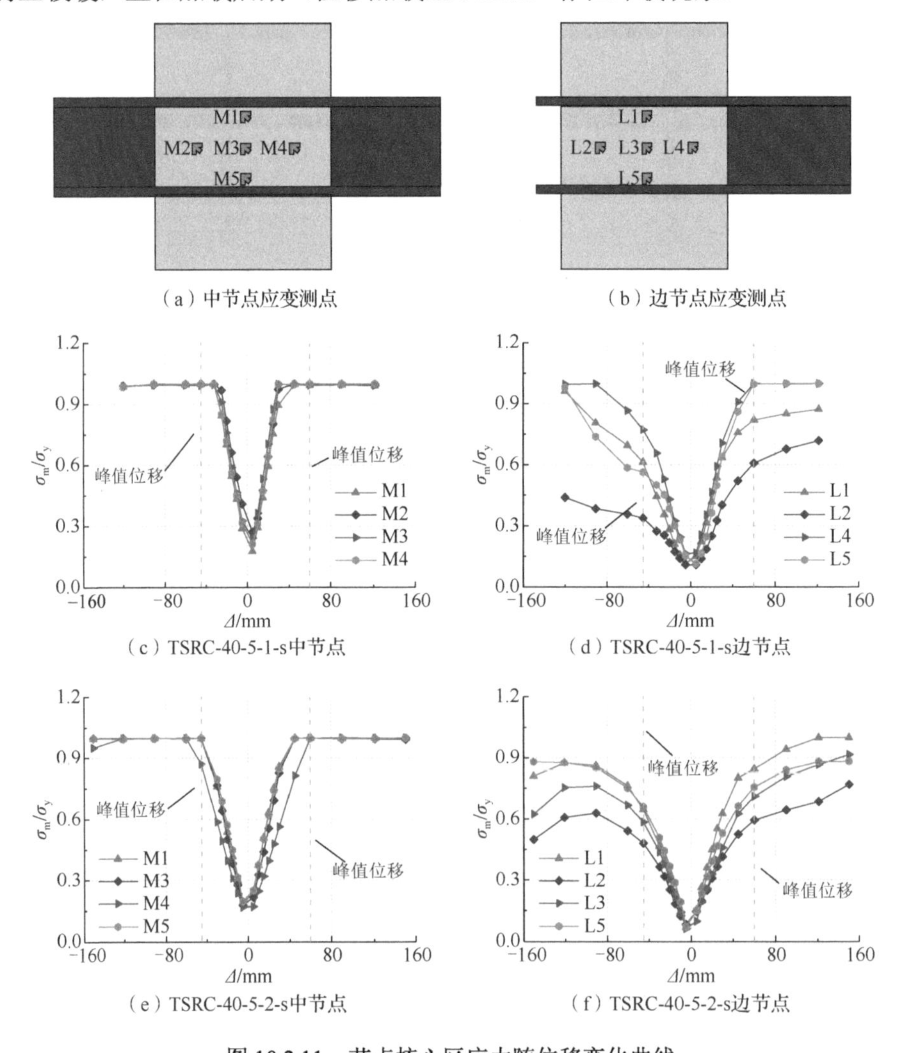

图 10.2.11　节点核心区应力随位移变化曲线

10.2.6　抗震性能评价指标

本节从耗能性能、刚度退化、梁柱出铰顺序等抗震性能指标研究不同破坏模式（强柱弱梁和强梁弱柱）对钢管约束型钢混凝土柱-钢梁框架抗震性能的影响。

（1）耗能性能

位移-耗能性能指标曲线如图 10.2.12 所示。框架在弹性阶段的耗能能力较低，耗能值仅占耗能总量的 4%；随着位移的增加使结构进入塑性，框架的耗能能力明显提升，其在弹塑性阶段和曲线进入下降段时的耗能值分别占耗能总量的 21%和 75%。

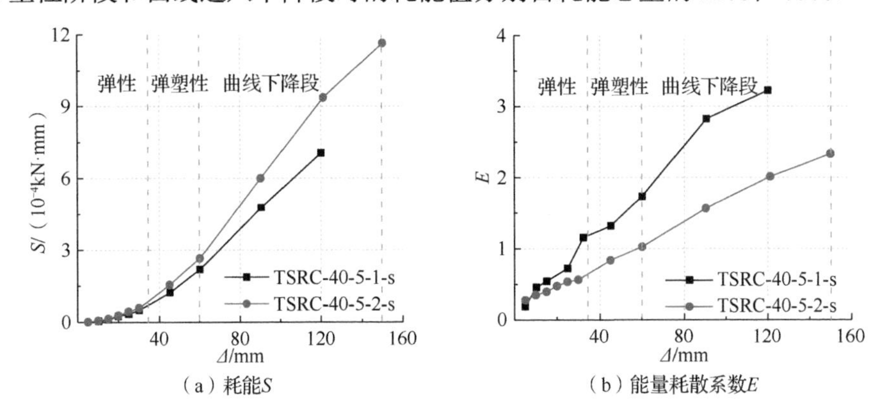

图 10.2.12　位移-耗能性能指标曲线

（2）刚度退化

图 10.2.13 为刚度退化曲线。两榀框架在弹性和弹塑性阶段的刚度退化速率均较快，当框架的承载力下降时其刚度退化的速率明显放缓。框架 TSRC-40-5-2-s 的初始刚度明显高于框架 TSRC-40-5-1-s，说明钢梁的截面刚度对框架的整体刚度影响较大。对比两榀框架的刚度退化曲线可见，框架 TSRC-40-5-1-s 的刚度退化程度较低，原因是框架 TSRC-40-5-1-s 的破坏位置为框架的一、二层梁端和底层柱脚，破坏位置不集中且结构整体损伤程度低；而框架 TSRC-40-5-2-s 的主要破坏位置为框架底层柱的上下端塑性铰区，破坏位置集中且混凝土的刚度退化程度比钢梁偏高。

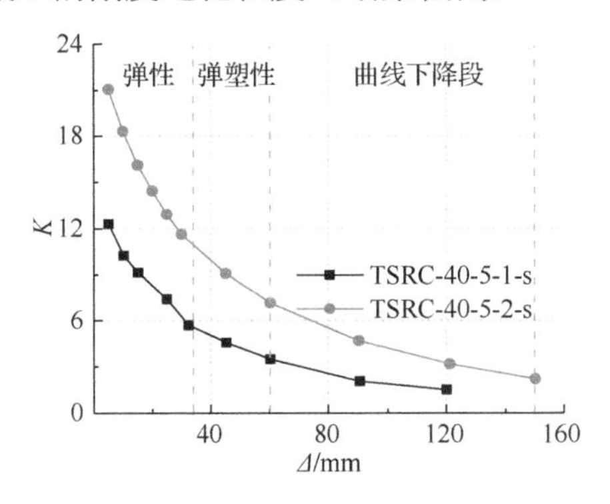

图 10.2.13　刚度退化曲线

（3）梁柱出铰顺序及破坏机理

图 10.2.14 为框架的梁柱出铰顺序及变形模式图。“强柱弱梁”框架 TSRC-40-5-1-s 的出铰顺序与 10.1.7 节框架 TRC-40-6-1-s 存在差异，但均为框架的一层梁端最先屈服，之后是二层梁端，最后是框架的底层柱脚。变形模式上框架的各楼层变形比较均匀，发生了梁铰机制破坏。“强梁弱柱”框架 TSRC-40-5-2-s 的破坏模式为框架的底层柱脚先出铰，之后是框架底层柱的上端塑性铰区，最后是框架的一层梁端。整个框架的变形集中在框架的底层，发生了柱铰机制破坏。

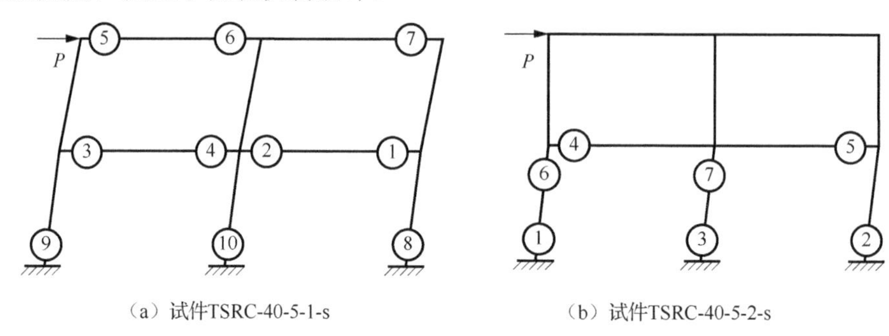

（a）试件TSRC-40-5-1-s　　（b）试件TSRC-40-5-2-s

图 10.2.14　梁柱出铰顺序

10.3　钢管约束钢筋混凝土柱-RC 梁拟静力试验

10.3.1　试验概况

1. 试件设计

为研究梁柱出铰顺序对框架抗震性能的影响，采用 10.1 节的设计方法，以梁截面抗弯承载力为主要变化参数，设计并加工了 2 榀钢管约束钢筋混凝土柱-RC 梁框架，试件整体尺寸如图 10.3.1 所示，试件参数见表 10.3.1。以试件 TRC-40-6-1-r 为例说明试件命名方法：TRC 表示钢管约束钢筋混凝土柱，40 表示框架柱混凝土强度等级为 C40，6 表示中柱的试验轴压比为 0.6，1 表示试件编号（按“强柱弱梁”设计），r 表示框架梁为混凝土梁。柱钢筋直径为 16mm，强度等级为 HRB400，截面配筋率为 2.79%。梁混凝土强度等级同为 C40，截面采用对称配筋，钢筋选用 HRB400，试件 TRC-40-6-1-r 和试件 TRC-40-6-2-r 中梁钢筋直径分别为 16mm 和 20mm，对应梁截面配筋率分别为 1.4% 和 3.4%，均小于界限配筋率（均为 5.18%），属于适筋梁。

框架梁柱节点设计采用钢管半贯通式节点（图 10.3.2），试件 TRC-40-6-1-r 和试件 TRC-40-6-2-r 的节点区开孔高度分别为 60mm 和 100mm，节点区钢管壁厚为 4mm。节点核心区的抗震受剪承载力满足：

$$V_{\mathrm{j}} \leqslant \frac{1}{\gamma_{\mathrm{RE}}}\left(1.5\eta_{\mathrm{j}} f_{\mathrm{ct}} A_{\mathrm{j}} + 0.05\eta_{\mathrm{j}} \frac{N}{D^2} A_{\mathrm{j}} + 1.57 f_{\mathrm{jt}} A_{\mathrm{sth}}\right) \tag{10.3.1}$$

式中：γ_{RE}——承载力抗震调整系数，建议取值为 0.85，本书取 1.0。

η_j——正交混凝土梁的约束影响系数。

f_{ct}——节点区混凝土轴心抗拉强度设计值。

N——作用在节点的轴力设计值。

D——节点区直径。

A_j——圆形节点核心区有效截面面积，验算方向的梁宽度 b_b 不小于柱直径 D 的一半时 A_j 取 $0.8D^2$；验算方向的梁宽 b_b 小于柱直径 D 的一半且不小于 $0.4D$ 时取 $0.8D(b_b+D/2)$，根据情况按公式 $A_j=0.8D^2$ 进行计算。

f_{jt}——节点区钢管抗拉强度设计值。

A_{sth}——节点区钢管有效受拉面积，计算式为

$$A_{sth}=t_j\times h_{eff} \tag{10.3.2}$$

式中：t_j——节点区钢管壁厚。

h_{eff}——节点区钢管有效高度。

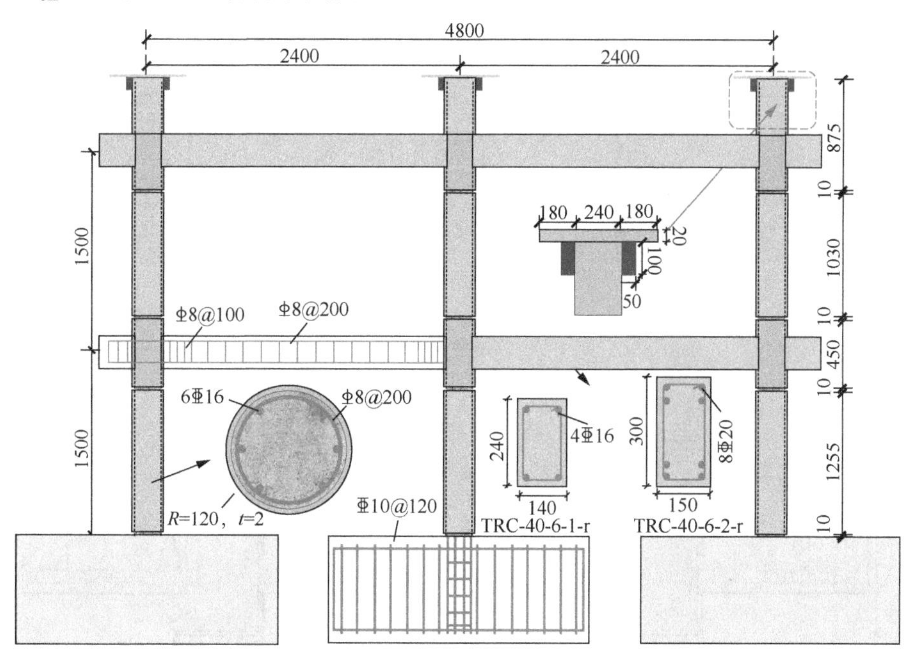

图 10.3.1　试件整体尺寸（尺寸单位：mm）

表 10.3.1　试件参数

试件编号	D/mm	t/mm	D/t	柱配筋	梁截面（配筋）	η	N_{mid}/kN	n_0	n_1
TRC-40-6-1-r	240	2	120	6Φ16	240mm×140mm(4Φ16)	3.02	1300	0.636	0.318
TRC-40-6-2-r	240	2	120	6Φ16	300mm×150mm(8Φ20)	0.94	1300	0.625	0.313

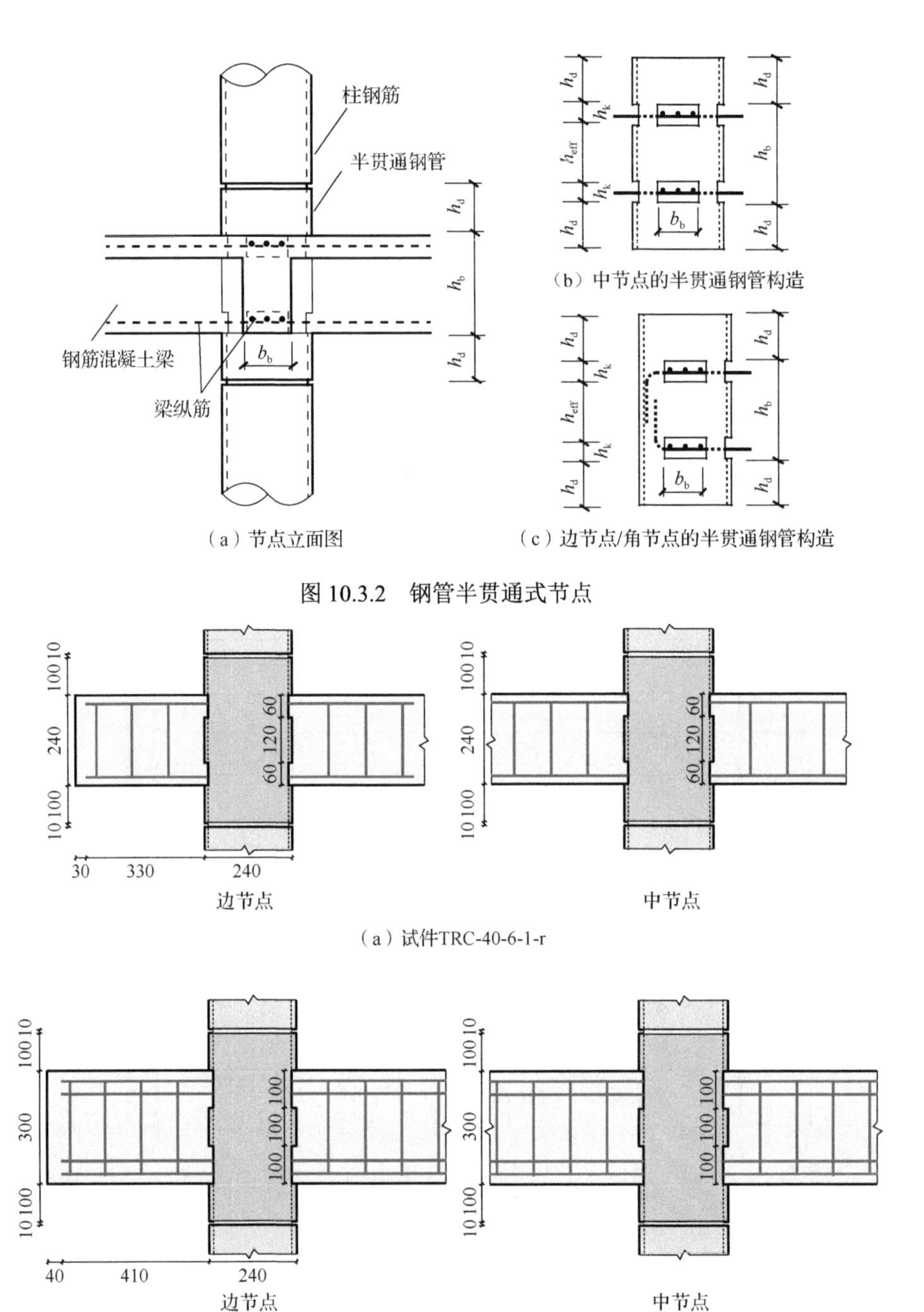

图 10.3.2 钢管半贯通式节点

图 10.3.3 试件细节尺寸（尺寸单位：mm）

2. 材料力学性能

参照《金属材料　拉伸试验　第 1 部分：室温试验方法》（GB/T 228.1—2021）制作了钢板及钢筋标准拉伸试件。钢材拉伸试验每组 3 个试验件，取样材料均为试件同批次钢材，摒弃误差较大的数据，最终测得钢材的力学性能参数见表 10.3.2。

表 10.3.2　钢材的力学性能参数表

材料类型	屈服强度/MPa	极限强度/MPa	强屈比/MPa
钢板 10mm	337	457	1.36
钢板 6mm	326	486	1.49
钢板 5mm	453	574	1.27
钢板 4mm	347	493	1.42
钢板 2mm	321	430	1.34
钢筋 16mm	432	648	1.5
钢筋 20mm	445	564	1.29

框架内混凝土采用细石商品混凝土，同时制作了一批与框架试件在相同条件下养护的混凝土立方体标准试块（150mm×150mm×150mm）用于测量混凝土材性。试验测得的混凝土立方体抗压强度和经欧洲混凝土规范（MC90）转换得到的混凝土圆柱体轴心抗压强度见表 10.3.3。

表 10.3.3　混凝土圆柱体轴的抗压强度

试件编号	$f_{cu,150,28d}$/MPa	$f_{cu,150,试验}$/MPa	f_c/MPa
TRC-40-6-1-r	33.2	42.2	34.6
TRC-40-6-2-r	33.2	43.3	35.4

3. 加载与测量方案

对钢管约束钢筋混凝土柱-RC 梁框架的测量对象包括荷载、位移和应变测量，其中荷载和位移测量同 10.1.2 节，应变测量测点布置如图 10.3.4 所示。

10.3.2　破坏模式

1. 试件 TRC-40-6-1-r

试件 TRC-40-6-1-r 破坏模式如图 10.3.5 所示。水平位移加载至±15mm 时，梁 1/3 跨度到中柱之间出现了第一批肉眼可见的弯曲裂缝，高度向上延伸至梁高的 1/3，最大宽度 0.05mm。位移加载至±30mm 时，左柱一层梁端钢筋屈服。当水平位移加载至±40mm 时，梁 1/3 跨度到中柱之间出现了第二批肉眼可见的弯曲裂缝，裂缝继续延伸至梁高的一半，最大宽度为 0.2mm，此时中柱一层左右侧梁内钢筋接近屈服应力（444.5MPa）。

水平位移加载至±60mm 时，原有弯曲裂缝沿梁高方向继续开展，达到梁高的 2/3，最大宽度为 0.5mm，新增弯曲裂缝也开展至梁高的一半，最大宽度达 0.2mm。在梁的 1/4 跨度与中柱之间，新增一批斜向开展的剪切裂缝，其最长延伸至梁高的 1/6 高度处，最大宽度 0.2mm，中柱一层左右侧梁端与左柱二层梁端内钢筋屈服。

水平位移加载至±100mm 时，在梁跨度 1/5 与中柱节点之间，斜向剪切裂缝继续开展，最长裂缝贯穿梁截面，宽度达 10mm；弯曲裂缝在梁的底部也贯通，宽度达 0.5mm，且在柱上下端塑性铰区出现了明显的混凝土压溃现象。

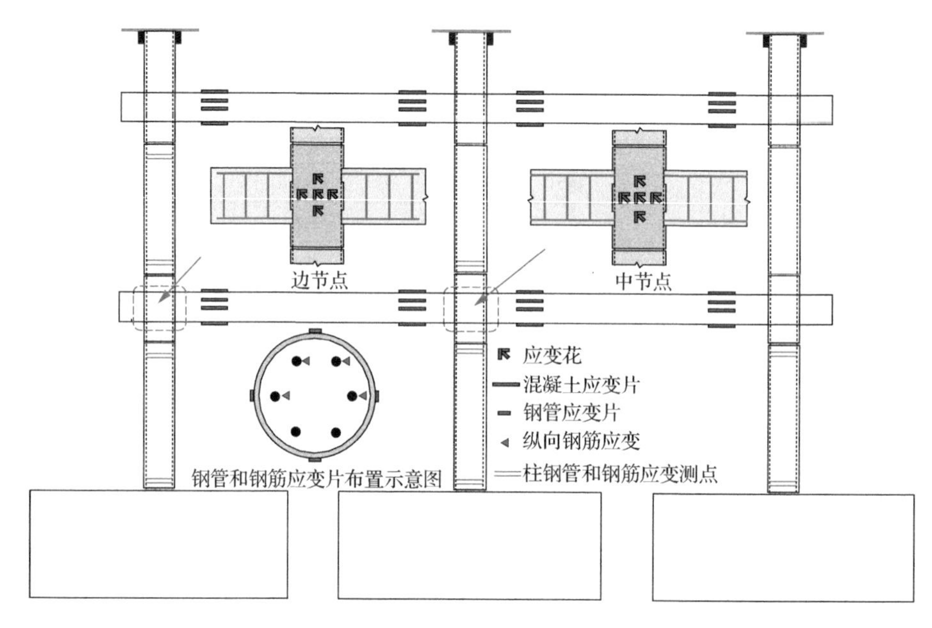

图 10.3.4 应变测量测点布置

水平位移加载至±120mm 时，梁端塑性铰区出现严重破坏，表现为混凝土压溃，保护层混凝土掉落使钢筋裸露。值得注意的是，加载过程中柱钢管未出现局部屈曲现象，且除一层柱脚底部开缝处混凝土出现少量裂缝外框架柱未发生明显破坏。

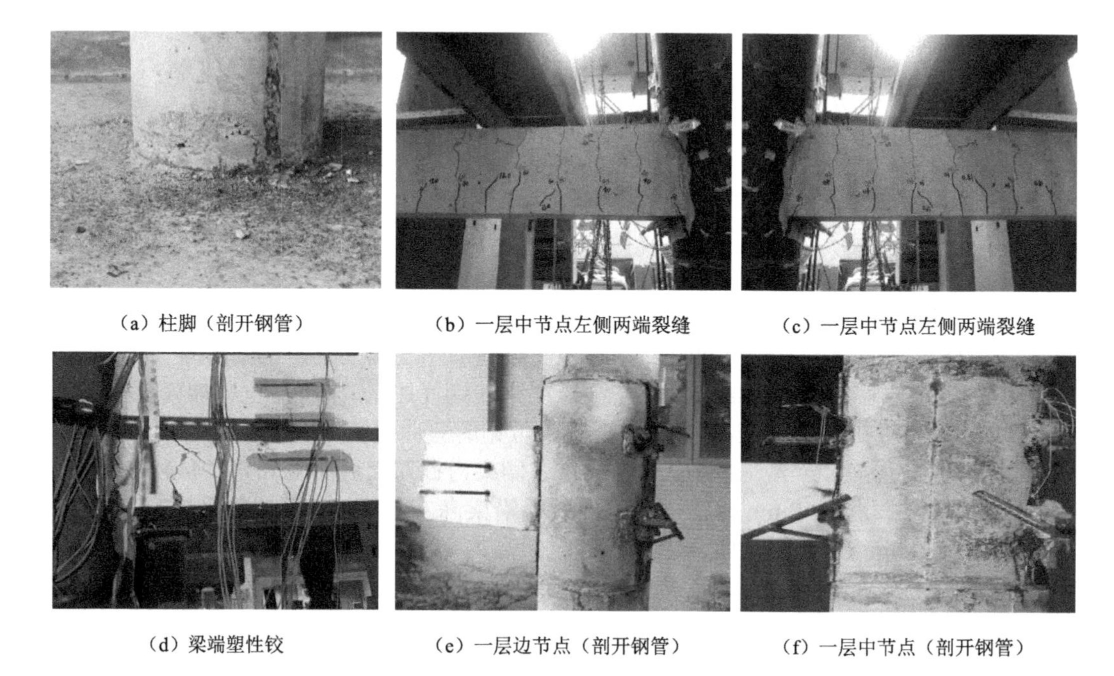

(a) 柱脚（剖开钢管） (b) 一层中节点左侧两端裂缝 (c) 一层中节点左侧两端裂缝

(d) 梁端塑性铰 (e) 一层边节点（剖开钢管） (f) 一层中节点（剖开钢管）

图 10.3.5 试件 TRC-40-6-1-r 破坏模式

2. 试件 TRC-40-6-2-r

试件 TRC-40-6-2-r 破坏模式如图 10.3.6 所示。与“强柱弱梁”框架类似，水平位移小于 30mm 时框架试件处于弹性阶段，并无明显破坏现象。当水平位移加载至±30mm 时，梁上部分混凝土涂料开始掉落，混凝土梁自中柱节点向左右延伸的 1/3 梁跨度范围内出现了第一批肉眼可见的弯曲裂缝与剪切斜裂缝：弯曲裂缝沿着梁高度方向开展，最长达到梁高的 1/3，最大宽度为 0.05mm；相同区域内，梁腹部的剪切裂缝沿着斜向开展，最长延伸至梁高的 2/3。此外，中柱一层右侧梁端钢筋（457.7MPa）屈服。

水平位移加载至±45mm 时，已有裂缝继续沿高度方向发展，右柱柱脚割缝处混凝土轻微开裂，且部分裂缝扩展到基础顶面。观察此时钢筋应变可知，柱脚钢筋最外侧钢筋和出现裂缝的梁段钢筋屈服。

水平位移加载至±60mm 时，右柱一层梁端剪切裂缝最长延伸至梁高的 2/3，最大裂缝宽度为 5mm，且钢筋屈服。随着位移的增加，已有裂缝沿高度方向继续发展，且不断有新的裂缝出现。右柱下端柱脚混凝土裂缝宽度进一步加大，右柱二层柱端的钢管应力屈服，柱钢管与节点钢管无屈曲现象。中柱一层左侧梁端钢筋达到屈服。

水平位移加载至±90mm 时，试件承载力达到峰值。梁 1/3 跨度与中柱节点之间出现了新的剪切裂缝且沿斜向发展，最长达到梁高的 2/3，最大宽度为 10mm；梁端塑性铰区弯曲裂缝发展充分，不再有新裂缝产生，且存在一条从梁与节点相交处向梁上侧延伸的主斜裂缝，其与水平方向的角度近似为 45°。在左柱底部，柱端割缝处混凝土被压溃，部分保护层剥落，裂缝宽度超过 10mm。

水平位移加载至±120mm 时，一层中柱左右梁端塑性铰区混凝土碎裂严重，混凝土保护层严重剥落，节点区钢管开缝处混凝土明显开裂。柱底混凝土割缝处混凝土被压溃，且柱脚与基础顶面形成明显裂缝，宽度可达 15mm。柱钢管与节点核心区钢管无屈曲现象。

当水平位移加载至±150mm 时，梁出现了明显塑性变形，挠度较大。梁端裂缝宽度也迅速增加，混凝土大面积掉落以至钢筋裸漏。由于钢管的有效约束作用，相比混凝土梁的大面积混凝土压溃剥落现象，钢管约束混凝土柱身和节点区并未出现明显破坏，保护层基本完好，仅出现少量裂缝。

剥开柱与节点区钢管观察内部混凝土的破坏情况，一层柱身以及节点区混凝土均未出现明显破坏。与试件 TRC-40-6-1-r 相比，由于试件 TRC-40-6-2-r 增大了梁截面，其柱端先于梁端破坏，且靠近割缝处混凝土被严重压溃，混凝土保护层脱落严重，表现出一定的柱铰破坏特性。

（a）柱脚　　（b）一层左柱梁端　　（c）一层右柱梁端

图 10.3.6　试件 TSRC-40-6-2-r 破坏模式

（d）柱脚（剖开钢管）

（e）一层中节点（剖开钢管）

（f）一层边节点（剖开钢管）

（g）边柱

（h）整体破坏模式

图 10.3.6（续）

10.3.3 荷载-位移关系

荷载-位移滞回曲线与骨架曲线如图 10.3.7 所示，两榀框架均有明显的弹性、弹塑性和极限破坏阶段。加载初期，曲线滞回环面积较小，未出现明显刚度退化，水平推力卸载至 0 时残余变形基本为零，骨架曲线接近直线；随着梁端水平位移的增加，试件逐渐进入塑性：滞回环面积增大，切线刚度逐渐减小，卸载时有残余位移；此时虽然试件的承载力继续增加，但增长趋势明显放缓。当承载力超过峰值荷载之后，承载力开始下降，试件残余变形明显增大。对比两试件滞回曲线可知，滞回曲线均较为饱满，但发生梁铰机制破坏的试件 TRC-40-6-1-r 滞回曲线没有明显捏缩点，耗能能力更强。试件 TRC-40-6-2-r 的峰值承载力比试件 TRC-40-6-1-r 增加了 98.5%，且保持较高的后期延性。这是因为试件 TRC-40-6-2-r 比试件 TRC-40-6-1-r 提高了 RC 梁的抗弯承载力，使得 RC 梁没有过早破坏，且由于钢管约束钢筋混凝土柱的承载力较高且具有较好的延性，框架发生柱铰机制破坏时仍具有较好的抗震性能。

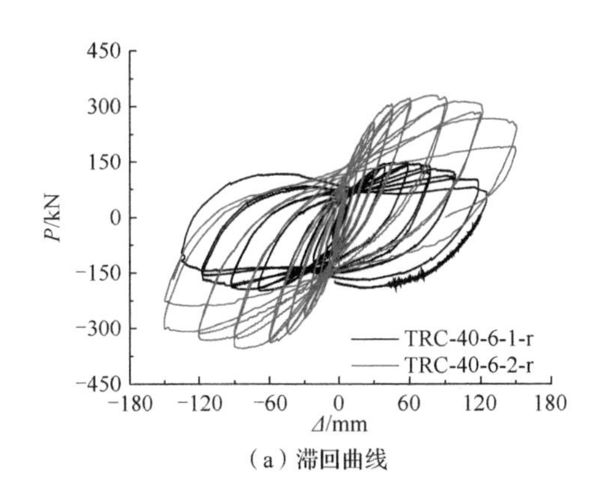

（a）滞回曲线

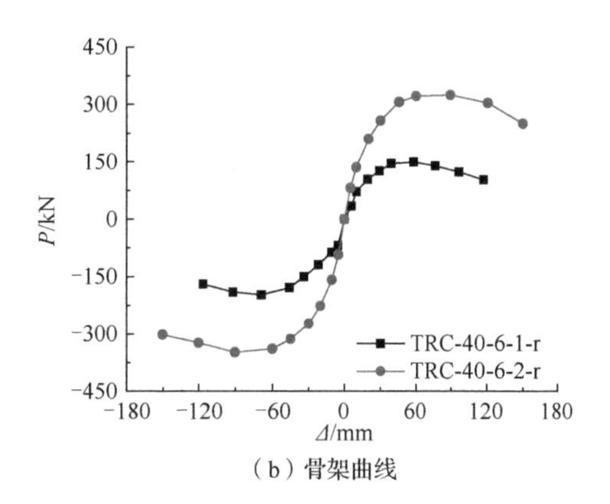

（b）骨架曲线

图 10.3.7　荷载-位移滞回曲线与骨架曲线

为了更直观地对比骨架曲线特征，将骨架线中屈服点（P_y，Δ_y）、峰值点（P_m，Δ_m）、极限点（P_u，Δ_u）（水平荷载降低至峰值荷载的 85%）、位移延性系数μ、平均层间位移角θ及层间位移角最大值θ_{max}等整理总结于表 10.3.4。

表 10.3.4 中正负向延性指标存在一定的不对称性，以平均值为准。试件 TRC-40-6-2-r 的位移延性系数和极限层间位移角均更大，说明其变形能力较强，降低柱梁强度比不会明显降低框架的抗震性能。需要指出的是，试件 TRC-40-6-1-r 的变形能力偏低可能是试件发生过侧向失稳[3]，框架存在缺陷导致。图 10.3.8 展示了不同加载阶段框架层间位移角。试件 TRC-40-6-1-r 的主要侧移发生在框架二层，随着柱梁强度比的降低，试件 TRC-40-6-2-r 的一层层间位移占总位移比重增加，一、二层层间变形较为均匀。对比 10.1 和 10.2 节钢梁框架可知，本节 RC 梁框架试件 TRC-40-6-2-r 虽然发生柱铰机制破坏，但一、二层层间位移仍较为均匀，未发生变形集中于框架底层的变形模式。

表 10.3.4　延性指标

试件编号	加载方向	P_y/kN	Δ_y/mm	θ_y	P_m/kN	Δ_m/mm	θ_m	P_u/kN	Δ_u/mm	θ_u	μ
		屈服点			峰值点			极限点			
TRC-40-6-1-r	正向	123.2	28.8	1/104	148.2	45.9	1/65	126.0	84.5	1/36	2.93
	负向	161.8	39.3	1/76	197.0	68.3	1/44	167.5	116.5	1/26	2.96
	均值	142.5	34.1	1/88	172.6	57.1	1/53	146.8	100.5	1/30	2.95
TRC-40-6-2-r	正向	271.2	34.7	1/86	329.5	78.1	1/38	280.0	130.6	1/23	3.76
	负向	296.3	39.4	1/76	354.4	83.0	1/36	301.2	146.1	1/21	3.71
	均值	283.8	37.1	1/81	342.0	80.6	1/37	290.6	138.4	1/22	3.74

综上所述，降低柱梁强度比不会明显降低框架的变形能力，不同破坏模式下框架在极限状态时的最大层间位移角θ_{max}均远高于《建筑抗震设计规范（2016 年版）》（GB 50010—2010）中弹塑性层间位移角 1/50 的要求，变形能力较强。此外，两框架出现了不同的变形模式："强柱弱梁"变形发生在框架二层，而"强梁弱柱"框架由于一层位移增加，各楼层变形较接近。

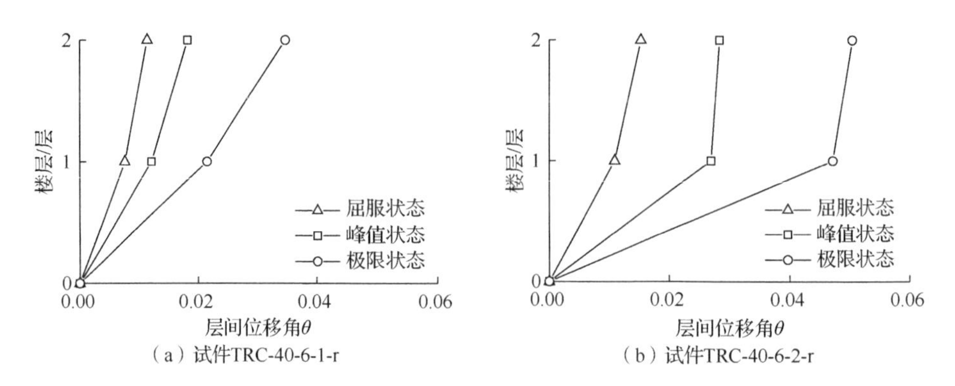

（a）试件TRC-40-6-1-r （b）试件TRC-40-6-2-r

图 10.3.8 不同加载阶段框架层间位移角

10.3.4 抗震性能评价指标

本节从耗能性能、刚度退化、梁柱出铰顺序等抗震性能指标研究不同破坏模式对钢管约束钢筋混凝土柱-RC 梁框架抗震性能的影响。

1. 耗能性能

位移-耗能性能指标曲线如图 10.3.9 所示。框架在弹性阶段的耗能能力较低，耗能值仅占耗能总量的 5%；结构进入塑性后，框架的耗能能力明显提升，其在弹塑性阶段和承载力下降阶段时的耗能值分别占耗能总量的 15%和 80%。

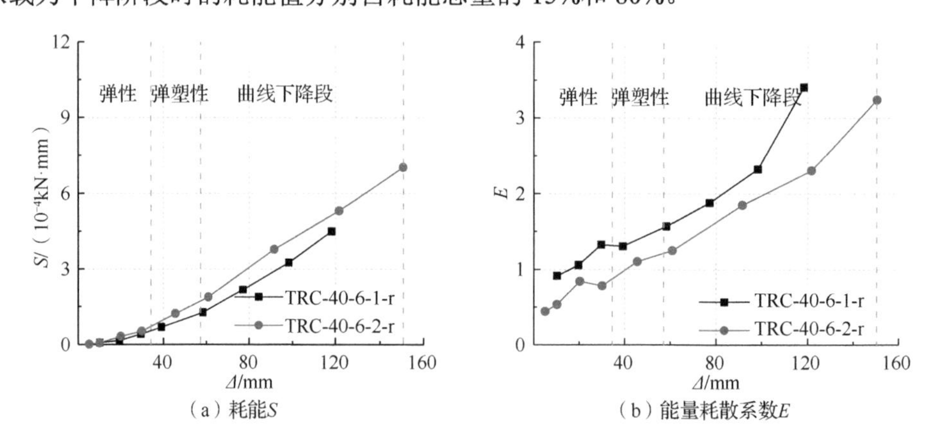

（a）耗能S （b）能量耗散系数E

图 10.3.9 位移-耗能性能指标曲线

2. 刚度退化

图 10.3.10 为试件刚度退化曲线。框架在弹性和弹塑性阶段的刚度退化速率均较快，当框架的承载力进入下降段时其刚度退化的速率明显放缓。由于试件 TRC-40-6-2-r 的 RC 梁截面较大，其框架初始刚度明显高于试件 TRC-40-6-1-r。对比两榀框架的刚度退化曲线可见，试件 TRC-40-6-1-r 的刚度退化程度较试件 TRC-40-6-2-r 偏低，说明发生柱铰机制破坏的框架损伤累积更高。

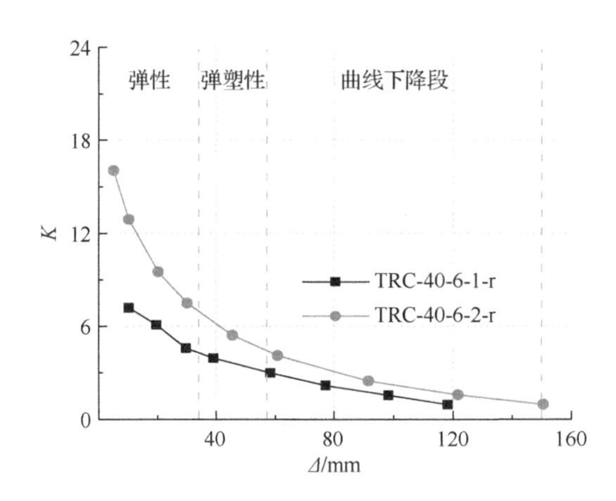

图 10.3.10　试件刚度退化曲线

3. 梁柱出铰顺序及破坏机理

图 10.3.11 为梁柱出铰顺序及变形模式。试件 TRC-40-6-1-r 的一层梁端先屈服，之后是二层梁端，最后是底层柱脚出铰，为梁铰机制破坏，变形模式上框架二层位移大于一层；试件 TRC-40-6-2-r 的底层柱端先屈服，之后是一层梁端，为柱铰机制破坏。相对于试件 TRC-40-6-1-r，试件 TRC-40-6-2-r 由于柱梁强度比减小，一层位移增加，框架一、二层变形较均匀。

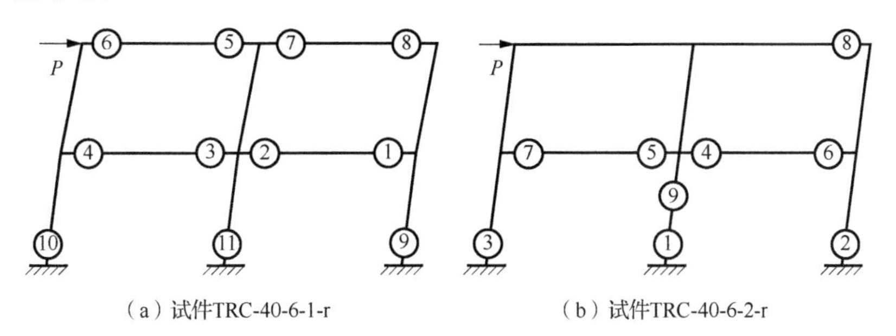

图 10.3.11　梁柱出铰顺序及变形模式

参 考 文 献

[1] 中华人民共和国住房和城乡建设部. 建筑抗震设计规范(2016 年版): GB 50011—2010[S]. 北京: 中国建筑工业出版社, 2010.

[2] 黎翔. 圆钢管约束钢筋/型钢混凝土柱-钢梁框架抗震性能研究[D]. 重庆: 重庆大学, 2020.

[3] 张孝林. 圆钢管约束 RC 柱-RC 梁框架抗震性能研究[D]. 重庆: 重庆大学, 2019.

[4] Habibullah A. ETABS-Three dimensional analysis of building system, User manual[M]. Berkeley: Computers and Structures, 1997.

[5] 中华人民共和国住房和城乡建设部. 钢管约束混凝土结构技术标准: JGJ/T 471—2019[S]. 北京: 中国建筑工业出版社, 2019.

[6] 中华人民共和国住房和城乡建设部. 钢结构设计标准: GB 50017—2017[S]. 北京: 中国建筑工业出版社, 2017.

[7] 中华人民共和国住房和城乡建设部. 金属材料　拉伸试验　第 1 部分: 室温试验方法: GB/T 228.1—2021[S]. 北京: 中国建筑工业出版社, 2021.

[8] Comité Euro-international Du Béton. CEB-FIP model code 1990: Design code[S]. London: Thomas Telford, 1993.
[9] American Institute of Steel Construction. Seismic provisions for structural steel buildings: AISC 341-10[S]. Chicago: American Institute of Steel Construction, 2010.
[10] Liu J P, Zhang S M, Wang X D, et al. Behavior and strength of circular tube confined reinforced-concrete (CTRC) columns[J]. Journal of Constructional Steel Research, 2009, 65(7): 1447-1458.
[11] Liu J P, Zhou X H. Behavior and strength of tubed RC stub columns under axial compression[J]. Journal of Constructional Steel Research, 2010, 66(1): 28-36.
[12] European Committee for Standardization. Eurocode 3: Design of steel structures[S]. Burssels: British Standards Institution, 2005.
[13] Zhou X H, Liu J P, Cheng G Z, et al. New connection system for circular tubed reinforced concrete columns and steel beams[J]. Engineering Structures, 2020, 214: 110666.

第 11 章　钢管约束混凝土框架结构体系抗震分析与设计方法

本章介绍基于 OpenSees 平台的钢管约束混凝土框架的纤维单元建模方法，并通过试验结果验证模型的准确性。针对试验框架，分析轴压比、混凝土强度、钢管屈服强度、径厚比、柱梁强度比和梁柱线刚度比对框架初始刚度、承载力、延性和耗能能力的影响。利用 OpenSees 有限元软件建立结构体系分析模型并对其进行 Pushover 分析、时程分析、IDA 分析和地震易损性分析，比较不同算例的能力曲线、屈服机制、层间位移和抗倒塌能力。基于框架试验和本章有限元结构体系分析结果，提出钢管约束混凝土框架结构体系最大适用高度、弹性及弹塑性层间位移角限值、柱梁强度比和构造措施方面的抗震设计建议。

11.1　钢管约束混凝土框架有限元分析

11.1.1　材料本构关系、单元选取及边界条件

框架纤维模型中钢材和混凝土的应力-应变关系分别采用 Concrete02 和 Steel02 模型，模型中各参数的取值方法参照第 6 章。框架梁和框架柱选用位移元，模型边界条件与试验真实边界条件一致。图 11.1.1 为试验框架的纤维模型示意图，梁和柱的单元长度 L_e 分别取梁和柱的截面高度。对于设置钢梁的钢管约束混凝土框架，由于外环板式的节点设计使柱、梁端变形分别发生在柱钢管割缝处和环板的梯形板与钢梁交界处；同时考虑到节点核心区剪切变形小，将节点区简化为刚域，即不考虑节点核心区的剪切变形和环板的弯曲变形。刚域尺寸根据实体单元有限元分析结果和试验结果中节点和环板的破坏现象、变形和应力值等指标综合确定，即刚域范围内：①无明显剪切变形和弯曲变形；②焊缝无撕裂；③钢材未屈服。对于钢筋混凝土梁框架，考虑到混凝土开裂、梁柱纵筋含钢率较低等因素，刚域尺寸与节点核心区尺寸相同。框架纤维模型示意图如图 11.1.1 所示。各框架的刚域尺寸取值见表 11.1.1。

试验中使用拉杆对框架施加水平往复荷载，拉杆的作用是将千斤顶的拉力转换为对远离千斤顶一侧的框架梁端推力，框架受力过程为左、右梁端交替受到推力，框架实际加载过程如图 11.1.2 所示。由于框架在推拉荷载作用下的力学 0 性能可能不同，变加载点施加推力的加载模式和框架分析中常用的单点推拉加载模式会得到不同的模拟结果。以钢管约束钢筋混凝土柱-RC 梁框架 TRC-40-0.6-1-r 为例，图 11.1.3 为两种加载模式下的滞回曲线对比。当采用单点推拉加载模式时模拟曲线的正负向不对称，而当采用变换

加载点施加推力的加载模式时正负向曲线对称且与试验结果吻合。为实现变换加载点的模拟，基于 OpenSees 自带命令和 Tcl 脚本语言编写加载模式代码，主要内容包括：①读取每个分析步的力值，以连续的两个分析步力值为同号还是异号作为是否满足变更加载点的条件；②若满足变换加载点条件，则删除现有的加载点工况并建立新的加载工况。变加载点位移控制加载流程如图 11.1.4 所示。

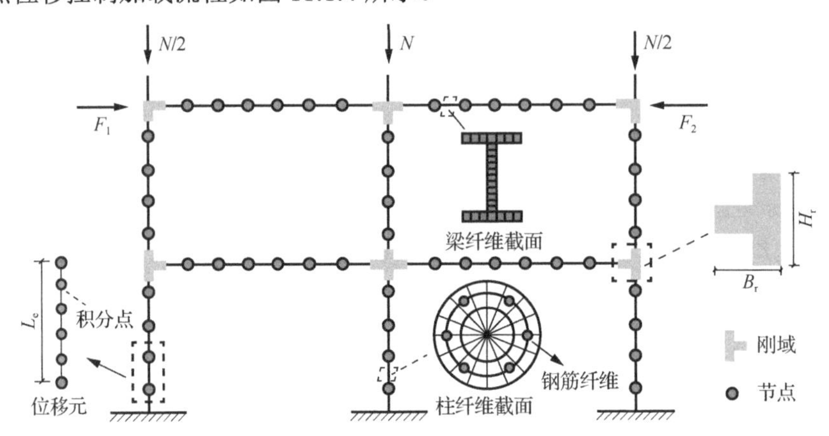

图 11.1.1　框架纤维模型示意图

表 11.1.1　刚域尺寸取值

试件编号	边节点		中节点	
	刚域宽 B_r/mm	刚域高 H_r/mm	刚域宽 B_r/mm	刚域高 H_r/mm
TRC-40-6-1-s	208	325	416	325
TRC-40-6-2-s	232	350	464	350
TSRC-40-6-1-s	208	325	416	325
TSRC-40-6-2-s	232	350	464	350
TRC-40-6-1-r	120	240	240	240
TRC-40-6-2-r	120	300	240	300

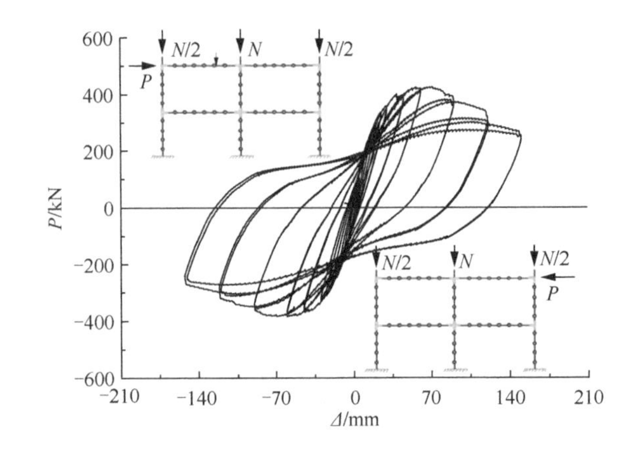

图 11.1.2　框架实际加载过程

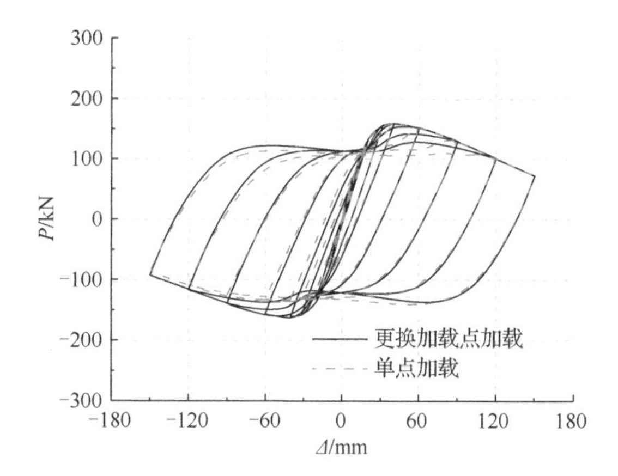

图 11.1.3　不同加载模式下有限元结果对比

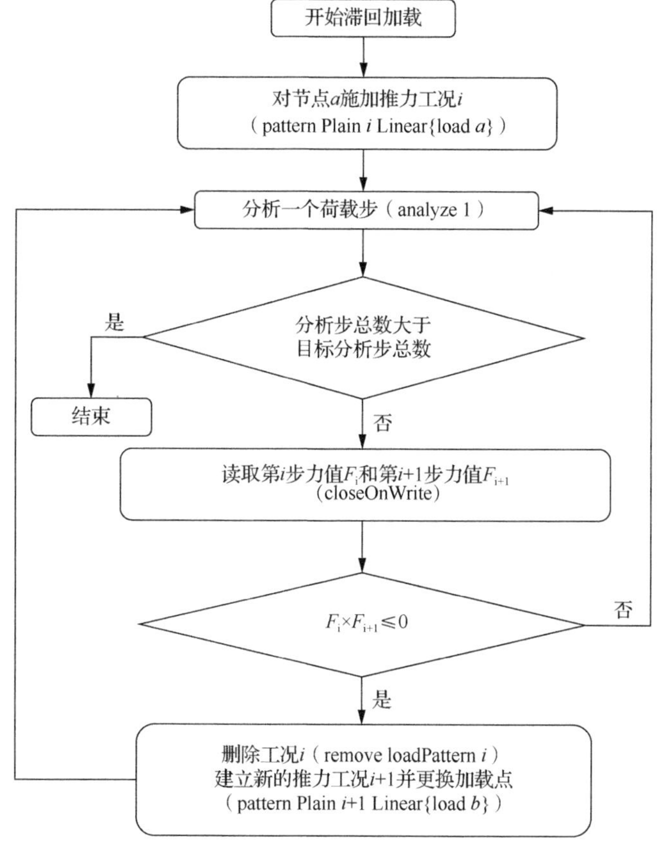

图 11.1.4　变加载点位移控制加载流程图

11.1.2　模型验证

基于 11.1.1 节提到的纤维模型建模方法对试验框架进行模拟，得到纤维模型有限元结果与试验结果对比如图 11.1.5 所示。有限元曲线与试验曲线吻合良好，有限元能较准确地模拟试验曲线的上升段、下降段刚度，峰值承载力和延性。

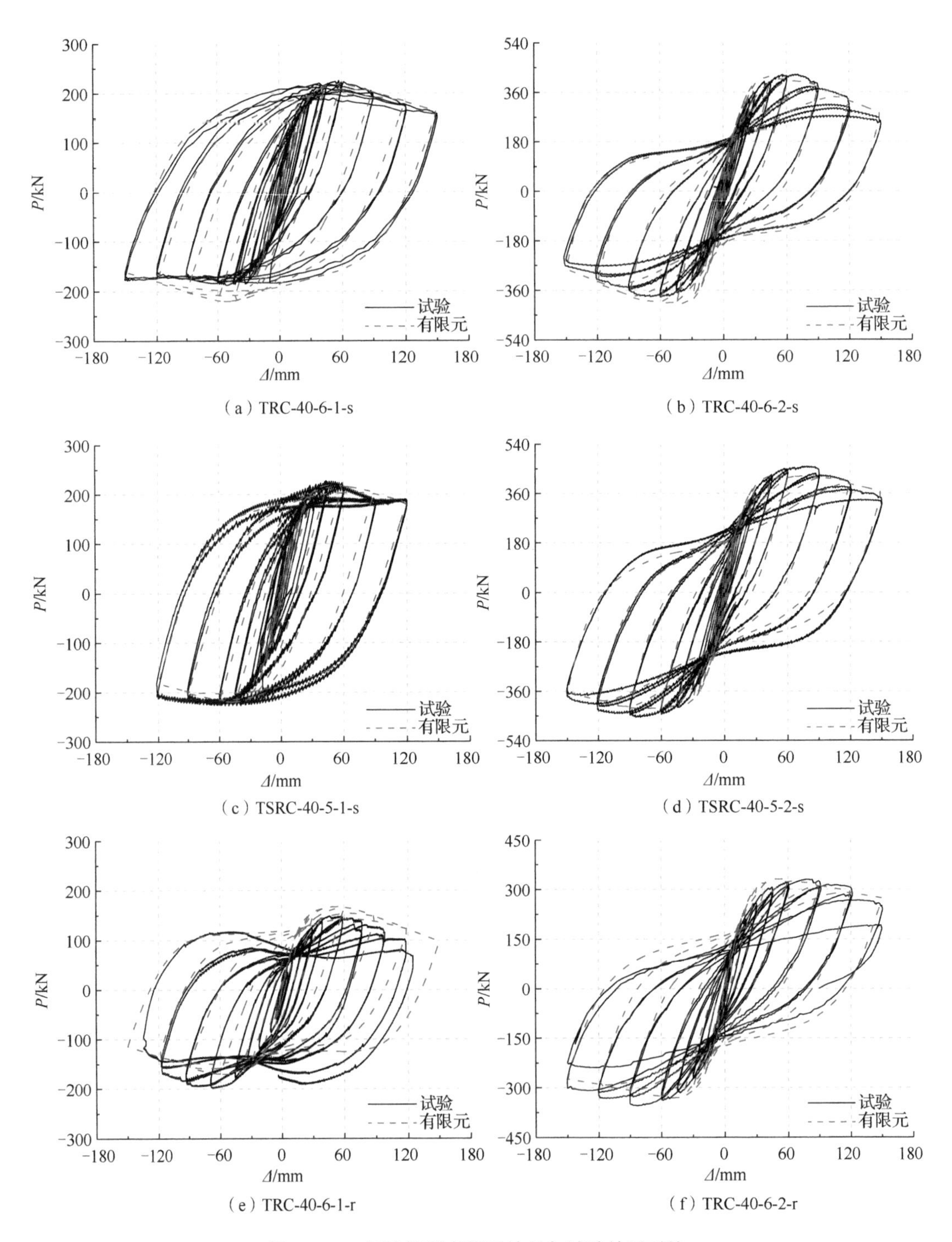

（a）TRC-40-6-1-s （b）TRC-40-6-2-s

（c）TSRC-40-5-1-s （d）TSRC-40-5-2-s

（e）TRC-40-6-1-r （f）TRC-40-6-2-r

图 11.1.5 纤维模型有限元结果与试验结果对比

图 11.1.6 为纤维模型有限元结果与试验曲线的耗能对比。有限元预测的耗能结果与试验结果吻合良好，耗能 S 的曲线规律相近，说明有限元能较好地模拟试验曲线的捏缩特征。

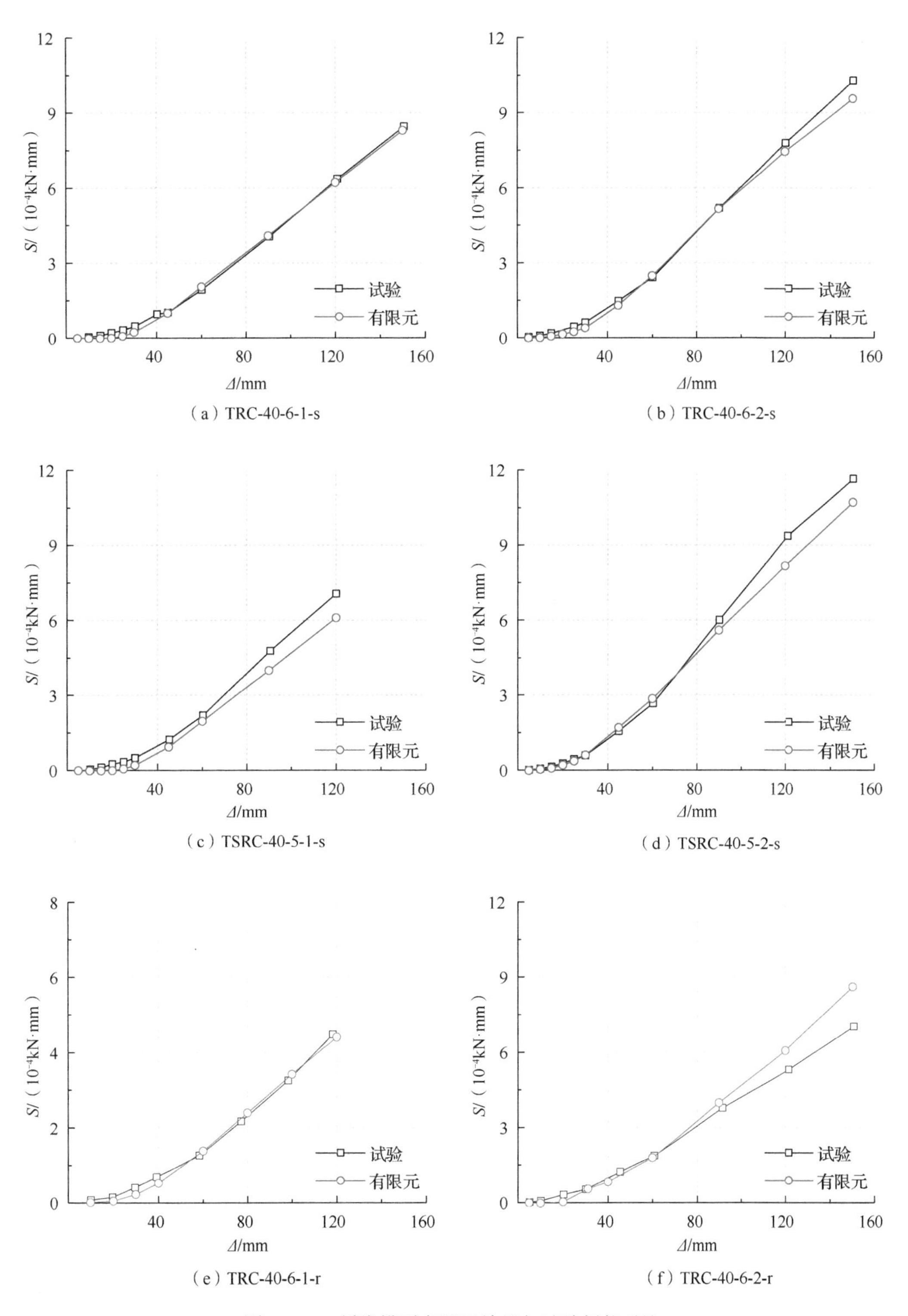

（a）TRC-40-6-1-s

（b）TRC-40-6-2-s

（c）TSRC-40-5-1-s

（d）TSRC-40-5-2-s

（e）TRC-40-6-1-r

（f）TRC-40-6-2-r

图 11.1.6 纤维模型有限元结果与试验耗能对比

以钢管约束钢筋混凝土柱-钢梁框架为例，说明有限元模型对试验框架出铰与变形模式的预测结果。如图 11.1.7 所示，无论是“强柱弱梁”还是“强梁弱柱”框架，大部分的梁、柱出铰时刻均位于峰值位移前［图 11.1.7（c）和（d）］。对于“强柱弱梁”框架，梁端首次出现塑性铰意味着框架很快进入屈服，当底层柱脚全部出铰时框架的承载力接近峰值；对于“强梁弱柱”框架，当底层柱全部进入塑性后框架才进入屈服阶段，而当梁端首次出现塑性铰时框架的承载力很快达到峰值。通过与试验结果对比，有限元模型能较好地预测梁柱出铰顺序及结构变形模式，进一步验证了有限元模型的合理性。

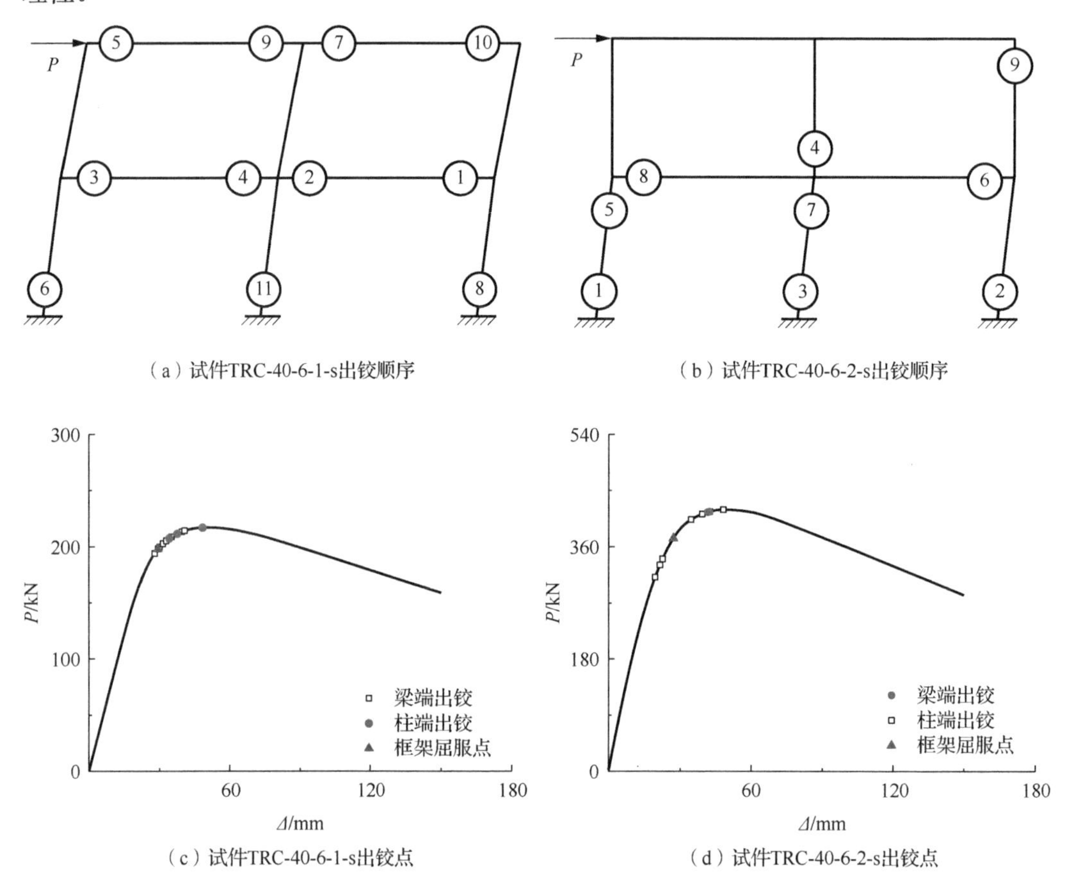

图 11.1.7 有限元框架模型梁柱出铰顺序

11.1.3 参数分析

考虑到规律的相似性，以钢管约束钢筋混凝土柱-钢梁框架为例进行纤维有限元参数分析，参数涵盖轴压比 n_0（特指中柱轴压比，边柱轴压比为中柱的 1/2 即 $n_0/2$）、混凝土轴心抗压强度 f_c、钢管屈服强度 f_{ty}、径厚比 D/t（D 为柱直径，t 为钢管壁厚）、柱梁强度比 $\eta=M_c/M_b$（其中 M_b 和 M_c 分别为梁和柱端的抗弯承载力，具体计算方法见 10.2.1 节）和梁柱线刚度比 i［柱截面刚度采用《钢管约束混凝土结构技术标准》

（JGJ/T 471—2019）4.2.4 节进行计算]，具体计算参数取值见表 11.1.2，表中η和 i 栏中无括号参数适用于框架 TRC-40-6-1-s，有括号参数适用于框架 TRC-40-6-2-s，参数分析的基准参数均以试验框架为准。

表 11.1.2　有限元计算参数取值

分析参数	取值	固定值
n_0	0.1, 0.2, 0.3, 0.4, 0.5, 0.6, 0.7, 0.8, 0.9	0.6
f_c/MPa	30, 40, 50, 60, 70, 80	40
f_{ty}/MPa	235, 345, 390, 420	235
D/t	60, 80, 100, 120, 140	120
η	0.95, 1.23, 1.69, 2.17, 3.70	2.17
	(0.48, 0.57, 0.72, 1.10, 1.35)	(0.57)
i	0.068, 0.091, 0.137, 0.274	0.137
	(0.607, 0.810, 1.215, 2.430)	(1.215)

1．轴压比

如图 11.1.8 所示，两榀框架的上升段刚度与轴压比正相关，而延性与轴压比负相关。轴压比对不同破坏模式下框架的承载力影响规律不同，试件 TRC-40-6-1-s 的承载力随着轴压比的提高而减小；试件 TRC-40-6-2-s 在 $0.1 \leqslant n_0 \leqslant 0.4$ 时承载力随着轴压比的提高而增大，当 $n_0>0.5$ 时，承载力的增长幅度明显减小，规律与大偏压状态下的钢管约束钢筋混凝土柱相近[1]。两榀框架的耗能 S 和能量耗散系数 E 均随着轴压比的增大而增大。当 $n_0<0.7$ 时，E 随轴压比的增长速度逐渐放缓，而 $n_0>0.7$ 时，E 随着轴压比的增长速度在 90mm 后明显加快，这与框架在 $n_0>0.7$ 时的破坏程度更严重有关（由骨架曲线可知，当 $n_0>0.7$ 且位移大于 90mm 时两类框架承载力均降低至峰值承载力的 85%以下，可认为此时框架已严重破坏）。相同轴压比下试件 TRC-40-6-1-s 的滞回曲线更加饱满（E 偏大），但耗能 S 偏低。

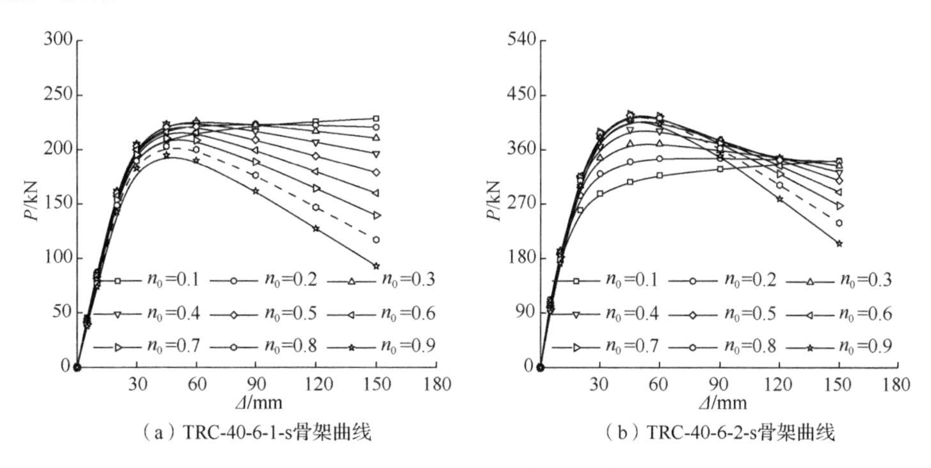

（a）TRC-40-6-1-s骨架曲线　　（b）TRC-40-6-2-s骨架曲线

图 11.1.8　轴压比 n_0 对骨架曲线和耗能性能的影响

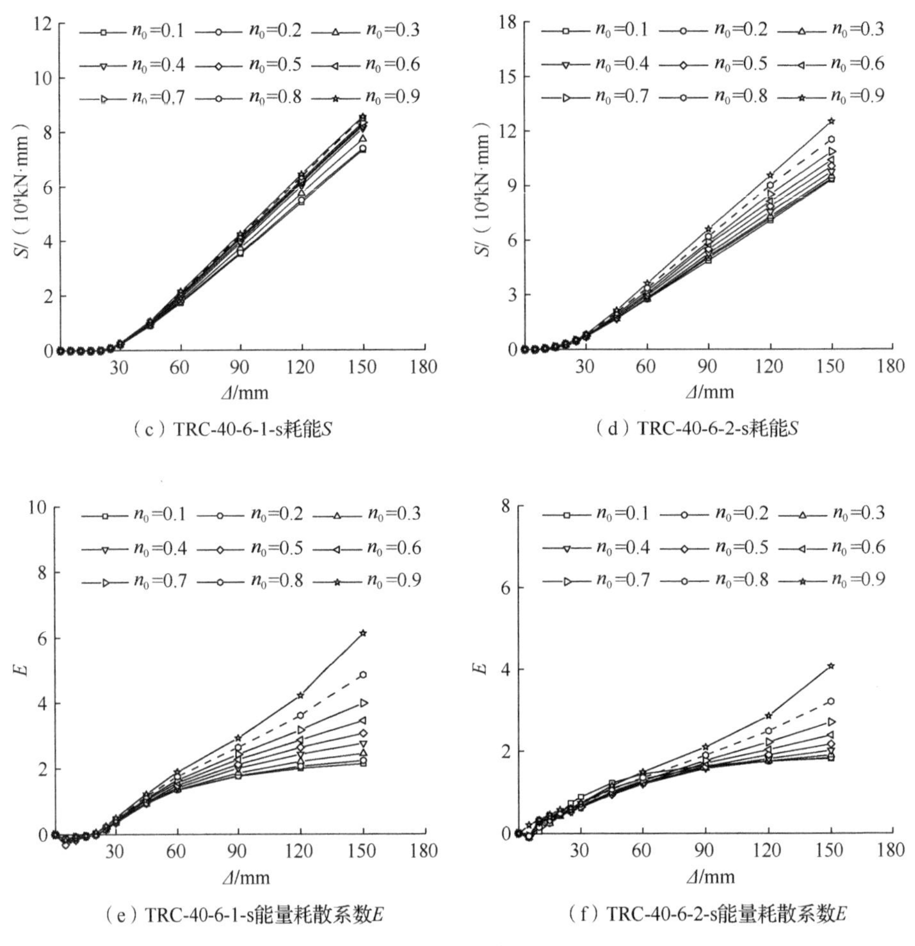

（c）TRC-40-6-1-s耗能S　　（d）TRC-40-6-2-s耗能S

（e）TRC-40-6-1-s能量耗散系数E　　（f）TRC-40-6-2-s能量耗散系数E

图 11.1.8（续）

2. 混凝土强度

如图 11.1.9 所示，由于“强柱弱梁”框架 TRC-40-6-1-s 的破坏位置位于梁端，提高柱内混凝土强度仅小幅提高框架的承载力和耗能值，其承载力在 f_c=80MPa 时仅比 f_c=30MPa 提高 3%，但框架延性随着混凝土强度的提高明显降低。“强梁弱柱”框架 TRC-40-6-2-s 由于柱端破坏，提升柱内混凝土强度能明显提高框架的承载力，但延性也随着混凝土强度的提高明显降低。对比图 11.1.9（e）和（f）可见，混凝土强度的提高会明显提高“强柱弱梁”框架的能量耗散系数 E，使滞回曲线更加饱满，但对“强梁弱柱”框架的 E 值影响较小。

3. 钢管屈服强度和钢管径厚比

如图 11.1.10 和图 11.1.11 所示，钢管屈服强度和钢管径厚比对钢管约束钢筋混凝土柱-钢梁框架的影响规律基本一致，原因在于两者均通过改变钢管等效约束应力影响框架柱的力学性能，因此对梁端破坏的“强柱弱梁”框架 TRC-40-6-1-s 的抗震性能几乎未产生任何影响。钢管屈服强度 f_{ty} 仅小幅提高“强梁弱柱”框架 TRC-40-6-2-s 的承载力（当钢管强度等级由 Q235 提升至 Q420 时，框架的承载力提高约 6%），且对两榀框架的延性和耗能性能的影响均较小。增大径厚比使框架 TRC-40-6-2-s 的承载力降低，但对延性的影响较小。径厚比增大会使框架的能量耗散系数 E 增大，但由于框架的承载力降低，不同径厚比下的耗能 S 差别较小。在工程常用的钢管强度和径厚比范围内，钢管可为混凝土提供较为充分的约束作用，进一步提高钢管屈服强度对框架抗震性能的改善作用有限。

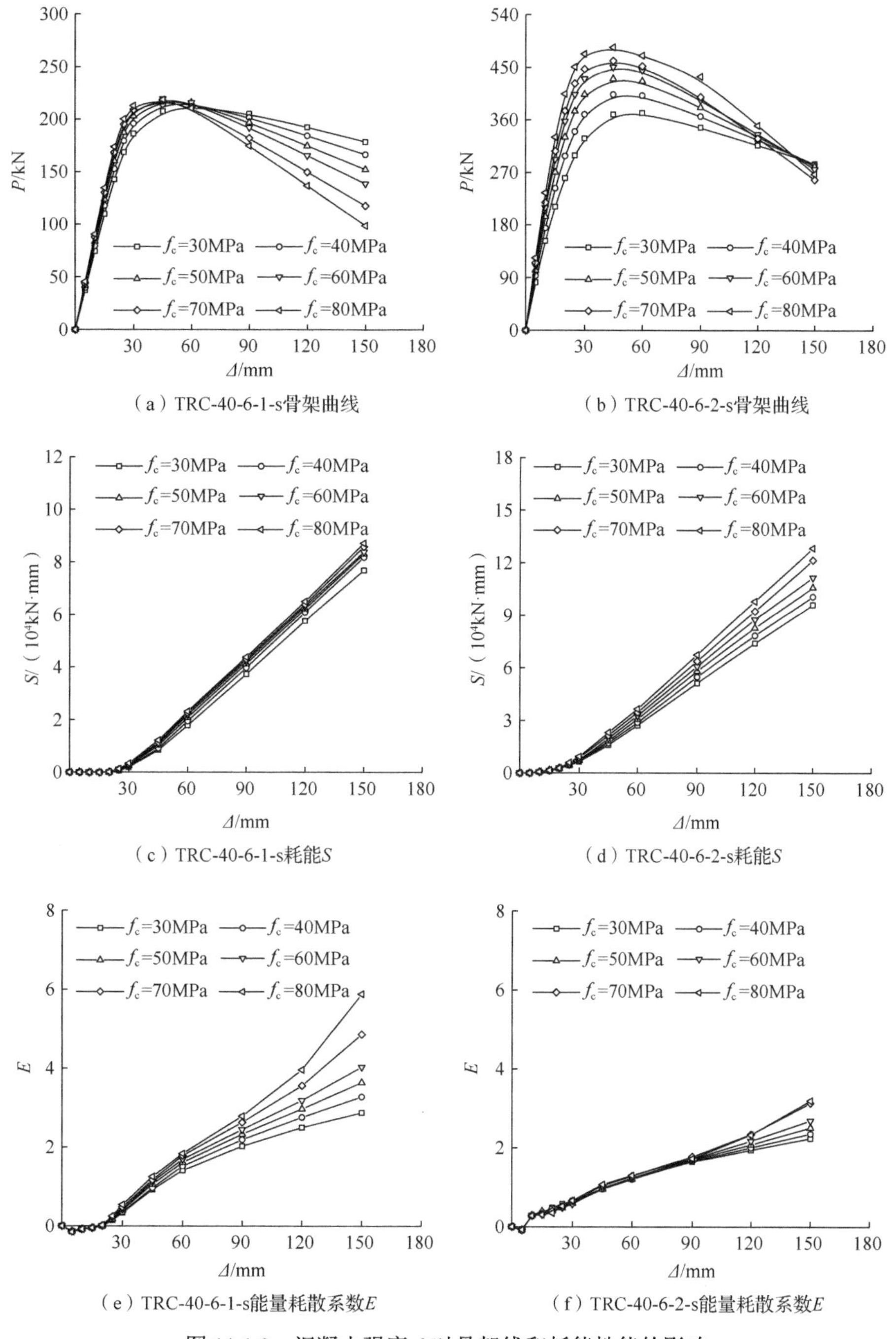

图 11.1.9　混凝土强度 f_c 对骨架线和耗能性能的影响

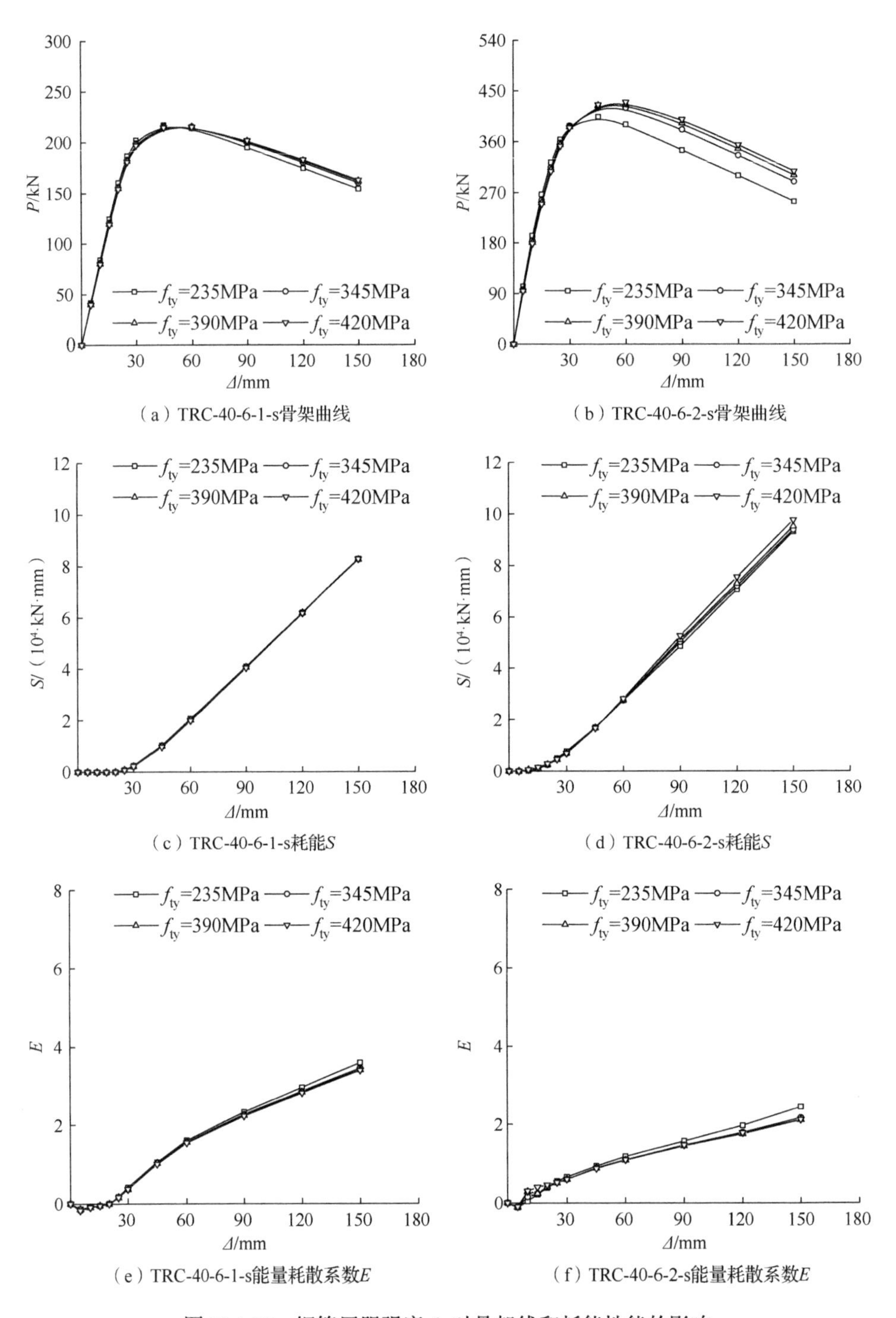

图 11.1.10 钢管屈服强度 f_{ty} 对骨架线和耗能性能的影响

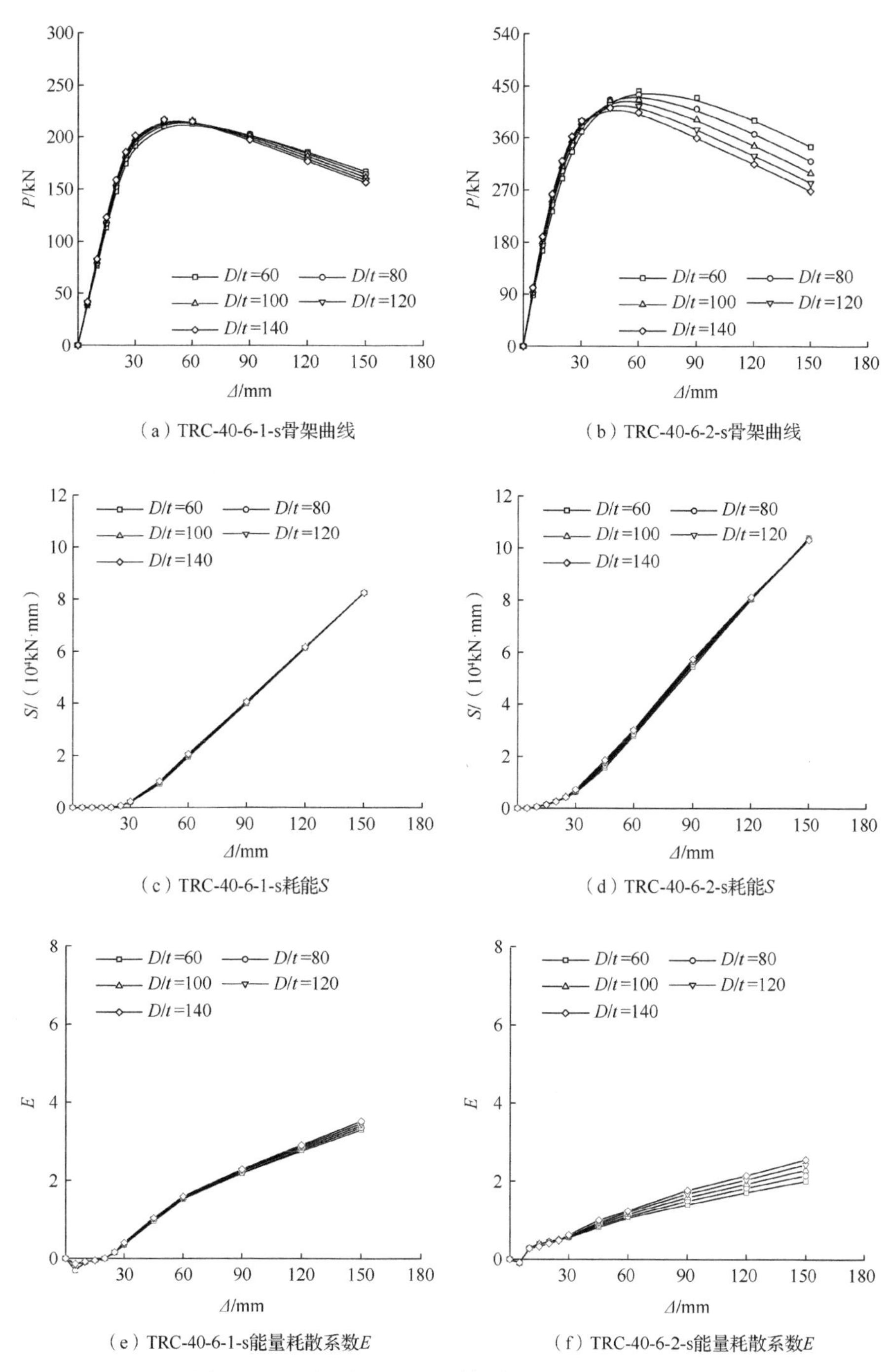

（a）TRC-40-6-1-s骨架曲线 （b）TRC-40-6-2-s骨架曲线

（c）TRC-40-6-1-s耗能S （d）TRC-40-6-2-s耗能S

（e）TRC-40-6-1-s能量耗散系数E （f）TRC-40-6-2-s能量耗散系数E

图 11.1.11 径厚比 D/t 对骨架线和耗能性能的影响

4. 柱梁强度比

为不与梁柱线刚度比 i 产生耦合影响，改变柱梁强度比时保持原有的柱梁尺寸不变，仅改变钢梁的材料强度。柱梁强度比η对框架抗震性能的影响如图 11.1.12 所示。“强柱弱梁”框架试件 TRC-40-6-1-s 的承载力和耗能值 S 随着η的减小而增大，而延性则未随η的减小发生明显改变，减小η会使能量耗散系数 E 减小，滞回曲线的捏缩效应增强。对于“强梁弱柱”框架试件 TRC-40-6-2-s，当η>0.72 时，减小η会提升框架的承载力，且对延性的影响不大；但当η≤0.72 时，框架的承载力不再上升但延性降低，η对框架耗能性能的影响较小。综上分析，在柱截面承载力一定的情况下，当η>0.57 时，增大梁截面强度不会导致框架延性和耗能性能的明显下降，且η=0.57 已明显低于规范有关柱端弯矩增大系数的相关要求，说明钢管约束钢筋混凝土柱-钢梁框架发生柱铰机制破坏时仍具有较强的变形能力和耗能能力。

图 11.1.13 和图 11.1.14 分别为试件 TRC-40-6-1-s 和试件 TRC-40-6-2-s 梁柱出铰顺序和层间位移随η的变化规律。对于试件 TRC-40-6-1-s，随着η的减小，柱铰出现时刻提前且数目增加，框架破坏模式由梁铰机制向柱铰机制转变。对比不同η下的各楼层层间位移角可见，当η较大时（η=1.69～3.70），此时框架发生梁铰机制破坏，框架二层的层间位移略大于一层，框架变形较为均匀。随着η的减小，框架一层的层间位移逐渐大于二层，原因是一层框架柱的反弯点相对靠上，柱脚弯矩偏大，当框架变形为柱铰机制时其破坏最为严重。

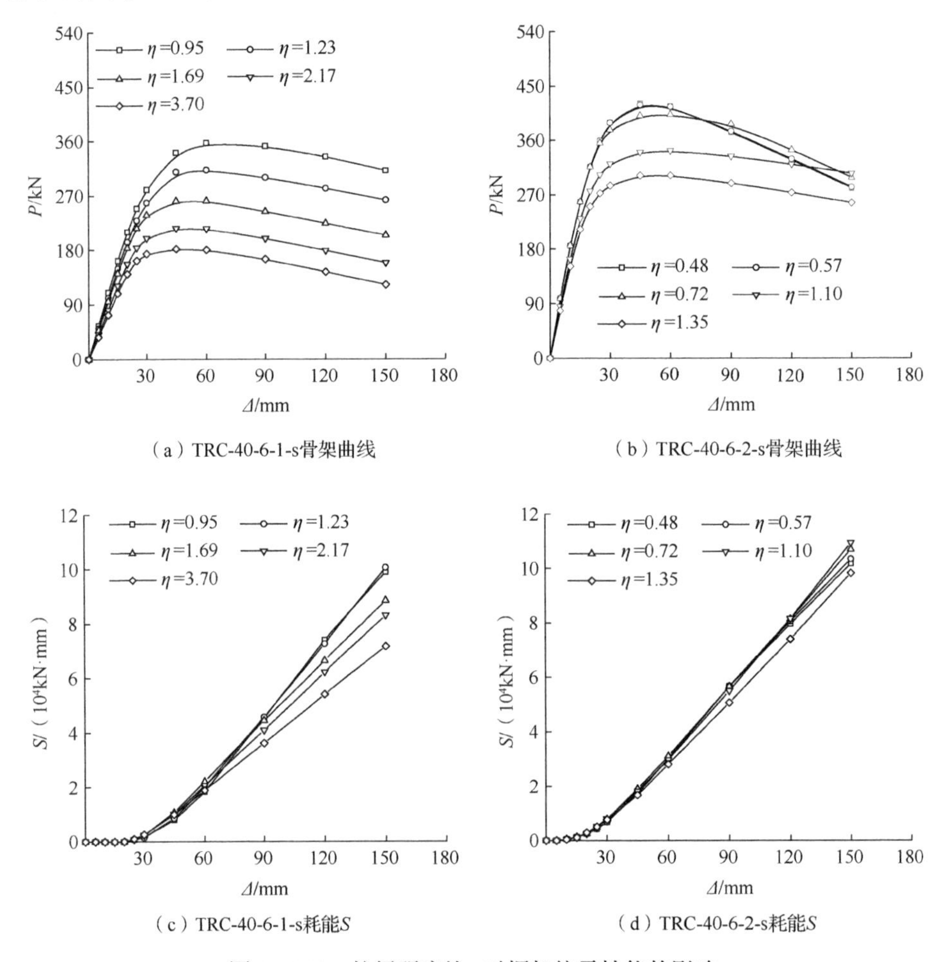

（a）TRC-40-6-1-s骨架曲线　（b）TRC-40-6-2-s骨架曲线

（c）TRC-40-6-1-s耗能S　（d）TRC-40-6-2-s耗能S

图 11.1.12　柱梁强度比η对框架抗震性能的影响

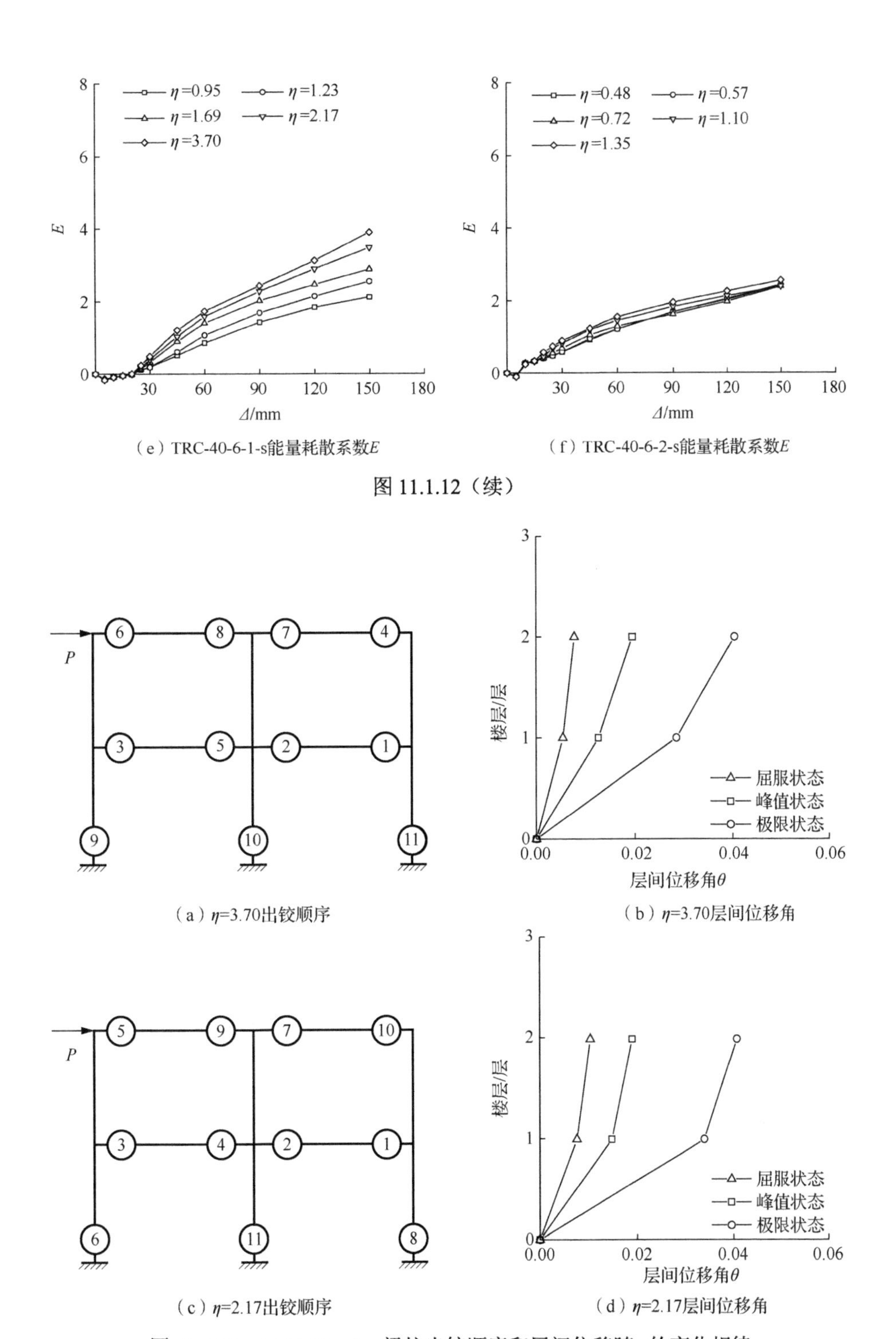

（e）TRC-40-6-1-s能量耗散系数E

（f）TRC-40-6-2-s能量耗散系数E

图 11.1.12（续）

（a）η=3.70出铰顺序

（b）η=3.70层间位移角

（c）η=2.17出铰顺序

（d）η=2.17层间位移角

图 11.1.13 TRC-40-6-1-s 梁柱出铰顺序和层间位移随η的变化规律

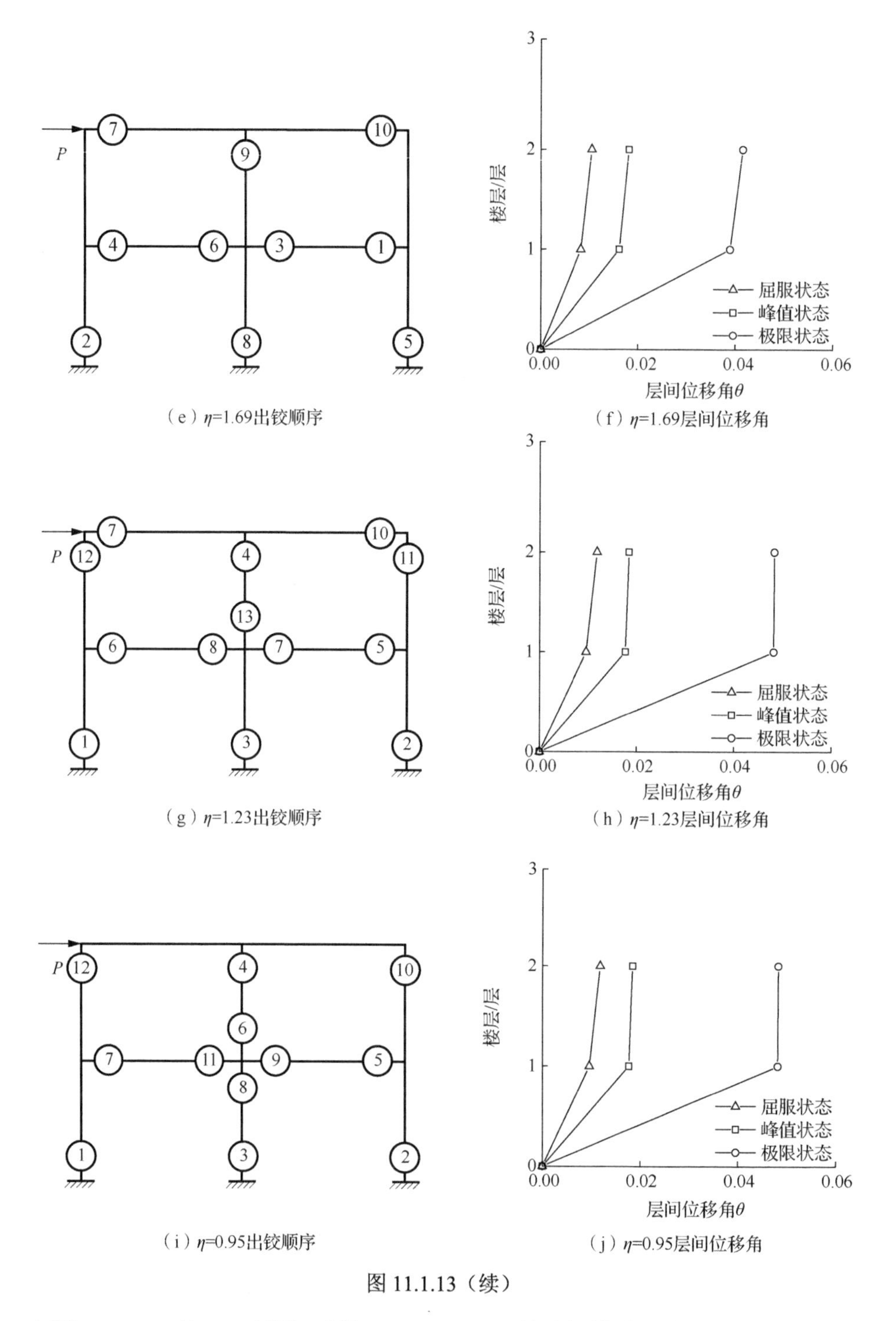

（e）η=1.69出铰顺序

（f）η=1.69层间位移角

（g）η=1.23出铰顺序

（h）η=1.23层间位移角

（i）η=0.95出铰顺序

（j）η=0.95层间位移角

图 11.1.13（续）

由图 11.1.14 可知，η对框架试件 TRC-40-6-2-s 的破坏模式和变形模式的影响规律与框架试件 TRC-40-6-1-s 基本相同：减小η会使框架的破坏模式由梁铰机制转变为柱铰机制，变形模式由各楼层均匀变形转变为变形集中于框架底层。虽然图 11.1.13（g）和图 11.1.14（c）的η相近，但梁柱线刚度比较小的框架试件 TRC-40-6-1-s 的底层柱脚的出铰时刻明显提前。说明框架底层柱脚的出铰规律除与η有关外，还受梁柱线刚度比的影响。

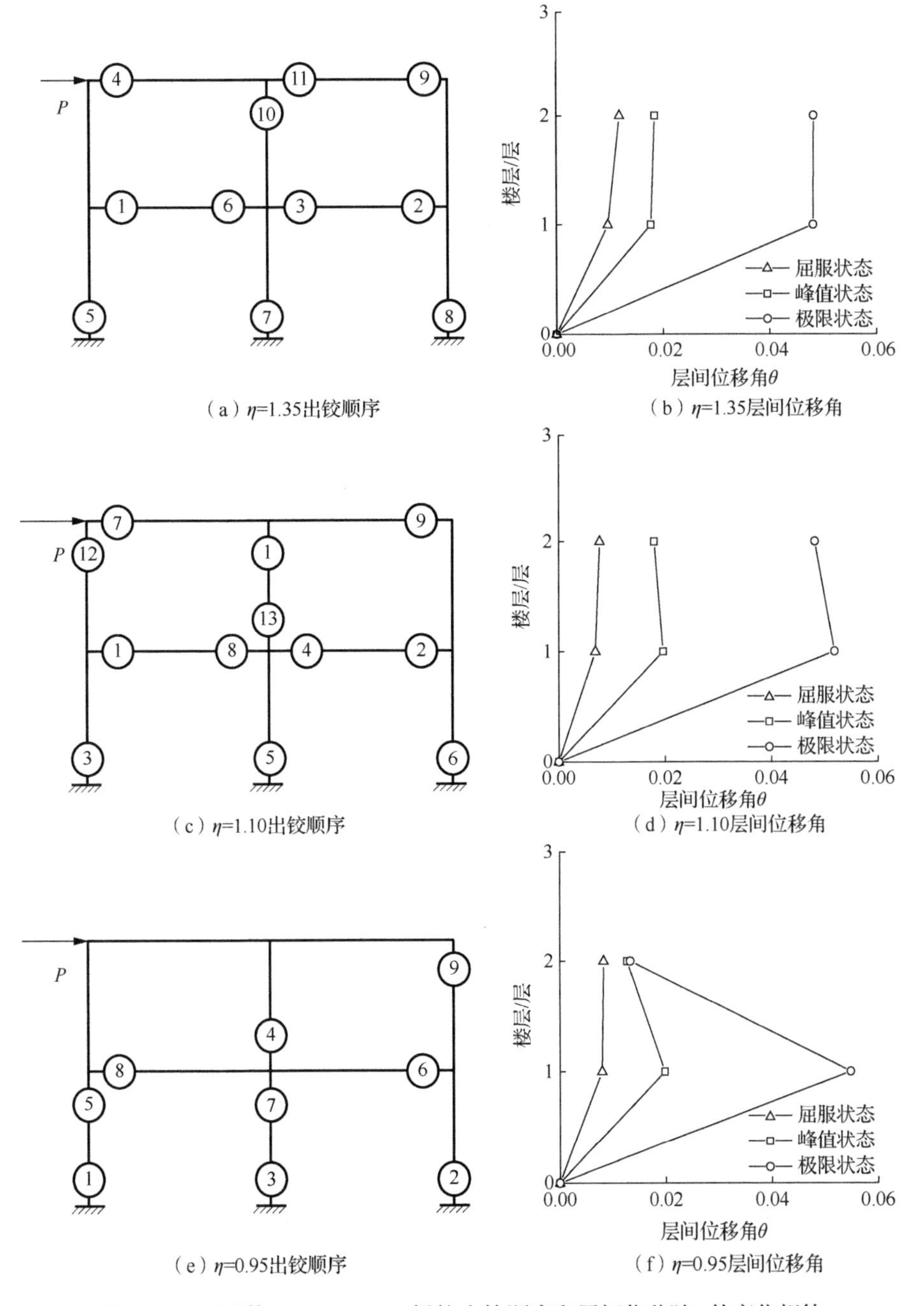

图 11.1.14　试件 TRC-40-6-2-s 梁柱出铰顺序和层间位移随η的变化规律

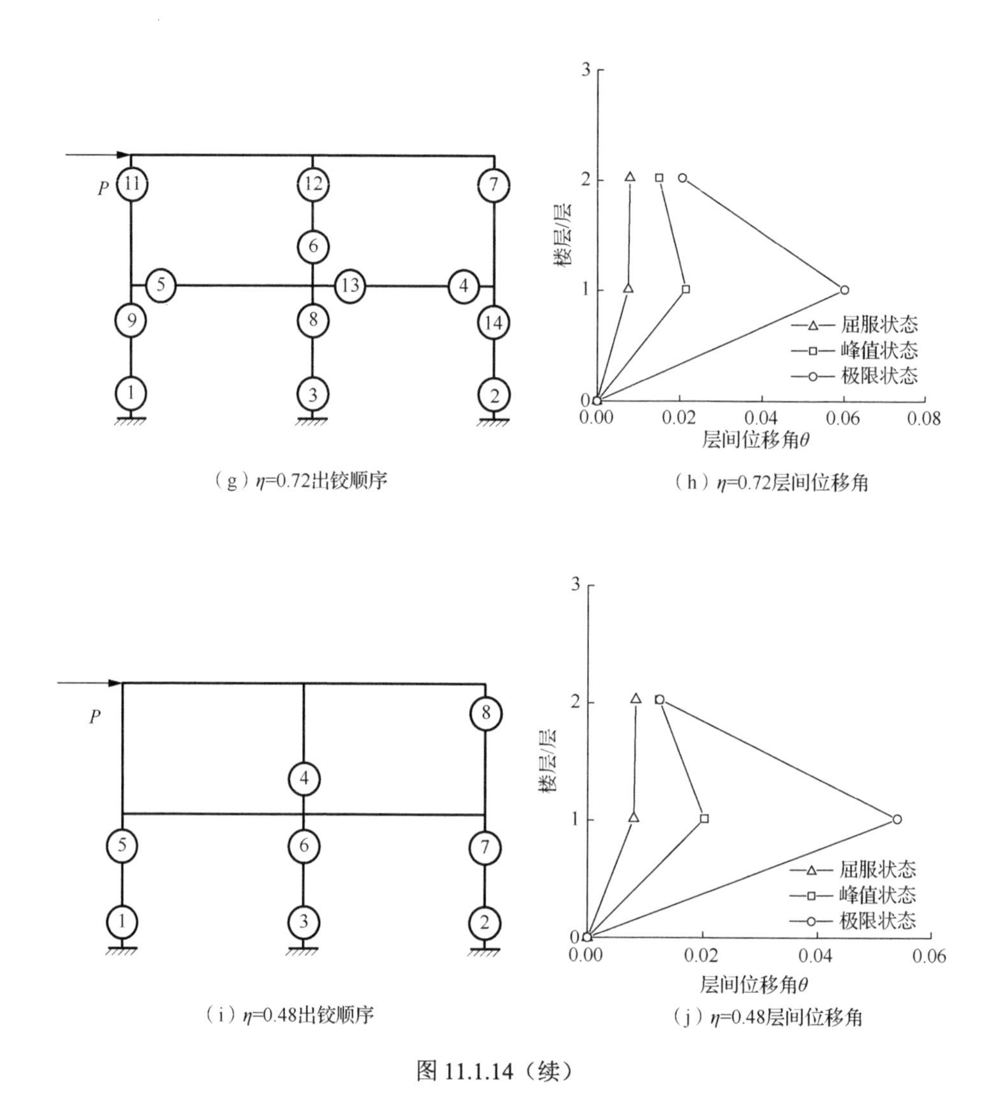

(g) η=0.72出铰顺序

(h) η=0.72层间位移角

(i) η=0.48出铰顺序

(j) η=0.48层间位移角

图 11.1.14（续）

5. 梁柱线刚度比

为不与柱梁强度比、径厚比产生耦合影响，通过改变梁长 L_b 研究不同梁柱线刚度比对框架抗震性能的影响（图 11.1.15）。对于“强柱弱梁”框架试件 TRC-40-6-1-s，增大梁柱线刚度比可以明显提高框架的初始刚度、承载力和耗能 S，对框架的延性和能量耗散系数 E 也有提高作用；对于“强梁弱柱”框架试件 TRC-40-6-2-s，试件的承载力和耗能 S 随着梁柱线刚度比的增加而增大，能量耗散系数 E 受梁柱线刚度比的影响较小。可见，提高梁柱线刚度比对框架的抗震性能有利，原因是框架均发生了底层柱脚处的破坏，而增大梁柱线刚度比可使相同地震作用下的柱脚处弯矩减小，破坏程度减轻。

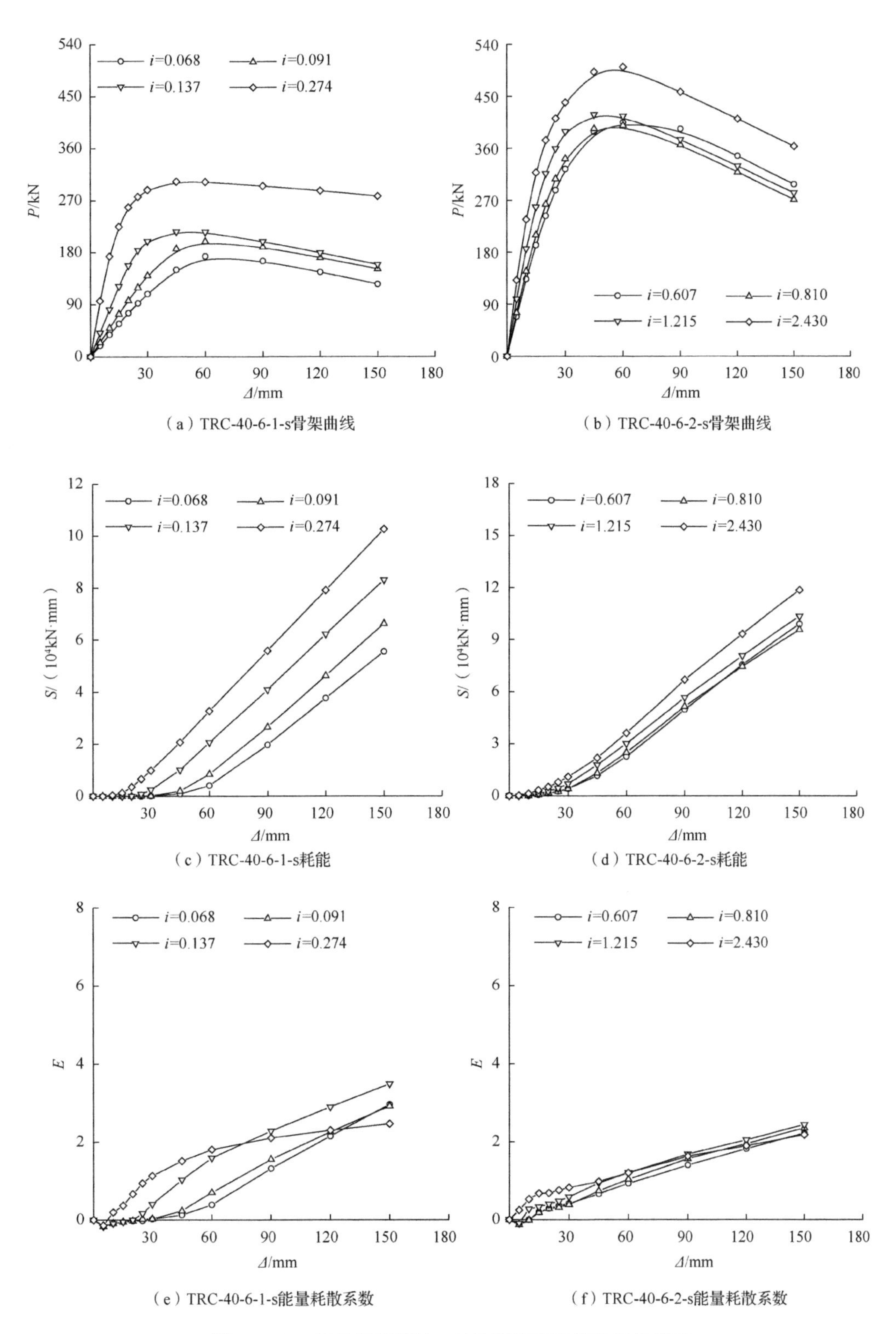

（a）TRC-40-6-1-s骨架曲线　（b）TRC-40-6-2-s骨架曲线

（c）TRC-40-6-1-s耗能　（d）TRC-40-6-2-s耗能

（e）TRC-40-6-1-s能量耗散系数　（f）TRC-40-6-2-s能量耗散系数

图 11.1.15　梁柱线刚度比 i 对骨架线和耗能性能的影响

11.2 钢管约束钢筋混凝土柱-钢梁框架结构体系分析

11.2.1 数值模型

1. 算例设计

基于PKPM软件并参考《钢管混凝土结构技术规范》（GB 50936—2014）和《钢管约束混凝土结构技术标准》（JGJ/T 471—2019），设计了5个8度（0.2*g*）区、高度接近最大适用高度50m（实际高度48.9m），且楼层最大弹性层间位移角接近限值要求1/300（实际最大层间位移角为1/416）的组合框架算例，包括4个钢管约束钢筋混凝土（TRC）柱-钢梁框架算例和1个钢管混凝土（CFT）柱-钢梁框架对比算例。各框架算例的抗震等级均为1级，场地类别为Ⅱ类，设计地震分组为第一组，对应特征周期值T_g=0.35s。框架共分为三个标准层，第一标准层的恒载（包括120mm厚楼板自重）与活载分别为5.0kN/m^{2}和3.5kN/m^2，第二、三标准层的恒载（包括100mm厚楼板自重）与活载分别为4.5kN/m^{2}和2.0kN/m^2。PKPM空间模型和框架平面示意图如图11.2.1（a）所示。为节约计算成本，实际弹塑性分析模型取图11.2.1（b）中红色虚线圈出的单榀框架进行分析，平面框架的尺寸及荷载分布如图11.2.1（c）所示。材料强度方面，混凝土选用C40，钢梁和钢管均选用Q345，钢管约束钢筋混凝土柱内钢筋选用高强钢筋HRB500。根据《混凝土结构设计规范（2016年版）》（GB 50010—2010）的建议，结构弹性计算时采用材料强度设计值，而当进行Pushover分析和时程分析时采用材料强度平均值。材料强度平均值根据规范给定的变异系数δ求出，以C40混凝土为例，由《混凝土结构设计规范（2016年版）》（GB 50010—2010）附录C.2.1可知C40混凝土的变异系数δ=0.156，则C40混凝土的立方体抗压强度平均值为

$$f_{\mathrm{c,150}}^{\mathrm{m}}=\frac{40}{1-1.645\times 0.156}\approx 53.8\,(\mathrm{MPa}) \tag{11.2.1}$$

钢筋的材料强度平均值以同样的方法计算。对于型钢和钢管，虽然《钢结构设计标准》（GB 50017—2017）并未直接给出钢材的变异系数δ，但建议δ取值不宜大于0.066，本书分析时取δ=0.066作为钢材的变异系数。

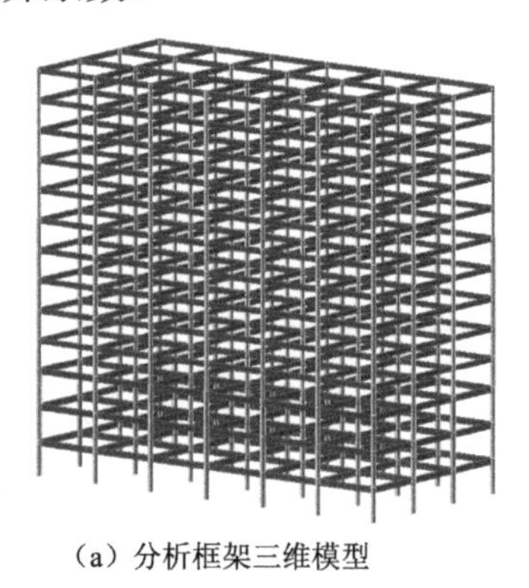

（a）分析框架三维模型

图11.2.1 PKPM三维模型和平面框架尺寸（单位：mm）及荷载

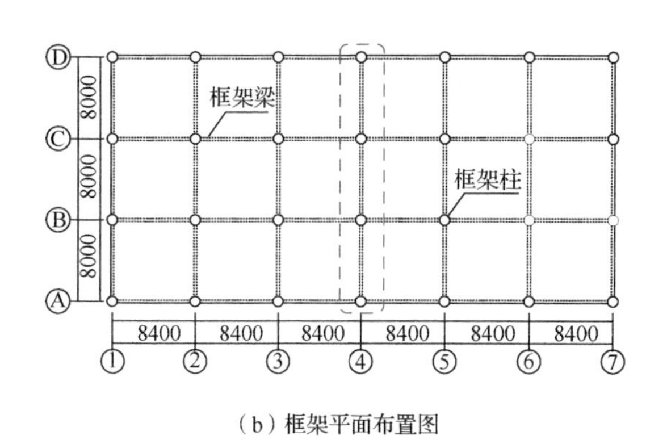

（b）框架平面布置图

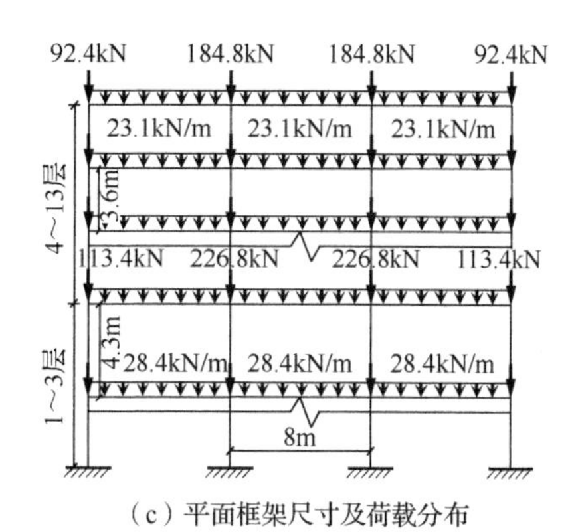

（c）平面框架尺寸及荷载分布

图 11.2.1（续）

各框架算例标准层柱、钢梁截面参数分别见表 11.2.1 和表 11.2.2。表 11.2.1 中的框架算例命名规则以试件 CFT-8-60-345 为例说明：“CFT”表示框架柱的类型为钢管混凝土柱，“8”表示设防烈度为 8 度，“60”表示柱截面径厚比 D/t=60，“345”表示钢梁的强度等级为 Q345。五榀框架算例可以分为两个对比组，控制参数分别为柱截面钢材配置比例和柱梁强度比。第一对比组包括框架试件 CFT-8-60-345、试件 TRC-8-200-345 和试件 TRC-8-100-345，三榀框架算例的柱截面总含钢率近似相等，其中 CFT 框架柱无纵筋，径厚比为 200 的 TRC 框架柱的纵筋配筋率高于径厚比为 100 的 TRC 框架柱。第二对比组包括框架试件 TRC-8-100-235、试件 TRC-8-100-345 和试件 TRC-8-100-420，各框架算例的梁柱截面尺寸完全相同，仅通过改变钢梁材料强度控制框架的柱梁强度比。

表 11.2.1　柱参数

算例编号	标准层（楼层）	D/mm	t/mm	径厚比 D/t	配筋	含钢率/%	M_{c1}/(kN·m)	M_{c2}/(kN·m)	M_{c3}/(kN·m)
CFT-8-60-345	第一标准层（1～3）	700	11.0	63.6		6.19	1003	2422	3490
	第二标准层（4～8）	600	10.0	60.0		6.56	693	1641	2289
	第三标准层（9～13）	550	9.0	61.1		6.44	458	1219	1695
TRC-8-200-345	第一标准层（1～3）	700	4.0	175.0	12Φ40	6.19	1003	1670	2187
	第二标准层（4～8）	600	3.0	200.0	12Φ36	6.31	693	1086	1447
	第三标准层（9～13）	550	3.0	183.3	12Φ32	6.23	458	774	987
TRC-8-100-345 TRC-8-100-235 TRC-8-100-420	第一标准层（1～3）	700	7.0	100.0	12Φ32	6.47	1003	1641	1914
	第二标准层（4～8）	600	6.0	100.0	12Φ28	6.57	693	1057	1270
	第三标准层（9～13）	550	5.0	110.0	12Φ28	6.71	458	732	850

表 11.2.2　钢梁参数

标准层	腹板高度 H_w/mm	腹板厚度 t_w/mm	翼缘宽度 B_f/mm	翼缘厚度 t_f/mm	M_{b1}/(kN·m)	M_{b2}/(kN·m)	M_{b3}/(kN·m)
第一标准层（1～3）	700	14	300	20	687	1526	1905
第二标准层（4～8）	600	12	300	20	541	1165	1529
第三标准层（9～13）	600	12	300	20	412	1165	1529

此外，表 11.2.1 和表 11.2.2 分别列出了第 1、4、9 自然层的中节点柱端、梁端的弯矩信息，其中 M_{c1} 和 M_{b1} 分别表示由设计软件 PKPM 得到的最不利地震工况下的柱端和梁端弯矩设计值，M_{c1} 在计算时按 $\Sigma M_c=\eta\Sigma M_b$ 进行调幅，且 η 根据规范要求在抗震等级为 1 级时取 η=1.7；M_{c2} 和 M_{b2} 分别为使用材料强度设计值且根据实际截面信息计算得到的柱端弯矩和梁端弯矩，M_{c2} 在计算时所使用的柱轴力设计值与 M_{c1} 相同，M_{b2} 采用边缘纤维准则进行计算；M_{c3} 和 M_{b3} 分别为使用材料强度平均值且根据实际截面信息计算得到的柱端弯矩和梁端弯矩，M_{c3} 在计算时的轴力为其在分析模型（OpenSees 模型）中所受到的实际轴力。实际截面下的柱和梁端抗弯能力 M_{c2} 和 M_{b2} 较弯矩设计值 M_{c1} 和 M_{b1} 均有明显富余，说明各算例在满足规范中各项抗震性能指标（最大弹性层间位移角、刚重比、剪重比等）情况下，柱、梁截面设计主要由刚度控制。对比 CFT 和 TRC 柱的柱端弯矩可见，尽管 TRC 柱选用了高强钢筋 HRB500，但由于 CFT 柱的钢管直接参与抗弯，其抗弯能力仍高于 TRC 柱。对比柱截面总用钢量相同但配筋率不同的 TRC 柱的柱端弯矩可见，相比于增大钢管壁厚，增大纵筋含钢率对于改善钢管约束钢筋混凝土柱的抗弯刚度和承载力更为有效。

图 11.2.2 为各算例在 OpenSees 模型中的所有楼层节点处的柱、梁端弯矩比 η_c。所有算例在同一标准层内的 η_c 均随着楼层高度的增加而减小，即在各标准层梁端弯矩相同的情况下柱端弯矩随着轴力的降低逐渐减小，说明各标准层的框架柱均处于大偏压受力状态。算例 TRC-8-100-235、TRC-8-100-345 和 TRC-8-100-420 在一层中柱节点处的 η_c 从 1.475 降低至 0.825，结合第 11.1 节对 η_c 的参数分析可定性判断三个算例分别为梁铰，梁、柱混合出铰和柱铰破坏模式。

1.069	1.073	1.073	1.069
1.074	1.082	1.082	1.074
1.079	1.091	1.091	1.079
1.084	1.099	1.099	1.084
1.089	1.108	1.108	1.089
1.433	1.458	1.458	1.433
1.439	1.468	1.468	1.439
1.444	1.477	1.477	1.444
1.450	1.487	1.487	1.450
1.455	1.497	1.497	1.455
1.765	1.800	1.800	1.765
1.771	1.820	1.820	1.771
1.777	1.832	1.832	1.777

（a）算例CFT-8-60-345

0.598	0.622	0.622	0.598
0.629	0.675	0.675	0.629
0.661	0.724	0.724	0.661
0.691	0.772	0.772	0.691
0.720	0.816	0.816	0.720
0.900	1.032	1.032	0.900
0.931	1.081	1.081	0.931
0.963	1.129	1.129	0.963
0.993	1.175	1.487	1.450
1.022	1.220	1.220	1.022
1.137	1.366	1.366	1.137
1.171	1.420	1.420	1.171
1.204	1.475	1.475	1.204

（b）算例TRC-8-100-235

图 11.2.2　各算例在 OpenSees 模型中的所有楼层节点处的柱、梁端弯矩比 η_c

0.407	0.424	0.424	0.407
0.429	0.460	0.460	0.429
0.450	0.493	0.493	0.450
0.471	0.526	0.526	0.471
0.490	0.556	0.556	0.490
0.613	0.703	0.703	0.613
0.634	0.737	0.737	0.634
0.656	0.769	0.769	0.656
0.676	0.800	0.800	0.676
0.696	0.831	0.831	0.696
0.774	0.930	0.930	0.774
0.798	0.967	0.967	0.798
0.820	1.004	1.004	0.820

（c）算例TRC-8-100-345

0.335	0.348	0.348	0.335
0.352	0.378	0.378	0.352
0.370	0.405	0.405	0.370
0.381	0.432	0.432	0.387
0.403	0.457	0.457	0.403
0.504	0.577	0.577	0.504
0.521	0.605	0.605	0.521
0.539	0.632	0.632	0.539
0.556	0.657	0.657	0.556
0.572	0.682	0.682	0.572
0.636	0.764	0.764	0.636
0.655	0.795	0.795	0.655
0.674	0.825	0.825	0.674

（d）算例TRC-8-100-420

0.531	0.544	0.544	0.531
0.548	0.572	0.572	0.548
0.565	0.598	0.598	0.565
0.580	0.623	0.623	0.580
0.595	0.645	0.645	0.595
0.802	0.864	0.864	0.802
0.818	0.887	0.887	0.818
0.832	0.908	0.908	0.832
0.846	0.929	0.929	0.846
0.859	0.946	0.946	0.859
0.985	1.096	1.096	0.985
1.002	1.122	1.122	1.018
1.018	1.148	1.148	1.018

（e）算例TRC-8-200-345

图 11.2.2（续）

2. 弹塑性分析模型建模

钢管约束钢筋混凝土柱-钢梁框架的弹塑性分析模型参照第 6 章钢管约束钢筋混凝土柱纤维模型和 11.1 节框架的纤维模型建模方法进行建模，这里不再赘述。对于用以对比分析的钢管混凝土框架结构，其材料模型采用韩林海[2]提出的钢管混凝土本构，框架纤维模型的建模方法与钢管约束混凝土框架一致。

本书为进一步验证钢管混凝土材料模型的适用性与准确性，对文献[3]和[4]中的圆钢管混凝土柱的滞回试验结果进行模拟，模拟结果如图 11.2.3 所示。可见模拟结果与试验结果吻合良好，验证了钢管混凝土材料模型的适用性与准确性。

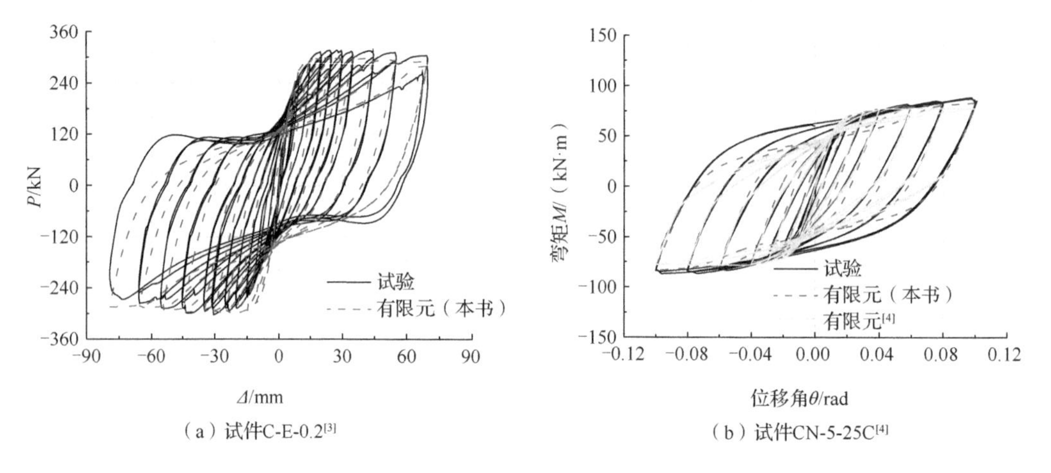

图 11.2.3 钢管混凝土试件模拟

3. 模型验证

为验证 OpenSees 分析模型的可靠性，将模型的质量和周期信息与 ETABS 和 PKPM 结果进行对比。以算例 TRC-8-100-345 为例，空间模型和平面模型的结构质量与周期信息对比分别见表 11.2.3 和表 11.2.4，表 11.2.3 误差一栏中未带括号的数据表示 OpenSees 模型与 PKPM 模型的结果误差，而括号内数据表示 OpenSees 模型与 ETABS 模型的结果误差。

表 11.2.3 空间模型质量及周期对比

类型		模型			误差/%
		PKPM	ETABS	OpenSees	
前三阶周期/s	Y	2.26	2.34	2.33	3.10（0.56）
	X	2.17	2.24	2.22	2.30（0.89）
	T	1.88	2.05	1.98	5.32（3.41）
结构总质量/t		10828	11326	11400	5.28（0.65）

表 11.2.4 平面模型质量及周期对比

类型		模型		误差/%
		ETABS	OpenSees	
前三阶周期/s	T_1	2.43	2.35	3.29
	T_2	0.82	0.80	2.44
	T_3	0.48	0.47	2.08
结构总质量/t		1731.7	1730.0	0.10

由表 11.2.3 可见，不同软件得到的空间框架前三阶周期误差较小，除第三阶扭转周期外误差均在 3.5%以内。ETABS 模型与 OpenSees 模型的结构总质量和前两阶周期误差均在 1%以内，说明建模方法稳定可靠。由表 11.2.4 可见，对于平面框架模型，ETABS 模型和 OpenSees 模型的结构前三阶周期误差均小于 4%，结构总质量误差仅为 0.10%。此外，OpenSees 模型得到的平面和空间框架一阶周期误差仅 0.8%，证明了图 11.2.1（c）中荷载布置的正确性和有限元建模方法的可靠性。

11.2.2　静力弹塑性分析

1. 静力推覆曲线分析

对 11.2.1 节中各算例进行单调推覆加载，得到框架的 Pushover 基底剪力-顶点位移曲线如图 11.2.4 所示。

为便于分析比较，将框架的基底剪力-顶点位移分为四个位移水准，分别为水准 A：梁端首先出现塑性铰；水准 B：柱端首先出现塑性铰；水准 C：层间位移角最大值达到《钢管混凝土结构技术规范》（GB 50936—2014）规定的弹塑性层间位移角限值 0.02；水准 D：基底剪力达到峰值。表 11.2.5 和表 11.2.6 分别为不同水准下两组对比算例的顶点位移、基底剪力以及层间位移角最大值。

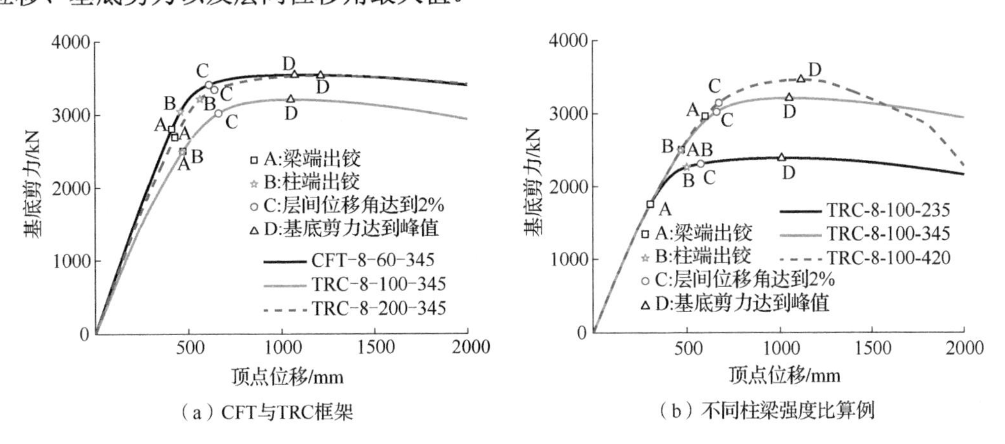

图 11.2.4　Pushover 基底剪力-顶点位移曲线

表 11.2.5　CFT 框架和不同径厚比 TRC 框架对应各水准基底剪力与最大层间位移角

算例编号	位移水准	顶点位移/mm	基底剪力/kN	最大层间位移角/%	算例编号	位移水准	顶点位移/mm	基底剪力/kN	最大层间位移角/%
CFT-8-60-345	A	412.2	2806.5	1.18	TRC-8-100-345	C	660.8	3022.2	2.00
	B	458.3	3043.7	1.33		D	1051.8	3208.6	3.90
	C	610.7	3411.2	2.00	TRC-8-200-345	A	428.2	2687.6	1.21
	D	1073.3	3543	4.06		B	562.7	3214.5	1.64
TRC-8-100-345	A	471.3	2501.7	1.33		C	639.2	3343.7	2.00
	B	468.3	2490.2	1.33		D	1212.3	3533.8	4.65

表 11.2.6　不同柱梁强度比 TRC 框架对应各水准基底剪力与最大层间位移角

算例编号	位移水准	顶点位移/mm	基底剪力/kN	最大层间位移角/%
TRC-8-100-235	A	302.8	1754.3	0.86
	B	501.3	2264.9	1.62
	C	574.8	2308.4	2.00
	D	1008.8	2385.7	4.10
TRC-8-100-345	A	471.3	2501.7	1.33
	B	468.3	2490.2	1.33
TRC-8-100-345	C	660.8	3022.2	2.00
	D	1051.8	3208.6	3.90
TRC-8-100-420	A	599.3	2965.6	1.72
	B	467.3	2492.3	1.32
	C	672.8	3143.9	2.00
	D	1116.8	3459.2	4.61

第一组对比算例的弹性段刚度关系为 CFT-8-60-345>TRC-8-200-345>TRC-8-100-345［图 11.2.4（a）］，TRC 框架的刚度偏低是因为 TRC 柱的抗弯刚度计算式为 $EI=E_cI_c+E_bI_b$[5]，其中 E_cI_c 和 E_bI_b 分别为混凝土和钢筋提供的抗弯刚度贡献，由于外包钢管对柱的抗弯刚度无贡献，在截面用钢量相同的情况下 CFT 框架的刚度大于 TRC 框架。随着钢筋配筋率的增加，TRC 柱的截面刚度增加，因此算例 TRC-8-200-345 抗侧刚度大于算例 TRC-8-100-345。三个算例的峰值承载力关系为 CFT-8-60-345>TRC-8-200-345>TRC-8-100-345，其中 CFT 框架和高配筋率 TRC 框架的峰值承载力仅相差 0.28%，结果非常接近，而低配筋率的 TRC 框架承载力较其他两个算例偏低约 9.5%。

柱截面配筋率较高的 TRC 框架算例 TRC-8-200-345 的延性与算例 CFT-8-60-345 接近，且均好于低配筋率算例 TRC-8-100-345。出铰规律方面，三个算例的钢梁参数相同，梁端首次出铰时的层间位移接近；由于各算例的框架柱抗弯能力不同，柱端首次出铰对应层间位移差别较大：由于算例 TRC-8-100-345 柱和梁的抗弯承载力接近（首层中节点柱梁强度比为 1.004），柱端和梁端基本同时出现塑性铰；由于算例 TRC-8-200-345 和 CFT-8-60-345 柱端的承载力比钢梁偏大，梁端先于柱端出铰。虽然算例 CFT-8-60-345 的柱端承载力高于算例 TRC-8-200-345，但其柱端首次出铰时的位移反而比算例 TRC-8-200-345 偏小，原因是算例 CFT-8-60-345 的框架柱抗弯刚度较大，框架的梁柱线刚度比偏小，导致相同地震作用时框架的底层柱脚承受的弯矩更大。

第二组的三个算例由于柱和梁的抗弯刚度相同，弹性段的顶点位移-基底剪力曲线基本重合。对比三个算例的承载力可见，基底剪力峰值随着柱梁强度比的减小逐渐增大，但增长幅度逐渐减小。对比三个算例的延性可见，当框架的底层中节点柱梁强度比 η_c 从 1.475 降低至 1.004 时框架的延性无明显降低，但当 η_c 从 1.004 降低至 0.825 时框架的顶点位移-基底剪力曲线出现了明显的下降段，延性变差。出铰模式方面，随着柱梁强度比的减小，算例 TRC-8-100-235、算例 TRC-8-100-345 和算例 TRC-8-100-420 分别对应梁铰、梁柱混合出铰和柱铰模式。

2. 楼层变形

两组对比算例推覆至四个位移水准时的楼层层间位移角如图 11.2.5 所示。所有算例在倒三角加载模式下的楼层位移随层高的关系曲线形状相似，且各水准下层间位移角最大值均出现在第四自然层。第一组的三个对比算例在 A、B、C 水准下的层间位移接近，算例 TRC-8-200-345 由于柱端的承载力比算例 TRC-8-100-345 偏高，而柱的抗弯刚度比算例 CFT-8-60-345 偏低，使框架柱端出铰时的层间位移最大［图 11.2.5（a)]。

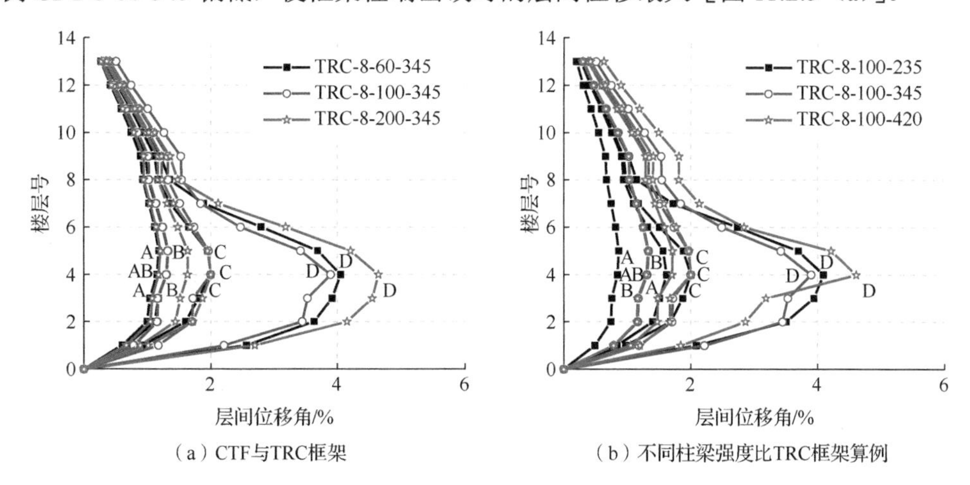

（a）CTF与TRC框架　（b）不同柱梁强度比TRC框架算例

图 11.2.5　各算例在四个水准下的层间位移角

由图 11.2.5（b）可见，随着柱梁强度比的减小，框架梁端出铰时的层间位移最大值逐渐增大，而柱端出铰时的层间位移最大值逐渐减小。位移水准 C 时，框架第二、三标准层的层间位移随着柱梁强度比的减小逐渐增大，而第一标准层的层间位移逐渐减小，说明框架的损伤随着柱梁强度比的减小逐渐从第一标准层向第二、三标准层转移。位移水准 D 时，层间位移最大值随着柱梁强度比的减小先减小后增大，说明适当降低柱梁强度比，使框架发生梁柱混合出铰模式有利于减小楼层变形，但当柱梁强度比过小时（η_c=0.825），框架发生严重的柱铰机制破坏将导致楼层的最大变形明显增大。

3. 屈服机制

图 11.2.6 和图 11.2.7 分别为两组对比算例在各位移水准下的塑性铰发展图。对于钢管约束钢筋混凝土柱，以边缘钢筋受拉屈服作为出现塑性铰的判定依据；对于钢管混凝土柱和钢梁，则分别以最外侧钢管和翼缘受拉屈服作为出铰的判定依据[4]。

由图 11.2.6 可见，第一组对比算例的柱和梁端首次出铰位置均相同，分别为框架的底层最左侧柱脚和第二自然层的最右侧梁端。由于算例 CFT-8-60-345 和算例 TRC-8-200-345 柱梁强度比偏大，柱铰首次出现时已出现了部分梁铰。位移水准 C 时虽然算例 CFT-8-60-345 和算例 TRC-8-200-345 均以梁端出铰为主，但算例 CFT-8-60-345 的柱铰数量更多，原因是 CFT 框架的梁柱线刚度比偏小，导致柱端所受到的弯矩偏大。算例 TRC-8-100-345 在位移水准 C 时以柱端出铰为主，且柱铰数量最多的楼层为层间位移最大的第四自然层。D 水准时算例 CFT-8-60-345 和算例 TRC-8-200-345 的梁柱塑性铰分布模式基本相同，塑性铰数量最多的楼层也均为层间位移角最大值所在的第四自然层。算例 TRC-8-100-345 的塑性铰数量在位移水准 D 时明显高于算例 CFT-8-60-345 和算例 TRC-8-200-345，且以柱铰为主，轴压比较低的第三标准层部分柱端也出现了塑性铰。

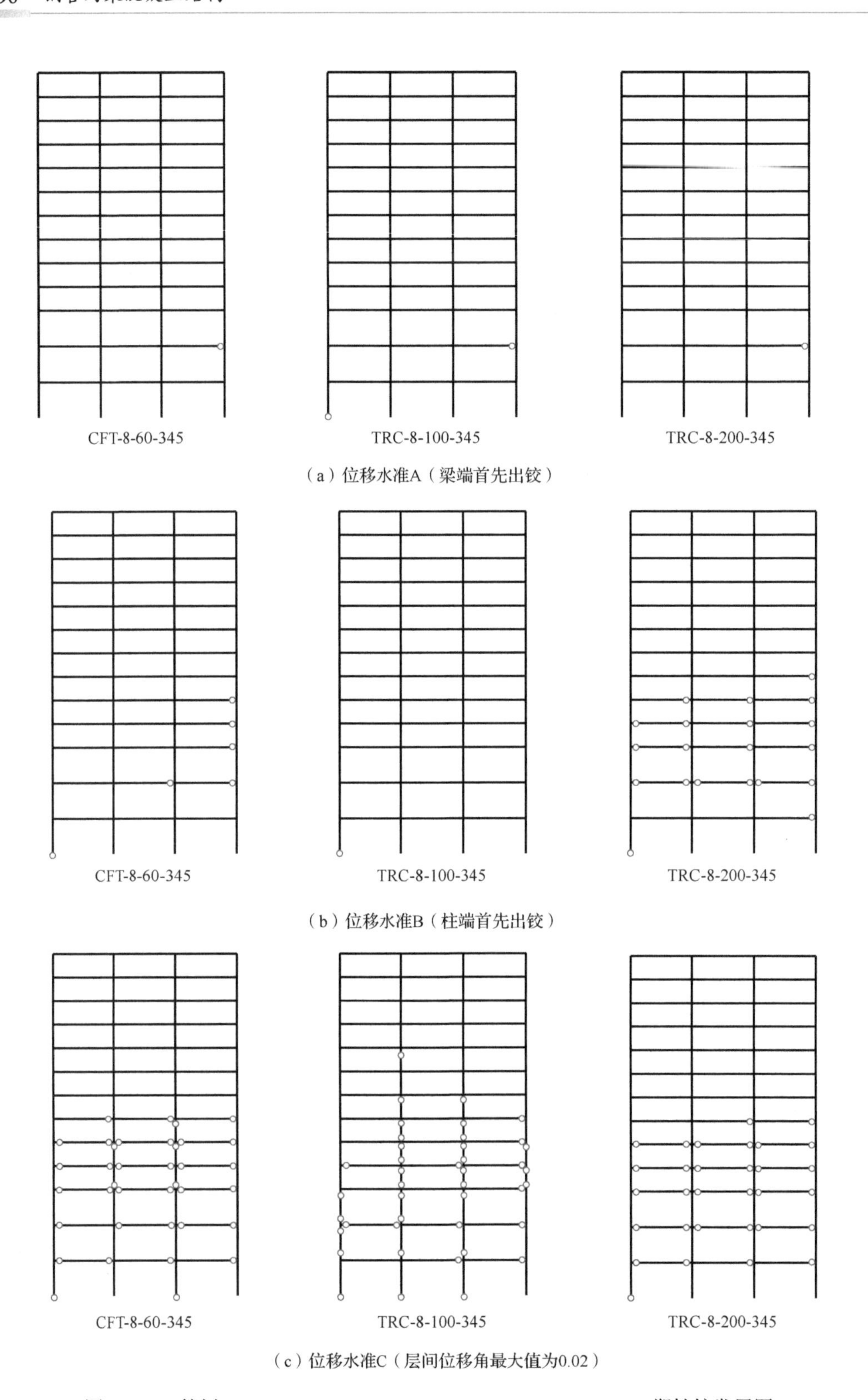

图 11.2.6 算例 CFT-8-60-345、TRC-8-100-345、TRC-8-200-345 塑性铰发展图

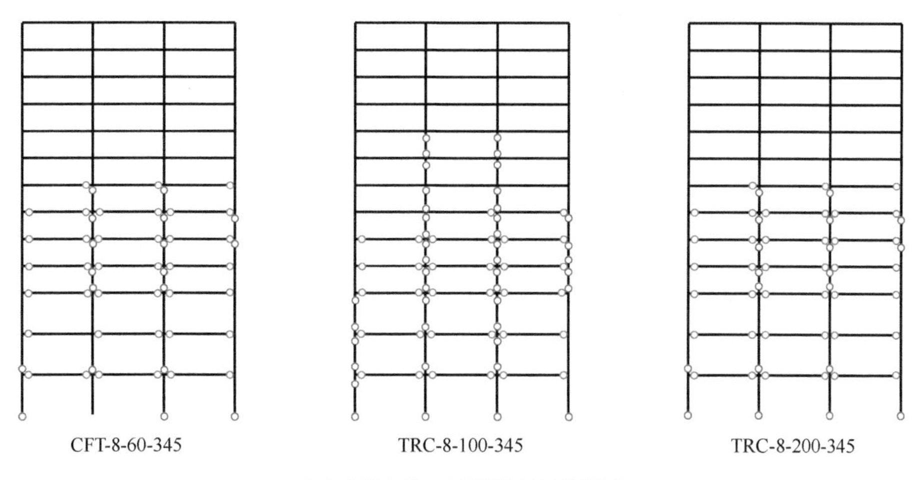

（d）位移水准D（基底剪力达到峰值）

图 11.2.6（续）

由图 11.2.7 可见，改变柱梁强度比对框架的出铰机制影响较大。柱梁强度比最大和最小的算例 TRC-8-100-235 和算例 TRC-8-100-420 在分别到达 B 和 A 水准时就已分别出现了大量梁铰和柱铰。算例 TRC-8-100-235 在位移水准 C 时框架的底层柱脚才开始出现塑性铰，塑性铰类型以梁铰为主；而算例 TRC-8-100-345 和算例 TRC-8-100-420 在位移水准 C 时的柱铰数量已明显高于梁铰，框架以柱铰机制为主。位移水准 D 时算例 TRC-8-100-235 的柱铰数量明显增多且集中在框架的第一、二自然层柱脚和第二标准层的第四～第七自然层；算例 TRC-8-100-345 在位移水准 D 时相对于位移水准 C 其梁铰数量明显增多，而算例 TRC-8-100-420 在位移水准 D 时仍以柱铰为主。结合各算例的出铰模式和基底剪力-顶点位移曲线可知，出铰模式为梁铰机制和梁柱混合出铰机制的框架延性和变形能力均较好，说明钢管约束混凝土框架的柱梁强度比要求可适当放宽；而柱铰机制破坏会导致框架的承载力在峰值位移后明显降低，框架的延性变差，因此框架设计时应避免出现柱铰机制破坏。

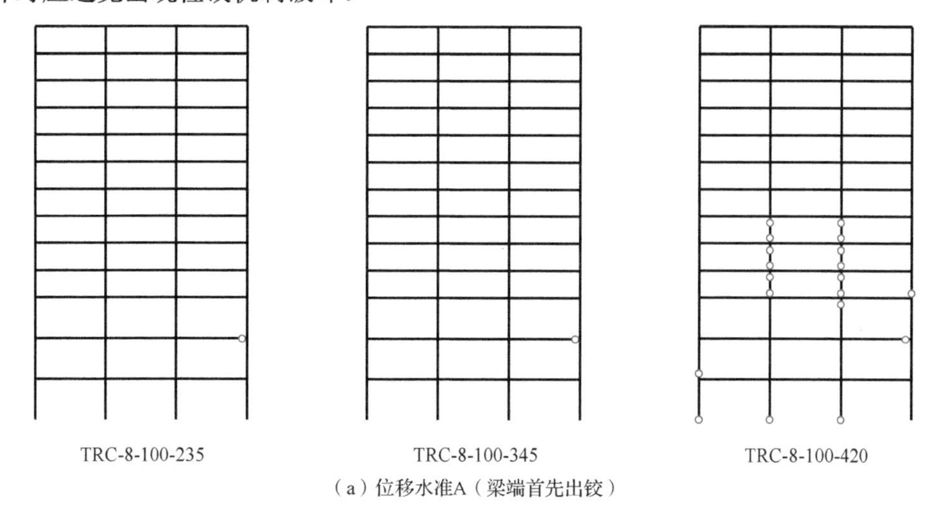

（a）位移水准A（梁端首先出铰）

图 11.2.7　算例 TRC-8-100-235、TRC-8-100-345、TRC-8-100-420 塑性铰发展图

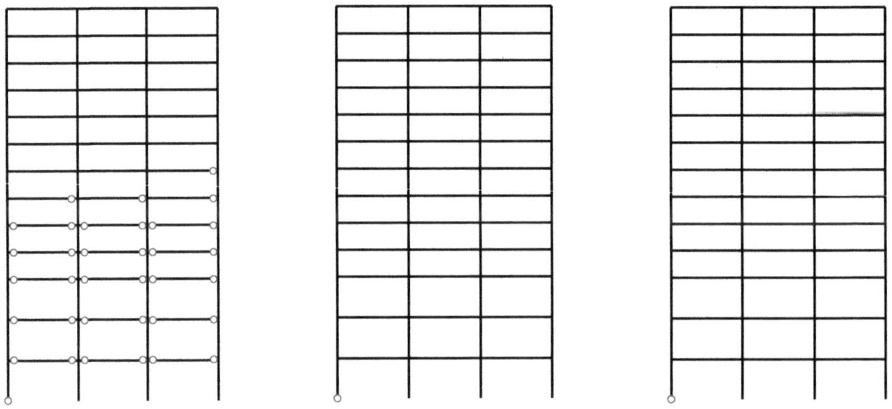

TRC-8-100-235　　TRC-8-100-345　　TRC-8-100-420

（b）位移水准B（柱端首先出铰）

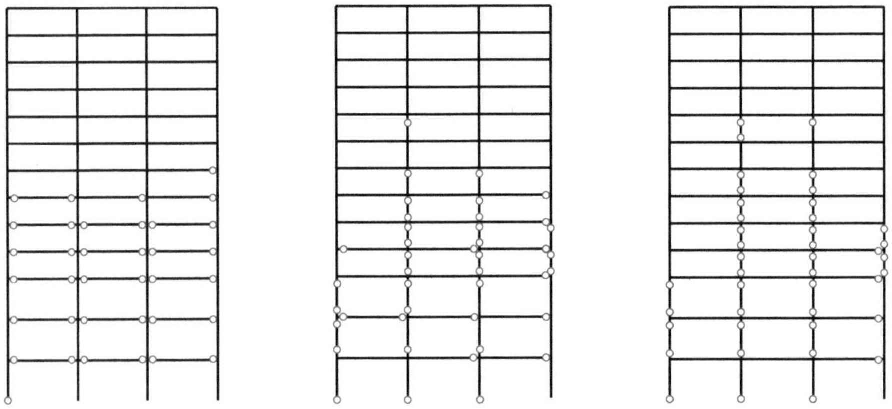

TRC-8-100-235　　TRC-8-100-345　　TRC-8-100-420

（c）位移水准C（层间位移角最大值为0.02）

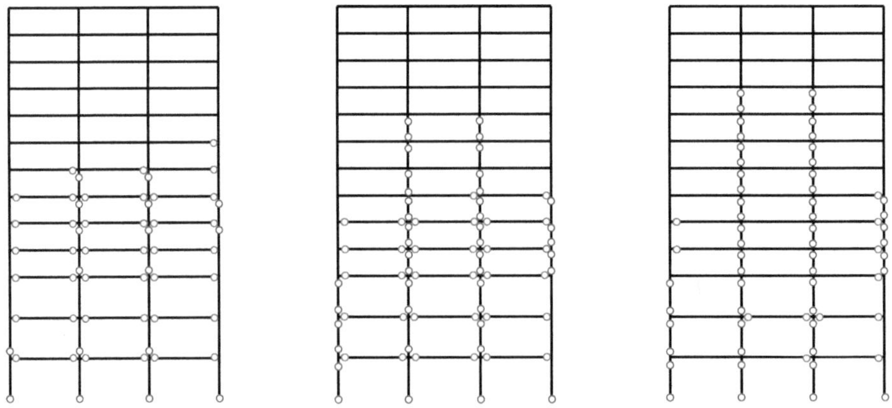

TRC-8-100-235　　TRC-8-100-345　　TRC-8-100-420

（d）位移水准D（基底剪力达到峰值）

图 11.2.7（续）

综上分析，虽然所有算例的实际柱端抗弯能力均高于由设计软件得到的柱端弯矩设计值，但由于框架设计时的梁和柱截面均由刚度控制，梁端弯矩过强使结构不一定能够满足“强柱弱梁”。通过对不同柱梁强度比下各算例的出铰模式分析可知，若要保证框架实现“强柱弱梁”，需控制柱和梁端的实际抗弯能力相对大小，即采用《建筑抗震设计规范（2016 年版）》（GB 50011—2010）式（6.2.2.2）中的做法。通过对比不同算例在最大层间位移角出现楼层的柱梁强度比η_c和框架的破坏模式可知，对于 TRC 柱-钢梁框架，当边节点η_c=0.859 而中节点η_c=0.946 时可使框架发生梁铰机制破坏；而当边节点η_c=0.696 而中节点η_c=0.831 时框架为柱铰机制为主的梁柱混合出铰模式。本节分析时虽然未考虑楼板影响，但当保守地认为仅楼板造成的梁端弯矩增大系数为 1.3 时，可得考虑楼板效应且使框架满足“强柱弱梁”要求的边节点η=0.859×1.3=1.1167 而中节点η=0.946×1.3=1.2298，可见其与《建筑抗震设计规范（2016 年版）》（GB 50011—2010）中式（6.2.2.2）建议的对于一级框架结构η_c=1.2 接近，说明按照《建筑抗震设计规范（2016 年版）》（GB 50011—2010）中式（6.2.2.2）进行设计的钢管约束混凝土框架能够满足“强柱弱梁”。

4. 性能点求解

采用能力谱法求解性能点，得到各算例在小、中、大震时的结构性能曲线如图 11.2.8 所示。为便于比较，将各算例性能点总结于表 11.2.7。

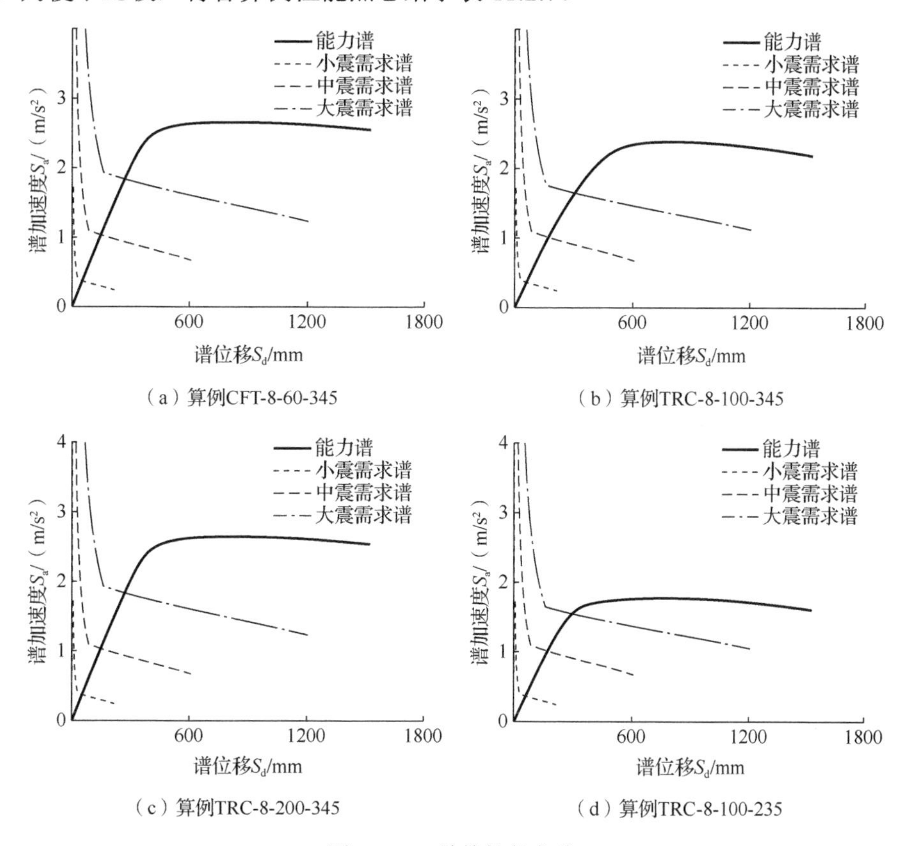

（a）算例CFT-8-60-345　（b）算例TRC-8-100-345

（c）算例TRC-8-200-345　（d）算例TRC-8-100-235

图 11.2.8　结构性能曲线

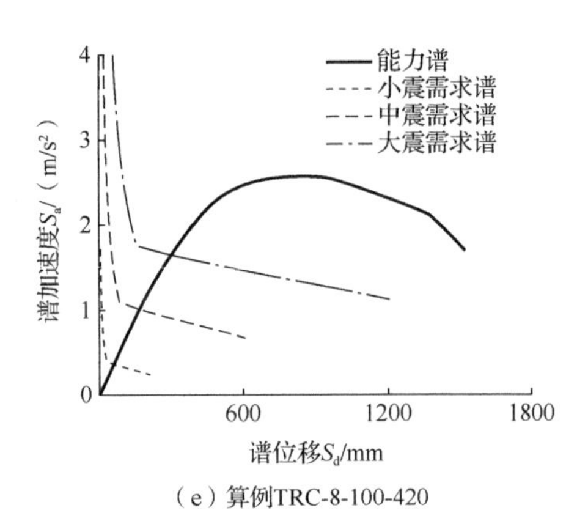

（e）算例TRC-8-100-420

图 11.2.8（续）

表 11.2.7 结构模型的性能点

算例编号	性能点	地震作用		
		多遇	设防	罕遇
CFT-8-60-345	基底剪力/kN	494.37	1376.19	2470.07
	顶点位移/mm	68.75	192.25	356.75
TRC-8-100-345	基底剪力/kN	485.49	1361.13	2233.85
	顶点位移/mm	79.26	226.26	405.76
TRC-8-200-345	基底剪力/kN	490.76	1386.66	2476.38
	顶点位移/mm	68.25	193.75	357.75
TRC-8-100-235	基底剪力/kN	485.49	1361.07	2097.15
	顶点位移/mm	79.26	226.26	395.76
TRC-8-100-420	基底剪力/kN	485.49	1361.13	2234.44
	顶点位移/mm	79.26	226.26	405.76

所有算例的能力谱和需求谱曲线均相交且交点位于曲线的上升段，说明所有算例均能较好地抵御小、中、大震作用（图 11.2.8）。多遇和罕遇地震下所有算例的顶点位移均分别低于 163mm 和 978mm，对应规范中多遇和罕遇地震对应的层间位移角限值 1/300 和 1/50，说明所有框架算例的变形能力均能满足规范要求。

对比第一组算例的性能点可见，小、中地震作用下三个算例的性能点差别不大，其中算例 TRC-8-100-345 的性能点位移略高于其他算例，原因是其柱截面的抗弯刚度偏低导致框架的抗侧刚度偏小。大震作用下算例 TRC-8-100-345 的性能点对应的基底剪力相比其他算例偏小且位移偏大，说明其抵御大震的能力相对较差；而算例 TRC-8-100-345 与算例 CFT-8-60-345 在大震时的性能点相近，基底剪力和顶点位移的误差均在 1%以内。可见，在用钢量相同的情况下，由于算例 CFT-8-60-345 和算例 TRC-8-200-345 柱截面的抗弯刚度和承载力相近，抗震性能比较接近且均好于算例 TRC-8-100-345。虽然算例 TRC-8-100-345 的钢管径厚比较小，钢管对混凝土的约束作用更强，但由于柱截面处于大偏压状态，钢筋对构件承载力起控制作用，导致其抗震性能弱于配筋率更高且径厚比较大的算例 TRC-8-200-345。由 11.1.3 节对径厚比的参数分析也可知，径厚比对框架抗震性能的影响有限，尤其是对于发生梁铰机制破坏的框架。

对比第二组算例的性能点可见，算例 TRC-8-100-345 和 TRC-8-100-420 在小、中、大震时的性能点误差极小，原因是两个算例在各级地震作用下的性能点均位于能力曲线的上升段，且相同的柱和梁截面尺寸使能力曲线上升段差别较小。基于相同的原因，算例 TRC-8-100-235 在小、中地震作用下的性能点与其他算例相同，但其钢梁的强度偏低使大震时的性能点位于能力曲线的塑性阶段，需求谱的折减使算例 TRC-8-100-235 在大震时的性能点基底剪力和顶点位移均比其他算例偏小。综上分析，当框架的柱和梁截面设计由刚度控制时，即使算例 TRC-8-100-420 的柱梁强度比η=0.682，能力曲线在峰值位移后出现了明显下降段，但由于柱和梁的截面设计偏于保守，规范中的小、中、大震作用远低于使算例 TRC-8-100-420 的基底剪力出现下降的地震水平，使其在小、中、大震作用下的性能点与柱梁强度比较大的算例 TRC-8-100-345 相同。

11.2.3　弹塑性时程分析

1. 地震波选取

使用双频段选波方法在美国太平洋地震工程研究中心地震数据库中选择了与各自周期对应的 15 条地震波，所选地震波的反应谱与规范谱对比如图 11.2.9 所示。需要说明的是，图 11.2.9 中各算例的结构自振周期 T_1 比 11.2.1 节中用于模型验证的周期偏大，原因是：①11.2.1 节中的周期主要用于对比验证分析模型的结构质量和刚度的正确性，因此柱和梁均采用弹性材料且弹性模量与 PKPM 一致；而本节进行模态分析的构件材料本构均采用实际截面属性下的弹塑性本构，材料的弹性模量有所降低。②为与设计软件保持一致，11.2.1 节在进行模态分析时未考虑恒、活荷载作用，而直接通过模型的节点质量和结构刚度求解周期；本节在进行模态分析时为贴合工程实际首先对结构施加了重力荷载作用，由于重力荷载使结构的刚度有所减小（梁、柱内钢材和混凝土在重力荷载作用下进入弹塑性阶段，刚度降低），模型的周期有所增加。

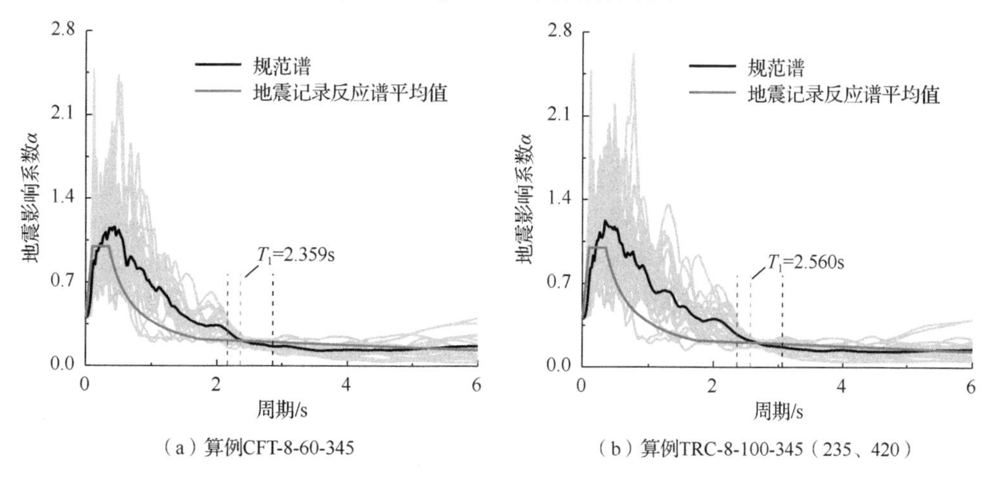

（a）算例CFT-8-60-345　（b）算例TRC-8-100-345（235、420）

图 11.2.9　所选地震波反应谱与规范反应谱对比

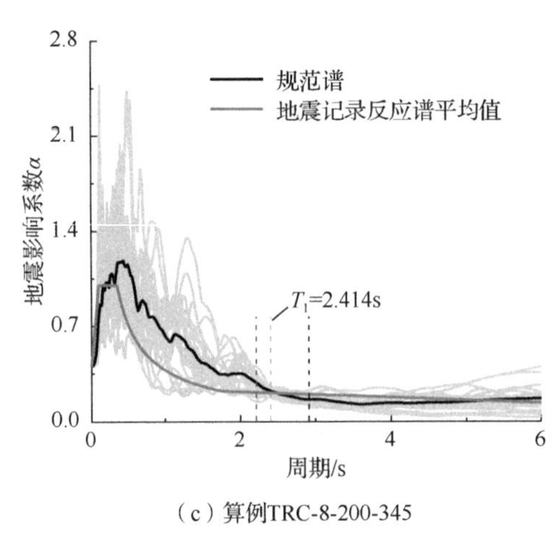

（c）算例TRC-8-200-345

图 11.2.9（续）

拟对 11.2.1 节中各算例进行 8 度 0.2*g* 区多遇地震（小震）、设防地震（中震）和罕遇地震（大震）下的时程分析，各地震水平对应的时程加速度最大值（PGA）见表 11.2.8。

表 11.2.8 各地震水平时程加速度最大值

地震水平	8 度多遇地震（小震）	8 度设防地震（中震）	8 度罕遇地震（大震）
PGA/(m/s^2)	0.7	2.0	4.0

根据表 11.2.8 中的 PGA 对所选地震波进行标定，标定方法如下：

$$a_r = \frac{A_{aim}}{A_w} a_w \tag{11.2.2}$$

式中：a_r、a_w——用于分析和调幅前的地震动加速度；

A_{aim}、A_w——分别为加速度最大值和调幅前的地震波幅值。

2. *楼层层间位移角分析*

对各框架算例进行时程分析，结构阻尼比根据《钢管混凝土结构技术规范》（GB 50936—2014）的建议在进行小震和中震分析时取为 0.035，在进行大震时程分析时取为 0.05。由时程分析得到两组对比算例在各级地震作用下的层间位移角最大值随楼层的关系曲线如图 11.2.10 和图 11.2.11 所示。

第一组对比算例在不同地震波下的层间位移角最大值θ_{max}均满足小震θ_{max}<1/300 和大震θ_{max}<1/50 的限值要求，说明《钢管混凝土结构技术规范》（GB 50936—2014）中的层间位移角限值对 TRC 框架同样适用。以算例 TRC-8-100-345 为例，图 11.2.10（b）中中震与小震、大震与中震的θ_{max}平均值的比值分别为 2.858 和 1.805，分别与时程分析所对应的 PGA 的比值 2.0/0.7≈2.857 和 4.0/2.0=2.0 接近，可见结构的地震响应与地震动强度成正比。对其他算例进行分析后可得到相同结论，说明所有算例在各级地震作用下基本处于弹性阶段，结构的塑性损伤程度较低。需要指出的是，大震与中震的θ_{max}比值为

1.805，小于 PGA 的比值 2.0 约 10%，原因是大震分析时结构的阻尼比为 0.05，比中震分析时的阻尼比ξ=0.035 偏大。由此可见当ξ从 0.035 提升至 0.05 时会降低结构的地震响应，且对于弹性结构降低幅度近似为 10%。

对比图 11.2.10（d）中三个算例的平均层间位移角可见，各算例的层间位移角关系为算例 TRC-8-100-345>算例 TRC-8-200-345>算例 CFT-8-60-345，其中算例 TRC-8-200-345 和算例 CFT-8-60-345 的结果接近。说明在相同用钢量的条件下，高配筋率的 TRC 框架和 CFT 框架的抗震性能接近，且均好于低配筋率的 TRC 框架。

不同柱梁强度比的三个算例在小、大震作用下的层间位移角最大值也均满足规范要求（图 11.2.11）。由于框架在弹性段的抗侧刚度相同，三个算例在小、中震作用下的θ_{max}随楼层号的关系曲线基本重合［图 11.2.11（d）］。对比大震作用下结构的地震响应可见，所有算例的θ_{max}均相同，但算例 TRC-8-100-235 的各楼层变形比算例 TRC-8-100-345 和算例 TRC-8-100-420 整体偏小，说明柱梁强度比较小的 TRC 框架在大震作用时的地震响应偏低，抗震性能更好。

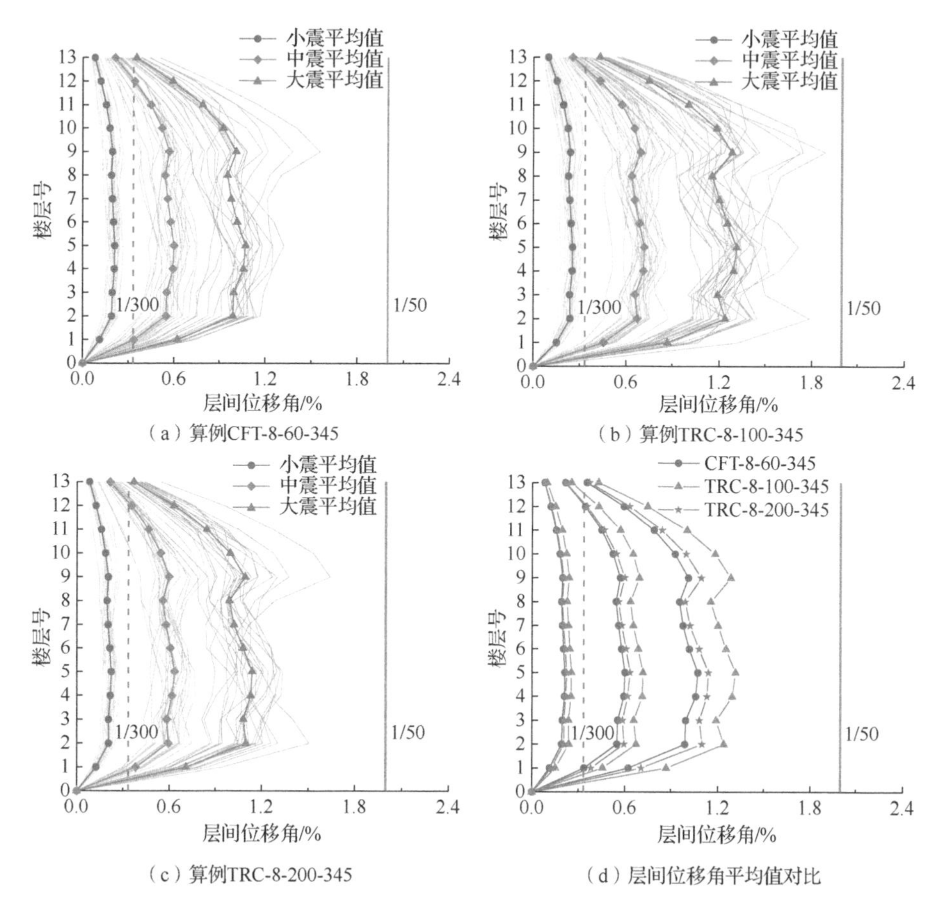

图 11.2.10　算例 CFT-8-60-345、TRC-8-100-345、TRC-8-200-345 层间位移角随楼层的关系曲线

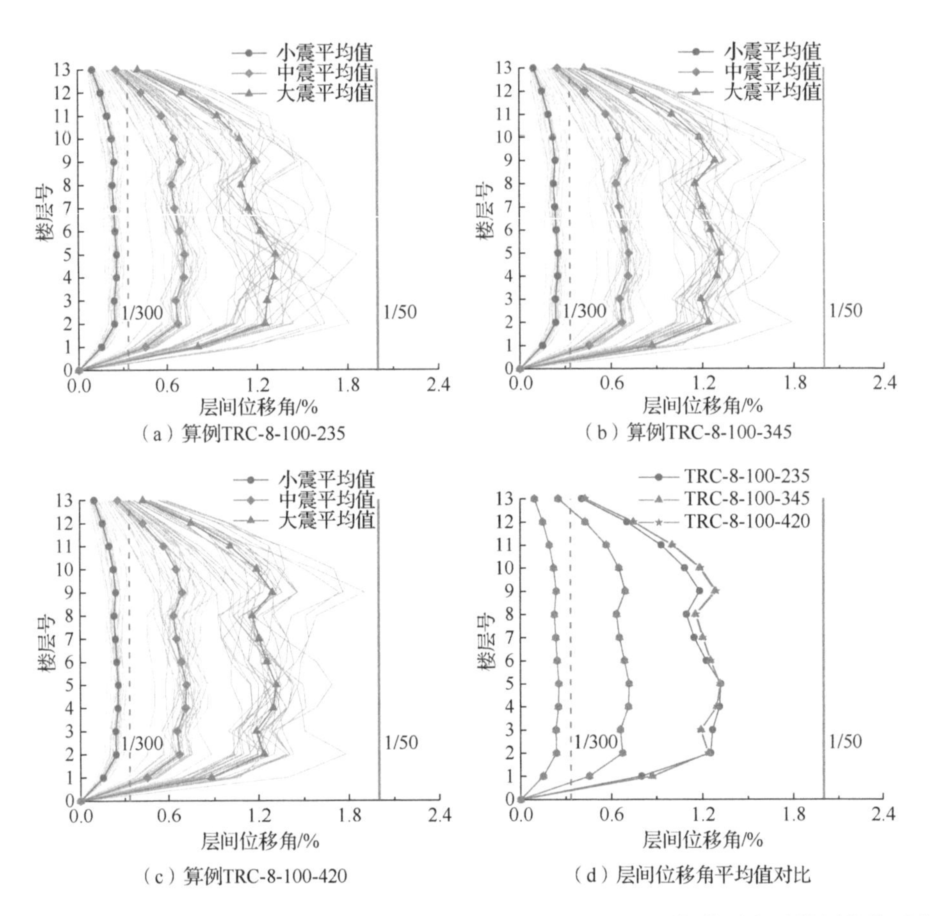

图 11.2.11　算例 TRC-8-100-235、TRC-8-100-345、TRC-8-100-420 层间位移角随楼层的关系曲线

11.2.4　基于 IDA 方法的地震易损性评价方法

1. 易损性分析原理及流程介绍

（1）增量动力分析（incremental dynamic analysis，IDA）方法基本原理

IDA 方法的基本原理为首先选择合适的地震动强度参数作为地震强度指标（intensity measure，IM），对一条或多条地震记录使用特定的方法"调幅"得到不同强度的地震动。后采用不同强度的地震动对结构进行多次弹塑性时程分析，得到结构在不同地震动作用下的损伤指标（damage measure，DM），IM-DM 关系曲线即为 IDA 曲线。最后基于 IDA 曲线上的性能点评价结构体系的整体抗震性能。

（2）地震易损性分析基本原理

地震易损性是以地震动强度为自变量的函数，用以描述一个指定区域内由于地震造成的损失程度。其研究对象可以是单一结构或者一类结构，也可以是某个地区。结构地震易损性为地震易损性分析的一个分支，指的是结构在不同强度地震激励下发生破坏的可能性，换言之即超过某个结构性能计算状态（一般为极限状态）的条件概率。以阻尼比为ξ的结构基本周期 T_1 对应的谱加速度 $S_a(T_1, \xi)$作为地震动强度指标为例，地震易损性可用下式进行计算：

$$P_{\mathrm{DV|IM}}\left(0|\ S_{\mathrm{a}}\right)=\sum P_{\mathrm{DV|LS}}(0\,|\,C)P_{\mathrm{DV|IM}}\left(Z>C\,|\,S_{\mathrm{a}}\right) \tag{11.2.3}$$

式中：DV——指示变量，当 DV=0 时表示结构达到极限状态，$P_{\mathrm{DV|IM}}(0|S_a)$表示地震强度为 S_a 时结构的超越概率，LS 是指结构的性能水平，$P_{\mathrm{DV|LS}}(0|C)$表示结构抗震能力为 C 时的超越概率，其中 C 一般可由统计震害资料和试验数据得到，当缺乏震害资料和试验数据时只能通过理论分析或数值模拟方法得到。此外，分析中一般假定结构抗震能力保持不变，即不考虑结构自身的随机性，因此有 $P_{\mathrm{DV|LS}}(0|C)=1$；$P_{\mathrm{DM|IM}}(Z>C|S_a)$表示地震强度 IM 为 S_a 时结构的地震响应大于地震能力 C 的概率，为结构地震概率的需求分析。

（3）地震易损性分析流程

基于 IDA 方法的地震易损性分析流程如下。

1）确定分析对象，建立能够准确模拟结构对象地震动响应的非线性数值模型。

2）按规则选取地震动记录，调幅完成后进行 IDA，得到 IDA 曲线簇并对其进行统计分析。

3）确定结构性能水准及倒塌极限状态，对 IDA 结果的自然对数进行线性拟合，建立自变量为 IM 的结构地震响应概率函数。

4）求出不同地震强度下结构的地震响应超过某性能指标的条件概率，绘制不同性能水平下的结构易损性曲线。

对于流程 1)，可参照 11.2.1 节的相关内容，由于节点不考虑刚域，得到的结构地震响应偏大；对于流程 2)，使用双频段选波方法，具体介绍见 11.2.3 节；对于流程 3）和 4)，现将其推导过程介绍如下。

结构的地震易损性是从概率意义上定量描述工程结构的抗震性能，宏观地描述了地震动强度与结构破坏之间的关系。一般认为结构需求参数 ID 与地震动强度参数 IM 之间满足公式：

$$\mathrm{ID}=\alpha(\mathrm{IM})^{\beta} \tag{11.2.4}$$

对式（11.2.4）两边取对数：

$$\ln(\mathrm{ID})=a+b(\mathrm{IM}) \tag{11.2.5}$$

式中：α、β、a、b——回归系数。

结构的地震概率需求函数可用对数正态分布函数表示，该函数由地震需求参数中位值 $\overline{\mathrm{ID}}$ 和需求参数 ID 对 IM 的条件对数标准差β_{ID}来定义，即

$$\mathrm{ID}=\ln\left(\overline{\mathrm{ID}},\beta_{\mathrm{ID}}\right) \tag{11.2.6}$$

由 $\overline{\mathrm{ID}}$ 表示地震需求与地震强度的关系：

$$\ln(\overline{\mathrm{ID}})=\alpha+\beta\ln\left(S_{\mathrm{a}}\left(T_1,\xi\right)\right) \tag{11.2.7}$$

结构超越某性能状态或特定限值的概率为

$$P_{\mathrm{f}}=P(\mathrm{ID}>C) \tag{11.2.8}$$

特定状态的失效概率表达式为

$$P_{\mathrm{f}}=\phi\left[\frac{\ln(\overline{\mathrm{ID}}/\overline{C})}{\sqrt{\beta_{\mathrm{ID}}^{2}+\beta_{\mathrm{C}}^{2}}}\right]=\phi\left[\frac{\ln(\alpha(S_{\mathrm{a}}(T_{1},\xi)^{\beta})/\overline{C})}{\sqrt{\beta_{\mathrm{ID}}^{2}+\beta_{\mathrm{C}}^{2}}}\right] \tag{11.2.9}$$

式中：$\phi(x)$——标准正态分布；

$\overline{C}$——结构的能力参数均值；

β_{ID}、β_{C}——由统计得出，根据 HAZUS99[6]的建议，当以 $S_{\mathrm{a}}(T_1, \xi)$作为自变量时，$\sqrt{\beta_{\mathrm{ID}}^{2}+\beta_{\mathrm{c}}^{2}}$ 取为 0.4。

2. 调幅方法

地震动调幅方法采用基于 Hunt&Fill 准则[7]的不等步调幅法，该方法原则上保证了效率与精度的平衡：首先确定初始的地震动强度值，并在此基础上确定调幅步长以及步长增量。当模型的收敛性较好时可逐步增大步长以减少算例个数，后期通过线性差值补充跨度较大的中间算例结果；当模型不收敛时则参照吕大刚等[8]提出的“折半取中”原则进行反向搜索，从而逐渐逼近使模型不收敛的地震动强度。本节通过编写 Tcl 脚本语言程序实现了 Hunt&Fill 准则，其优点是可直接与 OpenSees 模型代码进行衔接并同时运行，从而一次性得到 IDA 分析的所有算例结果。程序中的 Hunt&Fill 准则具体分析流程和相关参数取值如图 11.2.12 所示。

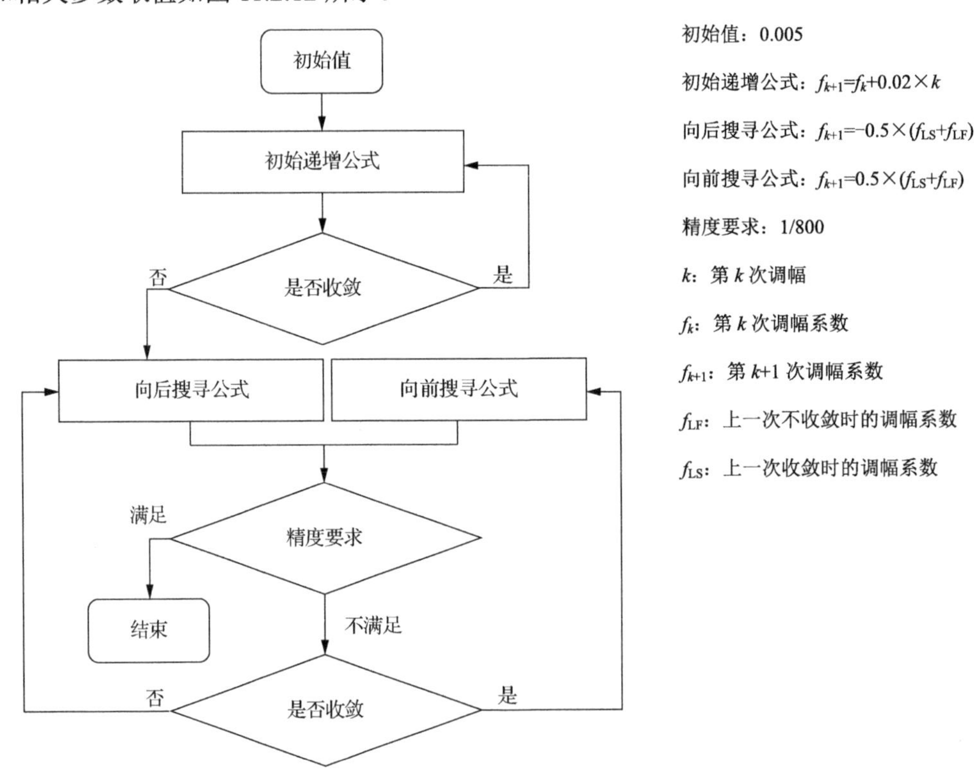

图 11.2.12　Hunt&Fill 方法分析流程

3. 关键指标选取

（1）地震动强度指标 IM 和结构损伤指标 DM

IDA 分析中常用的地震动强度指标 IM 包括地面运动峰值加速度（peak ground acceleration，PGA）、地面运动峰值速度（peak ground velocity，PGV）和阻尼比为ξ的结构基本周期 T_1 对应的谱加速度 $S_a(T_1, \xi)$。Vamvatsikos[9]的研究表明，$S_a(T_1, \xi)$的结果离散性小于 PGA 与 PGV，而较小的离散性可明显提高计算效率，相同条数的地震波得到的分析结果规律性也更强。因此本书选取 $S_a(T_1, \xi)$作为地震动强度指标 IM。对于 $S_a(T_1, \xi)$中的阻尼比ξ，本书根据地震动强度在 IDA 分析过程中对阻尼比ξ进行调整，即当 $S_a(T_1, \xi)$对应地震动 PGA≤4000mm/s^2［对应《建筑抗震设计规范（2016 年版）》（GB 50011—2010）中罕遇地震地震动 PGA］时取ξ=0.035；而当 PGA>4000mm/s^2 时取为ξ=0.05。常见的 DM 准则一般包括楼层最大层间位移角θ_{max}、最大楼层延性、最大基底剪力和最大顶点位移角θ_{roof}等，其中楼层的最大层间位移角θ_{max}受到的影响因素较多：其不仅可以反映柱、梁、节点的综合弹塑性变形结果，还受柱梁强度比、柱轴压比、混凝土强度、约束效应、剪跨比等诸多参数的影响，可较好地反应结构中常见的参数变化所导致的结构地震响应不同。因此，本书选择楼层最大层间位移角θ_{max}作为结构损伤指标 DM。

（2）结构性能状态点和倒塌判据

结构的各性能状态点参照美国 FEMA356[10]规范的定义，包括立即使用（IO）、生命安全（LS）和防止倒塌（CP）三个状态，各性能点对应的层间位移角最大值θ_{max} 见表 11.2.9。

表 11.2.9　FEMA356 中各性能状态θ_{max}的取值范围

性能状态	立即使用（IO）	生命安全（LS）	防止倒塌（CP）
θ_{max}	1%	2%	4%

由于地震作用下影响结构响应的因素较多，目前对于结构倒塌的判定还没有统一定论，常用的结构倒塌判据主要包含以下四类。

1）通过 IDA 曲线的刚度变化定义结构倒塌点，如在 FEMA350[11]中定义当 IDA 曲线上的最后一点与前一点的连线斜率小于 0.2 倍的初始斜率 K_e 时判定为结构倒塌。

2）基于结构的工程需求参数（engineering demand parameters，EDP）定义结构倒塌。常见的 EDP 包括结构的最大顶点位移θ_{roof}、最大基底剪力、最大层间位移角θ_{max}等，其中以能反应结构综合性能的最大层间位移角θ_{max}应用居多。

3）基于材料本构失效准则及“生死单元”技术定义倒塌。对于材料本构失效，以混凝土材料为例，纤维模型中当混凝土应变达到极限压应变时直接将应力降低至 0；对于“生死单元”技术，认为纤维单元中某类或某几类纤维达到材料本构层次失效准则时直接将单元从模型中移除，随着结构进入塑性，逐渐有更多单元失效被移除，结构逐渐因失去承重构件而在重力荷载作用下发生倒塌[12]。

4）以结构动力失稳作为结构倒塌的判定依据。动力失稳，即当采用多种求解器和收敛准则对非线性动力方程进行求解时仍无法使有限元收敛时可认为结构发生了动力失稳[8]。

以上方法中“生死单元”技术相比其他判定准则具有更强的实际意义，判定结果也相对准确，但计算中直接将单元移除会使模型产生强烈的非线性，一般的隐式算法极易产生不收敛情况。考虑到可操作性，本节综合 1）、2）、4）中的方法，将达到以下任意三个条件之一作为结构倒塌的判定依据：①层间位移角最大值θ_{max}>0.1；②IDA 曲线的切线斜率小于初始斜率的 0.2 倍；③动力失稳。当以②、③为判定准则时得到层间位移角最大值θ_{max}小于 0.1 时，保守地将其扩大至θ_{max}=0.1，此方法得到的 IDA 曲线偏于保守。

11.2.5 框架结构地震易损性分析

1. IDA 曲线分析

依据 11.2.4 节得到各算例的 IDA 曲线簇如图 11.2.13 所示，为便于比较，将 IDA 曲线簇以 16%、50%和 84%分位数曲线的形式进行统计，以降低结果的离散性。

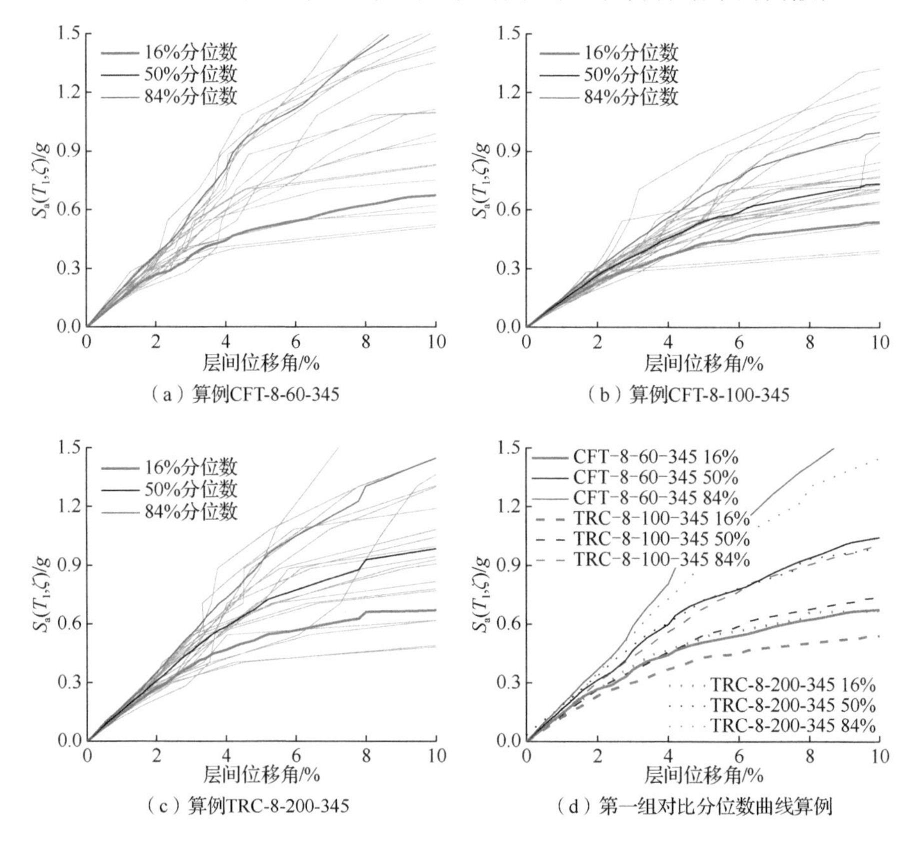

图 11.2.13 各算例 IDA 曲线

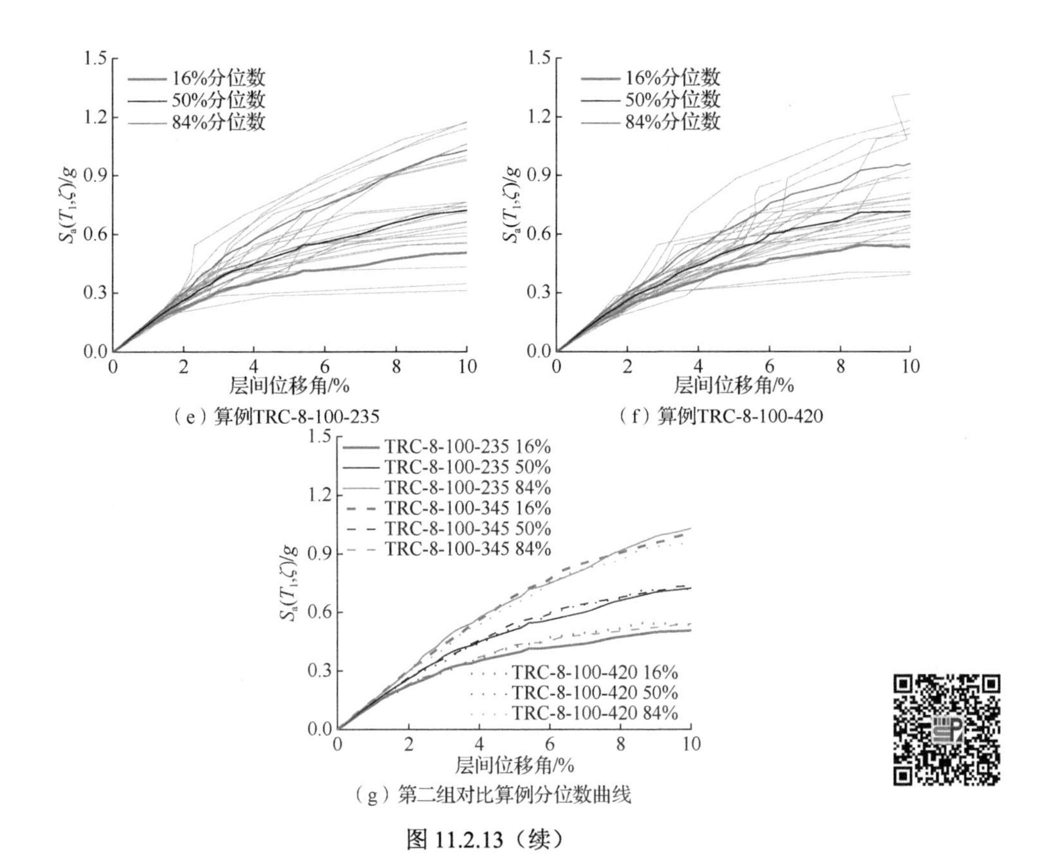

（e）算例TRC-8-100-235

（f）算例TRC-8-100-420

（g）第二组对比算例分位数曲线

图 11.2.13（续）

由于框架结构的设计主要由刚度控制，所有算例的 IDA 曲线在 $S_a(T_1，\xi)$=0.24g（对应地震动 PGA=4500mm/s^2，超过了罕遇地震对应 PGA=4000mm/s^2）之前均呈线性增长，说明结构没有出现明显损伤，仍处于弹性阶段（图 11.2.13）。当 $S_a(T_1，\xi)$超过 0.24g 时，各算例在不同地震动下的 IDA 曲线开始出现较大的离散性，但曲线的发展趋势相同，均为 $S_a(T_1，\xi)$随着层间位移的增加其增长速率逐渐趋于平缓。部分 IDA 曲线的层间位移角随着 $S_a(T_1，\xi)$的增加反而减小，出现了“复活现象”，原因可能是由地震动的非平稳特性引起[13]。

图 11.2.13（d）和图 11.2.13（g）分别为两组对比算例在 16%、50%和 84%的分位数曲线，各算例不同分位数曲线对应的各性能状态 $S_a(T_1，\xi)$值总结于表 11.2.10。

表 11.2.10　各性能状态对应的 IM 值（单位：g）

算例编号	IM/g								
	立即使用（IO）			生命安全（LS）			防止倒塌（CP）		
	16%	50%	84%	16%	50%	84%	16%	50%	84%
CFT-8-60-345	0.146	0.167	0.191	0.269	0.318	0.368	0.444	0.599	0.807
TRC-8-100-345	0.125	0.136	0.149	0.235	0.266	0.303	0.371	0.457	0.562
TRC-8-200-345	0.140	0.154	0.171	0.272	0.309	0.350	0.468	0.585	0.731
TRC-8-100-235	0.125	0.136	0.148	0.227	0.261	0.300	0.353	0.449	0.572
TRC-8-100-420	0.125	0.137	0..149	0.231	0.261	0.296	0.362	0.441	0.537

各算例在达到相同层间位移角时对应的 $S_a(T_1, \xi)$关系为 CFT-8-60-345>TRC-8-200-345>TRC-8-100-345，其中算例 CFT-8-60-345 和 TRC-8-200-345 在各性能点对应的 $S_a(T_1, \xi)$较为接近，误差在 10%以内。说明在相同柱截面用钢量的条件下，高配筋率和大径厚比的 TRC 框架抗震性能与 CFT 框架接近，且均好于配筋率较低而径厚比较小的 TRC 框架。虽然算例 TRC-8-100-345 的抗震性能较其他算例相对偏弱，但由表 11.2.10 可知，其在性能点 CP 时的 $S_a(T_1, \xi)=0.457$，对应 PGA=8793mm/s^2，近似为《建筑抗震设计规范（2016 年版）》（GB 50011—2010）中 9 度罕遇地震 PGA=6200mm/s^2 的 1.4 倍，说明钢管约束混凝土框架具有良好的抗震性能。

柱梁强度比不同的钢管约束钢筋混凝土柱-钢梁框架的 IDA 曲线和各性能点对应的 $S_a(T_1, \xi)$接近［图 11.2.13（g）和表 11.2.10］，说明不同破坏模式下的框架抗震性能差距不大。以算例 TRC-8-100-345 的 50%分位数曲线为例，其在 IO 和 LS 性能点时的 $S_a(T_1, \xi)$与其他算例相同，这与各框架算例的抗侧刚度相同且在较小地震作用时处于弹性阶段有关。但其在防止倒塌性能点 CP 对应的 $S_a(T_1, \xi)$分别比算例 TRC-8-100-235 和 TRC-8-100-420 偏大约 2.47%和 3.63%，虽然差距不大，但从一定程度上说明了适当降低柱梁强度比，使框架发生柱梁混合出铰模式不会降低框架的抗震性能，而随着柱梁强度比的继续减小，出现柱铰机制破坏的框架抗震性能会降低。

2. 易损性曲线分析

计算易损性曲线时需首先对 IM 和 DM 数据取对数并进行线性回归，由于本书采用了不等步调幅法对地震波进行调幅，导致部分 IM 值的跨度较大，缺少中间数据，因此需采用线性差值方法对中间数据进行补充。由于线性插值对易损性结果的影响未知，本节首先对比了采用线性差值方法补充中间点数据和不进行线性差值处理的线性拟合结果，分析了两种处理方式对易损性结果的影响并给出相关建议。

以算例 TRC-8-100-345 为例，两种方法得到的地震需求概率模型和倒塌易损性曲线对比如图 11.2.14 所示。虽然线性插值后的拟合曲线斜率增大且截距减小，但对比易损性曲线可知两种方法得到的曲线基本重合。说明使用图 11.2.12 中的调幅方法和参数取值时得到的易损性结果与将数据进行线性插值后得到的易损性结果相差不大，证明了不等步调幅方法中参数取值的合理性。但采用线性差值方法可统一各 IDA 曲线的 DM 值，便于比较且减小因不同算例的数据点离散程度不同而造成的可能误差，因此建议仍采用线性插值对各算例曲线进行处理。

图 11.2.15 为各算例的地震需求概率模型。当 $\ln(S_a(T_1, \xi))$较小时同一 $\ln(S_a(T_1, \xi))$对应的 $\ln(\theta_{max})$相差不大，而随着 $\ln(S_a(T_1, \xi))$的增大 $\ln(\theta_{max})$的离散性程度逐渐增大。说明因地震动随机性引起的结构地震响应不确定性主要表现在当 $S_a(T_1, \xi)$较大时的结构弹塑性阶段。

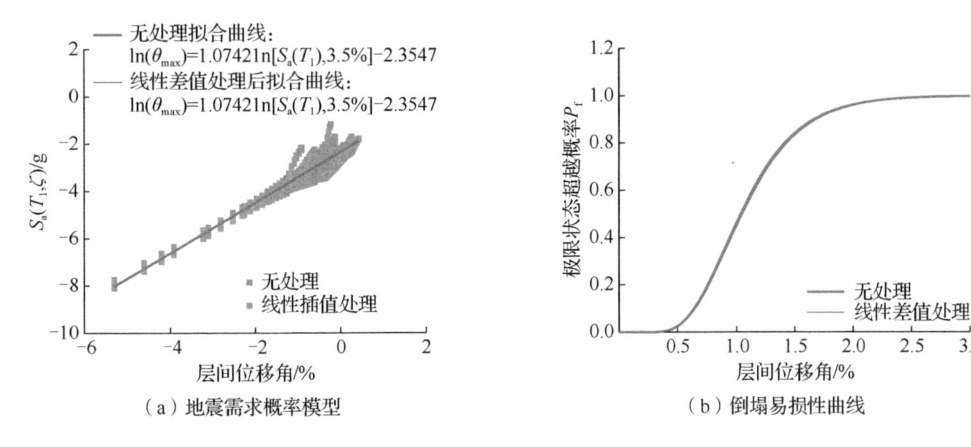

（a）地震需求概率模型 （b）倒塌易损性曲线

图 11.2.14 不同处理方式下的地震需求概率模型和倒塌易损性曲线对比

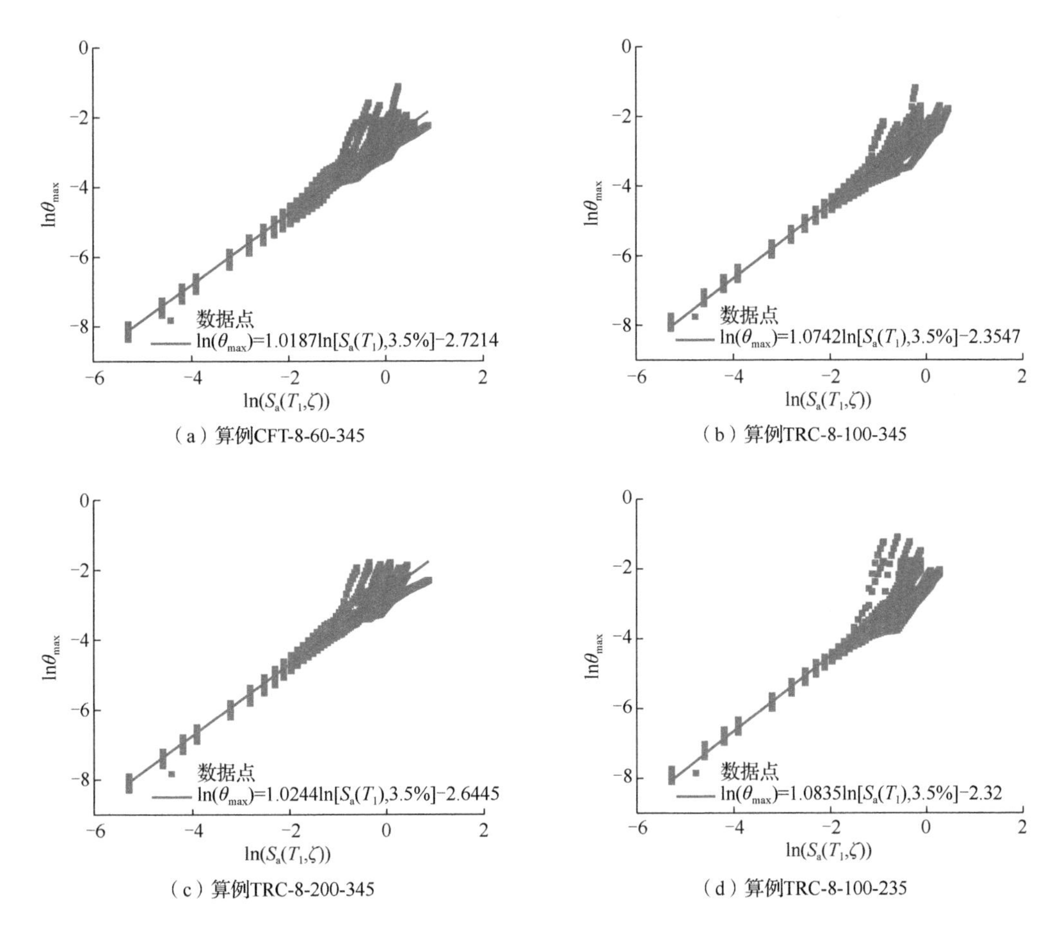

（a）算例CFT-8-60-345 （b）算例TRC-8-100-345

（c）算例TRC-8-200-345 （d）算例TRC-8-100-235

图 11.2.15 各算例地震需求概率模型

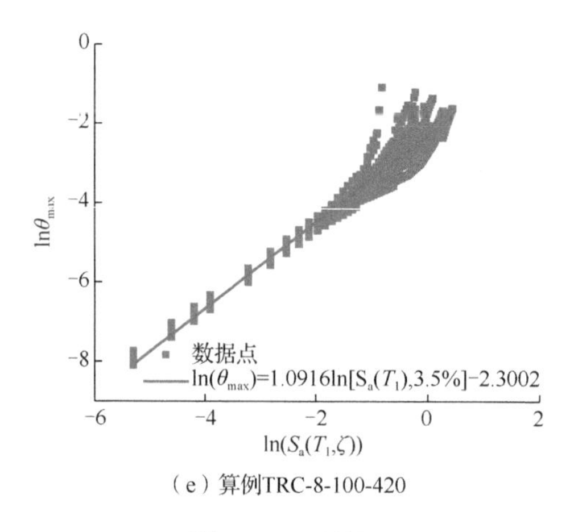

（e）算例TRC-8-100-420

图 11.2.15（续）

图 11.2.16 为根据地震需求概率模型得到的各算例在不同性能状态和结构倒塌时（定义θ_{max}=0.1 为结构倒塌点）的结构易损性曲线。

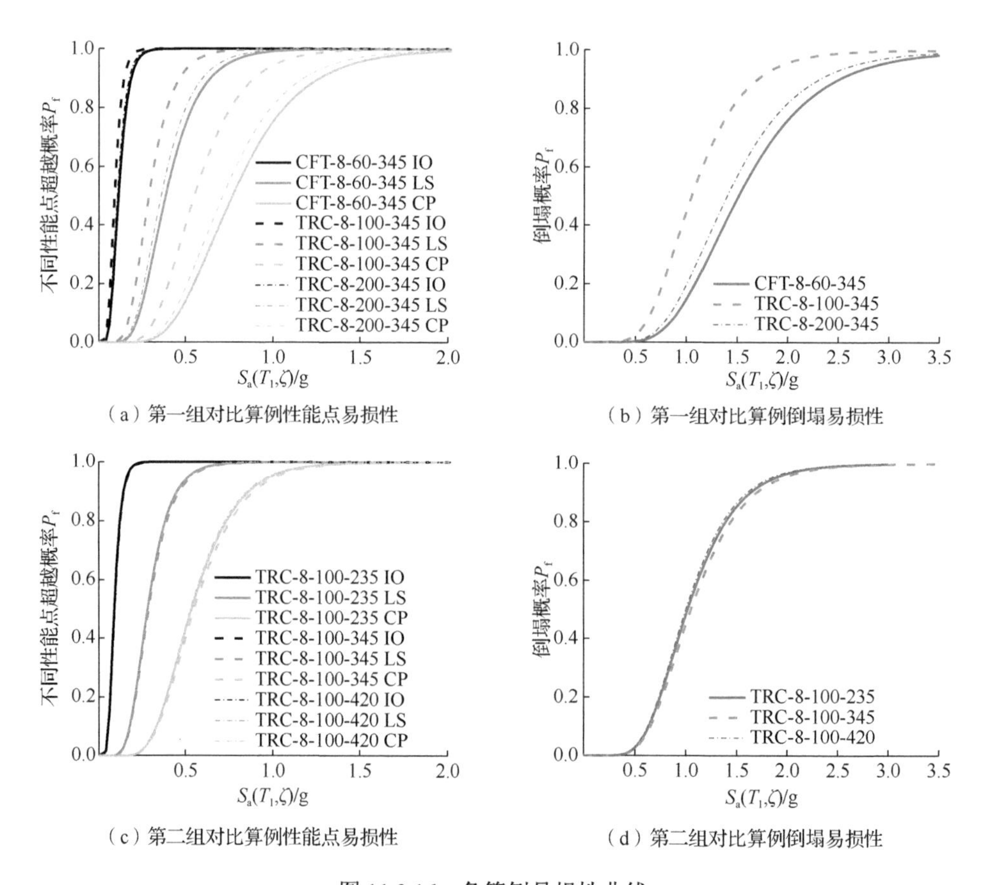

（a）第一组对比算例性能点易损性　（b）第一组对比算例倒塌易损性

（c）第二组对比算例性能点易损性　（d）第二组对比算例倒塌易损性

图 11.2.16　各算例易损性曲线

算例 TRC-8-100-345 的三个性能点和倒塌时对应的易损性曲线均位于其他算例的上方，说明达到相同的超越概率 P_f 时算例 TRC-8-100-345 需要更低的地震动强度 $S_a(T_1, \xi)$，抗震性能相对较差［图 11.2.16（a）和图 11.2.16（b）］。柱截面配筋率和径厚比均较高的算例 TRC-8-200-345 与算例 CFT-8-60-345 的易损性曲线差距较小，说明其抗震性能接近。

由于第二组对比算例中各框架在弹性阶段的抗侧刚度相同，IO 和 LS 水准下的易损性曲线基本重合［图 11.2.16（c）］。随着结构进入塑性，CP 水准和图 11.2.16（d）中结构倒塌时的易损性曲线差异逐渐显现但仍较小，抗震性能排序为算例 TRC-8-100-345>TRC-8-100-235>TRC-8-100-420。说明梁柱混合出铰模式的框架抗震性能相比梁铰机制破坏不会明显降低，而柱铰机制破坏会使框架的抗震性能减弱。

为定量衡量各算例的抗倒塌能力，将各算例的抗倒塌安全储备系数 CMR 总结于表 11.2.11。CMR 定义为结构的倒塌概率为 50%时所对应的地震动强度 $S_a(T_1, \xi)_{50\%}$ 与结构第一周期 T_1 对应的罕遇地震设计（severe earthquake design，SED）谱加速度 $S_a(T_1, \xi)_{SED}$ 的比值[14]：

$$\mathrm{CMR}=\frac{S_a\left(T_1,\xi\right)_{50\%}}{S_a\left(T_1,\xi\right)_{\text{罕遇}}} \tag{11.2.10}$$

$S_a(T_1, \xi)_{SED}$ 计算式如下：

$$S_a\left(T_1,\ \xi\right)_{SED}=\frac{\alpha_{T_1}\cdot g\cdot \mathrm{PGA}_{SED}}{\mathrm{PGA}_{MED}} \tag{11.2.11}$$

式中：α_{T1}——周期 T_1 对应的水平地震影响系数；

g——重力加速度；

PGA_{SED}、PGA_{MED}——大震和小震对应的地面峰值加速度。

表 11.2.11 各算例 CMR

算例编号	$S_a(T_1, \xi)_{50\%}/g$	$S_a(T_1, \xi)_{SED}/g$	CMR
CFT-8-60-345	1.509	0.240	6.288
TRC-8-100-345	1.050	0.234	4.487
TRC-8-200-345	1.396	0.238	5.866
TRC-8-100-235	1.016	0.234	4.342
TRC-8-100-420	0.998	0.234	4.265

CFT 框架 CFT-8-60-345 的 CMR 值最高，高于与其抗震性能接近的 TRC 框架 TRC-8-200-345 约 7.5%。配筋率较低的 TRC 框架 TRC-8-100-345 的抗倒塌能力相对偏低，其 CMR 比框架 TRC-8-200-345 降低约 23.4%。框架的抗倒塌能力受柱梁强度比 η_c 的影响不大，当 η_c 从 1.22 降低至 0.682 时 CMR 最大相差 5%左右。从表 11.2.11 可见，钢管约束钢筋混凝土框架在各项抗震指标均贴近规范限值要求设计时的 CMR 平均值约为 4.363，明显高于施炜[15]研究的 RC 框架结构 CMR 平均值为 2.899，说明钢管约束钢筋混凝土框架具有优异的抗震性能。

11.3 钢管约束混凝土框架结构设计建议

本节依据 10.1 节钢管约束混凝土柱-钢梁框架的试验和本章有限元分析结果以及框架结构体系分析结果，提出钢管约束混凝土框架结构体系最大适用高度、弹性及弹塑性层间位移角限值、柱梁强度比和构造措施等方面的抗震设计建议。虽然本节仅分析了钢管约束钢筋混凝土柱-钢梁框架的结构体系抗震性能，但由试验研究可知钢管约束型钢混凝土柱-钢梁框架的抗震性能与之相近，因此所提设计建议对钢管约束型钢混凝土柱-钢梁框架同样适用。

11.3.1 楼层最大适用高度

由本章所建立的在 8 度 0.2g 区楼层最大高度为 48.9m 的框架结构体系静力和动力弹塑性分析可见，钢管约束混凝土框架结构的抗震性能优异，完全满足“小震不坏，中震可修，大震不倒”的抗震设防要求，说明《钢管混凝土结构技术规范》(GB 50936—2014)中框架结构最大适用高度为 50m 的要求对于钢管约束混凝土框架结构同样适用。

但需要指出的是，当框架结构的总高度较高时会导致柱和梁的截面设计由刚度控制，从而使实际的柱和梁截面承载力明显高于其强度设计值：对于钢梁，由于其抗弯刚度小而承载力高，当框架由刚度控制时钢梁的截面较大，加上目前材料选用时倾向使用高强度钢材（Q345 及以上），从而进一步提升了钢梁的抗弯能力；对于框架柱，钢管约束混凝土柱由于钢管的约束作用其抗弯能力明显高于同条件的钢筋混凝土柱和型钢混凝土柱，且由于约束作用明显改善了柱内混凝土的延性和极限压应变，较适合使用高强混凝土和高强钢材，从而进一步提高了柱截面的抗弯能力。由 11.2.2 节静力分析的性能点求解和 11.2.4 节的易损性分析结果可知，梁柱承载力偏高会使框架的实际抗震能力明显高于目标地区的设计地震水平，材料没有充分利用，设计不经济。

综合以上分析，钢管约束钢筋混凝土柱-钢梁框架能够满足《钢管混凝土结构技术规范》(GB 20936—2014）中有关最大适用高度的要求。但当框架按最大适用高度设计时会导致框架的设计不经济。因此建议若无特殊要求必须使用框架结构，当结构较高时可采用双重抗侧力体系，从而加大结构整体抗侧刚度，避免框架设计由刚度控制。

11.3.2 弹性及弹塑性层间位移角

《钢管混凝土结构技术规范》(GB 50936—2014）认为框架结构的抗震性能和抗倒塌能力主要取决于柱的性能，因此分别参照《高层建筑混凝土结构技术规程》(JGJ 3—2010）和《高层民用建筑钢结构技术规程》(JGJ 99—2015）的相关规定对使用混凝土梁的框架弹性层间位移角适当放宽（θ_{max}=1/550 提升至θ_{max}=1/450)，而对使用钢梁及钢-混凝土组合梁的框架弹性层间位移角适当加严（θ_{max}=1/250 降低至θ_{max}=1/300)。

由于钢管约束混凝土柱和钢管混凝土柱的抗震性能接近，且由 11.2.3 节和对 7、8、9 度区 6 层由强度控制的框架时程分析（图 11.3.1）可知，当钢管约束钢筋混凝土柱-钢梁框架的弹性层间位移角满足 1/300 的限值要求时，其弹塑性层间位移角能够满足 θ_{max}=1/50 的限值要求。因此对于钢管约束混凝土框架，弹性及弹塑性层间位移角限值可直接按照《钢管混凝土结构技术规范》（GB 50936—2014）的相关规定进行设计。

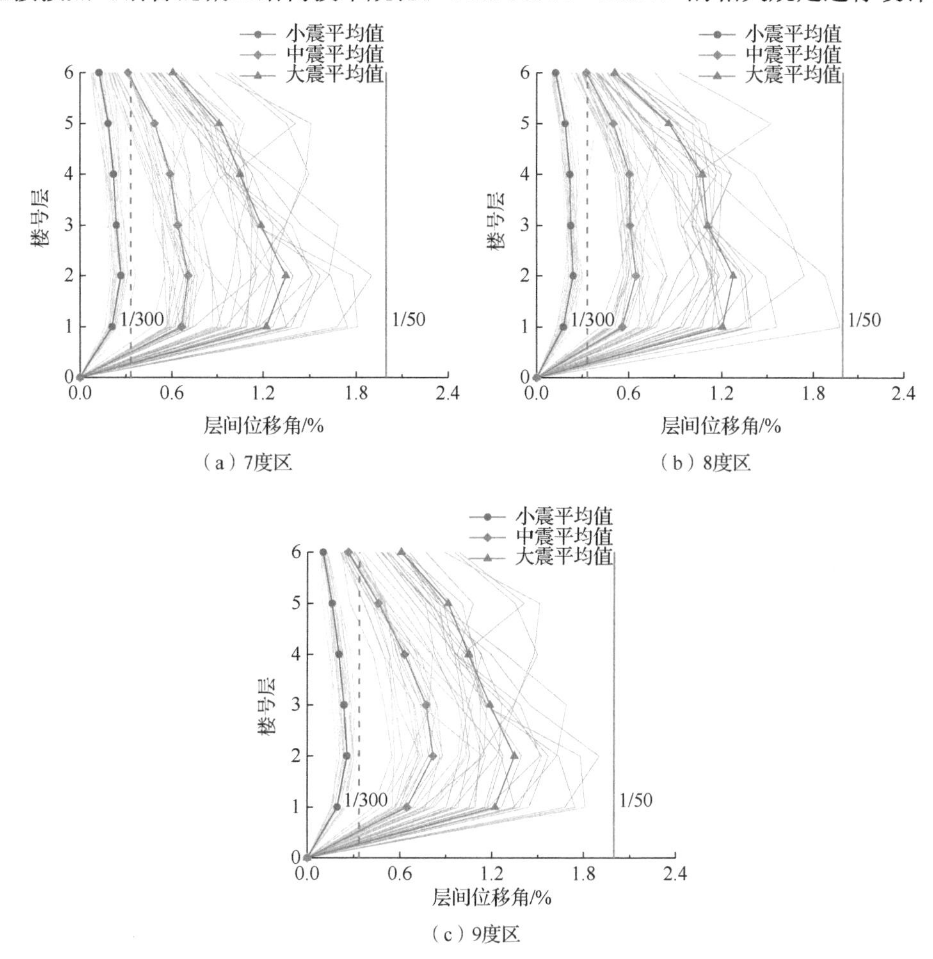

（a）7度区　（b）8度区　（c）9度区

图 11.3.1　7、8、9 度区 6 层框架层间位移角

11.3.3　柱梁强度比

通过对框架结构体系的屈服机制分析可见，当钢管约束混凝土框架按照《建筑抗震设计规范（2016 年版）》（GB 50011—2010）式（6.2.2.1）进行设计时，由于框架的梁截面设计由刚度控制，导致钢梁的实际承载力明显高于最不利地震组合下的梁端弯矩设计值，使式（6.2.2.1）并不能保证柱和梁端的实际抗弯能力相对大小，无法保证框架出现以梁铰机制为主的破坏模式。当以《建筑抗震设计规范（2016 年版）》（GB 50011—2010）式（6.2.2.2）进行设计时，柱端弯矩按照梁端的实际弯矩进行调幅，且由 11.2.2 节可知 η_c=1.2 的柱端弯矩放大系数能够使框架满足“强柱弱梁”。但对于抗震等级较低的地区，规范并未要求按式（6.2.2.2）进行验算，从而无法保证低烈度区的框架实现“强

柱弱梁”。因此建议对于由刚度控制的钢管约束混凝土框架结构，不同抗震等级的框架柱端弯矩均按照《建筑抗震设计规范（2016年版）》（GB 50011—2010）式（6.2.2.2）进行调幅。

需要指出的是，对于由刚度起控制作用的框架，当采用《建筑抗震设计规范（2016年版）》（GB 50011—2010）式（6.2.2.2）进行调幅时会使柱截面的设计不经济。由11.2节对不同柱梁强度比下的框架抗震性能分析可见，框架的抗震性能从高到低分别为算例TRC-8-100-345>TRC-8-100-235>TRC-8-100-420，可见柱梁混合出铰模式的框架抗震性能最好，这与第10章框架试验和本章有限元的分析结果一致。此外，由11.2.5节分析可知出铰模式不会导致框架的抗震性能出现明显差异，当η_c从1.22降低至0.682时各算例的抗倒塌能力接近，误差仅5%左右。结合框架试验的参数分析可知，适当降低η_c不会明显降低框架的抗震性能，而当η_c低于0.7时框架的延性开始降低。因此建议对于由刚度控制的钢管约束混凝土框架结构，由于其抗震能力比抗震设计目标明显偏高，梁端弯矩超强不会导致框架结构的抗震能力明显下降，因此在框架的各项抗震指标均满足规范要求时可对柱梁端强度比进行η_c>0.9（考虑楼板效应导致的梁端弯矩增大系数1.3）的验算而非按《建筑抗震设计规范（2016年版）》（GB 50011—2010）式（6.2.2.2）进行设计。

对于由强度起控制的框架结构，图11.3.2给出了8度区4层和6层由强度控制框架在不同柱梁强度比η（η取倒塌楼层中节点处柱梁强度比）下的倒塌易损性曲线。结构抗倒塌能力随η的下降而降低，且随着楼层数的增加受η的影响程度增高，算例中4层和6层框架CMR在研究参数范围内分别相差6.1%和24.5%（4层框架CMR受η的影响程度比6层框架偏小是由于其标准层偏少，变相提高了框架的整体安全储备）。说明对于由强度起控制作用的框架，不同于由刚度起控制框架由于设计偏保守而可适当降低柱梁强度比的限值要求，其抗震性能受柱梁强度比影响较大。由11.2节参数分析可知，虽然按照《建筑抗震设计规范（2016年版）》（GB 50011—2010）式（6.2.2.1）进行设计时不能完全保证框架实现“强柱弱梁”，但梁柱混合出铰模式更有利于抗震，框架的抗倒塌能力更高（表11.2.11），因此从抗震性能角度建议当框架由强度控制时可按《建筑抗震设计规范（2016年版）》（GB 50011—2010）式（6.2.2.1）进行设计。

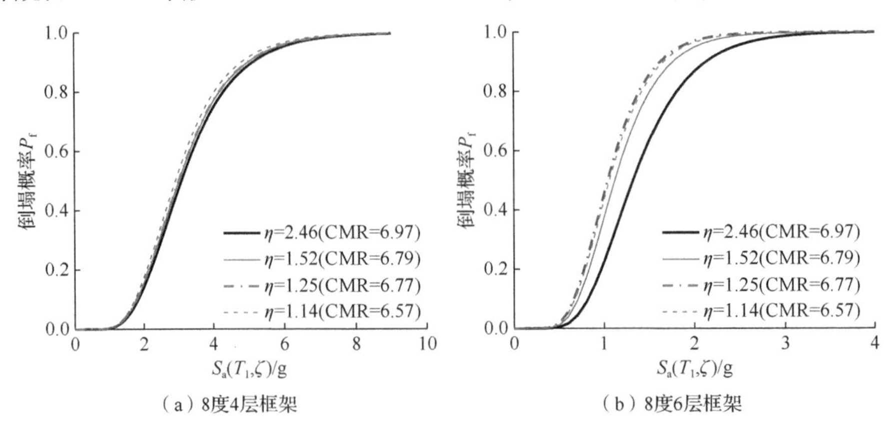

（a）8度4层框架　　（b）8度6层框架

图11.3.2　强度控制框架倒塌易损性曲线

综合所述，当设计以框架出现梁铰机制破坏为目标时，对于由强度和刚度起控制作用的框架均应按《建筑抗震设计规范（2016 年版）》（GB 50011—2010）式（6.2.2.2）进行设计。当基于倒塌一致风险进行设计时，建议由刚度起控制作用的框架其柱梁强度比 η_c 按 $\eta_c>0.9$ 进行验算；而对于由强度起控制作用的框架，建议按《建筑抗震设计规范（2016 年版）》（GB 50011—2010）式（6.2.2.1）进行设计。

11.3.4　柱截面构造建议

当柱截面总用钢量相同时，型钢含钢率较高且径厚比较大的 TRC 框架与 CFT 框架抗震性能接近，且明显好于柱截面配筋率较低但径厚比较小的 TRC 框架。试验框架的参数分析结果表明，径厚比对发生梁铰机制破坏的框架结构抗震性能影响较小，而对发生柱铰机制破坏的框架降低径厚比会小幅度提高承载力和延性。可见，对于圆形截面的钢管约束混凝土框架柱，采用较大径厚比的薄壁钢管就能够满足核心混凝土对横向约束作用的需求。框架柱在高烈度区地震作用下一般处于大偏压受力状态，混凝土的受压面积有限，通过钢管约束效应提高的柱内混凝土抗弯能力小于柱外钢管直接受力时所能提供的抗弯能力。然而，一方面配筋率的提升可以提高柱的抗弯能力，使框架的抗震性能增强；另一方面提高配筋率能使框架的抗侧刚度提高，从而使框架的弹性及弹塑性层间位移角更易满足规范要求。

综上所述，对于地震烈度较高的地区（7 度及以上），在截面尺寸一定的情况下，钢管约束混凝土框架柱截面的截面设计建议采用薄壁钢管，并提高截面配筋率来提高框架的刚度与抗震性能。对于低烈度区，较小的地震作用使框架柱主要用于承重且处于小偏压受力状态，增大钢管壁厚可有效提高钢管约束混凝土柱的抗压承载力和延性，但不能提高框架柱的抗侧刚度；建议在综合考虑承载力、刚度、延性的基础上，合理进行截面设计。

参 考 文 献

[1] 刘界鹏. 钢管约束钢筋混凝土和型钢混凝土构件静动力性能研究[D]. 哈尔滨：哈尔滨工业大学, 2006.

[2] 韩林海. 钢管混凝土结构：理论与实践[M]. 北京：科学出版社, 2007.

[3] 张裕松. 装配式薄壁钢管混凝土桥墩柱脚抗震性能研究[D]. 重庆：重庆大学, 2018.

[4] Lin X C, Kato M, Zhang L X, et al. Quantitative investigation on collapse margin of steel high-rise buildings subjected to extremely severe earthquakes[J]. Earthquake Engineering & Engineering Vibration, 2018, 17(3): 445-457.

[5] 中华人民共和国住房和城乡建设部. 钢管约束混凝土结构技术标准: JGJ/T 471—2019[S]. 北京：建筑工业出版社, 2019.

[6] HAZUS99. Earthquake Loss Estimation Methodology: User's Manual[M]. Washington D C: Federal Emergency Management Agency, 1999.

[7] Vamvatsikos D, Cornell C A. The incremental dynamic analysis and its application to performance-based earthquake engineering[M]//12th European Conference on Earthquake Engineering. London: Elsevier, 2002: 56-72.

[8] 吕大刚, 于晓辉, 王光远. 基于单地震动记录 IDA 方法的结构倒塌分析[J]. 地震工程与工程振动, 2009, 29(6): 33-39.

[9] Vamvatsikos D, Cornell C A. Incremental dynamic analysis[J]. Earthquake Engineering & Structural Dynamics, 2002, 31(3): 491-514.

[10] FEMA 356. Pre-Standard Commentary for the Seismic Rehabilitation of Buildings[S]. Washington D. C.: Federal Emergency Management Agency, 2000.

[11] FEMA 350. Recommended seismic design criteria for new steel moment-frame buildings[S]. Washington D. C.: Federal Emergency Management Agency, 2000.
[12] 陆新征, 叶列平, 缪志伟. 建筑抗震弹塑性分析: 原理, 模型与在ABAQUS, MSC. MARC和SAP2000上的实践[M]. 北京: 中国建筑工业出版社, 2009.
[13] 杨红, 曹晖, 白绍良. 地震波局部时频特性对结构非线性响应的影响[J]. 土木工程学报, 2001, 34(4): 78-82.
[14] FEMA 695. Quantification of Building Seismic Performance Factors [S]. Washington D. C. Federal Emergency Management Agency, 2009.
[15] 施炜. RC框架结构基于一致倒塌风险的抗震设计方法研究[D]. 北京: 清华大学, 2015.

第 12 章　圆钢管约束混凝土柱抗火性能与设计方法

随着城市的高层建筑数量逐渐增加，层数越来越高，高层建筑发生火灾的事件也急剧增长，并有愈演愈烈之势。钢管约束混凝土柱作为高层、超高层建筑的主要承重构件，并且是钢管外露的结构构件，其耐火能力对整个建筑的抗火性能有很大的影响。目前针对钢管约束钢筋/型钢混凝土柱抗火性能的研究较少，已有实际工程一般未对钢管约束混凝土柱进行防火保护，而是忽略火灾下钢管对混凝土的约束作用，按钢筋混凝土截面进行火灾荷载下的截面验算，在一些情况下会导致截面设计不经济。为研究钢管约束混凝土柱的抗火性能，并提出设计方法，本章通过足尺试验、有限元模拟、理论分析等方法对圆钢管约束钢筋混凝土柱和钢管约束型钢混凝土柱在高温下的力学性进行深入的分析和研究，提出抗火设计方法，为该类结构的抗火设计提供依据。

12.1　圆钢管约束钢筋混凝土短柱抗火性能试验

12.1.1　试验概况

设计并制作了 16 根圆钢管约束钢筋混凝土短柱试件，其中轴压短柱 8 根，偏压短柱 8 根，试件高度 L=900mm，直径 D=300mm（即长径比 L/D=3），纵向受力钢筋为 8ϕ18，配筋率α_b=2.88%（$\alpha_b=A_b/A_c$，A_b 为纵向受力钢筋截面面积，A_c 为混凝土截面面积）。荷载偏心距 4 个（e=0mm、25mm、50mm 和 100mm），荷载比 3 个（n=0.4、0.5 和 0.6），钢管含钢率 2 个（α_s=2.72%和 4.12%）。试件配筋与构造如图 12.1.1 所示。试件的详细参数见表 12.1.1，其中，荷载比 n 表示为

$$n = N_f / N_u \tag{12.1.1}$$

式中：N_f——火灾下施加在柱端的纵向荷载（kN）；

N_u——常温下构件的极限承载力（kN），采用有限元分析模型计算得出，计算时钢材和混凝土强度均取实测值。

试件采用 C50 商品混凝土，按照《普通混凝土力学性能试验方法标准》（GB/T 50081—2019）[1]的规定测试 2 组 150mm×150mm×150mm 混凝土立方体试块的强度、混凝土棱柱体试块的弹性模量，结果见表 12.1.2。

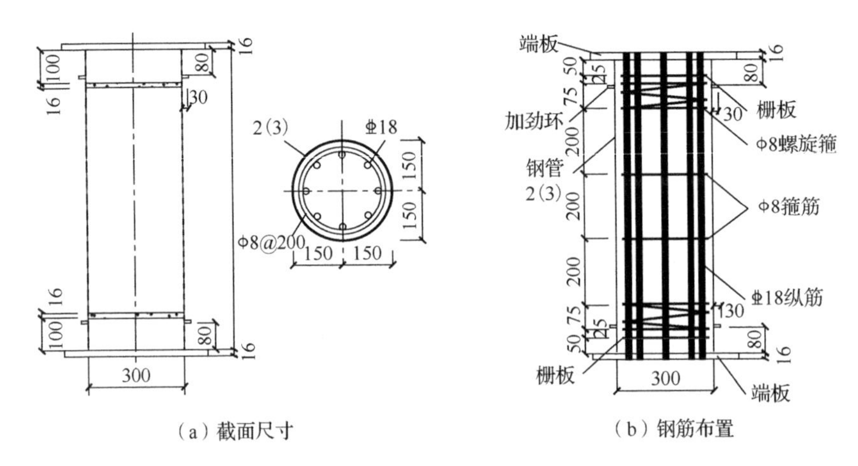

(a) 截面尺寸　　(b) 钢筋布置

图 12.1.1 试件配筋及构造（尺寸单位：mm）

表 12.1.1 试件参数

试件编号	t_s/mm	α_s/%	e/mm	n	N_f/kN
C-300-2-0-4-1	2	2.72	0	0.4	2180
C-300-2-0-4-2	2	2.72	0	0.4	2180
C-300-2-0-6-1	2	2.72	0	0.6	3270
C-300-2-0-6-2	2	2.72	0	0.6	3270
C-300-3-0-4-1	3	4.12	0	0.4	2440
C-300-3-0-4-2	3	4.12	0	0.4	2440
C-300-3-0-6-1	3	4.12	0	0.6	3660
C-300-3-0-6-2	3	4.12	0	0.6	3660
C-300-2-25-4	2	2.72	25	0.4	1896
C-300-2-25-6	2	2.72	25	0.6	2843
C-300-2-50-4	2	2.72	50	0.4	1611
C-300-2-50-6	2	2.72	50	0.6	2417
C-300-2-100-4	2	2.72	100	0.4	1108
C-300-2-100-6	2	2.72	100	0.6	1663
C-300-3-25-4	3	4.12	25	0.4	2115
C-300-3-25-5	3	4.12	25	0.5	3173

注：1. 试件编号的命名方法：以 C-300-2-0-4-1 为例，C 表示圆钢管约束钢筋混凝土柱，300 表示直径为 300mm，2 表示钢管壁厚为 2mm，0 表示为轴心加载，4 表示荷载比为 0.4，1 表示相同参数的第一个试件。

2. t_s为钢管壁厚（单位：mm），α_s为含钢率（$\alpha_s=A_s/A_c$，A_s为钢管截面面积，A_c为混凝土截面面积）。

表 12.1.2　混凝土力学性能指标

测试时间	立方体抗压强度 $f_{cu,m}$/MPa	圆柱体轴心抗压强度 f_c/MPa	弹性模量 E_c/MPa
28d	43.98	35.92	
试验时	48.21	39.12	37396

按照《金属材料　拉伸试验　第 1 部分：室温试验方法》（GB/T 228.1—2010）[2]制作钢筋材性试件并进行标准拉伸试验，测得钢筋材料力学性能指标见表 12.1.3。

表 12.1.3　钢筋力学性能指标

钢筋类型	公称直径/mm	实测直径/mm	屈服强度/MPa	极限强度/MPa	弹性模量/MPa
HPB300	8	7.78	371.67	507.67	18900
HRB400	18	17.50	478.04	627.17	19700

试验所用的钢板为 Q235，厚度分别为 2mm 和 3mm，按《金属材料　拉伸试验　第 1 部分：室温试验方法》（GB/T 228.1—2010）[3]制作拉伸试件，表 12.1.4 为测量得到的钢材力学性能指标。

表 12.1.4　钢材力学性能指标

公称厚度/mm	实测厚度/mm	屈服强度 f_y/MPa	极限强度 f_u/MPa	弹性模量/MPa	泊松比
2	1.66	318.00	484.00	29400	0.28
3	2.55	326.00	488.00	26200	0.26

试验在重庆大学结构实验室进行，高温环境由可输入特定温度-时间曲线的组合式电炉提供。电炉内径 0.7m，高 0.9m，最大组装高度 2.4m，试验条件满足《建筑构件耐火试验方法　第 1 部分：通用要求》（GB/T 9978.1—2008）[3]对试验设备技术指标的要求。炉中部区域为受火区，受火高度 0.6m，电炉上部和下部用陶瓷纤维毡进行保护。电炉最高温度可达 1200℃，预设 ISO-834 标准升温曲线。

加载装置为 20000kN 压剪伺服试验机，采用刀口铰模拟试件两端的铰接条件。试验装置如图 12.1.2 所示。变形测量由 4 个百分表和 2 个 LVDT 位移传感器完成，其中 4 个百分表直接测量 4 个互成 90°方向上柱两端的轴向变形；2 个 LVDT 位移传感器测量压力机加载板之间的相对位移。荷载由放置于底座与下刀口铰之间的力传感器采集得到。温度由镍铬-镍硅（K 型）热电偶测量，热电偶工作范围为 0～1200℃，截面尺寸及热电偶位置如图 12.1.3 所示。试件上一共布置了 13 根热电偶，编号为 1～13，分布于不同高度的三个截面内。其中下部截面距离下端板约 300mm，中部截面位于柱的半高处，上部截面距离上端板约 300mm。其中 1～5 号热电偶位于上部截面，6～11 号热电偶位于中间截面，12 号和 13 号热电偶位于下部截面，各热电偶在截面上的具体深度如图 12.1.3 所示。

试验时预加荷载至目标荷载的 10%，然后再分级加载至目标荷载，每级持荷时间为

2min。根据《建筑构件耐火试验方法　第 1 部分：通用要求》（GB/T 9978.1—2008）[3]的规定，当构件的轴向变形 D_{lim} 达到 L/100mm 或构件的轴向变形速率 v_{lim} 达到 0.003L/min（L 为柱初始高度，mm）时，构件达到耐火极限，试验结束。

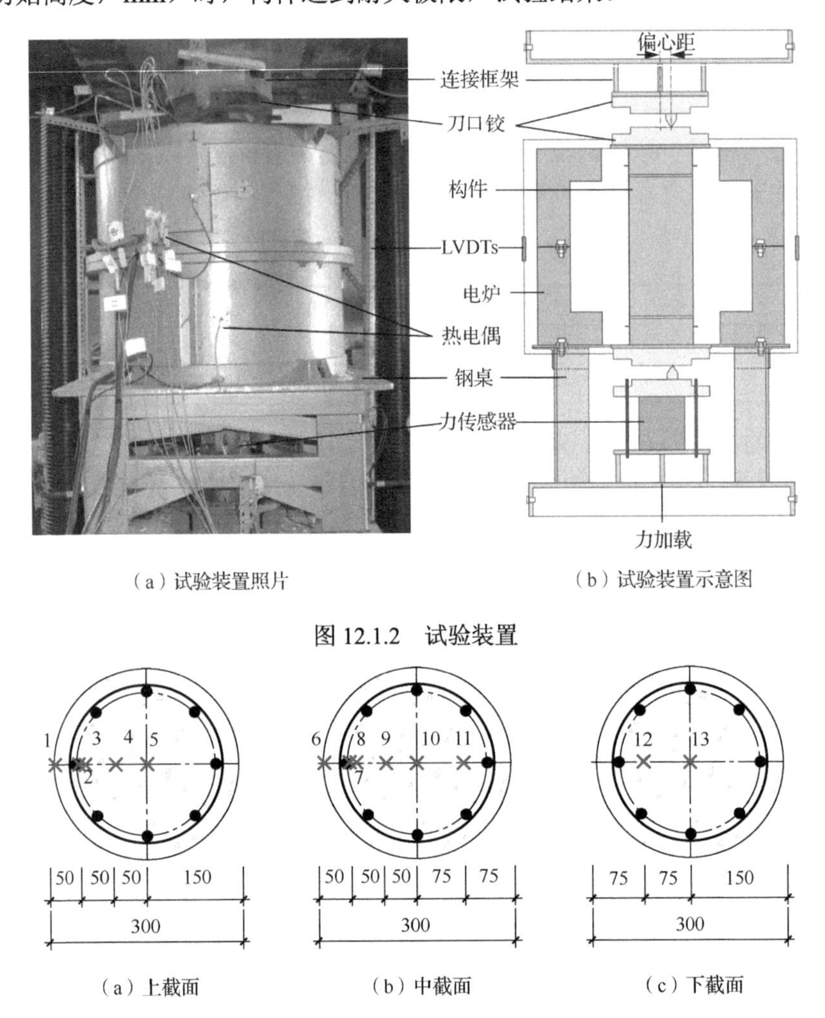

（a）试验装置照片　　（b）试验装置示意图

图 12.1.2　试验装置

（a）上截面　　（b）中截面　　（c）下截面

图 12.1.3　截面尺寸及热电偶位置（尺寸单位：mm）

12.1.2　轴压试验现象及结果

试验开始 20min 左右听到爆裂声，主要是由混凝土内部形成的高压水汽释放造成，升温 25min 左右时，试件上方有少量水蒸气出现，40min 左右水蒸气量加大。爆裂原因是构件中水蒸气受热膨胀，导致柱混凝土孔隙蒸汽压力增大至混凝土抗拉强度。试件接近耐火极限时，竖向位移迅速增大。图 12.1.4 为轴压试件 C-300-2-0-4-1 达到耐火极限时的破坏模式。根据试验结果，小荷载比试件（n=0.4）钢管表面呈灰黑色，且遍布鼓起的氧化层，氧化层易脱落；钢管中部发生严重鼓曲，钢管发生不同程度的开裂。大荷载比试件（n=0.6）钢管表面呈暗红色，局部呈灰黑色，氧化层脱落现象不明显；相比小荷载比试件，其钢管和混凝土破坏程度轻，钢管屈曲部位角部的焊缝发生部分断裂，非破坏位置混凝土表面仍完整，钢管虽高温劣化但仍保持较好的整体性，可包裹混凝土，防止混凝土爆裂和脱落。

（a）C-300-2-0-4-1　（b）C-300-2-0-4-2

（c）C-300-3-0-4-1　（d）C-300-3-0-4-2

（e）C-300-2-0-6-1　（f）C-300-2-0-6-2

图 12.1.4　轴压试件达到耐火极限时的破坏模式

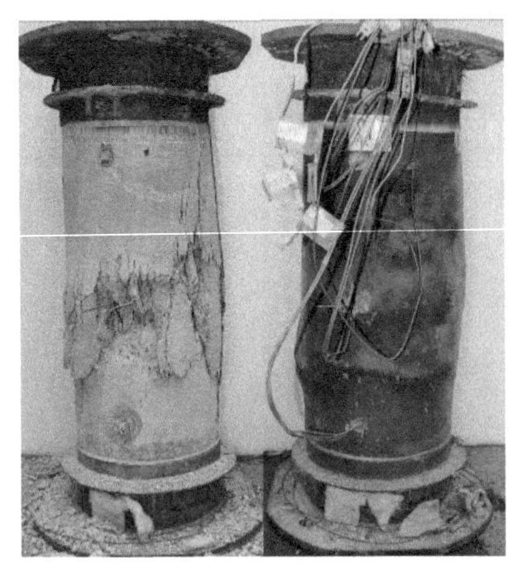

（g）C-300-3-0-6-1

（h）C-300-3-0-6-2

图 12.1.4（续）

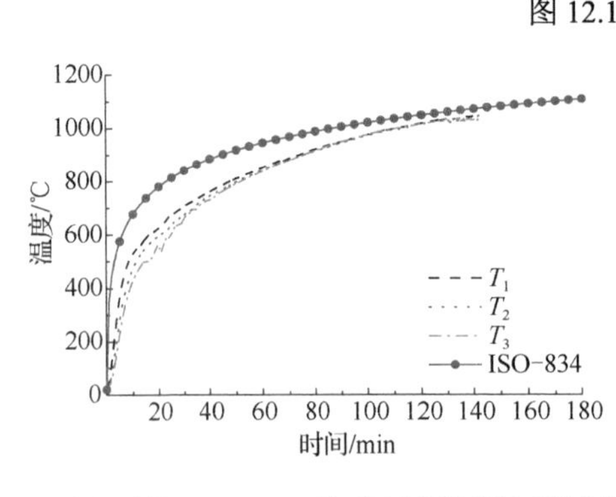

（a）试件C-300-3-0-4-1的不同位置处炉温升温曲线

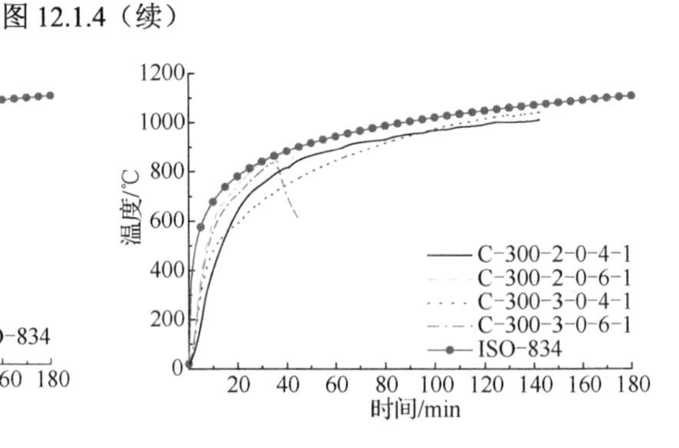

（b）部分试件的实测平均炉温-时间关系曲线

图 12.1.5 实测炉温-时间关系曲线

以试件 C-300-3-0-4-1 为例测量得到的不同位置的炉温曲线如图 12.1.5（a）所示，其中，T_1、T_2、T_3 为各热电偶实测的炉内温度，可见试验炉内温度比较均匀，总体上与 ISO-834 标准升温曲线吻合较好。试验过程中各构件的实测平均炉温（T_1、T_2、T_3 平均值）随升温时间的关系曲线与 ISO-834 标准升温曲线的对比如图 12.1.5（b）所示，可见实测平均炉温与 ISO-834 标准升温曲线吻合良好。图 12.1.6 展示了两个典型试件测温点的实测温度-受火时间关系曲线。可见，各测点温度随受火时间的增加逐渐升高。钢管的温度升高趋势与炉温曲线接近，升温速率均随着时间的增加而逐渐降低。与炉温相比，升温初期钢管升温较慢，后期钢管温度与炉温吻合程度较高。核心混凝土升温分为三个阶段，即初始段、平缓段和发展段。初始段：混凝土温度从室温上升到 100℃左右的阶段，该阶段混凝土没有明显的水分丢失，热容较大，升温相对缓慢。试验测得初始段结束时间一般在升温 40～60min。平缓段：混凝土温度达到 100℃左右保持基本稳定不变的阶段，该阶段混凝土内部水分的蒸发吸收了大量热量，导致混凝土虽不断吸热但升温速率下降，出现了明显的温度平台。发展段：在混凝土中自由水蒸发完成后，温度继续升高的阶段，该阶段混凝土热容减小，温度基本上呈直线上升状态，且上升速度较初始段快。

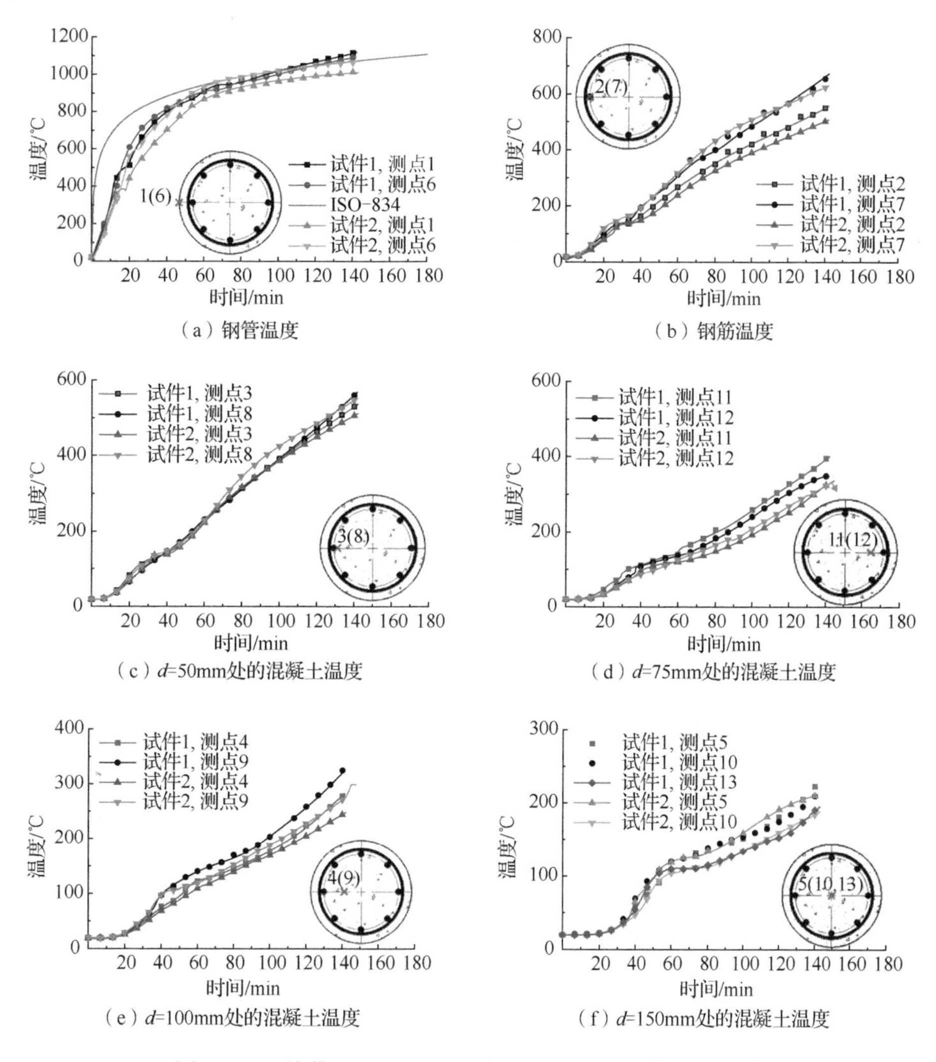

图 12.1.6　构件 C-300-2-0-4-1 和 C-300-2-0-4-2 各测点温度

以试件 C-300-2-0-4-1 为例说明试件实测荷载随时间的变化关系，如图 12.1.7 所示。力加载阶段，试件所受荷载逐级增大；标准升温条件下，试件荷载基本保持不变，直至达到耐火极限，试件承载力突然下降，不能继续承受竖向荷载。以试件 C-300-2-0-4-1 为例说明试件实测轴向变形随时间的变化关系，如图 12.1.8 所示，图中膨胀变形为正，压缩变形为负。由图 12.1.8 可见，火灾下构件的变形可分为三个阶段，膨胀阶段：受火初期试件受热膨胀使柱在轴向有伸长趋势，但由于短柱中初始应力的存在使混凝土的热膨胀变形受到抑制，荷载比较大的构件无明显膨胀段；压缩变形逐渐发展阶段：随着受火时间的增加，高温下材料劣化，导致轴向刚度退化，进而荷载作用的压缩形变增快，且荷载比越大，该阶段压缩变形发展越快；短时间压缩变形陡增阶段：接近耐火极限时，材料劣化导致构件的强度与刚度退化严重，难以继续承担轴向荷载，压缩变形和变形速率迅速增大。

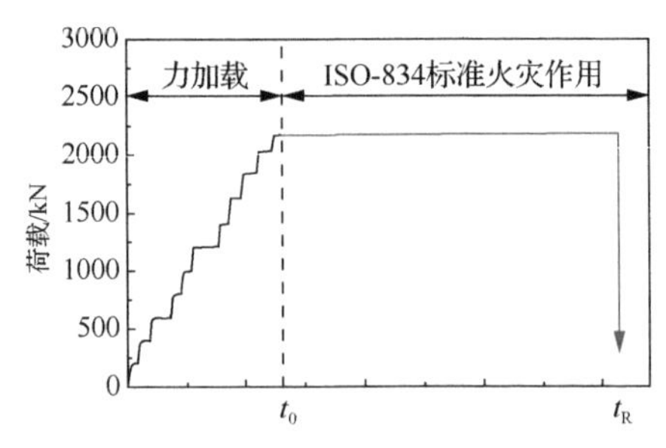

图 12.1.7 典型荷载-时间关系曲线

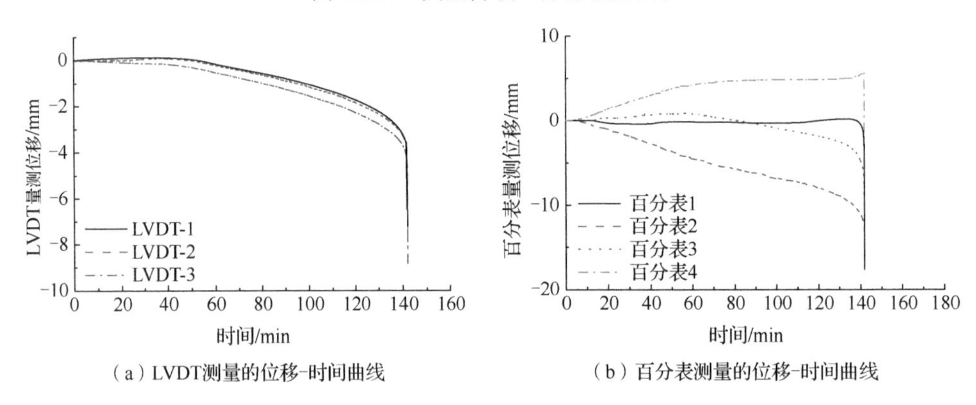

（a）LVDT测量的位移-时间曲线

（b）百分表测量的位移-时间曲线

图 12.1.8 典型轴向位移-时间曲线

表 12.1.5 汇总了 8 个轴压试件的耐火极限（t_R）及临界温度（T_{cr}），可以看出试件的耐火极限为 35～150min。随着柱荷载比的增大，耐火极限有显著降低的趋势。荷载比相同时，随着钢管厚度的增大，试件的耐火极限有减小的趋势。参数相同试件的耐火极限接近。取圆钢管约束钢筋混凝土构件达到耐火极限时钢管的温度为临界温度，随着柱荷载比的增大，临界温度有降低的趋势，而钢管厚度对临界温度几乎没有影响。

表 12.1.5 轴压试件的耐火极限及临界温度

试件编号	t_s/mm	n	N_f/kN	t_R/min	T_{cr}/℃
C-300-2-0-4-1	2	0.4	2180	142	1100
C-300-2-0-4-2	2	0.4	2180	143	1038
C-300-2-0-6-1	2	0.6	3270	42.5	822
C-300-2-0-6-2	2	0.6	3270	49	822
C-300-3-0-4-1	3	0.4	2440	142	1043
C-300-3-0-4-2	3	0.4	2440	140	1037
C-300-3-0-6-1	3	0.6	3660	36	837
C-300-3-0-6-2	3	0.6	3660	46	680

钢管含钢率和荷载比对试件轴向变形及耐火极限的影响如图 12.1.9 所示。钢管含钢率对火灾下构件的力学性能影响不大，原因是钢管厚度越大，对混凝土约束效果越强，相同荷载比时所受荷载更高，高温下钢管迅速劣化且钢管的横向膨胀变形大于混凝土的横向膨胀，钢管约束效果很快降低。荷载比 0.4 和 0.6 的试件耐火极限分别为 140min 和 40min，即荷载比越大，耐火极限越小；这是因为随着受火时间的增加，高温下材料劣化使得构件的轴向刚度降低，在荷载作用下产生的压缩变形增长加快，且荷载比越大，压缩变形发展越快。当火灾下构件的承载力因高温降至所施加的轴向荷载时，变形急剧增加，构件达到耐火极限。

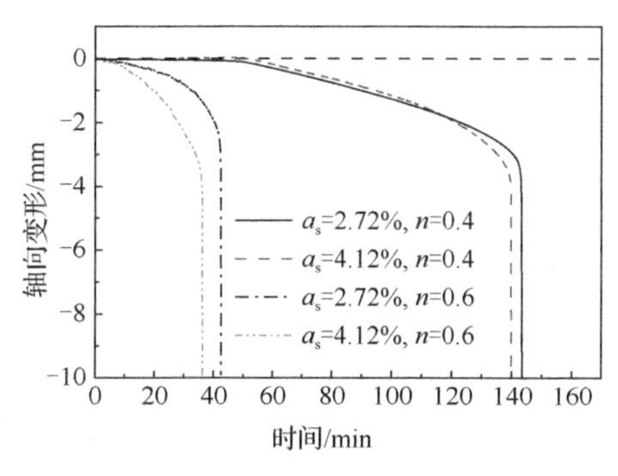

（a）含钢率和荷载比对轴向变形的影响

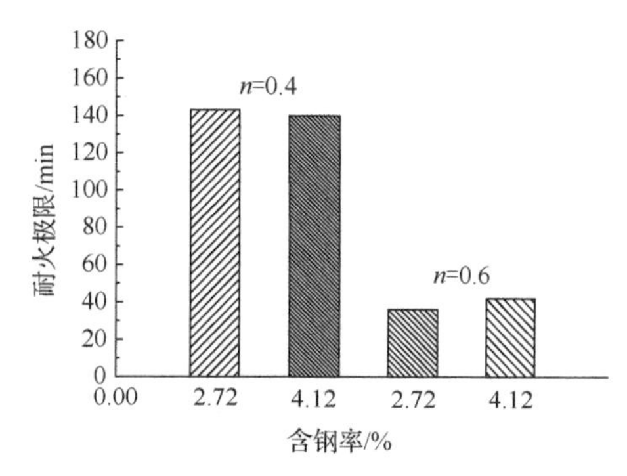

（b）含钢率和荷载比对耐火极限的影响

图 12.1.9　钢管含钢率和荷载比对试件轴向变形及耐火极限的影响

12.1.3　偏压试验现象和结果

以试件 C-300-2-25-4 为例，图 12.1.10 为偏压试件的破坏形态。构件有一定的弯曲，钢管发生沿环向的鼓曲。试验结束后，观察内部混凝土的破坏情况，混凝土表面呈灰白色，受压侧混凝土局部压碎，沿试件长度方向可看到明显的裂缝，远离荷载加载点一侧混凝土出现横向裂缝，钢管和混凝土之间未发生明显的相对滑移。

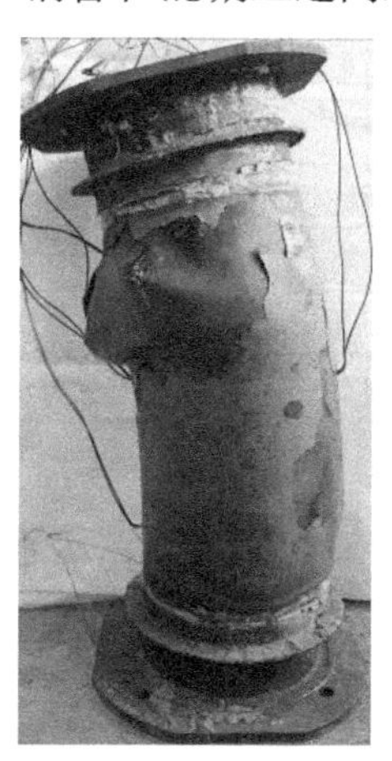

图 12.1.10　偏压试件 C-300-2-25-4 的破坏形态

以试件 C-300-2-25-4 为例给出试件轴向变形、变形速率与受火时间关系，如图 12.1.11 所示。由于偏心荷载的作用，构件在升温初期截面应力分布不均。构件在轴力、弯矩和温度共同作用下变形，材料逐渐劣化，轴向刚度逐渐降低，承载力逐渐下降至与外荷载相等时，轴向变形和变形速率短时间内迅速增加，导致构件破坏。

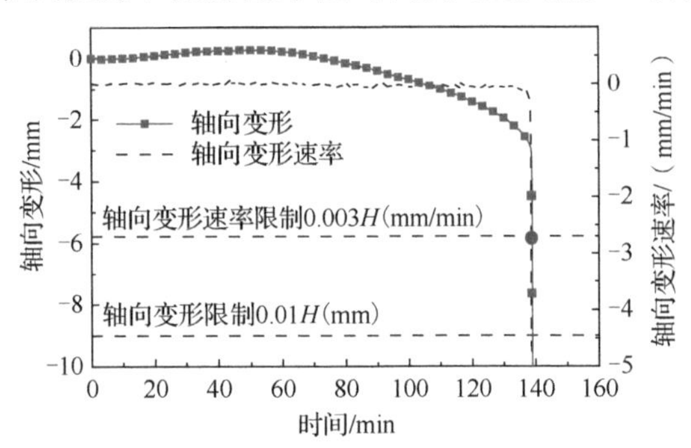

图 12.1.11 偏压试件 C-300-2-25-4 变形、变形速率与受火时间的关系

表 12.1.6 给出了各偏压构件的耐火极限及临界温度。偏心距 25≤e≤100mm 时，圆钢管约束钢筋混凝土短柱的耐火极限在 17～138min。从表 12.1.6 中还可以看出，钢管含钢率越高，耐火极限稍小，这与承受的荷载水平及高温下外钢管劣化有关，与轴压构件的影响机理相同，但影响程度没有轴压构件明显。荷载比对偏压构件变形和耐火极限的影响规律与轴压构件一致，即荷载比越大，耐火极限越小。偏压构件的耐火极限随偏心距的增大而减小，主要原因是大偏心试件受到更大的弯矩作用，侧向挠曲变形明显，进一步削弱钢管约束混凝土柱竖向受压刚度。

表 12.1.6 偏压构件的耐火极限及临界温度

试件编号	t_s/mm	e/mm	n	N_f/kN	t_R/min	T_{cr}/℃
C-300-2-25-4	2	25	0.4	1895	138	1039
C-300-2-25-6	2	25	0.6	2843	46	709
C-300-2-50-4	2	50	0.4	1611	100	970
C-300-2-50-6	2	50	0.6	2417	30	460
C-300-2-100-4	2	100	0.4	1108	56	848
C-300-2-100-6	2	100	0.6	1662	17	318
C-300-3-25-4	3	25	0.4	2115	126	1022
C-300-3-25-5	3	25	0.6	2644	69	840

12.2 圆钢管约束型钢混凝土短柱抗火性能试验

12.2.1 试验概况

以荷载比、钢管厚度、偏心距为控制参数，设计并制作了 16 根圆钢管约束型钢混凝土短柱试件（8 根轴压短柱和 8 个偏压短柱），并进行 ISO-834 标准升温条件下的抗火试验。试件直径 D=300mm，长度 L=900mm，型钢尺寸为 HM200×150，构件加工图如图 12.2.1 所示，试件参数见表 12.2.1。

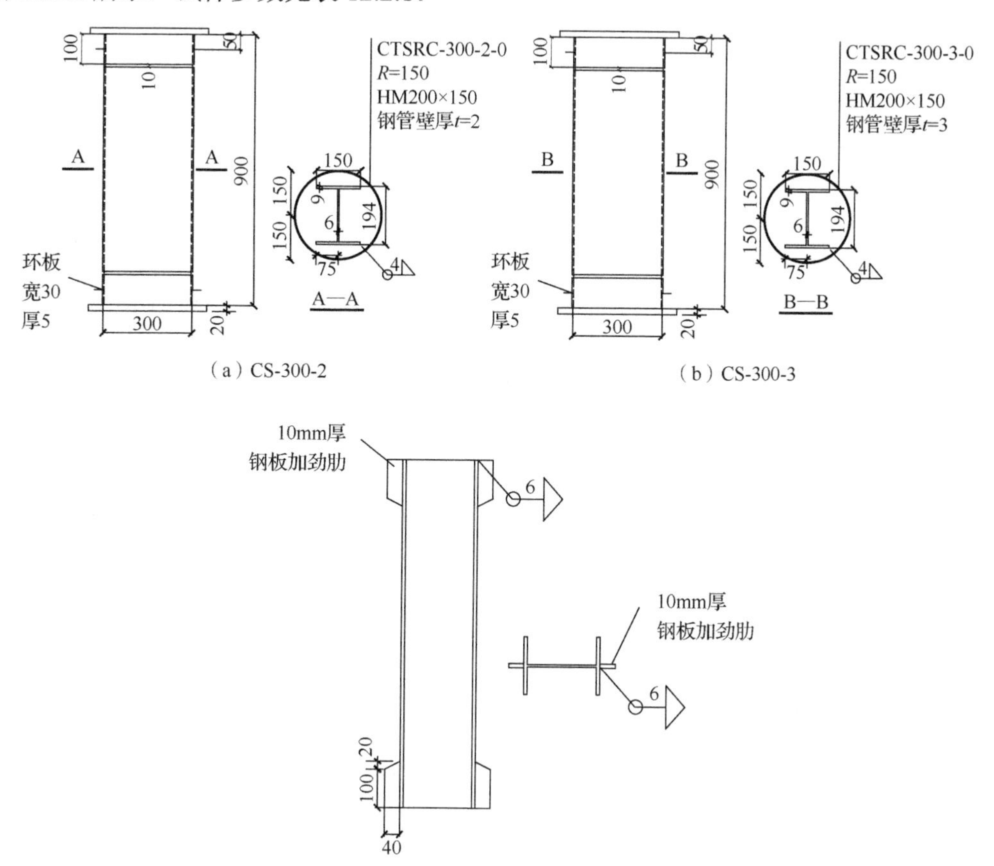

（c）型钢加劲肋布置

图 12.2.1　试件加工图（尺寸单位：mm）

表 12.2.1　试件参数

试件编号	t_s/mm	α_s/%	α_H/%	e/mm	n	N_f/kN
CS-300-2-0-4-1	2	2.72	5.78	0	0.4	1977
CS-300-2-0-4-2	2	2.72	5.78	0	0.4	1977
CS-300-2-0-6-1	2	2.72	5.78	0	0.6	2965
CS-300-2-0-6-2	2	2.72	5.78	0	0.6	2965
CS-300-3-0-4-1	3	4.12	5.86	0	0.4	2292
CS-300-3-0-4-2	3	4.12	5.86	0	0.4	2292
CS-300-3-0-6-1	3	4.12	5.86	0	0.6	3437
CS-300-3-0-6-2	3	4.12	5.86	0	0.6	3437
CS-300-2-25-4	2	2.72	5.78	25	0.4	1633
CS-300-2-25-6	2	2.72	5.78	25	0.6	2450

续表

试件编号	t_s/mm	α_s/%	α_H/%	e/mm	n	N_f/kN
CS-300-2-50-4	2	2.72	5.78	50	0.4	1385
CS-300-2-50-6	2	2.72	5.78	50	0.6	2078
CS-300-2-100-4	2	2.72	5.78	100	0.4	985
CS-300-2-100-6	2	2.72	5.78	100	0.6	1477
CS-300-3-25-4	3	4.12	5.86	25	0.4	1893
CS-300-3-25-6	3	4.12	5.86	25	0.6	2839

注：1．试件的命名方法同 12.1.1 节。

2．α_H 表示型钢含钢率，其他符号意义参考 12.1.1 节。

制作构件的混凝土采用 C60 商品混凝土，根据《普通混凝土力学性能试验方法标准》（GB/T 50081—2019）[1]实测混凝土力学性能指标见表 12.2.2。构件中所用钢管、型钢均采用 Q235 钢材，实测得到的钢管和型钢力学性能指标分别见表 12.1.3 和表 12.2.3。

表 12.2.2 混凝土力学性能指标

龄期	立方体抗压强度平均值 $f_{cu,m}$/MPa	轴心抗压强度 f_{cm}/MPa	弹性模量 E_c/MPa
28d	54	34.8	37396
试验时	58	37.3	41944

表 12.2.3 钢材力学性能指标

类型	屈服强度 f_y/MPa	极限强度 f_u/MPa	弹性模量 E_s/MPa	泊松比 ν
H 型钢	281	458	216520	0.26

试验装置和测量内容参考 12.1.1 节介绍，测量钢管和型钢及混凝土的热电偶布置如图 12.2.2 所示。

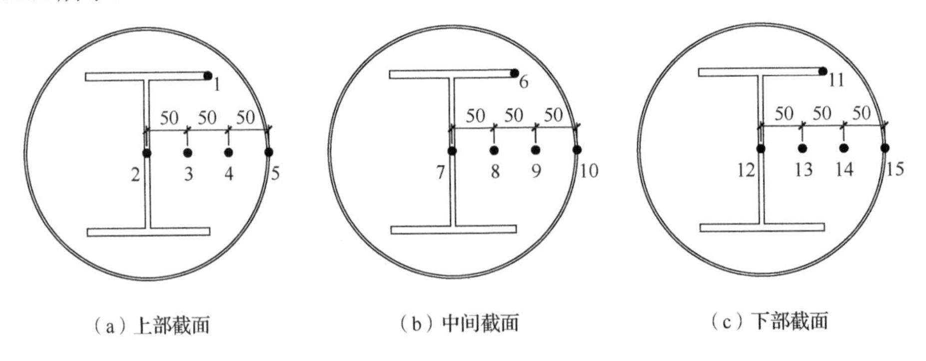

（a）上部截面　（b）中间截面　（c）下部截面

图 12.2.2 热电偶布置图（尺寸单位：mm）

12.2.2 轴压试验结果及分析

圆钢管约束型钢混凝土轴压短柱在火灾下的破坏模式为明显的压弯破坏，并伴有一定的局部鼓曲，构件破坏模式如图 12.2.3 所示。对比文献[4]介绍的火灾下型钢混凝土柱的受力特性可以发现，火灾下钢管约束型钢混凝土短柱的钢管、混凝土、型钢三者之间可以很好地协调工作，钢管虽然发生一定的鼓曲，但仍对核心混凝土有很好的约束作用，防止混凝土高温下发生爆裂导致其失去完整性；而混凝土的存在也在一定程度上改变了钢管的屈曲模式。

（a）CS-300-2-0-4-1　（b）CS-300-2-0-4-2

（c）CS-300-2-0-6-1　（d）CS-300-2-0-6-2

（e）CS-300-3-0-4-1　（f）CS-300-3-0-4-2

图 12.2.3　轴压试件的破坏模式

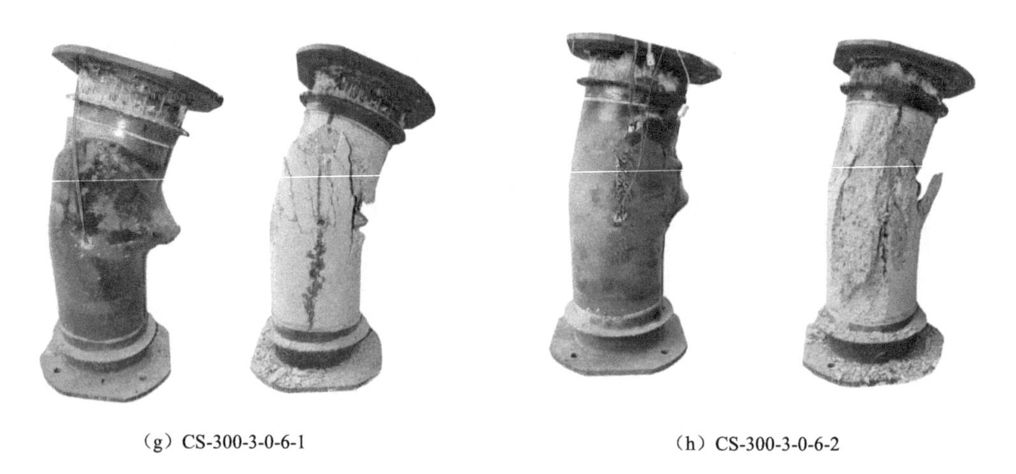

（g）CS-300-3-0-6-1　　（h）CS-300-3-0-6-2

图 12.2.3（续）

以试件 CS-300-2-0-4-1 为例说明实测各个截面测点的温度变化，如图 12.2.4 所示。钢管和混凝土的升温特征与 12.1 节的钢管约束钢筋混凝土短柱类似。各构件型钢翼缘端部温度明显高于其腹板中心温度，且由于钢材加工质量稳定、导热性好，其不同截面同一位置处温度离散性相比混凝土较小。由于型钢温度的改变是周围混凝土温度变化引起的，部分型钢测点在 100℃左右也会出现一个温度平台。

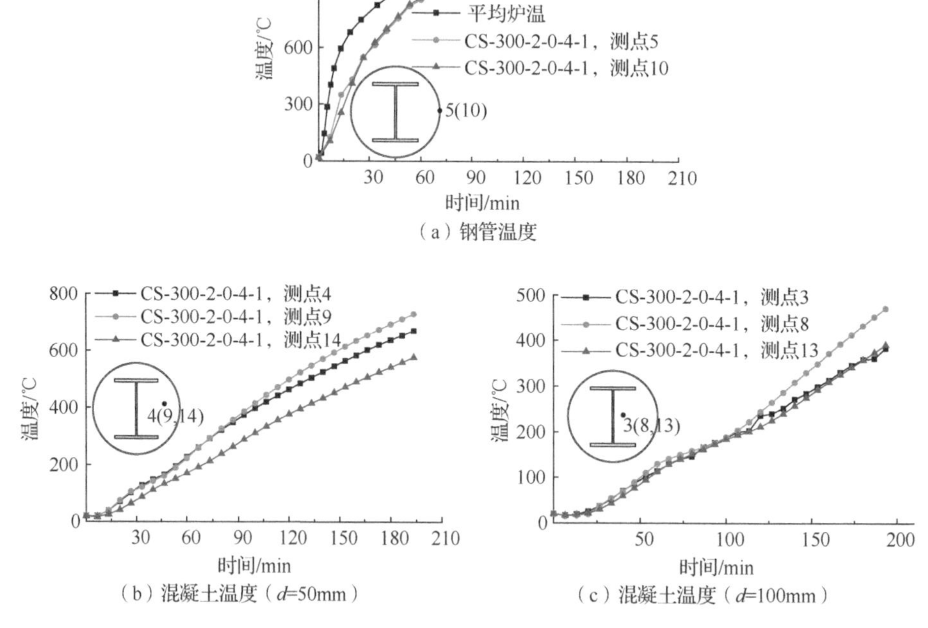

（a）钢管温度

（b）混凝土温度（d=50mm）　　（c）混凝土温度（d=100mm）

图 12.2.4　试件 CS-300-2-0-4-1 各个截面测点的温度变化

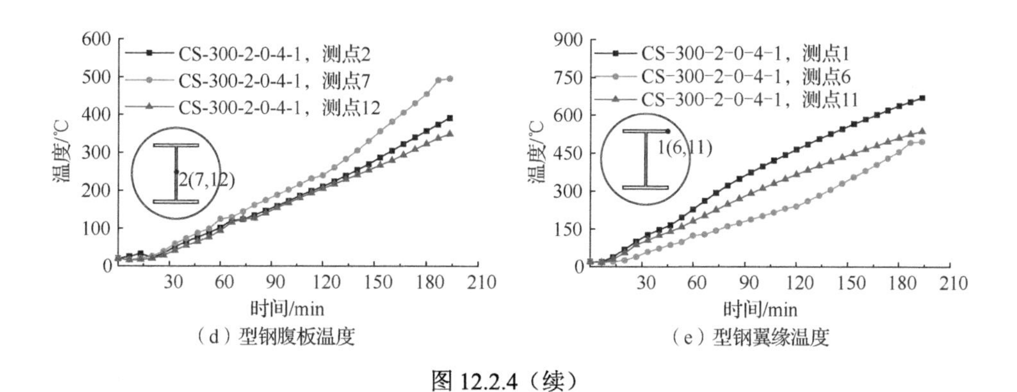

（d）型钢腹板温度　（e）型钢翼缘温度

图 12.2.4（续）

以试件 CS-300-2-0-4-1 和试件 CS-300-2-0-4-2 为例说明轴压试件的轴向荷载和轴向变形随时间的变化关系，如图 12.2.5 所示，图中膨胀变形为正，压缩变形为负。同规格、同试验条件的试件轴向变形基本一致，耐火极限的差值在 10min 以内。各试件在试验过程中均经历了膨胀、稳定、压缩、破坏四个阶段，受火初期，试件受热膨胀导致轴向伸长，其中大荷载比的试件其膨胀现象不明显，当温度升高到一定程度时由于升温产生的内力和材料高温劣化后产生的抗力之和与轴向荷载持平，此时会有一个轴向变形相对平稳的阶段，当温度继续升高，材料性能进一步劣化，抗力小于荷载而产生轴向压缩阶段。从各试件百分表 1 和百分表 3 的数据可以看出，破坏前试件发生的整体弯曲变形较小，从试验位移计的数据可以发现，破坏前各试件的轴向变形均不超过 5mm，接近耐火极限时轴向压缩速率大幅度增加，位移呈直线下降趋势，试件突然失去承载能力而发生破坏。

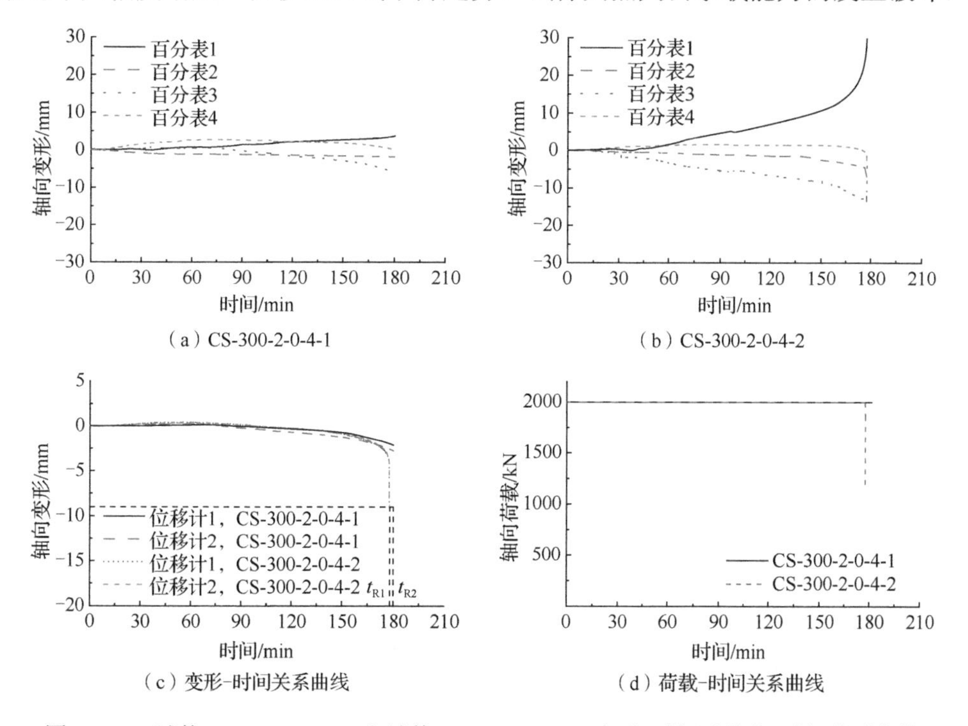

（c）变形-时间关系曲线　（d）荷载-时间关系曲线

图 12.2.5　试件 CS-300-2-0-4-1 和试件 CS-300-2-0-4-2 变形-时间及荷载-时间关系曲线

表 12.2.4 给出了轴压试件的耐火极限，图 12.2.6 为荷载比和钢管径厚比对试件轴向变形与耐火极限的影响。当钢管径厚比一定时，构件在不同荷载比下的耐火极限差异很大。荷载比越大，构件的耐火极限越短，主要原因是随着受火时间的增加，高温下材料劣化使得构件的轴向刚度降低，在荷载作用下产生的压缩变形增长加快，且荷载比越大，压缩变形发展越快。同荷载比条件下，钢管厚度为 2mm 的构件耐火极限高于钢管厚度为 3mm 的构件，主要原因是常温下约束混凝土的强度随钢管厚度的增加而增加，而在火灾下钢管温度迅速升高而强度降低，导致其对混凝土的约束作用大大减弱。钢管越厚，混凝土强度的损失相比常温下越多，而荷载比不变，则耐火极限越短。

表 12.2.4 轴压试件的耐火极限

试件编号	t_s/mm	n	N_f/kN	t_R/min	T_{cr}/℃
CS-300-2-0-4-1	2	0.4	1977	未破坏	未破坏
CS-300-2-0-4-2	2	0.4	1977	178	1050
CS-300-2-0-6-1	2	0.6	2965	99	949
CS-300-2-0-6-2	2	0.6	2965	101	940
CS-300-3-0-4-1	3	0.4	2292	166	1044
CS-300-3-0-4-2	3	0.4	2292	175	1060
CS-300-3-0-6-1	3	0.6	3437	60	747
CS-300-3-0-6-2	3	0.6	3437	63	796

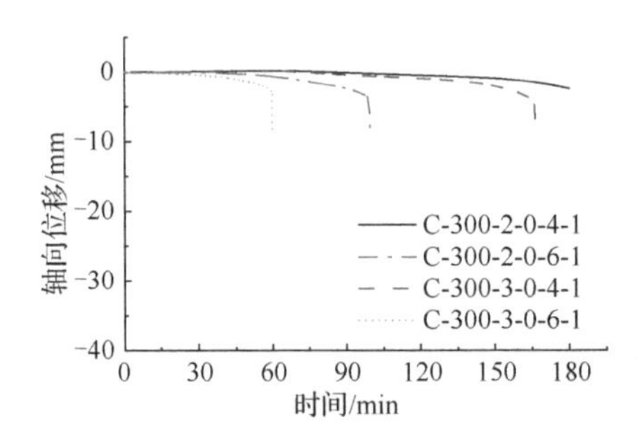

图 12.2.6 荷载比和钢管径厚比对构件轴向变形与耐火极限的影响

12.2.3 偏压试验结果及分析

受到偏心荷载作用的圆钢管约束型钢混凝土短柱在标准升温条件下发生明显的弯曲破坏。试件的破坏模式如图 12.2.7 所示。从图 12.2.7 中可以看出，所有试件都发生了明显的弯曲变形，钢管均出现被撕裂的现象。与轴压试件在耐火极限是轴向变形速率突然增大不同，偏压试件在破坏前的一段时间内，持续发生明显的弯曲变形。

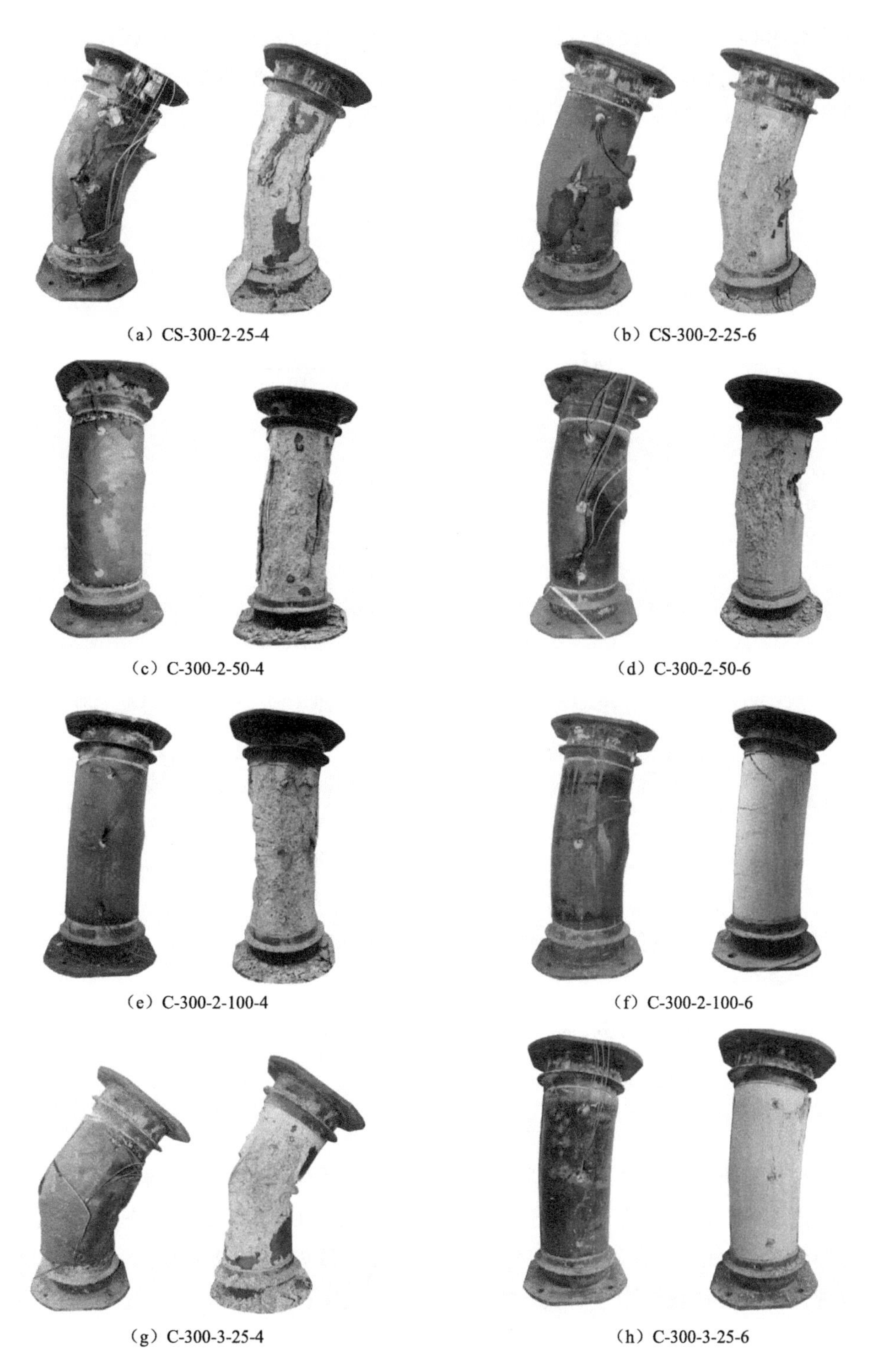

（a）CS-300-2-25-4　（b）CS-300-2-25-6

（c）C-300-2-50-4　（d）C-300-2-50-6

（e）C-300-2-100-4　（f）C-300-2-100-6

（g）C-300-3-25-4　（h）C-300-3-25-6

图 12.2.7　偏压试件的破坏模式

试件 C-300-2-25-4 截面测点的实测温度依次如图 12.2.8 所示。偏压试件标准升温条件下的温度分布与轴压试件类似，温度从钢管表面到试件内部逐渐降低，同样由于水分蒸发的原因，在 100℃左右混凝土温度曲线会出现较为明显的温度平台。

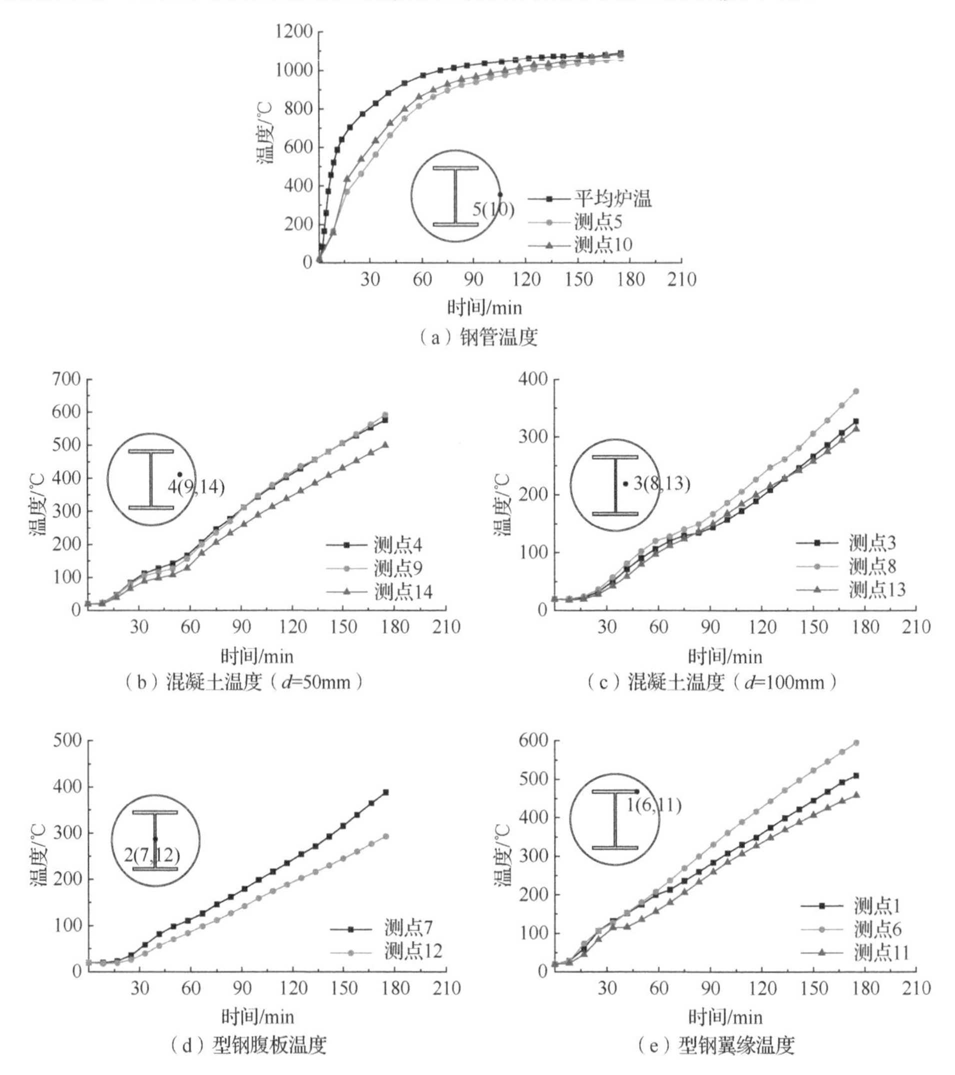

图 12.2.8 试件 CS-300-2-25-4 温度

偏压构件标准升温条件下的变形与轴压构件略有不同，由于受到偏心荷载的作用，其弯曲变形相比轴压构件更明显，试验实测的偏压试件 CS-300-2-25-4 在标准升温条件下的轴向变形-时间关系曲线和轴向荷载-时间关系曲线如图 12.2.9 所示。从图 12.2.9 中可以发现，在偏心荷载作用下，从开始升温构件即发生弯曲变形，变形速率在初期和中期保持相对稳定，在后期变形速率逐渐加大直至构件破坏。在大偏心荷载下，火灾下的钢管约束型钢混凝土短柱可能从钢管开缝处首先发生破坏。

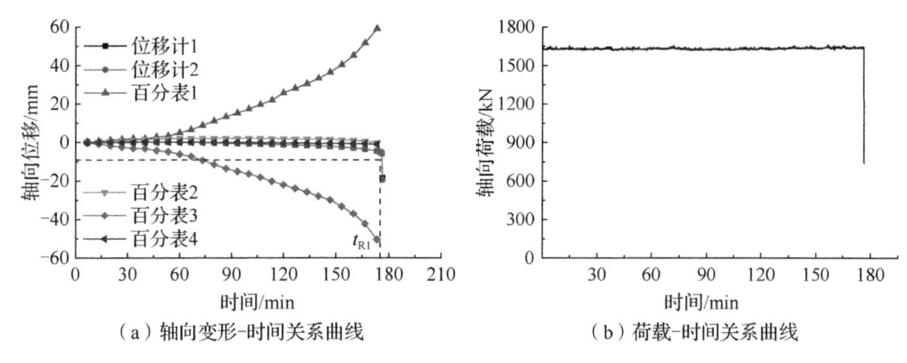

（a）轴向变形-时间关系曲线　（b）荷载-时间关系曲线

图 12.2.9　C-300-2-25-4 轴向变形-时间及荷载-时间关系曲线

图 12.2.10 给出了不同荷载比、偏心距条件下试件轴向变形与耐火极限的关系曲线，结合表 12.2.5 给出的试验所得偏压构件耐火极限，可以发现，当偏心距和钢管厚度不变时，荷载比从 0.4 变为 0.6，各构件的耐火极限均降低 1h 以上。同为 0.4 荷载比、25mm 偏心距时，钢管厚度从 2mm 增加至 3mm，构件耐火极限降低 20min，说明荷载比和钢管厚度对于偏压构件耐火极限的影响与轴压构件一致，即荷载比和钢管厚度越大，构件的耐火极限则越低，其中荷载比的影响更为明显；而当荷载比和钢管厚度相同时，钢管厚度为 2mm、荷载比为 0.4 时，随着试件偏心距从 0mm 增加到 100mm，构件的耐火极限荷载从 178min 降至 135min，如图 12.2.10（a）所示，即随着荷载偏心距的增大，构件的耐火极限逐渐减小。

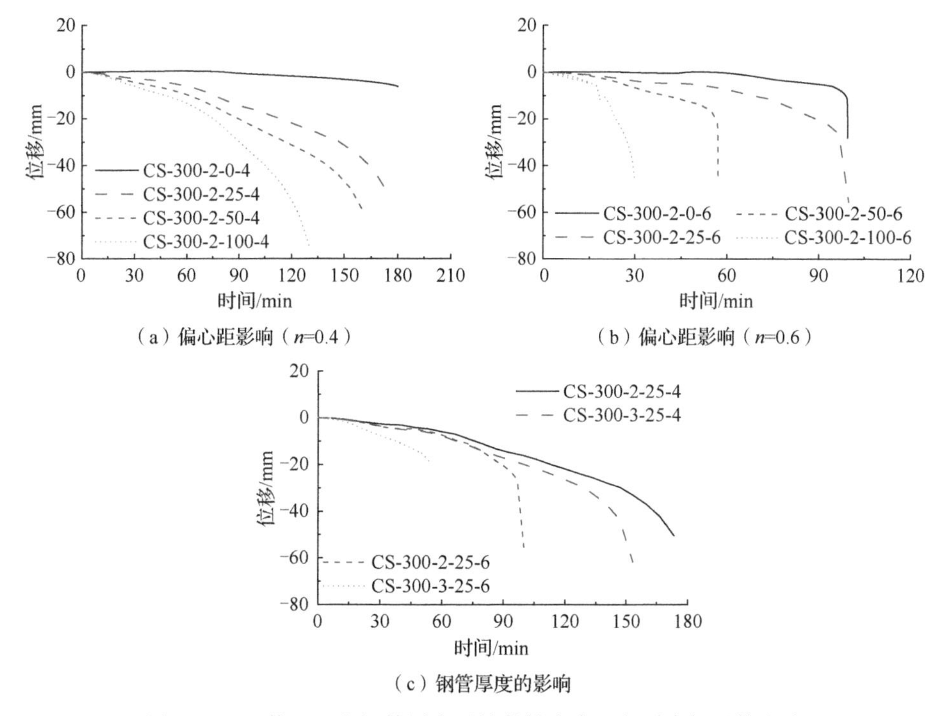

（a）偏心距影响（n=0.4）　（b）偏心距影响（n=0.6）

（c）钢管厚度的影响

图 12.2.10　偏心距和钢管厚度对构件轴向变形与耐火极限的影响

表 12.2.5 偏压构件的耐火极限

试件编号	t_s/mm	e/mm	n	N_f/kN	t_R/min	T_{cr}/℃
CS-300-2-25-4	2	25	0.4	1633	175	1062
CS-300-2-25-6	2	25	0.6	2450	100	992
CS-300-2-50-4	2	50	0.4	1385	163	1058
CS-300-2-50-6	2	50	0.6	2078	57	913
CS-300-2-100-4	2	100	0.4	985	135	1050
CS-300-2-100-6	2	100	0.6	1477	30	589
CS-300-3-25-4	3	25	0.4	1893	153	1038
CS-300-3-25-6	3	25	0.6	2839	56	748

随着受火时间的增加，偏压构件发生弯曲变形，两端端板也转动一定的角度，图 12.2.11 给出了钢管温度和混凝土温度与端板转角的关系曲线，从图中可以看出，升温初期转角的变化是缓慢而均匀的，偏心距和钢管厚度的变化对转角影响不大，各构件弯曲变形基本保持一致，随着受火时间的延长，转角大小受偏心距和钢管壁厚的影响逐渐明显，在受火时间相同时，偏心距和钢管壁厚越大，构件端板转动的角度越大，构件弯曲变形越明显。

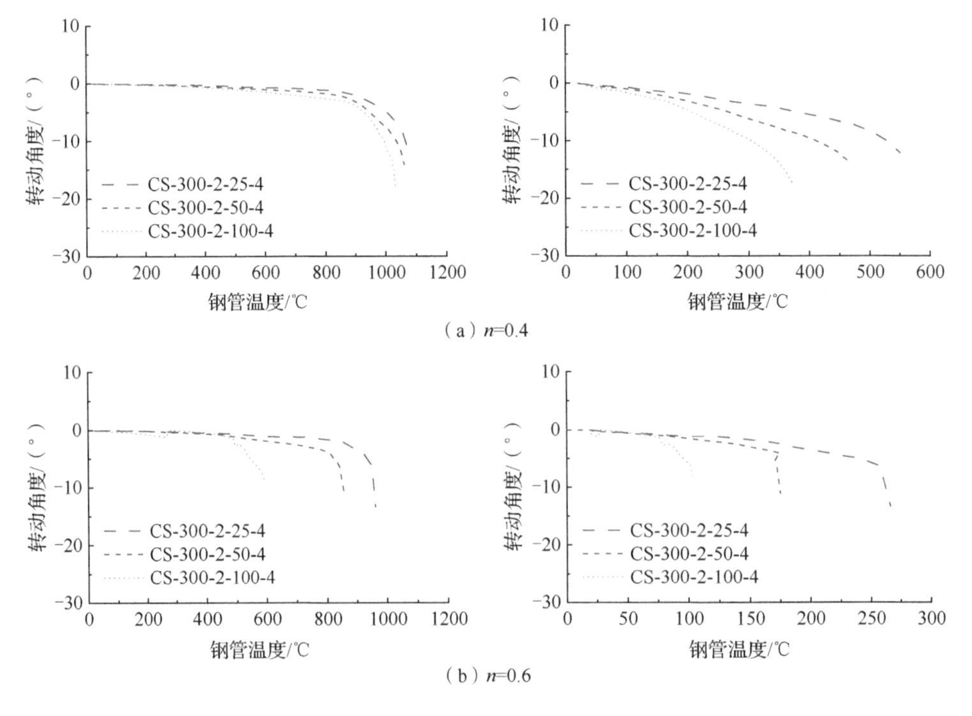

图 12.2.11 钢管温度和混凝土温度对偏压构件弯曲变形的影响

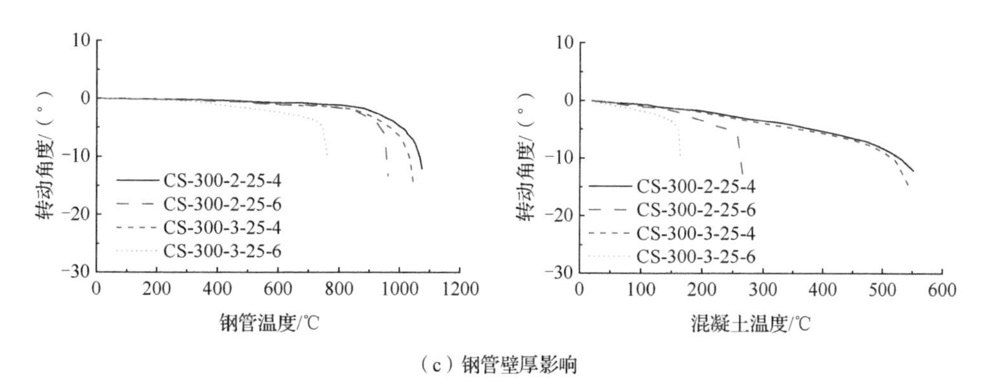

（c）钢管壁厚影响

图 12.2.11（续）

在升温后期，端板转动的速率逐渐增大，荷载比为 0.4 时，破坏前构件弯曲变形的速率快速增加，端板转动的角度发生较大增长，对应的温度-转角曲线为明显的圆弧段，如图 12.2.11（a）所示。对于荷载比为 0.6 的构件，由于荷载比较大，升温末期其突然发生大角度的弯曲变形，构件迅速破坏，对应的温度-转角曲线为明显的弯折段，如图 12.2.11（b）所示。

12.3　圆钢管约束钢筋混凝土中长柱抗火性能试验

12.3.1　试验概况

本节共进行了 6 根钢管约束钢筋混凝土柱在 ISO-834 标准火灾下的抗火性能试验，其中轴压柱 2 根，偏压柱 4 根（偏心距均为 25mm）。试件截面直径 D=200mm，长度 L=1200m，纵筋为 8ϕ18，配筋率为 2.88%，考虑了钢管壁厚和荷载比两个参数对其火灾下力学性能的影响。试件的详细信息见表 12.3.1。试件加工图如图 12.3.1 所示。

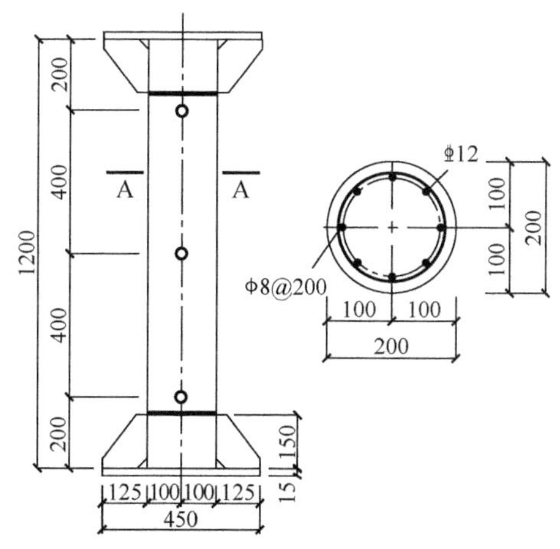

图 12.3.1　试件加工图（尺寸单位：mm）

表 12.3.1 试件参数

试件编号	t_s/mm	α_s/%	e/mm	n	N_f/kN
C-200-1.5-0-4	1.5	3	0	0.4	760
C-200-1.5-0-6	1.5	3	0	0.6	1140
C-200-1.5-25-4	1.5	3	25	0.4	480
C-200-1.5-25-6	1.5	3	25	0.6	720
C-200-2-25-4	2.0	4	25	0.4	600
C-200-2-25-6	2.0	4	25	0.6	900

注：试件的命名方法同 12.1.1 节。

在构件中布置 K 型热电偶，测量试验中试件不同位置的温度分布情况。在距柱子上、下端板 200mm 处以及柱中部三处截面分别布置了不同数量的热电偶，其中，上截面布置了 4 个测点，中截面布置了 5 个测点，下截面布置了 2 个测点，另外在上截面和中截面对应位置的钢筋上分别布置了 1 号、2 号测点，未在图中标出。热电偶布置图如图 12.3.2 所示。

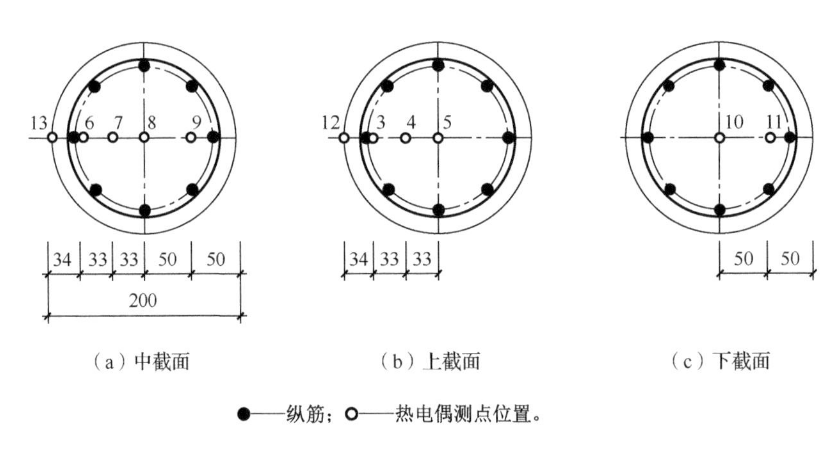

（a）中截面　（b）上截面　（c）下截面

●——纵筋；○——热电偶测点位置。

图 12.3.2 热电偶布置图（尺寸单位：mm）

12.3.2 试验结果及分析

试验后试件钢管剥开前后的破坏形态如图 12.3.3 所示。每个构件图组的最右侧为试件局部放大图，试件 C-200-1.5-0-4、试件 C-200-1.5-0-6 和试件 C-200-1.5-25-6 均为受压侧局部屈曲处钢管剥开前后破坏形态，试件 C-200-1.5-25-4 为钢管剥开后混凝土局部破坏形态，试件 C-200-2-25-4 为钢管剥开前后构件局部破坏形态，试件 C-200-2-25-6 为局部屈曲处钢管剥开前受压侧钢管的屈曲与钢管剥开后受拉侧混凝土的横向裂纹。

（a）C-200-1.5-0-4　（b）C-200-1.5-0-6

（c）C-200-1.5-25-4　（d）C-200-1.5-25-6

（e）C-200-2-25-4　（f）C-200-2-25-6

图 12.3.3　试验后试件钢管剥开前后的破坏形态

从图 12.3.3 看出，试件均发生整体失稳破坏，受压侧外包钢管发生局部屈曲，钢管剥开后发现对应位置的混凝土压溃，受压纵筋失稳。屈曲位置在柱中部到上部的三分点之间，试件 C-200-1.5-0-6 在柱中部，试件 C-200-1.5-0-4 和试件 C-200-1.5-25-6 在柱上部的三分点附近，其他三个试件未见明显的局部屈曲，钢管剥开后发现内部混凝土虽有局部剥落，呈整体弯曲形式的失稳破坏形态。

试验中试件 C-200-1.5-0-4 截面各测点的温度如图 12.3.4 所示。温度的变化规律和分布特征与钢管约束混凝土短柱相似，不再详述。

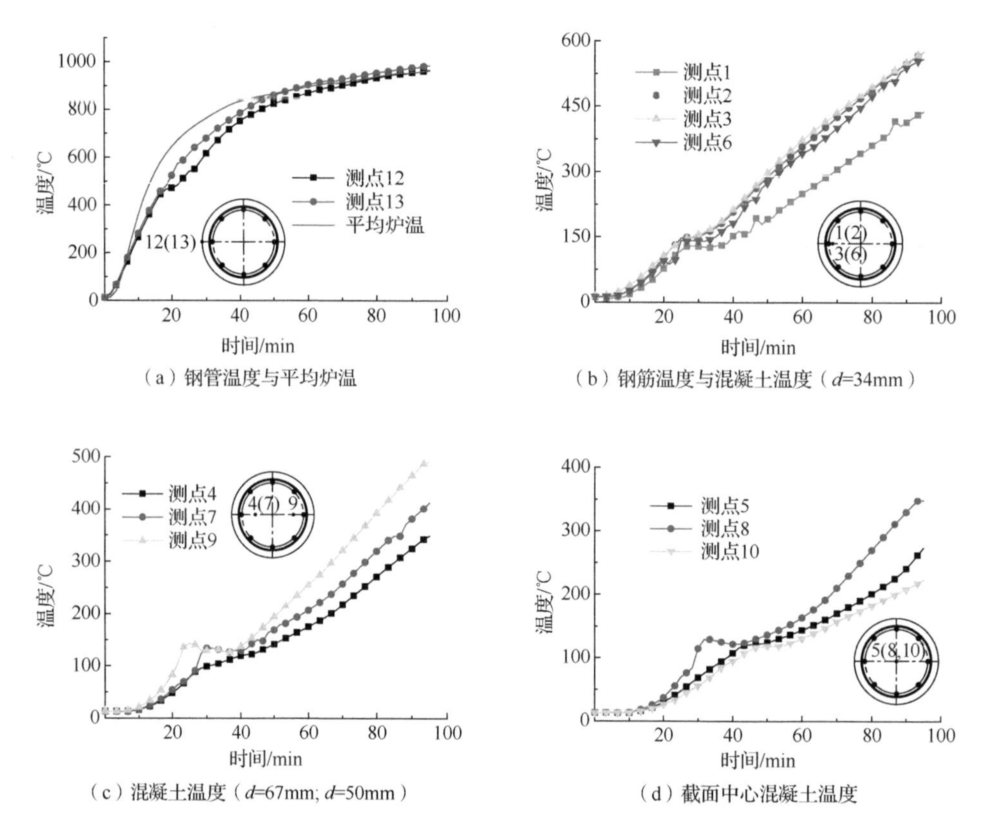

（a）钢管温度与平均炉温

（b）钢筋温度与混凝土温度（d=34mm）

（c）混凝土温度（d=67mm; d=50mm）

（d）截面中心混凝土温度

图 12.3.4 试件 C-200-1.5-0-4 截面温度

试验中实测的柱顶轴向变形-时间关系曲线、柱中部侧向位移-时间关系曲线以及受火阶段轴向荷载-时间关系曲线如图 12.3.5 所示，柱子伸长变形为正，压缩变形为负。按《建筑构件耐火试验方法 第 1 部分：通用要求》（GB/T 9978.1—2008）的规定，试件的轴向位移达到 12mm（0.01L）的时间，记为试件的耐火极限，如各图中虚线辅助线所示，各试件的耐火极限汇总于表 12.3.2，其中 t_R 表示耐火极限。

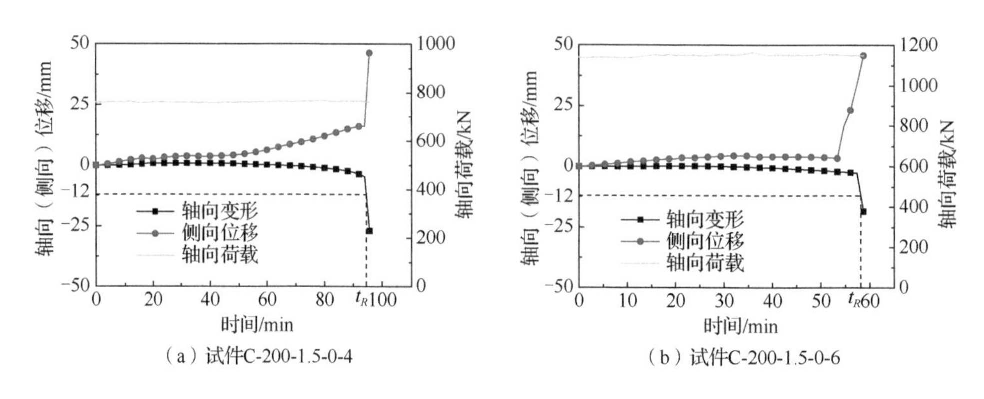

（a）试件C-200-1.5-0-4

（b）试件C-200-1.5-0-6

图 12.3.5 试件变形-时间及轴向荷载-时间曲线

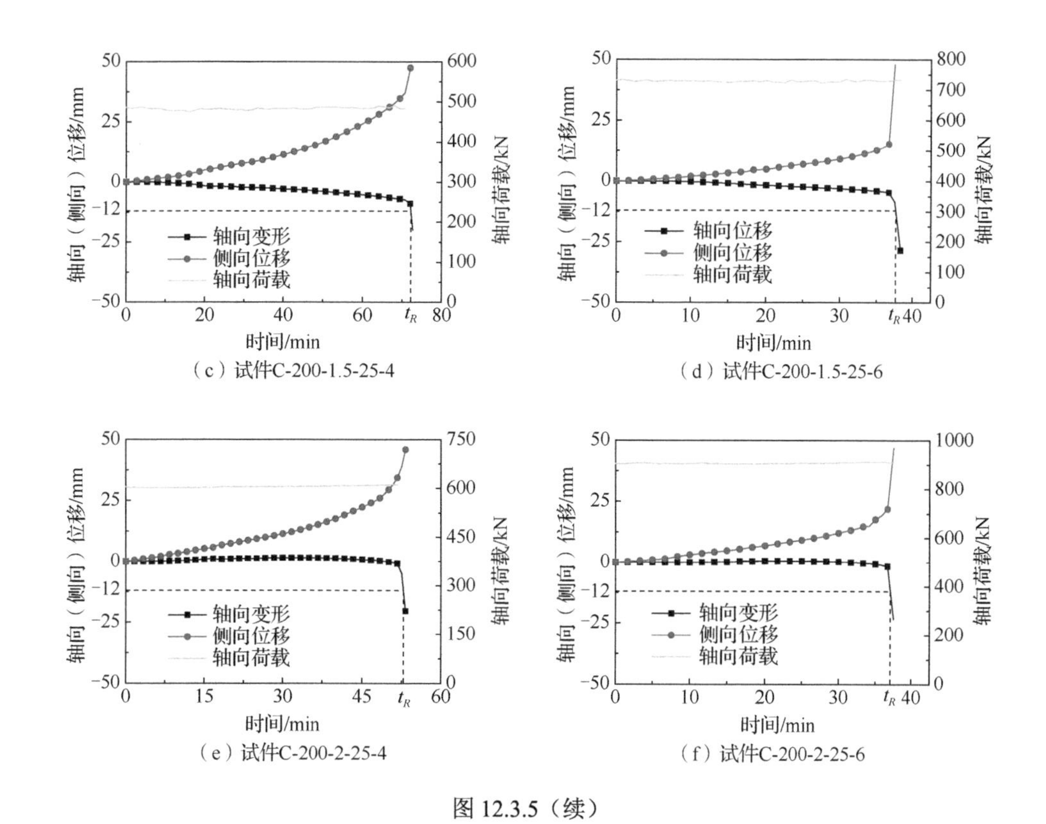

（c）试件C-200-1.5-25-4

（d）试件C-200-1.5-25-6

（e）试件C-200-2-25-4

（f）试件C-200-2-25-6

图 12.3.5（续）

从图 12.3.5 中可以看出，受火阶段轴向荷载较为稳定，无明显波动，满足恒载的试验条件。轴向变形曲线大体经历上升、下降、陡降三个阶段，升温初期构件热膨胀导致柱子伸长，随着受火时间增加，材料强度及刚度都有所下降，进而产生压缩变形，当压缩变形大于热膨胀导致的伸长变形时，柱子表现为压缩。当材料强度及刚度的退化导致构件承载能力低于外荷载效应时，轴向压缩变形急剧增大，构件达到耐火极限而破坏。

在其他条件相同的情况下，当荷载比较小时构件受火时间较长，构件的材料性能随温度的升高逐渐降低，柱子中部的侧向变形较为缓慢，但最终变形量较大。如试件 C-200-1.5-25-4 与试件 C-200-1.5-25-6，前者在 35min 时的侧向位移为 9.5mm，后者在 35min 时的侧向位移为 12.8mm，同一时刻荷载较大的构件的侧向位移较大，即变形速率较高；另外，前者的侧向位移最终变形量超过 25mm，而后者远小于 25mm，即荷载较小的构件最终变形量较大。

与轴压受力状态的柱子相比，偏压时柱中部的侧向位移从升温开始便表现出较大的变形速率，且随受火时间的增长，变形速率逐渐增大。轴压时的侧向变形速率则较小，升温初期较为平缓，如试件 C-200-1.5-0-4 在升温的前 50min 内，侧向位移曲线未见明显上升迹象，基本保持恒定，只是在 50min 后才开始逐渐上升，且上升速率亦较小。试件 C-200-1.5-0-6 中的侧向位移曲线直至临近破坏时才骤然上升，之前则一直基本保持恒定，变化很小。轴压与偏压两种受力状态的差别，主要是由于偏压构件在升温前的加载阶段即出现了一定量的整体弯曲，升温后，随着材料性能的逐步降低，构件呈现出明显的整体失稳破坏模式。

表 12.3.2 试件的耐火极限

编号	t_s/mm	e/mm	n	N_f/kN	t_R/min	T_{ur}/℃
C-200-1.5-0-4	1.5	0	0.4	760	94	991
C-200-1.5-0-6	1.5	0	0.6	1140	58	未测得
C-200-1.5-25-4	1.5	25	0.4	488	72	912
C-200-1.5-25-6	1.5	25	0.6	733	38	758
C-200-2-25-4	2	25	0.4	603	53	862
C-200-2-25-6	2	25	0.6	904	37	781

从表 12.3.2 中的耐火极限可以看出，随着荷载比的增大、钢管厚度的增加以及荷载由轴压变成偏压，耐火极限降低，且耐火极限随三者变化的幅度不同。

对比试件 C-200-1.5-0-4 和试件 C-200-1.5-25-4 的轴向变形和侧向位移如图 12.3.6 所示，前者的轴向变形曲线有膨胀上升段，后者直接进入压缩下降阶段。在偏压受力状态下，试件 C-200-1.5-25-4 更早地呈现出整体弯曲变形，升温初期由于试件 C-200-1.5-25-4 受热膨胀导致的轴向伸长变形与试件 C-200-1.5-0-4 在同时刻导致的轴向缩短变形相比较小，故而试件 C-200-1.5-25-4 整体表现出轴向缩短。轴压时试件柱中部侧向位移曲线较偏压时平缓，升温的前 50min 基本保持水平，之后虽逐渐增大，但增大的速率较偏压时小得多，直至临近破坏时才骤然增大，试件发生整体失稳而破坏。图 13.3.6 中两试件的耐火极限相差 22min，轴压时耐火时间较长，这与偏压时试件的轴向变形较早地进入压缩阶段有关。

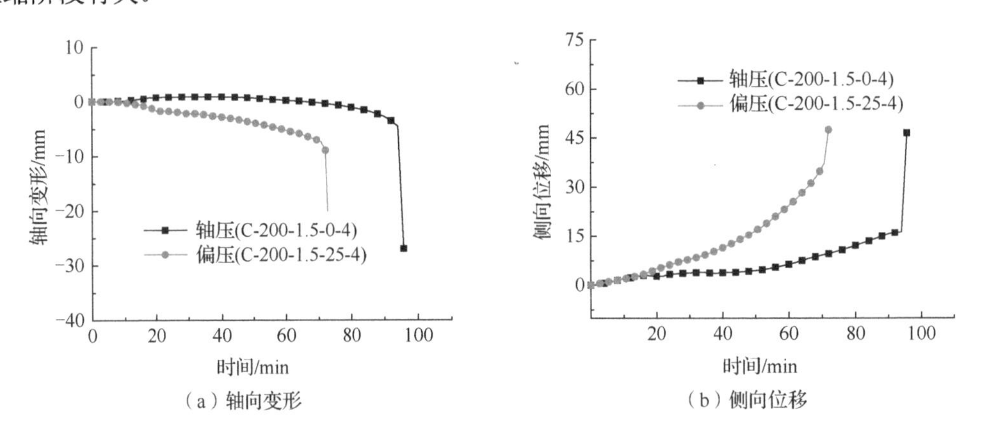

图 12.3.6 荷载偏心对试件轴向变形与侧向位移的影响

选取试件 C-200-2-25-4 和试件 C-200-2-25-6 的轴向变形和侧向位移作对比绘于图 12.3.7，可以看出，二者的轴向变形曲线在升温初期的 10min 内基本保持水平，受火 10min 之后均出现膨胀变形，但与荷载比为 0.4 时相比，荷载比为 0.6 时轴向变形的膨胀量较小，膨胀段时长也较短，这与其所受的荷载较大有关，但二者的曲线走势基本一致，在大荷载比试件破坏前其轴向变形量相差也较小。

图 12.3.7（b）中，荷载比的影响并不明显，荷载较大的试件侧向变形在破坏前基本重合，但对于耐火极限有显著影响。荷载比越大，耐火极限越短，图 12.3.7（b）中两试件由于荷载比的不同耐火极限相差 16min。

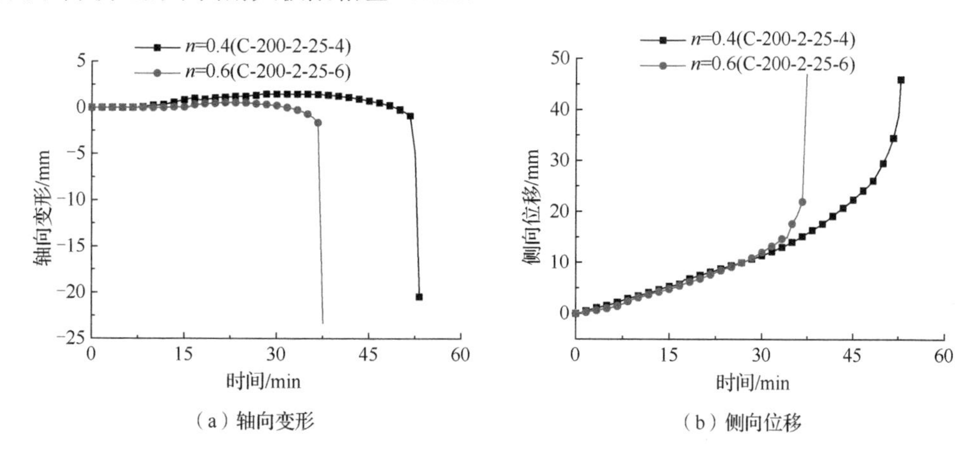

图 12.3.7　荷载比对试件轴向变形与侧向位移的影响

选取试件 C-200-2-25-4 和试件 C-200-1.5-25-4 的轴向变形和侧向位移作对比绘于图 12.3.8。径厚比较小的试件的轴向变形出现了膨胀阶段，而径厚比较大的试件则升温后直接进入压缩阶段，这是由于在截面直径一定的情况下，外包钢管壁厚越厚，对核心混凝土的约束作用越强，火灾下轴向荷载产生的轴向压缩变形越小。对于柱子的侧向位移，径厚比较小的构件变形量较大，原因主要有两个：一是径厚比较小的试件在荷载比一定的情况下，常温极限承载力较大而承担着较大的轴向荷载，进而导致较大的柱子变形；二是钢管的约束作用对柱子的侧向位移影响较小，柱子的侧向位移源自试件整体失稳变形，外包钢管对核心混凝土的约束作用对柱子的强度贡献较大而对其整体失稳影响有限。

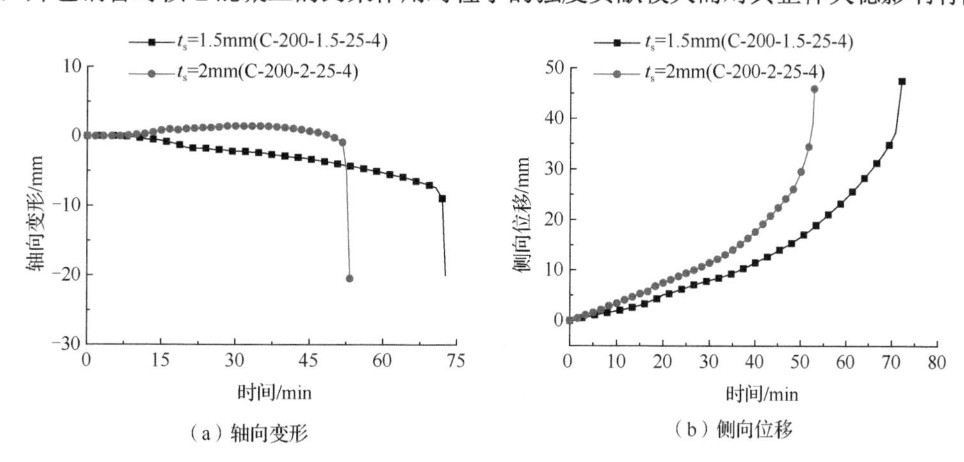

图 12.3.8　径厚比对试件轴向变形与侧向位移的影响

外包钢管厚度的改变对耐火极限有明显影响，图 12.3.8 中两试件其他参数相同，仅钢管壁厚相差 0.5mm，耐火极限便相差 19min，且径厚比较大的试件耐火时间较长。这是由于在截面直径一定时，外包钢管较薄的柱子的常温极限承载力较低，荷载比一定时，柱子承受的荷载也较低。火灾条件下，由于外包钢管温度迅速升高对核心混凝土的约束作用减弱，试件整体承载能力下降，承担较低荷载的大径厚比试件便表现出较好的耐火性能。

12.4 圆钢管约束型钢混凝土中长柱抗火性能试验

12.4.1 试验概况

本节进行了 6 根钢管约束型钢混凝土中长柱在 ISO-834 标准火灾下的抗火性能试验，其中轴压柱 2 根，偏压柱 4 根（荷载偏心距均为 25mm）。试件设计考虑了钢管壁厚和荷载比两个参数对其火灾下力学性能的影响，试件参数见表 12.4.1。

表 12.4.1 试件参数

试件编号	t_s/mm	α_s/%	α_H/%	e/mm	n	N_f/kN
CS-200-1.5-0-4	1.5	2.98	7.00	0	0.4	760
CS-200-1.5-0-6	1.5	2.98	7.00	0	0.6	1140
CS-200-1.5-25-4	1.5	2.98	7.00	25	0.4	476
CS-200-1.5-25-6	1.5	2.98	7.00	25	0.6	714
CS-200-2-25-4	2.0	3.96	7.00	25	0.4	590
CS-200-2-25-6	2.0	3.96	7.00	25	0.6	885

注：试件的命名方法同 12.1.1 节。

试件截面直径 D=200mm，长 L=1200mm，内部配置 HW100×100 型号型钢。试件加工图如图 12.4.1 所示。

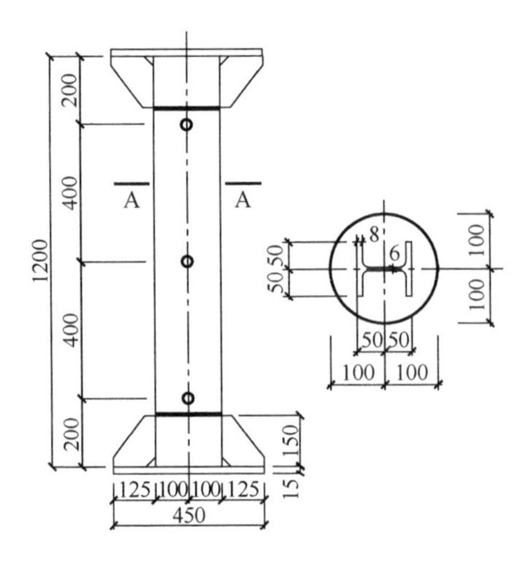

图 12.4.1 试件加工图（尺寸单位：mm）

热电偶布置图如图 12.4.2 所示。试验装置、量测内容及试验过程参考 12.2.2 节。

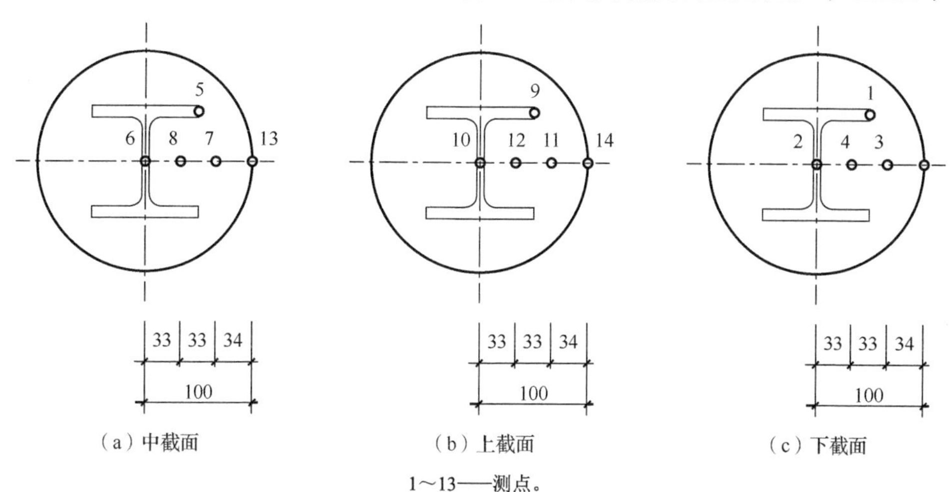

1～13——测点。

图 12.4.2　热电偶布置图（尺寸单位：mm）

12.4.2　试验结果及分析

试验后试件钢管剥开前后的破坏模式如图 12.4.3 所示。其中每个试件图组的最右侧为试件局部放大图，试件 CS-200-1.5-0-4、CS-200-1.5-0-6、CS-200-2-25-4 和 CS-200-1.5-25-4 均为受压侧钢管剥开前后破坏形态，试件 CS-200-1.5-25-6 为钢管剥开后受压、拉侧混凝土的压溃与横向裂纹情况，试件 CS-200-2-25-4 为钢管剥开后受拉侧横向裂纹以及与其垂直的视角观察到的混凝土局部破坏情况。与钢管约束钢筋混凝土柱类似，钢管约束型钢混凝土柱受火后的钢管表面颜色出现变化，受火时间较长的构件钢管表面呈黑灰色，并伴有氧化层出现，受火时间较短的构件钢管表面呈暗红色，氧化层不明显。受火时间越长，钢管表面的颜色越接近纯黑灰色。受火时间越短，钢管表面的颜色越接近纯暗红色。介于它们之间的其他试件，随着受火时间的降低，钢管颜色逐渐由黑灰色向暗红色转变，氧化层逐渐由成片状向局部小鼓起转变，直至不再出现氧化层。

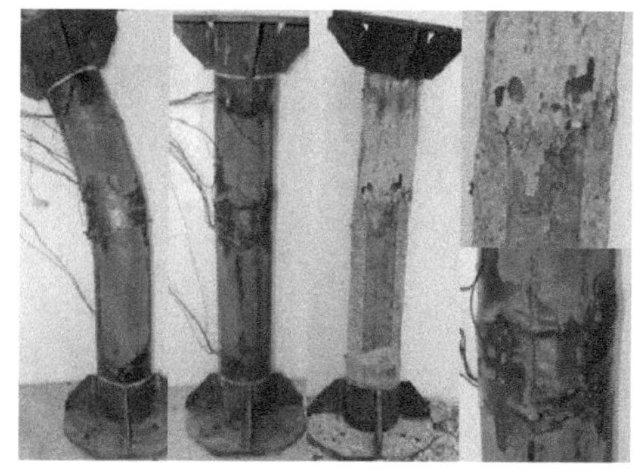

（a）试件 CS-200-1.5-0-4

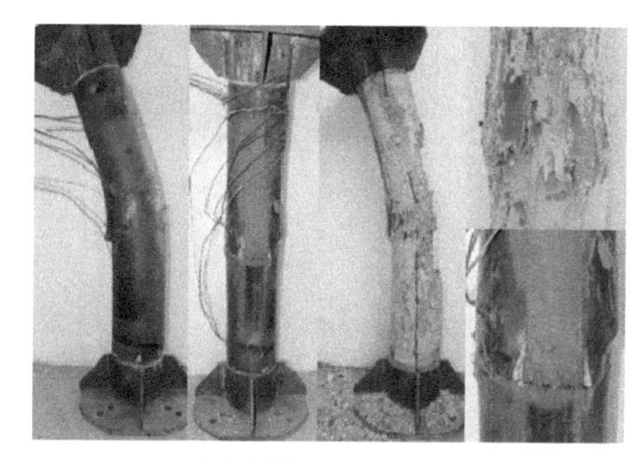

（b）试件 CS-200-1.5-0-6

图 12.4.3　试件破坏形态

（c）试件 CS-200-1.5-25-4

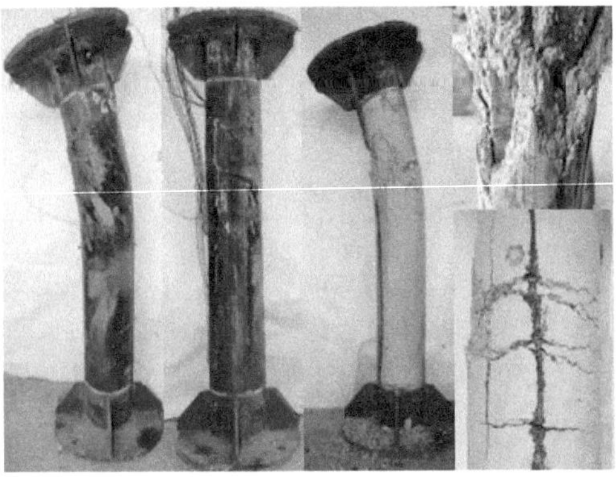

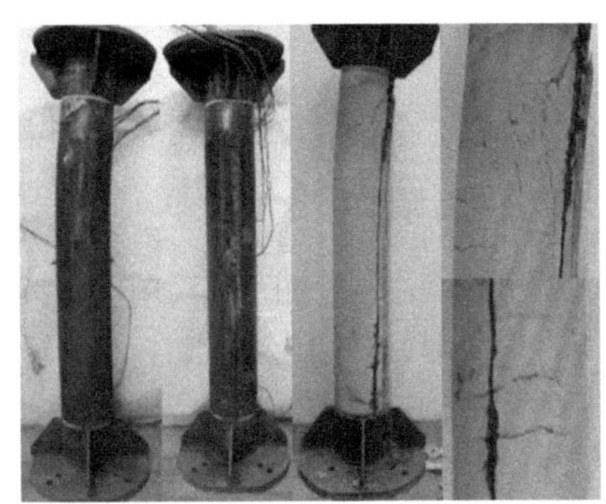

（d）试件 CS-200-1.5-25-6

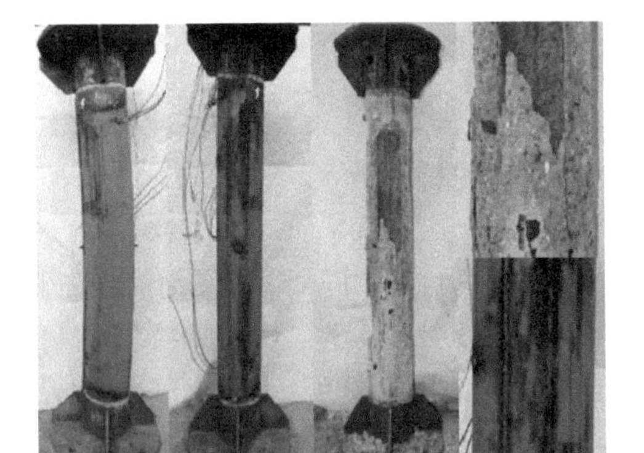

（e）试件 CS-200-2-25-4

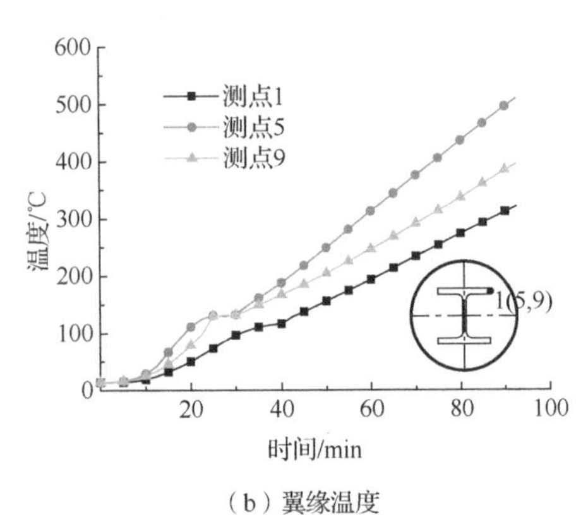

（f）试件 CS-200-2-25-6

图 12.4.3（续）

试验中试件 CS-200-1.5-0-4 截面各测点的温度实测值如图 12.4.4 所示。温度的分布规律和钢管约束型钢混凝土短柱类似。

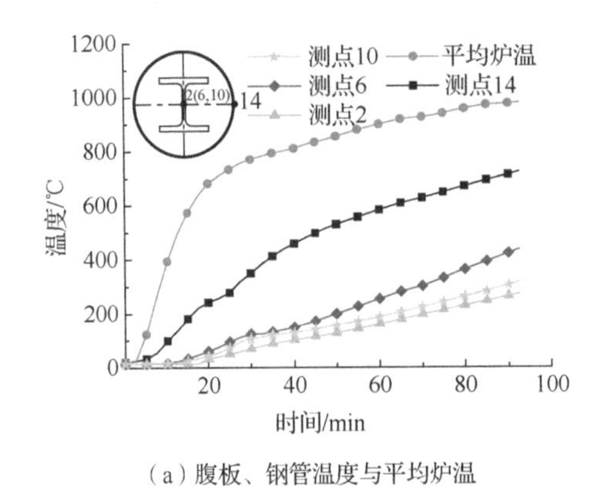

（a）腹板、钢管温度与平均炉温

（b）翼缘温度

图 12.4.4 试件 CS-200-1.5-0-4 截面各测点的温度实测值

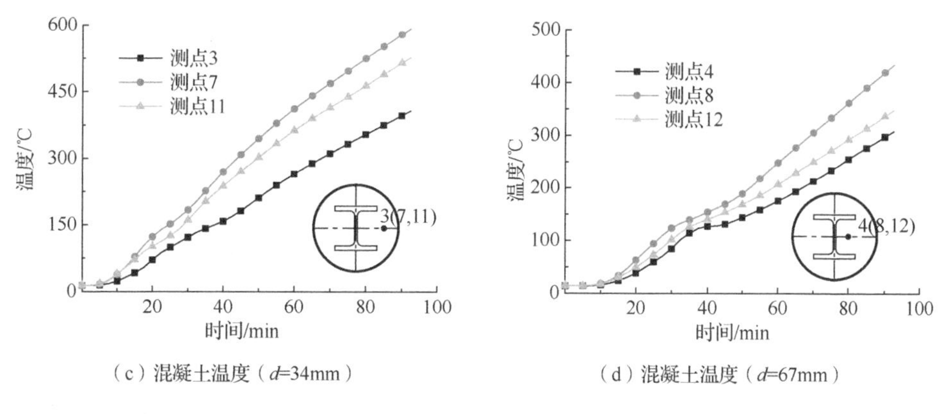

（c）混凝土温度（d=34mm）　　（d）混凝土温度（d=67mm）

图 12.4.4（续）

试验中实测的柱顶轴向变形-时间关系曲线及柱中部侧向位移-时间关系曲线以及受火阶段轴向荷载-时间关系曲线如图 12.4.5 所示。构件的耐火极限时间如各图中虚线辅助线所示，各构件的耐火极限汇总于表 12.4.2 中，其中 t_R 表示耐火极限。

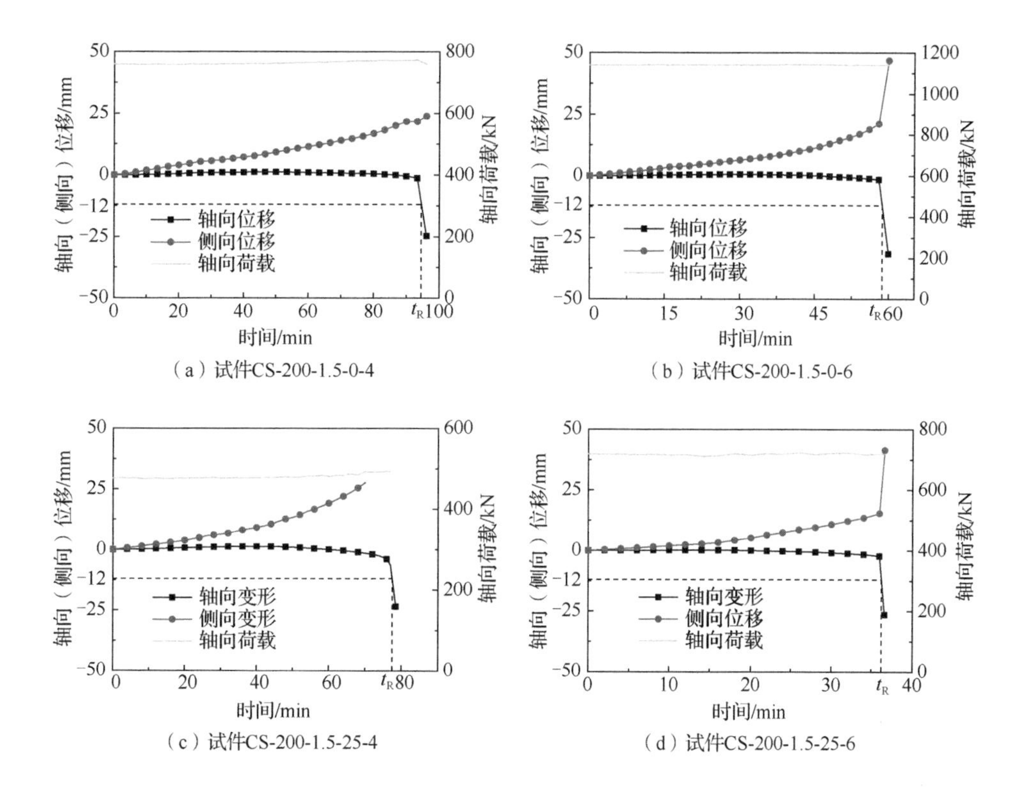

（a）试件CS-200-1.5-0-4　　（b）试件CS-200-1.5-0-6

（c）试件CS-200-1.5-25-4　　（d）试件CS-200-1.5-25-6

图 12.4.5　试件轴向/（侧向）变形-时间曲线

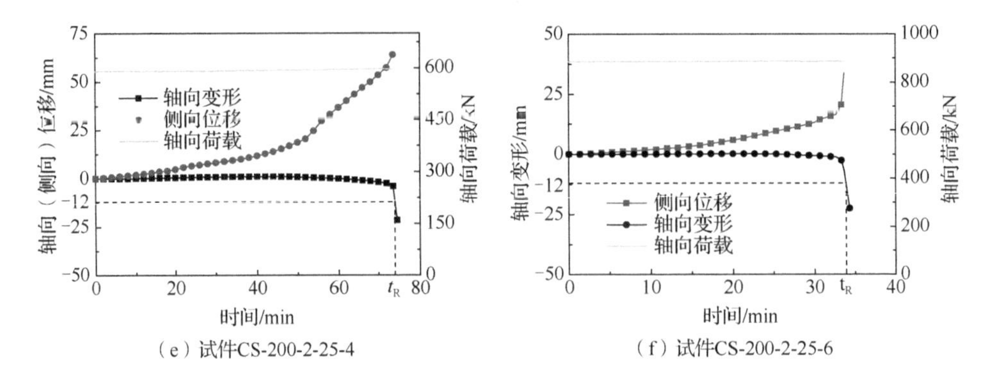

（e）试件CS-200-2-25-4　　（f）试件CS-200-2-25-6

图 12.4.5（续）

表 12.4.2　试件的耐火极限

编号	t_s/mm	e/mm	n	N_f/kN	t_R/min	T_{cr}/℃
CS-200-1.5-0-4	1.5	0	0.4	760	94	705
CS-200-1.5-0-6	1.5	0	0.6	1140	59	803
CS-200-1.5-25-4	1.5	25	0.4	476	78	842
CS-200-1.5-25-6	1.5	25	0.6	714	36	682
CS-200-2-25-4	2	25	0.4	591	74	825
CS-200-2-25-6	2	25	0.6	886	34	711

荷载比较大时，试件由于承担的荷载较大而表现出较大的侧向位移。同为轴压荷载下的试件 CS-200-1.5-0-4 与 CS-200-1.5-0-6，在升温 45min 时，前者的侧向位移为 8mm，后者为 11.5mm；同为偏压荷载作用下的试件 CS-200-1.5-25-4 与 CS-200-1.5-25-6，在升温 30min 时，前者的侧向位移为 6.5mm，后者为 11mm，由此可见，不论偏压还是轴压受力状态，随着荷载的增大，侧向位移均增大。

偏压荷载对柱子侧向位移的影响也较为显著，以试件 CS-200-1.5-0-4 与 CS-200-1.5-25-4 为例，前者在升温至 45min 时的侧向位移为 8mm，后者在 45min 时的侧向位移为 11.2mm，偏压受力状态下的柱中部侧向位移更大些。

从图 12.4.5（c）和（e）中可以看出，径厚比较大时，柱子中部的侧向位移较小，试件 CS-200-1.5-25-4 在升温至 45min 时的侧向位移为 11.2mm，试件 CS-200-2-25-4 在 45min 时的侧向位移为 14.9mm。因为在截面直径一定的情况下，钢管越厚，常温极限承载力越高，荷载比相同时承担的荷载越大，高温下外包钢管受火逐渐失效，核心混凝土所承担的荷载较高，导致侧向位移较大。

从表 12.4.2 中可以看出，荷载比对耐火极限的影响最为显著，荷载比越大，耐火极限越低；偏压试件的耐火性能略低于轴压构件；直径一定时，钢管径厚比对耐火性能的影响较小，径厚比越小耐火极限越低。

12.5　钢管约束混凝土柱抗火性能有限元分析

12.5.1　有限元模型

采用 Lie 等[6]建议的材料热工参数，建立火灾下圆钢管约束钢筋/型钢混凝土柱温度场模型。混凝土采用八节点三维实体传热单元（DC3D8），钢管和型钢采用四节点传热壳单元（DS4），钢筋、箍筋采用两节点传热桁架单元（DC1D2）。图 12.5.1 以钢管约束钢筋混凝土柱说明温度场模型的网格划分。

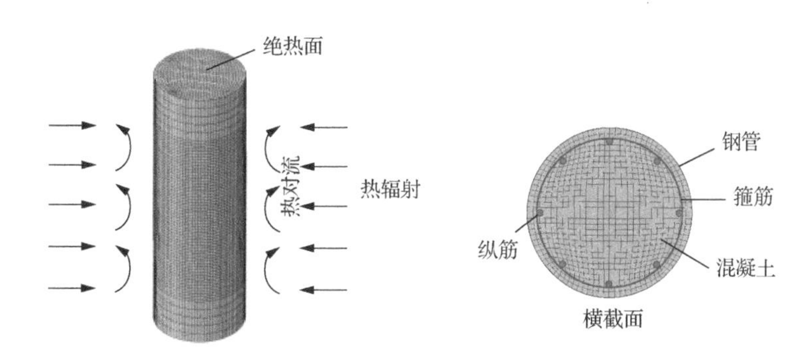

图 12.5.1　圆钢管约束钢筋混凝土柱温度场有限元模型

环境初始温度设为 20℃，按照 ISO-834 标准升温曲线进行环境升温，构件受火面与热环境之间通过热辐射与热对流传热。综合辐射系数ε_r 取 0.5，对流换热系数取 25W/（m^2·℃）。混凝土与钢管内表面之间采用面与面接触，混凝土为主动面，钢管内表面为从动面，并考虑空隙引起的接触热阻。接触热阻取为 0.01（m^2·℃/W），对应的接触热导为 100（m^2·℃/W）。为使钢筋或型钢与同位置混凝土的温度相同，钢筋或型钢与混凝土之间采用绑定约束。

12.5.2　温度场分析

为验证温度场模型的正确性，将有限元模型的温度计算结果与试验实测的各测点温度进行对比，仅列举试件 C-200-2-25-4 和 CS-200-2-25-4，如图 12.5.2 和图 12.5.3 所示，总体而言两者吻合较好。试验与有限元结果产生偏差的原因有：试验升温曲线与 ISO-834 标准升温曲线仍有一定差别；实际试验中柱上下端存在少量与外界的热交换；选择的材料热工参数与材料实际物理性能有一定偏差；试验中炉子的温度沿长度分布不完全均匀，有限元模拟时假定柱周围温度沿长度分布均匀。

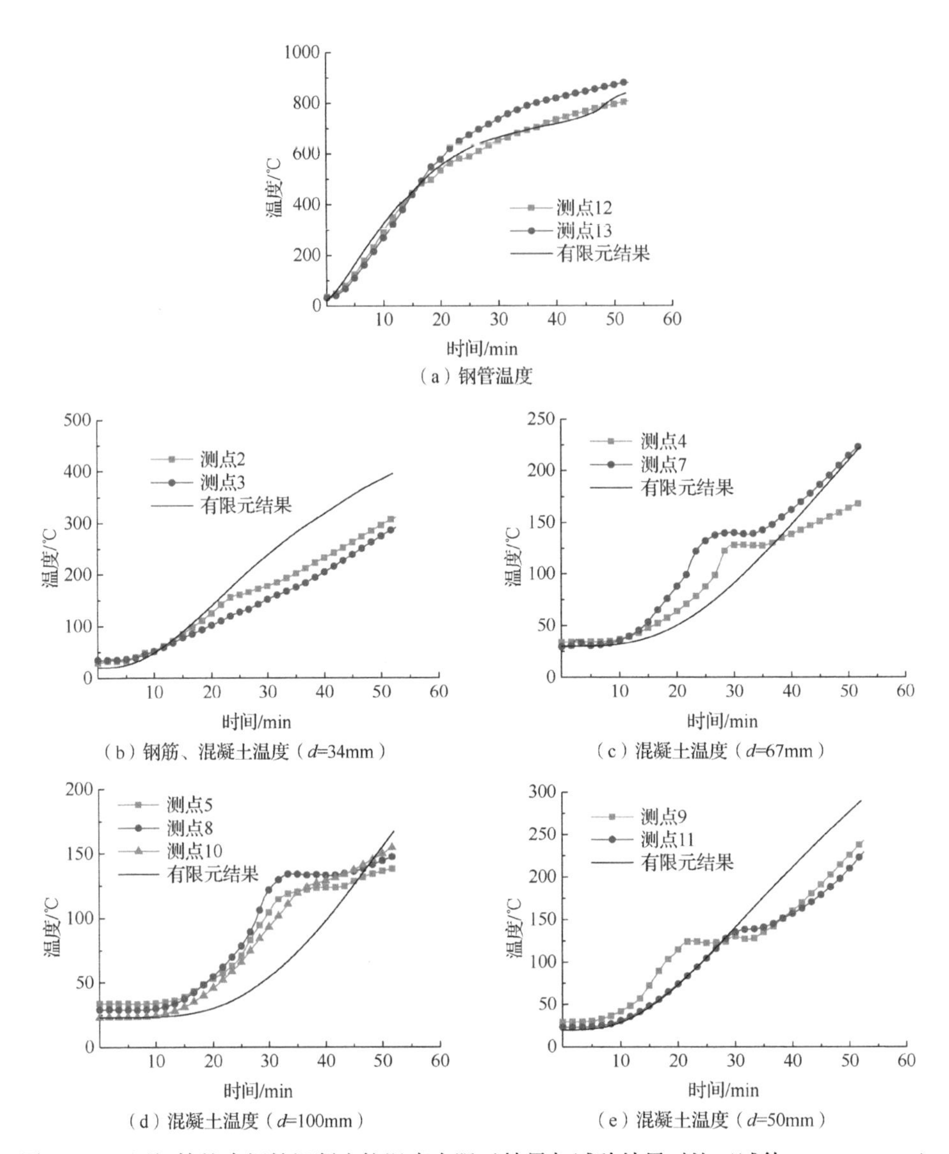

图 12.5.2 圆钢管约束钢筋混凝土柱温度有限元结果与试验结果对比（试件 C-200-2-25-4）

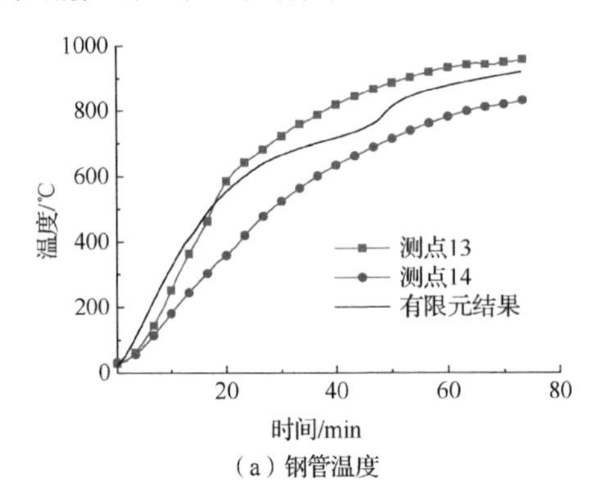

图 12.5.3 圆钢管约束型钢混凝土柱温度有限元结果与试验结果对比（试件 CS-200-2-25-4）

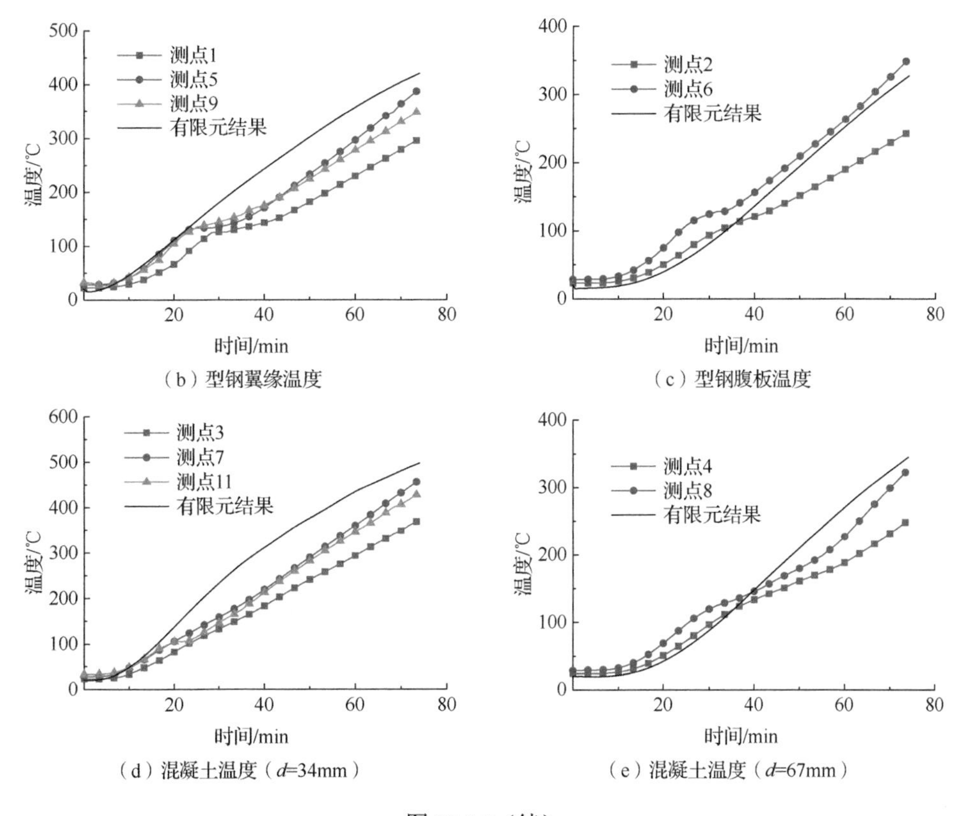

（b）型钢翼缘温度　（c）型钢腹板温度

（d）混凝土温度（d=34mm）　（e）混凝土温度（d=67mm）

图 12.5.3（续）

本书虽然未开展方钢管约束混凝土钢筋/型钢混凝土柱的耐火性能试验，但建立相应的有限元分析模型，并开展了与圆形截面相对应的温度场分析、热力耦合分析和参数分析。图 12.5.4 给出了边长为 300mm，钢管壁厚为 2mm 的方钢管约束钢筋混凝土柱有限元温度场分析结果。

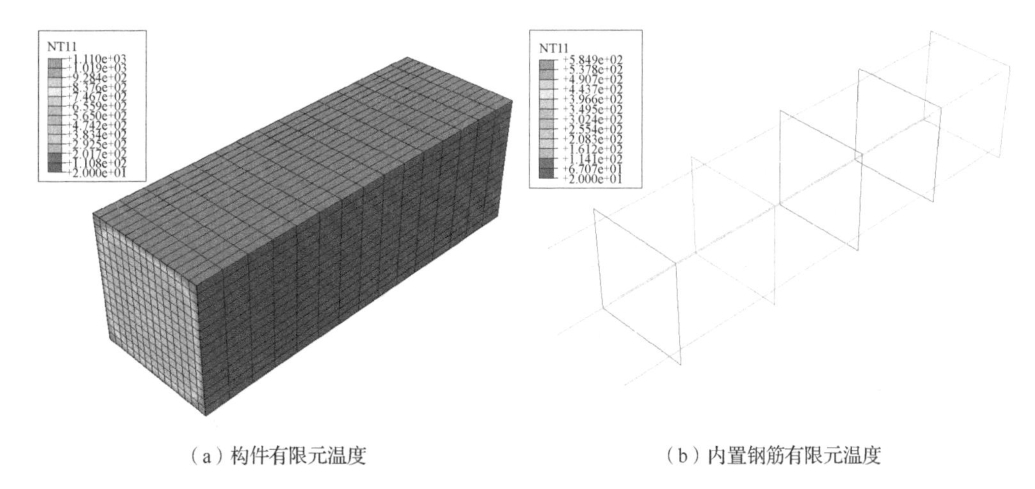

（a）构件有限元温度　（b）内置钢筋有限元温度

图 12.5.4　方钢管约束钢筋混凝土柱温度有限元计算结果热力耦合分析

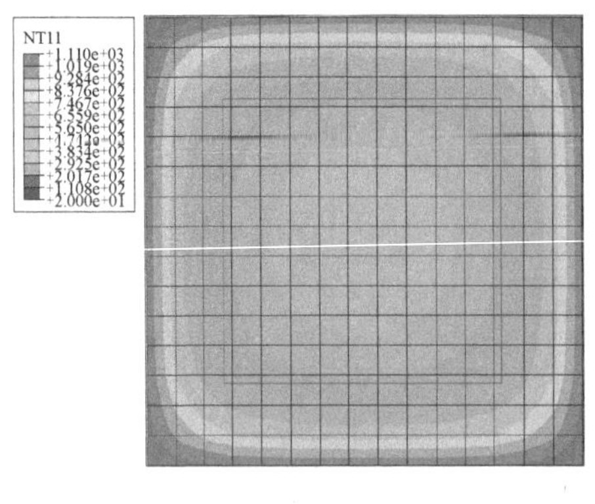

（c）180 min截面有限元温度分布

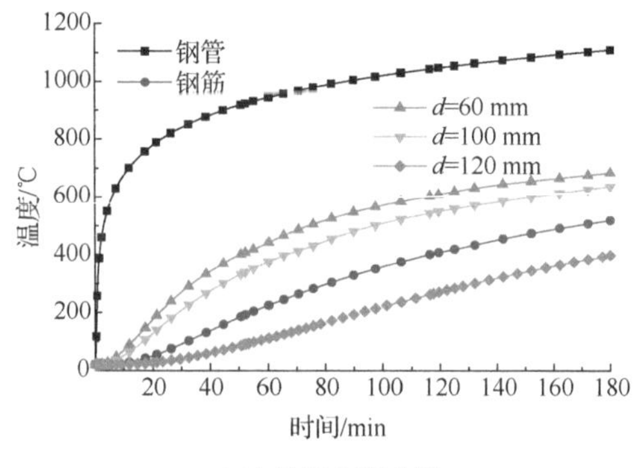

（d）温度-时间曲线

图 12.5.4（续）

12.5.3 热力耦合分析

采用 EN1993-1-2:2005 建议的高温力学性能和钢材应力-应变关系和热膨胀系数[6]。核心混凝土本构关系采用 Lie 等[5]提出的高温下混凝土应力-应变模型，采用 Hong 等[7]建议的混凝土受拉应力-应变关系，高温下混凝土的弹性模量取应力-应变关系曲线在原点的切线，混凝土的泊松比采用 Gernay 等[8]提出的高温下混凝土的泊松比计算。混凝土的热膨胀系数取 6×10^{-6}。采用瞬态热应变模型，通过用户自定义场变量子程序获得材料积分点的应力状态来修改材料的热膨胀系数α_c。Bratina 等[9]采用 Harmathy[10]提出高温徐变模型时，发现混凝土高温徐变在混凝土总应变中所占的比例较小，本章在有限元分析圆钢管约束钢筋混凝土构件的抗火性能时未考虑高温徐变的影响。

混凝土采用八节点六面体线性减缩积分单元（C3D8R），钢管和内嵌型钢采用四节点四边形线性减缩积分壳单元（S4R），钢管属于薄壳，厚度方向取 5 个积分点，钢筋、箍筋采用二节点三维桁架单元（T3D2）。为保证能够正确读入节点的温度数据，耐火极限模型的网格划分与温度场模型保持一致。网格划分对有限元模型的收敛性和精确度有着重要影响，为验证网格划分的合理性，取不同的网格尺寸进行多次计算逐渐加密网格。网格为 1/10 和 1/20 时计算结果基本重合，因此网格取为 1/10 对于试件截面尺寸的模型已经足够精确，网格划分如图 12.5.5 所示。

有限元模型中单元界面间的接触，如图 12.5.6 所示。端板的主要作用是对混凝土施加荷载，采用刚度很大的实体垫块模拟端板，选用八节点六面体线性减缩积分单元 C3D8R，材料为弹性，弹性模量为 1.0×10^{12}MPa，泊松比为 1.0×10^{-4}。端板与核心混凝土之间采用绑定约束，荷载仅作用在核心混凝土上。混凝土与钢管之间采用面与面接触，混凝土为主面，钢管为从面，接触属性主要包括法向的接触和切线方向的黏结滑移。在法向行为中，接触方式采用“硬接触”，当接触之间为压力时，完全传递压力，当接触为拉力时，允许两者分离。在切向行为中，采用库伦摩擦的罚函数。钢筋与混凝土之间采用嵌入区域约束；对于约束型钢混凝土柱的模型，型钢也采用嵌入区域约束。

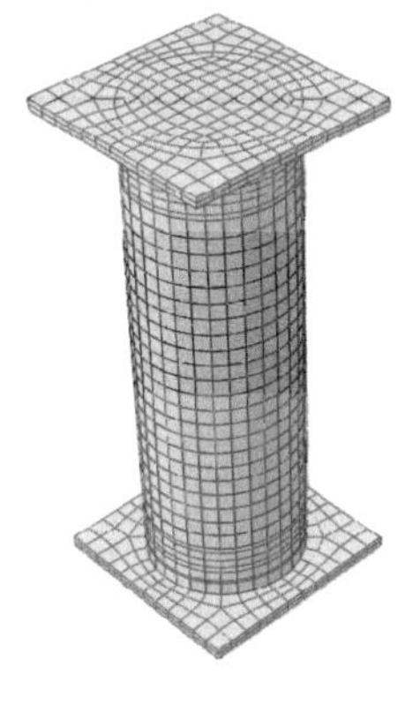

图 12.5.5 网格划分

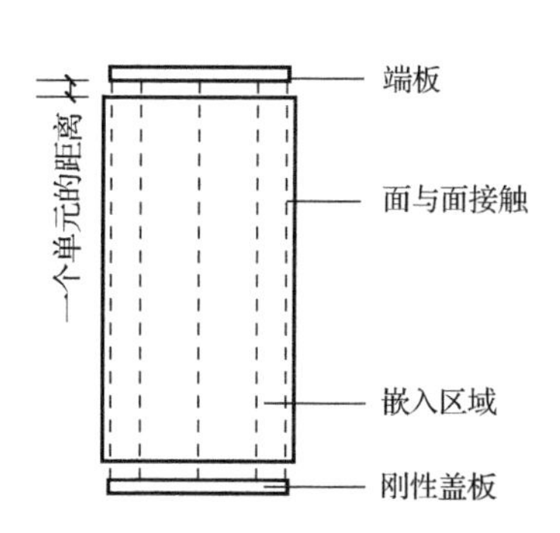

图 12.5.6 单元界面间的接触

以试件 C-300-2-4-0 和试件 CS-300-3-0-6-1 为例，图 12.5.7 给出了试验及有限元分析得到的试件轴向变形-受火时间关系曲线，从试验结果看出，试件的轴向位移最终缓慢下降到不超过 4mm 时候就突然急剧下降，通常在 1min 内达到轴向变形或轴向变形速率极限。有限元分析模拟得到的各试件轴向位移缓慢下降阶段比试验结果持续时间长，仅增大了压缩变形速率，并未进入短时间压缩变形陡增阶段，该现象在荷载比较大的构件中尤为显著。原因是模拟时采用的材料性能是连续线性变化的，而试验中混凝土的材料性能离散性较大，接近耐火极限时，材料劣化严重，压缩变形和变形速率短时间内增大。

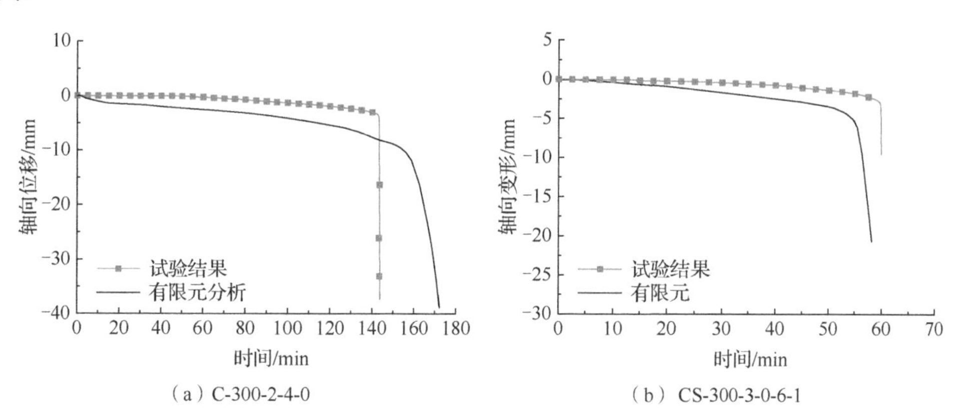

图 12.5.7 典型试件变形-时间关系曲线的有限元模拟与试验结果对比

表 12.5.1 和表 12.5.2 对比了由试验及有限元分析得到的圆钢管约束钢筋/型钢混凝土柱的耐火极限结果，可以看出两者吻合较好。有限元得到的构件耐火极限的影响规律与试验一致，即含钢率越高，耐火极限越低，但影响不大；荷载比越大，耐火极限越低，且影响显著；偏心率越大，耐火极限越低。图 12.5.8 为有限元及试验得出的试件 C-300-2-0-4、CS-300-2-0-6-1 和 CS-200-2-25-4 破坏模式对比，考虑几何非线性的有限元分析得出的破坏现象与试验破坏现象基本一致。

表 12.5.1 火灾下圆钢管约束钢筋/型钢混凝土短柱耐火极限试验与有限元对比

试件编号	t_s/mm	n	N_f/kN	e/mm	t_R/min	
					试验	模拟
C-300-2-0-4	2	0.4	2180	0	142/143	163
C-300-2-0-6	2	0.6	3270	0	42.5/49	68
C-300-3-0-4	3	0.4	2440	0	142/140	161
C-300-3-0-6	3	0.6	3660	0	36/46	59
C-300-2-25-4	2	0.4	1895	25	138	140
C-300-2-25-6	2	0.6	2843	25	46	47
C-300-2-50-4	2	0.4	1611	50	100	110
C-300-2-50-6	2	0.6	2417	50	30	30
C-300-2-100-4	2	0.4	1108	100	56	90
C-300-2-100-6	2	0.6	1662	100	17	26
C-300-3-25-4	3	0.4	2115	25	126	138
C-300-3-25-5	3	0.6	2644	25	69	77
CS-300-2-0-4-1	2	0.4	1977	0	未破坏	180
CS-300-2-0-6-1	2	0.6	2965	0	99	115
CS-300-3-0-4-1	3	0.4	2292	0	166	153
CS-300-3-0-6-1	3	0.6	3437	0	60	56
CS-300-2-25-4	2	0.4	1633	25	175	165
CS-300-2-25-6	2	0.6	2450	25	100	85
CS-300-2-50-4	2	0.4	1385	50	163	148
CS-300-2-50-6	2	0.6	2078	50	57	70
CS-300-2-100-4	2	0.4	985	100	135	119
CS-300-2-100-6	2	0.6	1477	100	30	58
CS-300-3-25-4	3	0.4	1893	25	153	141
CS-300-3-25-6	3	0.6	2839	25	56	52.5

表 12.5.2 火灾下圆钢管约束钢筋/型钢混凝土中长柱耐火极限试验与有限元对比

试件编号	t_s/mm	n	N_f/kN	e/mm	t_R/min	
					试验	模拟
C-200-1.5-0-4	1.5	0.4	760	0	94	86
C-200-1.5-0-6	1.5	0.6	1140	0	58	54
C-200-1.5-25-4	1.5	0.4	488	25	72	75
C-200-1.5-25-6	1.5	0.6	733	25	38	44
C-200-2-25-4	2	0.4	603	25	53	62
C-200-2-25-6	2	0.6	904	25	37	29
CS-200-1.5-0-4	1.5	0.4	760	0	94	87
CS-200-1.5-0-6	1.5	0.6	1140	0	59	56

续表

试件编号	t_s/mm	n	N_f/kN	e/mm	t_R/min	
					试验	模拟
CS-200-1.5-25-4	1.5	0.4	476	25	78	83
CS-200-1.5-25-6	1.5	0.6	714	25	36	52
CS-200-2-25-4	2	0.4	591	25	74	67
CS-200-2-25-6	2	0.6	886	25	34	35

（a）C-300-2-0-4　（b）CS-300-2-0-6-1　（c）CS-200-2-25-4

图 12.5.8　典型有限元预测破坏模式与试验结果对比情况

12.5.4　参数分析

以圆钢管约束钢筋混凝土为例，对温度场分布和耐火极限进行参数化建模分析，明确关键参数对构件耐火性能的影响规律。

（1）温度分布参数分析

影响钢管约束钢筋混凝土柱温度场的因素有升温时间、含钢率、钢管直径、钢管钢材类型、混凝土强度及纵筋保护层厚度等。根据表 12.5.3 的参数对不同情况下的温度场进行了分析。

表 12.5.3　圆钢管约束钢筋混凝土柱温度场参数分析取值

参数	取值
截面直径/mm	300，500，800，1000
含钢率	1.2%，2%，3.3%，4%
钢管钢材类型	普通钢，耐火钢
混凝土强度	普通混凝土，高强混凝土
钢筋保护层厚度/mm	30，60，100

升温时间对钢管温度和混凝土温度的影响如图 12.5.9 所示，其中直径 D=500mm，含钢率α_s=2%。由图 12.5.9 可见，升温时间对截面温度影响较大。截面温度随升温时间增大而升高，且前期钢管升温速率快，混凝土升温较慢，而后期钢管升温较慢，混凝土升温较快，这和 ISO-834 曲线升温速率先快后慢及混凝土吸热能力较强所引起的升温滞后有关。

实际工程中，钢管约束钢筋混凝土柱的含钢率一般在 2%～4%。此范围内含钢率对钢管约束钢筋混凝土柱截面温度的影响如图 12.5.10 所示，仅列举直径 D=500mm 的情况，由图 12.5.10 可见，含钢率对截面温度的影响很小。

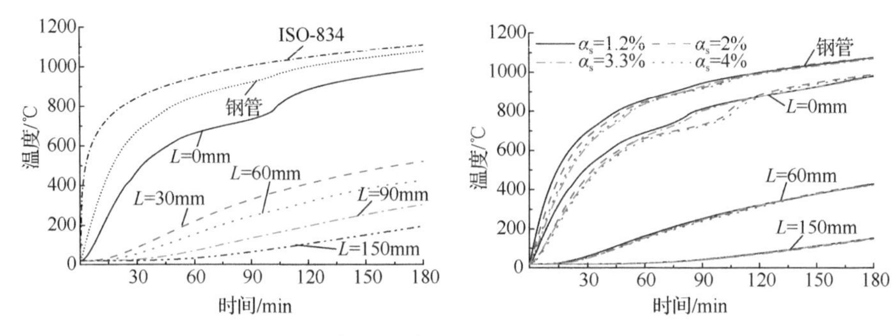

图 12.5.9 升温时间对温度分布的影响　　图 12.5.10 含钢率对温度分布的影响

不同尺寸的截面受火后温度分布如图 12.5.11 所示。由图 12.5.11 可以看出，截面尺寸对钢管约束钢筋混凝土柱中的钢管温度影响不大，当升温时间在 60min 内时，随着截面尺寸的增加，钢管的温度略有降低；当升温时间超过 60min 时，截面尺寸的变化对钢管温度几乎没有影响。总体而言，截面尺寸对钢管的温度影响很小，可以忽略不计。对于距离混凝土表面相同距离的位置，随着截面尺寸的增加，该位置的温度呈降低的趋势，这是因为随着截面尺寸的增加，内部混凝土的体积增加，构件的热容增大。

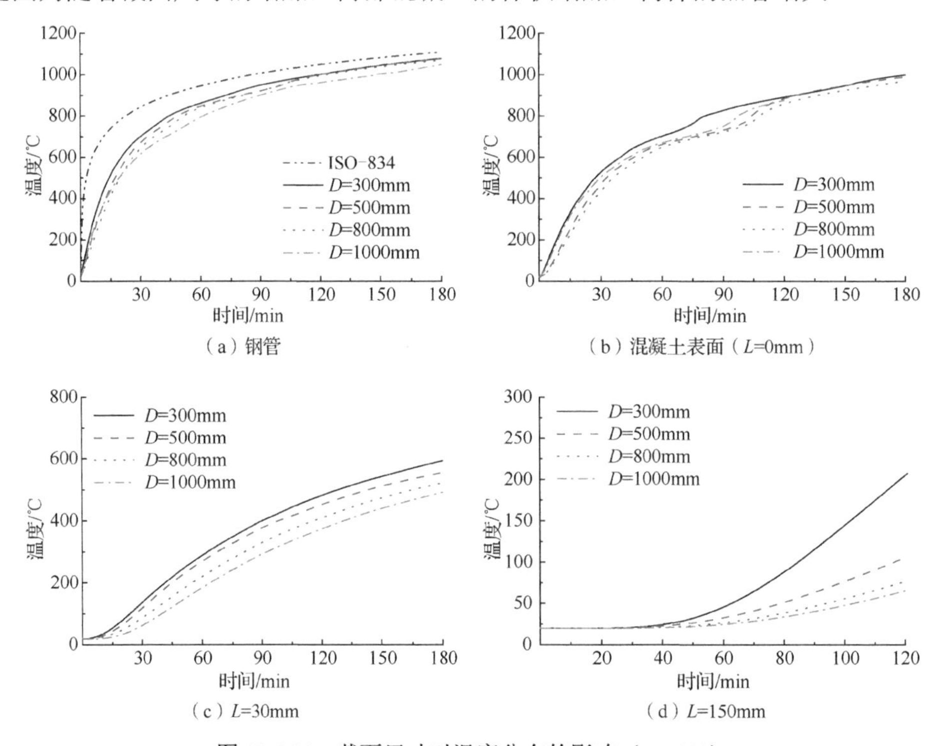

图 12.5.11 截面尺寸对温度分布的影响（α_s=2%）

采用普通钢和耐火钢计算温度分布结果对比如图 12.5.12 所示，其中 D=500mm，α_s=2%。由图 12.5.4 可见，钢材类型对截面温度场无显著影响。

由于钢管约束钢筋混凝土柱多使用高强混凝土，钢管约束普通混凝土和高强混凝土柱的温度场计算结果对比如图 12.5.13 所示，其中 D=500mm，α_s=2%。由图 12.5.12 可见，采用高强混凝土的截面温度稍高于采用普通混凝土的截面温度，这是因为高强混凝土的比热小于普通混凝土。总体而言，混凝土强度对截面温度场无显著影响。

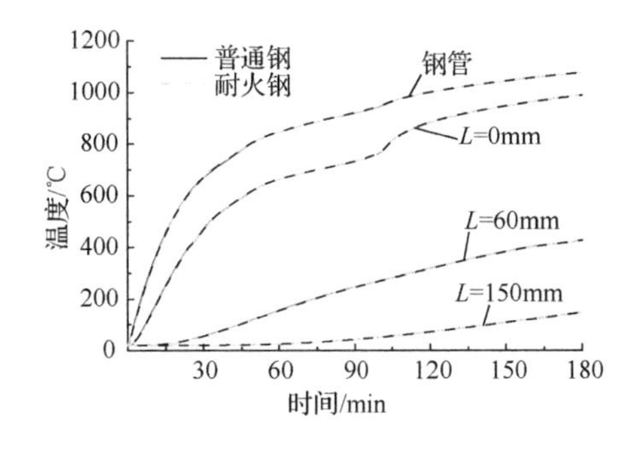

图 12.5.12 钢管钢材种类对温度分布的影响

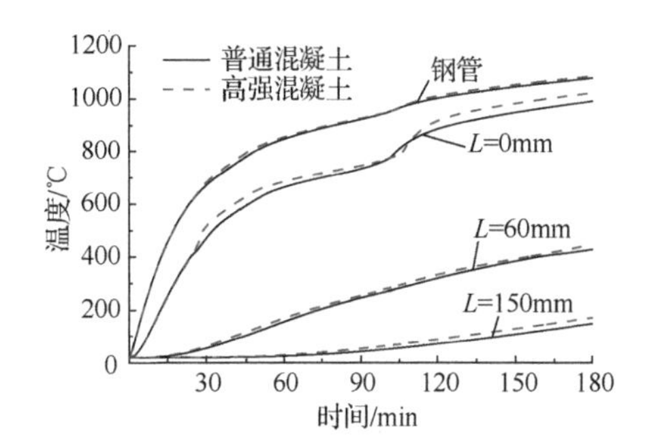

图 12.5.13 混凝土强度对温度分布的影响

分别计算纵筋保护层厚度 a=30mm，60mm，100mm 时截面温度场分布，其中 D=500mm，α_s=2%，计算结果如图 12.5.14 所示，L 为温度采集点距混凝土表面的最短距离，可见纵筋保护层厚度对截面温度场无显著影响。

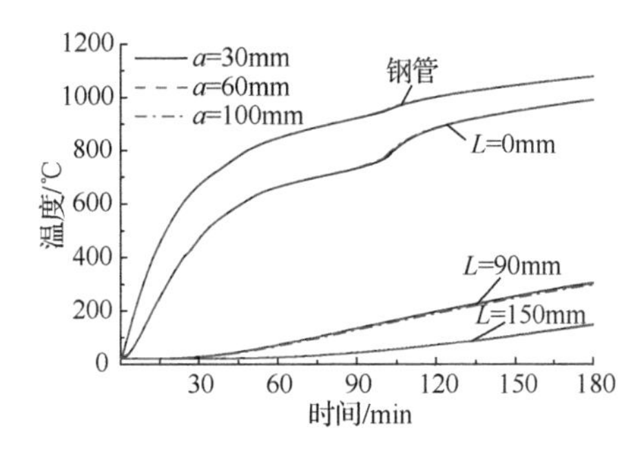

图 12.5.14 钢筋保护层厚度对温度分布的影响（D=500mm）

（2）圆钢管约束混凝土柱耐火极限参数分析

可能影响圆钢管约束钢筋混凝土柱耐火极限的因素有荷载比、偏心率、截面尺寸、长细比、材料强度、含钢率、配筋率和钢筋保护层厚度等，采用有限元方法分析了多个参数对柱耐火极限的影响，参数取值见表 12.5.4。

各参数对圆钢管约束钢筋混凝土柱耐火极限的影响如图 12.5.15 所示。参数分析时，若耐火极限超过 180min，取 180min。由图 12.5.15 可见，荷载比对圆钢管约束钢筋混凝土短柱的耐火极限影响较大，随着荷载比的增加，构件的耐火极限逐渐降低。当荷载比较大时（n>0.5），截面尺寸、长细比、混凝土强度、钢材屈服强度、钢管含钢率、配筋率等因素对耐火极限影响较小。截面尺寸对圆钢管约束钢筋混凝土短柱的耐火极限影响较大。随着偏心率的增加，圆钢管约束钢筋混凝土短柱的耐火极限呈降低趋势。实际工程中，钢管约束钢筋混凝土柱的偏心率 般较小（通常 $e/D<0.1$），此时偏心率对耐火极限影响不大，因此在耐火极限计算中可不考虑偏心率的影响。长细比在 12～30 时，圆钢管约束钢筋混凝土短柱的耐火极限变化不大。随着长细比的增加，火灾下构件可能由受压破坏转为整体失稳破坏，构件耐火极限降低。

表 12.5.4 圆钢管约束钢筋混凝土柱耐火极限参数分析取值

参数	取值	默认值
荷载比	0.2, 0.4, 0.45,0.5, 0.6, 0.7	
截面直径/mm	300, 600, 800, 1000,1200, 1500	600
偏心率	0, 0.1, 0.2, 0.4, 0.6	0
长细比λ	12, 20, 30, 40	12
混凝土强度f_{cu}/（N/mm^2）	30, 40, 50, 60, 80	50
钢材屈服强度f_y/（N/mm^2）	235, 345, 390, 420	345
钢筋屈服强度f_b/（N/mm^2）	335, 400, 500	400
钢管含钢率	2.0%, 2.72%, 3.40%, 4.12%	3.4%
配筋率	1.2%，2.0%，3.0%，4.0%，5.0%	3%
钢筋保护层厚度/mm	30，50，75，100	50

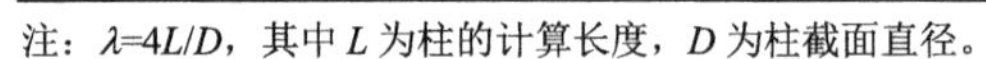
注：$\lambda=4L/D$，其中 L 为柱的计算长度，D 为柱截面直径。

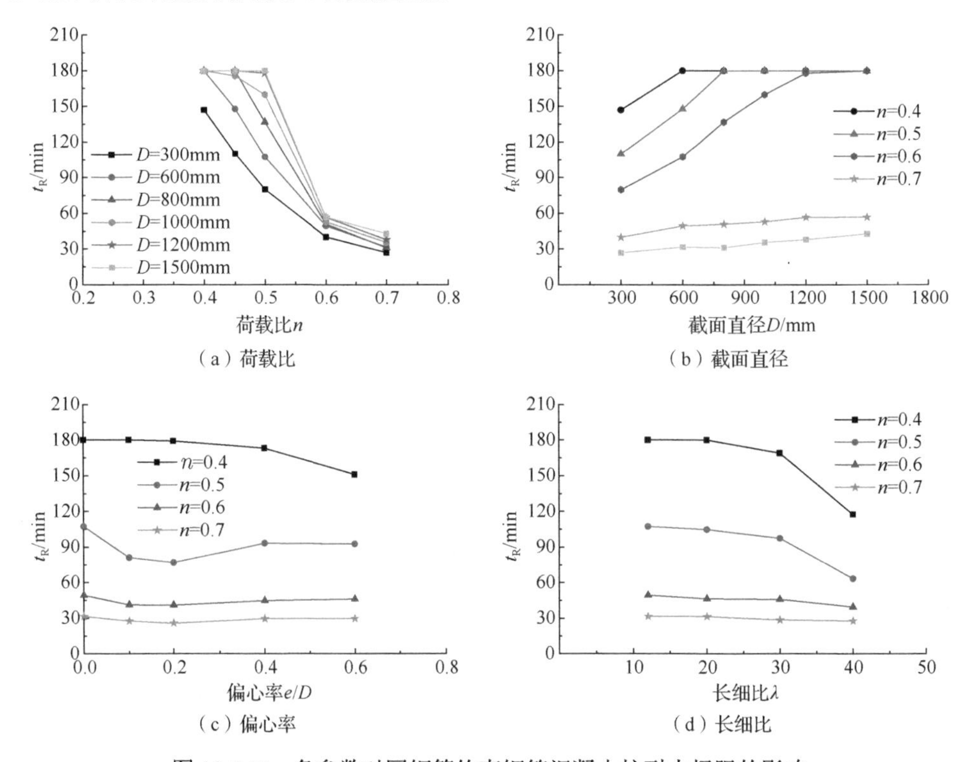

图 12.5.15 各参数对圆钢管约束钢筋混凝土柱耐火极限的影响

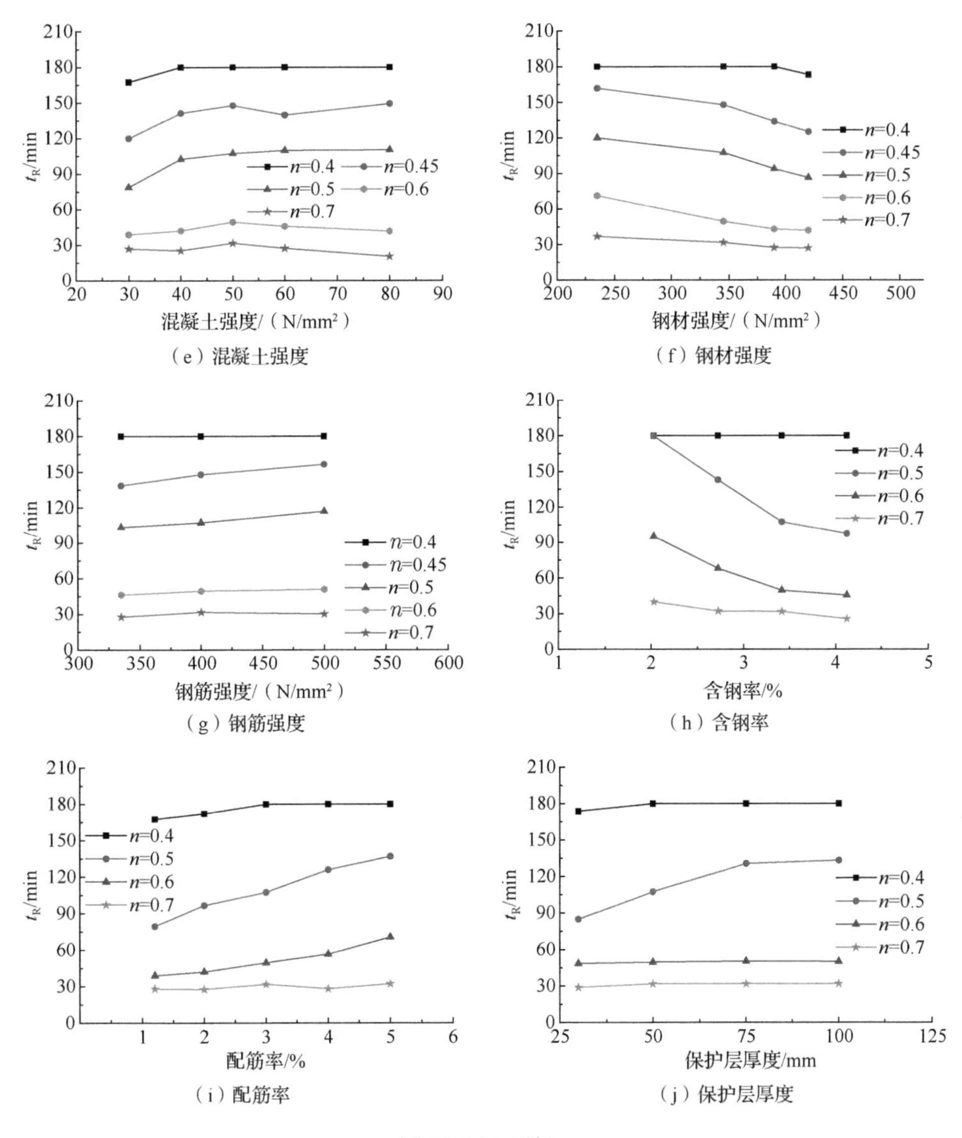

（e）混凝土强度　（f）钢材强度

（g）钢筋强度　（h）含钢率

（i）配筋率　（j）保护层厚度

图 12.5.15（续）

随着混凝土强度的增加，圆钢管约束钢筋混凝土短柱的耐火极限呈增大的趋势。小荷载比（$n\leqslant0.5$）时，混凝土等级由 C30 变为 C40，耐火极限提升约 20%，但混凝土等级为 C50～C80 时，构件耐火极限变化不大。大荷载比时（$n>0.5$），即使混凝土强度等级为 C80，升温 30min 后钢管的约束作用严重削弱，忽略钢管的约束作用构件承载力约降低 40%左右，构件处于很大的应力水平，继续升温构件将发生破坏。随着钢材屈服强度的增加，圆钢管约束钢筋混凝土短柱的耐火极限呈减小的趋势。由常温下混凝土约束应力计算公式$f_r=2t\cdot f_y/(D-2t)$可知，钢管屈服强度越大，钢管对混凝土的约束效果越好，常温承载力越高。高温下相同荷载比时承受荷载更大，随着高温下钢管的约束作用迅速降低，导致构件在较大荷载下较早进入破坏。随着钢筋屈服强度的增加，圆钢管约束钢筋混凝土短柱的耐火极限呈增大的趋势。由于钢筋内置于混凝土内部，高温下其升温较慢，屈服强度越大，构件承载力越高，耐火极限越大，但总体上对耐火极限影响不显著。

随着钢管含钢率的增加，圆钢管约束钢筋混凝土短柱的耐火极限有减小的趋势。由于钢管厚度的增大，对核心混凝土的约束增强，荷载比相同时所施加的竖向荷载增大，而高温下钢管的约束作用迅速丧失，导致其在较大荷载下较早进入破坏。随着配筋率的增加，圆钢管约束钢筋混凝土短柱的耐火极限呈增大的趋势，而荷载比大于 0.5 时，这一现象不太明显。大荷载比（n>0.5）时，钢筋保护层厚度对圆钢管约束钢筋混凝土短柱的耐火极限影响不大。荷载比为 0.4 时，基本上能达到 3h 的耐火时间；荷载比为 0.5 时，随着保护层厚度的增大，耐火极限增大，但保护层厚度由 75mm 增大为 100mm 时，耐火极限保持不变。不同钢筋保护层厚度的构件的轴压承载力无较大差别，钢筋保护层越厚的构件，钢筋温度上升越慢，承载力越高，因此构件的耐火极限越高。

（3）方钢管约束混凝土柱耐火极限参数分析

可能影响方钢管约束钢筋混凝土柱耐火极限的因素有荷载比、截面尺寸、偏心率、长细比、材料强度、钢管含钢率和钢筋配筋率等，具体参数取值见表 12.5.5。

表 12.5.5 方钢管约束钢筋混凝土柱耐火极限参数分析取值

参数	取值	默认值
边长 B/mm	300, 600, 800, 1000, 1200, 1500, 1800, 2000	600
含钢率 α_s/%	1.20, 2.00, 2.72, 3.40, 4.00	2.00
荷载比 n	0.4, 0.5, 0.6, 0.7	
偏心率 e/B	0, 0.1, 0.2, 0.3, 0.4	0
长细比 λ	10, 17, 35, 52, 69	10
混凝土强度/（N/mm^2）	C30, C40, C50, C60, C80	C40
钢管屈服强度/（N/mm^2）	235, 345, 390, 420	345
内置钢筋屈服强度/（N/mm^2）	235, 345, 390, 420	345
配筋率 α_b	2%, 3%, 4%, 5%, 8%	4%

注：$\lambda=2\sqrt{3}L/B$，其中 L 为柱的计算长度，B 为柱截面边长。

计算得到不同参数下方钢管约束混凝土柱的耐火极限随各个参数的变化关系如图 12.5.16 所示。从图 12.5.16 中可以看出，荷载比和长细比是影响耐火极限的主要参数，随着荷载比和长细比的增大，耐火极限呈现明显降低的趋势。当荷载比较大时，耐火极限随着截面边长的增加略微有所提升，而随着偏心率的增加耐火极限略微下降。钢管屈服强度和钢筋屈服强度对柱耐火极限的影响不明显，荷载比较大时，随着钢管屈服强度的提升，耐火极限略有提升，而随着钢筋屈服强度的增加，耐火极限略有降低。

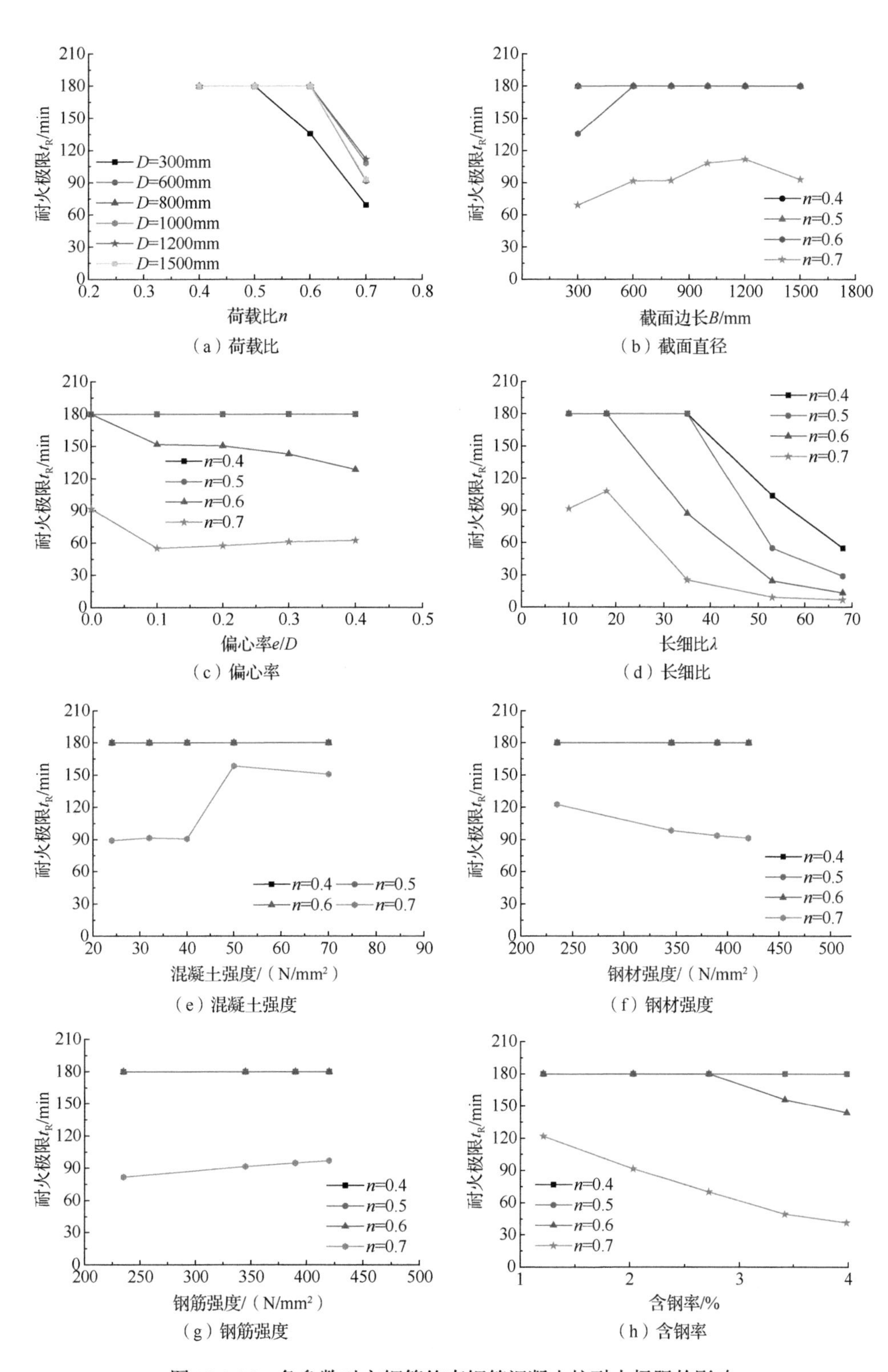

（a）荷载比　（b）截面直径

（c）偏心率　（d）长细比

（e）混凝土强度　（f）钢材强度

（g）钢筋强度　（h）含钢率

图 12.5.16　各参数对方钢管约束钢筋混凝土柱耐火极限的影响

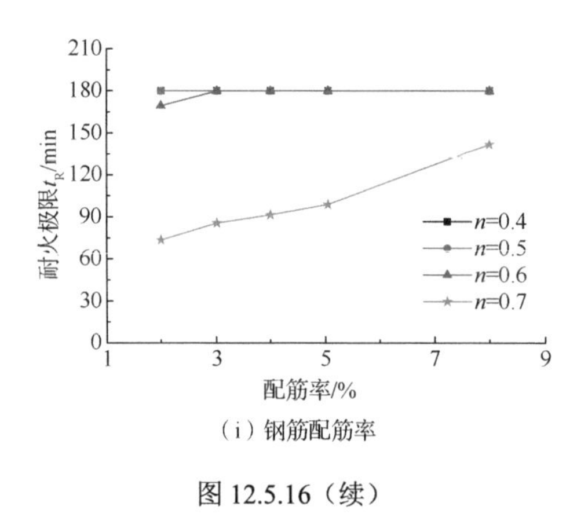

（i）钢筋配筋率

图 12.5.16（续）

12.6 钢管约束混凝土防火设计方法

12.6.1 简化荷载比计算方法

钢管约束混凝土柱防火验算时，荷载偶然组合的效应设计值应按现行国家标准《建筑结构荷载规范》（GB 50009—2012）的有关规定执行，荷载效应计算时可采用常温下的结构分析模型。防火验算中的荷载比 n 按以下简化公式进行计算：

$$n=\frac{N^{\mathrm{T}}}{N_{\mathrm{uk}}} \tag{12.6.1}$$

式中：n——荷载比；

N^{T}——火灾下按荷载偶然组合计算的轴向压力设计值；

N_{uk}——常温下钢管约束混凝土柱轴向受压承载力标准值。

钢管约束混凝土柱受压承载力标准值 N_{uk} 应按下列公式计算：

当 $0 \leqslant r_{le} \leqslant k_2 r_{le\_t}$ 时

$$N_{\mathrm{uk}}=\frac{\alpha_1 f_{\mathrm{cck}} A_{\mathrm{c}}\left(r_{le\_t}+1\right) k_1 r_{le}}{2 r_{le\_t}\left(k_1 r_{le}+1\right)}+\frac{r_{le\_t}-k_1 r_{le}}{r_{le\_t}\left(k_1 r_{le}+1\right)} N_{0\mathrm{k}} \tag{12.6.2}$$

当 $k_2 r_{le\_t}<r_{le} \leqslant 5$ 时

$$N_{\mathrm{uk}}=k_4\left[\frac{k_3 \alpha_1 f_{\mathrm{cck}} A_{\mathrm{c}}\left(r_{le\_t}+1\right)}{2 r_{le\_t}}+\frac{r_{le\_t}-k_3 r_{le\_t}-k_3}{r_{le\_t}} N_{0\mathrm{k}}\right]\left(\frac{1}{k_1 r_{le}+1}-0.15\right) \tag{12.6.3}$$

式中：r_{le}——按荷载偶然组合计算的荷载偏心率，取 $r_{le}=\left|2M/(ND)\right|$；

α_1——系数，按《建筑结构荷载规范》（GB 50009—2012）第 5.1.8 条执行；

f_{cck}——考虑钢管侧向约束的混凝土轴心抗压强度标准值，单位为牛每平方毫米（$\mathrm{N/mm^2}$）；

$N_{0\mathrm{k}}$——钢管约束混凝土柱截面轴压承载力标准值；

M、N——按荷载效应偶然组合计算的控制截面弯矩、轴力设计值；

k_1、k_2——系数，按表 12.6.1 取值；

r_{le_t}、k_3、k_4——系数，按表 12.6.2 中的公式计算。

表 12.6.1　钢管约束钢筋混凝土柱受压承载力计算系数 k_1、k_2 取值

构件类型	k_1	k_2
圆钢管约束钢筋混凝土柱	1.1	2.1
方钢管约束钢筋混凝土柱	0.9	2.1
圆钢管约束型钢混凝土柱	1.0	2.1
方钢管约束型钢混凝土柱	0.9	1.8

表 12.6.2　钢管约束钢筋混凝土柱受压承载力计算系数 r_{le_t}、k_3、k_4 计算公式

系数	系数取值或计算公式	
	圆形截面	方形截面
r_{le_t}	$\dfrac{4M_{mk}}{\alpha f_{cck}A_cD}+\dfrac{4}{3\pi}$	$\dfrac{4M_{mk}}{\alpha f_{cck}D^3}+\dfrac{1}{2}$
k_3	$\dfrac{k_1k_2r_{le\_t}}{k_1k_2r_{le\_t}+1}$	
k_4	$\left(\dfrac{1}{k_1k_2r_{le\_t}+1}-0.15\right)^{-1}$	

注：M_{mk} 为按材料强度标准值计算的截面钢筋或型钢对截面中心轴的全塑性弯矩，单位为 N·mm。

12.6.2　耐火极限和防火涂料厚度简化计算方法

为便于设计，对圆形和方形截面的钢管约束钢筋/型钢混凝土柱开展大量有限元分析，基于试验及有限元分析结果，本书给出不同荷载比和不同截面尺寸下圆形截面构件耐火极限和防火涂料厚度计算表格。由于在相同截面面积与荷载比条件下，方形截面耐火极限会高于圆形截面，在进行方形截面抗火设计时，偏于安全地按照相同截面面积和荷载比下圆形截面进行设计。

无防火保护层时，钢管约束钢筋混凝土柱的耐火极限可按表 12.6.3 取值。

表 12.6.3　不同荷载比下钢管约束钢筋混凝土柱的耐火极限

D/mm	耐火极限/min					
	n=0.3	n=0.4	n=0.5	n=0.6	n=0.7	n=0.8
300	>180	140	98	68	41	27
600	>180	>180	>180	98	44	28
800	>180	>180	>180	123	45	29
1000	>180	>180	>180	132	46	30

续表

D/mm	耐火极限/min					
	n=0.3	n=0.4	n=0.5	n=0.6	n=0.7	n=0.8
1200	>180	>180	>180	145	47	31
1400	>180	>180	>180	158	48	31
1600	>180	>180	>180	>180	48	32
1800	>180	>180	>180	>180	49	33
2000	>180	>180	>180	>180	50	34

无防火保护层时，钢管约束型钢混凝土柱的耐火极限可按表 12.6.4 取值。

表 12.6.4　不同荷载比下钢管约束型钢混凝土柱的耐火极限

D/mm	耐火极限/min					
	n=0.3	n=0.4	n=0.5	n=0.6	n=0.7	n=0.8
300	>180	>180	130	82	42	24
600	>180	>180	>180	>180	48	25
800	>180	>180	>180	>180	48	25
1000	>180	>180	>180	>180	49	26
1200	>180	>180	>180	>180	50	27
1400	>180	>180	>180	>180	51	27
1600	>180	>180	>180	>180	52	28
1800	>180	>180	>180	>180	52	29
2000	>180	>180	>180	>180	53	30

当防火材料为非膨胀型涂料时，钢管约束钢筋混凝土柱的防火涂料厚度可按表 12.6.5～表 12.6.7 取值。

表 12.6.5　耐火等级为 120min 时非膨胀型防火涂料厚度 d_i 取值

D/mm	涂料厚度 d_i/mm					
	n=0.3	n=0.4	n=0.5	n=0.6	n=0.7	n=0.8
300	0	0	1	2	4	8
600	0	0	0	1	4	8
800	0	0	0	0	4	8
1000	0	0	0	0	4	8
1200	0	0	0	0	4	8
1400	0	0	0	0	4	8
1600	0	0	0	0	4	8
1800	0	0	0	0	4	7
2000	0	0	0	0	4	7

注：1. 保护层导热系数λ_i取 0.116W/（m·℃）；

2. 当保护层厚度小于设计、施工或成品规定的最小厚度时，应按后者取值。

表 12.6.6　耐火等级为 150min 时非膨胀型防火涂料厚度 d_i 取值

D/mm	涂料厚度 d_i/mm					
	n=0.3	n=0.4	n=0.5	n=0.6	n=0.7	n=0.8
300	0	1	1	2	6	11
600	0	0	0	2	5	11
800	0	0	0	1	5	11
1000	0	0	0	1	5	11
1200	0	0	0	1	5	11
1400	0	0	0	0	5	11
1600	0	0	0	0	5	10
1800	0	0	0	0	5	10
2000	0	0	0	0	5	9

注：1．保护层导热系数λ_i 取 0.116W/（m·℃）；

2．当保护层厚度小于设计、施工或成品规定的最小厚度时，应按后者取值。

表 12.6.7　耐火等级为 180min 时非膨胀型防火涂料厚度 d_i 取值

D/mm	涂料厚度 d_i/mm					
	n=0.3	n=0.4	n=0.5	n=0.6	n=0.7	n=0.8
300	0	1	2	3	8	14
600	0	0	0	2	7	14
800	0	0	0	2	7	14
1000	0	0	0	2	7	14
1200	0	0	0	1	7	13
1400	0	0	0	1	7	13
1600	0	0	0	1	7	13
1800	0	0	0	1	7	12
2000	0	0	0	0	7	11

注：1．保护层导热系数λ_i 取 0.116W/（m·℃）；

2．当保护层厚度小于设计、施工或成品规定的最小厚度时，应按后者取值。

当防火材料为非膨胀型涂料时，钢管约束型钢混凝土柱的防火涂料厚度可按表 12.6.8～表 12.6.10 取值。

表 12.6.8　耐火等级为 120min 时非膨胀型防火涂料厚度 d_i 取值

D/mm	涂料厚度 d_i/mm					
	n=0.3	n=0.4	n=0.5	n=0.6	n=0.7	n=0.8
300	0	0	0	1	4	7
600	0	0	0	0	4	7
800	0	0	0	0	4	7
1000	0	0	0	0	4	7

续表

D/mm	涂料厚度 d_i/mm					
	n=0.3	n=0.4	n=0.5	n=0.6	n=0.7	n=0.8
1200	0	0	0	0	4	7
1400	0	0	0	0	4	7
1600	0	0	0	0	4	7
1800	0	0	0	0	4	7
2000	0	0	0	0	4	6

注：1．保护层导热系数λ_i取 0.116W/（m·℃）；

2．当保护层厚度小于设计、施工或成品规定的最小厚度时，应按后者取值。

表 12.6.9 耐火等级为 150min 时非膨胀型防火涂料厚度 d_i 取值

D/mm	涂料厚度 d_i/mm					
	n=0.3	n=0.4	n=0.5	n=0.6	n=0.7	n=0.8
300	0	0	1	2	6	10
600	0	0	0	0	5	10
800	0	0	0	0	5	10
1000	0	0	0	0	5	10
1200	0	0	0	0	5	10
1400	0	0	0	0	5	10
1600	0	0	0	0	5	9
1800	0	0	0	0	5	9
2000	0	0	0	0	5	8

注：1．保护层导热系数λ_i 取 0.116W/（m·℃）；

2．当保护层厚度小于设计、施工或成品规定的最小厚度时，应按后者取值。

表 12.6.10 耐火等级为 180min 时非膨胀型防火涂料厚度 d_i 取值

D/mm	涂料厚度 d_i/mm					
	n=0.3	n=0.4	n=0.5	n=0.6	n=0.7	n=0.8
300	0	0	1	2	7	12
600	0	0	0	0	6	12
800	0	0	0	0	6	12
1000	0	0	0	0	6	12
1200	0	0	0	0	6	12
1400	0	0	0	0	6	12
1600	0	0	0	0	6	12
1800	0	0	0	0	6	11
2000	0	0	0	0	6	11

注：1．保护层导热系数λ_i 取 0.116W/（m·℃）；

2．当保护层厚度小于设计、施工或成品规定的最小厚度时，应按后者取值。

当防火材料为膨胀型涂料时，保护层厚度应按膨胀型涂料的等效热阻与非膨胀型防火涂料的保护层热阻相等的原则确定。

参考文献

[1] 中华人民共和国住房和城乡建设部. 混凝土物理力学性能试验方法标准: GB/T 50081—2019[S]. 北京: 中国建筑工业出版社, 2019.

[2] 全国钢标准化技术委员会. 金属材料　拉伸试验　第 1 部分: 室温试验方法: GB/T 228.1—2010[S]. 北京: 中国标准出版社, 2010.

[3] 全国消防标准化技术委员会建筑构件耐火性能分技术委员会. 建筑构件耐火试验方法　第 1 部分: 通用要求: GB/T 9978. 1—2008[S]. 北京: 中国标准出版社, 2008.

[4] 谭清华, 韩林海, 周侃. 火灾下型钢混凝土柱的受力全过程分析[J]. 防灾减灾工程学报, 2015, 35(1): 63-68.

[5] Lie T T, Kodur V K R. Fire resistance of circular steel columns filled with bar-reinforced concrete[J]. Journal of Structural Engineering, 1994, 120(5): 1489-1509.

[6] Standards S. Eurocode 3: Design of steel structures-Part 1-2: general rules-structural fire design[J]. London: British Standards Institution, 2005.

[7] Hong S, Varma A H. Analytical modeling of the standard fire behavior of loaded CFT columns[J]. Journal of Constructional Steel Research, 2009, 65(1): 54-69.

[8] Gernay T, Millard A, Franssen J M. A multiaxial constitutive model for concrete in the fire situation: theoretical formulation[J]. International Journal of Solids and Structures, 2013, 50(22/23): 3659-3673.

[9] Bratina S, Saje M, Planinc I. The effects of different strain contributions on the response of RC beams in fire[J]. Engineering Structures, 2007, 29(3): 418-430.

[10] Harmathy T Z. Fire safety design and concrete, concrete design and construction series [M]. Harlow: Longman Scientific and Technical, 1993.

第 13 章　钢管约束混凝土结构典型工程应用

钢管约束混凝土结构承载力高，抗火与抗震性能优异，施工效率高，得到工程界的广泛认可。本章介绍近年来我国钢管约束混凝土结构的典型工程应用，包括重庆中科大厦、青岛海天大酒店新楼、华润小径湾酒店、中俄边境黑瞎子岛东极宝塔、大连奥体中心体育馆与体育场和大连中国石油大厦，涵盖框架-剪力墙、框架-核心筒、RC 筒中筒和大跨度屋盖体系支撑框架等多种结构形式。通过典型工程案例，具体介绍钢管约束混凝土结构的设计与施工技术，并进一步说明其特点和优势。

13.1　重庆中科大厦钢管约束型钢混凝土结构应用

13.1.1　工程概况

工程名称：中科大厦

建设地点：重庆涪陵

结构体系：框架-核心筒

工程状况：已竣工

重庆中科大厦位于重庆市涪陵区新区，是国家装配式建筑科技示范工程，重庆市装配式建筑重点示范工程，是我国第一栋高装配率百米高层框架-核心筒混合结构建筑。中科大厦的结构体系为钢管约束型钢混凝土框架-混凝土核心筒，结构地下 2 层，地上 26 层，结构高度 99.8m。为提高施工效率，结构外框架采用组合框架，核心筒采用现浇混凝土及铝模工艺。组合框架可采用钢管混凝土柱、型钢混凝土柱或钢管约束混凝土柱；结构设计中对三种组合柱进行了综合对比。采用钢管混凝土柱，钢管现场对接焊接工作量大，防火保护需采用厚涂型防火涂料。采用型钢混凝土柱，跟钢管混凝土柱相比，可避免防火涂层施工，但需要现场绑扎钢筋笼并支模板，且型钢混凝土柱与钢梁的节点过于复杂，型钢混凝土柱中的纵向钢筋和箍筋分别需穿过钢梁翼缘和腹板，节点区钢筋和柱加劲肋密集，混凝土浇筑困难，施工速度偏慢；且相同截面尺寸条件下，型钢混凝土柱的用钢量偏高。采用钢管约束钢筋混凝土柱，跟钢管混凝土柱相比，用钢量节省，可避免防火涂层施工或仅采用薄涂型防火涂料，钢管不需要现场对接焊接，但仍需现场绑扎钢筋笼，人工投入较多，现场工业化程度不高；而采用钢管约束型钢混凝土柱，型钢可采用高强螺栓连接，人工投入少，现场工业化程度高。综合考虑工期、成本和工业化程度，项目组最终选择采用钢管约束型钢混凝土柱-钢梁-现浇混凝土核心筒的结构体系。

13.1.2　结构整体分析

本工程抗震设防类别定为标准设防类（丙类），场地抗震设防烈度为 6 度，场地类别为Ⅱ类，地震分组为第一组。风荷载的地面粗糙度为 C 类，基本风压取值ω_0=0.30kN/m^2

（50 年重现期），按此基本风压的 1.1 倍进行结构强度验算和层间位移角变形验算。建筑方案效果图及结构计算模型如图 13.1.1 和图 13.1.2 所示。

图 13.1.1　建筑方案效果图

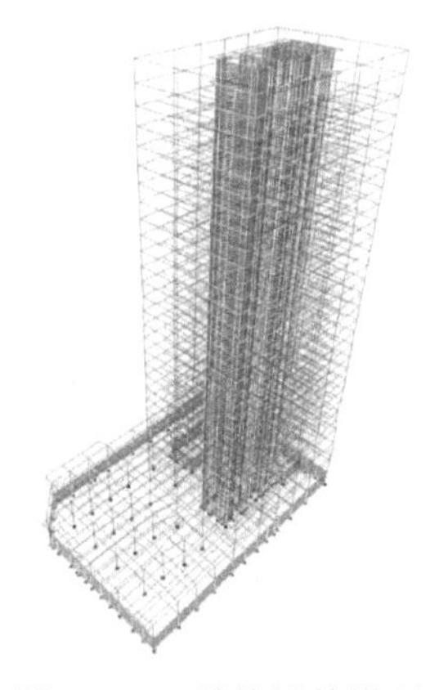

图 13.1.2　结构计算模型

图 13.1.3 为标准层结构平面布置图。核心筒外墙底部墙厚 350mm，随结构高度增加，墙厚逐渐减小为 300mm、250mm、200mm；核心筒内部剪力墙厚为 250mm 及 200mm。

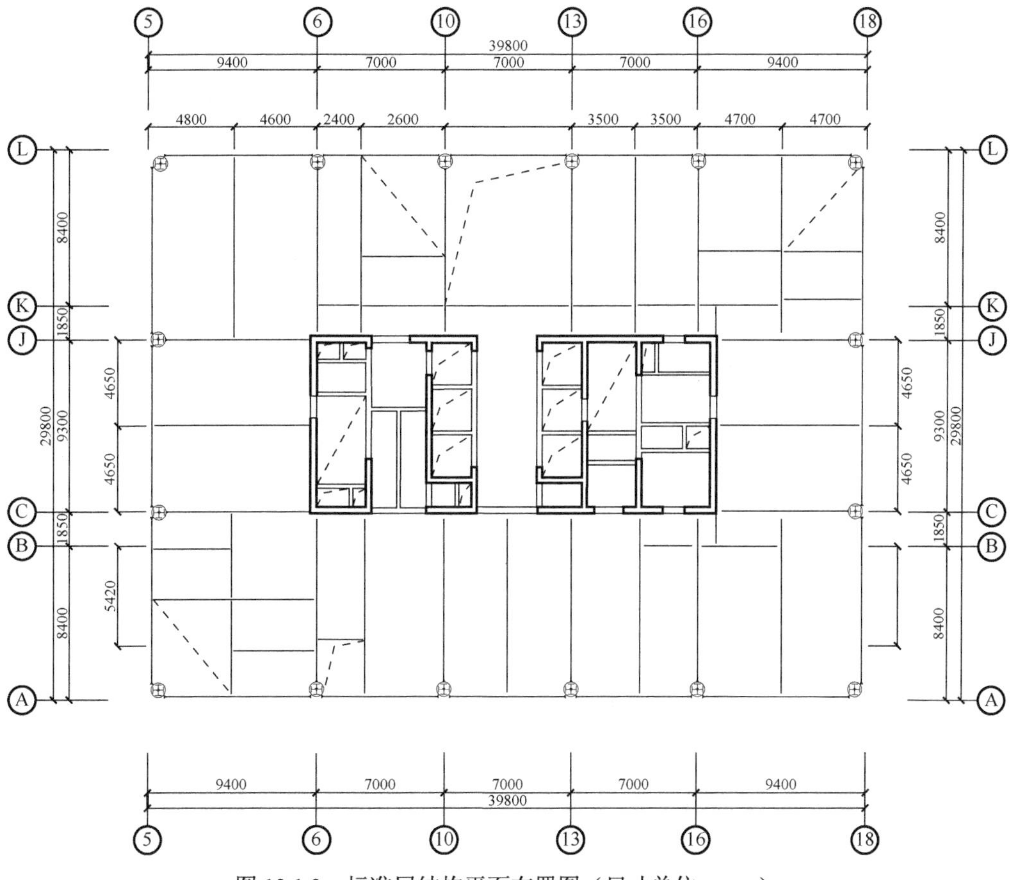

图 13.1.3　标准层结构平面布置图（尺寸单位：mm）

框架柱采用钢管约束型钢混凝土柱，柱距为7000～9400mm。地下两层的塔楼框架柱采用方形型钢混凝土柱，截面为 920mm×920mm。塔楼正负零以上底部框架柱截面直径920mm，随着层数增加，柱截面逐渐减小为 820mm、720mm 及 630mm；柱钢管采用了螺旋焊管，柱截面尺寸均为螺旋焊管的标准直径，钢管材料为 Q345 钢。标准层外框架梁及外框架与核心筒之间的联系梁，均采用 H 型钢梁，钢梁材料均为 Q345 钢。

结构弹性分析时采用 SATWE 与 ETABS 两种计算软件，采用振型分解反应谱法，并且考虑偶然偏心的影响，小震时结构阻尼比取 0.05，其主要计算结果见表 13.1.1。

表 13.1.1　两种软件的弹性分析结果对比

变量		数值	
		STAWE	ETASB
自振周期/s	T1	3.66	3.76
	T2	3.27	3.29
	T3	2.30	2.27
第一扭转周期/第一平动周期		0.62	0.60
有效质量系数	X 向	91.36%	91.02%
	Y 向	91.15%	92.26%
地震下首层弯矩/(kN·m)	X 向	300000	303000
	Y 向	310000	308000
地震下首层剪力/kN	X 向	5869	5789
	Y 向	6104	6068
50 年一遇风荷载下最大层间位移角	X 向	1/1968	1/2017
	Y 向	1/1037	1/1146
地震荷载下最大层间位移角	X 向	1/1525	1/1556
	Y 向	1/1197	1/1289
规定水平地震力下考虑偶然偏心最大扭转位移比	X 向	1.2	1.2
	Y 向	1.1	1.15

13.1.3　钢管约束型钢混凝土柱设计

框架柱采用钢管约束型钢混凝土柱，柱钢管内无纵筋及箍筋，由型钢和混凝土共同受弯和受剪。由于现有结构计算软件无法直接进行钢管约束型钢混凝土柱截面设计，故根据《钢管约束混凝土结构技术标准》（JGJ/T 471—2019）进行列表计算和设计，具体设计步骤如下。

1）截面确定。根据《钢管约束混凝土结构技术标准》（JGJ/T 471—2019）中的相关规定，初步确定柱截面尺寸和十字型钢截面，截面形式如图 13.1.4 所示。

2）弹性阶段内力和变形分析。当前的结构分析软件中无钢管约束型钢混凝土柱的选项，因此结构建模时采用型钢混凝土柱，但按钢管约束型钢混凝土对柱的弹性刚度等参数进行调整。根据整体内力分析结果，调整柱截面参数，以满足轴压比、位移角等设计指标。

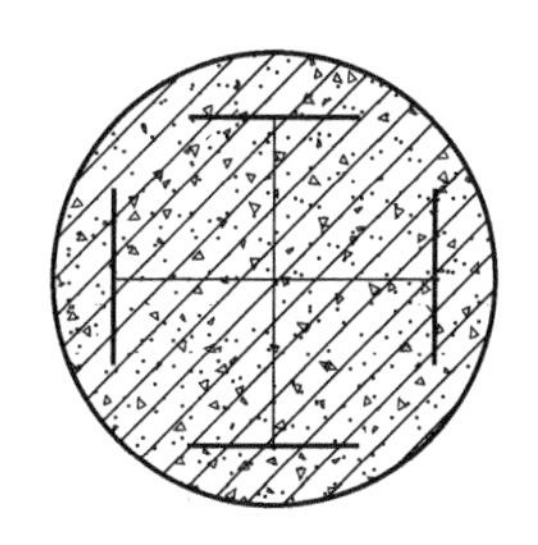

图 13.1.4　钢管约束型钢混凝土柱截面

3）承载力验算。力学分析后得到柱各工况组合下的轴力、弯矩和剪力，然后根据《钢管约束混凝土结构技术标准》（JGT/T 471—2019）中的公式进行截面压弯承载力验算、整体稳定验算、受剪承载力验算。

4）框架节点设计。根据《钢管约束混凝土结构技术标准》（JGJ/T 471—2019）进行节点设计，采用环板贯通式节点，环板向钢管内嵌入混凝土 20mm 以增加钢管与混凝土界面的剪力传递能力，环板在钢管外的尺寸，根据计算和构造要求确定。

13.1.4　钢管约束型钢混凝土框架施工

钢管约束型钢混凝土结构的施工与传统钢管混凝土及型钢混凝土均不同，需探索新的施工流程。图 13.1.5 为本工程钢管约束型钢混凝土框架施工过程关键环节照片。本工程的钢管约束型钢混凝土框架生产及施工工艺流程为：①柱内十字型钢、钢管、型钢梁制作；②柱内十字型钢吊装（两层一个单元）、调整、校核和固定；③柱钢管及节点区（第一层）作为一个整体吊装、调整、校核和临时固定，并封堵柱钢管缝隙以免漏浆；④型钢梁（第一层）吊装、调整、校核和固定；⑤钢管内混凝土（第一层）浇筑、养护；⑥楼板施工；⑦第二层施工，重复③～⑥步骤。

（a）十字型钢安装

（b）钢管及节点区整体吊装

图 13.1.5　钢管约束型钢混凝土框架施工过程关键环节

（c）钢管施工固定

（d）型钢梁安装

图 13.1.5（续）

13.1.5 装配式建筑技术应用

中科大厦采用的预制混凝土构件主要有：预制预应力混凝土带肋底板叠合板、预制混凝土夹芯外挂墙板、预制卫生间沉箱和预制楼梯。

预制预应力混凝土带肋底板叠合板：采用先张预应力、干硬性混凝土挤压成型，板片长线台生产，根据项目需求切割所需长度。预制底板四周不出筋便于施工，通过混凝土肋保证预制底板刚度，使得预制底板可在施工时免支撑。预制预应力混凝土带肋底板的生产和安装环节，如图 13.1.6 所示。

（a）预制预应力混凝土带肋底板切割

（b）预制预应力混凝土带肋底板安装

图 13.1.6 预应力混凝土带肋底板的生产和安装

预制清水混凝土夹芯外挂墙板：通过少规格、多组合的方式，用 4 种主要造型组合出乌江水的波澜效果。墙板内外叶采用清水混凝土，中间夹保温板。其混凝土成型效果佳、保温性能好、防水抗污性能强。预制混凝土夹心外挂墙板生产和安装如图 13.1.7 所示。

(a) 钢筋笼制备

(b) 入模浇筑

(c) 现场吊装（成品保护）

(d) 最终效果

图 13.1.7　预制混凝土夹心外挂墙板生产和安装

预制卫生间沉箱：卫生间降板部分整体预制，采用自防水混凝土、高精度木模预制，整体成型质量和防水性能均较好。图 13.1.8 为预制卫生间沉箱的自防水测试和现场安装。

（a）自防水测试

（b）现场安装

图 13.1.8 预制卫生间沉箱的自防水测试和现场安装

13.2 青岛海天大酒店新楼钢管约束钢筋混凝土应用

13.2.1 工程概况

工程名称：青岛海天大酒店新楼

建设地点：山东青岛

结构体系：框架-核心筒（T1 塔楼）、框架-剪力墙（T3 塔楼）

工程状况：2020 年竣工，2021 年投入使用

青岛海天大酒店新楼位于山东省青岛市原海天大酒店院内，是青岛海天大酒店的改造项目（图 13.2.1）。本项目包括 3 栋超高层塔楼、裙房及 5 层地下室。塔楼建筑高度分别为：T1 塔楼 210m、T2 塔楼 369m、T3 塔楼 245m。其中 T1 和 T2 塔楼采用框架-核心筒结构体系，T3 塔楼采用框架-剪力墙结构体系；T1 和 T3 塔楼的外框架由钢管约束钢筋混凝土柱和钢筋混凝土梁组成，T2 塔楼的外框架采用钢管混凝土柱和钢梁组成。T1 和 T2 塔楼底部裙房相连，不设永久性的结构缝，因此是一个结构整体，需进行整体结构抗震分析；T3 塔楼与底部裙房为一个单独的结构。

图 13.2.1　青岛海天大酒店新楼效果图

13.2.2　T1 塔楼结构设计

T1 塔楼共 42 层，结构高度为 181m，采用框架-核心筒结构体系；图 13.2.2 为 T1 塔楼的结构整体分析模型，图 13.2.3 为 T1 塔楼的底部标准层结构布置图。T1 塔楼东西两侧外框柱 28 层以下采用矩形型钢混凝土柱，南北两侧 16 层以下圆形斜外框柱采用圆钢管约束钢筋混凝土，其余楼层外框柱采用钢筋混凝土。核心筒采用钢筋混凝土剪力墙，但在底部加强区内配置了型钢以提高抗震性能并降低墙体厚度。楼盖采用钢筋混凝土梁及现浇混凝土楼板。

本工程的抗震设防烈度为 6 度；框架-核心筒混凝土结构的 A 级高度限制为 150m，B 级高度限制为 210m，因此 T1 塔楼属于超 A 级高度的超高结构。结构考虑偶然偏心的扭转位移比为 1.32，超过了 1.2 的限制，属于扭转不规则；同时 T1 与 T2 及裙房不设缝，形成多塔（图 13.2.4），属于尺寸突变方面的结构不规则。针对 T1 塔楼的结构超高及不规则，结构设计中针对结构体系和构件布置采取了相应的措施。在结构体系设计中，控制最小剪重比和层间位移角，保证结构整体在水平地震和风荷载作用下具有合理的抗侧刚度；控制水平地震作用下核心筒与外框之间的剪力分担比，形成有效的二道防线；控制整体结构两个正交方向的抗侧刚度，力求使其基本接近；控制外框柱、核心筒剪力墙的截面尺寸和材料强度沿竖向变化位置及速率，力求变化缓慢和均匀；在第 2 层和第 9 层南北端局部设楼面斜撑并设型钢楼面梁及环梁；提高关键构件的抗震措施和安全储备。核心筒设计方面，将筒体的剪力墙布置为连肢墙，避免一字单片墙以保证延性，并控制墙长度不超过 8m；筒体外墙中震抗剪按弹性设计，大震下底部加强区按抗剪不屈服设计，底部加强区的约束边缘构件向上延伸 2 层；南北端筒体角部纵横墙相交处底部加强区内设置型钢，并在部分连梁内设置型钢以保证受剪承载力和延性；控制底部加强区核心筒剪力墙的轴压比不超过 0.5。外框架设计方面，框架柱按中震不屈服设计，且受剪截面满足大震作用下的截面控制条件；框架部分承担地震倾覆力矩大于总倾覆力矩50%的楼层，其框架部分的抗震等级和柱轴压比限值按框架结构的规定进行从严控制；矩形外框柱在 28 层以下采用型钢混凝土；圆形外框柱在 16 层以下采用钢管约束钢筋混凝土，以提高斜柱的延性并有效降低柱截面尺寸，柱直径分别为 1500mm、1400mm，钢管壁厚为 8mm，采用 Q345 钢材，钢管含钢率为 2.12%～2.27%。钢管约束钢筋混凝土斜柱的梁柱节点区需予以加强，采用了节点区柱纵筋并筋的方式（图 13.2.5）以保证节点区的受压承载力高于框架柱。

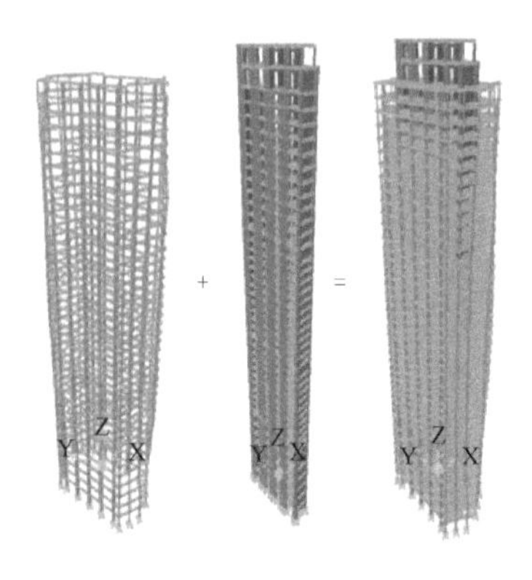

图 13.2.2　T1 塔楼结构整体分析模型

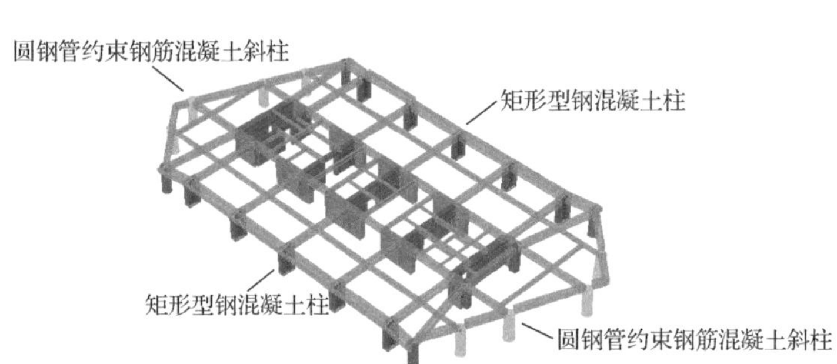

图 13.2.3　T1 塔楼底部标准层结构布置图

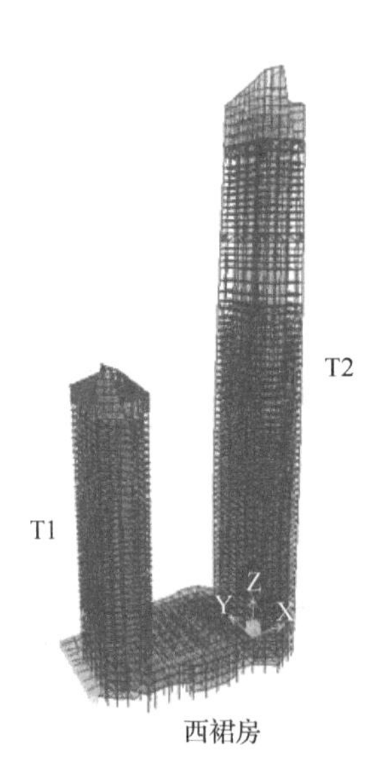

图 13.2.4　T1 与 T2 塔楼及裙房的整体分析模型

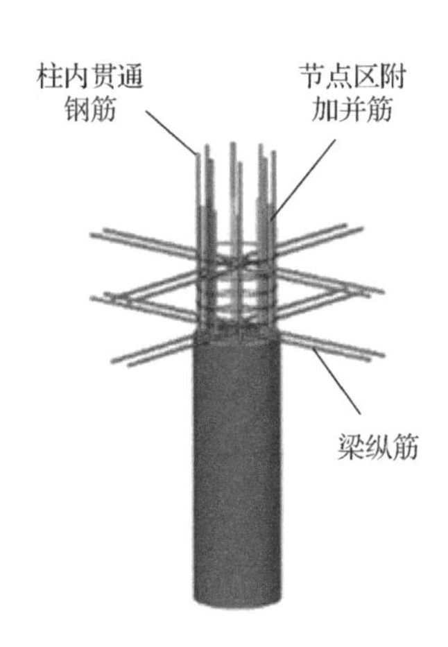

图 13.2.5　节点区柱纵筋并筋示意图

13.2.3　T3 塔楼结构设计

T3 塔楼共 56 层，结构高度为 219m，采用框架-剪力墙结构体系；图 13.2.6 为 T3 塔楼的结构整体分析模型，图 13.2.7 为 T3 塔楼的底部标准层结构布置图。T3 塔楼的公寓东西分户区域，一侧为混凝土剪力墙且在 1～30 层墙体端部内埋设型钢，另一侧为矩形型钢混凝土外框柱；底部加强区的 1～7 层电梯筒混凝土剪力墙角部设置型钢暗柱；外框南北两侧中部圆形斜柱 1～51 层采用钢管约束型钢混凝土，角部圆形直柱 1～38 层采用钢管约束型钢混凝土。楼盖采用钢筋混凝土梁及现浇混凝土楼板。

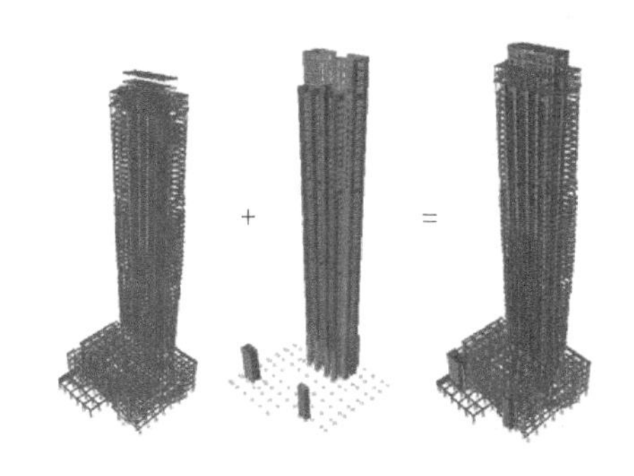

图 13.2.6　T3 塔楼结构整体分析模型

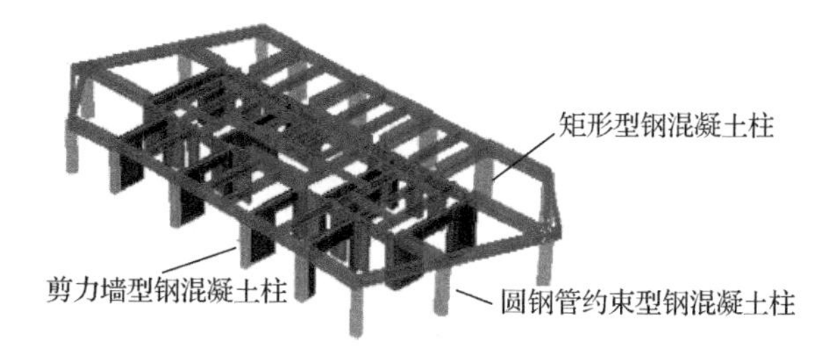

图 13.2.7　T3 塔楼底部标准层结构布置图

本工程的抗震设防烈度为 6 度，框架-剪力墙混凝土结构的 B 级高度限制为 160m，因此 T3 塔楼属于超 B 级高度的超高结构。结构裙房屋顶上下两层的质心相差 25.7%，超过了 15%的上限要求，属于偏心布置方面的不规则；结构南北端部共 4 根框架柱为斜柱，属于局部不规则。针对 T3 塔楼的结构超高及不规则，结构设计中针对结构体系和构件布置采取了相应措施。在结构体系设计中，首先通过控制最小剪重比和层间位移角以保证结构的刚度合理；控制水平地震作用下框架和剪力墙部分的剪力分担比，形成有效的二道防线；控制结构两个正交方向的周期接近，并使得框架柱和剪力墙的截面尺寸和材料强度沿高度缓慢均匀变化；在裙房远离塔楼侧布置适当剪力墙以增强裙房底盘结构的整体抗扭刚度。在剪力墙设计方面，与 T1 塔楼的措施基本相同，但 T3 塔楼的分户剪力墙为单片墙体，为保证其延性，在 1～38 层的墙端布置了型钢暗柱；同时剪力墙的约束边缘构件延伸至轴压比 0.3 处的楼层，底部加强区延伸至裙房屋面以上 2 层且角部设置型钢暗柱；底部加强区的内部筒周边剪力墙、分户剪力墙，按中震抗剪弹性和大震抗剪不屈服设计；控制底部加强区的内部筒周边剪力墙轴压比不超过 0.5。框架设计方面，框架柱采用圆钢管约束型钢混凝土以提高延性并减小柱截面尺寸，柱直径分别为 1400mm、1300mm、1200mm 和 1100mm，其中型钢含钢率控制在 5%～8%，钢管壁厚 8mm，采用 Q345 钢材，钢管含钢率 2%～3%；外框柱按中震不屈服设计，且受剪截面满足大震作用下的截面控制条件。

13.2.4　钢管约束钢筋混凝土柱施工

钢管约束钢筋混凝土柱-混凝土梁结构的施工与传统钢筋混凝土框架的施工过程相似，区别主要是混凝土柱的外钢管代替了模板。本工程的钢管约束钢筋混凝土柱为圆形截面，圆钢管采用卷制直缝焊接加工工艺，焊缝采用对接溶透焊缝，焊缝质量等级为一级。图 13.2.8 为 T1 塔楼施工完成后的钢管约束钢筋混凝土柱。钢管加工时焊接吊装耳板，施工完成后将耳板切除。钢管在楼层上下两端断开，不通过梁柱节点区，钢管与楼层底部和顶部的框架梁距离为 10～20mm。施工过程中，先绑扎柱钢筋笼，然后套入钢管并将其固定，之后完成梁和节点区的支模，并采用快硬水泥砂浆封堵钢管与模板之间的缝隙，最后浇筑柱混凝土及梁混凝土。

（a）视图 1

（b）视图 2

（c）视图 3

（d）视图 4

图 13.2.8　T1 塔楼完成后的钢管约束钢筋混凝土柱

13.3 华润小径湾酒店钢管约束钢筋混凝土应用

工程名称：华润小径湾酒店
建设地点：广东惠州
结构体系：带托柱转换的框架-剪力墙
工程状况：已竣工，投入使用

华润小径湾酒店位于广东省惠州市大亚湾经济技术开发区，建筑平面呈 M 形布置，平面形状复杂（图 13.3.1）。华润小径湾酒店的结构体系为带托柱转换的钢筋混凝土框架-剪力墙结构体系，结构地下 1 层，地上 11 层，结构高度 43.6m。本工程为复杂超限结构，超限的结构规则类型包括扭转不规则、楼板不连续、平面尺寸突变、竖向构件不连续、相邻层受剪承载力突变等，同时存在剪跨比 1.0 左右的框架超短柱、楼盖悬挑、钢梁与混凝土柱复杂节点等不利于抗震和施工的因素。

图 13.3.1　建成后的华润小径湾酒店

结构在设备层的层高仅 2.5m，但由于钢筋混凝土柱截面尺寸较大，因此设备层的框架柱均为剪跨比在 1.0 左右的超短柱，最小剪跨比为 0.9，同时考虑本结构的复杂性，因此设备层的超短柱必须进行加强。传统的加强方式一般是在柱内设置型钢，形成型钢混凝土柱。但在一般的常用含钢率范围（4%～6%）内，剪跨比 1.0 左右的型钢混凝土超短柱的延性和层间变形能力也很难满足要求；且柱内设置型钢后，需要分别往上下各延伸一层，并将导致节点区钢筋混凝土梁纵筋与柱内型钢连接复杂且混凝土浇筑难度大等问题，经济性和施工便利性方面不足。因此结构工程师在设备层采用了钢管约束钢筋混凝土技术，即在钢筋混凝土超短柱外设置了薄壁钢管，形成钢管约束钢筋混凝土超短柱，钢管在楼层上下节点区处断开，不通过楼层（图 13.3.2），既保证超短柱的延性和变形能力，又避免了节点区施工复杂的问题，经济效益好，施工方便快捷。

（a）混凝土浇筑前　　（b）结构施工完成后

图 13.3.2　华润小径湾酒店应用的钢管约束混凝土超短柱

在结构的顶部两层，存在悬挑楼盖，且悬挑出楼盖形状较为复杂，框架柱与 6 根梁相连接。悬挑楼盖部分如采用钢筋混凝土悬挑梁，需施加后张预应力，因此梁柱节点区 6 根梁的纵筋和预应力筋过多，尤其是两根非悬挑预应力梁的纵筋不能直接贯通，需分别在梁柱节点区截断并锚固，从而导致节点区钢筋过于密集，混凝土浇筑极为困难，施工质量难以保证。为避免节点区钢筋过度密集的问题，结构工程师在此处采用了型钢混凝土梁，避免了后张预应力筋的施工；同时为避免型钢在节点区交叉连接复杂的问题，工程师借鉴了钢管约束混凝土的概念，即在节点区设置了厚壁钢管，并在钢管上对应于型钢上下翼缘的位置设置了外环板，相当于在节点区采用了一段带外环板的钢管约束混凝土柱（图 13.3.3），既可有效传递梁的弯矩和剪力，又能够对节点区进行有效加强以保证结构安全，同时避免了型钢在节点区交叉连接复杂的问题。

图 13.3.3　节点区钢管约束混凝土概念应用

13.4　东极宝塔钢管约束钢筋混凝土应用

工程名称：东极宝塔

建设地点：黑龙江省抚远市，中俄边境黑瞎子岛

结构体系：框架-核心筒

工程状况：已竣工，投入使用

东极宝塔位于黑龙江省抚远市的黑瞎子岛，是黑瞎子岛中俄边境上的标志性工程（图 13.4.1）。东极宝塔的结构体系为框架柱逐层转换的钢筋混凝土框架-核心筒，结构地下 2 层，地上 9 层，建筑总高度 81m。

图 13.4.1　建成后的东极宝塔

东极宝塔为典型的中国塔式建筑，从二层开始其建筑尺寸即逐层内收，如图 13.4.2 所示。为保证外框架与核心筒之间的宽度较大，从二层开始外框架柱采用与塔建筑八边形角部形状一致的钢筋混凝土异形柱，且每层的异形柱均内收，造成层层转换。虽然结构上部仅有 9 层，但塔式建筑的层高大，建筑自重也很大，因此底层框架柱的荷载很大，截面尺寸大。同时底层框架柱作为转换柱，其延性和层间变形能力要求高。为提高一层框架柱的抗震性能，并有效降低柱截面尺寸，一般可采用钢管混凝土柱或型钢混凝土柱。图 13.4.3 为地下一层结构平面布置图，由图中可见，塔的外框架柱处与 5 根框架梁相连，且其中 3 根框架梁不直接连通，梁中纵筋在节点区处布置复杂。结构方案阶段，结构工程师首先提出地下 2 层至地上 1 层采用钢管混凝土柱，并采用外环节点，钢筋混凝土框架梁的纵筋直接焊接在外环板上，从而避免钢筋在节点区内过于密集的问题；但建筑师认为外环节点的建筑效果不够整洁，要求不设外环板；如果不设外环板，钢筋需穿过钢

管，且其中 3 根梁均需在节点区截断并锚固，造成节点区钢管内的钢筋过于密集，混凝土无法浇筑。采用钢管混凝土柱，要避免节点区钢筋密集的问题，就需要把框架梁换成钢梁，从而导致结构的成本明显提升；因此钢管混凝土柱的方案被放弃。如果采用型钢混凝土柱，则仍然存在节点区柱纵筋、柱箍筋、柱型钢及其加劲肋布置密集的问题，混凝土浇筑难度很大，无法保证施工质量。综合对比后，结构工程师最终采用钢管约束钢筋混凝土柱（圆钢管直径 1200mm，壁厚 10mm，Q345 钢），并在梁中采用了大直径纵筋，从而解决了节点复杂的问题，并能够保证框架柱具有优越的抗震性能。

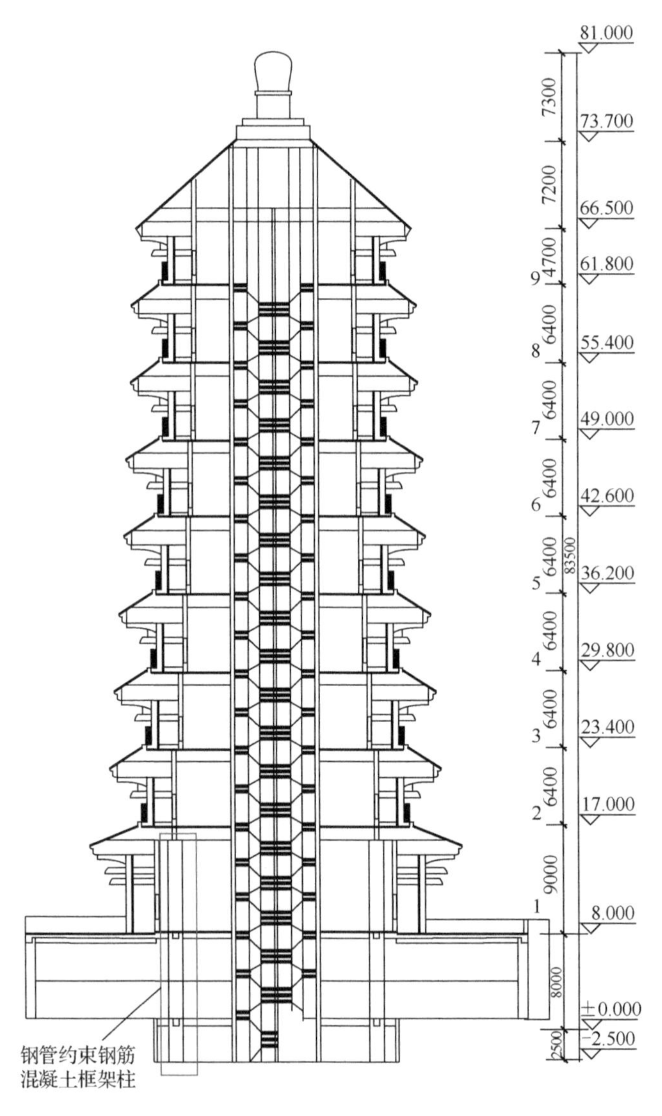

图 13.4.2　东极宝塔建筑剖面图（尺寸单位：mm）

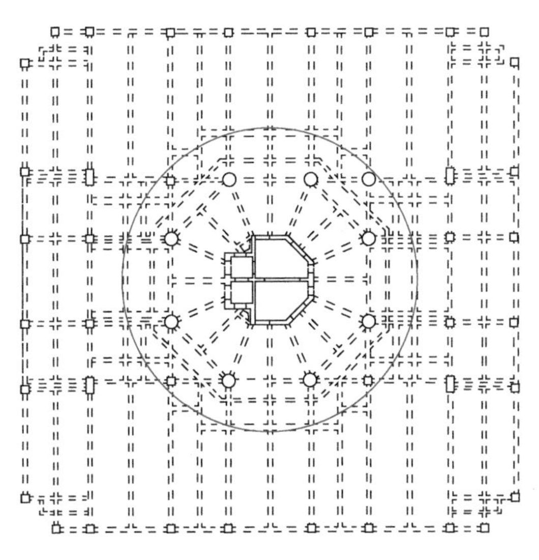

图 13.4.3　东极宝塔地下一层结构平面布置图

13.5　大连奥体中心体育馆和体育场钢管约束钢筋混凝土应用

13.5.1　大连奥体中心体育馆钢管约束钢筋混凝土应用

工程名称：大连奥体中心体育馆

建设地点：辽宁省大连市

结构体系：上部弦支穹顶屋盖，下部钢筋混凝土框架

工程状况：已竣工，投入使用

大连奥体中心体育馆和体育场是 2013 年第十二届全国运动会的主要场馆，图 13.5.1 为建成后的体育馆和体育场，图 13.5.2 为体育馆侧视图。体育馆的结构体系分为两部分，包括顶部的大跨度弦支穹顶结构和底部的钢筋混凝土框架结构。顶部的大跨度弦支穹顶屋盖形状为椭圆形，椭圆的长轴和短轴分别为 140m 和 116m。体育馆屋盖的吊挂荷载及雪荷载均较大，因此支承上部大跨度屋盖的框架柱截面较大，截面尺寸为 1000mm×1800mm。结构整体分析结果表明，水平地震作用下，由于支承上部大跨度屋盖的框架柱截面尺寸显著大于其他框架柱，因此其承担的水平剪力将显著高于其他框架柱。在结构的一层，柱子净高为 5.4m 左右，则一层框架柱的剪跨比一般都在 1.5 左右，为超短柱，如果采用普通钢筋混凝土柱，则难以满足结构整体的罕遇地震设计要求。

为解决结构一层的钢筋混凝土超短柱抗震性能不足的问题，项目组进行了多种方案的综合对比。采用传统的型钢混凝土柱可较好地解决超短柱抗震性能不足的问题。但在本工程中，由于框架梁为钢筋混凝土，梁柱节点连接复杂，施工难度大。图 13.5.3 和图 13.5.4 为两种典型的型钢混凝土柱-钢筋混凝土梁连接节点形式[1]；由图 13.5.3 可见，梁柱节点区内包括型钢、加劲肋、柱纵筋、柱箍筋、梁纵筋五部分，导致节点区内钢材分布非常密集，混凝土浇筑和振捣困难，施工难度很大。在本工程中，框架梁中的纵向钢筋经常分为上下两排甚至三排，则节点区的施工难度进一步加大，很难保证节点区的混凝土浇筑质量。如果在一层采用型钢混凝土柱，则型钢混凝土柱需再向上和向下分别延伸一层作为过渡层[2]，进一步增加了施工难度，用钢量也将显著增加。

图 13.5.1 建成后的大连奥体中心体育馆和体育场

图 13.5.2 大连奥体中心体育馆侧视图

本工程的一层采用钢管混凝土代替钢筋混凝土柱也可有效提高超短柱的抗震性能，但钢管混凝土柱与钢筋混凝土梁的连接节点仍存在施工复杂和造价偏高的问题。图 13.5.5～图 13.5.7 为工程实践中经常采用的钢管混凝土柱(CFST)-钢筋混凝土梁(RC)连接节点形式[2-3]；由图中可见，环梁-钢承重销式连接节点或穿筋式节点中，环梁的钢筋分布密集，用钢量大，施工工艺复杂；外加强环节点的施工工艺相对简单，但外环板和竖板的用钢量约为钢管混凝土柱用钢量的 1/4～1/3 左右，用钢量大，经济效果不理想，且当梁中纵筋较多时现场焊接工作量很大，施工费用较高。

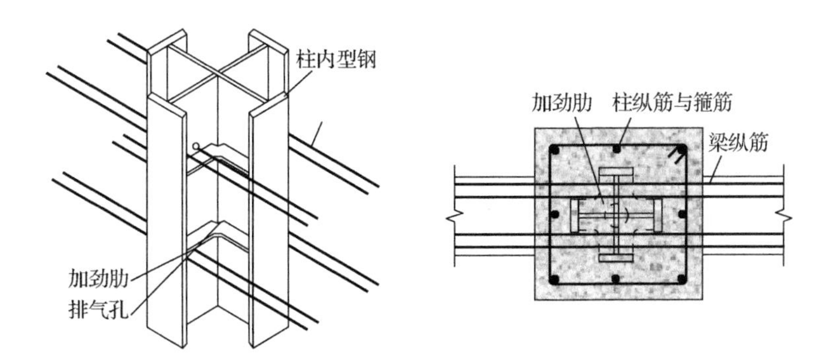

图 13.5.3 SRC 柱-RC 梁：纵筋贯通节点（窄翼缘型钢或梁纵筋根数少）

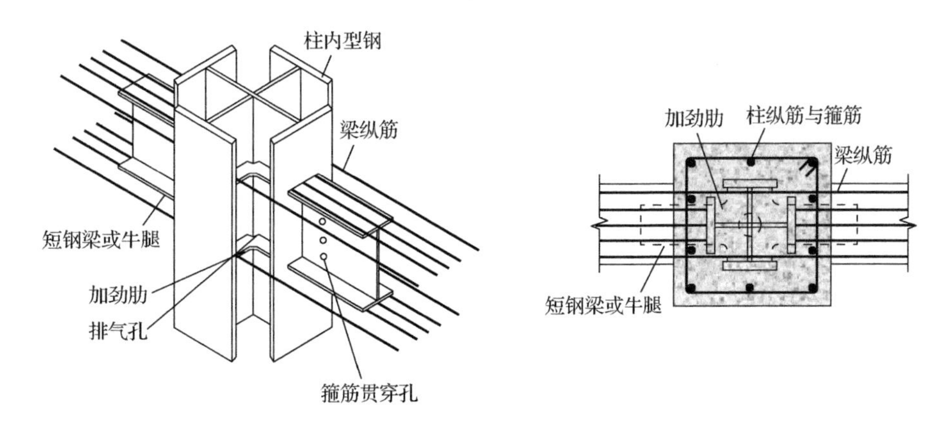

图 13.5.4 SRC 柱-RC 梁：纵筋焊接或搭接节点（宽翼缘型钢或梁纵筋根数多）

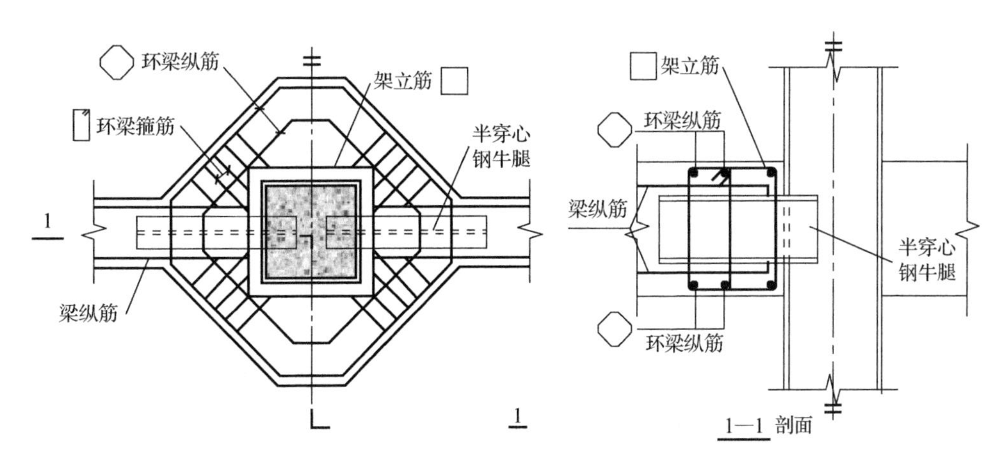

图 13.5.5 CFST 柱-RC 梁：环梁-钢承重销式连接节点

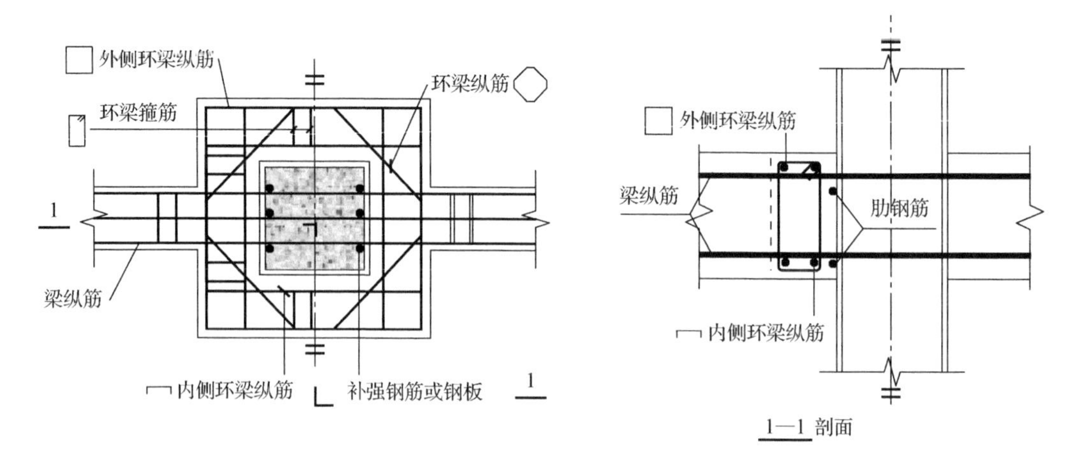

图 13.5.6 CFST 柱-RC 梁：穿筋式节点

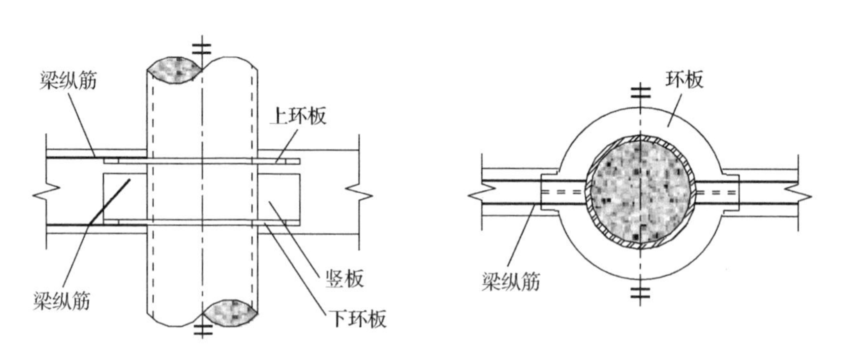

图 13.5.7 CFST 柱-RC 梁：外加强环节点

综合考虑大连体育馆结构的施工问题和工程造价，结构专业项目组决定采用钢管约束钢筋混凝土以解决一层超短柱的抗震问题，并避免传统组合框架柱与钢筋混凝土框架梁连接复杂和造价偏高的问题。在钢管约束混凝土结构中，由于框架柱的钢管不通过节点区，钢管约束钢筋混凝土柱与钢筋混凝土梁的连接节点施工工艺与普通钢筋混凝土框架节点相同，施工方便快捷，避免了钢管混凝土或型钢混凝土柱与钢筋混凝土梁连接复杂的问题，且连接节点用钢量低，经济效益好。图 13.5.8 为大连市体育馆的钢管约束钢筋混凝土柱施工详图。由于钢管的宽厚比很大，长边宽厚比达 120，为防止混凝土浇筑过程中涨模，采取了施工过程的对拉钢筋构造措施。图 13.5.9 为钢管吊装及施工完成后的钢管约束钢筋混凝土柱照片。施工单位反映，钢管约束钢筋混凝土柱的外包薄壁钢管的安装过程简单方便，与普通钢筋混凝土柱的模板安装过程基本相同。

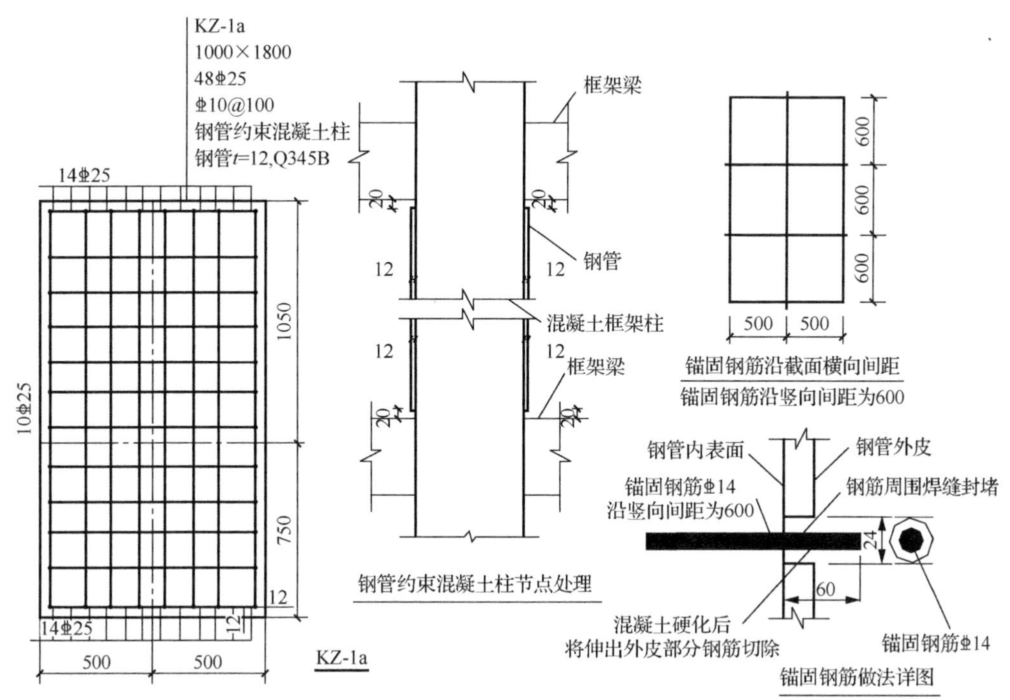

注：1. 钢管约束混凝土柱的外包钢管不通过节点区。

2. 单个柱的外包钢管可分段加工并安装，且安装后不需焊接或栓接连接，保证钢管壁上下基本对齐即可。

3. 施工时在钢管约束混凝土柱的底部柱高 2m 范围内，每隔 300mm 在混凝土柱的钢管约束外侧设置一道水平和竖向型钢肋以防止混凝土柱涨模，而在距离柱底 2m 以上则每隔 600mm 设置型钢肋。

4. 吊装混凝土柱的外包钢管时，应吊住四个角，不能在钢管壁的钢板跨中设吊点。

5. 混凝土浇筑前，将钢管定位，并将⌀14 钢筋塞焊然后浇筑混凝土。

6. 钢管仅做防腐处理，不做防火保护层。

图 13.5.8　体育馆的钢管约束钢筋混凝土柱施工详图（尺寸单位：mm）

（a）钢管吊装

（b）混凝土浇筑完成

图 13.5.9　钢管约束钢筋混凝土柱施工

13.5.2 大连奥体中心体育场钢管约束钢筋混凝土应用

工程名称：大连奥体中心体育场

建设地点：辽宁省大连市

结构体系：顶部钢结构桁架，底部钢筋混凝土框架

工程状况：已竣工，投入使用

大连奥体中心体育场是2013年全运会足球比赛主要场地之一（图13.5.10），与大连奥体中心体育馆紧邻。体育场结构分为下部混凝土框架结构看台和上部钢结构悬挑桁架罩棚两部分；钢结构罩棚由68榀钢结构平面桁架组成，桁架的平均悬挑长度超过40m，最大悬挑长度为48m。

图13.5.10　建成后的大连奥体中心体育场

图13.5.11为大连市体育场结构剖面图。由图13.5.11可见，上部钢结构的两支座位于下部混凝土框架结构的两悬臂柱上，且两悬臂柱都为剪跨比为1.5左右的超短柱。罕遇地震作用下，一旦悬臂超短柱在水平剪力作用下产生脆性剪切破坏，则悬臂柱将迅速失去受压承载能力和受剪承载能力，从而导致上部钢结构桁架因失去支承支座而发生倒塌。因此，提高悬臂超短柱的抗剪承载力和弹塑性变形能力，是提高结构整体在罕遇地震作用下抗倒塌能力的关键措施之一。本工程的结构专业项目组在对比分析后决定，支承钢结构的悬臂柱采用钢管约束钢筋混凝土柱，充分利用钢管约束钢筋混凝土柱抗震性能优越和梁柱节点连接方便的特点。本工程中支承68榀悬挑桁架的136根悬臂短柱采用了钢管约束钢筋混凝土。

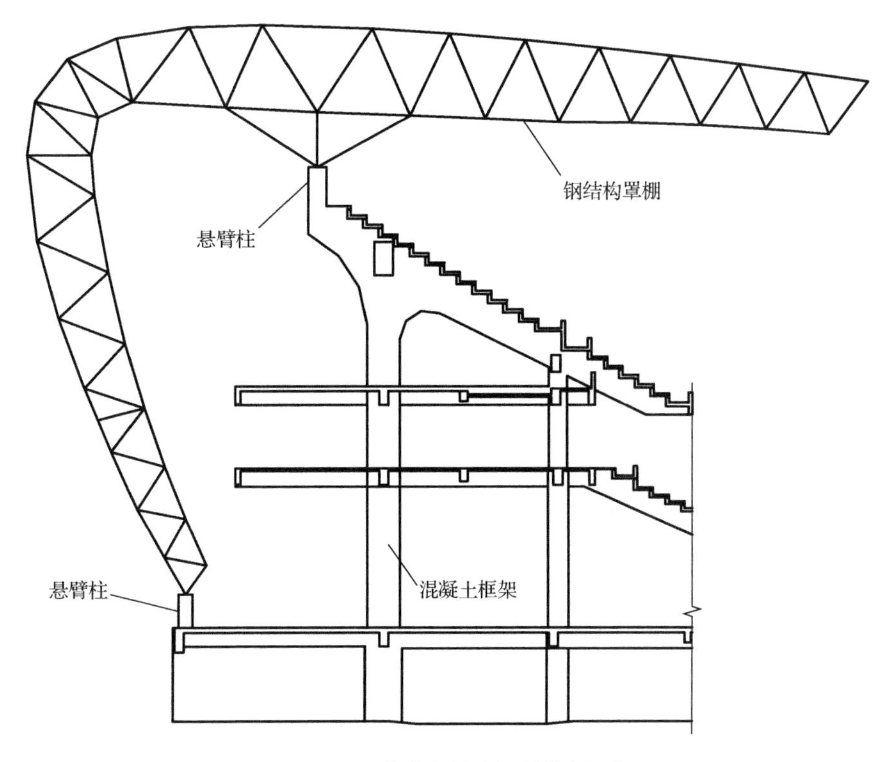

图 13.5.11　大连市体育场结构剖面图

13.6　大连中国石油大厦钢管约束钢筋混凝土应用

工程名称：大连中国石油大厦

建设地点：辽宁省大连市

结构体系：钢筋混凝土筒中筒

工程状况：已竣工，投入使用

图 13.6.1 为建成后的大连中国石油大厦，图 13.6.2 和图 13.6.3 分别为其塔楼结构平面布置图和立面布置图。主体结构地上部分高 176m，属超高层结构。主体结构内筒为钢筋混凝土筒体；结构外筒地下 4 层至地上 3 层为框架，4 层至 43 层为交叉桁架筒体，即结构在地下 4 层至地上 3 层为框架-核心筒结构，而 4 层至 43 层为筒中筒结构；外围结构从第 4 层开始由框架结构体系转换为桁架筒体结构体系，因此本结构属超高层复杂结构。

大连中国石油大厦的初始结构方案为钢管混凝土外筒-钢筋混凝土内筒，楼盖采用钢结构及压型钢板楼板。但本工程的建设单位提出，采用钢构外筒加组合楼盖的结构方案经济性不好，结构成本太高，建设单位要求设计单位采用钢筋混凝土外筒和钢筋混凝土楼盖。为满足建筑的立面要求，外交叉桁架筒体的斜柱截面尺寸不能过大，为满足斜柱的轴压比限值要求，桁架筒体的底部斜柱需采用钢-混凝土组合构件。

图 13.6.1　建成后的大连中国石油大厦

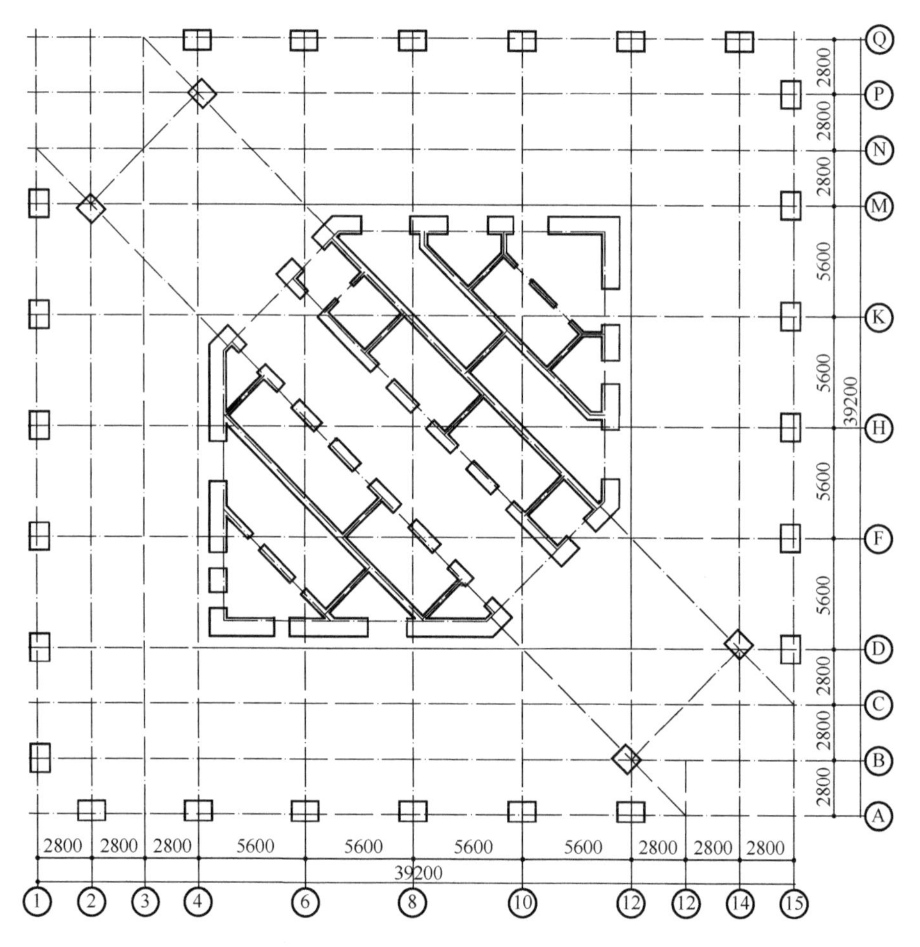

图 13.6.2　大连中国石油大厦主体结构平面布置图（尺寸单位：mm）

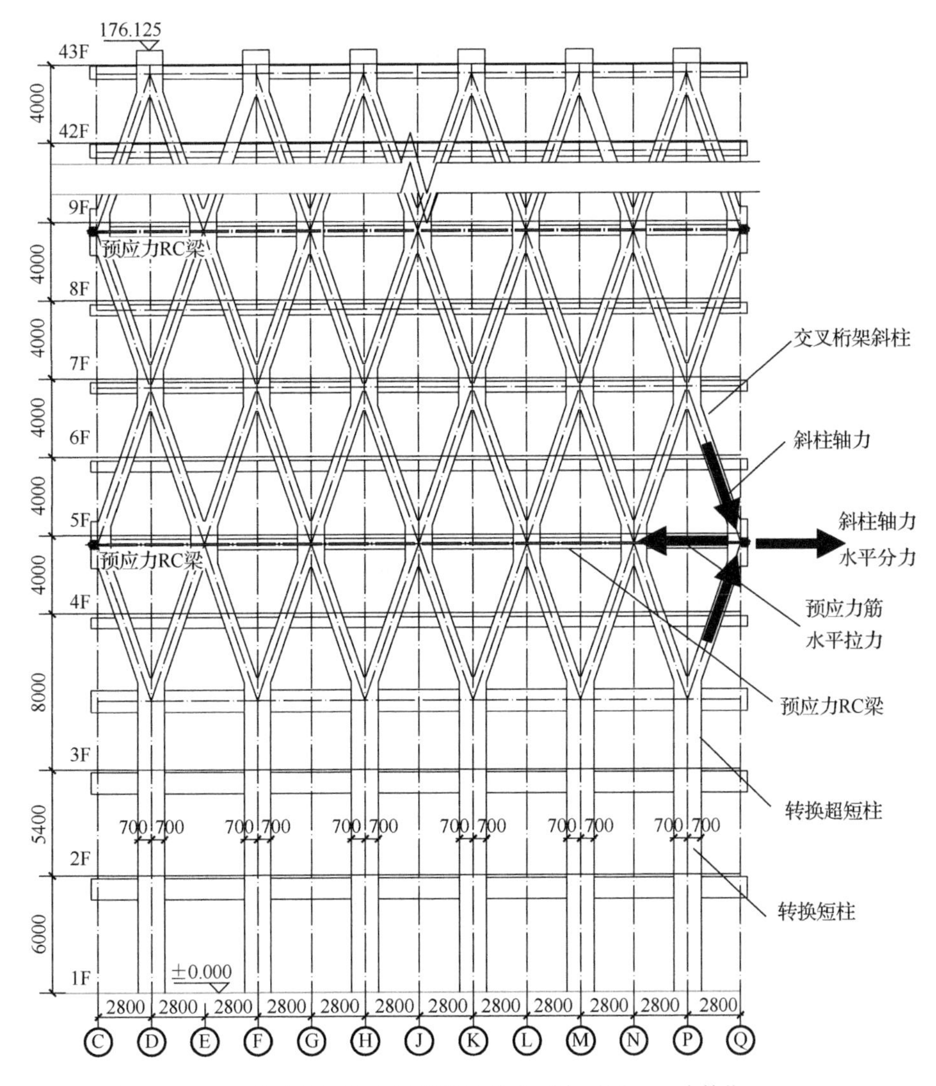

图 13.6.3　大连中国石油大厦塔楼结构立面布置图（尺寸单位：mm）

由图 13.6.3 可见，在交叉桁架筒体中，外筒节点处共有 6 根杆件相交，钢筋非常密集，若斜柱采用传统的型钢混凝土或钢管混凝土柱，则梁柱节点将非常复杂，施工难度很大。当桁架筒斜柱在筒体边缘相交时，两斜柱的轴力必然产生水平分力；普通钢筋混凝土梁难以承担斜柱的巨大水平拉力，因此需在混凝土梁中设立直线预应力钢筋以平衡斜柱的水平分力。如果斜柱采用传统的型钢混凝土或钢管混凝土，则节点区除需处理普通钢筋的连接外，预应力钢筋也需穿过柱节点区核心，进一步加大了节点处理的难度，很难保证节点区的施工质量。经过本工程结构专业项目组的研究对比，项目组最终决定采用钢管约束钢筋混凝土柱，解决普通钢筋混凝土斜柱轴压比不满足要求的问题，同时避免传统组合柱节点处理复杂的问题。

由图 13.6.3 可见，当结构外筒由交叉桁架筒体变为普通框架时，由于两根斜柱并为一根直柱，导致柱截面很大；在 3 层转换层处，框架柱基本都是剪跨比小于 1.5 的超短柱，而在 1 层和 2 层，框架柱也是剪跨比小于 2 的短柱。由于上部交叉桁架筒体的刚度远大于底部框架，底部框架是整个结构的薄弱层，特别是底部框架柱都是短柱甚至超短柱，抗震性能较差，难以满足结构的大震设计要求。在底部框架短柱中采用传统的型钢混凝土或钢管混凝土柱可有效提高结构的整体抗震性能，但由于框架梁为钢筋混凝土，梁柱节点处理复杂，因此项目组在底部框架短柱中仍采用钢管约束钢筋混凝土柱，避免了传统组合框架柱与钢筋混凝土框架梁连接复杂的问题。

经本工程结构专业项目组的分析论证，决定在本工程的地下 4 层至地上 3 层的竖直框架柱以及地上 4 层至 8 层的桁架筒斜柱采用钢管约束钢筋混凝土柱。为防止薄壁钢管在混凝土浇筑过程中涨模，本工程中的钢管仍采取了对拉钢筋的防涨模措施。

参 考 文 献

[1] 冶金工业信息标准研究院. 钢骨混凝土结构技术规程: YB 9082—2006[S]. 北京: 冶金工业出版社, 2003
[2] 钟善桐, 白国良. 高层建筑组合结构框架梁柱节点分析与设计[M]. 北京: 人民交通出版社, 2006.
[3] 中国工程建设标准化协会轻型钢结构专业委员会 CECS/TC28. 矩形钢管混凝土结构技术规程: CECS 159—2004[M]. 北京: 中国计划出版社, 2004.